Analysis 1

George B. Thomas
Maurice D. Weir
Joel Hass

Analysis 1

Lehr- und Übungsbuch
12., aktualisierte Auflage

Bearbeiter der deutschen Ausgabe
Daniel Rost

PEARSON

Higher Education
München • Harlow • Amsterdam • Madrid • Boston
San Francisco • Don Mills • Mexico City • Sydney
a part of Pearson plc worldwide

Bibliografische Information der Deutschen Nationalbibliothek

Die Deutsche Nationalbibliothek verzeichnet diese Publikation in der Deutschen Nationalbibliografie; detaillierte bibliografische Daten sind im Internet über <http://dnb.dnb.de> abrufbar.

Die Informationen in diesem Buch werden ohne Rücksicht auf einen eventuellen Patentschutz veröffentlicht. Warennamen werden ohne Gewährleistung der freien Verwendbarkeit benutzt.

Bei der Zusammenstellung von Texten und Abbildungen wurde mit größter Sorgfalt vorgegangen. Trotzdem können Fehler nicht ausgeschlossen werden. Verlag, Herausgeber und Autoren können für fehlerhafte Angaben und deren Folgen weder eine juristische Verantwortung noch irgendeine Haftung übernehmen. Für Verbesserungsvorschläge und Hinweise auf Fehler sind Verlag und Herausgeber dankbar.

Authorized translation from the English language edition, entitled Thomas' Calculus, 12th Edition by George B. Thomas, Maurice D. Weir, Joel R. Hass, published by Pearson Education, Inc, publishing as Addison-Wesley, Copyright © 2010. All rights reserved. No part of this book may be reproduced or transmitted in any form or by any means, electronic or mechanical, including photocopying, recording or by any information storage retrieval system, without permission from Pearson Education, Inc. GERMAN language edition published by PEARSON DEUTSCHLAND GMBH, Copyright © 2013.

Alle Rechte vorbehalten, auch die der fotomechanischen Wiedergabe und der Speicherung in elektronischen Medien. Die gewerbliche Nutzung der in diesem Produkt gezeigten Modelle und Arbeiten ist nicht zulässig.

Fast alle Hardware- und Softwarebezeichnungen und weitere Stichworte und sonstige Angaben, die in diesem Buch verwendet werden, sind als eingetragene Marken geschützt.
Da es nicht möglich ist, in allen Fällen zeitnah zu ermitteln, ob ein Markenschutz besteht, wird das ® Symbol in diesem Buch nicht verwendet.

10 9 8 7 6 5 4 3 2 1

14 13

ISBN 978-3-86894-170-8

© 2013 by Pearson Deutschland GmbH
Martin-Kollar-Straße 10–12, D-81829 München/Germany
Alle Rechte vorbehalten
www.pearson.de
A part of Pearson plc worldwide

Programmleitung: Birger Peil, bpeil@pearson.de
Fachlektorat: Prof. Dr. Daniel Rost, LMU München
Korrektorat: Carsten Heinisch, Kaiserslautern
Übersetzung: Micaela Krieger-Harwede, Leipzig   Ulrike Klein, Berlin
Umschlaggestaltung: Thomas Arlt, tarlt@adesso21.net
Herstellung: Claudia Bäurle, cbaeurle@pearson.de
Titelbild: Gettyimages München, Fotograf: Craig Roberts
Satz: le-tex publishing services GmbH, Leipzig
Druck und Verarbeitung: Svetprint, Ljubljana

Printed in Slovenia

Inhaltsverzeichnis

Vorwort   8

Kapitel 1   Funktionen   11

1.1   Funktionen und ihre Graphen 13
1.2   Funktionen kombinieren; Graphen verschieben und skalieren 30
1.3   Trigonometrische Funktionen 41
1.4   Grafische Darstellung mithilfe von Taschenrechnern und Computern 52

Kapitel 2   Grenzwerte und Stetigkeit   61

2.1   Änderungsraten und Tangenten an Kurven 63
2.2   Grenzwert einer Funktion und Grenzwertsätze 71
2.3   Die exakte Grenzwertdefinition 85
2.4   Einseitige Grenzwerte 97
2.5   Stetigkeit 106
2.6   Grenzwerte mit Unendlich; Asymptoten von Graphen 121

Kapitel 3   Differentiation   147

3.1   Tangenten und die Ableitung 149
3.2   Die Ableitung als Funktion 154
3.3   Differentiationsregeln 165
3.4   Die Ableitung als Änderungsrate 176
3.5   Ableitungen trigonometrischer Funktionen 189
3.6   Die Kettenregel 196
3.7   Implizite Differentiation 204
3.8   Verknüpfte Änderungsraten 212
3.9   Linearisierung und Differentiale 222

Kapitel 4   Anwendungen der Ableitungen   245

4.1   Extremwerte von Funktionen 247
4.2   Der Mittelwertsatz 258
4.3   Monotone Funktionen und die erste Ableitung 268
4.4   Krümmung und das Skizzieren von Kurven 274

4.5	Extremwertaufgaben	289
4.6	Das Newton-Verfahren	303
4.7	Stammfunktionen	310

Kapitel 5   Integration   327

5.1	Flächeninhalte und Abschätzung mithilfe endlicher Summen	329
5.2	Schreibweise mit dem Summenzeichen und Grenzwerte endlicher Summen	341
5.3	Das bestimmte Integral	350
5.4	Der Hauptsatz der Differential- und Integralrechnung	365
5.5	Unbestimmte Integrale und die Substitutionsmethode	379
5.6	Die Substitutionsmethode bei bestimmten Integralen und der Flächeninhalt von Gebieten zwischen Kurven	387

Kapitel 6   Bestimmte Integrale in Anwendungen   409

6.1	Volumenbestimmung mithilfe von Querschnittsflächen	411
6.2	Volumenbestimmung mit zylindrischen Schalen	428
6.3	Bogenlängen	438
6.4	Rotationsflächen	446
6.5	Arbeit und die Kraft von Flüssigkeiten	454
6.6	Momente und Schwerpunkt	468

Kapitel 7   Transzendente Funktionen   493

7.1	Inverse Funktionen und ihre Ableitungen	495
7.2	Der natürliche Logarithmus	508
7.3	Exponentialfunktionen	517
7.4	Exponentielles Wachstum und separierbare Differentialgleichungen	530
7.5	Unbestimmte Ausdrücke und die Regel von l'Hospital	539
7.6	Inverse trigonometrische Funktionen	548
7.7	Hyperbolische Funktionen	565
7.8	Konvergenzordnungen und Wachstumsgeschwindigkeiten	575

Kapitel 8   Integrationstechniken   587

8.1	Partielle Integration	589
8.2	Integrale trigonometrischer Funktionen	598
8.3	Trigonometrische Substitutionen	604
8.4	Integration rationaler Funktionen mit Partialbruchzerlegung	610

8.5	Integrationstabellen und Computeralgebrasysteme (CAS)	621
8.6	Numerische Integration	628
8.7	Uneigentliche Integrale	641

Kapitel 9   Differentialgleichungen erster Ordnung — 667

9.1	Lösungen, Richtungsfelder und das Euler'sche Polygonzugverfahren	669
9.2	Lineare Differentialgleichungen erster Ordnung	680
9.3	Anwendungen	687
9.4	Grafische Lösung autonomer Differentialgleichungen	696
9.5	Gleichungssysteme und Phasenebenen	707

Kapitel 10   Folgen und Reihen — 721

10.1	Folgen	723
10.2	Reihen	741
10.3	Das Integralkriterium	753
10.4	Vergleichskriterien	762
10.5	Das Quotientenkriterium und das Wurzelkriterium	769
10.6	Alternierende Reihen, absolute und bedingte Konvergenz	775
10.7	Potenzreihen	784
10.8	Taylor-Reihen und Maclaurin'sche Reihen	796
10.9	Konvergenz von Taylor-Reihen	803
10.10	Die binomische Reihe und Anwendungen der Taylor-Reihen	812

Anhang A   Anhang — 831

A.1	Reelle Zahlen und die reelle Zahlengerade	832
A.2	Vollständige Induktion	840
A.3	Geraden, Kreise und Parabeln	844
A.4	Beweise der Grenzwertsätze	860
A.5	Häufig vorkommende Grenzwerte	864
A.6	Die Theorie der reellen Zahlen	866
A.7	Komplexe Zahlen	870

Hilfreiche Rechenformeln und Regeln — 884

Index — 892

Vorwort

Thomas' Calculus ist im angelsächsischen Raum ein Bestseller; es hat unzählige Studierende in ihrer Mathematikausbildung begleitet und bei Prüfungsvorbereitungen unterstützt. Man kann es daher nur sehr begrüßen, dass jetzt endlich eine deutsche Übersetzung dieses internationalen Klassikers erscheint. Der nun vorliegende Band **Analysis 1** umfasst die ersten 10 Kapitel aus *Thomas' Calculus*, die restlichen 7 Kapitel werden als *Analysis 2* herauskommen. Bereits erfolgreich erschienen ist das *Basisbuch Analysis*, das eine komprimierte Zusammenfassung der ersten 8 Kapitel aus *Thomas' Calculus* bietet.

Eigentlich erübrigt sich bei einem Buch, das *Thomas' Calculus* zur Vorlage hat, jegliches Vorwort, und auch eine lobpreisende Einführung ist überflüssig. Aber vielleicht darf man doch in wenigen Worten versuchen zu erklären, warum das englische Original bei Studierenden und Dozenten so beliebt ist, und damit auf die Qualitäten und besonderen Merkmale des Bandes *Analysis 1* hinweisen.

Inhalt

Das Buch behandelt die klassischen Gegenstände einer Analysis-Vorlesung im ersten Semester wie Stetigkeit, Differenzierbarkeit, Integrierbarkeit, Folgen und Reihen. Da es sich in erster Linie an Anwender wie **Naturwissenschaftler**, **Ingenieure** und **Wirtschaftswissenschaftler** richtet, finden sich darin auch Abschnitte zu Differentialgleichungen, Umgang mit Differentialen, Berechnung von Rotationsflächen, Volumina und Bogenlängen u. v. m. Trotz des starken Anwendungsbezugs ist das Gerüst des Buches ein mathematisches; an der mathematischen Formalisierung und Präzision werden bei Definitionen, Beispielen und Theoremen keinerlei Abstriche gemacht. Zu fast allen Sätzen finden sich verständliche und gut durchstrukturierte Beweise, die den Leser nicht abschrecken, sondern ihm eine zusätzliche Sicherheit beim Umgang mit den Begriffen, Formeln und Aussagen verleihen. Deswegen ist das Buch auch für Studierende der Mathematik im Haupt- und Nebenfach ein Gewinn, und seine große Stärke besteht in der geglückten Zusammenführung und der gegenseitigen Befruchtung von Theorie und Anwendung.

Aufbau und Form

Der Text ist überaus verständlich geschrieben (bzw. übersetzt), didaktisch hervorragend aufgearbeitet und übersichtlich präsentiert. Die Strukturierung wird dabei durch eine konsequente, aber nicht aufdringliche Farbgebung (so sind z. B. alle Definitionen grün unterlegt) begleitet, die dem Leser eine schnelle Orientierung ermöglicht. Ein Charakteristikum des Buches ist die Fülle der präzisen und aussagekräftigen, ebenfalls durchweg farbigen Abbildungen, die fast alle Definitionen, Sätze und Beispiele begleiten, um so zum besseren Verständnis der mathematischen Sachverhalte beizutragen. Eine Besonderheit im Aufbau des Buches resultiert aus der Tatsache, dass zuerst der Grenzwertbegriff für Funktionen und erst später dann der für Folgen eingeführt wird. Das Kapitel über Folgen und Reihen steht also, ohne Einbußen in der mathematischen Stringenz, nicht am Anfang, sondern am Ende des Buches. Da auch das Kapitel über die definierenden Eigenschaften der reellen Zahlen in den Anhang gewandert ist, ist der Weg frei, die Analysis mit dem Studium reeller Funktionen zu beginnen und so schneller zu den zentralen Begriffen der Analysis und ihrer Anwendung vorzustoßen. Der Leser bzw. der Dozent, der mit diesem Buch seine Vorlesung plant, kann jedoch ohne Probleme diese Reihenfolge wieder umdrehen und das letzte Kapitel vorziehen.

Die Autoren jedenfalls haben die positive Erfahrung gemacht, dass bei Studierenden das Interesse an der Analysis noch verstärkt wird, wenn man gleich zu Beginn (aus der Schule) Vertrautes aufgreift, um dieses dann zu präzisieren und zu vertiefen.

Übungen und Beispiele

Für ein tiefergehendes Verständnis und die sichere Beherrschung des Stoffes sind Beispiele und Übungsaufgaben unerlässlich. Alle Beispiele im Buch werden ausführlich vorgerechnet und jede wichtige Umformung wird kommentiert. Mit über 3.500 Aufgaben unterschiedlicher Schwierigkeitsgrade stellt das Buch auch für Dozenten eine wahre Schatzgrube dar; viele Aufgaben haben einen direkten Praxisbezug und decken den Anwendungsbereich nahezu vollständig ab. Zu vielen Aufgaben gibt es auf der Webseite zum Buch die Lösung. Abhängig von der Vorliebe des Lesers regen die Fragestellungen des Buches zum Einsatz von Computern an. An verschiedenen Stellen wird im Text explizit darauf eingegangen. In Ergänzung gibt es in fast jedem Kapitel Übungsaufgaben, die mit Taschenrechner oder Computer gelöst werden können und sollen; sie sind mit dem Symbol Taschenrechner gekennzeichnet.

Interaktives Lernen

Das Buch bietet einen Demo-Zugang zu myMathLab Deutsche Version, ein am MIT entwickeltes interaktives E-Learning-Tool, das Studierende beim Aufarbeiten des Stoffes und beim schrittweisen Lösen der buchbezogenen Übungsaufgaben sowie bei den Prüfungsvorbereitungen ideal unterstützt. Ein Upgrade auf die Vollversion (12 Monate Zugang) ist jederzeit möglich (ist beim Kauf des Mediapacks enthalten); weitere Informationen unter www.mymathlab.com/deutsch.

Die deutsche Übersetzung lehnt sich eng an das erfolgreiche englische Original an, Begriffe und Notationen wurden natürlich, wo nötig, angepasst. In den sehr wenigen Fällen, wo im Original im Vergleich zur deutschsprachigen Literatur leicht abweichende Schwerpunkte gesetzt werden (wenn z. B. aus Symmetriegründen auch die hierzulande weniger beachteten Winkelfunktionen Sekans und Kosekans behandelt werden), weisen wir gegebenenfalls darauf hin und versuchen, selbst wenn wir aus didaktischen Überlegungen dem Original folgen, im weiteren Verlauf die deutschsprachige Leserschaft im Auge zu behalten.

Das Buch *Analysis 1* stellt somit keine bloße Ansammlung von Formeln und Rezepten zur (gedankenlosen) Reproduktion und Anwendung dar, sondern möchte dem Leser in Inhalt, Aufbau, Form, Beispielen und Aufgaben eine Sicherheit im Umgang mit den Werkzeugen der Analysis verleihen und ihn befähigen, (weiter) zu denken. Die Autoren selbst fassen ihr Anliegen im Vorwort zur 12. Auflage von *Thomas' Calculus* wie folgt zusammen:

> *Wir möchten die Studenten ermutigen, über das Pauken von Formeln hinaus die vorgestellten Konzepte zu verallgemeinern. Wir hoffen, dass die Studenten nach der Lektüre von* Thomas' Calculus *auf ihre Fertigkeiten bei der Lösung von Problemen und auf ihr Argumentationsvermögen vertrauen. Ein schönes Fachgebiet mit praktischen Anwendungen für den Alltag zu beherrschen ist ein Lohn an sich, das echte Geschenk aber ist die Fähigkeit, über die Konzepte nachzudenken und sie zu verallgemeinern. Beides wollen wir mit diesem Buch unterstützen und fördern.*

Ich bin fest davon überzeugt, dass dies mit dem vorliegenden Band *Analysis 1* gelingt.

München   Daniel Rost

Lernziele

1 Funktionen und ihre Graphen
- Der Begriff der Funktion
- Definitions- und Wertebereich
- Graphen von Funktionen
- Stückweise definierte Funktionen
- Eigenschaften elementarer Funktionen
- Beispiele für gebräuchliche Funktionen

2 Kombination, Verkettung und Verknüpfung von Funktionen
- Rechnen mit Funktionen
- Verkettung von Funktionen
- Verschieben und Skalieren von Funktionsgraphen
- Ellipsen

3 Trigonometrische Funktionen
- Winkel und Winkelmaße
- Definition der Funktionen am rechtwinkligen Dreieck
- Erweiterung dieser Definition
- Periodizität und Graphen von trigonometrischen Funktionen
- Trigonometrische Identitäten
- Kosinussatz

Funktionen

1.1	Funktionen und ihre Graphen	13
1.2	Funktionen kombinieren; Graphen verschieben und skalieren	30
1.3	Trigonometrische Funktionen	41
1.4	Grafische Darstellung mithilfe von Taschenrechnern und Computern	52

ÜBERBLICK

1

1 Funktionen

Übersicht

Funktionen sind für die Analysis fundamental. In diesem Kapitel behandeln wir, was Funktionen sind und wie sie grafisch dargestellt werden, wie man sie kombiniert und transformiert und auf welche Weise sie sich klassifizieren lassen. Das Kapitel schließt mit einer ausführlichen Diskussion der trigonometrischen Funktionen. Wir betrachten die trigonometrischen Funktionen, und wir diskutieren Fehldarstellungen, zu denen es kommen kann, wenn man Taschenrechner oder Computer zum Zeichnen von **Funktionsgraphen** verwendet.

Das reelle Zahlensystem, die kartesischen Koordinaten, Geraden, Parabeln und Kreise werden im Anhang behandelt. Umkehrfunktionen sowie Exponential- und Logarithmusfunktionen behandeln wir in Kapitel 7.

1.1 Funktionen und ihre Graphen

Funktionen sind ein Hilfsmittel zur Beschreibung der realen Welt mithilfe von mathematischen Begriffen. Eine Funktion lässt sich auf verschiedene Weise darstellen – durch eine Gleichung, einen Graphen, eine Wertetabelle oder eine sprachliche Beschreibung; alle vier Wege werden wir in diesem Buch verwenden. In diesem Abschnitt behandeln wir diese Darstellungsformen genauer.

Funktionen; Definitions- und Wertebereich

Die Temperatur, bei der Wasser kocht, hängt von der Höhe über dem Meeresspiegel ab (der Siedepunkt sinkt mit zunehmender Höhe). Die auf eine Bareinlage gezahlten Zinsen hängen von der Dauer der Einlage ab. Der Flächeninhalt eines Kreises hängt vom Radius des Kreises ab. Die Entfernung, die ein Körper mit konstanter Geschwindigkeit entlang einer Geraden zurücklegt, hängt von der verstrichenen Zeit ab.

In jedem Fall hängt der Wert einer veränderlichen Größe, etwa y, vom Wert der anderen variablen Größe ab, die wir beispielsweise x nennen. Wir sagen, dass „y eine Funktion von x" ist und schreiben dies symbolisch als

$$y = f(x) \qquad \text{(„y ist gleich f von x")}.$$

In dieser Schreibweise steht das Symbol f für die Funktion, der Buchstabe x steht für die **unabhängige Variable**, das ist der Eingabewert von f, und y steht für die **abhängige Variable** oder den Ausgabewert von f an der Stelle x.

> **Definition**
>
> Eine **Funktion** f von einer Menge D in eine Menge Y ist eine Vorschrift, die jedem Element $x \in D$ *eindeutig* ein (einzelnes) Element $f(x) \in Y$ zuweist.

Die Menge D aller möglichen Eingabewerte heißt **Definitionsbereich** der Funktion. Wir bezeichnen den Definitionsbereich machmal auch mit $D(f)$. Die Menge der Werte $f(x)$ für x aus D heißt **Wertebereich** der Funktion. Es kann sein, dass der Wertebereich nicht jedes Element aus der Menge Y, welche man auch als **Zielbereich** bezeichnet, umfasst. Definitionsbereich und Zielbereich einer Funktion können beliebige Mengen von Objekten sein, in der Analysis handelt es sich aber oft um Mengen reeller Zahlen, die wir als Punkte auf einer Koordinatenachse interpretieren. (In den Kapiteln 13–16 in Band 2 werden wir Funktionen betrachten, bei denen die Elemente der Mengen Punkte in der Koordinatenebene oder Punkte im Raum sind.)

Häufig ist eine Funktion durch eine Gleichung gegeben, die beschreibt, wie man den Ausgabewert aus der Eingabevariable berechnet. Die Gleichung $A = \pi r^2$ ist beispielsweise eine Vorschrift, mit der man den Flächeninhalt A eines Kreises aus seinem Radius r berechnet (sodass r, als Länge interpretiert, in dieser Gleichung nur positiv sein kann). Wenn wir eine Funktion $y = f(x)$ durch eine Gleichung definieren und der Definitionsbereich nicht explizit angegeben oder durch den Kontext eingeschränkt ist, so nehmen wir als Definitionsbereich die größte Menge reeller x-Werte an, für die die Gleichung reelle y-Werte liefert. Das ist der sogenannte **natürliche** oder **maximale Definitionsbereich**. Wollen wir den Definitionsbereich in irgendeiner Weise einschränken, so müssen wir das angeben. Der (natürliche) Definitionsbereich von $y = x^2$ ist die gesamte Menge der reellen Zahlen. Um den Definitionsbereich der Funktion etwa auf positive Werte von x zu beschränken, würden wir „$y = x^2$, $x > 0$" schreiben.

Statt $y = f(x)$ schreiben wir zur Bezeichnung einer Funktion oft auch nur kurz $f(x)$. Ändern wir den Definitionsbereich einer Funktion, so ändert sich in der Regel auch

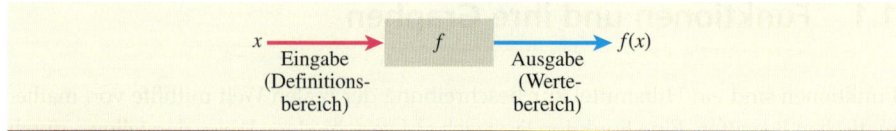

Abbildung 1.1 Ein Diagramm für eine Funktion als Automat.

der Wertebereich. Der Wertebereich von $y = x^2$ ist $[0, \infty)$. Der Wertebereich von $y = x^2$, $x \geq 2$, ist die Menge aller Zahlen, die sich ergibt, wenn man alle Zahlen größer oder gleich 2 quadriert. In Mengenschreibweise (siehe Anhang 1) ist der Wertebereich $\{x^2 \mid x \geq 2\}$ oder $\{y \mid y \geq 4\}$ oder $[4, \infty)$.

Ist der Wertebereich einer Funktion eine Menge reeller Zahlen, so heißt die Funktion **reellwertig**. Die Definitionsbereiche und Wertebereiche vieler reellwertiger Funktionen einer reellen Variablen sind Intervalle oder Vereinigungen von Intervallen. Die Intervalle können offen, abgeschlossen oder halboffen sein, zudem beschränkt oder unbeschränkt. Der Wertebereich einer Funktion ist nicht immer leicht zu bestimmen.

Eine Funktion f ist wie ein Automat, der jedes Mal einen Ausgabewert $f(x)$ aus seinem Wertebereich produziert, wenn wir ihn mit einem Eingabewert x aus seinem Definitionsbereich füttern (▶ Abbildung 1.1). Die Funktionstasten auf einem Taschenrechner sind ein Beispiel für eine Funktion als Automat. Die Taste $\sqrt{x}$ auf einem Taschenrechner liefert jedes Mal einen Ausgabewert (die Quadratwurzel), wenn Sie eine nichtnegative Zahl x eingeben und die Taste $\sqrt{x}$ drücken.

Eine Funktion kann auch in Form eines **Pfeildiagramms** dargestellt werden (▶ Abbildung 1.2). Jeder Pfeil verbindet ein Element aus dem Wertebereich D mit einem eindeutigen oder einzelnen Element aus der Menge Y. In Abbildung 1.2 kennzeichnen die Pfeile, dass a dem Wert $f(a)$, x dem Wert $f(x)$, usw. zugewiesen wird. Bedenken Sie, dass eine Funktion für zwei verschiedene Eingabewerte aus dem Definitionsbereich *denselben* Wert haben kann (was in Abbildung 1.2 bei $f(a)$ der Fall ist), aber jedem Eingabeelement x wird ein *einziger* Ausgabewert $f(x)$ zugewiesen.

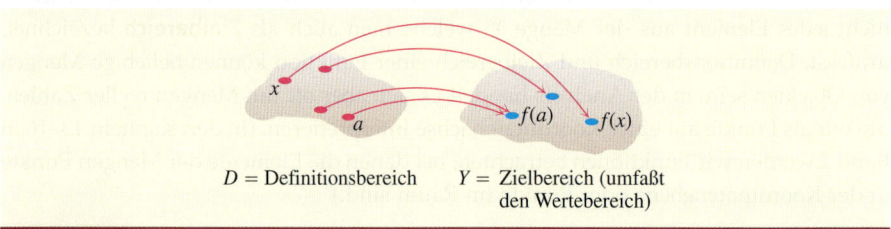

Abbildung 1.2 Eine Funktion von einer Menge D in eine Menge Y weist jedem Element aus D eindeutig ein Element aus Y zu.

Natürliche Definitions- und Wertebereiche einiger einfacher Funktionen

Beispiel 1.1 Sehen wir uns nun die natürlichen Definitionsbereiche und die entsprechenden Wertebereiche einiger einfacher Funktionen an. Die Definitionsbereiche sind immer die Werte von x, für die der angegebene Ausdruck sinnvoll ist.

Funktion	Definitionsbereich (x)	Wertebereich (y)
$y = x^2$	$(-\infty, \infty)$	$[0, \infty)$
$y = 1/x$	$(-\infty, 0) \cup (0, \infty)$	$(-\infty, 0) \cup (0, \infty)$
$y = \sqrt{x}$	$[0, \infty)$	$[0, \infty)$
$y = \sqrt{4-x}$	$(-\infty, 4]$	$[0, \infty)$
$y = \sqrt{1-x^2}$	$[-1, 1]$	$[0, 1]$

Lösung Die Gleichung $y = x^2$ liefert für jede reelle Zahl x einen reellen y-Wert, der Definitionsbereich ist also $(-\infty, \infty)$. Der Wertebereich von $y = x^2$ ist $[0, \infty)$, weil das Quadrat jeder reellen Zahl nichtnegativ ist und jede nichtnegative Zahl y das Quadrat ihrer eigenen Quadratwurzel ist, also $y = \left(\sqrt{y}\right)^2$ für $y \geq 0$.

Die Gleichung $y = 1/x$ liefert für jedes x einen reellen y-Wert, außer für $x = 0$. In Übereinstimmung mit den Rechenregeln *können wir keine Zahl durch null dividieren*. Der Wertebereich von $y = 1/x$ ist also die Menge der Kehrwerte aller von null verschiedenen Zahlen, das ist die Menge aller von null verschiedenen Zahlen, weil $y = 1/(1/y)$ ist. Für $y \neq 0$ ist also die Zahl $x = 1/y$ die Eingabe zum Ausgabewert y.

Die Gleichung $y = \sqrt{x}$ liefert nur dann einen reellen y-Wert, wenn $x \geq 0$ ist. Der Wertebereich von $y = \sqrt{x}$ ist $[0, \infty)$, weil jede nichtnegative Zahl die Quadratwurzel einer Zahl ist (nämlich die Quadratwurzel ihres Quadrats).

In $y = \sqrt{4-x}$ darf der Term $4 - x$ nicht negativ sein; es gilt also $4 - x \geq 0$ bzw. $x \leq 4$. Die Gleichung liefert für alle $x \leq 4$ reelle y-Werte. Der Wertebereich von $\sqrt{4-x}$ ist $[0, \infty)$, das ist die Menge aller nichtnegativen Zahlen.

Die Gleichung $y = \sqrt{1-x^2}$ liefert für jedes x aus dem abgeschlossenen Intervall von -1 bis 1 einen reellen y-Wert. Außerhalb dieses Intervalls ist $1 - x^2$ negativ, und die Quadratwurzel dieses Ausdrucks ist keine reelle Zahl. Die Werte von $1 - x^2$ variieren über dem gegebenen Definitionsbereich von 0 bis 1, und dasselbe gilt für die Quadratwurzeln dieser Werte. Der Wertebereich von $\sqrt{1-x^2}$ ist daher $[0, 1]$. ■

Graphen von Funktionen

Ist f eine Funktion mit dem Definitionsbereich D, so besteht ihr **Graph** aus den Punkten in der kartesischen Ebene, deren Koordinaten die Eingabe-Ausgabe-Paare von f sind. In Mengenschreibweise ist der Graph

$$\{(x, f(x)) \mid x \in D\}\,.$$

Der Graph der Funktion $f(x) = x + 2$ ist die Menge der Punkte mit den Koordinaten (x, y), für die $y = x + 2$ ist. Ihr Graph ist die Gerade aus ▶Abbildung 1.3.

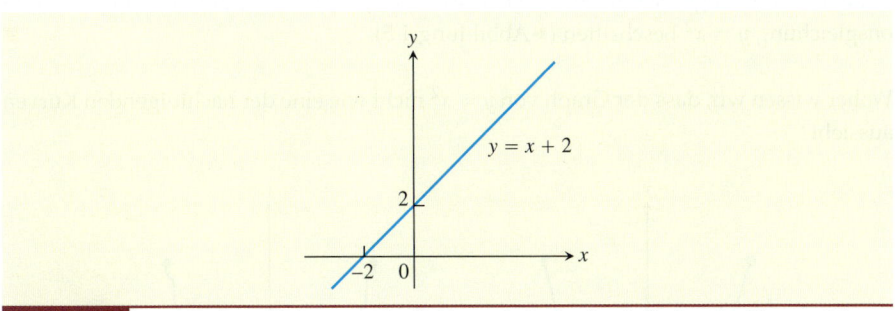

Abbildung 1.3 Der Graph von $f(x) = x + 2$ ist die Menge der Punkte (x, y), für die y den Wert $x + 2$ hat.

Der Graph einer Funktion f gibt einen nützlichen Überblick über ihr Verhalten. Ist (x, y) ein Punkt auf dem Graphen, so ist $y = f(x)$ die Höhe des Graphen über der Stelle x. Die Höhe kann je nach dem Vorzeichen von $f(x)$ positiv oder negativ sein (▶Abbildung 1.4).

Beispiel 1.2 Stellen Sie die Funktion $y = x^2$ über dem Intervall $[-2, 2]$ grafisch dar.

Grafische Darstellung einer Funktion

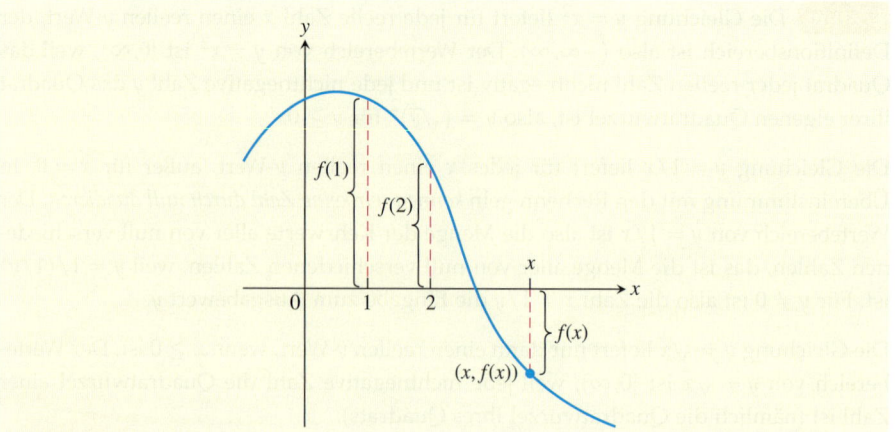

Abbildung 1.4 Liegt der Punkt (x, y) auf dem Graphen von f, so ist $y = f(x)$ die Höhe des Graphen an der Stelle x (oder seine Tiefe, wenn $f(x)$ negativ ist).

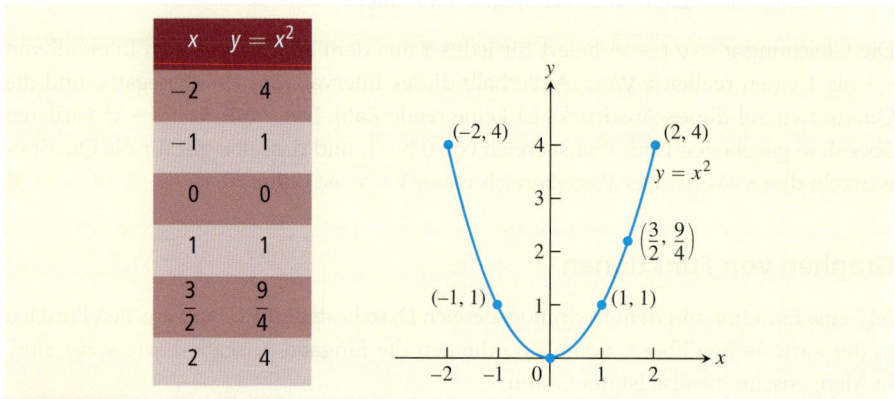

x	$y = x^2$
-2	4
-1	1
0	0
1	1
$\frac{3}{2}$	$\frac{9}{4}$
2	4

Abbildung 1.5 Graph der Funktion aus Beispiel 1.2.

Lösung Fertigen Sie eine Tabelle von xy-Paaren an, die Gleichung $y = x^2$ erfüllen. Zeichnen Sie die Punkte (x, y) aus der Tabelle in ein Koordinatensystem ein und verbinden Sie die eingezeichneten Punkte durch eine *glatte* Kurve, die sie mit der Funktionsgleichung $y = x^2$ beschriften (▶Abbildung 1.5).

Woher wissen wir, dass der Graph von $y = x^2$ nicht wie eine der nachfolgenden Kurven aussieht?

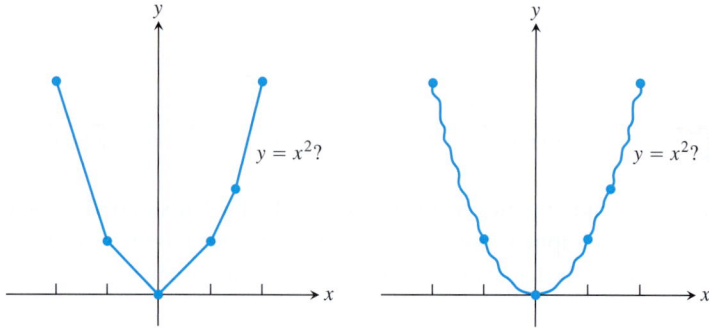

Um das herauszufinden, könnten wir mehr Punkte zeichnen. Aber wie würden wir *sie* dann verbinden? Immer noch bleibt die grundlegende Frage: Woher genau wissen wir, wie der Graph zwischen den Punkten aussieht, die wir zeichnen? Die Analysis beantwortet diese Frage, wie wir in Kapitel 4 sehen werden. In der Zwischenzeit müssen wir uns damit begnügen, Punkte zu zeichnen und sie so „gut wie möglich" zu verbinden.

Numerische Darstellung einer Funktion

Bisher haben wir gesehen, wie man eine Funktion algebraisch durch eine Gleichung (die Flächeninhaltsfunktion) und visuell durch einen Graphen darstellt (Beispiel 1.2). Eine weitere Möglichkeit ist die **numerische Darstellung** in Form einer Wertetabelle. Numerische Darstellungen werden oft von Ingenieuren und Naturwissenschaftlern verwendet. Anhand einer geeigneten Wertetabelle lässt sich der Graph einer Funktion nach der Methode aus Beispiel 1.2 zeichnen, falls notwendig mithilfe eines Computers. Der Graph, der nur aus den Punkten der Tabelle besteht, heißt **Streudiagramm** oder **Scatterplot**.

Beispiel 1.3 Ein musikalischer Ton ist nichts anderes als eine Druckwelle in der Luft. Bei den Daten aus Tabelle 1.1 handelt es sich um die für einen Stimmgabelton aufgezeichneten Druckauslenkungen (in beliebigen Einheiten) in Abhängigkeit von der Zeit in Sekunden. Die Tabelle liefert eine Darstellung der Druckfunktion über der Zeit. Fertigen wir zunächst einen Scatterplot an und verbinden wir anschließend die Datenpunkte (t, p) aus der Tabelle näherungsweise, so erhalten wir den Graphen aus Abbildung 1.6.

Graph aus einer Wertetabelle

Tabelle 1.1: Stimmgabeldaten

Zeit	Druck	Zeit	Druck	Zeit	Druck
0,00091	−0,080	0,00271	−0,141	0,00453	0,749
0,00108	0,200	0,00289	−0,309	0,00471	0,581
0,00125	0,480	0,00307	−0,348	0,00489	0,346
0,00144	0,693	0,00325	−0,248	0,00507	0,077
0,00162	0,816	0,00344	−0,041	0,00525	−0,164
0,00180	0,844	0,00362	0,217	0,00543	−0,320
0,00198	0,771	0,00379	0,480	0,00562	−0,354
0,00216	0,603	0,00398	0,681	0,00579	−0,248
0,00234	0,368	0,00416	0,810	0,00598	−0,035
0,00253	0,099	0,00435	0,827		

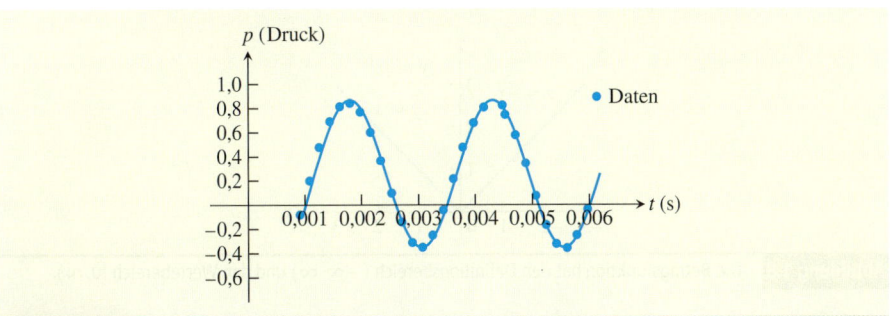

Abbildung 1.6 Eine glatte Kurve durch die eingezeichneten Punkte ergibt einen Graphen der Druckfunktion aus Tabelle 1.1 (Beispiel 1.3).

Senkrechtentest

Nicht jede Kurve im Koordinatensystem kann der Graph einer Funktion sein. Eine Funktion f kann nur einen Wert $f(x)$ für jedes x aus ihrem Definitionsbereich haben, sodass *keine Senkrechte* den Graphen einer Funktion mehr als einmal schneiden kann. Liegt a im Definitionsbereich der Funktion f, so schneidet die Senkrechte $x = a$ den Graphen von f nur im Punkt $(a, f(a))$.

Ein Kreis kann nicht der Graph einer Funktion sein, weil einige Senkrechten den Kreis zweimal schneiden. Der Kreis aus ▶Abbildung 1.7a enthält jedoch die Graphen *zweier* Funktionen von x: Und zwar den oberen Halbkreis, durch die Funktion $f(x) = \sqrt{1-x^2}$ definiert, und den unteren Halbkreis, durch die Funktion $g(x) = -\sqrt{1-x^2}$ definiert (▶Abbildungen 1.7b und 1.7c).

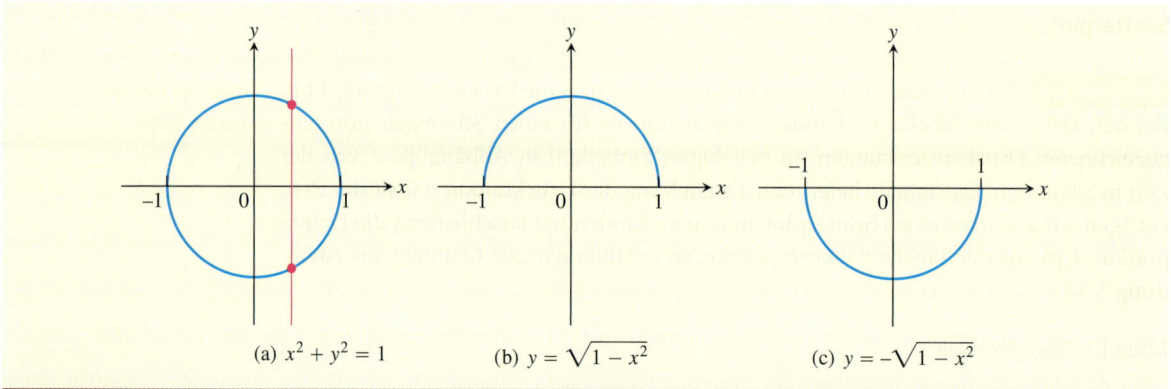

Abbildung 1.7 (a) Der Kreis ist nicht der Graph einer Funktion; er fällt beim Senkrechtentest durch. (b) Der obere Halbkreis ist der Graph der Funktion $f(x) = \sqrt{1-x^2}$. (c) Der untere Halbkreis ist der Graph der Funktion $g(x) = -\sqrt{1-x^2}$.

Stückweise definierte Funktionen

Manchmal wird eine Funktion über verschiedenen Teilen ihres Definitionsbereichs durch verschiedene Gleichungen beschrieben. Ein Beispiel ist die **Betragsfunktion**

$$|x| = \begin{cases} x & x \geq 0 \\ -x & x < 0, \end{cases}$$

deren Graph ▶Abbildung 1.8 zeigt. Die rechte Seite der Gleichung besagt, dass die Funktion für $x \geq 0$ gleich x ist, für $x < 0$ ist sie $-x$. Es folgen weitere Beispiele.

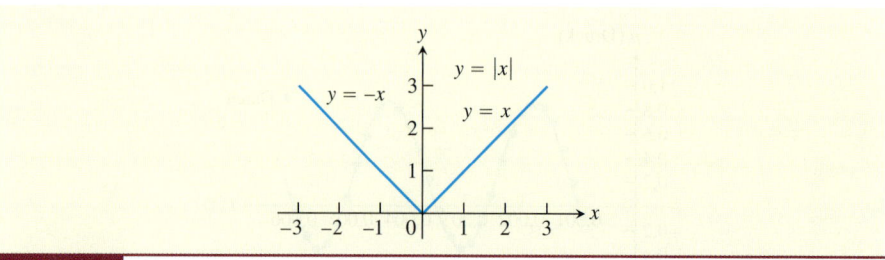

Abbildung 1.8 Die Betragsfunktion hat den Definitionsbereich $(-\infty, \infty)$ und den Wertebereich $[0, \infty)$.

Beispiel 1.4 Die Funktion

$$f(x) = \begin{cases} -x, & x < 0 \\ x^2, & 0 \leq x \leq 1 \\ 1, & x > 1 \end{cases}$$

Beispiel für eine stückweise definierte Funktion

ist über der gesamten reellen Achse definiert, ihre Werte sind aber in Abhängigkeit von der Stelle x durch verschiedene Ausdrücke gegeben. Die Werte von f sind für $x < 0$ durch $y = -x$ gegeben, für $0 \leq x \leq 1$ durch $y = x^2$ und für $x > 1$ durch $y = 1$. Es handelt sich jedoch *um eine einzige Funktion*, deren Definitionsbereich die gesamte Menge der reellen Zahlen ist (▶Abbildung 1.9).

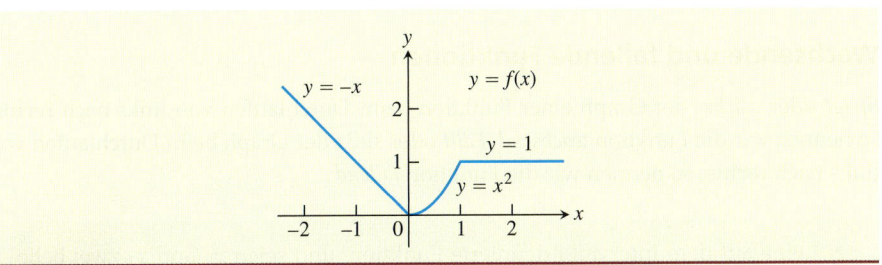

Abbildung 1.9 Zur Darstellung der hier gezeigten Funktion $y = f(x)$ verwenden wir für verschiedene Bereiche des Definitionsbereichs verschiedene Gleichungen (Beispiel 1.4).

Beispiel 1.5 Die Funktion, deren Wert für jede Zahl x die *größte ganze Zahl kleiner oder gleich x* ist, heißt **Abrundungsfunktion** oder **Gauß-Klammer**. Sie wird mit $y = \lfloor x \rfloor$ bezeichnet. Abbildung 1.10 zeigt den Graphen. Es ist z. B.

Abrundungsfunktion

$$\lfloor 2{,}4 \rfloor = 2, \quad \lfloor 1{,}9 \rfloor = 1, \quad \lfloor 0 \rfloor = 0, \quad \lfloor -1{,}2 \rfloor = -2,$$
$$\lfloor 2 \rfloor = 2, \quad \lfloor 0{,}2 \rfloor = 0, \quad \lfloor -0{,}3 \rfloor = -1 \quad \lfloor -2 \rfloor = -2.$$

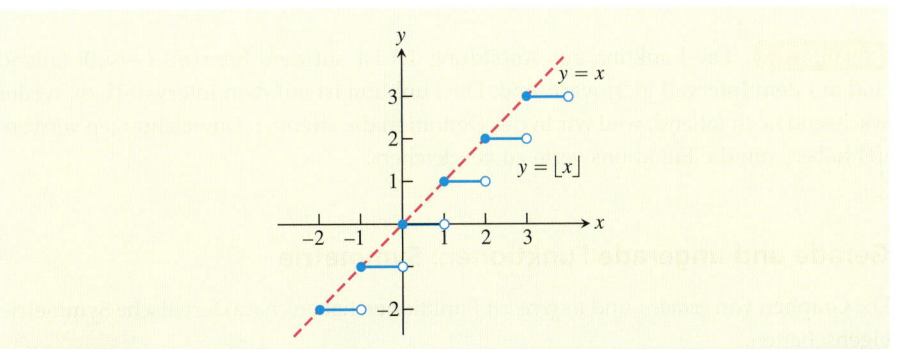

Abbildung 1.10 Der Graph der Abrundungsfunktion $y = \lfloor x \rfloor$ liegt auf oder unter der Geraden $y = x$, sodass er eine ganzzahlige Untergrenze für x liefert (Beispiel 1.5).

Beispiel 1.6 Die Funktion, deren Wert für jede Zahl x die *kleinste ganze Zahl größer oder gleich x* ist, heißt **Aufrundungsfunktion**. Sie wird mit $\lceil x \rceil$ bezeichnet. Abbildung 1.11 zeigt den Graphen. Für positive Werte von x könnte diese Funktion etwa die Parkkosten für x Stunden auf einem Parkplatz beschreiben, auf dem die Parkgebühren pro Stunde bzw. angefangener Stunde 1 Euro betragen.

Aufrundungsfunktion

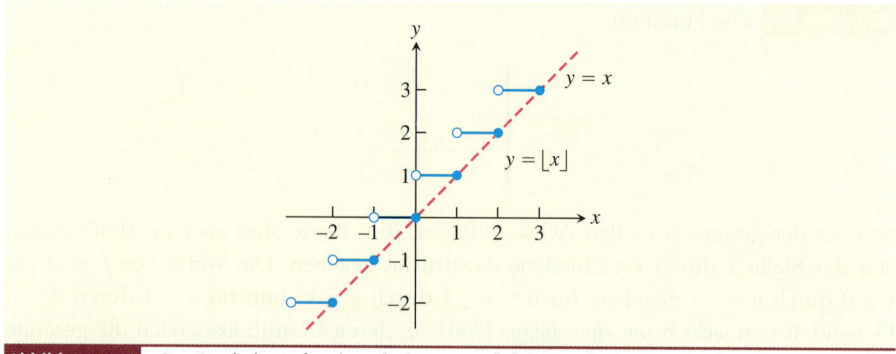

Abbildung 1.11 Der Graph der Aufrundungsfunktion $y = \lceil x \rceil$ liegt auf oder über der Geraden $y = x$, sodass er eine ganzzahlige Obergrenze für x liefert (Beispiel 1.6).

Wachsende und fallende Funktionen

Steigt oder *wächst* der Graph einer Funktion beim Durchlaufen von links nach rechts, so nennen wir die Funktion *wachsend*. *Fällt* oder *sinkt* der Graph beim Durchlaufen von links nach rechts, so nennen wir die Funktion *fallend*.

Definition

Sei f eine auf dem Intervall I definierte Funktion, und seien x_1 und x_2 zwei beliebige Stellen in I.

a Gilt $f(x_2) > f(x_1)$ für alle $x_1 < x_2$, so heißt f **wachsend** auf I.
b Gilt $f(x_2) < f(x_1)$ für alle $x_1 < x_2$, so heißt f **fallend** auf I.

Es ist wichtig sich klarzumachen, dass die Definitionen von wachsenden und fallenden Funktionen für *jedes* Paar x_1 und x_2 in I mit $x_1 < x_2$ erfüllt sein müssen. Da wir beim Vergleich der Funktionswerte das Relationszeichen < und nicht ≤ verwenden, sagen wir mitunter, dass f auf I streng wachsend oder fallend ist. Das Intervall I kann endlich (beschränkt) oder unendlich (unbeschränkt) sein, und es besteht per Definition nie aus nur einem Element.(Anhang 1).

Aufrundungsfunktion

Beispiel 1.7 Die Funktion aus Abbildung 1.9 ist auf dem Intervall $(-\infty, 0]$ fallend und auf dem Intervall $[0, 1]$ wachsend. Die Funktion ist auf dem Intervall $[1, \infty]$ weder wachsend noch fallend, weil wir in der Definition die strengen Ungleichungen verwendet haben, um die Funktionswerte zu vergleichen.

Gerade und ungerade Funktionen: Symmetrie

Die Graphen von *geraden* und *ungeraden* Funktionen haben charakteristische Symmetrieeigenschaften.

Definition

Eine Funktion $y = f(x)$ ist eine

gerade Funktion von x,
wenn für alle x im Definitionsbereich der Funktion $f(-x) = f(x)$ ist,

ungerade Funktion von x,
wenn für alle x im Definitionsbereich der Funktion $f(-x) = -f(x)$ ist.

Die Begriffe *gerade* und *ungerade* hängen mit den Potenzen von x zusammen. Ist y eine gerade Potenz von x, wie in $y = x^2$ oder $y = x^4$, so ist y eine gerade Funktion in x, weil

$(-x)^2 = x^2$ und $(-x)^4 = x^4$ ist. Ist y eine ungerade Potenz von x, wie in $y = x$ oder $y = x^3$, ist y eine ungerade Funktion von x, weil $(-x)^1 = -x$ und $(-x)^3 = -x^3$ ist.

Der Graph einer geraden Funktion ist **symmetrisch bezüglich der y-Achse**. Weil $f(-x) = f(x)$ ist, liegt ein Punkt (x, y) genau dann auf dem Graphen, wenn der Punkt $(-x, y)$ auf dem Graphen liegt (▶Abbildung 1.12a). Eine Spiegelung an der y-Achse lässt den Graphen unverändert.

Der Graph einer ungeraden Funktion ist **symmetrisch bezüglich des Ursprungs**. Weil $f(-x) = -f(x)$ ist, liegt ein Punkt (x, y) genau dann auf dem Graphen, wenn der Punkt $(-x, -y)$ auf dem Graphen liegt (▶Abbildung 1.12b). Entsprechend ist ein Graph symmetrisch bezüglich des Ursprungs, wenn eine Drehung um 180° den Graphen unverändert lässt. Vergegenwärtigen Sie sich, dass die Definitionen voraussetzen, dass sowohl x als auch $-x$ zum Definitionsbereich von f gehören.

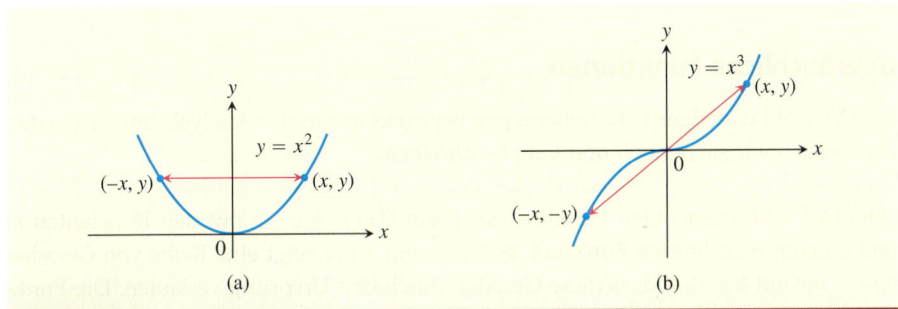

Abbildung 1.12 (a) Der Graph von $y = x^2$ (eine gerade Funktion) ist symmetrisch bezüglich der y-Achse.
(b) Der Graph $y = x^3$ (eine ungerade Funktion) ist symmetrisch bezüglich des Ursprungs.

Beispiel 1.8

$f(x) = x^2$	Gerade: $(-x)^2 = x^2$ für alle x; Symmetrie bezüglich der y-Achse.
$f(x) = x^2 + 1$	Gerade: $(-x)^2 + 1 = x^2 + 1$ für alle x; Symmetrie bezüglich der y-Achse (▶Abbildung 1.13a).
$f(x) = x$	Ungerade: $(-x) = -x$ für alle x; Symmetrie bezüglich des Ursprungs.
$f(x) = x + 1$	Nicht ungerade: $f(-x) = -x + 1$, aber $-f(x) = -x - 1$. Die beiden Ergebnisse sind nicht gleich. Nicht gerade: $(-x) + 1 \neq x + 1$ für alle $x \neq 0$ (▶Abbildung 1.13b).

Addition einer Konstanten bei geraden und ungeraden Funktionen

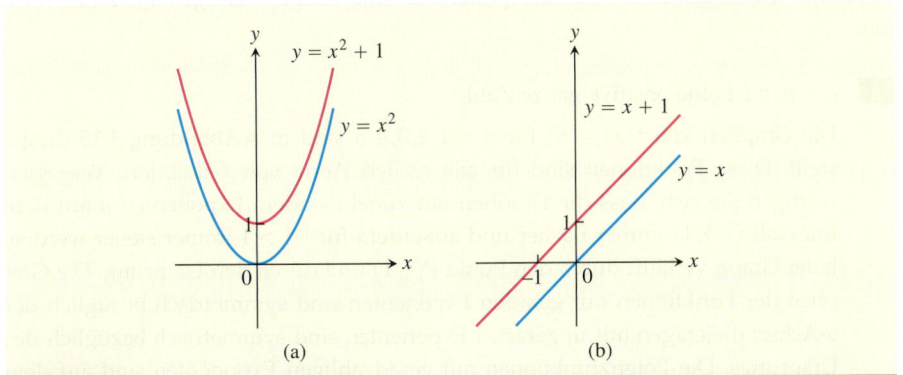

Abbildung 1.13 (a) Addieren wir die Konstante 1 zur Funktion $y = x^2$, so ist die entstehende Funktion $y = x^2 + 1$ immer noch gerade, und ihr Graph ist weiterhin symmetrisch bezüglich der y-Achse.
(b) Addieren wir die Konstante 1 zur Funktion $y = x$, so ist die entstehende Funktion $y = x + 1$ nicht mehr ungerade. Die Symmetrie bezüglich des Ursprungs ist verlorengegangen.

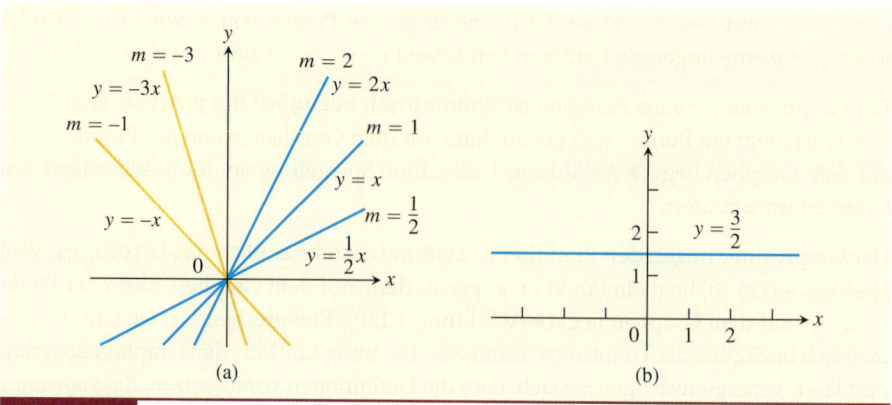

Abbildung 1.14 (a) Geraden durch den Ursprung mit der Steigung m. (b) Eine konstante Funktion mit der Steigung $m = 0$.

Gebräuchliche Funktionen

Eine Vielzahl wichtiger Funktionentypen begegnet uns in der Analysis immer wieder. Hier wollen wir sie nennen und kurz beschreiben.

Lineare Funktionen Eine Funktion der Form $f(x) = mx + b$ mit den Konstanten m und b nennt man **lineare Funktion**. ▶Abbildung 1.14a zeigt eine Reihe von Geraden $f(x) = mx$ mit $b = 0$, sodass diese Geraden durch den Ursprung verlaufen. Die Funktion $f(x) = x$ mit $m = 1$ und $b = 0$ heißt **identische Funktion**. Konstante Funktionen ergeben sich, wenn die Steigung m gleich null ist (▶Abbildung 1.14b). Eine lineare Funktion mit positiver Steigung, deren Graph durch den Ursprung verläuft, bezeichnet man als *proportionale* Beziehung.

> **Definition**
>
> Zwei Variablen y und x sind (zueinander) **proportional**, wenn eine Variable immer ein konstantes Vielfaches der anderen ist, d. h., $y = kx$ für eine von null verschiedene Konstante k.

Ist die Variable y proportional zum Kehrwert $1/x$, so bezeichnet man sie mitunter als **umgekehrt proportional** zu x (weil $1/x$ der Kehrwert von x ist).

Potenzfunktionen Eine Funktion $f(x) = x^a$ mit einer Konstanten a nennt man **Potenzfunktion**. Die Zahl a heißt Exponent. Es sind einige wichtige Fälle zu betrachten.

a $a = n$, n ist eine positive ganze Zahl.

Die Graphen von $f(x) = x^n$ für $n = 1, 2, 3, 4, 5$ sind in ▶Abbildung 1.15 dargestellt. Diese Funktionen sind für alle reellen Werte von x definiert. Vergegenwärtigen Sie sich, dass die Graphen mit zunehmendem Exponenten n auf dem Intervall $(-1, 1)$ immer flacher und außerdem für $|x| > 1$ immer steiler werden. Jeder Graph verläuft durch den Punkt $P(1, 1)$ und durch den Ursprung. Die Graphen der Funktionen mit geraden Exponenten sind symmetrisch bezüglich der y-Achse; diejenigen mit ungeraden Exponenten sind symmetrisch bezüglich des Ursprungs. Die Potenzfunktionen mit geradzahligen Exponenten sind auf dem Intervall $(-\infty, 0]$ fallend und auf dem Intervall $[0, \infty)$ wachsend; die Potenzfunktionen mit ungeradzahligen Exponenten sind auf dem gesamten Intervall $(-\infty, \infty)$ wachsend.

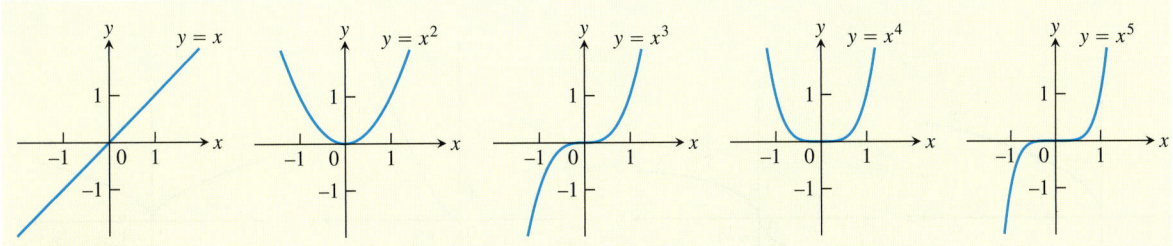

Abbildung 1.15 Graphen von $f(x) = x^n$, $n = 1, 2, 3, 4, 5$, definiert für $-\infty < x < \infty$.

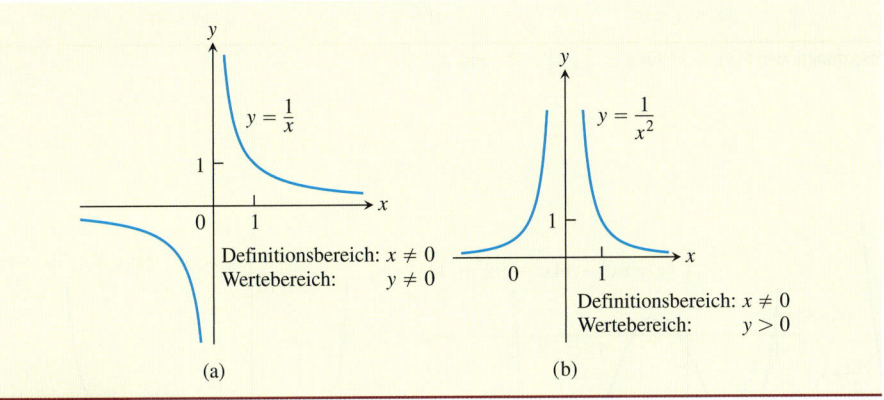

Abbildung 1.16 Graphen der Potenzfunktionen $f(x) = x^a$: (a) $a = -1$ und (b) $a = -2$.

b $a = -1$ oder $a = -2$.

Die Graphen der Funktionen $f(x) = x^{-1} = 1/x$ und $g(x) = x^{-2} = 1/x^2$ sind in ▶Abbildung 1.16 dargestellt. Beide Funktionen sind für alle $x \neq 0$ definiert (Division durch null ist verboten). Der Graph von $y = 1/x$ ist die Hyperbel $xy = 1$, die sich an die Koordinatenachsen schmiegt. Der Graph der Funktion f ist symmetrisch bezüglich des Ursprungs; f ist auf den Intervallen $(-\infty, 0)$ und $(0, \infty)$ fallend. Der Graph der Funktion g ist symmetrisch bezüglich der y-Achse; g ist auf dem Intervall $(-\infty, 0)$ wachsend und auf dem Intervall $(0, \infty)$ fallend.

c $a = \dfrac{1}{2}, \dfrac{1}{3}, \dfrac{3}{2}$ und $\dfrac{2}{3}$.

Die Funktionen $f(x) = x^{1/2} = \sqrt{x}$ und $g(x) = x^{1/3} = \sqrt[3]{x}$ heißen **Quadratwurzel**- beziehungsweise **kubische Wurzelfunktion**. Der Definitionsbereich der Quadratwurzelfunktion ist $[0, \infty)$, die kubische Wurzel ist hingegen für alle reellen x definiert.[1] Die Graphen dieser beiden Funktionen sind zusammen mit den Graphen $y = x^{3/2}$ und $y = x^{2/3}$ in ▶Abbildung 1.17 dargestellt. (Denken Sie daran, dass $x^{3/2} = (x^{1/2})^3$ und $x^{2/3} = (x^{1/3})^2$ ist.)

Polynome Eine Funktion p ist eine **Polynomfunktion** (wir sagen dazu kurz auch nur **Polynom**), wenn

$$p(x) = a_n x^n + a_{n-1} x^{n-1} + \cdots + a_1 x + a_0$$

---

1 In diesem Fall muss man bei Anwendung der Rechenregeln für Potenzen allerdings etwas aufpassen. In vielen Büchern ist deshalb $\sqrt[3]{x}$, allgemein x^a, im Fall, dass a ein positiver echter Bruch ist, also z. B. $a = \frac{2}{3}, \frac{3}{2}, \frac{4}{5}$, usw., nur für $x \geq 0$ definiert.

Beispiel, warum man z. B. bei der Rechenregel $(x^a)^b = x^{a \cdot b}$ aufpassen muss, wenn man $x^{\frac{1}{3}}$ auch für $x < 0$ erklärt.

Es würde dann gelten $-1 = (-1)^{\frac{1}{3}} = (-1)^{\frac{2}{6}} = ((-1)^2)^{\frac{1}{6}} = 1^{\frac{1}{6}} = \sqrt[6]{1} = 1$.

1 Funktionen

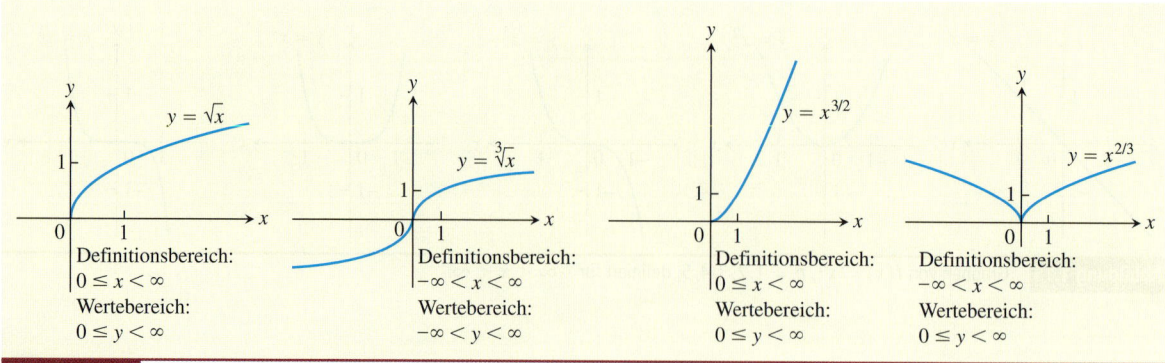

Abbildung 1.17 Graphen der Potenzfunktionen $f(x) = x^a$ für $a = \frac{1}{2}$, $\frac{1}{3}$, $\frac{3}{2}$ und $\frac{2}{3}$.

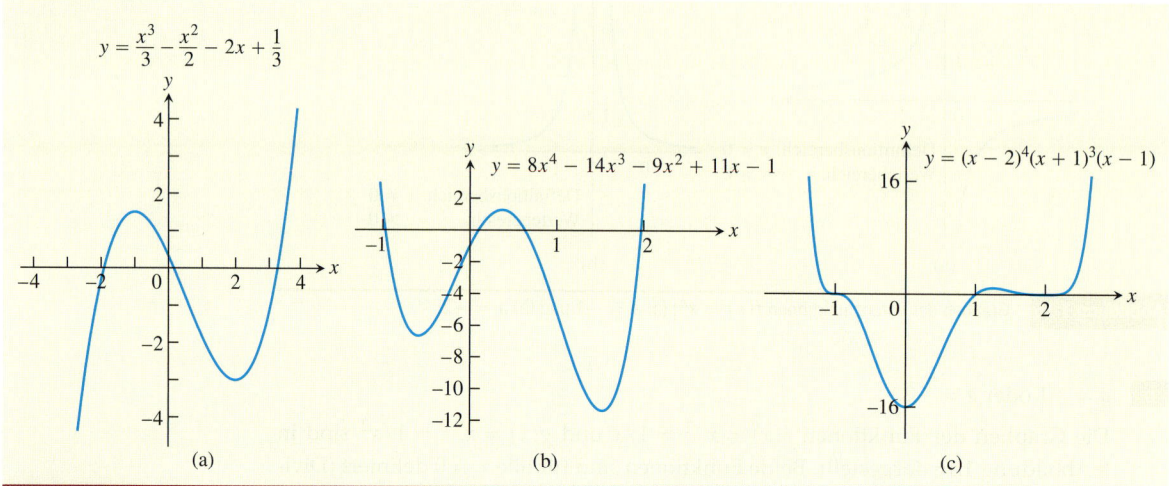

Abbildung 1.18 Graphen dreier Polynome.

ist. Dabei ist n eine nichtnegative ganze Zahl, und die Zahlen $a_0, a_1, a_2, \ldots, a_n$ sind reelle Konstanten (die sogenannten **Koeffizienten** des Polynoms). Alle Polynome haben den Definitionsbereich $(-\infty, \infty)$. Ist der führende Koeffizient $a_n \neq 0$ und $n \geq 0$, so bezeichnen wir n als **Grad** des Polynoms. Lineare Funktionen mit $m \neq 0$ sind Polynome vom Grad 1. Polynome vom Grad 2, üblicherweise in der Form $p(x) = ax^2 + bx + c$, nennt man **quadratische Funktionen**. Analog sind **kubische Funktionen** Polynome $p(x) = ax^3 + bx^2 + cx + d$ vom Grad 3. ▶Abbildung 1.18 zeigt die Graphen der drei Polynome. Techniken zum Zeichnen von Polynomen werden in Kapitel 4 behandelt.

Rationale Funktionen Eine **rationale Funktion** ist ein Quotient $f(x) = p(x)/q(x)$ aus den Polynomen p und q. Der Definitionsbereich einer rationalen Funktion ist die Menge aller reellen Zahlen x, für die $q(x) \neq 0$ ist. In ▶Abbildung 1.19 sind die Graphen einiger rationaler Funktionen dargestellt.

Algebraische Funktionen Jede Funktion, die mithilfe von algebraischen Operationen (Addition, Subtraktion, Multiplikation, Division und Wurzelziehen) aus Polynomen hervorgegangen ist, liegt in der Klasse der **algebraischen Funktionen**. Alle rationalen Funktion sind algebraisch, darunter fallen aber auch kompliziertere Funktionen (wie Funktionen, die etwa die Gleichung $y^3 - 9xy + x^3 = 0$ erfüllen, mit denen wir uns in Abschnitt 3.7 befassen). ▶Abbildung 1.20 zeigt die Graphen dreier algebraischer Funktionen.

1.1 Funktionen und ihre Graphen

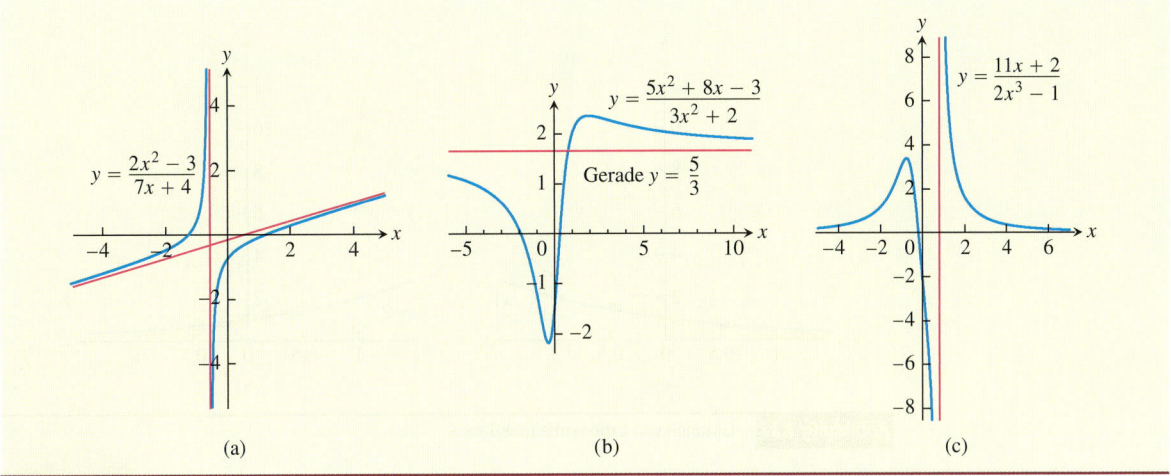

Abbildung 1.19 Graphen dreier rationaler Funktionen. Die roten Geraden nennt man *Asymptoten*. Sie sind nicht Teil des Graphen.

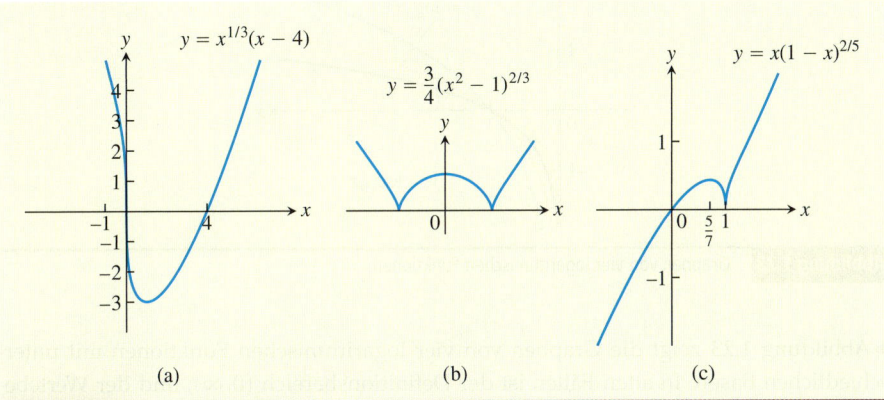

Abbildung 1.20 Graphen dreier algebraischer Funktionen.

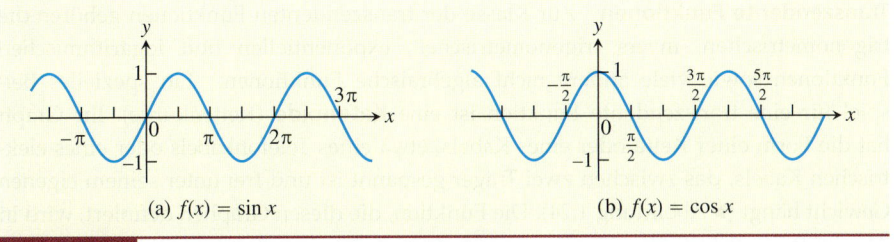

Abbildung 1.21 Graphen der Sinus- und der Kosinusfunktion.

Trigonometrische Funktionen Die sechs grundlegenden trigonometrischen Funktionen werden in Abschnitt 1.3 behandelt. Die Graphen der Sinusfunktion und der Kosinusfunktion sind in ▶Abbildung 1.21 dargestellt.

Exponentialfunktionen Funktionen der Form $f(x) = a^x$ mit der Basis $a > 0$ und $a \neq 1$ nennt man **Exponentialfunktionen**. Alle Exponentialfunktionen haben den Definitionsbereich $(-\infty, \infty)$ und den Wertebereich $(0, \infty)$, sodass eine Exponentialfunktion nie den Wert 0 annimmt. Wir untersuchen Exponentialfunktionen in Abschnitt 7.3. Die Graphen einiger Exponentialfunktionen sind in ▶Abbildung 1.22 dargestellt.

Logarithmische Funktionen Funktionen der Form $f(x) = \log_a x$ mit der positiven konstanten Basis $a \neq 1$ werden als **logarithmische Funktionen** bezeichnet. Sie sind die *inversen Funktionen* der Exponentialfunktionen und werden in Kapitel 7 behandelt.

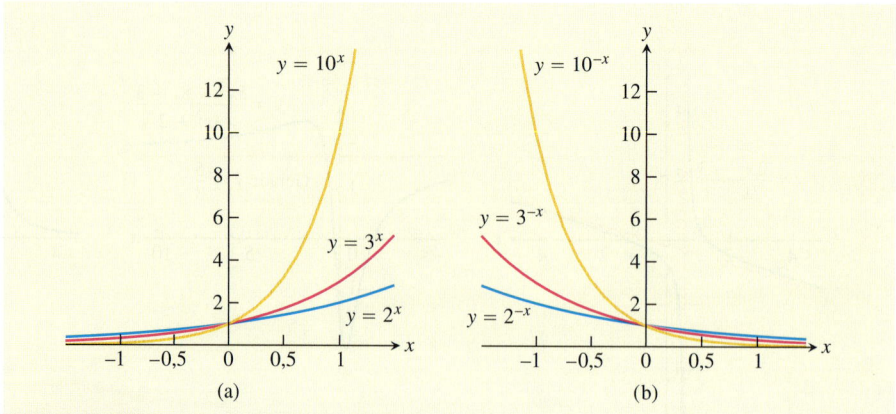

Abbildung 1.22 Graphen von Exponentialfunktionen.

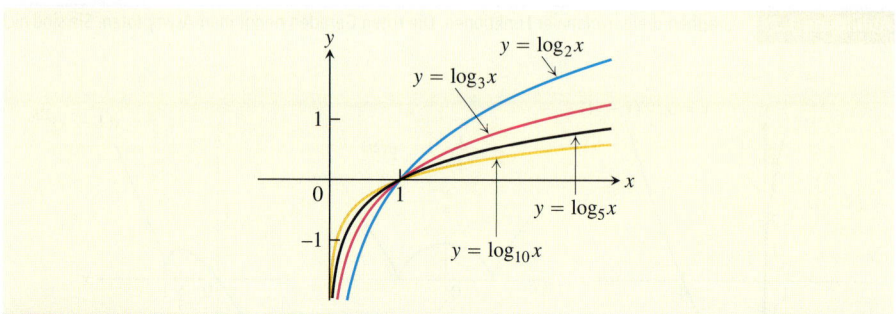

Abbildung 1.23 Graphen von vier logarithmischen Funktionen.

▶Abbildung 1.23 zeigt die Graphen von vier logarithmischen Funktionen mit unterschiedlichen Basen. In allen Fällen ist der Definitionsbereich $(0, \infty)$, und der Wertebereich ist $(-\infty, \infty)$.

Transzendente Funktionen Zur Klasse der transzendenten Funktionen gehören die trigonometrischen, invers trigonometrischen, exponentiellen und logarithmischen Funktionen sowie viele andere nicht algebraische Funktionen. Ein spezielles Beispiel für eine transzendente Funktion ist eine **Katenoide** (Kettenkurve). Ihr Graph hat die Form einer Kette oder eines Kabels, etwa eines Telefonkabels oder eines elektrischen Kabels, das zwischen zwei Träger gespannt ist und frei unter seinem eigenen Gewicht hängt (▶Abbildung 1.24). Die Funktion, die diesen Graphen definiert, wird in Abschnitt 7.7 diskutiert.

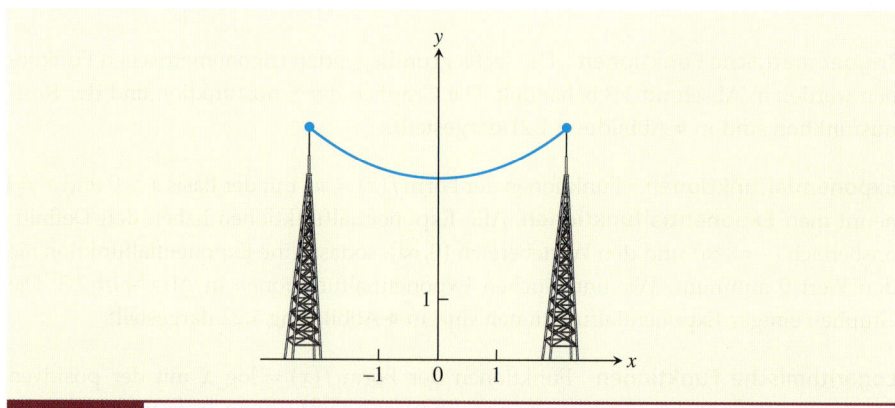

Abbildung 1.24 Graph einer Katenoide oder eines hängenden Kabels. (Das lateinische Wort *catena* bedeutet „Kette".)

Aufgaben zum Abschnitt 1.1

Funktionen Bestimmen Sie in den Aufgaben 1–3 den Definitionsbereich und den Wertebereich der Funktion.

1. $f(x) = 1 + x^2$

2. $F(x) = \sqrt{5x + 10}$

3. $f(t) = \dfrac{4}{3-t}$

4. Welcher der beiden Kurven ist Graph einer Funktion von x? Begründen Sie Ihre Antwort.

a. 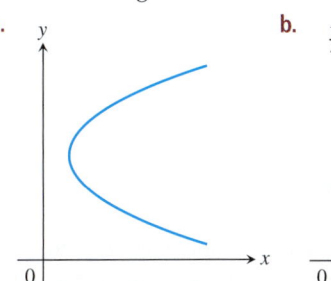 b.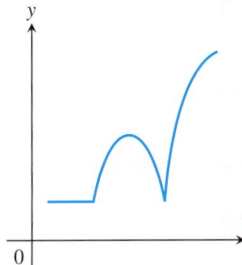

5. Welcher der beiden Kurven ist Graph einer Funktion von x? Begründen Sie Ihre Antwort.

a. 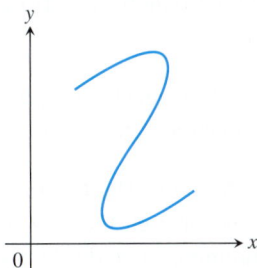 b.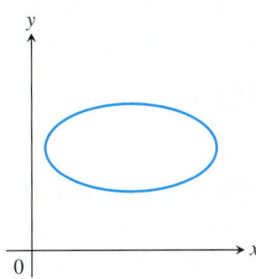

Funktionsgleichungen bestimmen

6. Drücken Sie den Flächeninhalt und den Umfang eines gleichseitigen Dreiecks als Funktion der Seitenlänge x des Dreiecks aus.

7. Drücken Sie die Kantenlänge eines Würfels als Funktion der Länge der Diagonalen d des Würfels aus. Drücken Sie anschließend den Oberflächeninhalt und das Volumen des Würfels als Funktion der Diagonalenlänge aus.

8. Betrachten Sie einen Punkt (x,y), der auf dem Graphen der Geraden $2x + 4y = 5$ liegt. Sei L der Abstand des Punktes (x,y) zum Ursprung $(0,0)$. Schreiben Sie L als eine Funktion von x.

Funktionen und Graphen Bestimmen Sie den Definitionsbereich und zeichnen Sie zu den Funktionen aus den Aufgaben 9–11 den Graphen.

9. $f(x) = 5 - 2x$

10. $g(x) = \sqrt{|x|}$

11. $F(t) = t/|t|$

12. Bestimmen Sie den Definitionsbereich von
$$y = \dfrac{x+3}{4 - \sqrt{x^2 - 9}}.$$

13. Zeichnen Sie die durch die folgenden Gleichungen gegebenen Kurven in der kartesischen Ebene und erläutern Sie, warum sie keine Graphen von Funktionen von x sind. **a.** $|y| = x$ **b.** $y^2 = x^2$

Stückweise definierte Funktionen Zeichnen Sie die Graphen zu den Funktionen aus den Aufgaben 14 und 15.

14. $f(x) = \begin{cases} x, & 0 \leq x \leq 1 \\ 2 - x, & 1 < x \leq 2 \end{cases}$

15. $F(x) = \begin{cases} 4 - x^2, & x \leq 1 \\ x^2 + 2x, & x > 1 \end{cases}$

Geben Sie für die in den Aufgaben 16 und 19 gezeichneten Funktionsgraphen jeweils die Funktion an.

16.

a. 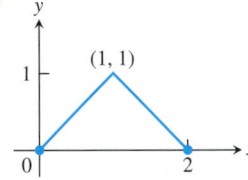 b.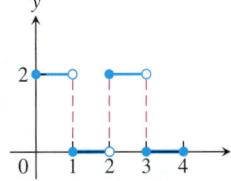

17.

a. 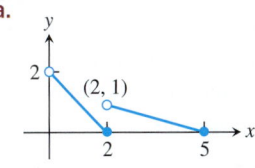 b.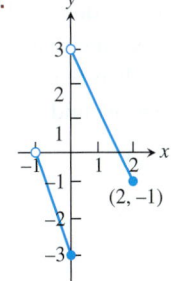

1 Funktionen

18.

a. 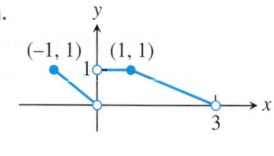   b.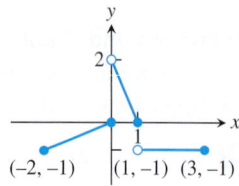

19.

a. 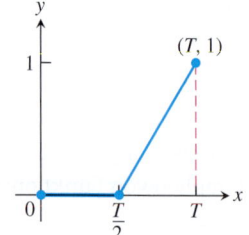   b.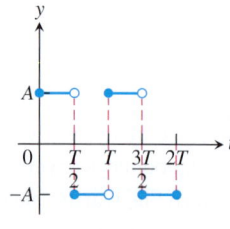

Die Aufrundungs- und die Abrundungsfunktion

20. Für welche Werte von x ist

a. $\lfloor x \rfloor = 0$?   b. $\lceil x \rceil = 0$?

21. Welche reellen Zahlen x erfüllen die Gleichung $\lfloor x \rfloor = \lceil x \rceil$?

22. Gilt $\lceil -x \rceil = -\lfloor x \rfloor$ für alle reellen Zahlen x?

23. Zeichnen Sie die Funktion

$$f(x) = \begin{cases} \lfloor x \rfloor, & x \geq 0 \\ \lceil x \rceil, & x < 0. \end{cases}$$

Warum heißt $f(x)$ *ganzzahliger Teil* von x?

Wachsende und fallende Funktionen

Zeichnen Sie die Graphen zu den Funktionen aus den Aufgaben 24–28. Welche Symmetrien weisen die Graphen gegebenenfalls auf? Geben Sie die Intervalle an, auf denen die Funktion wächst und auf denen sie fällt.

24. $y = -x^3$

25. $y = -\dfrac{1}{x}$

26. $y = \sqrt{|x|}$

27. $y = x^3/8$

28. $y = -x^{3/2}$

Gerade und ungerade Funktionen

Entscheiden Sie in den Aufgaben 29–34, ob die Funktion gerade, ungerade oder keines von beiden ist. Begründen Sie Ihre Antwort.

29. $f(x) = 3$

30. $f(x) = x^2 + 1$

31. $g(x) = x^3 + x$

32. $g(x) = \dfrac{1}{x^2 - 1}$

33. $h(t) = \dfrac{1}{t - 1}$

34. $h(t) = 2t + 1$

Theorie und Beispiele

35. Die Variable s ist proportional zu t, und s ist gleich 25, wenn t gleich 75 ist. Bestimmen Sie t für $s = 60$.

36. Kinetische Energie Die kinetische Energie E_{kin} einer Masse ist proportional zum Quadrat ihrer Geschwindigkeit v. Sei $E_{\text{kin}} = 12\,960$ Joule für $v = 18\,\text{m/s}$. Wie groß ist E_{kin} für $v = 10\,\text{m/s}$?

37. Die Variablen r und s sind umgekehrt proportional mit $r = 6$ für $s = 4$. Bestimmen Sie s für $r = 10$.

38. Das Gesetz von Boyle–Mariotte Das Gesetz von Boyle–Mariotte besagt, dass das Volumen V eines Gases bei konstanter Temperatur zunimmt, wenn der Druck P abnimmt, sodass V und P umgekehrt proportional sind. Ist $P = 850\,\text{g/cm}^2$ für $V = 16\,390\,\text{cm}^3$, wie ist dann V für $P = 1350\,\text{g/cm}^2$?

39. Aus einem rechteckigen Stück Pappe mit den Abmessungen 35 cm × 35 cm soll eine offene Schachtel konstruiert werden, indem man Quadrate der Seitenlänge x an jeder Ecke herausschneidet und anschließend die Seiten hochfaltet wie in der Abbildung dargestellt. Drücken Sie das Volumen V der Schachtel als Funktion von x aus.

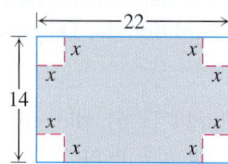 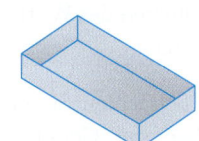

40. Die nachfolgende Abbildung zeigt ein Rechteck, das einem gleichschenkligen rechtwinkligen Dreieck eingeschrieben ist, dessen Hypotenuse 2 Einheiten lang ist.

a. Drücken Sie für $x \in [0,1]$ die y-Koordinate von P als Funktion von x aus. (Sie könnten zunächst eine Gleichung für die Gerade AB aufschreiben.)

b. Drücken Sie für $x \in [0,1]$ den Flächeninhalt des Rechtecks als Funktion von x aus.

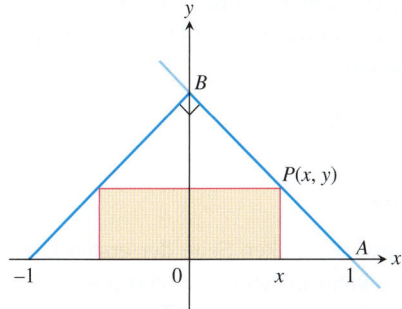

Ordnen Sie in den Aufgaben 41 und 42 die Funktionen den Graphen aus der nachfolgenden Abbildung zu. Verwenden Sie kein grafisches Hilfsmittel und begründen Sie Ihre Antwort.

41. **a.** $y = x^4$ **b.** $y = x^7$ **c.** $y = x^{10}$

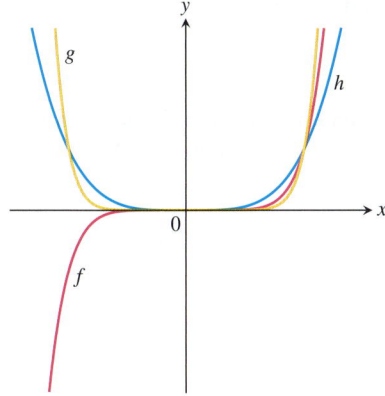

42. **a.** $y = 5x$ **b.** $y = 5^x$ **c.** $y = x^5$

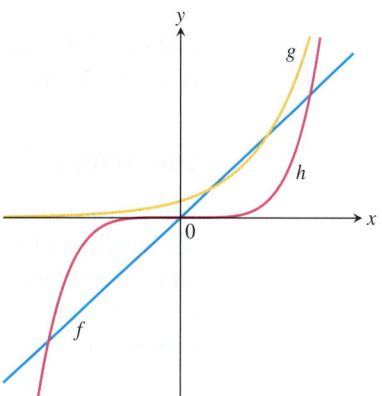

43. **a.** Stellen Sie die Funktionen $f(x) = x/2$ und $g(x) = 1 + (4/x)$ in einem Koordinatensystem grafisch dar, um zu bestimmen, für welche x

$$\frac{x}{2} > 1 + \frac{4}{x} \quad \text{ist.}$$

b. Bestätigen Sie Ihre Ergebnisse aus Teil **a.** algebraisch.

44. Damit eine Kurve *bezüglich der y-Achse symmetrisch* ist, muss der Punkt (x, y) genau dann auf der Kurve liegen, wenn der Punkt $(x, -y)$ auf der Kurve liegt. Erläutern Sie, warum eine Kurve, die symmetrisch bezüglich der x-Achse ist, kein Graph einer Funktion ist, abgesehen von dem Fall $y = 0$.

45. Es soll ein Pferch in Form eines gleichschenkligen und rechtwinkligen Dreiecks mit der Schenkellänge x m und der Hypotenuse h m gebaut werden. Angenommen, die Umzäunung kostet für die Schenkel 10 Euro/m und für die Hypotenuse 15 Euro/m. Schreiben Sie die Gesamtkosten C für die Konstruktion als Funktion von h für $h \in [0, \infty)$.

1.2 Funktionen kombinieren; Graphen verschieben und skalieren

In diesem Abschnitt befassen wir uns mit den wesentlichen Arten, wie Funktionen zu neuen Funktionen kombiniert oder transformiert werden.

Summen, Differenzen, Produkte und Quotienten

Wie Zahlen können auch Funktionen addiert, subtrahiert, multipliziert und (sofern der Nenner nicht null ist) dividiert werden, um neue Funktionen zu erhalten. Sind f und g Funktionen, so definieren wir für alle x, die sowohl zum Definitionsbereich von f als auch zum Definitionsbereich von g gehören (also für $x \in D(f) \cap D(g)$), die Funktionen $f+g$, $f-g$ und fg durch die Gleichungen

$$(f+g)(x) = f(x) + g(x),$$
$$(f-g)(x) = f(x) - g(x),$$
$$(fg)(x) = f(x)\,g(x).$$

Vergegenwärtigen Sie sich, dass das +-Zeichen auf der linken Seite der ersten Gleichung die Operation der Addition von *Funktionen* kennzeichnet, während das +-Zeichen auf der rechten Seite der Gleichung für die Addition der reellen Zahlen $f(x)$ und $g(x)$ steht.

An jeder Stelle $x \in D(f) \cap D(g)$, an der $g(x) \neq 0$ ist, können wir auch die Funktion f/g definieren:

$$\left(\frac{f}{g}\right)(x) = \frac{f(x)}{g(x)} \quad (\text{für } g(x) \neq 0).$$

Funktionen können auch mit Konstanten multipliziert werden: Ist c eine reelle Zahl, so ist die Funktion cf für alle x folgendermaßen definiert:

$$(cf)(x) = cf(x).$$

Den Graphen der Funktion $f+g$ erhält man aus den Graphen von f und g, indem man die entsprechenden y-Koordinaten $f(x)$ und $g(x)$ an jeder Stelle $x \in D(f) \cap D(g)$ addiert, wie in ▶Abbildung 1.25 dargestellt.

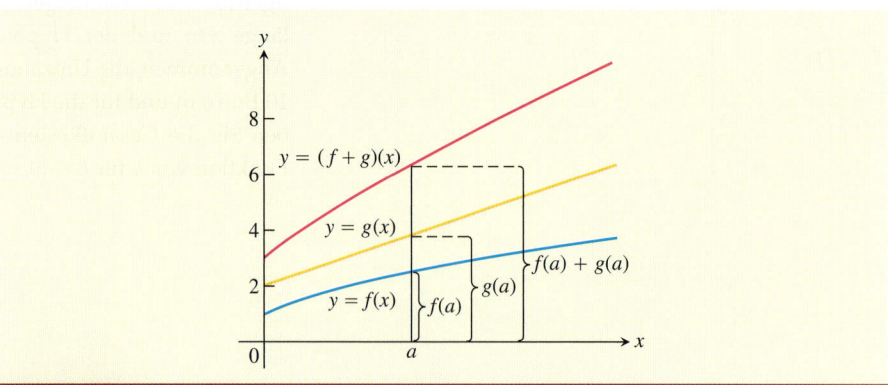

Abbildung 1.25 Grafische Addition zweier Funktionen.

Algebraische Kombinationen zweier Funktionen

Beispiel 1.9 Die durch

$$f(x) = \sqrt{x} \quad \text{und} \quad g(x) = \sqrt{1-x}$$

definierten Funktionen haben die Definitionsbereiche $D(f) = [0, \infty)$ und $D(g) = (-\infty, 1]$.

Diese Definitionsbereiche haben folgende Punkte gemeinsam:

$$[0,\infty) \cap (-\infty,1] = [0,1].$$

Die nachfolgende Tabelle fasst die Funktionsgleichungen und Definitionsbereiche für die verschiedenen algebraischen Kombinationen der beiden Funktionen zusammen. Wir schreiben auch $f \cdot g$ für die Produktfunktion fg.

Funktion	Gleichung	Definitionsbereich
$f+g$	$(f+g)(x) = \sqrt{x} + \sqrt{1-x}$	$[0,1] = D(f) \cap D(g)$
$f-g$	$(f-g)(x) = \sqrt{x} - \sqrt{1-x}$	$[0,1]$
$g-f$	$(g-f)(x) = \sqrt{1-x} - \sqrt{x}$	$[0,1]$
$f \cdot g$	$(f \cdot g)(x) = f(x)g(x) = \sqrt{x(1-x)}$	$[0,1]$
f/g	$\frac{f}{g}(x) = \frac{f(x)}{g(x)} = \sqrt{\frac{x}{1-x}}$	$[0,1)$ ($x=1$ ausgenommen)
g/f	$\frac{g}{f}(x) = \frac{g(x)}{f(x)} = \sqrt{\frac{1-x}{x}}$	$(0,1]$ ($x=0$ ausgenommen)

Die Graphen zu $f+g$ und $f \cdot g$ aus Beispiel 1.9 sind in ▶Abbildung 1.26 dargestellt.

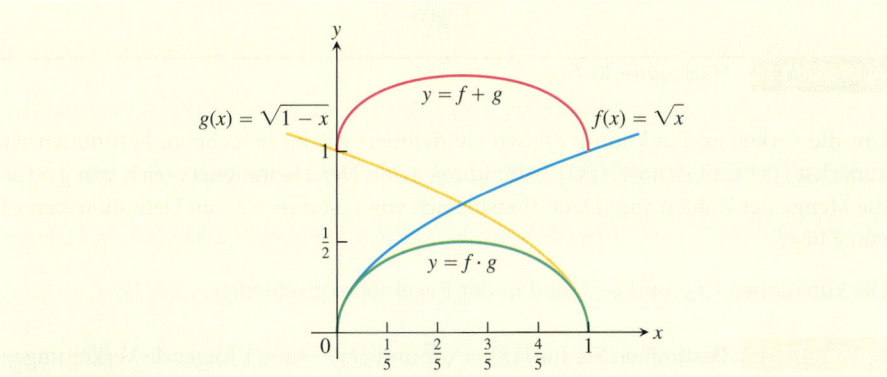

Abbildung 1.26 Der Definitionsbereich der Funktion $f+g$ ist die Schnittmenge der Definitionsbereiche von f und g, nämlich das Intervall $[0,1]$ auf der x-Achse, wo sich diese Definitionsbereiche überlappen. Dieses Intervall ist zugleich der Definitionsbereich der Funktion $f \cdot g$ (Beispiel 1.9).

Verkettete Funktionen

Verkettung (Zusammensetzung) ist eine weitere Methode, Funktionen zu kombinieren.

> **Definition**
>
> Sind f und g Funktionen, so ist die **verkettete** Funktion $f \circ g$ („f verkettet mit g") durch
>
> $$(f \circ g)(x) = f(g(x))$$
>
> definiert. Der Definitionsbereich von $f \circ g$ besteht aus den Zahlen x aus dem Definitionsbereich von g, für die $g(x)$ im Definitionsbereich von f liegt.

Die Definition besagt, dass $f \circ g$ gebildet werden kann, wenn der Wertebereich von g im Definitionsbereich von f liegt. Um $(f \circ g)(x)$ zu bestimmen, bestimmt man *zuerst* $g(x)$ und *dann* $f(g(x))$, das heißt, man geht von „innen nach außen" vor. ▶Abbildung 1.27 veranschaulicht $f \circ g$ in Form eines Automatendiagramms, und ▶Abbildung 1.28 zeigt die verkettete Funktion in Form eines Pfeildiagramms.

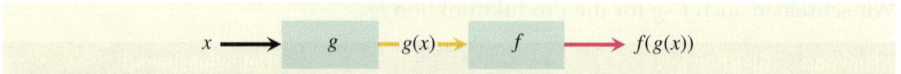

Abbildung 1.27 Zwei Funktionen können an der Stelle *x* verkettet werden, wenn der Wert der einen Funktion an der Stelle *x* im Definitionsbereich der anderen liegt. Diese verkettete Funktion wird mit $f \circ g$ bezeichnet.

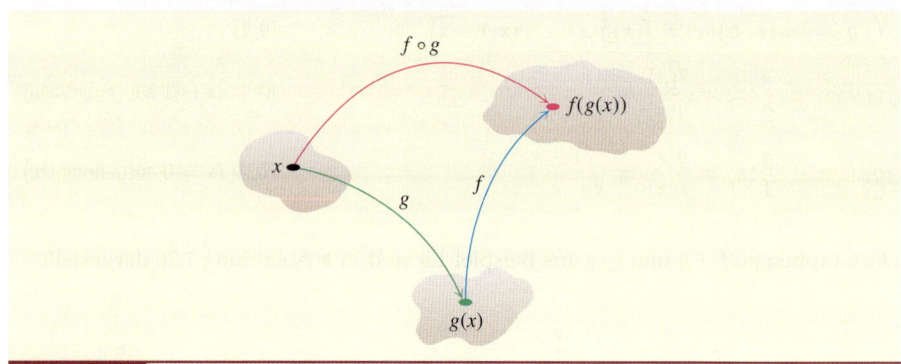

Abbildung 1.28 Pfeildiagramm für $f \circ g$.

Um die verkettete Funktion $g \circ f$ (wo sie definiert ist) zu berechnen, bestimmen wir zunächst $f(x)$ und dann $g(f(x))$ (Abbildung 1.28). Der Definitionsbereich von $g \circ f$ ist die Menge der Zahlen x im Definitionsbereich von f, sodass $f(x)$ im Definitionsbereich von g liegt.

Die Funktionen $f \circ g$ und $g \circ f$ sind in der Regel sehr verschieden.

Verschiedene Verkettungen zweier Funktionen

Beispiel 1.10 Bestimmen Sie für $f(x) = \sqrt{x}$ und $g(x) = x + 1$ folgende Verkettungen:

a. $(f \circ g)(x)$ b. $(g \circ f)(x)$ c. $(f \circ f)(x)$ d. $(g \circ g)(x)$

Lösung

	Verkettung	Definitionsbereich
a	$(f \circ g)(x) = f(g(x)) = \sqrt{g(x)} = \sqrt{x+1}$	$[-1, \infty)$
b	$(g \circ f)(x) = g(f(x)) = f(x) + 1 = \sqrt{x} + 1$	$[0, \infty)$
c	$(f \circ f)(x) = f(f(x)) = \sqrt{f(x)} = \sqrt{\sqrt{x}} = x^{1/4}$	$[0, \infty)$
d	$(g \circ g)(x) = g(g(x)) = g(x) + 1 = (x+1) + 1 = x + 2$	$(-\infty, \infty)$

Um nachzuvollziehen, warum der Definitionsbereich von $f \circ g$ gleich $[-1, \infty)$ ist, vergegenwärtigen Sie sich, dass $g(x) = x + 1$ zwar für alle reellen x definiert ist, aber nur zum Definitionsbereich von f gehört, wenn $x + 1 \geq 0$ ist, also für $x \leq -1$. ∎

Bedenken Sie, dass für $f(x) = x^2$ und $g(x) = \sqrt{x}$ die Verkettung $(f \circ g)(x) = (\sqrt{x})^2 = x$ ist. Der Definitionsbereich von $f \circ g$ ist jedoch nicht $(-\infty, \infty)$, sondern $[0, \infty)$, weil $\sqrt{x}$ als Definitionsbereich $x \geq 0$ fordert.

1.2 Funktionen kombinieren; Graphen verschieben und skalieren

Den Graphen einer Funktion verschieben

Ein üblicher Weg, eine neue Funktion aus einer gegebenen Funktion zu erhalten, besteht darin, zu jeder Ausgabe oder jeder Eingabe der existierenden Funktion eine Konstante zu addieren. Der Graph der neuen Funktion ist der Graph der ursprünglichen Funktion, nur vertikal oder horizontal verschoben, und zwar folgendermaßen:

> **Verschiebung**
>
> **Vertikale Verschiebungen**
> $y = f(x) + k$ verschiebt Graph von f für $k > 0$ um k Einheiten nach *oben*
> verschiebt Graph von f für $k < 0$ um $|k|$ Einheiten nach *unten*
>
> **Horizontale Verschiebungen**
> $y = f(x + h)$ verschiebt Graph von f für $h > 0$ um h Einheiten nach *links*
> verschiebt Graph von f für $h < 0$ um $|h|$ Einheiten nach *rechts*

Beispiel 1.11

Verschiebung einer quadratischen Funktion und der Betragsfunktion

a Addieren wir zur rechten Seite der Gleichung $y = x^2$ die Konstante 1, so erhalten wir $y = x^2 + 1$, der Graph wird um 1 Einheit nach oben verschoben (▶Abbildung 1.29).

b Addieren wir zur rechten Seite der Gleichung $y = x^2$ die Konstante -2, so erhalten wir $y = x^2 - 2$, der Graph wird um 2 Einheiten nach unten verschoben (Abbildung 1.29).

c Addieren wir zu x in der Gleichung $y = x^2$ die Konstante 3, so erhalten wir $y = (x + 3)^2$, der Graph wird um 3 Einheiten nach links verschoben (▶Abbildung 1.30).

d Addieren wir zu x in der Gleichung $y = |x|$ die Konstante -2 und addieren zum Ergebnis -1, so erhalten wir $y = |x - 2| - 1$, der Graph wird um 2 Einheiten nach rechts und um 1 Einheit nach unten verschoben (▶Abbildung 1.31).

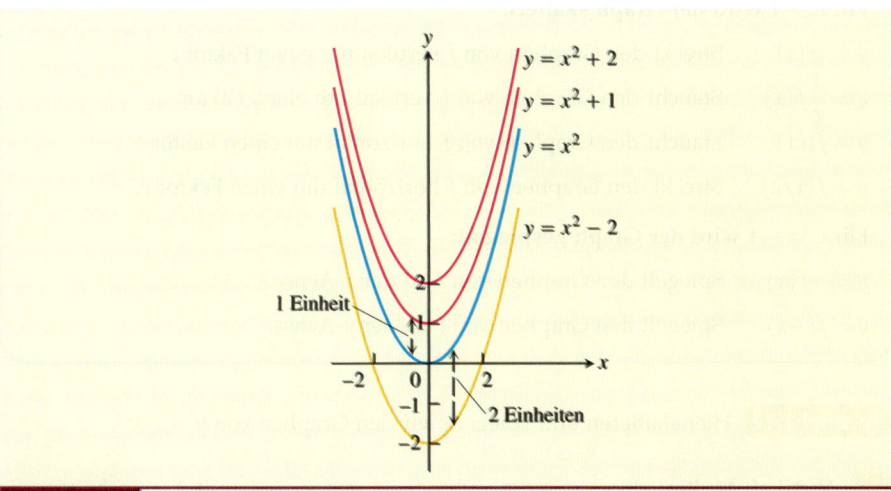

Abbildung 1.29 Um den Graphen von $f(x) = x^2$ nach oben (oder unten) zu verschieben, addieren wir positive (oder negative) Konstanten zur Funktionsgleichung (Beispiel 1.11a und b).

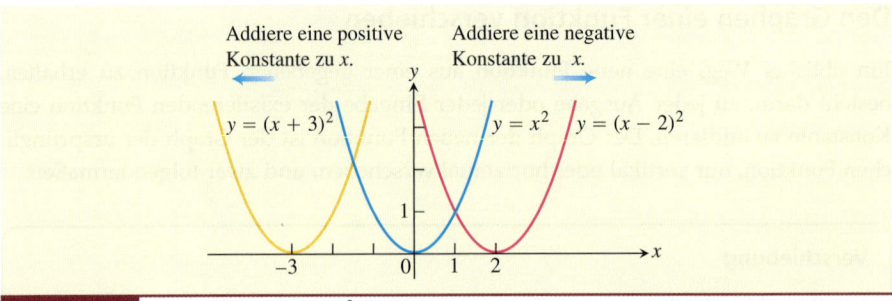

Abbildung 1.30 Um den Graphen $y = x^2$ nach links zu verschieben, addieren wir eine positive Konstante zu x (Beispiel 1.11c). Um den Graphen nach rechts zu verschieben, addieren wir zu x eine negative Konstante.

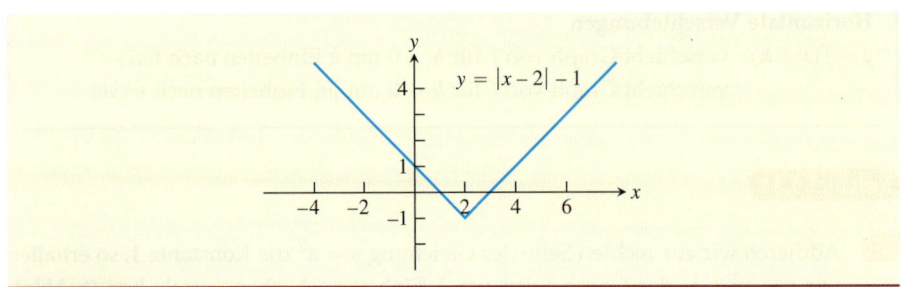

Abbildung 1.31 Verschiebung des Graphen von $y = |x|$ um 2 Einheiten nach rechts und 1 Einheit nach unten (Beispiel 1.11d).

Den Graphen einer Funktion skalieren und spiegeln

Den Graphen einer Funktion $y = f(x)$ zu skalieren bedeutet, ihn vertikal oder horizontal zu strecken oder zu stauchen. Dazu multipliziert man die Funktion f oder die unabhängige Variable x mit einer geeigneten Konstante c. Spiegelungen an den Koordinatenachsen sind Spezialfälle mit $c = -1$.

Vertikale und horizontale Skalierung und Spiegelung

Für $c > 1$ wird der Graph skaliert:

$y = cf(x)$ Streckt den Graphen von f vertikal um einen Faktor c.

$y = \dfrac{1}{c} f(x)$ Staucht den Graphen von f vertikal um einen Faktor c.

$y = f(cx)$ Staucht den Graphen von f horizontal um einen Faktor c.

$y = f(x/c)$ Streckt den Graphen von f horizontal um einen Faktor c.

Für $c = -1$ wird der Graph gespiegelt:

$y = -f(x)$ Spiegelt den Graphen von f an der x-Achse.

$y = f(-x)$ Spiegelt den Graphen von f an der y-Achse.

Skalierung und Spiegelung der Wurzelfunktion

Beispiel 1.12 Hier skalieren und spiegeln wir den Graphen von $y = \sqrt{x}$.

a **Vertikal:** Multiplizieren wir die rechte Seite von $y = \sqrt{x}$ mit 3, so erhalten wir $y = 3\sqrt{x}$, der Graph wird um einen Faktor 3 vertikal gestreckt, Multiplikation mit 1/3 staucht den Graphen um einen Faktor 3 (▶Abbildung 1.32).

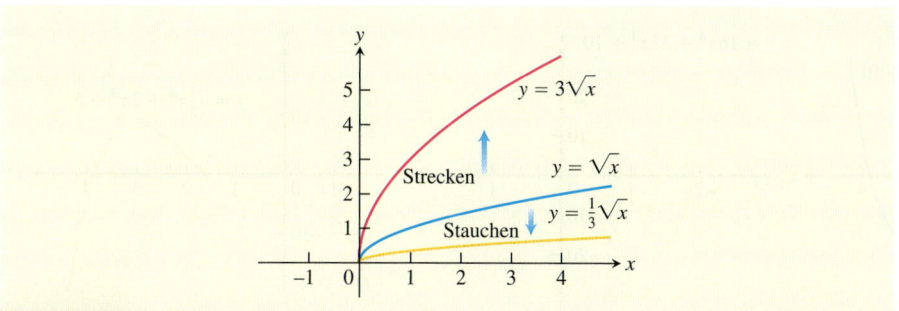

Abbildung 1.32 Vertikale Streckung und Stauchung des Graphen von $y = \sqrt{x}$ um einen Faktor 3 (Beispiel 1.12a).

b **Horizontal:** Der Graph von $y = \sqrt{3x}$ ist eine horizontale Stauchung des Graphen von $y = \sqrt{x}$ um einen Faktor 3, und $y = \sqrt{x/3}$ ist eine horizontale Streckung um einen Faktor 3 (▶Abbildung 1.33). Vergegenwärtigen Sie sich, dass $y = \sqrt{3x} = \sqrt{3}\sqrt{x}$ ist, sodass eine horizontale Stauchung einer vertikalen Streckung um einen anderen Skalierungsfaktor entsprechen *kann*. Genauso kann eine horizontale Streckung einer vertikalen Stauchung um einen anderen Skalierungsfaktor entsprechen.

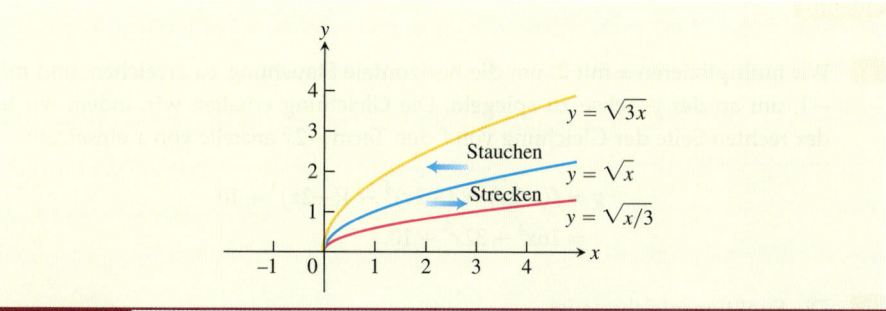

Abbildung 1.33 Horizontale Streckung und Stauchung des Graphen von $y = \sqrt{x}$ um einen Faktor 3 (Beispiel 1.12b).

c **Spiegelung:** Der Graph von $y = -\sqrt{x}$ ist eine Spiegelung von $y = \sqrt{x}$ an der x-Achse, und $y = \sqrt{-x}$ ist eine Spiegelung an der y-Achse (▶Abbildung 1.34).

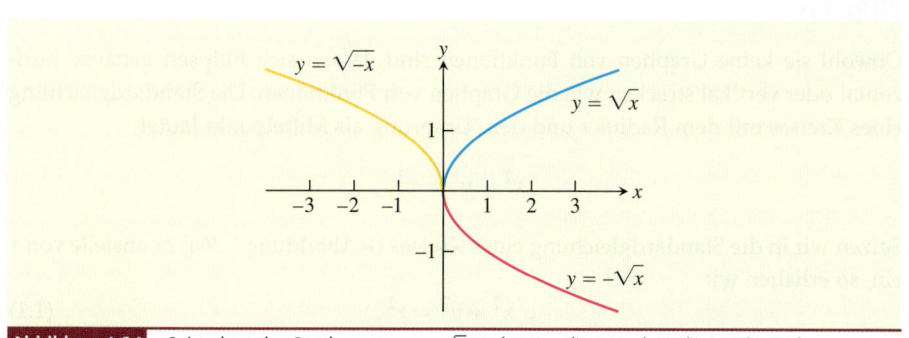

Abbildung 1.34 Spiegelung des Graphen von $y = \sqrt{x}$ an den Koordinatenachsen (Beispiel 1.12c).

Beispiel 1.13 Gegeben sei die Funktion $f(x) = x^4 - 4x^3 + 10$ (▶Abbildung 1.35a). Bestimmen Sie Funktionsgleichungen, um

Skalierung und Spiegelung von $y = x^4 - 4x^3 + 10$

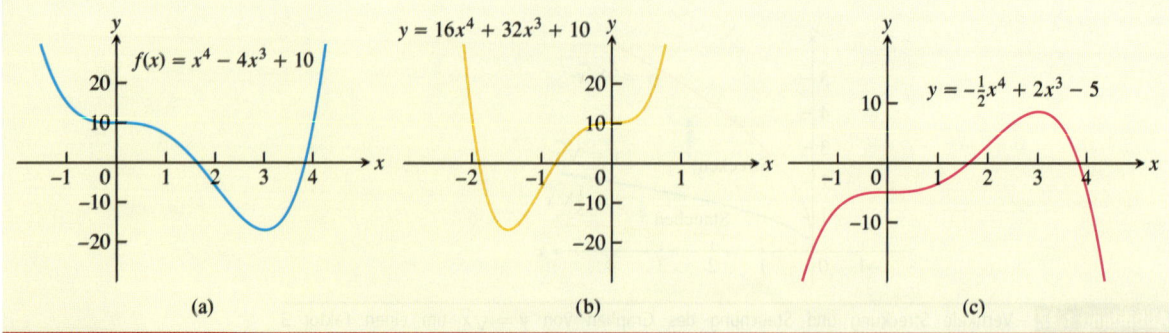

Abbildung 1.35 (a) Der ursprüngliche Graph von f. (b) Die horizontale Stauchung von $y = f(x)$ aus Teil (a) um einen Faktor 2 mit anschließender Spiegelung an der y-Achse. (c) Die vertikale Stauchung von $y = f(x)$ aus Teil (a) um einen Faktor 2 und anschließender Spiegelung an der x-Achse (Beispiel 1.13).

a den Graphen horizontal um einen Faktor 2 zu stauchen und ihn anschließend an der y-Achse zu spiegeln (▶Abbildung 1.35b).

b den Graphen vertikal um einen Faktor 2 zu stauchen und ihn anschließend an der x-Achse zu spiegeln (▶Abbildung 1.35c).

Lösung

a Wir multiplizieren x mit 2, um die horizontale Stauchung zu erreichen, und mit -1, um an der y-Achse zu spiegeln. Die Gleichung erhalten wir, indem wir in der rechten Seite der Gleichung von f den Term $-2x$ anstelle von x einsetzen:

$$y = f(-2x) = (-2x)^4 - 4(-2x)^3 + 10$$
$$= 16x^4 + 32x^3 + 10.$$

b Die Funktionsgleichung ist

$$y = -\frac{1}{2}f(x) = -\frac{1}{2}x^4 + 2x^3 - 5.$$

Ellipsen

Obwohl sie keine Graphen von Funktionen sind, lassen sich Ellipsen genauso horizontal oder vertikal strecken wie die Graphen von Funktionen. Die Standardgleichung eines Kreises mit dem Radius r und dem Ursprung als Mittelpunkt lautet

$$x^2 + y^2 = r^2.$$

Setzen wir in die Standardgleichung eines Kreises (▶Abbildung 1.36a) cx anstelle von x ein, so erhalten wir

$$c^2 x^2 + y^2 = r^2. \qquad (1.1)$$

Für $0 < c < 1$ ist die Kurve zu Gleichung (1.1) ein horizontal gestreckter Kreis; für $c > 1$ ist der Kreis horizontal gestaucht. In beiden Fällen ist die Kurve zu Gleichung (1.1) eine Ellipse (▶Abbildung 1.36). Überzeugen Sie sich anhand von ▶Abbildung 1.36, dass die Schnittpunkte mit der y-Achse für alle drei Kurven $-r$ und r sind. In ▶Abbildung 1.36b heißt das Geradensegment zwischen den Punkten $(\pm r/c, 0)$ die **Hauptachse** der Ellipse; die **Nebenachse** ist das Geradensegment zwischen den Punkten

| (a) Kreis | (b) Ellipse, $0 < c < 1$ | (c) Ellipse, $c > 1$ |

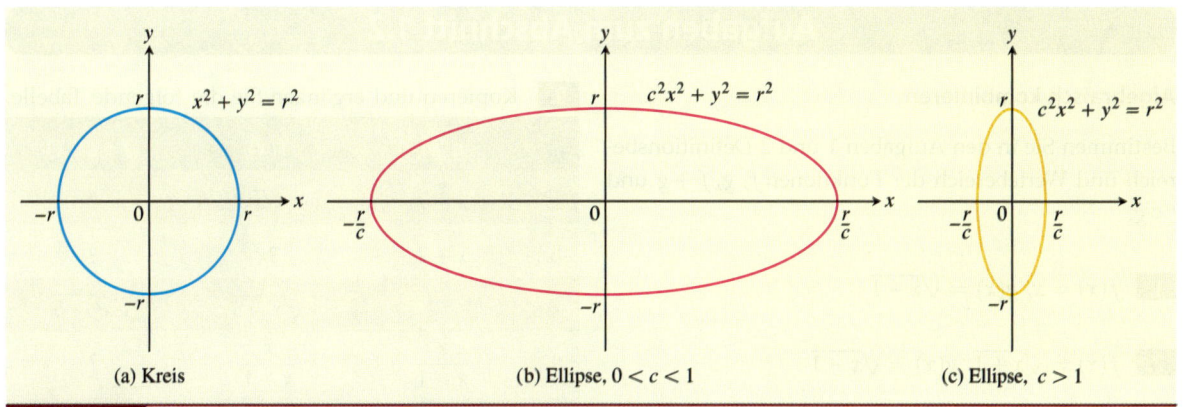

Abbildung 1.36 Horizontale Streckung und Stauchung eines Kreises erzeugt Ellipsen.

$(0, \pm r)$. In ▶Abbildung 1.36c sind die Achsen der Ellipse vertauscht: Die Hauptachse ist das Geradensegment zwischen $(0, \pm r)$, und die Nebenachse ist das Geradensegment zwischen den Punkten $(\pm r/c, 0)$. In beiden Fällen ist die Hauptachse das längere Geradensegment.

Dividieren wir beide Seiten der Gleichung (1.1) durch r^2, so erhalten wir

$$\frac{x^2}{a^2} + \frac{y^2}{b^2} = 1 \tag{1.2}$$

mit $a = r/c$ und $b = r$. Für $a > b$ ist die Hauptachse horizontal; für $a < b$ ist die Hauptachse vertikal. Der **Mittelpunkt** der durch Gleichung (1.2) gegebenen Ellipse ist der Ursprung. (▶Abbildung 1.37).

Setzen wir $x - h$ und $y - k$ anstelle von x und y ein, so wird Gleichung (1.2) zu

$$\frac{(x-h)^2}{a^2} + \frac{(y-k)^2}{b^2} = 1. \tag{1.3}$$

Gleichung (1.3) ist die **Standardgleichung einer Ellipse** mit dem Mittelpunkt (h, k). Die geometrische Definition und die Ellipseneigenschaften werden in Abschnitt 11.6 behandelt.

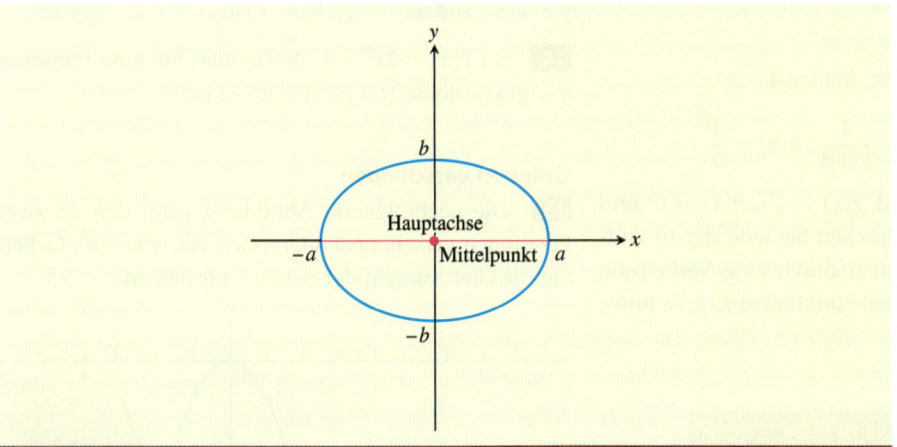

Abbildung 1.37 Die Ellipse $x^2/a^2 + y^2/b^2 = 1$ mit $a > b$. Die Hauptachse ist horizontal.

Aufgaben zum Abschnitt 1.2

Algebraisch kombinieren

Bestimmen Sie in den Aufgaben 1 und 2 Definitionsbereich und Wertebereich der Funktionen f, g, $f+g$ und $f \circ g$.

1. $f(x) = x$, $g(x) = \sqrt{x-1}$

2. $f(x) = \sqrt{x+1}$, $g(x) = \sqrt{x-1}$

Bestimmen Sie in den Aufgaben 3 und 4 Definitionsbereich und Wertebereich der Funktionen f, g, f/g und g/f.

3. $f(x) = 2$, $g(x) = x^2 + 1$

4. $f(x) = 1$, $g(x) = 1 + \sqrt{x}$

Funktionen verketten

5. Die Funktionen $f(x) = x+5$ und $g(x) = x^2 - 3$ seien gegeben. Bestimmen Sie die folgenden Verkettungen:

a. $f(g(0))$	b. $g(f(0))$
c. $f(g(x))$	d. $g(f(x))$
e. $f(f(-5))$	f. $g(g(2))$
g. $f(f(x))$	h. $g(g(x))$

Geben Sie in den Aufgaben 6 und 7 eine Gleichung für $f \circ g \circ h$ an.

6. $f(x) = x+1$, $g(x) = 3x$, $h(x) = 4-x$

7. $f(x) = \sqrt{x+1}$, $g(x) = \dfrac{1}{x+4}$, $h(x) = \dfrac{1}{x}$

Die Funktionen $f(x) = x-3$, $g(x) = \sqrt{x}$, $h(x) = x^3$ und $j(x) = 2x$ seien gegeben. Drücken Sie jede der in Aufgabe 8 gegebenen Funktionen durch eine Verkettung von einer oder mehrerer der Funktionen f, g, h und j aus.

8.

a. $y = \sqrt{x} - 3$	b. $y = 2\sqrt{x}$
c. $y = x^{1/4}$	d. $y = 4x$
e. $y = \sqrt{(x-3)^3}$	f. $y = (2x-6)^3$

9. Kopieren und ergänzen Sie die folgende Tabelle.

	$g(x)$	$f(x)$	$(f \circ g)(x)$
a.	$x-7$	$\sqrt{x}$	?
b.	$x+2$	$3x$	?
c.	?	$\sqrt{x-5}$	$\sqrt{x^2-5}$
d.	$\dfrac{x}{x-1}$	$\dfrac{x}{x-1}$	?
e.	?	$1 + \dfrac{1}{x}$	x
f.	$\dfrac{1}{x}$	?	x

10. Berechnen Sie jeden Ausdruck mithilfe der Werte aus der nachfolgenden Tabelle.

x	-2	-1	0	1	2
$f(x)$	1	0	-2	1	2
$g(x)$	2	1	0	-1	0

a. $f(g(-1))$ c. $f(f(-1))$ e. $g(f(-2))$
b. $g(f(0))$ d. $g(g(2))$ f. $f(g(1))$

Geben Sie in den Aufgaben 11 und 12 **a.** Funktionsgleichungen für $f \circ g$ und $g \circ f$ an, und bestimmen Sie jeweils **b.** den Definitionsbereich und **c.** den Wertebereich.

11. $f(x) = \sqrt{x+1}$, $g(x) = \dfrac{1}{x}$

12. $f(x) = x^2$, $g(x) = 1 - \sqrt{x}$

13. Sei $f(x) = \dfrac{x}{x-2}$. Bestimmen Sie eine Funktion $y = g(x)$, sodass $(f \circ g)(x) = x$ ist.

14. Sei $f(x) = 2x^3 - 4$. Bestimmen Sie eine Funktion $y = g(x)$, sodass $(f \circ g)(x) = x+2$ ist.

Graphen verschieben

15. Die nachfolgende Abbildung zeigt den an zwei Positionen verschobenen Graphen von $y = -x^2$. Geben Sie die Gleichungen der neuen Graphen an.

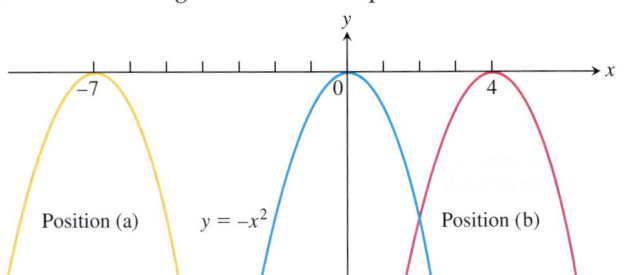

16. Ordnen Sie die Funktionsgleichungen aus den Teilen **a.** bis **d.** den Graphen aus der nachfolgenden Abbildung zu.

a. $y = (x-1)^2 - 4$
b. $y = (x-2)^2 + 2$
c. $y = (x+2)^2 + 2$
d. $y = (x+3)^2 - 2$

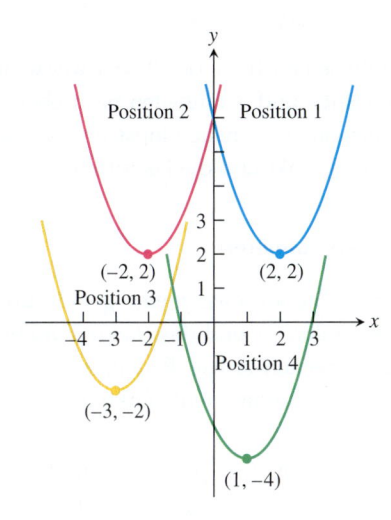

17. Die nachfolgende Abbildung zeigt den an vier neue Positionen verschobenen Graphen von $y = -x^2$. Schreiben Sie die Gleichung für jeden neuen Graphen auf.

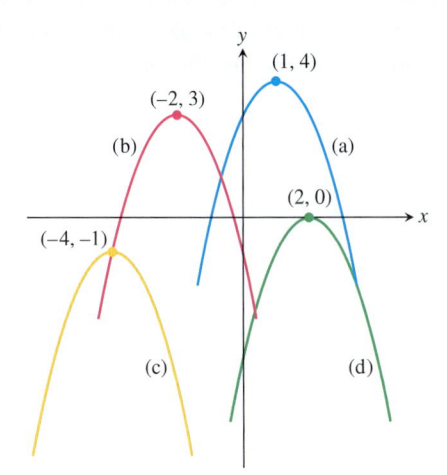

In den Aufgaben 18–22 ist angegeben, um wie viele Einheiten und in welche Richtungen die Kurven zu den gegebenen Gleichungen verschoben werden sollen. Geben Sie eine Gleichung der verschobenen Kurven an. Skizzieren Sie anschließend die ursprünglichen Kurven und die verschobenen Kurven in einer Abbildung und beschriften Sie jede Kurve mit ihrer Gleichung.

18. $x^2 + y^2 = 49$; 3 nach unten, 2 nach links

19. $y = x^3$; 1 nach links, 1 nach unten

20. $y = \sqrt{x}$; 0,81 nach links

21. $y = 2x - 7$; 7 nach oben

22. $y = 1/x$; 1 nach oben, 1 nach rechts

Stellen Sie die Graphen aus den Aufgaben 23–32 grafisch dar.

23. $y = \sqrt{x+4}$

24. $y = |x-2|$

25. $1 + \sqrt{x-1}$

26. $y = (x+1)^{2/3}$

27. $y = 1 - x^{2/3}$

28. $y = \sqrt[3]{x-1} - 1$

29. $y = \dfrac{1}{x-2}$

30. $y = \dfrac{1}{x} + 2$

31. $y = \dfrac{1}{(x-1)^2}$

32. $y = \dfrac{1}{x^2} + 1$

33. Die nachfolgende Abbildung zeigt den Graphen einer Funktion f mit dem Definitionsbereich $[0,2]$ und dem Wertebereich $[0,1]$. Bestimmen Sie die Definitionsbereiche und Wertebereiche der folgenden Funktionen und skizzieren Sie ihre Graphen.

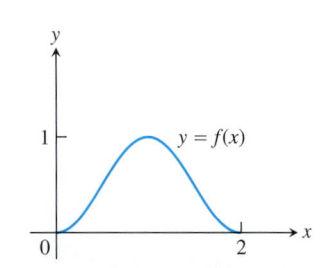

a. $f(x) + 2$	b. $f(x) - 1$
c. $2f(x)$	d. $-f(x)$
e. $f(x+2)$	f. $f(x-1)$
g. $f(-x)$	h. $-f(x+1) + 1$

Vertikal und horizontal skalieren In den Aufgaben 34–38 ist angegeben, um welchen Faktor und in welche Richtung die Graphen der gegebenen Funktionen gestreckt oder gestaucht werden sollen. Geben Sie eine Gleichung für den gestreckten oder gestauchten Graphen an.

34. $y = x^2 - 1$, vertikal um einen Faktor 3 strecken

35. $y = 1 + \dfrac{1}{x^2}$, vertikal um einen Faktor 2 stauchen

36. $y = \sqrt{x+1}$, horizontal um einen Faktor 4 stauchen

37. $y = \sqrt{4 - x^2}$, vertikal um einen Faktor 4 stauchen

38. $y = 1 - x^3$, horizontal um einen Faktor 2 strecken

Graphen zeichnen Zeichnen Sie in Aufgaben 39–42 die Funktionsgraphen, und zwar nicht, indem Sie zunächst einzelne Punkte zeichnen, sondern indem Sie von einem der Graphen der Standardfunktionen aus den Abbildungen 1.14–1.17 ausgehen und eine geeignete Transformation anwenden.

39. $y = -\sqrt{2x+1}$

40. $y = (x-1)^3 + 2$

41. $y = \dfrac{1}{2x} - 1$

42. $y = -\sqrt[3]{x}$

43. Zeichnen Sie die Funktion $y = |x^2 - 1|$.

Ellipsen beschreiben In den Aufgaben 44–46 sind Gleichungen von Ellipsen gegeben. Bringen Sie alle Gleichungen in Standardform und zeichnen Sie die Ellipsen.

44. $9x^2 + 25y^2 = 225$

45. $3x^2 + (y-2)^2 = 3$

46. $3(x-1)^2 + 2(y+2)^2 = 6$

47. Die Ellipse $(x^2/16) + (y^2/9) = 1$ werde um 4 Einheiten nach links und 3 Einheiten nach oben verschoben. Zeichnen Sie diese neue Ellipse und kennzeichnen Sie ihren Mittelpunkt und die Hauptachse.

Funktionen kombinieren

48. Nehmen Sie an, dass f eine gerade und g eine ungerade Funktion ist und dass beide Funktionen auf der gesamten reellen Achse $\mathbb{R}$ definiert sind. Welche der folgenden (wo definierten) Funktionen sind gerade, welche ungerade?

a. fg
b. f/g
c. g/f
d. $f^2 = ff$
e. $g^2 = gg$
f. $f \circ g$
g. $g \circ f$
h. $f \circ f$
i. $g \circ g$

49. (Fortsetzung von Beispiel 1.9)
Zeichnen Sie die Graphen der Funktionen $f(x) = \sqrt{x}$ und $g(x) = \sqrt{1-x}$ zusammen mit dem Graphen
a. ihrer Summe, **b.** ihrem Produkt, **c.** ihren beiden Differenzen und **d.** ihren beiden Quotienten.

1.3 Trigonometrische Funktionen

Dieser Abschnitt behandelt Winkelmaße und die grundlegenden trigonometrischen Funktionen.

Winkel

Winkel werden im Gradmaß (Einheit Grad, Formelzeichen °) oder im Bogenmaß (Einheit Radiant, Formelzeichen rad) gemessen. Die Zahl der **Radianten** im Mittelpunktswinkel $A'CB'$ in einem Kreis vom Radius r ist definiert als die Zahl der „Radiuseinheiten" im Kreisbogen s, der diesem Winkel gegenüberliegt. Bezeichnen wir diesen in Radiant gemessenen Mittelpunktswinkel mit θ, so ist $\theta = s/r$ (▶Abbildung 1.38) oder

$$s = r\theta \quad (\theta \text{ in Radiant}). \tag{1.4}$$

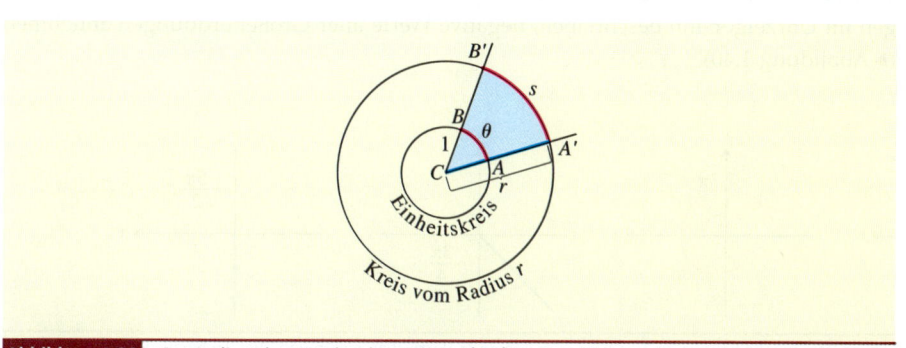

Abbildung 1.38 Der Radiant des Mittelpunktswinkels $A'CB'$ ist die Zahl $\theta = s/r$. Für einen Einheitskreis vom Radius $r = 1$ ist θ die Länge des Kreisbogens AB, den der Mittelpunktswinkel ACB aus dem Einheitskreis schneidet.

Haben wir einen Einheitskreis (Kreis mit dem Radius $r = 1$), so erkennen wir aus Abbildung 1.38 und Gleichung (1.4), dass der Mittelpunktswinkel θ, in Radiant gemessen, einfach mit der Länge des Kreisbogens, den der Winkel aus dem Einheitskreis schneidet, übereinstimmt. Da ein vollständiger Umlauf des Einheitskreises 360° oder 2π ist, erhalten wir

$$\pi \text{ Radiant} = 180° \tag{1.5}$$

und

$$1 \text{ Radiant} = \frac{180}{\pi}(\approx 57{,}3) \text{ Grad} \quad \text{oder} \quad 1 \text{ Grad} = \frac{\pi}{180}(\approx 0{,}017) \text{ Radiant}.$$

Tabelle 1.2 führt die Winkelmaße in Grad und Radiant für einige grundlegende Winkel auf.

Tabelle 1.2: Winkel, in Grad und Radiant gemessen.

Grad	−180	−135	−90	−45	0	30	45	60	90	120	135	150	180	270	360
θ (Radiant)	$-\pi$	$\frac{-3\pi}{4}$	$\frac{-\pi}{2}$	$\frac{-\pi}{4}$	0	$\frac{\pi}{6}$	$\frac{\pi}{4}$	$\frac{\pi}{3}$	$\frac{\pi}{2}$	$\frac{2\pi}{3}$	$\frac{3\pi}{4}$	$\frac{5\pi}{6}$	π	$\frac{3\pi}{2}$	2π

Ein Winkel in der xy-Ebene heißt in **Standardposition**, wenn sein Scheitelpunkt im Ursprung liegt und sein erster Schenkel auf der positiven x-Achse liegt

(▶Abbildung 1.39). Winkel, die entgegen dem Uhrzeigersinn von der positiven *x*-Achse aus gemessen werden, haben ein positives Vorzeichen; Winkel, die im Uhrzeigersinn gemessen werden, haben ein negatives Vorzeichen.

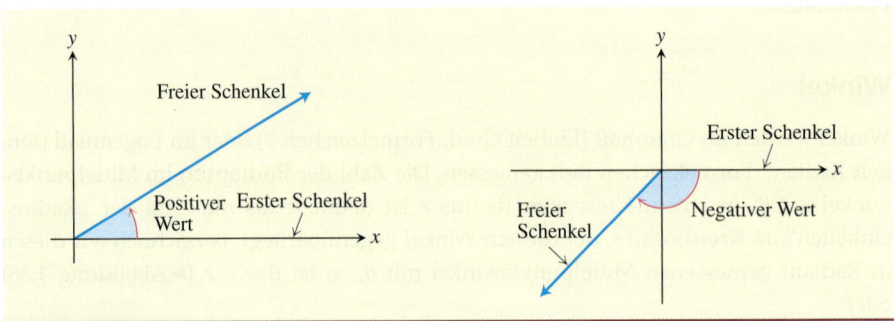

Abbildung 1.39 Winkel in Standardposition in der *xy*-Ebene.

Winkel, die Drehungen entgegen dem Uhrzeigersinn beschreiben, können beliebig weit über 2π Radiant oder 360° hinausgehen. Genauso können Winkel, die Drehungen im Uhrzeigersinn beschreiben, negative Werte aller Größenordnungen annehmen (▶Abbildung 1.40).

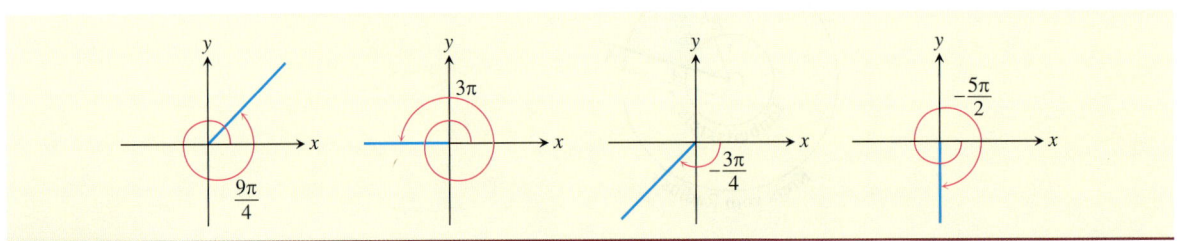

Abbildung 1.40 Von null verschiedene Bogenmaße können ein positives oder negatives Vorzeichen haben und über 2π hinausgehen.

Winkelkonvention: Wir verwenden Radiant Von nun an gehen wir in diesem Buch davon aus, dass alle Winkel in Radiant gemessen werden, wenn nicht Grad oder eine andere Einheit explizit angegeben ist. Wenn wir über den Winkel $\pi/3$ sprechen, meinen wir $\pi/3$ Radiant (das sind 60°) und nicht $\pi/3$ Grad. Wir verwenden die Einheit Radiant, weil sich dadurch viele Operationen in der Analysis vereinfachen, und manche Ergebnisse, die wir mit trigonometrischen Funktionen erhalten, sind schlichtweg falsch, wenn man annimmt, dass der Winkel in Grad gemessen wurde.

Die sechs grundlegenden trigonometrischen Funktionen

Vermutlich ist Ihnen die Definition der trigonometrischen Funktionen eines spitzen Winkels durch die Seiten eines rechtwinkligen Dreiecks vertraut (▶Abbildung 1.41). Wir erweitern diese Definition auf stumpfe und negative Winkel, indem wir den Winkel zuerst in Standardposition in einen Kreis vom Radius r legen. Dann definieren wir die trigonometrischen Funktionen als Funktionen der Koordinaten des Punktes $P(x, y)$, in dem der freie Schenkel des Winkels den Kreis schneidet (▶Abbildung 1.42).

Sinusfunktion: $\sin\theta = \dfrac{y}{r}$ **Kosekansfunktion:** $\operatorname{cosec}\theta = \dfrac{r}{y}$

Kosinusfunktion: $\cos\theta = \dfrac{x}{r}$ **Sekansfunktion:** $\sec\theta = \dfrac{r}{x}$

Tangensfunktion: $\tan\theta = \dfrac{y}{x}$ **Kotangensfunktion:** $\cot\theta = \dfrac{x}{y}$

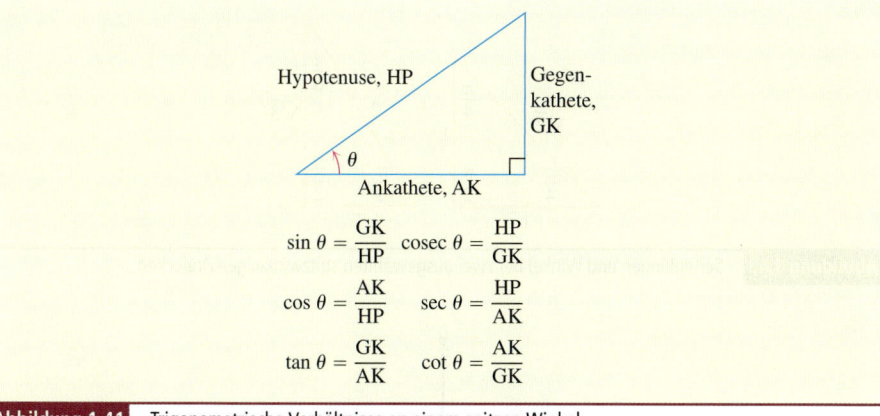

$$\sin\theta = \frac{GK}{HP} \qquad \operatorname{cosec}\theta = \frac{HP}{GK}$$

$$\cos\theta = \frac{AK}{HP} \qquad \sec\theta = \frac{HP}{AK}$$

$$\tan\theta = \frac{GK}{AK} \qquad \cot\theta = \frac{AK}{GK}$$

Abbildung 1.41 Trigonometrische Verhältnisse an einem spitzen Winkel.

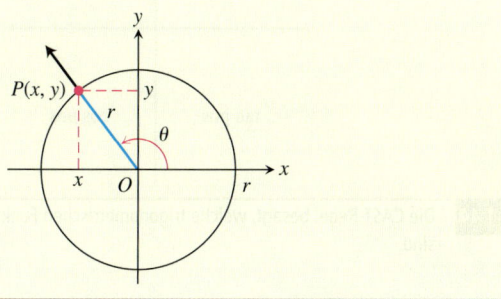

Abbildung 1.42 Die trigonometrischen Funktionen eines allgemeinen Winkels θ sind als Funktionen von x, y und r definiert.

Diese erweiterten Definitionen stimmen mit den Definitionen im rechtwinkligen Dreieck mit spitzem Winkel überein.

Sofern die Quotienten definiert sind, gilt also

$$\tan\theta = \frac{\sin\theta}{\cos\theta}, \qquad \cot\theta = \frac{1}{\tan\theta},$$
$$\sec\theta = \frac{1}{\cos\theta}, \qquad \operatorname{cosec}\theta = \frac{1}{\sin\theta}.$$

Wie man sieht, sind $\tan\theta$ und $\sec\theta$ nicht definiert, wenn $x = \cos\theta = 0$ ist. Das bedeutet, dass sie für θ gleich $\pm\pi/2, \pm3\pi/2,\ldots$ nicht definiert sind. Genauso sind $\cot\theta$ und $\operatorname{cosec}\theta$ für Werte von θ nicht definiert, für die $y = \sin\theta = 0$ ist, also $\theta = 0, \pm\pi, \pm2\pi,\ldots$

Die genauen Werte dieser trigonometrischen Verhältnisse können für einige Winkel an den Dreiecken aus ▶Abbildung 1.43 abgelesen werden, beispielsweise sind das

$$\sin\frac{\pi}{4} = \frac{1}{\sqrt{2}}, \qquad \sin\frac{\pi}{6} = \frac{1}{2}, \qquad \sin\frac{\pi}{3} = \frac{\sqrt{3}}{2},$$
$$\cos\frac{\pi}{4} = \frac{1}{\sqrt{2}}, \qquad \cos\frac{\pi}{6} = \frac{\sqrt{3}}{2}, \qquad \cos\frac{\pi}{3} = \frac{1}{2},$$
$$\tan\frac{\pi}{4} = 1, \qquad \tan\frac{\pi}{6} = \frac{1}{\sqrt{3}}, \qquad \tan\frac{\pi}{3} = \sqrt{3}.$$

Die CAST-Regel (▶Abbildung 1.44) ist hilfreich, um sich zu merken, wann die grundlegenden trigonometrischen Funktionen positiv oder negativ sind. Am Dreieck aus

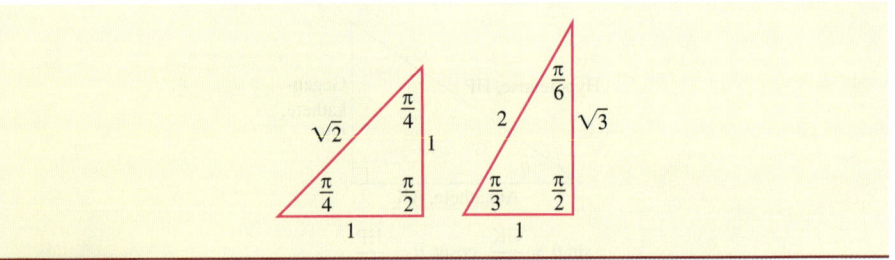

Abbildung 1.43 Seitenlängen und Winkel bei zwei ausgewählten spitzwinkeligen Dreiecken

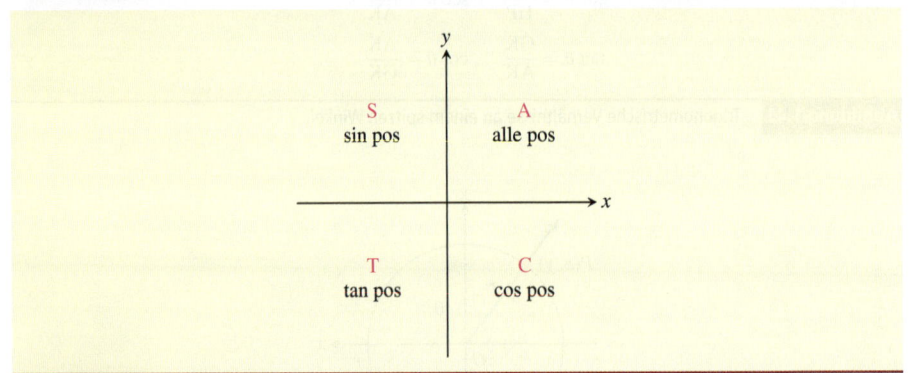

Abbildung 1.44 Die CAST-Regel besagt, welche trigonometrischen Funktionen in welchem Quadranten positiv sind.

▶Abbildung 1.45 können wir beispielsweise folgende Beziehungen ablesen:

$$\sin\frac{2\pi}{3} = \frac{\sqrt{3}}{2}, \qquad \cos\frac{2\pi}{3} = -\frac{1}{2}, \qquad \tan\frac{2\pi}{3} = -\sqrt{3}.$$

Mithilfe eines ähnlichen Verfahrens bestimmen wir die Werte von $\sin\theta$, $\cos\theta$ und $\tan\theta$ aus Tabelle 1.3.

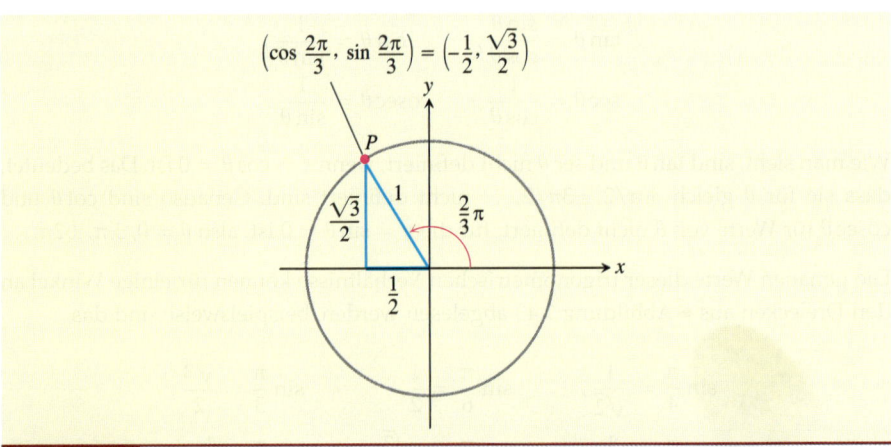

Abbildung 1.45 Das Dreieck zur Berechnung des Sinus und des Kosinus für den Winkel $2\pi/3$ rad. Die Seitenlängen ergeben sich aus der Geometrie von rechtwinkligen Dreiecken.

1.3 Trigonometrische Funktionen

Tabelle 1.3: Werte von sin θ, cos θ und tan θ für ausgewählte Werte von θ.

Grad	−180	−135	−90	−45	0	30	45	60	90	120	135	150	180	270	360
θ (Radiant)	$-\pi$	$-\frac{3\pi}{4}$	$-\frac{\pi}{2}$	$-\frac{\pi}{4}$	0	$\frac{\pi}{6}$	$\frac{\pi}{4}$	$\frac{\pi}{3}$	$\frac{\pi}{2}$	$\frac{2\pi}{3}$	$\frac{3\pi}{4}$	$\frac{5\pi}{6}$	π	$\frac{3\pi}{2}$	2π
sin θ	0	$\frac{-\sqrt{2}}{2}$	−1	$\frac{-\sqrt{2}}{2}$	0	$\frac{1}{2}$	$\frac{\sqrt{2}}{2}$	$\frac{\sqrt{3}}{2}$	1	$\frac{\sqrt{3}}{2}$	$\frac{\sqrt{2}}{2}$	$\frac{1}{2}$	0	−1	0
cos θ	−1	$\frac{-\sqrt{2}}{2}$	0	$\frac{\sqrt{2}}{2}$	1	$\frac{\sqrt{3}}{2}$	$\frac{\sqrt{2}}{2}$	$\frac{1}{2}$	0	$-\frac{1}{2}$	$\frac{-\sqrt{2}}{2}$	$\frac{-\sqrt{3}}{2}$	−1	0	1
tan θ	0	1		−1	0	$\frac{\sqrt{3}}{3}$	1	$\sqrt{3}$		$-\sqrt{3}$	−1	$\frac{-\sqrt{3}}{3}$	0		0

Periodizität und Graphen der trigonometrischen Funktionen

Befinden sich der Winkel θ und der Winkel θ + 2π in Standardposition, so fallen ihre freien Schenkel zusammen. Die Winkel θ und θ + 2π haben dieselben trigonometrischen Funktionswerte: $\sin(\theta + 2\pi) = \sin\theta$, $\tan(\theta + 2\pi) = \tan\theta$ usw. Analog gilt $\cos(\theta - 2\pi) = \cos\theta$, $\sin(\theta - 2\pi) = \sin\theta$ usw. Wir beschreiben dieses Verhalten, indem wir sagen, dass die sechs grundlegenden trigonometrischen Funktionen *periodisch* sind.

Perioden trigonometrischer Funktionen
Periode π:
$\tan(x + \pi) = \tan x$
$\cot(x + \pi) = \cot x$

> Eine Funktion $f(x)$ ist **periodisch**, wenn es eine positive Zahl p gibt, sodass $f(x + p) = f(x)$ für alle x ist. Der kleinste Wert p dieser Art ist die **Periode** von f.

Definition

Beim Zeichnen trigonometrischer Funktionen im Koordinatensystem bezeichnen wir die unabhängige Variable in der Regel mit x und nicht mit θ. ▶Abbildung 1.46 zeigt, dass die Tangens- und Kotangensfunktionen die Periode $p = \pi$ und die vier anderen Funktionen die Periode 2π haben. Außerdem lassen die Symmetrien in diesen Graphen erkennen, dass die Kosinus- und die Sekansfunktion gerade sind und die anderen vier Funktionen ungerade sind (obwohl dies kein Beweis ist).

Periode 2π:
$\sin(x + 2\pi) = \sin x$
$\cos(x + 2\pi) = \cos x$
$\sec(x + 2\pi) = \sec x$
$\operatorname{cosec}(x + 2\pi) = \operatorname{cosec} x$

Gerade
$\cos(-x) = \cos x$
$\sec(-x) = \sec x$

Trigonometrische Identitäten

Die Koordinaten eines beliebigen Punktes $P(x, y)$ können als Funktion des Abstands r des Punktes vom Ursprung und des Winkels θ ausgedrückt werden, den der Schenkel OP mit der positiven x-Achse bildet (Abbildung 1.42). Wegen $x/r = \cos\theta$ und $y/r = \sin\theta$ gilt

$$x = r\cos\theta, \qquad y = r\sin\theta.$$

Ungerade
$\sin(-x) = -\sin x$
$\tan(-x) = -\tan x$
$\operatorname{cosec}(-x) = -\operatorname{cosec} x$
$\cot(-x) = -\cot x$

Im Fall $r = 1$ können wir den Satz des Pythagoras auf das rechtwinklige Referenzdreieck aus ▶Abbildung 1.47 anwenden und erhalten die Gleichung

$$\cos^2\theta + \sin^2\theta = 1. \tag{1.6}$$

Diese Gleichung, die für alle Werte von θ gilt, ist die am häufigsten verwendete Identität der Trigonometrie. Dividiert man diese Identität wiederum durch $\cos^2\theta$ bzw. $\sin^2\theta$, so erhält man

$$1 + \tan^2\theta = \frac{1}{\cos^2\theta} = \sec^2\theta,$$
$$1 + \cot^2\theta = \frac{1}{\sin^2\theta} = \operatorname{cosec}^2\theta.$$

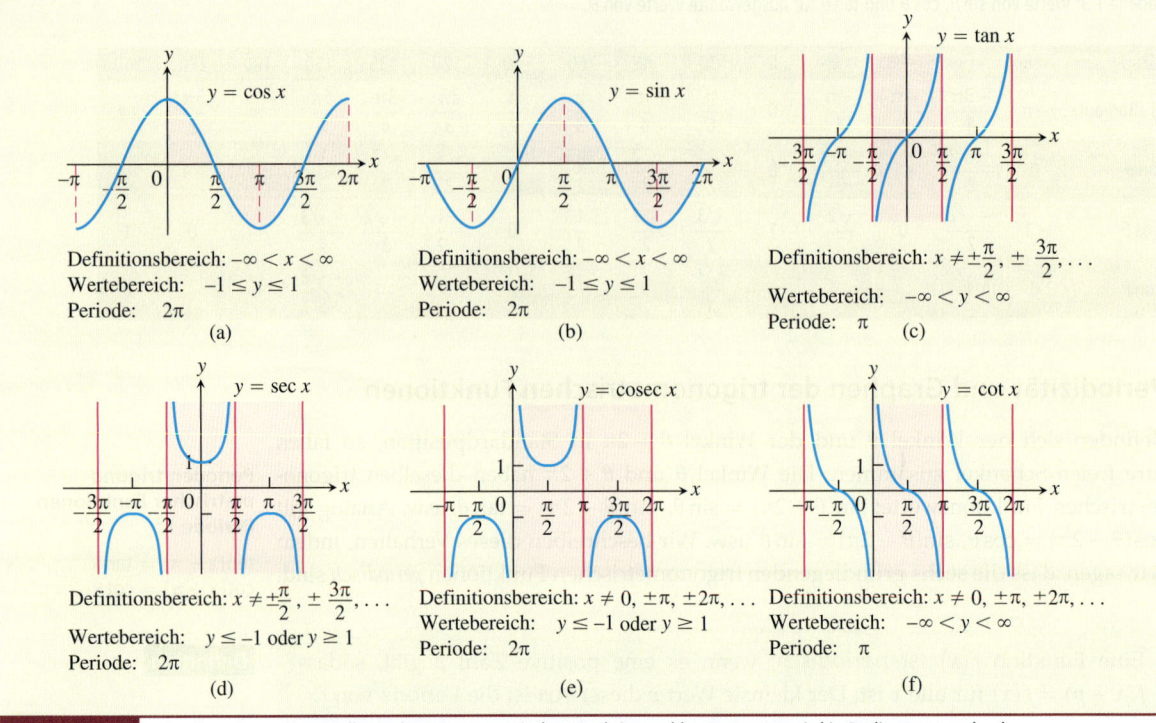

(a) $y = \cos x$
Definitionsbereich: $-\infty < x < \infty$
Wertebereich: $-1 \leq y \leq 1$
Periode: 2π

(b) $y = \sin x$
Definitionsbereich: $-\infty < x < \infty$
Wertebereich: $-1 \leq y \leq 1$
Periode: 2π

(c) $y = \tan x$
Definitionsbereich: $x \neq \pm\frac{\pi}{2}, \pm\frac{3\pi}{2}, \ldots$
Wertebereich: $-\infty < y < \infty$
Periode: π

(d) $y = \sec x$
Definitionsbereich: $x \neq \pm\frac{\pi}{2}, \pm\frac{3\pi}{2}, \ldots$
Wertebereich: $y \leq -1$ oder $y \geq 1$
Periode: 2π

(e) $y = \operatorname{cosec} x$
Definitionsbereich: $x \neq 0, \pm\pi, \pm 2\pi, \ldots$
Wertebereich: $y \leq -1$ oder $y \geq 1$
Periode: 2π

(f) $y = \cot x$
Definitionsbereich: $x \neq 0, \pm\pi, \pm 2\pi, \ldots$
Wertebereich: $-\infty < y < \infty$
Periode: π

Abbildung 1.46 Graphen der sechs grundlegenden trigonometrischen Funktionen (das Argument wird in Radiant angegeben). Der schattierte Bereich kennzeichnet bei jeder trigonometrischen Funktion die Periodizität.

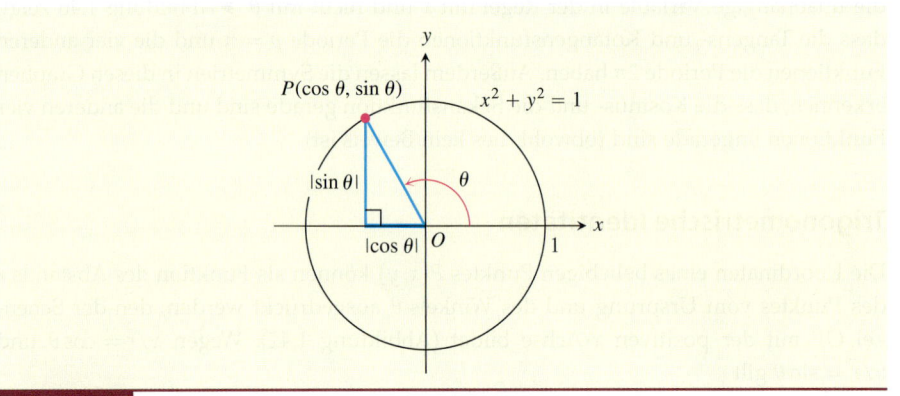

Abbildung 1.47 Das Referenzdreieck für einen allgemeinen Winkel θ.

Die folgenden Gleichungen gelten für alle Winkel α und β. (Aufgabe 34).

> **Additionstheoreme**
>
> $$\cos(\alpha + \beta) = \cos\alpha \cos\beta - \sin\alpha \sin\beta,$$
> $$\sin(\alpha + \beta) = \sin\alpha \cos\beta + \cos\alpha \sin\beta.$$
> (1.7)

Es gibt ähnliche Formeln für $\cos(\alpha - \beta)$ und $\sin(\alpha - \beta)$. (Aufgabe 20 und 21). Alle in diesem Buch benötigten trigonometrischen Identitäten lassen sich aus den Gleichungen (1.6) und (1.7) herleiten. Setzen wir beispielsweise θ für sowohl α wie β, so liefern die Additionstheoreme

> **Doppelwinkelgleichungen**
>
> $$\cos 2\theta = \cos^2 \theta - \sin^2 \theta\,,$$
> $$\sin 2\theta = 2 \sin \theta \cos \theta\,.$$
> (1.8)

Weitere Gleichungen ergeben sich aus der Kombination der Gleichungen

$$\cos^2 \theta + \sin^2 \theta = 1, \qquad \cos^2 \theta - \sin^2 \theta = \cos 2\theta\,.$$

Wir addieren die beiden Gleichungen und erhalten $2\cos^2 \theta = 1 + \cos 2\theta$. Wir subtrahieren die zweite Gleichung von der ersten und erhalten $2\sin^2 \theta = 1 - \cos 2\theta$. Dies führt auf folgende Identitäten, die bei der Integralrechnung nützlich sind:

> **Halbwinkelgleichungen**
>
> $$\cos^2 \theta = \frac{1 + \cos 2\theta}{2}\,,$$
> (1.9)
>
> $$\sin^2 \theta = \frac{1 - \cos 2\theta}{2}\,.$$
> (1.10)

Der Kosinussatz

Seien a, b und c Seiten eines Dreiecks ABC und sei θ der Winkel gegenüber c, dann gilt

> $$c^2 = a^2 + b^2 - 2ab \cos \theta\,.$$
> (1.11)

Diese Gleichung nennt man **Kosinussatz**.

Wir können verstehen, warum diese Gleichung gilt, wenn wir Koordinatenachsen mit dem Ursprung in C einführen und die positive x-Achse auf eine Seite des Dreiecks legen, wie in ▶Abbildung 1.48 dargestellt. Die Koordinaten von A sind $(b, 0)$; die Koordinaten von B sind $(a \cos \theta, a \sin \theta)$. Das Quadrat des Abstands zwischen A und B ist deshalb

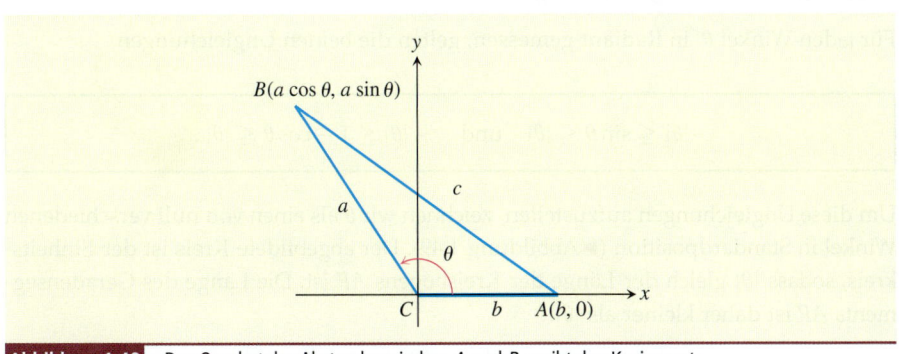

$$c^2 = (a \cos \theta - b)^2 + (a \sin \theta)^2 = a^2 \overbrace{(\cos^2 \theta + \sin^2 \theta)}^{1} + b^2 - 2ab \cos \theta$$
$$= a^2 + b^2 - 2ab \cos \theta\,.$$

Abbildung 1.48 Das Quadrat des Abstands zwischen A und B ergibt den Kosinussatz.

Der Kosinussatz verallgemeinert den Satz des Pythagoras. Im Fall $\theta = \pi/2$ ist $\cos\theta = 0$ und $c^2 = a^2 + b^2$.

Transformationen trigonometrischer Graphen

Die Regeln, um den Graphen einer Funktion zu verschieben, zu strecken, zu stauchen und zu spiegeln, die wir im folgenden Diagramm zusammenfassen, gelten auch für die trigonometrischen Funktionen aus diesem Abschnitt.

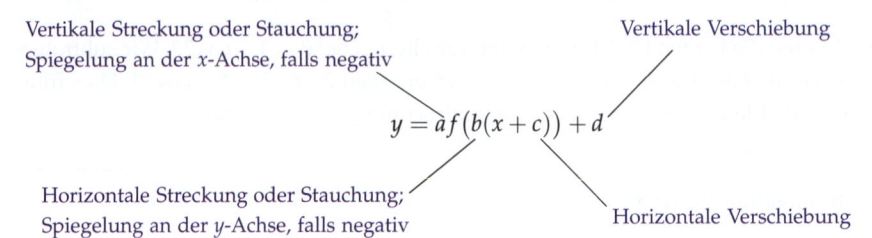

Vertikale Streckung oder Stauchung; Spiegelung an der x-Achse, falls negativ

Vertikale Verschiebung

$$y = af\bigl(b(x+c)\bigr) + d$$

Horizontale Streckung oder Stauchung; Spiegelung an der y-Achse, falls negativ

Horizontale Verschiebung

Wendet man die Transformationsregeln auf die Sinusfunktion an, so ergibt sich die **verallgemeinerte Sinusfunktion**

$$f(x) = A \sin\left(\frac{2\pi}{B}(x - C)\right) + D$$

mit der *Amplitude* $|A|$, der *Periode* $|B|$, der *horizontalen Verschiebung* C und der *vertikalen Verschiebung* D. Eine grafische Interpretation der verschiedenen Terme ist nachfolgend dargestellt:

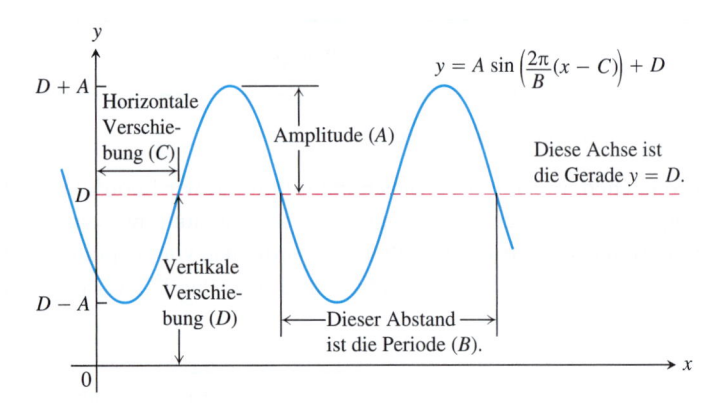

Zwei spezielle Ungleichungen

Für jeden Winkel θ, in Radiant gemessen, gelten die beiden Ungleichungen

$$-|\theta| \le \sin\theta \le |\theta| \quad \text{und} \quad -|\theta| \le 1 - \cos\theta \le |\theta|.$$

Um diese Ungleichungen aufzustellen, zeichnen wir θ als einen von null verschiedenen Winkel in Standardposition (▶Abbildung 1.49). Der abgebildete Kreis ist der Einheitskreis, sodass $|\theta|$ gleich der Länge der Kreisbogens AP ist. Die Länge des Geradensegments AP ist daher kleiner als $|\theta|$.

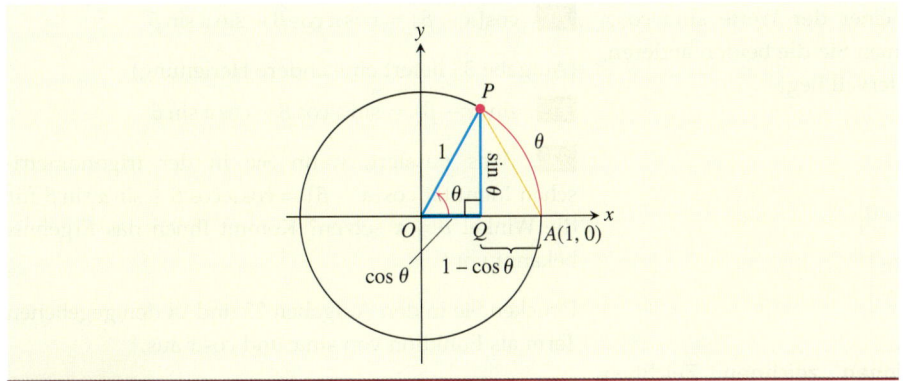

Abbildung 1.49 Aus der Geometrie dieser Abbildung für $\theta > 0$ erhalten wir die Ungleichung $\sin^2\theta + (1 - \cos\theta)^2 \leq \theta^2$.

Das Dreieck APQ ist rechtwinklig mit den Seitenlängen

$$QP = |\sin\theta| \qquad AQ = 1 - \cos\theta.$$

Aus dem Satz des Pythagoras und der Ungleichung $AP < |\theta|$ erhalten wir

$$\sin^2\theta + (1 - \cos\theta)^2 = (AP)^2 \leq \theta^2. \tag{1.12}$$

Die beiden Terme auf der linken Seite der Gleichung (1.12) sind positiv, sodass jeder kleiner ist als ihre Summe und folglich auch kleiner oder gleich θ^2:

$$\sin^2\theta \leq \theta^2 \quad \text{und} \quad (1 - \cos\theta)^2 \leq \theta^2.$$

Wurzelziehen führt auf

$$|\sin\theta| \leq |\theta| \quad \text{und} \quad |1 - \cos\theta| \leq |\theta|,$$

also

$$-|\theta| \leq \sin\theta \leq |\theta| \quad \text{und} \quad -|\theta| \leq 1 - \cos\theta \leq |\theta|.$$

Diese Ungleichungen werden uns im nächsten Kapitel nützlich sein.

Aufgaben zum Abschnitt 1.3

Radiant und Grad

1. Wie lang ist ein Kreisbogen eines Kreises vom Radius 10 m, der einem Winkel von **a.** $4\pi/5$ Radiant, **b.** $110°$ gegenüberliegt?

2. Sie wollen auf einer Kreisscheibe mit einem Durchmesser von 30,5 cm einen Winkel von $80°$ einzeichnen, indem Sie auf dem Rand einen Kreisbogen markieren und die Enden des Kreisbogens mit dem Mittelpunkt des Kreisscheibe verbinden. Geben Sie auf ein Millimeter genau an, wie lang der Kreisbogen sein sollte.

Trigonometrische Funktionen berechnen

3. Kopieren und vervollständigen Sie die folgende Tabelle von Funktionswerten. Tragen Sie „n. d." ein, wenn die Funktion für einen gegebenen Winkel nicht definiert ist. Verwenden Sie weder Taschenrechner noch Tabellen.

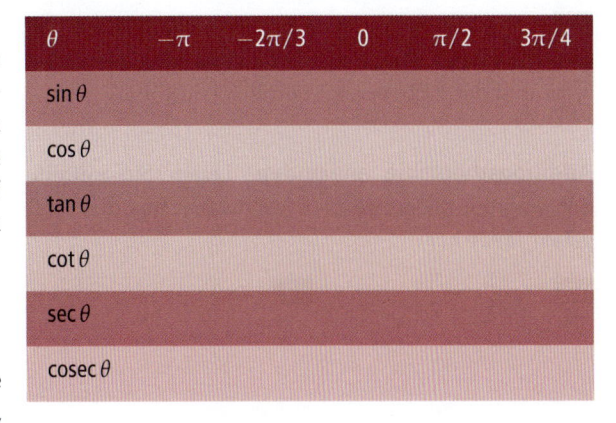

θ	$-\pi$	$-2\pi/3$	0	$\pi/2$	$3\pi/4$
$\sin\theta$					
$\cos\theta$					
$\tan\theta$					
$\cot\theta$					
$\sec\theta$					
$\operatorname{cosec}\theta$					

1 Funktionen

In den Aufgaben 4–6 ist einer der Werte $\sin x, \cos x$ und $\tan x$ gegeben. Bestimmen Sie die beiden anderen, wenn x im angegebenen Intervall liegt.

4. $\sin x = \dfrac{3}{5}, \quad x \in \left[\dfrac{\pi}{2}, \pi\right]$

5. $\cos x = \dfrac{1}{3}, \quad x \in \left[-\dfrac{\pi}{2}, 0\right]$

6. $\tan x = \dfrac{1}{2}, \quad x \in \left[\pi, \dfrac{3\pi}{2}\right]$

Trigonometrische Funktionen zeichnen Zeichnen Sie die Graphen der Funktionen aus den Aufgaben 7–11. Welche Perioden haben die einzelnen Funktionen?

7. $\sin 2x$

8. $\cos \pi x$

9. $-\sin \dfrac{\pi x}{3}$

10. $\cos\left(x\dfrac{\pi}{2}\right)$

11. $\sin\left(x - \dfrac{\pi}{4}\right) + 1$

Stellen Sie die Funktionen aus den Aufgaben 12–15 in der ts-Ebene grafisch dar (t-Achse horizontal, s-Achse vertikal). Welche Perioden haben die Funktionen? Welche Symmetrien weisen die Graphen auf?

12. $s = \cot 2t$

13. $s = -\tan \pi t$

14. $s = \sec\left(\dfrac{\pi t}{2}\right)$

15. $s = \operatorname{cosec}\left(\dfrac{t}{2}\right)$

16. a. Zeichnen Sie die Graphen zu $y = \cos x$ und $y = \sec x$ für $-3\pi/2 \leq x \leq 3\pi/2$ in eine Abbildung. Kommentieren Sie das Verhalten von $\sec x$ in Zusammenhang mit den Vorzeichen und den Werten von $\cos x$.

b. Zeichnen Sie die Graphen zu $y = \sin x$ und $y = \operatorname{cosec} x$ für $-\pi \leq x \leq 2\pi$ in eine Abbildung. Kommentieren Sie das Verhalten von $\operatorname{cosec} x$ in Zusammenhang mit den Vorzeichen und den Werten von $\sin x$.

17. Zeichnen Sie die Graphen zu $y = \sin x$ und $y = \lfloor \sin x \rfloor$ in einer Abbildung. Wie ist der Definitionsbereich und der Wertebereich von $y = \lfloor \sin x \rfloor$?

Additionstheoreme anwenden Leiten Sie mithilfe der Additionstheoreme die Gleichungen aus den Aufgaben 18–21 her.

18. $\cos\left(x - \dfrac{\pi}{2}\right) = \sin x$

19. $\sin\left(x + \dfrac{\pi}{2}\right) = \cos x$

20. $\cos(\alpha - \beta) = \cos\alpha\cos\beta + \sin\alpha\sin\beta$

(Aufgabe 33 liefert eine andere Herleitung).

21. $\sin(\alpha - \beta) = \sin\alpha\cos\beta - \cos\alpha\sin\beta$

22. Was passiert, wenn Sie in der trigonometrischen Identität $\cos(\alpha - \beta) = \cos\alpha\cos\beta + \sin\alpha\sin\beta$ für die Winkel $\beta = \alpha$ setzen? Kommt Ihnen das Ergebnis bekannt vor?

Drücken Sie in den Aufgaben 23 und 24 den gegebenen Term als Funktion von $\sin x$ und $\cos x$ aus.

23. $\cos(\pi + x)$

24. $\sin\left(\dfrac{3\pi}{2} - x\right)$

25. Berechnen Sie $\sin\dfrac{7\pi}{12}$ als $\sin\left(\dfrac{\pi}{4} + \dfrac{\pi}{3}\right)$.

26. Berechnen Sie $\cos\dfrac{\pi}{12}$.

Doppelwinkelgleichungen anwenden Bestimmen Sie in den Aufgaben 27 und 28 die Funktionswerte.

27. $\cos^2\dfrac{\pi}{8}$

28. $\sin^2\dfrac{\pi}{12}$

Trigonometrische Gleichungen lösen Lösen Sie in den Aufgaben 29 und 30 nach dem Winkel θ auf mit $0 \leq \theta \leq 2\pi$.

29. $\sin^2\theta = \dfrac{3}{4}$

30. $\sin 2\theta - \cos\theta = 0$

Theorie und Beispiele

31. Additionstheorem für den Tangens Die Standardgleichung für den Tangens der Summe zweier Winkel lautet

$$\tan(\alpha + \beta) = \dfrac{\tan\alpha + \tan\beta}{1 - \tan\alpha\tan\beta}.$$

Leiten Sie diese Gleichung her.

32. (*Fortsetzung von Aufgabe 31*) Leiten Sie eine Gleichung für $\tan(\alpha - \beta)$ her.

33. Wenden Sie den Kosinussatz auf das Dreieck aus der nachfolgenden Abbildung an, um eine Gleichung für $\cos(\alpha - \beta)$ herzuleiten.

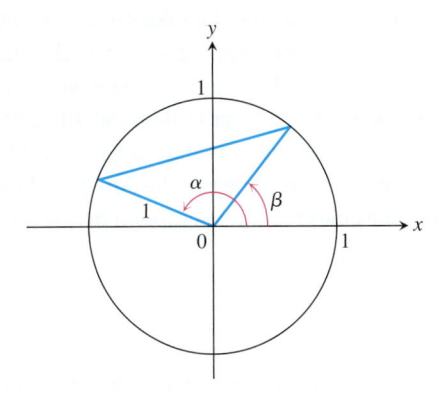

34. a. Wenden Sie die Gleichung für $\cos(\alpha - \beta)$ auf die Identität $\sin\theta = \cos\left(\dfrac{\pi}{2} - \theta\right)$ an, um eine Gleichung für $\sin(\alpha + \beta)$ zu erhalten.

b. Leiten Sie die Gleichung für $\sin(\alpha + \beta)$ her, indem Sie in der Gleichung für $\cos(\alpha - \beta)$ aus Aufgabe 20 β durch $-\beta$ ersetzen.

35. Ein Dreieck hat die Seitenlängen $a = 2$ und $b = 3$. Der eingeschlossene Winkel ist $\gamma = 60°$. Bestimmen Sie die Länge der Seite c.

36. Sinussatz Nach dem *Sinussatz* gilt für die Winkel α, β, γ eines Dreiecks und die ihnen gegenüberliegenden Seiten a, b und c

$$\frac{\sin\alpha}{a} = \frac{\sin\beta}{b} = \frac{\sin\gamma}{c}.$$

Verwenden Sie die nachfolgende Abbildung und, falls erforderlich, die Identität $\sin(\pi - \theta) = \sin\theta$, um den Sinussatz herzuleiten.

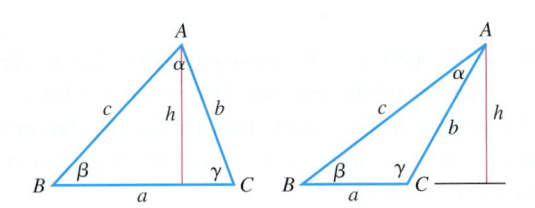

37. Ein Dreieck hat die Seite $c = 2$ und die Winkel $\alpha = \pi/4$ und $\beta = \pi/3$. Bestimmen Sie die Länge der Seite a, die dem Winkel α gegenüber liegt.

38. Die Näherung $\sin x \approx x$ Oft ist es nützlich zu wissen, dass für kleine Werte von x in Radiant die Näherung $\sin x \approx x$ gilt. In Abschnitt 3.9 werden wir sehen, warum die Näherung gilt. Der Fehler der Näherung ist für $|x| < 0{,}1$ kleiner als 1 zu 5000.

a. Zeichnen Sie mit Ihrem Grafikrechner, der auf Radiant eingestellt ist, die Funktionen $y = \sin x$ und $y = x$ gemeinsam in ein Betrachtungsfenster um den Ursprung. Was beobachten Sie, wenn sich x dem Ursprung nähert?

b. Zeichnen Sie mit Ihrem Grafikrechner, der auf Gradmaß eingestellt ist, noch einmal die Funktionen $y = \sin x$ und $y = x$ gemeinsam in ein Betrachtungsfenster um den Ursprung. Wie unterscheidet sich das Ergebnis von dem Ergebnis aus **a.**?

Verallgemeinerte Sinuskurven Bestimmen Sie die Konstanten A, B, C und D in der Funktionsgleichung

$$f(x) = A\sin\left(\frac{2\pi}{B}(x - C)\right) + D$$

für die verallgemeinerten Sinusfunktionen aus den Aufgaben 39 und 40 und zeichnen Sie ihre Graphen.

39. $y = 2\sin(x + \pi) - 1$ **40.** $y = -\dfrac{2}{\pi}\sin\left(\dfrac{\pi}{2}x\right) + \dfrac{1}{\pi}$

Computeralgebra. In Aufgabe 41 sollen Sie die verallgemeinerte Sinusfunktion

$$f(x) = A\sin\left(\frac{2\pi}{B}(x - C)\right) + D$$

grafisch untersuchen, indem Sie die Werte der Konstanten A, B, C und D ändern. Verwenden Sie dazu ein CAS oder ein Grafikprogramm auf Ihrem Computer.

41. Die Periode B Setzen Sie für die Konstanten $A = 4, C = D = 0$.

a. Stellen Sie $f(x)$ für die Werte $B = 1, 3, 2\pi, 5\pi$ über dem Intervall $-4\pi \leq x \leq 4\pi$ grafisch dar. Beschreiben Sie, was mit dem Graphen der verallgemeinerten Sinusfunktion passiert, wenn die Periode zunimmt.

b. Was passiert mit dem Graphen für negative Werte von B? Setzen Sie versuchsweise $B = -3$ und $B = -2\pi$ ein.

1.4 Grafische Darstellung mithilfe von Taschenrechnern und Computern

Ein grafischer Taschenrechner oder ein Computer mit einer Grafiksoftware versetzt uns in die Lage, sehr komplizierte Funktionen mit hoher Genauigkeit grafisch darstellen zu können. Viele dieser Funktionen könnten sonst nicht so leicht dargestellt werden. Trotzdem muss man vorsichtig sein, wenn man sich solcher Hilfsmittel zur grafischen Darstellung bedient. In diesem Abschnitt befassen wir uns mit einigen Effekten, die dabei eine Rolle spielen. In Kapitel 4 werden wir sehen, wie uns die Analysis dabei hilft festzustellen, ob wir alle wichtigen Merkmale eines Funktionsgraphen richtig angezeigt bekommen.

Grafikfenster

Wenn wir einen grafischen Taschenrechner oder einen Computer als Zeichenwerkzeug verwenden, wird ein Teil des Graphen in einem rechteckigen **Display** oder **Betrachtungsfenster** dargestellt. Oft liefert das Standardfenster ein unvollständiges oder irreführendes Bild des Graphen. Wir verwenden den Begriff *quadratisches Fenster*, wenn die Einheiten oder Skalen auf beiden Achsen gleich sind. Dieser Ausdruck bedeutet nicht, dass das Anzeigefenster selbst quadratisch ist (in der Regel ist es rechteckig), sondern es bedeutet, dass die x-Einheit dieselbe wie die y-Einheit ist.

Wird ein Graph im Standardfenster angezeigt, können sich die x-Einheiten von den y-Einheiten der Skalierung unterscheiden, um den Graphen in das Fenster einzupassen. Das Betrachtungsfenster wird bestimmt, indem ein Intervall $[a,b]$ für die x-Werte und ein Intervall $[c,d]$ für die y-Werte festgelegt wird. Der Rechner wählt äquidistante x-Werte aus $[a,b]$ und zeichnet dann die Punkte $(x,f(x))$. Ein Punkt wird genau dann dargestellt, wenn x im Definitionsbereich der Funktion und $f(x)$ im Intervall $[c,d]$ liegt. Anschließend wird ein kurzer Geradenabschnitt zwischen jeden dargestellten Punkt und seinen Nachbarpunkt gezeichnet. Wir geben nun einige illustrative Beispiele für einige übliche Probleme, die hier auftreten können.

$f(x) = x^3 - 7x^2 + 28$ richtig darstellen

Beispiel 1.14 Stellen Sie die Funktion $f(x) = x^3 - 7x + 28$ in jedem der folgenden Displays bzw. Betrachtungsfenster grafisch dar.

a $[-10, 10]$ mal $[-10, 10]$ b $[-4, 4]$ mal $[-50, 10]$ c $[-4, 10]$ mal $[-60, 60]$

Lösung

a Wir wählen $a = -10, b = 10, c = -10$ und $d = 10$, um das Intervall der x-Werte und den Bereich der y-Werte für das Fenster festzulegen. Der resultierende Graph ist in ▶Abbildung 1.50a, S. 53 dargestellt. Es scheint, dass das Fenster den unteren Teil des Graphen abschneidet und das Intervall für die x-Werte zu groß ist. Versuchen wir es mit dem nächsten Fenster.

b Nun erkennen wir mehr Einzelheiten des Graphen (▶Abbildung 1.50b, S. 53), aber der obere Teil fehlt, und wir wollen auch wissen, was rechts von $x = 4$ ist. Das nächste Fenster sollte uns weiterhelfen.

c ▶Abbildung 1.50c zeigt den Graphen in diesem neuen Betrachtungsfenster. Überzeugen Sie sich davon, dass wir in diesem Fenster ein vollständigeres Bild des Graphen erhalten; es handelt sich um einen typischen Graphen eines Polynoms dritten Grades.

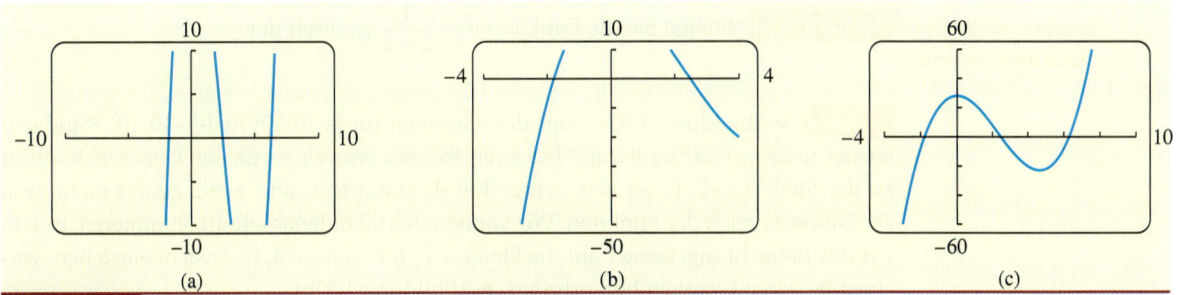

1.4 Grafische Darstellung mithilfe von Taschenrechnern und Computern

Abbildung 1.50 Der Graph von $f(x) = x^3 - 7x^2 + 28$ in verschiedenen Betrachtungsfenstern. Die Wahl eines Fensters, das ein klares Bild eines Graphen liefert, ist oft ein Prozess aus wiederholten Anläufen (Beispiel 1.14).

Beispiel 1.15 Bei der Darstellung eines Graphen können sich die x-Einheiten von den y-Einheiten unterscheiden, wie bei den Graphen aus den Abbildungen 1.50b und 1.50c. Das Ergebnis ist eine Verzerrung des Bildes, die irreführend sein kann. Man kann das Anzeigefenster quadratisch machen, indem man Einheiten auf der einen Achse staucht oder streckt, damit sie zur Skala der anderen passen, was dann den echten Graphen liefert. Viele Systeme haben Standardfunktionen, um das Fenster „quadratisch" zu machen. Falls das auf Ihres nicht zutrifft, werden Sie einige Berechnungen anstellen und das Fenster manuell einstellen müssen, um ein quadratisches Fenster zu erhalten. Oder Sie bringen schon beim Einstellen des Betrachtungsfensters einiges an Vorwissen über das echte Bild mit.

Verzerrungsfehler

▶Abbildung 1.51a zeigt den Graphen der senkrecht aufeinander stehenden Geraden $y = x$ und $y = -x + 3\sqrt{2}$ zusammen mit dem Halbkreis $y = \sqrt{9 - x^2}$ in einem nichtquadratischen $[-4, 4]$ mal $[-6, 8]$ Anzeigefenster. Sehen Sie sich die Verzerrung an! Die Geraden scheinen nicht senkrecht aufeinander zu stehen, und der Halbreis scheint eine elliptische Form zu haben.

▶Abbildung 1.51b zeigt den Graphen derselben Funktionen in einem quadratischen Fenster, in dem die x-Einheiten den y-Einheiten entsprechend skaliert sind. Bedenken Sie, dass die Skalierung auf der x-Achse in Abbildung 1.51b gestaucht wurde, um das Fenster quadratisch zu machen. ▶Abbildung 1.51c zeigt einen Ausschnitt von Abbildung 1.51b in einem quadratischen $[-3, 3]$-mal-$[0, 4]$-Fenster.

Wird der Nenner einer rationalen Funktion für einen x-Wert innerhalb des Betrachtungsfensters null, so kann ein Taschenrechner oder eine Grafiksoftware einen steilen, nahezu vertikalen Geradenabschnitt produzieren, der von oben nach unten durchläuft. Hier folgt ein Beispiel.

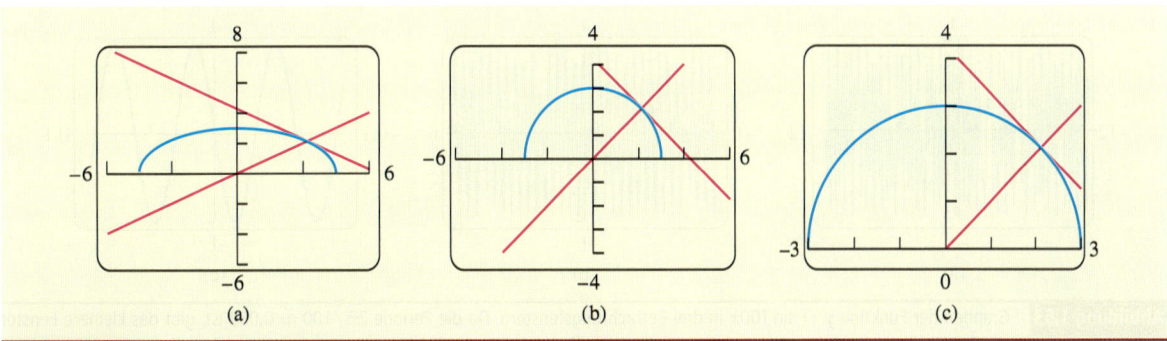

Abbildung 1.51 Die Graphen der senkrecht aufeinander stehenden Geraden $y = x$ und $y = -x + 3\sqrt{2}$ und der Halbkreis $y = \sqrt{9 - x^2}$ erscheinen (a) in einem nichtquadratischen Fenster verzerrt, aber in den quadratischen Fenstern (b) und (c) erscheinen sie klar (Beispiel 1.15).

Unechter vertikaler Geradenabschnitt

Beispiel 1.16 Stellen Sie die Funktion $y = \dfrac{1}{2-x}$ grafisch dar.

Lösung ▶Abbildung 1.52a zeigt den Graphen im $[-10, 10]$-mal-$[-10, 10]$-Standardfenster unserer Grafiksoftware. Beachten Sie den nahezu vertikalen Geradenabschnitt an der Stelle $x = 2$. Er ist kein echter Teil des Graphen, und $x = 2$ gehört nicht zum Definitionsbereich der Funktion. Wir können den Geradenabschnitt eliminieren, indem wir das Betrachtungsfenster auf die kleinere $[-6, 6]$-mal-$[-4, 4]$-Ansicht einstellen, was einen besseren Graphen hervorbringt (▶Abbildung 1.52b). ■

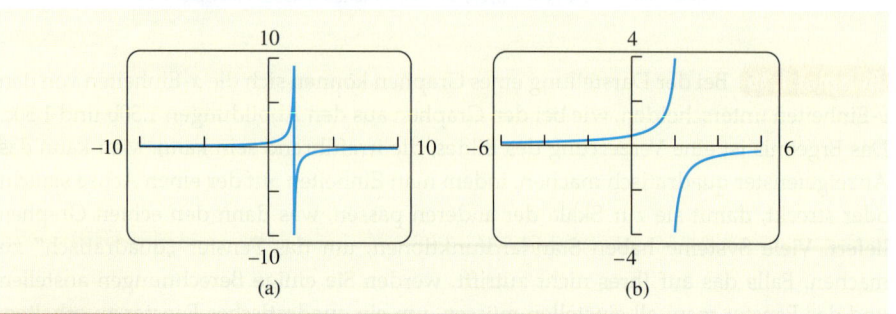

Abbildung 1.52 Graphen der Funktion $y = 1/(2-x)$. Wird das Betrachtungsfenster nicht sorgfältig gewählt, kann eine vertikale Gerade erscheinen (Beispiel 1.16).

Manchmal oszilliert der Graph einer trigonometrischen Funktion sehr schnell. Wenn ein Taschenrechner oder ein Computer die Punkte berechnet und anschließend verbindet, werden viele der Maxima und Minima einfach verpasst. Der resultierende Graph ist dann sehr irreführend.

Darstellungsfehler bei schneller Oszillation

Beispiel 1.17 Stellen Sie die Funktion $f(x) = \sin 100x$ grafisch dar.

Lösung ▶Abbildung 1.53a zeigt den Graphen von f im Betrachtungsfenster $[-12, 12]$ mal $[-1, 1]$. Der Graph sieht sehr merkwürdig aus, weil die Sinuskurve eigentlich periodisch zwischen -1 und 1 oszillieren sollte. Dieses Verhalten wird in Abbildung 1.53a nicht wiedergegeben. Wir können mit einem kleineren Betrachtungsfenster experimentieren, etwa $[-6, 6]$ mal $[-1, 1]$. Aber der dargestellte Graph ist nicht besser (▶Abbildung 1.53b). Die Schwierigkeit ist, dass die Periode der trigonometrischen Funktion $y = \sin 100x$ sehr klein ist, nämlich ($2\pi/100 \approx 0{,}063$). Wählen wir das wesentlich klei-

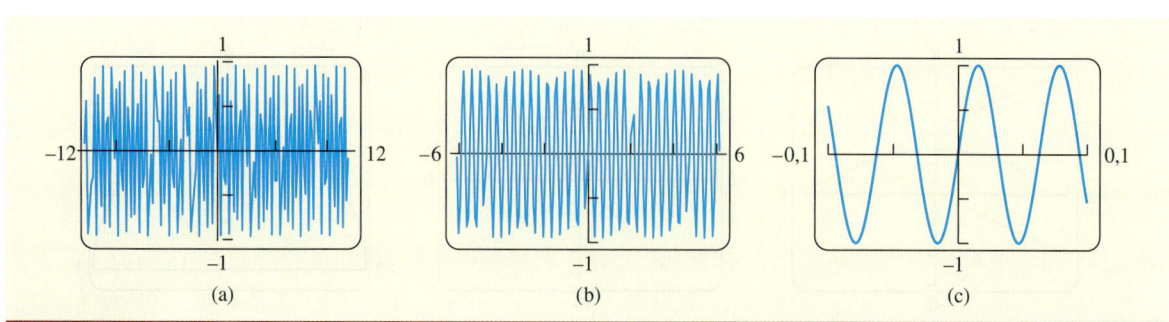

Abbildung 1.53 Graphen der Funktion $y = \sin 100x$ in drei Betrachtungsfenstern. Da die Periode $2\pi/100 \approx 0{,}063$ ist, gibt das kleinere Fenster aus Teil (c) die wesentlichen Aspekte dieser schnell oszillierenden Funktion am besten wieder (Beispiel 1.17).

nere Betrachtungsfenster $[-0,1, 0,1]$ mal $[-1, 1]$, so erhalten wir den Graphen aus Abbildung 1.53c. Dieser Graph gibt die erwarteten Oszillationen der Sinuskurve wieder.

Beispiel 1.18 Stellen Sie die Funktion $y = \cos x + \frac{1}{50} \sin 50x$ grafisch dar.

Verschiedene Skalen zu einer Funktion

Lösung Im Betrachtungsfenster $[-6, 6]$ mal $[-1, 1]$ sieht der Graph fast so aus wie eine Kosinusfunktion, nur mit kleinen scharfen Zacken darauf (▶Abbildung 1.54a). Einen besseren Eindruck gewinnen wir, wenn wir das Fenster stark auf $[-0,6, 0,6]$ mal $[0,8, 1,02]$ verkleinern, wodurch wir den Graphen aus Abbildung 1.54b erhalten. Wir erkennen nun die kleinen, aber schnellen Oszillationen des zweiten Terms $1/50 \sin 50x$, die wir zu den vergleichsweise großen Werten der Kosinuskurve addiert haben.

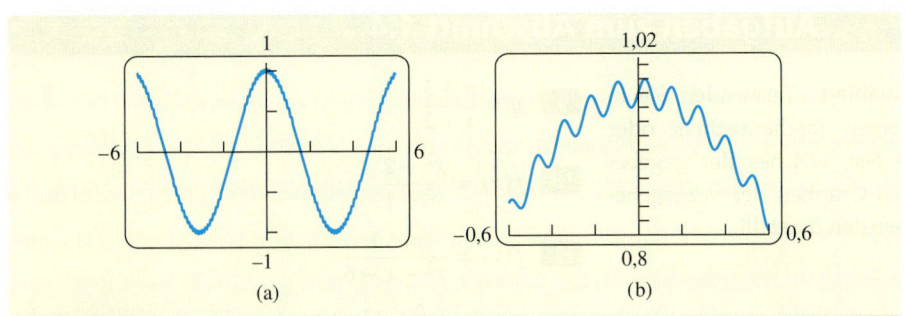

Abbildung 1.54 In (b) sehen wir eine Nahaufnahme der Funktion $y = \cos x + \frac{1}{50} \sin 50x$ aus Teil (a). Der Term $\cos x$ dominiert klar den zweiten Term $\frac{1}{50} \sin 50x$, der die schnellen Oszillationen entlang der Kosinuskurve erzeugt. Beide Graphen werden gebraucht, um sich ein klares Bild vom Graphen zu machen (Beispiel 1.18).

Einen vollständigen Graphen erhalten

Einige Zeichenprogramme werden den Teil eines Graphen von $f(x)$ nicht anzeigen, für den $x < 0$ ist. Gewöhnlich kommt es dazu aufgrund des Rechenverfahrens, das das Zeichenprogramm zur Berechnung der Funktionswerte einsetzt. Manchmal können wir uns den vollständigen Graphen verschaffen, indem wir die Funktionsgleichung in einer etwas anderen Weise schreiben.

Beispiel 1.19 Stellen Sie die Funktion $y = x^{1/3}$ grafisch dar.

Darstellungsfehler aufgrund der Berechnungsweise

Lösung Einige Zeichenprogramme stellen den in ▶Abbildung 1.55a gezeigten Graphen dar. Beim Vergleich mit dem Graphen von $y = x^{1/3} = \sqrt[3]{x}$ aus Abbildung 1.17 stellen wir fest, dass der linke Zweig für $x < 0$ fehlt. Der Grund für die Abweichung des Graphen ist, dass viele Taschenrechner und Softwareprogramme $x^{1/3}$ als $e^{(1/3)\ln x}$ berechnen. Da der Logarithmus für negative Werte von x nicht definiert ist, kann das Zeichenprogramm nur den rechten Zweig darstellen, für den $x > 0$ ist. (Logarithmus- und Exponentialfunktionen werden in Kapitel 7 vorgestellt.)

Um das vollständige Bild mit beiden Zweigen zu erhalten, können wir die Funktion

$$f(x) = \frac{x}{|x|} \cdot |x|^{1/3}$$

anzeigen lassen. Diese Funktion ist gleich $x^{1/3}$, außer an der Stelle $x = 0$ (wo f undefiniert ist, obwohl $0^{1/3} = 0$ gilt). Der Graph der Funktion ist in ▶Abbildung 1.55b dargestellt.

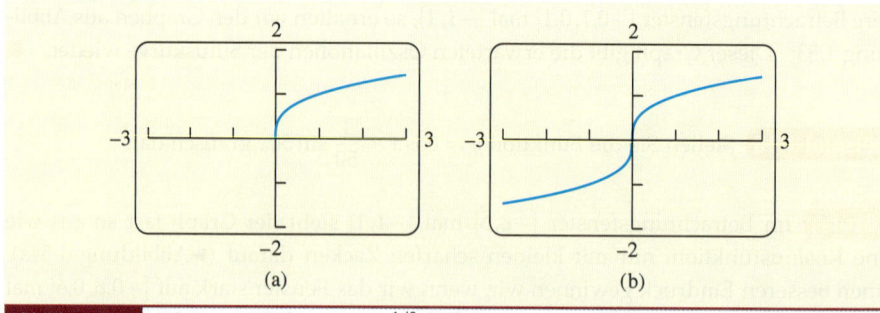

Abbildung 1.55 (a) Dem Graphen von $y = x^{1/3}$ fehlt der linke Zweig. In (b) zeichnen wir den Graphen der Funktion $f(x) = \dfrac{x}{|x|} \cdot |x|^{1/3}$, was uns beide Zweige liefert (Beispiel 1.19).

Aufgaben zum Abschnitt 1.4

Ein Betrachtungsfenster wählen Verwenden Sie in den Aufgaben 1 und 2 einen Taschenrechner oder Computer und stellen Sie fest, welches der gegebenen Betrachtungsfenster den Graphen der vorgegebenen Funktion am angemessensten darstellt.

1. $f(x) = x^4 - 7x^2 + 6x$

a. $[-1,1]$ mal $[-1,1]$ b. $[-2,2]$ mal $[-5,5]$
c. $[-10,10]$ mal $[-10,10]$ d. $[-5,5]$ mal $[-25,15]$

2. $f(x) = 5 + 12x - x^3$

a. $[-1,1]$ mal $[-1,1]$ b. $[-5,5]$ mal $[-10,10]$
c. $[-4,4]$ mal $[-10,20]$ d. $[-4,5]$ mal $[-15,25]$

Ein Betrachtungsfenster bestimmen Bestimmen Sie in den Aufgaben 3–15 ein geeignetes Betrachtungsfenster für die gegebene Funktion und verwenden Sie es für die Darstellung des Graphen.

3. $f(x) = x^4 - 4x^3 + 15$

4. $f(x) = x^5 - 5x^4 + 10$

5. $f(x) = x\sqrt{9 - x^2}$

6. $y = 2x - 3x^{2/3}$

7. $y = 5x^{2/5} - 2x$

8. $y = |x^2 - 1|$

9. $y = \dfrac{x+3}{x+2}$

10. $f(x) = \dfrac{x^2 + 2}{x^2 + 1}$

11. $f(x) = \dfrac{x-1}{x^2 - x - 6}$

12. $f(x) = \dfrac{6x^2 - 15x + 6}{4x^2 - 10x}$

13. $y = \sin 250x$

14. $y = \cos\left(\dfrac{x}{50}\right)$

15. $y = x + \dfrac{1}{10}\sin 30x$

16. Zeichnen Sie die untere Hälfte des durch die Gleichung $x^2 + 2x = 4 + 4y - y^2$ definierten Kreises.

17. Zeichnen Sie vier Perioden der Funktion $f(x) = -\tan 2x$.

18. Zeichnen Sie den Graphen der Funktion $f(x) = \sin 2x + \cos 3x$.

Darstellung im Punktemodus Eine andere Möglichkeit, Fehldarstellungen durch Zeichenwerkzeuge zu vermeiden, ist das Umstellen auf den Punktemodus. Dann werden nur die Punkte gezeichnet. Wenn Ihr Grafikwerkzeug diesen Modus kennt, verwenden Sie ihn, um die Graphen der Funktionen aus den Aufgaben 19 und 20 zu zeichnen.

19. $y = \dfrac{1}{x-3}$

20. $y = x\lfloor x \rfloor$

Kapitel 1 – Wiederholungsfragen

1. Was ist eine Funktion? Was ist ihr Definitionsbereich? Was ist ein Pfeildiagramm einer Funktion? Geben Sie Beispiele an.

2. Was ist der Graph einer reellwertigen Funktion einer reellen Variablen? Was bezeichnet man als Senkrechtentest?

3. Was ist eine stückweise definierte Funktion? Geben Sie Beispiele an.

4. Welchen wichtigen Arten von Funktionen begegnet man häufig in der Analysis? Geben Sie jeweils ein Beispiel an.

5. Was bedeutet es, wenn eine Funktion wachsend/fallend ist? Geben Sie jeweils ein Beispiel an.

6. Was ist eine gerade Funktion, was eine ungerade Funktion? Welche Symmetrieeigenschaften haben die Graphen solcher Funktionen? Welchen Nutzen können wir daraus ziehen? Geben Sie ein Beispiel für eine Funktion an, die weder gerade noch ungerade ist.

7. Seien f und g reellwertige Funktionen. Wie sind die Definitionsbereiche von $f+g, f-g, fg$ und f/g bezogen auf die Definitionsbereiche von f und g? Geben Sie Beispiele an.

8. Wann ist es möglich, eine Funktion mit einer anderen zu verketten? Geben Sie Beispiele für Verkettungen und ihre Werte an verschiedenen Stellen an. Spielt es eine Rolle, in welcher Reihenfolge man die Funktionen verkettet?

9. Wie müssen Sie die Funktionsgleichung $y = f(x)$ ändern, um den Graphen um $|k|$ Einheiten nach oben oder unten zu verschieben? Geben Sie Beispiele an.

10. Wie müssen Sie die Funktionsgleichung $y = f(x)$ verändern, um den Graphen um einen Faktor $c > 1$ zu strecken bzw. zu stauchen oder um ihn an einer der Koordinatenachsen zu spiegeln? Geben Sie jeweils ein Beispiel an.

11. Wie ist die Standardgleichung einer Ellipse mit dem Mittelpunkt (h, k)? Was ist die Hauptachse? Was ist die Nebenachse? Geben Sie Beispiele an.

12. Was ist das Bogenmaß mit der Winkeleinheit Radiant? Wie rechnet man vom Bogenmaß (Radiant) in das Gradmaß (Grad) um? Wie rechnet man Grad in Radiant um?

13. Zeichnen Sie die sechs grundlegenden trigonometrischen Funktionen. Welche Symmetrien weisen die Graphen auf?

14. Was ist eine periodische Funktion? Geben Sie Beispiele an. Welche Periode haben die sechs grundlegenden trigonometrischen Funktionen?

15. Gehen Sie von der Identität $\sin^2 \theta + \cos^2 \theta = 1$ und den Gleichungen für $\cos(\alpha + \beta)$ und $\sin(\alpha + \beta)$ aus. Zeigen Sie, wie daraus eine Vielzahl anderer trigonometrischer Identitäten hergeleitet werden kann.

16. Wie hängt die Gleichung für die verallgemeinerte Sinusfunktion $f(x) = A \sin((2\pi/B)(x - C)) + D$ mit der Verschiebung, Streckung und Spiegelung des Graphen zusammen? Geben Sie Beispiele an. Zeichnen Sie die verallgemeinerte Sinusfunktion und benennen Sie die Konstanten A, B, C und D.

17. Nennen Sie drei Effekte, die auftreten können, wenn man Funktionen mithilfe eines Taschenrechners oder einer Grafiksoftware darstellt. Geben Sie Beispiele an.

Kapitel 1 – Praktische Aufgaben

Funktionen und Graphen

1. Drücken Sie den Flächeninhalt und den Umfang eines Kreises als Funktionen des Kreisradius r aus. Drücken Sie anschließend den Flächeninhalt als Funktion des Umfangs aus.

2. Ein Punkt P liegt im ersten Quadranten auf der Parabel $y = x^2$. Drücken Sie die Koordinaten von P als Funktion des Neigungswinkels der Verbindungslinie zwischen P und dem Ursprung aus.

Stellen Sie in den Aufgaben 3 und 4 fest, ob der Graph der Funktion symmetrisch bezüglich der y-Achse, des Ursprungs oder nicht symmetrisch ist.

3. $y = x^{1/5}$

4. $y = x^2 - 2x - 1$

Stellen Sie in den Aufgaben 5–8 fest, ob die angegebene Funktion gerade, ungerade oder keines von beiden ist.

5. $y = x^2 + 1$

6. $y = 1 - \cos x$

7. $y = \dfrac{x^4 + 1}{x^3 - 2x}$

8. $y = x + \cos x$

9. Angenommen, f und g sind beides ungerade Funktionen, die auf der gesamten reellen Achse definiert sind. Welche der (wo definierten) folgenden Funktionen ist gerade/ungerade?

a. fg b. f^3 c. $f(\sin x)$ d. $g(\sec x)$ e. $|g|$

Bestimmen Sie in den Aufgaben 10–14 a. den Definitionsbereich und b. den Wertebereich.

10. $y = |x| - 2$

11. $y = \sqrt{16 - x^2}$

12. $y = 2e^{-x} - 3$

13. $y = 2\sin(3x + \pi) - 1$

14. $y = \ln(x - 3) + 1$

15. Geben Sie an, ob die Funktionen wachsend, fallend oder keines von beiden sind.

a. Volumen einer Kugel als Funktion des Kugelradius
b. Abrundungsfunktion
c. Höhe über dem Meeresspiegel als Funktion des atmosphärischen Drucks (nicht null)
d. Kinetische Energie als Funktion der Teilchengeschwindigkeit

Stückweise definierte Funktionen Bestimmen Sie in den Aufgaben 16 und 17 a. den Definitionsbereich und b. den Wertebereich.

16. $y = \begin{cases} \sqrt{-x}, & -4 \leq x \leq 0 \\ \sqrt{x}, & 0 < x \leq 4 \end{cases}$

17. $y = \begin{cases} -x - 2, & -2 \leq x \leq -1 \\ x, & -1 < x \leq 1 \\ -x + 2, & 1 < x \leq 2 \end{cases}$

Geben Sie in den Aufgaben 18 und 19 die zum gezeichneten Graphen gehörige stückweise definierte Funktion an.

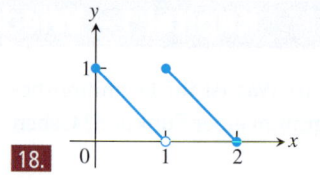

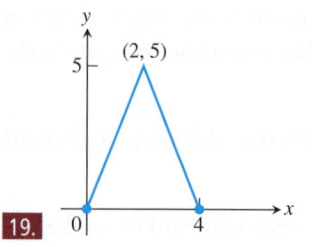

18.

19.

Funktionen verketten

20. Bestimmen Sie

a. $(f \circ g)(-1)$ b. $(g \circ f)(2)$
c. $(f \circ f)(x)$ d. $(g \circ g)(x)$

für $f(x) = \dfrac{1}{x}$ und $g(x) = \dfrac{1}{\sqrt{x+2}}$

21. Geben Sie a. Funktionsgleichungen für $f \circ f$ und $g \circ f$ an und bestimmen Sie jeweils b. den Definitionsbereich und c. den Wertebereich für $f(x) = 2 - x^2$, $g(x) = \sqrt{x+2}$.

22. Skizzieren Sie die Graphen von f und $f \circ f$.

$$f(x) = \begin{cases} -x - 2, & -4 \leq x \leq -1 \\ -1, & -1 < x \leq 1 \\ x - 2, & 1 < x \leq 2 \end{cases}$$

Verkettung mit Absolutwerten Zeichnen Sie in den Aufgaben 23–26 die Graphen der Funktionen f_1 und f_2 in eine Abbildung. Beschreiben Sie anschließend, wie sich die beiden Graphen aufgrund der Betragsbildung unterscheiden.

23. $f_1(x) = x, f_2(x) = |x|$

24. $f_1(x) = x^3, f_2(x) = |x|^3$

25. $f_1(x) = 4 - x^2, f_2(x) = |4 - x^2|$

26. $f_1(x) = \sqrt{x}, f_2(x) = \sqrt{|x|}$

Graphen verschieben und skalieren

27. Gegeben sei der Graph von g. Geben Sie Funktionsgleichungen für die Funktionen an, deren Graphen sich aus dem Graphen von g wie angegeben durch Verschiebung bzw. Skalierung um die jeweiligen Einheiten oder Spiegelung ergeben.

a. $\frac{1}{2}$ nach oben, 5 nach rechts

b. 2 nach unten, $\frac{2}{3}$ nach links

c. Spiegelung an der y-Achse

d. Spiegelung an der x-Achse

e. vertikale Streckung um einen Faktor 5

f. horizontale Stauchung um einen Faktor 5

Skizzieren Sie in den Aufgaben 28 und 29 jeweils den Graphen der Funktion, aber nicht, indem Sie Punkte zeichnen, sondern indem Sie von den Standardfunktionen aus den Abbildungen 1.14–1.17 ausgehen und eine geeignete Transformation anwenden.

28. $y = -\sqrt{1 + \frac{x}{2}}$ **29.** $y = \frac{1}{2x^2} + 1$

Trigonometrie Skizzieren Sie in den Aufgaben 30 und 31 den Graphen der gegebenen Funktion. Geben Sie die Periode der Funktion an.

30. $y = \cos 2x$ **31.** $y = \sin \pi x$

32. Skizzieren Sie den Graphen zu $y = 2\cos\left(x - \frac{\pi}{3}\right)$.

In den Aufgaben 33 und 34 ist ABC ein rechtwinkliges Dreieck mit dem rechten Winkel bei C. Die den Winkeln α, β, γ gegenüberliegenden Seiten sind a, b, c.

33. a. Bestimmen Sie a und b für $c = 2, \beta = \pi/3$.

b. Bestimmen Sie A und C für $b = 2$ und $\beta = \pi/3$.

34. a. Drücken Sie a als Funktion von β und b aus.

b. Drücken Sie c als Funktion von A und a aus.

35. Höhe eines Mastes Zwei Drähte verbinden die Spitze S eines vertikalen Mastes mit den Punkten B und C auf dem Boden, wobei sich C 10 m näher an der Basis des Mastes befindet als B. Der Draht BS bildet einen Winkel von 35° mit der Horizontalen und CS einen Winkel von 50°. Wie hoch ist der Mast?

36. a. Zeichnen Sie den Graphen der Funktion $f(x) = \sin x + \cos(x/2)$.

b. Was scheint die Periode dieser Funktion zu sein?

c. Bestätigen Sie Ihre Aussage aus Teil (b) algebraisch.

Kapitel 1 – Zusätzliche Aufgaben und Aufgaben für Fortgeschrittene

Funktionen und Graphen

1. Gibt es Funktionen f und g, für die $f \circ g = g \circ f$ ist? Begründen Sie Ihre Antwort.

2. Sei f ungerade. Kann man dann etwas über $g(x) = f(x) - 2$ sagen? Wie verhält es sich, wenn f stattdessen gerade ist? Begründen Sie Ihre Antwort.

3. Stellen Sie die Gleichung $|x| + |y| = 1 + x$ grafisch dar.

Herleitungen und Beweise

4. Beweisen Sie die folgenden Identitäten:

a. $\dfrac{1 - \cos x}{\sin x} = \dfrac{\sin x}{1 + \cos x}$ b. $\dfrac{1 - \cos x}{1 + \cos x} = \tan^2 \dfrac{x}{2}$

5. Zeigen Sie, dass der Flächeninhalt des Dreiecks ABC durch die Gleichung $(1/2)ab\sin\gamma = (1/2)bc\sin\alpha = (1/2)ca\sin\beta$ gegeben ist.

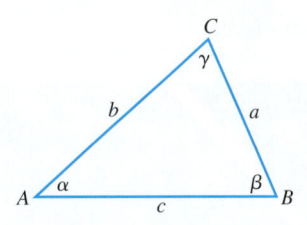

6. Zeigen Sie: Wenn f sowohl gerade als auch ungerade ist, dann ist $f(x) = 0$ für alle x aus dem Definitionsbereich von f.

Lernziele

1 Änderungsraten und Tangenten an Kurven
- Sekanten und Tangenten
- Steigung einer Kurve
- Mittlere Änderungsrate
- Intuitive Herleitung des Grenzwerts

2 Grenzwert einer Funktion und Grenzwertsätze
- Grenzwerte von Funktionswerten
- Grenzwertsätze
- Einschnürungssatz

3 Die exakte Grenzwertdefinition
- ε- und δ-Umgebungen

4 Einseitige Grenzwerte
- Rechts- und linksseitige Grenzwerte

5 Stetigkeit
- Stetigkeit an einer Stelle
- Randstellen und innere Stellen
- Einseitige Stetigkeit
- Sprungstellen, Polstellen, Oszillationsstellen
- Stetige Funktionen und ihre Eigenschaften
- Stetige Fortsetzungen

6 Grenzwerte mit Unendlich, Asymptoten von Graphen
- Endliche Grenzwerte für $x \to \pm\infty$
- Unendliche Grenzwerte für $x \to \pm\infty$
- Horizontale, schräge und vertikale Asymptoten
- Dominante Terme

Grenzwerte und Stetigkeit

2.1	Änderungsraten und Tangenten an Kurven	63
2.2	Grenzwert einer Funktion und Grenzwertsätze	71
2.3	Die exakte Grenzwertdefinition	85
2.4	Einseitige Grenzwerte	97
2.5	Stetigkeit	106
2.6	Grenzwerte mit Unendlich; Asymptoten von Graphen	121

2 Grenzwerte und Stetigkeit

Übersicht

Mathematiker des 17. Jahrhunderts waren leidenschaftlich daran interessiert, die Bewegung von Körpern auf oder nahe der Erdoberfläche und die Bewegung von Planeten und Sternen zu untersuchen. Bei diesen Untersuchungen ging es sowohl um die Geschwindigkeit des Körpers als auch um seine momentane Bewegungsrichtung, von der bekannt war, dass diese Richtung tangential zur Bahnkurve ist. Das Konzept des Grenzwerts ist grundlegend, wenn es darum geht, die Geschwindigkeit eines sich bewegenden Körpers und die Tangente an seine Bahnkurve zu bestimmen.

In diesem Kapitel führen wir den Begriff des Grenzwerts ein, zunächst intuitiv und dann formal. Wir verwenden Grenzwerte, um zu beschreiben, wie sich eine Funktion ändert. Manche Funktionen ändern sich *stetig*, kleine Änderungen in x führen nur zu kleinen Änderungen in $f(x)$. Andere Funktionen können Werte haben, die springen, sich unregelmäßig ändern oder unbeschränkt wachsen oder fallen. Der Begriff des Grenzwerts versetzt uns in die Lage, zwischen diesen Verhaltensweisen genau zu unterscheiden.

2.1 Änderungsraten und Tangenten an Kurven

Die Analysis ist ein Werkzeug, das uns zu verstehen hilft, wie sich funktionale Zusammenhänge ändern, etwa der Ort oder die Geschwindigkeit eines sich bewegenden Körpers als Funktion der Zeit oder die Steigung einer Kurve, wenn wir einen Punkt entlang der Kurve bewegen. In diesem Kapitel führen wir die Begriffe mittlere und momentane Änderungsrate ein und zeigen, dass sie eng mit der Steigung einer Kurve in einem Punkt P der Kurve verknüpft sind. Genaue Herleitungen dieser wichtigen Begriffe geben wir im nächsten Kapitel. Im Moment bedienen wir uns einer formlosen Betrachtungsweise, damit Sie erkennen, wie die Begriffe in natürlicher Weise auf den Hauptgegenstand dieses Kapitels führen, den *Grenzwert*. Sie werden sehen, dass Grenzwerte eine wesentliche Rolle in der Analysis und bei der Untersuchung von Änderungen spielen.

Mittlere und momentane Geschwindigkeit

Im späten 16. Jahrhundert entdeckte Galilei, dass ein Körper, den man aus der Ruhelage nahe der Erdoberfläche fallen lässt, einen Weg zurücklegt, der proportional zum Quadrat der Fallzeit ist. Diese Bewegungsart heißt **freier Fall**. Dabei geht man davon aus, dass der den Körper bremsende Luftwiderstand vernachlässigbar ist und dass allein die Schwerkraft auf den fallenden Körper wirkt. Bezeichnet y den nach t Sekunden im freien Fall zurückgelegten Weg in Metern, so lautet Galileis Gesetz

$$y = (9{,}81/2)t^2$$

mit der (gerundeten) Proportionalitätskonstante $9{,}81/2$.

Die **mittlere Geschwindigkeit** eines Körpers über einem Zeitintervall bestimmt man, indem man den zurückgelegten Weg durch die verstrichene Zeit dividiert. Die Maßeinheit ist Länge pro Zeiteinheit: Kilometer pro Stunde, Meter pro Sekunde oder was immer dem gestellten Problem angemessen ist.

Beispiel 2.1 Ein Stein löst sich von der Spitze eines hohen Felsens. Wie ist die mittlere Geschwindigkeit

Mittlere Geschwindigkeit eines Steins im freien Fall

a. in den ersten 2 Sekunden im freien Fall?
b. im Sekundenintervall zwischen Sekunde 1 und Sekunde 2?

Lösung Die mittlere Geschwindigkeit des Steins über einem gegebenen Zeitintervall ist die Änderung des Ortes Δy, dividiert durch die Länge des Zeitintervalls Δt. (Inkremente wie Δy und Δt werden im Anhang A.3 betrachtet.) Messen wir den Weg in Metern und die Zeit in Sekunden, so ergeben sich die folgenden Berechnungen:

a. In den ersten 2 Sekunden:	$\dfrac{\Delta y}{\Delta t} = \dfrac{(9{,}81/2)(2)^2 - (9{,}81/2)(0)^2}{2 - 0} = 9{,}81 \, \dfrac{\text{m}}{\text{s}}.$
b. Von der 1. bis zur 2. Sekunde:	$\dfrac{\Delta y}{\Delta t} = \dfrac{(9{,}81/2)(2)^2 - (9{,}81/2)(1)^2}{2 - 1} = 14{,}715 \, \dfrac{\text{m}}{\text{s}}.$

Wir wollen wissen, wie man anstelle eines Wertes, der über ein Intervall gemittelt ist, die Geschwindigkeit eines fallenden Körpers zu einem bestimmten Zeitpunkt t_0

2 Grenzwerte und Stetigkeit

bestimmt. Dazu überlegen wir uns, was passiert, wenn wir die mittlere Geschwindigkeit über immer kürzere Zeitintervalle berechnen, die bei t_0 beginnen. Das nächste Beispiel illustriert diesen Prozess. Unsere Diskussion ist an dieser Stelle intuitiv, wir werden sie aber in Kapitel 3 präzisieren.

Momentangeschwindigkeit eines Steins im freien Fall

Beispiel 2.2 Bestimmen Sie die Geschwindigkeit des Steins aus Beispiel 2.1 zum Zeitpunkt $t = 1\,\text{s}$ und zum Zeitpunkt $t = 2\,\text{s}$.

Lösung Wir können die mittlere Geschwindigkeit des Steins über einem Zeitintervall $[t_0, t_0 + h]$ mit der Länge $\Delta t = h$ folgendermaßen berechnen:

$$\frac{\Delta y}{\Delta t} = \frac{(9{,}81/2)(t_0+h)^2 - (9{,}81/2)t_0^2}{h}. \tag{2.1}$$

Um die „momentane" Geschwindigkeit zu dem genauen Zeitpunkt t_0 zu berechnen, können wir in diese Gleichung nicht einfach $h = 0$ einsetzen, weil Division durch null nicht erlaubt ist. Wir *können* die Gleichung allerdings verwenden, um mittlere Geschwindigkeiten über immer kürzere Zeitintervalle zu berechnen, die bei $t_0 = 1$ bzw. $t_0 = 2$ beginnen. Bei dieser Vorgehensweise erkennen wir ein bestimmtes Muster (▶Tabelle 2.1).

Tabelle 2.1: Mittlere Geschwindigkeiten über kurze Zeitintervalle $[t_0, t_0 + h]$.

Mittlere Geschwindigkeit: $\frac{\Delta y}{\Delta t} = \frac{(9{,}81/2)(t_0+h)^2 - (9{,}81/2)t_0^2}{h}$		
Länge des Zeitintervalls h	Mittlere Geschwindigkeit über dem Intervall der Länge h bei $t_0 = 1$	Mittlere Geschwindigkeit über dem Intervall der Länge h bei $t_0 = 2$
1	14,715	24,525
0,1	10,3005	20,1105
0,01	9,85905	19,66905
0,001	9,814905	19,624905
0,0001	9,8104905	19,6204905

Die mittlere Geschwindigkeit über den Intervallen bei $t_0 = 1$ scheint mit abnehmender Intervalllänge gegen $9{,}81\,\text{m/s}$ zu gehen. Dies legt die Vermutung nahe, dass der Stein zur Zeit $t_0 = 1$ mit einer Geschwindigkeit von $9{,}81\,\text{m/s}$ fällt. Das wollen wir durch eine Rechnung prüfen.

Setzen wir $t_0 = 1$ und multiplizieren wir den Zähler in Gleichung (2.1) aus, so erhalten wir

$$\frac{\Delta y}{\Delta t} = \frac{(9{,}81/2)(1+h)^2 - (9{,}81/2)(1)^2}{h} = \frac{(9{,}81/2)(1+2h+h^2) - (9{,}81/2)}{h}$$

$$= \frac{9{,}81h + (9{,}81/2)h^2}{h} = 9{,}81 + (9{,}81/2)h.$$

Für von null verschiedene Werte von h sind die Ausdrücke auf der rechten und auf der linken Seite äquivalent, und die mittlere Geschwindigkeit ist $9{,}81 + (9{,}81/2)h\,\text{m/s}$. Nun können wir erkennen, warum die mittlere Geschwindigkeit den Grenzwert $9{,}81 + (9{,}81/2)(0) = 9{,}81\,\text{m/s}$ hat, wenn h gegen null geht.

Setzen wir in Gleichung (2.1) analog dazu $t_0 = 2$, so liefert das Verfahren

$$\frac{\Delta y}{\Delta t} = 19{,}62 + (9{,}81/2)h$$

für von null verschiedene Werte von h. Geht h gegen null, so hat die mittlere Geschwindigkeit für $t_0 = 2$ den Grenzwert $19{,}62\,\mathrm{m/s}$, ganz wie Tabelle 2.1 nahelegt.

Die mittlere Geschwindigkeit eines fallenden Körpers ist ein Beispiel für ein allgemeineres Konzept, das wir nachfolgend diskutieren.

Mittlere Änderungsraten und Sekanten

Ist eine beliebige Funktion $y = f(x)$ gegeben, so berechnen wir die mittlere Änderungsrate von y bezüglich x über dem Intervall $[x_1, x_2]$, indem wir die Änderung des Wertes von y, also $\Delta y = f(x_2) - f(x_1)$, durch die Länge $\Delta x = x_2 - x_1 = h$ des Intervalls teilen, über dem die Änderung berechnet werden soll. (Als vereinfachende Schreibweise verwenden wir von nun an das Symbol h für Δx.)

> **Definition**
>
> Die **mittlere Änderungsrate** von $y = f(x)$ bezüglich x über dem Intervall $[x_1, x_2]$ ist
> $$\frac{\Delta y}{\Delta x} = \frac{f(x_2) - f(x_1)}{x_2 - x_1} = \frac{f(x_1 + h) - f(x_1)}{h},\ h \neq 0.$$

Geometrisch betrachtet, ist die Änderungsrate von f über dem Intervall $[x_1, x_2]$ die Steigung der Geraden durch die Punkte $P(x_1, f(x_1))$ und $Q(x_2, f(x_2))$ (▶Abbildung 2.1). In der Geometrie nennt man eine Gerade, die zwei Punkte einer Kurve verbindet, eine **Sekante** der Kurve. Daher ist die mittlere Änderungsrate von f von x_1 bis x_2 identisch mit der Steigung der Sekante PQ. Wir betrachten nun, was passiert, wenn sich der Punkt Q entlang der Kurve dem Punkt P nähert, sodass die Intervalllänge h gegen null geht.

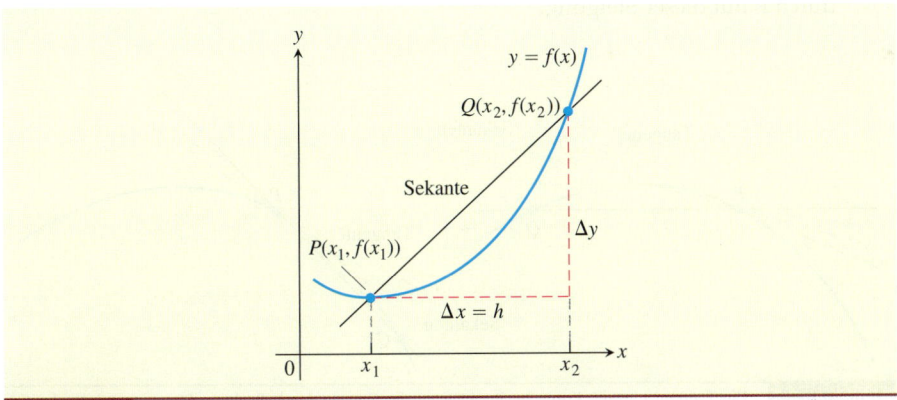

Abbildung 2.1 Eine Sekante des Graphen $y = f(x)$. Ihre Steigung ist $\Delta y / \Delta x$. Das ist die mittlere Änderungsrate von f über dem Intervall $[x_1, x_2]$.

Definition der Steigung einer Kurve

Wir wissen, was mit der Steigung einer Geraden gemeint ist: Sie gibt uns die Rate an, mit der die Kurve steigt oder fällt – ihre Änderungsrate als Graph einer linearen Funktion. Aber was ist mit der *Steigung einer Kurve in einem Punkt P auf der Kurve* gemeint? Existiert im Punkt P eine *Tangente* an die Kurve, – das ist eine Gerade, die die Kurve berührt wie die Tangente an einen Kreis – wäre es vernünftig, die *Steigung der Tangente* mit der Steigung der Kurve im Punkt P gleichzusetzen. Wir brauchen also eine genaue Bedeutung für die Tangente in einem Punkt einer Kurve.

2 Grenzwerte und Stetigkeit

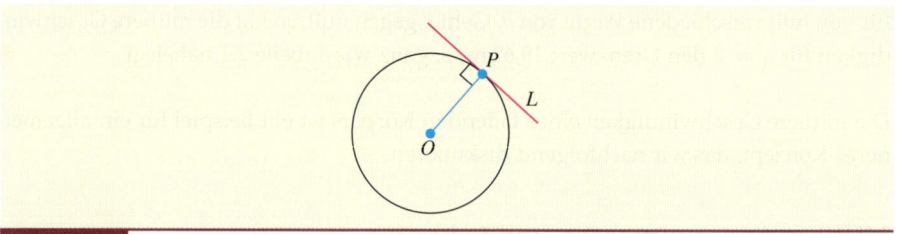

Abbildung 2.2 Die Gerade G ist tangential an den Kreis im Punkt P, wenn sie senkrecht zum Radius OP durch den Punkt P verläuft.

Bei Kreisen ist das unkompliziert. Eine Gerade G ist tangential zu einem Kreis im Punkt P, wenn G durch P senkrecht zum Radius von P verläuft (▶Abbildung 2.2). Eine solche Gerade *berührt* den Kreis lediglich. Aber was bedeutet die Aussage, dass eine Gerade tangential an irgendeine andere Kurve K im Punkt P ist?

Um die Tangente für allgemeine Kurven zu definieren, brauchen wir eine Betrachtungsweise, die das Verhalten der Sekanten durch P und benachbarte Punkte Q einschließt, wenn sich Q entlang der Kurve dem Punkt P nähert (▶Abbildung 2.3). Hier ist die Idee:

1 Wir beginnen mit einer Größe, die wir berechnen können, nämlich die Steigung der Sekante PQ.

2 Wir berechnen den Grenzwert der Steigung der Sekante, wenn sich Q entlang der Kurve dem Punkt P nähert. (Den Begriff *Grenzwert* klären wir im nächsten Abschnitt.)

3 Existiert der *Grenzwert*, so betrachten wir diesen Wert als die Steigung der Kurve im Punkt P und *definieren* die Tangente an die Kurve im Punkt P als die Gerade durch P mit dieser Steigung.

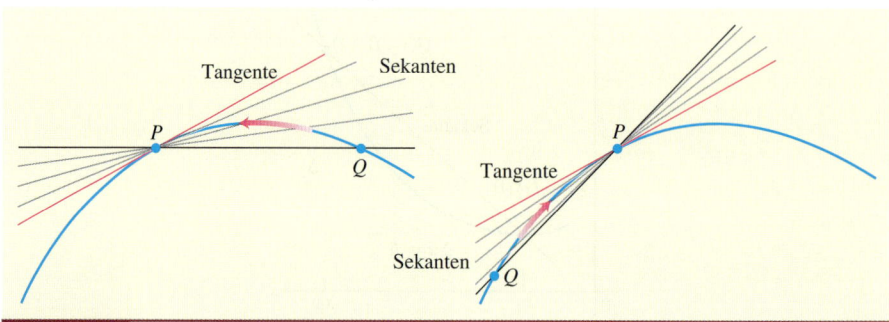

Abbildung 2.3 Die Tangente an die Kurve im Punkt P ist die Gerade durch P, deren Steigung der beidseitige Grenzwert der Sekantensteigungen für $Q \to P$ ist.

Dieses Verfahren haben wir schon beim Problem des fallenden Steins aus Beispiel 2.2 angewandt. Das nächste Beispiel illustriert das geometrische Konzept einer Tangente an eine Kurve.

Tangente an eine Parabel

Beispiel 2.3 Bestimmen Sie die Steigung der Parabel $y = x^2$ im Punkt $P(2, 4)$. Schreiben Sie eine Gleichung für die Tangente an die Parabel in diesem Punkt auf.

Lösung Wir starten mit der Sekante durch $P(2, 4)$ und den benachbarten Punkt $Q(2+h, (2+h)^2)$. Anschließend schreiben wir eine Gleichung für die Steigung der

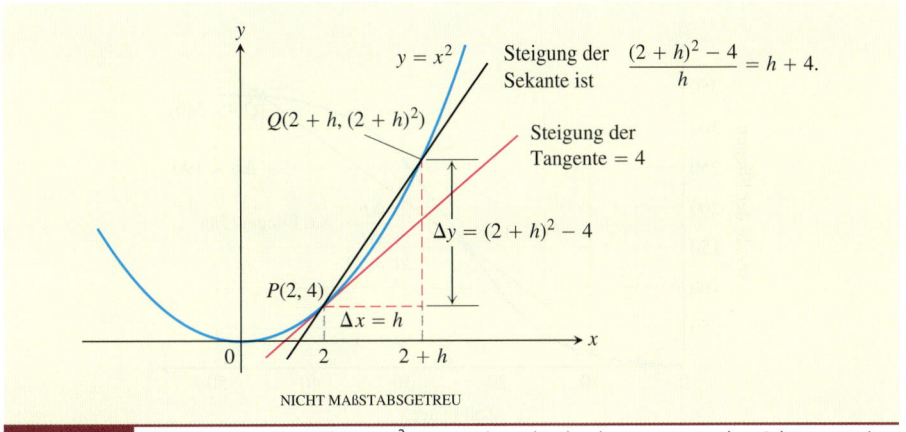

Abbildung 2.4 Steigung der Parabel $y = x^2$ im Punkt $P(2,4)$ als Grenzwert der Sekantenanstiege (Beispiel 2.3).

Sekante PQ auf und untersuchen, was mit der Steigung passiert, wenn sich Q dem Punkt P entlang der Kurve nähert:

$$\text{Steigung der Sekante} = \frac{\Delta y}{\Delta x} = \frac{(2+h)^2 - 2^2}{h} = \frac{h^2 + 4h + 4 - 4}{h} = \frac{h^2 + 4h}{h} = h + 4.$$

Für $h > 0$ liegt Q rechts oberhalb von P, wie in ▶Abbildung 2.4 dargestellt. Für $h < 0$ liegt Q links von P (nicht dargestellt). In beiden Fällen geht h gegen null, wenn Q gegen P geht, und der Anstieg der Sekante $h + 4$ geht gegen 4. Wir betrachten 4 als die Steigung der Parabel im Punkt P.

Die Tangente an die Parabel im Punkt P ist die Gerade durch P mit der Steigung 4:

$$y = 4 + 4(x - 2) \qquad \text{Punktsteigungsgleichung}$$
$$y = 4x - 4.$$

Momentane Änderungsraten und Tangenten

Die Raten, mit denen der Stein aus Beispiel 2.2 zu den Zeitpunkten $t = 1$ und $t = 2$ fällt, nennt man *momentane* oder auch *lokale Änderungsraten*. Momentane Änderungsraten und Tangenten sind eng verknüpft, wie wir nun in den folgenden Beispielen sehen werden.

Beispiel 2.4 ▶Abbildung 2.5 zeigt, wie sich eine Population p von Fruchtfliegen (*Drosophila*) in einem 50-tägigen Experiment entwickelte. Die Zahl der Fruchtfliegen wurde in regelmäßigen Abständen bestimmt, die bestimmte Zahl wurde über t aufgetragen und die Punkte wurden durch eine glatte Kurve verbunden (in Abbildung 2.5 blau gezeichnet). Bestimmen Sie die mittlere Wachstumsrate zwischen Tag 23 und Tag 45.

Mittlere Wachstumsrate einer Fruchtfliegenpopulation

Lösung Am Tag 23 gab es 150 Fliegen, und am Tag 45 gab es 340 Fliegen. Folglich hat sich die Anzahl der Fliegen in $45 - 23 = 22$ Tagen um $340 - 150 = 190$ erhöht. Die mittlere Änderungsrate der Population von Tag 23 bis Tag 45 war demnach

$$\text{Mittlere Änderungsrate:} \quad \frac{\Delta p}{\Delta t} = \frac{340 - 150}{45 - 23} = \frac{190}{22} \approx 8{,}6 \text{ Fliegen/Tag}.$$

Dieser Mittelwert ist die Steigung der Sekante durch die Punkte P und Q auf dem Graphen aus Abbildung 2.5.

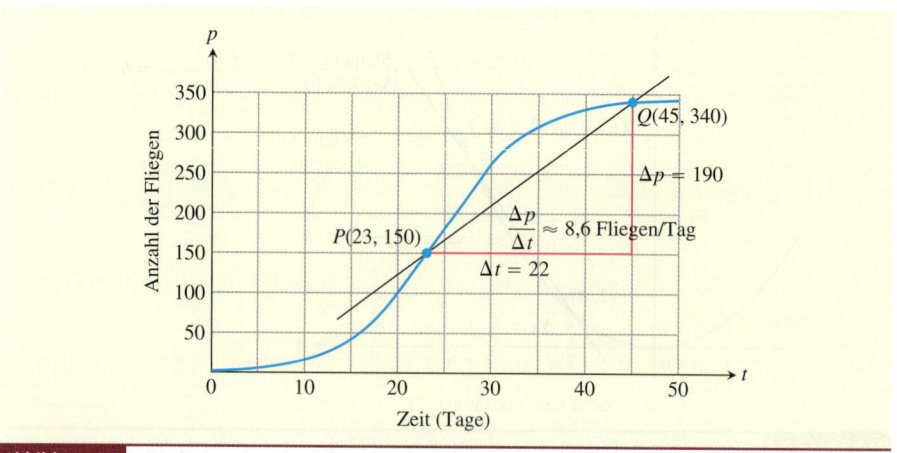

Abbildung 2.5 Wachstum einer Fruchtfliegenpopulation in einem überwachten Experiment. Die mittlere Änderungsrate über 22 Tage ist die Steigung $\Delta p / \Delta t$ der Sekante (Beispiel 2.4).

Die in Beispiel 2.4 berechnete mittlere Änderungsrate von Tag 23 bis Tag 45 gibt uns keine Auskunft darüber, wie schnell die Population speziell am Tag 23 wuchs. Um das herauszufinden, müssen wir Zeitintervalle untersuchen, die enger um den fraglichen Tag liegen.

Beispiel 2.5 Wie schnell wuchs die Zahl der Fliegen in der Population aus Beispiel 2.4 am Tag 23?

Lösung Um diese Frage zu beantworten, untersuchen wir die mittleren Änderungsraten am Tag 23 über immer kürzeren Zeitintervallen. Geometrisch bestimmen wir diese Raten, indem wir die Steigungen der Sekanten von P nach Q berechnen. Dabei verwenden wir eine Folge von Punkten Q, die sich entlang der Kurve dem Punkt P nähern (▶Abbildung 2.6).

Q	Steigung von $PQ = \Delta p / \Delta t$ (Fliegen/Tag)
(45, 340)	$\dfrac{340 - 150}{45 - 23} \approx 8{,}6$
(40, 330)	$\dfrac{330 - 150}{40 - 23} \approx 10{,}6$
(35, 310)	$\dfrac{310 - 150}{35 - 23} \approx 13{,}3$
(30, 265)	$\dfrac{265 - 150}{30 - 23} \approx 16{,}4$

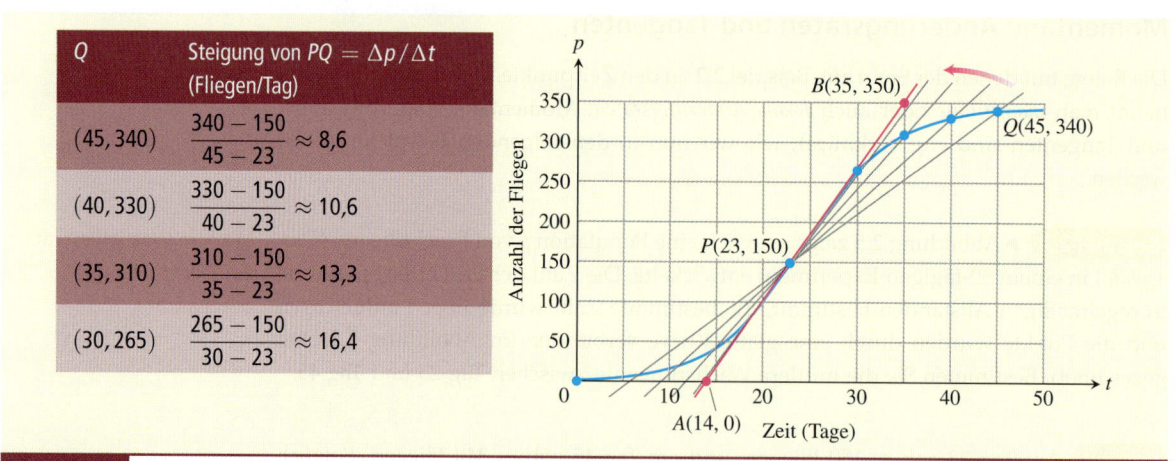

Abbildung 2.6 Die Lage und die Steigungen von vier Sekanten durch den Punkt P auf dem Fruchtfliegengraphen (Beispiel 2.5).

Die Werte in der Tabelle zeigen, dass die Steigungen der Sekanten von 8,6 auf 16,4 wachsen, wenn sich die t-Koordinate des Punktes Q von 45 auf 30 verringert. Wir würden erwarten, dass die Steigungen noch etwas weiter wachsen, wenn t gegen 23 geht. Geometrisch betrachtet, drehen sich die Sekanten um P und scheinen die rote

Tangente in der Abbildung zu erreichen. Da die Gerade durch die Punkte $(14, 0)$ und $(35, 350)$ zu verlaufen scheint, hat sie die Steigung

$$\frac{350 - 0}{35 - 14} = 16{,}7 \text{ Fliegen/Tag (genähert).}$$

Am Tag 23 wuchs die Population mit einer Rate von etwa 16,7 Fliegen/Tag.

Wir haben festgestellt, dass die momentanen Raten aus Beispiel 2.2 sich aus den Werten der mittleren Geschwindigkeiten oder mittleren Änderungsraten ergeben, wenn die Länge des Zeitintervalls h gegen null geht. Das heißt, die momentane Rate ist der Wert, den die mittlere Rate erreicht, wenn die Länge des Zeitintervalls, über dem die Änderung gemessen wird, gegen null geht. Die mittlere Änderungsrate entspricht der Steigung einer Sekante; die momentane Rate entspricht der Steigung der Tangente, wenn die unabhängige Variable gegen einen festen Wert geht. In Beispiel 2.2 ging die unabhängige Variable t gegen $t = 1$ und $t = 2$. In Beispiel 2.3 erreichte die unabhängige Variable den Wert $x = 2$. Wir sehen also, dass die momentanen Raten und die Steigungen von Tangenten eng miteinander verknüpft sind. Diese Verbindung untersuchen wir im nächsten Kapitel gründlich, doch dafür brauchen wir das Konzept eines *Grenzwerts*.

Aufgaben zum Abschnitt 2.1

Mittlere Änderungsraten Bestimmen Sie in den Aufgaben 1–3 die mittleren Änderungsraten über dem angegebenen Intervall bzw. den Intervallen.

1. $f(x) = x^3 + 1$ **a.** $[2, 3]$ **b.** $[-1, 1]$

2. $h(t) = \cot t$ **a.** $[\pi/4, 3\pi/4]$ **b.** $[\pi/6, \pi/2]$

3. $R(\theta) = \sqrt{4\theta + 1}$ $[0, 2]$

Steigung einer Kurve in einem Punkt Wenden Sie in den Aufgaben 4–7 die Methode aus Beispiel 2.3 an und bestimmen Sie **a.** die Steigung der Kurve in dem angegebenen Punkt P sowie **b.** eine Gleichung der Tangente im Punkt P.

4. $y = x^2 - 3$, $P(2, 1)$

5. $y = x^2 - 2x - 3$, $P(2, -3)$

6. $y = x^3$, $P(2, 8)$

7. $y = x^3 - 12x$, $P(1, -11)$

Momentane Änderungsraten

8. Geschwindigkeit eines Sportwagens Die nachfolgende Abbildung zeigt das Weg-Zeit-Diagramm eines Sportwagens, der aus dem Stand beschleunigt.

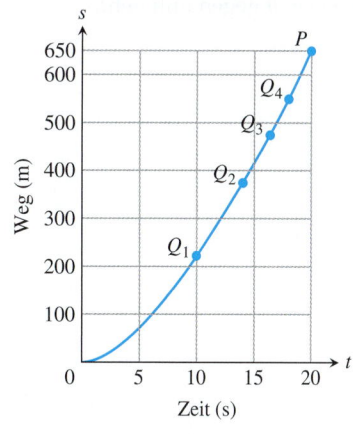

a. Schätzen Sie die Steigungen der Sekanten PQ_1, PQ_2, PQ_3 und PQ_4 ab und ordnen Sie sie wie in der Tabelle aus Abbildung 2.6 an. Was sind die geeigneten Einheiten für diese Steigungen?

b. Schätzen Sie anschließend die Geschwindigkeit des Sportwagens zur Zeit $t = 20$ s ab.

9. Die Gewinne eines kleinen Unternehmens in den ersten fünf Jahren seit seiner Gründung sind in der folgenden Tabelle aufgeführt:

Jahr	Gewinn in 1000 Euro
2000	6
2001	27
2002	62
2003	111
2004	174

a. Tragen Sie Punkte für den Gewinn als Funktion des Jahres in ein Diagramm ein. Verbinden Sie die Punkte durch eine möglichst glatte Kurve.
b. Was ist die mittlere Wachstumsrate des Gewinns zwischen 2002 und 2004?
c. Schätzen Sie anhand Ihres Graphen die Rate ab, mit der sich der Gewinn 2002 änderte.

10. Sei $g(x) = \sqrt{x}$ für $x \geq 1$.

a. Bestimmen Sie die mittlere Änderungsrate von $g(x)$ bezüglich x über den Intervallen $[1, 2], [1, 1{,}5]$ und $[1, 1+h]$.
b. Fertigen Sie für einige Werte von h eine Wertetabelle der mittleren Änderungsrate von g bezüglich x über dem Intervall $[1, 1+h]$ an. Setzen Sie die Werte $h = 0{,}1, 0{,}01, 0{,}001, 0{,}0001, 0{,}00001$ und $0{,}000001$ ein.
c. Auf welche Änderungsrate von $g(x)$ bezüglich x an der Stelle $x = 1$ deutet Ihre Tabelle hin?
d. Berechnen Sie den Grenzwert der mittleren Änderungsrate von $g(x)$ bezüglich x über dem Intervall $[1, 1+h]$, wenn h gegen null geht.

11. Die nachfolgende Abbildung zeigt den nach einer Zeit von t Stunden von einem Fahrradfahrer zurückgelegten Weg s.

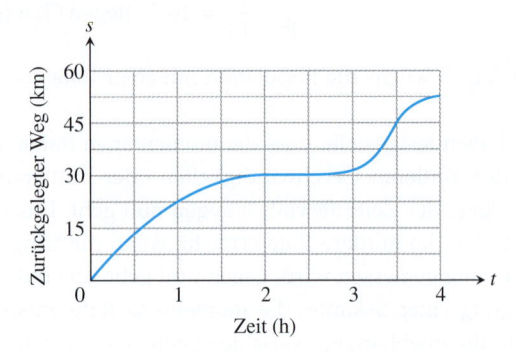

a. Schätzen Sie die mittlere Geschwindigkeit des Fahrradfahrers über den Zeitintervallen $[0, 1], [1, 2{,}5]$ und $[2{,}5, 3{,}5]$ ab.
b. Schätzen Sie die Momentangeschwindigkeit des Fahrradfahrers zu den Zeiten $t = \frac{1}{2}, t = 2$ und $t = 3$ ab.
c. Schätzen Sie die Maximalgeschwindigkeit des Fahrradfahrers ab und geben Sie an, wann er sie erreichte.

2.2 Grenzwert einer Funktion und Grenzwertsätze

In Abschnitt 2.1 haben wir gesehen, dass Grenzwerte ins Spiel kommen, wenn wir die lokale Änderungsrate einer Funktion oder die Tangente an eine Kurve bestimmen. Hier beginnen wir mit einer intuitiven Definition des *Grenzwerts* und zeigen, wie wir die Grenzwerte berechnen können. Eine exakte Definition wird im nächsten Abschnitt angegeben.

Grenzwerte von Funktionswerten

Wenn wir eine Funktion $y = f(x)$ untersuchen, sind wir oft am Verhalten der Funktion in der *Nähe* einer bestimmten Stelle x_0 interessiert, aber nicht *genau* an der Stelle x_0. Das kann beispielsweise der Fall sein, wenn x_0 eine irrationale Zahl ist, etwa π oder $\sqrt{2}$, deren Wert nur durch eine „benachbarte" rationale Zahl genähert werden kann, sodass wir die Funktion stattdessen dort berechnen. Eine andere Situation liegt vor, wenn die Berechnung einer Funktion an der Stelle x_0 auf eine Division durch null führt, die nicht definiert ist. Dieser letzte Umstand ist uns begegnet, als wir die lokale Änderungsrate in y bestimmen wollten, indem wir den Quotienten $\Delta y / h$ für immer kleiner werdende h betrachten. Es folgt ein typisches Beispiel, in dem wir numerisch untersuchen, wie sich eine Funktion in der Nähe einer Stelle verhält, an der wir die Funktion nicht direkt berechnen können.

Beispiel 2.6 Wie verhält sich die Funktion

$$f(x) = \frac{x^2 - 1}{x - 1}$$

in der Nähe von $x = 1$?

Verhalten einer Funktion in der Nähe einer Singularität

Tabelle 2.2: Je näher x an 1 ist, desto näher scheint $f(x) = (x^2 - 1)/(x - 1)$ an 2 zu sein.

x-Werte über und unter 1	$f(x) = \frac{x^2-1}{x-1} = x+1,\ x \neq 1$
0,9	1,9
1,1	2,1
0,99	1,99
1,01	2,01
0,999	1,999
1,001	2,001
0,999999	1,999999
1,000001	2,000001

Lösung Die gegebene Gleichung definiert f für alle reellen Zahlen x außer $x = 1$ (wir dürfen nicht durch null dividieren). Für jedes $x \neq 1$ können wir die Gleichung vereinfachen, indem wir den Zähler faktorisieren und kürzen:

$$f(x) = \frac{(x-1)(x+1)}{x-1} = x + 1 \quad \text{für} \quad x \neq 1.$$

Der Graph von f ist die Gerade $y = x + 1$, *ausgenommen* der Punkt $(1, 2)$. Dieser ausgenommene Punkt ist in ▶Abbildung 2.7 als „Loch" dargestellt. Obwohl $f(1)$ nicht

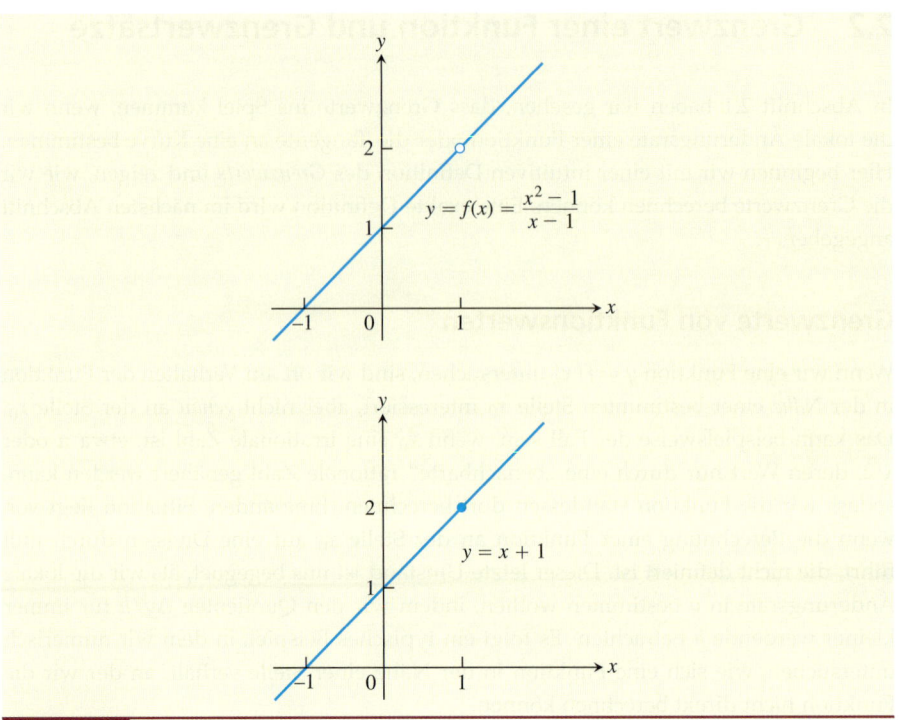

Abbildung 2.7 Der Graph von f ist mit der Geraden $y = x + 1$ identisch, ausgenommen die Stelle $x = 1$. Dort ist f nicht definiert (Beispiel 2.6).

definiert ist, können wir den Wert von $f(x)$ *beliebig nah* an 2 bringen, indem wir x *hinreichend nah* an 1 wählen (Tabelle 2.2).

Wir wollen nun die in Beispiel 2.6 illustrierten Gedanken verallgemeinern.

Wir nehmen an, dass $f(x)$ über einem offenen Intervall um x_0 definiert ist, *ausgenommen möglicherweise in x_0 selbst*. Liegt $f(x)$ beliebig nah an L (so nah an L wie wir wollen), wenn x hinreichend nah an x_0 ist, dann sagen wir, dass $f(x)$ gegen den **Grenzwert** L geht, wenn x gegen x_0 geht. Wir schreiben

$$\lim_{x \to x_0} f(x) = L.$$

Wir sagen: „Der Grenzwert von $f(x)$ für x gegen x_0 ist L." oder auch „Die Funktion f hat für x gegen x_0 den Grenzwert L." In Beispiel 2.6 würden wir etwa sagen, dass $f(x)$ den *Grenzwert* 2 hat, wenn x gegen 1 geht. Wir schreiben

$$\lim_{x \to 1} f(x) = 2 \quad \text{oder} \quad \lim_{x \to 1} \frac{x^2 - 1}{x - 1} = 2.$$

Im Wesentlichen besagt die Definition, dass die Werte von $f(x)$ nah an der Zahl L liegen, wenn x nah an x_0 liegt (zu beiden Seiten von x_0). Diese Definition ist „intuitiv", weil Wendungen wie *beliebig nah* und *hinreichend nah* ungenau sind; ihre Bedeutung hängt vom Kontext ab. (Für einen Maschinenbauer, der einen Kolben herstellt, kann *nah* bedeuten: *innerhalb von ein paar Tausendstel Millimetern*. Für einen Astronomen, der entfernte Galaxien untersucht, kann *nah* bedeuten: *im Umkreis von ein paar Tausend Lichtjahren*.) Trotzdem ist die Definition so klar, dass wir Grenzwerte spezieller Funktionen verstehen und berechnen können. Wir werden jedoch die exakte Definition aus Abschnitt 2.3 brauchen, wenn wir Sätze über Grenzwerte beweisen wollen. Zunächst folgen noch einige Beispiele mit denen wir die Vorstellung des Grenzwerts illustrieren wollen.

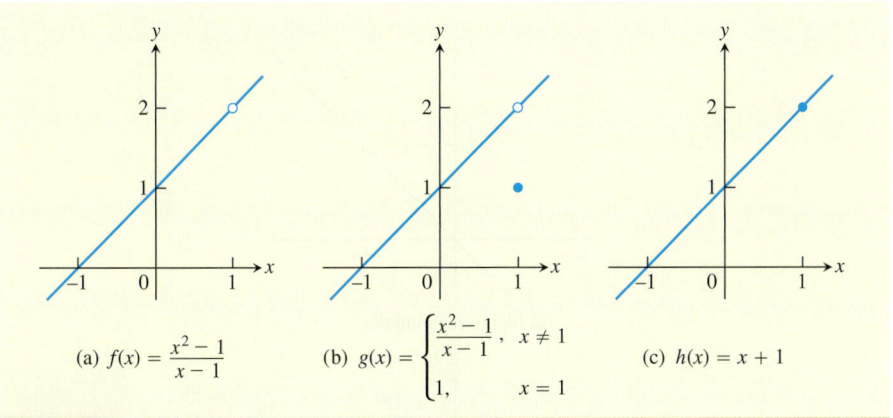

(a) $f(x) = \dfrac{x^2 - 1}{x - 1}$ (b) $g(x) = \begin{cases} \dfrac{x^2 - 1}{x - 1}, & x \neq 1 \\ 1, & x = 1 \end{cases}$ (c) $h(x) = x + 1$

Abbildung 2.8   Die Grenzwerte von $f(x)$, $g(x)$ und $h(x)$ sind für x gegen 1 alle 2. Aber nur $h(x)$ hat an der Stelle $x = 1$ denselben Funktionswert (Beispiel 2.7).

Beispiel 2.7 Dieses Beispiel zeigt, dass der Grenzwert einer Funktion nicht davon abhängt, wie die Funktion an der betrachteten Stelle definiert ist. Sehen wir uns die drei Funktionen aus ▶Abbildung 2.8 an. Die Funktion f hat für $x \to 1$ den Grenzwert 2, obwohl f an der Stelle $x = 1$ nicht definiert ist. Die Funktion g hat für $x \to 1$ den Grenzwert 2, obwohl $2 \neq g(1)$ ist. Die Funktion h ist die einzige der drei Funktionen aus Abbildung 2.8, deren Grenzwert für $x \to 1$ gleich dem Funktionswert an der Stelle $x = 1$ ist. Für h gilt $\lim\limits_{x \to 1} h(x) = h(1)$. Diese Gleichheit von Grenzwert und Funktionswert ist bedeutsam, und wir werden in Abschnitt 2.5 darauf zurückkommen.

Definitionsunabhängiger Grenzwert

Beispiel 2.8

Grenzwerte der identischen und der konstanten Funktion

a Ist f die **identische Funktion** $f(x) = x$, so gilt für jeden Wert x_0 (▶Abbildung 2.9a)

$$\lim_{x \to x_0} f(x) = \lim_{x \to x_0} x = x_0 \,.$$

b Ist f die **konstante Funktion** $f(x) = k$ (Funktion mit dem konstanten Wert k), so gilt für jeden Wert x_0 (▶Abbildung 2.9b)

$$\lim_{x \to x_0} f(x) = \lim_{x \to x_0} k = k \,.$$

Nach diesen beiden Regeln gilt zum Beispiel

$$\lim_{x \to 3} x = 3 \quad \text{und} \quad \lim_{x \to -7}(4) = \lim_{x \to 2}(4) = 4 \,.$$

Wir beweisen diese Regeln in Beispiel 2.19 auf Seite 89 in Abschnitt 2.3.

Einige Situationen, in denen kein Grenzwert existiert, sind in ▶Abbildung 2.10 illustriert. Sie werden im nächsten Beispiel diskutiert.

Beispiel 2.9 Diskutieren Sie das Verhalten der folgenden Funktionen für $x \to 0$.

Verhalten verschiedener Funktionen für $x \to 0$

a $U(x) = \begin{cases} 0, & x < 0 \\ 1, & x \geq 0 \end{cases}$

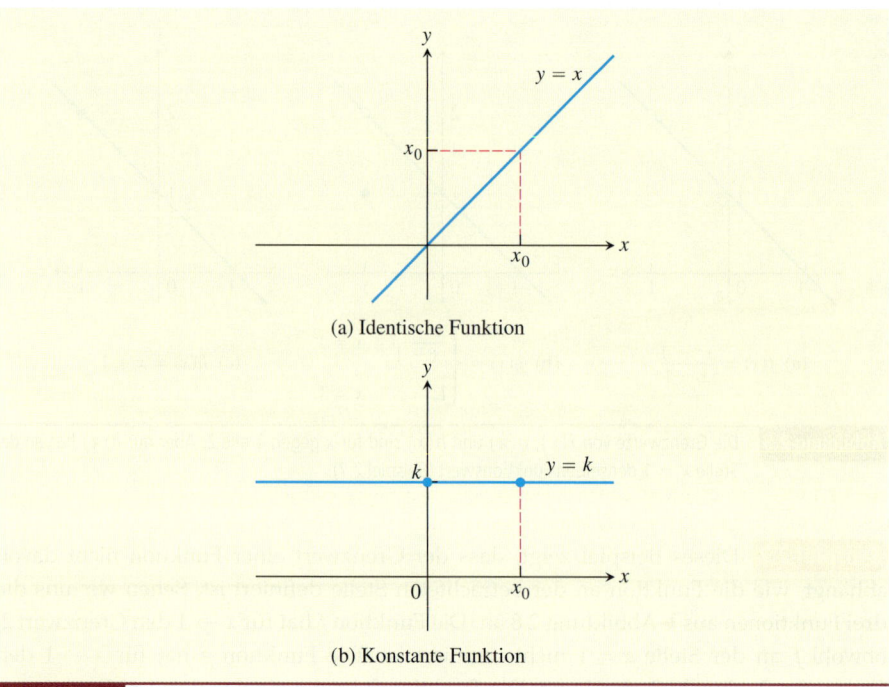

Abbildung 2.9 Die Funktionen aus Beispiel 2.8 haben an allen Stellen x_0 Grenzwerte.

(a) Identische Funktion

(b) Konstante Funktion

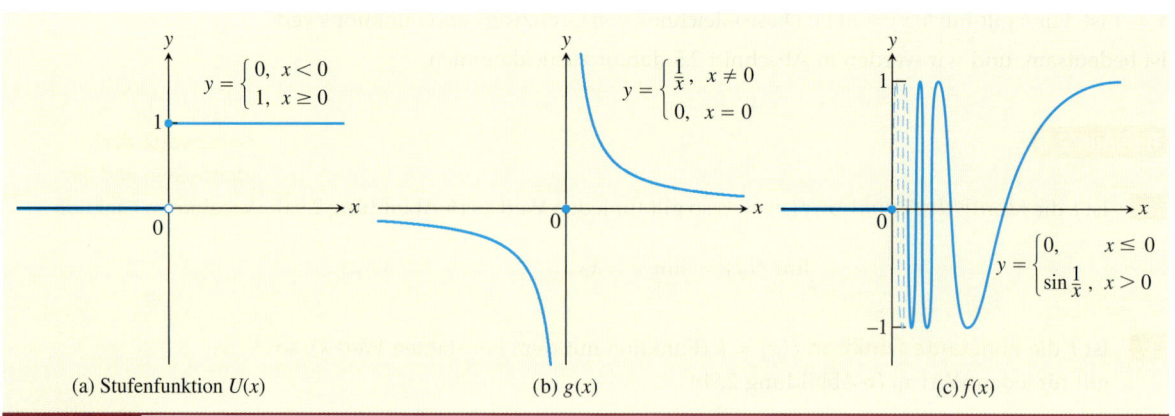

Abbildung 2.10 Keine dieser Funktionen hat einen Grenzwert, wenn x gegen 0 geht (Beispiel 2.9).

(a) Stufenfunktion $U(x)$

(b) $g(x)$

(c) $f(x)$

b $g(x) = \begin{cases} \dfrac{1}{x}, & x \neq 0 \\ 0, & x = 0 \end{cases}$

c $f(x) = \begin{cases} 0, & x \leq 0 \\ \sin\dfrac{1}{x}, & x > 0 \end{cases}$

Lösung

a Die Funktion *springt*: Die **Heaviside-Funktion** oder **Stufenfunktion** $U(x)$ hat für $x \to 0$ keinen Grenzwert, weil ihr Wert an der Stelle $x = 0$ springt. Für beliebig nah an null liegende negative x-Werte gilt $U(x) = 0$. Für beliebig nah an null liegende positive *x*-Werte gilt $U(x) = 1$. Es gibt keinen *gemeinsamen* Wert *L*, gegen den die Funktion $U(x)$ für $x \to 0$ geht (▶Abbildung 2.10a).

b Die Funktion *wächst zu stark, um einen Grenzwert zu haben*: $g(x)$ hat für $x \to 0$ keinen Grenzwert, weil die Werte von *g* für $x \to 0$ betragsmäßig beliebig groß werden und nicht bei einer *bestimmten* reellen Zahl bleiben (▶Abbildung 2.10b).

c Die Funktion *oszilliert zu stark, um einen Grenzwert zu haben*: $f(x)$ hat für $x \to 0$ keinen Grenzwert, weil die Funktionswerte in jedem offenen Intervall, das 0 enthält, zwischen $+1$ und -1 oszillieren. Die Werte nähern sich für $x \to 0$ keiner bestimmten Zahl (▶Abbildung 2.10c).

Die Grenzwertsätze

Bei der Diskussion von Grenzwerten verwenden wir die Schreibweise $x \to x_0$, wenn wir sagen wollen, dass der Grenzwert für *x* gegen x_0 gebildet wird. x_0 ist dabei eine feste Stelle auf der *x*-Achse, die zum Definitionsbereich der betrachteten Funktionen gehören kann oder auch nicht. Statt mit x_0 bezeichnen wir die zu untersuchende Stelle oft auch mit *a* oder – wie z. B. im folgenden Satz, mit *c*. Dieser Satz präsentiert Regeln zur Berechnung von Grenzwerten von Funktionen, welche algebraische Kombinationen von Funktionen mit bekannten Grenzwerten sind.

Satz 2.1 Grenzwertsätze

Sind *L*, *M*, *c* und *k* reelle Zahlen und ist

$$\lim_{x \to c} f(x) = L \quad \text{und} \quad \lim_{x \to c} g(x) = M, \text{ so gilt}$$

1. Summenrechnung: $\lim_{x \to c}(f(x) + g(x)) = L + M$
2. Differenzenregel: $\lim_{x \to c}(f(x) - g(x)) = L - M$
3. Faktorregel: $\lim_{x \to c}(k \cdot f(x)) = k \cdot L$
4. Produktregel: $\lim_{x \to c}(f(x) \cdot g(x)) = L \cdot M$
5. Quotientenregel: $\lim_{x \to c} \dfrac{f(x)}{g(x)} = \dfrac{L}{M}$, $M \neq 0$
6. Potenzregel: $\lim_{x \to c}[f(x)]^n = L^n$, *n* ist eine positive ganze Zahl
7. Wurzelregel: $\lim_{x \to c} \sqrt[n]{f(x)} = \sqrt[n]{L} = L^{1/n}$, *n* ist eine positive ganze Zahl
                         (Ist *n* gerade, so nehmen wir $L \geq 0$ und $f(x) \geq 0$ an.)

In Worten: Nach der Summenregel ist der Grenzwert einer Summe die Summe der Grenzwerte. Analog besagt die nächste Regel, dass der Grenzwert einer Differenz die Differenz der Grenzwerte ist; der Grenzwert des Produkts einer Konstanten mit einer Funktion ist die Konstante mal Grenzwert der Funktion; der Grenzwert eines Produkts zweier Funktionen ist das Produkt ihrer Grenzwerte; der Grenzwert eines Quotienten zweier Funktionen ist der Quotient ihrer Grenzwerte (vorausgesetzt, der Grenzwert des Nenners ist ungleich null); der Grenzwert einer positiven, ganzzahligen Potenz (oder Wurzel) einer Funktion ist die ganzzahlige Potenz (oder Wurzel) des Grenzwerts (vorausgesetzt, dass man die Wurzel des Grenzwerts ziehen kann). Die Gültigkeit der Regeln aus Satz 2.1 ist einsichtig (obwohl die folgende intuitive Argumentation keinen Beweis darstellt). Liegt *x* hinreichend nah an *c*, dann liegt nach unserer formlosen Definition $f(x)$ nah an *L* und $g(x)$ nah an *M*. Es ist dann einsichtig, dass $f(x) + g(x)$ nah an $L + M$; $f(x) - g(x)$ nah an $L - M$; $kf(x)$ nah an kL; $f(x)g(x)$ nah an LM und $f(x)/g(x)$ für M ungleich null nah an L/M liegt. Wir beweisen die Summenregel in Abschnitt 2.3 auf Grundlage einer exakten Definition des Grenzwerts. Die Regeln 2–5 werden in Anhang A.4 bewiesen. Regel 6 ergibt sich durch wiederholte Anwendung der Regel 4. Regel 7 wird in weiterführenden Lehrbüchern bewiesen. Die Regeln für Summen, Differenzen und Produkte lassen sich nicht nur auf zwei Funktionen, sondern auch auf Summen, Differenzen und Produkte beliebig vieler Funktionen anwenden.

Anwendung der Grenzwertsätze

Beispiel 2.10 Verwenden Sie die Erkenntnisse aus Beispiel 2.8 ($\lim_{x \to c} k = k$ und $\lim_{x \to c} x = c$) und die Eigenschaften von Grenzwerten, um die folgenden Grenzwerte zu bestimmen:

a) $\lim_{x \to c}(x^3 + 4x^2 - 3)$
b) $\lim_{x \to c} \frac{x^4 + x^2 - 1}{x^2 + 5}$
c) $\lim_{x \to -2} \sqrt{4x^2 - 3}$

Lösung

a) $\lim_{x \to c}(x^3 + 4x^2 - 3) = \lim_{x \to c} x^3 + \lim_{x \to c} 4x^2 - \lim_{x \to c} 3$ Summen- und Differenzenregel

$= c^3 + 4c^2 - 3$ Faktor- und Potenzregel

b) $\lim_{x \to c} \frac{x^4 + x^2 - 1}{x^2 + 5} = \frac{\lim_{c \to c}(x^4 + x^2 - 1)}{\lim_{x \to c}(x^2 + 5)}$ Quotientenregel

$= \frac{\lim_{x \to c} x^4 + \lim_{x \to c} x^2 - \lim_{x \to c} 1}{\lim_{x \to c} x^2 + \lim_{x \to c} 5}$ Summen- und Differenzenregel

$= \frac{c^4 + c^2 - 1}{c^2 + 5}$ Potenz- oder Produktregel

c) $\lim_{x \to -2} \sqrt{4x^2 - 3} = \sqrt{\lim_{x \to -2}(4x^2 - 3)}$ Wurzelregel mit $n = 2$

$= \sqrt{\lim_{x \to -2} 4x^2 - \lim_{x \to -2} 3}$ Differenzenregel

$= \sqrt{4(-2)^2 - 3}$ Produkt- und Faktorregel

$= \sqrt{16 - 3}$

$= \sqrt{13}$

Zwei Konsequenzen aus Satz 2.1 vereinfachen die Aufgabe weiter, Grenzwerte von Polynomen und rationalen Funktionen zu berechnen. Um den Grenzwert eines Polynoms für x gegen c zu bestimmen, setzt man c anstelle von x in die Funktionsgleichung ein. Um den Grenzwert einer rationalen Funktion für x gegen einen Wert c zu berechnen, *für den der Nenner von null verschieden ist*, setzt man c anstelle von x in die Funktionsgleichung ein (Beispiel 2.10a und b). Wir fassen diese Ergebnisse in Sätzen zusammen.

Satz 2.2   Grenzwerte von Polynomen

Ist $P(x) = a_n x^n + a_{n-1} x^{n-1} + \ldots + a_0$, so gilt

$$\lim_{x \to c} P(x) = P(c) = a_n c^n + a_{n-1} c^{n-1} + \ldots + a_0.$$

2.2 Grenzwert einer Funktion und Grenzwertsätze

> **Satz 2.3 Grenzwerte rationaler Funktionen**
> Sind $P(x)$ und $Q(x)$ Polynome und ist $Q(c) \neq 0$, so gilt
> $$\lim_{x \to c} \frac{P(x)}{Q(x)} = \frac{P(c)}{Q(c)}.$$

Beispiel 2.11 Die folgende Berechnung illustriert die Sätze 2.2 und 2.3:

$$\lim_{x \to -1} \frac{x^3 + 4x^2 - 3}{x^2 + 5} = \frac{(-1)^3 + 4(-1)^2 - 3}{(-1)^2 + 5} = \frac{0}{6} = 0.$$

Grenzwert einer rationalen Funktion

Nenner, die null werden, algebraisch eliminieren

Satz 2.3 gilt nur, wenn der Nenner der rationalen Funktion für den Wert c nicht null ist. Ist der Nenner gleich null, kann das Ausklammern von gemeinsamen Faktoren in Zähler und Nenner den Bruch in eine Form überführen, deren Nenner an der Stelle c nicht mehr null ist.

Beispiel 2.12 Berechnen Sie

$$\lim_{x \to 1} \frac{x^2 + x - 2}{x^2 - x}.$$

Grenzwert einer rationalen Funktion

Lösung Wir können den Wert $x = 1$ nicht einsetzen, weil dann der Nenner null ist. Wir prüfen, ob auch der Zähler an der Stelle $x = 1$ gleich null ist. Dies ist der Fall. Also hat der Zähler einen Faktor $(x - 1)$ mit dem Nenner gemein. Ausklammern von $(x - 1)$ liefert einen einfacheren Bruch, der für $x \neq 1$ die gleichen Werte wie der ursprüngliche Bruch hat:

$$\frac{x^2 + x - 2}{x^2 - x} = \frac{(x-1)(x+2)}{x(x-1)} = \frac{x+2}{x}, \quad \text{für } x \neq 1.$$

Aus dem einfacheren Bruch können wir den Grenzwert für $x \to 1$ durch Einsetzen berechnen:

$$\lim_{x \to 1} \frac{x^2 + x - 2}{x^2 - x} = \lim_{x \to 1} \frac{x + 2}{x} = \frac{1 + 2}{1} = 3$$

(▶Abbildung 2.11).

Gemeinsame Faktoren bestimmen
Ist $Q(x)$ ein Polynom und $Q(c) = 0$, so ist $(x - c)$ ein Faktor von $Q(x)$. Sind dann sowohl Zähler als auch Nenner einer rationalen Funktion an der Stelle $x = c$ null, so ist $(x - c)$ ein gemeinsamer Faktor.

Grenzwerte mithilfe von Taschenrechnern und Computern berechnen

Lässt sich die Quotientenregel aus Satz 2.1 nicht anwenden, weil der Grenzwert des Nenners null ist, können wir versuchen, den Grenzwert mithilfe eines Taschenrechners oder eines Computers numerisch abzuschätzen, indem wir x immer näher an c wählen. Auf diese Vorgehensweise haben wir in Beispiel 2.6 zurückgegriffen. Aber Taschenrechner und Computer können mitunter auch falsche Werte und irreführende Darstellungen von Funktionen liefern, wenn die Funktion an einer Stelle nicht definiert ist oder an dieser Stelle keinen Grenzwert besitzt, wie das folgende Beispiel zeigt.

Beispiel 2.13 Schätzen Sie den folgenden Grenzwert numerisch ab

$$\lim_{x \to 0} \frac{\sqrt{x^2 + 100} - 10}{x^2}.$$

Mehrdeutigkeit bei der numerischen Bestimmung des Grenzwerts

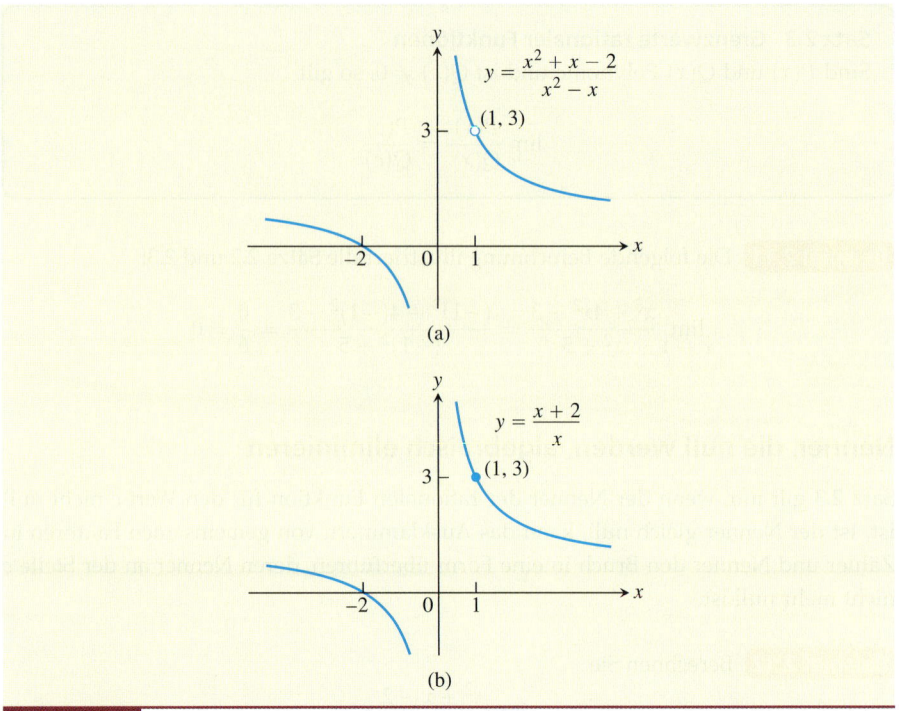

Abbildung 2.11 Der Graph von $f(x) = (x^2 + x - 2)/(x^2 - x)$ aus Teil (a) ist mit dem Graphen von $g(x) = (x + 2)/x$ aus Teil (b) identisch, abgesehen von der Stelle $x = 1$, wo f nicht definiert ist. Die Funktionen haben für $x \to 1$ denselben Grenzwert (Beispiel 2.12).

Lösung Tabelle 2.3 führt Werte der Funktion an verschiedenen Stellen nahe $x = 0$ auf. Nähert sich x dem Wert 0 über ± 1, $\pm 0{,}5$, $\pm 0{,}10$ und $\pm 0{,}01$, so scheint sich die Funktion dem Wert 0,05 zu nähern.

Wählen wir die noch kleineren x-Werte $\pm 0{,}0005$, $\pm 0{,}0001$, $\pm 0{,}00001$ und $\pm 0{,}000001$, so scheint sich die Funktion dem Wert 0 zu nähern.

Lautet die Antwort nun 0,05 oder 0 oder noch anders? Diese Frage werden wir im nächsten Beispiel klären.

Verwendet man einen Computer oder einen Taschenrechner, so kann es zu mehrdeutigen Ergebnissen kommen, wie im letzten Beispiel. Wir können $x = 0$ nicht in die Gleichung einsetzen, und Zähler und Nenner haben keine offensichtlichen gemeinsamen Faktoren (wie es in Beispiel 2.12 der Fall war). Manchmal können wir jedoch algebraisch einen gemeinsamen Faktor erzeugen.

Gemeinsamen Faktor algebraisch erzeugen

Beispiel 2.14 Berechnen Sie

$$\lim_{x \to 0} \frac{\sqrt{x^2 + 100} - 10}{x^2}.$$

Lösung Dies ist der Grenzwert, den wir bereits in Beispiel 2.13 betrachtet haben. Wir können einen gemeinsamen Faktor erzeugen, indem wir mit dem Wurzelausdruck

Tabelle 2.3: Computerwerte von $f(x) = \dfrac{\sqrt{x^2 + 100} - 10}{x^2}$ in der Nähe der Stelle $x = 0$.

x	$f(x)$ *
± 1	0,049876
$\pm 0,5$	0,049969
$\pm 0,1$	0,049999
$\pm 0,01$	0,050000
$\pm 0,0005$	0,080000
$\pm 0,0001$	0,000000
$\pm 0,00001$	0,000000
$\pm 0,000001$	0,000000

Die ersten vier Werte: geht gegen 0,05?
Die unteren vier Werte: geht gegen 0?

* Die unteren vier $f(x)$-Werte stimmen natürlich *nicht*; sie sind Folge von Rechenungenauigkeiten und Rundungsfehlern des Rechners!

$\sqrt{x^2 + 100} + 10$ erweitern (den wir durch Vorzeichenwechsel im zweiten Term erhalten). Die vorbereitende Rechnung vereinfacht den Zähler:

$$\begin{aligned}
\frac{\sqrt{x^2 + 100} - 10}{x^2} &= \frac{\sqrt{x^2 + 100} - 10}{x^2} \cdot \frac{\sqrt{x^2 + 100} + 10}{\sqrt{x^2 + 100} + 10} \\
&= \frac{x^2 + 100 - 100}{x^2(\sqrt{x^2 + 100} + 10)} \\
&= \frac{x^2}{x^2(\sqrt{x^2 + 100} + 10)} \quad \text{gemeinsamer Faktor } x^2 \\
&= \frac{1}{\sqrt{x^2 + 100} + 10} \quad x^2 \text{ für } x \neq 0 \text{ kürzen}
\end{aligned}$$

Deshalb ist

$$\begin{aligned}
\lim_{x \to 0} \frac{\sqrt{x^2 + 100} - 10}{x^2} &= \lim_{x \to 0} \frac{1}{\sqrt{x^2 + 100} + 10} \\
&= \frac{1}{\sqrt{0^2 + 100} + 10} \quad \text{Zähler an der Stelle } x = 0 \\
&\qquad\qquad\qquad\qquad\quad \text{nicht null; 0 einsetzen.} \\
&= \frac{1}{20} = 0{,}05.
\end{aligned}$$

Diese Berechnung liefert im Gegensatz zu den mehrdeutigen Computerergebnissen aus Beispiel 2.13 das korrekte Ergebnis. ■

Das Problem, den Grenzwert eines Quotienten zu bestimmen, können wir leider nicht immer algebraisch auflösen. In manchen Fällen kann man dann den Grenzwert bestimmen, indem man geometrische Argumente auf das Problem anwendet (siehe Beweis von Satz 2.7 in Abschnitt 2.4). Auch der nachfolgende Satz ist hilfreich.

Der Einschnürungssatz

Mithilfe des folgenden Satzes können wir eine Vielzahl von Grenzwerten berechnen. Er heißt **Einschnürungssatz**, weil er sich auf eine Funktion f bezieht, deren Werte zwischen den Werten zweier Funktionen g und h eingeschnürt sind, die für x gegen c denselben Grenzwert L haben. Da die Werte der Funktion f zwischen den Werten

2 Grenzwerte und Stetigkeit

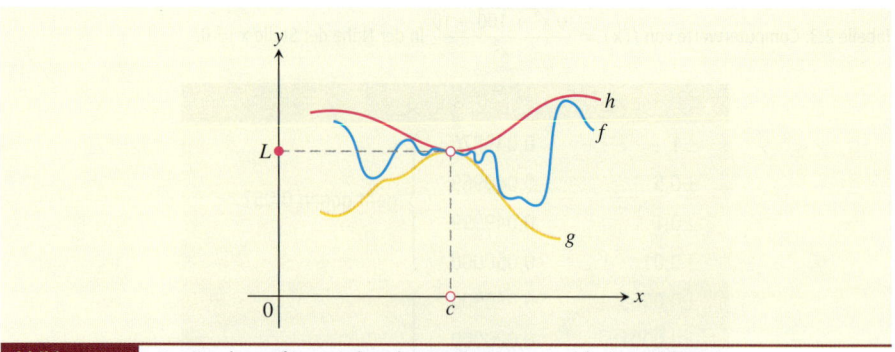

Abbildung 2.12 Der Graph von *f* ist zwischen den Graphen von *g* und *h* eingeschlossen.

zweier Funktionen eingeschlossen sind, die gegen L gehen, müssen auch die Werte von f gegen L gehen (▶ Abbildung 2.12). Einen Beweis finden Sie in Anhang A.4.

> **Satz 2.4   Einschnürungssatz**   Es gelte $g(x) \leq f(x) \leq h(x)$ für alle x in einem offenen Intervall, das den Wert c enthält, ausgenommen möglicherweise an der Stelle $x = c$ selbst. Nehmen wir weiter an, dass
> $$\lim_{x \to c} g(x) = \lim_{x \to c} h(x) = L$$
> ist. Dann gilt $\lim_{x \to c} f(x) = L$.

Anwendung des Einschnürungssatzes

Beispiel 2.15   Gegeben sei

$$1 - \frac{x^2}{4} \leq u(x) \leq 1 + \frac{x^2}{2} \quad \text{für alle } x \neq 0.$$

Bestimmen Sie unabhängig von der Gestalt von $u(x)$ den Grenzwert $\lim_{x \to 0} u(x)$.

Lösung   Wegen

$$\lim_{x \to 0} (1 - (x^2/4)) = 1 \quad \text{und} \quad \lim_{x \to 0} (1 + (x^2/2)) = 1$$

folgt aus dem Einschnürungssatz $\lim_{x \to 0} u(x) = 1$ (▶ Abbildung 2.13).

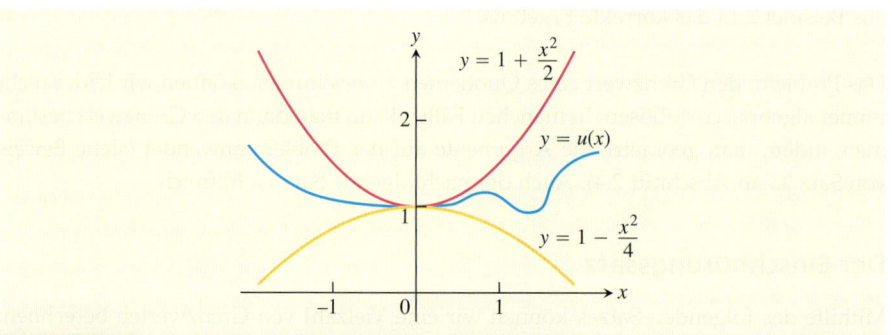

Abbildung 2.13   Jede Funktion $u(x)$, deren Graph im Gebiet zwischen $y = 1 - (x^2/4)$ und $y = 1 + (x^2/2)$ liegt, hat für $x \to 0$ den Grenzwert 1 (Beispiel 2.15).

2.2 Grenzwert einer Funktion und Grenzwertsätze

Beispiel 2.16 Mithilfe des Einschnürungssatzes können wir etliche wichtige Grenzwertregeln aufstellen:

Grenzwertregeln aus dem Einschnürungssatz

a $\lim\limits_{\theta \to 0} \sin \theta = 0$ **b** $\lim\limits_{\theta \to 0} \cos \theta = 1$

c Für eine beliebige Funktion f folgt aus $\lim\limits_{x \to c} |f(x)| = 0$ auch $\lim\limits_{x \to c} f(x) = 0$.

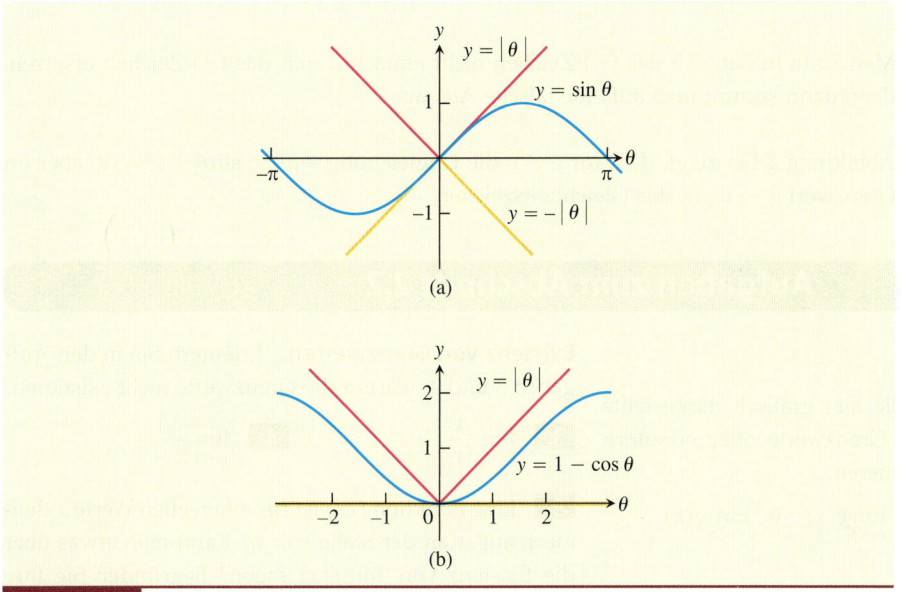

Abbildung 2.14 Der Einschnürungssatz bestätigt die Grenzwerte aus Beispiel 2.16.

Lösung

a In Abschnitt 1.3 haben wir festgestellt, dass $-|\theta| \leq \sin \theta \leq |\theta|$ für alle θ ist (▶Abbildung 2.14a). Wegen $\lim\limits_{\theta \to 0} (-|\theta|) = \lim\limits_{\theta \to 0} |\theta| = 0$ gilt

$$\lim\limits_{\theta \to 0} \sin \theta = 0.$$

b Aus Abschnitt 1.3 wissen wir, dass $0 \leq 1 - \cos \theta \leq |\theta|$ für alle θ ist (▶Abbildung 2.14b), es gilt also $\lim\limits_{\theta \to 0} (1 - \cos \theta) = 0$ bzw.

$$\lim\limits_{\theta \to 0} \cos \theta = 1.$$

c Da $-|f(x)| \leq f(x) \leq |f(x)|$ sowie $-|f(x)|$ und $|f(x)|$ für $x \to c$ den Grenzwert 0 haben, folgt $\lim\limits_{x \to c} f(x) = 0$.

Der nächste Satz beschreibt eine weitere wichtige Eigenschaft von Grenzwerten. Ein Beweis dazu wird im nächsten Abschnitt angegeben.

2 Grenzwerte und Stetigkeit

Satz 2.5 Ist $f(x) \leq g(x)$ für alle x in einem offenen Intervall, das c enthält, ausgenommen möglicherweise an der Stelle $x = c$ selbst, und existieren die Grenzwerte von f und g für x gegen c, so gilt

$$\lim_{x \to c} f(x) \leq \lim_{x \to c} g(x).$$

Achtung Man kann in Satz 2.5 das ($\leq$)-Zeichen nicht einfach durch das ($<$)-Zeichen ersetzen, denn dann kommt man auf eine falsche Aussage.

Abbildung 2.14a zeigt, dass für $\theta \neq 0$ die Ungleichung $-|\theta| < \sin \theta < |\theta|$ gilt, aber im Grenzwert $\theta \to 0$ gilt das Gleichheitszeichen.

Aufgaben zum Abschnitt 2.2

Grenzwerte aus Graphen

1. Bestimmen Sie für die hier grafisch dargestellte Funktion g die folgenden Grenzwerte oder erläutern Sie, warum diese nicht existieren.

a. $\lim_{x \to 1} g(x)$ b. $\lim_{x \to 2} g(x)$ c. $\lim_{x \to 3} g(x)$ d. $\lim_{x \to 25} g(x)$

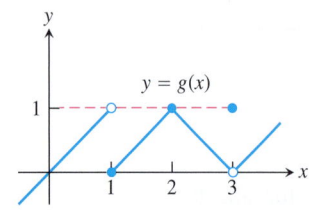

2. Welche der folgenden Aussagen über die hier grafisch dargestellte Funktion $y = f(x)$ sind wahr und welche falsch?

a. $\lim_{x \to 0} f(x)$ existiert.
b. $\lim_{x \to 0} f(x) = 0$
c. $\lim_{x \to 0} f(x) = 1$
d. $\lim_{x \to 1} f(x) = 1$
e. $\lim_{x \to 1} f(x) = 0$
f. $\lim_{x \to x_0} f(x)$ existiert an jeder Stelle x_0 in $(-1, 1)$.
g. $\lim_{x \to 1} f(x)$ existiert nicht.

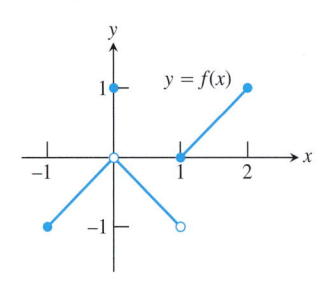

Existenz von Grenzwerten Erläutern Sie in den Aufgaben 3 und 4, warum die Grenzwerte nicht existieren.

3. $\lim_{x \to 0} \dfrac{x}{|x|}$ **4.** $\lim_{x \to 1} \dfrac{1}{x-1}$

5. Eine Funktion $f(x)$ ist für alle reellen Werte x definiert, außer an der Stelle $x = x_0$. Kann man etwas über die Existenz von $\lim_{x \to x_0} f(x)$ sagen? Begründen Sie Ihre Antwort.

6. Sei $\lim_{x \to 1} f(x) = 5$. Muss f an der Stelle $x = 1$ definiert sein? Wenn dem so ist, muss $f(1) = 5$ sein? Können wir *irgendetwas* über die Werte von f an der Stelle $x = 1$ sagen?

Grenzwerte berechnen Bestimmen Sie die in den Aufgaben 7–12 angegebenen Grenzwerte.

7. $\lim_{x \to -7} (2x + 5)$ **8.** $\lim_{t \to 6} 8(t-5)(t-7)$

9. $\lim_{x \to 2} \dfrac{x+3}{x+6}$ **10.** $\lim_{x \to -1} 3(2x-1)^2$

11. $\lim_{y \to -3} (5-y)^{4/3}$ **12.** $\lim_{h \to 0} \dfrac{3}{\sqrt{3h+1}+1}$

Grenzwerte von Quotienten Bestimmen Sie die in den Aufgaben 13–22 angegebenen Grenzwerte.

13. $\lim_{x \to 5} \dfrac{x-5}{x^2-25}$ **14.** $\lim_{x \to -5} \dfrac{x^2+3x-10}{x+5}$

15. $\lim_{t \to 1} \dfrac{t^2+t-2}{t^2-1}$ **16.** $\lim_{x \to -2} \dfrac{-2x-4}{x^3+2x^2}$

17. $\lim_{x \to 1} \dfrac{\frac{1}{x}-1}{x-1}$ **18.** $\lim_{u \to 1} \dfrac{u^4-1}{u^3-1}$

19. $\lim_{x \to 9} \dfrac{\sqrt{x}-3}{x-9}$ **20.** $\lim_{x \to 1} \dfrac{x-1}{\sqrt{x+3}-2}$

21. $\lim_{x \to 2} \dfrac{\sqrt{x^2+12}-4}{x-2}$ **22.** $\lim_{x \to -3} \dfrac{2-\sqrt{x^2-5}}{x+3}$

Grenzwerte trigonometrischer Funktionen Bestimmen Sie die in den Aufgaben 23–26 angegebenen Grenzwerte.

23. $\lim_{x \to 0}(2\sin x - 1)$ **24.** $\lim_{x \to 0} \sec x$

25. $\lim_{x \to 0} \dfrac{1+x+\sin x}{3\cos x}$

26. $\lim_{x \to -\pi} \sqrt{x+4}\,\cos(x+\pi)$

Grenzwertsätze anwenden

27. Es sei $\lim_{x \to 0} f(x) = 1$ und $\lim_{x \to 0} g(x) = -5$. Benennen Sie die Regeln aus Satz 2.1, die in den Schritten **a.**, **b.** und **c.** der folgenden Berechnung zur Anwendung gekommen sind.

$$\lim_{x \to 0} \dfrac{2f(x)-g(x)}{(f(x)+7)^{2/3}} = \dfrac{\lim_{x \to 0}(2f(x)-g(x))}{\lim_{x \to 0}(f(x)+7)^{2/3}} \quad \textbf{a.}$$

$$= \dfrac{\lim_{x \to 0} 2f(x) - \lim_{x \to 0} g(x)}{(\lim_{x \to 0}(f(x)+7))^{2/3}} \quad \textbf{b.}$$

$$= \dfrac{2\lim_{x \to 0} f(x) - \lim_{x \to 0} g(x)}{(\lim_{x \to 0} f(x) + \lim_{x \to 0} 7)^{2/3}} \quad \textbf{c.}$$

$$= \dfrac{(2)(1)-(-5)}{(1+7)^{2/3}} = \dfrac{7}{4}.$$

28. Es sei $\lim_{x \to c} f(x) = 5$ und $\lim_{x \to c} g(x) = -2$. Bestimmen Sie

a. $\lim_{x \to c} f(x)g(x)$ **c.** $\lim_{x \to c}(f(x)+3g(x))$

b. $\lim_{x \to c} 2f(x)g(x)$ **d.** $\lim_{x \to c} \dfrac{f(x)}{f(x)-g(x)}$

29. Es sei $\lim_{x \to b} f(x) = 7$ und $\lim_{x \to b} g(x) = -3$. Bestimmen Sie

a. $\lim_{x \to b}(f(x)+g(x))$ **c.** $\lim_{x \to b} 4g(x)$

b. $\lim_{x \to b} f(x) \cdot g(x)$ **d.** $\lim_{x \to b} f(x)/g(x)$

Grenzwerte von mittleren Änderungsraten Aufgrund ihrer Verbindung mit Sekanten, Tangenten und momentanen Raten kommen Grenzwerte der Form

$$\lim_{h \to 0} \dfrac{f(x+h)-f(x)}{h}$$

oft in Rechnungen vor. Berechnen Sie diesen Grenzwert für die in den Aufgaben 30–32 gegebenen Funktionen f an der Stelle x.

30. $f(x) = x^2,\ x = 1$ **31.** $f(x) = 3x-4,\ x = 2$

32. $f(x) = \sqrt{x},\ x = 7$

Anwendungen des Einschnürungssatzes

33. Es sei $\sqrt{5-2x^2} \le f(x) \le \sqrt{5-x^2}$ für $-1 \le x \le 1$. Bestimmen Sie $\lim_{x \to 0} f(x)$.

34. a. Man kann zeigen, dass für alle Werte von x nahe null die Ungleichung

$$-\dfrac{x^2}{6} < \dfrac{x\sin x}{2-2\cos x} < 1$$

gilt. Was sagt Ihnen dies gegebenenfalls über

$$\lim_{x \to 0} \dfrac{x\sin x}{2-2\cos x}\,?$$

Begründen Sie Ihre Antwort.

b. Stellen Sie $y = 1 - (x^2/6)$, $y = (x\sin x)/(2-2\cos x)$ und $y = 1$ für $-2 \le x \le 2$ in einer Abbildung grafisch dar. Kommentieren Sie das Verhalten der Graphen für $x \to 0$.

Grenzwerte abschätzen Bedienen Sie sich in den Aufgaben 35–38 eines Grafikrechners.

35. Sei $f(x) = (x^2-9)/(x+3)$.

a. Fertigen Sie für $x = -3{,}1,\ -3{,}01,\ -3{,}001$ eine Wertetabelle von f an. Führen Sie die Wertetabelle entsprechend – soweit Ihr Taschenrechner es ermöglicht – fort. Schätzen Sie dann $\lim_{x \to -3} f(x)$ ab. Welchem Grenzwert nähern Sie sich, wenn Sie stattdessen die Funktionswerte an den Stellen $x = -2{,}9$, $-2{,}99$, $-2{,}999, \ldots$ berechnen?

b. Untermauern Sie Ihre Schlussfolgerungen aus Teil **a.**, indem Sie zunächst f um die Stelle $x = -3$ darstellen und dann mithilfe der Zoom- und Trace-Funktion Ihres Grafikrechners die y-Werte auf dem Graphen für $y \to -3$ abschätzen.

c. Bestimmen Sie $\lim_{x \to -3} f(x)$ wie in Beispiel 2.10 algebraisch.

36. Sei $G(x) = (x+6)/(x^2 + 4x - 12)$.

a. Fertigen Sie für $x = -5{,}9, -5{,}99, -5{,}999$ usw. eine Wertetabelle von G an. Schätzen Sie dann $\lim_{x \to -6} G(x)$ ab. Zu welcher Schätzung kommen Sie, wenn Sie G stattdessen an den Stellen $x = -6{,}1, -6{,}01, -6{,}001, \ldots$ berechnen?

b. Untermauern Sie Ihre Schlussfolgerungen aus Teil a., indem Sie G grafisch darstellen und mithilfe der Zoom- und Trace-Funktion Ihres Grafikrechners die y-Werte auf dem Graphen für $y \to -6$ abschätzen.

c. Bestimmen Sie $\lim_{x \to -6} G(x)$ algebraisch.

37. Sei $f(x) = (x^2 - 1)/(|x| - 1)$.

a. Fertigen Sie eine Wertetabelle von f für Werte von x an, die von oben und von unten gegen $x_0 = -1$ gehen. Schätzen Sie anschließend $\lim_{x \to -1} f(x)$ ab.

b. Untermauern Sie Ihre Schlussfolgerungen aus Teil a., indem Sie zunächst f um die Stelle $x = -1$ darstellen und dann mithilfe der Zoom- und Trace-Funktion Ihres Grafikrechners die y-Werte auf dem Graphen für $y \to -1$ abschätzen.

c. Bestimmen Sie $\lim_{x \to -1} f(x)$ algebraisch.

38. Sei $g(\theta) = (\sin \theta)/\theta$.

a. Fertigen Sie eine Wertetabelle von g für Werte von θ an, die von oben und von unten gegen $\theta_0 = 0$ gehen. Schätzen Sie anschließend $\lim_{\theta \to 0} g(\theta)$ ab.

b. Untermauern Sie Ihre Schlussfolgerungen aus Teil a., indem Sie g um die Stelle $\theta_0 = 0$ grafisch darstellen.

Theorie und Beispiele

39. Sei $x^4 \leq f(x) \leq x^2$ für x in $[-1, 1]$ und $x^2 \leq f(x) \leq x^4$ für $x < -1$ und $x > 1$. An welchen Stellen kennen Sie damit automatisch $\lim_{x \to c} f(x)$? Was können Sie über den Wert des Grenzwerts an diesen Stellen sagen?

40. Sei $g(x) \leq f(x) \leq h(x)$ für $x \neq 2$, und sei

$$\lim_{x \to 2} g(x) = \lim_{x \to 2} h(x) = -5.$$

Können wir daraus irgendetwas über die Werte von f, g und h an der Stelle $x = 2$ sagen? Könnte $f(2) = 0$ sein? Könnte $\lim_{x \to 2} f(x) = 0$ sein? Begründen Sie Ihre Antworten.

41. Sei $\lim_{x \to 4} \dfrac{f(x) - 5}{x - 2} = 1$. Bestimmen Sie $\lim_{x \to 4} f(x)$.

42. a. Sei $\lim_{x \to 2} \dfrac{f(x) - 5}{x - 2} = 3$. Bestimmen Sie $\lim_{x \to 2} f(x)$.

b. Sei $\lim_{x \to 2} \dfrac{f(x) - 5}{x - 2} = 4$. Bestimmen Sie $\lim_{x \to 2} f(x)$.

43. a. Stellen Sie die Funktion $g(x) = x \sin(1/x)$ grafisch dar. Schätzen Sie $\lim_{x \to 0} g(x)$ ab, indem Sie bei Bedarf in den Ursprung hineinzoomen.

b. Bestätigen Sie Ihre Schätzung aus Teil a. durch einen Beweis.

Computeralgebra

Grafische Abschätzung von Grenzwerten Führen Sie mit einem CAS für die Funktionen aus den Aufgaben 44–46 die folgenden Arbeitsschritte aus:

a. Stellen Sie die Funktion in der Nähe der Stelle x_0 dar.

b. Schätzen Sie anhand Ihrer Darstellung den Grenzwert ab.

44. $\lim_{x \to 2} \dfrac{x^4 - 16}{x - 2}$

45. $\lim_{x \to 0} \dfrac{\sqrt[3]{1 + x} - 1}{x}$

46. $\lim_{x \to 0} \dfrac{1 - \cos x}{x \sin x}$

2.3 Die exakte Grenzwertdefinition

Wenden wir nun unsere Aufmerksamkeit der exakten Definition eines Grenzwerts zu. Wir ersetzen solche vagen Formulierungen wie „kommt hinreichend nah" in der intuitiven Definition durch genau bestimmte Bedingungen, die auf jedes einzelne Beispiel angewendet werden können. Mit einer exakten Definition können wir die Grenzwertsätze aus dem letzten Abschnitt beweisen und viele wichtige Grenzwerte bilden. Um zu zeigen, dass der Grenzwert von $f(x)$ für $x \to x_0$ gleich L ist, müssen wir zeigen, dass wir den Abstand zwischen $f(x)$ und L „beliebig klein" machen, wenn wir x „hinreichend nah" an x_0 halten. Wir wollen sehen, was dies bedeutet, wenn wir einen maximal erlaubten Abstand zwischen $f(x)$ und L vorgeben.

Beispiel 2.17 Betrachten Sie die Funktion $y = 2x - 1$ um die Stelle $x_0 = 4$. Intuitiv scheint klar, dass y nahe 7 ist, wenn x nahe 4 ist. Also ist $\lim_{x \to 4}(2x - 1) = 7$. Aber wie nah muss x an $x_0 = 4$ sein, damit $y = 2x - 1$ beispielsweise weniger als 2 Einheiten von 7 abweicht?

Definition einer kleinen Umgebung

Lösung Die Frage ist: Für welche Werte von x ist $|y - 7| < 2$? Für eine Antwort schreiben wir $|y - 7|$ zunächst als Funktion von x:

$$|y - 7| = |(2x - 1) - 7| = |2x - 8|.$$

Die Frage lautet dann: Welche Werte von x erfüllen die Ungleichung $|2x - 8| < 2$? Um das herauszufinden, lösen wir die Ungleichung:

$$|2x - 8| < 2$$
$$-2 < 2x - 8 < 2$$
$$6 < 2x < 10$$
$$3 < x < 5$$
$$-1 < x - 4 < 1.$$

Halten wir x innerhalb eines Bereichs von 1 Einheit um $x_0 = 4$, so bleibt y im Bereich von 2 Einheiten um $y_0 = 7$ (▶Abbildung 2.15).

Im letzten Beispiel haben wir bestimmt, wie nah x an einem bestimmten Wert x_0 liegen muss, damit die Ausgaben der Funktion $f(x)$ innerhalb eines vorgeschriebenen Intervalls um einen Grenzwert L liegen. Um zu zeigen, dass der Grenzwert von $f(x)$ für $x \to x_0$ tatsächlich L ist, müssen wir in der Lage sein zu zeigen, dass der Abstand zwischen $f(x)$ und L kleiner als *jeder noch so kleine vorgegebene Fehler* gemacht werden kann, indem wir x nur hinreichend nah an x_0 wählen.

Definition des Grenzwerts

Wir sehen uns die Werte einer Funktion $f(x)$ für x gegen x_0 an (ohne dass wir x_0 selbst betrachten). Natürlich wollen wir sagen können, dass $f(x)$ im Bereich von einem Zehntel einer Einheit um L liegt, wenn x innerhalb eines Abstands δ um x_0 liegt (▶Abbildung 2.16). Aber das reicht an sich noch nicht aus. Schließlich könnte $f(x)$ ja auch *nicht* gegen L gehen, sondern einfach im Intervall von $L - (1/10)$ bis $L + (1/10)$ herumirren, während sich x weiter der Stelle x_0 nähert.

Man kann uns vorgeben, dass der Fehler nur $1/100$ oder $1/1\,000$ oder $1/100\,000$ sein darf. Jedesmal bestimmen wir ein neues δ-Intervall um x_0, sodass die Fehlergrenzen

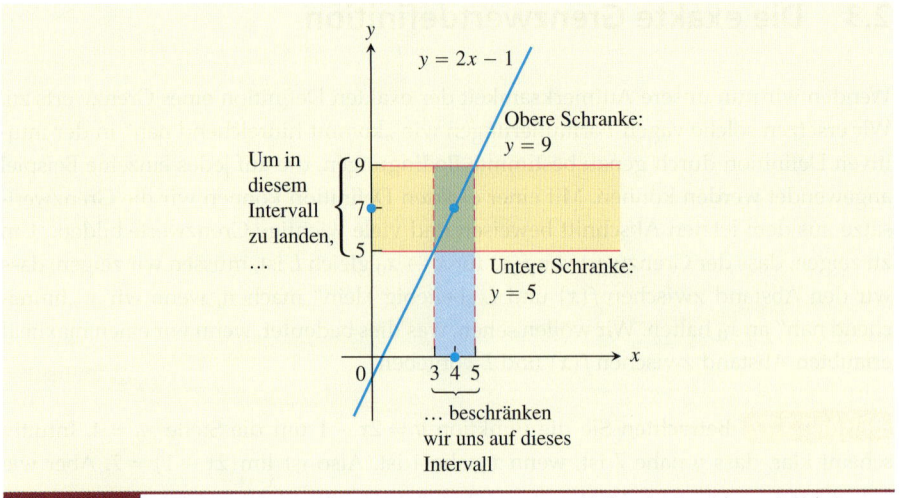

Abbildung 2.15 Hält man x im Bereich von 1 Einheit um $x_0 = 4$, so bleibt y im Bereich von 2 Einheiten um $y_0 = 7$ (Beispiel 2.17).

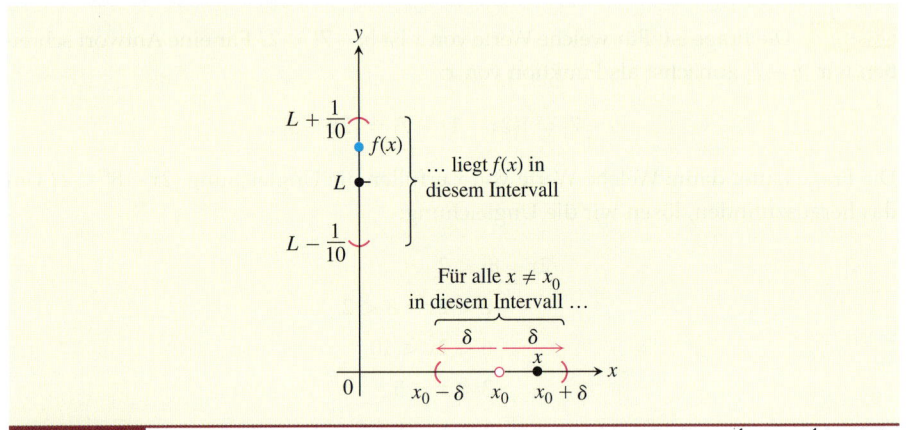

Abbildung 2.16 Wie sollten wir δ definieren, damit $f(x)$ im Intervall $\left(L - \frac{1}{10}, L + \frac{1}{10}\right)$ bleibt, wenn x im Intervall $(x_0 + \delta, x_0 - \delta)$ liegt?

eingehalten werden, wenn x in diesem Intervall bleibt. Und jedesmal kann es sein, dass $f(x)$ irgendwo um L herumirrt.

Die Abbildungen auf der nächsten Seite illustrieren das Problem. Sie können es sich als einen Streit zwischen einem Gläubigen und einem Skeptiker vorstellen. Der Skeptiker stellt ε-Forderungen auf, um zu beweisen, dass der Grenzwert nicht existiert, oder genauer, dass es Raum für Zweifel gibt. Der Gläubige beantwortet jede Forderung mit einem δ-Intervall um x_0, über dem die Funktionswerte im Bereich ε um L bleiben.

Wie stoppen wir dieses scheinbar endlose Hin und Her? Indem wir beweisen, dass wir zu jeder Fehlertoleranz ε, die der Skeptiker vorgeben kann, einen passenden δ-Abstand um x_0 bestimmen, berechnen oder hervorzaubern können, für den $f(x)$ für alle x aus dem δ-Intervall innerhalb dieser Fehlertoleranz bleibt (▶Abbildung 2.17). Dies führt uns auf die exakte Grenzwertdefinition.

2.3 Die exakte Grenzwertdefinition

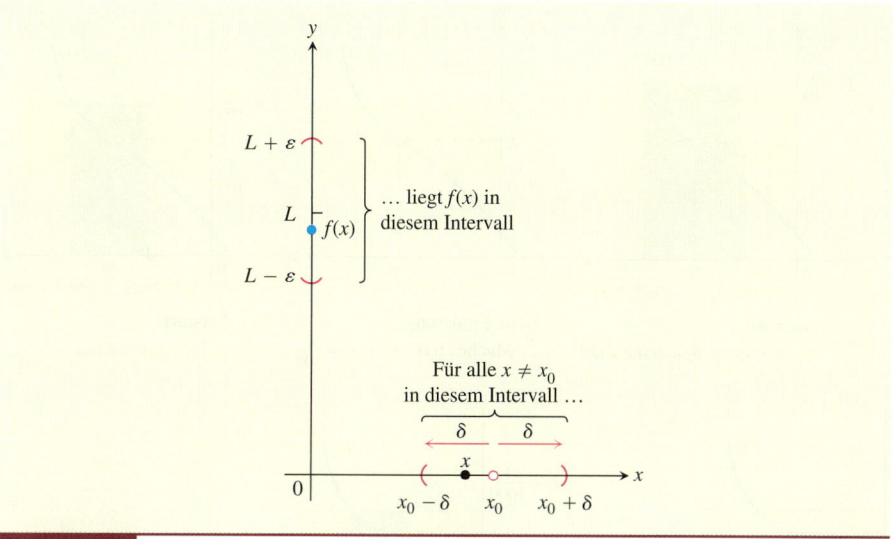

Abbildung 2.17 Die Beziehung von δ und ε in der Grenzwertdefinition.

> **Definition**
>
> Sei $f(x)$ auf einem offenen Intervall um x_0 definiert, ausgenommen möglicherweise bei x_0 selbst. Wir sagen, dass der **Grenzwert von $f(x)$ für x gegen x_0 die Zahl L** ist und schreiben
>
> $$\lim_{x \to x_0} f(x) = L,$$
>
> wenn für jedes $\varepsilon > 0$ ein entsprechendes $\delta > 0$ existiert, sodass für alle x gilt
>
> $$0 < |x - x_0| < \delta \Rightarrow |f(x) - L| < \varepsilon.$$

Stellen Sie sich vor, wir wollten eine Generatorwelle mit einer geringen Fehlertoleranz herstellen. Wir können versuchen, einen Durchmesser von L zu erreichen, da aber niemand perfekt ist, müssen wir uns mit einem Durchmesser $f(x)$ irgendwo zwischen $L - \varepsilon$ und $L + \varepsilon$ zufrieden geben. Der Wert δ ist ein Maß dafür, wie genau unsere Steuerung für x eingestellt sein muss, damit wir beim Durchmesser der Welle die geforderte Genauigkeit garantieren können. Bedenken Sie, dass wir δ anpassen müssen, wenn die Fehlertoleranz kleiner wird. Mit anderen Worten: Der Wert δ, also die Genauigkeit unserer Steuereinstellung, hängt von dem Wert ε ab, also der Fehlertoleranz.

Beispiele: Testen der Definition

Die formale Grenzwertdefinition sagt uns nicht, *wie* wir den Grenzwert einer Funktion bestimmen, sondern sie ermöglicht es uns zu zeigen, *dass* der angenommene Grenzwert korrekt ist. Die folgenden Beispiele veranschaulichen, wie die Definition verwendet werden kann, Grenzwertaussagen über spezielle Funktionen zu prüfen. Der echte Sinn der Definition besteht aber nicht darin, Berechnungen anzustellen, sondern vielmehr darin, allgemeine Sätze zu beweisen, mit denen die Berechnung spezieller Grenzwerte vereinfacht werden kann.

2 Grenzwerte und Stetigkeit

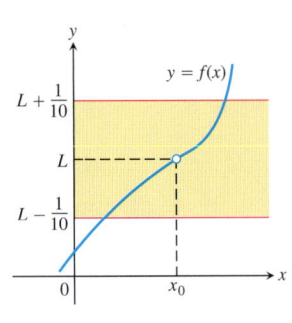

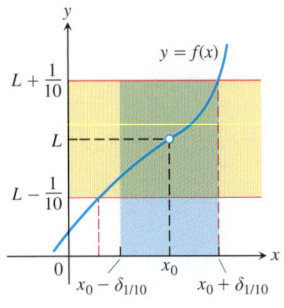

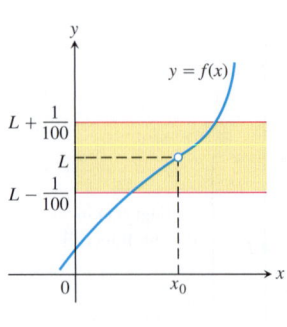

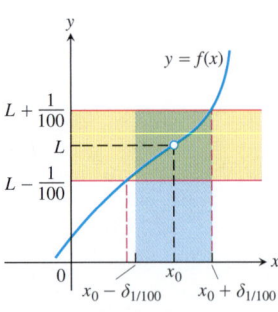

Forderung:
Mache $|f(x) - L| < \varepsilon = \frac{1}{10}$

Antwort:
$|x - x_0| < \delta_{1/10}$ (eine Zahl)

Neue Forderung:
Mache $|f(x) - L| < \varepsilon = \frac{1}{100}$

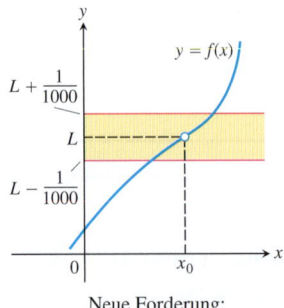

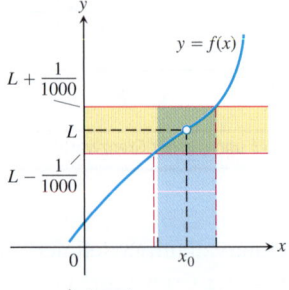

Antwort:
$|x - x_0| < \delta_{1/100}$

Neue Forderung:
$\varepsilon = \frac{1}{1000}$

Antwort:
$|x - x_0| < \delta_{1/1000}$

Neue Forderung:
$\varepsilon = \frac{1}{100\,000}$

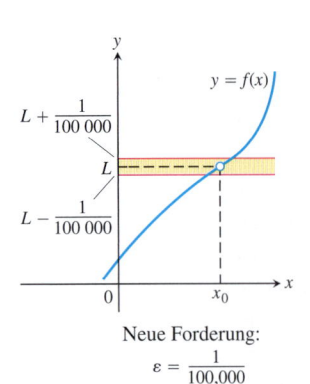

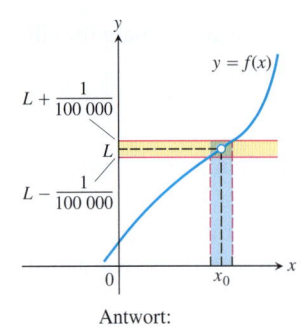

Antwort:
$|x - x_0| < \delta_{1/100{,}000}$

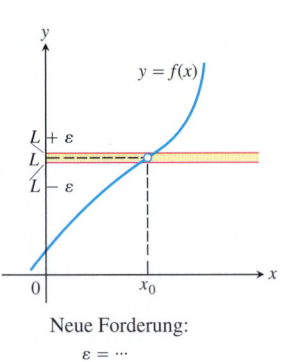

Neue Forderung:
$\varepsilon = \ldots$

Grenzwerte prüfen **Beispiel 2.18** Zeigen Sie

$$\lim_{x \to 1}(5x - 3) = 2.$$

Lösung Wir setzen in der Grenzwertdefinition $x_0 = 1$, $f(x) = 5x - 3$ und $L = 2$. Zu jedem gegebenen $\varepsilon > 0$ müssen wir ein passendes $\delta > 0$ bestimmen, sodass gilt: Liegt x für $x \neq 1$ höchstens im Abstand δ von x_0, das heißt,

$$0 < |x - 1| < \delta,$$

so liegt $f(x)$ maximal im Abstand ε von $L = 2$, also

$$|f(x) - 2| < \varepsilon.$$

Wir bestimmen δ, indem wir von der ε-Ungleichung rückwärts schließen:

$$|(5x - 3) - 2| = |5x - 5| < \varepsilon$$
$$5|x - 1| < \varepsilon$$
$$|x - 1| < \varepsilon/5.$$

Wir können also $\delta = \varepsilon/5$ wählen (▶Abbildung 2.18). Ist $0 < |x - 1| < \delta = \varepsilon/5$, so gilt

$$|(5x - 3) - 2| = |5x - 5| = 5|x - 1| < 5(\varepsilon/5) = \varepsilon,$$

was $\lim\limits_{x \to 1}(5x - 3) = 2$ beweist.

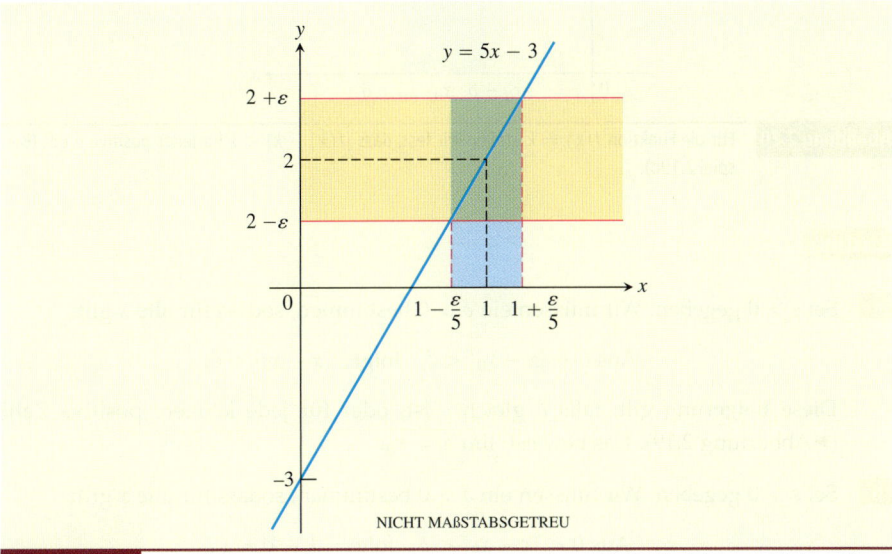

Abbildung 2.18 Ist $f(x) = 5x - 3$, so garantiert $0 < |x - 1| < \varepsilon/5$ die Ungleichung $|f(x) - 2| < \varepsilon$ (Beispiel 2.18).

Der Wert von $\delta = \varepsilon/5$ ist nicht der einzige Wert, für den aus $0 < |x - 1| < \delta$ die Ungleichung $|5x - 5| < \varepsilon$ folgt. Für jedes kleinere positive δ gilt dies genauso. Die Definition fordert kein „bestes" positives δ, sondern nur eines, das funktioniert.

Beispiel 2.19 Beweisen Sie die folgenden Resultate, die bereits in Abschnitt 2.2 grafisch dargestellt wurden:

Beweis der Grenzwerte der identischen und der konstanten Funktion

a) $\lim\limits_{x \to x_0} x = x_0$ b) $\lim\limits_{x \to x_0} k = k$ (k konstant)

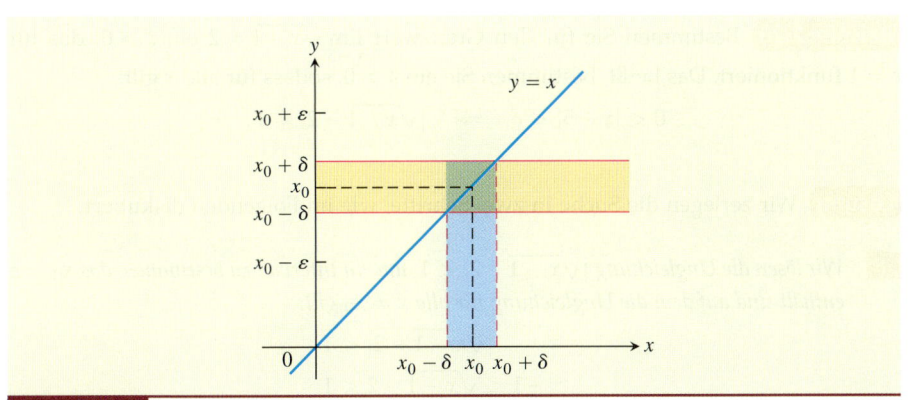

Abbildung 2.19 Für die Funktion $f(x) = x$ stellen wir fest, dass $0 < |x - x_0| < \delta$ die Ungleichung $|f(x) - x_0| < \varepsilon$ garantiert, wenn $\delta \leq \varepsilon$ ist (Beispiel 2.19a).

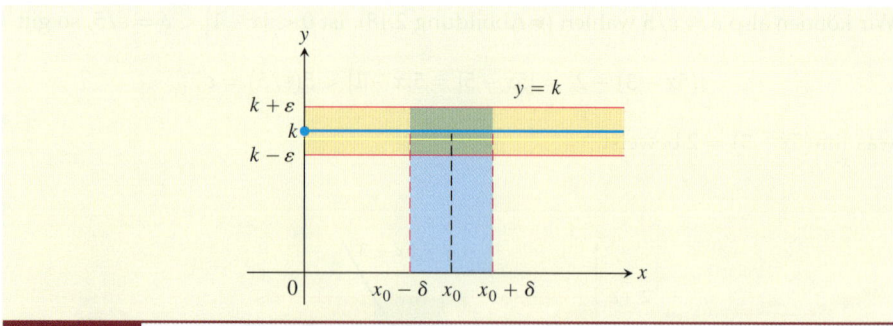

Abbildung 2.20 Für die Funktion $f(x) = k$ stellen wir fest, dass $|f(x) - k| < \varepsilon$ für jedes positive δ gilt (Beispiel 2.19b).

Lösung

a Sei $\varepsilon > 0$ gegeben. Wir müssen ein $\delta > 0$ bestimmen, sodass für alle x gilt:

$$\text{Aus } 0 < |x - x_0| < \delta \quad \text{folgt} \quad |x - x_0| < \varepsilon.$$

Diese Folgerung gilt, falls δ gleich ε ist, oder für jede kleinere positive Zahl (▶Abbildung 2.19). Das beweist $\lim_{x \to x_0} x = x_0$.

b Sei $\varepsilon > 0$ gegeben. Wir müssen ein $\delta > 0$ bestimmen, sodass für alle x gilt:

$$\text{Aus } 0 < |x - x_0| < \delta \quad \text{folgt} \quad |k - k| < \varepsilon.$$

Weil $k - k = 0$ ist, können wir jede positive Zahl für δ verwenden, und die Folgerung gilt (▶Abbildung 2.20). Das beweist $\lim_{x \to x_0} k = k$.

Delta zu gegebenem Epsilon algebraisch bestimmen

In den Beispielen 2.18 und 2.19 lag das Intervall um x_0, für das $|f(x) - L|$ kleiner als ε war, symmetrisch um x_0, und wir konnten δ als die Hälfte der Intervalllänge wählen. Fehlt eine solche Symmetrie, was in der Regel der Fall ist, so können wir δ als den Abstand von x_0 zum *näher gelegenen* Intervallende wählen.

δ algebraisch bestimmen

Beispiel 2.20 Bestimmen Sie für den Grenzwert $\lim_{x \to 5} \sqrt{x - 1} = 2$ ein $\delta > 0$, das für $\varepsilon = 1$ funktioniert. Das heißt, bestimmen Sie ein $\delta > 0$, sodass für alle x gilt:

$$0 < |x - 5| < \delta \quad \Rightarrow \quad |\sqrt{x - 1} - 2| < 1.$$

Lösung Wir zerlegen die Suche in zwei Schritte, wie im Folgenden diskutiert.

1 Wir lösen die Ungleichung $|\sqrt{x - 1} - 2| < 1$, um ein Intervall zu bestimmen, das $x_0 = 5$ enthält und auf dem die Ungleichung für alle $x \neq x_0$ gilt:

$$|\sqrt{x - 1} - 2| < 1$$
$$-1 < \sqrt{x - 1} - 2 < 1$$
$$1 < \sqrt{x - 1} < 3$$
$$1 < x - 1 < 9$$
$$2 < x < 10$$

Die Ungleichung gilt für alle x aus dem offenen Intervall $(2, 10)$, also gilt sie auch für alle $x \neq 5$ aus diesem Intervall.

2.3 Die exakte Grenzwertdefinition

2 *Wir bestimmen einen Wert von $\delta > 0$, um das zentrierte Intervall $5 - \delta < x < 5 + \delta$ in das Intervall $(2, 10)$ zu legen. Der Abstand von 5 zum nächsten Endpunkt des Intervalls $(2, 10)$ ist 3 (▶Abbildung 2.21).*

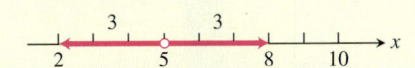

Abbildung 2.21 Ein offenes Intervall mit dem Radius 3 um $x_0 = 5$ liegt innerhalb des offenen Intervalls $(2, 10)$.

Wählen wir $\delta = 3$ oder eine beliebige andere kleinere positive Zahl, so legt die Ungleichung $0 < |x - 5| < \delta$ automatisch den Wert x zwischen 2 und 10, sodass $|\sqrt{x-1} - 2| < 1$ ist (▶Abbildung 2.22):

$$0 < |x - 5| < 3 \;\Rightarrow\; |\sqrt{x-1} - 2| < 1.$$

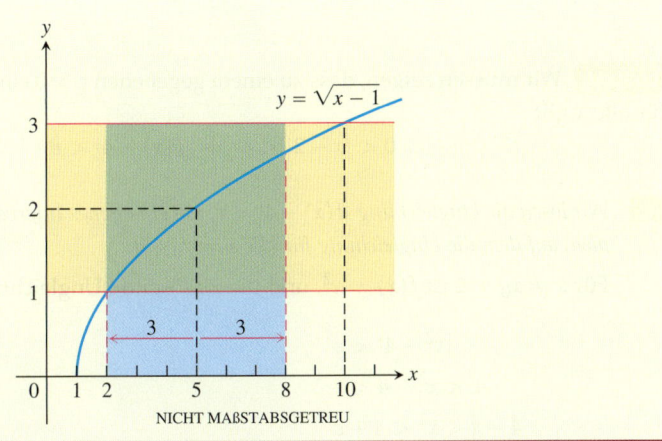

Abbildung 2.22 Die Funktionen und Intervalle aus Beispiel 2.20.

Merke

Wie man zu gegebenem f, L, x_0 und $\varepsilon > 0$ algebraisch ein δ bestimmt

Die Bestimmung eines $\delta > 0$, sodass für alle x gilt

$$0 < |x - x_0| < \delta \;\Rightarrow\; |f(x) - L| < \varepsilon,$$

kann in zwei Schritten ausgeführt werden:

1. *Löse die Ungleichung $|f(x) - L| < \varepsilon$, um ein offenes Intervall (a, b) zu bestimmen, das x_0 enthält und auf dem die Ungleichung für alle $x \neq x_0$ gilt.*
2. *Bestimme einen Wert von $\delta > 0$, der das offene Intervall $(x_0 - \delta, x_0 + \delta)$ um x_0 zentriert in das Intervall (a, b) legt. Die Ungleichung $|f(x) - L| < \varepsilon$ gilt für alle $x \neq x_0$ in diesem δ-Intervall.*

Beispiel 2.21 Beweisen Sie, dass $\lim\limits_{x \to 2} f(x) = 4$ gilt für

$$f(x) = \begin{cases} x^2, & x \neq 2 \\ 1, & x = 2 \end{cases}.$$

Grenzwert beweisen

2   Grenzwerte und Stetigkeit

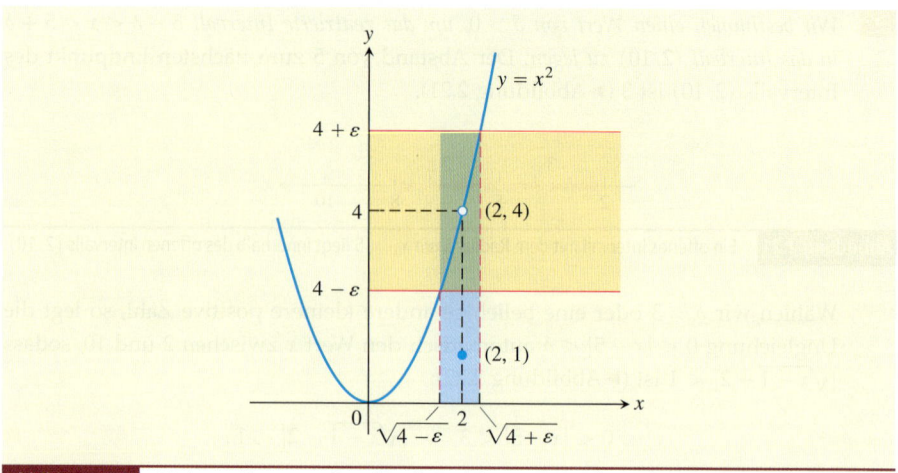

Abbildung 2.23 Ein Intervall um $x_0 = 2$, sodass die Funktion aus Beispiel 2.21 die Ungleichung $|f(x) - 4| < \varepsilon$ erfüllt.

Lösung Wir müssen zeigen, dass zu einem gegebenen $\varepsilon > 0$ ein $\delta > 0$ existiert, sodass für alle x gilt

$$0 < |x - 2| < \delta \;\Rightarrow\; |f(x) - 4| < \varepsilon.$$

a Wir lösen die Ungleichung $|f(x) - 4| < \varepsilon$, um ein offenes Intervall um $x_0 = 2$ zu bestimmen, auf dem die Ungleichung für alle $x \neq x_0$ gilt.

Für $x \neq x_0 = 2$ ist $f(x) = x^2$, und die zu lösende Ungleichung lautet $|x^2 - 4| < \varepsilon$:

$$|x^2 - 4| < \varepsilon$$
$$-\varepsilon < x^2 - 4 < \varepsilon$$
$$4 - \varepsilon < x^2 < 4 + \varepsilon$$
$$\sqrt{4 - \varepsilon} < |x| < \sqrt{4 + \varepsilon} \quad \text{Annahme } \varepsilon < 4, \text{ siehe unten}$$
$$\sqrt{4 - \varepsilon} < x < \sqrt{4 + \varepsilon} \quad \text{Offenes Intervall um } x_0 = 2, \text{ das die Ungleichung löst}$$

Die Ungleichung $|f(x) - 4| < \varepsilon$ gilt für alle $x \neq 2$ im offenen Intervall $(\sqrt{4 - \varepsilon}, \sqrt{4 + \varepsilon})$ (▶Abbildung 2.23).

b Wir bestimmen einen Wert von $\delta > 0$, der das zentrierte Intervall $(2 - \delta, 2 + \delta)$ in das Intervall $(\sqrt{4 - \varepsilon}, \sqrt{4 + \varepsilon})$ legt.

Wir setzen δ gleich dem Abstand von $x_0 = 2$ zum nächsten Endpunkt des Intervalls $(\sqrt{4 - \varepsilon}, \sqrt{4 + \varepsilon})$. Mit anderen Worten: Wir wählen $\delta = \min\{2 - \sqrt{4 - \varepsilon}, \sqrt{4 + \varepsilon} - 2\}$, das ist das *Minimum* (die kleinere) der beiden Zahlen $2 - \sqrt{4 - \varepsilon}$ und $\sqrt{4 + \varepsilon} - 2$. Nimmt δ diesen oder einen beliebigen kleineren Wert an, so setzt die Ungleichung $0 < |x - 2| < \delta$ automatisch den Wert x zwischen $\sqrt{4 - \varepsilon}$ und $\sqrt{4 + \varepsilon}$, sodass $|f(x) - 4| < \varepsilon$ ist. Für alle x gilt

$$0 < |x - 2| < \delta \Rightarrow |f(x) - 4| < \varepsilon.$$

Damit ist der Beweis für $\varepsilon < 4$ vollständig.

Für $\varepsilon \geq 4$ setzen wir δ gleich dem Abstand von $x_0 = 2$ zum nächsten Endpunkt des Intervalls $(0, \sqrt{4 + \varepsilon})$. Mit anderen Worten: Wir wählen $\delta = \min\{2, \sqrt{4 + \varepsilon} - 2\}$ (▶Abbildung 2.23).

2.3 Die exakte Grenzwertdefinition

Die Definition beim Beweis von Sätzen verwenden

Üblicherweise greifen wir nicht auf die formale Definition zurück, wenn wir spezielle Grenzwerte, wie die in den vorherigen Beispielen, überprüfen wollen. Vielmehr berufen wir uns in solchen Fällen auf allgemeine Grenzwertsätze, insbesondere auf die Sätze aus Abschnitt 2.2. Die Definition wird beim Beweis dieser Sätze verwendet (▶Anhang A.4). Als Anschauungsbeispiel beweisen wir Teil 1 von Satz 2.1, also die Summenregel.

Beispiel 2.22 Gegeben sei $\lim_{x \to c} f(x) = L$ und $\lim_{x \to c} g(x) = M$. Beweisen Sie

$$\lim_{x \to c}(f(x) + g(x)) = L + M.$$

Beweis der Summenregel für Grenzwerte

Lösung Sei $\varepsilon > 0$ gegeben. Wir wollen eine positive Zahl δ bestimmen, sodass für alle x gilt

$$0 < |x - c| < \delta \ \Rightarrow \ |f(x) + g(x) - (L + M)| < \varepsilon.$$

Durch Umordnen der Terme erhalten wir

$$|f(x) + g(x) - (L + M)| = |(f(x) - L) + (g(x) - M)|$$
$$\leq |f(x) - L| + |g(x) - M|.$$

Dreiecksungleichung:
$|a + b| \leq |a| + |b|$

Wegen $\lim_{x \to c} f(x) = L$ existiert eine Zahl $\delta_1 > 0$, sodass für alle x gilt

$$0 < |x - c| < \delta_1 \Rightarrow |f(x) - L| < \varepsilon/2.$$

Analog existiert wegen $\lim_{x \to c} g(x) = M$ eine Zahl $\delta_2 > 0$, sodass für alle x gilt

$$0 < |x - c| < \delta_2 \Rightarrow |g(x) - M| < \varepsilon/2.$$

Sei $\delta = \min\{\delta_1, \delta_2\}$ die kleinere der beiden Zahlen δ_1 und δ_2. Für $0 < |x - c| < \delta$ gilt dann $|x - c| < \delta_1$, also $|f(x) - L| < \varepsilon/2$, und $|x - c| < \delta_2$, also $|g(x) - M| < \varepsilon/2$. Deshalb ist

$$|f(x) + g(x) - (L + M)| < \frac{\varepsilon}{2} + \frac{\varepsilon}{2} = \varepsilon.$$

Das zeigt $\lim_{x \to c}(f(x) + g(x)) = L + M$. ∎

Als nächstes beweisen wir Satz 2.5 aus Abschnitt 2.2.

Beispiel 2.23 Gegeben sei $\lim_{x \to c} f(x) = L$ und $\lim_{x \to c} g(x) = M$ und $f(x) \leq g(x)$ für alle x in einem offenen Intervall um c (ausgenommen möglicherweise c selbst). Beweisen Sie, dass $L \leq M$ ist.

Beweis von Satz 2.5 aus Abschnitt 2.2

Lösung Wir führen einen Widerspruchsbeweis, gehen also gerade von der entgegengesetzten Aussage (d. h. $L > M$) aus und zeigen, dass dann ein Widerspruch entsteht. Dann erhalten wir nach dem Satz über die Differenz eines Grenzwerts (Satz 2.1)

$$\lim_{x \to c}(g(x) - f(x)) = M - L.$$

Deshalb existiert für jedes $\varepsilon > 0$ ein $\delta > 0$, sodass

$$|(g(x) - f(x)) - (M - L)| < \varepsilon \quad \text{gilt, wenn} \quad 0 < |x - c| < \delta \text{ ist.}$$

Aufgrund unserer Annahme $L - M > 0$ wählen wir speziell $\varepsilon = L - M$, und es gibt eine Zahl $\delta > 0$, sodass

$$|(g(x) - f(x)) - (M - L)| < L - M \quad \text{gilt, wenn} \quad 0 < |x - c| < \delta \text{ ist.}$$

Da für jede beliebige Zahl a die Ungleichung $a \leq |a|$ gilt, erhalten wir

$$(g(x) - f(x)) - (M - L) < L - M, \quad \text{wenn} \quad 0 < |x - c| < \delta \text{ ist,}$$

was sich vereinfacht auf

$$g(x) < f(x), \quad \text{wenn} \quad 0 < |x - c| < \delta \text{ ist.}$$

Dies widerspricht aber $f(x) \leq g(x)$. Folglich muss die Ungleichung $L > M$ falsch sein. Deshalb gilt $L \leq M$. ∎

Aufgaben zum Abschnitt 2.3

Intervalle um einen Punkt zentrieren Skizzieren Sie in den Aufgaben 1 und 3 das Intervall (a,b) auf der x-Achse, das die Stelle x_0 enthält. Bestimmen Sie dann einen Wert von $\delta > 0$, sodass für alle x gilt:
$$0 < |x - x_0| < \delta \Rightarrow a < x < b.$$

1. $a = 1, \ b = 7, \ x_0 = 5$

2. $a = -7/2, \ b = -1/2, \ x_0 = -3$

3. $a = 4/9, \ b = 4/7, \ x_0 = 1/2$

Deltas grafisch bestimmen Bestimmen Sie in den Aufgaben 4 und 7 anhand der angegebenen Graphen ein $\delta > 0$, sodass für alle x gilt:
$$0 < |x - x_0| < \delta \Rightarrow |f(x) - L| < \varepsilon.$$

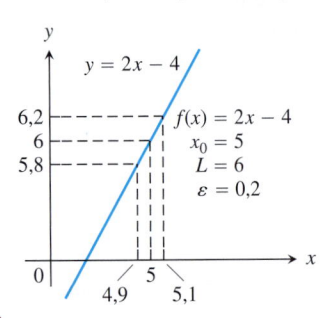

4. NICHT MASSSTABSGETREU

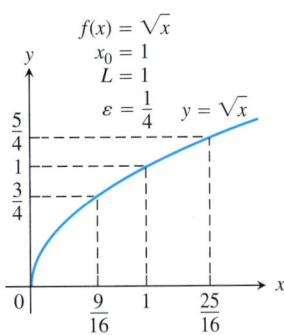

$y = 2x - 4$, $f(x) = 2x - 4$, $x_0 = 5$, $L = 6$, $\varepsilon = 0{,}2$

5. $f(x) = \sqrt{x}$, $x_0 = 1$, $L = 1$, $\varepsilon = \frac{1}{4}$, $y = \sqrt{x}$

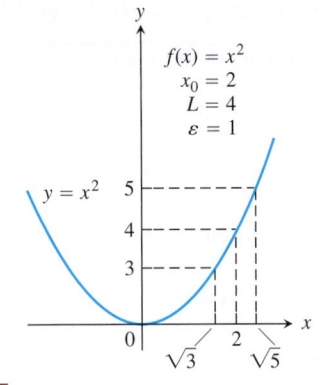

6. NICHT MASSSTABSGETREU

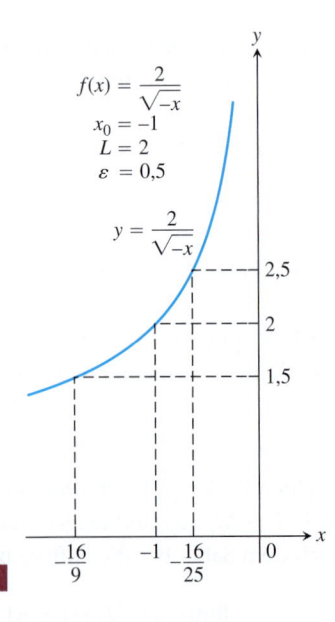

$f(x) = x^2$, $x_0 = 2$, $L = 4$, $\varepsilon = 1$

7. $f(x) = \dfrac{2}{\sqrt{-x}}$, $x_0 = -1$, $L = 2$, $\varepsilon = 0{,}5$

Deltas algebraisch bestimmen In den Aufgaben 8–15 sind jeweils eine Funktion $f(x)$ sowie die Zahlen L, x_0 und $\varepsilon > 0$ gegeben. Bestimmen Sie in jedem Fall ein offenes Intervall um x_0, über dem die Ungleichung

$|f(x) - L| < \varepsilon$ gilt. Geben Sie anschließend einen Wert von $\delta > 0$ an, sodass für alle x, die die Ungleichung $0 < |x - x_0| < \delta$ erfüllen, die Ungleichung $|f(x) - L| < \varepsilon$ gilt.

8. $f(x) = x + 1$, $L = 5$, $x_0 = 4$, $\varepsilon = 0{,}01$

9. $f(x) = \sqrt{x + 1}$, $L = 1$, $x_0 = 0$, $\varepsilon = 0{,}1$

10. $f(x) = \sqrt{19 - x}$, $L = 3$, $x_0 = 10$, $\varepsilon = 1$

11. $f(x) = 1/x$, $L = 1/4$, $x_0 = 4$, $\varepsilon = 0{,}05$

12. $f(x) = x^2$, $L = 4$, $x_0 = -2$, $\varepsilon = 0{,}5$

13. $f(x) = x^2 - 5$, $L = 11$, $x_0 = 4$, $\varepsilon = 1$

14. $f(x) = mx$, $m > 0$, $L = 2m$, $x_0 = 2$, $\varepsilon = 0{,}03$

15. $f(x) = mx + b$, $m > 0$, $L = (m/2) + b$, $x_0 = 1/2$, $\varepsilon = c > 0$

Die formale Definition verwenden In den Aufgaben 16 und 18 sind jeweils eine Funktion $f(x)$, ein Punkt x_0 und eine positive Zahl ε gegeben. Bestimmen Sie $L = \lim_{x \to x_0} f(x)$. Bestimmen Sie anschließend eine Zahl $\delta > 0$, sodass für alle x gilt:

$$0 < |x - x_0| < \delta \Rightarrow |f(x) - L| < \varepsilon.$$

16. $f(x) = 3 - 2x$, $x_0 = 3$, $\varepsilon = 0{,}02$

17. $f(x) = \dfrac{x^2 - 4}{x - 2}$, $x_0 = 2$, $\varepsilon = 0{,}05$

18. $f(x) = \sqrt{1 - 5x}$, $x_0 = -3$, $\varepsilon = 0{,}5$

Beweisen Sie die Grenzwertaussagen aus den Aufgaben 19–25.

19. $\lim_{x \to 4}(9 - x) = 5$

20. $\lim_{x \to 9}\sqrt{x - 5} = 2$

21. $\lim_{x \to 1} f(x) = 1$ für $f(x) = \begin{cases} x^2, & x \neq 1 \\ 2 & x = 1 \end{cases}$

22. $\lim_{x \to 1} \dfrac{1}{x} = 1$

23. $\lim_{x \to -3} \dfrac{x^2 - 9}{x + 3} = -6$

24. $\lim_{x \to 1} f(x) = 2$ für $f(x) = \begin{cases} 4 - 2x, & x < 1 \\ 6x - 4, & x \geq 1 \end{cases}$

25. $\lim_{x \to 0} x \sin \dfrac{1}{x} = 0$

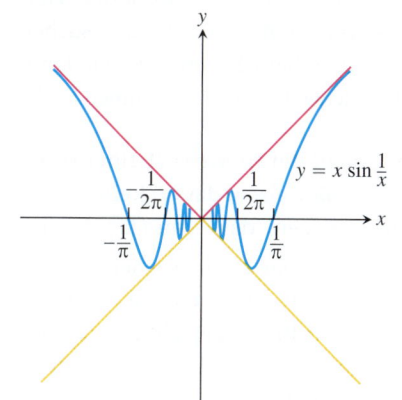

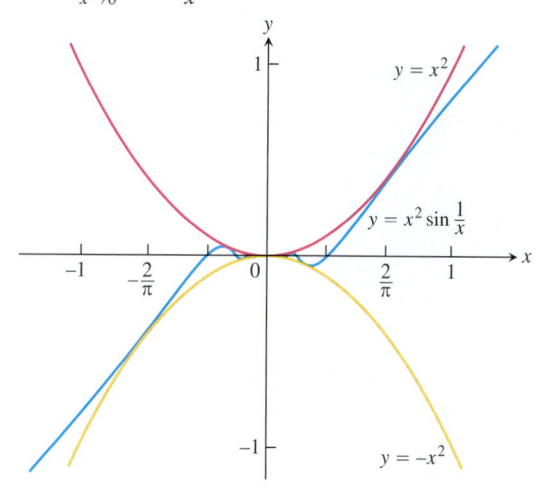

26. $\lim_{x \to 0} x^2 \sin \dfrac{1}{x} = 0$

Theorie und Beispiele

27. Definieren Sie, was die Aussage $\lim_{x \to 0} g(x) = k$ bedeutet.

28. Eine falsche Aussage über Grenzwerte Zeigen Sie anhand eines Beispiels, dass die folgende Aussage falsch ist:

Die Zahl L ist der Grenzwert von $f(x)$ für x gegen x_0, wenn der Abstand $|f(x) - L|$ umso kleiner wird, je näher x bei x_0 liegt.

Erläutern Sie, warum die Funktion aus Ihrem Beispiel nicht den gegebenen Wert L für $x \to x_0$ als Grenzwert hat.

29. Ausschleifen von Motorzylindern Bevor Sie den Auftrag übernehmen, Motorzylinder auf einen Querschnitt von $60\,\text{cm}^2$ zu schleifen, müssen Sie wissen, welche Abweichung gegenüber dem idealen Zylinderdurchmesser von $x_0 = 8{,}740\,\text{cm}$ Sie sich erlauben

2 Grenzwerte und Stetigkeit

können, sodass der Flächeninhalt immer noch innerhalb eines Fehlers von $0{,}06\,\text{cm}^2$ des geforderten Wertes $60\,\text{cm}^2$ ist. Dazu setzen Sie $A = \pi(x/2)^2$ und suchen nach dem Intervall, in dem Sie x halten müssen, damit $|A - 60| \leq 0{,}06$ gilt. Welches Intervall bestimmen Sie?

Wann ist eine Zahl L nicht der Grenzwert einer Funktion $f(x)$ für $x \to x_0$? Beweisen, dass L kein Grenzwert ist Wir können zeigen, dass $\lim_{x \to x_0} f(x) \neq L$ ist, indem wir beweisen, dass ein $\varepsilon > 0$ existiert, sodass kein $\delta > 0$ die Bedingung $0 < |x - x_0| < \delta \Rightarrow |f(x) - L| < \varepsilon$ für alle x erfüllt. Für Ihr ausgewähltes ε müssen wir zeigen, dass für jedes $\delta > 0$ ein Wert von x existiert, sodass $0 < |x - x_0| < \delta$ und $|f(x) - L| \geq \varepsilon$ gilt.

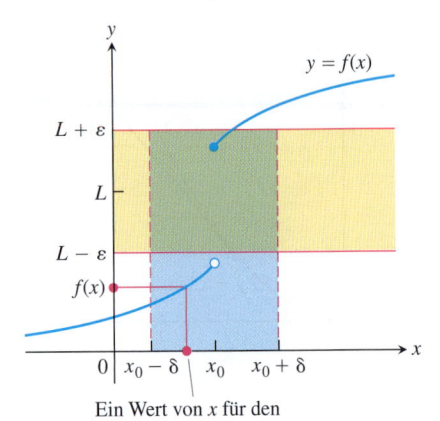

Ein Wert von x für den
$0 < |x - x_0| < \delta$ und $|f(x) - L| \geq \varepsilon$

30. Sei $f(x) = \begin{cases} x, & x < 1 \\ x + 1, & x > 1 \end{cases}$.

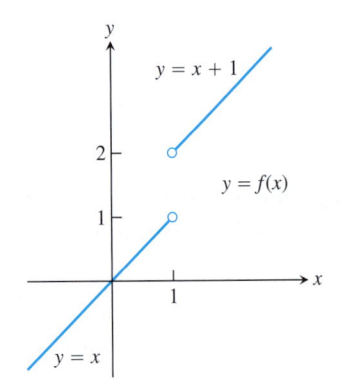

a. Sei $\varepsilon = 1/2$. Zeigen Sie, dass kein mögliches $\delta > 0$ die folgende Bedingung erfüllt:

Für alle x gilt $0 < |x - 1| < \delta \Rightarrow |f(x) - 2| < 1/2$.

Sie müssen also zeigen, dass für jedes $\delta > 0$ ein Wert x existiert, sodass

$0 < |x - 1| < \delta$ und $|f(x) - 2| \geq 1/2$

gilt. Das beweist $\lim_{x \to 1} f(x) \neq 2$.

b. Beweisen Sie $\lim_{x \to 1} f(x) \neq 1$.

c. Beweisen Sie $\lim_{x \to 1} f(x) \neq 1{,}5$.

31. Erläutern Sie, warum für die hier gezeichnete Funktion gilt
a. $\lim_{x \to 3} f(x) \neq 4$ **b.** $\lim_{x \to 3} f(x) \neq 4{,}8$ **c.** $\lim_{x \to 3} f(x) \neq 3$

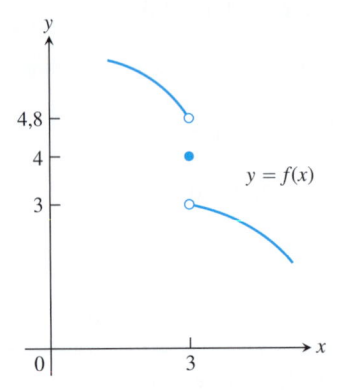

Computeralgebra. In den Aufgaben 32–34 werden Sie sich weiter damit befassen, wie man δ grafisch bestimmt. Führen Sie mit einem CAS die folgenden Schritte aus:

a. Stellen Sie die Funktion $y = f(x)$ in der Nähe von x_0 grafisch dar.

b. Schätzen Sie den Grenzwert L, und berechnen Sie dann den Grenzwert symbolisch, um Ihre Schätzung zu überprüfen.

c. Verwenden Sie den Wert $\varepsilon = 0{,}2$. Stellen Sie die Begrenzungslinien $y_1 = L - \varepsilon$ und $y_2 = L + \varepsilon$ mit der Funktion f in der Nähe von x_0 dar.

d. Schätzen Sie anhand Ihres Graphen aus Teil **c.** ein $\delta > 0$ ab, sodass für alle x gilt

$0 < |x - x_0| < \delta \Rightarrow |f(x) - L| < \varepsilon$.

Überprüfen Sie Ihre Schätzung, indem Sie f, y_1 und y_2 über dem Intervall $0 < |x - x_0| < \delta$ grafisch darstellen. Wählen Sie für Ihr Betrachtungsfenster $x_0 - 2\delta \leq x \leq x_0 + 2\delta$ und $L - 2\varepsilon \leq y \leq L + 2\varepsilon$. Liegen Funktionswerte außerhalb des Intervalls $[L - \varepsilon, L + \varepsilon]$, dann war Ihre Wahl für δ zu groß. Versuchen Sie es mit einer kleineren Schätzung noch einmal.

e. Wiederholen Sie die Teile **c.** und **d.** sukzessive für $\varepsilon = 0{,}1$, $0{,}05$ und $0{,}001$.

32. $f(x) = \dfrac{x^4 - 81}{x - 3}$, $x_0 = 3$

33. $f(x) = \dfrac{\sin 2x}{3x}$, $x_0 = 0$

34. $f(x) = \dfrac{\sqrt[3]{x} - 1}{x - 1}$, $x_0 = 1$

2.4 Einseitige Grenzwerte

In diesem Abschnitt übertragen wir das Grenzwertkonzept auf *einseitige Grenzwerte*, d. h. Grenzwerte, bei denen x nur von links ($x < c$) oder nur von rechts ($x > c$) gegen c geht.

Einseitige Grenzwerte

Damit eine Funktion f für x gegen c einen Grenzwert L hat, muss sie *auf beiden Seiten* von c definiert sein, und ihre Werte $f(x)$ müssen gegen L gehen, wenn x von beiden Seiten gegen c geht. Deshalb nennt man gewöhnliche Grenzwerte **beidseitig** oder **zweiseitig**.

Hat f an der Stelle c keinen beidseitigen Grenzwert, so kann die Funktion immer noch einen einseitigen Grenzwert haben, also einen Grenzwert, bei dem sich x nur von einer Seite c nähert. Nähert sich x von rechts, spricht man von einem **rechtsseitigen Grenzwert**. Nähert sich x von links, spricht man von einem **linksseitigen Grenzwert**.

Die Funktion $f(x) = x/|x|$ (▶Abbildung 2.24) hat den Grenzwert 1, wenn x von rechts gegen 0 geht, und den Grenzwert -1, wenn x von links gegen 0 geht. Da die beiden einseitigen Grenzwerte nicht übereinstimmen, gibt es keine Zahl, gegen die $f(x)$ geht, wenn x gegen 0 geht. Daher hat $f(x)$ an der Stelle $x = 0$ keinen (zweiseitigen) Grenzwert.

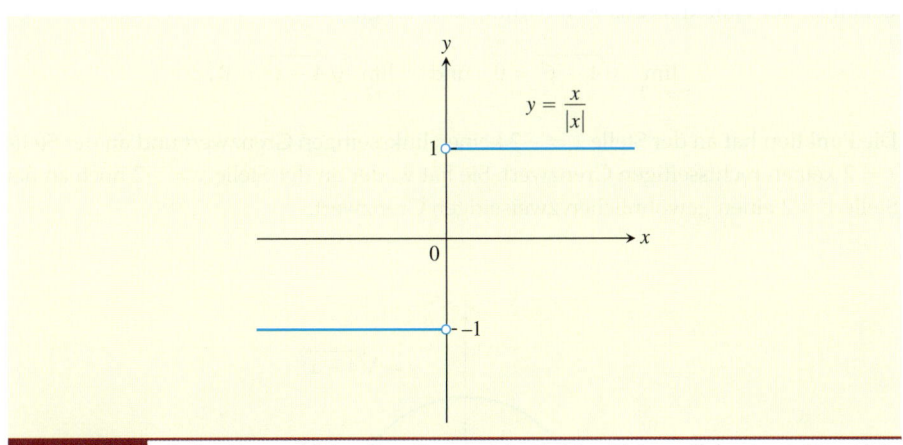

Abbildung 2.24 Rechtseitiger und linksseitiger Grenzwert der Funktion $f(x) = x/|x|$ unterscheiden sich im Ursprung.

Intuitiv betrachtet: Ist $f(x)$ über einem Intervall (c, b) mit $c < b$ definiert und kommt die Funktion dem Wert L beliebig nah, wenn x in diesem Intervall gegen c geht, so hat f an der Stelle c den **rechtsseitigen Grenzwert** L. Wir schreiben

$$\lim_{x \to c^+} f(x) = L.$$

Das Symbol $x \to c^+$ bedeutet, dass wir nur Werte von x betrachten, die größer als c sind.

Analog gilt: Ist $f(x)$ über einem Intervall (a, c) mit $a < c$ definiert und kommt die Funktion dem Wert M beliebig nah, wenn x in diesem Intervall gegen c geht, so hat f an der Stelle c den **linksseitigen Grenzwert** M. Wir schreiben

$$\lim_{x \to c^-} f(x) = M.$$

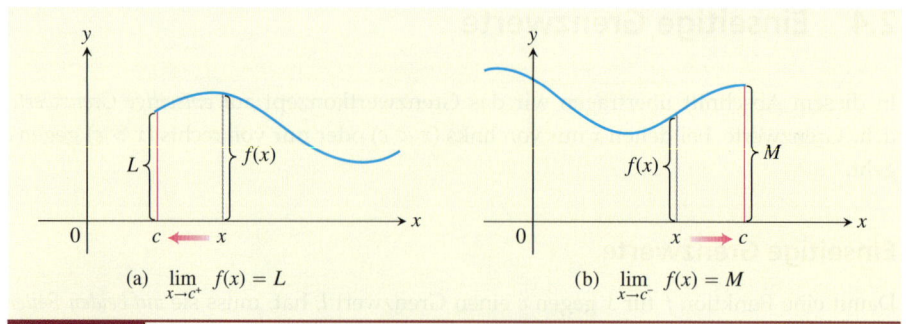

2 Grenzwerte und Stetigkeit

Abbildung 2.25 (a) Rechtsseitiger Grenzwert, wenn x gegen c geht.
(b) Linksseitiger Grenzwert, wenn x gegen c geht.

Das Symbol $x \to c^-$ bedeutet, dass wir nur Werte von x betrachten, die kleiner als c sind.

Diese intuitiven Definitionen einseitiger Grenzwerte sind in ▶Abbildung 2.25 illustriert. Für die Funktion $f(x) = x/|x|$ aus Abbildung 2.24 gilt

$$\lim_{x \to 0^+} f(x) = 1 \quad \text{und} \quad \lim_{x \to 0^-} f(x) = -1.$$

Einseitige Grenzwerte

Beispiel 2.24 Der Definitionsbereich der Funktion $f(x) = \sqrt{4-x^2}$ ist $[-2, 2]$; ihr Graph ist der Halbkreis aus ▶Abbildung 2.26. Es gilt

$$\lim_{x \to -2^+} \sqrt{4-x^2} = 0 \quad \text{und} \quad \lim_{x \to 2^-} \sqrt{4-x^2} = 0.$$

Die Funktion hat an der Stelle $x = -2$ keinen linksseitigen Grenzwert und an der Stelle $x = 2$ keinen rechtsseitigen Grenzwert. Sie hat weder an der Stelle $x = -2$ noch an der Stelle $x = 2$ einen gewöhnlichen zweiseitigen Grenzwert.

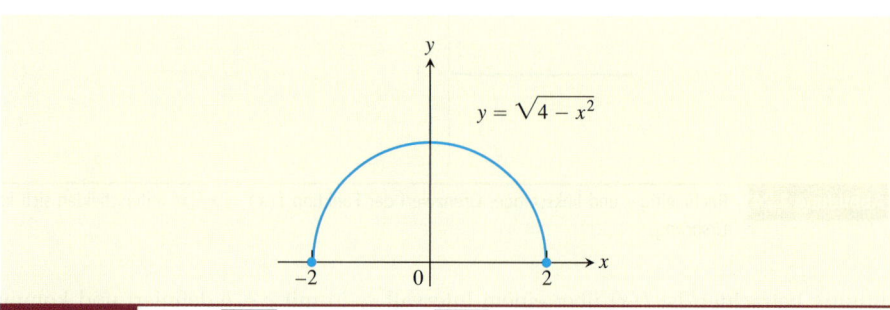

Abbildung 2.26 $\lim\limits_{x \to 2^-} \sqrt{4-x^2} = 0$ und $\lim\limits_{x \to -2^+} \sqrt{4-x^2} = 0$ (Beispiel 2.24).

Einseitige Grenzwerte haben alle Eigenschaften, die in Satz 2.1 in Abschnitt 2.2 aufgeführt sind. Der rechtsseitige Grenzwert für die Summe zweier Funktionen ist die Summe ihrer rechtsseitigen Grenzwerte, usw. Die Sätze über Grenzwerte von Polynomen und rationalen Funktionen gelten für einseitige Grenzwerte genauso wie der Einschnürungssatz und Satz 2.5. Wie einseitige Grenzwerte und Grenzwerten miteinander verknüpft sind, besagt Satz 2.6.

2.4 Einseitige Grenzwerte

Satz 2.6 Eine Funktion $f(x)$ hat für x gegen c genau dann einen Grenzwert, wenn sie an der Stelle c einen rechtsseitigen und einen linksseitigen Grenzwert hat und diese einseitigen Grenzwerte übereinstimmen:

$$\lim_{x \to c} f(x) = L \Leftrightarrow \lim_{x \to c^-} f(x) = L \quad \text{und} \quad \lim_{x \to c^+} f(x) = L.$$

Beispiel 2.25 Für die in ▶Abbildung 2.27 grafisch dargestellte Funktion gilt an der Stelle

Grenzwerte einer stückweise definierten Funktion

$x = 0$	$\lim_{x \to 0^+} f(x) = 1$, $\lim_{x \to 0^-} f(x)$ und $\lim_{x \to 0} f(x)$ existieren nicht. Die Funktion ist links von $x = 0$ nicht definiert.
$x = 1$	$\lim_{x \to 1^-} f(x) = 0$, obwohl $f(1) = 1$ ist. $\lim_{x \to 1^+} f(x) = 1$, $\lim_{x \to 1} f(x)$ existiert nicht. Rechtsseitiger und linksseitiger Grenzwert stimmen nicht überein.
$x = 2$	$\lim_{x \to 2^-} f(x) = 1$, $\lim_{x \to 2^+} f(x) = 1$, $\lim_{x \to 2} f(x) = 1$, obwohl $f(2) = 2$ ist.
$x = 3$	$\lim_{x \to 3^-} f(x) = \lim_{x \to 3^+} f(x) = \lim_{x \to 3} f(x) = f(3) = 2$.
$x = 4$	$\lim_{x \to 4^-} f(x) = 1$, obwohl $f(4) \neq 1$ ist. $\lim_{x \to 4^+} f(x)$ und $\lim_{x \to 4} f(x)$ existieren nicht. Die Funktion ist rechts von $x = 4$ nicht definiert.

An jeder anderen Stelle c aus $[0, 4]$ hat die Funktion $f(x)$ den Grenzwert $f(c)$.

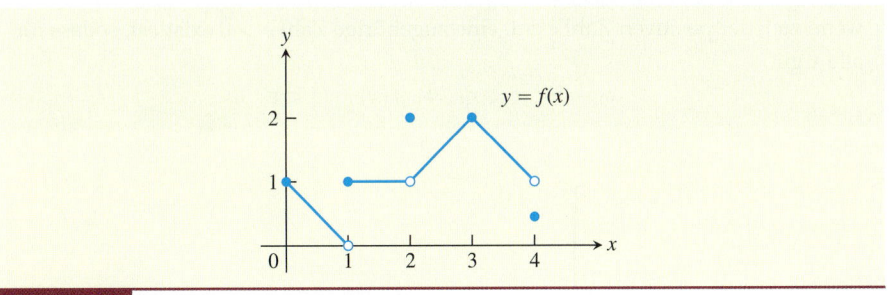

Abbildung 2.27 Graph der Funktion aus Beispiel 2.25.

Exakte Definition einseitiger Grenzwerte

Die formale Definition des Grenzwerts aus Abschnitt 2.3 lässt sich schnell auf einseitige Grenzwerte übertragen.

Definition

Wir sagen, dass $f(x)$ **an der Stelle x_0 den rechtsseitigen Grenzwert L** hat, und schreiben

$$\lim_{x \to x_0^+} f(x) = L, \quad (\blacktriangleright\text{Abbildung 2.28}),$$

wenn zu jeder positiven Zahl $\varepsilon > 0$ eine zugehörige Zahl $\delta > 0$ existiert, sodass für alle x gilt

$$x_0 < x < x_0 + \delta \Rightarrow |f(x) - L| < \varepsilon.$$

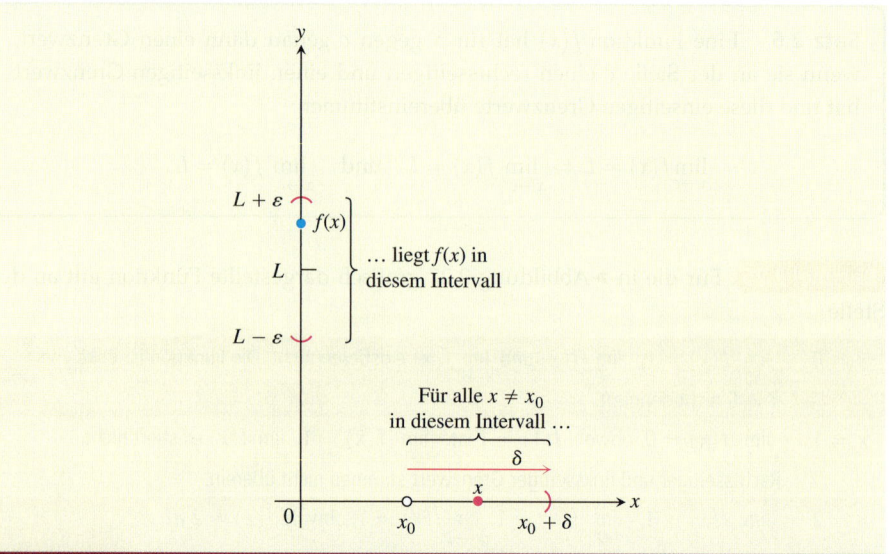

Abbildung 2.28 Die zur Definition des rechtsseitigen Grenzwerts gehörenden Intervalle.

Wir sagen, dass f **an der Stelle x_0 den linksseitigen Grenzwert L** hat, und schreiben

$$\lim_{x \to x_0^-} f(x) = L, \quad (\blacktriangleright \text{Abbildung 2.29}),$$

wenn zu jeder positiven Zahl $\varepsilon > 0$ eine zugehörige Zahl $\delta > 0$ existiert, sodass für alle x gilt

$$x_0 - \delta < x < x_0 \;\Rightarrow\; |f(x) - L| < \varepsilon.$$

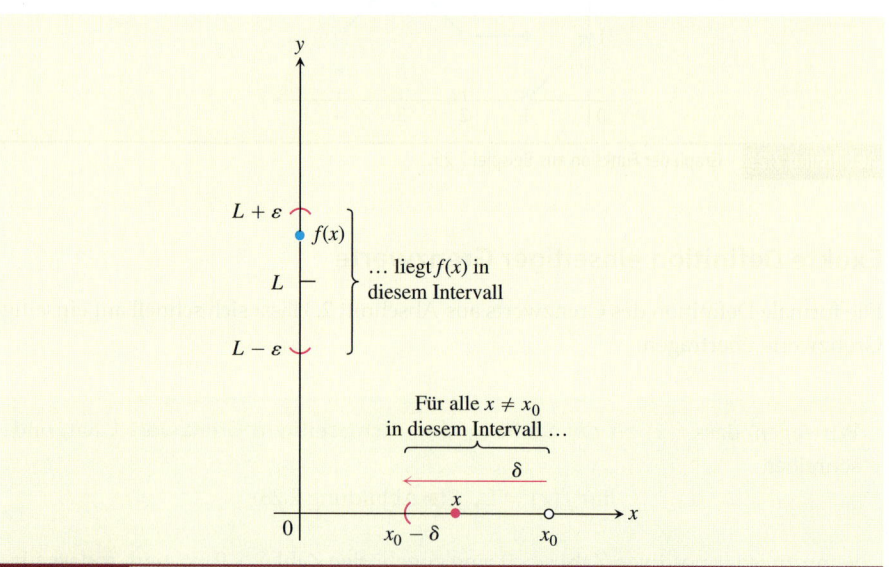

Abbildung 2.29 Die zur Definition des linksseitigen Grenzwerts gehörenden Intervalle.

Beweis von $\lim\limits_{x \to 0^+} \sqrt{x} = 0$ **Beispiel 2.26** Beweisen Sie $\lim\limits_{x \to 0^+} \sqrt{x} = 0$.

Lösung Sei $\varepsilon > 0$ gegeben. Hier ist $x_0 = 0$ und $L = 0$. Wir wollen also ein $\delta > 0$ bestimmen, sodass für alle x gilt

$$0 < x < \delta \;\Rightarrow\; |\sqrt{x} - 0| < \varepsilon \quad \text{bzw.} \quad 0 < x < \delta \;\Rightarrow\; \sqrt{x} < \varepsilon.$$

Quadrieren der beiden Seiten dieser letzten Ungleichung liefert

$$x < \varepsilon^2 \quad \text{für} \quad 0 < x < \delta.$$

Wählen wir $\delta = \varepsilon^2$, so erhalten wir

$$0 < x < \delta = \varepsilon^2 \;\Rightarrow\; \sqrt{x} < \varepsilon \quad \text{bzw.} \quad 0 < x < \varepsilon^2 \;\Rightarrow\; |\sqrt{x} - 0| < \varepsilon.$$

Gemäß der Definition zeigt dies $\lim_{x \to 0^+} \sqrt{x} = 0$ (▶Abbildung 2.30). ∎

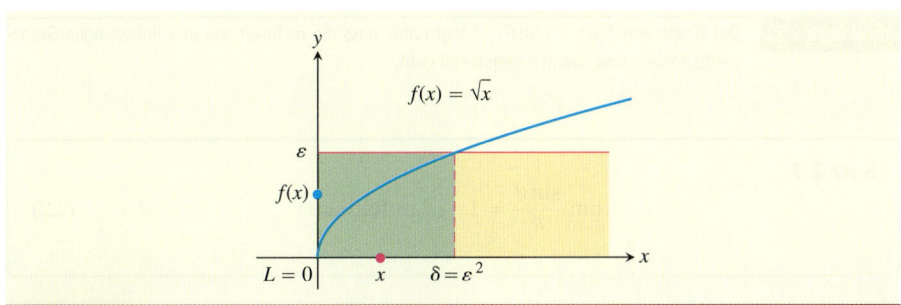

Abbildung 2.30 $\lim_{x \to 0^+} \sqrt{x} = 0$ aus Beispiel 2.26.

Beispiel 2.27 Zeigen Sie, dass $y = \sin(1/x)$ weder einen rechtsseitigen noch einen linksseitigen Grenzwert hat, wenn x gegen 0 geht (▶Abbildung 2.31).

Grenzwert von $y = \sin(1/x)$ für x gegen 0

Lösung Wenn x gegen null geht, wächst der Kehrwert $1/x$ unbeschränkt und die Werte von $\sin(1/x)$ oszillieren immer zwischen -1 und 1. Es gibt keine Zahl L, der die Funktionswerte immer näher kommen, wenn x gegen null geht. Dies gilt selbst dann, wenn wir x auf positive Werte oder negative Werte beschränken. Die Funktion hat an der Stelle $x = 0$ weder einen rechtsseitigen noch einen linksseitigen Grenzwert. ∎

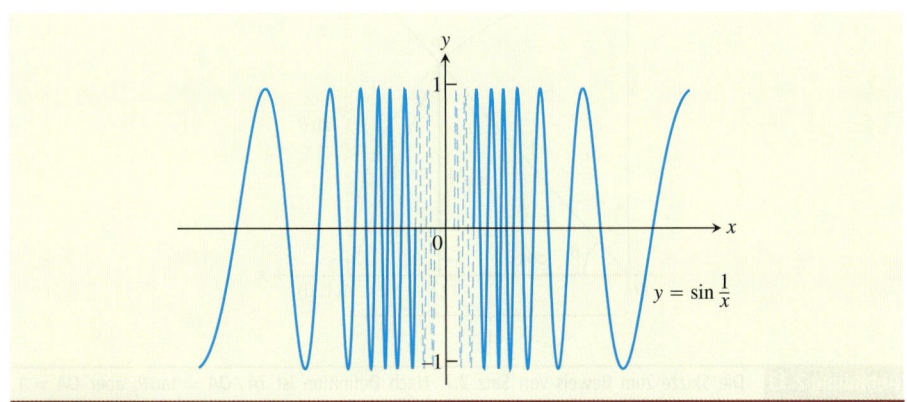

Abbildung 2.31 Die Funktion $y = \sin(1/x)$ hat weder einen rechtsseitigen noch einen linksseitigen Grenzwert, wenn x gegen 0 geht (Beispiel 2.27). Die Punkte des Graphen, die sehr nahe an der y-Achse liegen, können nicht vollständig eingezeichnet werden.

Grenzwerte, in denen $(\sin\theta)/\theta$ vorkommt

Eine wesentliche Aussage über den Ausdruck $(\sin\theta)/\theta$ ist, dass sein Bogenmaß 1 ist, wenn θ gegen null geht. Dies können wir ▶Abbildung 2.32 entnehmen, und wir können es mithilfe des Einschnürungssatzes algebraisch prüfen. Sie werden die Bedeutung dieses Grenzwerts in Abschnitt 3.5 erkennen, wo lokale Änderungsraten der trigonometrischen Funktionen untersucht werden.

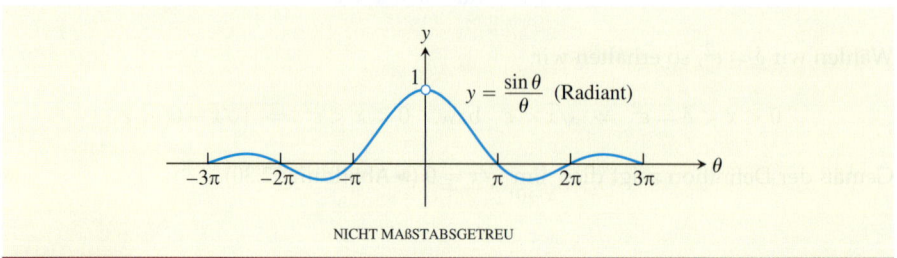

Abbildung 2.32 Der Graph von $f(\theta) = (\sin\theta)/\theta$ legt nahe, dass die rechtsseitigen und linksseitigen Grenzwerte beide 1 sind, wenn θ gegen null geht.

Satz 2.7

$$\lim_{\theta \to 0} \frac{\sin\theta}{\theta} = 1 \quad (\theta \text{ in Radiant}) \tag{2.2}$$

Beweis ◼ Wir wollen zeigen, dass der rechtsseitige und der linksseitige Grenzwert beide 1 sind. Dann wissen wir, dass auch der beidseitige Grenzwert 1 ist. Um zu zeigen, dass der rechtsseitige Grenzwert 1 ist, starten wir mit positiven Werten für θ, die kleiner als $\pi/2$ sind (▶Abbildung 2.33). Veranschaulichen Sie sich

Flächeninhalt $\triangle OAP$ < Flächeninhalt des Sektors OAP < Flächeninhalt $\triangle OAT$.

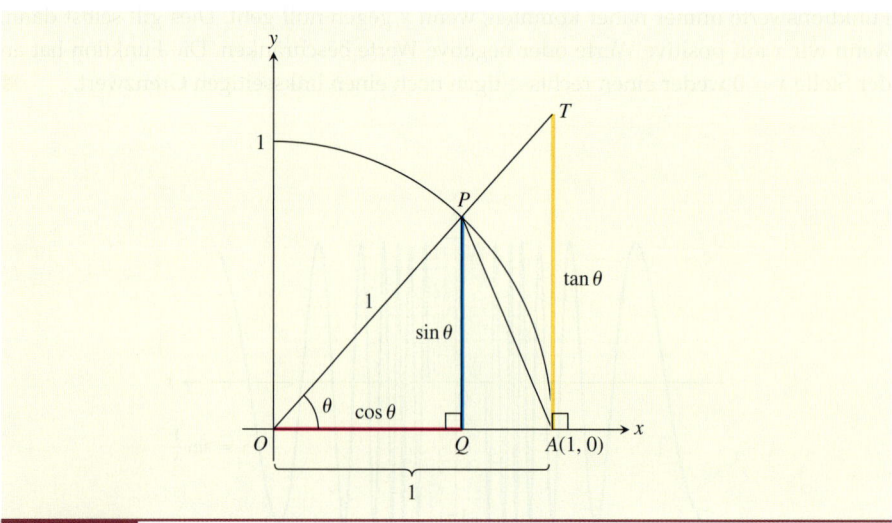

Abbildung 2.33 Die Skizze zum Beweis von Satz 2.7. Nach Definition ist $TA/OA = \tan\theta$, aber $OA = 1$, also ist $TA = \tan\theta$.

Diese Flächeninhalte können wir folgendermaßen als Funktion von θ ausdrücken:

$$\text{Flächeninhalt } \triangle OAP = \frac{1}{2} \text{ Grundseite} \times \text{Höhe} = \frac{1}{2}(1)(\sin\theta) = \frac{1}{2}\sin\theta$$

$$\text{Flächeninhalt des Sektors } OAP = \frac{1}{2}r^2\theta = \frac{1}{2}(1)^2\theta = \frac{\theta}{2}$$

$$\text{Flächeninhalt } \triangle OAT = \frac{1}{2} \text{ Grundseite} \times \text{Höhe} = \frac{1}{2}(1)(\tan\theta) = \frac{1}{2}\tan\theta. \quad (2.3)$$

In Gleichung (2.3) kommt das Bogenmaß ins Spiel: Der Flächeninhalt des Sektors OAP ist nur dann $\theta/2$, wenn θ in Radiant gemessen wird.

Folglich ist

$$\frac{1}{2}\sin\theta < \frac{1}{2}\theta < \frac{1}{2}\tan\theta.$$

Diese letzte Ungleichung behält ihre Richtung bei, wenn wir alle drei Terme durch die Zahl $(1/2)\sin\theta$ dividieren, die wegen $0 < \theta < \pi/2$ positiv ist:

$$1 < \frac{\theta}{\sin\theta} < \frac{1}{\cos\theta}.$$

Bilden wir den Kehrwert, so kehren sich die Relationszeichen um:

$$1 > \frac{\sin\theta}{\theta} > \cos\theta.$$

Wegen $\lim_{\theta \to 0^+} \cos\theta = 1$, folgt nach dem Einschnürungssatz 2.4 (Beispiel 2.16b, Abschnitt 2.2) liefert der Einschnürungssatz

$$\lim_{\theta \to 0^+} \frac{\sin\theta}{\theta} = 1.$$

Rufen Sie sich ins Gedächtnis, dass $\sin\theta$ und θ *ungerade Funktionen* sind (▶Abschnitt 1.1). Deshalb ist $f(\theta) = (\sin\theta)/\theta$ eine *gerade Funktion*, deren Graph symmetrisch bezüglich der y-Achse ist (Abbildung 2.32). Diese Symmetrie hat zur Folge, dass an der Stelle $x = 0$ der linksseitige Grenzwert existiert und denselben Wert hat wie der rechtsseitige Grenzwert:

$$\lim_{\theta \to 0^-} \frac{\sin\theta}{\theta} = 1 = \lim_{\theta \to 0^+} \frac{\sin\theta}{\theta},$$

sodass nach Satz 2.6 $\lim_{\theta \to 0}(\sin\theta)/\theta = 1$ ist. ∎

Beispiel 2.28 Zeigen Sie, dass **a.** $\lim_{h \to 0} \frac{\cos h - 1}{h} = 0$ und **b.** $\lim_{x \to 0} \frac{\sin 2x}{5x} = \frac{2}{5}$ ist.

Nachweis von Grenzwerten

Lösung

a Mithilfe der Halbwinkelgleichung $\cos h = 1 - 2\sin^2(h/2)$ berechnen wir

$$\lim_{h \to 0} \frac{\cos h - 1}{h} = \lim_{h \to 0} -\frac{2\sin^2(h/2)}{h}$$

$$= -\lim_{\theta \to 0} \frac{\sin\theta}{\theta} \sin\theta \quad \text{Sei } \theta = h/2$$

$$= -(1)(0) = 0. \quad \text{Gleichung (2.2) und Beispiel 2.16a aus Abschnitt 2.2}$$

b Gleichung (2.2) lässt sich auf den Ausgangsbruch nicht anwenden. Wir brauchen im Nenner den Term $2x$ anstatt $5x$. Wir erzeugen diesen Term, indem wir Zähler und Nenner mit 2/5 erweitern:

$$\lim_{x \to 0} \frac{\sin 2x}{5x} = \lim_{x \to 0} \frac{(2/5) \cdot \sin 2x}{(2/5)5x}$$
$$= \frac{2}{5} \lim_{x \to 0} \frac{\sin 2x}{2x} \qquad \text{Nun lässt sich Gleichung (2.2) auf } \theta = 2x \text{ anwenden}$$
$$= \frac{2}{5}(1) = \frac{2}{5}.$$

Berechnung von Grenzwerten

Beispiel 2.29 Bestimmen Sie $\lim_{t \to 0} \frac{\tan t \sec 2t}{3t}$.

Lösung Aus der Definition von $\tan t$ und $\sec 2t$ erhalten wir

$$\lim_{t \to 0} \frac{\tan t \sec 2t}{3t} = \frac{1}{3} \lim_{t \to 0} \frac{\sin t}{t} \cdot \frac{1}{\cos t} \cdot \frac{1}{\cos 2t}$$
$$= \frac{1}{3}(1)(1)(1) = \frac{1}{3}. \qquad \text{Gleichung (2.2) und Beispiel 2.16b aus Abschnitt 2.2}$$

Aufgaben zum Abschnitt 2.4

Grenzwerte grafisch bestimmen

1. Welche der folgenden Behauptungen über die nachfolgend grafisch dargestellte Funktion $y = f(x)$ sind wahr, welche falsch?

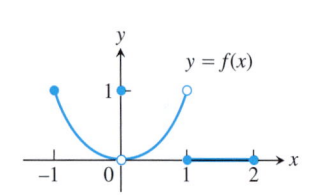

2. Sei $f(x) = \begin{cases} 3 - x, & x < 2 \\ \frac{x}{2} + 1, & x > 2 \end{cases}$.

a. $\lim_{x \to -1^+} f(x) = 1$
b. $\lim_{x \to 0^-} f(x) = 0$
c. $\lim_{x \to 0^-} f(x) = 1$
d. $\lim_{x \to 0^-} f(x) = \lim_{x \to 0^+} f(x)$
e. $\lim_{x \to 0} f(x)$ existiert.
f. $\lim_{x \to 0} f(x) = 0$
g. $\lim_{x \to 0} f(x) = 1$
h. $\lim_{x \to 1} f(x) = 1$
i. $\lim_{x \to 1} f(x) = 0$
j. $\lim_{x \to 2^-} f(x) = 2$
k. $\lim_{x \to -1^-} f(x)$ existiert nicht.
l. $\lim_{x \to 2^+} f(x) = 0$

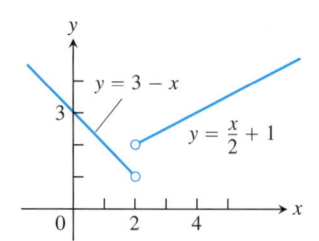

a. Bestimmen Sie $\lim_{x \to 2^+} f(x)$ und $\lim_{x \to 2^-} f(x)$.
b. Existiert der Grenzwert $\lim_{x \to 2} f(x)$? Falls ja, welchen Wert hat er? Falls nein, warum nicht?
c. Bestimmen Sie $\lim_{x \to 4^-} f(x)$ und $\lim_{x \to 4^+} f(x)$.
d. Existiert der Grenzwert $\lim_{x \to 4} f(x)$? Falls ja, welchen Wert hat er? Falls nein, warum nicht?

3. Sei $f(x) = \begin{cases} 0, & x \leq 0 \\ \sin\frac{1}{x}, & x > 0 \end{cases}$.

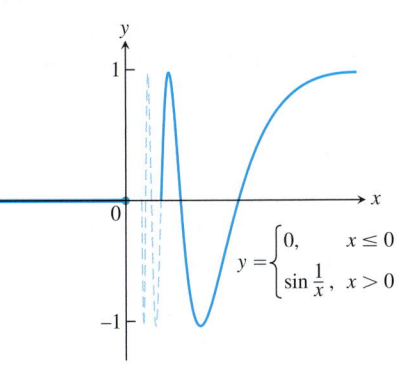

a. Existiert der Grenzwert $\lim_{x \to 0^+} f(x)$? Falls ja, welchen Wert hat er? Falls nein, warum nicht?

b. Existiert der Grenzwert $\lim_{x \to 0^-} f(x)$? Falls ja, welchen Wert hat er? Falls nein, warum nicht?

c. Existiert der Grenzwert $\lim_{x \to 0} f(x)$? Falls ja, welchen Wert hat er? Falls nein, warum nicht?

4. a. Zeichnen Sie den Graphen der Funktion
$$f(x) = \begin{cases} x^3, & x \neq 1 \\ 0, & x = 1 \end{cases}$$

b. Bestimmen Sie $\lim_{x \to 1^-} f(x)$ und $\lim_{x \to 1^+} f(x)$.

c. Existiert der Grenzwert $\lim_{x \to 1} f(x)$? Falls ja, welchen Wert hat er? Falls nein, warum nicht?

5. Stellen Sie die Funktion
$$f(x) = \begin{cases} \sqrt{1-x^2}, & 0 \leq x < 1 \\ 1, & 1 \leq x < 2 \\ 2, & x = 2 \end{cases}$$

grafisch dar.

a. Was ist der Wertebereich von f?

b. An welchen Stellen c existiert der Grenzwert $\lim_{x \to c} f(x)$?

c. An welchen Stellen existiert nur der linksseitige Grenzwert?

d. An welchen Stellen existiert nur der rechtsseitige Grenzwert?

Einseitige Grenzwerte algebraisch bestimmen Bestimmen Sie in den Aufgaben 6 und 10 die Grenzwerte.

6. $\lim_{x \to -0{,}5^-} \sqrt{\dfrac{x+2}{x+1}}$

7. $\lim_{x \to -1^+} \sqrt{\dfrac{x-1}{x+2}}$

8. $\lim_{x \to -2^+} \left(\dfrac{x}{x+1}\right)\left(\dfrac{2x+5}{x^2+x}\right)$

9. $\lim_{h \to 0^+} \dfrac{\sqrt{h^2+4h+5} - \sqrt{5}}{h}$

10. a. $\lim_{x \to -2^+} (x+3)\dfrac{|x+2|}{x+2}$ b. $\lim_{x \to -2^-} (x+3)\dfrac{|x+2|}{x+2}$

Verwenden Sie den Graphen der Abrundungsfunktion $y = \lfloor x \rfloor$ (▶Abbildung 1.10 in Abschnitt 1.1), um die Grenzwerte in den Aufgaben 11 und 12 zu bestimmen.

11. a. $\lim_{\theta \to 3^+} \dfrac{\lfloor \theta \rfloor}{\theta}$ b. $\lim_{\theta \to 3^-} \dfrac{\lfloor \theta \rfloor}{\theta}$

12. a. $\lim_{t \to 4^+} (t - \lfloor t \rfloor)$ b. $\lim_{t \to 4^-} (t - \lfloor t \rfloor)$

Den Grenzwert $\lim_{\theta \to 0} \dfrac{\sin \theta}{\theta} = 1$ verwenden Bestimmen Sie die Grenzwerte in den Aufgaben 13–23.

13. $\lim_{\theta \to 0} \dfrac{\sin \sqrt{2}\theta}{\sqrt{2}\theta}$

14. $\lim_{y \to 0} \dfrac{\sin 3y}{4y}$

15. $\lim_{x \to 0} \dfrac{\tan 2x}{x}$

16. $\lim_{x \to 0} \dfrac{x \, \text{cosec} \, 2x}{\cos 5x}$

17. $\lim_{x \to 0} \dfrac{x + x\cos x}{\sin x \cos x}$

18. $\lim_{\theta \to 0} \dfrac{1 - \cos \theta}{\sin 2\theta}$

19. $\lim_{t \to 0} \dfrac{\sin(1 - \cos t)}{1 - \cos t}$

20. $\lim_{\theta \to 0} \dfrac{\sin \theta}{\sin 2\theta}$

21. $\lim_{\theta \to 0} \theta \cos \theta$

22. $\lim_{x \to 0} \dfrac{\tan 3x}{\sin 8x}$

23. $\lim_{\theta \to 0} \dfrac{\tan \theta}{\theta^2 \cot 3\theta}$

Theorie und Beispiele

24. Wenn Sie für eine innere Stelle a aus dem Definitionsbereich von f die Grenzwerte $\lim_{x \to a^+} f(x)$ und $\lim_{x \to a^-} f(x)$ kennen, kennen Sie dann auch $\lim_{x \to a} f(x)$? Begründen Sie Ihre Antwort.

25. f ist eine ungerade Funktion von x. Sagt Ihnen die Kenntnis von $\lim_{x \to 0^+} f(x) = 3$ etwas über $\lim_{x \to 0^-} f(x)$? Begründen Sie Ihre Antwort.

2.5 Stetigkeit

Wenn wir Funktionswerte darstellen, die wir im Labor gemessen oder in der Umwelt gesammelt haben, verbinden wir die dargestellten Punkte oft mit einer durchgezogenen Kurve, um zu zeigen, welche Werte die Funktion zu den Zeitpunkten wahrscheinlich angenommen hat, die wir nicht gemessen haben (▶Abbildung 2.34). Bei dieser Vorgehensweise haben wir angenommen, dass wir es mit einer *stetigen Funktion* zu tun haben. Das bedeutet, dass ihre Ausgaben stetig von den Eingaben abhängen und nicht von einem Wert auf einen anderen springen, ohne die Zwischenwerte anzunehmen. Den Grenzwert einer stetigen Funktion für x gegen c kann man einfach bestimmen, indem man den Wert der Funktion an der Stelle c berechnet. (In Satz 2.2 haben wir festgestellt, dass dies für Polynome gilt.)

Intuitiv betrachtet ist ein Beispiel für eine stetige Funktion jede Funktion $y = f(x)$, deren Graph man über jedem Intervall ihres Definitionsbereichs in einer stetigen Bewegung ohne Absetzen des Stifts zeichnen kann. In diesem Abschnitt untersuchen wir genauer, was es für eine Funktion bedeutet, stetig zu sein. Wir beschäftigen uns auch mit den Eigenschaften stetiger Funktionen und stellen fest, dass viele der Funktionstypen aus Abschnitt 1.1 stetig sind.

Stetigkeit an einer Stelle

Um die Stetigkeit zu verstehen, ist es hilfreich, eine Funktion wie die aus ▶Abbildung 2.35 zu betrachten, deren Grenzwerte wir in Beispiel 2.25 des letzten Abschnitts untersucht haben.

Stetigkeit einer stückweise definierten Funktion

Beispiel 2.30 Bestimmen Sie die Stellen, an denen die Funktion f aus Abbildung 2.35 stetig ist, und die Stellen, an denen f nicht stetig ist.

Lösung Die Funktion f ist an allen Stellen ihres Definitionsbereichs $[0, 4]$ stetig, ausgenommen bei $x = 1$, $x = 2$ und $x = 4$. An diesen Stellen gibt es im Graphen Unterbrechungen. Vergegenwärtigen Sie sich den Zusammenhang zwischen dem Grenzwert von f und den Werten von f an jeder Stelle des Definitionsbereichs der Funktion.

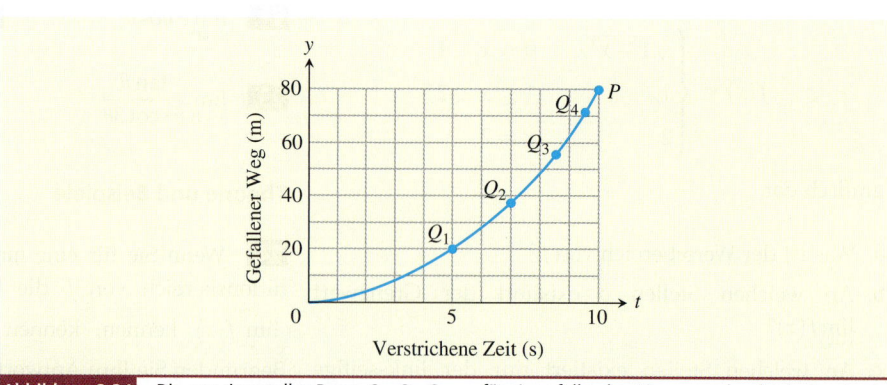

Abbildung 2.34 Die experimentellen Daten $Q_1, Q_2, Q_3 \ldots$ für einen fallenden Körper wurden durch eine durchgehende Kurve verbunden.

2.5 Stetigkeit

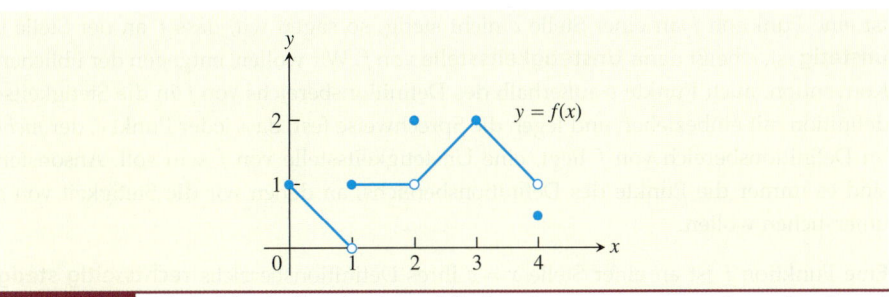

Abbildung 2.35 Die Funktion ist über dem Intervall [0, 4] stetig, ausgenommen $x = 1$, $x = 2$ und $x = 4$ (Beispiel 2.30).

Stellen, an denen f stetig ist:

An der Stelle $x = 0$ $\qquad \lim_{x \to 0^+} f(x) = f(0)$.

An der Stelle $x = 3$ $\qquad \lim_{x \to 3} f(x) = f(3)$.

An den Stellen $0 < c < 4$, $c \neq 1, 2$ $\qquad \lim_{x \to c} f(x) = f(c)$.

Stellen, an denen f nicht stetig ist:

An der Stelle $x = 1$ $\qquad$ existiert $\lim_{x \to 1} f(x)$ nicht.

An der Stelle $x = 2$ $\qquad$ ist $\lim_{x \to 2} f(x) = 1$, aber $1 \neq f(2)$.

An der Stelle $x = 4$ $\qquad$ ist $\lim_{x \to 4^-} f(x) = 1$, aber $1 \neq f(4)$. ■

Um die Stetigkeit an einer Stelle des Definitionsbereichs der Funktion zu definieren, müssen wir Stetigkeit an einer inneren Stelle definieren (wobei der zweiseitige Grenzwert eine Rolle spielt), und wir müssen Stetigkeit an einer Randstelle definieren (wobei der einseitige Grenzwert eine Rolle spielt). Betrachten Sie dazu ▶Abbildung 2.36.

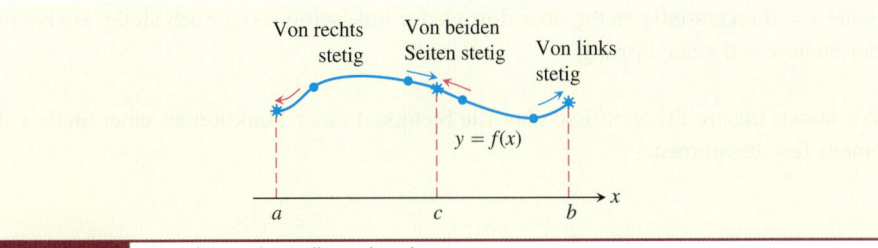

Abbildung 2.36 Stetigkeit an den Stellen a, b und c.

> **Definition**
>
> *Innere Stelle*: Ein Funktion $y = f(x)$ ist **an einer inneren Stelle c** ihres Definitionsbereichs **stetig**, wenn
>
> $$\lim_{x \to c} f(x) = f(c) \text{ ist.}$$
>
> *Randstelle*: Eine Funktion $y = f(x)$ ist **an einer linken Randstelle a** oder **an einer rechten Randstelle b** ihres Definitionsbereichs **stetig**, wenn
>
> $$\lim_{x \to a^+} f(x) = f(a) \quad \text{bzw.} \quad \lim_{x \to b^-} f(x) = f(b)$$
>
> ist.

Ist eine Funktion f an einer Stelle c nicht stetig, so sagen wir, dass f an der Stelle c **unstetig** ist. c heißt dann **Unstetigkeitsstelle** von f. Wir wollen, entgegen der üblichen Konvention, auch Punkte c außerhalb des Definitionsbereichs von f in die Stetigkeitsdefinition mit einbeziehen und legen die Sprechweise fest, dass jeder Punkt c, der *nicht* im Definitionsbereich von f liegt, eine Unstetigkeitsstelle von f sein soll. Ansonsten sind es immer die Punkte des Definitionsbereichs, an denen wir die Stetigkeit von f untersuchen wollen.

Eine Funktion f ist an einer Stelle $x = c$ ihres Definitionsbereichs **rechtsseitig stetig** (**von rechts stetig** oder **rechtsstetig**), wenn $\lim_{x \to c^+} f(x) = f(c)$ ist. Sie ist an der Stelle $x = c$ **linksseitig stetig** (**von links stetig** oder **linksstetig**), wenn $\lim_{x \to c^-} f(x) = f(c)$ ist. Folglich ist eine Funktion an einer linken Randstelle a ihres Definitionsbereichs stetig, wenn sie an der Stelle a rechtsseitig stetig ist. Sie ist an einer rechten Randstelle b ihres Definitionsbereichs stetig, wenn sie an der Stelle b linksseitig stetig ist. Eine Funktion ist an einer inneren Stelle c ihres Definitionsbereichs genau dann stetig, wenn sie an der Stelle c sowohl rechtsseitig als auch linksseitig stetig ist (Abbildung 2.36).

Stetigkeit der Funktion $f(x) = \sqrt{4 - x^2}$

Beispiel 2.31 Die Funktion $f(x) = \sqrt{4 - x^2}$ ist an jeder Stelle ihres Definitionsbereichs $[-2, 2]$ stetig (▶Abbildung 2.37), und zwar einschließlich $x = -2$, wo f rechtsseitig stetig ist, und $x = 2$, wo f linksseitig stetig ist.

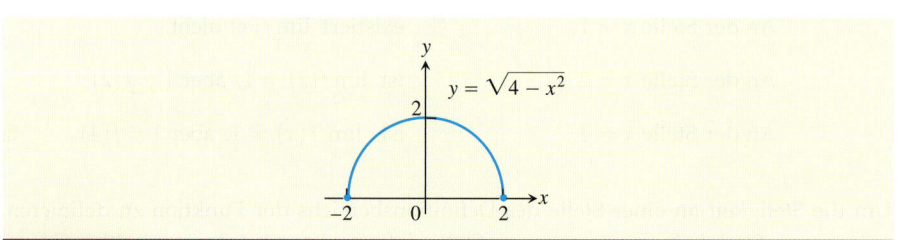

Abbildung 2.37   Eine Funktion, die an jeder Stelle ihres Definitionsbereichs stetig ist (Beispiel 2.31).

Stetigkeit der Stufenfunktion

Beispiel 2.32 Die in ▶Abbildung 2.38 dargestellte Stufenfunktion $U(x)$ ist an der Stelle $x = 0$ rechtsseitig stetig, aber dort weder linksseitig stetig noch stetig. Sie hat an der Stelle $x = 0$ einen Sprung.

Wir fassen unsere Erkenntnisse über die Stetigkeit einer Funktion an einer Stelle x in einem Test zusammen.

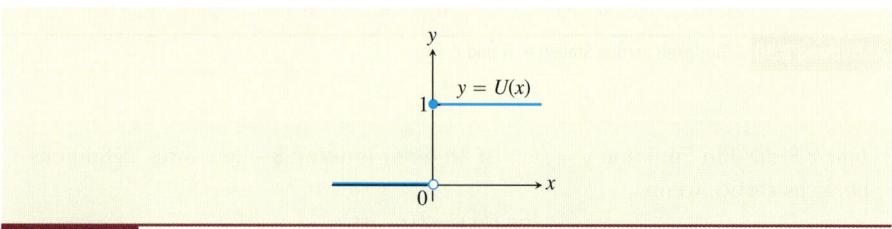

Abbildung 2.38   Eine Funktion, die im Ursprung eine Sprungstelle hat (Beispiel 2.32).

2.5 Stetigkeit

Merke

Stetigkeitstest Eine Funktion $y = f(x)$ ist an einer inneren Stelle $x = c$ ihres Definitionsbereichs genau dann stetig, wenn sie die drei folgenden Bedingungen erfüllt:

1. $\lim_{x \to c} f(x)$ existiert (f hat für $x \to c$ einen Grenzwert).
2. $\lim_{x \to c} f(x) = f(c)$ (der Grenzwert ist gleich dem Funktionswert).

Für einseitige Stetigkeit und Stetigkeit an einer Randstelle müssen die Grenzwerte in 1. und 2. durch die entsprechenden einseitigen Grenzwerte ersetzt werden.

Beispiel 2.33 Der Graph der in Abschnitt 1.1 eingeführten Funktion $y = \lfloor x \rfloor$ ist in ▶Abbildung 2.39 dargestellt. Die Funktion ist an jeder ganzzahligen Stelle n unstetig, weil der rechtsseitige und der linksseitige Grenzwert für $x \to n$ nicht übereinstimmen:

Unstetigkeit der Abrundungsfunktion

$$\lim_{x \to n^-} \lfloor x \rfloor = n - 1 \quad \text{und} \quad \lim_{x \to n^+} \lfloor x \rfloor = n.$$

Wegen $\lfloor n \rfloor = n$ ist die Abrundungsfunktion an jeder ganzzahligen Stelle n rechtsseitig stetig (aber nicht linksseitig stetig).

Die Abrundungsfunktion ist an jeder nicht ganzzahligen reellen Stelle x stetig. Beispielsweise ist

$$\lim_{x \to 1{,}5} \lfloor x \rfloor = 1 = \lfloor 1{,}5 \rfloor.$$

Im Allgemeinen gilt für $n - 1 < c < n$ mit ganzzahligem n

$$\lim_{x \to c} \lfloor x \rfloor = n - 1 = \lfloor c \rfloor.$$

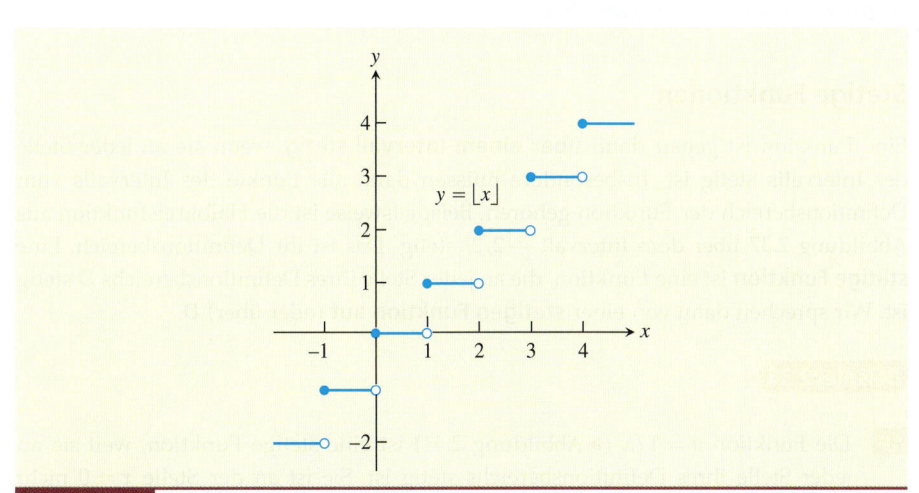

Abbildung 2.39 Die Abrundungsfunktion ist an nicht ganzzahligen Stellen stetig. Sie ist an jeder ganzzahligen Stelle x rechtsseitig, aber nicht linksseitig stetig (Beispiel 2.33).

▶Abbildung 2.40 zeigt typische Fälle des Verhaltens von einer Funktion f in oder nahe einer Stelle c, hier $c = 0$. Die Funktion aus ▶Abbildung 2.40a ist an der Stelle $c = 0$ stetig. Für die Funktionen aus ▶Abbildung 2.40b und c existiert der Grenzwert $\lim_{x \to 0} f(x) = 1$, allerdings gibt es in (b) keinen Funktionswert $f(0)$ und in (c) ist $f(0) \neq 1$, die Funktionen sind also unstetig an der Stelle $c = 0$. Allerdings können sie durch die neue Festlegung $f(0) = 1$ zu einer, auch an der Stelle $c = 0$ stetigen Funktion fortgesetzt, bzw. abgeändert werden. Die Unstetigkeitsstellen $c = 0$ sind also **hebbar**.

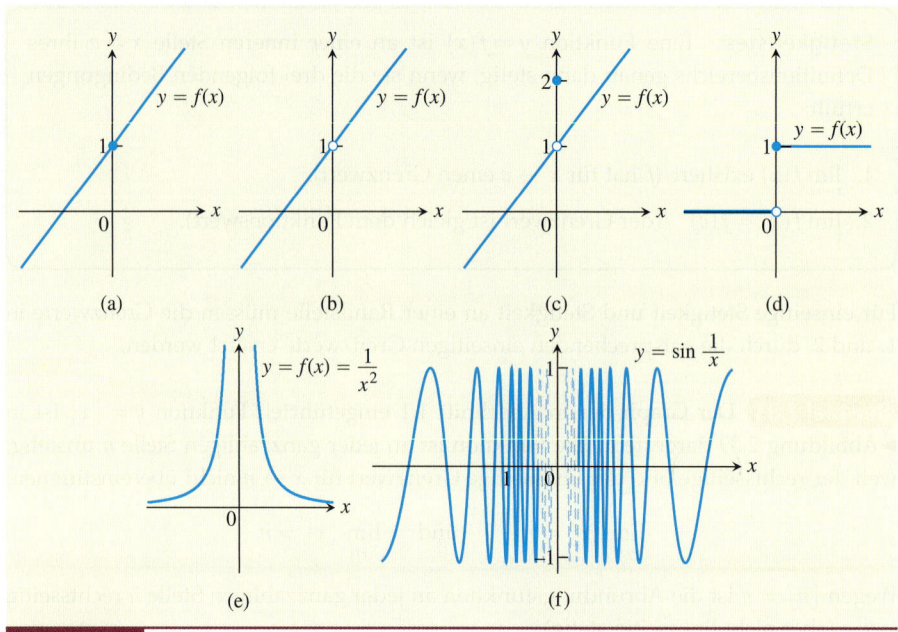

Abbildung 2.40 Die Funktion in (a) ist an der Stelle $c = 0$ stetig; die Funktionen in (b) bis (f) sind es nicht, in (b), (e) und (f) liegt $c = 0$ gar nicht im Definitionsbereich von f.

Anders sieht es bei den Funktionen aus ▶Abbildung 2.40d bis f aus, denn hier existiert der Grenzwert $\lim_{x \to 0} f(x)$ nicht. Die Stufenfunktion aus Abbildung 2.40d hat eine **Sprungstelle**: Die einseitigen Grenzwerte existieren, haben aber verschiedene Werte. Die Funktion $f(x) = 1/x^2$ aus ▶Abbildung 2.40e hat eine **Polstelle**. Die Funktion aus ▶Abbildung 2.40f hat eine **Oszillationsstelle**: Die Funktion oszilliert dort so stark, dass sie für $x \to 0$ keinen Grenzwert hat.

Stetige Funktionen

Eine Funktion ist genau dann **über einem Intervall stetig**, wenn sie an jeder Stelle des Intervalls stetig ist. Insbesondere müssen dann alle Punkte des Intervalls zum Definitionsbereich der Funktion gehören. Beispielsweise ist die Halbkreisfunktion aus Abbildung 2.37 über dem Intervall $[-2, 2]$ stetig. Das ist ihr Definitionsbereich. Eine **stetige Funktion** ist eine Funktion, die an jeder Stelle ihres Definitionsbereichs D stetig ist. Wir sprechen dann von einer **stetigen Funktion auf** (oder über) D.

Stetige Funktionen   **Beispiel 2.34**

a Die Funktion $y = 1/x$ (▶Abbildung 2.41) ist eine stetige Funktion, weil sie an jeder Stelle ihres Definitionsbereichs stetig ist. Sie ist an der Stelle $x = 0$ nicht definiert.

b Die identische Funktion $f(x) = x$ und konstante Funktionen sind nach Beispiel 2.19 aus Abschnitt 2.3 überall stetig.

Algebraische Kombinationen stetiger Funktionen sind dort stetig, wo sie definiert sind.

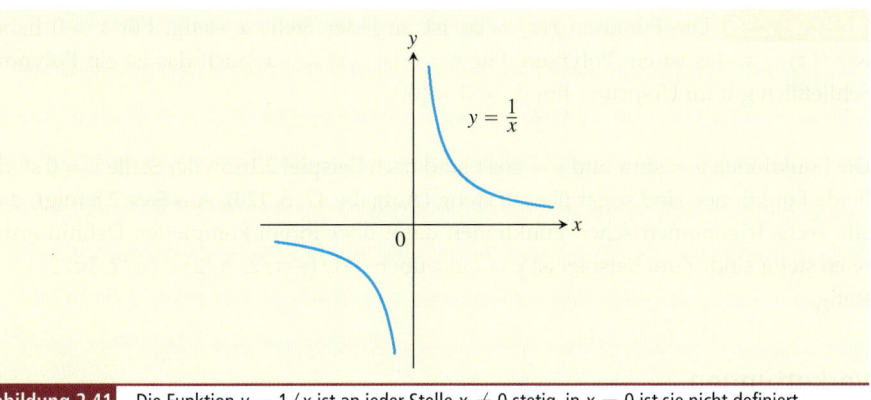

Abbildung 2.41 Die Funktion $y = 1/x$ ist an jeder Stelle $x \neq 0$ stetig, in $x = 0$ ist sie nicht definiert. Sie hat an der Stelle $x = 0$ einen Pol (Beispiel 2.34).

Satz 2.8 Eigenschaften stetiger Funktionen

Sind die Funktionen f und g an der Stelle $x = c$ stetig, so sind auch die folgenden Kombinationen an der Stelle $x = c$ stetig:

1. Summen: $\quad f + g$
2. Differenzen: $\quad f - g$
3. Konstante Vielfache: $\quad k \cdot f$, für eine beliebige Zahl k
4. Produkte: $\quad f \cdot g$
5. Quotienten: $\quad f/g$, vorausgesetzt $g(c) \neq 0$
6. Potenzen: $\quad f^n$, n ist eine positive ganze Zahl
7. Wurzeln: $\quad \sqrt[n]{f}$, vorausgesetzt, diese Funktion ist auf einem Intervall definiert, das c enthält; n ist eine positive ganze Zahl

---

Die meisten der Resultate aus Satz 2.8 folgen aus den Grenzwertregeln in Satz 2.1, Abschnitt 2.2. Zum Beweis der Summeneigenschaft haben wir beispielsweise

$$\lim_{x \to c}(f+g)(x) = \lim_{x \to c}(f(x) + g(x))$$
$$= \lim_{x \to c} f(x) + \lim_{x \to c} g(x), \quad \text{Summenregel, Satz 2.1}$$
$$= f(c) + g(c) \quad \text{Stetigkeit von } f \text{ und } g \text{ an der Stelle } c$$
$$= (f+g)(c).$$

Dies zeigt, dass $f + g$ stetig ist.

Beispiel 2.35

Stetigkeit von Polynomen und rationalen Funktionen

a) Jedes Polynom $P(x) = a_n x^n + a_{n-1} x^{n-1} + \ldots + a_0$ ist stetig, weil nach Satz 2.2 $\lim_{x \to c} P(x) = P(c)$ ist.

b) Sind $P(x)$ und $Q(x)$ Polynome, so ist die Funktion $P(x)/Q(x)$ nach Satz 2.3 überall dort stetig, wo sie definiert ist ($Q(c) \neq 0$).

Stetigkeit der Betragsfunktion

Beispiel 2.36 Die Funktion $f(x) = |x|$ ist an jeder Stelle x stetig. Für $x > 0$ haben wir $f(x) = x$, das ist ein Polynom. Für $x < 0$ ist $f(x) = -x$, auch das ist ein Polynom. Schließlich gilt im Ursprung $\lim\limits_{x \to 0} |x| = 0 = |0|$.

Die Funktionen $y = \sin x$ und $y = \cos x$ sind nach Beispiel 2.16 an der Stelle $x = 0$ stetig. Beide Funktionen sind sogar überall stetig (Aufgabe 42, S. 120). Aus Satz 2.8 folgt, dass alle sechs trigonometrischen Funktionen dann über ihrem kompletten Definitionsbereich stetig sind. Zum Beispiel ist $y = \tan x$ über $\cdots \cup (-\pi/2, \pi/2) \cup (\pi/2, 3\pi/2) \cup \cdots$ stetig.

Verkettungen

Alle Verkettungen stetiger Funktionen sind stetig. Dabei nutzt man Folgendes aus: Ist f an der Stelle $x = c$ stetig und ist g an der Stelle $x = f(c)$, so ist $g \circ f$ an der Stelle $x = c$ stetig (▶Abbildung 2.42). In diesem Fall ist der Grenzwert für $x \to c$ gleich $g(f(c))$.

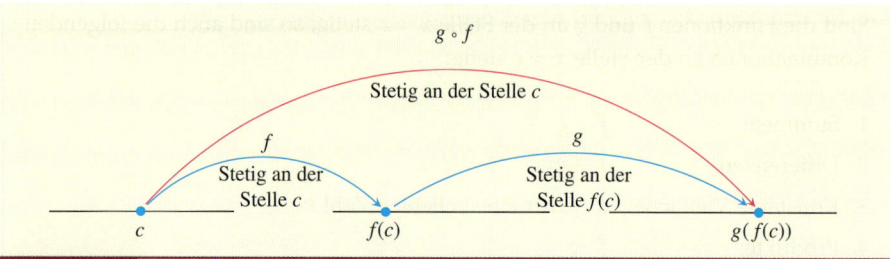

Abbildung 2.42 Verkettungen stetiger Funktionen sind stetig.

> **Satz 2.9 Verkettungen stetiger Funktionen** Ist f an der Stelle c stetig und ist g an der Stelle $f(c)$ stetig, so ist die Verkettung $g \circ f$ an der Stelle $x = c$ stetig.

Intuitiv betrachtet, ist Satz 2.9 plausibel: Wenn x nahe c ist, so ist $f(x)$ nahe $f(c)$, und weil g an der Stelle $f(c)$ stetig ist, ergibt sich, dass $g(f(x))$ nahe $g(f(c))$ ist.

Die Stetigkeit von Verkettungen gilt für jede endliche Anzahl von Funktionen. Die einzige Forderung ist, dass jede Funktion dort stetig ist, wo sie angewandt wird. Für eine Beweisskizze von Satz 2.9 verweisen wir auf die Übungen in Anhang A.4.

Stetigkeit von verketteten Funktionen

Beispiel 2.37 Zeigen Sie, dass die folgenden Funktionen über ihren Definitionsbereichen stetig sind.

a $y = \sqrt{x^2 - 2x - 5}$ **b** $y = \dfrac{x^{2/3}}{1 + x^4}$

c $y = \left| \dfrac{x - 2}{x^2 - 2} \right|$ **d** $y = \left| \dfrac{x \sin x}{x^2 + 2} \right|$

Lösung

a Die Wurzelfunktion ist über dem Intervall $[0, \infty)$ stetig, weil sie die Wurzel der identischen Funktion $f(x) = x$ ist (Nummer 7 von Satz 2.8). Die gegebene Funktion ist dann die Verkettung des Polynoms $f(x) = x^2 - 2x - 5$ mit der Wurzelfunktion $g(t) = \sqrt{t}$, und sie ist auf ihrem Definitionsbereich stetig.

b Der Zähler ist die dritte Wurzel der quadrierten identischen Funktion; der Nenner ist ein Polynom, das überall positiv ist. Deshalb ist der Quotient stetig.

c Der Quotient $(x-2)/(x^2-2)$ ist für alle $x \neq \pm\sqrt{2}$ stetig, und die Funktion ist die Verkettung dieses Quotienten mit der stetigen Betragsfunktion (Beispiel 2.36). ∎

d Weil die Sinusfunktion nach Aufgabe 42 eine überall stetige Funktion ist, ist der Zähler das Produkt zweier stetiger Funktionen; der Nenner $x^2 + 2$ ist ein Polynom, das überall positiv ist. Die gegebene Funktion ist die Verkettung eines Quotienten stetiger Funktionen mit der stetigen Betragsfunktion (▶Abbildung 2.43).

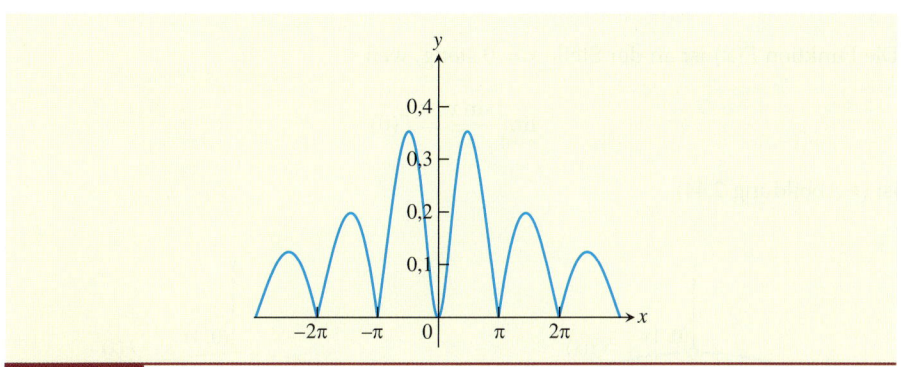

Abbildung 2.43 Der Graph lässt vermuten, dass $y = |(x \sin x)/(x^2+2)|$ stetig ist (Beispiel 2.37d).

Satz 2.9 ist eigentlich eine Folgerung aus einem allgemeineren Resultat, das wir nun angeben und beweisen.

Satz 2.10 Grenzwerte stetiger Funktionen Ist g an der Stelle b stetig und ist $\lim_{x \to c} f(x) = b$, so gilt

$$\lim_{x \to c} g(f(x)) = g(b) = g\left(\lim_{x \to c} f(x)\right).$$

Beweis ☐ Gegeben sei $\varepsilon > 0$. Weil g an der Stelle b stetig ist, existiert eine Zahl $\delta_1 > 0$, sodass gilt

$$|g(y) - g(b)| < \varepsilon \quad \text{für} \quad 0 < |y - b| < \delta_1.$$

Wegen $\lim_{x \to c} f(x) = b$ existiert ein $\delta > 0$, sodass gilt

$$|f(x) - b| < \delta_1 \quad \text{für} \quad 0 < |x - c| < \delta.$$

Setzen wir $y = f(x)$, so erhalten wir

$$|y - b| < \delta_1 \quad \text{für} \quad 0 < |x - c| < \delta,$$

woraus laut erster Aussage $|g(y) - g(b)| = |g(f(x)) - g(b)| < \varepsilon$ für $0 < |x - c| < \delta$ folgt. Nach der Definition des Grenzwerts beweist dies, dass $\lim_{x \to c} g(f(x)) = g(b)$ ist. ∎

Beispiel 2.38 Als Anwendung von Satz 2.10 erhalten wir

Anwendung von Satz 2.10

$$\lim_{x \to \pi/2} \cos\left(2x + \sin\left(\frac{3\pi}{2} + x\right)\right) = \cos\left(\lim_{x \to \pi/2} 2x + \lim_{x \to \pi/2} \sin\left(\frac{3\pi}{2} + x\right)\right)$$

$$= \cos\left(\pi + \sin 2\pi\right) = \cos \pi = -1.$$

Stetige Fortsetzung an einer Stelle

Die Funktion $y = f(x) = (\sin x)/x$ ist stetig, an der Stelle $x = 0$ ist sie nicht definiert. Das hat sie mit der Funktion $y = 1/x$ gemeinsam. Die Funktion $y = (\sin x)/x$ unterscheidet sich aber von $y = 1/x$ insofern, als $y = (\sin x)/x$ für $x \to 0$ einen endlichen Grenzwert hat (Satz 2.7). Deshalb ist es möglich, den Definitionsbereich der Funktion auf $x = 0$ zu erweitern, sodass die fortgesetzte Funktion an der Stelle $x = 0$ stetig ist. Wir definieren also eine neue Funktion

$$F(x) = \begin{cases} \dfrac{\sin x}{x}, & x \neq 0 \\ 1, & x = 0. \end{cases}$$

Die Funktion $F(x)$ ist an der Stelle $x = 0$ stetig, weil

$$\lim_{x \to 0} \frac{\sin x}{x} = F(0)$$

ist (▶Abbildung 2.44).

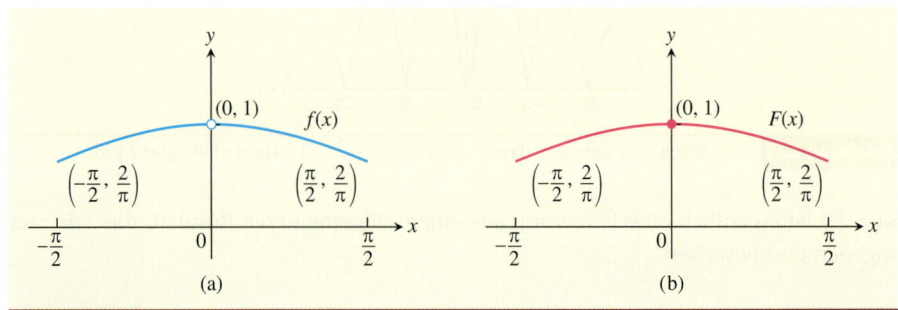

Abbildung 2.44 (a) Der Graph von $f(x) = (\sin x)/x$ für $-\pi/2 \leq x \leq \pi/2$ enthält nicht den Punkt $(0, 1)$, weil die Funktion an der Stelle $x = 0$ nicht definiert ist. (b) Wir können die Unstetigkeit heben, indem wir die neue Funktion $F(x)$ mit $F(0) = 1$, und $F(x) = f(x)$ sonst, definieren. Vergegenwärtigen Sie sich, dass $F(0) = \lim_{x \to 0} f(x)$ ist.

Allgemeiner kann eine Funktion (etwa eine rationale Funktion) an einer Stelle einen Grenzwert haben, an der sie nicht definiert ist. Ist $f(c)$ nicht definiert, existiert jedoch der Grenzwert $\lim_{x \to c} f(x) = L$, so können wir gemäß folgender Regel eine neue Funktion F definieren:

$$F(x) = \begin{cases} f(x), & \text{für } x \text{ aus dem Definitionsbereich von } f \\ L, & \text{für } x = c. \end{cases}$$

Die Funktion F ist an der Stelle $x = c$ stetig. Man nennt sie die **stetige Fortsetzung von f** auf $x = c$. Bei rationalen Funktionen f findet man stetige Fortsetzungen in der Regel, indem man gemeinsame Faktoren kürzt.

Stetige Fortsetzung von $f(x) = \dfrac{x^2 + x - 6}{x^2 - 4}$, $x \neq 2$ an der Stelle $x = 2$

Beispiel 2.39 Zeigen Sie, dass die Funktion

$$f(x) = \frac{x^2 + x - 6}{x^2 - 4}, \quad x \neq 2$$

an der Stelle $x = 2$ eine stetige Fortsetzung hat, und bestimmen Sie diese Fortsetzung.

Lösung Obwohl $f(2)$ nicht definiert ist, erhalten wir für $x \neq 2$

$$f(x) = \frac{x^2 + x - 6}{x^2 - 4} = \frac{(x-2)(x+3)}{(x-2)(x+2)} = \frac{x+3}{x+2}.$$

Die neue Funktion

$$F(x) = \frac{x+3}{x+2}$$

ist für $x \neq 2$ gleich $f(x)$, aber an der Stelle $x = 2$ stetig. Sie nimmt dort den Wert $5/4$ an. Folglich ist F die stetige Fortsetzung von f auf $x = 2$, und es gilt

$$\lim_{x \to 2} \frac{x^2 + x - 6}{x^2 - 4} = \lim_{x \to 2} F(x) = \frac{5}{4}.$$

Der Graph von f ist in ▶Abbildung 2.45 dargestellt. Die stetige Fortsetzung F hat denselben Graphen wie f, nur ohne das Loch bei $(2, \frac{5}{4})$. Wir haben damit also die Unstetigkeitsstelle (Definitionslücke) von f bei $x = 2$ behoben. ∎

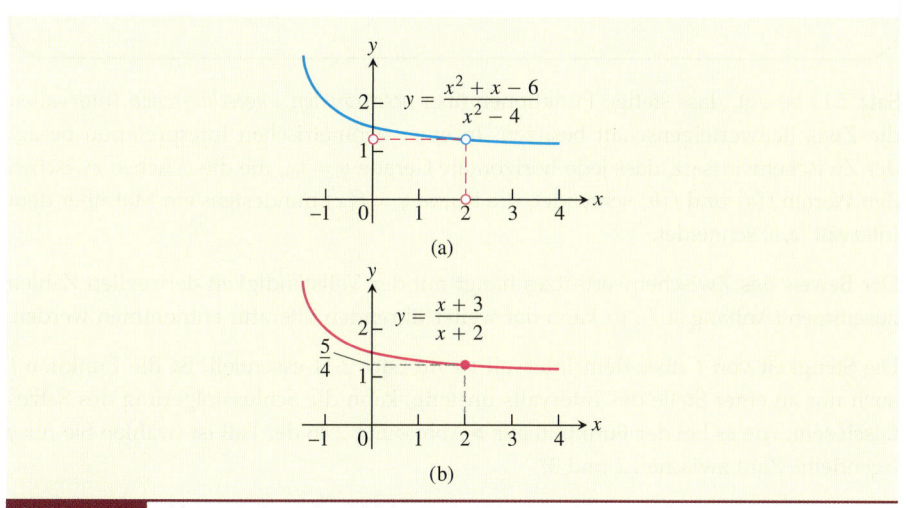

Abbildung 2.45 (a) Der Graph von f und (b) der Graph seiner stetigen Fortsetzung F (Beispiel 2.39).

Der Zwischenwertsatz für stetige Funktionen

Funktionen, die über Intervallen stetig sind, haben Eigenschaften, die sie in der Mathematik und ihre Anwendungen besonders nützlich machen. Eine dieser Eigenschaften ist die *Zwischenwerteigenschaft*. Eine Funktion besitzt dann die **Zwischenwerteigenschaft**, wenn sie zwischen zwei Werten, die sie annimmt, auch alle Werte zwischen diesen beiden Werten annimmt.

Satz 2.11 Der Zwischenwertsatz für stetige Funktionen Ist f eine stetige Funktion über einem abgeschlossenen Intervall $[a,b]$ und ist y_0 ein beliebiger Wert zwischen $f(a)$ und $f(b)$, so ist $y_0 = f(c)$ für ein c aus $[a,b]$.

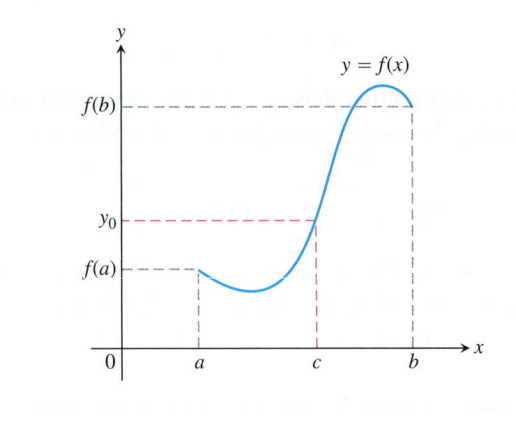

Satz 2.11 besagt, dass stetige Funktionen über *beschränkten, abgeschlossenen* Intervallen die Zwischenwerteigenschaft besitzen. In einer geometrischen Interpretation besagt der Zwischenwertsatz, dass jede horizontale Gerade $y = y_0$, die die y-Achse zwischen den Werten $f(a)$ und $f(b)$ schneidet, die Kurve $y = f(x)$ mindestens ein Mal über dem Intervall $[a,b]$ schneidet.

Der Beweis des Zwischenwertsatzes hängt mit der Vollständigkeit der reellen Zahlen zusammen (Anhang A.7). Er kann der weiterführenden Literatur entnommen werden.

Die Stetigkeit von f über dem Intervall ist für Satz 2.11 essentiell. Ist die Funktion f auch nur an einer Stelle des Intervalls unstetig, kann die Schlussfolgerung des Satzes falsch sein, wie es bei der Funktion aus ▶Abbildung 2.46 der Fall ist (wählen Sie für y irgendeine Zahl zwischen 2 und 3).

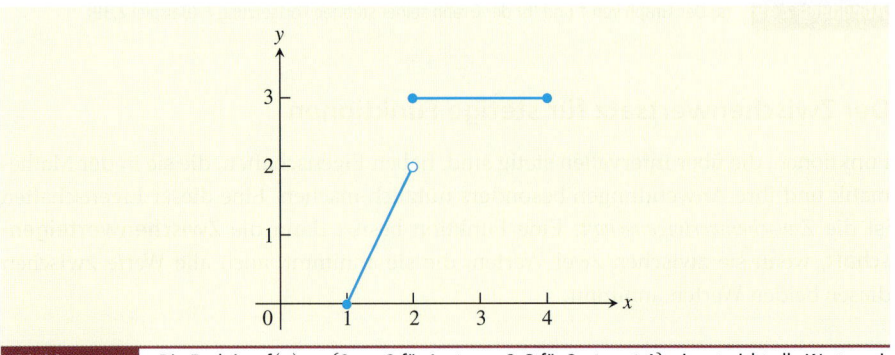

Abbildung 2.46 Die Funktion $f(x) = \{2x - 2$ für $1 \leq x < 2; 3$ für $2 \leq x \leq 4\}$ nimmt nicht alle Werte zwischen $f(1) = 0$ und $f(4) = 3$ an; sie lässt alle Werte zwischen 2 und 3 aus.

Eine Konsequenz für die grafische Darstellung: Zusammenhang Aus Satz 2.11 folgt, dass der Graph einer Funktion, die über einem Intervall stetig ist, über diesem Intervall keine Unterbrechungen haben darf. Die Kurve ist **zusammenhängend** – also eine einzige, durchgezogene Kurve. Sie hat keine Sprünge wie der Graph der Abrundungsfunktion (Abbildung 2.39) und keine getrennten Zweige wie der Graph von $f(x) = 1/x$ (Abbildung 2.41).

2.5 Stetigkeit

Eine Konsequenz für das Auffinden von Nullstellen Wir nennen eine Lösung der Gleichung $f(x) = 0$ eine **Wurzel** der Gleichung oder eine **Nullstelle** der Funktion f. Der Zwischenwertsatz sagt uns: Ist f stetig, so enthält jedes Intervall, über dem die Funktion f ihr Vorzeichen wechselt, eine Nullstelle der Funktion.

Praktisch ausgedrückt: Sehen wir auf einem Computerbildschirm, dass der Graph einer stetigen Funktion die x-Achse überquert, so wissen wir, dass er nicht darüber springt. Es gibt wirklich eine Stelle, an der der Funktionswert null ist.

Beispiel 2.40 Zeigen Sie, dass die Funktion $f(x) = x^3 - x - 1$ zwischen 1 und 2 eine Nullstelle hat.

$x^3 - x - 1 = 0$ hat zwischen 1 und 2 eine Nullstelle

Lösung Sei $f(x) = x^3 - x - 1$. Wegen $f(1) = 1 - 1 - 1 = -1 < 0$ und $f(2) = 2^3 - 2 - 1 = 5 > 0$ ist $y_0 = 0$ ein Wert zwischen $f(1)$ und $f(2)$ ist. Da f stetig ist, gibt es nach dem Zwischenwertsatz zwischen 1 und 2 eine Nullstelle von f. ▶Abbildung 2.47 zeigt verschiedene Vergrößerungen des fraglichen Bereichs, mit denen wir die Nullstelle in der Nähe von $x = 1{,}32$ auffinden. ■

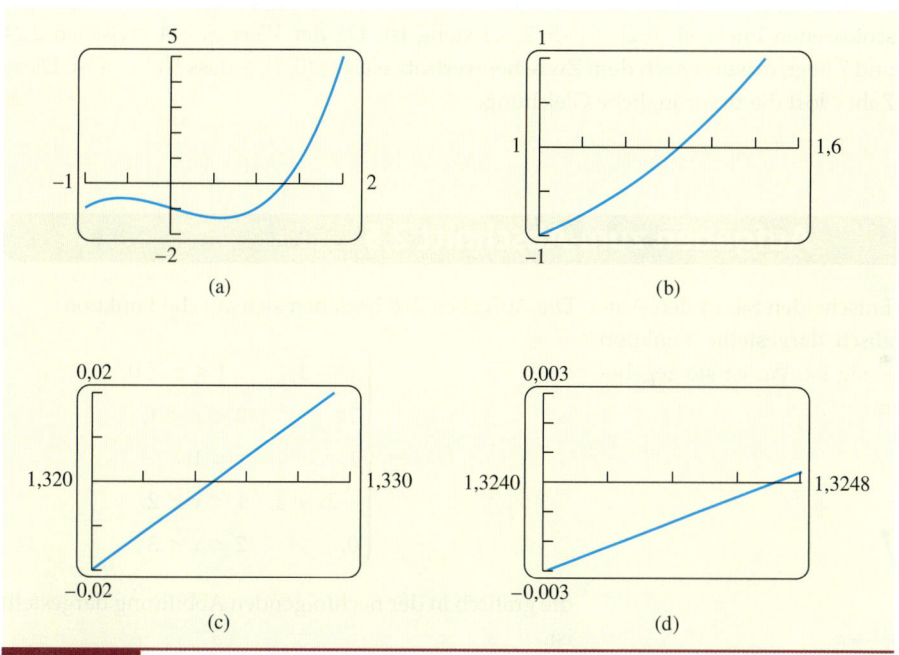

Abbildung 2.47 Verschiedene Vergrößerungen des Bereichs um die Nullstelle der Funktion $f(x) = x^3 - x - 1$. Die Nullstelle liegt in der Nähe von $x = 1{,}3247$ (Beispiel 2.40).

Beispiel 2.41 Beweisen Sie mithilfe des Zwischenwertsatzes, dass die Gleichung

$$\sqrt{2x+5} = 4 - x^2$$

eine Lösung hat (▶Abbildung 2.48).

Die Gleichung $\sqrt{2x+5} = 4 - x^2$ hat eine Lösung

Lösung Wir bringen die Gleichung in die Form

$$\sqrt{2x+5} + x^2 = 4$$

und setzen $f(x) = \sqrt{2x+5} + x^2$. Nun ist $g(x) = \sqrt{2x+5}$ über dem Intervall $[-5/2, \infty)$ stetig, weil die Funktion eine Verkettung der Wurzelfunktion mit der nichtnegativen

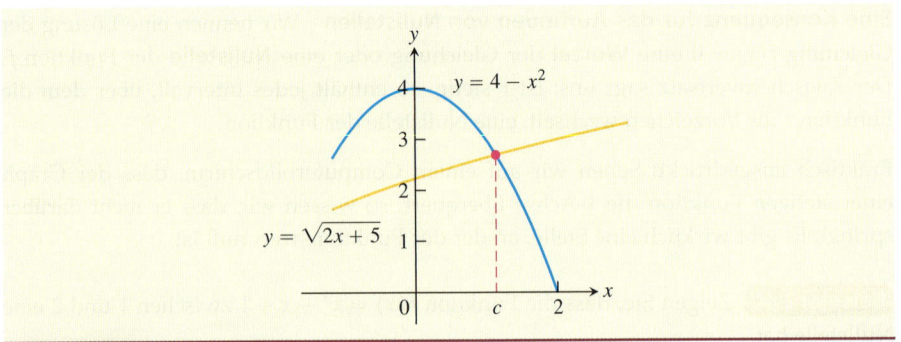

Abbildung 2.48 Die Funktionen $y = \sqrt{2x+5}$ und $y = 4 - x^2$ haben an der Stelle $x = c$ denselben Wert. Dort ist $\sqrt{2x+5} = 4 - x^2$ (Beispiel 2.41).

linearen Funktion $y = 2x + 5$ ist. Dann ist f die Summe aus der Funktion g und der quadratischen Funktion $y = x^2$, und die quadratische Funktion ist für alle Werte von x stetig. Es folgt, dass $f(x) = \sqrt{2x+5} + x^2$ über dem Intervall $[-5/2, \infty)$ stetig ist. Durch Ausprobieren finden wir Funktionswerte $f(0) = \sqrt{5} \approx 2{,}24 < 4$ und $f(2) = \sqrt{9} + 4 = 7 > 4$. Vergegenwärtigen Sie sich außerdem, dass f auch über dem endlichen, abgeschlossenen Intervall $[0,2] \subset [-5/2, \infty)$ stetig ist. Da der Wert $y_0 = 4$ zwischen $2{,}24$ und 7 liegt, existiert nach dem Zwischenwertsatz ein $c \in [0,2]$, sodass $f(c) = 4$ ist. Diese Zahl c löst die ursprüngliche Gleichung.

Aufgaben zum Abschnitt 2.5

Stetigkeit von Graphen Entscheiden Sie in den Aufgaben 1 und 2, ob die grafisch dargestellte Funktion über dem Intervall $[-1,3]$ stetig ist. Wo ist sie gegebenenfalls unstetig und warum?

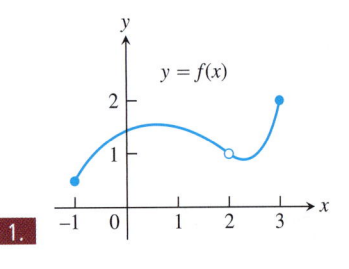

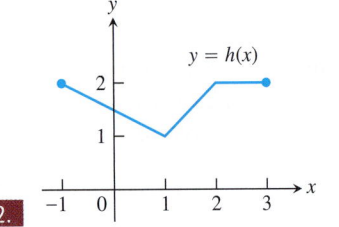

1.

2.

Die Aufgaben 3–8 beziehen sich auf die Funktion

$$f(x) = \begin{cases} x^2 - 1, & -1 \leq x < 0, \\ 2x, & 0 < x < 1, \\ 1, & x = 1, \\ -2x + 4, & 1 < x < 2, \\ 0, & 2 < x < 3, \end{cases}$$

die grafisch in der nachfolgenden Abbildung dargestellt ist.

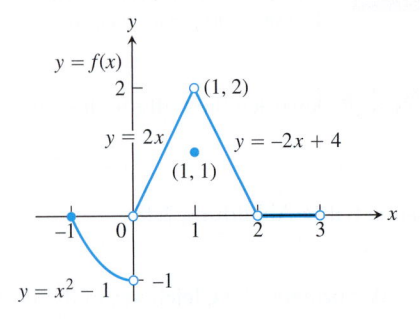

Der Graph zu den Aufgaben 3–8.

3. a. Existiert $f(-1)$? b. Existiert $\lim\limits_{x \to -1^+} f(x)$?
c. Ist $\lim\limits_{x \to -1^+} f(x) = f(-1)$?
d. Ist f an der Stelle $x = -1$ stetig?

4. a. Existiert $f(1)$? b. Existiert $\lim\limits_{x \to 1} f(x)$?
c. Ist $\lim\limits_{x \to 1} f(x) = f(1)$?
d. Ist f an der Stelle $x = 1$ stetig?

5. a. Ist f an der Stelle $x = 2$ definiert? (Sehen Sie sich die Definition von f an.)

b. Ist f an der Stelle $x = 2$ stetig?

6. Für welche Werte von x ist f stetig?

7. Welchen Wert muss man $f(2)$ zuweisen, um die fortgesetzte Funktion an der Stelle $x = 2$ stetig zu machen?

8. Auf welchen Wert muss man $f(1)$ ändern, um die Unstetigkeit zu heben?

Anwendung des Stetigkeitstests

9. An welchen Stellen ist die Funktion aus Aufgabe 1, Abschnitt 2.4 nicht stetig? An welchen Stellen sind die Unstetigkeiten gegebenenfalls hebbar? An welchen Stellen sind sie nicht hebbar? Begründen Sie Ihre Antworten.

10. An welchen Stellen ist die Funktion aus Aufgabe 2, Abschnitt 2.4 nicht stetig? An welchen Stellen sind die Unstetigkeiten gegebenenfalls hebbar? An welchen Stellen sind sie nicht hebbar? Begründen Sie Ihre Antworten.

An welchen Stellen sind die Funktionen aus den Aufgaben 11–19 stetig?

11. $y = \dfrac{1}{x-2} - 3x$

12. $y = \dfrac{x+1}{x^2 - 4x + 3}$

13. $y = |x - 1| + \sin x$

14. $y = \dfrac{\cos x}{x}$

15. $y = \operatorname{cosec} 2x$

16. $y = \dfrac{x \tan x}{x^2 + 1}$

17. $y = \sqrt{2x + 3}$

18. $y = (2x - 1)^{1/3}$

19. $g(x) = \begin{cases} \dfrac{x^2 - x - 6}{x - 3}, & x \neq 3 \\ 5, & x = 3 \end{cases}$

Grenzwerte, in denen trigonometrische Funktionen vorkommen

Bestimmen Sie die Grenzwerte aus den Aufgaben 20 und 22. Sind die Funktion an der entsprechenden Stelle stetig?

20. $\lim\limits_{x \to \pi} \sin(x - \sin x)$

21. $\lim\limits_{y \to 1} \sec(y \sec^2 y - \tan^2 y - 1)$

22. $\lim\limits_{t \to 0} \cos\left(\dfrac{\pi}{\sqrt{19 - 3\sec 2t}}\right)$

Stetige Fortsetzungen

23. Definieren Sie $g(3)$ so, dass $g(x) = (x^2 - 9)/(x - 3)$ an der Stelle $x = 3$ stetig wird.

24. Definieren Sie $f(1)$ so, dass $f(s) = (s^3 - 1)/(s^2 - 1)$ an der Stelle $s = 1$ stetig wird.

25. Für welchen Wert von a ist

$$f(x) = \begin{cases} x^2 - 1, & x < 3 \\ 2ax, & x \geq 3 \end{cases}$$

an jeder Stelle x stetig?

26. Für welchen Wert von a ist

$$f(x) = \begin{cases} a^2 x - 2a, & x \geq 2 \\ 12, & x < 2 \end{cases}$$

an jeder Stelle x stetig?

27. Für welche Werte von a und b ist

$$f(x) = \begin{cases} -2, & x \leq -1 \\ ax - b, & -1 < x < 1 \\ 3, & x \geq 1 \end{cases}$$

an jeder Stelle x stetig?

Stellen Sie in den Aufgaben 28–31 die Funktion f grafisch dar, um zu sehen, ob sie eine stetige Fortsetzung auf den Ursprung haben könnte. Trifft dies zu, verwenden Sie Trace und Zoom, um einen guten Kandidaten für den Funktionswert der Fortsetzung an der Stelle $x = 0$ zu bestimmen. Wenn die Funktion keine stetige Fortsetzung zu haben scheint, kann sie zumindest so fortgesetzt werden, dass sie im Ursprung von rechts oder von links stetig ist? Welche Funktionswerte müsste die Fortsetzung Ihrer Ansicht nach dann haben?

28. $f(x) = \dfrac{10^x - 1}{x}$

29. $f(x) = \dfrac{10^{|x|} - 1}{x}$

30. $f(x) = \dfrac{\sin x}{|x|}$

31. $f(x) = (1 + 2x)^{1/x}$

Theorie und Beispiele

32. Es sei bekannt, dass eine über $[0,1]$ stetige Funktion $y = f(x)$ an der Stelle $x = 0$ negativ ist und an der Stelle $x = 1$ positiv. Warum hat die Gleichung $f(x) = 0$ zwischen $x = 0$ und $x = 1$ dann mindestens eine Lösung? Illustrieren Sie Ihre Antwort durch eine Skizze.

33. **Wurzeln einer kubischen Gleichung** Zeigen Sie, dass die Gleichung $x^3 - 15x + 1 = 0$ im Intervall $[-4, 4]$ drei Lösungen hat.

34. **Lösung einer Gleichung** Sei $f(x) = x^3 - 8x + 10$. Zeigen Sie, dass es Werte c gibt, für die $f(c)$ gleich **a.** π; **b.** $-\sqrt{3}$; **c.** $5\,000\,000$ ist.

35. **Hebbare Unstetigkeit** Geben Sie ein Beispiel für eine Funktion $f(x)$, die für alle Werte von x stetig ist, ausgenommen an der Stelle $x = 2$, wo sie eine hebbare Unstetigkeit hat. Erläutern Sie, woher Sie wissen, dass f an der Stelle $x = 2$ unstetig ist, und woher Sie wissen, dass die Unstetigkeit hebbar ist.

36. **Nicht hebbare Unstetigkeit** Geben Sie ein Beispiel für eine Funktion $g(x)$, die für alle Werte von x stetig ist, ausgenommen an der Stelle $x = -1$, wo sie eine nicht hebbare Unstetigkeit hat. Erläutern Sie, woher Sie wissen, dass f an der Stelle $x = 2$ unstetig ist, und woher Sie wissen, dass die Unstetigkeit nicht hebbar ist.

37. **Eine Funktion, die an jeder Stelle unstetig ist**

a. Jedes nichtleere Intervall reeller Zahlen enthält sowohl rationale als auch irrationale Zahlen. Zeigen Sie mit dieser Aussage, dass die Funktion

$$f(x) = \begin{cases} 1, & \text{für } x \text{ rational} \\ 0, & \text{für } x \text{ irrational} \end{cases}$$

an jeder Stelle unstetig ist.

b. Ist f an irgendeinem Punkt rechtsseitig oder linksseitig stetig?

38. Wenn die Produktfunktion $h(x) = f(x) \cdot g(x)$ an der Stelle $x = 0$ stetig ist, müssen dann auch $f(x)$ und $g(x)$ an der Stelle $x = 0$ stetig sein? Begründen Sie Ihre Antwort.

39. **Eine stetige Funktion, die nie null wird** Stimmt es, dass eine stetige Funktion, die über einem Intervall nie null wird, über diesem Intervall nie ihr Vorzeichen wechselt? Begründen Sie Ihre Antwort.

40. **Ein Fixpunktsatz** Angenommen, eine Funktion f ist stetig über dem abgeschlossenen Intervall $[0,1]$, und es gilt $0 \leq f(x) \leq 1$ für alle x aus $[0,1]$. Zeigen Sie, dass eine Zahl c in $[0,1]$ existieren muss, sodass $f(c) = c$ ist (c heißt **Fixpunkt** von f).

41. Beweisen Sie, dass f genau dann an der Stelle c stetig ist, wenn gilt

$$\lim_{h \to 0} f(c + h) = f(c).$$

42. Beweisen Sie mithilfe von Aufgabe 41 und den Identitäten

$$\sin(h + c) = \sin h \cos c + \cos h \sin c,$$
$$\cos(h + c) = \cos h \cos c - \sin h \sin c,$$

dass sowohl $f(x) = \sin x$ als auch $g(x) = \cos x$ an jeder Stelle $x = c$ stetig sind.

Gleichungen grafisch lösen Verwenden Sie in den Aufgaben 43–47 den Zwischenwertsatz, um zu beweisen, dass jede Gleichung eine Lösung hat. Verwenden Sie dann einen Grafikrechner oder das Grafikprogramm auf einem Computer, um die Gleichungen zu lösen.

43. $x^3 - 3x - 1 = 0$

44. $x(x - 1)^2 = 1$ (eine Nullstelle)

45. $\sqrt{x} + \sqrt{1 + x} = 4$

46. $x^3 - 15x + 1 = 0$ (drei Nullstellen)

47. $\cos x = x$ (eine Nullstelle). Vergewissern Sie sich, dass Bogenmaß eingestellt ist.

48. $2 \sin x = x$ (drei Nullstellen). Vergewissern Sie sich, dass Bogenmaß eingestellt ist.

2.6 Grenzwerte mit Unendlich; Asymptoten von Graphen

In diesem Abschnitt untersuchen wir das Verhalten einer Funktion, wenn der Betrag der unabhängigen Variablen x immer größer wird, also $x \to \pm\infty$. Wir erweitern außerdem das Konzept des Grenzwerts auf *unendliche Grenzwerte*, wobei es sich nicht um solche Grenzwerte wie bisher handelt, sondern vielmehr um eine neue Verwendung des Begriffs Grenzwert. Unendliche Grenzwerte bieten nützliche Symbole und eine Sprache zur Beschreibung des Verhaltens von Funktionen, deren Werte betragsmäßig beliebig groß werden. Wir verwenden diese Grenzwertkonzepte, um Graphen von Funktionen zu analysieren, die *horizontale oder vertikale Asymptoten* haben.

Endliche Grenzwerte für $x \to \pm\infty$

Das Symbol für Unendlich (∞) steht nicht für eine bestimmte reelle Zahl. Wir verwenden ∞, um das Verhalten einer Funktion zu beschreiben, wenn die Werte in ihrem Definitionsbereich oder Wertebereich über alle endlichen Schranken hinaus wachsen. Zum Beispiel ist die Funktion $f(x) = 1/x$ für alle $x \neq 0$ definiert (▶Abbildung 2.49). Wenn x positiv ist und immer größer wird, so wird $1/x$ immer kleiner. Wenn x negativ ist und sein Betrag immer größer wird, so wird $1/x$ auch klein. Diese Beobachtung fassen wir mit der Aussage zusammen, dass $f(x) = 1/x$ für $x \to \infty$ oder $x \to -\infty$ den Grenzwert 0 hat, oder dass 0 *ein Grenzwert von $f(x) = 1/x$ bei unendlich und minus unendlich ist*. Es folgen die exakten Definitionen.

> **Definition**
>
> **1** Wir sagen, dass $f(x)$ den **Grenzwert L hat, wenn x gegen unendlich geht,** und schreiben
> $$\lim_{x \to \infty} f(x) = L,$$
> wenn zu jedem $\varepsilon > 0$ eine Zahl M existiert, sodass für alle x gilt
> $$x > M \Rightarrow |f(x) - L| < \varepsilon.$$
>
> **2** Wir sagen, dass $f(x)$ den **Grenzwert L hat, wenn x gegen minus unendlich geht,** und schreiben
> $$\lim_{x \to -\infty} f(x) = L,$$
> wenn zu jedem $\varepsilon > 0$ eine Zahl N existiert, sodass für alle x gilt
> $$x < N \Rightarrow |f(x) - L| < \varepsilon.$$

Intuitiv betrachtet, bedeutet $\lim_{x \to \infty} f(x) = L$: Entfernt sich x immer weiter vom Ursprung in positiver Richtung, kommt $f(x)$ dem Grenzwert L beliebig nahe. Analog dazu bedeutet $\lim_{x \to -\infty} f(x) = L$: Entfernt sich x immer weiter vom Ursprung in negativer Richtung, kommt $f(x)$ dem Grenzwert L beliebig nahe.

Die Strategie zur Berechnung der Grenzwerte von Funktionen für $x \to \pm\infty$ ist ähnlich wie die bei Grenzwerten für $x \to c$ in Abschnitt 2.2. Dort haben wir zuerst die Grenzwerte der konstanten und der identischen Funktionen $y = k$ und $y = x$ bestimmt. Dann haben wir diese Ergebnisse auf andere Funktionen übertragen, indem wir Satz 2.1 über Grenzwerte algebraischer Funktionen angewandt haben. Hier gehen wir genauso vor,

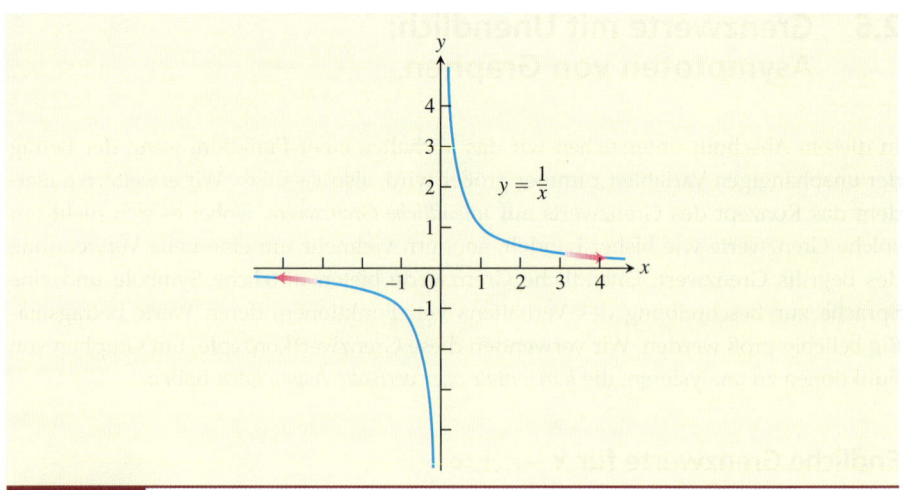

Abbildung 2.49 Der Graph von $y = 1/x$ geht gegen 0, wenn x gegen ∞ oder $-\infty$ geht.

nur dass wir anstelle der Funktionen $y = k$ und $y = x$ nun die Funktionen $y = k$ und $y = 1/x$ als Ausgangspunkt verwenden.

Als Ausgangspunkt haben wir also mithilfe der formalen Definition die Aussage

$$\lim_{x \to \pm\infty} k = k \quad \text{und} \quad \lim_{x \to \pm\infty} \frac{1}{x} = 0 \tag{2.4}$$

zu prüfen. Wir beweisen hier nur das zweite Ergebnis und überlassen Ihnen das erste zur Übung in den Aufgaben 46 und 47.

Grenzwerte der Funktionen $y = k$ und $y = 1/x$ für $x \to \pm\infty$

Beispiel 2.42 Zeigen Sie **a** $\lim_{x \to \infty} \frac{1}{x} = 0$, **b** $\lim_{x \to -\infty} \frac{1}{x} = 0$.

Lösung

a Sei $\varepsilon > 0$ gegeben. Wir müssen eine Zahl M bestimmen, sodass für alle x gilt

$$x > M \Rightarrow \left|\frac{1}{x} - 0\right| = \left|\frac{1}{x}\right| < \varepsilon.$$

Diese Schlussfolgerung gilt, wenn $M = 1/\varepsilon$ oder eine beliebige größere Zahl ist (▶Abbildung 2.50). Dies beweist $\lim_{x \to \infty} (1/x) = 0$.

b Sei $\varepsilon > 0$ gegeben. Wir müssen eine Zahl N bestimmen, sodass für alle x gilt

$$x < N \Rightarrow \left|\frac{1}{x} - 0\right| = \left|\frac{1}{x}\right| < \varepsilon.$$

Diese Schlussfolgerung gilt, wenn $N = -1/\varepsilon$ oder eine beliebige kleinere Zahl ist (Abbildung 2.50). Dies beweist $\lim_{x \to -\infty} (1/x) = 0$.

Grenzwerte für x gegen unendlich haben ähnliche Eigenschaften wie Grenzwerte für x gegen ein endliches c.

2.6 Grenzwerte mit Unendlich; Asymptoten von Graphen

Unabhängig vom konkreten positiven Wert ε erreicht der Graph dieses Band an der Stelle $x = \frac{1}{\varepsilon}$ und verlässt es nicht mehr.

$y = \frac{1}{x}$

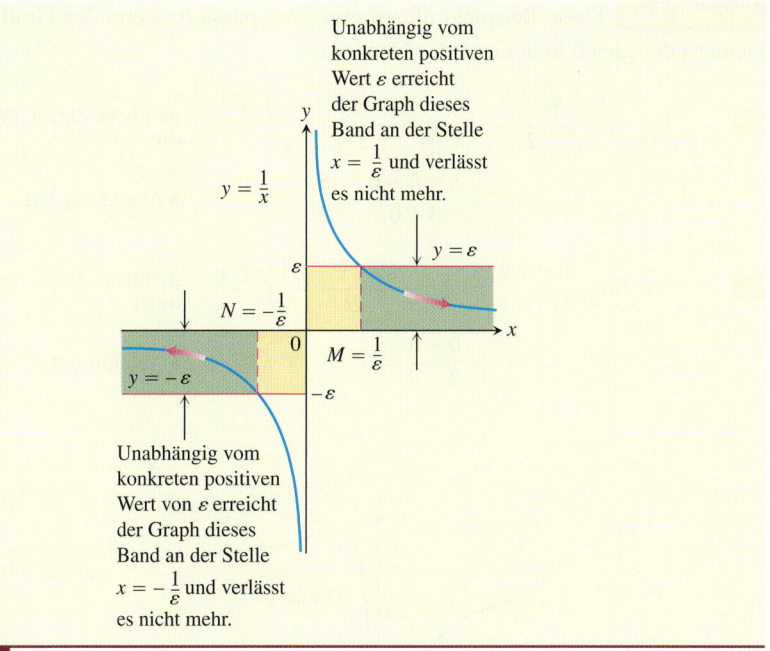

$y = \varepsilon$

$N = -\frac{1}{\varepsilon}$

$M = \frac{1}{\varepsilon}$

$y = -\varepsilon$

Unabhängig vom konkreten positiven Wert von ε erreicht der Graph dieses Band an der Stelle $x = -\frac{1}{\varepsilon}$ und verlässt es nicht mehr.

Abbildung 2.50 Die Geometrie hinter dem Argument aus Beispiel 2.42.

Satz 2.12 Alle Grenzwertaussagen aus Satz 2.1 gelten auch dann, wenn wir $\lim_{x \to c}$ durch $\lim_{x \to \infty}$ oder $\lim_{x \to -\infty}$ ersetzen. Die Variable x kann also gegen eine endliche Zahl c oder gegen $\pm\infty$ gehen.

Beispiel 2.43 Die Eigenschaften aus Satz 2.12 werden zur Berechnung von Grenzwerten genauso verwendet wie bei den Grenzwerten für x gegen eine endliche Zahl c.

Anwendung von Satz 2.12 zur Grenzwertberechnung

a
$$\lim_{x \to \infty}\left(5 + \frac{1}{x}\right) = \lim_{x \to \infty} 5 + \lim_{x \to \infty} \frac{1}{x} \qquad \text{Summenregel}$$
$$= 5 + 0 = 5 \qquad \text{bekannte Grenzwerte}$$

b
$$\lim_{x \to -\infty} \frac{\pi\sqrt{3}}{x^2} = \lim_{x \to -\infty} \pi\sqrt{3} \cdot \frac{1}{x} \cdot \frac{1}{x}$$
$$= \lim_{x \to -\infty} \pi\sqrt{3} \cdot \lim_{x \to -\infty} \frac{1}{x} \cdot \lim_{x \to -\infty} \frac{1}{x} \qquad \text{Produktregel}$$
$$= \pi\sqrt{3} \cdot 0 \cdot 0 = 0 \qquad \text{bekannte Grenzwerte}$$

Grenzwerte für x gegen unendlich bei rationalen Funktionen

Um den Grenzwert einer rationalen Funktion für $x \to \pm\infty$ zu bestimmen, dividieren wir zuerst Zähler und Nenner durch die höchste Potenz von x im Nenner. Das Ergebnis hängt dann vom Grad der beteiligten Polynome ab.

2 Grenzwerte und Stetigkeit

Grenzwerte rationaler Funktionen für *x* gegen $\pm\infty$

Beispiel 2.44 Diese Beispiele illustrieren, was passiert, wenn der Grad des Zählers kleiner oder gleich dem Grad des Nenner ist.

a)
$$\lim_{x\to\infty} \frac{5x^2 + 8x - 3}{3x^2 + 2} = \lim_{x\to\infty} \frac{5 + (8/x) - (3/x^2)}{3 + (2/x^2)}$$ dividiere Zähler und Nenner durch x^2

$$= \frac{5 + 0 - 0}{3 + 0} = \frac{5}{3}$$ ▶Abbildung 2.51

b)
$$\lim_{x\to-\infty} \frac{11x + 2}{2x^3 - 1} = \lim_{x\to-\infty} \frac{(11/x^2) + (2/x^3)}{2 - (1/x^3)}$$ dividiere Zähler und Nenner durch x^3

$$= \frac{0 + 0}{2 - 0} = 0$$ ▶Abbildung 2.52

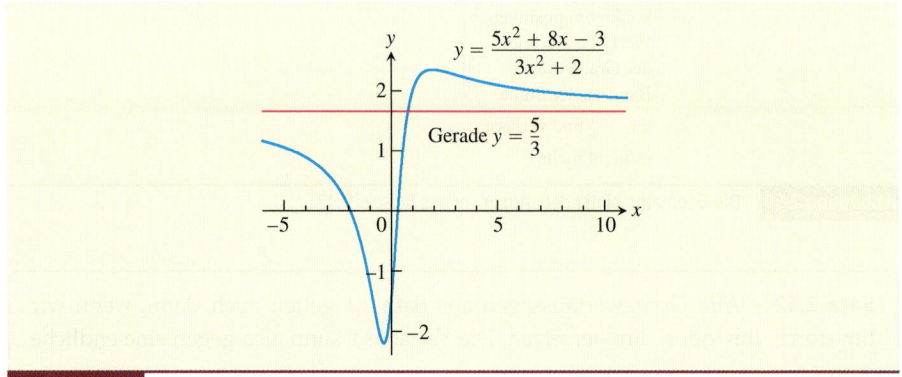

Abbildung 2.51 Der Graph der Funktion aus Beispiel 2.44a. Der Graph nähert sich mit zunehmenden |x| der Geraden $y = 5/3$.

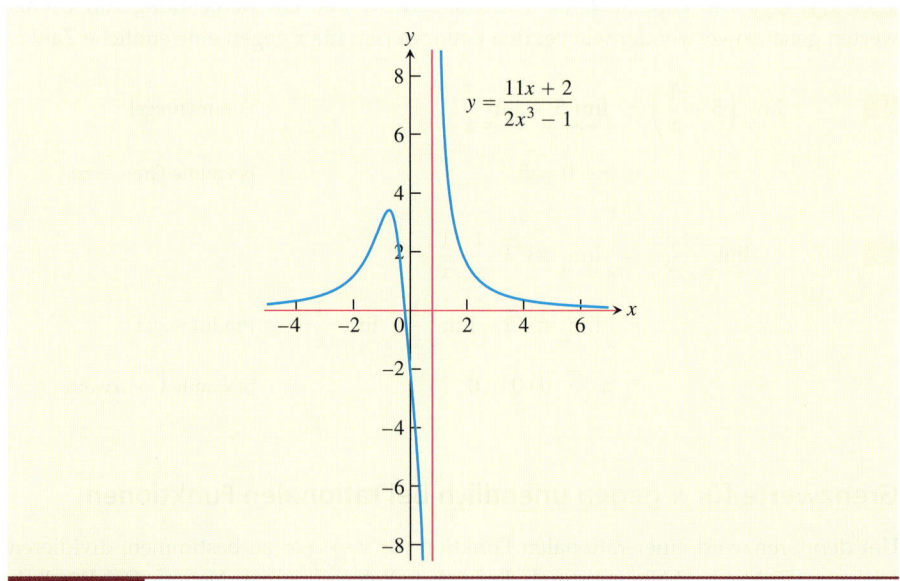

Abbildung 2.52 Der Graph der Funktion aus Beispiel 2.44b. Der Graph nähert sich mit zunehmenden |x| der x-Achse.

Einen Fall, bei dem der Grad des Zählers größer als der Grad des Nenners ist, finden Sie in Beispiel 2.49.

Horizontale Asymptoten

Geht der Abstand zwischen dem Graphen einer Funktion und einer festen Geraden gegen null, wenn sich der Graph immer weiter vom Ursprung entfernt, so sagen wir, dass der Graph die Gerade asymptotisch erreicht und dass die Gerade eine *Asymptote* des Graphen ist.

Betrachten wir $f(x) = 1/x$ (▶Abbildung 2.48 auf Seite 118). Offenbar ist die x-Achse eine Asymptote des Graphen auf der rechten Seite, weil

$$\lim_{x \to \infty} \frac{1}{x} = 0$$

ist. Die x-Achse ist auch eine Asymptote des Graphen auf der linken Seite, weil

$$\lim_{x \to -\infty} \frac{1}{x} = 0$$

ist. Wir nennen die x-Achse eine *horizontale Asymptote* des Graphen von $f(x) = 1/x$.

> **Definition**
>
> Eine Gerade $y = b$ ist eine **horizontale Asymptote** des Graphen einer Funktion $y = f(x)$, wenn entweder
>
> $$\lim_{x \to \infty} f(x) = b \quad \text{oder} \quad \lim_{x \to -\infty} f(x) = b \text{ ist.}$$

Der Graph der Funktion

$$f(x) = \frac{5x^2 + 8x - 3}{3x^2 + 2},$$

der in Abbildung 2.51 skizziert ist (Beispiel 2.44a), hat auf beiden Seiten die Gerade $y = 5/3$ als Asymptote, weil

$$\lim_{x \to \infty} f(x) = \frac{5}{3} \quad \text{und} \quad \lim_{x \to -\infty} f(x) = \frac{5}{3} \text{ ist.}$$

Beispiel 2.45 Bestimmen Sie die horizontalen Asymptoten des Graphen von

$$f(x) = \frac{x^3 - 2}{|x|^3 + 1}.$$

Horizontale Asymptoten von $f(x) = \dfrac{x^3 - 2}{|x|^3 + 1}$

Lösung Wir berechnen die Grenzwerte für $x \to \pm\infty$.

Für $x \geq 0$: $\lim\limits_{x \to \infty} \dfrac{x^3 - 2}{|x|^3 + 1} = \lim\limits_{x \to \infty} \dfrac{x^3 - 2}{x^3 + 1} = \lim\limits_{x \to \infty} \dfrac{1 - (2/x^3)}{1 + (1/x^3)} = 1.$

Für $x < 0$: $\lim\limits_{x \to -\infty} \dfrac{x^3 - 2}{|x|^3 + 1} = \lim\limits_{x \to -\infty} \dfrac{x^3 - 2}{(-x)^3 + 1} = \lim\limits_{x \to -\infty} \dfrac{1 - (2/x^3)}{-1 + (1/x^3)} = -1.$

Die horizontalen Asymptoten sind $y = -1$ und $y = 1$. Der Graph ist in ▶Abbildung 2.53 dargestellt. Beachten Sie, dass der Graph die horizontale Asymptote $y = -1$ für einen positiven Wert von x schneidet.

2 Grenzwerte und Stetigkeit

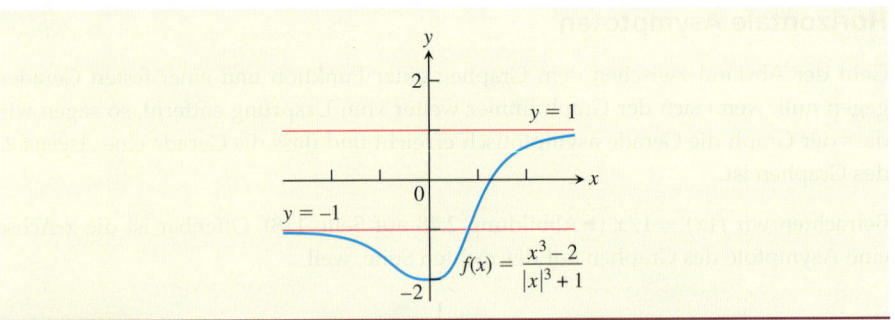

Abbildung 2.53 Der Graph der Funktion aus Beispiel 2.45 hat zwei horizontale Asymptoten.

Asymptoten von
$f(x) = \sin(1/x)$ und
$f(x) = x \cdot \sin(1/x)$

Beispiel 2.46 Bestimmen Sie

1. $\lim\limits_{x \to \infty} \sin(1/x)$ und
2. $\lim\limits_{x \to \infty} x \sin(1/x)$.

Lösung

a. Wir führen die neue Variable $t = 1/x$ ein. Aus Beispiel 2.42 wissen wir, dass t für $x \to \infty$ gegen 0 geht (Abbildung 2.49). Dabei ist das t sets größer als 0, wir schreiben dann auch $t \to 0^+$. Deshalb ist

$$\lim_{x \to \infty} \sin \frac{1}{x} = \lim_{t \to 0^+} \sin t = 0.$$

Genauso können wir das Verhalten von $y = f(1/x)$ für $x \to 0$ untersuchen, indem wir $y = f(t)$ für $t \to \pm\infty$ mit $t = 1/x$ untersuchen.

b. Wir berechnen die Grenzwerte für $x \to \infty$ und $x \to -\infty$:

$$\lim_{x \to \infty} x \sin \frac{1}{x} = \lim_{t \to 0^+} \frac{\sin t}{t} = 1 \quad \text{und} \quad \lim_{x \to -\infty} x \sin \frac{1}{x} = \lim_{t \to 0^-} \frac{\sin t}{t} = 1.$$

Der Graph ist in ▶Abbildung 2.54 dargestellt, und wir sehen, dass die Gerade $y = 1$ eine horizontale Asymptote ist. ∎

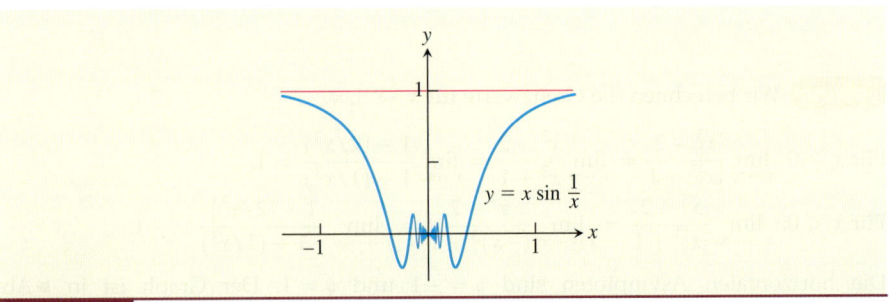

Abbildung 2.54 Die Gerade $y = 1$ ist eine horizontale Asymptote der hier grafisch dargestellten Funktion (Beispiel 2.46b).

Der Einschnürungssatz gilt auch für Grenzwerte x gegen $\pm\infty$. Sie müssen sich allerdings sicher sein, dass die Funktion, deren Grenzwert Sie bestimmen wollen, auch für sehr große Werte von x, also $x \to \infty$ oder $x \to -\infty$, zwischen den begrenzenden Funktionen bleibt.

2.6 Grenzwerte mit Unendlich; Asymptoten von Graphen

Beispiel 2.47 Bestimmen Sie mithilfe des Einschnürungssatzes die horizontale Asymptote des Graphen der Funktion

$$y = 2 + \frac{\sin x}{x}.$$

Horizontale Asymptote von $y = 2 + \frac{\sin x}{x}$

Lösung Wir interessieren uns für das Verhalten der Funktion für $x \to \pm\infty$. Wegen

$$0 \leq \left|\frac{\sin x}{x}\right| \leq \left|\frac{1}{x}\right|$$

und $\lim_{x \to \pm\infty} |1/x| = 0$ erhalten wir nach dem Einschnürungssatz $\lim_{x \to \pm\infty} (\sin x)/x = 0$. Folglich ist

$$\lim_{x \to \pm\infty} \left(2 + \frac{\sin x}{x}\right) = 2 + 0 = 2$$

und die Gerade $y = 2$ ist auf der linken und auf der rechten Seite eine horizontale Asymptote des Graphen (▶Abbildung 2.55).

Dieses Beispiel illustriert, dass ein Graph eine seiner horizontalen Asymptoten viele Male schneiden kann. ∎

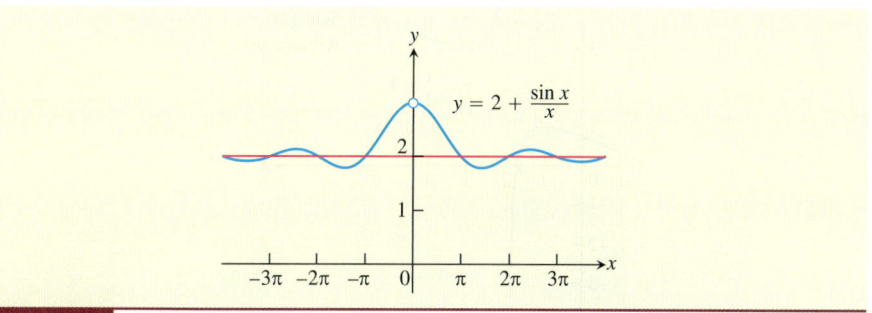

Abbildung 2.55 Ein Graph kann eine Asymptote beliebig oft schneiden (Beispiel 2.47).

Beispiel 2.48 Bestimmen Sie $\lim_{x \to \infty} (x - \sqrt{x^2 + 16})$.

Grenzwert von $(x - \sqrt{x^2 + 16})$ **für x gegen unendlich**

Lösung Sowohl x als auch der Term $\sqrt{x^2 + 16}$ gehen für $x \to \infty$ gegen unendlich. Daher ist unklar, was mit der Differenz im Grenzwert passiert (wir können nicht einfach ∞ von ∞ subtrahieren, weil das Symbol nicht für eine bestimmte reelle Zahl steht). In dieser Situation können wir den Bruch mit dem konjugierten Wurzelausdruck erweitern, um ein äquivalentes algebraisches Ergebnis zu erhalten:

$$\lim_{x \to \infty} \left(x - \sqrt{x^2 + 16}\right) = \lim_{x \to \infty} \left(x - \sqrt{x^2 + 16}\right) \frac{x + \sqrt{x^2 + 16}}{x + \sqrt{x^2 + 16}}$$

$$= \lim_{x \to \infty} \frac{x^2 - (x^2 + 16)}{x + \sqrt{x^2 + 16}} = \lim_{x \to \infty} \frac{-16}{x + \sqrt{x^2 + 16}}.$$

Für $x \to \infty$ wird der Nenner in diesem letzten Ausdruck beliebig groß. Wir sehen also, dass der Grenzwert 0 ist. Zu diesem Ergebnis gelangen wir auch durch eine direkte Rechnung unter Berücksichtigung der Grenzwertsätze:

$$\lim_{x \to \infty} \frac{-16}{x + \sqrt{x^2 + 16}} = \lim_{x \to \infty} \frac{-16/x}{1 + \sqrt{\frac{x^2}{x^2} + \frac{16}{x^2}}} = \frac{0}{1 + \sqrt{1 + 0}} = 0. \quad \blacksquare$$

Schräge Asymptoten

Ist der Grad des Zählers einer rationalen Funktion um 1 größer als der Grad des Nenners, so hat der Graph eine **schräge Asymptote**. Die Gleichung der Asymptote bestimmen wir, indem wir den Zähler durch den Nenner dividieren und so f als lineare Funktion plus einem Restterm darstellen, der für $x \to \pm\infty$ gegen null geht.

Schräge Asymptote von
$$f(x) = \frac{x^2 - 3}{2x - 4}$$

Beispiel 2.49 Bestimmen Sie die schräge Asymptote des Graphen von

$$f(x) = \frac{x^2 - 3}{2x - 4}$$

aus ▶ Abbildung 2.56.

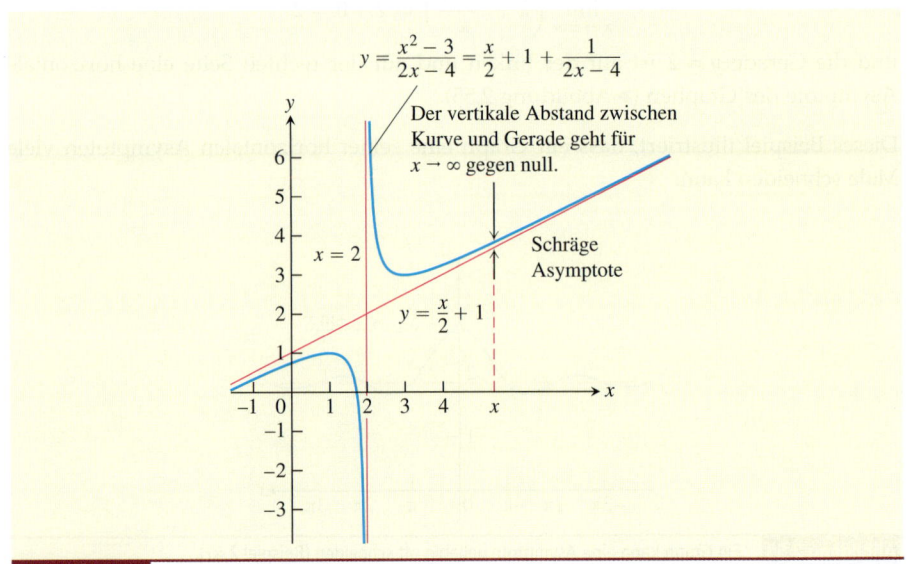

Abbildung 2.56 Der Graph der Funktion aus Beispiel 2.49 hat eine schräge Asymptote.

Lösung Wir sind am Verhalten für $x \to \pm\infty$ interessiert. Wir dividieren $(x^2 - 3)$ durch $(2x - 4)$:

$$(x^2 \quad - 3) : (2x - 4) = \frac{1}{2}x + 1 \quad \text{Rest } 1$$
$$\underline{x^2 - 2x}$$
$$2x - 3$$
$$\underline{2x - 4}$$
$$1$$

Daraus lesen wir ab

$$f(x) = \frac{x^2 - 3}{2x - 4} = \underbrace{\left(\frac{x}{2} + 1\right)}_{\text{lineares } g(x)} + \underbrace{\left(\frac{1}{2x - 4}\right)}_{\text{Rest}}.$$

Der Betrag des Restes ist der Abstand zwischen den Graphen von f und g. Für $x \to \pm\infty$ geht der Abstand gegen null, sodass wir die schräge Gerade

$$g(x) = \frac{x}{2} + 1$$

als Asymptote des Graphen von f erhalten (Abbildung 2.56). Die Gerade $y = g(x)$ ist sowohl links als auch rechts eine Asymptote. Im nächsten Unterabschnitt werden wir zeigen, dass der Betrag der Funktion $f(x)$ beliebig groß wird, wenn x gegen 2 geht (dort ist der Nenner gleich null), wie aus der Abbildung ersichtlich.

Vergegenwärtigen Sie sich in Beispiel 2.49 folgenden Umstand: Ist der Grad des Zählers einer rationalen Funktion größer als der des Nenners, so ist der Grenzwert für große $|x|$ gleich $+\infty$ oder $-\infty$, abhängig von den Vorzeichen, die Zähler und Nenner annehmen.

Unendliche Grenzwerte

Sehen wir uns wieder die Funktion $f(x) = 1/x$ an. Für $x \to 0^+$, d.h. wenn x von rechts gegen 0 geht, wachsen die Werte von f unbeschränkt, sie erreichen und übersteigen schließlich jede positive reelle Zahl. Das heißt, für jede positive, beliebig große reelle Zahl B gibt es Funktionswerte von f, die noch größer sind (▶Abbildung 2.57). Folglich hat f für $x \to 0^+$ keinen Grenzwert. Trotzdem ist es zweckmäßig, das Verhalten von f zu beschreiben, indem man sagt, dass $f(x)$ für $x \to 0^+$ gegen ∞ geht. Wir schreiben

$$\lim_{x \to 0^+} f(x) = \lim_{x \to 0^+} \frac{1}{x} = \infty.$$

Wenn wir diese Gleichung aufschreiben, dann behaupten wir *weder*, dass der Grenzwert existiert, *noch* behaupten wir, dass ∞ eine reelle Zahl ist, denn es gibt keine solche Zahl. Vielmehr sagen wir, dass $\lim_{x \to 0^+} (1/x)$ nicht existiert, weil $1/x$ für $x \to 0^+$ beliebig groß und positiv wird.

Für $x \to 0^-$, d.h. wenn x von links gegen 0 geht, werden die Werte von $f(x) = 1/x$ (betragsmäßig) beliebig groß und negativ. Für jede negative reelle Zahl $-B$ liegen die Werte von f schließlich unter $-B$ (Abbildung 2.57). Wir schreiben

$$\lim_{x \to 0^-} f(x) = \lim_{x \to 0^-} \frac{1}{x} = -\infty.$$

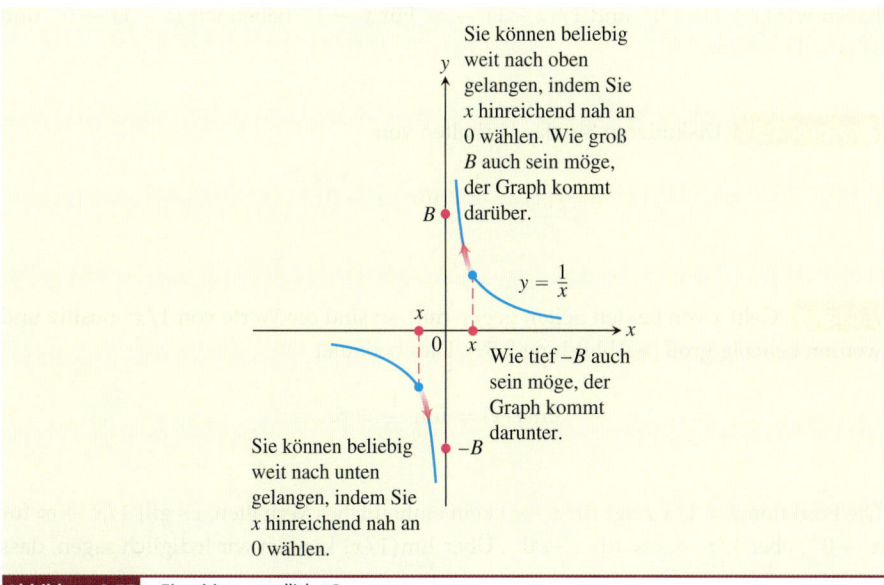

Abbildung 2.57 Einseitige unendliche Grenzwerte: $\lim_{x \to 0^+} \frac{1}{x} = \infty$ und $\lim_{x \to 0^-} \frac{1}{x} = -\infty$.

2 Grenzwerte und Stetigkeit

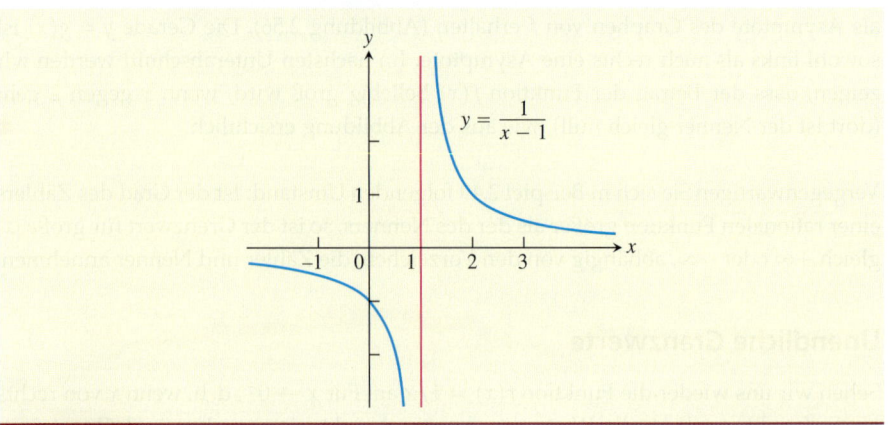

Abbildung 2.58 In der Nähe der Stelle $x = 1$ verhält sich $y = 1/(x-1)$ wie die Funktion $y = 1/x$ in der Nähe der Stelle $x = 0$. Ihr Graph ist der Graph von $y = 1/x$ um eine Einheit nach rechts verschoben (Beispiel 2.50).

Wieder behaupten wir nicht, dass der Grenzwert existiert und gleich der Zahl $-\infty$ ist. Es gibt *keine* reelle Zahl $-\infty$. Wir beschreiben das Verhalten einer Funktion, deren Grenzwert für $x \to 0^-$ nicht existiert, weil ihre Werte (betragsmäßig) beliebig groß und negativ werden.

Grenzwert von $\frac{1}{1-x}$ für x gegen $1^\pm$

Beispiel 2.50 Bestimmen Sie $\lim\limits_{x \to 1^+} \frac{1}{x-1}$ und $\lim\limits_{x \to 1^-} \frac{1}{x-1}$.

Geometrische Lösung Der Graph von $y = 1/(x-1)$ ist der Graph von $y = 1/x$ um eine Einheit nach rechts verschoben (▶Abbildung 2.58). Deshalb verhält sich $y = 1/(x-1)$ in der Nähe von 1 genauso wie $y = 1/x$ in der Nähe von 0:

$$\lim_{x \to 1^+} \frac{1}{x-1} = \infty \quad \text{und} \quad \lim_{x \to 1^-} \frac{1}{x-1} = -\infty.$$

Analytische Lösung Wir betrachten die Zahl $x - 1$ und ihren Kehrwert. Für $x \to 1^+$ haben wir $(x-1) \to 0^+$ und $1/(x-1) \to \infty$. Für $x \to 1^-$ haben wir $(x-1) \to 0^-$ und $1/(x-1) \to -\infty$.

Grenzwert von $\frac{1}{x^2}$ für x gegen 0

Beispiel 2.51 Diskutieren Sie das Verhalten von

$$f(x) = \frac{1}{x^2} \quad \text{für} \quad x \to 0.$$

Lösung Geht x von beiden Seiten gegen null, so sind die Werte von $1/x^2$ positiv und werden beliebig groß (▶Abbildung 2.59). Dies bedeutet

$$\lim_{x \to 0} f(x) = \lim_{x \to 0} \frac{1}{x^2} = \infty.$$

Die Funktion $y = 1/x$ zeigt für $x \to 0$ kein einheitliches Verhalten. Es gilt $1/x \to \infty$ für $x \to 0^+$, aber $1/x \to -\infty$ für $x \to 0^-$. Über $\lim\limits_{x \to 0}(1/x)$ können wir lediglich sagen, dass der Grenzwert nicht existiert. Bei der Funktion $y = 1/x^2$ ist das anders. Ihre Werte gehen gegen unendlich, wenn x von beiden Seiten gegen null geht. Also können wir sagen, dass $\lim\limits_{x \to 0}(1/x^2) = \infty$ ist.

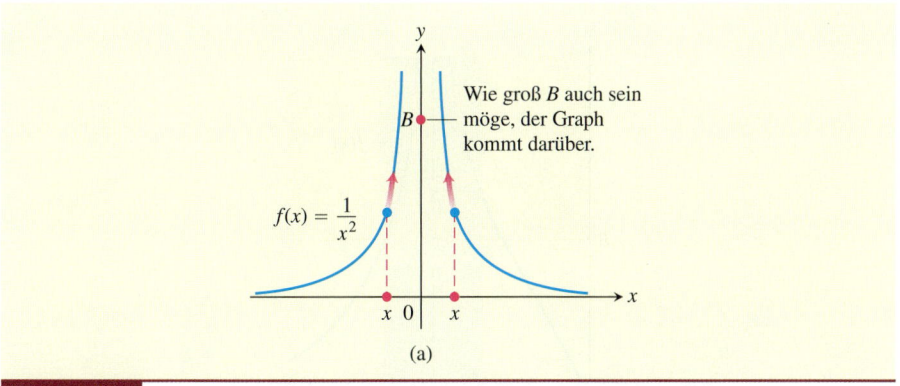

Abbildung 2.59 Der Graph von $f(x)$ aus Beispiel 2.51 geht für $x \to 0$ gegen unendlich.

Beispiel 2.52 Diese Beispiele illustrieren, dass sich rationale Funktionen in der Nähe von Nullstellen des Nenners ganz unterschiedlich verhalten können.

Grenzwert rationaler Funktionen in der Nähe von Nullstellen

a $\lim\limits_{x \to 2} \dfrac{(x-2)^2}{x^2-4} = \lim\limits_{x \to 2} \dfrac{(x-2)^2}{(x-2)(x+2)} = \lim\limits_{x \to 2} \dfrac{x-2}{x+2} = 0$

b $\lim\limits_{x \to 2} \dfrac{x-2}{x^2-4} = \lim\limits_{x \to 2} \dfrac{x-2}{(x-2)(x+2)} = \lim\limits_{x \to 2} \dfrac{1}{x+2} = \dfrac{1}{4}$

c $\lim\limits_{x \to 2^+} \dfrac{x-3}{x^2-4} = \lim\limits_{x \to 2^+} \dfrac{x-3}{(x-2)(x+2)} = -\infty$ Die Werte sind negativ für $x > 2$, x nahe 2.

d $\lim\limits_{x \to 2^-} \dfrac{x-3}{x^2-4} = \lim\limits_{x \to 2^-} \dfrac{x-3}{(x-2)(x+2)} = \infty$ Die Werte sind positiv für $x < 2$, x nahe 2.

e $\lim\limits_{x \to 2} \dfrac{x-3}{x^2-4} = \lim\limits_{x \to 2} \dfrac{x-3}{(x-2)(x+2)}$ existiert nicht.   vgl. **c** und **d**

f $\lim\limits_{x \to 2} \dfrac{2-x}{(x-2)^3} = \lim\limits_{x \to 2} \dfrac{-(x-2)}{(x-2)^3} = \lim\limits_{x \to 2} \dfrac{-1}{(x-2)^2} = -\infty$

In **a** und **b** wird der Effekt der Null im Nenner an der Stelle $x = 2$ dadurch aufgehoben, dass der Zähler dort auch null ist, es existiert ein endlicher Grenzwert. Dies trifft auf **f** nicht zu, wo auch nach dem Kürzen noch ein Nullfaktor im Nenner bleibt.

Exakte Definitionen von unendlichen Grenzwerten

Anstatt zu fordern, dass $f(x)$ für alle x, die hinreichend nah an x_0 liegen, beliebig nah an einer endlichen Zahl L liegt, fordern die Definitionen unendlicher Grenzwerte, dass $f(x)$ beliebig weit entfernt von null liegt. Abgesehen von dieser Änderung ist die Ausdrucksweise sehr ähnlich wie bisher. Die ▶Abbildungen 2.60 und 2.61 illustrieren diese Definitionen. Hack

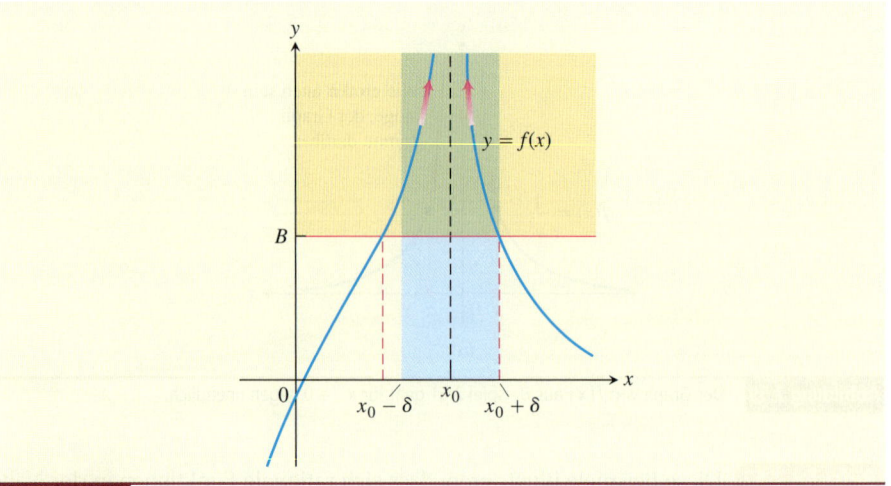

Abbildung 2.60 Für $x_0 - \delta < x < x_0 + \delta$, $x \neq x_0$, liegt der Graph von f über der Geraden $y = B$.

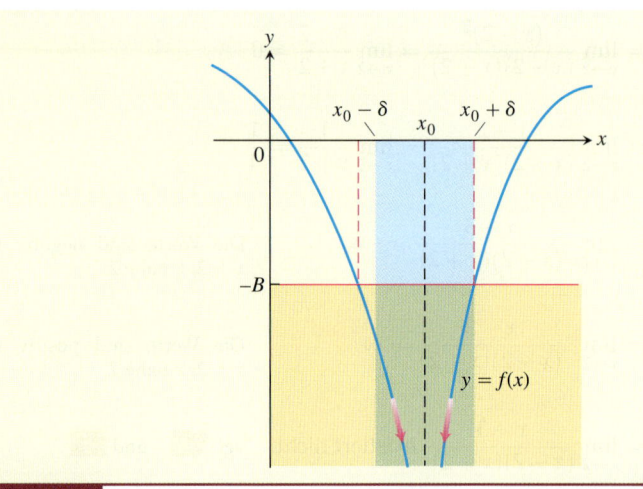

Abbildung 2.61 Für $x_0 - \delta < x < x_0 + \delta$, $x \neq x_0$, liegt der Graph von f unter der Geraden $y = -B$.

Definition

1. Wir sagen, dass **$f(x)$ gegen unendlich geht, wenn x gegen x_0 geht**, und schreiben
$$\lim_{x \to x_0} f(x) = \infty,$$
wenn zu jeder positiven reellen Zahl B ein zugehöriges $\delta > 0$ existiert, sodass für alle x gilt
$$0 < |x - x_0| < \delta \Rightarrow f(x) > B.$$

2. Wir sagen, dass **$f(x)$ gegen minus unendlich geht, wenn x gegen x_0 geht**, und schreiben
$$\lim_{x \to x_0} f(x) = -\infty,$$
wenn zu jeder negativen reellen Zahl $-B$ ein zugehöriges $\delta > 0$ existiert, sodass für alle x gilt
$$0 < |x - x_0| < \delta \Rightarrow f(x) < -B.$$

Die exakten Definitionen von einseitigen unendlichen Grenzwerten an der Stelle x_0 sind analog und werden in den Aufgaben behandelt.

Beispiel 2.53 Beweisen Sie, dass $\lim_{x \to 0} \frac{1}{x^2} = \infty$ ist.

Anwendung der Grenzwertdefinition zum Beweis

Lösung Zu einem gegebenen $B > 0$ wollen wir ein $\delta > 0$ bestimmen, sodass aus

$$0 < |x - 0| < \delta \quad \text{folgt} \quad \frac{1}{x^2} > B.$$

Nun ist

$$\frac{1}{x^2} > B \quad \text{genau dann, wenn} \quad x^2 < \frac{1}{B}$$

ist, oder äquivalent dazu

$$|x| < \frac{1}{\sqrt{B}}.$$

Wählen wir also $\delta = 1/\sqrt{B}$ (oder jede kleinere positive Zahl), so sehen wir, dass aus

$$0 < |x| < \delta \quad \text{folgt} \quad \frac{1}{x^2} > \frac{1}{\delta^2} \geq B.$$

Deshalb gilt per Definition

$$\lim_{x \to 0} \frac{1}{x^2} = \infty.$$

Vertikale Asymptoten

Vergegenwärtigen Sie sich, dass der Abstand zwischen einem Punkt auf dem Graphen von $f(x) = 1/x$ und der y-Achse gegen null geht, wenn sich der Punkt vertikal vom Ursprung wegbewegt (▶Abbildung 2.62). Die Funktion $f(x) = 1/x$ ist unbeschränkt, wenn x sich null nähert, weil

$$\lim_{x \to 0^+} \frac{1}{x} = \infty \quad \text{und} \quad \lim_{x \to 0^-} \frac{1}{x} = -\infty$$

ist. Wir nennen die Gerade $x = 0$ (die y-Achse) eine *vertikale Asymptote* des Graphen von $f(x) = 1/x$. Bedenken Sie, dass der Nenner an der Stelle $x = 0$ null ist und die Funktion dort nicht definiert ist.

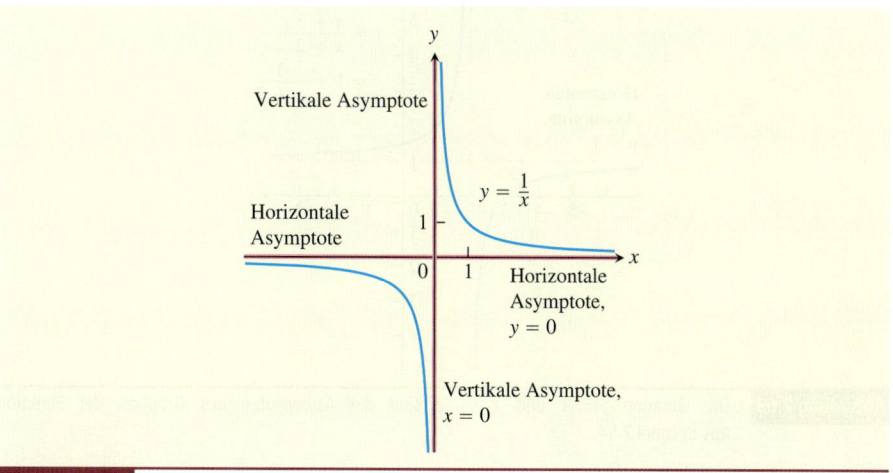

Abbildung 2.62 Die Koordinatenachsen sind die Asymptoten der beiden Zweige der Hyperbel $y = 1/x$.

2 Grenzwerte und Stetigkeit

Definition Eine Gerade $x = a$ ist eine **vertikale Asymptote** des Graphen einer Funktion $y = f(x)$, wenn entweder

$$\lim_{x \to a^+} f(x) = \pm\infty \quad \text{oder} \quad \lim_{x \to a^-} f(x) = \pm\infty \text{ ist.}$$

Horizontale und vertikale Asymptoten von $f(x) = \dfrac{x+3}{x+2}$

Beispiel 2.54 Bestimmen Sie die horizontalen und vertikalen Asymptoten des Graphen der Funktion

$$f(x) = \frac{x+3}{x+2}.$$

Lösung Wir sind am Verhalten für $x \to \pm\infty$ und am Verhalten für $x \to -2$ (Nenner wird null) interessiert.

Die Asymptoten lassen sich schnell auffinden, wenn wir die rationale Funktion zu einem Polynom mit einem Rest umformen, indem wir $(x+3)$ durch $(x+2)$ dividieren:

$$(x+3) : (x+2) = 1 \quad \text{Rest } 1$$
$$\underline{x+2}$$
$$1.$$

Mithilfe dieses Ergebnisses können wir y schreiben als:

$$y = 1 + \frac{1}{x+2}.$$

Für $x \to \pm\infty$ nähert sich der Graph der horizontalen Asymptote $y = 1$ an; für $x \to -2$ nähert sich der Graph der vertikalen Asymptote $x = -2$ an. Wir sehen, dass der betrachtete Graph wieder der Graph von $f(x) = 1/x$ ist, allerdings um 1 Einheit nach oben und 2 Einheiten nach links verschoben (▶Abbildung 2.63). Die Asymptoten sind nun nicht die Koordinatenachsen, sondern die Geraden $y = 1$ und $x = -2$. ∎

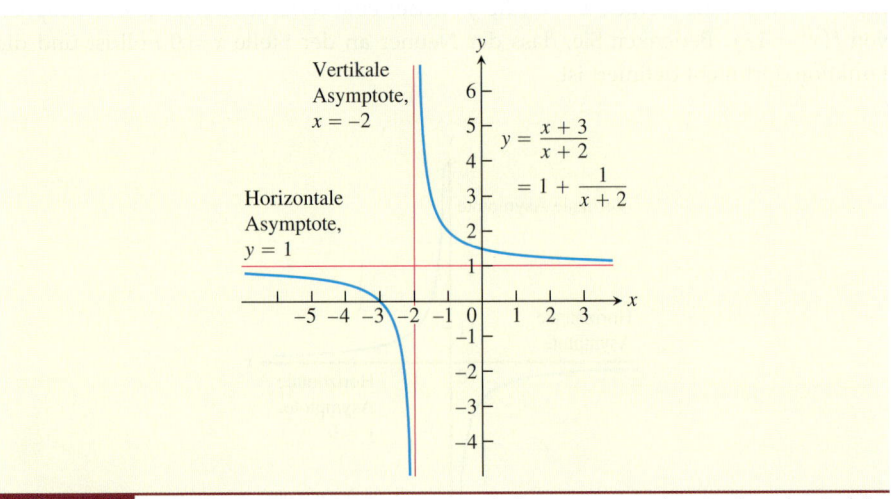

Abbildung 2.63 Die Geraden $y = 1$ und $x = -2$ sind die Asymptoten des Graphen der Funktion aus Beispiel 2.54.

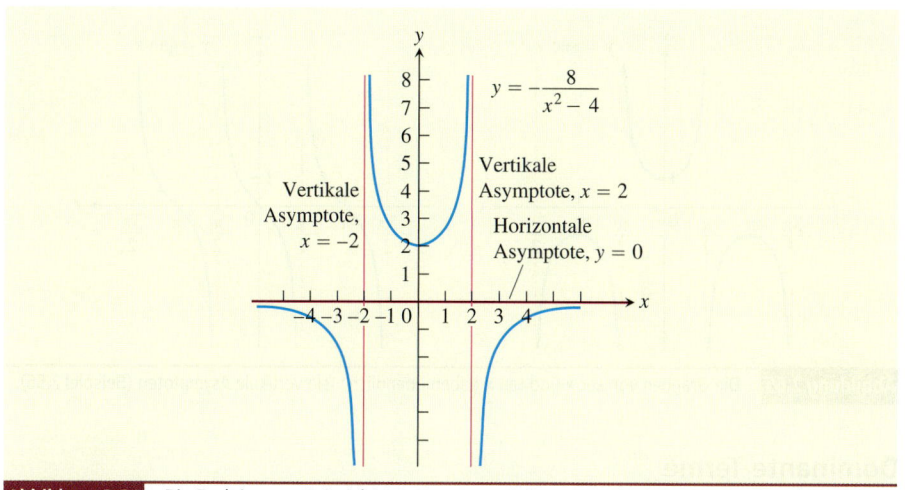

2.6 Grenzwerte mit Unendlich; Asymptoten von Graphen

Abbildung 2.64 Die Funktion aus Beispiel 2.55. Vergegenwärtigen Sie sich, dass sich der Graph der x-Achse nur von einer Seite nähert. Asymptoten müssen nicht zweiseitig sein.

Beispiel 2.55 Bestimmen Sie die horizontalen und vertikalen Asymptoten des Graphen von

$$f(x) = -\frac{8}{x^2 - 4}.$$

Horizontale und vertikale Asymptoten von $f(x) = -\dfrac{8}{x^2 - 4}$

Lösung Wir sind am Verhalten für $x \to \pm\infty$ und am Verhalten für $x \to \pm 2$ (Nenner wird null) interessiert. Vergegenwärtigen Sie sich, dass f eine gerade Funktion ist, ihr Graph ist also symmetrisch bezüglich der y-Achse.

a *Das Verhalten für* $x \to \pm\infty$: Wegen $\lim\limits_{x \to \infty} f(x) = 0$ ist die Gerade $y = 0$ eine horizontale Asymptote des Graphen auf der rechten Seite. Aufgrund der Symmetrie ist sie auch eine Asymptote auf der linken Seite (▶Abbildung 2.64). Vergegenwärtigen Sie sich, dass sich der Graph der x-Achse nur von der negativen Seite (oder von unten) nähert. Außerdem ist $f(0) = 2$.

b *Das Verhalten für* $x \to \pm 2$: Wegen

$$\lim_{x \to 2^+} f(x) = -\infty \quad \text{und} \quad \lim_{x \to 2^-} f(x) = \infty$$

ist die Gerade $x = 2$ sowohl bei Annäherung von rechts als auch von links eine vertikale Asymptote. Aufgrund der Symmetrie ist auch die Gerade $x = -2$ eine vertikale Asymptote.

Es gibt keine weiteren Asymptoten, weil f an jeder anderen Stelle einen endlichen Grenzwert hat. ■

Beispiel 2.56 Die Graphen der Funktionen

$$f(x) = \sec x = \frac{1}{\cos x} \quad \text{und} \quad f(x) = \tan x = \frac{\sin x}{\cos x}$$

Vertikale Asymptoten von $\sec x$ **und** $\tan x$

haben beide vertikale Asymptoten bei ungeradzahligen Vielfachen von $\pi/2$. Dort ist $\cos x = 0$ (▶Abbildung 2.65).

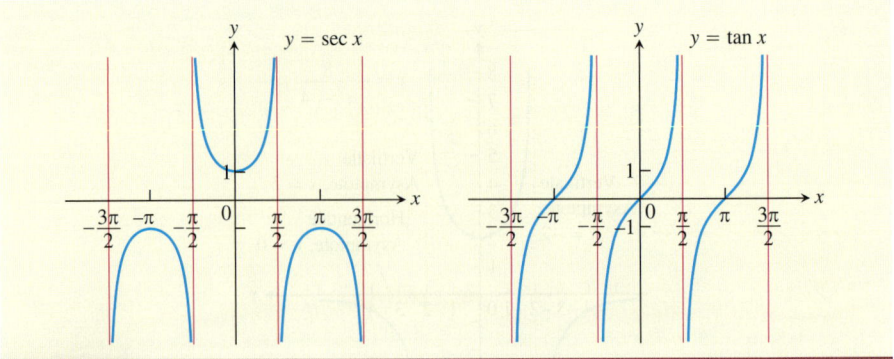

Abbildung 2.65 Die Graphen von sec x und tan x haben unendlich viele vertikale Asymptoten (Beispiel 2.56).

Dominante Terme

In Beispiel 2.49 haben wir gesehen, dass wir durch Polynomdivision die Funktion

$$f(x) = \frac{x^2 - 3}{2x - 4}$$

als lineare Funktion mit einem Restterm schreiben konnten:

$$f(x) = \left(\frac{x}{2} + 1\right) + \left(\frac{1}{2x - 4}\right).$$

Daraus lesen wir sofort ab:

$f(x) \approx \dfrac{x}{2} + 1$ Für (betragsmäßig) große Werte von x ist $\dfrac{1}{2x - 4}$ nahe 0.

$f(x) \approx \dfrac{1}{2x - 4}$ Für $x \approx 2$ ist dieser Term sehr groß.

Wenn wir wissen wollen, wie sich die Funktion f verhält, müssen wir folgendermaßen vorgehen: Ist x (betragsmäßig) groß, so verhält sich die Funktion wie $y = (x/2) + 1$, und der Beitrag von $1/(2x - 4)$ zum Wert von $f(x)$ ist unerheblich. Ist x ungefähr 2, so verhält sich die Funktion wie $1/(2x - 4)$, also liefert hier $1/(2x - 4)$ den erheblichen Beitrag.

Wir sagen, dass $(x/2) + 1$ für (betragsmäßig) große x **dominiert**, und wir sagen, dass $1/(2x - 4)$ dominiert, wenn x ungefähr 2 ist. Solche **dominanten Terme** helfen uns, das Verhalten einer Funktion vorherzusagen.

Dominanter Term von $3x^4 - 2x^3 + 3x^2 - 5x + 6$

Beispiel 2.57 Sei $f(x) = 3x^4 - 2x^3 + 3x^2 - 5x + 6$ und $g(x) = 3x^4$. Zeigen Sie: Obwohl die Funktionen f und g für kleine Werte von x sehr verschieden sind, erscheinen sie für sehr große $|x|$ fast identisch insofern, als ihr Verhältnis für $x \to \infty$ oder $x \to -\infty$ gegen 1 geht.

Lösung Die Graphen von f und g verhalten sich in der Nähe des Ursprungs recht verschieden (▶Abbildung 2.66a), auf einer größeren Skala scheinen sie aber fast identisch zu sein (▶Abbildung 2.66b).

Wir können feststellen, dass der Term $3x^4$ in $f(x)$, grafisch durch g dargestellt, das Polynom $f(x)$ für betragsmäßig große Werte von x dominiert, indem wir das Verhältnis

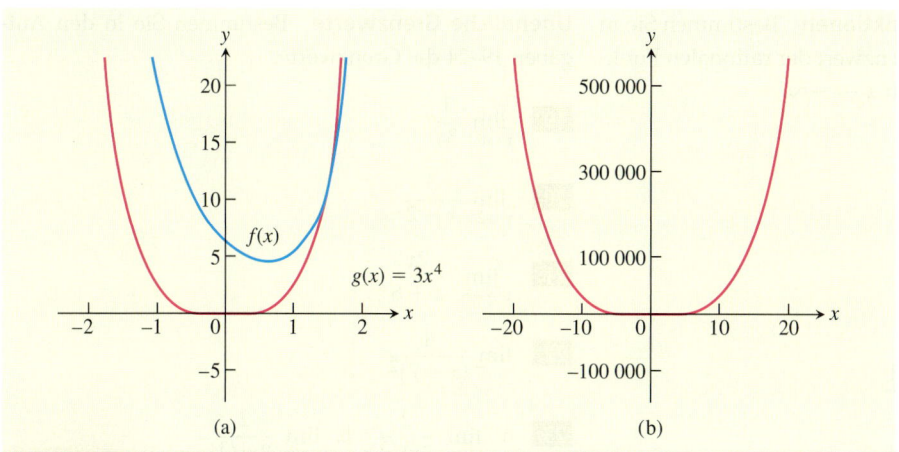

Abbildung 2.66 Die Graphen von f und g sind (a) für kleine |x| verschieden und (b) für große |x| nahezu identisch (Beispiel 2.57).

der beiden Funktionen für $x \to \pm\infty$ untersuchen. Wir erhalten

$$\lim_{x \to \pm\infty} \frac{f(x)}{g(x)} = \lim_{x \to \pm\infty} \frac{3x^4 - 2x^3 + 3x^2 - 5x + 6}{3x^4}$$
$$= \lim_{x \to \pm\infty} \left(1 - \frac{2}{3x} + \frac{1}{x^2} - \frac{5}{3x^3} + \frac{2}{x^4}\right)$$
$$= 1,$$

was bedeutet, dass f und g für große |x| nahezu identisch erscheinen.

Aufgaben zum Abschnitt 2.6

Grenzwerte bestimmen

1. Bestimmen Sie für die Funktion f aus der nachfolgenden Abbildung die folgenden Grenzwerte.

a. $\lim_{x \to 2} f(x)$ b. $\lim_{x \to -3^+} f(x)$ c. $\lim_{x \to -3^-} f(x)$

d. $\lim_{x \to -3} f(x)$ e. $\lim_{x \to 0^+} f(x)$ f. $\lim_{x \to 0^-} f(x)$

g. $\lim_{x \to 0} f(x)$ h. $\lim_{x \to \infty} f(x)$ i. $\lim_{x \to -\infty} f(x)$

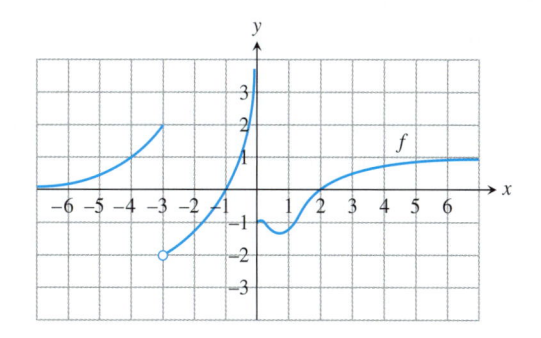

Bestimmen Sie in den Aufgaben 2–4 den Grenzwert jeder Funktion a. für $x \to \infty$ und b. für $x \to -\infty$. (Sie können sich Ihre Antworten auch gern mit einem Grafikrechner oder einem Computer veranschaulichen.)

2. $f(x) = \frac{2}{x} - 3$

3. $g(x) = \frac{1}{2 + (1/x)}$

4. $h(x) = \frac{-5 + (7/x)}{3 - (1/x^2)}$

Bestimmen Sie in den Aufgaben 5 und 6 die Grenzwerte.

5. $\lim_{x \to \infty} \frac{\sin 2x}{x}$

6. $\lim_{t \to -\infty} \frac{2 - t + \sin t}{t + \cos t}$

Grenzwerte und Stetigkeit

Grenzwerte rationaler Funktionen Bestimmen Sie in den Aufgaben 7–11 den Grenzwert der rationalen Funktion **a.** für $x \to \infty$ und **b.** für $x \to -\infty$.

7. $f(x) = \dfrac{2x+3}{5x+7}$

8. $f(x) = \dfrac{x+1}{x^2+3}$

9. $h(x) = \dfrac{7x^3}{x^3 - 3x^2 + 6x}$

10. $g(x) = \dfrac{10x^5 + x^4 + 31}{x^6}$

11. $h(x) = \dfrac{-2x^3 - 2x + 3}{3x^3 + 3x^2 - 5x}$

Grenzwerte für $x \to \infty$ oder $x \to -\infty$ Das Verfahren, mit dem wir Grenzwerte rationaler Funktionen bestimmen, lässt sich genauso gut auf Quotienten anwenden, in denen nichtganzzahlige oder negative Potenzen von x vorkommen: Dividieren Sie Zähler und Nenner durch die höchste Potenz von x im Nenner und machen Sie wie gehabt weiter.

Bestimmen Sie in den Aufgaben 12–18 die entsprechenden Grenzwerte.

12. $\lim\limits_{x \to \infty} \sqrt{\dfrac{8x^2 - 3}{2x^2 + x}}$

13. $\lim\limits_{x \to -\infty} \left(\dfrac{1 - x^3}{x^2 + 7x}\right)^5$

14. $\lim\limits_{x \to \infty} \dfrac{2\sqrt{x} + x^{-1}}{3x - 7}$

15. $\lim\limits_{x \to -\infty} \dfrac{\sqrt[3]{x} - \sqrt[5]{x}}{\sqrt[3]{x} + \sqrt[5]{x}}$

16. $\lim\limits_{x \to \infty} \dfrac{2x^{5/3} - x^{1/3} + 7}{x^{8/5} + 3x + \sqrt{x}}$

17. $\lim\limits_{x \to \infty} \dfrac{\sqrt{x^2 + 1}}{x + 1}$

18. $\lim\limits_{x \to \infty} \dfrac{x - 3}{\sqrt{4x^2 + 25}}$

Unendliche Grenzwerte Bestimmen Sie in den Aufgaben 19–24 die Grenzwerte.

19. $\lim\limits_{x \to 0^+} \dfrac{1}{3x}$

20. $\lim\limits_{x \to 2^-} \dfrac{3}{x - 2}$

21. $\lim\limits_{x \to -8^+} \dfrac{2x}{x + 8}$

22. $\lim\limits_{x \to 7} \dfrac{4}{(x - 7)^2}$

23. **a.** $\lim\limits_{x \to 0^+} \dfrac{2}{3x^{1/3}}$ **b.** $\lim\limits_{x \to 0^-} \dfrac{2}{3x^{1/3}}$

24. $\lim\limits_{x \to 0} \dfrac{4}{x^{2/5}}$

Bestimmen Sie in den Aufgaben 25–28 die Grenzwerte.

25. $\lim\limits_{x \to (\pi/2)^-} \tan x$

26. $\lim\limits_{x \to (-\pi/2)^+} \sec x$

27. $\lim\limits_{\theta \to 0^-} (1 + \operatorname{cosec} \theta)$

28. $\lim\limits_{\theta \to 0} (2 - \cot \theta)$

Bestimmen Sie in den Aufgaben 29 und 31 die Grenzwerte.

29. $\lim \dfrac{1}{x^2 - 4}$ für

a. $x \to 2^+$ **c.** $x \to -2^+$

b. $x \to 2^-$ **d.** $x \to -2^-$

30. $\lim \left(\dfrac{x^2}{2} - \dfrac{1}{x}\right)$ für

a. $x \to 0^+$ **c.** $x \to \sqrt[3]{2}$

b. $x \to 0^-$ **d.** $x \to -1$

31. $\lim \dfrac{x^2 - 3x + 2}{x^3 - 2x^2}$ für

a. $x \to 0^+$ **c.** $x \to 2^-$

b. $x \to 2^+$ **d.** $x \to 2$

e. Was kann man über den Grenzwert für $x \to 0$ sagen, falls er überhaupt existiert?

Bestimmen Sie in den Aufgaben 32 und 33 die Grenzwerte.

32. $\lim \left(2 - \dfrac{3}{t^{1/3}}\right)$ für

a. $t \to 0^+$ \hspace{2em} b. $t \to 0^-$

33. $\lim \left(\dfrac{1}{x^{2/3}} + \dfrac{2}{(x-1)^{2/3}}\right)$ für

a. $x \to 0^+$ \hspace{2em} c. $x \to 1^+$
b. $x \to 0^-$ \hspace{2em} d. $x \to 1^-$

Darstellung einfacher rationaler Funktionen Stellen Sie die rationalen Funktionen aus den Aufgaben 34–36 grafisch dar. Fügen Sie die Graphen sowie die Gleichungen der Asymptoten und der dominanten Terme hinzu.

34. $y = \dfrac{1}{x-1}$

35. $y = \dfrac{1}{2x+4}$

36. $y = \dfrac{x+3}{x+2}$

Graphen und Funktionen finden Skizzieren Sie in den Aufgaben 37 und 38 den Graphen einer Funktion $y = f(x)$, der die angegebenen Bedingungen erfüllt. Sie brauchen keine Formeln – bezeichnen Sie lediglich die Koordinatenachsen und zeichnen Sie einen geeigneten Graphen. (Die Antworten sind nicht eindeutig, sodass Ihre Graphen vielleicht nicht haargenau mit den in den Lösungen angegebenen Graphen übereinstimmen.)

37.
  a. $f(0) = 0$,
  b. $f(1) = 2$,
  c. $f(-1) = -2$,
  d. $\lim\limits_{x \to -\infty} f(x) = -1$ und
  e. $\lim\limits_{x \to \infty} f(x) = 1$

38.
  a. $f(0) = 0$,
  b. $\lim\limits_{x \to \pm\infty} f(x) = 0$,
  c. $\lim\limits_{x \to 1^-} f(x) = \lim\limits_{x \to -1^+} f(x) = \infty$,
  d. $\lim\limits_{x \to 1^+} f(x) = -\infty$ und
  e. $\lim\limits_{x \to -1^-} f(x) = -\infty$

Bestimmen Sie in den Aufgaben 39 und 40 eine Funktion, die die angegebenen Bedingungen erfüllt, und skizzieren Sie den zugehörigen Graphen. (Die Antworten sind hier nicht eindeutig. Jede Funktion, die die Bedingungen erfüllt, ist akzeptabel. Sie können gerne stückweise definierte Funktionen verwenden, wenn es notwendig ist.)

39. $\lim\limits_{x \to \pm\infty} f(x) = 0$, $\lim\limits_{x \to 2^-} f(x) = \infty$ und $\lim\limits_{x \to 2^+} f(x) = \infty$

40. $\lim\limits_{x \to -\infty} h(x) = -1$, $\lim\limits_{x \to \infty} h(x) = 1$, $\lim\limits_{x \to 0^-} h(x) = -1$ und $\lim\limits_{x \to 0^+} h(x) = 1$

41. $f(x)$ und $g(x)$ seien Polynome in x, und es gilt $\lim\limits_{x \to \infty}(f(x)/g(x)) = 2$. Können Sie daraus Schlüsse über $\lim\limits_{x \to -\infty}(f(x)/g(x))$ ziehen?

42. Wie viele horizontale Asymptoten kann der Graph einer gegebenen rationalen Funktion haben? Begründen Sie Ihre Antwort.

Grenzwerte für $x \to \pm\infty$ von Differenzen bestimmen Bestimmen Sie in den Aufgaben 43–45 die Grenzwerte.

43. $\lim\limits_{x \to \infty}\left(\sqrt{x^2+25} - \sqrt{x^2-1}\right)$

44. $\lim\limits_{x \to -\infty}\left(2x + \sqrt{4x^2+3x-2}\right)$

45. $\lim\limits_{x \to \infty}\left(\sqrt{x^2+3x} - \sqrt{x^2-2x}\right)$

Die formalen Definitionen verwenden Ermitteln Sie in den Aufgaben 46 und 47 die Grenzwerte für $x \to \pm\infty$ anhand der formalen Definitionen für Grenzwerte.

46. Hat f den konstanten Wert $f(x) = k$, so gilt $\lim\limits_{x \to \infty} f(x) = k$.

47. Hat f den konstanten Wert $f(x) = k$, so gilt $\lim\limits_{x \to -\infty} f(x) = k$.

Beweisen Sie anhand der formalen Definitionen die Grenzwertaussagen aus den Aufgaben 48 und 49.

48. $\lim\limits_{x \to 0} \dfrac{-1}{x^2} = -\infty$

49. $\lim\limits_{x \to 3} \dfrac{-2}{(x-3)^2} = -\infty$

50. Hier ist die Definition des **unendlichen rechtsseitigen Grenzwerts**.

> Wir sagen, dass $f(x)$ gegen unendlich geht, wenn x von rechts gegen x_0 geht, und schreiben
> $$\lim_{x \to x_0^+} f(x) = \infty,$$
> wenn zu jeder positiven reellen Zahl B eine Zahl $\delta > 0$ existiert, sodass für alle x gilt
> $$x_0 < x < x_0 + \delta \Rightarrow f(x) > B.$$

Modifizieren Sie die Definition so, dass folgende Fälle abgedeckt sind.

a. $\lim_{x \to x_0^-} f(x) = \infty$

b. $\lim_{x \to x_0^+} f(x) = -\infty$

c. $\lim_{x \to x_0^-} f(x) = -\infty$

Verwenden Sie die formalen Definition aus Aufgabe 50 und beweisen Sie die Grenzwertaussagen aus den Aufgaben 51 und 52.

51. $\lim_{x \to 0^-} \dfrac{1}{x} = -\infty$

52. $\lim_{x \to 2^+} \dfrac{1}{x-2} = \infty$

Schräge Asymptoten Stellen Sie die rationalen Funktionen aus den Aufgaben 53–55 grafisch dar. Fügen Sie die Graphen und die Gleichungen der Asymptoten ein.

53. $y = \dfrac{x^2}{x-1}$

54. $y = \dfrac{x^2 - 4}{x - 1}$

55. $y = \dfrac{x^2 - 1}{x}$

Zusätzliche Grafikaufgaben Stellen Sie die Funktionen aus den Aufgaben 56 und 57 grafisch dar. Erläutern Sie die Beziehung zwischen der Funktionsgleichung und dem dargestellten Graphen.

56. $y = \dfrac{x}{\sqrt{4 - x^2}}$

57. $y = x^{2/3} + \dfrac{1}{x^{1/3}}$

Stellen Sie die Funktionen aus den Aufgaben 58 und 59 grafisch dar. Beantworten Sie anschließend die folgenden Fragen.

a. Wie verhält sich der Graph für $x \to 0^+$?

b. Wie verhält sich der Graph für $x \to \pm\infty$?

c. Wie verhält sich der Graph in der Nähe der Stellen $x = 1$ und $x = -1$?

Begründen Sie Ihre Antworten.

58. $y = \dfrac{3}{2}\left(x - \dfrac{1}{x}\right)^{2/3}$

59. $y = \dfrac{3}{2}\left(\dfrac{x}{x-1}\right)^{2/3}$

Kapitel 2 – Wiederholungsfragen

1. Was ist die mittlere Änderungsrate der Funktion $g(t)$ über dem Intervall von $t = a$ bis $t = b$? Wie hängt sie mit einer Sekante zusammen?

2. Welchen Grenzwert muss man berechnen, um die lokale Änderungsrate für eine Funktion $g(t)$ an der Stelle $t = t_0$ zu bestimmen?

3. Geben Sie eine intuitive Definition des Grenzwerts

$$\lim_{x \to x_0} f(x) = L$$

an. Warum ist die Definition intuitiv? Geben Sie Beispiele an.

4. Hängen die Existenz und der Wert eines Grenzwerts einer Funktion $f(x)$ für $x \to x_0$ wirklich davon ab, was bei $x = x_0$ geschieht? Erläutern Sie Ihre Antwort und geben Sie Beispiele an.

5. Wie können sich Funktionen an Stellen verhalten, an denen der Grenzwert der Funktion nicht existiert? Geben Sie Beispiele an.

6. Welche Sätze kennen Sie für die Berechnung von Grenzwerten? Geben Sie Beispiele für die Anwendung dieser Sätze an.

7. Welcher Zusammenhang besteht zwischen einseitigen Grenzwerten und Grenzwerten?

8. Welchen Wert hat der Grenzwert $\lim_{\theta \to 0}((\sin\theta)/\theta)$? Spielt es eine Rolle, ob man θ im Gradmaß oder im Bogenmaß angibt? Erläutern Sie Ihre Antwort.

9. Was genau bedeutet $\lim_{x \to x_0} f(x) = L$? Geben Sie ein Beispiel an, bei dem Sie gemäß der exakten Grenzwertdefinition zu gegebenem f, L, x_0 und $\varepsilon > 0$ ein $\delta > 0$ bestimmen.

10. Geben Sie zu folgenden Aussagen exakte Definitionen an:

a. $\lim_{x \to 2^-} f(x) = 5$
b. $\lim_{x \to 2^+} f(x) = 5$
c. $\lim_{x \to 2} f(x) = \infty$
d. $\lim_{x \to 2} f(x) = -\infty$

11. Welche Bedingungen muss eine Funktion erfüllen, wenn sie an einer inneren Stelle ihres Definitionsbereichs stetig sein soll? Wie sind die Bedingungen, wenn es eine Randstelle ist?

12. Inwiefern kann der Blick auf den Funktionsgraphen Ihnen bei der Frage helfen, wo die Funktion stetig ist?

13. Was bedeutet es, wenn eine Funktion an einer Stelle rechtsseitig stetig ist?

14. Was bedeutet es für eine Funktion, wenn sie über einem Intervall stetig ist? Geben Sie Beispiele an, die zeigen, dass eine Funktion, die nicht auf ihrem gesamten Definitionsbereich stetig ist, trotzdem auf ausgewählten Intervallen innerhalb des Definitionsbereichs stetig sein kann.

15. Was sind die grundlegenden Arten von Unstetigkeiten? Geben Sie jeweils ein Beispiel an. Was ist eine hebbare Unstetigkeit? Geben Sie ein Beispiel an.

16. Was bedeutet es für eine Funktion, die Zwischenwerteigenschaft zu haben? Welche Bedingungen stellen sicher, dass diese Eigenschaft über einem Intervall vorhanden ist? Welche Folgen ergeben sich daraus für die grafische Darstellung und die Lösung der Gleichung $f(x) = 0$?

17. Unter welchen Umständen können Sie eine Funktion so fortsetzen, dass sie an einer Stelle $x = c$ stetig wird? Geben Sie ein Beispiel an.

18. Was bedeuten $\lim_{x \to \infty} f(x) = L$ und $\lim_{x \to -\infty} f(x) = L$ genau? Geben Sie Beispiele an.

19. Was ist $\lim_{x \to \pm\infty} k$ (k konstant), und was ist $\lim_{x \to \pm\infty}(1/x)$? Wie können Sie diese Ergebnisse auf andere Funktionen übertragen?

20. Wie finden Sie den Grenzwert einer rationalen Funktion für $x \to \pm\infty$? Geben Sie Beispiele an.

21. Was sind horizontale und vertikale Asymptoten? Geben Sie Beispiel an.

Kapitel 2 – Praktische Aufgaben

Grenzwerte und Stetigkeit

1. Zeichnen Sie den Graphen der Funktion

$$f(x) = \begin{cases} 1, & x \leq -1 \\ -x, & -1 < x < 0 \\ 1, & x = 0 \\ -x, & 0 < x < 1 \\ 1, & x \geq 1. \end{cases}$$

Diskutieren Sie anschließend im Detail die Grenzwerte, die einseitigen Grenzwerte, die Stetigkeit und die einseitige Stetigkeit der Funktion f an den Stellen $x = -1$, 0 und 1. Sind irgendwelche Unstetigkeiten hebbar? Erläutern Sie Ihre Antworten.

2. $f(t)$ und $g(t)$ seien für alle x definiert, und es gilt $\lim_{t \to t_0} f(t) = -7$ und $\lim_{t \to t_0} g(t) = 0$. Bestimmen Sie den Grenzwert für $t \to t_0$ der folgenden Funktionen:

a. $3f(t)$	b. $(f(t))^2$
c. $f(t) \cdot g(t)$	d. $\dfrac{f(t)}{g(t) - 7}$
e. $\cos(g(t))$	f. $|f(t)|$
g. $f(t) + g(t)$	h. $1/f(t)$

Grenzwerte und Stetigkeit

Bestimmen Sie in den Aufgaben 3 und 4 den Wert, den $\lim_{x \to 0} g(x)$ haben muss, wenn die gegebenen Grenzwertaussagen gelten.

3. $\lim_{x \to 0} \left(\dfrac{4 - g(x)}{x} \right) = 1$

4. $\lim_{x \to -4} \left(x \lim_{x \to 0} g(x) \right) = 2$

5. Über welchen Intervallen sind die folgenden Funktionen stetig?

a. $f(x) = x^{1/3}$	b. $g(x) = x^{3/4}$
c. $h(x) = x^{-2/3}$	d. $k(x) = x^{-1/6}$

Grenzwerte bestimmen Bestimmen Sie in den Aufgaben 6–13 den Grenzwert oder erläutern Sie, warum er nicht existiert.

6. $\lim \dfrac{x^2 - 4x + 4}{x^3 + 5x^2 - 14x}$

a. für $x \to 0$ b. für $x \to 2$

7. $\lim_{x \to 1} \dfrac{1 - \sqrt{x}}{1 - x}$

8. $\lim_{h \to 0} \dfrac{(x+h)^2 - x^2}{h}$

9. $\lim_{x \to 0} \dfrac{\dfrac{1}{2+x} - \dfrac{1}{2}}{x}$

10. $\lim_{x \to 1} \dfrac{x^{1/3} - 1}{\sqrt{x} - 1}$

11. $\lim_{x \to 0} \dfrac{\tan(2x)}{\tan(\pi x)}$

12. $\lim_{x \to \pi} \sin\left(\dfrac{x}{2} + \sin x \right)$

13. $\lim_{x \to 0} \dfrac{8x}{3 \sin x - x}$

Bestimmen Sie in den Aufgaben 14 und 15 den Grenzwert von $g(x)$, wenn x gegen den angegebenen Wert geht.

14. $\lim_{x \to 0^+} (4g(x))^{1/3} = 2$ **15.** $\lim_{x \to 1} \dfrac{3x^2 + 1}{g(x)} = \infty$

Stetige Fortsetzung **16.** Kann die Funktion $f(x) = x(x^2 - 1)/|x^2 - 1|$ so fortgesetzt werden, dass sie an der Stelle $x = 1$ oder an der Stelle $x = -1$ stetig ist? Begründen Sie Ihre Antworten. (Zeichnen Sie die Funktion – Sie werden den Graphen interessant finden.)

17. Erläutern Sie, warum die Funktion $f(x) = \sin(1/x)$ an der Stelle $x = 0$ keine stetige Fortsetzung hat.

Stellen Sie die Funktionen aus den Aufgaben 18 und 20 grafisch dar, um einschätzen zu können, ob sie an der gegebenen Stelle a eine stetig Fortsetzung haben könnten. Wenn dem so ist, dann verwenden Sie die Trace- und Zoom-Funktion, um einen guten Kandidaten für den Funktionswert der fortgesetzten Funktion an der Stelle a zu bestimmen. Wenn die Funktionen keine stetige Fortsetzung zu haben scheint, kann sie dann so fortgesetzt werden, dass sie linksseitig oder rechtsseitig stetig ist? Wenn dem so ist, welchen Funktionswert müsste die fortgesetzte Funktion Ihrer Meinung nach an der Stelle a haben?

18. $f(x) = \dfrac{x - 1}{x - \sqrt[4]{x}}$, $a = 1$

19. $g(\theta) = \dfrac{5 \cos \theta}{4\theta - 2\pi}$, $a = \pi/2$

20. $h(t) = (1 + |t|)^{1/t}$, $a = 0$

21. $k(x) = \dfrac{x}{1 - 2^{|x|}}$, $a = 0$

Nullstellen

22. Gegeben sei $f(x) = x^3 - x - 1$.

a. Zeigen Sie mithilfe des Zwischenwertsatzes, dass f zwischen -1 und 2 eine Nullstelle hat.

b. Lösen Sie die Gleichung $f(x) = 0$ grafisch, wobei der Fehler maximal 10^{-8} sein soll.

c. Man kann zeigen, dass der exakte Wert der Lösung aus Teil **b.**

$$\left(\dfrac{1}{2} + \dfrac{\sqrt{69}}{18} \right)^{1/3} + \left(\dfrac{1}{2} - \dfrac{\sqrt{69}}{18} \right)^{1/3}$$

ist. Berechnen Sie diesen exakten Wert und vergleichen Sie ihn mit dem Wert, den Sie in Teil **b.** bestimmt haben.

Grenzwerte gegen unendlich Bestimmen Sie die Grenzwerte aus den Aufgaben 23–27.

23. $\lim\limits_{x\to\infty} \dfrac{2x+3}{5x+7}$

24. $\lim\limits_{x\to-\infty} \dfrac{x^2-4x+8}{3x^3}$

25. $\lim\limits_{x\to-\infty} \dfrac{x^2-7x}{x+1}$

26. $\lim\limits_{x\to\infty} \dfrac{\sin x}{\lfloor x \rfloor}$ (Wenn Sie einen Grafikrechner haben, lassen Sie sich die Funktion für $-5 \leq x \leq 5$ anzeigen.)

27. $\lim\limits_{x\to\infty} \dfrac{x+\sin x + 2\sqrt{x}}{x+\sin x}$

Horizontale und vertikale Asymptoten

28. Verwenden Sie Grenzwerte, um die Gleichungen für alle vertikalen Asymptoten zu bestimmen.

a. $y = \dfrac{x^2+4}{x-3}$

b. $f(x) = \dfrac{x^2-x-2}{x^2-2x+1}$

c. $y = \dfrac{x^2+x-6}{x^2+2x-8}$

29. Verwenden Sie Grenzwerte, um die Gleichungen für alle horizontalen Asymptoten zu bestimmen.

a. $y = \dfrac{1-x^2}{x^2+1}$

b. $f(x) = \dfrac{\sqrt{x}+4}{\sqrt{x+4}}$

c. $g(x) = \dfrac{\sqrt{x^2+4}}{x}$

d. $y = \sqrt{\dfrac{x^2+9}{9x^2+1}}$

Kapitel 2 – Zusätzliche Aufgaben und Aufgaben für Fortgeschrittene

Funktionen und Graphen

1. 0^0 **einen Wert zuweisen** Die Regeln für Exponenten sagen uns, dass für eine von null verschiedene Zahl a gilt $a^0 = 1$. Sie sagen uns auch, dass für jede positive Zahl n gilt $0^n = 0$.

Würden wir versuchen, diese Regeln auf 0^0 zu übertragen, würden wir widersprüchliche Ergebnisse erhalten. Gemäß der ersten Regel wäre $0^0 = 1$, während die zweite Regel $0^0 = 0$ besagen würde.

Wir haben es hier nicht mit einer Frage von wahr oder falsch zu tun. Keine der Regeln ist ohne weiteres anwendbar, also gibt es keinen Widerspruch. Wir könnten 0^0 in der Tat einen Wert zuweisen, der uns beliebt, insofern wir die anderen überzeugen können, uns zuzustimmen.

Welchen Wert würden Sie 0^0 gerne zuweisen? Hier ist ein Beispiel, dass Ihnen die Entscheidung vielleicht erleichtert.

a. Berechnen Sie x^x für $x = 0{,}1, 0{,}01, 0{,}001$ usw. soweit wie es Ihr Taschenrechner erlaubt. Schreiben Sie die erhaltenen Werte auf. Welches Muster erkennen Sie?

b. Stellen Sie die Funktion $y = x^x$ für $0 < x \leq 1$ grafisch dar. Obwohl die Funktion für $x \leq 0$ nicht definiert ist, nähert sich der Graph von rechts der y-Achse. Gegen welchen y-Wert scheint er zu streben? Vergrößern Sie den Ausschnitt, um Ihre Überlegung zu stützen.

2. **Warum Sie möglicherweise für 0^0 nicht nur 0 oder 1 setzen würden** Wenn die Zahl x gegen immer größere positive Werte geht, gegen die beiden Ausrücke $1/x$ und $1/(\ln x)$ gegen null. Was passiert mit der Funktion

$$f(x) = \left(\dfrac{1}{x}\right)^{1/(\ln x)}$$

mit wachsendem x? Hier folgen zwei Wege, dies herauszufinden:

a. Berechnen Sie f für $x = 10, 100, 1000$ soweit wie Ihr Taschenrechner erlaubt. Welches Muster erkennen Sie?

b. Zeichnen Sie den Graphen von f in einer Reihe von Grafikfenstern, darunter Fenster um den Ursprung. Was beobachten Sie? Verfolgen Sie die y-Werte entlang des Graphen. Was stellen Sie fest?

3. Lorentz-Kontraktion

In der Relativitätstheorie scheint die Länge eines Körpers, etwa die Länge einer Rakete, für einen Beobachter von der Geschwindigkeit abzuhängen, mit der sich der Körper gegenüber dem Beobachter bewegt. Misst der Beobachter für die Länge der Rakete in Ruhelage L_0, dann scheint seine Länge bei der Geschwindigkeit v

$$L = L_0 \sqrt{1 - \frac{v^2}{c^2}}$$

zu sein. Dieses Phänomen heißt Lorentz-Kontraktion. Dabei ist c die Lichtgeschwindigkeit im Vakuum mit einem Wert von etwa $3 \cdot 10^8$ m/s. Wie verhält sich L mit wachsendem v? Bestimmen Sie $\lim_{v \to c^-} L$. Warum haben wir den linksseitigen Grenzwert verwendet?

4. Thermische Ausdehnung in Präzisionsgeräten

Wie Sie wahrscheinlich wissen, dehnen sich die meisten Metalle bei Erwärmung aus und ziehen sich bei Kälte zusammen. Die Abmessungen eines Bauteils für ein Laborgerät sind manchmal so kritisch, dass die Werkhalle, in der das Gerät produziert wird, dieselbe Temperatur haben muss wie das Labor, in dem das Gerät später eingesetzt werden soll. Ein typischer Aluminiumstab, der bei einer Temperatur von 21,1 °C 10 cm lang ist, ist bei einer Temperatur t nahe bei 21,1 °C

$$y = 10 + \left(\frac{9}{5} t - 37{,}98\right) \cdot 10^{-4}$$

Zentimeter groß. Angenommen, Sie verwenden einen solchen Stab in einem Gravitationswellendetektor, in dem die Größe des Stabes höchstens 0,0005 cm vom idealen Maß 10 cm abweichen darf. Wie nah muss die Temperatur an $t_0 = 21{,}1$ °C gehalten werden, damit gesichert ist, dass die Fehlertoleranz nicht überschritten wird?

Exakte Grenzwertdefinition Beweisen Sie in den Aufgaben 5 und 6 mithilfe der formalen Grenzwertdefinition, dass die angegebene Funktion an der Stelle x_0 stetig ist.

5. $f(x) = x^2 - 7$, $x_0 = 1$

6. $h(x) = \sqrt{2x - 3}$, $x_0 = 2$

7. Eindeutigkeit von Grenzwerten Zeigen Sie, dass eine Funktion an einer Stelle x_0 nicht zwei verschiedene Grenzwerte haben kann. Das heißt, ist $\lim_{x \to x_0} f(x) = L_1$ und $\lim_{x \to x_0} f(x) = L_2$, so muss $L_1 = L_2$ gelten.

8. Beweisen Sie die Faktorregel

$$\lim_{x \to c} k f(x) = k \lim_{x \to c} f(x) \quad \text{für eine Konstante } k.$$

9. Einseitige Grenzwerte Sei $\lim_{x \to 0^+} f(x) = A$ und $\lim_{x \to 0^-} f(x) = B$. Bestimmen Sie die folgenden Grenzwerte:

a. $\lim_{x \to 0^+} f(x^3 - x)$

b. $\lim_{x \to 0^-} f(x^3 - x)$

c. $\lim_{x \to 0^+} f(x^2 - x^4)$

d. $\lim_{x \to 0^-} f(x^2 - x^4)$

Beweisen Sie in den Aufgaben 10 und 11 mithilfe der formalen Grenzwertdefinition, dass die Funktion eine stetige Fortsetzung an der angegebenen Stelle x hat.

10. $f(x) = \dfrac{x^2 - 1}{x + 1}$, $x = -1$

11. $g(x) = \dfrac{x^2 - 2x - 3}{2x - 6}$, $x = 3$

12. Eine Funktion, die nur an einer Stelle stetig ist
Gegeben sei

$$f(x) = \begin{cases} x, & \text{falls } x \text{ rational ist,} \\ 0, & \text{falls } x \text{ irrational ist.} \end{cases}$$

a. Zeigen Sie, dass f an der Stelle $x = 0$ stetig ist.

b. Jedes nichtleere offene Intervall reeller Zahlen enthält sowohl rationale als auch irrationale Zahlen. Zeigen Sie mithilfe dieser Aussage, dass f an jeder von null verschiedenen Stelle x nicht stetig ist.

13. Antipoden Gibt es irgendeinen Grund anzunehmen, dass es auf dem Erdäquator stets ein Antipodenpaar (ein Paar sich diametral gegenüberliegender Punkte) gibt, an denen die Temperatur gleich ist? Erläutern Sie Ihre Antwort.

14. Nullstellen einer fast linearen quadratischen Gleichung Die Gleichung $ax^2 + 2x - 1 = 0$ mit der Konstanten a hat für $a > -1$ und $a \neq 0$ eine positive und eine negative Nullstelle:

$$r_+(a) = \frac{-1 + \sqrt{1 + a}}{a},$$

$$r_-(a) = \frac{-1 - \sqrt{1 + a}}{a}.$$

a. Was passiert mit $r_+(a)$ für $a \to 0$? Was passiert für $a \to -1^+$?

b. Was passiert mit $r_-(a)$ für $a \to 0$? Was passiert für $a \to -1^+$?

c. Bestätigen Sie Ihre Schlussfolgerungen, indem Sie $r_+(a)$ und $r_-(a)$ als Funktionen von a grafisch darstellen. Beschreiben Sie Ihre Beobachtungen.

d. Zeichnen Sie zur weiteren Bestätigung die Graphen von $f(x) = ax^2 + 2x - 1$ für $a = 1$, 0,5, 0,2, 0,1 und 0,05 in eine Abbildung.

15. **Beschränkte Funktionen** Eine reellwertige Funktion f ist auf einer Menge D **nach oben beschränkt**, wenn eine Zahl N existiert, sodass für alle x aus D die Ungleichung $f(x) \leq N$ gilt. Existiert ein solche Zahl N, so nennen wir Sie **obere Schranke** von f auf D und sagen, dass f durch N nach oben beschränkt ist. Analog dazu sagen wir, dass f auf D **nach unten beschränkt** ist, wenn eine Zahl M existiert, sodass für alle x aus D die Ungleichung $f(x) \geq M$ gilt. Existiert ein solche Zahl M, so nennen wir Sie **untere Schranke** von f auf D und sagen, dass f durch M nach unten beschränkt ist. Wir sagen, dass die Funktion f auf D **beschränkt** ist, wenn sie nach oben und nach unten beschränkt ist.

a. Zeigen Sie, dass f auf D genau dann beschränkt ist, wenn eine Zahl B existiert, sodass $|f(x)| \leq B$ für alle x aus D gilt.

b. f sei durch N nach oben beschränkt. Zeigen Sie: Gilt $\lim_{x \to x_0} f(x) = L$, so ist $L \leq N$.

c. f sei durch M nach unten beschränkt. Zeigen Sie: Gilt $\lim_{x \to x_0} f(x) = L$, so ist $L \geq M$.

Verallgemeinerte Grenzwerte mit $\dfrac{\sin\theta}{\theta}$ Die Formel $\lim_{\theta \to 0}(\sin\theta)/\theta = 1$ kann verallgemeinert werden. Ist $\lim_{x \to c} f(x) = 0$ und wird $f(x)$ auf einem offenen Intervall mit der Stelle $x = c$ nie null, ausgenommen möglicherweise c selbst, so gilt

$$\lim_{x \to c} \frac{\sin f(x)}{f(x)} = 1.$$

Hier sind einige Beispiele.

a. $\lim_{x \to 0} \dfrac{\sin x^2}{x^2} = 1$

b. $\lim_{x \to 0} \dfrac{\sin x^2}{x} = \lim_{x \to 0} \dfrac{\sin x^2}{x^2} \lim_{x \to 0} \dfrac{x^2}{x} = 1 \cdot 0 = 0$

c. $\lim_{x \to -1} \dfrac{\sin(x^2 - x - 2)}{x + 1} =$

$\lim_{x \to -1} \dfrac{\sin(x^2 - x - 2)}{(x^2 - x - 2)} \cdot \lim_{x \to -1} \dfrac{(x^2 - x - 2)}{x + 1} =$

$1 \cdot \lim_{x \to -1} \dfrac{(x+1)(x-2)}{x+1} = -3$

d. $\lim_{x \to 1} \dfrac{\sin(1 - \sqrt{x})}{x - 1} = \lim_{x \to 1} \dfrac{\sin(1 - \sqrt{x})}{1 - \sqrt{x}} \dfrac{1 - \sqrt{x}}{x - 1} =$

$1 \cdot \lim_{x \to 1} \dfrac{(1 - \sqrt{x})(1 + \sqrt{x})}{(x - 1)(1 + \sqrt{x})} =$

$\lim_{x \to 1} \dfrac{1 - x}{(x - 1)(1 + \sqrt{x})} = -\dfrac{1}{2}$

Bestimmen Sie in den Aufgaben 16–18 die Grenzwerte.

16. $\lim_{x \to 0} \dfrac{\sin(1 - \cos x)}{x}$

17. $\lim_{x \to 0} \dfrac{\sin(\sin x)}{x}$

18. $\lim_{x \to 2} \dfrac{\sin(x^2 - 4)}{x - 2}$

Schräge Asymptoten Bestimmen Sie in den Aufgaben 19 und 20 alle schrägen Asymptoten.

19. $y = \dfrac{2x^{3/2} + 2x - 3}{\sqrt{x} + 1}$

20. $y = \sqrt{x^2 + 1}$

Lernziele

1 Tangenten und die Ableitung
- Steigung von Kurven
- Differenzenquotienten
- Interpretation der Tangente in einem Punkt als Ableitung

2 Die Ableitung als Funktion
- Die Ableitungsfunktion und ihre Berechnung als Grenzwert
- Grafische Darstellung der Ableitung
- Funktionen, die keine Ableitung haben
- Einseitige Ableitungen
- Zusammenhang von Differenzierbarkeit und Stetigkeit

3 Differentiationsregeln
- Regeln für die Berechnung von Ableitungen
- Höhere Ableitungen

4 Die Ableitung als Änderungsrate
- Momentane Änderungsrate
- Geschwindigkeit und Beschleunigung
- Grenzkosten

5 Ableitungen trigonometrischer Funktionen
- Ableitungen von Sinus- und Kosinusfunktion
- Harmonische Schwingungen
- Ableitungen von weiteren trigonometrischen Funktionen

6 Die Kettenregel
- Verkettung von Funktionen und ihre Ableitung
- Innere und äußere Ableitung

7 Implizite Differentiation
- Implizit definierte Funktionen und ihre Ableitung
- Tangente und Normale am Beispiel einer Linse
- Berechnung von Schnittpunkt, Tangente und Normale

8 Verknüpfte Änderungsraten
- Abhängigkeit der Ableitung von der Änderung bestimmter Größen

9 Linearisierung und Differentiale
- Linearisierung und lineare Näherung
- Das Differential
- Lineare Näherung und der dabei gemachte Fehler
- Empfindlichkeit der Näherung gegenüber Änderungen

Differentiation

3.1 **Tangenten und die Ableitung** 149
3.2 **Die Ableitung als Funktion** 154
3.3 **Differentiationsregeln** 165
3.4 **Die Ableitung als Änderungsrate** 176
3.5 **Ableitungen trigonometrischer Funktionen** 189
3.6 **Die Kettenregel** 196
3.7 **Implizite Differentiation** 204
3.8 **Verknüpfte Änderungsraten** 212
3.9 **Linearisierung und Differentiale** 222

Differentiation

Übersicht

Zu Beginn des 2. Kapitels haben wir diskutiert, wie man die Steigung einer Kurve in einem Punkt bestimmt und wie man die Rate misst, mit der sich eine Funktion ändert. Jetzt, wo wir Grenzwerte behandelt haben, können wir diese Begriffe genauer definieren. Dabei werden wir feststellen, dass es sich in beiden Fällen um Interpretationen der *Ableitung* einer Funktion an einer festen Stelle handelt. Anschließend erweitern wir dieses Konzept von der Ableitung an einer Stelle auf die *Ableitungsfunktion*, und wir leiten Regeln her, wie man diese Ableitungsfunktionen leicht bestimmen kann, ohne Grenzwerte explizit berechnen zu müssen.

Diese Regeln verwenden wir, um die Ableitungen der meisten im 1. Kapitel behandelten gebräuchlichen Funktionen sowie die Ableitungen verschiedener Kombinationen davon zu berechnen. Die Ableitung ist eines der Schlüsselkonzepte der Analysis, und wir wenden es an, um eine Vielzahl von Problemen zu lösen, in denen es um Tangenten und Änderungsraten geht.

3.1 Tangenten und die Ableitung

In diesem Abschnitt definieren wir die Steigung und die Tangente an eine Kurve in einem Punkt sowie die Ableitung einer Funktion an einer festen Stelle. In einem späteren Abschnitt dieses Kapitels werden wir die Ableitung als die momentane Änderungsrate einer Funktion interpretieren., und wir werden diese Interpretation bei der Untersuchung bestimmter Bewegungsarten anwenden.

Wie man eine Tangente an den Graphen einer Funktion bestimmt

Um eine Tangente an eine beliebige Kurve $y = f(x)$, also an den Graphen der Funktion $y = f(x)$, in einem Punkt $P(x_0, f(x_0))$ zu bestimmen, gehen wir wie in Abschnitt 2.1 vor. Wir berechnen die Steigung der Sekante durch P und einen benachbarten Punkt $Q(x_0 + h, f(x_0 + h))$. Anschließend untersuchen wir den Grenzwert der Steigung für $h \to 0$ (▶Abbildung 3.1). Falls der Grenzwert existiert, nennen wir ihn die Steigung der Kurve im Punkt P, und wir definieren die Tangente in P als die Gerade durch P, die genau diese Steigung besitzt.

> **Definition**
>
> Die **Steigung der Kurve** $y = f(x)$ im Punkt $P(x_0, f(x_0))$ ist die Zahl
>
> $$m = \lim_{h \to 0} \frac{f(x_0 + h) - f(x_0)}{h} \quad \text{(vorausgesetzt, der Grenzwert existiert)}.$$
>
> Die **Tangente** an die Kurve im Punkt P ist die Gerade durch P mit dieser Steigung.

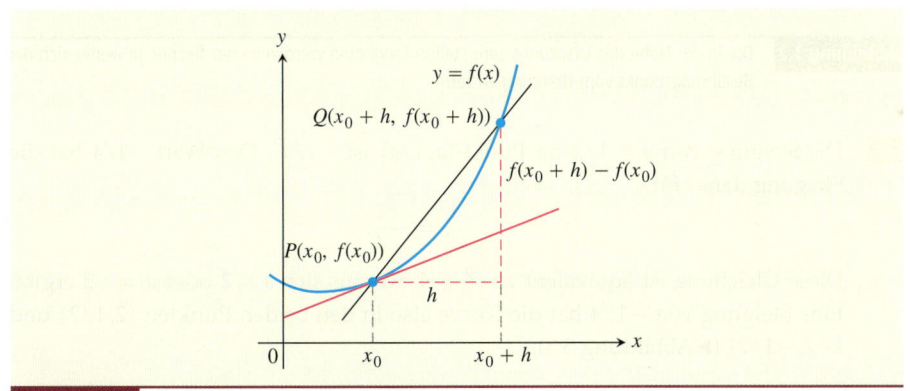

Abbildung 3.1 Die Steigung der Tangente in P ist $\lim_{h \to 0} \frac{f(x_0 + h) - f(x_0)}{h}$.

In Beispiel 2.3 haben wir diese Definitionen verwendet, um die Steigung der Parabel $f(x) = x^2$ im Punkt $P(2, 4)$ sowie die Tangente an die Parabel in P zu bestimmen. Betrachten wir nun ein weiteres Beispiel.

Beispiel 3.1 — Steigung einer Kurve

a. Bestimmen Sie die Steigung der Kurve $y = 1/x$ im Punkt $P(a, 1/a)$, $a \neq 0$. Wie groß ist die Steigung im Fall $a = -1$?

b. Wo ist die Steigung der Kurve gleich $-1/4$?

c. Wie verhält sich die Tangente an die Kurve in $(a, 1/a)$, wenn a sich ändert?

> **Lösung**

a Hier ist $f(x) = 1/x$. Die Steigung in $(a, 1/a)$ ist

$$\lim_{h \to 0} \frac{f(a+h) - f(a)}{h} = \lim_{h \to 0} \frac{\frac{1}{h+a} - \frac{1}{a}}{h} = \lim_{h \to 0} \frac{1}{h} \frac{a - (a+h)}{a(a+h)}$$

$$= \lim_{h \to 0} \frac{-h}{ha(a+h)} = \lim_{h \to 0} \frac{-1}{a(a+h)} = -\frac{1}{a^2}.$$

Vergegenwärtigen Sie sich, dass wir so lange „$\lim_{h \to 0}$" vor jeden Bruch schreiben mussten, bis wir diesen Grenzwert durch Einsetzen von $h = 0$ berechnen konnten. Die Zahl a kann positiv oder negativ sein, nicht aber gleich 0. Für $a = -1$ ist die Steigung $-1/(-1)^2 = -1$ (▶Abbildung 3.2).

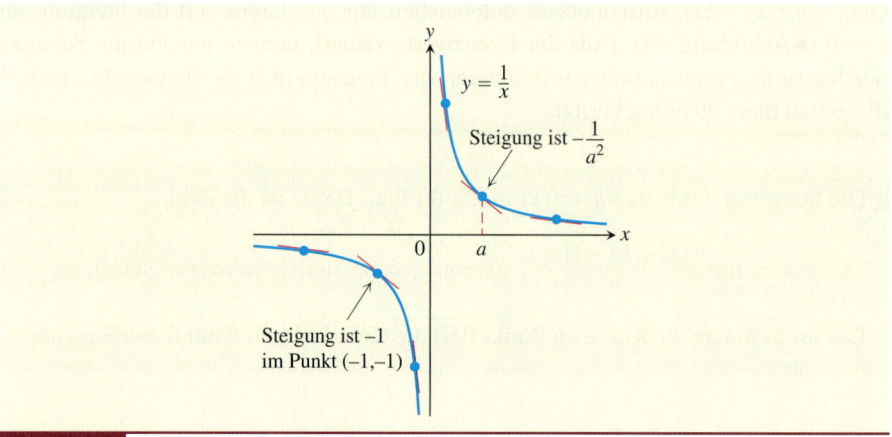

Abbildung 3.2 Die in der Nähe des Ursprungs sehr steilen Tangenten werden immer flacher, je weiter sich der Berührungspunkt vom Ursprung entfernt.

b Die Steigung von $y = 1/x$ im Punkt $(a, 1/a)$ ist $-1/a^2$. Den Wert $-1/4$ hat die Steigung daher für

$$-\frac{1}{a^2} = -\frac{1}{4}.$$

Diese Gleichung ist äquivalent zu $a^2 = 4$, woraus sich $a = 2$ oder $a = -2$ ergibt. Eine Steigung von $-1/4$ hat die Kurve also in den beiden Punkten $(2, 1/2)$ und $(-2, -1/2)$ (▶Abbildung 3.3).

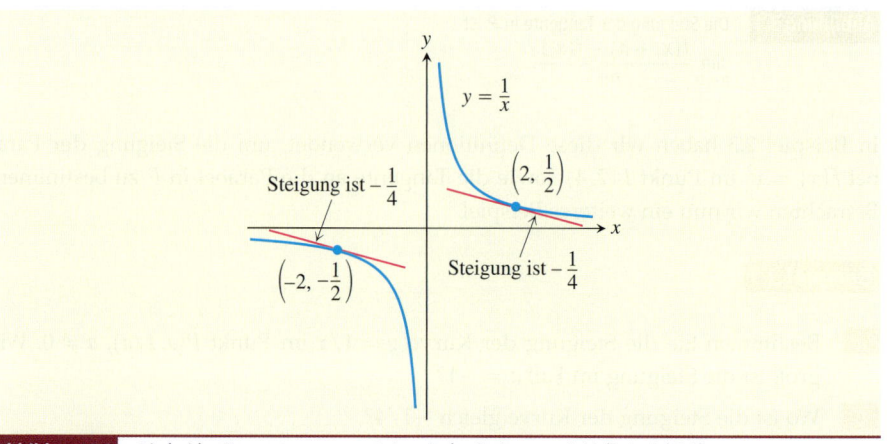

Abbildung 3.3 Die beiden Tangenten an $y = 1/x$ mit der Steigung $-1/4$ (Beispiel 3.1).

c Die Steigung $-1/a^2$ ist für $a \neq 0$ immer negativ. Für $a \to 0^+$ geht die Steigung gegen $-\infty$, und die Tangente wird zunehmend steiler (Abbildung 3.2). Genauso verhält es sich für $a \to 0^-$. Wenn sich a in eine der beiden Richtungen vom Ursprung entfernt, geht die Steigung gegen 0, und die Tangente wird immer flacher.

Änderungsraten: Ableitung an einer Stelle

Der Ausdruck

$$\frac{f(x_0 + h) - f(x_0)}{h}, \quad h \neq 0$$

heißt **Differenzenquotient von f an der Stelle x_0 mit der Schrittweite h**. Existiert für den Differenzenquotienten für $h \to 0$ ein Grenzwert, so versehen wir diesen Grenzwert mit einem speziellen Namen und einem speziellen Symbol.

> Die **Ableitung einer Funktion f an der Stelle x_0** bezeichnen wir mit $f'(x_0)$. Sie ist **Definition**
>
> $$f'(x_0) = \lim_{h \to 0} \frac{f(x_0 + h) - f(x_0)}{h} \quad \text{(vorausgesetzt, der Grenzwert existiert)}.$$

Interpretieren wir den Differenzenquotienten als die Steigung einer Sekante, so gibt die Ableitung die Steigung der Kurve $y = f(x)$ im Punkt $P(x_0, f(x_0))$ an. Aufgabe 24 illustriert, dass die Ableitung der linearen Funktion $f(x) = mx + b$ an der Stelle x_0 einfach die Steigung der Geraden ist, also

$$f'(x_0) = m,$$

was mit unserer Definition der Steigung übereinstimmt.

Interpretieren wir den Differenzenquotienten als eine mittlere Änderungsrate (Abschnitt 2.1), so liefert die Ableitung die lokale (bzw. momentane) Änderungsrate der Funktion bezüglich x an der Stelle $x = x_0$. Mit dieser Interpretation befassen wir uns in Abschnitt 3.4.

Beispiel 3.2 In den Beispielen 2.1 und 2.2 aus Abschnitt 2.1 haben wir die Geschwindigkeit eines Steins betrachtet, der aus seiner Ruhelage in der Nähe der Erdoberfläche frei fällt. Wir wissen, dass der Stein in den ersten t Sekunden $y = (9{,}81/2)t^2$ Meter gefallen ist, und wir haben eine Folge von mittleren Geschwindigkeiten über immer kürzere Intervalle verwendet, um die Geschwindigkeit des Steins zur Zeit $t = 1$ zu bestimmen. Wie groß war die *exakte* Geschwindigkeit des Steins zu diesem Zeitpunkt?

Bestimmung der mittleren Geschwindigkeit

Lösung Sei $f(t) = (9{,}81/2)t^2$. Wir wissen, dass die mittlere Geschwindigkeit des Steins über dem Intervall zwischen $t = 1$ und $t = 1 + h$ für $h > 0$

$$\frac{f(1+h) - f(1)}{h} = \frac{9{,}81(1+h)^2 - 9{,}81(1)^2}{2h} = \frac{9{,}81(h^2 + 2h)}{2h} = \frac{9{,}81(h+2)}{2}$$

ist. Zum Zeitpunkt $t = 1$ ist die Geschwindigkeit des Steins dann

$$\lim_{h \to 0} \frac{9{,}81(h+2)}{2} = \frac{9{,}81(0+2)}{2} = 9{,}81\,\text{m/s}.$$

Unsere ursprüngliche Schätzung von 9,81 m/s aus Abschnitt 2.1 war also richtig.

3 Differentiation

Zusammenfassung

Wir haben Steigungen von Kurven, Tangenten an eine Kurve, die Änderungsrate einer Funktion und die Ableitung einer Funktion an einer Stelle behandelt. All diese Begriffe beziehen sich auf denselben Grenzwert.

> **Merke**
>
> Alle nachfolgenden Begriffe sind Interpretationen des Grenzwerts des Differenzenquotienten
> $$\lim_{h \to 0} \frac{f(x_0 + h) - f(x_0)}{h}.$$
>
> 1. Die Steigung des Graphen von $y = f(x)$ im Punkt $P(x_0, f(x_0))$.
> 2. Die Steigung der Tangente an die Kurve $y = f(x)$ im Punkt $P(x_0, f(x_0))$.
> 3. Die Änderungsrate von $f(x)$ bezüglich x an der Stelle $x = x_0$.
> 4. Die Ableitung $f'(x_0)$ von f an der Stelle x_0.

Wir verwenden in 1. und 2. auch die Sprechweise „... an der Stelle $x = x_0$" statt „im Punkt $P(x_0, f(x_0))$", und manchmal sagen wir auch „... bei $x = x_0$" für „... an der Stelle $x = x_0$".

In den nächsten Abschnitten lassen wir die Stelle x_0 über den Definitionsbereich der Funktion variieren.

Aufgaben zum Abschnitt 3.1

Steigungen und Tangenten Verwenden Sie in den Aufgaben 1 und 2 das Gitter und geben Sie eine grobe Schätzung (in y-Einheiten pro x-Einheit) für die Steigung der Kurve in den Punkten P_1 und P_2 an.

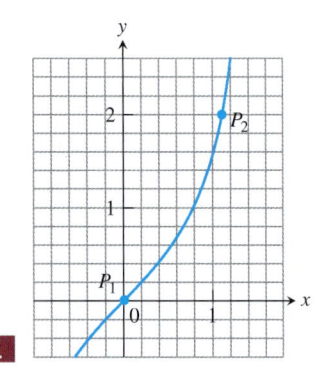

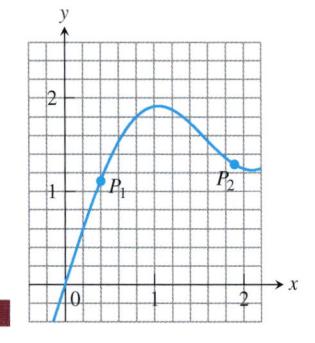

1.

2.

Bestimmen Sie in den Aufgaben 3 und 7 eine Gleichung für die Tangente an die Kurve in dem angegebenen Punkt. Skizzieren Sie anschließend Kurve und Tangente in einer Abbildung.

3. $y = 4 - x^2$, $(-1, 3)$
4. $y = (x-1)^2 + 1$, $(1, 1)$
5. $y = 2\sqrt{x}$, $(1, 2)$
6. $y = \frac{1}{x^2}$, $(-1, 2)$
7. $y = x^3$, $(-2, -8)$
8. $y = \frac{1}{x^3}$, $(-2, -\frac{1}{8})$

Bestimmen Sie in den Aufgaben 9 und 12 die Steigung des Funktionsgraphen in dem angegebenen Punkt. Bestimmen Sie anschließend eine Gleichung für die Tangente an den Graphen in diesem Punkt.

9. $f(x) = x^2 + 1$, $(2, 5)$
10. $g(x) = \dfrac{x}{x-2}$, $(3, 3)$
11. $h(t) = t^3$, $(2, 8)$
12. $f(x) = \sqrt{x}$, $(4, 2)$
13. $f(x) = \sqrt{x+1}$, $(8, 3)$

Bestimmen Sie in den Aufgaben 14 und 15 die Steigung der Kurve an der angegebenen Stelle.

14. $y = 5x^2$, $x = -1$
15. $y = \dfrac{1}{x-1}$, $x = 3$
16. $y = \dfrac{x-1}{x+1}$, $x = 0$

Tangenten mit vorgegebenen Steigungen In welchen Punkten hat der Graph der Funktion aus Aufgabe 17 eine horizontale Tangente?

17. $f(x) = x^2 + 4x - 1$

18. $g(x) = x^3 - 3x$

19. Bestimmen Sie die Gleichungen aller Geraden mit der Steigung -1, die Tangenten an die Kurve $y = 1/(x-1)$ sind.

Änderungsraten

20. **Fallgeschwindigkeit eines Objekts.** Ein Objekt wird von einem Turm aus 100 m Höhe fallen gelassen. Nach t Sekunden befindet es sich noch in einer Höhe von $100 - (9{,}81/2)t^2$ m. Mit welcher Geschwindigkeit fällt es 2 s, nachdem es fallen gelassen wurde?

21. **Geschwindigkeit einer Rakete.** t Sekunden nach dem Start hat eine Rakete eine Höhe von $(9{,}81/2)t^2$ m. Wie schnell steigt die Rakete 10 s nach dem Start?

22. **Änderung des Flächeninhalts eines Kreises.** Wie ist die lokale Änderungsrate des Flächeninhalts eines Kreises ($A = \pi r^2$) bezüglich des Radius r, wenn der Radius $r = 3$ ist?

23. **Änderung des Volumens einer Kugel.** Wie ist die lokale Änderungsrate des Volumens einer Kugel ($V = (4/3)\pi r^3$) bezüglich des Radius r, wenn der Radius $r = 2$ ist?

24. Zeigen Sie, dass die Gerade $y = mx + b$ in jedem Punkt $(x_0, mx_0 + b)$ die Tangente an sich selbst ist.

Auf Tangenten prüfen

25. Hat der Graph der Funktion

$$f(x) = \begin{cases} x^2 \sin(1/x), & x \neq 0 \\ 0, & x = 0 \end{cases}$$

eine Tangente, die durch den Ursprung verläuft? Begründen Sie Ihre Antwort.

Vertikale Tangenten

Der Graph einer stetigen Funktion $y = f(x)$ hat an einer Stelle $x = x_0$ eine **vertikale Tangente**, wenn $\lim_{h \to 0}(f(x_0 + h) - f(x_0))/h = \infty$ oder $-\infty$ ist. Der Graph zu $y = x^{1/3}$ hat eine vertikale Tangente an der Stelle $x = 0$ (►nachfolgende Abbildung):

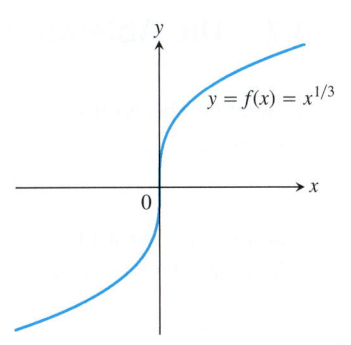

Vertikale Tangente im Ursprung

$$\lim_{h \to 0} \frac{f(0+h) - f(0)}{h} = \lim_{h \to 0} \frac{h^{1/3} - 0}{h}$$
$$= \lim_{h \to 0} \frac{1}{h^{2/3}} = \infty.$$

Dagegen hat der Graph zu $y = x^{2/3}$ keine vertikale Tangente an der Stelle $x = 0$. Der Grenzwert

$$\lim_{h \to 0} \frac{g(0+h) - g(0)}{h} = \lim_{h \to 0} \frac{h^{2/3} - 0}{h}$$
$$= \lim_{h \to 0} \frac{1}{h^{1/3}}$$

existiert nicht, weil der Grenzwert von rechts ∞ ist, von links aber $-\infty$ (►nachfolgende Abbildung).

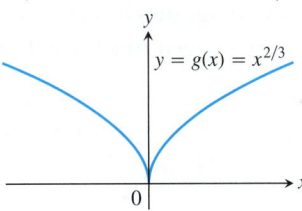

Keine vertikale Tangente im Ursprung

26. Hat der Graph der Funktion

$$f(x) = \begin{cases} -1, & x < 0 \\ 0, & x = 0 \\ 1, & x > 0 \end{cases}$$

eine vertikale Tangente, die durch den Ursprung verläuft? Begründen Sie Ihre Antwort.

27. Hat der Graph der Funktion

$$U(x) = \begin{cases} 0, & x < 0 \\ 1, & x \geq 0 \end{cases}$$

eine vertikale Tangente, die durch den Punkt $(0, 1)$ verläuft? Begründen Sie Ihre Antwort.

3.2 Die Ableitung als Funktion

Im letzten Abschnitt haben wir die Ableitung von $y = f(x)$ an der Stelle $x = x_0$ als Grenzwert

$$f'(x_0) = \lim_{h \to 0} \frac{f(x_0 + h) - f(x_0)}{h}$$

definiert. Wir betrachten die Ableitung nun als eine *Funktion*, die man aus f erhält, indem man den Grenzwert an jeder Stelle x des Definitionsbereichs von f bestimmt.

> **Definition**
>
> Die **Ableitung** der Funktion $f(x)$ nach der Variablen x ist die Funktion f', deren Wert an der Stelle x
>
> $$f'(x) = \lim_{h \to 0} \frac{f(x+h) - f(x)}{h}$$
>
> ist, vorausgesetzt, der Grenzwert existiert.

Der Definitionsbereich von f' ist die Menge der x aus dem Definitionsbereich von f, für die der Grenzwert existiert. Der Definitionsbereich von f' kann also gleich oder kleiner als der Definitionsbereich von f sein. Wenn $f'(x)$ für ein bestimmtes x existiert, so sagen wir, dass f **an der Stelle x differenzierbar ist (eine Ableitung besitzt)**. Existiert $f'(x)$ für alle x aus dem Definitionsbereich, so nennen wir f **differenzierbar**.

Wir haben bisher stillschweigend angenommen, dass jedes x aus dem Definitionsbereich D_f von f ein innerer Punkt des Definitionsbereichs ist; deshalb haben wir in der obigen Definition auch den zweiseitigen Limes $\lim_{h \to 0}$ verwendet. Im Fall, dass $x \in D_f$ ein Randpunkt des Definitionsbereichs ist, wird in der Definition von $f'(x)$ einfach der zweiseitige durch einen einseitigen Limes ersetzt und man spricht von einer links- bzw. rechtsseitigen Ableitung. Dies wird im übernächsten Abschnitt genauer ausgeführt.

Wenn wir $z = x + h$ schreiben, so ist $h = z - x$, und h geht genau dann gegen 0, wenn z gegen x geht. Daher kann man die Ableitung alternativ auch folgendermaßen definieren (▶Abbildung 3.4).

Ableitung von f an der Stelle x ist
$$f'(x) = \lim_{h \to 0} \frac{f(x+h) - f(x)}{h} = \lim_{z \to a} \frac{f(z) - f(x)}{z - x}$$

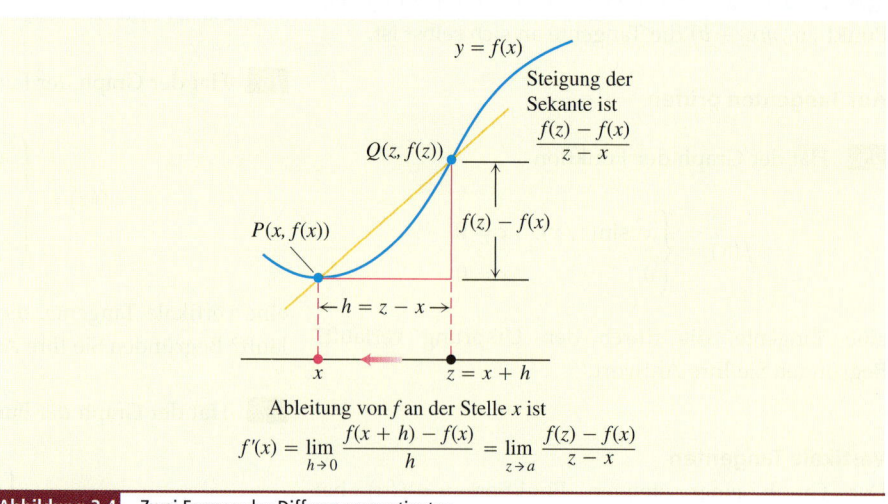

Abbildung 3.4 Zwei Formen des Differenzenquotienten.

3.2 Die Ableitung als Funktion

> **Merke**
>
> **Alternative Darstellung der Ableitung**
>
> $$f'(x) = \lim_{z \to x} \frac{f(z) - f(x)}{z - x}.$$

Ableitungen aus der Definition berechnen

Die Berechnung einer Ableitung nennt man **Differentiation**. Um hervorzuheben, dass die Differentiation eine Operation ist, die auf eine Funktion $y = f(x)$ wirkt, verwenden wir für die Ableitung $f'(x)$ alternativ die Schreibweise

$$\frac{\mathrm{d}}{\mathrm{d}x} f(x).$$

Beispiel 3.1 illustrierte den Differentiationsprozess für die Funktion $y = 1/x$ im Fall $x = a$. Steht x für eine beliebige Stelle aus dem Definitionsbereich, so erhalten wir die Gleichung

$$\frac{\mathrm{d}}{\mathrm{d}x}\left(\frac{1}{x}\right) = -\frac{1}{x^2}.$$

Ableitung der Kehrwertfunktion

$$\frac{\mathrm{d}}{\mathrm{d}x}\left(\frac{1}{x}\right) = -\frac{1}{x^2}, \quad x \neq 0$$

Es folgen zwei weitere Beispiele, in denen wir x als beliebige Stelle aus dem Definitionsbereich von f betrachten.

Beispiel 3.3 Leiten Sie die Funktion $f(x) = \dfrac{x}{x-1}$ ab.

Berechnung der Ableitung mithilfe der Definition

Lösung Wir verwenden die Definition der Ableitung. Dazu müssen wir zunächst $f(x + h)$ berechnen und dann $f(x)$ vom Ergebnis subtrahieren, um den Zähler im Differenzenquotienten zu erhalten. Es ist

$$f(x) = \frac{x}{x-1} \quad \text{und} \quad f(x+h) = \frac{(x+h)}{(x+h)-1}, \text{ also}$$

$$
\begin{aligned}
f'(x) &= \lim_{h \to 0} \frac{f(x+h) - f(x)}{h} && \text{Definition} \\
&= \lim_{h \to 0} \frac{\dfrac{x+h}{x+h-1} - \dfrac{x}{x-1}}{h} \\
&= \lim_{h \to 0} \frac{1}{h} \cdot \frac{(x+h)(x-1) - x(x+h-1)}{(x+h-1)(x-1)} && \frac{a}{b} - \frac{c}{d} = \frac{ad - cb}{bd} \\
&= \lim_{h \to 0} \frac{1}{h} \cdot \frac{-h}{(x+h-1)(x-1)} && \text{vereinfachen} \\
&= \lim_{h \to 0} \frac{-1}{(x+h-1)(x-1)} = \frac{-1}{(x-1)^2}. && h \neq 0 \text{ kürzen}
\end{aligned}
$$

■

Beispiel 3.4

Ableitung und Tangente für die Wurzelfunktion

a Bestimmen Sie die Ableitung von $f(x) = \sqrt{x}$ für $x > 0$.
b Bestimmen Sie die Tangente an die Kurve $y = \sqrt{x}$ an der Stelle $x = 4$.

Lösung

Ableitung der Wurzelfunktion
$$\frac{d}{dx}\sqrt{x} = \frac{1}{2}\sqrt{x}, \quad x > 0$$

a Wir verwenden die alternative Methode zur Berechnung von f':

$$f'(x) = \lim_{z \to x} \frac{f(z) - f(x)}{z - x}$$
$$= \lim_{z \to x} \frac{\sqrt{z} - \sqrt{x}}{z - x}$$
$$= \lim_{z \to x} \frac{\sqrt{z} - \sqrt{x}}{(\sqrt{z} - \sqrt{x})(\sqrt{z} + \sqrt{x})}$$
$$= \lim_{z \to x} \frac{1}{\sqrt{z} + \sqrt{x}} = \frac{1}{2\sqrt{x}}.$$

b Die Steigung der Kurve an der Stelle $x = 4$ ist

$$f'(4) = \frac{1}{2\sqrt{4}} = \frac{1}{4}.$$

Die Tangente ist die Gerade durch den Punkt $(4, 2)$ mit der Steigung $(1/4)$ (▶Abbildung 3.5).

$$y = 2 + \frac{1}{4}(x - 4)$$
$$y = \frac{1}{4}x + 1.$$

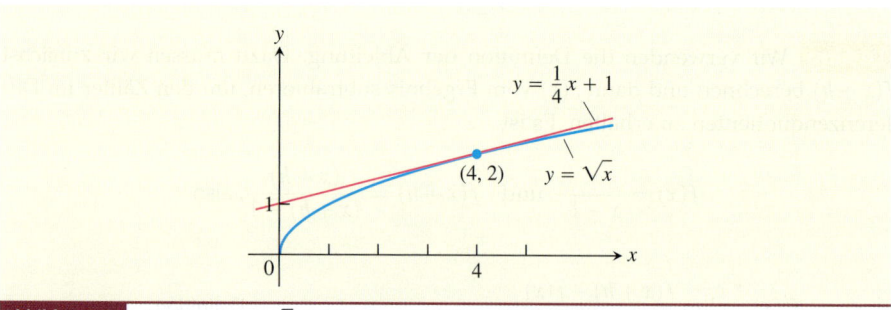

Abbildung 3.5 Die Kurve $y = \sqrt{x}$ und ihre Tangente im Punkt $(4, 2)$. Die Steigung der Tangente wurde durch Berechnung der Ableitung an der Stelle $x = 4$ bestimmt.

Schreibweisen

Es gibt viele Möglichkeiten, die Ableitung einer Funktion $y = f(x)$ zu kennzeichnen, wenn x das Funktionsargument und y der Funktionswert ist. Einige gebräuchliche Alternativschreibweisen für die Ableitung als Funktion sind

$$f'(x) = y' = \frac{dy}{dx} = \frac{df}{dx} = \frac{d}{dx}f(x) = D(f)(x) = D_x f(x).$$

Die Symbole d/dx und D kennzeichnen die Operation der Differentiation. Wir lesen dy/dx als „Ableitung von y nach x" sowie df/dx und $(d/dx)f(x)$ als „Ableitung von f nach x." Die „Strich-Schreibweisen" y' und f' gehen auf die Newton'sche Schreibweise zurück. Die Schreibweisen mit d/dx ähneln denen, die Leibniz verwendete. Das Symbol dy/dx sollte man nicht als Quotient auffassen. (bis in Abschnitt 3.9 der Begriff des „Differentials" eingeführt wird).

Um den Wert einer Ableitung an einer bestimmten Stelle $x = a$ zu bezeichnen, verwenden wir die Schreibweise

$$f'(a) = \left.\frac{dy}{dx}\right|_{x=a} = \left.\frac{df}{dx}\right|_{x=a} = \left.\frac{d}{dx}f(x)\right|_{x=a}.$$

In Beispiel 3.4 ist etwa

$$f'(4) = \left.\frac{d}{dx}\sqrt{x}\right|_{x=4} = \left.\frac{1}{2\sqrt{x}}\right|_{x=4} = \frac{1}{2\sqrt{4}} = \frac{1}{4}.$$

Grafische Darstellung der Ableitung

Oft können wir eine angemessene grafische Darstellung der Ableitung von $y = f(x)$ gewinnen, indem wir die Steigungen am Graphen von f abschätzen. Wir zeichnen also Punkte $(x, f'(x))$ in die xy-Ebene ein und verbinden sie durch eine glatte Kurve, die eine Näherung für den Graphen von f' ist.

Beispiel 3.5 Stellen Sie die Ableitung der Funktion $y = f(x)$ aus ▶Abbildung 3.6 auf der nächsten Seite grafisch dar.

Grafische Darstellung einer Ableitung

Lösung Wir skizzieren in kurzen Abständen Tangenten an den Graphen von f und schätzen anhand ihrer Steigungen die Werte von $f'(x)$ an diesen Stellen ab. Dann zeichnen wir die entsprechenden Punkte $(x, f'(x))$ in die xy-Ebene ein und verbinden diese Punkte durch eine glatte Kurve, wie in ▶Abbildung 3.6 skizziert. ∎

Was können wir aus dem Graphen von f' lernen? Auf einen Blick sehen wir

1 wo die lokale Änderungsrate von f positiv, negativ oder null ist;
2 wo die lokale Änderungsrate selbst wächst oder fällt.

Differenzierbarkeit über einem Intervall und einseitige Ableitungen

Eine Funktion $y = f(x)$ ist **über einem offenen** (beschränkten oder unbeschränkten) **Intervall differenzierbar**, wenn sie an jeder Stelle des Intervalls eine Ableitung hat. Sie ist über einem **abgeschlossenen Intervall [a, b] differenzierbar**, wenn sie über (a, b) differenzierbar ist und die Grenzwerte

$$\lim_{h \to 0^+} \frac{f(a+h) - f(a)}{h} \quad \text{rechtsseitige Ableitung an der Stelle } a$$

$$\lim_{h \to 0^-} \frac{f(b+h) - f(b)}{h} \quad \text{linksseitige Ableitung an der Stelle } b$$

an den Intervallgrenzen existieren (▶Abbildung 3.7).

Statt „differenzierbar über I" verwenden wir auch die Sprechweise „differenzierbar auf I", und bei I kann es sich auch um die Vereinigung von zwei oder mehr Intervallen handeln.

Rechts- und linksseitige Ableitungen können an jeder Stelle des Definitionsbereichs einer Funktion definiert werden. Aus Satz 2.6 wissen wir, dass eine Funktion genau dann eine Ableitung an einer Stelle hat, wenn sie dort links- und rechtsseitige Grenzwerte besitzt und diese einseitigen Grenzwerte übereinstimmen.

3 Differentiation

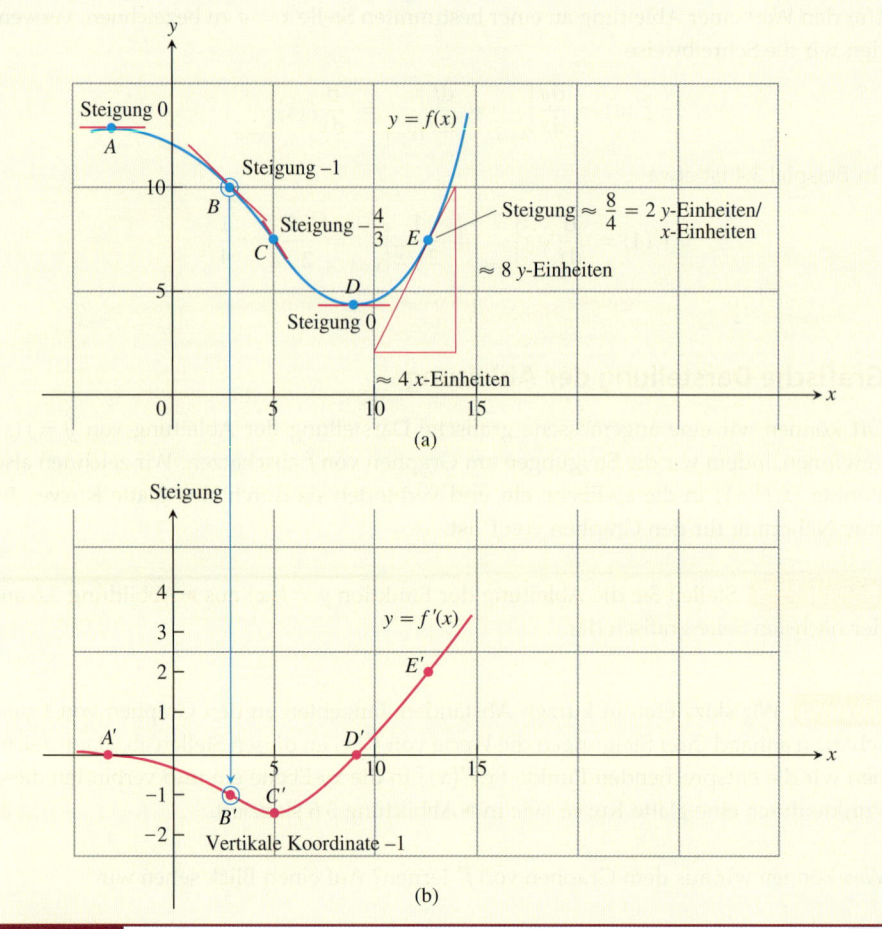

Abbildung 3.6 Wir haben den Graphen von $y = f'(x)$ in Teil (b) konstruiert, indem wir die Steigungen des Graphen von $y = f(x)$ aus Teil (a) aufgetragen haben. Die y-Koordinate von B' ist die Steigung im Punkt B usw. Teil (b) entnehmen wir, dass die Steigung für x zwischen A' und D' negativ ist; rechts von D' ist sie positiv.

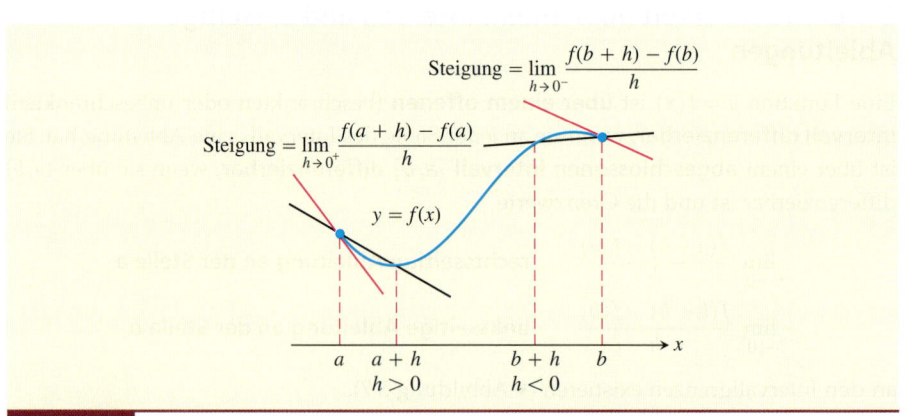

Abbildung 3.7 Die Ableitungen an den Intervallgrenzen sind einseitige Grenzwerte.

3.2 Die Ableitung als Funktion

Beispiel 3.6 Zeigen Sie, dass die Betragsfunktion $y = |x|$ über den beiden Intervallen $(-\infty, 0)$ und $(0, \infty)$ differenzierbar ist, an der Stelle $x = 0$ aber keine Ableitung hat.

Ableitung der Betragsfunktion

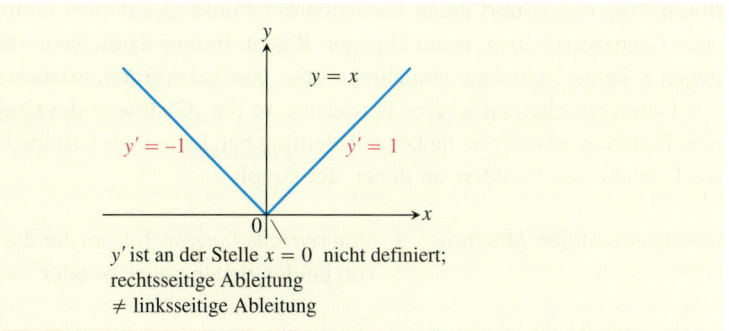

Abbildung 3.8 Die Funktion $y = |x|$ ist im Ursprung nicht differenzierbar. An dieser Stelle hat der Graph einen „Knick" (Beispiel 3.6).

Lösung Aus Abschnitt 3.1 wissen wir, dass die Ableitung von $y = mx + b$ die Steigung m ist. Folglich gilt rechts vom Ursprung

$$\frac{d}{dx}(|x|) = \frac{d}{dx}(x) = \frac{d}{dx}(1 \cdot x) = 1. \qquad \frac{d}{dx}(mx+b) = m, \quad |x| = x$$

Links davon gilt

$$\frac{d}{dx}(|x|) = \frac{d}{dx}(-x) = \frac{d}{dx}(-1 \cdot x) = -1 \qquad |x| = -x$$

(▶Abbildung 3.8). Im Ursprung gibt es keine Ableitung, weil sich dort die einseitigen Ableitungen voneinander unterscheiden:

$$\text{Rechtsseitige Ableitung von } |x| \text{ bei null} = \lim_{h \to 0^+} \frac{|0+h| - |0|}{h} = \lim_{h \to 0^+} \frac{|h|}{h}$$

$$= \lim_{h \to 0^+} \frac{h}{h} \qquad |h| = h \text{ für } h > 0$$

$$= \lim_{h \to 0^+} 1 = 1.$$

$$\text{Linksseitige Ableitung von } |x| \text{ bei null} = \lim_{h \to 0^-} \frac{|0+h| - |0|}{h} = \lim_{h \to 0^-} \frac{|h|}{h}$$

$$= \lim_{h \to 0^-} \frac{-h}{h} \qquad |h| = -h \text{ für } h < 0$$

$$= \lim_{h \to 0^-} -1 = -1.$$

Beispiel 3.7 Nach Beispiel 3.4 gilt für $x > 0$

$$\frac{d}{dx}\sqrt{x} = \frac{1}{2\sqrt{x}}.$$

Ableitung der Wurzelfunktion an der Stelle $x = 0$

Wir greifen auf die Definition zurück, um zu untersuchen, ob die Ableitung an der Stelle $x = 0$ existiert:

$$\lim_{h \to 0^+} \frac{\sqrt{0+h} - \sqrt{0}}{h} = \lim_{h \to 0^+} \frac{1}{\sqrt{h}} = \infty.$$

Da der (rechtsseitige) Grenzwert nicht endlich ist, existiert an der Stelle $x = 0$ keine Ableitung. Da die Steigungen der Sekanten, die den Ursprung mit den Punkten $(h, \sqrt{h})$ auf dem Graphen $y = \sqrt{x}$ verbinden, gegen ∞ gehen, besitzt der Graph im Ursprung eine *vertikale Tangente* (Abschnitt 1.1, Abbildung 1.17 auf Seite 24).

Wann hat eine Funktion in einem Punkt *keine* Ableitung?

Eine Funktion hat an der Stelle x_0 eine Ableitung, wenn die Steigungen der Sekanten durch $P(x_0, f(x_0))$ und einen benachbarten Punkt Q auf dem Graphen einen endlichen Grenzwert haben, wenn Q gegen P geht. Immer dann, wenn die Sekanten für Q gegen P keine Grenzlage einnehmen oder vertikal werden, existiert keine Ableitung. Die Differenzierbarkeit ist eine Forderung an die „Glattheit" des Graphen von f. Dass eine Funktion an einer Stelle keine Ableitung hat, kann viele Gründe haben. Dazu zählt die Existenz von Punkten, an denen der Graph

1. einen *Knick* hat, an dem sich die einseitigen Ableitungen unterscheiden.

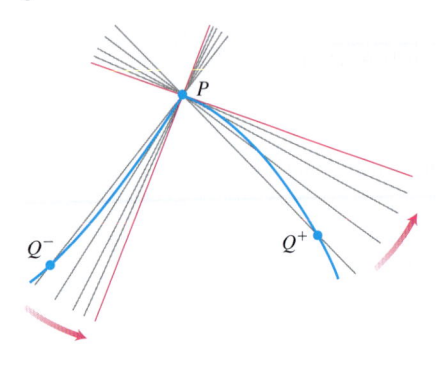

2. eine *Spitze* hat, an der die Steigung von PQ auf einer Seite gegen ∞ und auf der anderen gegen $-\infty$ geht.

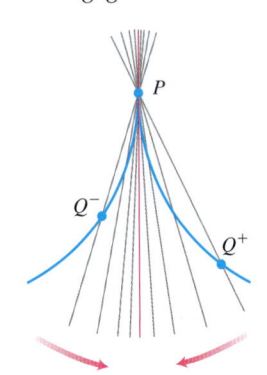

3. eine *vertikale Tangente* hat, an der die Steigung von PQ von beiden Seiten gegen ∞ oder $-\infty$ geht (hier $-\infty$).

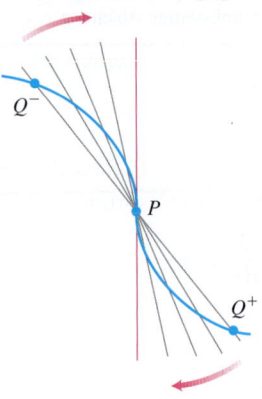

4. eine *Unstetigkeitsstelle* hat (mit zwei Beispielen).

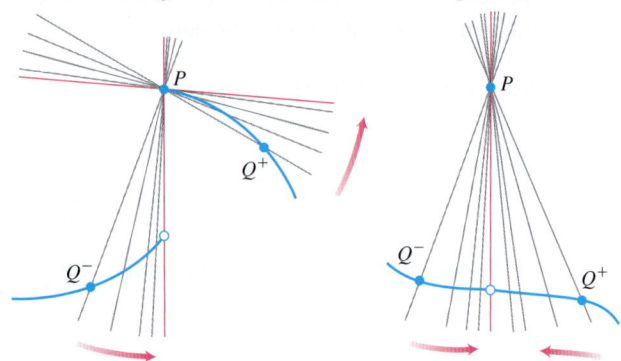

Differenzierbare Funktionen sind stetig

Eine Funktion ist an jeder Stelle stetig, an der sie eine Ableitung besitzt.

> **Satz 3.1 Differenzierbarkeit impliziert Stetigkeit** Hat f an der Stelle $x = c$ eine Ableitung, so ist f an der Stelle $x = c$ stetig.

Beweis Wir nehmen an, dass $f'(c)$ existiert. Wir müssen zeigen, dass $\lim_{h \to c} f(x) = f(c)$ ist, oder äquivalent dazu, dass $\lim_{h \to 0} f(c+h) = f(c)$ ist. Für $h \neq 0$ gilt

$$f(c+h) = f(c) + (f(c+h) - f(c)) = f(c) + \frac{f(c+h) - f(c)}{h} \cdot h.$$

Nun können wir die Grenzwerte für $h \to 0$ bilden. Nach Satz 1 aus Abschnitt 2.2 ist

$$\lim_{h\to 0} f(c+h) = \lim_{h\to 0} f(c) + \lim_{h\to 0} \frac{f(c+h)-f(c)}{h} \cdot \lim_{h\to 0} h$$
$$= f(c) + f'(c) \cdot 0$$
$$= f(c) + 0$$
$$= f(c).$$

∎

Ähnliche Überlegungen für einseitige Grenzwerte zeigen: Hat f eine einseitige Ableitung (links oder rechts) an der Stelle $x = c$, so ist f an der Stelle $x = c$ von dieser Seite stetig.

Satz 3.1 besagt: Hat eine Funktion an einer Stelle eine Unstetigkeit (beispielsweise einen Sprung), so kann sie dort auch nicht differenzierbar sein. Die Gauß-Klammer oder Abrundungsfunktion $y = \lfloor x \rfloor$ ist für jede ganze Zahl $x = n$ nicht differenzierbar (Beispiel 4, Abschnitt 2.5).

Achtung Die Umkehrung von Satz 3.1 ist falsch. Eine Funktion muss an einer Stelle, an der sie stetig ist, nicht zwangsläufig eine Ableitung haben, wie wir in Beispiel 3.6 gesehen haben.

Aufgaben zum Abschnitt 3.2

Ableitungen und Ableitungsfunktionen bestimmen
Bestimmen Sie mithilfe der Definition die Ableitungen der Funktionen aus den Aufgaben 1 und 3. Berechnen Sie die angegebenen Funktionswerte der Ableitungen.

1. $f(x) = 4 - x^2$, $f'(-3), f'(0), f'(1)$

2. $g(t) = \dfrac{1}{t^2}$; $g'(-1), g'(2), g'(\sqrt{3})$

3. $p(\theta) = \sqrt{3\theta}$; $p'(1), p'(3), p'(2/3)$

Bestimmen Sie in den Aufgaben 4 und 6 die angegebenen Ableitungen.

4. $\dfrac{dy}{dx}$ für $y = 2x^3$

5. $\dfrac{ds}{dt}$ für $s = \dfrac{t}{2t+1}$

6. $\dfrac{dp}{dq}$ für $p = \dfrac{1}{\sqrt{q+1}}$

Steigungen und Tangenten Leiten Sie die Funktionen aus den Aufgaben 7 und 8 ab, und bestimmen Sie die Steigung der Tangente für den angegebenen Wert des Funktionsarguments.

7. $f(x) = x + \dfrac{9}{x}$, $x = -3$ **8.** $s = t^3 - t^2$, $t = -1$

Leiten Sie die Funktion aus Aufgabe 9 nach x ab. Bestimmen Sie eine Gleichung für die Tangente an den Graphen der Funktion in dem angegebenen Punkt.

9. $y = f(x) = \dfrac{8}{\sqrt{x-2}}$, $(x, y) = (6, 4)$

Bestimmen Sie in den Aufgaben 10 und 11 die Werte der Ableitungen.

10. $\left.\dfrac{ds}{dt}\right|_{t=-1}$ für $s = 1 - 3t^2$

11. $\left.\dfrac{dr}{d\theta}\right|_{\theta=0}$ für $r = \dfrac{2}{\sqrt{4-\theta}}$

Anwendung der alternativen Darstellung für die Ableitung Bestimmen Sie mithilfe von

$$f'(x) = \lim_{z\to x} \frac{f(z)-f(x)}{z-x}$$

die Ableitungen der Funktionen aus den Aufgaben 12 und 13.

12. $f(x) = \dfrac{1}{x+2}$

13. $g(x) = \dfrac{x}{x-1}$

Grafische Darstellungen Ordnen Sie den Graphen aus den Aufgaben 14 und 16 die Ableitungen aus den beiden Abbildungen **a** und **b** zu.

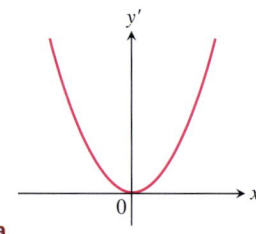

a.

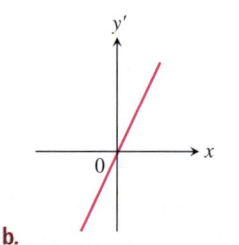

b.

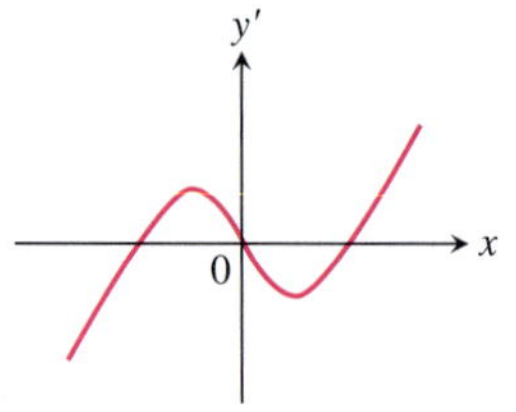

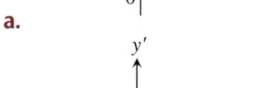

c.

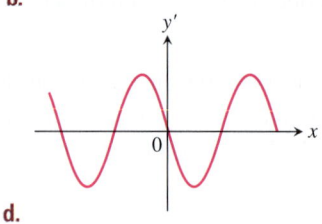

d.

14. $y = f_1(x)$

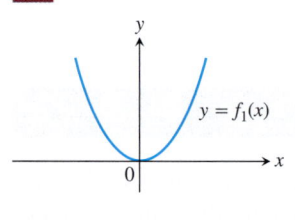

15. $y = f_2(x)$

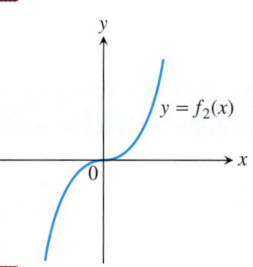

16. $y = f_3(x)$

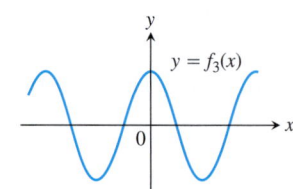

17. $y = f_4(x)$

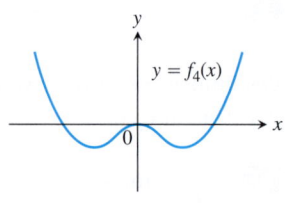

18. a. Der Graph aus der nachfolgenden Abbildung setzt sich aus aneinandergereihten Geradenabschnitten zusammen. In welchen Punkten des Intervalls $[-4, 6]$ ist f' nicht definiert? Begründen Sie Ihre Antwort.

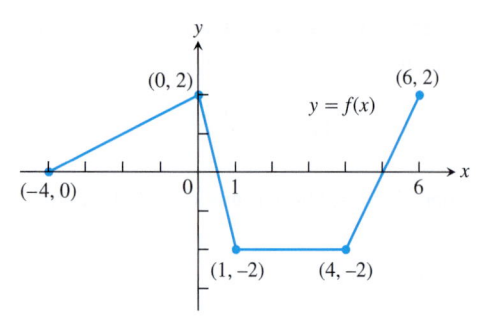

$y = f(x)$, $(-4, 0)$, $(0, 2)$, $(1, -2)$, $(4, -2)$, $(6, 2)$

b. Stellen Sie die Ableitung von f grafisch dar. Der Graph sollte eine Stufenfunktion sein.

19. Konstruktion einer Funktion aus ihrer Ableitung

a. Verwenden Sie die folgenden Informationen, um den Graphen der Funktion f über dem abgeschlossenen Intervall $[-2, 5]$ zu zeichnen.

  i. Der Graph von f hat keine Sprünge (f ist stetig).
  ii. Der Graph beginnt bei $(-2, 3)$.
  iii. Die Ableitung von f ist die Stufenfunktion aus der nachfolgenden Abbildung.

$y' = f'(x)$

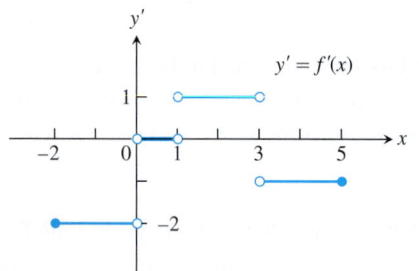

b. Wiederholen Sie die Teilaufgabe (a) unter der Annahme, dass der Graph nicht bei $(-2, 3)$, sondern bei $(-2, 0)$ beginnt.

20. Wirtschaftswachstum Der Graph aus der nachfolgenden Abbildung zeigt die Veränderung des Bruttonationaleinkommens (früher als Bruttosozialprodukt bezeichnet) der USA gegenüber dem Vorjahr $y = f(t)$ für die Jahre 1983–1988. Stellen Sie dy/dt, wo definiert, grafisch dar.

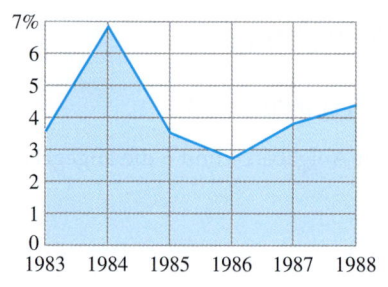

21. Fruchtfliegen (Fortsetzung von Beispiel 2.4, Abschnitt 2.1) Solange es nur wenige Mitglieder gibt, wachsen Populationen in abgeschlossenen Umgebungen zunächst zögerlich. Mit zunehmender Anzahl von reproduktionsfähigen Individuen und bei noch reichlichem Nahrungsangebot wachsen sie dann schneller. Wenn die Population die Aufnahmefähigkeit der Umgebung übersteigt, wachsen die Populationen wieder langsamer.

a. Skizzieren Sie mithilfe des grafischen Verfahrens aus Beispiel 3.5 den Graphen der Ableitung der Fruchtfliegenpopulation. Den Graphen der Population finden Sie in der nachfolgenden Abbildung.

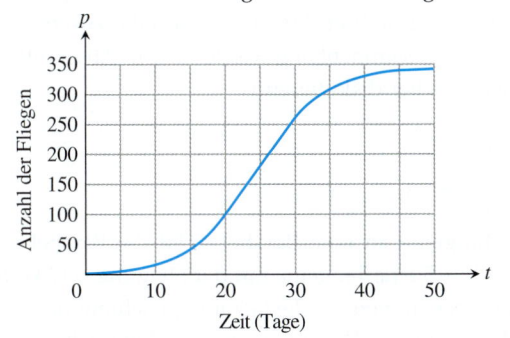

b. Wann wächst die Population am schnellsten? Wann wächst sie am langsamsten?

22. **Temperatur** Der gegebene Graph zeigt die Temperatur in °C in Davis, CA, am 18. April 2008 zwischen 6 und 18 Uhr.

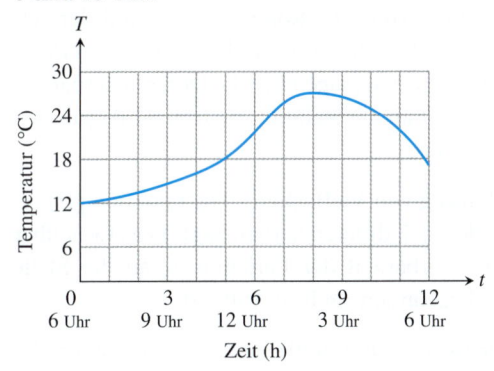

a. Schätzen Sie die Temperaturänderungsrate zu den folgenden Zeiten ab:

    i. 7 Uhr   ii. 9 Uhr   iii. 14 Uhr   iv. 16 Uhr

b. Wann steigt die Temperatur am schnellsten? Wann sinkt sie am schnellsten? Wie groß ist die Änderungsrate für die beiden Zeitpunkte?

c. Verwenden Sie das grafische Verfahren aus Beispiel 3.5, um die Ableitung der Temperatur T über der Zeit t aufzutragen.

23. **Gewichtsverlust** Jared Fogle, bekannt als der „Subway Guy", wog 1997 rund 193 kg, bevor er in 12 Monaten mehr als 109 kg Körpergewicht verlor (en.wikipedia.org/wiki/Jared_Fogle). Die nachfolgende Abbildung zeigt ein Diagramm eines möglichen Verlaufs seines Gewichtsverlusts.

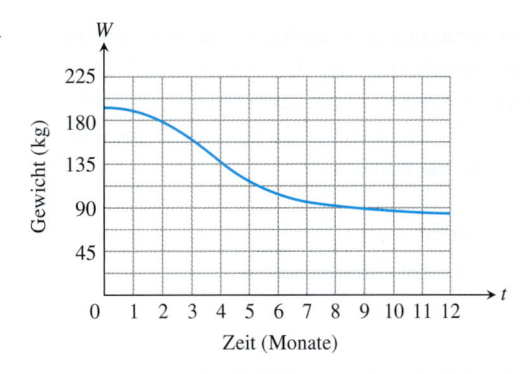

a. Schätzen Sie Jared Fogles Gewichtsverlustrate zur Zeit (in Monaten)

    i. $t = 1$ ii. $t = 4$ iii. $t = 11$

b. Wann verlor Jared am schnellsten Gewicht? Was war die Rate des Gewichtsverlusts?

c. Skizzieren Sie mithilfe des grafischen Verfahrens aus Beispiel 3.5 die Ableitung des Gewichts W.

Einseitige Ableitungen Berechnen Sie die rechtsseitigen und linksseitigen Ableitungen als Grenzwerte, um zu zeigen, dass die Funktionen aus den Aufgaben 24 und 25 an der durch den Punkt P definierten Stelle nicht differenzierbar sind.

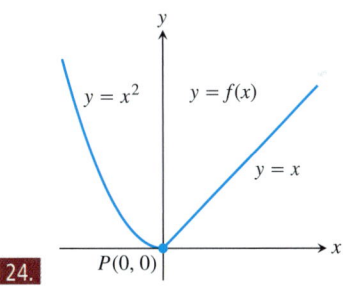

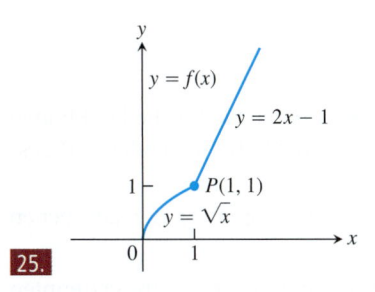

24.

25.

Entscheiden Sie, ob die stückweise definierte Funktion aus Aufgabe 26 im Ursprung differenzierbar ist.

26. $f(x) = \begin{cases} 2x - 1, & x \geq 0 \\ x^2 + 2x, & x < 0 \end{cases}$

Differenzierbarkeit und Stetigkeit über einem Intervall Jede Abbildung aus den Aufgaben 27–29 zeigt den Graphen einer Funktion über einem abgeschlossenen Intervall D. An welchen Stellen des Definitionsbereichs scheint die Funktion

a. differenzierbar

b. stetig, aber nicht differenzierbar

c. nicht stetig

zu sein? Begründen Sie Ihre Antworten.

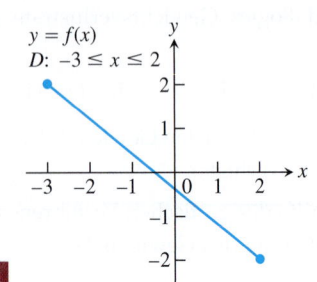

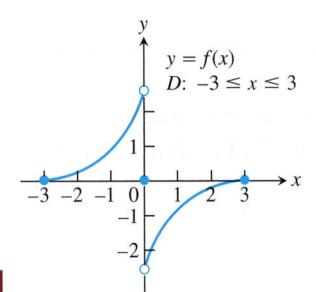

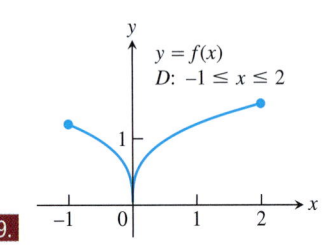

27. $y = f(x)$, $D: -3 \leq x \leq 2$

28. $y = f(x)$, $D: -3 \leq x \leq 3$

29. $y = f(x)$, $D: -1 \leq x \leq 2$

Theorie und Beispiele Führen Sie für die Funktionen aus den Aufgaben 30 und 31 die folgenden Arbeitsschritte aus:

a. Bestimmen Sie die Ableitung $f'(x)$ der gegebenen Funktion $y = f(x)$.

b. Stellen Sie $y = f(x)$ und $y = f'(x)$ in getrennten Koordinatensystemen nebeneinander grafisch dar, und beantworten Sie folgende Fragen.

c. Für welche Werte von x ist die Ableitung f' positiv, null oder negativ?

d. Über welchen Intervallen von x wächst die Funktion $y = f(x)$ mit wachsendem x? Wo fällt sie? Wie hängt dies mit Ihren Aussagen aus Teil c. zusammen? (Diesen Zusammenhang werden wir in Abschnitt 4.3 ausführlicher diskutieren.)

30. $y = -x^2$

31. $y = x^3/3$

32. Tangente an eine Parabel Hat die Parabel $y = 2x^2 - 13x + 5$ eine Tangente mit der Steigung -1? Wenn ja, dann bestimmen Sie die Geradengleichung und den Berührungspunkt. Wenn nein, begründen Sie Ihre Antwort.

33. Tangente an $\sqrt{x}$ Gibt es eine Tangente an die Kurve $y = \sqrt{x}$, die die x-Achse an der Stelle $x = -1$ schneidet? Wenn ja, dann bestimmen Sie die Geradengleichung und den Berührungspunkt. Wenn nein, warum nicht?

34. Ableitung von $-f$ Können Sie anhand der Tatsache, dass eine Funktion $f(x)$ an der Stelle $x = x_0$ differenzierbar ist, eine Aussage über die Differenzierbarkeit der Funktion $-f$ an der Stelle $x = x_0$ treffen? Begründen Sie Ihre Antwort.

35. Ableitung von Vielfachen Die Funktion $g(t)$ sei an der Stelle $t = 7$ differenzierbar. Sagt dies etwas über die Differenzierbarkeit der Funktion $3g$ an der Stelle $t = 7$ aus? Begründen Sie Ihre Antwort.

36. Grenzwert eines Quotienten Angenommen, die Funktionen $g(t)$ und $h(t)$ sind für alle Werte von t definiert und $g(0) = h(0) = 0$. Kann der Grenzwert $\lim_{t \to 0}(g(h)/h(t))$ existieren? Wenn ja, muss er gleich null sein? Begründen Sie Ihre Antworten.

37. Stellen Sie die Funktion $y = 1/(2\sqrt{x})$ in einem Fenster mit $0 \leq x \leq 2$ grafisch dar. Stellen Sie dann in demselben Fenster die Funktion

$$y = \frac{\sqrt{x+h} - \sqrt{x}}{h}$$

für $h = 1, 0{,}5, 0{,}1$ grafisch dar. Probieren Sie anschließend die Werte $-1, -0{,}5, -0{,}1$. Erläutern Sie Ihre Beobachtungen.

38. Ableitung von $y = |x|$ Stellen Sie die Ableitung von $f(x) = |x|$ grafisch dar. Stellen Sie dann $y = (|x| - 0)/(x - 0) = |x|/x$ dar. Was können Sie daraus schlussfolgern?

3.3 Differentiationsregeln

In diesem Abschnitt führen wir einige Regeln ein, mit deren Hilfe wir konstante Funktionen, Potenzfunktionen, Polynome, rationale Funktionen und bestimmte Kombinationen einfach und direkt ableiten können, ohne jedesmal die Grenzwerte bilden zu müssen.

Potenzen, Vielfache, Summen und Differenzen

Eine einfache Differentiationsregel besagt, dass die Ableitung jeder konstanten Funktion null ist.

> **Ableitung einer konstanten Funktion** Hat f den konstanten Wert $f(x) = c$, so ist
> $$\frac{df}{dx} = \frac{d}{dx}(c) = 0.$$

Merke

Beweis Wir wenden die Definition der Ableitung auf $f(x) = c$ an (▶Abbildung 3.9). Für jeden Wert von x erhalten wir

$$f'(x) = \lim_{h \to 0} \frac{f(x+h) - f(x)}{h} = \lim_{h \to 0} \frac{c-c}{h} = \lim_{h \to 0} 0 = 0.$$

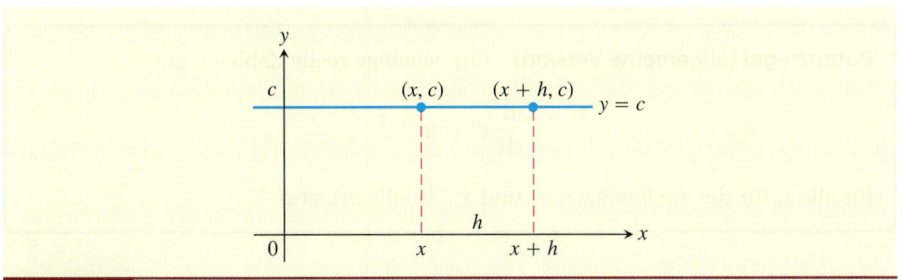

∎

Abbildung 3.9 Die Regel $(d/dx)(c) = 0$ ist eine andere Art auszudrücken, dass sich die Werte konstanter Funktionen nicht ändern und dass die Steigung einer Horizontalen in jedem Punkt null ist.

Aus Abschnitt 3.1 wissen wir

$$\frac{d}{dx}\left(\frac{1}{x}\right) = -\frac{1}{x^2} \quad \text{oder} \quad \frac{d}{dx}\left(x^{-1}\right) = -x^{-2}.$$

Aus Beispiel 3.4 des letzten Abschnitts wissen wir

$$\frac{d}{dx}\left(\sqrt{x}\right) = \frac{1}{2\sqrt{x}} \quad \text{oder} \quad \frac{d}{dx}\left(x^{1/2}\right) = \frac{1}{2}x^{-1/2}.$$

Die beiden Beispiele illustrieren eine allgemeine Regel für die Ableitung einer Potenz x^n. Wir beweisen diese Regel zunächst für den Fall, dass n eine positive ganze Zahl ist.

3 Differentiation

> **Merke** **Potenzregel (für positive ganze Zahlen n)**
>
> Ist n eine positive ganze Zahl, so ist
>
> $$\frac{d}{dx}x^n = nx^{n-1}.$$

Beweis der Potenzregel für positive ganze Zahlen n Die Formel

$$z^n - x^n = (z-x)(z^{n-1} + z^{n-2}x + \cdots + zx^{n-2} + x^{n-1})$$

können wir überprüfen, indem wir die rechte Seite ausmultiplizieren. Dann erhalten wir aus der alternativen Darstellung der Definition der Ableitung

$$\begin{aligned}f'(x) &= \lim_{z\to x}\frac{f(z)-f(x)}{z-x} = \lim_{z\to x}\frac{z^n-x^n}{z-x}\\ &= \lim_{z\to x}(z^{n-1} + z^{n-2}x + \cdots + zx^{n-2} + x^{n-1}) \qquad n \text{ Terme}\\ &= nx^{n-1}.\end{aligned}$$

Die Potenzregel gilt eigentlich für alle reellen Zahlen n. Bisher sind uns bereits Beispiele mit einem negativen ganzzahligen Exponenten und einem gebrochenen Exponenten begegnet, aber n könnte auch eine irrationale Zahl sein. Wenn wir die Potenzregel anwenden, subtrahieren wir vom ursprünglichen Exponenten n die Zahl 1 und multiplizieren den so erhaltenen Term mit n. Wir geben nun die allgemeine Version der Regel an, ihren Beweis heben wir uns jedoch für Kapitel 7 auf.

> **Merke** **Potenzregel (allgemeine Version)** Für beliebige reelle Zahlen n gilt
>
> $$\frac{d}{dx}x^n = nx^{n-1}$$
>
> für alle x, für die die Potenzen x^n und x^{n-1} definiert sind.

Ableitung von Potenzfunktionen

Beispiel 3.8 Leiten Sie die folgenden Potenzen nach x ab.

a x^3 **b** $x^{2/3}$ **c** $x^{\sqrt{2}}$ **d** $\dfrac{1}{x^4}$ **e** $x^{-4/3}$ **f** $\sqrt{x^{2+\pi}}$

Lösung

a $\dfrac{d}{dx}(x^3) = 3x^{3-1} = 3x^2$ **b** $\dfrac{d}{dx}(x^{2/3}) = \dfrac{2}{3}x^{(2/3)-1} = \dfrac{2}{3}x^{-1/3}$

c $\dfrac{d}{dx}\left(x^{\sqrt{2}}\right) = \sqrt{2}x^{\sqrt{2}-1}$ **d** $\dfrac{d}{dx}\left(\dfrac{1}{x^4}\right) = \dfrac{d}{dx}(x^{-4}) = -4x^{-4-1} = -4x^{-5} = -\dfrac{4}{x^5}$

e $\dfrac{d}{dx}\left(x^{-4/3}\right) = -\dfrac{4}{3}x^{-(4/3)-1} = -\dfrac{4}{3}x^{-7/3}$

f $\dfrac{d}{dx}\left(\sqrt{x^{2+\pi}}\right) = \dfrac{d}{dx}\left(x^{1+(\pi/2)}\right) = \left(1+\dfrac{\pi}{2}\right)x^{1+(\pi/2)-1} = \dfrac{1}{2}(2+\pi)\sqrt{x^\pi}$

Die nächste Regel besagt: Multipliziert man eine differenzierbare Funktion mit einer Konstanten, so wird ihre Ableitung mit derselben Konstanten multipliziert.

3.3 Differentiationsregeln

Merke

Faktorregel Ist u eine differenzierbare Funktion von x und c eine Konstante, so gilt

$$\frac{d}{dx}(cu) = c\frac{du}{dx}.$$

Ist n eine beliebige reelle Zahl, so gilt insbesondere

$$\frac{d}{dx}(cx^n) = cnx^{n-1}.$$

Beweis

$$\frac{d}{dx}cu(x) = \lim_{h \to 0} \frac{cu(x+h) - cu(x)}{h} \qquad \text{Definition der Ableitung mit } f(x) = cu(x)$$

$$= c \lim_{h \to 0} \frac{u(x+h) - u(x)}{h} \qquad \text{Grenzwertsatz für Faktoren}$$

$$= c\frac{du}{dx}(x) \qquad u \text{ ist differenzierbar}$$

Beispiel 3.9

Einfluss von konstanten Faktoren auf die Ableitung

a) Die Differentiationsformel

$$\frac{d}{dx}(3x^2) = 3 \cdot 2x = 6x$$

besagt: Strecken wir den Graphen von $y = x^2$, indem wir die y-Koordinate mit 3 multiplizieren, so verdreifacht sich auch die Steigung an jeder Stelle (▶ Abbildung 3.10).

b) **Das Negative einer Funktion** Die Ableitung des Negativen einer differenzierbaren Funktion u ist das Negative der Ableitungsfunktion u'. Die Faktorregel mit $c = -1$ liefert

$$\frac{d}{dx}(-u) = \frac{d}{dx}(-1 \cdot u) = -1 \cdot \frac{d}{dx}(u) = -\frac{du}{dx}.$$

Funktionen u und v
Die Funktionen in den Beispielen haben wir vorzugsweise mit den Buchstaben f und g bezeichnet. Da wir in den allgemeinen Differentiationsregeln nicht auf dieselben Buchstaben zurückgreifen wollen, nutzen wir stattdessen die noch freien Buchstaben u und v.

Die nächste Regel besagt, dass die Ableitung der Summe zweier differenzierbarer Funktionen die Summe ihrer Ableitungen ist.

Merke

Summenregel Sind u und v differenzierbare Funktionen von x, so ist ihre Summe $u + v$ an jeder Stelle differenzierbar, an der sowohl u als auch v differenzierbar sind. An diesen Stellen gilt

$$\frac{d}{dx}(u + v) = \frac{du}{dx} + \frac{dv}{dx}.$$

Betrachten wir zum Beispiel die Funktion $y = x^4 + 12x$. Dann ist y die Summe von $u(x) = x^4$ und $v(x) = 12x$. Es gilt

$$\frac{dy}{dx} = \frac{d}{dx}(x^4) + \frac{d}{dx}(12x) = 4x^3 + 12.$$

3 Differentiation

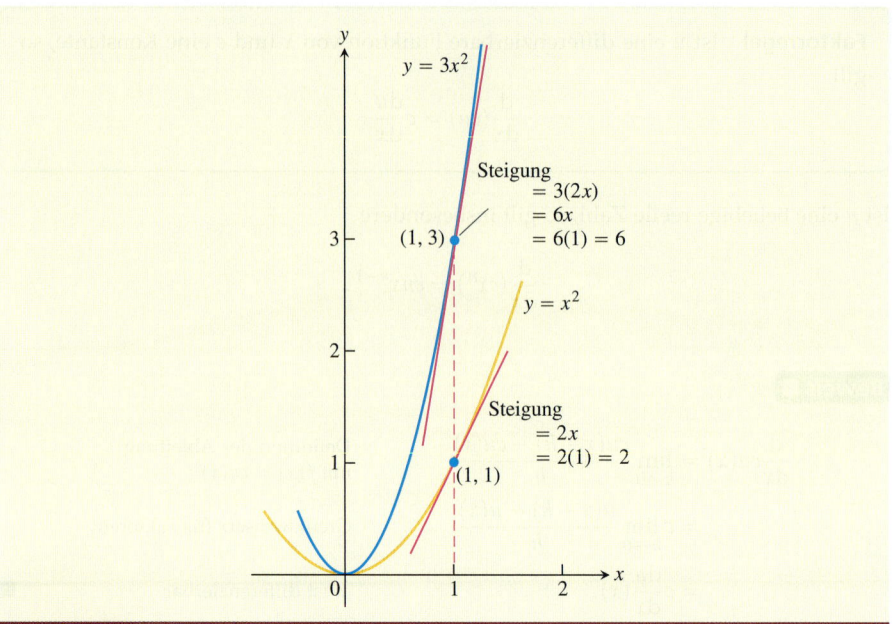

Abbildung 3.10 Die Graphen der Funktionen $y = x^2$ und $y = 3x^2$. Die Verdreifachung der y-Koordinate verdreifacht die Steigung (Beispiel 3.9).

Beweis Wir wenden die Definition der Ableitung auf $f(x) = u(x) + v(x)$ an:

$$\frac{d}{dx}[u(x) + v(x)] = \lim_{h \to 0} \frac{[u(x+h) + v(x+h)] - [u(x) + v(x)]}{h}$$

$$= \lim_{h \to 0} \left[\frac{u(x+h) - u(x)}{h} + \frac{v(x+h) - v(x)}{h}\right]$$

$$= \lim_{h \to 0} \frac{u(x+h) - u(x)}{h} + \lim_{h \to 0} \frac{v(x+h) - v(x)}{h} = \frac{du}{dx} + \frac{dv}{dx}. \blacksquare$$

Die Kombination der Summenregel mit der Faktorregel ergibt die **Differenzenregel**, der zufolge die Ableitung einer *Differenz* differenzierbarer Funktionen die Differenz ihrer Ableitungen ist:

$$\frac{d}{dx}(u - v) = \frac{d}{dx}[u + (-1)v] = \frac{du}{dx} + (-1)\frac{dv}{dx} = \frac{du}{dx} - \frac{dv}{dx}.$$

Die Summenregel lässt sich auch auf endliche Summen von mehr als zwei Funktionen übertragen. Sind die Funktionen $u_1, u_2, \ldots, u_n$ an der Stelle x differenzierbar, so ist dort auch $u_1 + u_2 + \cdots + u_n$ differenzierbar, und es gilt

$$\frac{d}{dx}(u_1 + u_2 + \cdots + u_n) = \frac{du_1}{dx} + \frac{du_2}{dx} + \cdots + \frac{du_n}{dx}.$$

Um uns zum Beispiel davon zu überzeugen, dass die Regel für drei Funktionen gilt, berechnen wir

$$\frac{d}{dx}(u_1 + u_2 + u_3) = \frac{d}{dx}((u_1 + u_2) + u_3) = \frac{d}{dx}(u_1 + u_2) + \frac{du_3}{dx}$$

$$= \frac{du_1}{dx} + \frac{du_2}{dx} + \frac{du_3}{dx}.$$

Einen Induktionsbeweis für eine beliebige endliche Anzahl von Termen finden Sie in Anhang A.2.

3.3 Differentiationsregeln

Beispiel 3.10 Bestimmen Sie die Ableitung des Polynoms $y = x^3 + \frac{4}{3}x^2 - 5x + 1$.

Ableitung eines Polynoms

Lösung

$$\frac{dy}{dx} = \frac{d}{dx}x^3 + \frac{d}{dx}\left(\frac{4}{3}x^2\right) - \frac{d}{dx}(5x) + \frac{d}{dx}(1) \qquad \text{Summen- und Differenzenregel}$$

$$= 3x^2 + \frac{4}{3} \cdot 2x - 5 + 0 = 3x^2 + \frac{8}{3}x - 5$$

Wir können jedes Polynom gliedweise differenzieren wie das Polynom aus Beispiel 3.10. Alle Polynome sind in jedem Punkt x differenzierbar.

Beispiel 3.11 Hat die Kurve $y = x^4 - 2x^2 + 2$ horizontale Tangenten? Wenn ja, wo?

Bestimmung von horizontalen Tangenten

Lösung Wenn es horizontale Tangenten gibt, so liegen sie dort, wo die Steigung dy/dx null ist. Es gilt

$$\frac{dy}{dx} = \frac{d}{dx}(x^4 - 2x^2 + 2) = 4x^3 - 4x.$$

Nun lösen wir die Gleichung $\frac{dy}{dx} = 0$ nach x auf:

$$4x^3 - 4x = 0$$
$$4x(x^2 - 1) = 0$$
$$x = 0, 1, -1.$$

Die Kurve $y = x^4 - 2x^2 + 2$ hat an den Stellen $x = 0, 1$ und -1 horizontale Tangenten (▶Abbildung 3.11). Die entsprechenden Punkte auf der Kurve sind $(0, 2)$, $(1, 1)$ und $(-1, 1)$. In Kapitel 4 werden wir sehen, dass die Suche nach Stellen x, an denen die Ableitung der Funktion null ist, ein wichtiges Vorgehen bei der sog. Kurvendiskussion darstellt.

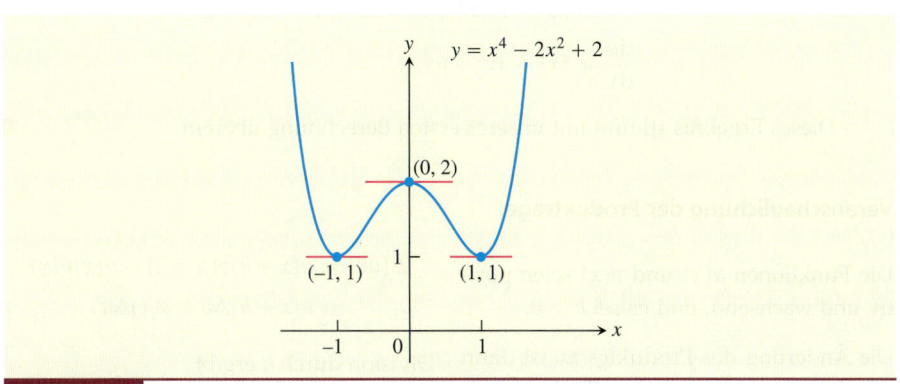

Abbildung 3.11 Die Kurve aus Beispiel 3.11 und ihre horizontalen Tangenten.

Produkte und Quotienten

Während die Ableitung der Summe zweier Funktionen die Summe ihrer Ableitungen ist, ist die Ableitung des Produkts zweier Funktionen *nicht* das Produkt ihrer Ableitungen. Zum Beispiel ist

$$\frac{d}{dx}(x \cdot x) = \frac{d}{dx}(x^2) = 2x, \quad \text{aber} \quad \frac{d}{dx}(x) \cdot \frac{d}{dx}(x) = 1 \cdot 1 = 1.$$

3 Differentiation

Die Ableitung eines Produktes zweier Funktionen ist die Summe *zweier* Produkte, wie wir nun erläutern werden.

> **Merke**
>
> **Produktregel** Sind u und v in x differenzierbar, so ist ihr Produkt uv differenzierbar, und es gilt
> $$\frac{d}{dx}(uv) = u\frac{dv}{dx} + v\frac{du}{dx}.$$

Die Ableitung des Produktes uv ist u mal die Ableitung von v plus v mal die Ableitung von u. In *Strich-Schreibweise* ist das $(uv)' = uv' + vu'$. In Funktionenschreibweise mit x:

$$\frac{d}{dx}[u(x)v(x)] = u(x)v'(x) + v(x)u'(x).$$

Ableitung eines Produkts von Funktionen

Beispiel 3.12 Bestimmen Sie die Ableitung von $y = (x^2+1)(x^3+3)$.

Lösung

a Aus der Produktregel mit $u = x^2 + 1$ und $v = x^3 + 3$ erhalten wir

$$\frac{d}{dx}[(x^2+1)(x^3+3)] = (x^2+1)(3x^2) + (x^3+3)(2x) \qquad \frac{d}{dx}(uv) = u\frac{dv}{dx} + v\frac{du}{dx}$$
$$= 3x^4 + 3x^2 + 2x^4 + 6x$$
$$= 5x^4 + 3x^2 + 6x.$$

b Dieses spezielle Produkt kann auch (vielleicht sogar vorteilhafter) abgeleitet werden, indem man den ursprünglichen Ausdruck ausmultipliziert und das resultierende Polynom ableitet:

$$y = (x^2+1)(x^3+3) = x^5 + x^3 + 3x^2 + 3$$
$$\frac{dy}{dx} = 5x^4 + 3x^2 + 6x.$$

Dieses Ergebnis stimmt mit unserer ersten Berechnung überein. ∎

Veranschaulichung der Produktregel

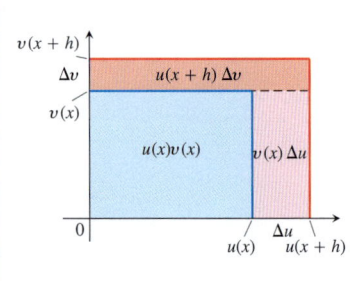

Die Funktionen $u(x)$ und $v(x)$ seien positiv und wachsend, und es sei $h > 0$.

Die Änderung des Produktes uv ist dann die Differenz zwischen den Flächeninhalten des größeren und des kleineren „Quadrats". Das ist die Summe der rot schattierten Rechtecke (oben und rechts). In Formeln ausgedrückt:

$$\Delta(uv) = u(x+h)v(x+h) - u(x)v(x)$$
$$= u(x+h)\Delta v + v(x)\Delta u.$$

Division durch h ergibt

$$\frac{\Delta(uv)}{h} = u(x+h)\frac{\Delta v}{h} + v(x)\frac{\Delta u}{h}.$$

Der Grenzwert für $h \to 0^+$ liefert die Produktregel.

Beweis ■ der Produktregel

$$\frac{d}{dx}(u(x)v(x)) = \lim_{h \to 0} \frac{u(x+h)v(x+h) - u(x+h)v(x) + u(x+h)v(x) - u(x)v(x)}{h}$$

$$= \lim_{h \to 0} \left[u(x+h) \frac{v(x+h) - v(x)}{h} + v(x) \frac{u(x+h) - u(x)}{h} \right]$$

$$= \lim_{h \to 0} u(x+h) \cdot \lim_{h \to 0} \frac{v(x+h) - v(x)}{h} + v(x) \cdot \lim_{h \to 0} \frac{u(x+h) - u(x)}{h}.$$

Wenn h gegen null geht, geht $u(x+h)$ gegen $u(x)$, denn u ist an der Stelle x differenzierbar und somit auch stetig. Die beiden Brüche gehen gegen die Werte von dv/dx an der Stelle x und du/dx an der Stelle x. In Kurzform:

$$\frac{d}{dx}(uv) = u \frac{dv}{dx} + v \frac{du}{dx}.$$ ■

Für die Ableitung des Quotienten zweier Funktionen gilt die Quotientenregel.

Quotientenregel Sind u und v in x differenzierbar und ist $v(x) \neq 0$, so ist der Quotient u/v an der Stelle x differenzierbar, und es gilt

$$\frac{d}{dx}\left(\frac{u}{v}\right) = \frac{v \frac{du}{dx} - u \frac{dv}{dx}}{v^2}.$$

Merke

In Funktionenschreibweise mit x heißt das

$$\frac{d}{dx}\left[\frac{u(x)}{v(x)}\right] = \frac{v(x)\, u'(x) - u(x)\, v'(x)}{v^2(x)}.$$

Beispiel 3.13 Bestimmen Sie die Ableitung von $y = \frac{t^2 - 1}{t^3 + 1}$.

Ableitung eines Quotienten von Funktionen

Lösung Wir wenden die Quotientenregel mit $u = t^2 - 1$ und $v = t^3 + 1$ an:

$$\frac{dy}{dt} = \frac{(t^3 + 1) \cdot 2t - (t^2 - 1) \cdot 3t^2}{(t^3 + 1)^2} \qquad \frac{d}{dt}\left(\frac{u}{v}\right) = \frac{v(du/dt) - u(dv/dt)}{v^2}$$

$$= \frac{2t^4 + 2t - 3t^4 + 3t^2}{(t^3 + 1)^2}$$

$$= \frac{-t^4 + 3t^2 + 2t}{(t^3 + 1)^2}$$ ■

Beweis ■ der Quotientenregel

$$\frac{d}{dx}\left(\frac{u(x)}{v(x)}\right) = \lim_{h \to 0} \frac{\frac{u(x+h)}{v(x+h)} - \frac{u(x)}{v(x)}}{h}$$

$$= \lim_{h \to 0} \frac{v(x)u(x+h) - u(x)v(x+h)}{h v(x+h) v(x)}$$

Um aus dem letzten Bruch einen äquivalenten Bruch zu machen, der die Differenzenquotienten für die Ableitungen von u und v enthält, subtrahieren und addieren wir

$v(x)u(x)$ im Zähler. Damit haben wir

$$\frac{d}{dx}\left(\frac{u(x)}{v(x)}\right) = \lim_{h \to 0} \frac{v(x)u(x+h) - v(x)u(x) + v(x)u(x) - u(x)v(x+h)}{hv(x+h)v(x)}$$

$$= \lim_{h \to 0} \frac{v(x)\dfrac{u(x+h)-u(x)}{h} - u(x)\dfrac{v(x+h)-v(x)}{h}}{v(x+h)v(x)}.$$

Bilden wir jetzt in Zähler und Nenner die Grenzwerte, so erhalten wir die Quotientenregel. ■

Für welche Regel wir uns bei der Lösung eines Ableitungsproblems entscheiden, kann sich erheblich auf den Aufwand auswirken, den uns die Bildung der Ableitung kostet. Hier folgt ein Beispiel.

Umgehung der Quotientenregel

Beispiel 3.14 Anstatt zur Ableitung von

$$y = \frac{(x-1)(x^2-2x)}{x^4}$$

die Quotientenregel zu verwenden (das würde viel Rechenaufwand bedeuten), multiplizieren wir den Zähler aus und dividieren durch x^4:

$$y = \frac{(x-1)(x^2-2x)}{x^4} = \frac{x^3 - 3x^2 + 2x}{x^4} = x^{-1} + 3x^{-2} + 2x^{-3}.$$

Dann verwenden wir die Summenregel und die Potenzregel:

$$\frac{dy}{dx} = -x^{-2} - 3(-2)x^{-3} + 2(-3)x^{-4}$$

$$= -\frac{1}{x^2} + \frac{6}{x^3} - \frac{6}{x^4}.$$

Zweite und höhere Ableitungen

Ist $y = f(x)$ eine differenzierbare Funktion, so ist ihre Ableitung f' auch eine Funktion. Ist f' ebenfalls differenzierbar, so können wir f' ableiten. Dadurch erhalten wir eine neue Funktion, die wir mit f'' bezeichnen. Also ist $f'' = (f')'$. Die Funktion f'' heißt **zweite Ableitung** von f, weil sie die Ableitung der ersten Ableitung ist. Auch für die zweite Ableitung gibt es verschiedene Schreibweisen:

$$f''(x) = \frac{d^2y}{dx^2} = \frac{d}{dx}\left(\frac{dy}{dx}\right) = \frac{dy'}{dx} = y'' = D^2(f)(x) = D_x^2 f(x).$$

Sprechweisen Das Symbol D^2 bedeutet, dass die Ableitungsoperation zweimal ausgeführt wird.

y'	„y Strich"
y''	„y zwei Strich"
$\dfrac{d^2y}{dx^2}$	„d Quadrat y nach dx Quadrat"
y'''	„y drei Strich"
$y^{(n)}$	„y n Strich"
$\dfrac{d^n y}{dx^n}$	„d hoch n von y nach dx hoch n"
D^n	„D hoch n"

Für $y = x^6$ ist $y' = 6x^5$, und es gilt

$$y'' = \frac{dy'}{dx} = \frac{d}{dx}(6x^5) = 30x^4.$$

Folglich ist $D^2(x^6) = 30x^4$.

Ist die Funktion y'' differenzierbar, so ist ihre Ableitung $y''' = dy''/dx = d^3y/dx^3$ die **dritte Ableitung** von y nach x. Die Bezeichnungen setzen sich entsprechend fort, wobei wir für alle positiven ganzen Zahlen n den Ausdruck

$$y^{(n)} = \frac{d}{dx} y^{(n-1)} = \frac{d^n y}{dx^n} = D^n y$$

als die **n-te Ableitung (Ableitung n-ter Ordnung)** von y nach x bezeichnen.

Die zweite Ableitung können wir als Änderungsrate der Steigung der Tangente des Graphen $y = f(x)$ in jedem Punkt betrachten. Im nächsten Kapitel werden Sie feststellen, dass die zweite Ableitung Aufschluss darüber gibt, ob sich der Graph nach oben oder nach unten krümmt, wenn wir uns vom Berührungspunkt entfernen. Im nächsten Abschnitt interpretieren wir die zweite und die dritte Ableitung in Bezug auf eine geradlinige Bewegung.

Beispiel 3.15 Die ersten vier Ableitungen der Funktion $y = x^3 - 2x^2 + 2$ sind

Höhere Ableitungen

1. Ableitung: $\quad y' = 3x^2 - 6x$
2. Ableitung: $\quad y'' = 6x - 6$
3. Ableitung: $\quad y''' = 6$
4. Ableitung: $\quad y^{(4)} = 0$.

Die Funktion hat Ableitungen beliebiger Ordnung. Allerdings sind die 5. Ableitung und alle höheren Ableitungen null.

Aufgaben zum Abschnitt 3.3

Berechnung von Ableitungen Berechnen Sie die 1. und die 2. Ableitung der Funktionen aus den Aufgaben 1–6.

1. $y = -x^2 + 3$

2. $s = 5t^3 - 3t^5$

3. $y = \dfrac{4x^3}{3} - x$

4. $w = 3z^{-1} - \dfrac{1}{z}$

5. $y = 6x^2 - 10x - 5x^{-2}$

6. $r = \dfrac{1}{3s^2} - \dfrac{5}{2s}$

Bestimmen Sie y' in den Aufgaben 7 und 8

a. durch Anwendung der Produktregel und

b. durch Ausmultiplizieren der Produkte, was eine Summe einfacher abzuleitender Terme ergibt.

7. $y = (3 - x^2)(x^3)(x^3 - x + 1)$

8. $r = (x^2 + 1)(x + 5 + \tfrac{1}{5})$

Bestimmen Sie die Ableitungen der Funktionen aus den Aufgaben 9–14.

9. $y(x) = \dfrac{2x + 5}{3x - 2}$

10. $g(x) = \dfrac{x^2 - 4}{x + 0{,}5}$

11. $v(t) = (1 - t)(1 + t^2)^{-1}$

12. $f(s) = \dfrac{\sqrt{s} - 1}{\sqrt{s} + 1}$

13. $v(x) = \dfrac{1 + x - 4\sqrt{x}}{x}$

14. $y(x) = \dfrac{1}{(x^2 - 1)(x^2 + x + 1)}$

Bestimmen Sie die Ableitungen aller Ordnungen der Funktionen aus den Aufgaben 15 und 16.

15. $y(x) = \dfrac{x^4}{2} - \dfrac{3}{2}x^2 - x$

16. $y(x) = (x - 1)(x^2 + 3x - 5)$

Bestimmen Sie die 1. und die 2. Ableitung der Funktionen aus den Aufgaben 17 und 20.

17. $y(x) = \dfrac{x^3 + 7}{x}$

18. $r(\theta) = \dfrac{(\theta - 1)(\theta^2 + \theta + 1)}{\theta^3}$

19. $w(z) = \left(\dfrac{1 + 3z}{3z}\right)(3 - z)$

20. $p(q) = \left(\dfrac{q^2 + 3}{12q}\right)\left(\dfrac{q^4 - 1}{q^3}\right)$

21. Seien u und v Funktionen in x, die an der Stelle $x = 0$ differenzierbar sind und für die gilt

$$u(0) = 5, \quad u'(0) = -3, \quad v(0) = -1, \quad v'(0) = 2.$$

Bestimmen Sie die Werte der folgenden Ableitungen an der Stelle $x = 0$.

a. $\dfrac{d}{dx}(uv)$ b. $\dfrac{d}{dx}\left(\dfrac{u}{v}\right)$ c. $\dfrac{d}{dx}\left(\dfrac{v}{u}\right)$ d. $\dfrac{d}{dx}(7v - 2u)$

Steigungen und Tangenten

22. **a. Normale an eine Kurve** Bestimmen Sie eine Gleichung für die Gerade, die senkrecht auf der Tangente an die Kurve $y = x^3 - 4x + 1$ im Punkt $(2, 1)$ steht.

b. Kleinste Steigung Was ist die kleinste Steigung einer Tangente an die Kurve? In welchem Kurvenpunkt hat die Kurve diese Steigung?

c. Tangenten mit einer bestimmten Steigung
Bestimmen Sie Gleichungen von Tangenten an die Kurve in genau den Punkten, in denen die Kurve eine Steigung von 8 hat.

23. **a. Horizontale Tangenten** Bestimmen Sie Gleichungen für die horizontalen Tangenten an die Kurve $y = x^3 - 3x - 2$. Bestimmen Sie auch Gleichungen für die Geraden, die in den Berührungspunkten senkrecht auf diesen Tangenten stehen.

b. Kleinste Steigung Was ist die kleinste Steigung der Kurve? In welchem Punkt hat die Kurve diese Steigung? Bestimmen Sie eine Gleichung für die Gerade, die senkrecht auf der Tangente an die Kurve in diesem Punkt steht.

24. Bestimmen Sie Tangenten an die *Newton'sche Serpentine* im Ursprung und im Punkt $(1,2)$ (▶nachfolgende Abbildung).

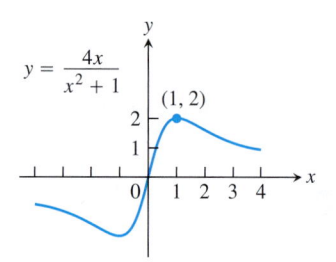

25. **Tangente an eine quadratische Funktion** Die Kurve $y = ax^2 + bx + c$ verläuft durch den Punkt $(1,2)$. Im Ursprung hat sie die Tangente $y = x$. Bestimmen Sie a, b und c.

26. **Quadratische Funktionen mit einer gemeinsamen Tangente** Die Kurven $y = x^2 + ax + b$ und $y = cx - x^2$ haben im Punkt $(1,0)$ eine gemeinsame Tangente. Bestimmen Sie a, b und c.

27. Bestimmen Sie alle Punkte (x,y) auf dem Graphen von $f(x) = 3x^2 - 4x$, in denen die Tangente an die Kurve parallel zur Geraden $y = 8x + 5$ ist.

28. Bestimmen Sie alle Punkte (x,y) auf dem Graphen von $y = x/(x-2)$, in denen die Tangente an die Kurve senkrecht auf der Geraden $y = 2x + 3$ steht.

29. **a.** Bestimmen Sie eine Gleichung für die Gerade, die im Punkt $(-1,0)$ eine Tangente an die Kurve $y = x^3 - x$ ist.

b. Stellen Sie die Kurve und ihre Tangente in einem Fenster dar. Die Tangente schneidet die Kurve in einem zweiten Punkt. Verwenden Sie die Bildfunktionen Vergrößern und Verschieben, um die Koordinaten dieses Punktes zu bestimmen.

c. Überprüfen Sie Ihre Schätzungen der Koordinaten des zweiten Schnittpunkts aus (b), indem Sie Kurvengleichung und Tangentengleichung gleichsetzen (Gleichungslöser).

Theorie und Beispiele Bestimmen Sie den Grenzwert aus Aufgabe 30, indem Sie ihn zuvor in eine Ableitung an einer bestimmten Stelle x verwandeln.

30. $\lim\limits_{x \to 1} \dfrac{x^{50} - 1}{x - 1}$

31. Bestimmen Sie den Wert von a, der die folgende Funktion für alle x-Werte differenzierbar macht:

$$f(x) = \begin{cases} ax, & \text{für } x < 0 \\ x^2 - 3x, & \text{für } x \geq 0 \end{cases}$$

32. Das allgemeine Polynom n-ten Grades hat die Form $P(x) = a_n x^n + a_{n-1} x^{n-1} + \cdots + a_2 x^2 + a_1 x + a_0$ mit $a_n \neq 0$. Bestimmen Sie $P'(x)$.

33. **Die Reaktion des Körpers auf ein Medikament**
Die Reaktion des Körpers auf eine Dosis eines Medikaments kann manchmal durch eine Gleichung der Form

$$R = M^2 \left(\dfrac{C}{2} - \dfrac{M}{3} \right)$$

modelliert werden. C ist eine positive Konstante und M die vom Blut aufgenommene Menge des Medikaments. Ist die Reaktion eine Änderung des Blutdrucks, so wird R in Millimeter-Quecksilbersäule (Torr) gemessen. Ist die Reaktion eine Änderung der Körpertemperatur, so wird R in Grad Celsius gemessen usw.

Bestimmen Sie dR/dM. Diese Ableitung ist eine Funktion von M. Sie wird als Empfindlichkeit des Körpers gegenüber dem Medikament bezeichnet. In Abschnitt 4.5 werden wir sehen, wie man die Medikamentenmenge bestimmt, der gegenüber der Körper am empfindlichsten ist.

34. Wir nehmen an, dass die Funktion v in der Produktregel eine Konstante c ist. Wie lautet dann die Produktregel? Was sagt dies über die Faktorregel?

35. Reziprokenregel

a. Die *Reziprokenregel* besagt, dass in jedem Punkt, in dem die Funktion $v(x)$ differenzierbar und von null verschieden ist,

$$\frac{d}{dx}\left(\frac{1}{v}\right) = -\frac{1}{v^2}\frac{du}{dx}$$

gilt. Zeigen Sie, dass die Reziprokenregel ein Spezialfall der Quotientenregel ist.

b. Zeigen Sie, dass sich aus der Reziprokenregel und der Produktregel die Quotientenregel ergibt.

36. Verallgemeinerung der Produktregel
Die Produktregel liefert den Ausdruck

$$\frac{d}{dx}(uv) = u\frac{dv}{dx} + v\frac{du}{dx}$$

für die Ableitung des Produkts uv zweier differenzierbarer Funktionen von x.

a. Wie lautet die analoge Gleichung für die Ableitung des Produkts uvw von *drei* differenzierbaren Funktion von x?

b. Wie lautet die Gleichung für die Ableitung des Produkts $u_1 u_2 u_3 u_4$ von *vier* differenzierbaren Funktionen von x?

c. Wie lautet die Gleichung für die Ableitung eines Produkts $u_1 u_2 u_3 \cdots u_n$ einer endlichen Anzahl n differenzierbarer Funktionen von x?

37. Potenzregel für negative ganze Zahlen
Verwenden Sie die Quotientenregel, um die Potenzregel für negative ganze Zahlen

$$\frac{d}{dx}(x^{-m}) = -mx^{-m-1}$$

mit der positiven ganzen Zahl m zu beweisen.

38. Gasdruck in einem Zylinder
Wird Gas in einem Zylinder bei konstanter Temperatur T gehalten, so besteht zwischen dem Druck P und dem Volumen V folgender Zusammenhang

$$P = \frac{nRT}{V - nb} - \frac{an^2}{V^2}$$

mit den Konstanten a, B, n und R. Bestimmen Sie dP/dV (▶nachfolgende Abbildung).

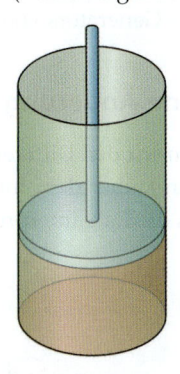

39. Die günstigste Bestellmenge
Nach einer der Gleichungen der Lagerverwaltung sind die mittleren Kosten für die Bestellung, die Bezahlung und den Lagerbestand für Waren

$$A(q) = \frac{km}{q} + cm + \frac{hq}{2}.$$

Darin ist q die Menge, die Sie bestellen (Schuhe, Radios, Besen oder was immer); k sind die Kosten für eine Bestellung (immer gleich, unabhängig wie oft Sie bestellen); c ist der Stückpreis (konstant); m ist die wöchentlich verkaufte Stückzahl (konstant); h sind die wöchentlichen Lagerkosten pro Stück (eine Konstante, die Platz, Betriebsmittel, Versicherung und Diebstahlschutz berücksichtigt). Bestimmen Sie dA/dq und d^2A/dq^2.

3.4 Die Ableitung als Änderungsrate

In Abschnitt 2.1 haben wir die mittlere und die lokale Änderungsrate eingeführt. In diesem Abschnitt beschäftigen wir uns mit weiteren Anwendungen, in denen die Änderungsraten gewisser Größen durch Ableitungen gegeben sind. Es ist naheliegend, dabei an eine Größe zu denken, die sich in Abhängigkeit von der Zeit ändert. Andere Variablen können aber genauso behandelt werden. Ein Wirtschaftswissenschaftler mag sich für die Produktionskosten von Stahl in Abhängigkeit von der produzierten Menge (in Tonnen) interessieren. Ein Ingenieur möchte vielleicht wissen, wie die Ausgangsleistung eines Generators von der Temperatur abhängt.

Momentane Änderungsraten

Interpretieren wir den Differenzquotienten $(f(x+h) - f(x))/h$ als die mittlere Änderungsrate von f über dem Intervall von x bis $x + h$, so können wir seinen Grenzwert für $h \to 0$ als die Rate interpretieren, mit der sich f an der Stelle x ändert.

> **Definition**
>
> Die **lokale Änderungsrate** von f bezüglich x an der Stelle x_0 ist die Ableitung
>
> $$f'(x_0) = \lim_{h \to 0} \frac{f(x_0 + h) - f(x_0)}{h},$$
>
> vorausgesetzt, der Grenzwert existiert.

Lokale Änderungsraten sind also Grenzwerte mittlerer Änderungsraten.

Ist die Variable x die Zeit, so spricht man von einer momentanen Änderungsrate, und per Konvention verwenden wir den Begriff „momentan" statt „lokal" manchmal auch dann, wenn x nicht für die Zeit steht. Oft spricht man auch nur von „Änderungsrate", wenn die lokale bzw. momentane Änderungsrate gemeint ist.

Änderungsrate der Kreisfläche

Beispiel 3.16 Der Flächeninhalt A eines Kreises hängt folgendermaßen von seinem Durchmesser D ab:

$$A = \frac{\pi}{4} D^2.$$

Wie schnell ändert sich der Flächeninhalt in Abhängigkeit vom Durchmesser, wenn der Durchmesser 10 m ist?

Lösung Die Änderungsrate des Flächeninhalts in Abhängigkeit vom Durchmesser ist

$$\frac{dA}{dD} = \frac{\pi}{4} \cdot 2D = \frac{\pi D}{2}.$$

Ist $D = 10$ m, so ändert sich der Flächeninhalt in Abhängigkeit vom Durchmesser mit einer Rate von $(\pi/2) 10 \text{ m}^2/\text{m} = 5\pi \text{ m}^2/\text{m} \approx 15{,}71 \text{ m}^2/\text{m}$. ■

Geradlinige Bewegung: Verschiebung, Geschwindigkeit, Beschleunigung und Ruck

Wir nehmen an, dass sich ein Körper entlang einer in der Regel horizontalen oder vertikalen Koordinatenachse (der s-Achse) bewegt, sodass uns sein Ort s auf der Geraden als Funktion der Zeit bekannt ist:

$$s = f(t).$$

3.4 Die Ableitung als Änderungsrate

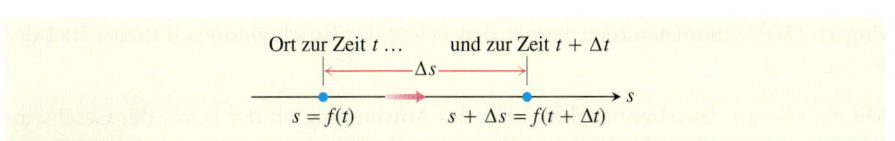

Abbildung 3.12 Der Ort eines Körpers, der sich entlang einer Koordinatenachse bewegt, zur Zeit t und zur Zeit $t + \Delta t$. Hier ist die Koordinatenachse horizontal.

Die **Verschiebung** des Körpers über dem Zeitintervall von t bis $t + \Delta t$ (▶Abbildung 3.12) ist

$$\Delta s = f(t + \Delta t) - f(t),$$

und die **mittlere Geschwindigkeit** des Körpers über diesem Zeitintervall ist

$$v_\mathrm{m} = \frac{\text{Verschiebung}}{\text{Bewegungszeit}} = \frac{\Delta s}{\Delta t} = \frac{f(t + \Delta t) - f(t)}{\Delta t}.$$

Um die Geschwindigkeit zu einem festen Zeitpunkt t zu bestimmen, bilden wir den Grenzwert der mittleren Geschwindigkeit über dem Intervall von t bis $t + \Delta t$ für $\Delta t \to 0$. Dieser Grenzwert ist die Ableitung von f nach t.

> **Definition**
>
> Die **Geschwindigkeit (Momentangeschwindigkeit)** ist die Ableitung des Ortes nach der Zeit. Ist der Ort des Körpers zur Zeit t gleich $s = f(t)$, so ist die Geschwindigkeit des Körpers zur Zeit t
>
> $$v(t) = \frac{\mathrm{d}s}{\mathrm{d}t} = \lim_{\Delta t \to 0} \frac{f(t + \Delta t) - f(t)}{\Delta t}.$$

Die Geschwindigkeit gibt nicht nur an, wie schnell sich ein Körper entlang der horizontalen Achse bewegt (Abbildung 3.12), sondern auch, in welche Richtung er dies tut. Bewegt sich der Körper vorwärts (s wächst), so ist die Geschwindigkeit positiv. Bewegt sich der Körper rückwärts (s fällt), so ist die Geschwindigkeit negativ. Bei einer vertikalen Koordinatenachse bewegt sich der Körper mit positiver Geschwindigkeit nach oben und mit negativer Geschwindigkeit nach unten (▶Abbildung 3.13).

Legen wir mit dem Auto den Weg zu einem Freund mit einer Geschwindigkeit von 50 km/h zurück, so zeigt das Tachometer sowohl auf dem Hinweg als auch auf dem Rückweg 50 an, obwohl sich auf dem Rückweg unsere Entfernung von zu Hause ver-

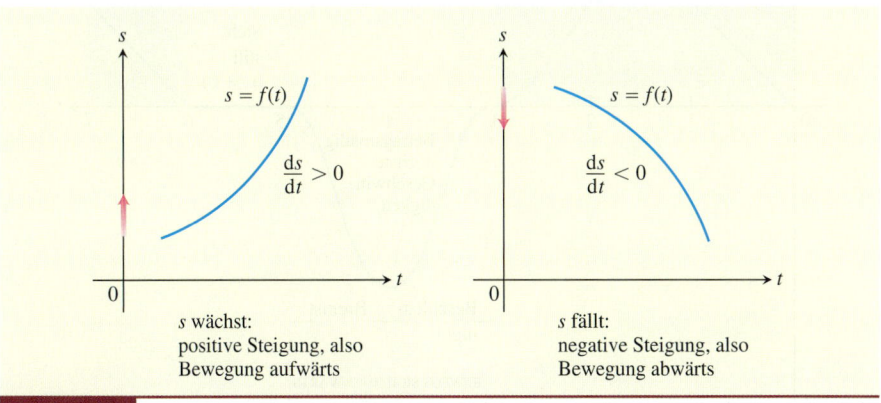

Abbildung 3.13 Bei einer geradlinigen Bewegung $s = f(t)$ (entlang der vertikalen Achse) ist $v = \mathrm{d}s/\mathrm{d}t$ für wachsendes s positiv und für fallendes s negativ. Die blaue Kurve zeigt den Ort über der Zeit; sie gibt nicht die auf der s-Achse liegende Bahnkurve wieder.

ringert. Das Tachometer zeigt immer den *Betrag* der Geschwindigkeit ungeachtet der Richtung an.

Mit dem Begriff **Geschwindigkeit** ist in der Anwendung oft der *Betrag* der Geschwindigkeit

$$|v(t)| = \left|\frac{ds}{dt}\right|.$$

gemeint. Wir verwenden, falls eine Verwechslungsgefahr besteht, hierfür dann den Begriff **Geschwindigkeitsbetrag**.

Graph der Geschwindigkeit und seine Deutung

Beispiel 3.17 ▶ Abbildung 3.14 zeigt den Graphen der Geschwindigkeit $v = f'(t)$ eines Teilchens, das sich entlang einer Horizontalen bewegt (im Gegensatz zur Darstellung der Ortsfunktion $s = f(t)$ aus Abbildung 3.13). Im Graphen der Geschwindigkeitsfunktion gibt nicht die Steigung der Kurve Auskunft darüber, ob sich das Teilchen entlang der Horizontalen (in der Abbildung nicht dargestellt) vorwärts oder rückwärts bewegt, sondern das Vorzeichen der Geschwindigkeit.

Wenn wir Abbildung 3.14 betrachten, so stellen wir fest, dass sich das Teilchen in den ersten 3 Sekunden vorwärts bewegt (die Geschwindigkeit ist positiv), in den nächsten 2 Sekunden bewegt es sich rückwärts (die Geschwindigkeit ist negativ), dann verharrt es eine ganze Sekunde regungslos, um sich schließlich wieder vorwärts zu bewegen. Das Teilchen beschleunigt in der ersten Sekunde, bewegt sich in der nächsten Sekunde mit konstanter Geschwindigkeit und bremst in der dritten Sekunde zum Stillstand ab. Es stoppt zur Zeit $t = 3$ s (die Geschwindigkeit ist null) und kehrt seine Bewegungsrichtung um, denn ab diesem Zeitpunkt wird die Geschwindigkeit negativ. Das Teilchen bewegt sich nun mit wachsender Geschwindigkeit rückwärts, bis es zur Zeit $t = 4$ s seine höchste Rückwärtsgeschwindigkeit erreicht. Anschließend setzt es seine Rückwärtsbewegung mit betragsmäßig abnehmender Geschwindigkeit fort, bis es zur Zeit $t = 5$ s schließlich zum Stillstand kommt (die Geschwindigkeit ist wieder null).

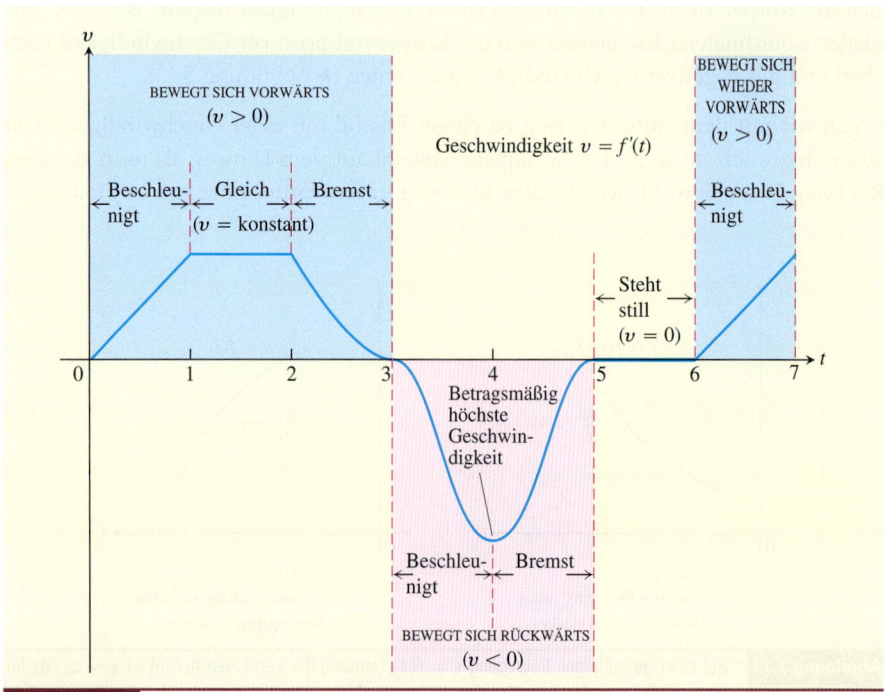

Abbildung 3.14 Die Geschwindigkeit eines Teilchens, das sich entlang der Horizontalen bewegt (Beispiel 3.17).

3.4 Die Ableitung als Änderungsrate

Das Teilchen verharrt nun eine Sekunde regungslos, um sich ab der Zeit $t = 6$ s wieder vorwärts zu bewegen. Dabei beschleunigt es in der letzten Sekunde der Vorwärtsbewegung, wie man dem Geschwindigkeitsgraphen entnehmen kann.

Die Rate, mit der sich die Geschwindigkeit eines Körpers ändert, ist seine *Beschleunigung*. Die Beschleunigung gibt an, wie schnell der Körper Geschwindigkeit aufnimmt oder verliert.

Eine plötzliche Änderung der Beschleunigung nennt man *Ruck*. Ist eine Auto- oder Busfahrt rucklig, so heißt das nicht, dass die auftretenden Beschleunigungen zwangsläufig groß sind, sondern dass sich die Beschleunigung abrupt ändert.

> **Definition**
>
> Die **Beschleunigung** ist die Ableitung der Geschwindigkeit nach der Zeit. Ist der Ort eines Körpers zur Zeit t durch die Funktion $s = f(t)$ gegeben, so ist die Beschleunigung des Körpers zur Zeit t
>
> $$a(t) = \frac{dv}{dt} = \frac{d^2s}{dt^2}.$$
>
> Der **Ruck** ist die Ableitung der Beschleunigung nach der Zeit:
>
> $$j(t) = \frac{da}{dt} = \frac{d^3s}{dt^3}.$$

Nahe der Erdoberfläche fallen alle Körper mit derselben konstanten Beschleunigung. Galileis Experimente mit dem freien Fall (Abschnitt 2.1) führten ihn auf die Gleichung

$$s = \frac{1}{2}gt^2.$$

Dabei ist s der gefallene Weg, und g ist die Fallbeschleunigung aufgrund der Erdanziehung. Diese Gleichung gilt im Vakuum, wo es keinen Luftwiderstand gibt. Sie ist eine gute Näherung für die ersten Sekunden des freien Falls dichter, schwerer Körper, wie etwa von Steinen oder Stahlwerkzeugen, bevor der Einfluss des Luftwiderstandes signifikant wird.

Der Wert von g in der Gleichung $s = (1/2)gt^2$ hängt von den für s und t verwendeten Einheiten ab. Messen wir t in Sekunden s (die übliche Einheit), so ist der durch Messungen auf Normalnull bestimmte Wert von g in metrischen Einheiten etwa 9,81 m/s^2 (Meter pro Quadratsekunde). (Die Fallbeschleunigung hängt von der Entfernung zum Schwerpunkt der Erde ab. Auf dem Mt. Everest ist sie beispielsweise etwas geringer.)

Der mit konstanter Beschleunigung ($g = 9{,}81$ m/s^2) verknüpfte Ruck ist null:

$$j = \frac{d}{dt}(g) = 0.$$

Ein Objekt im freien Fall bewegt sich nicht ruckartig.

Beispiel 3.18 Abbildung 3.15 illustriert den freien Fall einer schweren Kugel, die sich zur Zeit $t = 0$ in der Ruhelage befand.

Fall einer schweren Kugel

a. Wie viele Meter legt die Kugel in den ersten 2 Sekunden zurück?
b. Wie groß sind die Geschwindigkeit, ihre Richtung und die Beschleunigung zur Zeit $t = 2$?

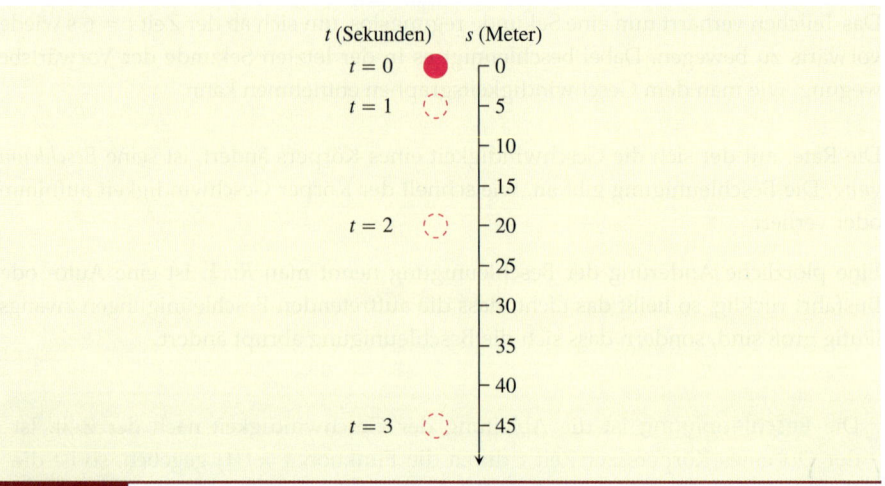

Abbildung 3.15 Eine aus der Ruhelage fallende Kugel (Beispiel 3.18).

Lösung

a Die Gleichung für den freien Fall lautet $s = (9{,}81/2)t^2$. In den ersten 2 Sekunden fällt die Kugel also

$$s(2) = \frac{9{,}81}{2}(2)^2 = 19{,}62\,\text{m}\,.$$

b Die *Geschwindigkeit* ist zu jeder Zeit t die Ableitung des Ortes nach der Zeit:

$$v(t) = s'(t) = \frac{\mathrm{d}}{\mathrm{d}t}\left(\frac{9{,}81}{2}t^2\right) = 9{,}81\,t\,.$$

Zur Zeit $t = 2$ ist

$$v(2) = 19{,}62\,\text{m/s}$$

die Geschwindigkeit (der Abwärtsbewegung). Der *Geschwindigkeitsbetrag* ist zur Zeit $t = 2$

$$|v(2)| = 19{,}62\,\text{m/s}\,.$$

Die *Beschleunigung* ist für alle t

$$a(t) = v'(t) = s''(t) = 9{,}81\,\text{m/s}^2\,.$$

Daher ist auch zur Zeit $t = 2$ die Beschleunigung $9{,}81\,\text{m/s}^2$. ■

Senkrechter Wurf

Beispiel 3.19 Bei einer Dynamitsprengung wird ein schwerer Stein mit einer Anfangsgeschwindigkeit von $49{,}05\,\text{m/s}$ (rund $176\,\text{km/h}$) nach oben geschleudert (▶Abbildung 3.16a). Nach t Sekunden erreicht er eine Höhe von $s = (49{,}05\,t - (9{,}81/2)t^2)\,\text{m}$.

a Welche Maximalhöhe erreicht der Stein?

b Wie groß ist die Geschwindigkeit des Steins und ihr Betrag im Steigen in einer Höhe von $78{,}48\,\text{m}$ über dem Boden? Wie groß ist seine Geschwindigkeit in dieser Höhe im Fallen?

c Wie groß ist die Beschleunigung des Steins zu jeder beliebigen Zeit t während des Fluges (nach der Sprengung)?

d Wann trifft der Stein wieder auf dem Boden auf?

3.4 Die Ableitung als Änderungsrate

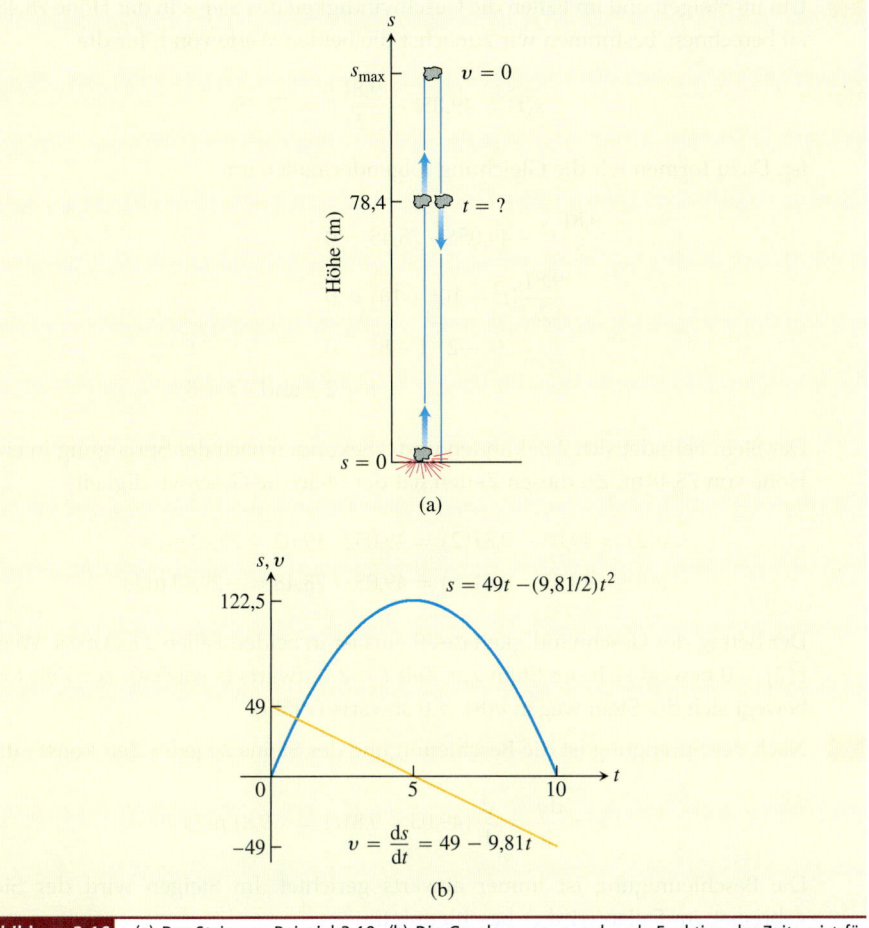

Abbildung 3.16 (a) Der Stein aus Beispiel 3.19. (b) Die Graphen von s und v als Funktion der Zeit; s ist für $v = ds/dt = 0$ am größten. Der Graph von s ist *nicht* die Bahnkurve des Steins: Es wird lediglich die Höhe über der Zeit aufgetragen. Die Steigung des Graphen ist die Geschwindigkeit des Steins, die hier eine Gerade ist.

Lösung

a In unserem Koordinatensystem haben wir festgelegt, dass s die Höhe über dem Boden angibt, sodass die Geschwindigkeit auf dem Weg nach oben positiv ist, auf dem Weg nach unten ist sie negativ. Der Stein erreicht seine maximale Höhe zu dem Zeitpunkt, in dem seine Geschwindigkeit null ist. Um also die maximale Höhe zu bestimmen, müssen wir nur herausfinden, wann $v = 0$ ist, und s zu dieser Zeit berechnen. Wir rechnen mit den Einheiten Meter und Sekunde.

Die Geschwindigkeit des Steins ist zu jeder Zeit t

$$v = \frac{ds}{dt} = \frac{d}{dt}\left(49{,}05t - \frac{9{,}81}{2}t^2\right) = (49{,}05 - 9{,}81t).$$

Die Geschwindigkeit ist null für

$$49{,}05 - 9{,}81t = 0 \quad \text{oder} \quad t = 5.$$

Zur Zeit $t = 5$ ist die Höhe des Steins

$$s_{\max} = s(5) = 49{,}05(5) - \frac{9{,}81}{2}(5^2) = 245{,}25 - 122{,}625 = 122{,}625 \,\text{m}$$

(▶Abbildung 3.16b).

b Um im Steigen und im Fallen die Geschwindigkeit des Steins in der Höhe 78,48 m zu berechnen, bestimmen wir zunächst die beiden Werte von t, für die

$$s(t) = 49{,}05t - \frac{9{,}81}{2}t^2 = 78{,}48$$

ist. Dazu formen wir die Gleichung folgendermaßen um

$$\frac{9{,}81}{2}t^2 - 49{,}05t + 78{,}48 = 0$$

$$\frac{9{,}81}{2}(t^2 - 10t + 16) = 0$$

$$(t-2)(t-8) = 0$$

$$t = 2 \quad \text{und} \quad t = 8.$$

Der Stein befindet sich 2 Sekunden und 8 Sekunden nach der Sprengung in einer Höhe von 78,48 m. Zu diesen Zeiten hat der Stein die Geschwindigkeit

$$v(2) = 49{,}05 - 9{,}81(2) = 49{,}05 - 19{,}62 = 29{,}43 \,\text{m/s}$$
$$v(8) = 49{,}05 - 9{,}81(8) = 49{,}05 - 78{,}48 = -29{,}43 \,\text{m/s}.$$

Der Betrag der Geschwindigkeit des Steins ist in beiden Fällen 29,43 m/s. Wegen $v(2) > 0$ bewegt sich der Stein zur Zeit $t = 2$ aufwärts (s wächst); zur Zeit $t = 8$ bewegt sich der Stein wegen $v(8) < 0$ abwärts (s fällt).

c Nach der Sprengung ist die Beschleunigung des Steins zu jeder Zeit konstant:

$$a = \frac{dv}{dt} = \frac{d}{dt}(49{,}05 - 9{,}81t) = -9{,}81 \,\text{m/s}.$$

Die Beschleunigung ist immer abwärts gerichtet. Im Steigen wird der Stein gebremst, im Fallen wird er beschleunigt.

d Der Stein trifft den Boden zur Zeit t mit $s = 0$. Durch Ausklammern wird die Gleichung $(49{,}05t - (9{,}81/2)t^2) = 0$ zu $(9{,}81/2)t(10 - t) = 0$. Sie hat die beiden Lösungen $t = 0$ und $t = 10$. Zur Zeit $t = 0$ erfolgte die Sprengung, und der Stein wurde nach oben geschleudert. 10 Sekunden später trifft er wieder auf dem Boden auf.

Ableitungen in den Wirtschaftswissenschaften

Ingenieure verwenden die Begriffe *Geschwindigkeit* und *Beschleunigung* in Bezug auf Ableitungen von Funktionen, die eine Bewegung beschreiben. Auch Wirtschaftswissenschaftler haben ein spezielles Vokabular, wenn es um Änderungsraten und Ableitungen geht. Sie sprechen zum Beispiel von *Grenzkosten*.

Im Produktionsprozess sind die *Produktionskosten* $c(x)$ eine Funktion von x, also der produzierten Menge. Die **Grenzkosten** der Produktion sind durch die Änderungsrate der Kosten bezüglich der produzierten Menge gegeben. Das ist dc/dx.

Wir nehmen an, dass $c(x)$ für den Betrag in Euro steht, der zur Produktion von x Tonnen Stahl pro Woche gebraucht wird. Natürlich kostet es mehr, $(x + h)$ Tonnen pro Woche zu produzieren; und der Quotient aus Kostendifferenz und zusätzlicher Menge h ergibt die mittleren Produktionskosten für jede weitere Tonne:

$$\frac{c(x+h) - c(x)}{h} = \frac{\text{mittlere Kosten für alle } h}{\text{zusätzlich produzierten Tonnen Stahl.}}$$

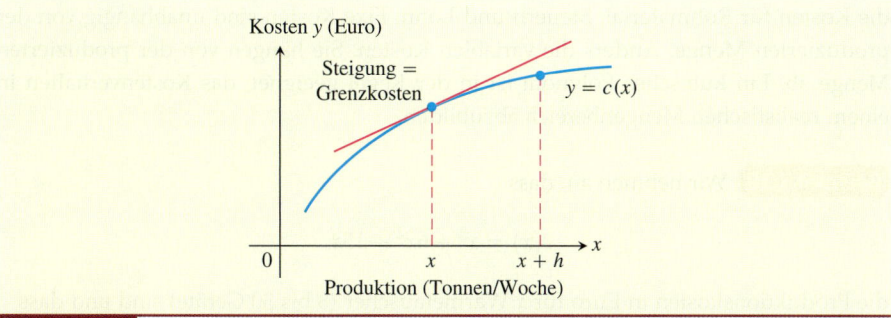

Abbildung 3.17 Wöchentliche Stahlproduktion: $c(x)$ steht für die Produktionskosten bei x Tonnen pro Woche. Die Kosten für die Produktion h weiterer Tonnen Stahl sind $c(x + h) - c(x)$.

Der Grenzwert dieses Quotienten für $h \to 0$ entspricht den *Grenzkosten* für die Produktion von mehr Stahl pro Woche, wenn gegenwärtig x Tonnen pro Woche produziert werden (▶Abbildung 3.17):

$$\frac{dc}{dx} = \lim_{h \to 0} \frac{c(x+h) - c(x)}{h} = \text{Grenzkosten für die Produktion}.$$

Manchmal werden die Grenzkosten für die Produktion salopp als die Zusatzkosten für die Produktion einer weiteren Einheit definiert:

$$\frac{\Delta c}{\Delta x} = \frac{c(x+1) - c(x)}{1},$$

wofür dc/dx an der Stelle x eine Näherung ist. Diese Näherung ist akzeptabel, wenn sich die Steigung von c bei x nicht schnell ändert. Dann liegt der Differenzenquotient in der Nähe seines Grenzwerts dc/dx, also der Steigung der Tangente an der Stelle x (▶Abbildung 3.18). Die Näherung funktioniert für große Werte von x am besten.

Wirtschaftswissenschaftler betrachten die Gesamtkostenfunktion oft als ein kubisches Polynom

$$c(x) = \alpha x^3 + \beta x^2 + \gamma x + \delta.$$

Dabei steht δ für *fixe Kosten* wie Miete, Wärme, Zeitabschreibungen auf das Anlagevermögen und Verwaltungskosten. Die anderen Terme stehen für *variable Kosten*, darunter

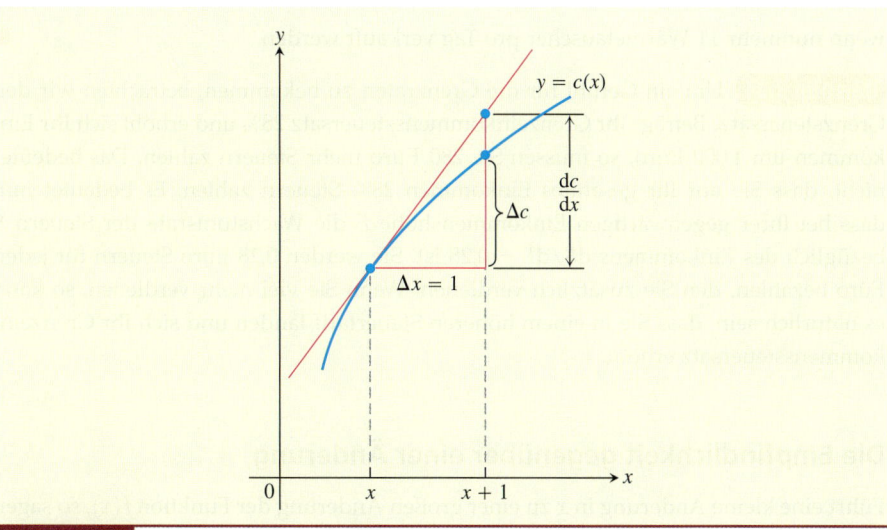

Abbildung 3.18 Die Grenzkosten dc/dx sind näherungsweise die zusätzlichen Kosten Δc für die Produktion von $\Delta x = 1$ weiteren Einheiten.

die Kosten für Rohmaterial, Steuern und Lohn. Fixe Kosten sind unabhängig von der produzierten Menge. Anders die variablen Kosten. Sie hängen von der produzierten Menge ab. Ein kubisches Polynom ist in der Regel geeignet, das Kostenverhalten in einem realistischen Mengenbereich abzubilden.

Grenzkosten bei Zusatzproduktion

Beispiel 3.20 Wir nehmen an, dass

$$c(x) = x^3 + 6x^2 + 15x$$

die Produktionskosten in Euro für x Wärmetauscher (8 bis 30 Geräte) sind und dass

$$r(x) = x^3 - 3x^2 + 12x$$

die Einnahmen in Euro aus dem Verkauf von x Wärmetauschern sind. Ihr Hersteller produziert 10 Wärmetauscher pro Tag. Wie viel zusätzliche Kosten fallen in etwa an, wenn pro Tag ein Wärmetauscher mehr produziert wird, und um wie viel erhöhen sich schätzungsweise die Einnahmen, wenn statt 10 nun 11 Wärmetauscher pro Tag verkauft werden?

Lösung Die Kosten für die Produktion eines Wärmetauschers mehr pro Tag sind bei ursprünglich 10 pro Tag produzierten Wärmetauschern $c'(10)$:

$$c'(x) = \frac{d}{dx}(x^3 - 6x^2 + 15x) = 3x^2 - 12x + 15$$
$$c'(10) = 3(100) - 12(10) + 15 = 195 \,.$$

Die zusätzlichen Kosten belaufen sich also auf etwa 195 Euro. Der Grenzertrag ist

$$r'(x) = \frac{d}{dx}(x^3 - 3x^2 + 12x) = 3x^2 - 6x + 12 \,.$$

Die Grenzertragsfunktion ist eine Abschätzung dafür, wie sich die Einnahmen durch den Verkauf eines zusätzlichen Wärmetauschers erhöhen. Werden gegenwärtig 10 Wärmetauscher pro Tag verkauft, so erhöht sich der Ertrag um etwa

$$r'(10) = 3(100) - 6(10) + 12 = 252 \text{ Euro} \,,$$

wenn nunmehr 11 Wärmetauscher pro Tag verkauft werden.

Grenzsteuersatz

Beispiel 3.21 Um ein Gefühl für die Grenzraten zu bekommen, betrachten wir den Grenzsteuersatz. Beträgt Ihr Grenzeinkommenssteuersatz 28% und erhöht sich Ihr Einkommen um 1 000 Euro, so müssen Sie 280 Euro mehr Steuern zahlen. Das bedeutet nicht, dass Sie auf Ihr gesamtes Einkommen 28% Steuern zahlen. Es bedeutet nur, dass bei Ihrer gegenwärtigen Einkommenshöhe E die Wachstumsrate der Steuern S bezüglich des Einkommens $dS/dE = 0{,}28$ ist. Sie werden 0,28 Euro Steuern für jeden Euro bezahlen, den Sie zusätzlich verdienen. Wenn Sie viel mehr verdienen, so kann es natürlich sein, dass Sie in einem höheren Steuertarif landen und sich Ihr Grenzeinkommenssteuersatz erhöht.

Die Empfindlichkeit gegenüber einer Änderung

Führt eine kleine Änderung in x zu einer großen Änderung der Funktion $f(x)$, so sagen wir, dass die Funktion **empfindlich** gegenüber Änderungen in x ist. Die Ableitung $f'(x)$ ist ein Maß für diese Empfindlichkeit.

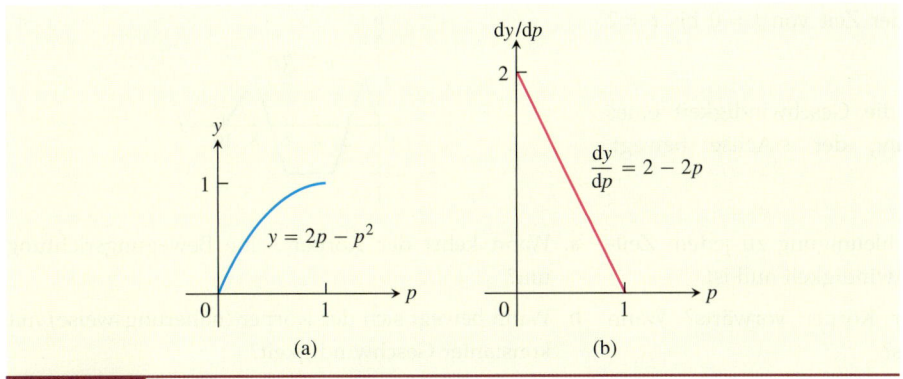

Abbildung 3.19 (a) Der Graph von $y = 2p - p^2$, der den Anteil der glatthäutigen Erbsen in der nächsten Generation beschreibt. (b) Der Graph von dy/dp (Beispiel 3.22).

Beispiel 3.22 Der Mönch Gregor Johann Mendel (1822–1884), der sich mit der Zucht von Gartenerbsen und anderen Pflanzen beschäftigte, lieferte die erste wissenschaftliche Erklärung für die Einkreuzung.

Genetische Daten und die Empfindlichkeit gegenüber einer Änderung

Seine sorgfältigen Aufzeichnungen zeigten: Ist p (eine Zahl zwischen 0 und 1) die relative Häufigkeit des Gens für eine glatte Haut bei Erbsen (dominant) und $(1-p)$ die Häufigkeit des Gens für eine schrumplige Haut bei Erbsen, so ist der Anteil der glatthäutigen Erbsen in der nächsten Generation

$$y = 2p(1-p) + p^2 = 2p - p^2.$$

Der Graph von $y(p)$ aus ▶Abbildung 3.19 legt nahe, dass y gegenüber einer Änderung in p für kleine p empfindlicher ist als für große p. In der Tat wird dieser Umstand durch die Ableitung aus ▶Abbildung 3.19 belegt. Dort wird ersichtlich, dass dy/dp für kleine p (p nahe 0) ungefähr 2 ist, für große p (p nahe 1) ist dy/dp ungefähr 0.

Für die Genetik bedeutet das: Erhöht man die Häufigkeit des Gens für glatte Haut in einer Population, in der es viele Erbsen mit schrumpliger Haut gibt, so hat dies eine größere Auswirkung auf spätere Generationen als dieselbe Erhöhung in einer Population, in der es ohnehin schon viele Erbsen mit glatter Haut gibt.

Aufgaben zum Abschnitt 3.4

Bewegung entlang einer Koordinatenachse In den Aufgaben 1 und 3 wird der Ort $s = f(t)$ eines Körpers angegeben, der sich entlang einer Koordinatenachse bewegt (s in Metern und t in Sekunden).

a. Bestimmen Sie die Verschiebung und die mittlere Geschwindigkeit eines Körpers im gegebenen Zeitintervall.

b. Bestimmen Sie die Beschleunigung an den Intervallgrenzen.

c. Wann, wenn überhaupt, ändert der Körper im Zeitintervall seine Bewegungsrichtung?

1. $s = t^2 - 3t + 2, \quad 0 \leq t \leq 2$

2. $s = -t^3 + 3t^2 - 3t, \quad 0 \leq t \leq 3$

3. $s = \dfrac{25}{t^2} - \dfrac{5}{t}, \quad 1 \leq t \leq 5$

4. Bewegung eines Teilchens Ein Teilchen bewegt sich entlang der s-Achse. Zur Zeit t sei sein Ort $s = t^3 - 6t^2 + 9t$ (in Metern).

a. Bestimmen Sie die Beschleunigung des Teilchens an den Stellen, an denen die Geschwindigkeit null ist.

b. Bestimmen Sie den Betrag der Geschwindigkeit des Teilchens an den Stellen, an denen die Beschleunigung null ist.

c. Bestimmen Sie den in der Zeit von $t = 0$ bis $t = 2$ zurückgelegten Weg.

5. Zur Zeit $t \geq 0$ ist die Geschwindigkeit eines Körpers, der sich entlang der s-Achse bewegt, $v = t^2 - 4t + 3$.

a. Bestimmen Sie die Beschleunigung zu jedem Zeitpunkt, in dem die Geschwindigkeit null ist.

b. Wann bewegt sich der Körper vorwärts? Wann bewegt er sich rückwärts?

c. Wann wächst die Geschwindigkeit des Körpers? Wann nimmt sie ab?

Anwendungen für den freien Fall

6. Freier Fall auf Mars und Jupiter Die Gleichungen für den freien Fall in der Nähe der Mars- und Jupiteroberfläche (s in Metern und t in Sekunden) sind: $s = 1{,}86 t^2$ auf dem Mars und $s = 11{,}44 t^2$ auf dem Jupiter. Wie lange dauert es auf beiden Planeten, bis ein aus der Ruhelage fallender Stein eine Geschwindigkeit von 27,8 m/s (etwa 100 km/h) erreicht?

7. g auf einem Kleinplaneten ohne Atmosphäre Forscher auf einem Kleinplaneten ohne Atmosphäre verwenden eine Selbstschussanlage, um eine Kugel mit einer Anfangsgeschwindigkeit von 15 m/s senkrecht zur Oberfläche nach oben zu schießen. Weil die Fallbeschleunigung auf der Planetenoberfläche g_{KP} m/s² ist, erwarten die Forscher, dass die Kugel die Höhe $s = 15t - (1/2) g_{KP} t^2$ nach t Sekunden erreicht. Die Kugel erreichte ihre maximale Höhe 20 Sekunden nach dem Start. Wie groß ist g_{KP}?

8. Freier Fall vom Schiefen Turm von Pisa Stellen Sie sich vor, Galilei lässt eine Kanonenkugel vom Schiefen Turm von Pisa aus einer Höhe von 54,6 m fallen. Die Höhe der Kugel t Sekunden nach dem Fallenlassen ist $s = 54{,}6 - (9{,}81/2) t^2$.

a. Wie groß sind Geschwindigkeit und Beschleunigung der Kugel zur Zeit t?

b. Wie lange braucht die Kugel bis zum Boden?

c. Wie groß ist die Geschwindigkeit der Kugel beim Auftreffen?

Bewegungen aus Graphen ablesen

9. Die nachfolgende Abbildung zeigt die Geschwindigkeit $v = ds/dt = f(t)$ (in Meter pro Sekunde) eines Körpers, der sich entlang einer Koordinatenachse bewegt.

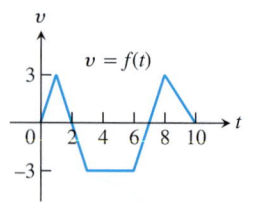

a. Wann kehrt der Körper seine Bewegungsrichtung um?

b. Wann bewegt sich der Körper (näherungsweise) mit konstanter Geschwindigkeit?

c. Stellen Sie den Betrag der Geschwindigkeit des Körpers für $0 \leq t \leq 10$ grafisch dar.

d. Stellen Sie die Beschleunigung, wo definiert, grafisch dar.

10. Raketenstart Wenn eine Modellrakete gestartet wird, brennt das Triebwerk ein paar Sekunden lang. Dadurch wird die Rakete nach oben beschleunigt. Nach dem Ausbrennen bewegt sich die Rakete noch eine Weile nach oben und beginnt dann langsam zu fallen. Durch eine kleine Explosionsladung, die kurz nach dem einsetzenden Fall zündet, wird ein kleiner Fallschirm geöffnet. Der Fallschirm bremst die Rakete, um eine Zerstörung der Rakete bei der Landung zu verhindern.

Die nachfolgende Abbildung zeigt die Geschwindigkeitsdaten für den Flug der Modellrakete. Beantworten Sie anhand dieser Daten die folgenden Fragen.

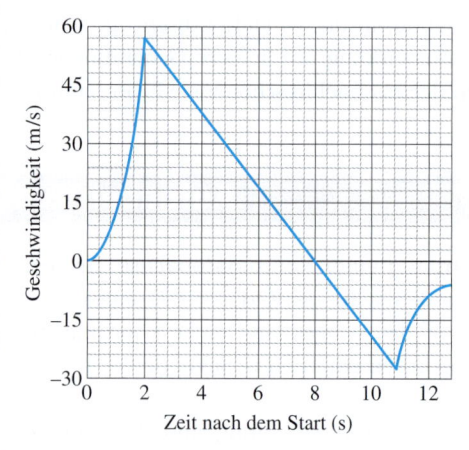

a. Wie schnell stieg die Rakete, als das Triebwerk stoppte?

b. Wie viele Sekunden brannte das Triebwerk?

c. Wann erreichte die Rakete den höchsten Punkt? Welche Geschwindigkeit hatte sie zu diesem Zeitpunkt?

d. Wann öffnete sich der Fallschirm? Wie schnell fiel die Rakete dann?

e. Wie lange fiel die Rakete, bevor sich der Fallschirm öffnete?

f. Wann war die Beschleunigung der Rakete konstant? Welchen Wert hatte sie (auf eine ganze Zahl gerundet)?

11. **Die fallenden Bälle** Die nachfolgende Stroposkopaufnahme zeigt zwei aus der Ruhelage fallende Bälle. Die vertikalen Maßstäbe zeigen Zentimeter an. Beantworten Sie mithilfe der Gleichung $s = (9{,}81/2)t^2$ (Gleichung für den freien Fall, s in Zentimeter und t in Sekunden) folgende Fragen.

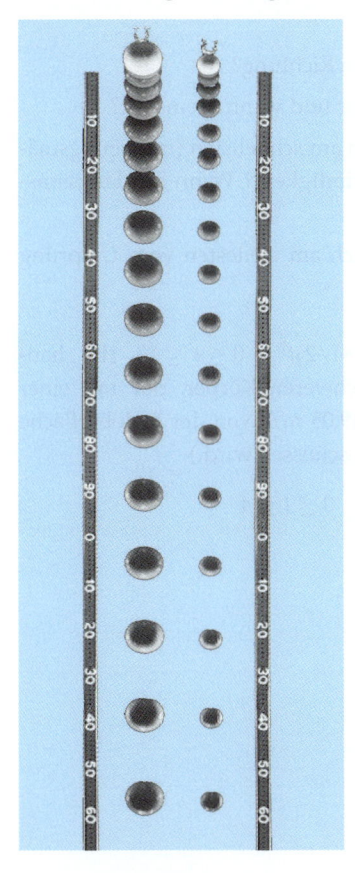

a. Wie lange brauchen die Bälle für die ersten 160 cm im freien Fall? Wie groß ist ihre mittlere Geschwindigkeit während dieser Zeit?

b. Wie schnell fallen die Bälle, wenn sie die Marke von 160 cm erreichen? Wie groß ist ihre Beschleunigung zu diesem Zeitpunkt?

c. Welche Frequenz haben die Lichtblitze (Blitze pro Sekunde)?

12. Die Graphen aus der nachfolgenden Abbildung zeigen den Ort s, die Geschwindigkeit $v = ds/dt$ und die Beschleunigung $a = d^2s/dt^2$ eines Körpers, der sich entlang einer Koordinatenachse bewegt, als Funktionen der Zeit. Ordnen Sie die Graphen den Funktionen zu.

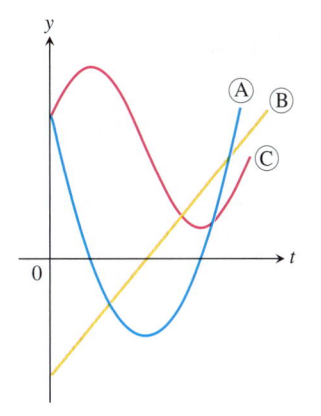

Wirtschaftswissenschaften

13. **Grenzkosten** Nehmen Sie an, dass die Kosten für die Produktion von x Waschmaschinen in Euro $c(x) = 2000 + 100x - 0{,}1x^2$ betragen.

a. Bestimmen Sie die mittleren Produktionskosten pro Waschmaschine für die ersten 100 Geräte.

b. Bestimmen Sie die Grenzkosten bei der Produktion von 100 Waschmaschinen.

c. Zeigen Sie, dass die Grenzkosten nach der Produktion von 100 Waschmaschinen ungefähr die Kosten für die Produktion einer weiteren Waschmaschine sind, nachdem die ersten 100 produziert wurden, indem Sie die zuletzt genannten Kosten direkt berechnen.

Weitere Anwendungen

14. **Bakterienpopulation** Bringt man ein Bakterizid in eine Nährlösung, in der Bakterien wachsen, so wächst die Bakterienpopulation noch eine Weile weiter, dann aber endet das Wachstum, und die Population nimmt ab. Zur Zeit t (in Stunden) war die Größe der Population $b = 10^6 + 10^4 t - 10^3 t^2$. Bestimmen Sie die Wachstumsraten zur Zeit

a. $t = 0$ Stunden

b. $t = 5$ Stunden

c. $t = 10$ Stunden

3 Differentiation

15. Entleeren eines Tanks Es dauert 12 Stunden, bis sich ein Speichertank nach dem Öffnen des Bodenventils entleert hat. Die Füllhöhe y der Flüssigkeit im Tank ist t Stunden nach dem Öffnen des Ventils durch folgende Gleichung gegeben:

$$y = 6\left(1 - \frac{t}{12}\right)^2 \text{ m}.$$

a. Bestimmen Sie die Rate dy/dt (m/h), mit der sich der Tank zur Zeit t leert.

b. Wann fällt die Füllhöhe im Tank am schnellsten? Am langsamsten? Wie groß ist dy/dt zu diesen Zeiten?

c. Stellen Sie y und dy/dt gemeinsam in einer Abbildung dar, und diskutieren Sie das Verhalten von y in Bezug auf das Vorzeichen und die Werte von dy/dt.

16. Flugzeugstart Der Weg, den ein Flugzeug vor dem Abheben auf der Startbahn zurücklegt, sei $D = (10/9)t^2$, wobei D in Metern vom Startpunkt gemessen wird und t in Sekunden nach dem Freigeben der Bremsen. Bei einer Geschwindigkeit von 200 km/h hebt das Flugzeug ab. Wie lange dauert es bis zum Abheben? Welche Wegstrecke legt das Flugzeug bis zu diesem Zeitpunkt zurück?

Bewegungsanalyse anhand von Graphen

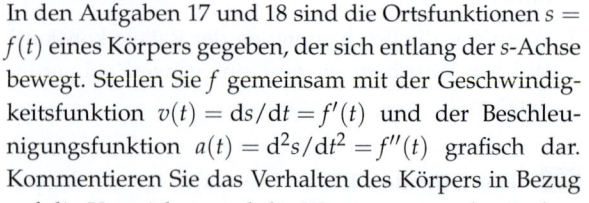

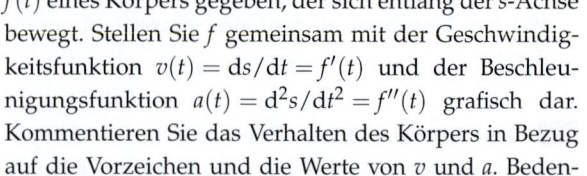

In den Aufgaben 17 und 18 sind die Ortsfunktionen $s = f(t)$ eines Körpers gegeben, der sich entlang der s-Achse bewegt. Stellen Sie f gemeinsam mit der Geschwindigkeitsfunktion $v(t) = ds/dt = f'(t)$ und der Beschleunigungsfunktion $a(t) = d^2s/dt^2 = f''(t)$ grafisch dar. Kommentieren Sie das Verhalten des Körpers in Bezug auf die Vorzeichen und die Werte von v und a. Bedenken Sie in Ihrem Kommentar folgende Fragen:

a. Wann ruht der Körper vorübergehend?

b. Wann bewegt er sich nach links (unten) oder rechts (oben)?

c. Wann ändert er seine Richtung?

d. Wann beschleunigt er und wann bremst er?

e. Wann bewegt er sich am schnellsten (mit betragsmäßig größter Geschwindigkeit)? Wann am langsamsten?

f. Wann befindet er sich am weitesten vom Ursprung entfernt?

17. $s = 49{,}05t - (9{,}81/2)t^2$, $0 \leq t \leq 10$ (Es handelt sich um einen schweren Körper, der mit einer Geschwindigkeit von 49,05 m/s von der Erdoberfläche senkrecht nach oben geschossen wird.)

18. $s = t^3 - 6t^2 + 7t$, $0 \leq t \leq 4$

3.5 Ableitungen trigonometrischer Funktionen

Viele natürliche Phänomene sind näherungsweise periodisch (die elektromagnetischen Felder, der Herzrhythmus, die Gezeiten, das Wetter). Die Ableitungen von Sinus- und Kosinusfunktionen spielen bei der Beschreibung periodischer Änderungen eine Schlüsselrolle. In diesem Abschnitt zeigen wir, wie man die Ableitungen der grundlegenden trigonometrischen Funktionen bildet.

Ableitung der Sinusfunktion

Um die Ableitung von $f(x) = \sin x$ (x in Radiant) zu berechnen, kombinieren wir die Grenzwerte aus Beispiel 2.28 und Satz 2.7 aus Abschnitt 2.4 mit dem Additionstheorem für die Sinusfunktion

$$\sin(x+h) = \sin x \cos h + \cos x \sin h\,.$$

Ist $f(x) = \sin x$, so gilt

$$\begin{aligned}
f'(x) &= \lim_{h\to 0}\frac{f(x+h)-f(x)}{h} = \lim_{h\to 0}\frac{\sin(x+h)-\sin x}{h} &&\text{Definition der Ableitung}\\
&= \lim_{h\to 0}\frac{(\sin x \cos h + \cos x \sin h)-\sin x}{h}\\
&= \lim_{h\to 0}\frac{\sin x(\cos h - 1) + \cos x \sin h}{h}\\
&= \lim_{h\to 0}\left(\sin x \cdot \frac{\cos h - 1}{h}\right) + \lim_{h\to 0}\left(\cos x \cdot \frac{\sin h}{h}\right)\\
&= \sin x \cdot \underbrace{\lim_{h\to 0}\frac{\cos h - 1}{h}}_{\text{Grenzwert 0}} + \cos x \cdot \underbrace{\lim_{h\to 0}\frac{\sin h}{h}}_{\text{Grenzwert 1}} &&\text{Beispiel 2.28 und Satz 2.7}\\
& &&\text{aus Abschnitt 2.4}\\
&= \sin x \cdot 0 + \cos x \cdot 1 = \cos x\,.
\end{aligned}$$

> **Die Ableitung der Sinusfunktion ist die Kosinusfunktion:**
>
> $$\frac{\mathrm{d}}{\mathrm{d}x}(\sin x) = \cos x\,.$$

Merke

Beispiel 3.23 Wir bestimmen die Ableitungen der Sinusfunktion in Differenzen, Produkten und Quotienten.

Ableitung der Sinusfunktion

a $y = x^2 - \sin x:$
$$\begin{aligned}\frac{\mathrm{d}y}{\mathrm{d}x} &= 2x - \frac{\mathrm{d}}{\mathrm{d}x}(\sin x) &&\text{Differenzenregel}\\ &= 2x - \cos x\,.\end{aligned}$$

b $y = x^2 \sin x:$
$$\begin{aligned}\frac{\mathrm{d}y}{\mathrm{d}x} &= x^2 \frac{\mathrm{d}}{\mathrm{d}x}(\sin x) + 2x \sin x &&\text{Produktregel}\\ &= x^2 \cos x + 2x \sin x\,.\end{aligned}$$

c $y = \dfrac{\sin x}{x}:$
$$\begin{aligned}\frac{\mathrm{d}y}{\mathrm{d}x} &= \frac{x \cdot \frac{\mathrm{d}}{\mathrm{d}x}(\sin x) - \sin x \cdot 1}{x^2} &&\text{Quotientenregel}\\ &= \frac{x\cos x - \sin x}{x^2}\,.\end{aligned}$$

Ableitung der Kosinusfunktion

Mithilfe des Additionstheorems für die Kosinusfunktion

$$\cos(x+h) = \cos x \cos h - \sin x \sin h$$

können wir den Grenzwert des Differenzenquotienten bestimmen:

$$\begin{aligned}
\frac{d}{dx}(\cos x) &= \lim_{h \to 0} \frac{\cos(x+h) - \cos x}{h} &&\text{Definition der Ableitung}\\
&= \lim_{h \to 0} \frac{(\cos x \cos h - \sin x \sin h) - \cos x}{h} &&\text{Additionstheorem für}\\
& &&\text{die Kosinusfunktion}\\
&= \lim_{h \to 0} \frac{\cos x (\cos h - 1) - \sin x \sin h}{h}\\
&= \lim_{h \to 0} \cos x \cdot \frac{\cos h - 1}{h} - \lim_{h \to 0} \sin x \cdot \frac{\sin h}{h}\\
&= \cos x \cdot \lim_{h \to 0} \frac{\cos h - 1}{h} - \sin x \cdot \lim_{h \to 0} \frac{\sin h}{h}\\
&= \cos x \cdot 0 - \sin x \cdot 1 = -\sin x. &&\text{Beispiel 2.28 und Satz 2.7}\\
& &&\text{aus Abschnitt 2.4}
\end{aligned}$$

Merke

Die Ableitung der Kosinusfunktion ist das Negative der Sinusfunktion:

$$\frac{d}{dx}(\cos x) = -\sin x.$$

▶Abbildung 3.20 zeigt eine Möglichkeit, dieses Ergebnis in gleicher Weise zu visualisieren, wie wir es bei der grafischen Darstellung der Ableitungen in Abschnitt 3.2, ▶Abbildung 3.6 getan haben.

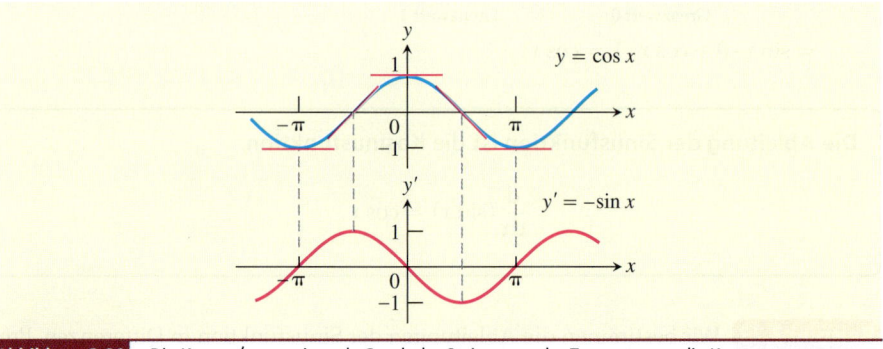

Abbildung 3.20 Die Kurve $y' = -\sin x$ als Graph der Steigungen der Tangenten an die Kurve $y = \cos x$.

Ableitung der Kosinusfunktion

Beispiel 3.24 Wir bestimmen die Ableitungen der Kosinusfunktion in Kombination mit anderen Funktionen.

a) $y = 5x + \cos x:$ $\quad \dfrac{dy}{dx} = \dfrac{d}{dx}(5x) + \dfrac{d}{dx}(\cos x) \quad$ Summenregel

$\qquad\qquad\qquad\qquad\quad = 5 - \sin x.$

b) $y = \sin x \cos x:$ $\quad \dfrac{dy}{dx} = \sin \dfrac{d}{dx}(\cos x) + \cos x \dfrac{d}{dx}(\sin x) \quad$ Produktregel

$\qquad\qquad\qquad\qquad\quad = \sin x(-\sin x) + \cos x(\cos x)$

$\qquad\qquad\qquad\qquad\quad = \cos^2 x - \sin^2 x.$

c $\quad y = \dfrac{\cos x}{1 - \sin x}: \quad \dfrac{dy}{dx} = \dfrac{(1 - \sin x)\dfrac{d}{dx}(\cos x) - \cos x \dfrac{d}{dx}(1 - \sin x)}{(1 - \sin x)^2}$ Quotientenregel

$$= \dfrac{(1 - \sin x)(-\sin x) - \cos x(0 - \cos x)}{(1 - \sin x)^2}$$

$$= \dfrac{1 - \sin x}{(1 - \sin x)^2} \qquad \sin^2 x + \cos^2 x = 1$$

$$= \dfrac{1}{1 - \sin x}.$$

Harmonische Schwingung

Die Bewegung eines Körpers oder eines Gewichts, das sich reibungsfrei am Ende einer Feder auf und ab bewegt, ist ein Beispiel für eine (*lineare*) *harmonische Schwingung*. Die Bewegung ist periodisch und wiederholt sich endlos, sodass wir sie mithilfe trigonometrischer Funktionen beschreiben können. Das nächste Beispiel beschreibt einen Fall, in dem es keine Kräfte wie etwa Reibung oder Auftrieb gibt, die der Bewegung entgegenwirken.

Beispiel 3.25 Ein an einer Feder angebrachtes Gewicht (▶Abbildung 3.21) wird aus seiner Ruhelage 5 Einheiten nach unten ausgelenkt und zur Zeit $t = 0$ losgelassen, sodass es sich anschließend auf und ab bewegt. Sein Ort ist zu jeder Zeit $t > 0$

$$s = 5 \cos t.$$

Wie groß sind Geschwindigkeit und Beschleunigung des Gewichts zur Zeit *t*?

Harmonische Schwingung

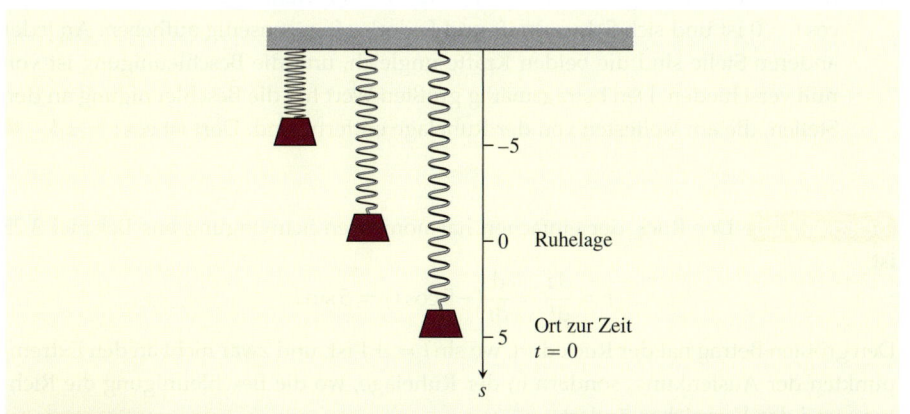

Abbildung 3.21 Ein Gewicht hängt an einer Feder vertikal nach unten und wird ausgelenkt. Anschließend schwingt es um seine Ruhelage (Beispiel 3.25).

Lösung Es gilt

Ort: $\quad s = 5 \cos t$

Geschwindigkeit: $\quad v = \dfrac{ds}{dt} = \dfrac{d}{dt}(5 \cos t) = -5 \sin t$

Beschleunigung: $\quad a = \dfrac{dv}{dt} = \dfrac{d}{dt}(-5 \sin t) = -5 \cos t.$

Vergegenwärtigen Sie sich, wie viel wir aus diesen Gleichungen ablesen können:

1 Im Verlauf der Zeit bewegt sich das Gewicht zwischen $s = -5$ und $s = 5$ auf der *s*-Achse auf und ab. Die Amplitude der Bewegung ist 5. Die Periodendauer der Bewegung ist 2π, das ist die Periode der Kosinusfunktion.

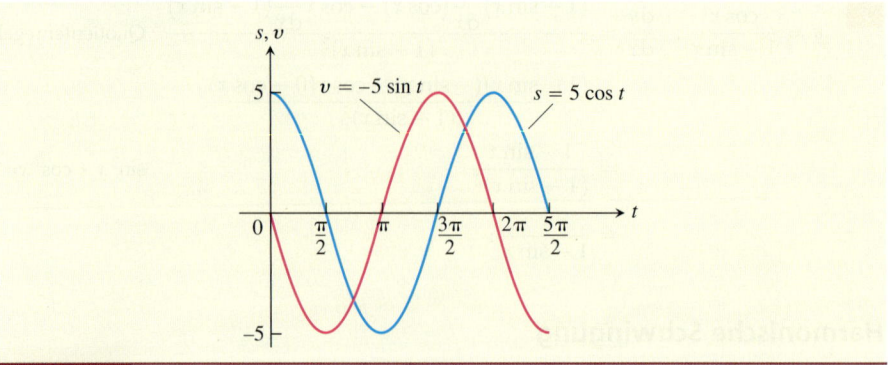

Abbildung 3.22 Die Graphen für den Ort und die Geschwindigkeit des Gewichts aus Beispiel 3.25.

2. Die Geschwindigkeit $v = -5\sin t$ nimmt ihren betragsmäßig größten Wert, nämlich 5, für $\cos t = 0$ an, wie ▶Abbildung 3.22 zeigt. Folglich ist der Betrag der Geschwindigkeit $|v| = 5|\sin t|$ am größten, wenn $\cos t = 0$ ist, also wenn $s = 0$ (die Ruhelage). Die Geschwindigkeit des Gewichts ist null, wenn $\sin t = 0$ ist. Dies tritt bei $s = 5\cos t = \pm 5$ ein, also an den Randpunkten des Bewegungsintervalls.

3. Das Vorzeichen der Beschleunigung ist dem des Orts stets genau entgegengesetzt. Befindet sich das Gewicht oberhalb der Ruhelage, so zieht die Schwerkraft es wieder nach unten; befindet sich das Gewicht unterhalb der Ruhelage, zieht die Feder es zurück.

4. Die Beschleunigung $a = -5\cos t$ ist nur in der Ruhelage null, also dort, wo $\cos t = 0$ ist und sich Schwerkraft und Federkraft gegenseitig aufheben. An jeder anderen Stelle sind die beiden Kräfte ungleich, und die Beschleunigung ist von null verschieden. Den betragsmäßig größten Wert hat die Beschleunigung an den Stellen, die am weitesten von der Ruhelage entfernt sind. Dort ist $\cos t = \pm 1$. ∎

Der Ruck bei einer harmonischen Schwingung

Beispiel 3.26 Der Ruck der einfachen harmonischen Schwingung aus Beispiel 3.25 ist

$$j = \frac{da}{dt} = \frac{d}{dt}(-5\cos t) = 5\sin t.$$

Den größten Betrag hat der Ruck dort, wo $\sin t = \pm 1$ ist, und zwar nicht an den Extrempunkten der Auslenkung, sondern in der Ruhelage, wo die Beschleunigung die Richtung und das Vorzeichen ändert.

Ableitungen weiterer trigonometrischer Grundfunktionen

Die Funktionen $\sin x$ und $\cos x$ sind differenzierbare Funktionen in x. Daher sind die verwandten Funktionen

$$\tan x = \frac{\sin x}{\cos x}, \quad \cot x = \frac{\cos x}{\sin x}, \quad \sec x = \frac{1}{\cos x} \quad \text{und} \quad \operatorname{cosec} x = \frac{1}{\sin x}$$

an jeder Stelle x differenzierbar, an der sie definiert sind. Ihre Ableitungen, die sich durch Anwendung der Quotientenregel ergeben, berechnet man mit den folgenden Formeln. Beachten Sie die negativen Vorzeichen in den Kofunktionen.

3.5 Ableitungen trigonometrischer Funktionen

> **Merke**
>
> **Die Ableitungen der anderen trigonometrischen Funktionen:**
>
> $$\frac{d}{dx}(\tan x) = \frac{1}{\cos^2 x} = \sec^2 x \qquad \frac{d}{dx}(\cot x) = -\frac{1}{\sin^2 x} = -\csc^2 x$$
>
> $$\frac{d}{dx}(\sec x) = \sec x \tan x \qquad \frac{d}{dx}(\csc x) = -\csc x \cot x.$$

Um eine typische Rechnung zu zeigen, bestimmen wir die Ableitung des Tangens. Die anderen Ableitungen überlassen wir dem Leser zur Übung.

Beispiel 3.27 Bestimmen Sie $d(\tan x)/dx$.

Ableitung der Tangensfunktion

Lösung Zur Berechnung der Ableitung wenden wir die Quotientenregel an:

$$\frac{d}{dx}(\tan x) = \frac{d}{dx}\left(\frac{\sin x}{\cos x}\right) = \frac{\cos x \frac{d}{dx}(\sin x) - \sin x \frac{d}{dx}(\cos x)}{\cos^2 x} \quad \text{Quotientenregel}$$

$$= \frac{\cos x \cos x - \sin x(-\sin x)}{\cos^2 x}$$

$$= \frac{\cos^2 x + \sin^2 x}{\cos^2 x} = 1 + \tan^2 x$$

$$= \frac{1}{\cos^2 x} = \sec^2 x.$$

■

Beispiel 3.28 Bestimmen Sie y'' für $y = \sec x$.

Ableitung der Sekansfunktion

Lösung Bei der Berechnung der zweiten Ableitung kommen Kombinationen trigonometrischer Ableitungen vor:

$$y = \sec x$$

$$y' = \sec x \tan x \qquad \text{Ableitungsregel für die Sekansfunktion}$$

$$y'' = \frac{d}{dx}(\sec x \tan x)$$

$$= \sec x \frac{d}{dx}(\tan x) + \tan x \frac{d}{dx}(\sec x) \qquad \text{Produktregel}$$

$$= \sec x(\sec^2 x) + \tan x(\sec x \tan x) \qquad \text{Ableitungsregeln}$$

$$= \sec^3 x + \sec x \tan^2 x.$$

■

Die Differenzierbarkeit der trigonometrischen Funktionen über ihren Definitionsbereichen liefert einen weiteren Beweis für ihre Stetigkeit in jedem Punkt ihres Definitionsbereichs (Satz 3.1). Somit können wir Grenzwerte algebraischer Kombinationen und Verkettungen trigonometrischer Funktionen durch direktes Einsetzen berechnen.

Beispiel 3.29 Unter der Voraussetzung, dass keine Division durch null vorkommt, können wir Grenzwerte durch direktes Einsetzen berechnen:

Berechnung der Grenzwerte von Funktionen

$$\lim_{x \to 0} \frac{\sqrt{2 + \sec x}}{\cos(\pi - \tan x)} = \frac{\sqrt{2 + \sec 0}}{\cos(\pi - \tan 0)} = \frac{\sqrt{2+1}}{\cos(\pi - 0)} = \frac{\sqrt{3}}{-1} = -\sqrt{3}.$$

Aufgaben zum Abschnitt 3.5

Ableitungen Bestimmen Sie in den Aufgaben 1–9 die Ableitungen dy/dx.

1. $y = -10x + 3\cos x$
2. $y = x^2 \cos x$
3. $y = \csc x - 4\sqrt{x} + 7$
4. $y = \sin x \tan x$
5. $y = (\sin x + \cos x) \sec x$
6. $y = \dfrac{\cot x}{1 + \cot x}$
7. $y = \dfrac{4}{\cos x} + \dfrac{1}{\tan x}$
8. $y = x^2 \sin x + 2x \cos x - 2\sin x$
9. $y = x^3 \sin x \cos x$

Bestimmen Sie in den Aufgaben 10 und 11 die Ableitungen ds/dt.

10. $s = \tan t - t$
11. $s = \dfrac{1 + \csc t}{1 - \csc t}$

Bestimmen Sie in den Aufgaben 12 und 13 die Ableitungen $dr/d\theta$.

12. $r = 4 - \theta^2 \sin \theta$
13. $r = \sec \theta \csc \theta$

Bestimmen Sie in den Aufgaben 14–16 die Ableitungen dp/dq.

14. $p = 5 + \dfrac{1}{\cot q}$
15. $p = \dfrac{\sin q + \cos q}{\cos q}$
16. $p = \dfrac{q \sin q}{q^2 - 1}$

17. Bestimmen Sie y'' für **a.** $y = \csc x$, **b.** $y = \sec x$.

Tangenten Skizzieren Sie in den Aufgaben 18 und 19 die Kurven über den gegebenen Intervallen mit ihren Tangenten an den gegebenen Stellen x.

18. $y = \sin x$, $\quad -3\pi/2 \leq x \leq 2\pi$, $\quad x = -\pi, 0, 3\pi/2$
19. $y = \sec x$, $\quad -\pi/2 < x < \pi/2$, $\quad x = -\pi/3, \pi/4$

Haben die Graphen aus den Aufgaben 20 und 21 über dem Intervall $0 \leq x \leq 2\pi$ horizontale Tangenten? Wenn ja, wo? Wenn nein, warum nicht? Visualisieren Sie Ihre Erkenntnisse, indem sie die Funktionen mithilfe eines Computerprogramms zeichnen.

20. $y = x + \sin x$
21. $y = x - \cot x$

22. Bestimmen Sie alle Punkte auf der Kurve $y = \tan x$, $-\pi/2 < x < \pi/2$, in denen die Tangente parallel zur Geraden $y = 2x$ ist. Skizzieren Sie die Kurve und die Tangenten in einer Abbildung und beschriften Sie mit den zugehörigen Gleichungen.

23. Bestimmen Sie in Aufgabe 23 eine Gleichung für **a.** die Tangente an die Kurve im Punkt P und **b.** die horizontale Tangente an die Kurve im Punkt Q.

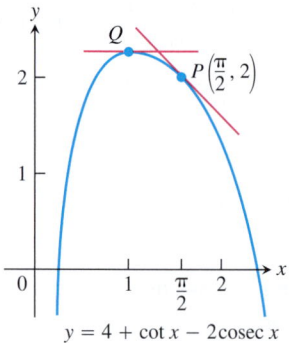

$y = 4 + \cot x - 2\csc x$

Trigonometrische Grenzwerte Bestimmen Sie in den Aufgaben 24–27 die Grenzwerte.

24. $\lim\limits_{x \to 2} \sin\left(\dfrac{1}{x} - \dfrac{1}{2}\right)$

25. $\lim\limits_{\theta \to \pi/6} \dfrac{\sin \theta - \dfrac{1}{2}}{\theta - \dfrac{\pi}{6}}$

26. $\lim\limits_{x \to 0} \sec\left[\cos x + \pi \tan\left(\dfrac{\pi}{4 \sec x}\right) - 1\right]$

27. $\lim\limits_{t \to 0} \tan\left(1 - \dfrac{\sin t}{t}\right)$

Theorie und Beispiele Die Funktion in Aufgabe 28 beschreibt den Ort $s = f(t)$ (s in Metern, t in Sekunden) eines Körpers, der sich entlang einer Koordinatenachse bewegt. Bestimmen Sie Geschwindigkeit (Betrag und Richtung), Beschleunigung und Ruck zur Zeit $t = \pi/4$ s.

28. $s = 2 - 2\sin t$

29. Gibt es einen Wert von c, sodass die Funktion

$$f(x) = \begin{cases} \dfrac{\sin^2 3x}{x^2}, & x \neq 0 \\ c, & x = 0 \end{cases}$$

an der Stelle $x = 0$ stetig ist? Begründen Sie Ihre Antwort.

30. Bestimmen Sie $d^{999}/dx^{999}(\cos x)$.

31. Ein Gewicht hängt an einer Feder und befindet sich in seiner Ruhelage ($x = 0$). Dann wird es ausgelenkt und schwingt mit

$$x = 10 \cos t$$

(x in Zentimetern, t in Sekunden). Betrachten Sie dazu die nachfolgende Abbildung.

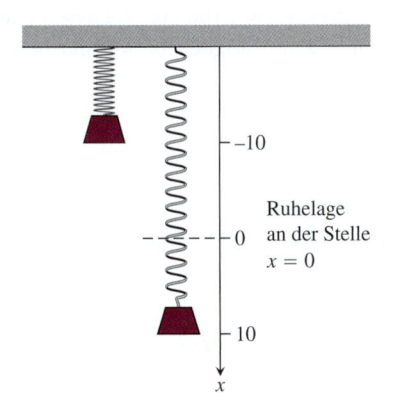

a. Bestimmen Sie die Auslenkung des Gewichts zur Zeit $t = 0$, $t = \pi/3$ und $t = 3\pi/4$.

b. Bestimmen Sie die Geschwindigkeit des Gewichts Zeit $t = 0$, $t = \pi/3$ und $t = 3\pi/4$.

32. Stellen Sie die Funktion $y = \cos x$ für $-\pi \leq x \leq 2\pi$ grafisch dar. Zeichnen Sie in dasselbe Fenster den Graphen

$$y = \frac{\sin(x+h) - \sin x}{h}$$

für $h = 1$, $0{,}5$, $0{,}3$ und $0{,}1$. Zeichnen Sie die Funktionen in einem neuen Fenster mit $h = -1$, $-0{,}5$ und $-0{,}3$. Was passiert für $h \to 0^+$ und für $h \to 0^-$? Welches Phänomen wird hier illustriert?

33. Zentrierte Differenzenquotienten Der *zentrierte Differenzenquotient*

$$\frac{f(x+h) - f(x-h)}{2h}$$

wird in numerischen Berechnungen als Näherung für $f'(x)$ verwendet, weil

(1) sein Grenzwert für $h \to 0$ gleich $f'(x)$ ist, wenn $f'(x)$ existiert, und

(2) er in der Regel eine bessere Näherung von $f'(x)$ für einen gegebenen Wert von h liefert als der einfache Differenzenquotient

$$\frac{f(x+h) - f(x)}{h}.$$

Betrachten Sie dazu die nachfolgende Abbildung.

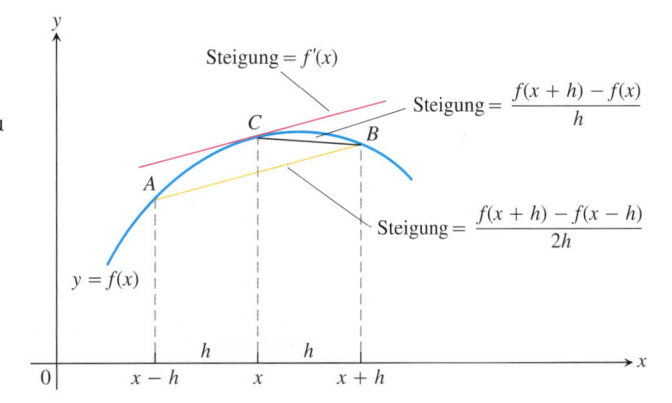

a. Um zu sehen, wie schnell der zentrierte Differenzenquotient für $f(x) = \sin x$ gegen $f'(x)$ konvergiert, stellen Sie die Funktion $y = \cos x$ zusammen mit dem zentrierten Differenzenquotienten

$$y = \frac{\sin(x+h) - \sin(x-h)}{2h}$$

über dem Intervall $[-\pi, 2\pi]$ für $h = 1$, $0{,}5$ und $0{,}3$ grafisch dar. Vergleichen Sie die Ergebnisse mit denen aus Aufgabe 32 für dieselben Werte von h.

b. Um zu sehen, wie schnell der zentrierte Differenzenquotient für $f(x) = \cos x$ gegen $f'(x)$ konvergiert, stellen Sie die Funktion $y = -\sin x$ mit dem zentrierten Differenzenquotienten

$$y = \frac{\cos(x+h) - \cos(x-h)}{2h}$$

über dem Intervall $[-\pi, 2\pi]$ für $h = 1$, $0{,}5$ und $0{,}3$ grafisch dar. Vergleichen Sie Ihr Ergebnis mit dem Ergebnis, das Sie erhalten, wenn Sie anstelle des zentrierten den einfachen Differenzenquotienten verwenden.

3.6 Die Kettenregel

Wie differenzieren wir $F(x) = \sin(x^2 - 4)$? Diese Funktion ist die Verkettung $f \circ g$ der beiden Funktionen $y = f(u) = \sin u$ und $u = g(x) = x^2 - 4$, deren Ableitung wir kennen. Wie man verkettete Funktionen ableitet, sagt uns die *Kettenregel*, nach der die Ableitung das Produkt der Ableitungen von f und g ist. Diese Regel werden wir in diesem Abschnitt herleiten.

Ableitung einer zusammengesetzten Funktion

Die Funktion $y = \frac{3}{2}x = \frac{1}{2}(3x)$ ist die Verkettung der Funktionen $y = \frac{1}{2}u$ und $u = 3x$. Es gilt:
$$\frac{dy}{dx} = \frac{3}{2}, \quad \frac{dy}{du} = \frac{1}{2} \quad \text{und} \quad \frac{du}{dx} = 3.$$

Wegen $3/2 = 1/2 \cdot 3$ erhalten wir in diesem Fall
$$\frac{dy}{dx} = \frac{dy}{du} \cdot \frac{du}{dx}.$$

Wenn wir die Ableitungen als Maß für die Änderungsrate einer Funktion betrachten, erscheint dieser Zusammenhang intuitiv sinnvoll. Denn wenn $y = f(x)$ sich halb so schnell ändert wie u und $u = g(x)$ sich dreimal so schnell ändert wie x, dann erwarten wir für y eine Änderungsrate, die $\frac{3}{2}$-mal so groß ist wie die von x. Diesen Zusammenhang kann man sich zum Beispiel an einem Zahnradgetriebe klarmachen (▶Abbildung 3.23). Betrachten wir jetzt ein weiteres Beispiel.

Ableitung der Verkettung von Funktionen

Beispiel 3.30 Die Funktion
$$y = \left(3x^2 + 1\right)^2$$
ist die Verkettung von $y = f(u) = u^2$ und $u = g(x) = 3x^2 + 1$. Berechnen wir die Ableitungen, so erhalten wir:
$$\frac{dy}{du} \cdot \frac{du}{dx} = 2u \cdot 6x = 2(3x^2 + 1) \cdot 6x = 36x^3 + 12x.$$

Lösen wir zunächst die Klammern auf: $(3x^2 + 1)^2 = 9x^4 + 6x^2 + 1$ und berechnen dann die Ableitung direkt, so erhalten wir dasselbe Ergebnis:
$$\frac{dy}{dx} = \frac{d}{dx}(9x^4 + 6x^2 + 1) = 36x^3 + 12x.$$

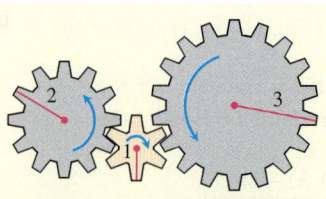

C: y Umdrehungen B: u Umdrehungen A: x Umdrehungen

Abbildung 3.23 Wenn Zahnrad A x Umdrehungen vollführt, dann vollführt Zahnrad B u und Zahnrad C y Umdrehungen. Wenn wir die Umfänge der Zahnräder vergleichen oder die Zähne zählen, ergibt sich $y = u/2$ (C dreht sich ein halbes Mal bei jeder Umdrehung von B) und $u = 3x$ (B dreht sich dreimal bei jeder Umdrehung von A). Damit folgt $y = 3x/2$. Also gilt $dy/dx = 3/2 = 1/2 \cdot 3 = (dy/du)(du/dx)$.

Verkettung $f \circ g$

Änderungsrate bei x ist $f'(g(x)) \cdot g'(x)$.

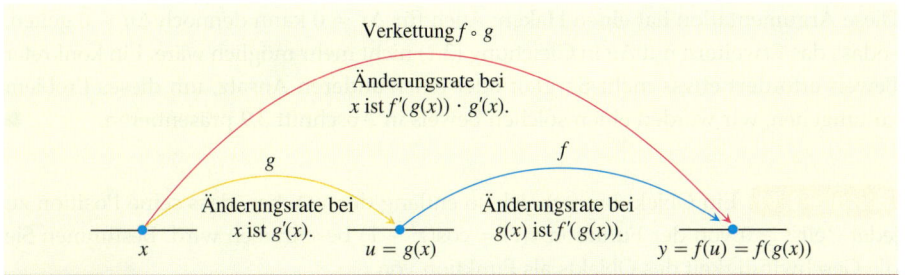

g — Änderungsrate bei x ist $g'(x)$.

f — Änderungsrate bei $g(x)$ ist $f'(g(x))$.

$x \qquad u = g(x) \qquad y = f(u) = f(g(x))$

Abbildung 3.24 Änderungsraten werden multipliziert: Die Ableitung von $f \circ g$ an der Stelle x ist die Ableitung der Funktion f an der Stelle $g(x)$ mal der Ableitung der Funktion g an der Stelle x.

Die Ableitung der verketteten Funktion $f(g(x))$ nach x ist die Ableitung von f nach $g(x)$ mal der Ableitung von g nach x. Diese Regel ist bekannt als Kettenregel (▶ Abbildung 3.24).

Satz 3.2 Die Kettenregel Wenn $f(u)$ an der Stelle $u = g(x)$ und $g(x)$ an der Stelle x differenzierbar ist, dann ist auch die verkettete Funktion $(f \circ g)(x) = f(g(x))$ differenzierbar an der Stelle x und es gilt

$$(f \circ g)'(x) = f'(g(x)) \cdot g'(x).$$

In der Leibniz-Schreibweise gilt für $y = f(u)$ und $u = g(x)$

$$\frac{dy}{dx} = \frac{dy}{du} \cdot \frac{du}{dx},$$

wobei dy/du bei $u = g(x)$ bestimmt wird.

Beweis ◻ Intuitiver „Beweis" der Kettenregel:

Sei Δu die Veränderung von u, wenn x sich um Δx verändert, sodass gilt:

$$\Delta u = g(u + \Delta u) - g(x).$$

Dann ändert sich y um

$$\Delta y = f(u + \Delta u) - f(u).$$

Für $\Delta u \neq 0$ können wir den Bruch $\Delta y / \Delta x$ als Produkt schreiben:

$$\frac{\Delta y}{\Delta x} = \frac{\Delta y}{\Delta u} \cdot \frac{\Delta u}{\Delta x} \qquad (3.1)$$

und dann den Grenzübergang $\Delta x \to 0$ durchführen:

$$\begin{aligned}
\frac{dy}{dx} &= \lim_{\Delta x \to 0} \frac{\Delta y}{\Delta x} \\
&= \lim_{\Delta x \to 0} \frac{\Delta y}{\Delta u} \cdot \frac{\Delta u}{\Delta x} \\
&= \lim_{\Delta x \to 0} \frac{\Delta y}{\Delta u} \cdot \lim_{\Delta x \to 0} \frac{\Delta u}{\Delta x} \\
&= \lim_{\Delta u \to 0} \frac{\Delta y}{\Delta u} \cdot \lim_{\Delta x \to 0} \frac{\Delta u}{\Delta x} \\
&= \frac{dy}{du} \cdot \frac{du}{dx}.
\end{aligned}$$

Es gilt $\Delta u \to 0$ für $\Delta x \to 0$, weil g stetig ist.

3 Differentiation

Diese Argumentation hat einen Haken: Auch für $\Delta x \neq 0$ kann dennoch $\Delta u = 0$ gelten, sodass das Erweitern mit Δu in Gleichung (3.1) nicht mehr möglich wäre. Ein konkreter Beweis erfordert etwas mehr Sorgfalt oder einen anderen Ansatz, um dieses Problem zu umgehen; wir werden einen solchen Beweis in Abschnitt 3.9 präsentieren. ∎

Ableitung der Verkettung von Funktionen (Orts- und Geschwindigkeitsfunktion)

Beispiel 3.31 Ein Objekt bewegt sich so entlang der x-Achse, dass seine Position zu jeder Zeit $t \geq 0$ von der Funktion $x(t) = \cos(t^2 + 1)$ beschrieben wird. Bestimmen Sie die Geschwindigkeit des Objekts als Funktion von t.

Lösung Wir wissen, dass die Geschwindigkeit $\mathrm{d}x/\mathrm{d}t$ ist. In diesem Fall ist x eine verkettete Funktion: $x = \cos(u)$ und $u = t^2 + 1$. Damit ergibt sich:

$$\frac{\mathrm{d}x}{\mathrm{d}u} = -\sin(u) \qquad\qquad x = \cos(u)$$

$$\frac{\mathrm{d}u}{\mathrm{d}t} = 2t. \qquad\qquad u = t^2 + 1$$

Mit der Kettenregel gilt:

$$\begin{aligned}\frac{\mathrm{d}x}{\mathrm{d}t} &= \frac{\mathrm{d}x}{\mathrm{d}u} \cdot \frac{\mathrm{d}u}{\mathrm{d}t} \\ &= -\sin(u) \cdot 2t \\ &= -\sin(t^2 + 1) \cdot 2t = -2t \sin(t^2 + 1).\end{aligned}$$
∎

Äußere und innere Ableitung

Eine Schwierigkeit der Leibniz-Schreibweise ist, dass sie nicht explizit angibt, wo die Ableitungen in der Kettenregel bestimmt werden sollen. Manchmal hilft es daher, die Kettenregel in der Funktionen-Schreibweise mit x zu betrachten. Für $y = f(g(x))$ gilt:

$$\frac{\mathrm{d}y}{\mathrm{d}x} = f'(g(x)) \cdot g'(x).$$

In Worten: Man differenziert zunächst die „äußere Funktion" f und setzt in die Ableitung f' die unveränderte „innere Funktion" $g(x)$ ein, bildet also $f'(g(x))$; anschließend multipliziert man mit der Ableitung $g'(x)$ der inneren Funktion. Diesen letzten Schritt bezeichnet man als **Nachdifferenzieren**.

Kettenregel (äußere und innere Ableitung)

Beispiel 3.32 Leiten Sie $\sin(x^2 + x)$ nach x ab.

Lösung Wir wenden direkt die Kettenregel an und erhalten

$$\frac{\mathrm{d}}{\mathrm{d}x} \sin \underbrace{(x^2 + x)}_{\text{innere Funktion}} = \cos \underbrace{(x^2 + x)}_{\substack{\text{innere Funktion} \\ \text{unverändert}}} \cdot \underbrace{(2x + 1)}_{\substack{\text{Ableitung der} \\ \text{inneren Funktion}}}.$$
∎

Mehrfache Anwendung der Kettenregel

Manchmal müssen wir die Kettenregel zweimal oder noch öfter anwenden, um eine Ableitung zu bestimmen.

Beispiel 3.33 Bestimmen Sie die Ableitung von $g(t) = \tan(5 - \sin 2t)$.

Mehrfache Anwendung der Kettenregel

Lösung In diesem Beispiel ist der Tangens eine Funktion von $(5 - \sin 2t)$, der Sinus eine Funktion von $2t$ und dies wiederum eine Funktion von t. Mit der Kettenregel erhält man also:

$$g'(t) = \frac{d}{dt}(\tan(5 - \sin 2t))$$

Ableitung von $\tan u$ mit $u = 5 - \sin 2t$

$$= \sec^2(5 - \sin 2t) \cdot \frac{d}{dt}(5 - \sin 2t)$$

Ableitung von $5 - \sin y$ mit $y = 2t$

$$= \sec^2(5 - \sin 2t) \cdot \left(0 - \cos 2t \cdot \frac{d}{dt}(2t)\right)$$

$$= \sec^2(5 - \sin 2t) \cdot (-\cos 2t) \cdot 2 = -2(\cos 2t)\sec^2(5 - \sin 2t).$$

Die Kettenregel bei Potenzfunktion

Ist f eine differenzierbare Funktion von u und u eine differenzierbare Funktion von x, dann kommt man durch Einsetzen von $y = f(u)$ in die Kettenregel

$$\frac{dy}{dx} = \frac{dy}{du} \cdot \frac{du}{dx}$$

zu der Gleichung

$$\frac{d}{dx}f(u) = f'(u)\frac{du}{dx}.$$

Wenn n eine reelle Zahl und f eine Potenzfunktion der Form $f(u) = u^n$ ist, dann gilt mit der Potenzregel $f'(u) = nu^{n-1}$. Ist u eine differenzierbare Funktion von x, dann können wir die Kettenregel benutzten, um diese Gleichung zur **Kettenregel für Potenzen** zu erweitern:

$$\frac{d}{dx}(u^n) = nu^{n-1}\frac{du}{dx}. \qquad \frac{d}{du}(u^n) = nu^{n-1}$$

Beispiel 3.34 Die Kettenregel für Potenzen erleichtert die Rechenarbeit, wenn die Potenz eines Ausdruckes abgeleitet werden soll.

Kettenregel für Potenzfunktionen

a $\frac{d}{dx}(5x^3 - x^4)^7 = 7(5x^3 - x^4)^6 \frac{d}{dx}(5x^3 - x^4)$

Kettenregel für Potenzen mit $u = 5x^3 - x^4$, $n = 7$

$\qquad = 7(5x^3 - x^4)^6(5 \cdot 3x^2 - 4x^3)$

$\qquad = 7(5x^3 - x^4)^6(15x^2 - 4x^3)$

b $\frac{d}{dx}\left(\frac{1}{3x-2}\right) = \frac{d}{dx}(3x-2)^{-1}$

$\qquad = -1(3x-2)^{-2}\frac{d}{dx}(3x-2)$

Kettenregel für Potenzen mit $u = 3x - 2$, $n = -1$

$\qquad = -1(3x-2)^{-2}(3)$

$\qquad = -\frac{3}{(3x-2)^2}$

In Teil **b** hätten wir die Ableitung auch mithilfe der Quotientenregel bestimmen können.

c $\frac{d}{dx}(\sin^5 x) = 5\sin^4 x \cdot \frac{d}{dx}\sin x$

Kettenregel für Potenzen mit $u = \sin x$, $n = 5$, weil $\sin^n x$ so viel bedeutet wie $(\sin x)^n$.

$\qquad = 5\sin^4 x \cos x$

Ableitung der Betragsfunktion

Ableitung der Betragsfunktion

$$\frac{d}{dx}(|x|) = \frac{x}{|x|}, \quad x \neq 0$$

Beispiel 3.35 In Abschnitt 3.2 haben wir gesehen, dass die Betragsfunktion $y = |x|$ an der Stelle $x = 0$ nicht differenzierbar ist. Allerdings ist die Funktion bei allen anderen reellen Zahlen differenzierbar. Wir bestimmen nun nochmal die Ableitung der Betragsfunktion an den Stellen $x \neq 0$, diesmal mit Hilfe des Kettenregel. Wegen $|x| = \sqrt{x^2}$ ist

$$\begin{aligned}\frac{d}{dx}(|x|) &= \frac{d}{dx}\sqrt{x^2}\\ &= \frac{1}{2\sqrt{x^2}} \cdot \frac{d}{dx}(x^2) && \text{Kettenregel für Potenzen mit}\\ & && u = x^2,\ n = 1/2,\ x \neq 0\\ &= \frac{1}{2|x|} \cdot 2x && \sqrt{x^2} = |x|\\ &= \frac{x}{|x|}, \quad x \neq 0.\end{aligned}$$

Steigung der Tangenten

Beispiel 3.36 Zeigen Sie, dass die Steigung jeder Tangente an die Kurve $y = 1/(1-2x)^3$ positiv ist.

Lösung Wir bestimmen die Ableitung:

$$\begin{aligned}\frac{dy}{dx} &= \frac{d}{dx}(1-2x)^{-3}\\ &= -3(1-2x)^{-4} \cdot \frac{d}{dx}(1-2x) && \text{Kettenregel für Potenzen mit}\\ & && u = 1-2x,\ n = -3\\ &= -3(1-2x)^{-4} \cdot (-2) = \frac{6}{(1-2x)^4}.\end{aligned}$$

An jedem Punkt (x, y) der Kurve ist $x \neq 1/2$ und die Steigung der Tangente

$$\frac{dy}{dx} = \frac{6}{(1-2x)^4},$$

ist als der Quotient zweier positiver Zahlen positiv. ■

Winkelmaße (Grad und Radiant)

Beispiel 3.37 Die Ausdrücke für die Ableitungen sowohl von $\sin x$ als auch von $\cos x$ wurden mit der Annahme hergeleitet, dass x in Radiant gemessen wird, nicht in Grad. Mithilfe der Kettenregel können wir neue Einsichten in den Unterschied zwischen diesen beiden Maßen gewinnen. Da $180° = \pi$ Radiant, gilt $x° = \pi x/180$ Radiant, wobei $x°$ die Größe des Winkels (gemessen in Grad) ist.

Mit der Kettenregel erhalten wir

$$\frac{d}{dx}\sin(x°) = \frac{d}{dx}\sin\left(\frac{\pi x}{180}\right) = \frac{\pi}{180}\cos\left(\frac{\pi x}{180}\right) = \frac{\pi}{180}\cos(x°)$$

(▶Abbildung 3.25). Analog ist die Ableitung von $\cos(x°)$ gleich $-(\pi/180)\sin x°$.

Der Faktor $\pi/180$ multipliziert sich bei wiederholten Ableitungen. Wir sehen hier also den Vorteil der Verwendung des Winkelmaßes Radiant.

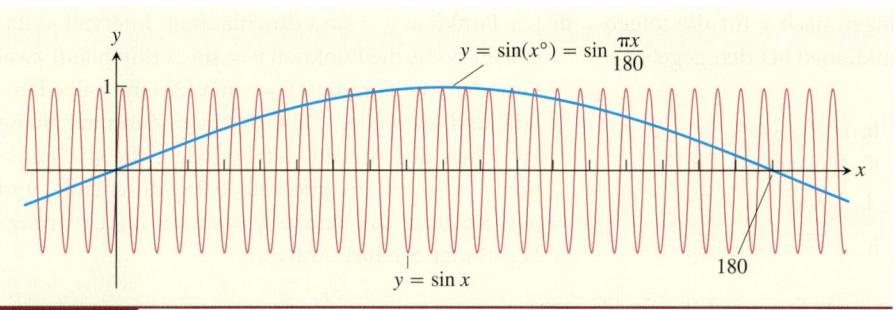

Abbildung 3.25 $\sin(x°)$ oszilliert nur $\pi/180$-mal so oft wie $\sin x$. Die maximale Steigung von $\sin(x°)$ beträgt $\pi/180$ bei $x = 0$ (Beispiel 3.37).

Aufgaben zum Abschnitt 3.6

Berechnung von Ableitungen Berechnen Sie in den Aufgaben 1 und 4 die Ableitung $dy/dx = f'(g(x))g'(x)$, wenn $y = f(u)$ und $u = g(x)$ gegeben sind.

1. $y = 6u - 9, u = (1/2)x^4$ **2.** $y = \sin u, u = 3x + 1$
3. $y = \cos u, u = \sin x$ **4.** $y = \tan u, u = 10x - 5$

Schreiben Sie in den Aufgaben 5 und 9 die Funktion in der Form $y = f(u)$ mit $u = g(x)$. Berechnen Sie dann dy/dx als Funktion von x.

5. $y = (2x + 1)^5$ **6.** $y = \left(1 - \dfrac{x}{7}\right)^{-7}$

7. $y = \left(\dfrac{x^2}{8} + x - \dfrac{1}{x}\right)^4$ **8.** $y = \sec(\tan x)$

9. $y = \sin^3 x$

Berechnen Sie die Ableitungen der Funktionen in den Aufgaben 10–14.

10. $p = \sqrt{3 - t}$ **11.** $s = \dfrac{4}{3\pi} \sin 3t + \dfrac{4}{5\pi} \cos 5t$

12. $r = (\operatorname{cosec} \theta + \cot \theta)^{-1}$ **13.** $y = x^2 \sin^4 x + x \cos^{-2} x$

14. $y = \dfrac{1}{21}(3x - 2)^7 + \left(4 - \dfrac{1}{2x^2}\right)^{-1}$

15. $y = (4x + 3)^4(x + 1)^{-3}$

16. $h(x) = x \tan(2\sqrt{x}) + 7$

17. $f(x) = \sqrt{7 + x \sec x}$

18. $f(\theta) = \left(\dfrac{\sin \theta}{1 + \cos \theta}\right)^2$

19. $r = \sin(\theta^2) \cos(2\theta)$ **20.** $q = \sin\left(\dfrac{t}{\sqrt{t+1}}\right)$

Berechnen Sie in den Aufgaben 21–29 die Ableitung dy/dt.

21. $y = \sin^2 \pi t - 2$ **22.** $y = (1 + \cos 2t)^{-4}$

23. $y = (t \tan t)^{10}$ **24.** $y = \left(\dfrac{t^2}{t^3 - 4t}\right)^3$

25. $y = \sin(\cos(2t - 5))$ **26.** $y = \left(1 + \tan^4\left(\dfrac{t}{12}\right)\right)^3$

27. $y = \sqrt{1 + \cos(t^2)}$ **28.** $y = \tan^2(\sin^3 t)$

29. $y = 3t(2t^2 - 5)^4$

Zweite Ableitungen Berechnen Sie in den Aufgaben 30 und 32 die zweite Ableitung y''.

30. $y = \left(1 + \dfrac{1}{x}\right)^3$ **31.** $y = \dfrac{1}{9} \cot(3x - 1)$

32. $y = x(2x + 1)^4$

Berechnung der Werte von Ableitungen Berechnen Sie in den Aufgaben 33–35 den Wert von $(f \circ g)'$ an der angegebenen Stelle x.

33. $f(u) = u^5 + 1, u = g(x) = \sqrt{x}, x = 1$

34. $f(u) = \cot \dfrac{\pi u}{10}, u = g(x) = 5\sqrt{x}, x = 1$

35. $f(u) = \dfrac{2u}{u^2 + 1}, u = g(x) = 10x^2 + x + 1, x = 0$

36. Es sei $f'(3) = -1, g'(2) = 5, g(2) = 3$ und $y = f(g(x))$. Was ist der Wert von y' bei $x = 2$?

37. Die Funktionen f und g und ihre Ableitungen nach x sollen an den Stellen $x = 2$ und $x = 3$ die folgenden Werte haben.

x	$f(x)$	$g(x)$	$f'(x)$	$g'(x)$
2	8	2	1/3	−3
3	3	−4	2π	5

Bestimmen Sie die Ableitungen nach x für die folgenden Kombinationen der Funktionen bei den gegebenen Werten von x.

a. $2f(x)$, $x=2$
b. $f(x)+g(x)$, $x=3$
c. $f(x)\cdot g(x)$, $x=3$
d. $f(x)/g(x)$, $x=2$
e. $f(g(x))$, $x=2$
f. $\sqrt{f(x)}$, $x=2$
g. $1/g^2(x)$, $x=3$
h. $\sqrt{f^2(x)+g^2(x)}$, $x=2$

38. Berechnen Sie ds/dt an der Stelle mit $\theta = 3\pi/2$, wenn gilt: $s=\cos\theta$ und $d\theta/dt = 5$.

Theorie und Beispiele Wie geht man vor, wenn man eine Funktion auf verschiedene Weisen als Verkettung schreiben kann? Erhält man bei jeder Möglichkeit dieselbe Ableitung? Gemäß der Kettenregel sollte das so sein. Probieren Sie mit den Funktionen aus Aufgabe 39 verschiedene Möglichkeiten aus.

39. Berechnen Sie dy/dx für $y=x$ mithilfe der Kettenregel, y ist eine Verkettung von

a. $y=(u/5)+7$ und $u=5x-35$
b. $y=1+(1/u)$ und $u=1/(x-1)$.

40. Bestimmen Sie die Tangente an die Kurve $y=((x-1)/(x+1))^2$ an der Stelle $x=0$.

41. a. Bestimmen Sie die Tangente an die Kurve $y=2\tan(\pi x/4)$ an der Stelle $x=1$.

b. **Steigung der Tangenskurve** Was ist der kleinste Wert, den die Steigung der Kurve in dem Intervall $-2 < x < 2$ annehmen kann? Begründen Sie Ihre Antwort.

42. Steigung der Sinuskurve

a. Bestimmen Sie die Gleichungen der Tangenten an die Kurven $y=\sin 2x$ und $y=-\sin mx$ im Ursprung. Gibt es irgendeinen besonderen Zusammenhang zwischen den Tangenten? Begründen Sie Ihre Antwort.

b. Können Sie eine Aussage machen zu den Tangenten im Ursprung an die Kurven $y=\sin mx$ und $y=-\sin(x/m)$ (m ist eine Konstante $\neq 0$)? Begründen Sie Ihre Antwort.

c. Welche maximale Steigung können die Kurven $y=\sin mx$ und $y=-\sin(m/x)$ bei gegebenem m haben? Begründen Sie Ihre Antwort.

d. Die Funktion $y=\sin x$ durchläuft im Intervall $[0,2\pi]$ eine Periode, die Funktion $y=\sin 2x$ durchläuft zwei Perioden, die Funktion $y=\sin(x/2)$ eine halbe Periode und so weiter. Gibt es einen Zusammenhang zwischen der Anzahl der Perioden, die die Funktion $y=\sin mx$ im Intervall $[0,2\pi]$ durchläuft, und der Steigung der Kurve $y=\sin mx$ im Ursprung? Begründen Sie Ihre Antwort.

43. Läuft eine Maschine zu schnell? Ein Kolben bewegt sich senkrecht hinauf und herunter, seine Position zur Zeit t (gemessen in s) ist gegeben durch

$$s = A\cos(2\pi bt),$$

wobei A und b positiv sind. Der Wert von A ist die Amplitude der Bewegung, und b ist die Frequenz, also die Anzahl der Auf- und Abbewegungen des Kolbens pro Sekunde. Welchen Effekt hat das Verdoppeln der Frequenz auf die Geschwindigkeit, die Beschleunigung und den Ruck des Kolbens? (Wenn Sie diese Frage beantwortet haben, werden Sie wissen, warum manche Maschinen kaputt gehen, wenn sie zu schnell betrieben werden.)

44. Teilchenbewegung Die Position eines Teilchens, das sich entlang einer Koordinatenachse bewegt, ist $s=\sqrt{1+4t}$, mit s in Metern und t in Sekunden. Bestimmen Sie die Geschwindigkeit und Beschleunigung des Teilchens bei $t=6$.

45. Fallender Meteorit Die Geschwindigkeit eines schweren Meteoriten, der in die Erdatmosphäre eintritt, ist umgekehrt proportional zu $\sqrt{s}$, wenn er s km vom Erdmittelpunkt entfernt ist. Zeigen Sie, dass die Beschleunigung des Meteoriten umgekehrt proportional zu s^2 ist.

46. Temperatur und Schwingungsperiode eines Pendels Für Schwingungen mit kleiner Amplitude (kleiner Auslenkung) eines einfachen Pendels ist die Beziehung zwischen Periode T und Länge L des Pendels näherungsweise

$$T = 2\pi\sqrt{\frac{L}{g}}$$

mit der (konstanten) Erdbeschleunigung g am Ort des Pendels (g in Zentimeter pro Sekunde zum Quadrat, L in Zentimeter, T in Sekunden). Ist das Pendel aus Metall, so variiert seine Länge mit der Temperatur; es wird entweder länger oder kürzer mit einer Änderungsrate, die in etwa proportional zu L ist. Die Gleichung dazu lautet (u ist die Temperatur, k eine Proportionalitätskonstante):

$$\frac{dL}{du} = kL.$$

Gehen Sie von dieser Gleichung aus und zeigen Sie, dass die Änderungsrate für die Schwingungsperiode des Pendels in Abhängigkeit von der Temperatur $kT/2$ beträgt.

47. **Kettenregel** Es sei $f(x) = x^2$ und $g(x) = |x|$. Dann sind die Verkettungen

$$(f \circ g)(x) = |x|^2 = x^2 \quad \text{und}$$
$$(g \circ f)(x) = |x|^2 = x^2$$

beide differenzierbar bei $x = 0$, obwohl g selbst bei $x = 0$ nicht differenzierbar ist. Widerspricht das der Kettenregel? Erklären Sie.

48. **Die Ableitung von $y = \sin 2x$** Stellen Sie die Funktion $y = 2\cos 2x$ im Intervall $-2 \leq x \leq 3{,}5$ grafisch dar. Zeichnen Sie in demselben Bild den Graphen von

$$y = \frac{\sin 2(x+h) - \sin 2x}{h}$$

für $h = 1{,}0$, $0{,}5$ und $0{,}2$. Experimentieren Sie mit anderen Werten für h, darunter auch negative. Was passiert bei $h \to 0$? Erklären Sie dieses Verhalten.

Computeralgebra

Trigonometrische Polynome **49.** Wie das nachfolgende Bild zeigt, ist das trigonometrische „Polynom"

$$s = f(t) = 0{,}78540 - 0{,}63662 \cos 2t$$
$$- 0{,}07074 \cos 6t - 0{,}02546 \cos 10t$$
$$- 0{,}01299 \cos 14t$$

eine gute Näherung für die Sägezahnfunktion $s = g(t)$ in dem Intervall $[-\pi, \pi]$. Wie gut nähert die Ableitung von f die Ableitung von g in den Punkten an, in denen dg/dt definiert ist? Um dies zu untersuchen, führen Sie die folgenden Schritte aus:

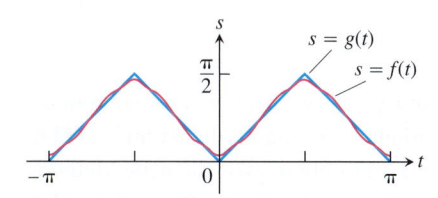

a. Stellen Sie dg/dt (wo definiert) im Intervall $[-\pi, \pi]$ grafisch dar.

b. Bestimmen Sie df/dt.

c. Stellen Sie df/dt grafisch dar. Wo ist die Näherung von dg/dt durch df/dt am besten/am schlechtesten? Näherungen durch trigonometrische Polynome sind wichtig in der Wärmetheorie und in der Theorie der Schwingungen und Wellen, man sollte aber nicht zu viel von ihnen erwarten, wie wir gleich sehen werden.

50. *(Fortsetzung von Aufgabe 49)* In Aufgabe 49 hatte das trigonometrische Polynom zur Näherung der Sägezahnfunktion $g(t)$ im Intervall $[-\pi, \pi]$ eine Ableitung, die eine Näherung für die Ableitung der Sägezahnfunktion war. Es ist allerdings auch möglich, dass ein trigonometrisches Polynom zwar eine Funktion ausreichend gut annähert, seine Ableitung aber überhaupt keine gute Näherung für die Ableitung der Funktion ist. So ist das „Polynom"

$$s = h(t) = 1{,}2732 \sin 2t + 0{,}4244 \sin 6t$$
$$+ 0{,}25465 \sin 10t + 0{,}18189 \sin 14t + 0{,}14147 \sin 18t$$

aus der nachfolgenden Abbildung eine gute Näherung der dort gezeigten Stufenfunktion $s = k(t)$. Allerdings ähnelt die Ableitung von h überhaupt nicht der Ableitung von k.

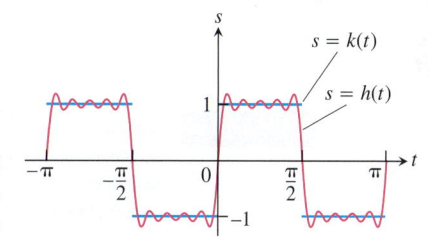

a. Stellen Sie dk/dt (wo definiert) im Intervall $[-\pi, \pi]$ grafisch dar.

b. Bestimmen Sie dh/dt.

c. Zeichnen Sie den Graphen von dh/dt und zeigen Sie, wie schlecht dieser Graph auf den Graphen von dk/dt passt. Kommentieren Sie.

3.7 Implizite Differentiation

Die meisten Kurven, die wir bisher betrachtet haben, waren Graphen von Funktionen $y = f(x)$. Diese Gleichung beschreibt die explizite Abhängigkeit der Variablen y von der Variablen x. Ableitungsregeln für so definierte Funktionen sind uns inzwischen bekannt. Eine andere Situation liegt vor, wenn die Beziehung zwischen x und y durch eine Gleichung, z. B. der Form $F(x,y) = 0$, gegeben ist, wie etwa

$$x^3 + y^3 - 9xy = 0, \quad y^2 - x = 0 \quad \text{oder} \quad x^2 + y^2 - 25 = 0$$

(▶Abbildungen 3.26, 3.27 und 3.28). Diese Gleichungen definieren einen impliziten Zusammenhang zwischen den Variablen x und y. Manchmal können wir eine solche Gleichung nach y auflösen und erhalten so eine (oder mehrere) explizite Funktionen von x. Aber auch wenn wir eine Gleichung $F(x,y) = 0$ nicht in die Form $y = f(x)$ bringen können, kann es dennoch möglich sein, dy/dx durch eine *implizite Differentiation* zu bestimmen. Dieser Abschnitt behandelt dieses Verfahren.

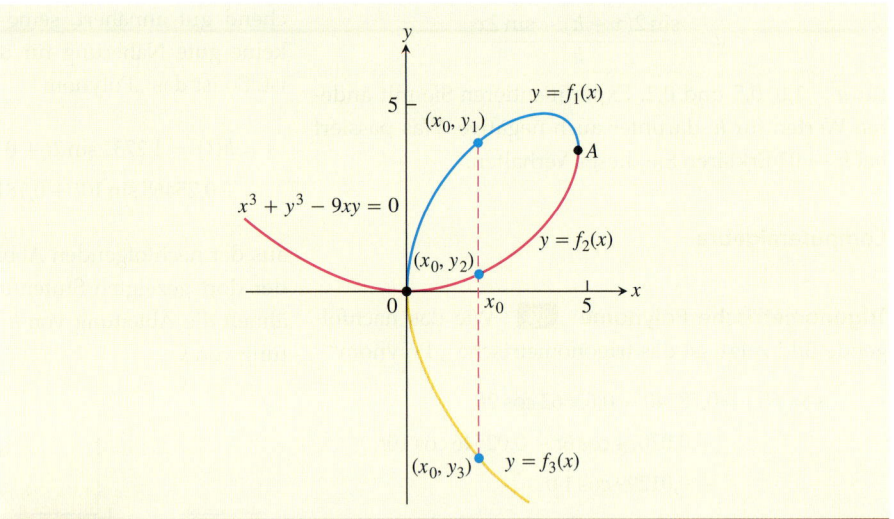

Abbildung 3.26 Die Kurve $x^3 + y^3 - 9xy = 0$ ist kein Graph einer Funktion von x. Sie kann aber in verschiedene Bögen aufgeteilt werden, die dann jeweils einzeln Graphen einer Funktion von x sind. Diese spezielle Kurve heißt *kartesisches Blatt* oder *folium cartesii* und geht auf Descartes zurück (1638).

Implizit definierte Funktionen

Wir beginnen mit einfachen Gleichungen in x und y, die wir nach y auflösen können, also eine (oder mehrere) Funktion(en) $y = f(x)$ erhalten und damit dy/dx auf die übliche Weise bestimmen können. Im Anschluss daran präsentieren wir die neue Methode zur Bestimmung von dy/dx, indem wir die Gleichungen implizit differenzieren. Ein Vergleich zeigt die Übereinstimmung der Ergebnisse. Nach den Beispielen fassen wir die Schritte der neuen Methode zusammen. In allen Beispielen und Aufgaben wird angenommen, dass die gegebene Gleichung y implizit als differenzierbare Funktion von x angibt, sodass dy/dx existiert.

Ableitung der implizit definierten Wurzelfunktion

Beispiel 3.38 Bestimmen Sie dy/dx für $y^2 = x$.

3.7 Implizite Differentiation

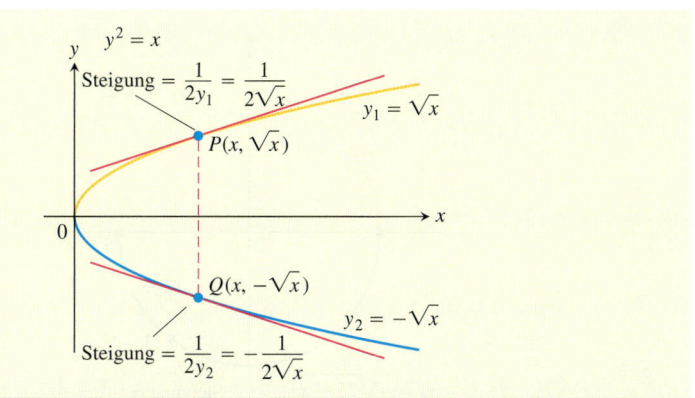

Abbildung 3.27 Die Gleichung $y^2 - x = 0$ oder $y^2 = x$, wie sie normalerweise geschrieben wird, definiert zwei differenzierbare Funktionen von x im Intervall $x > 0$. Beispiel 3.38 zeigt, wie man die Ableitungen dieser Funktionen finden kann, ohne die Gleichung $y^2 = x$ nach y aufzulösen.

Lösung Die Gleichung $y^2 = x$ definiert für $x > 0$ zwei differenzierbare Funktionen von x, die wir leicht bestimmen können, nämlich $y_1 = \sqrt{x}$ und $y_2 = -\sqrt{x}$ (Abbildung 3.27). Wir wissen, wie wir die Ableitung dieser beiden Funktionen für $x > 0$ berechnen:

$$\frac{dy_1}{dx} = \frac{1}{2\sqrt{x}} \quad \text{und} \quad \frac{dy_2}{dx} = -\frac{1}{2\sqrt{x}}.$$

Die Frage, die wir uns nun stellen wollen, ist: Können wir diese Ableitungen auch ohne explizite Kenntnis der beiden Funktionen $y_1 = \sqrt{x}$ bzw. $y_2 = -\sqrt{x}$ bestimmen, allein aus der Gleichung $y^2 = x$?

Die Antwort ist ja. Um dy/dx zu bestimmen, müssen wir nur beide Seiten der Gleichung $y^2 = x$ nach x ableiten. Dabei behandeln wir $y = f(x)$ als differenzierbare Funktion von x

$$y^2 = x$$
$$2y \frac{dy}{dx} = 1$$
$$\frac{dy}{dx} = \frac{1}{2y}, \quad y \neq 0.$$

Mit der Kettenregel gilt: $\frac{d}{dx}(y^2) =$
$$\frac{d}{dx}[f(x)]^2 = 2f(x)f'(x) = 2y\frac{dy}{dx}$$

Aus dieser einen Gleichung erhalten wir die beiden Ableitungen, die wir für die expliziten Lösungen $y_1 = \sqrt{x}$ und $y_2 = -\sqrt{x}$ berechnet haben

$$\frac{dy_1}{dx} = \frac{1}{2y_1} = \frac{1}{2\sqrt{x}} \quad \text{und} \quad \frac{dy_2}{dx} = \frac{1}{2y_2} = \frac{1}{2(-\sqrt{x})} = -\frac{1}{2\sqrt{x}}.$$

Beispiel 3.39 Bestimmen Sie die Steigung des Kreises $x^2 + y^2 = 25$ im Punkt $(3, -4)$. **Tangenten an einen Kreis**

Lösung Der Kreis ist nicht der Graph einer einzelnen Funktion von x, sondern er ist der kombinierte Graph zweier Funktionen, nämlich $y_1 = \sqrt{25 - x^2}$ und $y_2 = -\sqrt{25 - x^2}$ (Abbildung 3.28). Der Punkt $(3, -4)$ liegt auf dem Graphen von y_2, wir können also die Steigung bestimmen, indem wir direkt die Ableitung mithilfe der Kettenregel für

3 Differentiation

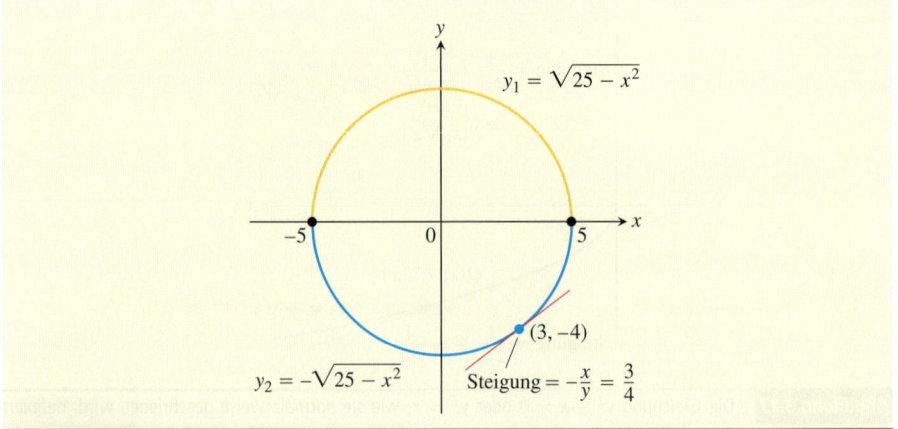

Abbildung 3.28: Der Kreis kombiniert die Graphen von zwei Funktionen: Der Graph von y_2 bildet den unteren Halbkreis und geht durch $(3, -4)$.

Potenzen berechnen:

$$\left.\frac{dy}{dx}\right|_{x=3} = -\left.\frac{-2x}{2\sqrt{25-x^2}}\right|_{x=3} = -\frac{-6}{2\sqrt{25-9}} = \frac{3}{4}. \qquad \begin{array}{l} -\dfrac{d}{dx}(25-x^2)^{1/2} = \\ -\dfrac{1}{2}(25-x^2)^{-1/2}(-2x) \end{array}$$

Wir können dieses Problem einfacher lösen, indem wir beide Seiten der gegebenen Gleichung des Kreises implizit nach x ableiten:

$$\frac{d}{dx}(x^2) + \frac{d}{dx}(y^2) = \frac{d}{dx}(25)$$

$$2x + 2y\frac{dy}{dx} = 0$$

$$\frac{dy}{dx} = -\frac{x}{y}.$$

Die Steigung bei $(3, -4)$ ist also $\left.-\dfrac{x}{y}\right|_{(3,-4)} = -\dfrac{3}{-4} = \dfrac{3}{4}$.

Anders als die Formel für die Steigung für dy_2/dx, die nur für Punkte unterhalb der x-Achse gilt, ist die Formel $dy/dx = -x/y$ überall gültig, wo der Kreis eine Steigung hat. Die Ableitung bezieht beide Variablen x und y ein, nicht nur die unabhängige Variable x. ■

Um die Ableitungen anderer implizit definierter Funktionen zu berechnen, gehen wir vor wie in den Beispielen 3.38 und 3.39: Wir behandeln y als differenzierbare implizite Funktion von x und leiten beide Seiten der Definitionsgleichung mit den üblichen Regeln ab.

> **Merke**
>
> **Implizite Differentiation**
>
> 1. Differenzieren Sie beide Seiten der Gleichung nach x und behandeln Sie y dabei als differenzierbare Funktion von x.
> 2. Sammeln Sie alle Terme mit dy/dx auf einer Seite der Gleichung und lösen Sie nach dy/dx auf.

3.7 Implizite Differentiation

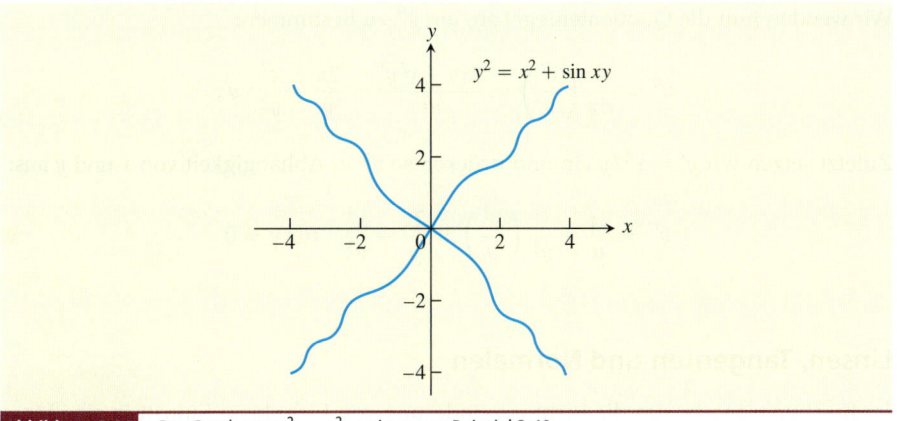

Abbildung 3.29 Der Graph von $y^2 = x^2 + \sin xy$ aus Beispiel 3.40.

Beispiel 3.40 Bestimmen Sie dy/dx für $y^2 = x^2 + \sin xy$ (▶Abbildung 3.29).

Ableitung einer implizit definierten Funktion

Lösung Wir differenzieren implizit:

$$y^2 = x^2 + \sin xy$$

$$\frac{d}{dx}(y^2) = \frac{d}{dx}(x^2) + \frac{d}{dx}(\sin xy) \qquad \text{Beide Seiten werden nach } x \text{ abgeleitet. Dabei wird...}$$

$$2y\frac{dy}{dx} = 2x + (\cos xy)\frac{d}{dx}(xy) \qquad \text{...}y \text{ als Funktion von } x \text{ behandelt und die Kettenregel angewendet.}$$

$$2y\frac{dy}{dx} = 2x + (\cos xy)\left(y + x\frac{dy}{dx}\right) \qquad \text{Auf das Produkt } x \cdot y \text{ wird die Produktregel angewendet.}$$

$$2y\frac{dy}{dx} - (\cos xy)\left(x\frac{dy}{dx}\right) = 2x + (\cos xy)y \qquad \text{Zusammenfassen der Terme mit } dy/dx.$$

$$(2y - x\cos xy)\frac{dy}{dx} = 2x + y\cos xy$$

$$\frac{dy}{dx} = \frac{2x + y\cos xy}{2y - x\cos xy}. \qquad \text{Auflösen nach } dy/dx.$$

Die Gleichung für dy/dx gilt überall dort, wo die implizit definierte Kurve eine Steigung hat. Noch einmal sei darauf hingewiesen, dass die Ableitung *beide* Variablen x und y einbezieht, nicht nur die unabhängige Variable x. ∎

Ableitungen höherer Ordnung

Mithilfe der impliziten Differentiation kann man auch höhere Ableitungen bestimmen.

Beispiel 3.41 Bestimmen Sie d^2y/dx^2 für $2x^3 - 3y^2 = 8$.

Höhere Ableitungen einer implizit definierten Funktion

Lösung Zunächst leiten wir beide Seiten der Gleichung nach x ab, um $y' = dy/dx$ zu bestimmen:

$$\frac{d}{dx}(2x^3 - 3y^2) = \frac{d}{dx}(8)$$

$$6x^2 - 6yy' = 0 \qquad y \text{ wird als Funktion von } x \text{ behandelt.}$$

$$y' = \frac{x^2}{y} \quad \text{für } y \neq 0. \qquad \text{Auflösen nach } y'.$$

Wir wenden nun die Quotientenregel an, um y'' zu bestimmen:

$$y'' = \frac{\mathrm{d}}{\mathrm{d}x}\left(\frac{x^2}{y}\right) = \frac{2xy - x^2 y'}{y^2} = \frac{2x}{y} - \frac{x^2}{y^2} \cdot y'.$$

Zuletzt setzen wir $y' = x^2/y$ ein und drücken so y'' in Abhängigkeit von x und y aus:

$$y'' = \frac{2x}{y} - \frac{x^2}{y^2}\left(\frac{x^2}{y}\right) = \frac{2x}{y} - \frac{x^4}{y^3} \quad \text{für } y \neq 0.$$

Linsen, Tangenten und Normalen

Im Brechungsgesetz, das die Richtungsänderung von Licht beim Eintritt in eine Linse beschreibt, sind die entscheidenden Winkel die zwischen dem Lichtstrahl und der Linie, die am Eintrittspunkt der Lichts senkrecht auf der Linse steht (die Winkel α und β in ▶Abbildung 3.30). Diese Linie wird *Normale* auf der Oberfläche am Eintrittspunkt genannt. Schaut man sich die Linse im Profil an wie in Abbildung 3.30, so ist die **Normale** die Linie, die senkrecht auf der Tangente der Profilkurve am Eintrittspunkt steht.

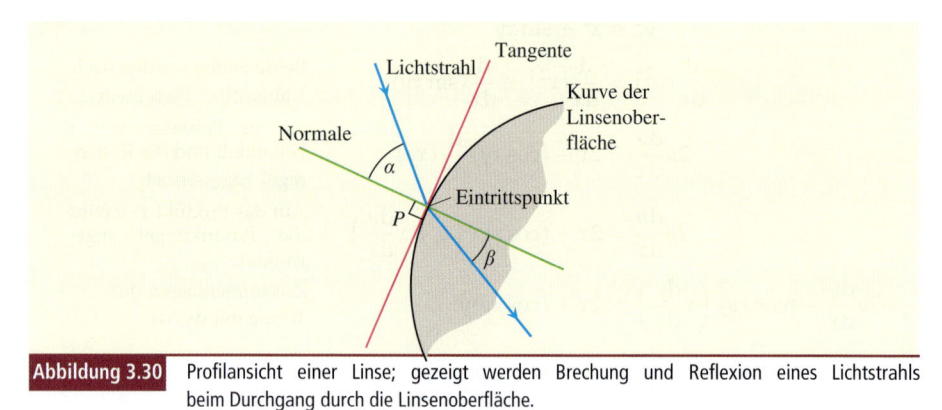

Abbildung 3.30 Profilansicht einer Linse; gezeigt werden Brechung und Reflexion eines Lichtstrahls beim Durchgang durch die Linsenoberfläche.

Berechnung von Schnittpunkt, Tangente und Normale

Beispiel 3.42 Zeigen Sie, dass der Punkt $(2, 4)$ auf der Kurve $x^3 + y^3 - 9xy = 0$ liegt. Bestimmen Sie dann die Tangente und die Normale der Kurve in diesem Punkt (▶Abbildung 3.31).

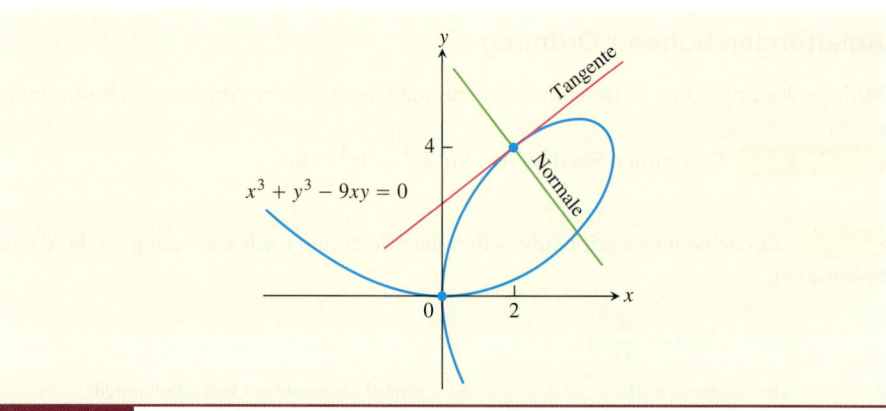

Abbildung 3.31 In Beispiel 3.42 werden Gleichungen für die Tangente und die Normale im Punkt $(2, 4)$ am kartesischen Blatt bestimmt.

Lösung Der Punkt $(2,4)$ liegt auf der Kurve, weil seine Koordinaten die Gleichung der Kurve erfüllen: $2^3 + 4^3 - 9(2)(4) = 8 + 64 - 72 = 0$.

Um die Steigung der Kurve im Punkt $(2,4)$ zu bestimmen, wenden wir zunächst die implizite Differentiation an und erhalten damit eine Gleichung für dy/dx:

$$x^3 + y^3 - 9xy = 0$$

$$\frac{d}{dx}(x^3) + \frac{d}{dx}(y^3) - \frac{d}{dx}(9xy) = \frac{d}{dx}(0) \qquad \text{Beide Seiten werden nach } x \text{ abgeleitet.}$$

$$3x^2 + 3y^2\frac{dy}{dx} - 9\left(x\frac{dy}{dx} + y\frac{dx}{dx}\right) = 0 \qquad \begin{array}{l}y \text{ wird als Funktion von } x \\ \text{behandelt und auf } x \cdot y \text{ wird} \\ \text{die Produktregel angewendet.}\end{array}$$

$$(3y^2 - 9x)\frac{dy}{dx} + 3x^2 - 9y = 0$$

$$3(y^2 - 3x)\frac{dy}{dx} = 9y - 3x^2$$

$$\frac{dy}{dx} = \frac{3y - x^2}{y^2 - 3x}. \qquad \text{Auflösen nach } dy/dx.$$

Wir berechnen die Ableitung an der Stelle $(x, y) = (2, 4)$:

$$\left.\frac{dy}{dx}\right|_{(2,4)} = \left.\frac{3y - x^2}{y^2 - 3x}\right|_{(2,4)} = \frac{3(4) - 2^2}{4^2 - 3(2)} = \frac{8}{10} = \frac{4}{5}.$$

Die Tangente im Punkt $(2,4)$ ist die Gerade durch $(2,4)$ mit der Steigung $4/5$:

$$y = 4 + \frac{4}{5}(x - 2)$$

$$y = \frac{4}{5}x + \frac{12}{5}.$$

Die Normale der Kurve im Punkt $(2,4)$ ist die Gerade, die dort senkrecht auf der Tangente steht, also die Gerade durch $(2,4)$ mit der Steigung $-5/4$:

$$y = 4 - \frac{5}{4}(x - 2)$$

$$y = -\frac{5}{4}x + \frac{13}{2}. \qquad \blacksquare$$

Mit der Formel zum Lösen quadratischer Gleichungen können wir Gleichungen zweiten Grades wie $y^2 - 2xy + 3x^2 = 0$ nach y als Funktion von x auflösen. Es gibt auch eine entsprechende Formel für die drei Wurzeln einer kubischen Gleichung, sie ist aber bedeutend komplizierter. Berechnet man mit dieser Formel aus der Gleichung $x^3 + y^3 = 9xy$ in Beispiel 3.42 y als Funktion von x, dann erhält man die folgenden drei Funktionen (beachten Sie das $\pm$-Zeichen in der zweiten Gleichung):

$$y_1 = f(x) = \sqrt[3]{-\frac{x^3}{2} + \sqrt{\frac{x^6}{4} - 27x^3}} + \sqrt[3]{-\frac{x^3}{2} - \sqrt{\frac{x^6}{4} - 27x^3}}$$

und

$$y_{2|3} = \frac{1}{2}\left[-f(x) \pm \sqrt{-3}\left(\sqrt[3]{-\frac{x^3}{2} + \sqrt{\frac{x^6}{4} - 27x^3}} - \sqrt[3]{-\frac{x^3}{2} - \sqrt{\frac{x^6}{4} - 27x^3}}\right)\right].$$

Differentiation

Die implizite Differentiation in Beispiel 3.42 war offensichtlich deutlich einfacher, als dy/dx direkt mit diesen Formeln zu berechnen. Will man die Steigung von Kurven bestimmen, die durch Gleichungen höherer Grade definiert werden, so benötigt man dazu in der Regel die implizite Differentiation.

Aufgaben zum Abschnitt 3.7

Implizit differenzieren Berechnen Sie in den Aufgaben 1–7 die Ableitung dy/dx mithilfe der impliziten Differentiation.

1. $x^2 y + xy^2 = 6$

2. $2xy + y^2 = x + y$

3. $x^2(x-y)^2 = x^2 - y^2$

4. $y^2 = \dfrac{x-1}{x+1}$

5. $x = \tan y$

6. $x + \tan(xy) = 0$

7. $y \sin\left(\dfrac{1}{y}\right) = 1 - xy$

Berechnen Sie in den Aufgaben 8 und 9 $dr/d\theta$.

8. $\theta^{1/2} + r^{1/2} = 1$

9. $\sin(r\theta) = \dfrac{1}{2}$

Zweite Ableitungen Berechnen Sie in den Aufgaben 10–13 die Ableitungen dy/dx und d^2y/dx^2 mithilfe der impliziten Differentiation.

10. $x^2 + y^2 = 1$

11. $y^2 = x^2 + 2x$

12. $2\sqrt{y} = x - y$

13. Bestimmen Sie für $x^3 + y^3 = 16$ den Wert von d^2y/dx^2 im Punkt $(2,2)$.

Bestimmen Sie in den Aufgaben 14 und 15 die Steigung der Kurven in den gegebenen Punkten.

14. $y^2 + x^2 = y^4 - 2x$ in $(-2,1)$ und $(-2,-1)$.

15. $(x^2 + y^2)^2 = (x-y)^2$ in $(1,0)$ und $(1,-1)$.

Steigungen, Tangenten und Normalen Bestätigen Sie in den Aufgaben 16–20, dass der gegebene Punkt auf der Kurve liegt, und bestimmen Sie dann **a.** die Tangenten und **b.** die Normalen der Kurve im gegebenen Punkt.

16. $x^2 + xy - y^2 = 1$, $(2,3)$

17. $x^2 y^2 = 9$, $(-1,3)$

18. $6x^2 + 3xy + 2y^2 + 17y - 6 = 0$, $(-1,0)$

19. $2xy + \pi \sin y = 2\pi$, $(1, \pi/2)$

20. $y = 2\sin(\pi x - y)$, $(1,0)$

21. Die Kurve der Acht (Lemniskate) Bestimmen Sie die Steigung der Kurve $y^4 = y^2 - x^2$ in den beiden in der Abbildung eingezeichneten Punkten.

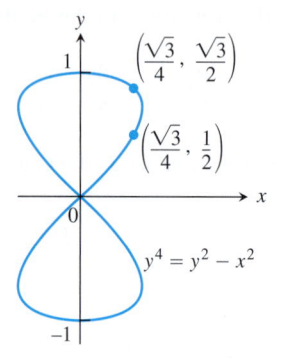

22. Parallele Tangenten Berechnen Sie zwei Punkte, in denen die Kurve $x^2 + xy + y^2 = 7$ die x-Achse schneidet, und zeigen Sie, dass die Tangenten der Kurve in diesen Punkten parallel sind. Welches ist die gemeinsame Steigung dieser Tangenten?

23. Die Teufelskurve (Gabriel Cramer, 1750) Bestimmen Sie die Steigung der Teufelskurve $y^4 - 4y^2 = x^4 - 9x^2$ in den vier in der Abbildung eingezeichneten Punkten.

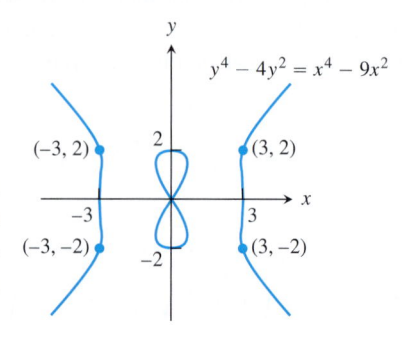

24. Das Kartesische Blatt (Abbildung 3.26)

a. Bestimmen Sie die Steigung des kartesischen Blatts $x^3 + y^3 - 9xy = 0$ an den Punkten $(4,2)$ und $(2,4)$.
b. In welchem Punkt außer dem Ursprung hat das kartesische Blatt eine horizontale Tangente?
c. Bestimmen Sie die Koordinaten des Punktes A in Abbildung 3.26, an dem das kartesische Blatt eine vertikale Tangente hat.

Theorie und Beispiele

25. Normalen schneiden die Kurve Die Gerade, die im Punkt $(1,1)$ normal auf der Kurve $x^2 + 2xy - 3y^2 = 0$ steht, schneidet die Kurve in welchem anderen Punkt?

26. Potenzregel für rationale Exponenten Es seien p und q ganze Zahlen mit $q > 0$, außerdem $y = x^{p/q}$. Differenzieren Sie die äquivalente Gleichung $y^q = x^p$ implizit und zeigen Sie damit, dass für $y \neq 0$ gilt:
$$\frac{d}{dx} x^{p/q} = \frac{p}{q} x^{(p/q)-1}.$$

27. Normalen einer Parabel Zeigen Sie: Wenn es möglich ist, von einem Punkt $(a,0)$ drei Normalen an die Parabel $x = y^2$ zu zeichnen, dann muss a größer als $1/2$ sein. Eine der Normalen ist die x-Achse. Für welchen Wert von a sind die anderen beiden Normalen rechtwinklig zueinander?

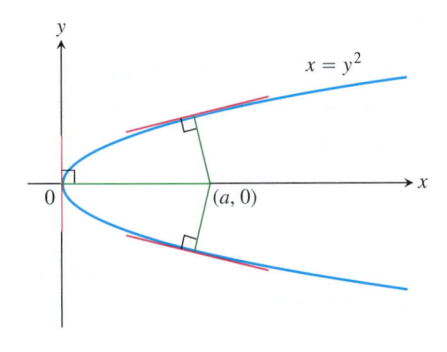

28. Zeigen Sie, dass sich die folgenden beiden Kurvenpaare jeweils senkrecht schneiden.

a. $x^2 + y^2 = 4$, $x^2 = 3y^2$
b. $x = 1 - y^2$, $x = \frac{1}{3}y^2$

29. Die Kurve $y^2 = x^3$ wird **semikubische Parabel** oder **Neile'sche Parabel** genannt (nach William Neile, 1657). Er ist in der nachfolgenden Abbildung zu sehen. Bestimmen Sie die Konstante b so, dass die Gerade $y = -1/3 + b$ den Graphen senkrecht schneidet.

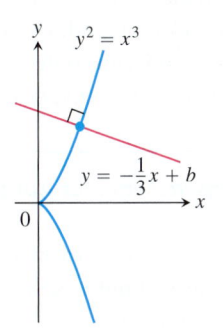

Bestimmen Sie in den Aufgaben 30 und 31 sowohl dy/dx (betrachten Sie y als differenzierbare Funktion von x) als auch dx/dy (betrachten Sie x als differenzierbare Funktion von y). Welche Beziehung besteht anscheinend zwischen dy/dx und dx/dy? Beschreiben Sie den Zusammenhang am Graphen geometrisch.

30. $xy^3 + x^2 y = 6$

31. $x^3 + y^3 = \sin^2 y$

Computeralgebra Führen Sie mit einem CAS in den Aufgaben 32–35 jeweils die folgenden Schritte durch:

a. Zeichnen Sie die Gleichung mit dem implicit plotter eines CAS. Überprüfen Sie, dass der gegebene Punkt P die Gleichung erfüllt.
b. Bestimmen Sie mittels impliziter Differentiation eine Formel für die Ableitung dy/dy und berechnen Sie den Wert in dem gegebenen Punkt P.
c. Bestimmen Sie mithilfe der Steigung aus Schritt (b) eine Formel für die Tangente der Kurve im Punkt P. Stellen Sie die implizite Kurve und die Tangente in einem einzigen Diagramm grafisch dar.

32. $x^3 - xy + y^3 = 7$, $P(2,1)$

33. $y^2 + y = \dfrac{2+x}{1-x}$, $P(0,1)$

34. $x + \tan\left(\dfrac{y}{x}\right) = 2$, $P\left(1, \dfrac{\pi}{4}\right)$

35. $2y^2 + (xy)^{1/3} = x^2 + 2$, $P(1,1)$

3.8 Verknüpfte Änderungsraten

In diesem Abschnitt behandeln wir Probleme, in denen die Änderungsrate (Geschwindigkeit) einer Variable gesucht ist, wenn diese Variable von einer anderen Variablen (oder auch mehreren anderen Variablen) abhängt und die Änderungsraten der anderen Variablen bekannt sind. Diese Aufgaben, bei denen eine Änderungsrate mit anderen, gegebenen Änderungsraten verknüpft ist, sich also aus diesen berechnen lässt, nennt man *Probleme mit verknüpften Änderungsraten*.

> **Merke** **Lösungsstrategie für Aufgaben mit verknüpften Änderungsraten**
>
> 1. *Erstellen Sie eine Skizze und benennen Sie alle Variablen und Konstanten.* Bezeichnen Sie die Zeit mit t. Nehmen Sie an, dass alle Variablen differenzierbare Funktionen von t sind.
> 2. *Notieren Sie alle gegebenen numerischen Informationen.* Verwenden Sie die Symbole, die Sie im ersten Schritt vergeben haben.
> 3. *Notieren Sie die gesuchten Größen.* Üblicherweise wird das eine Änderungsrate sein, die als Ableitung ausgedrückt wird.
> 4. *Stellen Sie eine Gleichung auf, die die Variablen verbindet.* Vielleicht müssen Sie zwei oder mehr Gleichungen kombinieren, um eine zu erhalten, die die gesuchte Änderungsrate einer Variablen mit den bekannten Änderungsraten der anderen verknüpft.
> 5. *Leiten Sie nach t ab.* Drücken Sie dann die gesuchte Änderungsrate mit den Änderungsraten und Variablen aus, die bekannt sind.
> 6. *Berechnen Sie.* Setzen Sie die gegebenen Werte ein, um die gesuchte Änderungsrate zu bestimmen.

Gleichungen mit Änderungsraten

Nehmen Sie an, wir pumpen Luft in einen kugelförmigen Ballon. Sowohl das Volumen als auch der Radius des Ballons nehmen dann mit der Zeit zu. Wenn V das Volumen und r der Radius des Ballons zu einem Zeitpunkt t sind, dann gilt:

$$V = \frac{4}{3}\pi r^3.$$

Mithilfe der Kettenregel leiten wir beide Seiten nach t ab und erhalten so eine Gleichung, die die Änderungsraten von V und r verknüpft:

$$\frac{dV}{dt} = \frac{dV}{dr}\frac{dr}{dt} = 4\pi r^2 \frac{dr}{dt}.$$

Wenn wir also den Radius r des Ballons kennen sowie die Geschwindigkeit dV/dt, mit der das Volumen zu einem gegebenen Zeitpunkt zunimmt, dann können wir die letzte Gleichung nach dr/dt auflösen und so bestimmen, wie schnell der Radius zu demselben Zeitpunkt zunimmt. Physikalisch ist es leichter, die Geschwindigkeit zu messen, mit der das Volumen zunimmt (sie entspricht der Geschwindigkeit, mit der die Luft in den Ballon gepumpt wird), als die Zunahme des Radius. Mit der Gleichung, die die Änderungsraten verknüpft, können wir dr/dt aus dV/dt bestimmen.

3.8 Verknüpfte Änderungsraten

In vielen Fällen kann man den Zusammenhang zwischen den Variablen in Aufgaben mit verknüpften Änderungsraten am besten mit einer Skizze der geometrischen Zusammenhänge erkennen. Dies wird in den folgenden Beispielen gezeigt.

Beispiel 3.43 Wasser läuft in einen kegelförmigen Tank mit einem Durchsatz von $9\,\text{m}^3/\text{min}$. Der Tank steht mit der Spitze nach unten und ist $10\,\text{m}$ hoch, seine Basis hat einen Radius von $5\,\text{m}$. Wie schnell steigt der Wasserspiegel bei einer Wassertiefe von $6\,\text{m}$?

Wasser in einem kegelförmigen Tank

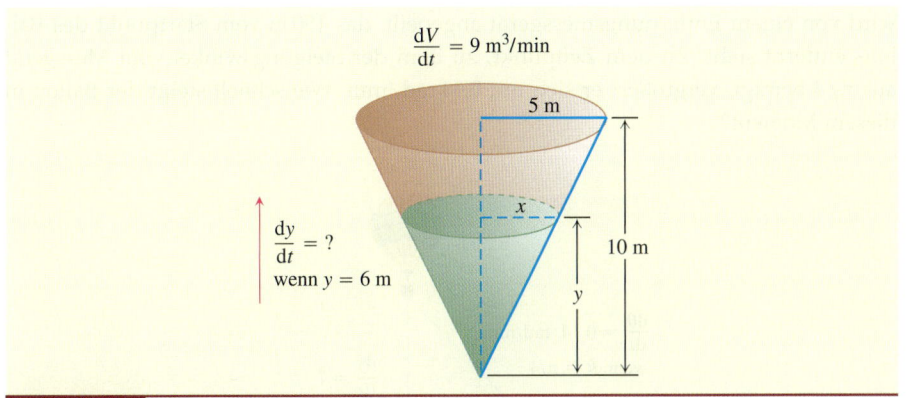

Abbildung 3.32 Die Geometrie des kegelförmigen Tanks und die Geschwindigkeit, mit der das Wasser den Tank füllt, bestimmen, wie schnell der Wasserspiegel steigt (Beispiel 3.43).

Lösung ▶Abbildung 3.32 zeigt einen teilweise gefüllten kegelförmigen Tank. Die Variablen in dieser Aufgabe sind:

V:	Volumen (m³) des Wassers im Tank zur Zeit t (min)
x:	Radius (m) der Wasseroberfläche zur Zeit t
y:	Wassertiefe (m) im Tank zur Zeit t

Wir nehmen an, dass V, x und y differenzierbare Funktionen von t sind. Die Konstanten sind die Abmessungen des Tanks. Wir wollen dy/dt mit

$$y = 6\,\text{m} \quad \text{und} \quad \frac{dV}{dt} = 9\,\text{m}^3/\text{min}$$

bestimmen. Das Wasser bildet einen Kegel mit dem Volumen

$$V = \frac{1}{3}\pi x^2 y.$$

Diese Gleichung enthält sowohl x als auch V und y. Da wir keine Information zu x und dx/dt zur fraglichen Zeit haben, müssen wir x eliminieren. Mithilfe der einander ähnlichen Dreiecke in Abbildung 3.32 können wir x als Funktion von y ausdrücken:

$$\frac{x}{y} = \frac{5}{10} \quad \text{oder} \quad x = \frac{y}{2}.$$

Damit erhalten wir

$$V = \frac{1}{3}\pi\left(\frac{y}{2}\right)^2 y = \frac{\pi}{12}y^3$$

und daraus die Ableitung

$$\frac{dV}{dt} = \frac{\pi}{12}\cdot 3y^2\frac{dy}{dt} = \frac{\pi}{4}y^2\frac{dy}{dt}.$$

In diese Gleichung setzen wir $y = 6$ und $dV/dt = 9$ ein und lösen nach dy/dt auf:

$$9 = \frac{\pi}{4}(6)^2 \frac{dy}{dt}$$

$$\frac{dy}{dt} = \frac{1}{\pi} \approx 0{,}32.$$

Im betrachteten Moment steigt der Wasserspiegel um etwa 0,32 m/min.

Steiggeschwindigkeit eines Ballons

Beispiel 3.44 Ein Heißluftballon steigt senkrecht von einem ebenen Feld auf und wird von einem Entfernungsmessgerät angepeilt, das 150 m vom Startpunkt des Ballons entfernt steht. Zu dem Zeitpunkt, zu dem der Steigungswinkel vom Messgerät aus $\pi/4$ beträgt, vergrößert er sich um 0,14 rad/min. Wie schnell steigt der Ballon in diesem Moment?

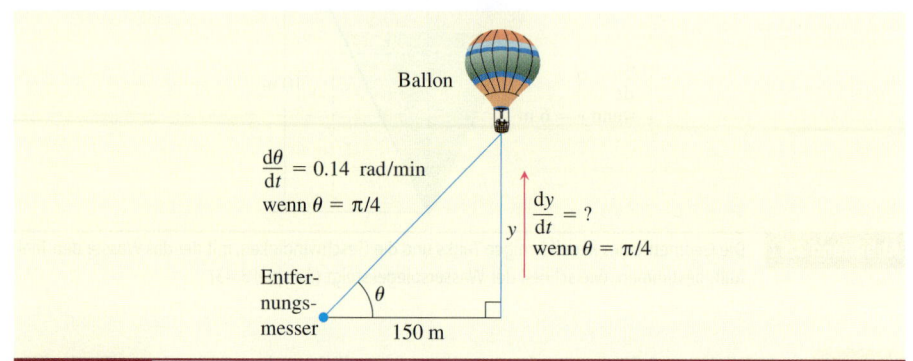

Abbildung 3.33 Die Steiggeschwindigkeit des Ballons ist verknüpft mit der Änderungsrate des Winkels, den der Entfernungsmesser zwischen Ballon und Boden misst (Beispiel 3.44).

Lösung Wir lösen die Aufgabe in sechs Schritten (siehe Kasten S. 212).

1 *Erstellen Sie eine Skizze und benennen Sie alle Variablen und Konstanten* (▶Abbildung 3.33). Die Variablen in der Abbildung sind:

θ: Winkel zwischen Ballon und Boden (in Radiant),
y: Höhe des Ballons in Metern.

t sei die Zeit in Minuten, wir nehmen an, dass θ und y differenzierbare Funktionen von t sind.

Die einzige Konstante in der Skizze ist der Abstand zwischen dem Entfernungsmesser und dem Startpunkt (150 m). Hierfür wird kein eigenes Symbol benötigt.

2 *Notieren Sie die zusätzlich gegebenen numerischen Informationen.*

$$\frac{d\theta}{dt} = 0{,}14 \text{ rad/min} \quad \text{bei} \quad \theta = \frac{\pi}{4}$$

3 *Notieren Sie die gesuchten Größen.* Gesucht ist dy/dt bei $\theta = \pi/4$.

4 *Stellen Sie eine Gleichung auf, die die Variablen y und θ verbindet.*

$$\frac{y}{150} = \tan\theta \quad \text{oder} \quad y = 150\tan\theta$$

5 *Leiten Sie mithilfe der Kettenregel nach t ab.* Mit dem Ergebnis erhalten wir einen Zusammenhang zwischen dy/dt (gesucht) und $d\theta/dt$ (bekannt).

$$\frac{dy}{dt} = 150\left(\sec^2\theta\right)\frac{d\theta}{dt}$$

6   *Berechnen Sie* dy/dt *mit den gegebenen Werten* $\theta = \pi/4$ *und* $d\theta/dt = 0{,}14$.

$$\frac{dy}{dt} = 150(\sqrt{2})^2(0{,}14) = 42 \qquad \sec\frac{\pi}{4} = \sqrt{2}$$

Die Steiggeschwindigkeit des Ballons ist im betrachteten Moment 42 m/min.

Beispiel 3.45 Ein Streifenwagen der Polizei verfolgt ein davonjagendes Auto und nähert sich von Norden einer rechtwinkligen Kreuzung. Das verfolgte Auto ist in der Kreuzung abgebogen und bewegt sich nun genau nach Osten. Als der Streifenwagen 1 km nördlich der Kreuzung und das Auto 1,3 km östlich der Kreuzung ist, stellt die Polizei mit Radar fest, dass der Abstand zwischen beiden Autos mit einer Geschwindigkeit von 32 km/h zunimmt. Der Streifenwagen fährt in diesem Moment 100 km/h. Wie groß ist die Geschwindigkeit des verfolgten Autos?

Abstand zwischen sich verfolgenden Autos

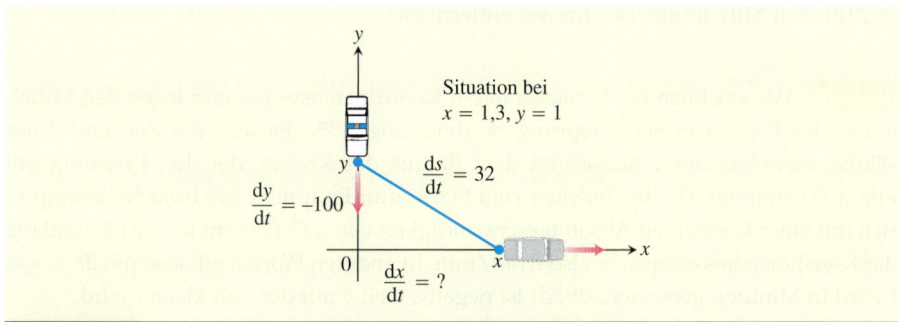

Abbildung 3.34 Die Geschwindigkeit des Autos ist verknüpft mit der Geschwindigkeit des Streifenwagens und mit der Änderung des Abstands zwischen beiden (Beispiel 3.45).

Lösung Wir zeichnen Auto und Streifenwagen in ein Koordinatensystem, dabei ist die positive x-Achse die Straße nach Osten und die positive y-Achse die Straße nach Norden (▶Abbildung 3.34). Mit t für die Zeit legen wir die Variablen fest:

x:	Position des Autos zur Zeit t,
y:	Position des Streifenwagens zur Zeit t,
s:	Abstand zwischen Auto und Streifenwagen zur Zeit t.

Wir nehmen an, dass x, y und s differenzierbare Funktionen von t sind.

Wir suchen dx/dt, wenn gilt:

$$x = 1{,}3 \text{ km}, \quad y = 1 \text{ km}, \quad \frac{dy}{dt} = -100 \text{ km/h}, \quad \frac{ds}{dt} = 32 \text{ km/h}.$$

dy/dt ist negativ, weil y kleiner wird. Wir differenzieren die Gleichung für den Abstand

$$s^2 = x^2 + y^2$$

(wir könnten auch von der Gleichung $s = \sqrt{x^2 + y^2}$ ausgehen) und erhalten:

$$2s\frac{ds}{dt} = 2x\frac{dx}{dt} + 2y\frac{dy}{dt}$$

$$\frac{ds}{dt} = \frac{1}{s}\left(x\frac{dx}{dt} + y\frac{dy}{dt}\right)$$

$$= \frac{1}{\sqrt{x^2 + y^2}}\left(x\frac{dx}{dt} + y\frac{dy}{dt}\right).$$

Wir setzen $x = 1{,}3$, $y = 1$, $dy/dt = -100$, $ds/dt = 32$ ein und lösen nach dx/dt auf.

$$32 = \frac{1}{\sqrt{(1{,}3)^2 + (1)^2}} \left(1{,}3 \frac{dx}{dt} + (1)(-100)\right)$$

$$\frac{dx}{dt} = \frac{32\sqrt{(1{,}3)^2 + (1)^2} + (1)(100)}{1{,}3} = 117{,}3$$

Im betrachteten Moment beträgt die Geschwindigkeit des Autos 117,3 km/h.

Bewegung eines Schnittpunkts

Beispiel 3.46 Ein Teilchen P bewegt sich im Uhrzeigersinn mit konstanter Geschwindigkeit auf einem Kreis um den Ursprung mit dem Radius 10 m. Die Startposition des Teilchens ist (0,10) auf der y-Achse, seine Endposition (10,0) auf der x-Achse. Während der Bewegung schneidet die Tangente im Punkt P die x-Achse im Punkt Q, der sich also mit der Zeit ebenfalls bewegt. Das Teilchen braucht 30 s für den Weg vom Start- zum Endpunkt. Wie schnell bewegt sich dann der Punkt Q entlang der x-Achse, wenn er 20 m vom Mittelpunkt des Kreises entfernt ist?

Lösung Wir zeichnen die Situation in ein Koordinatensystem und legen den Mittelpunkt des Kreises in den Ursprung (▶Abbildung 3.35). Es sei t die Zeit und θ der Winkel zwischen der x-Achse und dem Radius des Kreises, der den Ursprung mit Punkt P verbindet. Da das Teilchen vom Start- zum Endpunkt 30 s braucht, bewegt es sich mit einer konstanten Absolutgeschwindigkeit von $\pi/2$ Radiant in 1/2 min entlang der Kreislinie, dies entspricht also π rad/min. In anderen Worten gilt also $d\theta/dt = -\pi$; t wird in Minuten gemessen. $d\theta/dt$ ist negativ, weil θ mit der Zeit kleiner wird.

Es sei $x(t)$ der Abstand zwischen dem Ursprung und dem Punkt Q zur Zeit t. Wir suchen also dx/dt für

$$x = 20 \quad \text{und} \quad \frac{d\theta}{dt} = -\pi\,.$$

Um eine Beziehung zwischen den Variablen x und θ herzustellen, betrachten wir Abbildung 3.35. Wir entnehmen der Skizze, dass $x \cos \theta = 10$ oder $x = 10 \sec \theta$. Differenzieren wir diese Gleichung, so erhalten wir

$$\frac{dx}{dt} = 10 \sec \theta \tan \theta \frac{d\theta}{dt} = -10\pi \sec \theta \tan \theta\,.$$

dx/dt ist negativ, weil x abnimmt (Q bewegt sich zum Ursprung hin).

Für $x = 20$ ist $\cos \theta = 1/2$ und $\sec \theta = 2$. Außerdem gilt $\tan \theta = \sqrt{\sec^2 \theta - 1} = \sqrt{3}$. Daraus folgt

$$\frac{dx}{dt} = (-10\pi)(2)(\sqrt{3}) = -20\sqrt{3}\pi\,.$$

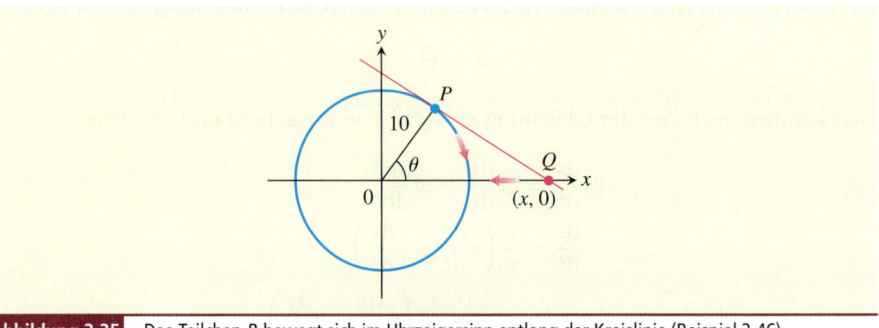

Abbildung 3.35 Das Teilchen P bewegt sich im Uhrzeigersinn entlang der Kreislinie (Beispiel 3.46).

Im betrachteten Moment bewegt sich der Punkt Q in Richtung Ursprung mit einer Geschwindigkeit von $20\sqrt{3}\pi \approx 108{,}8\,\text{m/min}$.

Beispiel 3.47 Ein Flugzeug fliegt auf einer konstanten Flughöhe von 3600 m über dem Meeresspiegel und nähert sich einer Insel im Pazifik. Das Flugzeug kommt in direkte Sichtweite einer Radarstation auf der Insel, und das Radar misst anfangs einen Winkel von 30° zwischen dem Meeresspiegel und der Sichtlinie zwischen Radarstation und Flugzeug. Wie schnell (in Kilometern pro Stunde) nähert sich das Flugzeug der Insel zu dem Zeitpunkt, in dem das Radar es zum ersten Mal erfasst, wenn das Radargerät sich aufwärts (gegen den Uhrzeigersinn) mit einer Geschwindigkeit von 2/3°/s dreht, um das Flugzeug in der Sichtlinie zu behalten?

Geschwindigkeit entlang der Sichtlinie

Lösung Das Flugzeug A und die Radarstation R werden in ein Koordinatensystem eingetragen, dabei liegt der Ursprung im Punkt R der Radarstation. Die Achsen werden dabei so gelegt, dass das Flugzeug auf der durch $y = 3600$ gegebenen Parallelen zur x-Achse auf die y-Achse zufliegt (die x-Achse wird also durch den Meeresspiegel definiert). Die Situation und der Winkel θ zwischen Meeresspiegel und Sichtlinie sind in Abbildung 3.36 dargestellt. Gesucht ist dx/dt, wenn gilt $\theta = \pi/6$ rad und $d\theta/dt = 2/3 \deg/s$.

Abbildung 3.36 entnehmen wir

$$\frac{3600}{x} = \tan\theta \quad \text{oder} \quad x = 3600 \cot\theta\,.$$

Misst man die Entfernungen in Kilometern statt in Metern, so wird aus der letzten Gleichung

$$x = \frac{3600}{1000} \cot\theta\,.$$

Leiten wir diese Gleichung nach t ab, erhalten wir

$$\frac{dx}{dt} = -3{,}6\,\text{cosec}^2\theta\,\frac{d\theta}{dt}\,.$$

Wenn gilt $\theta = \pi/6$ und $\sin^2\theta = 1/4$, so folgt $\text{cosec}^2\theta = 4$. Rechnen wir $d\theta/dt = 2/3°/s$ in Radiant pro Stunde um, so erhalten wir

$$\frac{d\theta}{dt} = \frac{2}{3}\left(\frac{\pi}{180}\right)(3600)\,\text{rad/h}\,. \quad 1\,\text{h} = 3600\,\text{s}\,,\quad 1° = \pi/180\,\text{rad}$$

Setzt man dies in die Gleichung für dx/dt ein, so erhält man

$$\frac{dx}{dt} = (-3{,}6)(4)\left(\frac{2}{3}\right)\left(\frac{\pi}{180}\right)(3600) \approx -603{,}2\,.$$

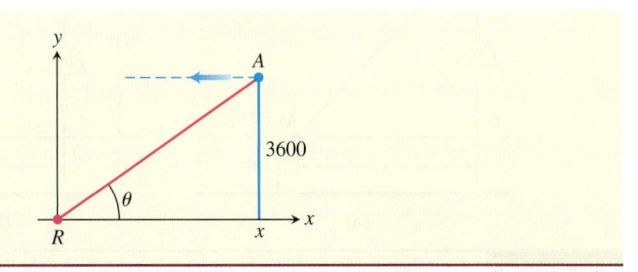

Abbildung 3.36 Das Flugzeug A bewegt sich auf konstanter Höhe über einer Radarstation R (Beispiel 3.47).

Das negative Vorzeichen zeigt an, dass die Entfernung x abnimmt. Das Flugzeug nähert sich der Insel zu dem Zeitpunkt, als es zuerst vom Radar erfasst wird, mit einer Geschwindigkeit von ungefähr 603,2 km/h. ■

Aufwärtsgeschwindigkeit bei einer Rolle

Beispiel 3.48 ▶ Abbildung 3.37a zeigt ein Seil, das durch eine Rolle bei P geführt wird und an dessen Ende ein Gewicht W hängt. Das andere Ende wird 2 m über dem Bodenniveau (bei M) von einem Arbeiter in der Hand gehalten. Wir nehmen an, dass die Rolle 8 m über dem Boden ist, dass das Seil 15 m lang ist und dass der Arbeiter sich mit einer Geschwindigkeit von 3 m/s von der Vertikalen PW wegbewegt. Wie schnell wird das Gewicht in dem Moment angehoben, in dem der Arbeiter 7 m von PW entfernt ist?

Lösung. OM sei eine horizontale Linie mit der Länge x (in Metern), die zu jeder Zeit von dem Punkt O direkt unterhalb der Rolle P zur Hand M des Arbeiters führt (▶ Abbildung 3.37). h sei die Höhe des Gewichts W über O und z die Länge des Seilstücks, das von der Rolle P zur Hand des Arbeiters reicht. Gesucht ist dh/dt für $x = 7$, dabei ist $dx/dt = 3$ gegeben. P liegt 6 m über O, da O sich 2 m über dem Boden befindet. Wir nehmen an, dass der Winkel bei O ein rechter Winkel ist.

Zu jedem Zeitpunkt t gelten die folgenden Beziehungen (▶ Abbildung 3.37b):

$$6 - h + z = 15 \qquad \text{Die Gesamtlänge des Seils beträgt 15 m.}$$
$$6^2 + x^2 = z^2 \qquad \text{Rechter Winkel bei } O.$$

Lösen wir die erste Gleichung nach $z = 9 + h$ auf und setzen dies in die zweite Gleichung ein, so erhalten wir

$$6^2 + x^2 = (9 + h)^2. \tag{3.2}$$

Leiten wir beide Seiten nach t ab, bekommen wir

$$2x \frac{dx}{dt} = 2(9 + h) \frac{dh}{dt},$$

und lösen wir diese Gleichung nach dh/dt auf, so folgt

$$\frac{dh}{dt} = \frac{x}{9 + h} \frac{dx}{dt}. \tag{3.3}$$

dx/dt ist bekannt, wir müssen also lediglich $9 + h$ zu dem Zeitpunkt bestimmen, an dem $x = 7$ gilt. Aus Gleichung (3.2) folgt

$$6^2 + 7^2 = (9 + h)^2,$$

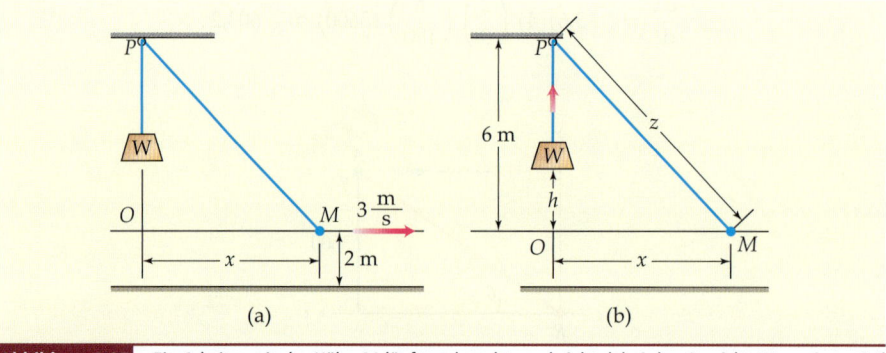

Abbildung 3.37 Ein Arbeiter mit der Höhe M läuft nach rechts und zieht dabei das Gewicht W an einem Seil durch die Rolle P nach oben (Beispiel 3.48).

so dass gilt
$$(9+h)^2 = 85 \quad \text{oder} \quad 9+h = \sqrt{85}.$$

Mit Gleichung (3.3) folgt
$$\frac{dh}{dt} = \frac{7}{\sqrt{85}} \cdot 3 = \frac{21}{\sqrt{85}} \approx 2{,}3\,\text{m/s}$$

als Geschwindigkeit, mit der das Gewicht gehoben wird, wenn $x = 7$ m ist. ■

Aufgaben zum Abschnitt 3.8

1. **Flächeninhalt eines Kreises** Der Radius r und der Flächeninhalt $A = \pi r^2$ seien differenzierbare Funktionen von t. Stellen Sie eine Gleichung für den Zusammenhang zwischen dA/dt und dr/dt auf.

2. Gegeben sind $y = 5x$ und $dx/dt = 2$. Bestimmen Sie dy/dt.

3. Es gilt $y = x^2$ und $dx/dt = 3$. Welchen Wert nimmt dann dy/dt für $x = -1$ an?

4. Es gilt $x^2 + y^2 = 25$ und $dx/dt = -2$. Welchen Wert nimmt dann dy/dt für $x = 3$ und $y = -4$ an?

5. Es gilt $L = \sqrt{x^2 + y^2}$, $dx/dt = -1$ und $dy/dt = 3$. Bestimmen Sie dL/dt für $x = 5$ und $y = 12$.

6. Ein Würfel hat ursprünglich eine Kantenlänge x von 24 m. x soll um 5 m/min abnehmen. Wie schnell ändert sich bei $x = 3$ m dann

a. die Oberfläche

b. das Volumen des Würfels?

7. **Volumen eines Kreiszylinders** Der Radius r und die Höhe h sind mit dem Zylindervolumen V über die Formel $V = \pi r^2 h$ verknüpft. Welcher Zusammenhang besteht zwischen

a. dV/dt und dh/dt, wenn r konstant ist?

b. dV/dt und dr/dt, wenn h konstant ist?

c. dV/dt, dr/dt und dh/dt, wenn weder r noch h konstant sind?

8. **Sich ändernde elektrische Spannung** Die Spannung U (in Volt), der Strom I (in Ampere) und der Widerstand R (in Ohm) eines elektrischen Schaltkreises wie unten dargestellt sind verknüpft durch die Gleichung $U = IR$. Wir nehmen an, dass U mit 1 V/s zunimmt, während I um 1/3 A/s abnimmt. t sei die Zeit in Sekunden.

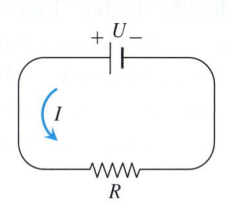

a. Was ist der Wert von dU/dt?

b. Was ist der Wert von dI/dt?

c. Welche Gleichung verknüpft dR/dt mit dU/dt und dI/dt?

d. Bestimmen Sie die Änderungsrate von R für $U = 12$ V und $I = 2$ A. Nimmt R zu oder ab?

9. **Entfernung** Seien x und y differenzierbare Funktionen von t, und sei $s = \sqrt{x^2 + y^2}$ die Entfernung zwischen den Punkten $(x, 0)$ und $(0, y)$ in der xy-Ebene. Welcher Zusammenhang besteht zwischen

a. ds/dt und dx/dt, wenn y konstant ist?

b. ds/dt, dx/dt und dy/dt, wenn weder x noch y konstant sind?

c. dx/dt und dy/dt, wenn s konstant ist?

10. **Dreiecksfläche** Der Flächeninhalt A eines Dreiecks mit den Seiten der Längen a und b, die einen Winkel θ einschließen, beträgt

$$A = \frac{1}{2} ab \sin \theta.$$

Welcher Zusammenhang besteht dann zwischen

a. dA/dt und $d\theta/dt$, wenn a und b konstant sind?

b. dA/dt und $d\theta/dt$ sowie da/dt, wenn nur b konstant ist?

c. dA/dt und $d\theta/dt$, da/dt sowie db/dt, wenn weder a, b noch θ konstant sind?

3 Differentiation

11. **Größenänderungen an einem Rechteck** Die Länge l eines Rechtecks nimmt mit 2 cm/s ab, während die Breite w um 2 cm/s zunimmt. Es sei $l = 12$ cm und $w = 5$ cm. Bestimmen Sie die Änderungsraten

a. des Flächeninhalts,

b. des Umfangs

c. der Länge der Diagonalen des Rechtecks.

Welche dieser Größen nehmen zu, welche ab?

12. **Die rutschende Leiter** Eine 5 m lange Leiter lehnt an einem Haus, der Fußpunkt beginnt wegzurutschen (▶nachfolgende Abbildung). Zu dem Zeitpunkt, an dem der Fußpunkt 4 m vom Haus entfernt ist, bewegt er sich mit 3 m/s.

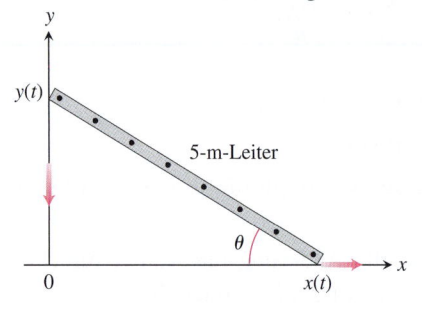

a. Wie schnell rutscht das andere Ende der Leiter zu diesem Zeitpunkt an der Wand nach unten?

b. Wie schnell ändert sich dann die Fläche des Dreiecks, das aus Leiter, Wand und Boden gebildet wird?

c. Wie schnell ändert sich dann der Winkel θ zwischen Leiter und Boden?

13. **Drachen steigen lassen** Ein Mädchen lässt einen Drachen auf eine Höhe von 90 m steigen. Der Wind treibt den Drachen mit einer Geschwindigkeit von 8 m/s horizontal von ihr weg. Wie schnell muss sie die Schnur abwickeln, wenn der Drachen 150 m von ihr entfernt ist?

14. **Ein wachsender Sandhügel** Von einem Förderband fällt mit 10 m³/min Sand auf einen kegelförmigen Sandhügel. Die Höhe des Hügels beträgt immer drei Achtel des Durchmessers seines Grundkreises. Wie schnell ändern sich **a.** die Höhe und **b.** der Radius, wenn der Hügel 4 m hoch ist? Geben Sie das Ergebnis in Zentimetern pro Minute an.

15. **Ein undichtes halbkugelförmiges Wasserreservoir** Wasser fließt mit 6 m³/min aus einem kugelförmigen Gefäß mit einem Radius von 13 m, wie in der nachfolgenden Abbildung im Profil gezeigt. Bearbeiten Sie die folgenden Aufgaben mithilfe der Formel $V = (\pi/3)y^2(3R - y)$ für das Wasservolumen in einem halbkreisförmigen Gefäß mit Radius R, wenn das Wasser y Meter hoch steht.

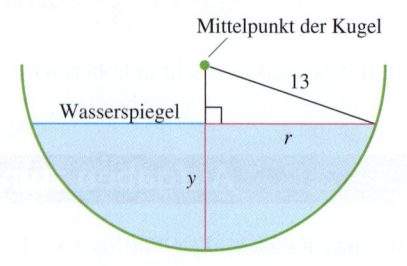

a. Wie schnell ändert sich der Wasserspiegel, wenn das Wasser 8 m hoch steht?

b. Wie groß ist der Radius r der Wasseroberfläche, wenn das Wasser y m hoch steht?

c. Wie schnell ändert sich der Radius r, wenn das Wasser 8 m hoch steht?

16. **Der Radius eines Ballons beim Füllen** Ein kugelförmiger Ballon wird mit einer Geschwindigkeit von 3π m³/min mit Helium gefüllt. Wie schnell nimmt der Radius des Ballons in dem Moment zu, in dem er 2 m beträgt? Wie schnell nimmt die Oberfläche zu?

17. **Anlegen einer Jolle** Eine Jolle wird mit einem Seil durch den Bug an den Kai gezogen. Das Seil läuft durch einen Ring am Kai, der 2 m höher als der Bug angebracht ist. Das Seil wird mit einer Geschwindigkeit von 0,8 m/s gezogen.

a. Wie schnell nähert sich das Boot dem Kai, wenn die Seillänge zwischen Ring und Bug 3 m beträgt?

b. Wie schnell ändert sich der Winkel θ in diesem Moment (▶nachfolgende Abbildung)?

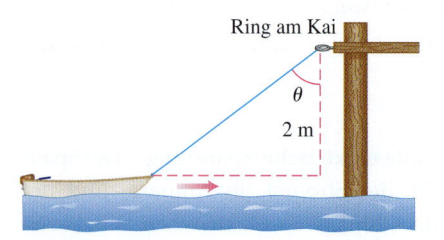

18. **Ein Ballon und ein Fahrrad** Ein Ballon steigt vom Bodenniveau aus senkrecht mit einer konstanten Geschwindigkeit von 0,3 m/s in in die Höhe. Genau in dem Moment, in dem der Ballon 20 m über dem Boden ist, fährt ein Fahrrad auf einer ebenen, geraden Straße mit einer konstanten Geschwindigkeit von 5 m/s unter ihm durch. Wie schnell nimmt der Abstand $s(t)$ zwischen Fahrrad und Ballon 3 Sekunden später zu?

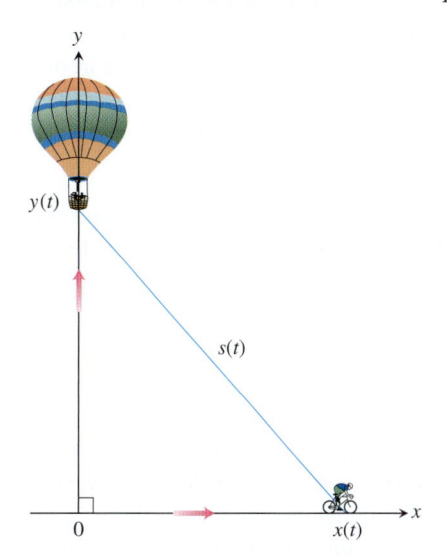

19. Herzleistung In den 1860er-Jahren entwickelte Adolf Fick, Professor für Physiologie an der Fakultät für Medizin in Würzburg, ein Verfahren, das noch heute benutzt wird, um zu bestimmen, wie viel Blut ein Herz pro Minute pumpt. Ihre Herzleistung beim Lesen dieses Satzes beträgt vermutlich ungefähr 7 l/min. In Ruhe beträgt sie wahrscheinlich ein wenig unter 6 l/min. Wenn Sie ein trainierter Marathonläufer sind, kann Ihre Herzleistung während des Marathons bis zu 30 l/min betragen. Die Herzleistung wird mit folgender Formel berechnet:

$$y = \frac{Q}{D},$$

dabei ist Q die Menge ausgeatmetes CO_2 in Millilitern pro Minute und D die Differenz zwischen der CO_2-Konzentration (ml/l) in dem Blut, das zu den Lungen gepumpt wird, und der CO_2-Konzentration in dem Blut, das von den Lungen zurückkommt. Mit $Q = 233$ ml/min und $D = 97 - 56 = 41$ ml/l gilt:

$$y = \frac{233 \text{ ml/min}}{41 \text{ ml/l}} \approx 5{,}68 \text{ l/min},$$

der Wert stimmt gut mit den etwa 6 l/min überein, die die meisten Menschen im Ruhezustand (basalen Zustand) haben. (Dank für die Daten an J. Kenneth Herd, M. D., Quillan College of Medecine, East Tennessee State University.)

Nehmen Sie nun an, dass bei $Q = 233$ und $D = 41$ zusätzlich auch bekannt ist, dass D mit 2 Einheiten pro Minute abnimmt, Q dagegen konstant ist. Wie reagiert darauf die Herzleistung?

20. Bewegung in der Ebene Die Koordinaten eines Teilchens in der xy-Ebene seien differenzierbare Funktionen der Zeit t mit $dx/dt = -1$ m/s und $dy/dt = -5$ m/s. Wie schnell ändert sich der Abstand des Teilchens vom Ursprung, wenn es durch den Punkt $(5, 12)$ geht?

21. Videoaufnahmen eines fahrenden Autos Sie machen eine Videoaufnahme eines Autorennens von einer Tribüne aus, die 40 m von der Rennstrecke entfernt ist, und verfolgen ein Auto, das sich mit 290 km/h (80,6 m/s) bewegt, wie in der nachfolgenden Abbildung gezeigt. Wie schnell ändert sich Ihr Kamerawinkel θ, wenn der Wagen direkt vor Ihnen ist? Wie eine halbe Sekunde später?

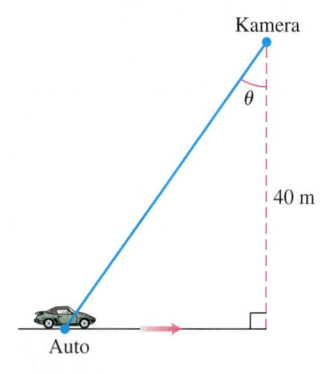

22. Ein Schatten bewegt sich Eine Lichtquelle befindet sich an der Spitze eines 15 m hohen Pfostens. Ein Ball wird 9 m entfernt von der Lichtquelle aus derselben Höhe fallen gelassen (▶nachfolgende Abbildung). Wie schnell bewegt sich der Schatten des Balls 1/2 Sekunde später über den Boden? (Nehmen Sie an, dass der Ball in t Sekunden eine Strecke von $s = (9{,}81/2) t^2$ m fällt.)

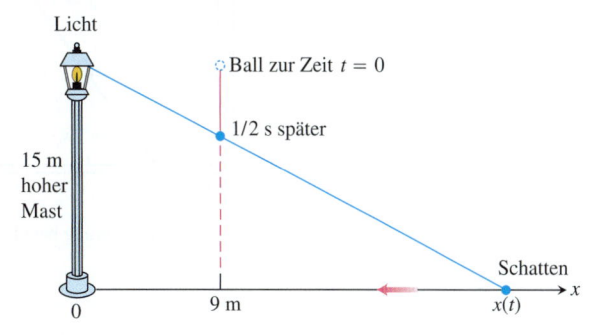

23. Schmelzendes Eis Eine Eisenkugel mit einem Durchmesser von 20 cm ist von einer gleichmäßig dicken Eisschicht umgeben. Das Eis schmilzt mit 160 cm³/min. Wie schnell nimmt dann die Dicke des Eises ab, wenn die Schicht 5 cm dick ist? Wie schnell wird die äußere Oberfläche kleiner?

3.9 Linearisierung und Differentiale

Manchmal können wir komplizierte Funktionen $y = f(x)$ durch einfachere Funktionen, mit denen sich leichter arbeiten lässt, annähern, sodass die Approximation für viele Anwendungen hinreichend genau ist. Die Näherungsfunktionen, die wir in diesem Abschnitt besprechen, heißen **Linearisierungen**; ihre Graphen sind also Geraden, und zwar Tangenten an den Graphen von f. Andere Näherungsfunktionen, wie beispielsweise Polynome, werden in Kapitel 10 besprochen.

Wir führen neue Größen dx und dy ein, die **Differentiale** genannt werden und mit denen eine Ableitung in der Leibniz-Schreibweise (dy/dx) zu einem echten Bruch wird.[1] Wir verwenden dy auch, um einen Messfehler abzuschätzen; damit können wir dann einen exakten Beweis der Kettenregel führen (Abschnitt 3.6).

Linearisierung

In ▶Abbildung 3.38 kann man sehen, dass eine Tangente der Kurve $y = x^2$ in der Nähe des Berührungspunkts sehr nah an der Kurve liegt. In einem kleinen Intervall auf beiden Seiten des Punkts sind die y-Werte der Tangente eine gute Näherung für die y-Werte der Kurve. Wir untersuchen dies genauer, indem wir kleinere Ausschnitte herauszoomen oder indem wir Wertetabellen aufstellen, die den Unterschied zwischen $f(x)$ und der Tangente in der Nähe der x-Koordinate des Berührungspunkts auflisten.

$y = x^2$ und die Tangente $y = 2x - 1$ bei $(1, 1)$.

1. Vergrößerung bei $(1, 1)$

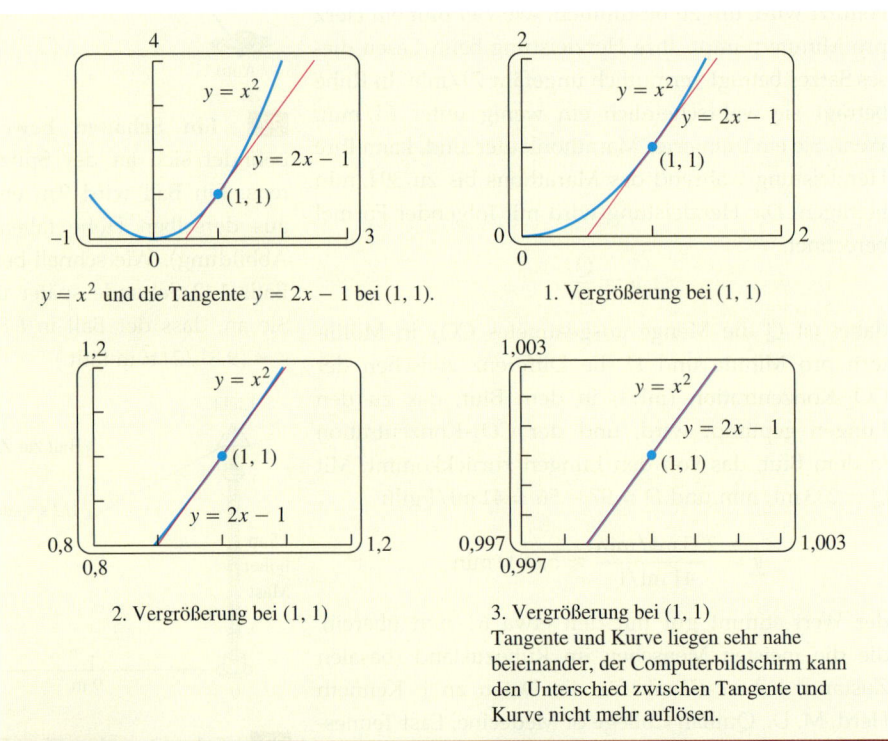

2. Vergrößerung bei $(1, 1)$

3. Vergrößerung bei $(1, 1)$
Tangente und Kurve liegen sehr nahe beieinander, der Computerbildschirm kann den Unterschied zwischen Tangente und Kurve nicht mehr auflösen.

Abbildung 3.38 Je mehr wir den Graph einer Funktion in der Nähe einer Stelle vergrößern, an der die Funktion differenzierbar ist, desto „gerader" wird der Graph und desto mehr ähnelt er der Tangente.

---

1 Diese Aussage ist allerdings mit Vorsicht zu genießen. Die mathematische Theorie der infinitesimal kleinen Zahlen, die dies erlauben würde, können wir hier leider nicht ausbreiten. Gerade bei Differentiations- und Integrationsregeln ist es jedoch hilfreich, sich dy/dx als echten Bruch vorzustellen und ihn als solchen zu behandeln. Bei Beweisen sind wir jedoch wieder auf die Definition von dy/dx als Grenzwert für [Delta] x –> 0 angewiesen.

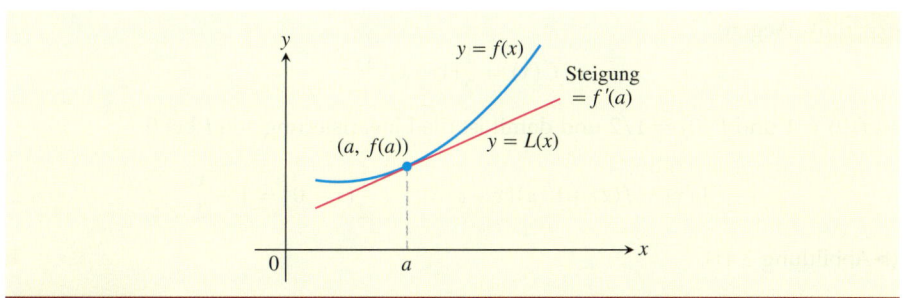

Abbildung 3.39 Die Tangente der Kurve $y = f(x)$ an der Stelle $x = a$ ist die Gerade $L(x) = f(a) + f'(a)(x-a)$.

Dies gilt nicht nur bei Parabeln, jede differenzierbare Funktion verhält sich lokal, d. h. in einem kleinen Intervall um x, wie ihre Tangente.

Allgemein gilt: Die Tangente $y = f(x)$ an der Stelle $x = a$, an der f differenzierbar ist (▶Abbildung 3.39), geht durch den Punkt $(a, f(a))$, und die Punkt-Steigungsform ihrer Gleichung ist
$$y = f(a) + f'(a)(x - a).$$
Diese Tangente ist der Graph der linearen Funktion
$$L(x) = f(a) + f'(a)(x - a).$$
In dem Intervall, in dem diese Gerade nahe an dem Graphen von f bleibt, ist $L(x)$ eine gute Näherung von $f(x)$.

Definition

Wenn f bei $x = a$ differenzierbar ist, dann ist die Funktion
$$L(x) = f(a) + f'(a)(x - a)$$
die **Linearisierung** von f bei a. Die Näherung
$$f(x) \approx L(x)$$
von f durch L ist die **lineare Näherung** von f bei a. Die Stelle $x = a$ ist das **Zentrum** der Näherung.

Beispiel 3.49 Bestimmen Sie die Linearisierung von $f(x) = \sqrt{1 + x}$ bei $x = 0$ (▶Abbildung 3.40).

Linearisierung einer Wurzelfunktion

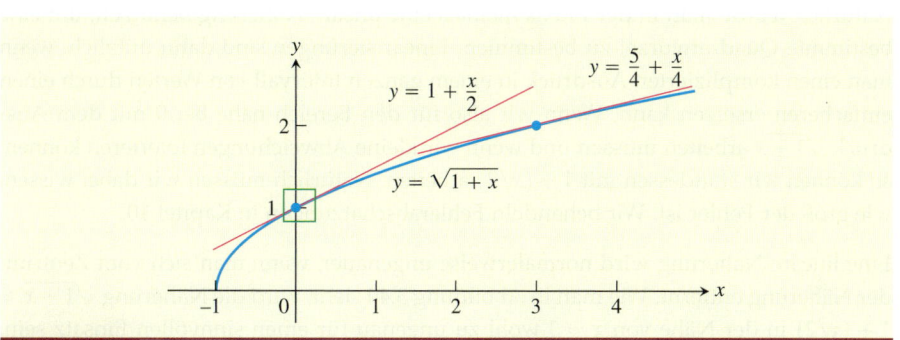

Abbildung 3.40 Der Graph von $y = \sqrt{1 + x}$ und seine Linearisierungen an den Stellen $a = 0$ und $a = 3$. Abbildung 3.41 vergrößert einen kleinen Ausschnitt um den Punkt $(1, 1)$.

Lösung Wegen

$$f'(x) = \frac{1}{2}(1+x)^{-1/2}$$

ist $f(0) = 1$ und $f'(0) = 1/2$ und damit ist die Linearisierung von f bei 0

$$L(x) = f(a) + f'(a)(x-a) = 1 + \frac{1}{2}(x-0) = 1 + \frac{x}{2}$$

(▶Abbildung 3.41).

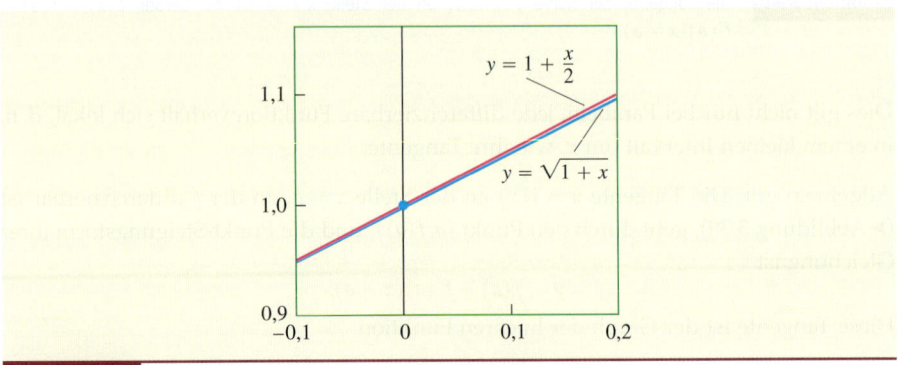

Abbildung 3.41 Vergrößerter Ausschnitt des Graphen aus Abbildung 3.40.

Die nachfolgende Tabelle zeigt, wie genau die Näherung $\sqrt{1+x} \approx 1 + (x/2)$ aus Beispiel 3.49 für einige Werte von x in der Nähe von 0 ist. Je weiter wir uns von null entfernen, desto ungenauer werden die Werte. So ergibt die Linearisierung für $x = 2$ als Näherung für $\sqrt{3}$ den Wert 2, was noch nicht einmal in der ersten Dezimalstelle übereinstimmt.

Näherung	Exakter Wert	|Exakter Wert − Näherung|
$\sqrt{1{,}2} \approx 1 + \frac{0{,}2}{2} = 1{,}10$	1,095445	$< 10^{-2}$
$\sqrt{1{,}05} \approx 1 + \frac{0{,}05}{2} = 1{,}025$	1,024695	$< 10^{-3}$
$\sqrt{1{,}005} \approx 1 + \frac{0{,}005}{2} = 1{,}00250$	1,002497	$< 10^{-5}$

Aus diesen Rechnungen könnte man schlussfolgern, dass Linearisierungen umständlich und ungenau sein können und man die Werte besser mit einem Taschenrechner bestimmt. Damit hätte man aber der Sinn der linearen Näherung nicht erkannt. Natürlich würde man in der Praxis niemals eine lineare Näherung benutzen, um eine bestimmte Quadratwurzel zu bestimmen. Linearisierungen sind dann nützlich, wenn man einen komplizierten Ausdruck in einem ganzen Intervall von Werten durch einen einfacheren ersetzen kann. Wenn wir also für den Bereich nahe bei 0 mit dem Ausdruck $\sqrt{1+x}$ arbeiten müssen und wenn wir kleine Abweichungen tolerieren können, so können wir stattdessen mit $1 + (x/2)$ arbeiten. Natürlich müssen wir dabei wissen, wie groß der Fehler ist. Wir behandeln Fehlerabschätzungen in Kapitel 10.

Eine lineare Näherung wird normalerweise ungenauer, wenn man sich vom Zentrum der Näherung entfernt. Wie man in Abbildung 3.40 sieht, wird die Näherung $\sqrt{1+x} \approx 1 + (x/2)$ in der Nähe von $x = 3$ wohl zu ungenau für einen sinnvollen Einsatz sein. Hierfür bräuchten wir die Linearisierung bei $a = 3$.

Beispiel 3.50 Bestimmen Sie die Linearisierung von $f(x) = \sqrt{1+x}$ bei $a = 3$.

Linearisierung einer Wurzelfunktion (2)

Lösung Wir bestimmen die Gleichung für $L(x)$ bei $a = 3$. Mit

$$f(3) = 2, \quad \text{und} \quad f'(3) = \frac{1}{2}(1+x)^{-1/2}\Big|_{x=3} = \frac{1}{4}$$

erhalten wir

$$L(x) = 2 + \frac{1}{4}(x-3) = \frac{5}{4} + \frac{x}{4}.$$

Für $x = 3{,}2$ ergibt die Linearisierung aus Beispiel 3.50

$$\sqrt{1+x} = \sqrt{1+3{,}2} \approx \frac{5}{4} + \frac{3{,}2}{4} = 1{,}250 + 0{,}800 = 2{,}050,$$

die von dem exakten Wert $\sqrt{4{,}2} \approx 2{,}04939$ um weniger als ein Tausendstel abweicht. Die Linearisierung aus Beispiel 3.49 würde zu

$$\sqrt{1+x} = \sqrt{1+3{,}2} \approx 1 + \frac{3{,}2}{2} = 1 + 1{,}6 = 2{,}6$$

führen, dieses Ergebnis weicht vom exakten Wert um mehr als 25 % ab. ∎

Beispiel 3.51 Bestimmen Sie die Linearisierung von $f(x) = \cos x$ bei $a = \pi/2$ (▶Abbildung 3.42).

Linearisierung der Kosinusfunktion

Lösung Mit $f(\pi/2) = \cos(\pi/2) = 0$, $f'(x) = -\sin x$ und $f'(\pi/2) = -\sin(\pi/2) = -1$ erhalten wir für die Linearisierung bei $a = \pi/2$:

$$\begin{aligned} L(x) &= f(a) + f'(a)(x - a) \\ &= 0 + (-1)\left(x - \frac{\pi}{2}\right) \\ &= -x + \frac{\pi}{2}. \end{aligned}$$

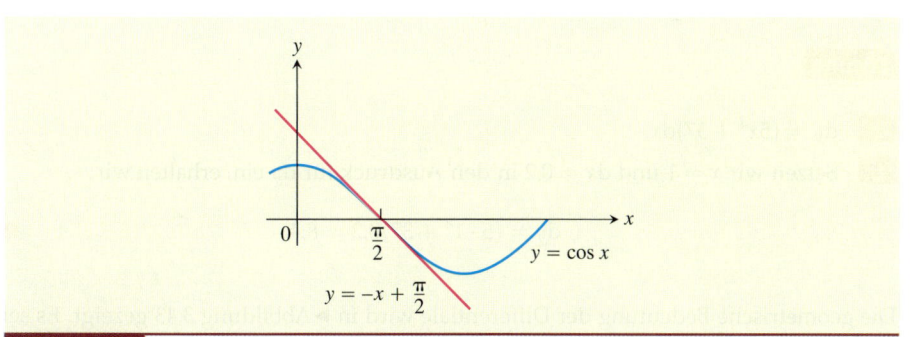

∎

Abbildung 3.42 Der Graph von $f(x) = \cos x$ und seine Linearisierung bei $x = \pi/2$. In der Nähe von $x = \pi/2$ ist $\cos x \approx -x + (\pi/2)$ (Beispiel 3.51).

Eine wichtige lineare Näherung für Wurzeln und Potenzen ist

$$(1+x)^k \approx 1 + kx \quad (x \text{ nahe bei } 0, \text{ beliebige Werte für } k)$$

(Aufgabe 8). Die Näherung, die für genügend nahe bei 0 liegende Werte von x gilt, hat viele Anwendungen. So gilt z. B. für kleine x:

$$\sqrt{1+x} \approx 1 + \frac{1}{2}x \qquad k = 1/2$$

$$\frac{1}{1-x} = (1-x)^{-1} \approx 1 + (-1)(-x) = 1 + x \qquad k = -1;\ \text{ersetze } x \text{ durch } -x.$$

$$\sqrt[3]{1+5x^4} = (1+5x^4)^{1/3} \approx 1 + \frac{1}{3}(5x^4) = 1 + \frac{5}{3}x^4 \qquad k = 1/3;\ \text{ersetze } x \text{ durch } 5x^4.$$

$$\frac{1}{\sqrt{1-x^2}} = (1-x^2)^{-1/2} \approx 1 + \left(-\frac{1}{2}\right)(-x^2) = 1 + \frac{1}{2}x^2 \qquad k = -1/2;\ \text{ersetze } x \text{ durch } -x^2.$$

Differentiale

Wir haben schon einige Male die Leibniz-Schreibweise dy/dx verwendet, um die Ableitung von y nach x darzustellen. Auch wenn es so aussieht, ist dies kein Quotient. Wir führen nun die beiden neuen „Variablen" dx und dy ein, für die gilt: Wenn ihr Quotient existiert, dann ist er gleich der Ableitung.[2]

Definition

Es sei $y = f(x)$ eine differenzierbare Funktion. Das **Differential dx** betrachten wir als eine unabhängige Variable. Das **Differential dy** ist dann

$$dy = f'(x)dx.$$

Im Gegensatz zu der unabhängigen „Variablen" dx ist dy also eine abhängige „Variable". Sie hängt sowohl von x als auch von dx ab. Wenn dx ein spezieller Wert zugeordnet wird und x eine bestimmte Zahl im Definitionsbereich der Funktion f ist, so ist mit diesen Werten der Zahlenwert von dy festgelegt.

Differentiale und ihr Wert **Beispiel 3.52**

a Bestimmen Sie dy für $y = x^5 + 37x$.
b Bestimmen Sie den Wert von dy für $x = 1$ und d$x = 0{,}2$.

Lösung

a $dy = (5x^4 + 37)dx$.
b Setzen wir $x = 1$ und d$x = 0{,}2$ in den Ausdruck für dy ein, erhalten wir:

$$dy = (5 \cdot 1^4 + 37)0{,}2 = 8{,}4\,.$$

Die geometrische Bedeutung der Differentiale wird in ▶Abbildung 3.43 gezeigt. Es sei $x = a$ und d$x = \Delta x$. Die entsprechende Änderung von $y = f(x)$ ist

$$\Delta y = f(a + dx) - f(a).$$

---

[2] Natürlich ist dx keine echte Variable; eine mathematisch exakte Einführung würde aber zuviel formalen Aufwand bedeuten. Wichtig ist hier nur die Vorstellung, die wir von der Größe dx haben, nämlich die einer infinitisimal kleinen Änderung des x-Wertes. Die zugehörige infinitisimale Größe dy (bei x) ist dann erklärt als d$y = f'(x)dx$ wie in obiger Definition.

3.9 Linearisierung und Differentiale

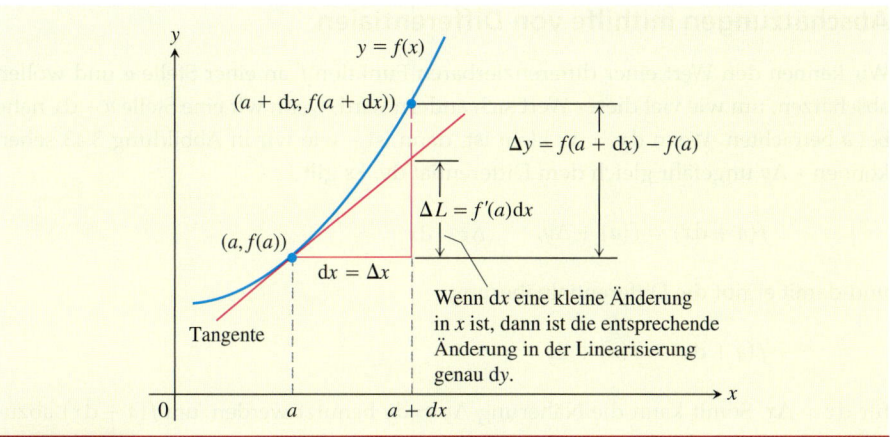

Abbildung 3.43 Geometrisch betrachtet entspricht das Differential dy der Änderung ΔL der Linearisierung von f, wenn $x = a$ sich um d$x = \Delta x$ ändert.

Für die entsprechende Änderung in der Tangente L gilt:

$$\Delta L = L(a + dx) - L(a)$$
$$= \underbrace{f(a) + f'(a)[(a + dx) - a]}_{L(a+dx)} - \underbrace{f(a)}_{L(a)}$$
$$= f'(a)dx.$$

Demnach entspricht die Änderung der Linearisierung von f genau dem Wert des Differentials dy bei $x = a$ und d$x = \Delta x$. dy steht also für die Größe, um die die Tangente steigt oder fällt, wenn x sich um d$x = \Delta x$ verändert.

Für d$x \neq 0$ ist der Quotient aus dem Differential dy und dem Differential dx gleich der Ableitung $f'(x)$, denn es gilt:

$$dy \div dx = \frac{f'(x)dx}{dx} = f'(x) = \frac{dy}{dx}.$$

Manchmal schreiben wir auch

$$df = f'(x)dx$$

statt d$y = f'(x)$dx und nennen df das **Differential von f**. Beispielsweise gilt für $f(x) = 3x^2 - 6$

$$df = d(3x^2 - 6) = 6xdx.$$

Jede Formel für eine Ableitung wie

$$\frac{d(u+v)}{dx} = \frac{du}{dx} + \frac{dv}{dx} \quad \text{oder} \quad \frac{d(\sin u)}{dx} = \cos u \frac{du}{dx}$$

hat eine entsprechende Form mit Differentialen, also z. B.

$$d(u+v) = du + dv \quad \text{oder} \quad d(\sin u) = \cos u \, du.$$

Beispiel 3.53 Mithilfe der Kettenregel und anderen Ableitungsregeln können wir Differentiale von Funktionen bestimmen.

Differentiale komplizierter Funktionen

a) $d(\tan 2x) = \sec^2(2x) d(2x) = 2 \sec^2 2x \, dx$

b) $d\left(\dfrac{x}{x+1}\right) = \dfrac{(x+1)dx - x \, d(x+1)}{(x+1)^2} = \dfrac{xdx + dx - xdx}{(x+1)^2} = \dfrac{dx}{(x+1)^2}$

Abschätzungen mithilfe von Differentialen

Wir kennen den Wert einer differenzierbaren Funktion f an einer Stelle a und wollen abschätzen, um wie viel dieser Wert sich ändern wird, wenn wir eine Stelle $a + \mathrm{d}x$ nahe bei a betrachten. Wenn $\mathrm{d}x = \Delta x$ klein ist, dann ist – wie wir in Abbildung 3.43 sehen können – Δy ungefähr gleich dem Differential $\mathrm{d}y$. Es gilt

$$f(a + \mathrm{d}x) = f(a) + \Delta y, \qquad \Delta x = \mathrm{d}x$$

und damit ergibt die Differentialnäherung

$$f(a + \mathrm{d}x) \approx f(a) + \mathrm{d}y$$

für $\mathrm{d}x = \Delta x$. Somit kann die Näherung $\Delta y \approx \mathrm{d}y$ benutzt werden, um $f(a + \mathrm{d}x)$ abzuschätzen, wenn $f(a)$ bekannt und $\mathrm{d}x$ klein ist.

Schätzung der Zunahme einer Kreisfläche

Beispiel 3.54 Der Radius r eines Kreises vergrößert sich von $a = 10$ m auf $10,1$ m (▶Abbildung 3.44). Schätzen Sie mithilfe von $\mathrm{d}A$ die Zunahme der Kreisfläche A ab. Schätzen Sie den Flächeninhalt des vergrößerten Kreises und vergleichen Sie Ihre Schätzung mit dem exakten Wert, den Sie direkt ausrechnen.

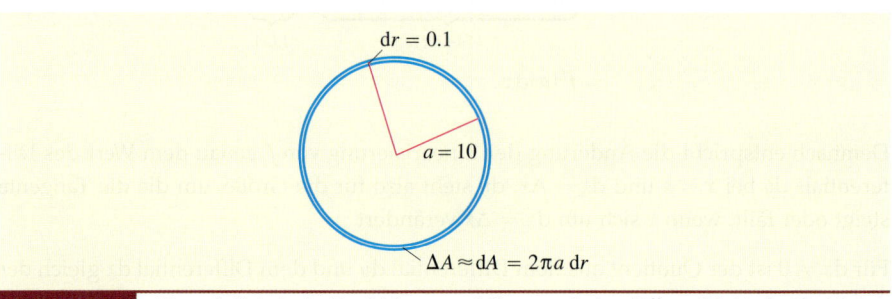

Abbildung 3.44 Wenn $\mathrm{d}r$ klein ist im Vergleich zu a, erhält man mit dem Differential $\mathrm{d}A$ die Abschätzung $A(a + \mathrm{d}r) = \pi a^2 + \mathrm{d}A$ (Beispiel 3.54).

Lösung Mit $A = \pi r^2$ gilt für die geschätzte Vergrößerung:

$$\mathrm{d}A = A'(a)\mathrm{d}r = 2\pi a \mathrm{d}r = 2\pi(10)(0,1) = 2\pi\,\mathrm{m}^2.$$

Wegen $A(r + \mathrm{d}r) \approx A(r) + \mathrm{d}A$ erhalten wir

$$A(10 + 0,1) \approx A(10) + 2\pi = \pi(10)^2 + 2\pi = 102\pi.$$

Der Flächeninhalt eines Kreises mit dem Radius $10,1$ m beträgt ungefähr $102\pi\,\mathrm{m}^2$.

Der exakte Wert ist:

$$A(10,1) = \pi(10,1)^2 = 102,01\pi\,\mathrm{m}^2.$$

Der Fehler in unserer Abschätzung beträgt damit $0,01\pi\,\mathrm{m}^2$, dies entspricht der Differenz $\Delta A - \mathrm{d}A$ und einem relativen Fehler von $0,01\%$.

Fehlerbetrachtung für die Differentialnäherung

Es sei f differenzierbar an der Stelle $x = a$, und wir nehmen an, dass $\mathrm{d}x = \Delta x$ ein festgelegter Zuwachs von x ist. Wir können nun auf zwei Wegen die Änderung von f bestimmen, wenn x sich von a zu $a + \Delta x$ verändert:

3.9 Linearisierung und Differentiale

die exakte Veränderung:	$\Delta f = f(a + \Delta x) - f(a)$
die Differentialnäherung:	$df = f'(a)\Delta x$ *

* Formal betrachtet sollte hier $df = f'(a)dx$ stehen, da d und Δ in dieser Gleichung nicht gleichzeitig auftreten sollten. Wir schreiben hier trotzdem Δx statt dx, weil wir in der ersten Zeile auch Δx verwendet haben und anschließend den Grenzübergang $\Delta x \to 0$ durchführen wollen.

Wie gut nähert sich df nun Δf an?

Wir bestimmen den Fehler der Näherung, indem wir df von Δf abziehen:

$$
\begin{aligned}
\text{Fehler der Näherung} &= \Delta f - df \\
&= \Delta f - f'(a)\Delta x \\
&= \underbrace{f(a + \Delta x) - f(a)}_{\Delta f} - f'(a)\Delta x \\
&= \underbrace{\left(\frac{f(a + \Delta x) - f(a)}{\Delta x} - f'(a) \right)}_{\text{Dieser Teil der Formel wird mit } \varepsilon \text{ abgekürzt}} \cdot \Delta x \\
&= \varepsilon \cdot \Delta x.
\end{aligned}
$$

Für $\Delta x \to 0$ nähert sich der Differenzenquotient

$$\frac{f(a + \Delta x) - f(a)}{\Delta x}$$

einer Größe, die wir schon kennen, nämlich $f'(a)$ (erinnern Sie sich an die Definition von $f'(a)$). Der Ausdruck in Klammern wird dann sehr klein, weshalb wir ihn mit ε bezeichnet haben. Es gilt also $\varepsilon \to 0$ für $\Delta x \to 0$. Ist demnach Δx klein, so ist der Fehler der Näherung $\varepsilon \Delta x$ noch kleiner:

$$\underbrace{\Delta f}_{\text{Exakte Änderung}} = \underbrace{f'(a)\Delta x}_{\text{abgeschätzte Änderung}} + \underbrace{\varepsilon \Delta x}_{\text{Fehler}}.$$

Auch wenn wir die genaue Größe des Fehlers nicht kennen, so ist doch bekannt, dass er das Produkt $\varepsilon \cdot \Delta x$ zweier kleiner Größen ist, die beide für $\Delta x \to 0$ gegen 0 gehen. Für viele oft gebrauchte Funktionen gilt: Ist Δx klein, so ist der Fehler noch kleiner.

> **Änderung von $y = f(x)$ in der Nähe von $x = a$** Wenn $y = f(x)$ an der Stelle $x = a$ differenzierbar ist und x sich von a nach $a + \Delta x$ verändert, dann ist die Änderung Δy von f gegeben durch
>
> $$\Delta y = f'(a)\Delta x + \varepsilon \Delta x. \tag{3.4}$$
>
> Hierbei gilt $\varepsilon \to 0$ für $\Delta x \to 0$.

Merke

In Beispiel 3.54 hatten wir die folgende Näherungsformel für den Flächeninhalt aufgestellt:

$$\Delta A = \pi(10{,}1)^2 - \pi(10)^2 = (102{,}01 - 100)\pi = (\underbrace{2\pi}_{dA} + \underbrace{0{,}01\pi}_{\text{Fehler}})\text{m}^2,$$

hierin sind der Näherungsfehler $\Delta A - dA = \varepsilon \Delta r = 0{,}01\pi$ und $\varepsilon = 0{,}01\pi/\Delta r = 0{,}01\pi/0{,}1 = 0{,}1\pi$ m.

Beweis der Kettenregel

Mithilfe von Gleichung (3.4) können wir jetzt die Kettenregel beweisen. Wir wollen zunächst zeigen: Ist $y = f(u)$ eine differenzierbare Funktion von u und ist $u = g(x)$ eine differenzierbare Funktion von x, so ist die Verkettung $y = f(g(x))$ ebenfalls eine differenzierbare Funktion von x. Da eine Funktion genau dann differenzierbar ist, wenn ihre Ableitung in jedem Punkt ihres Definitionsbereiches existiert, müssen wir also zeigen: Immer wenn g differenzierbar bei x_0 und f differenzierbar bei $g(x_0)$ ist, dann ist auch die Verknüpfung differenzierbar bei x_0. Die Ableitung der Verknüpfung erfüllt die folgende Gleichung:

$$\left.\frac{dy}{dx}\right|_{x=x_0} = f'(g(x_0)) \cdot g'(x_0).$$

Es sei Δx ein Zuwachs von x sowie Δu und Δy die entsprechenden Zuwächse von u und y. Verwenden wir Gleichung (3.4), so erhalten wir

$$\Delta u = g'(x_0)\Delta x + \varepsilon_1 \Delta x = (g'(x_0) + \varepsilon_1)\Delta x$$

mit $\varepsilon_1 \to 0$ für $\Delta x \to 0$. Genauso erhalten wir

$$\Delta y = f'(u_0)\Delta u + \varepsilon_2 \Delta u = (f'(u_0) + \varepsilon_2)\Delta u,$$

mit $\varepsilon_2 \to 0$ für $\Delta u \to 0$. Außerdem gilt auch $\Delta u \to 0$ für $\Delta x \to 0$. Kombinieren wie die Gleichungen für Δu und Δy, erhalten wir

$$\Delta y = (f'(u_0) + \varepsilon_2)(g'(x_0) + \varepsilon_1)\Delta x$$

und damit

$$\frac{\Delta y}{\Delta x} = f'(u_0)g'(x_0) + \varepsilon_2 g'(x_0) + f'(u_0)\varepsilon_1 + \varepsilon_2 \varepsilon_1.$$

Da ε_1 und ε_2 beide für $\Delta x \to 0$ gegen 0 gehen, verschwinden drei der vier Terme auf der rechten Seite beim Grenzübergang, und es bleibt

$$\left.\frac{dy}{dx}\right|_{x=x_0} = \lim_{\Delta x \to 0} \frac{\Delta y}{\Delta x} = f'(u_0)g'(x_0) = f'(g(x_0)) \cdot g'(x_0).$$

Empfindlichkeit gegenüber Änderungen

Die Gleichung $df = f'(x)dx$ gibt an, wie empfindlich das Ergebnis von f auf Änderungen dx in der Eingabe bei verschiedenen Werten von x reagiert. Je größer der Wert von f' bei einem bestimmten x, desto mehr wirkt sich eine gegebenen Änderung dx aus. Wenn wir uns von a zu einem nahen Punkt $a + dx$ bewegen, können wir die entsprechende Änderung von f auf drei Arten beschreiben:

	Exakt	Abgeschätzt
Absolute Änderung	$\Delta f = f(a + dx) - f(a)$	$df = f'(a)dx$
Relative Änderung	$\dfrac{\Delta f}{f(a)}$	$\dfrac{df}{f(a)}$
Prozentuale Änderung	$\dfrac{\Delta f}{f(a)} \times 100$	$\dfrac{df}{f(a)} \times 100$

Einfluss eines Messfehlers **Beispiel 3.55** Sie möchten die Tiefe eines Brunnens aus der Gleichung $s = (9{,}81/2)t^2$ bestimmen. Dazu messen Sie, wie lange ein schwerer Stein, den Sie oben hereinwerfen, bis zum Wasser unten braucht. Wie empfindlich wird Ihre Rechnung auf einen Fehler von 0,1 Sekunden in der Messung der Zeit reagieren?

Lösung Die Größe von ds in der Gleichung

$$\mathrm{d}s = 9{,}81\, t\,\mathrm{d}t$$

hängt davon ab, wie groß t ist. Für $t = 2$ s folgt aus d$t = 0{,}1$ ungefähr die Änderung

$$\mathrm{d}s = 9{,}81\,(2)(0{,}1) = 1{,}96 \text{ m}.$$

Drei Sekunden später, bei $t = 5$ s, verursacht dasselbe dt bereits:

$$\mathrm{d}s = 9{,}81\,(5)(0{,}1) = 4{,}9 \text{ m}.$$

Bleibt der Fehler der Zeitmessung also konstant, so wird der Fehler für die Bestimmung der Tiefe mithilfe von ds größer, je länger der Stein für seinen Weg zum Wasser braucht. ■

Beispiel 3.56 In den späten 1830er-Jahren entwickelte der französische Physiologe Jean Poiseuille eine Formel, die noch heute dazu benutzt wird vorherzusagen, wie stark eine Einengung einer Arterie durch eine teilweise Verstopfung den normalen Durchfluss an Blut verringert. Nach seiner Formel

Blutfluss durch eine verengte Arterie

$$V = kr^4$$

ist das Flüssigkeitsvolumen V, das in einer Zeiteinheit durch einen kleinen Schlauch oder ein kleines Rohr fließt, bei konstantem Druck das Produkt einer Konstanten mit der vierten Potenz von r, dem Radius des Schlauches. Welche Folgen hat eine 10%ige Abnahme von r für V (▶Abbildung 3.45)?

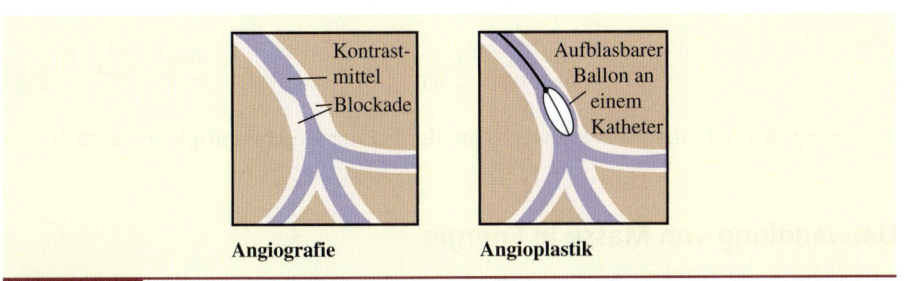

Abbildung 3.45 Um eine verstopfte Arterie zu öffnen, wird zunächst ein Kontrastmittel eingespritzt, um das Innere unter Röntgenlicht sichtbar zu machen. Danach führt man einen Katheter mit einem Ballon an der Spitze in die Arterie ein, um sie an der verstopften Stelle aufzuweiten.

Lösung Die Differentiale von r und V sind über die folgende Gleichung verknüpft:

$$\mathrm{d}V = \frac{\mathrm{d}V}{\mathrm{d}r}\mathrm{d}r = 4kr^3\mathrm{d}r.$$

Die relative Änderung von V ist damit:

$$\frac{\mathrm{d}V}{V} = \frac{4kr^3\mathrm{d}r}{kr^4} = 4\frac{\mathrm{d}r}{r}.$$

Die relative Änderung von V ist viermal so groß wie die relative Änderung von r; nimmt r also um 10 % ab, so verringert sich der Durchfluss um 40 %. ■

Relativistische Massenzunahme

Beispiel 3.57 Das zweite Newton'sche Gesetz

$$F = \frac{d}{dt}(mv) = m\frac{dv}{dt} = ma$$

geht davon aus, dass die Masse konstant bleibt. Wir wissen, dass das nicht ganz stimmt, da die Masse eines Körpers der Relativitätstheorie zufolge mit der Geschwindigkeit zunimmt. In der korrigierten Einstein'schen Formel hat die Masse den Wert

$$m = \frac{m_0}{\sqrt{1 - v^2/c^2}}.$$

Dabei bezeichnet die „Ruhemasse" m_0 die Masse des Körpers, wenn er sich nicht bewegt, und c ist die Lichtgeschwindigkeit, etwa 300 000 km/s. Schätzen Sie mit der Näherung

$$\frac{1}{\sqrt{1-x^2}} \approx 1 + \frac{1}{2}x^2 \tag{3.5}$$

die Zunahme Δm der Masse ab, die sich bei der Geschwindigkeit v ergibt.

Lösung Wenn v sehr klein im Vergleich zu c ist, ist v^2/c^2 nahe null, und man kann die Näherung

$$\frac{1}{\sqrt{1-v^2/c^2}} \approx 1 + \frac{1}{2}\left(\frac{v^2}{c^2}\right) \qquad \text{Gl. (3.5) mit } x = \frac{v}{c}$$

anwenden und erhält

$$m = \frac{m_0}{\sqrt{1-v^2/c^2}} \approx m_0 \left[1 + \frac{1}{2}\left(\frac{v^2}{c^2}\right)\right] = m_0 + \frac{1}{2}m_0 v^2 \left(\frac{1}{c^2}\right)$$

oder

$$m \approx m_0 + \frac{1}{2}m_0 v^2 \left(\frac{1}{c^2}\right). \tag{3.6}$$

Gleichung (3.6) gibt den Massezuwachs an, der bei der Geschwindigkeit v auftritt. ∎

Umwandlung von Masse in Energie

Die Gleichung (3.6), die in Beispiel 3.57 hergeleitet wurde, hat eine bekannte und wichtige Schlussfolgerung. In der Newton'schen Physik ist $(1/2)m_0 v^2$ die kinetische Energie (E_{kin}) eines Körpers. Schreiben wir Gleichung (3.6) in der Form

$$(m - m_0)c^2 \approx \frac{1}{2}m_0 v^2,$$

so erhalten wir

$$(m - m_0)c^2 \approx \frac{1}{2}m_0 v^2 = \frac{1}{2}m_0 v^2 - \frac{1}{2}m_0 (0)^2 = \Delta E_{kin}$$

oder

$$(\Delta m)c^2 \approx \Delta(E_{kin}).$$

Die Änderung in der kinetischen Energie eines Körpers, dessen Geschwindigkeit von 0 auf v ansteigt, ist näherungsweise gleich $(\Delta m)c^2$, also die Massenzunahme mal dem Quadrat der Lichtgeschwindigkeit. Da die Lichtgeschwindigkeit sehr groß ist ($c \approx 3 \times 10^8$ m/s), folgt aus einer kleinen Änderung der Masse eine große Änderung der Energie.

Aufgaben zum Abschnitt 3.9

Linearisierungen bestimmen Bestimmen Sie in den Aufgaben 1 bis 3 die Linearisierung $L(x)$ von $f(x)$ bei a für

1. $f(x) = x^3 - 2x + 3, a = 2$

2. $f(x) = x + \dfrac{1}{x}, a = 1$

3. $f(x) = \tan x, a = \pi$

4. **Häufig verwendete lineare Näherungen bei $a = 0$** Bestimmen Sie die Linearisierung der folgenden Funktionen bei $a = 0$:

a. $\sin x$ **b.** $\cos x$ **c.** $\tan x$

Linearisierung als Näherungsfunktionen Bestimmen Sie in den Aufgaben 5 und 7 eine Linearisierung bei einer passend gewählten ganzen Zahl, die ausreichend nahe an x_0 liegt und bei der die gegebene Funktion und ihre Ableitung leicht berechnet werden können.

5. $f(x) = x^2 + 2x, x_0 = 0{,}1$

6. $f(x) = 2x^2 + 4x - 3, x_0 = -0{,}9$

7. $f(x) = \sqrt[3]{x}, x_0 = 8{,}5$

8. Zeigen Sie, dass die Linearisierung von $f(x) = 1 + x^k$ bei $a = 0$ $L(x) = 1 + kx$ beträgt.

9. Bestimmen Sie mithilfe der linearen Näherung $(1+x)^k \approx 1 + kx$ eine Näherung für die Funktion $f(x)$ bei Werten von x nahe 0.

a. $f(x) = (1-x)^6$ **b.** $f(x) = \dfrac{2}{1-x}$

c. $f(x) = \dfrac{1}{\sqrt{1+x}}$ **d.** $f(x) = \sqrt{2+x^2}$

e. $f(x) = (4+3x)^{1/3}$ **f.** $f(x) = \sqrt[3]{\left(1 - \dfrac{1}{2+x}\right)^2}$

10. **Schneller als der Taschenrechner** Schätzen Sie mithilfe der Näherung $(1+x)^k \approx 1 + kx$ den Wert der folgenden Ausdrücke ab:

a. $(1{,}0002)^{50}$ **b.** $\sqrt[3]{1{,}009}$

Ableitungen in differentialer Form Bestimmen Sie in den Aufgaben 11–16 dy.

11. $y = x^3 - 3\sqrt{x}$ **12.** $y = \dfrac{2x}{1+x^2}$

13. $2y^{3/2} + xy - x = 0$ **14.** $y = \sin(5\sqrt{x})$

15. $y = 4\tan(x^3/3)$ **16.** $y = 3\csc(1 - 2\sqrt{x})$

Fehler bei Näherungen In den Aufgaben 17 und 19 betrachten wir die sich ändernden Werte von Funktionen $f(x)$, wenn x sich von x_0 nach $x_0 + dx$ ändert. Bestimmen Sie

a. die Änderung $\Delta f = f(x_0 + dx) - f(x_0)$

b. den Wert der Abschätzung $df = f'(x_0)dx$ und

c. den Fehler der Näherung $|\Delta f - df|$.

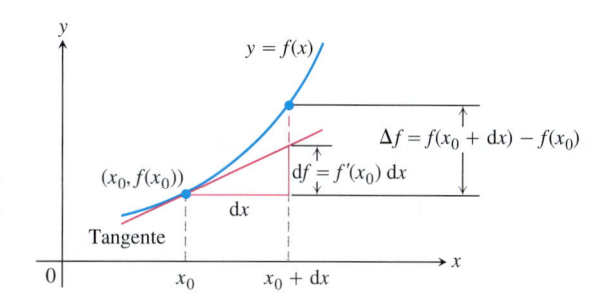

17. $f(x) = x^2 + 2x, x_0 = 1, dx = 0{,}1$

18. $f(x) = x^3 - x, x_0 = 1, dx = 0{,}1$

19. $f(x) = x^{-1}, x_0 = 0{,}5, dx = 0{,}1$

Differentialnäherung der Änderung Stellen Sie in den Aufgaben 20 und 22 eine Formel mit Differentialen auf, die die gegebene Änderung des Volumens oder der Oberfläche abschätzt.

20. Die Änderung des Volumens $V = (4/3)\pi r^3$ einer Kugel, wenn der Radius sich von r_0 auf $r_0 + dr$ ändert.

21. Die Änderung der Oberfläche $S = 6x^2$ eines Würfels, wenn die Länge der Seitenkanten sich von x_0 auf $x_0 + dx$ ändert.

22. Die Änderung des Volumens $V = \pi r^2 h$ eines Kreiszylinders, wenn der Radius sich von r_0 auf $r_0 + dr$ ändert und die Höhe konstant bleibt.

Anwendungen

23. Der Radius einer Kreises erhöht sich von 2,00 m auf 2,02 m.

a. Schätzen Sie die daraus folgende Änderung des Flächeninhalts ab.

b. Drücken Sie diese Abschätzung als Prozentsatz des ursprünglichen Flächeninhalts des Kreises aus.

24. Volumenabschätzung Schätzen Sie das Innenvolumen einer zylindrischen Röhre ab, wenn ihre Länge 75 cm beträgt, der Außenradius 15 cm und die Wanddicke 1,3 cm.

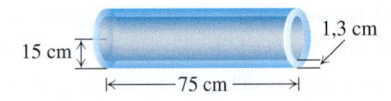

25. Messtoleranz Der Radius r eines Kreises wird mit einem Fehler von maximal 2 % gemessen. Wie groß ist dann der maximale prozentuale Fehler, wenn damit

a. der Umfang und

b. der Flächeninhalt

des Kreises berechnet wird?

26. Messtoleranz Die Höhe und der Radius eines geraden Kreiszylinders sind gleich groß, sodass für das Volumen des Zylinders gilt $V = \pi h^3$. Das Volumen soll mit einem Fehler von maximal 1 % des exakten Wertes berechnet werden. Bestimmen Sie näherungsweise den größten Fehler, der bei der Messung von h toleriert werden kann, und drücken Sie ihn als Prozentsatz von h aus.

27. Der Durchmesser einer Kugel wird mit dem Ergebnis (100 ± 1) cm gemessen, und mit diesem Wert wird das Volumen berechnet. Bestimmen Sie den prozentualen Fehler der Volumenberechnung.

28. Wie wirken Flugmanöver auf das Herz? Die Leistung der linken Herzkammer, der Kammer mit der größten Pumpleistung, ist gegeben durch die folgende Gleichung:

$$W = PV + \frac{V\delta v^2}{2g},$$

wobei W die Arbeit pro Zeiteinheit ist, P der durchschnittliche Blutdruck, V das Volumen des Blutes, das in der Zeiteinheit durch das Herz gepumpt wird, δ („delta") die Dichte des Bluts, v die durchschnittliche Geschwindigkeit des fließenden Bluts und g die Erdbeschleunigung.

Wenn P, V, δ und v konstant sind, wird W zu einer Funktion von g, und die Gleichung geht in die vereinfachte Form über:

$$W = a + \frac{b}{g} \quad (a, b \text{ konstant}).$$

Als Mitglied der medizinischen Arbeitsgruppe der NASA möchten Sie nun herausfinden, wie empfindlich W auf Änderungen von g reagiert, die offensichtlich während der Flugmanöver auftreten. Dies hängt vom ursprünglichen Wert von g ab. Als Teil der Untersuchung beschließen Sie, die Auswirkungen einer gegebenen Änderung dg auf W auf dem Mond ($g = 1{,}58 \text{ m/s}^2$) mit den Auswirkungen derselben Änderung dg auf der Erde zu vergleichen, ($g = 9{,}81 \text{ m/s}^2$). Bestimmen Sie mithilfe der oben angegebenen vereinfachten Gleichung das Verhältnis von dW_{Mond} zu dW_{Erde}.

29. Messung der Gravitationsbeschleunigung
Wenn die Länge L eines Uhrenpendels konstant gehalten wird, indem man dessen Temperatur kontrolliert, hängt die Schwingungsperiode des Pendels T nur noch von der Gravitationsbeschleunigung g ab. Die Periode wird also leicht variieren, wenn man das Pendel an verschiedenen Orten auf der Erdoberfläche aufstellt, abhängig von den verschiedenen Werten von g. Beobachten wir ΔT, so können wir die Änderungen von g mithilfe der Formel $T = 2\pi(L/g)^{1/2}$ für den Zusammenhang zwischen T, g und L abschätzen.

a. L sei konstant und g die unabhängige Variable. Berechnen Sie dann dT und beantworten Sie damit die Aufgaben **b.** und **c.**.

b. Wird T bei einer Zunahme von g zu- oder abnehmen?

c. Eine Uhr mit einem Pendel von 100 cm Länge wird von einem Ort, an dem $g = 980 \text{ cm/s}^2$ ist, zu einem neuem Ort gebracht. Dabei erhöht sich die Schwingungsperiode um d$T = 0{,}001$ s. Bestimmen Sie dg und schätzen Sie den Wert von g an dem neuen Ort.

30. Die Linearisierung ist die beste lineare Näherung Es sei $y = f(x)$ differenzierbar an der Stelle $x = a$ und $g(x) = m(x - a) + c$ eine lineare Funktion, in der m und c Konstanten sind. Wenn der Fehler $E(x) = f(x) - g(x)$ in der Nähe von $x = a$ klein genug wäre, könnten wir darüber nachdenken, g als lineare Näherung von f zu benutzen, anstelle der Linearisierung $L(x) = f(a) + f'(a)(x - a)$. Wir stellen an g die Bedingungen:

1. $E(a) = 0$ Der Fehler der Näherung ist Null bei $x = a$.

2. $\lim\limits_{x \to a} \dfrac{E(x)}{x - a} = 0$.   Die Fehler ist vernachlässigbar im Vergleich zu $x - a$.

Zeigen Sie, dass dann für die Funktion g gilt: $g(x) = f(a) + f'(a)(x - a)$. Folglich ist die Linearisierung $L(x)$ die einzige lineare Näherung, deren Fehler sowohl Null bei $x = a$ als auch vernachlässigbar im Vergleich zu $x - a$ ist.

Die Linearisierung, $L(x)$:
$y = f(a) + f'(a)(x - a)$

Eine andere lineare Näherung $g(x)$:
$y = m(x - a) + c$

$y = f(x)$

$(a, f(a))$

31. Quadratische Näherungen

a. Es sei $Q(x) = b_0 + b_1(x - a) + b_2(x - a)^2$ eine quadratische Näherung für $f(x)$ bei $x = a$ mit den Eigenschaften

i. $Q(a) = f(a)$
ii. $Q'(a) = f'(a)$
iii. $Q''(a) = f''(a)$.

Bestimmen Sie die Koeffizienten b_0, b_1 und b_2.

b. Bestimmen Sie die quadratische Näherung aus Aufgabe **a.** für $f(x) = 1/(1-x)$ bei $a = 0$.

c. Zeichnen Sie die Funktion $f(x) = 1/(1-x)$ und ihre quadratische Näherung bei $a = 0$. Vergrößern Sie dann einen Ausschnitt der beiden Graphen um den Punkt $(0, 1)$. Kommentieren Sie was Sie sehen.

d. Bestimmen Sie die quadratische Näherung von $g(x) = 1/x$ bei $a = 1$. Zeichnen Sie g und die quadratische Näherung in ein Bild. Kommentieren Sie, was Sie sehen.

e. Bestimmen Sie die quadratische Näherung von $h(x) = \sqrt{1+x}$ bei $a = 0$. Zeichnen Sie h und die quadratische Näherung in ein Bild. Kommentieren Sie, was Sie sehen.

f. Wie lauten die Linearisierungen von f, g und h bei den gegebenen Punkten aus den Aufgabenteilen **b.**, **d.** und **e.**?

Computeralgebra Schätzen Sie in den Aufgaben 32–33 mithilfe eines CAS die Größe des Fehlers ab, den man macht, wenn man die Linearisierung anstelle der Funktion in dem angegebenen Intervall I verwendet. Führen Sie jeweils die folgenden Schritte aus:

a. Zeichnen Sie die Funktion f im Intervall I.

b. Bestimmen Sie die Linearisierung L der Funktion bei a.

c. Zeichnen Sie die Graphen von f und L in dasselbe Schaubild.

d. Veranschaulichen Sie den absoluten Fehler $|f(x) - L(x)|$ im Intervall I und bestimmen Sie seinen maximalen Wert.

e. Schätzen Sie anhand des Graphen aus **d.** ein möglichst großes $\delta > 0$ ab, das den Bedingungen

$$|x - a| < \delta \quad \Rightarrow \quad |f(x) - L(x)| < \varepsilon$$

für $\varepsilon = 0{,}5$; $0{,}1$ und $0{,}01$ genügt. Überprüfen Sie grafisch, ob Ihre Schätzung für δ die Bedingungen erfüllt.

32. $f(x) = x^3 + x^2 - 2x$, $[-1, 2]$, $a = 1$

33. $f(x) = x^{2/3}(x - 2)$, $[-2, 3]$, $a = 2$

Kapitel 3 – Wiederholungsfragen

1. Was ist die Ableitung einer Funktion f? Wie ist der Definitionsbereich der Ableitung mit dem von f verknüpft? Nennen Sie Beispiele.

2. Welche Rolle spielt die Ableitung bei der Definition von Steigungen, Tangenten und Änderungsraten?

3. Auf welche Weise kann man manchmal die Ableitung einer Funktion zeichnen, auch wenn man lediglich eine Wertetabelle der Funktion hat?

4. Was bedeutet es für eine Funktion, wenn sie in einem offenen Intervall differenzierbar ist? Was, wenn sie es in einem abgeschlossenen Intervall ist?

5. Welcher Zusammenhang besteht zwischen Ableitungen und einseitigen Ableitungen?

6. Beschreiben Sie geometrisch, wann eine Funktion typischerweise *keine* Ableitung an einer Stelle x_0 hat.

7. Gibt es einen Zusammenhang zwischen der Differenzierbarkeit und der Stetigkeit einer Funktion an einer Stelle? Wenn ja, welchen?

8. Welche Regeln kennen Sie, um Ableitungen zu berechnen? Nennen Sie einige Beispiele.

9. Erklären Sie, wie wir mit den drei Formeln

a. $\frac{d}{dx}(x^n) = nx^{n-1}$

b. $\frac{d}{dx}(cu) = c\frac{du}{dx}$

c. $\frac{d}{dx}(u_1 + u_2 + \cdots + u_n) = \frac{du_1}{dx} + \frac{du_2}{dx} + \cdots + \frac{du_n}{dx}$

jedes Polynom ableiten können.

10. Welche Formel brauchen wir zusätzlich zu denen aus Frage 9, um rationale Funktionen ableiten zu können?

11. Was ist eine zweite Ableitung? Eine dritte Ableitung? Wie viele Ableitungen haben die Funktionen, die Sie kennen? Nennen Sie einige Beispiele.

12. Welcher Zusammenhang besteht zwischen der mittleren und der lokalen Änderungsrate einer Funktion? Nennen Sie ein Beispiel.

13. Wo kommen Ableitungen vor, wenn man Bewegungen untersucht? Was erfährt man über die Bewegung eines Körpers entlang einer Geraden, wenn man die Ableitung der Ortsfunktion des Körpers betrachtet? Nennen Sie Beispiele.

14. Wo kommen Ableitungen bei Wirtschaftsfragen vor?

15. Nennen Sie Beispiele weiterer Anwendungen von Ableitungen.

16. Was haben die Grenzwerte $\lim_{h \to 0}((\sin h)/h)$ und $\lim_{h \to 0}((\cos h - 1)/h)$ mit der Ableitung der Sinus- und der Kosinusfunktion zu tun? Was sind die Ableitungen dieser Funktionen?

17. Wenn die Ableitungen von $\sin x$ und $\cos x$ bekannt sind, wie kann man damit die Ableitungen von $\tan x$, $\cot x$, $\sec x$ und $\csc x$ bestimmen? Was sind die Ableitungen dieser Funktionen?

18. In welchen Punkten sind die sechs grundlegenden trigonometrischen Funktionen stetig? Woher weiß man das?

19. Mit welcher Regel bestimmt man die Ableitung der Verkettung zweier differenzierbarer Funktionen? Wie wird eine solche Ableitung berechnet? Nennen Sie Beispiele.

20. Es sei u eine differenzierbare Funktion von x. Wie bestimmt man dann $(d/dx)(u^n)$, wenn n eine ganze Zahl ist? Wie, wenn es eine reelle Zahl ist? Nennen Sie Beispiele.

21. Was versteht man unter impliziter Differentiation? Wann braucht man sie? Nennen Sie Beispiele.

22. Wo kommen verknüpfte Änderungsraten vor? Nennen Sie Beispiele.

23. Stellen Sie einen Plan zur Bearbeitung von Problemen mit verknüpften Änderungsraten auf. Verdeutlichen Sie ihn mit einem Beispiel.

24. Was versteht man unter der Linearisierung $L(x)$ einer Funktion $f(x)$ bei a? Welche Bedingungen muss f an der Stelle a erfüllen, damit die Linearisierung existiert? Wie werden Linearisierungen verwendet? Nennen Sie Beispiele.

25. x soll sich von a zu einem benachbarten Wert $a + dx$ ändern. Wie kann man die entsprechende Änderung des Wertes einer differenzierbaren Funktion $f(x)$ abschätzen? Wie schätzt man die relative Änderung ab? Wie die prozentuale Änderung? Nennen Sie ein Beispiel.

Kapitel 3 – Praktische Aufgaben

Ableitung von Funktionen Bestimmen Sie in den Aufgaben 1–20 die Ableitung der Funktionen.

1. $y = x^5 - 0{,}125x^2 + 0{,}25x$

2. $y = x^3 - 3(x^2 + \pi^2)$

3. $y = (x+1)^2(x^2+2x)$

4. $y = (\theta^2 + \sec\theta + 1)^3$

5. $s = \frac{\sqrt{t}}{1+\sqrt{t}}$

6. $y = 2\tan^2 x - \sec^2 x$

7. $s = \cos^4(1-2t)$

8. $s = (\sec t + \tan t)^5$

9. $r = \sqrt{2\theta \sin\theta}$

10. $r = \sin\sqrt{2\theta}$

11. $y = \frac{1}{2}x^2 \csc\frac{2}{x}$

12. $y = x^{-1/2}\sec(2x)^2$

13. $y = 5\cot x^2$

14. $y = x^2 \sin^2(2x^2)$

15. $s = \left(\frac{4t}{t+1}\right)^{-2}$

16. $y = \left(\frac{\sqrt{x}}{1+x}\right)^2$

17. $y = \sqrt{\frac{x^2+x}{x^2}}$

18. $r = \left(\frac{\sin\theta}{\cos\theta - 1}\right)^2$

19. $y = (2x+1)\sqrt{2x+1}$

20. $y = \frac{3}{(5x^2 + \sin 2x)^{3/2}}$

Implizite Differentiation Bestimmen Sie in den Aufgaben 21–24 dy/dx mithilfe der impliziten Differentiation.

21. $xy + 2x + 3y = 1$

22. $x^3 + 4xy - 3y^{4/3} = 2x$

23. $\sqrt{xy} = 1$

24. $y^2 = \dfrac{x}{x+1}$

Bestimmen Sie in den Aufgaben 25 und 26 dp/dq.

25. $p^3 + 4pq - 3q^2 = 2$

26. $q = (5p^2 + 2p)^{-3/2}$

Bestimmen Sie in den Aufgaben 27 und 28 dr/ds.

27. $r\cos 2s + \sin^2 s = \pi$

28. $2rs - r - s + s^2 = -3$

29. Bestimmen Sie d^2y/dx^2 mithilfe der impliziten Differentiation:

a. $x^3 + y^3 = 1$

b. $y^2 = 1 - \dfrac{2}{x}$

30. a. Differenzieren Sie $x^2 - y^2 = 1$ implizit und zeigen Sie damit, dass $dy/dx = x/y$ gilt.

b. Zeigen Sie dann, dass $d^2y/dx^2 = -1/y^3$ gilt.

Der numerische Wert von Ableitungen

31. Die Funktionen $f(x)$ und $g(x)$ und ihre ersten Ableitungen sollen bei $x=0$ und $x=1$ die folgenden Werte haben:

x	$f(x)$	$g(x)$	$f'(x)$	$g'(x)$
0	1	1	-3	$1/2$
1	3	5	$1/2$	-4

Bestimmen Sie die ersten Ableitungen der folgenden Funktionen an der gegebenen Stelle x.

a. $6f(x) - g(x)$, $x=1$

b. $f(x)g^2(x)$, $x=0$

c. $\dfrac{f(x)}{g(x)+1}$, $x=1$

d. $f(g(x))$, $x=0$

e. $g(f(x))$, $x=0$

f. $(x + f(x))^{3/2}$, $x=1$

g. $f(x + g(x))$, $x=0$

32. Bestimmen Sie den Wert von dy/dx an der Stelle $t=0$, wenn gilt: $y = 3\sin 2x$ und $x = t^2 + \pi$.

33. Bestimmen Sie den Wert von dw/ds an der Stelle $s=0$ wenn gilt: $w = \sin(\sqrt{r} - 2)$ und $r = 8\sin(s + \pi/6)$.

34. Bestimmen Sie für $y^3 + y = 2\cos x$ den Wert von d^2y/dx^2 beim Punkt $(0, 1)$.

Anwendungen der Definition der Ableitung

Bestimmen Sie in den Aufgaben 35–36 die Ableitung mithilfe ihrer Definition.

35. $f(t) = \dfrac{1}{2t+1}$

36. $g(x) = 2x^2 + 1$

37. a. Zeichnen Sie die Funktion
$$f(x) = \begin{cases} x^2, & -1 \leq x < 0 \\ -x^2, & 0 \leq x \leq 1 \end{cases}.$$

b. Ist f bei $x=0$ stetig?

c. Ist f bei $x=0$ differenzierbar?

Begründen Sie Ihre Antwort.

38. a. Zeichnen Sie die Funktion
$$f(x) = \begin{cases} x, & 0 \leq x \leq 1 \\ 2-x, & 1 < x \leq 2 \end{cases}.$$

b. Ist f bei $x=1$ stetig?

c. Ist f bei $x=1$ differenzierbar?

Begründen Sie Ihre Antwort.

Steigungen, Tangenten und Normalen

39. Tangenten mit gegebener Steigung Gibt es auf der Kurve $y = (x/2) + 1/(2x - 4)$ Punkte, in denen die Steigung $-3/2$ ist? Wenn ja, geben Sie sie an.

3 Differentiation

40. Horizontale Tangenten Bestimmen Sie die Punkte auf der Kurve $y = 2x^3 - 3x^2 - 12x + 20$, in denen die Tangente parallel zur x-Achse ist.

41. Tangenten senkrecht oder parallel zu gegebenen Geraden Bestimmen Sie die Punkte auf der Kurve $y = 2x^3 - 3x^2 - 12x + 20$, in denen die Tangente

a. senkrecht zu der Geraden $y = 1 - (x/24)$ und

b. parallel zu der Geraden $y = \sqrt{2} - 12x$ ist.

42. Normalen parallel zu einer gegebenen Geraden Bestimmen Sie die Punkte auf der Kurve $y = \tan x$, $-\pi/2 < x < \pi/2$, in denen die Normale parallel zu der Geraden $y = -x/2$ ist. Skizzieren Sie Kurve und Normalen in einem Schaubild und beschriften Sie sie mit ihren Gleichungen.

43. Tangente und Parabel Die Parabel $y = x^2 + C$ soll die Gerade $y = x$ als Tangente haben. Bestimmen Sie C.

44. Tangente und Kurve Für welche Werte von c hat die Kurve $y = c/(x+1)$ eine Tangente, die durch die Punkte $(0, 3)$ und $(5, -2)$ geht?

Bestimmen Sie in den Aufgaben 45–47 die Gleichungen der Geraden, die Tangente bzw. Normale der Kurve in dem gegebenen Punkt sind.

45. $x^2 + 2y^2 = 9$, $(1, 2)$

46. $xy + 2x - 5y = 2$, $(3, 2)$

47. $x + \sqrt{xy} = 6$, $(4, 1)$

48. Bestimmen Sie die Steigung der Kurve $x^3 y^3 + y^2 = x + y$ in den Punkten $(1, 1)$ und $(1, -1)$.

49. Der nachfolgende Graph lässt vermuten, dass die Kurve $y = \sin(x - \sin x)$ eine horizontale Tangente in eingen Punkten der x-Achse haben könnte. Ist das so? Begründen Sie Ihre Antwort.

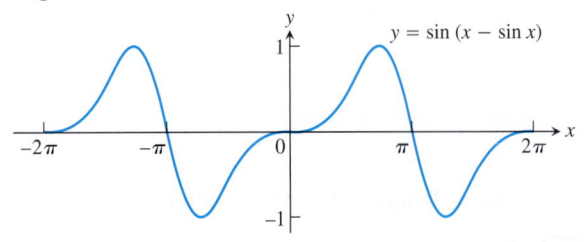

Analyse von Graphen Die beiden Bilder in den Aufgaben 50 und 51 zeigen je zwei Graphen einer Funktion $y = f(x)$ zusammen mit dem ihrer Ableitung $f'(x)$. Welcher Graph zeigt was? Wie kann man das erkennen?

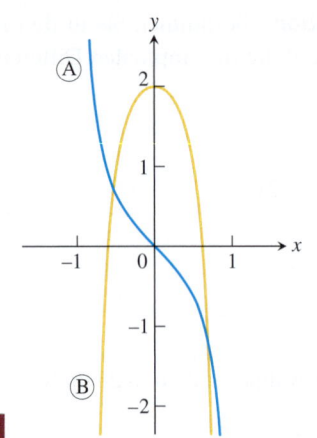

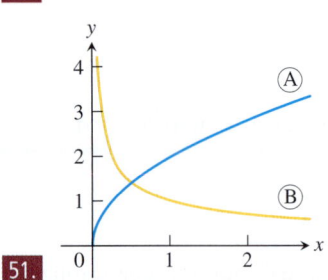

50.

51.

52. Zeichnen Sie mithilfe der folgenden Informationen den Graph der Funktion $y = f(x)$ für $-1 \leq x \leq 6$.

i) Der Graph von f setzt sich aus Geradenstücken zusammen und hat keine Sprünge.

ii) Der Graph beginnt am Punkt $(-1, 2)$.

iii) Die Ableitung von f besitzt – wo sie definiert ist – den hier abgebildeten Graph.

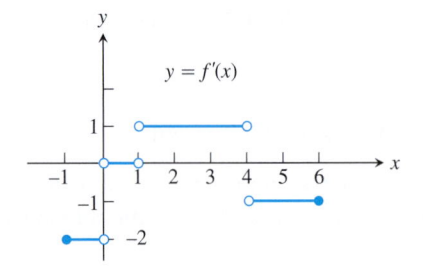

53. Bearbeiten Sie Aufgabe 52 unter der Annahme, dass der Graph bei $(-1, 0)$ statt bei $(-1, 2)$ beginnt.

In den Aufgaben 54 und 55 geht es um die unten abgebildeten Graphen. Die Graphen in Bild (a) zeigen die Anzahl der Hasen und Füchse in einer kleinen arktischen Population. Die Zahlen sind als Funktion der Zeit über 200 Tage dargestellt. Die Anzahl der Hasen steigt zunächst steil an, da die Hasen sich fortpflanzen.

Die Hasen sind aber die Beute der Füchse, und mit der Zunahme der Füchse erreicht die Anzahl der Hasen ein Maximum und fällt dann ab. Bild (b) zeigt die Ableitung der Hasenpopulation, der Graph wurde mit einem Plotprogramm erstellt.

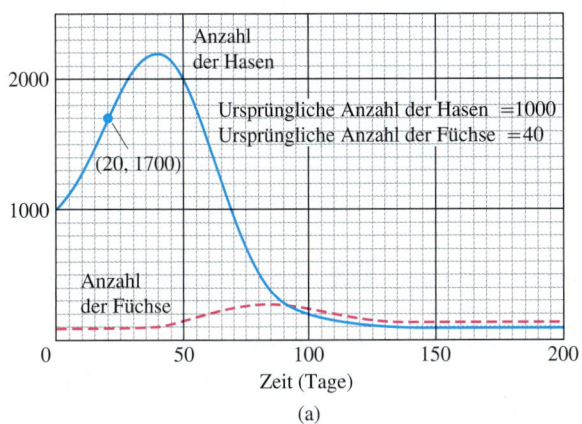

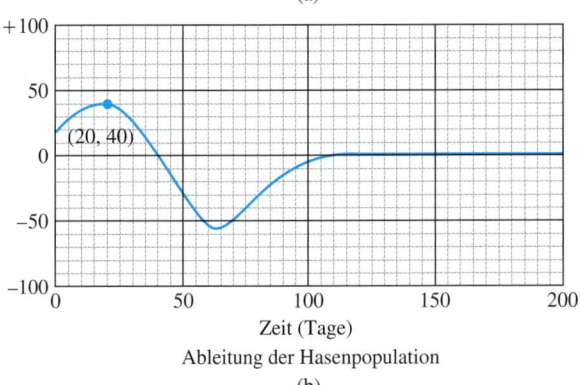

(a)

(b)
Ableitung der Hasenpopulation

54. a. Welchen Wert hat die Ableitung der Hasenpopulation zu dem Zeitpunkt, an dem die Anzahl der Hasen am größten (am kleinsten) ist?

b. Wie groß ist die Anzahl der Hasen zu dem Zeitpunkt, an dem die Ableitung am größten (am kleinsten, negativ) ist?

55. In welchen Einheiten sollte man die Steigung der Kurven der Hasen- und Fuchspopulation messen?

Grenzwerte trigonometrischer Funktionen Bestimmen Sie in den Aufgaben 56–59 den Grenzwert.

56. $\lim\limits_{x \to 0} \dfrac{\sin x}{2x^2 - x}$

57. $\lim\limits_{r \to 0} \dfrac{\sin r}{\tan 2r}$

58. $\lim\limits_{\theta \to (\pi/2)^-} \dfrac{4\tan^2 \theta + \tan \theta + 1}{\tan^2 \theta + 5}$

59. $\lim\limits_{x \to 0} \dfrac{x \sin x}{2 - 2\cos x}$

Zeigen Sie, wie die Funktionen in den Aufgaben 60 und 61 fortgesetzt werden müssen, damit sie am Ursprung stetig sind.

60. $g(x) = \dfrac{\tan(\tan x)}{\tan x}$

61. $f(x) = \dfrac{\tan(\tan x)}{\sin(\sin x)}$

Verknüpfte Änderungsraten

62. Gerader Kreiszylinder Die gesamte Oberfläche S eines geraden Kreiszylinders hängt von dem Radius des Grundkreises r und der Höhe h gemäß der folgenden Gleichung ab: $S = 2\pi r^2 + 2\pi h$. Welcher Zusammenhang besteht zwischen

a. dS/dt und dr/dt, wenn h konstant ist?

b. dS/dt und dh/dt, wenn r konstant ist?

c. dS/dt und dr/dt sowie dh/dt, wenn weder r noch h konstant ist?

d. dr/dt und dh/dt, wenn S konstant ist?

63. Ein Kreis mit sich ändernder Fläche Der Radius eines Kreises ändert sich mit $-2/\pi$ m/s. Wie schnell ändert sich dann die Fläche des Kreises, wenn $r = 10$ m?

64. Widerstände in Parallelschaltung Wenn zwei Widerstände mit den Größen R_1 und R_2 Ohm in einer Parallelschaltung verbunden werden und so ein Gesamtwiderstand mit R Ohm entsteht, dann kann der Wert von R mit der folgenden Gleichung bestimmt werden:

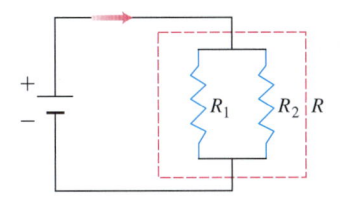

$$\dfrac{1}{R} = \dfrac{1}{R_1} + \dfrac{1}{R_2}$$

Wenn R_1 mit 1 Ohm/s abnimmt und R_2 mit 0,5 Ohm/s zunimmt, wie schnell ändert sich dann R, wenn $R_1 = 75$ Ohm und $R_2 = 50$ Ohm beträgt?

65. **Geschwindigkeit eines bewegten Teilchens**
Die Koordinaten eines Teilchens, das sich in der xy-Ebene bewegt, seien differenzierbare Funktionen der Zeit t mit $dx/dt = 10\,\text{m/s}$ und $dy/dt = 5\,\text{m/s}$. Wie schnell entfernt sich das Teilchen von Ursprung, wenn es den Punkt $(3, -4)$ passiert?

66. **Entleerung eines Tanks** Aus einem kegelförmigen Tank fließt Wasser mit der Rate $1{,}5\,\text{m}^3/\text{min}$.

a. Welcher Zusammenhang besteht zwischen den beiden Variablen h und r in der Abbildung?

b. Wie schnell fällt der Wasserspiegel bei $h = 2\,\text{m}$?

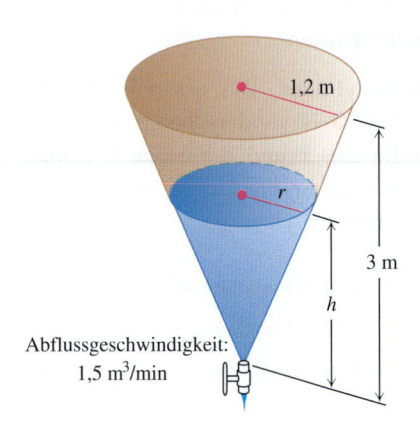

67. **Sich drehende Kabeltrommel** Ein Kabel soll an den Masten entlang einer Straße befestigt werden. Das Kabel wird von einer großen Trommel abgerollt; es rollt sich von der Trommel in Lagen mit jeweils konstantem Radius ab (▶nachfolgende Abbildung). Der das Kabel ziehende Wagen bewegt sich gleichmäßig mit $1{,}8\,\text{m/s}$ (knapp $6{,}5\,\text{km/h}$). Bestimmen Sie mithilfe der Gleichung $s = r\theta$, wie schnell (in Radiant pro Sekunde) sich die Trommel dreht, wenn die Lage mit dem Radius $0{,}4\,\text{m}$ abgerollt wird.

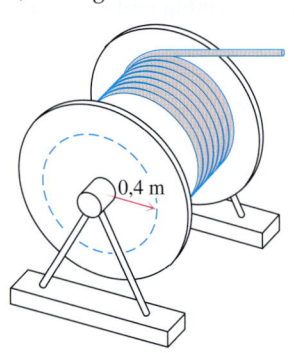

68. **Bewegung eines Suchscheinwerfers** Das nachfolgende Bild zeigt ein Boot $1\,\text{km}$ von der Küste entfernt, das den Strand mit einem Suchscheinwerfer absucht. Der Scheinwerfer dreht sich konstant mit $d\theta/dt = -0{,}6\,\text{rad/s}$.

a. Wie schnell bewegt sich das Licht entlang der Küste, wenn es den Punkt A erreicht?

b. Wie vielen Umdrehungen pro Minute entspricht $0{,}6\,\text{rad/s}$?

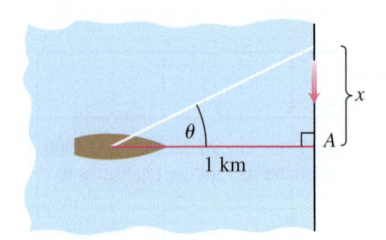

Linearisierungen

69. Bestimmen Sie die Linearisierungen von

a. $\tan x$ bei $a = -\pi/4$ b. $\sec x$ bei $a = -\pi/4$.

Zeichnen Sie die Kurven und die Linearisierungen in ein Bild.

70. Wir erhalten eine nützliche lineare Näherung der Funktion $f(x) = 1/(1 + \tan x)$ bei $a = 0$, indem wir die Näherungen

$$\frac{1}{1+x} \approx 1 - x \quad \text{und} \quad \tan x \approx x$$

kombinieren; es ergibt sich dann

$$\frac{1}{1 + \tan x} \approx 1 - x.$$

Zeigen Sie, dass dieses Ergebnis der Linearisierung von $1/(1 + \tan x)$ bei $a = 0$ entspricht.

71. Bestimmen Sie die Linearisierung von $f(x) = \sqrt{1+x} + \sin x - 0{,}5$ bei $a = 0$.

Abschätzungen mit Differentialen

72. **Oberfläche eines Kegels** Stellen Sie eine Formel auf, mit der man die Änderungen der Mantelfläche eines geraden Kreiskegels abschätzen kann, wenn die Höhe sich von h_0 auf $h_0 + dh$ ändert und der Radius konstant bleibt.

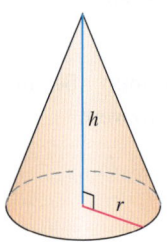

$V = \frac{1}{3}\pi r^2 h$
$S = \pi r \sqrt{r^2 + h^2}$
(Mantelfläche)

73. Fehlerfortpflanzung Der Umfang des Äquators einer Kugel wird mit 10 cm gemessen, der mögliche maximale Fehler beträgt 0,4 cm. Mit dieser Messung wird dann der Radius berechnet. Mithilfe dieses Radius wird danach die Oberfläche und das Volumen der Kugel berechnet. Schätzen Sie den prozentualen Fehler in den berechneten Werten

a. des Radius,
b. der Oberfläche und
c. des Volumens ab.

Kapitel 3 – Zusätzliche Aufgaben und Aufgaben für Fortgeschrittene

1. Eine Gleichung wie $\sin^2\theta + \cos^2\theta = 1$ wird eine **Identität** genannt, weil sie für alle Werte von θ erfüllt ist. Eine Gleichung wie $\sin\theta = 0{,}5$ ist keine Identität, denn sie gilt nur für einige Werte von θ, nicht für alle. Differenziert man die beiden Seiten einer trigonometrischen Identität in θ nach θ, so ist die Ergebnisgleichung ebenfalls eine Identität.

Leiten Sie beide Seiten der folgenden Gleichungen ab und zeigen Sie, dass das Ergebnis eine Identität ist:

a. $\sin 2\theta = 2\sin\theta\cos\theta$,
b. $\cos 2\theta = \cos^2\theta - \sin^2\theta$.

2. Wenn man beide Seiten der Identität $\sin(x + a) = \sin x \cos a + \cos x \sin a$ nach x differenziert, ist das Ergebnis dann ebenfalls eine Identität? Kann man dieses Prinzip auch auf die Gleichung $x^2 - 2x - 8 = 0$ anwenden? Erläutern Sie.

3. **a.** Bestimmen Sie Werte für die Konstanten a, b und c, mit denen $f(x) = \cos x$ und $g(x) = a + bx + cx^2$ die folgenden Bedingungen erfüllen: $f(0) = g(0)$, $f'(0) = g'(0)$ und $f''(0) = g''(0)$.

b. Bestimmen Sie Werte für die Konstanten b und c, mit denen $f(x) = \sin(x + a)$ und $g(x) = b\sin x + c\cos x$ die folgenden Bedingungen erfüllen: $f(0) = g(0)$ und $f'(0) = g'(0)$.

c. Wie verhalten sich für die in **a.** und **b.** gefundenen Konstanten die dritten und vierten Ableitungen von f und g?

4. Lösungen von Differentialgleichungen

a. Zeigen Sie, dass $y = \sin x$, $y = \cos x$ und $y = a\cos x + b\sin x$ (a und b konstant) alle die folgende Gleichung erfüllen:

$$y'' + y = 0.$$

b. Wie würden Sie die Funktionen aus **a.** modifizieren, damit sie die Gleichung

$$y'' + 4y = 0.$$

erfüllen? Verallgemeinern Sie das Ergebnis.

5. Ein Krümmungskreis Bestimmen Sie die Werte für h, k und a, mit denen der Kreis $(x-h)^2 + (y-k)^2 = a^2$ im Punkt $(1,2)$ tangential an der Parabel $y = x^2 + 1$ liegt, und mit denen die zweiten Ableitungen d^2y/dx^2 beider Kurven in diesem Punkt denselben Wert haben. Solche Kreise, die tangential an einer Kurve liegen und in den Berührungspunkten dieselbe zweite Ableitung wie die Kurve haben, heißen *Krümmungskreise* oder *Schmiegekreise*, Englisch *osculating circle* von Lateinisch *osculari*, küssen. Wir behandeln sie näher in Kapitel 13.

6. Industrieproduktion

a. Wirtschaftswissenschaftler benutzen den Ausdruck „Wachstumsrate" eher in seiner prozentualen als seiner absoluten Form. So sei zum Beispiel $u = f(t)$ die Größe der Belegschaft zur Zeit t in einem bestimmten Industriezweig. (Wir behandeln diese Funktion, als wäre sie differenzierbar, auch wenn sie in Wirklichkeit eine Stufenfunktion mit ganzzahligen Werten ist.)

Es sei ferner $v = g(t)$ die durchschnittliche Produktion pro Person der Belegschaft zur Zeit t. Die Gesamtproduktion ist dann $y = uv$. Wenn die Belegschaft nun um 4% pro Jahr wächst ($du/dt = 0{,}04u$) und die Produktion pro Belegschaftsmitglied um 5% ansteigt ($dv/dt = 0{,}05v$), wie hoch ist dann die Wachstumsrate y der gesamten Produktion?

b. Nehmen Sie nun an, dass die Belegschaft in **a.** um 2% pro Jahr abnimmt, während die Produktion pro Person um 3% zunimmt. Nimmt die gesamte Produktion dann ab oder zu, und mit welcher prozentualen Änderungsrate?

7. **Pisa per Fallschirm** Das Photo zeigt Mike McCarthy, der am 5. August 1988 mit dem Fallschirm von der Spitze des Schiefen Turms von Pisa sprang. Machen Sie eine grobe Skizze für das Aussehen des Graphen der Geschwindigkeit während des Sprunges.

Der Londoner Mike McCarthy stellte mit seinem Fallschirmsprung vom Schiefen Turm von Pisa einen Rekord für die niedrigste Absprunghöhe auf: Sie betrug nur 54,6 m. (Der Rekord liegt heute bei 22,6 m.) (*Quelle: Boston Globe vom 6. August 1988, für den aktuellen Rekord: Wikipedia*).

8. **Hochschießen einer Büroklammer** Auf der Erde ist es nicht schwer, eine Büroklammer mit einem Gummiband 20 m gerade nach oben in die Luft zu schießen. t Sekunden nach dem Abschuss befindet sich die Büroklammer $s = 20t - (9{,}81)\,t^2$ m über Ihrer Hand.

a. Wie lange dauert es, bis die Büroklammer ihre maximale Höhe erreicht hat? Mit welcher Geschwindigkeit verlässt sie Ihre Hand?

b. Auf dem Mond würde die Büroklammer bei gleicher Beschleunigung in t Sekunden eine Höhe von $s = 20t - 0{,}8t^2$ m erreichen. Wie lange dauert es dort, bis die Büroklammer ihre maximale Höhe erreicht hat und welche Höhe ist das?

9. **Geschwindigkeit eines Teilchens** Ein Teilchen mit konstanter Masse m bewegt sich entlang der x-Achse. Seine Geschwindigkeit v und seine Position x gehorchen der Gleichung

$$\frac{1}{2}m(v^2 - v_0^2) = \frac{1}{2}k(x_0^2 - x^2),$$

dabei sind k, v_0 und x_0 Konstanten. Zeigen Sie, dass für $v \neq 0$ stets gilt:

$$m\frac{dv}{dt} = -kx.$$

10. Bestimmen Sie alle Werte der Konstanten m und b, für die die Funktion

$$y = \begin{cases} \sin x, & x < \pi \\ mx + b, & x \geq \pi \end{cases}$$

a. stetig an der Stelle $x = \pi$ ist

b. differenzierbar an der Stelle $x = \pi$ ist.

11. **a.** Für welche Werte von a und b wird

$$f(x) = \begin{cases} ax, & x < 2 \\ ax^2 - bx + 3, & x \geq 2 \end{cases}$$

differenzierbar an allen Stellen x?

b. Diskutieren Sie das Aussehen des Graphen von f, der sich in **a.** ergibt.

12. **Ungerade differenzierbare Funktionen** Gibt es irgendetwas Besonderes zu der Ableitung einer ungeraden differenzierbaren Funktion von x zu sagen? Begründen Sie Ihre Antwort.

13. Nehmen Sie an, dass die Funktionen f und g in einem offenen Intervall definiert sind, das x_0 enthält, dass f differenzierbar an der Stelle x_0 ist, dass $f(x_0) = 0$ und dass g stetig an der Stelle x_0 ist. Zeigen Sie, dass das Produkt fg an der Stelle x_0 differenzierbar ist. Damit kann man zum Beispiel zeigen, dass, obwohl $|x|$ an der Stelle $x = 0$ nicht differenzierbar ist, das Produkt $x|x|$ an der Stelle $x = 0$ doch differenzierbar ist.

14. Ist die Ableitung von

$$h(x) = \begin{cases} x^2 \sin(1/x), & x \neq 0 \\ 0, & x = 0 \end{cases}$$

stetig an der Stelle $x = 0$? Ist es die Ableitung von $k(x) = xh(x)$? Begründen Sie Ihre Antwort.

15. **Verallgemeinerung der Produktregel** $y = u_1 u_2 \cdots u_n$ ist ein endliches Produkt differenzierbarer Funktionen. Beweisen Sie mithilfe der vollständigen Induktion, dass y dann differenzierbar in dem gemeinsamen Definitionsbereich ist und dass gilt:

$$\frac{dy}{dx} = \frac{du_1}{dx} u_2 \cdots u_n + u_1 \frac{du_2}{dx} \cdots u_n + \ldots$$
$$+ u_1 u_2 \cdots u_{n-1} \frac{du_n}{dx}.$$

16. **Die Leibniz-Regel für höhere Ableitungen von Produkten** Die Leibniz-Regel für höhere Ableitungen von Produkten differenzierbarer Funktionen besagt:

a. $\dfrac{d^2(uv)}{dx^2} = \dfrac{d^2u}{dx^2} v + 2 \dfrac{du}{dx}\dfrac{dv}{dx} + u \dfrac{d^2v}{dx^2}.$

b. $\dfrac{d^3(uv)}{dx^3} = \dfrac{d^3u}{dx^3} v + 3 \dfrac{d^2u}{dx^2}\dfrac{dv}{dx}$
$\qquad + 3 \dfrac{du}{dx}\dfrac{d^2v}{dx^2} + u\dfrac{d^3v}{dx^3}.$

c. $\dfrac{d^n(uv)}{dx^n} = \dfrac{d^nu}{dx^n} v + n \dfrac{d^{n-1}u}{dx^{n-1}}\dfrac{dv}{dx} + \ldots$
$\qquad + \dfrac{n(n-1) \cdots (n-k+1)}{k!} \dfrac{d^{n-k}u}{dx^{n-k}}\dfrac{d^kv}{dx^k} + \ldots$
$\qquad + u\dfrac{d^nv}{dx^n}.$

Die Gleichungen **a.** und **b.** sind Spezialfälle der Gleichung **c.** Leiten Sie die Gleichung **c.** mittels vollständiger Induktion her und benutzen Sie dazu

$$\binom{m}{k} + \binom{m}{k+1} =$$
$$\frac{m!}{k!(m-k)!} + \frac{m!}{(k+1)!(m-k-1)!}.$$

17. **Die Schwingungsperiode eines Uhrenpendels** Die Schwingungsperiode T eines Uhrenpendels (also die Zeit für ein vollständiges Hin- und Zurückschwingen) ist durch die Gleichung $T^2 = 4\pi^2 L/g$ gegeben, dabei wird T in Sekunden gemessen, $g = 981{,}5\,\text{cm/s}^2$, und L ist die Länge des Pendels, gemessen in Zentimetern. Bestimmen Sie näherungsweise

a. die Länge eines Uhrenpendels mit der Schwingungsperiode $T = 1\,\text{s}$,

b. die Änderung dT in T wenn das Pendel aus **a.** um 0,3 cm verlängert wird,

c. die Gesamtzeit, die die Uhr an einem Tag vor- oder nachgeht, wenn sich die Schwingungsperiode um die in **b.** gefundene Zeit dT verändert.

Lernziele

1 Extremwerte von Funktionen
- Globale und lokale Extrema, kritische Stellen
- Existenzsatz für globale Extrema
- Finden von Extremstellen

2 Der Mittelwertsatz
- Satz von Rolle
- Auffinden reeller Nullstellen
- Mittelwertsatz
- Physikalische Interpretation des Mittelwertsatzes

3 Monotone Funktionen und die erste Ableitung
- Wachsende und fallende Funktionen
- Funktionsanalyse mithilfe der Ableitungen

4 Krümmung und das Skizzieren von Kurven
- Krümmung und die zweite Ableitung
- Wendepunkte
- Test auf globale Extrema mithilfe der Ableitungen
- Kurvendiskussion

5 Extremwertaufgaben
- Beispiele aus Mathematik, Physik und Wirtschaftswissenschaften

6 Das Newton-Verfahren
- Näherungen und numerische Lösungen
- Anwendung des Newton-Verfahrens

7 Stammfunktionen
- Spezielle und allgemeine Stammfunktionen
- Unbestimmte Integrale
- Integralschreibweise

Anwendungen der Ableitungen

4.1	Extremwerte von Funktionen	247
4.2	Der Mittelwertsatz	258
4.3	Monotone Funktionen und die erste Ableitung	268
4.4	Krümmung und das Skizzieren von Kurven	274
4.5	Extremwertaufgaben	289
4.6	Das Newton-Verfahren	303
4.7	Stammfunktionen	310

4 Anwendungen der Ableitungen

Übersicht

In diesem Kapitel verwenden wir Ableitungen, um Extremwerte von Funktionen aufzufinden, um die Formen ihrer Graphen zu bestimmen und zu analysieren sowie um numerisch festzustellen, wo eine Funktion null ist. Außerdem stellen wir das Konzept vor, wie man eine Funktion aus ihrer Ableitung zurückgewinnen kann. Der Schlüssel zu vielen der hier behandelten Anwendungen ist der Mittelwertsatz. Er ebnet uns den Weg zur Integralrechnung in Kapitel 5.

4.1 Extremwerte von Funktionen

Dieser Abschnitt zeigt, wie man Extremwerte (Maxima und Minima) einer Funktion mithilfe der Ableitung lokalisiert und identifiziert. Beherrschen wir dieses Verfahren, so können wir eine Vielzahl von Problemen lösen, bei denen es darum geht, in einer gegebenen Situation die optimale (beste) Lösung zu finden. Die Bestimmung von Maxima und Minima ist eine der wichtigsten Anwendungen der Ableitung.

> **Definition**
>
> Gegeben sei ein Funktion f mit dem Definitionsbereich D. Dann hat f auf D an einer Stelle c ein **absolutes (globales) Maximum**, wenn gilt:
>
> $$f(x) \leq f(c) \text{ für alle } x \text{ aus } D.$$
>
> Die Funktion hat ein **absolutes (globales) Minimum** auf D an der Stelle c, wenn gilt:
>
> $$f(x) \geq f(c) \text{ für alle } x \text{ aus } D.$$

Die maximalen und minimalen Werte nennt man **Extremwerte** oder Extrema (Einzahl: Extremum) der Funktion f, also Minimum = Minimalwert und Maximum = Maximalwert. Absolute Maxima und Minima nennt man auch **globale** Maxima und Minima. Eine Stelle c, an der f das (globale) Extremum annimmt, heißt (globale) Extremstelle, der Punkt $(c, f(c))$ auf dem Graphen auch (globaler) Extrempunkt.

Beispielsweise nimmt die Funktion $f(x) = \cos x$ auf dem abgeschlossenen Intervall $[-\pi/2, \pi/2]$ den globalen Maximalwert 1 (einmal) und den globalen Minimalwert 0 (zweimal) an. Auf demselben Intervall nimmt die Funktion $g(x) = \sin x$ den Maximalwert 1 und den Minimalwert -1 an (▶Abbildung 4.1).

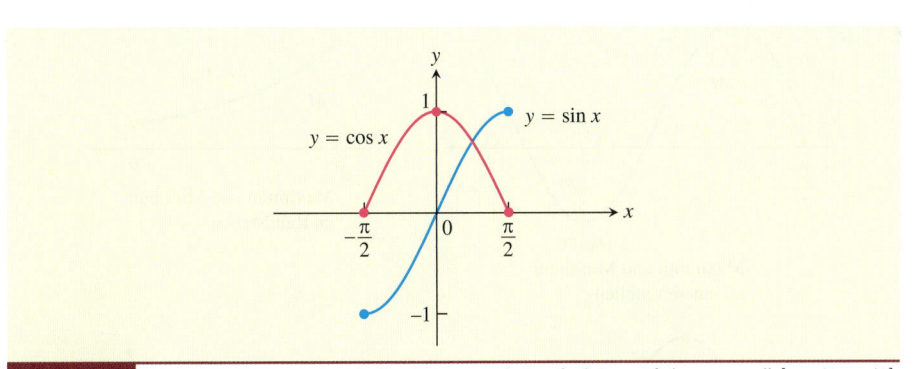

Abbildung 4.1 Die globalen Extremwerte der Kosinus- und Sinusfunktion auf dem Intervall $[-\pi/2, \pi/2]$. Diese Werte können vom Definitionsbereich einer Funktion abhängen.

Funktionen mit derselben Definition oder Gleichung können in Abhängigkeit vom Definitionsbereich verschiedene Extrema haben. Das werden wir im folgenden Beispiel sehen.

Beispiel 4.1 Die absoluten (globalen) Extrema der folgenden Funktionen auf ihren Definitionsbereichen sind in ▶Abbildung 4.2 dargestellt. Vergegenwärtigen Sie sich, dass eine Funktion unter Umständen kein Maximum oder Minimum hat, wenn der Definitionsbereich unbeschränkt ist oder die Randstellen nicht zum Definitionsbereich gehören.

Extremwerte können vom Definitionsbereich abhängen

4 Anwendungen der Ableitungen

| | (a) nur globales Minimum | (b) globales Minimum und Maximum | (c) nur globales Maximum | (d) kein Maximum oder Minimum |

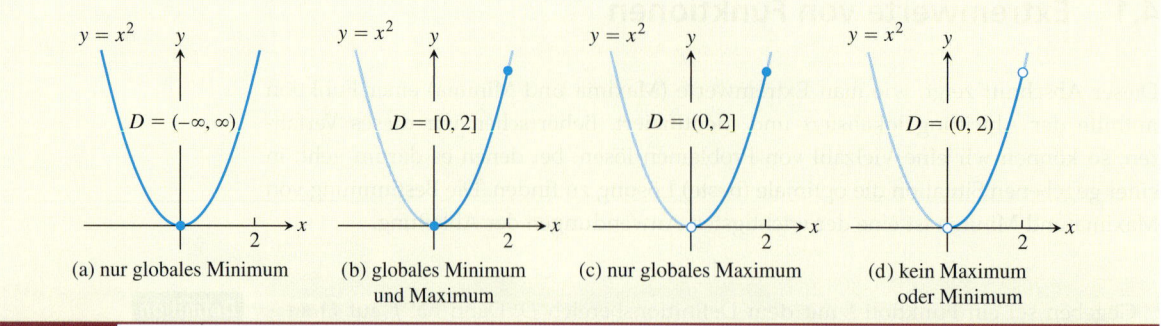

Abbildung 4.2 Graphen zu Beispiel 4.1.

Funktion	Definitionsbereich D	Globale Extremwerte auf D
(a) $y = x^2$	$(-\infty, \infty)$	Kein globales Maximum. Globales Minimum 0 an der Stelle $x = 0$.
(b) $y = x^2$	$[0, 2]$	Globales Maximum 4 an der Stelle $x = 2$. Globales Minimum 0 an der Stelle $x = 0$.
(c) $y = x^2$	$(0, 2]$	Globales Maximum 4 an der Stelle $x = 2$. Kein globales Minimum.
(d) $y = x^2$	$(0, 2)$	Keine globalen Extrema.

Manche Funktionen aus Beispiel 4.1 hatten keinen Maximal- oder Minimalwert. Der folgende Satz stellt fest, dass eine Funktion, die an jeder Stelle eines *abgeschlossenen* Intervalls $[a, b]$ *stetig* ist, auf dem Intervall ein globales Maximum und ein globales Minimum hat.

Maximum und Minimum an inneren Stellen

Maximum und Minimum an Randstellen

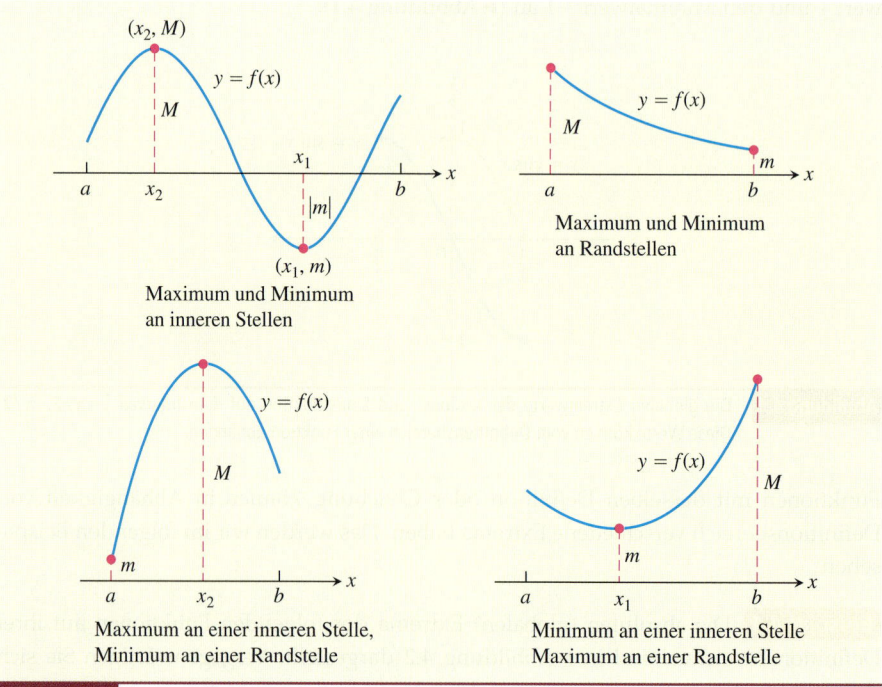

Maximum an einer inneren Stelle, Minimum an einer Randstelle

Minimum an einer inneren Stelle, Maximum an einer Randstelle

Abbildung 4.3 Einige Möglichkeiten für die Lage des Maximums und des Minimums einer stetigen Funktion auf einem abgeschlossenen Intervall $[a, b]$.

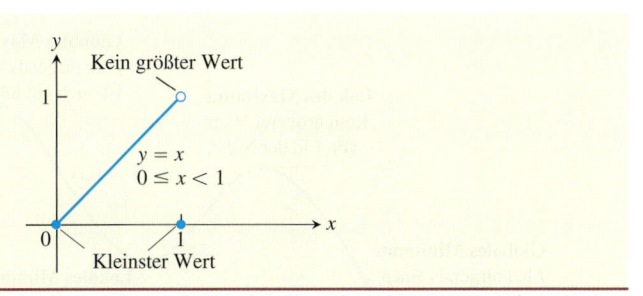

4.1 Extremwerte von Funktionen

Abbildung 4.4 Selbst eine einzelne Unstetigkeitsstelle kann bewirken, dass eine Funktion auf einem abgeschlossenen Intervall entweder kein Maximum oder kein Minimum besitzt. Die Funktion $y = x$ für $0 \leq x < 1$; 0 für $x = 1$ ist an jeder Stelle von $[0, 1]$ stetig, ausgenommen $x = 1$, dennoch hat der Graph auf $[0, 1]$ keinen größten Wert.

> **Satz 4.1 Existenzsatz für globale Extrema**[1] Ist f auf einem abgeschlossenen Intervall $[a, b]$ stetig, so nimmt f auf $[a, b]$ sowohl ein globales Maximum M als auch ein globales Minimum m an. Das heißt, es existieren Zahlen x_1 und x_2 in $[a, b]$ mit $f(x_1) = m$, $f(x_2) = M$ und $m \leq f(x) \leq M$ für alle x aus $[a, b]$.

Der Beweis des Existenzsatzes 4.1 erfordert eine detaillierte Kenntnis des Körpers der reellen Zahlen (▶Anhang A.6) und wird hier nicht angegeben. ▶Abbildung 4.3 illustriert Möglichkeiten für die Lage der globalen Extrema einer stetigen Funktion auf einem abgeschlossenen Intervall $[a, b]$. Wie wir für die Funktion $y = \cos x$ beobachtet haben, kann es sein, dass ein globales Minimum (oder Maximum) an zwei oder mehreren verschiedenen Stellen des Intervalls angenommen wird.

Die Forderungen aus Satz 4.1, dass das Intervall abgeschlossen und beschränkt und die Funktion stetig ist, sind ganz entscheidend. Ohne sie müsste die Aussage des Satzes nicht gelten. Beispiel 4.1 zeigt, dass es möglicherweise keinen globalen Extremwert gibt, wenn das Intervall nicht abgeschlossen und endlich ist. ▶Abbildung 4.4 zeigt, dass man auf die Forderung der Stetigkeit von f nicht verzichten kann.

Lokale (relative) Extremwerte

▶Abbildung 4.5 zeigt einen Graphen mit fünf Stellen, an denen eine Funktion auf ihrem Definitionsbereich $[a, b]$ Extremwerte hat. Das globale Minimum der Funktion ist an der Stelle a, die Stelle e ist hingegen keine globale Minimalstelle von f. Der Funktionswert an der Stelle e ist jedoch kleiner als an jeder *benachbarten* Stelle; die Funktion f hat also an der Stelle e ein lokales Minimum. Der Graph steigt links von c und fällt rechts von c, sodass $f(c)$ ein lokales Maximum ist. Ihr globales Maximum hat die Funktion an der Stelle d. Wir definieren nun, was wir unter lokalen Extrema verstehen.

> **Definition**
>
> Eine Funktion f hat ein **lokales Maximum** an einer Stelle c ihres Definitionsbereichs D, wenn $f(x) \leq f(c)$ für alle $x \in D$, die in einem offenen Intervall um c liegen, gilt.
>
> Eine Funktion f hat ein **lokales Minimum** an einer Stelle c ihres Definitionsbereichs D, wenn $f(x) \geq f(c)$ für alle $x \in D$, die in einem offenen Intervall um c liegen, gilt.

---
[1] auch Satz von Weierstraß genannt

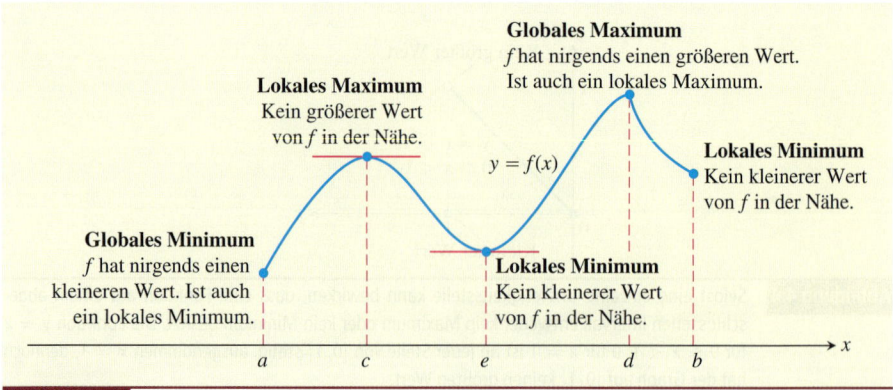

Abbildung 4.5 Wie man die verschiedenen Arten von Minima und Maxima einer Funktion mit dem Definitionsbereich $a \leq x \leq b$ bestimmt.

Die Stellen, an denen f ihre lokalen Extrema annimmt, heißen lokale Extremstellen, die Punkte $(c, f(c))$ auch lokale Extrempunkte. Ist der Definitionsbereich von f das abgeschlossene Intervall $[a, b]$, so hat f an der Randstelle $x = a$ ein lokales Maximum, wenn $f(x) \leq f(a)$ für alle x aus einem halboffenen Intervall $[a, a + \delta)$ mit $\delta > 0$ gilt. Analog dazu hat f ein lokales Maximum an einer inneren Stelle $x = c$, wenn $f(x) \leq f(c)$ für alle x aus einem offenen Intervall $(c - \delta, c + \delta)$ mit $\delta > 0$ gilt, und ein lokales Maximum an der Randstelle $x = b$, wenn $f(x) \leq f(b)$ für alle x aus einem halboffenen Intervall $(b - \delta, b]$ mit $\delta > 0$ gilt. Die Relationszeichen in den Ungleichungen kehren sich für lokale Minima um. In ▶Abbildung 4.5 hatte die Funktion f an den Stellen c und d lokale Maxima und an den Stellen a, e und b lokale Minima. Lokale Extrema nennt man auch **relative Extrema**. Manche Funktionen können unendlich viele lokale Extremstellen haben, selbst über einem endlichen Intervall. Ein Beispiel dafür ist die Funktion $f(x) = \sin(1/x)$ auf dem Intervall $(0, 1]$. (Wir haben diese Funktion in Abbildung 2.40 dargestellt.)

Ein globales Maximum ist gleichzeitig ein lokales Maximum. (Die Umkehrung gilt natürlich nicht.) Als insgesamt größter Wert ist das globale Maximum auch der größte Wert in seiner unmittelbaren Umgebung. Folglich *kommt in einer Liste aller lokalen Maximalstellen auch die globale Maximalstelle vor, sofern ein globales Maximum existiert. Analoges gilt für Minima.*

Extremstellen auffinden

Der nächste Satz erklärt, warum wir in der Regel nur ein paar Werte untersuchen müssen, um die Extremstellen einer Funktion aufzufinden.

> **Satz 4.2 Satz über die erste Ableitung an Extremstellen** Hat die Funktion f ein lokales Maximum oder Minimum an einer inneren Stelle c ihres Definitionsbereichs und ist f' an der Stelle c definiert, so gilt
> $$f'(c) = 0.$$

Beweis Um zu beweisen, dass $f'(c)$ an einer lokalen Extremstelle null ist, zeigen wir zunächst, dass $f'(c)$ nicht positiv sein kann, und danach zeigen wir, dass $f'(c)$ nicht negativ sein kann. Die einzige Zahl, die weder positiv noch negativ ist, ist die Zahl Null, also muss $f'(c)$ null sein.

4.1 Extremwerte von Funktionen

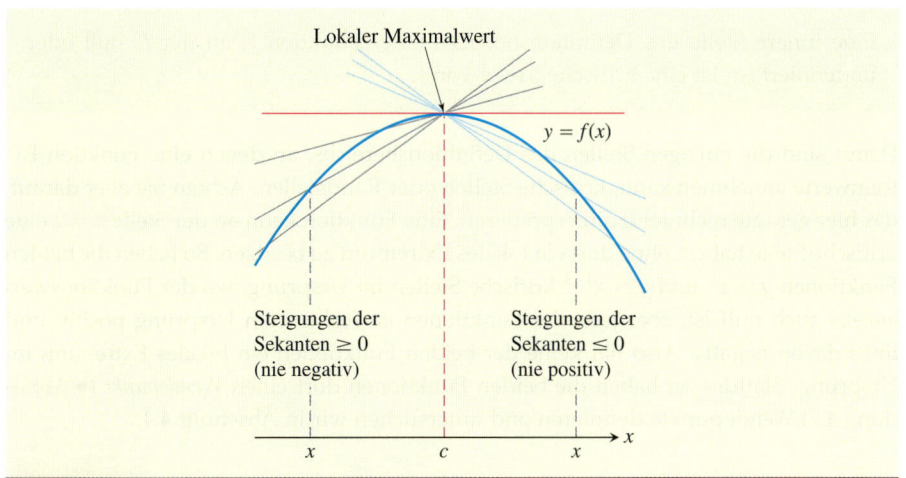

Abbildung 4.6 Wie man die verschiedenen Arten von Minima und Maxima einer Funktion mit dem Definitionsbereich $a \leq x \leq b$ identifiziert.

Nehmen wir zuerst an, dass f an der Stelle $x = c$ ein lokales Maximum hat (▶Abbildung 4.6). Damit gilt für alle Werte x, die hinreichend nah an c liegen, $f(x) - f(c) \leq 0$. Weil c im Inneren des Definitionsbereichs von f liegt, ist $f'(c)$ durch den zweiseitigen Grenzwert

$$\lim_{x \to c} \frac{f(x) - f(c)}{x - c}$$

definiert. Dies bedeutet, dass sowohl der rechtsseitige als auch der linksseitige Grenzwert an der Stelle $x = c$ existiert und gleich $f'(c)$ ist. Untersuchen wir diese Grenzwerte getrennt, so stellen wir fest, dass

$$f'(c) = \lim_{x \to c^+} \frac{f(x) - f(c)}{x - c} \leq 0 \qquad \text{wegen } (x - c) > 0 \text{ und } f(x) \leq f(c) \qquad (4.1)$$

ist. Analog ist

$$f'(c) = \lim_{x \to c^-} \frac{f(x) - f(c)}{x - c} \geq 0. \qquad \text{wegen } (x - c) < 0 \text{ und } f(x) \leq f(c) \qquad (4.2)$$

Aus den Gleichungen (4.1) und (4.2) folgt $f'(c) = 0$.

Dies beweist den Satz für lokale Maxima. Um den Satz für lokale Minima zu beweisen, verwenden wir einfach $f(x) \geq f(c)$, was die Relationszeichen in den Gleichungen (4.1) und (4.2) umkehrt. ■

Nach Satz 4.2 ist die erste Ableitung einer Funktion an einer inneren Stelle immer null, wenn die Funktion dort einen lokalen Extremwert hat und die Ableitung definiert, also f differenzierbar an dieser Stelle ist. Folglich sind die einzigen Stellen, an denen eine Funktion f einen (lokalen oder globalen) Extremwert haben kann:

1. Innere Stellen c, an denen $f'(c) = 0$ ist,
2. Innere Stellen c, an denen f nicht differenzierbar ist,
3. Randstellen des Definitionsbereichs von f.

Die folgende Definition ist für die Formulierung von Aussagen nützlich.

4 Anwendungen der Ableitungen

Definition Eine innere Stelle des Definitionsbereichs einer Funktion f, an der f' null oder undefiniert ist, ist eine **kritische Stelle** von f.

Damit sind die einzigen Stellen des Definitionsbereichs, an denen eine Funktion Extremwerte annehmen kann, kritische Stellen oder Randstellen. Achten Sie aber darauf, das hier gesagte nicht fehlzuinterpretieren. Eine Funktion kann an der Stelle $x = c$ eine kritische Stelle haben, ohne dort ein lokales Extremum zu besitzen. So haben die beiden Funktionen $y = x^3$ und $y = x^{1/3}$ kritische Stellen im Ursprung, wo der Funktionswert jeweils auch null ist, aber jede der Funktionen ist rechts vom Ursprung positiv und links davon negativ. Also hat keine der beiden Funktionen ein lokales Extremum im Ursprung. Stattdessen haben die beiden Funktionen dort einen *Wendepunkt* (▶Abbildung 4.7). Wendepunkte definieren und untersuchen wir in Abschnitt 4.4.

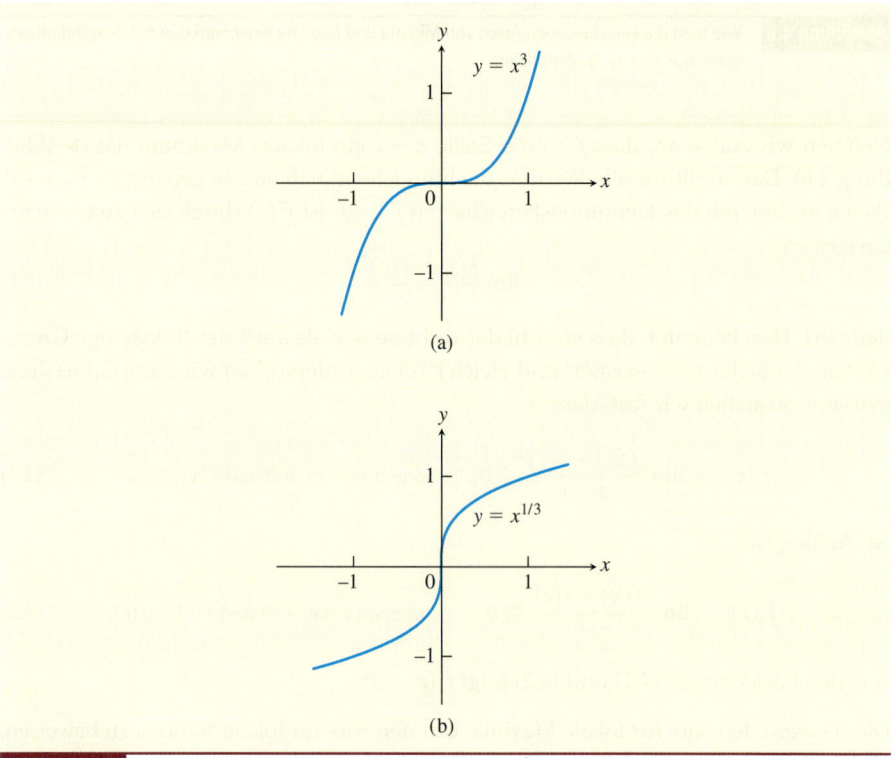

Abbildung 4.7 Kritische Stellen ohne Extremwerte. (a) $y' = 3x^2$ ist an der Stelle $x = 0$ null, aber $y = x^3$ hat dort kein Extremum. (b) $y' = (1/3)x^{-2/3}$ ist an der Stelle $x = 0$ undefiniert, aber $y = x^{1/3}$ hat dort kein Extremum.

Bei den meisten Problemen, in denen Extremwerte gefragt sind, geht es darum, die globalen Extrema einer stetigen Funktion auf einem abgeschlossenen, beschränkten Intervall aufzufinden. Satz 4.1 sichert, dass solche Extremwerte existieren; Satz 4.2 sagt uns, dass sie nur an kritischen Stellen und Randstellen angenommen werden. Oft können wir diese Stellen einfach auflisten und die zugehörigen Funktionswerte berechnen, um so die größten und die kleinsten Werte sowie ihre Lage zu bestimmen. Ist das Intervall nicht abgeschlossen oder nicht beschränkt (wie etwa $a < x < b$ oder $a < x < \infty$), dann existieren nicht notwendigerweise globalen Extrema, wie wir gesehen haben. Existiert ein globaler Maximal- oder Minimalwert, muss er an einer kritischen Stelle oder an einer rechten oder linken Randstelle des Intervalls, sofern diese zum Definitionsbereich gehören, angenommen werden.

4.1 Extremwerte von Funktionen

> **Merke**
>
> **Wie man einen globalen Extremwert einer stetigen Funktion *f* auf einem beschränkten, abgeschlossenen Intervall auffindet.**
>
> 1. Berechnen Sie die Funktionswerte an allen kritischen Stellen und Randstellen.
> 2. Wählen Sie den größten und kleinsten dieser Werte.

Beispiel 4.2 Bestimmen Sie die globalen Maximal- und Minimalwerte der Funktion $f(x) = x^2$ auf dem Intervall $[-2, 1]$.

Maximum und Minimum von $f(x) = x^2$ auf $[-2, 1]$

Lösung Die Funktion ist über dem gesamten Definitionsbereich differenzierbar, also ist die einzige kritische Stelle dort, wo $f'(x) = 2x = 0$ ist, nämlich an der Stelle $x = 0$. Wir müssen die Funktionswerte an der Stelle $x = 0$ und an den Randstellen $x = -2$ und $x = 1$ prüfen:

$$\text{Wert an der kritischen Stelle:} \quad f(0) = 0$$
$$\text{Werte an den Randstellen:} \quad f(-2) = 4$$
$$f(1) = 1.$$

Die Funktion hat an der Stelle $x = -2$ einen globalen Maximalwert von 4 und an der Stelle $x = 0$ einen globalen Minimalwert von 0. ∎

Beispiel 4.3 Bestimmen Sie die globalen Maximal- und Minimalwerte der Funktion $g(t) = 8t - t^4$ auf dem Intervall $[-2, 1]$.

Maximum und Minimum von $g(t) = 8t - t^4$ auf $[-2, 1]$

Lösung Die Funktion ist auf ihrem gesamten Definitionsbereich differenzierbar, sodass die einzigen kritischen Stellen bei $g'(t) = 0$ liegen. Lösen wir diese Gleichung, so erhalten wir

$$8 - 4t^3 = 0 \quad \text{bzw.} \quad t = \sqrt[3]{2} > 1,$$

das ist eine Stelle, die nicht im gegebenen Definitionsbereich liegt. Die globalen Extrema treten deshalb an den Randstellen auf, nämlich bei $g(-2) = -32$ (globales Minimum) und $g(1) = 7$ (globales Maximum) (▶Abbildung 4.8). ∎

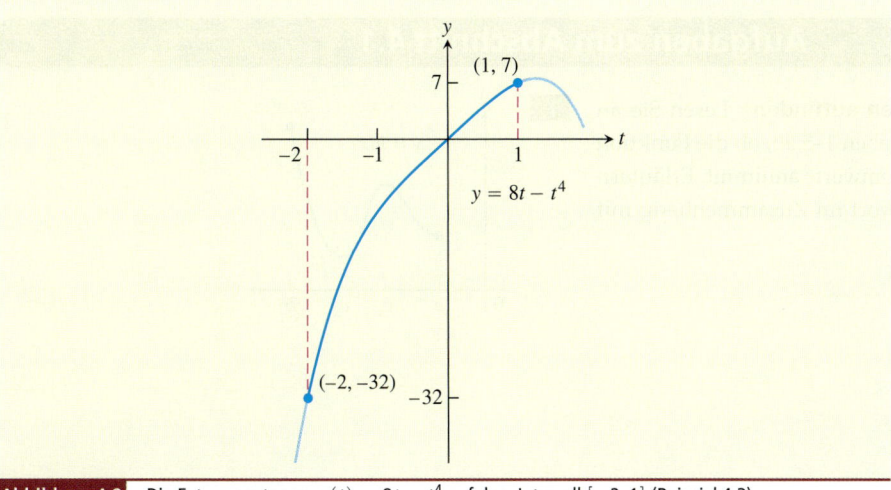

Abbildung 4.8 Die Extremwerte von $g(t) = 8t - t^4$ auf dem Intervall $[-2, 1]$ (Beispiel 4.3).

4 Anwendungen der Ableitungen

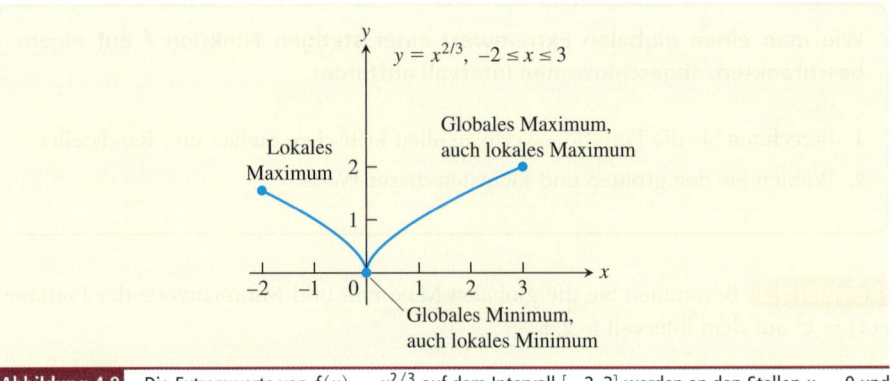

Abbildung 4.9 Die Extremwerte von $f(x) = x^{2/3}$ auf dem Intervall $[-2, 3]$ werden an den Stellen $x = 0$ und $x = 3$ angenommen (Beispiel 4.4).

Maximum und Minimum von $f(x)=x^{2/3}$ auf $[-2,3]$

Beispiel 4.4 Bestimmen Sie die globalen Maximal- und Minimalwerte der Funktion $f(x) = x^{2/3}$ auf dem Intervall $[-2, 3]$.

Lösung Wir berechnen die Funktionswerte an den kritischen Stellen und an den Randstellen und wählen den größten und kleinsten der berechneten Werte.

Die erste Ableitung

$$f'(x) = \frac{2}{3}x^{-1/3} = \frac{2}{3\sqrt[3]{x}}$$

hat keine Nullstellen, ist aber in der inneren Stelle $x = 0$ undefiniert. Die Werte von f an dieser kritischen Stelle und an den Randstellen sind:

Wert an der kritischen Stelle:	$f(0) = 0$
Werte an den Randstellen:	$f(-2) = (-2)^{2/3} = \sqrt[3]{4}$
	$f(3) = (3)^{2/3} = \sqrt[3]{9}$.

Dieser Liste können wir entnehmen, dass der globale Maximalwert der Funktion $\sqrt[3]{9} \approx 2{,}08$ ist und an der rechten Randstelle $x = 3$ angenommen wird. Der globale Minimalwert ist 0 und wird an der inneren Stelle $x = 0$ angenommen. Dort hat der Graph eine Spitze (▶Abbildung 4.9).

Aufgaben zum Abschnitt 4.1

Extremstellen von Graphen auffinden Lesen Sie an den Graphen aus den Aufgaben 1–5 ab, ob die Funktion auf dem Intervall $[a, b]$ Extremwerte annimmt. Erläutern Sie anschließend Ihre Antwort im Zusammenhang mit Satz 4.1.

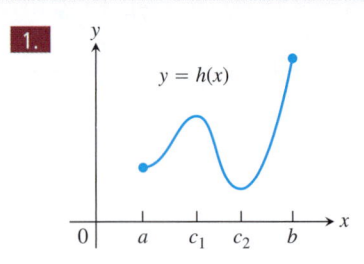

1.

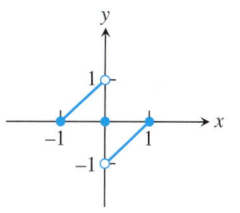

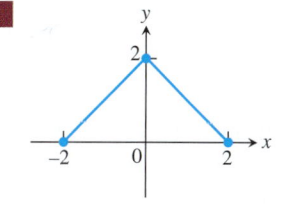

2.

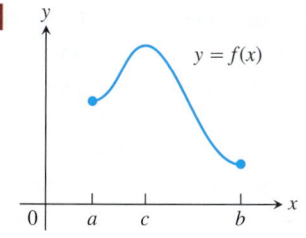

3.

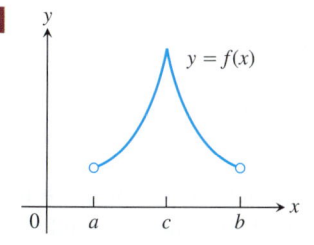

4.

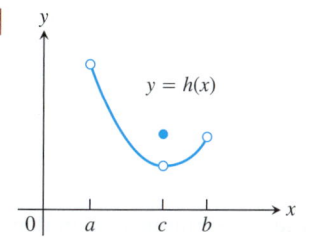

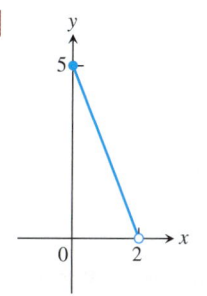

5.

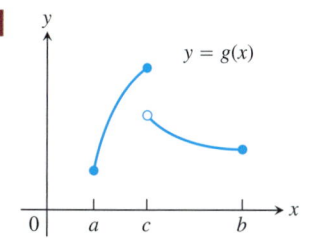

6.

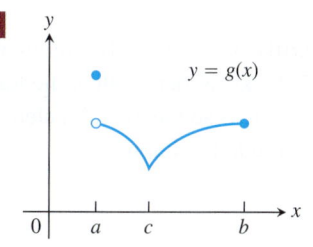

7.

8.

9.

10.

Bestimmen Sie in den Aufgaben 7 bis 10 die globalen Extremwerte und geben Sie an, an welchen Stellen sie liegen.

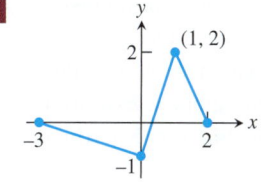

Ordnen Sie in den Aufgaben 11–14 die Tabelle einem der Graphen (a)–(d) zu.

11.

x	$f'(x)$
a	0
b	0
c	5

12.

x	$f'(x)$
a	0
b	0
c	-5

13.

x	$f'(x)$
a	existiert nicht
b	0
c	-2

14.

x	$f'(x)$
a	existiert nicht
b	existiert nicht
c	$-1,7$

4 Anwendungen der Ableitungen

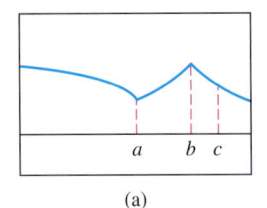

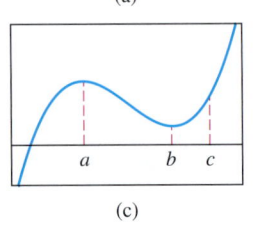

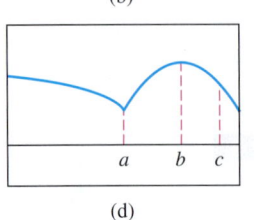

(a) (b) (c) (d)

Skizzieren Sie in den Aufgaben 15–18 den Graphen jeder Funktion und bestimmen Sie, ob die Funktion auf ihrem Definitionsbereich globale Extremwerte hat. Erläutern Sie anschließend Ihre Antwort im Zusammenhang mit Satz 4.1.

15. $f(x) = |x|,\ -1 < x < 2$

16. $y = \dfrac{6}{x^2 + 2},\ -1 < x < 1$

17. $g(x) = \begin{cases} x, & 0 \leq x < 1 \\ x - 1, & 1 \leq x \leq 2 \end{cases}$

18. $y = 3\sin x,\ 0 < x < 2\pi$

Globale Extremwerte auf endlichen, abgeschlossenen Intervallen Bestimmen Sie in den Aufgaben 19–27 die globalen Maximal- und Minimalwerte jeder Funktion auf dem angegebenen Intervall. Zeichnen Sie dann die Funktion. Kennzeichnen Sie die Punkte auf dem Graphen, in denen das globale Extremum angenommen wird, und geben Sie die Koordinaten des Extrempunktes an.

19. $f(x) = \dfrac{2}{3}x - 5,\ -2 \leq x \leq 3$

20. $f(x) = x^2 - 1,\ -1 \leq x \leq 2$

21. $F(x) = -\dfrac{1}{x^2},\ 0{,}5 \leq x \leq 2$

22. $F(x) = -\dfrac{1}{x},\ -2 \leq x \leq -1$

23. $h(x) = \sqrt[3]{x},\ -1 \leq x \leq 8$

24. $g(x) = \sqrt{4 - x^2},\ -2 \leq x \leq 1$

25. $f(\theta) = \sin\theta,\ -\dfrac{\pi}{2} \leq \theta \leq \dfrac{5\pi}{6}$

26. $g(x) = \csc x,\ \dfrac{\pi}{3} \leq x \leq \dfrac{2\pi}{3}$

27. $f(t) = 2 - |t|,\ -1 \leq t \leq 3$

Bestimmen Sie in den Aufgaben 28–31 die globalen Maximal- und Minimalwerte jeder Funktion auf dem gegebenen Intervall. Zeichnen Sie anschließend den Graphen der Funktion. Kennzeichnen Sie die Punkte auf dem Graphen, an denen das globale Extremum angenommen wird, und geben Sie die Koordinaten des Extrempunktes an.

28. $f(x) = x^{4/3},\ -1 \leq x \leq 8$

29. $f(x) = x^{5/3},\ -1 \leq x \leq 8$

30. $g(\theta) = \theta^{3/5},\ -32 \leq \theta \leq 1$

31. $h(\theta) = 3\theta^{2/3},\ -27 \leq \theta \leq 8$

Kritische Stellen bestimmen Bestimmen Sie in den Aufgaben 32–35 die kritischen Stellen der Funktion.

32. $y = x^2 - 6x + 7$

33. $f(x) = x(4 - x)^3$

34. $y = x^2 + \dfrac{2}{x}$

35. $y = x^2 - 32\sqrt{x}$

Extremwerte bestimmen Bestimmen Sie in den Aufgaben 36–40 die (globalen und lokalen) Extremwerte der Funktion sowie die Stellen, an denen die Funktion diese Werte annimmt.

36. $y = 2x^2 - 8x + 9$

37. $y = x^3 + x^2 - 8x + 5$

38. $y = \sqrt{x^2 - 1}$

39. $y = \dfrac{1}{\sqrt[3]{1 - x^2}}$

40. $y = \dfrac{x}{x^2 + 1}$

Lokale Extrema und kritische Stellen Bestimmen Sie in den Aufgaben 41–45 die kritischen Stellen, die Randstellen des Definitionsbereichs sowie die (globalen und lokalen) Extremwerte für jede Funktion.

41. $y = x^{2/3}(x + 2)$

42. $y = x\sqrt{4 - x^2}$

43. $y = \begin{cases} 4 - 2x, & x \leq 1 \\ x + 1, & x > 1 \end{cases}$

44. $y = \begin{cases} -x^2 - 2x + 4, & x \leq 1 \\ -x^2 + 6x - 4, & x > 1 \end{cases}$

45. Sei $f(x) = (x-2)^{2/3}$.

a. Existiert $f'(2)$?

b. Zeigen Sie, dass der einzige lokale Extremwert von f an der Stelle $x = 2$ liegt.

c. Widerspricht das Ergebnis aus Teil **b.** dem Satz 4.1?

d. Wiederholen Sie **a.** und **b.** für $f(x) = (x-a)^{2/3}$, wobei 2 durch a ersetzt wurde.

Begründen Sie Ihre Antworten.

Theorie und Beispiele

46. Ein Minimum ohne Ableitung Die Funktion $f(x) = |x|$ hat an der Stelle $x = 0$ ein globales Minimum, obwohl f an der Stelle $x = 0$ nicht differenzierbar ist. Verträgt sich das mit Satz 4.2? Begründen Sie Ihre Antworten.

47. Gerade Funktionen Eine gerade Funktion $f(x)$ hat ein lokales Minimum an der Stelle $x = c$. Kann man damit etwas über den Wert von f an der Stelle $x = -c$ sagen? Begründen Sie Ihre Antwort.

48. Ungerade Funktionen Eine ungerade Funktion $g(x)$ hat ein lokales Minimum an der Stelle $x = c$. Kann man damit etwas über den Wert von g an der Stelle $x = -c$ sagen? Begründen Sie Ihre Antwort.

49. Die Funktion

$$V(x) = x(10 - 2x)(16 - 2x), \quad 0 < x < 5$$

beschreibt das Volumen eines Quaders.

a. Bestimmen Sie die Extremwerte von V.

b. Interpretieren Sie die in **a.** bestimmten Werte in Bezug auf das Volumen des Quaders.

50. Maximale Höhe eines sich vertikal bewegenden Körpers Die Höhe eines sich vertikal bewegenden Körpers über dem Boden ist durch die Gleichung

$$s = -\frac{1}{2}gt^2 + v_0 t + s_0, \quad g > 0$$

gegeben. Die Höhe wird in Metern, die Zeit in Sekunden gemessen. Bestimmen Sie die maximale Höhe des Körpers.

Zeichnen Sie die Funktionen aus den Aufgaben 51 und 52. Bestimmen Sie anschließend die Extremwerte der Funktion auf dem angegebenen Intervall und geben Sie an, wo die Funktion diese Werte annimmt.

51. $f(x) = |x - 2| + |x + 3|, \quad -5 \leq x \leq 5$

52. $h(x) = |x + 2| - |x - 3|, \quad -\infty < x < \infty$

Computeralgebra. Bestimmen Sie in den Aufgaben 53–55 mithilfe eines CAS die globalen Extrema der Funktion über dem angegebenen abgeschlossenen Intervall. Führen Sie die folgenden Arbeitsschritte aus:

a. Stellen Sie die Funktion über dem Intervall grafisch dar, um dort ihr allgemeines Verhalten zu betrachten.

b. Bestimmen Sie die inneren Stellen c, an denen $f'(c) = 0$ ist. (In einigen Aufgaben müssen Sie die Gleichung vielleicht numerisch lösen.) Sie können gern auch die Funktion f' grafisch darstellen.

c. Bestimmen Sie die inneren Stellen, an denen f nicht differenzierbar ist.

d. Berechnen Sie die Funktionswerte an allen Stellen, die Sie in den Teilen **(b)** und **(c)** bestimmt haben, und an den Randstellen des Intervalls.

e. Bestimmen Sie die globalen Extremwerte der Funktion auf dem Intervall und kennzeichnen Sie die Stellen, an denen sie angenommen werden.

53. $f(x) = x^4 - 8x^2 + 4x + 2, \quad [-20/25, 64/25]$

54. $f(x) = x^{2/3}(3 - x), \quad [-2, 2]$

55. $f(x) = \sqrt{x} + \cos x, \quad [0, 2\pi]$

4.2 Der Mittelwertsatz

Dass die Ableitung konstanter Funktionen null ist, wissen wir. Könnte es aber eine kompliziertere Funktion geben, deren Ableitung immer null ist? In welcher Beziehung stehen zwei Funktionen, die auf einem Intervall identische Ableitungen haben? Diese und andere Fragen beantworten wir in diesem Kapitel, indem wir den Mittelwertsatz anwenden. Zunächst führen wir einen Spezialfall ein, der als Satz von Rolle bekannt ist.

Satz von Rolle

Schneidet der Graph einer differenzierbaren Funktion eine horizontale Gerade in zwei verschiedenen Punkten, so gibt es – wie der Graph nahelegt – mindestens einen Zwischenpunkt $(c, f(c))$, in dem die Tangente an den Graphen horizontal, die Ableitung an der Stelle c also null ist (▶Abbildung 4.10). Wir fassen dies nun in einem Satz zusammen. und beweisen ihn.

> **Satz 4.3 Satz von Rolle** Sei $y = f(x)$ an jeder Stelle des abgeschlossenen Intervalls $[a, b]$ stetig und an jeder Stelle des offenen Intervalls (a, b) differenzierbar. Ist $f(a) = f(b)$, so gibt es mindestens eine Zahl c in (a, b), für die $f'(c) = 0$ ist.

Beweis ■ Weil die Funktion f stetig ist, nimmt sie nach Satz 4.1 ihren globalen Maximalwert und ihren globalen Minimalwert auf $[a, b]$ an. Dies kann nur an folgenden Stellen auftreten:

1. an inneren Stellen c, an denen $f'(c) = 0$ ist,
2. an inneren Stellen c, an denen f nicht differenzierbar ist,

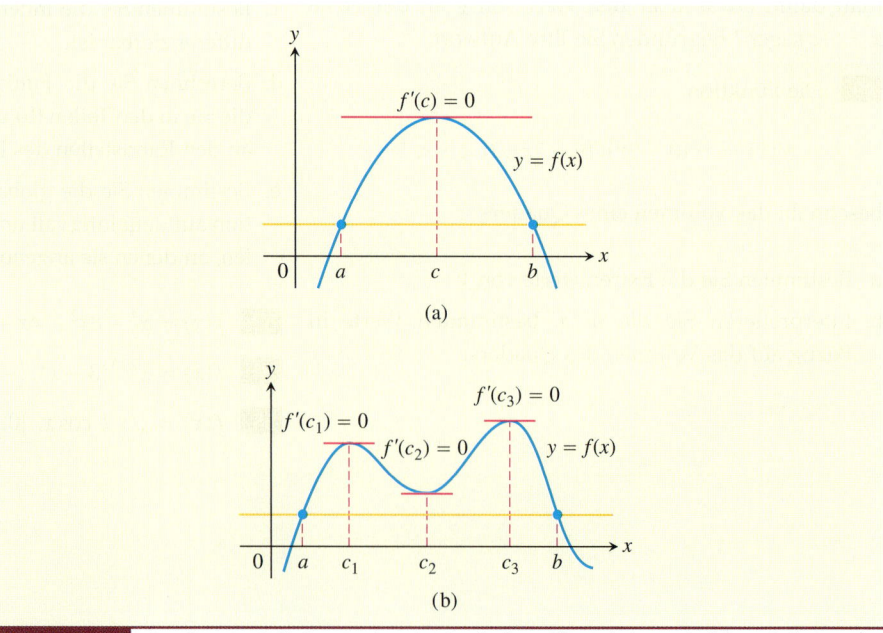

Abbildung 4.10 Der Satz von Rolle besagt, dass der Graph einer differenzierbaren Funktion mindestens eine horizontale Tangente zwischen zwei Punkten hat, in denen er eine horizontale Gerade schneidet. Er kann nur eine horizontale Tangente haben (a) oder mehrere (b).

4.2 Der Mittelwertsatz

(a) Unstetig an einer Randstelle von [a, b]

(b) Unstetig an einer inneren Stelle von [a, b]

(c) Stetig auf [a, b] aber an einer inneren Stelle nicht differenzierbar

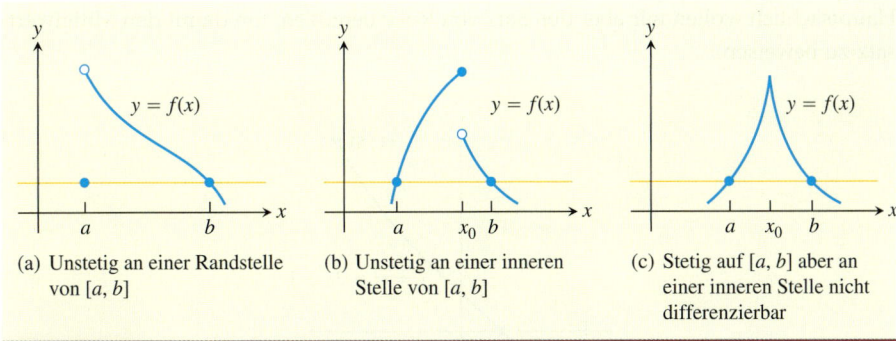

Abbildung 4.11 Es kann sein, dass es keine horizontale Tangente gibt, wenn die Voraussetzungen des Satzes von Rolle nicht erfüllt sind.

3. an Randstellen des Definitionsbereichs von f, hier a und b.

Nach unserer Annahme hat f an jeder inneren Stelle eine Ableitung. Dies schließt Möglichkeit 2. aus, sodass die inneren Stellen c mit $f'(c) = 0$ und die Randstellen a und b als Möglichkeiten bleiben.

Wird das Maximum oder das Minimum an einer Stelle c zwischen a und b angenommen, so ist nach Satz 4.2 in Abschnitt 4.1 $f'(c) = 0$, und wir haben eine Stelle für den Satz von Rolle gefunden.

Werden sowohl das globale Maximum als auch das globale Minimum an den Randstellen angenommen, dann muss f wegen $f(a) = f(b)$ eine konstante Funktion mit $f(x) = f(a) = f(b)$ für alle $x \in (a, b)$ sein. Deshalb ist $f'(x) = 0$, und die Stelle c kann als eine beliebige Stelle des Intervalls (a, b) gewählt werden. ∎

Die Voraussetzungen von Satz 4.3 sind essentiell. Sind sie auch nur an einer Stelle nicht erfüllt, kann es sein, dass der Graph keine horizontale Tangente hat (▶Abbildung 4.11).

Wir können den Satz von Rolle mit dem Zwischenwertsatz kombinieren und zeigen, dass es in manchen Fällen nur eine reelle Lösung einer Gleichung $f(x) = 0$ gibt. Das wollen wir im nächsten Beispiel illustrieren.

Beispiel 4.5 Zeigen Sie, dass die Gleichung

$$x^3 + 3x + 1 = 0$$

genau eine reelle Lösung hat.

Reelle Nullstelle von $x^3 + 3x + 1 = 0$

Lösung Wir definieren die stetige Funktion

$$f(x) = x^3 + 3x + 1.$$

Weil $f(-1) = -3$ und $f(0) = 1$ ist, wissen wir aus dem Zwischenwertsatz, dass der Graph von f die x-Achse irgendwo in dem offenen Intervall $(-1, 0)$ schneidet (▶Abbildung 4.12). Die Ableitung

$$f'(x) = 3x^2 + 3$$

ist nie null (denn sie ist immer positiv). Gäbe es nur zwei Stellen $x = a$ und $x = b$, an denen $f(x)$ null wäre, dann würde es nach dem Satz von Rolle eine Stelle c zwischen ihnen geben, an der $f'(c)$ null wäre. Deshalb hat f nicht mehr als eine Nullstelle. ∎

Hauptsächlich wollen wir aber den Satz von Rolle benutzen, um damit den Mittelwertsatz zu beweisen.

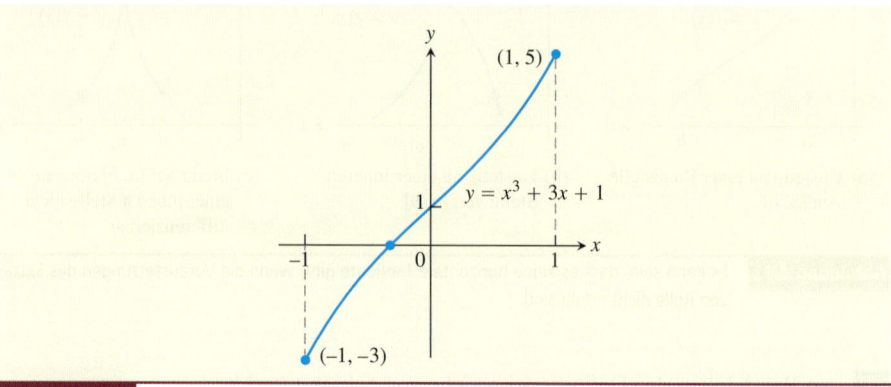

Abbildung 4.12 Die einzige reelle Nullstelle des Polynoms $y = x^3 + 3x + 1$ ist die hier dargestellte. Sie liegt dort, wo der Graph die x-Achse zwischen -1 und 0 schneidet (Beispiel 4.5).

Der Mittelwertsatz

Der zuerst von Joseph-Louis Lagrange formulierte Mittelwertsatz ist eine „schräge" Version des Satzes von Rolle (▶Abbildung 4.13). Der Mittelwertsatz besagt, dass es einen Punkt auf der Kurve gibt, in dem die Tangente parallel zur Sekante AB ist.

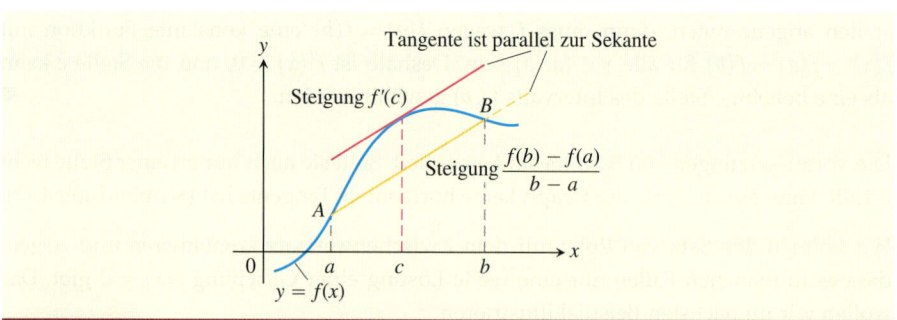

Abbildung 4.13 Geometrisch besagt der Mittelwertsatz, dass der Graph irgendwo zwischen a und b mindestens eine Tangente hat, die parallel zur Sekante AB ist.

Satz 4.4 Mittelwertsatz Die Funktion $y = f(x)$ sei auf einem abgeschlossenen Intervall $[a, b]$ stetig und auf dem offenen Intervall (a, b) differenzierbar. Dann gibt es mindestens eine Stelle c in (a, b), an der

$$\frac{f(b) - f(a)}{b - a} = f'(c) \text{ ist.} \tag{4.3}$$

Beweis ☐ Wir stellen den Graphen von f dar und zeichnen eine Gerade durch die Punkte $A(a, f(a))$ und $B(b, f(b))$ (▶Abbildung 4.14). Die Gerade ist der Graph der Funktion

$$g(x) = f(a) + \frac{f(b) - f(a)}{b - a}(x - a) \tag{4.4}$$

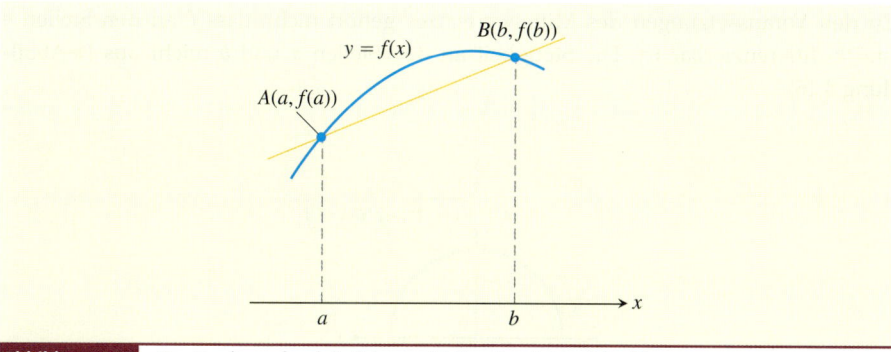

Abbildung 4.14 Der Graph von f und die Sekante AB über dem Intervall [a, b].

(Punkt-Steigungsgleichung). Der vertikale Abstand zwischen den Graphen von f und g ist an der Stelle x

$$h(x) = f(x) - g(x)$$
$$= f(x) - f(a) - \frac{f(b) - f(a)}{b - a}(x - a). \tag{4.5}$$

▶Abbildung 4.15 zeigt die Graphen von f, g und h gemeinsam.

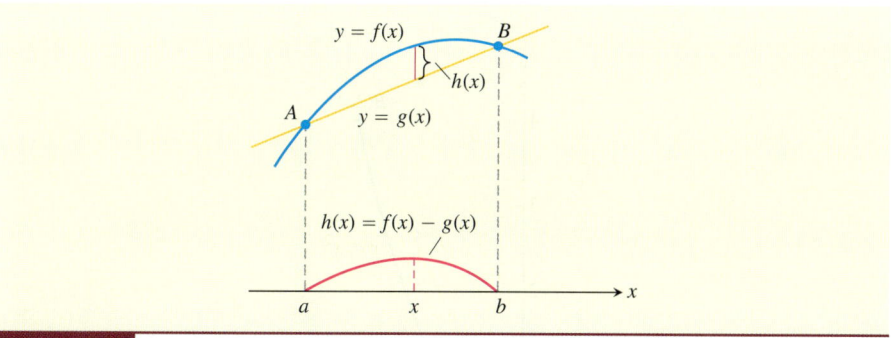

Abbildung 4.15 Die Sekante AB ist der Graph der Funktion $g(x)$. Die Funktion $h(x) = f(x) - g(x)$ liefert den vertikalen Abstand zwischen den Graphen von f und g an der Stelle x.

Die Funktion h erfüllt auf dem Intervall $[a, b]$ die Voraussetzungen aus dem Satz von Rolle. Die Funktion h ist stetig auf $[a, b]$ und differenzierbar auf (a, b), weil dies auf f und g zutrifft. Außerdem gilt $h(a) = h(b) = 0$, weil die Graphen von f und g beide durch A und B verlaufen. Deshalb ist $h'(c) = 0$ an einer Stelle $c \in (a, b)$. Dies ist die Stelle, die wir in Gleichung (4.3) brauchen.

Um Gleichung (4.3) zu prüfen, leiten wir beide Seiten der Gleichung (4.5) nach x ab und setzen dann $x = c$:

$$h'(x) = f'(x) - \frac{f(b) - f(a)}{b - a} \qquad \text{Ableitung von Gleichung (4.5) nach } x \ldots$$
$$h'(c) = f'(c) - \frac{f(b) - f(a)}{b - a} \qquad \ldots \text{mit } x = c$$
$$0 = f'(c) - \frac{f(b) - f(a)}{b - a} \qquad h'(c) = 0$$
$$f'(c) = \frac{f(b) - f(a)}{b - a} \qquad \text{Gleichung umgestellt}$$

Das wollten wir beweisen. ∎

4 Anwendungen der Ableitungen

Zu den Voraussetzungen des Mittelwertsatzes gehört nicht, dass f an den Stellen a und b differenzierbar ist. Die Stetigkeit an den Stellen a und b reicht aus (▶Abbildung 4.16).

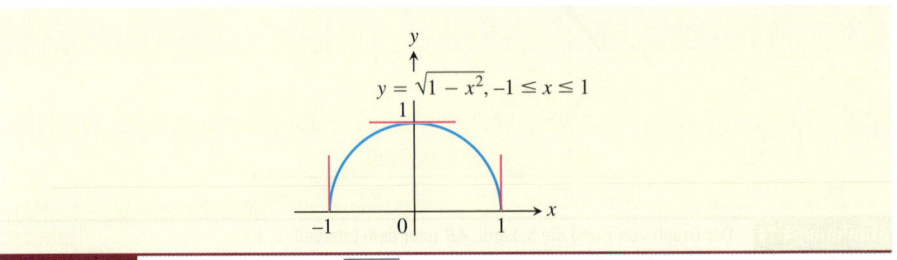

Abbildung 4.16 Die Funktion $f(x) = \sqrt{1-x^2}$ erfüllt auf dem Intervall $[-1, 1]$ die Voraussetzungen des Mittelwertsatzes, obwohl f weder an der Stelle -1 noch an der Stelle 1 differenzierbar ist.

Anwendung des Mittelwertsatzes

Beispiel 4.6 Die Funktion $f(x) = x^2$ (▶Abbildung 4.17) ist für $0 \leq x \leq 2$ stetig und für $0 < x < 2$ differenzierbar. Es ist $f(0) = 0$ und $f(2) = 4$. Nach dem Mittelwertsatz muss dann die Ableitung $f'(x) = 2x$ an einer Stelle c des Intervalls den Wert $(4-0)/(2-0) = 2$ haben. In diesem Fall bestimmen wir c, indem wir die Gleichung $2c = 2$ lösen. Wir erhalten $c = 1$. Aber nicht immer ist es so leicht, c algebraisch zu bestimmen, obwohl wir wissen, dass eine solche Stelle c immer existiert.

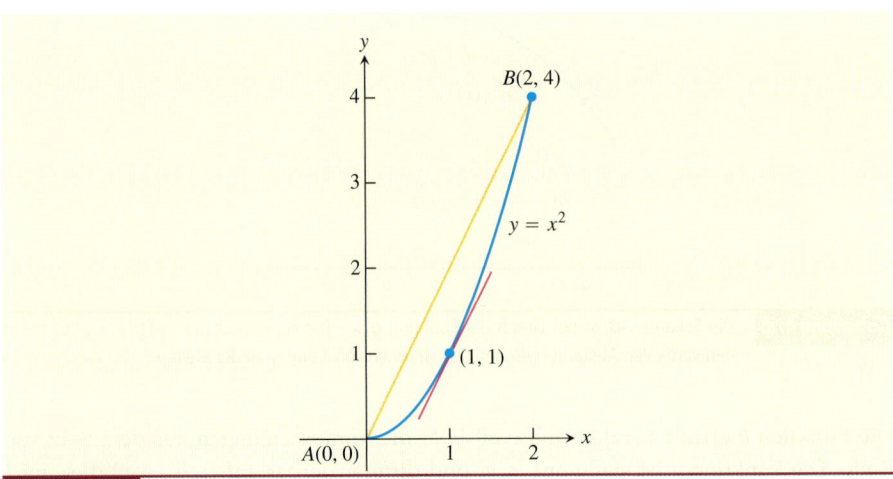

Abbildung 4.17 Wie Beispiel 4.6 zeigt, verläuft die Tangente an f an der Stelle $c = 1$ parallel zur Sekante AB.

Eine physikalische Interpretation

Wir können uns die Zahl $(f(b) - f(a))/(b - a)$ als mittlere Änderung von f über $[a, b]$ und $f'(c)$ als momentane Änderung vorstellen. Dann besagt der Mittelwertsatz, dass die momentane Änderung an einer bestimmten Zwischenstelle gleich der mittleren Änderung über dem gesamten Intervall sein muss.

Momentane und mittlere Geschwindigkeit eines Autos

Beispiel 4.7 Ein Auto, das aus dem Stand beschleunigt, braucht 8 Sekunden, um 107 m zurückzulegen. Seine mittlere Geschwindigkeit ist über diesem 8-Sekunden-Intervall $107/8 = 13{,}375$ m/s. Nach dem Mittelwertsatz muss der Tachometer während der Beschleunigungsphase zu einer bestimmten Zeit zwischen 0 und 8 s genau 48,15 km/h ($107/8 = 13{,}375$ m/s) anzeigen (▶Abbildung 4.18).

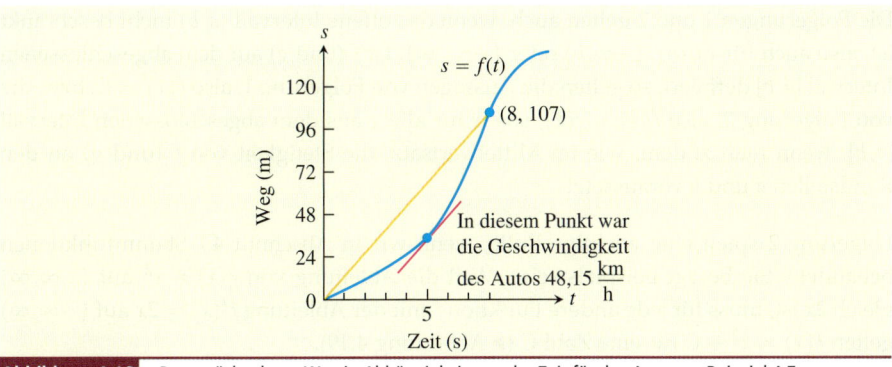

Abbildung 4.18 Der zurückgelegte Weg in Abhängigkeit von der Zeit für das Auto aus Beispiel 4.7.

Mathematische Folgerungen

Zu Beginn des Abschnitts haben wir uns gefragt, für welche Art von Funktion die Ableitung auf einem Intervall null ist. Die erste Folgerung aus dem Mittelwertsatz liefert die Antwort, dass nur die Ableitung konstanter Funktionen null ist.

> **Folgerung 1** Ist an jeder Stelle x eines offenen Intervalls (a,b) die Ableitung $f'(x) = 0$, so ist $f(x) = C$ für alle $x \in (a,b)$ mit der Konstanten C.

Beweis Wir wollen zeigen, dass f auf dem Intervall (a,b) einen konstanten Wert hat. Dazu zeigen wir: Sind x_1 und x_2 zwei Stellen in (a,b) mit $x_1 < x_2$, so muss $f(x_1) = f(x_2)$ gelten. Nun erfüllt f auf $[x_1, x_2]$ die Voraussetzungen des Mittelwertsatzes: Die Funktion ist an jeder Stelle von $[x_1, x_2]$ differenzierbar und folglich auch an jeder Stelle stetig. Deshalb gilt an einer Stelle c zwischen x_1 und x_2

$$\frac{f(x_2) - f(x_1)}{x_2 - x_1} = f'(c).$$

Weil auf dem gesamten Intervall (a,b) die Ableitung f' gleich null ist, folgt daraus

$$\frac{f(x_2) - f(x_1)}{x_2 - x_1} = 0, \quad \text{also} \quad f(x_2) - f(x_1) = 0 \quad \text{und damit} \quad f(x_1) = f(x_2). \quad \blacksquare$$

Zu Beginn des Abschnitts haben wir uns auch gefragt, welche Beziehung zwischen zwei Funktionen besteht, deren Ableitungen über einem Intervall identisch sind. Die nächste Folgerung besagt, dass die Differenz der Funktionswerte auf dem Intervall konstant ist.

> **Folgerung 2** Ist $f'(x) = g'(x)$ an jeder Stelle des offenen Intervalls (a,b), so existiert eine Konstante C, sodass für alle $x \in (a,b)$ die Beziehung $f(x) = g(x) + C$ gilt. Das heißt, $f - g$ ist über dem Intervall (a,b) eine konstante Funktion.

Beweis An jeder Stelle $x \in (a,b)$ ist die Ableitung der Differenzfunktion $h = f - g$

$$h'(x) = f'(x) - g'(x) = 0.$$

Demnach ist auf dem Intervall (a,b) nach Folgerung 1 $h(x) = C$. Das heißt, es gilt $f(x) - g(x) = C$ auf (a,b), also ist $f(x) = g(x) + C$. $\blacksquare$

Die Folgerungen 1 und 2 gelten auch, wenn das offene Intervall (a,b) nicht beschränkt ist, also auch für (a, ∞), $(-\infty, b)$ oder $(-\infty, \infty)$. Ist f (und g) auf dem abgeschlossenen Intervall $[a,b]$ definiert, so gelten die Aussagen von Folgerung 1, also $f(x) = C$, bzw. die von Folgerung 2, also $f(x) = g(x)$, sogar für alle x aus dem abgeschlossenen Intervall $[a,b]$, wenn man zudem, wie im Mittelwertsatz, die Stetigkeit von f (und g) an den Randstellen a und b voraussetzt.

Folgerung 2 spielt eine wichtige Rolle, wenn wir in Abschnitt 4.7 Stammfunktionen behandeln. Sie besagt beispielsweise: Weil die Ableitung von $g(x) = x^2$ auf $(-\infty, \infty)$ gleich $2x$ ist, muss für jede andere Funktion f mit der Ableitung $f'(x) = 2x$ auf $(-\infty, \infty)$ gelten $f(x) = x^2 + C$ für eine Zahl C (▶Abbildung 4.19).

Eine Stammfunktion von $\sin x$ bestimmen

Beispiel 4.8 Bestimmen Sie die Funktion f, deren Ableitung $f'(x) = \sin x$ ist und deren Graph durch den Punkt $(0, 2)$ verläuft.

Lösung Die Ableitung von $g(x) = -\cos x$ ist $g'(x) = \sin x$. Wir sehen also, dass f und g dieselben Ableitungen haben. Folgerung 2 besagt dann, dass $f(x) = -\cos x + C$ für eine Konstante C ist. Weil der Graph von f durch den Punkt $(0, 2)$ verläuft, ist der Wert von C durch die Bedingung $f(0) = 2$ bestimmt:

$$f(0) = -\cos(0) + C = 2, \quad \text{also } C = 3.$$

Die Funktion ist $f(x) = -\cos x + 3$.

Geschwindigkeit und Ort aus der Beschleunigung bestimmen

Wir können mithilfe von Folgerung 2 die Geschwindigkeits- und die Ortsfunktion eines Körpers bestimmen, der sich entlang einer vertikalen Geraden bewegt. Wir nehmen an, dass der Körper mit der Beschleunigung $9{,}81\,\text{m}/\text{s}^2$ frei fällt. Wir nehmen außerdem an, dass der Ort $s(t)$ des Körpers aus der Ruhelage nach unten positiv gemessen wird (die vertikale Koordinatenachse zeigt also in Bewegungsrichtung nach *unten* mit der Ruhelage bei 0).

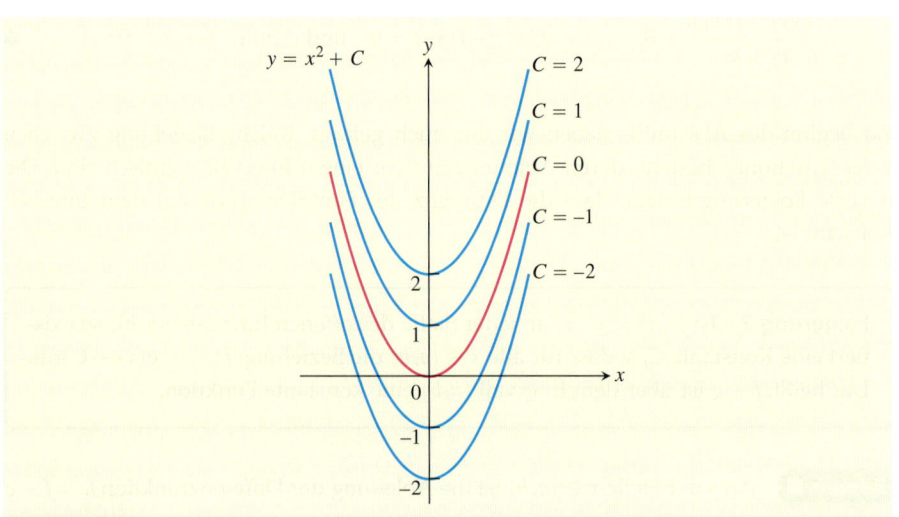

Abbildung 4.19 Geometrisch betrachtet, besagt die Folgerung 2 des Mittelwertsatzes, dass sich die Graphen von Funktionen mit identischen Ableitungen auf einem Intervall dort nur durch eine vertikale Verschiebung unterscheiden können. Die Graphen der Funktionen mit der Ableitung $2x$ sind die Parabeln $y = x^2 + C$, die hier für einzelne Werte von C dargestellt sind.

Wir wissen, dass die Geschwindigkeit $v(t)$ eine Funktion mit der Ableitung 9,81 ist. Wir wissen auch, dass die Ableitung von $g(t) = 9{,}81t$ gleich 9,81 ist. Nach Folgerung 2 gilt

$$v(t) = 9{,}81t + C$$

für eine Konstante C. Da der Körper aus der Ruhelage fällt, ist $v(0) = 0$. Folglich ist

$$9{,}81(0) + C = 0 \quad \text{und} \quad C = 0\,.$$

Die Geschwindigkeitsfunktion muss also $v(t) = 9{,}81t$ sein. Wie verhält es sich mit der Ortsfunktion?

Wir wissen, dass $s(t)$ eine Funktion mit der Ableitung $9{,}81t$ ist. Wir wissen auch, dass die Ableitung von $f(t) = (9{,}81/2)t^2$ gleich $9{,}81t$ ist. Nach Folgerung 2 gilt

$$s(t) = (9{,}81/2)t^2 + C$$

für eine Konstante C. Wegen $s(0) = 0$ ist

$$(9{,}81/2)(0)^2 + C = 0 \quad \text{und} \quad C = 0\,.$$

Die Ortsfunktion ist $s(t) = (9{,}81/2)t^2$ bis der Körper den Boden trifft.

Die Möglichkeit, Funktionen aus ihren Änderungsraten zu bestimmen, ist eines der stärksten Werkzeuge der Analysis. Wie wir sehen werden, bildet es den Kern der mathematischen Überlegungen in Kapitel 5.

Aufgaben zum Abschnitt 4.2

Nachprüfen des Mittelwertsatzes Bestimmen Sie für die Funktionen und Intervalle aus den Aufgaben 1 und 4 den Wert oder die Werte von c, die die Gleichung

$$\frac{f(b) - f(a)}{b - a} = f'(c)$$

in der Schlussfolgerung des Mittelwertsatzes erfüllen.

1. $f(x) = x^2 + 2x - 1$, $[0, 1]$

2. $f(x) = x + \dfrac{1}{x}$, $\left[\dfrac{1}{2}, 2\right]$

3. $f(x) = x^3 - x^2$, $[-1, 2]$

4. $g(x) = \begin{cases} x^3, & -2 \leq x \leq 0 \\ x^2, & 0 < x \leq 2 \end{cases}$

Welche der Funktionen aus den Aufgaben 5–8 erfüllt auf dem angegebenen Intervall die Voraussetzungen des Mittelwertsatzes? Welche Funktionen erfüllen sie nicht? Begründen Sie Ihre Antworten.

5. $f(x) = x^{2/3}$, $[-1, 8]$

6. $f(x) = \sqrt{x(1-x)}$, $[0, 1]$

7. $f(x) = \begin{cases} \dfrac{\sin x}{x}, & -\pi \leq x < 0 \\ 0, & x = 0 \end{cases}$

8. $f(x) = \begin{cases} x^2 - x, & -2 \leq x \leq -1 \\ 2x^2 - 3x - 3, & -1 < x \leq 0 \end{cases}$

9. Die Funktion

$$f(x) = \begin{cases} x, \; 0 \leq x < 1 \\ 0, \; x = 1 \end{cases}$$

ist an den Stellen $x = 0$ und $x = 1$ null und auf dem Intervall $(0, 1)$ differenzierbar. Ihre Ableitung ist auf dem Intervall $(0, 1)$ aber nie null. Wie kann das sein? Muss nicht nach dem Satz von Rolle die Ableitung irgendwo in $(0, 1)$ null sein? Begründen Sie Ihre Antwort.

Wurzeln (Nullstellen)

10. a. Stellen Sie die Nullstellen der Polynome mit den Nullstellen ihrer Ableitung grafisch dar.

i. $y = x^2 - 4$
ii. $y = x^2 + 8x + 15$
iii. $y = x^3 - 3x^2 + 4 = (x+1)(x-2)^2$
iv. $y = x^3 - 33x^2 + 216x = x(x-9)(x-24)$

b. Beweisen Sie mithilfe des Satzes von Rolle, dass zwischen zwei Nullstellen von $x^n + a_{n-1}x^{n-1} + \cdots + a_1 x + a_0$ eine Nullstelle von

$$nx^{n-1} + (n-1)a_{n-1}x^{n-2} + \cdots + a_1 \quad \text{liegt.}$$

11. Zeigen Sie: Ist $f'' > 0$ über einem Intervall $[a,b]$, so hat f' höchstens eine Nullstelle in $[a,b]$. Was ist, wenn über $[a,b]$ stattdessen $f'' < 0$ ist?

Zeigen Sie, dass die Funktionen aus den Aufgaben 12–15 in dem angegebenen Intervall genau eine Nullstelle haben.

12. $f(x) = x^4 + 3x + 1$, $[-2, -1]$

13. $g(t) = \sqrt{t} + \sqrt{1+t} - 4$, $(0, \infty)$

14. $r(\theta) = \theta + \sin^2\left(\dfrac{\theta}{3}\right) - 8$, $(-\infty, \infty)$

15. $r(\theta) = \sec\theta - \dfrac{1}{\theta^3} + 5$, $(0, \pi/2)$

Funktionen aus Ableitungen bestimmen

16. Angenommen, es gilt $f(-1) = 3$ und $f'(x) = 0$ für alle x aus $(-\infty, \infty)$. Muss $f(x)$ für alle x gleich 3 sein? Begründen Sie Ihre Antwort.

17. Angenommen, es gilt $f'(x) = 2x$ für alle x aus $(-\infty, \infty)$. Bestimmen Sie $f(2)$ im Fall
a. $f(0) = 0$ b. $f(1) = 0$ c. $f(-2) = 3$.

Bestimmen Sie in den Aufgaben 18–20 alle möglichen Funktionen mit der angegebenen Ableitung.

18. a. $y' = x$ b. $y' = x^2$ c. $y' = x^3$

19. a. $y' = -\dfrac{1}{x^2}$ b. $y' = 1 - \dfrac{1}{x^2}$ c. $y' = 5 + \dfrac{1}{x^2}$

20. a. $y' = \sin 2t$ b. $y' = \cos\dfrac{t}{2}$ c. $y' = \sin 2t + \cos\dfrac{t}{2}$

Bestimmen Sie in den Aufgaben 21 und 22 die Funktion mit der angegebenen Ableitung und Definitionsbereich. Der Graph der Funktion soll durch den Punkt P verlaufen.

21. $f'(x) = 2x - 1$, $P(0,0)$, $D_f = (-\infty, \infty)$

22. $r'(\theta) = 8 - \operatorname{cosec}^2\theta$, $P\left(\dfrac{\pi}{4}, 0\right)$, $D_f = (0, \pi)$

Den Ort aus der Geschwindigkeit oder der Beschleunigung bestimmen

In den Aufgaben 23 und 24 sind die Geschwindigkeit $v = ds/dt$ und der Anfangsort eines Körpers gegeben, der sich entlang einer Koordinatenachse bewegt. Bestimmen Sie den Ort des Körpers zur Zeit t.

23. $v = 9{,}81t + 5$, $s(0) = 10$

24. $v = \sin \pi t$, $s(0) = 0$

In den Aufgaben 25 und 26 sind die Beschleunigung $a = d^2s/dt^2$, die Anfangsgeschwindigkeit und der Anfangsort eines Körpers gegeben, der sich entlang einer Koordinatenachse bewegt. Bestimmen Sie den Ort des Körpers zur Zeit t.

25. $a = 32$, $v(0) = 20$, $s(0) = 5$

26. $a = -4\sin 2t$, $v(0) = 2$, $s(0) = -3$

Anwendungen

27. **Temperaturänderung** Es dauert 14 s, bis ein Quecksilberthermometer von $-19\,°C$ auf $100\,°C$ gestiegen ist, wenn man es aus einem Gefrierschrank nimmt und dann in kochendes Wasser hält. Zeigen Sie, dass das Quecksilber während dieser Zeit irgendwann mit einer Rate von $8{,}5\,°C/s$ gestiegen sein muss.

28. Klassische Quellen berichten, dass eine Triere (altes griechisches oder römisches Kriegsschiff) mit 170 Ruderern einmal 184 nautische Meilen in 24 Stunden zurücklegte. Erläutern Sie, warum irgendwann während dieser Heldentat die Geschwindigkeit der Triere 7,5 Knoten (nautische Meilen pro Stunde) gewesen sein muss.

29. Zeigen Sie, dass bei einer 2-stündigen Autofahrt der Tachometer mindestens zu einem Zeitpunkt genau die mittlere Geschwindigkeit dieser Fahrt anzeigt.

Theorie und Beispiele

30. Das geometrische Mittel von a und b Das *geometrische Mittel* zweier positiver Zahlen a und b ist die Zahl $\sqrt{ab}$. Zeigen Sie, dass der Wert von c aus der Schlussfolgerung des Mittelwertsatzes für $f(x) = 1/x$ über einem Intervall positiver Zahlen $[a, b]$ gerade $c = \sqrt{ab}$ ist.

31. Das arithmetische Mittel von a und b Das *arithmetische Mittel* zweier Zahlen a und b ist die Zahl $(a + b)/2$. Zeigen Sie, dass der Wert von c aus der Schlussfolgerung des Mittelwertsatzes für $f(x) = x^2$ auf einem Intervall $[a, b]$ gerade $c = (a + b)/2$ ist.

32. Stellen Sie die Funktion
$$f(x) = \sin x \sin(x + 2) - \sin^2(x + 1)$$
grafisch dar. Wie verhält sich der Graph? Warum verhält er sich so?

33. Eindeutige Lösung Nehmen Sie an, dass f auf $[a, b]$ stetig und auf (a, b) differenzierbar ist. Nehmen Sie auch an, dass $f(a)$ und $f(b)$ entgegengesetzte Vorzeichen haben und dass $f'(x) \neq 0$ für alle x aus (a, b) ist. Zeigen Sie, dass $f(x) = 0$ für genau ein x aus (a, b) ist.

34. Es sei $f'(x) \leq 1$ für $1 \leq x \leq 4$. Zeigen Sie, dass $f(4) - f(1) \leq 3$ ist.

35. Zeigen Sie, dass für alle x-Werte $|\cos x - 1| \leq |x|$ gilt. (*Hinweis:* Betrachten Sie $f(t) = \cos t$ auf $[0, x]$.)

36. Zeigen Sie, dass für zwei Zahlen a und b die Sinusungleichung $|\sin b - \sin a| \leq |b - a|$ gilt.

37. Die Graphen zweier differenzierbarer Funktionen $f(x)$ und $g(x)$ beginnen an demselben Punkt der xy-Ebene und haben in jedem Punkt dieselbe Änderungsrate. Müssen die Graphen dann identisch sein? Begründen Sie Ihre Antwort.

38. Nehmen Sie an, dass f auf $[a, b]$ differenzierbar ist und $f(b) < f(a)$ gilt. Zeigen Sie, dass f' an einer bestimmten Stelle zwischen a und b negativ ist.

39. Sei die Funktion f auf dem Intervall $[a, b]$ definiert. Welche Bedingungen könnten Sie an f stellen, damit

$$\min f' \leq \frac{f(b) - f(a)}{b - a} \leq \max f'$$

mit den Minimal- und Maximalwerten $\min f'$ und $\max f'$ von f' auf $[a, b]$ gilt? Begründen Sie Ihre Antwort.

40. Verwenden Sie die Ungleichungen aus Aufgabe 39, um $f(0{,}1)$ abzuschätzen, wenn $f'(x) = 1/(1 - x^4)$ für alle $0 \leq x \leq 0{,}1$ und $f(0) = 1$ ist.

41. Sei f an jeder Stelle x aus $(-\infty, \infty)$ differenzierbar. Nehmen Sie an, dass $f(1) = 1$ ist sowie dass $f' < 0$ auf $(-\infty, 1)$ und $f' > 0$ auf $(1, \infty)$ gilt.

a. Zeigen Sie, dass für alle x gilt $f(x) \geq 1$.

b. Muss $f'(1) = 0$ sein? Erläutern Sie Ihre Antwort.

4.3 Monotone Funktionen und die erste Ableitung

Will man den Graphen einer differenzierbaren Funktion skizzieren, ist es nützlich zu wissen, wo er wächst (von links nach rechts steigt) und wo er fällt (von links nach rechts sinkt). Wir zeigen auch, wie man kritische Stellen testet, um zu entscheiden, ob dort lokale Extremwerte vorliegen.

Wachsende und fallende Funktionen

Als eine weitere Folgerung aus dem Mittelwertsatz zeigen wir, dass Funktionen mit positiven Ableitungen wachsende Funktionen und Funktionen mit negativen Ableitungen fallende Funktionen sind. Eine Funktion, die auf einem Intervall wächst oder fällt, nennt man auf dem Intervall **monoton**.

> **Folgerung 3** Angenommen, f ist auf $[a,b]$ stetig und auf (a,b) differenzierbar.
>
> Gilt $f'(x) > 0$ an jeder Stelle $x \in (a,b)$, so ist f auf $[a,b]$ wachsend.
>
> Gilt $f'(x) < 0$ an jeder Stelle $x \in (a,b)$, so ist f auf $[a,b]$ fallend.

Beweis ∎ Seien x_1 und x_2 zwei Stellen in $[a,b]$ mit $x_1 < x_2$. Wendet man den Mittelwertsatz auf f auf dem Intervall $[x_1, x_2]$ an, so gilt

$$f(x_2) - f(x_1) = f'(c)(x_2 - x_1)$$

für ein c zwischen x_1 und x_2. Das Vorzeichen auf der rechten Seite dieser Gleichung ist dasselbe wie das Vorzeichen von $f'(c)$, weil $x_2 - x_1$ positiv ist. Deshalb ist $f(x_2) > f(x_1)$, wenn f' auf (a,b) positiv ist und $f(x_2) < f(x_1)$, wenn f' auf (a,b) negativ ist. ∎

Folgerung 3 gilt sowohl für unbeschränkte als auch für beschränkte Intervalle. Um die Intervalle zu bestimmen, auf denen f wachsend oder fallend ist, suchen wir zunächst alle kritischen Stellen von f. Sind $a < b$ zwei kritische Stellen von f und ist die Ableitung f' stetig, aber nie null auf dem Intervall (a,b), so muss nach dem Zwischenwertsatz, angewandt auf f', die Ableitung auf (a,b) überall positiv oder überall negativ sein. Eine Möglichkeit, das Vorzeichen von f' auf (a,b) zu bestimmen, besteht einfach darin, die Ableitung an einer Stelle c in (a,b) zu berechnen. Ist $f'(c) > 0$, so gilt $f'(x) > 0$ für alle x aus (a,b), also wächst f auf $[a,b]$ nach Folgerung 3; ist $f'(c) < 0$, so fällt f auf $[a,b]$. Das nächste Beispiel illustriert diese Vorgehensweise.

Monotonie von $f(x) = x^3 - 12x - 5$

Beispiel 4.9 Bestimmen Sie die kritischen Stellen von $f(x) = x^3 - 12x - 5$ und kennzeichnen Sie die Intervalle, auf denen f wachsend und auf denen f fallend ist.

Lösung Die Funktion f ist überall stetig und differenzierbar. Die erste Ableitung

$$\begin{aligned} f'(x) &= 3x^2 - 12 = 3(x^2 - 4) \\ &= 3(x+2)(x-2) \end{aligned}$$

ist an den Stellen $x = -2$ und $x = 2$ null. Diese kritischen Stellen unterteilen den Definitionsbereich von f in disjunkte offene Intervalle $(-\infty, -2)$, $(-2, 2)$ und $(2, \infty)$, auf denen f' entweder positiv oder negativ ist. Wir bestimmen das Vorzeichen von f', indem wir f' an einer geeigneten Stelle jedes Teilintervalls berechnen. Das Verhalten

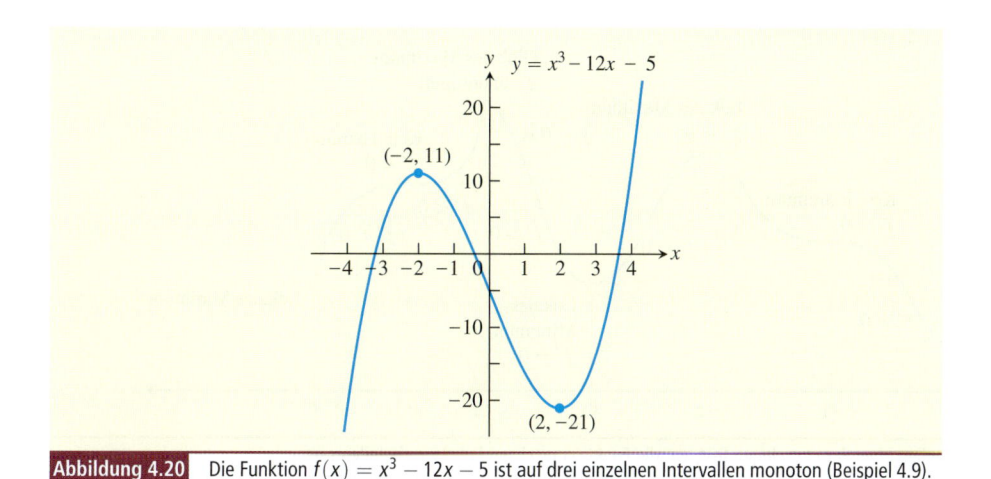

Abbildung 4.20 Die Funktion $f(x) = x^3 - 12x - 5$ ist auf drei einzelnen Intervallen monoton (Beispiel 4.9).

von f wird dann bestimmt, indem man Folgerung 3 auf jedes Teilintervall anwendet. Die Ergebnisse sind in der folgenden Tabelle zusammengefasst, und der Graph von f ist in ▶Abbildung 4.20 dargestellt.

Intervall	$-\infty < x < -2$	$-2 < x < 2$	$2 < x < \infty$
f' berechnet	$f'(-3) = +15$	$f'(0) = -12$	$f'(3) = +15$
Vorzeichen von f'	$+$	$-$	$+$
Verhalten von f	wachsend	fallend	wachsend

Wir haben in der zusammenfassenden Tabelle für Beispiel 4.9 offene Intervalle notiert (also das <-Zeichen verwendet), weil nur auf den offenen Intervallen das Vorzeichen von f' durchweg positiv bzw. negativ ist (man beachte, dass z. B. $f'(-2) = 0$). Das Monotonieverhalten von f bezieht sich nach Folgerung 3 jedoch auch auf die abgeschlossenen Intervalle (also mit $\leq$ statt $<$). Das heißt, die Funktion f aus dem letzten Beispiel ist sogar auf dem Intervall $-\infty < x \leq -2$ wachsend, auf dem Intervall $-2 \leq x \leq 2$ fallend und auf dem Intervall $2 \leq x < \infty$ wieder wachsend.

> **Monotonie von f nur auf einem Intervall**   **Merke**
>
> Man beachte, dass es Monotonie von f nur auf einem Intervall, nicht an einer einzelnen Stelle gibt. Die Sprechweise „f ist monoton an der Stelle c" macht also keinen Sinn.

Test mit der ersten Ableitung zur Bestimmung lokaler Extrema

In ▶Abbildung 4.21 ist unmittelbar links neben einem Minimum von f die Ableitung $f' < 0$, unmittelbar rechts davon ist $f' > 0$. (Handelt es sich um eine Randstelle, muss nur eine Seite betrachtet werden.) Folglich ist die Funktion links vom Minimum fallend und rechts davon wachsend. Analog ist unmittelbar links neben einem Maximum von f die Ableitung $f' > 0$ und unmittelbar rechts davon ist $f' < 0$. Folglich ist die Funktion links vom Maximum wachsend und rechts davon fallend. Zusammenfassend kann man sagen, dass sich an einer Extremstelle das Vorzeichen von f' ändert.

4 Anwendungen der Ableitungen

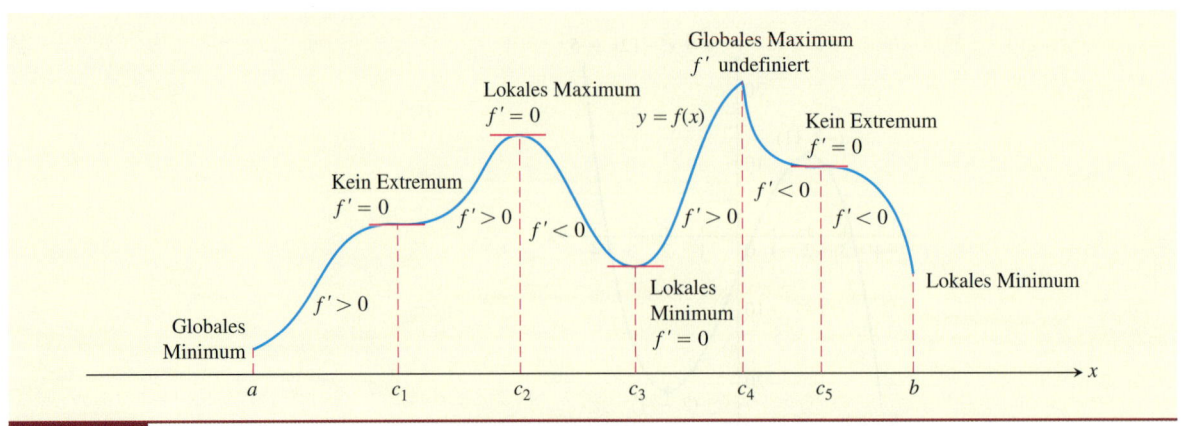

Abbildung 4.21 Die kritischen Stellen einer Funktion legen fest, wo die Funktion wachsend und wo sie fallend ist. Dort, wo die erste Ableitung an einer kritischen Stelle einen Vorzeichenwechsel hat, befindet sich ein lokales Extremum.

Diese Beobachtungen führen auf einen Test, mit dem sich feststellen lässt, ob bei einer differenzierbaren Funktion Extremstellen vorliegen und welcher Art diese sind.

Merke

Test auf lokale Extrema mithilfe der ersten Ableitung

Angenommen, c ist eine kritische Stelle einer stetigen Funktion f. Die Funktion f sei an jeder Stelle eines Intervalls um c differenzierbar, möglicherweise ausgenommen an der Stelle c selbst. Bewegt man sich von links nach rechts über dieses Intervall, so gilt Folgendes:

1. Wechselt das Vorzeichen von f' an der Stelle c von negativ zu positiv, so hat f an der Stelle c ein lokales Minimum;
2. Wechselt das Vorzeichen von f' an der Stelle c von positiv zu negativ, so hat f an der Stelle c ein lokales Maximum;
3. Wechselt f' an der Stelle c nicht das Vorzeichen (das heißt, f' ist auf beiden Seiten von c entweder positiv oder negativ), so hat f an der Stelle c kein lokales Extremum.

Der Test auf lokale Extrema an Randstellen ist analog, dort ist aber nur eine Seite zu betrachten.

Beweis ■ des Tests

1 Da das Vorzeichen von f' an der Stelle c von negativ nach positiv wechselt, gibt es Zahlen a und b, sodass $a < c < b$, $f' < 0$ auf (a,c) und $f' > 0$ auf (c,b) gilt. Ist $x \in (a,c)$, so ist $f(c) < f(x)$, weil aus $f' < 0$ folgt, dass f auf $[a,c]$ fallend ist. Ist $x \in (c,b)$, so ist $f(c) < f(x)$, weil aus $f' > 0$ folgt, dass f auf $[c,b]$ wachsend ist. Deshalb ist $f(x) \geq f(c)$ für jedes $x \in (a,b)$. Per Definition hat f an der Stelle c ein lokales Minimum.

2 und **3** werden analog bewiesen. ■

4.3 Monotone Funktionen und die erste Ableitung

Beispiel 4.10 Bestimmen Sie die kritischen Stellen von

$$f(x) = x^{1/3}(x-4) = x^{4/3} - 4x^{1/3}.$$

Kritische Stellen von
$f(x) = x^{1/3}(x-4)$
$= x^{4/3} - 4x^{1/3}$

Identifizieren Sie die Intervalle, auf denen f wachsend oder fallend ist. Bestimmen Sie die lokalen und globalen Extremwerte der Funktion.

Lösung Die Funktion f ist an allen Stellen x stetig, weil sie das Produkt zweier stetiger Funktionen $x^{1/3}$ und $(x-4)$ ist. Die erste Ableitung

$$f'(x) = \frac{d}{dx}\left(x^{4/3} - 4x^{1/3}\right) = \frac{4}{3}x^{1/3} - \frac{4}{3}x^{-2/3}$$
$$= \frac{4}{3}x^{-2/3}(x-1) = \frac{4(x-1)}{3x^{2/3}}$$

ist an der Stelle $x = 1$ null und an der Stelle $x = 0$ undefiniert. Der Definitionsbereich hat keine Randstellen, sodass $x = 0$ und $x = 1$ die einzigen Stellen sind, an denen f eine Extremstelle haben könnte.

Die kritischen Stellen zerlegen die x-Achse in Intervalle, auf denen f' entweder positiv oder negativ ist. Das Vorzeichenmuster von f' offenbart das Verhalten von f zwischen und an den kritischen Stellen, wie in der nachfolgenden Tabelle zusammengefasst.

Intervall	$x < 0$	$0 < x < 1$	$x > 1$
Vorzeichen von f'	−	−	+
Verhalten von f	fallend	fallend	wachsend

Folgerung 3 des Mittelwertsatzes besagt, dass f auf $(-\infty, 0]$ fällt, auf $[0, 1]$ ebenfalls fällt und auf $[1, \infty)$ wächst. Nach dem Test auf lokale Extrema mithilfe der ersten Ableitung hat f an der Stelle $x = 0$ keinen Extremwert (f' hat keinen Vorzeichenwechsel) und an der Stelle $x = 1$ ein lokales Minimum (das Vorzeichen von f' ändert sich von negativ zu positiv).

Der Wert des lokalen Minimums ist $f(1) = 1^{1/3}(1-4) = -3$. Es handelt sich dabei gleichzeitig um ein globales Minimum, weil f auf $(-\infty, 1]$ fallend und auf $[1, \infty)$ wachsend ist. ▶Abbildung 4.22 zeigt das Minimum im Verhältnis zum Funktionsgraphen.

Vergegenwärtigen Sie sich, dass $\lim_{x \to 0} f'(x) = -\infty$ ist, sodass der Graph von f im Ursprung eine vertikale Tangente hat. ■

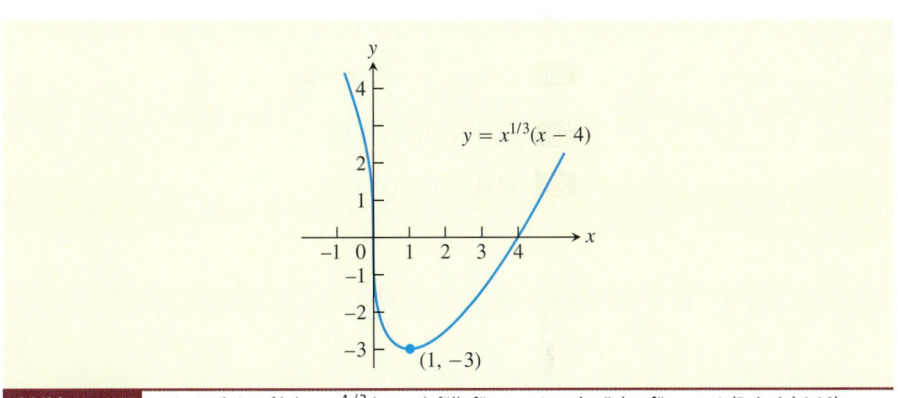

Abbildung 4.22 Die Funktion $f(x) = x^{1/3}(x-4)$ fällt für $x < 1$ und wächst für $x > 1$ (Beispiel 4.10).

4 Anwendungen der Ableitungen

Aufgaben zum Abschnitt 4.3

Funktionen anhand ihrer Ableitungen analysieren
Beantworten Sie die folgenden Fragen über die Funktionen, deren Ableitungen in den Aufgaben 1–7 gegeben sind:

a. Was sind die kritischen Stellen von f?
b. Auf welchen Intervallen ist f wachsend oder fallend?
c. An welchen Stellen nimmt f gegebenenfalls lokale Maximal- und Minimalwerte an?

1. $f'(x) = x(x-1)$
2. $f'(x) = (x-1)^2(x+2)$
3. $f'(x) = (x-1)(x+2)(x-3)$
4. $f'(x) = \dfrac{x^2(x-1)}{x+2}$, $x \neq -2$
5. $f'(x) = 1 - \dfrac{4}{x^2}$, $x \neq 0$
6. $f'(x) = x^{-1/3}(x+2)$
7. $f'(x) = (\sin x - 1)(2\cos x + 1)$, $0 \leq x \leq 2\pi$

Extrema erkennen Führen Sie in den Aufgaben 8–22 folgende Arbeitsschritte aus:

a. Bestimmen Sie die offenen Intervalle, auf denen die Funktion wächst und auf denen sie fällt.
b. Bestimmen Sie die lokalen und globalen Extremwerte, sofern es welche gibt. Geben Sie dabei an, wo diese liegen.

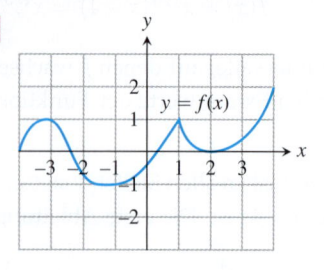

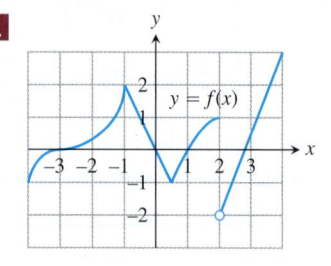

8. [Graph]
9. [Graph]
10. [Graph]
11. [Graph]

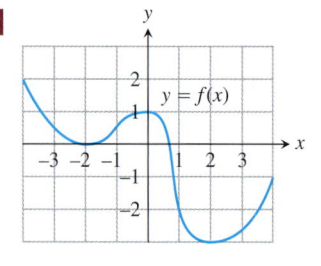

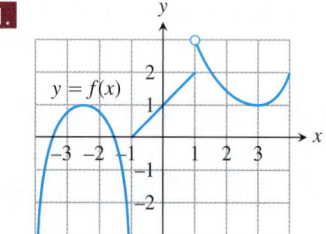

12. $g(t) = -t^2 - 3t + 3$
13. $h(x) = -x^3 + 2x^2$
14. $f(\theta) = 3\theta^2 - 4\theta^3$
15. $f(r) = 3r^3 + 16r$
16. $f(x) = x^4 - 8x^2 + 16$
17. $H(t) = \dfrac{3}{2}t^4 - t^6$
18. $f(x) = x - 6\sqrt{x-1}$
19. $g(x) = x\sqrt{8-x^2}$
20. $f(x) = \dfrac{x^2 - 3}{x - 2}$, $x \neq 2$
21. $f(x) = x^{1/3}(x+8)$
22. $h(x) = x^{1/3}(x^2 - 4)$

Führen Sie in den Aufgaben 23–28 folgende Arbeitsschritte aus:

a. Identifizieren Sie die lokalen Extremwerte der Funktion in dem angegebenen Intervall und geben Sie an, wo sie auftreten.

b. Welche der Extrema, sofern es welche gibt, sind global?

c. Belegen Sie Ihre Erkenntnisse mit einem Grafikrechner oder einem Grafikprogramm auf einem Computer.

23. $f(x) = 2x - x^2$, $-\infty < x \leq 2$

24. $g(x) = x^2 - 4x + 4$, $1 \leq x < \infty$

25. $f(t) = 12t - t^3$, $-3 \leq t < \infty$

26. $h(x) = \dfrac{x^3}{3} - 2x^2 + 4x$, $0 \leq x < \infty$

27. $f(x) = \sqrt{25 - x^2}$, $-5 \leq x \leq 5$

28. $g(x) = \dfrac{x-2}{x^2-1}$, $0 \leq x < 1$

Führen Sie in den Aufgaben 29–32 folgende Arbeitsschritte aus:

a. Bestimmen Sie die lokalen Extrema jeder Funktion auf dem angegebenen Intervall, und geben Sie an, wo sie vorkommen.

b. Stellen Sie die Funktion und ihre Ableitung in einer Abbildung grafisch dar. Erläutern Sie das Verhalten von f in Bezug auf die Vorzeichen und die Werte von f'.

29. $f(x) = \sin 2x$, $0 \leq x \leq \pi$

30. $f(x) = \sqrt{3} \cos x + \sin x$, $0 \leq x \leq 2\pi$

31. $f(x) = \dfrac{x}{2} - 2\sin\dfrac{x}{2}$, $0 \leq x \leq 2\pi$

32. $f(x) = \operatorname{cosec}^2 x - 2 \cot x$, $0 < x < \pi$

Theorie und Beispiele Zeigen Sie, dass die Funktionen aus den Aufgaben 33 und 34 an den angegebenen Stellen lokale Extremwerte haben, und geben Sie an, welche Art lokaler Extrema die Funktion hat.

33. $h(\theta) = 3\cos\dfrac{\theta}{2}$, $0 \leq \theta \leq 2\pi$, Extrema an den Stellen $\theta = 0$ und $\theta = 2\pi$

34. $h(\theta) = 5\sin\dfrac{\theta}{2}$, $0 \leq \theta \leq \pi$, Extrema an den Stellen $\theta = 0$ und $\theta = \pi$

35. Skizzieren Sie den Graphen einer differenzierbaren Funktion $y = f(x)$, der durch den Punkt $(1, 1)$ verläuft sodass gilt:

a. $f'(x) > 0$ für $x < 1$ und $f'(x) < 0$ für $x > 1$;

b. $f'(x) < 0$ für $x < 1$ und $f'(x) > 0$ für $x > 1$;

c. $f'(x) > 0$ für $x \neq 1$;

d. $f'(x) < 0$ für $x \neq 1$.

36. Skizzieren Sie den Graphen einer stetigen Funktion $y = g(x)$, sodass gilt

a. $g(2) = 2$, $0 < g'(x) < 1$ für $x < 2$, $g'(x) \to 1^-$ für $x \to 2^-$, $-1 < g'(x) < 0$ für $x > 2$ und $g'(x) \to -1^+$ für $x \to 2^+$;

b. $g(2) = 2$, $g'(x) < 0$ für $x < 2$, $g'(x) \to -\infty$ für $x \to 2^-$, $g'(x) > 0$ für $x > 2$ und $g'(x) \to \infty$ für $x \to 2^+$.

37. Diskutieren Sie das Verhalten der Extremwerte der Funktion $f(x) = x \sin(1/x)$, $x \neq 0$. Wie viele kritische Punkte hat diese Funktion? Wo befinden sie sich auf der x-Achse? Hat f ein absolutes Minimum? (Aufgabe 25 in Abschnitt 2.3)

38. Bestimmen Sie die Werte der Konstanten a und b so, dass $f(x) = ax^2 + bx$ im Punkt $(1, 2)$ ein globales Maximum hat.

4.4 Krümmung und das Skizzieren von Kurven

Wir haben gesehen, wie wir aus der ersten Ableitung schließen können, wo die Funktion wachsend und wo sie fallend ist und ob an einer kritischen Stelle ein lokales Maximum oder ein lokales Minimum vorliegt. In diesem Abschnitt werden wir feststellen, dass uns die zweite Ableitung Informationen darüber liefert, wie sich der Graph einer differenzierbaren Funktion krümmt. Aus diesem Wissen über die erste und die zweite Ableitung können wir zusammen mit unseren Erkenntnissen über das asymptotische Verhalten und die Symmetrie aus den Abschnitten 2.6 und 1.1 einen genauen Graphen einer Funktion zeichnen.

Krümmung

Wie Sie in ▶Abbildung 4.23 sehen, steigt der Graph wachsendem x, aber die auf den Intervallen $(-\infty, 0)$ und $(0, \infty)$ definierten Abschnitte wölben sich verschieden. Nähern wir uns dem Ursprung von links entlang des Graphen, biegt sich der Graph nach rechts und bleibt unter seinen Tangenten. Die Steigungen der Tangenten fallen auf dem Intervall $(-\infty, 0)$. Entfernen wir uns entlang des Graphen nach rechts, biegt sich der Graph nach links und bleibt über seinen Tangenten. Die Steigungen der Tangenten wachsen auf dem Intervall $(0, \infty)$. Damit definieren wir die *Krümmung* des Graphen.

> **Definition**
>
> Der Graph einer differenzierbaren Funktion $y = f(x)$ heißt
>
> **a** **konvex** auf einem offenen Intervall I, wenn f' auf I wachsend ist,
>
> **b** **konkav** auf einem offenen Intervall I, wenn f' auf I fallend ist.

Manchmal bezeichnet man, neben dem Graphen, auch die Funktion f als konvex bzw. konkav. Außerdem bemerken wir noch, dass man auch bei nicht differenzierbaren Funktionen die Begriffe „konvex" und „konkav" durch die Lage des Graphen im Vergleich zu seinen Sekanten definieren kann und somit in der obigen Definition die Ableitung dann nicht benötigt. Wir gehen hier nicht näher darauf ein, da in vielen für uns wichtigen Fällen die Funktion f sogar zweimal differenzierbar ist.

Hat $y = f(x)$ eine zweite Ableitung, können wir Folgerung 3 aus dem Mittelwertsatz auch auf die erste Ableitung der Funktion anwenden. Wir schließen, dass f' für $f'' > 0$ auf I wächst und für $f'' < 0$ auf I fällt.

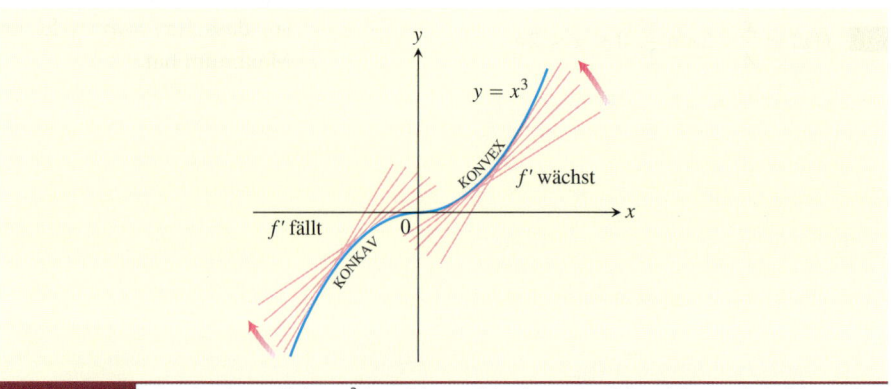

Abbildung 4.23 Der Graph von $f(x) = x^3$ ist auf $(-\infty, 0)$ konkav und auf $(0, \infty)$ konvex (Beispiel 4.11a).

4.4 Krümmung und das Skizzieren von Kurven

> **Merke**
>
> **Test auf Konkavität mithilfe der zweiten Ableitung** Sei $y = f(x)$ auf einem Intervall I zweimal differenzierbar.
>
> 1. Für $f'' > 0$ auf I ist der Graph auf I konvex.
> 2. Für $f'' < 0$ auf I ist der Graph auf I konkav.

Ist $y = f(x)$ zweimal differenzierbar, werden wir die Bezeichnungen $f''(x)$ und y'' synonym für die zweite Ableitung gebrauchen.

Beispiel 4.11   *Krümmung von $y = x^3$ und $y = x^2$*

a Die Kurve $y = x^3$ (Abbildung 4.23) ist auf $(-\infty, 0)$ konkav. Dort ist $y'' = 6x < 0$. Auf $(0, \infty)$ ist sie konvex. Dort ist $y'' = 6x > 0$.

b Die Kurve $y = x^2$ (▶Abbildung 4.24) ist auf $(-\infty, \infty)$ konvex, weil ihre zweite Ableitung $y'' = 2$ immer positiv ist.

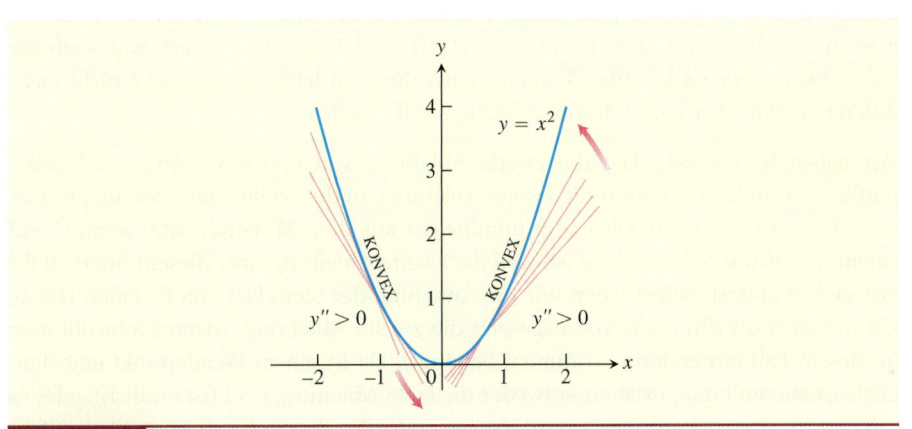

Abbildung 4.24 Der Graph von $f(x) = x^2$ ist auf jedem Intervall konvex (Beispiel 4.11b).

Beispiel 4.12 Bestimmen Sie die Krümmung von $y = 3 + \sin x$ auf dem Intervall $(0, 2\pi)$.   *Krümmung von $y = 3 + \sin x$*

Lösung Die erste Ableitung von $y = 3 + \sin x$ ist $y' = \cos x$, und die zweite Ableitung ist $y'' = -\sin x$. Der Graph von $y = 3 + \sin x$ ist auf $(0, \pi)$ konkav. Dort ist $y'' = -\sin x$ negativ. Auf dem Intervall $(\pi, 2\pi)$ ist die Funktion konvex. Dort ist $y'' = -\sin x$ positiv (▶Abbildung 4.25).

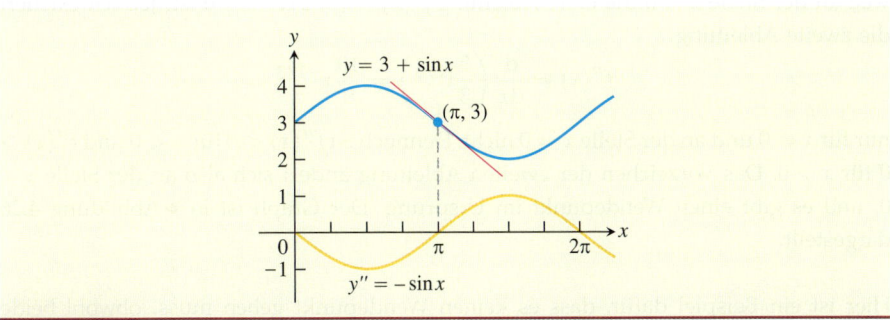

Abbildung 4.25 Mithilfe des Vorzeichens von y'' kann man die Krümmung von y bestimmen (Beispiel 4.12).

Wendepunkte

Der Graph von $y = 3 + \sin x$ aus Beispiel 4.12 ändert seine Krümmung im Punkt $(\pi, 3)$. Diesen Punkt nennt man *Wendepunkt* des Graphen. Veranschaulichen Sie sich anhand von Abbildung 4.25, dass der Graph in diesem Punkt seine Tangente schneidet und dass der Wert der zweiten Ableitung $y'' = -\sin x$ an der Stelle $x = \pi$ null ist. Im Allgemeinen haben wir folgende Definition:

> **Definition** Ein Punkt $(c, f(c))$, in dem der Graph eine Tangente hat und sich die Krümmung ändert, ist ein **Wendepunkt** des Graphen.

Manchmal spricht man auch von einem Wendepunkt von f und verwendet die Sprechweise: f hat an der Stelle c einen Wendepunkt.

Nach obiger Definition ist $(c, f(c))$ also ein Wendepunkt, wenn f differenzierbar ist und der Graph auf einem Intervall (a, c) links von c konvex, und auf einem Intervall (c, b) rechts von c konkav ist (oder umgekehrt). Die Voraussetzung, dass f differenzierbar an der Stelle c ist, kann gemäß obiger Definition leicht abgeschwächt werden, indem man nur noch fordert, dass im Punkt $(c, f(c))$ eine Tangente existiert, was auch die Möglichkeit einer senkrechten Tangente einschließt. In letzterem Fall ist f nicht mehr differenzierbar, aber zumindest noch stetig an der Stelle c.

Wir haben beobachtet, dass die zweite Ableitung von $f(x) = 3 + \sin x$ am Wendepunkt $(\pi, 3)$ null ist. Existiert die zweite Ableitung an der Stelle c eines Wendepunktes $(c, f(c))$, so ist $f''(c) = 0$. Dies folgt unmittelbar aus dem Mittelwertsatz, wenn f'' auf einem Intervall um $x = c$ stetig ist, weil die zweite Ableitung über diesem Intervall ihr Vorzeichen ändert. Selbst wenn wir die Annahme der Stetigkeit von f'' fallen lassen, gilt immer noch $f''(c) = 0$, vorausgesetzt die zweite Ableitung existiert (obwohl man in diesem Fall ein anderes Argument benötigt). Da in einem Wendepunkt eine Tangente existieren muss, existiert entweder die erste Ableitung $f'(c)$ (ist endlich), oder es existiert in diesem Punkt eine vertikale Tangente. An der Stelle einer vertikalen Tangente existiert keine erste, und damit auch keine zweite Ableitung. Zusammenfassend kommen wir zu folgendem Resultat:

> **Merke** An einem Wendepunkt $(c, f(c))$ ist entweder $f''(c) = 0$, oder $f''(c)$ existiert nicht.

Das nächste Beispiel illustriert eine Funktion, die an einer Stelle einen Wendepunkt besitzt, an der zwar die erste Ableitung existiert, nicht aber die zweite.

Wendepunkt von $f(x) = x^{5/3}$

Beispiel 4.13 Der Graph von $f(x) = x^{5/3}$ hat im Ursprung eine horizontale Tangente, weil an der Stelle $x = 0$ die erste Ableitung $f'(x) = (5/3)x^{2/3} = 0$ ist. Jedoch existiert die zweite Ableitung

$$f''(x) = \frac{d}{dx}\left(\frac{5}{3}x^{2/3}\right) = \frac{10}{9}x^{-1/3}$$

nur für $x \neq 0$ und an der Stelle $x = 0$ nicht. Dennoch ist $f''(x) < 0$ für $x < 0$ und $f''(x) > 0$ für $x > 0$. Das Vorzeichen der zweiten Ableitung ändert sich also an der Stelle $x = 0$, und es gibt einen Wendepunkt im Ursprung. Der Graph ist in ▶Abbildung 4.26 dargestellt.

Hier ist ein Beispiel dafür, dass es keinen Wendepunkt geben muss, obwohl beide Ableitungen existieren und $f''(c) = 0$ ist.

4.4 Krümmung und das Skizzieren von Kurven

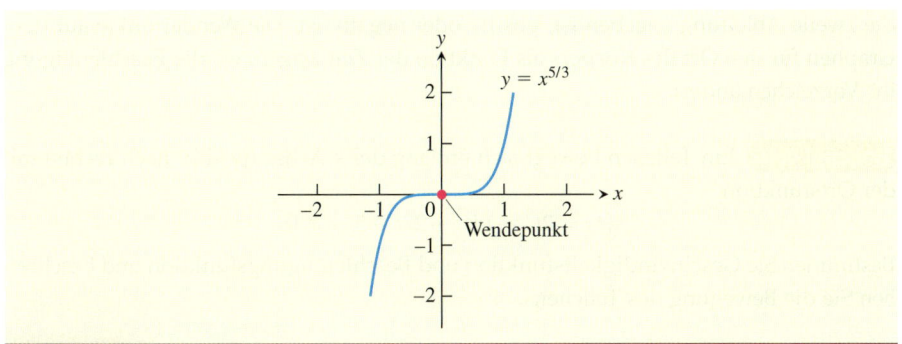

Abbildung 4.26 Der Graph von $f(x) = x^{5/3}$ hat eine horizontale Tangente im Ursprung. Dort ändert sich die Krümmung, aber f'' existiert an der Stelle $c = 0$ nicht (Beispiel 4.13).

Beispiel 4.14 Die Funktion $y = x^4$ hat keinen Wendepunkt an der Stelle $x = 0$ (▶Abbildung 4.27). Die zweite Ableitung $y'' = 12x^2$ ist dort zwar null, aber sie ändert ihr Vorzeichen nicht.

Kein Wendepunkt, trotz $f''(c) = 0$

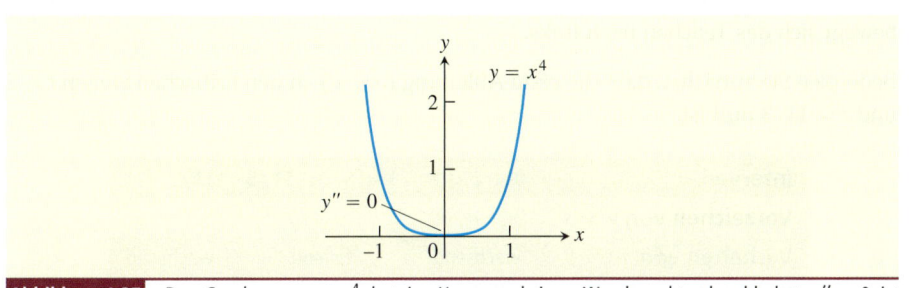

Abbildung 4.27 Der Graph von $y = x^4$ hat im Ursprung keinen Wendepunkt, obwohl dort $y'' = 0$ ist (Beispiel 4.14).

Zum Schluss zeigen wir eine Situation, in der ein Wendepunkt in einem Punkt mit einer vertikalen Tangente vorliegt, dort aber weder die erste noch die zweite Ableitung existiert.

Beispiel 4.15 Der Graph von $y = x^{1/3}$ hat einen Wendepunkt im Ursprung, weil die zweite Ableitung für $x < 0$ positiv und für $x > 0$ negativ ist:

$$y'' = \frac{d^2}{dx^2}\left(x^{1/3}\right) = \frac{d}{dx}\left(\frac{1}{3}x^{-2/3}\right) = -\frac{2}{9}x^{-5/3}.$$

Wendepunkt, obwohl weder y' noch y'' an der Stelle $c = 0$ existiert

Jedoch existiert weder y' noch y'' an der Stelle $x = 0$, und es gibt dort eine vertikale Tangente (▶Abbildung 4.28).

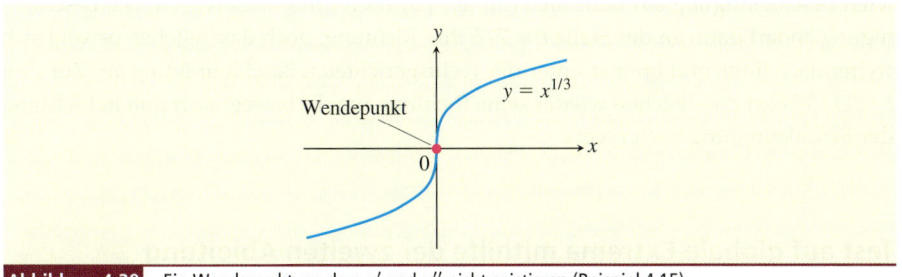

Abbildung 4.28 Ein Wendepunkt, an dem y' und y'' nicht existieren (Beispiel 4.15).

Um die Bewegung eines sich geradlinig bewegenden Körpers als Funktion der Zeit zu untersuchen, wollen wir oft wissen, wann die Beschleunigung des Körpers, die durch die zweite Ableitung gegeben ist, positiv oder negativ ist. Die Wendepunkte auf dem Graphen für den Ort des Körpers als Funktion der Zeit zeigen, wo die Beschleunigung ihr Vorzeichen ändert.

Geschwindigkeit und Beschleunigung eines Teilchens

Beispiel 4.16 Ein Teilchen bewegt sich entlang der s-Achse (positiv nach rechts) mit der Ortsfunktion

$$s(t) = 2t^3 - 14t^2 + 22t - 5, \; t \geq 0.$$

Bestimmen Sie Geschwindigkeitsfunktion und Beschleunigungsfunktion und beschreiben Sie die Bewegung des Teilchens.

Lösung Die Geschwindigkeitsfunktion ist

$$v(t) = s'(t) = 6t^2 - 28t + 22 = 2(t-1)(3t-11),$$

und die Beschleunigungsfunktion ist

$$a(t) = v'(t) = s''(t) = 12t - 28 = 4(3t - 7).$$

Wächst die Funktion $s(t)$, so bewegt sich das Teilchen nach rechts; nimmt $s(t)$ ab, so bewegt sich das Teilchen nach links.

Bedenken Sie zunächst, dass die erste Ableitung ($v = s'$) an den kritischen Stellen $t = 1$ und $t = 11/3$ null ist.

Intervall	$0 < t < 1$	$1 < t < -11/3$	$11/3 < t$
Vorzeichen von $v = s'$	+	−	+
Verhalten von f	wachsend	fallend	wachsend
Teilchenbewegung	rechts	links	rechts

Das Teilchen bewegt sich in den Zeitintervallen $[0, 1)$ und $(11/3, \infty)$ nach rechts und im Zeitintervall $(1, 11/3)$ nach links. Stationär (momentan in Ruhe) ist es zu den Zeiten $t = 1$ und $t = 11/3$.

Die Beschleunigung $a(t) = s'(t) = 4(3t - 7)$ ist für $t = 7/3$ null.

Intervall	$0 < t < 7/3$	$7/3 < t$
Vorzeichen von $a = s''$	−	+
Graph von s	konkav	konvex

Das Teilchen beginnt sich nach rechts zu bewegen, es bremst ab, kehrt seine Bewegungsrichtung um und beginnt sich zur Zeit $t = 1$ unter dem Einfluss der linksgerichteten Beschleunigung auf dem Intervall $[0, 7/3]$ nach links zu bewegen. Die Beschleunigung ändert dann an der Stelle $t = 7/3$ ihre Richtung, doch das Teilchen bewegt sich weiter nach links und bremst unter der rechtsgerichteten Beschleunigung ab. Zur Zeit $t = 11/3$ kehrt das Teilchen wieder seine Richtung um: Es bewegt sich nun in Richtung der Beschleunigung nach rechts. ∎

Test auf globale Extrema mithilfe der zweiten Ableitung

Anstatt nach den Vorzeichenwechseln von f' an den kritischen Stellen zu suchen, können wir mitunter den folgenden Test verwenden, um zu prüfen, ob lokale Extrema vorliegen und welcher Art sie sind.

4.4 Krümmung und das Skizzieren von Kurven

Satz 4.5 Test auf lokale Extrema mithilfe der zweiten Ableitung

Angenommen, f'' ist auf einem offenen Intervall um $x = c$ stetig.

1. Ist $f'(c) = 0$ und $f''(c) < 0$, so hat f ein lokales Maximum an der Stelle $x = c$.
2. Ist $f'(c) = 0$ und $f''(c) > 0$, so hat f ein lokales Minimum an der Stelle $x = c$.
3. Ist $f'(c) = 0$ und $f''(c) = 0$, so versagt der Test. Die Funktion f kann ein lokales Maximum, ein lokales Minimum oder keines von beiden haben.

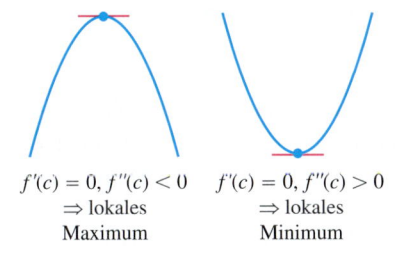

$f'(c) = 0, f''(c) < 0$ $\quad$ $f'(c) = 0, f''(c) > 0$
$\Rightarrow$ lokales $\quad\quad\quad\quad\quad\quad$ $\Rightarrow$ lokales
Maximum $\quad\quad\quad\quad\quad\quad\;$ Minimum

Beweis ■

1 Ist $f''(c) < 0$, so ist $f''(x) < 0$ auf einem offenen Intervall I, das die Stelle c enthält, weil f'' stetig ist. Deshalb ist f' auf I fallend. Wegen $f'(c) = 0$ ändert sich das Vorzeichen von f' an der Stelle c von positiv zu negativ, also hat f an der Stelle c nach dem Test auf lokale Extrema mithilfe der ersten Ableitung ein lokales Maximum.

Der Beweis von **2** ist analog.

Zu **3** betrachten wir die drei Funktionen $y = x^4$, $y = -x^4$ und $y = x^3$. Für jede Funktion sind die ersten und zweiten Ableitungen an der Stelle $x = 0$ null. Dennoch hat die Funktion $y = x^4$ an dieser Stelle ein lokales Minimum, $y = -x^4$ hat ein lokales Maximum, und die Funktion $y = x^3$ ist auf jedem offenen Intervall um $x = 0$ wachsend (hat also dort weder ein Maximum noch ein Minimum). Folglich versagt der Test. ■

Für diesen Test müssen wir f'' *nur an der Stelle c selbst* kennen und nicht in einem Intervall um c. Dies macht den Test leicht anwendbar. Das ist die gute Nachricht. Die schlechte Nachricht ist, dass der Test kein Ergebnis liefert, wenn $f''(c) = 0$ ist oder $f''(x)$ an der Stelle $x = c$ nicht existiert. Wenn dies passiert, verwenden Sie den Test auf lokale Extrema mithilfe der ersten Ableitung.

Insgesamt betrachtet, verraten uns f' und f'' die Form des Funktionsgraphen – das heißt, wo die kritischen Stellen liegen und was an einer kritischen Stelle passiert, wo die Funktion wachsend und wo sie fallend ist und wie das Krümmungsverhalten des Graphen ist. Wir verwenden diese Informationen, um eine Skizze des Graphen der Funktion anzufertigen, die diese Hauptmerkmale zeigt.

Beispiel 4.17 Skizzieren Sie den Graphen der Funktion

$$f(x) = x^4 - 4x^3 + 10$$

in den folgenden Schritten.

Kurvendiskussion für $f(x) = x^4 - 4x^3 + 10$

a. Identifizieren Sie die Extremstellen von f.
b. Bestimmen Sie die Intervalle, auf denen f wachsend ist, und die Intervalle, auf denen f fallend ist.
c. Bestimmen Sie, wo der Graph von f konvex und wo er konkav ist.
d. Skizzieren Sie die allgemeine Form des Graphen von f.
e. Markieren sie einige besondere Punkte, wie das lokale Maximum und das lokale Minimum, die Wendepunkte und Schnittpunkte mit den Koordinatenachsen. Zeichnen Sie anschließend den Graphen.

Lösung Die Funktion f ist differenzierbar (und folglich auch stetig) mit $f'(x) = 4x^3 - 12x^2$. Der Definitionsbereich von f ist $(-\infty, \infty)$, und der Definitionsbereich von f' ist auch $(-\infty, \infty)$. Folglich liegen die kritischen Stellen von f nur an den Nullstellen von f'. Wegen

$$f'(x) = 4x^3 - 12x^2 = 4x^2(x-3)$$

ist die erste Ableitung an den Stellen $x = 0$ und $x = 3$ null.

Mit diesen kritischen Stellen definieren wir Intervalle, auf denen f wachsend oder fallend ist.

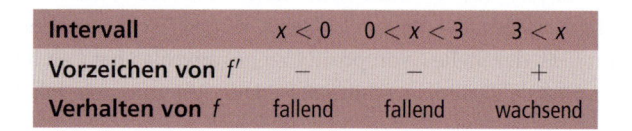

Intervall	$x < 0$	$0 < x < 3$	$3 < x$
Vorzeichen von f'	−	−	+
Verhalten von f	fallend	fallend	wachsend

a. Aus dem Test mithilfe der ersten Ableitung auf lokale Extrema und der obigen Tabelle lesen wir ab, dass es an der Stelle $x = 0$ kein Extremum und an der Stelle $x = 3$ ein lokales Minimum gibt.

b. Aus der obigen Tabelle lesen wir ab, dass f auf den Intervallen $(-\infty, 0]$ und $[0, 3]$ fallend und auf dem Intervall $[3, \infty)$ wachsend ist.

c. $f''(x) = 12x^2 - 24x = 12x(x-2)$ ist an den Stellen $x = 0$ und $x = 2$ null. Mit diesen Stellen definieren wir Intervalle, auf denen f konvex oder konkav ist.

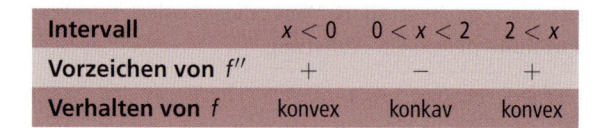

Intervall	$x < 0$	$0 < x < 2$	$2 < x$
Vorzeichen von f''	+	−	+
Verhalten von f	konvex	konkav	konvex

Wir sehen, dass f auf den Intervallen $(-\infty, 0)$ und $(2, \infty)$ konvex ist und auf dem Intervall $(0, 2)$ konkav.

d. Fassen wir die Informationen aus den beiden letzten Tabellen zusammen, so erhalten wir folgende Übersicht.

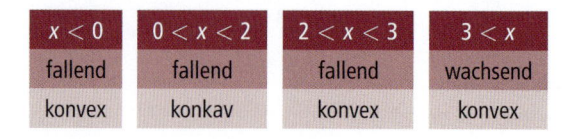

$x < 0$	$0 < x < 2$	$2 < x < 3$	$3 < x$
fallend	fallend	fallend	wachsend
konvex	konkav	konvex	konvex

Die Form des Graphen ist in der nachfolgenden Abbildung dargestellt.

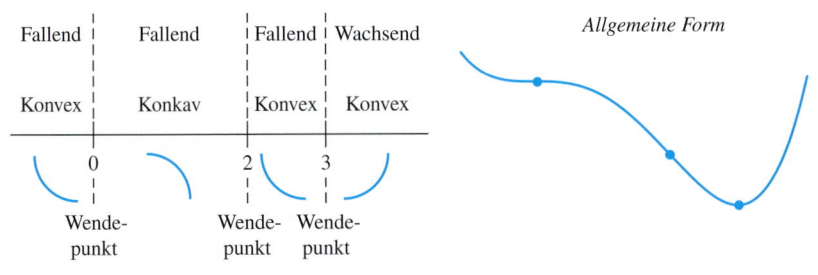

e. Zeichnen Sie (falls möglich) die Schnittpunkte mit den Koordinatenachsen ein sowie die Stellen, an denen y' und y'' null sind. Markieren Sie alle Extremwerte und Wendepunkte. Verwenden Sie die allgemeine Form als Orientierung, um den Graphen zu zeichnen. (Ergänzen Sie nötigenfalls weitere Punkte.) ▶Abbildung 4.29 zeigt den Graphen von f.

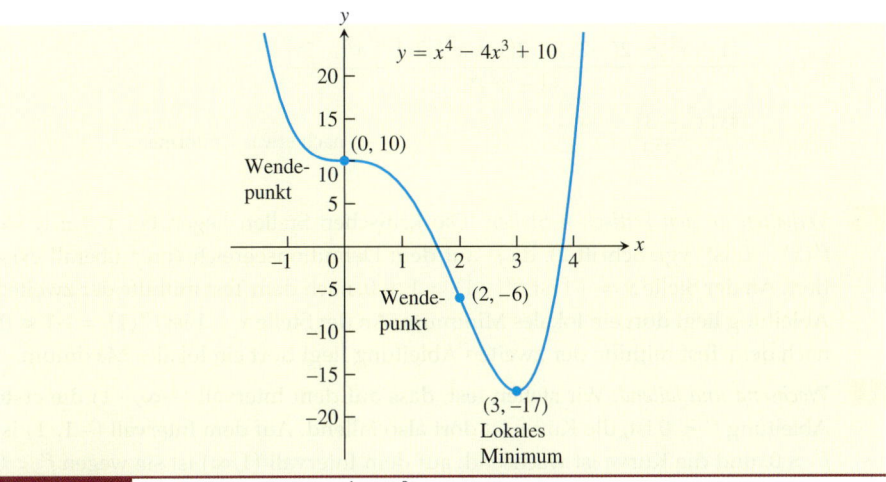

Abbildung 4.29 Der Graph von $f(x) = x^4 - 4x^3 + 10$ (Beispiel 4.17).

Die Schritte aus Beispiel 4.17 ergeben ein Verfahren zum Zeichnen des Graphen einer Funktion anhand seiner Hauptmerkmale, die sogenannte **Kurvendiskussion**. Statt „Graph" verwendet man hier wiederum gleichbedeutend den (eigentlich etwas allgemeineren) Begriff „Kurve".

> **Merke**
>
> **Verfahren zum Zeichnen des Graphen von $y = f(x)$**
>
> 1. Ermitteln Sie den Definitionsbereich von f und mögliche Symmetrien der Kurve.
> 2. Bestimmen Sie die Ableitungen f' und f''.
> 3. Bestimmen Sie, wo f wachsend und wo f fallend ist.
> 4. Bestimmen Sie gegebenenfalls die kritischen Stellen von f und finden Sie das Verhalten der Funktion an jeder dieser Stellen heraus.
> 5. Bestimmen Sie gegebenenfalls die Wendepunkte und ermitteln Sie das Krümmungsverhalten der Kurve.
> 6. Benennen Sie mögliche Asymptoten (Abschnitt 2.6).
> 7. Zeichnen Sie Schlüsselstellen, wie Schnittpunkte mit den Koordinatenachsen sowie Punkte zu den Stellen aus Schritt 3–5, und zeichnen Sie die Kurve zusammen mit den möglicherweise vorliegenden Asymptoten.

Kurvendiskussion für
$f(x) = \dfrac{(x+1)^2}{1+x^2}$

Beispiel 4.18 Skizzieren Sie den Graphen von $f(x) = \dfrac{(x+1)^2}{1+x^2}$.

Lösung **1** Der Definitionsbereich von f ist $(-\infty, \infty)$, und es gibt keine Symmetrien in Bezug auf eine Koordinatenachse oder den Ursprung (Abschnitt 1.1).

2 *Bestimmen Sie f' und f''.*

$$f(x) = \frac{(x+1)^2}{1+x^2}$$

Schnittpunkt mit x-Achse an der Stelle $x = -1$, Schnittpunkt mit y-Achse bei $y = 1$

$$f'(x) = \frac{(1+x^2) \cdot 2(x+1) - (x+1)^2 \cdot 2x}{(1+x^2)^2}$$

$$= \frac{2(1-x^2)}{(1+x^2)^2}$$

kritische Stellen: $x = -1$, $x = 1$

$$f''(x) = \frac{(1+x^2)^2 \cdot 2(-2x) - 2(1-x^2)[2(1+x^2) \cdot 2x]}{(1+x^2)^4}$$

$$= \frac{4x(x^2 - 3)}{(1+x^2)^3}.$$

nach etwas Umformen

3 *Verhalten an den kritischen Stellen.* Die kritischen Stellen liegen bei $x = \pm 1$, wo $f'(x) = 0$ ist (vgl. Schritt 2), da f' auf dem Definitionsbereich von f überall existiert. An der Stelle $x = -1$ ist $f''(-1) = 1 > 0$, nach dem Test mithilfe der zweiten Ableitung liegt dort ein lokales Minimum. An der Stelle $x = 1$ ist $f''(1) = -1 < 0$, nach dem Test mithilfe der zweiten Ableitung liegt dort ein lokales Maximum.

4 *Wachsend und fallend.* Wir stellen fest, dass auf dem Intervall $(-\infty, -1)$ die erste Ableitung $f' < 0$ ist, die Kurve ist dort also fallend. Auf dem Intervall $(-1, 1)$ ist $f' > 0$, und die Kurve ist wachsend; auf dem Intervall $(1, \infty)$ ist sie wegen $f' < 0$ wieder fallend.

5 *Wendepunkte.* Bedenken Sie, dass der Nenner der zweiten Ableitung (vgl. Schritt 2) immer positiv ist. Die zweite Ableitung f'' ist an den Stellen $x = -\sqrt{3}$, 0 und $\sqrt{3}$ null. An jeder dieser Stellen ändert die zweite Ableitung ihr Vorzeichen: negativ auf $(-\infty, -\sqrt{3})$, positiv auf $(-\sqrt{3}, 0)$, negativ auf $(0, \sqrt{3})$ und wieder positiv auf $(\sqrt{3}, \infty)$. Folglich hat f an jeder der drei Stellen einen Wendepunkt. Die Kurve ist auf dem Intervall $(-\infty, -\sqrt{3})$ konkav, auf dem Intervall $(-\sqrt{3}, 0)$ konvex, auf dem Intervall $(0, \sqrt{3})$ konkav und auf dem Intervall $(\sqrt{3}, \infty)$ wieder konvex.

6 *Asymptoten.* Ausmultiplizieren des Zählers von $f(x)$ und anschließende Division von Nenner und Zähler durch x^2 ergibt

$$f(x) = \frac{(x+1)^2}{1+x^2} = \frac{x^2 + 2x + 1}{1+x^2}$$

Ausmultiplizieren des Zählers

$$= \frac{1 + (2/x) + (1/x^2)}{(1/x^2) + 1}.$$

Division durch x^2

Wir sehen, dass $f(x)$ für $x \to \infty$ gegen 1^+ geht und für $x \to -\infty$ gegen 1^-. Folglich ist die Gerade $y = 1$ eine horizontale Asymptote. Dabei bedeutet $f(x) \to 1^+$ für $x \to \infty$, dass sich der Graph für $x \to \infty$ an die Asymptote $y = 1$ von oben her annähert, bei $f(x) \to 1^-$ handelt es sich um eine Annäherung von unten. Da der Nenner $1 + x^2$ nie null wird, gibt es keine vertikalen Asymptoten.

f hat an der Stelle $x = -1$ ein lokales Minimum (was man auch mithilfe des Tests mit der ersten Ableitung sehen kann: f' wechselt an der Stelle $x = -1$ das

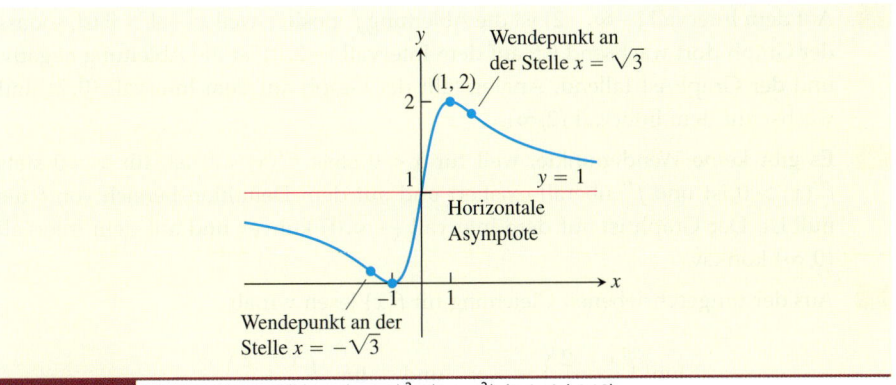

Abbildung 4.30 Der Graph von $f(x) = (x+1)^2/(1+x^2)$ (Beispiel 4.18).

Vorzeichen von negativ zu positiv) mit $f(-1) = 0$. Da nun für alle x gilt

$$f(x) = \frac{(x+1)^2}{1+x^2} \geq 0 = f(-1),$$

ist $f(-1) = 0$ auch ein globales Minimum von f.

Ferner hat f – wie wir schon oben gesehen haben – ein lokales Maximum an der Stelle $x = 1$ mit $f(1) = 2$. Da f auf $(-\infty, -1)$ monoton fallend ist und $f(x) \to 1^-$ für $x \to -\infty$, ist $f(x) \leq 1 \leq 2$ für alle x aus $(-\infty, -1)$. Außerdem ist f auf $(-1, 1)$ monoton wachsend und auf $(1, \infty)$ monoton fallend, also $f(x) \leq f(1) = 2$ für x aus $[-1, \infty)$. Also ist $f(1) = 2$ sogar ein globales Maximum. Aus dem Zwischenwertsatz folgt nun, dass der Wertebereich von f aus allen y besteht mit $0 \leq y \leq 2$.

7. Der Graph von f ist in ▶Abbildung 4.30 skizziert. Vergegenwärtigen Sie sich, dass der Graph konkav ist, wenn er sich für $x \to -\infty$ der horizontalen Asymptote $y = 1$ nähert, und konvex, wenn er sich ihr für $x \to \infty$ nähert.

Beispiel 4.19 Skizzieren Sie den Graphen von $f(x) = \dfrac{x^2 + 4}{2x}$.

Kurvendiskussion für $f(x) = \dfrac{x^2+4}{2x}$

Lösung

a. Der Definitionsbereich von f ist die Menge der von null verschiedenen Zahlen. Es gibt keine Schnittpunkte mit den Koordinatenachsen, weil weder x noch $f(x)$ null sein können. Es gilt $f(-x) = -f(x)$. Also ist f eine ungerade Funktion, und der Graph ist symmetrisch bezüglich des Ursprungs.

b. Wir berechnen die Ableitungen der Funktion, zunächst schreiben wir die Gleichung zur Vereinfachung aber um:

$$f(x) = \frac{x^2+4}{2x} = \frac{x}{2} + \frac{2}{x} \quad \text{Funktion zum Ableiten vereinfacht}$$

$$f'(x) = \frac{1}{2} - \frac{2}{x^2} = \frac{x^2-4}{2x^2} \quad \text{Hauptnenner, um } f'(x) = 0 \text{ leicht lösen zu können.}$$

$$f''(x) = \frac{4}{x^3}. \quad \text{Existiert über dem gesamten Definitionsbereich von } f$$

c. Die kritischen Stellen sind $x = \pm 2$, dort ist $f'(x) = 0$. Weil $f''(-2) < 0$ und $f''(2) > 0$ ist, wissen wir aus dem Test mithilfe der zweiten Ableitung, dass an der Stelle $x = -2$ ein lokales Maximum mit $f(-2) = -2$ und an der Stelle $x = 2$ ein lokales Minimum mit $f(2) = 2$ vorliegt.

d Auf dem Intervall $(-\infty, -2)$ ist die Ableitung f' positiv, weil $x^2 - 4 > 0$ ist, sodass der Graph dort wachsend ist; auf dem Intervall $(-2, 0)$ ist die Ableitung negativ, und der Graph ist fallend. Analog fällt der Graph auf dem Intervall $(0, 2)$ und wächst auf dem Intervall $(2, \infty)$.

e Es gibt keine Wendepunkte, weil für $x < 0$ stets $f''(x) < 0$ ist, für $x > 0$ stets $f''(x) > 0$ ist und f'' überall existiert und auf dem Definitionsbereich von f nie null ist. Der Graph ist auf dem Intervall $(-\infty, 0)$ konvex und auf dem Intervall $(0, \infty)$ konkav.

f Aus der umgeschriebenen Gleichung für $f(x)$ lesen wir ab

$$\lim_{x \to 0^+} \left(\frac{x}{2} + \frac{2}{x} \right) = +\infty \quad \text{und} \quad \lim_{x \to 0^-} \left(\frac{x}{2} + \frac{2}{x} \right) = -\infty,$$

die y-Achse ist also eine vertikale Asymptote. Für $x \to \infty$ oder $x \to -\infty$ geht der Graph von $f(x)$ gegen die Gerade $y = x/2$. Folglich ist $y = x/2$ eine schräge Asymptote.

g Der Graph von f ist in ▶Abbildung 4.31 skizziert.

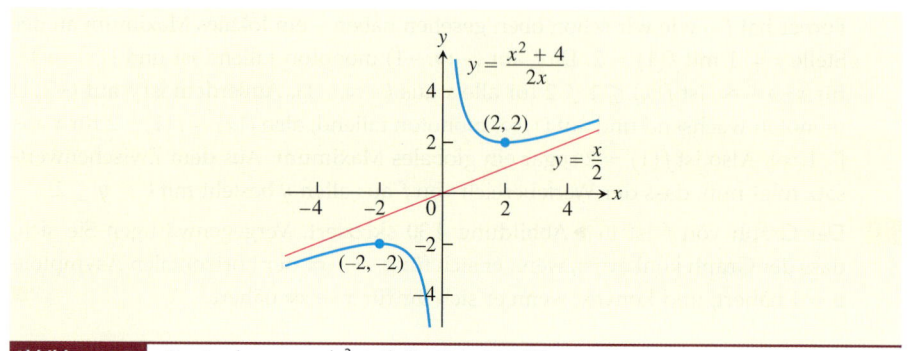

Abbildung 4.31 Der Graph von $y = (x^2 + 4)/2x$ (Beispiel 4.19).

Bestimmung der Form des Graphen aus den Ableitungen

Wie wir in den Beispielen 4.17 und 4.19 gesehen haben, können wir viel über eine zweimal differenzierbare Funktion $y = f(x)$ erfahren, indem wir ihre erste Ableitung untersuchen. Wir können feststellen, wo der Graph der Funktion wachsend und wo er fallend ist und wo seine lokalen Extremstellen liegen. Wir können y' ableiten, um das Krümmungsverhalten des Graphen herauszufinden. Wir können die Form des Funktionsgraphen bestimmen. Eine Information, die wir nicht aus der Ableitung ablesen können, ist die Lage des Graphen in der xy-Ebene. Wie wir in Abschnitt 4.2 festgestellt haben, brauchen wir jedoch als einzige zusätzliche Information zur Verortung des Graphen den Wert von f an einer Stelle. Informationen über die Asymptoten gewinnt man aus den Grenzwerten (Abschnitt 2.6). Die nachfolgende Abbildung fasst zusammen, wie die erste und die zweite Ableitung die Form des Graphen bestimmen.

$y = f(x)$ (wavy curve)	$y = f(x)$ (increasing curve)	$y = f(x)$ (decreasing curve)
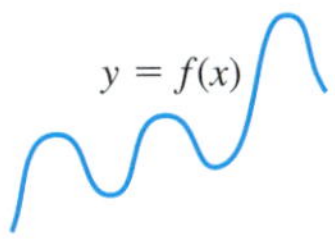 Differenzierbar $\Rightarrow$ glatt, zusammenhängend; Graph kann wachsen und fallen	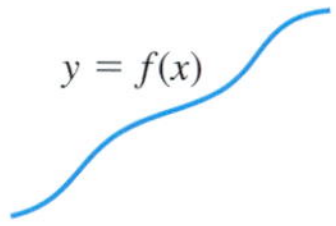 $y' > 0 \Rightarrow$ wächst von links nach rechts; kann wellig sein	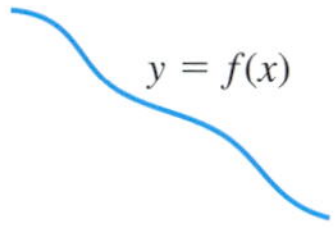 $y' < 0 \Rightarrow$ fällt von links nach rechts; kann wellig sein
convex curves (oder)	concave curves (oder)	inflection with + / −
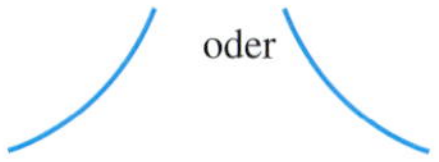 $y'' > 0 \Rightarrow$ durchweg konvex; keine Wellen; Graph kann wachsen oder fallen	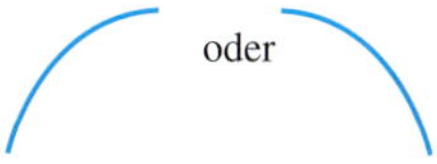 $y'' < 0 \Rightarrow$ durchweg konkav; keine Wellen; Graph kann wachsen oder fallen	 y'' ändert Vorzeichen an einem Wendepunkt
max/min with sign change (oder)	maximum curve	minimum curve
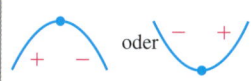 y' ändert Vorzeichen $\Rightarrow$ Graph hat ein lokales Maximum oder Minimum	$y' = 0$ und $y'' < 0$ an einer Stelle; Graph hat ein lokales Maximum	 $y' = 0$ und $y'' > 0$ an einer Stelle; Graph hat ein lokales Minimum

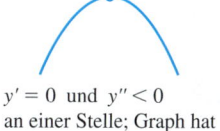

Aufgaben zum Abschnitt 4.4

Funktion anhand ihres Graphen analysieren Identifizieren Sie die Wendepunkte und die lokalen Maxima und Minima der Graphen aus den Aufgaben 1–8. Identifizieren Sie die Intervalle, auf denen die Funktionen konvex oder konkav sind.

1. $y = \dfrac{x^3}{3} - \dfrac{x^2}{2} - 2x + \dfrac{1}{3}$

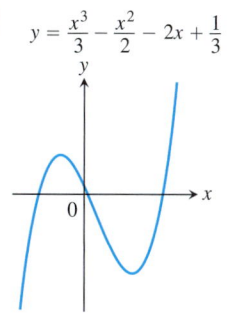

2. $y = \dfrac{x^4}{4} - 2x^2 + 4$

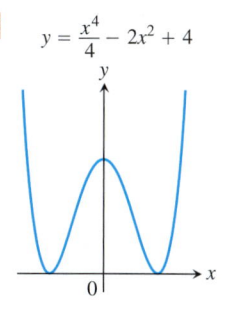

3. $y = \dfrac{3}{4}(x^2 - 1)^{2/3}$

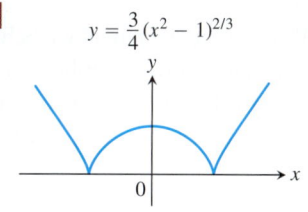

4. $y = \dfrac{9}{14} x^{1/3}(x^2 - 7)$

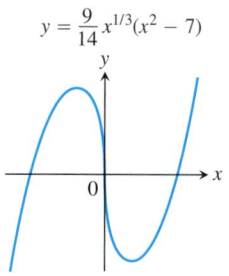

5. $y = x + \sin 2x, \ -\dfrac{2\pi}{3} \leq x \leq \dfrac{2\pi}{3}$

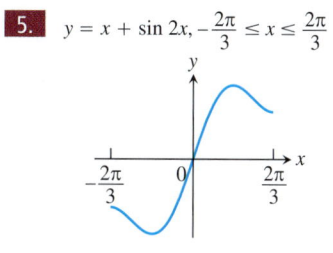

6. $y = \tan x - 4x, -\frac{\pi}{2} < x < \frac{\pi}{2}$

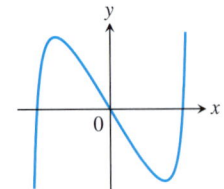

7. $y = \sin |x|, -2\pi \leq x \leq 2\pi$

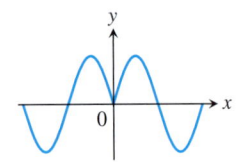

NICHT MASSSTABSGETREU

8. $y = 2\cos x - \sqrt{2}x, -\pi \leq x \leq \frac{3\pi}{2}$

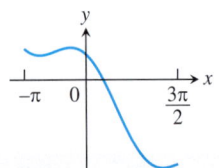

19. $y = x^{1/5}$

20. $y = \dfrac{x}{\sqrt{x^2+1}}$

21. $y = 2x - 3x^{2/3}$

22. $y = x^{2/3}\left(\dfrac{5}{2} - x\right)$

23. $y = x\sqrt{8 - x^2}$

24. $y = \sqrt{16 - x^2}$

25. $y = \dfrac{x^2 - 3}{x - 2}$

26. $y = \dfrac{8x}{x^2 + 4}$

27. $y = |x^2 - 1|$

28. $y = \sqrt{|x|} = \begin{cases} \sqrt{-x}, & x < 0 \\ \sqrt{x}, & x \geq 0 \end{cases}$

Die Form eines Graphen aus der Kenntnis von y' skizzieren In den Aufgaben 29–39 ist jeweils die erste Ableitung einer Funktion $y = f(x)$ gegeben. Bestimmen Sie y'' und skizzieren Sie anschließend nach den Schritten 2–4 des Verfahrens S. 281 die Form des Graphen von f.

29. $y' = 2 + x - x^2$

30. $y' = x(x - 3)^2$

31. $y' = x(x^2 - 12)$

32. $y' = (8x - 5x^2)(4 - x)^2$

33. $y' = \sec^2 x, -\dfrac{\pi}{2} < x < \dfrac{\pi}{2}$

34. $y' = \cot\dfrac{\theta}{2}, 0 < \theta < 2\pi$

35. $y' = \tan^2 \theta - 1, -\dfrac{\pi}{2} < \theta < \dfrac{\pi}{2}$

36. $y' = \cos t, 0 \leq t \leq 2\pi$

37. $y' = (x + 1)^{-2/3}$

38. $y' = x^{-2/3}(x - 1)$

39. $y' = 2|x| = \begin{cases} -2x, & x \leq 0 \\ 2x, & x > 0 \end{cases}$

Graphen zeichnen Wenden Sie die einzelnen Schritte des Verfahrens von S. 281 an, um die Graphen zu den Aufgaben 9–28 zu zeichnen. Fügen Sie die Koordinaten aller lokalen und globalen Extrempunkte sowie aller Wendepunkte ein.

9. $y = x^2 - 4x + 3$

10. $y = x^3 - 3x + 3$

11. $y = -2x^3 + 6x^2 - 3$

12. $y = (x - 2)^3 + 1$

13. $y = x^4 - 2x^2 = x^2(x^2 - 2)$

14. $y = 4x^3 - x^4 = x^3(4 - x)$

15. $y = x^5 - 5x^4 = x^4(x - 5)$

16. $y = x + \sin x, 0 \leq x \leq 2\pi$

17. $y = \sqrt{3}x - 2\cos x, 0 \leq x \leq 2\pi$

18. $y = \sin x \cos x, 0 \leq x \leq \pi$

Den Graphen von y aus der Kenntnis von y' und y'' skizzieren In den Aufgaben 40–43 sind die Graphen der ersten und zweiten Ableitungen einer Funktion $y = f(x)$ dargestellt. Kopieren Sie das Bild und fügen Sie eine Skizze des Graphen von f hinzu, wobei der Graph durch den angegebenen Punkt P verlaufen soll.

40.

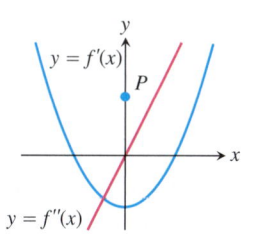

41.

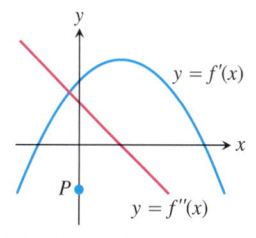

42.

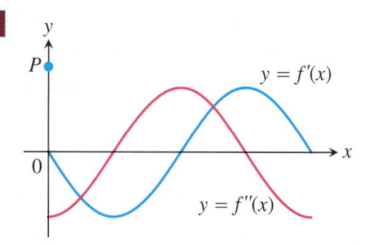

43.

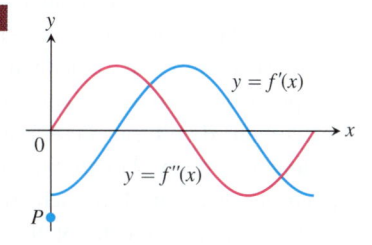

Rationale Funktionen zeichnen Zeichnen Sie die Graphen der rationalen Funktionen aus den Aufgaben 44–52.

44. $y = \dfrac{2x^2 + x - 1}{x^2 - 1}$

45. $y = \dfrac{x^4 + 1}{x^2}$

46. $y = \dfrac{1}{x^2 - 1}$

47. $y = -\dfrac{x^2 - 2}{x^2 - 1}$

48. $y = \dfrac{x^2}{x + 1}$

49. $y = \dfrac{x^2 - x + 1}{x - 1}$

50. $y = \dfrac{x^3 - 3x^2 + 3x - 1}{x^2 + x - 2}$

51. $y = \dfrac{x}{x^2 - 1}$

52. $y = \dfrac{8}{x^2 + 4}$ (Versiera der Agnesi)

Theorie und Beispiele

53. Die nachfolgende Abbildung zeigt einen Teil eines Graphen einer zweimal differenzierbaren Funktion $y = f(x)$. Geben Sie an allen markierten Punkten an, ob y' und y'' positiv, negativ oder null ist.

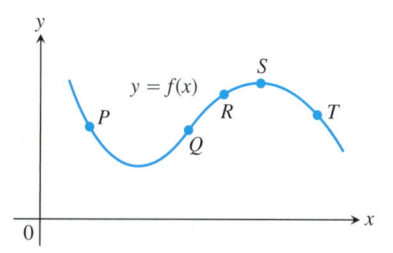

54. Skizzieren Sie den Graphen einer zweimal differenzierbaren Funktion $y = f(x)$, die folgende Eigenschaften besitzt. Markieren Sie nach Möglichkeit bestimmte Punkte in ihren Koordinaten.

x	y	Ableitungen
$x < 2$		$y' < 0, y'' > 0$
2	1	$y' = 0, y'' > 0$
$2 < x < 4$		$y' > 0, y'' > 0$
4	4	$y' > 0, y'' = 0$
$4 < x < 6$		$y' > 0, y'' < 0$
6	7	$y' = 0, y'' < 0$
$x > 6$		$y' < 0, y'' < 0$

Geradlinige Bewegung Die Graphen aus Aufgabe 55 und 56 zeigen den Ort $s = f(t)$ eines Körpers, der sich auf einer Koordinatenachse auf und ab bewegt.

a. Wann bewegt sich der Körper vom Ursprung weg? Wann bewegt er sich zum Ursprung hin? Zu welchen geschätzten Zeiten ist b. die Geschwindigkeit gleich null? Zu welchen ungefähren Zeiten ist c. die Beschleunigung gleich null? d. Wann ist die Beschleunigung positiv? Wann ist sie negativ?

4 Anwendungen der Ableitungen

55.

Auslenkung s vs. *Zeit* t, $s = f(t)$

56.

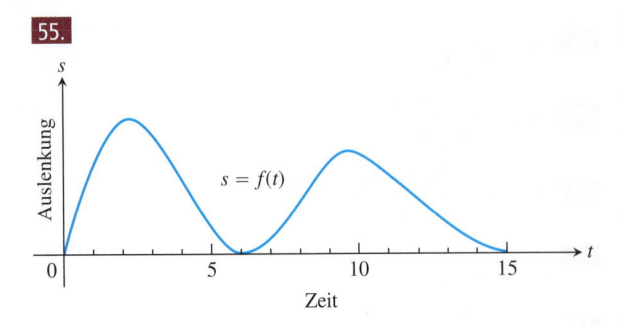

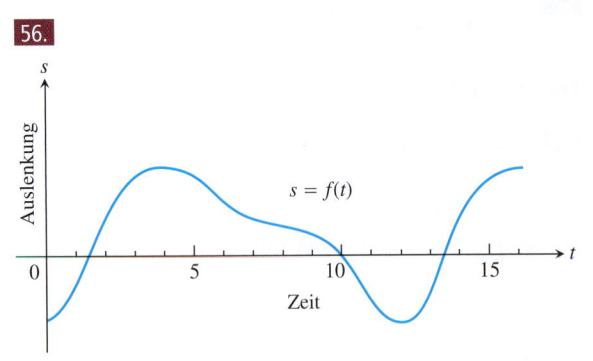

Auslenkung s vs. *Zeit* t, $s = f(t)$

57. Grenzkosten Die nachfolgende Abbildung zeigt die hypothetischen Kosten $c = f(x)$ für die Herstellung von x Artikeln. Bei ungefähr welchem Produktionsniveau gehen die Grenzkosten von fallend zu wachsend über?

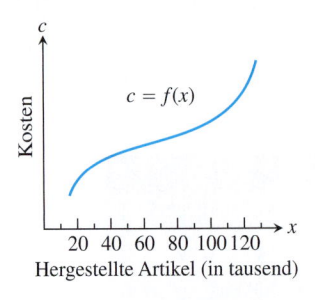

Kosten $c = f(x)$ vs. *Hergestellte Artikel (in tausend)* x, 20 40 60 80 100 120

58. Die Ableitung der Funktion $y = f(x)$ sei
$$y' = (x-1)^2(x-2).$$
An welcher Stelle hat der Graph von f gegebenenfalls ein lokales Minimum, lokales Maximum oder einen Wendepunkt? (*Hinweis:* Legen Sie eine Vorzeichentabelle von y' an.)

59. Zeichnen Sie eine Kurve $y = f(x)$ für $x > 0$ mit $f(1) = 0$ und $f'(x) = 1/x$. Kann man etwas über die Krümmung einer solchen Kurve sagen? Begründen Sie Ihre Antwort.

60. Seien b, c und d Konstanten. Für welche Werte von b hat die Kurve $y = x^3 + bx^2 + cx + d$ an der Stelle $x = 1$ einen Wendepunkt? Begründen Sie Ihre Antwort.

61. Parabeln

a. Bestimmen Sie die Koordinaten für den Scheitel der Parabel
$$y = ax^2 + bx + c, \quad a \neq 0.$$

b. Wann ist die Parabel konkav, wann ist sie konvex? Begründen Sie Ihre Antwort.

62. Quadratische Kurven Was können Sie über die Wendepunkte einer quadratischen Funktion $y = ax^2 + bx + c$, $a \neq 0$ sagen? Begründen Sie Ihre Antwort.

63. Kubische Kurven Was können Sie über die Wendepunkte einer kubischen Funktion $y = ax^3 + bx^2 + cx + d$ mit $a \neq 0$ sagen? Begründen Sie Ihre Antwort.

64. Angenommen, die zweite Ableitung der Funktion $y = f(x)$ ist
$$y'' = (x+1)(x-2).$$
An welchen Stellen x hat der Graph von f einen Wendepunkt?

65. Bestimmen Sie die Werte der Konstanten a, b und c so, dass die Funktion $y = ax^3 + bx^2 + cx$ an der Stelle $x = 3$ ein lokales Maximum, an der Stelle $x = -1$ ein lokales Minimum und der Graph bei $(1, 11)$ einen Wendepunkt hat.

Computeralgebra. Bestimmen Sie in den Aufgaben 66 und 67 gegebenenfalls die Wendepunkte des Graphen der Funktion sowie die Koordinaten der Punkte des Graphen, wo die Funktion ein lokales Minimum oder ein lokales Maximum hat. Zeichnen Sie anschließend den Graphen der Funktion über einem hinreichend großen Intervall, damit sie diese Punkte alle gleichzeitig darstellen können. Fügen Sie Ihrer Abbildung die Graphen der ersten und zweiten Ableitung der Funktion hinzu. Wie hängen die Stellen, an denen diese Graphen die x-Achse schneiden, mit dem Graphen der Funktion zusammen? In welcher anderen Art und Weise hängen die Graphen der Ableitungen mit dem Graphen der Funktion zusammen?

66. $y = x^5 - 5x^4 - 240$

67. $y = \dfrac{4}{5}x^5 + 16x^2 - 25$

68. Zeichnen Sie den Graphen der Funktion $f(x) = 2x^4 - 4x^2 + 1$ zusammen mit dem Graphen ihrer ersten beiden Ableitungen in eine Abbildung. Kommentieren Sie das Verhalten f in Bezug auf die Vorzeichen und die Werte von f' und f''.

4.5 Extremwertaufgaben

Was sind die Abmessungen eines Rechtecks mit festen Umfang, das den *maximalen Flächeninhalt* hat? Welche Abmessungen hat die *billigste* Dose mit einem gegebenem Volumen? Wie viele Artikel müssen für den *gewinnbringendsten* Produktionslauf hergestellt werden? Bei jeder dieser Fragen geht es im Sinne der Aufgabenstellung um den optimalen, also größten oder kleinsten Wert (Extremwert) einer gegebenen Funktion. In manchen Fällen sind zwei oder mehr Variablen involviert, die über eine sogenannte Nebenbedingung miteinander verknüpft sind. Wir sprechen dann von Extremwertaufgaben mit Nebenbedingung. In diesem Abschnitt verwenden wir Ableitungen, um eine Vielzahl von Optimierungsproblemen in Gesellschaft, Mathematik, Physik und Wirtschaftswissenschaft zu lösen.

> **Lösung angewandter Optimierungsprobleme** — Merke
>
> 1. *Lesen Sie sich die Problemstellung durch.* Lesen Sie den Text so lange, bis sie das Problem verstanden haben. Was ist gegeben? Welche unbekannte Größe soll optimiert werden?
> 2. *Zeichnen Sie ein Bild.* Markieren Sie jeden Teil, der für das Problem wichtig sein könnte.
> 3. *Führen Sie Variablen ein.* Schreiben Sie jede Beziehung aus dem Bild und im Problem als eine Gleichung oder einen algebraischen Ausdruck auf und markieren Sie die unbekannte(n) Variable(n).
> 4. *Schreiben Sie eine Gleichung für die unbekannte Größe auf.* Falls möglich, drücken Sie die unbekannte Größe als Funktion einer einzigen Variablen; sind zwei oder mehr Variablen im Spiel, so benutze man die Gleichungen (Nebenbedingungen) aus 3., um Variablen zu eliminieren.
> 5. *Prüfen Sie die kritischen Stellen und die Randstellen des Definitionsbereichs der Unbekannten.* Greifen Sie dabei auf Ihr Wissen über die Form des Funktionsgraphen zurück. Bestimmen und klassifizieren Sie mithilfe der ersten und zweiten Ableitung die kritischen Stellen.

Beispiele aus Mathematik und Physik

Beispiel 4.20 Ein offener Kasten soll hergestellt werden, indem man kleine, kongruente Quadrate aus den Ecken einer 30 cm × 30 cm großen Blechtafel herausschneidet und die Seitenflügel nach oben biegt. Wie groß sollten die an den Ecken ausgeschnittenen Quadrate sein, damit der Kasten so viel wie möglich fasst?

Offener Kasten mit dem maximalen Volumen

Lösung Wir beginnen mit einer Skizze (▶ Abbildung 4.32). In der Abbildung haben die Eckquadrate eine Seitenlänge von x cm. Das Kastenvolumen ist eine Funktion dieser Variable:

$$V(x) = x(30 - 2x)^2. \qquad V = hlw$$

Da die Seiten der Blechtafel nur 30 cm lang sind, gilt $x \leq 15$, und der Definitionsbereich von V ist das Intervall $0 \leq x \leq 15$.

4 Anwendungen der Ableitungen

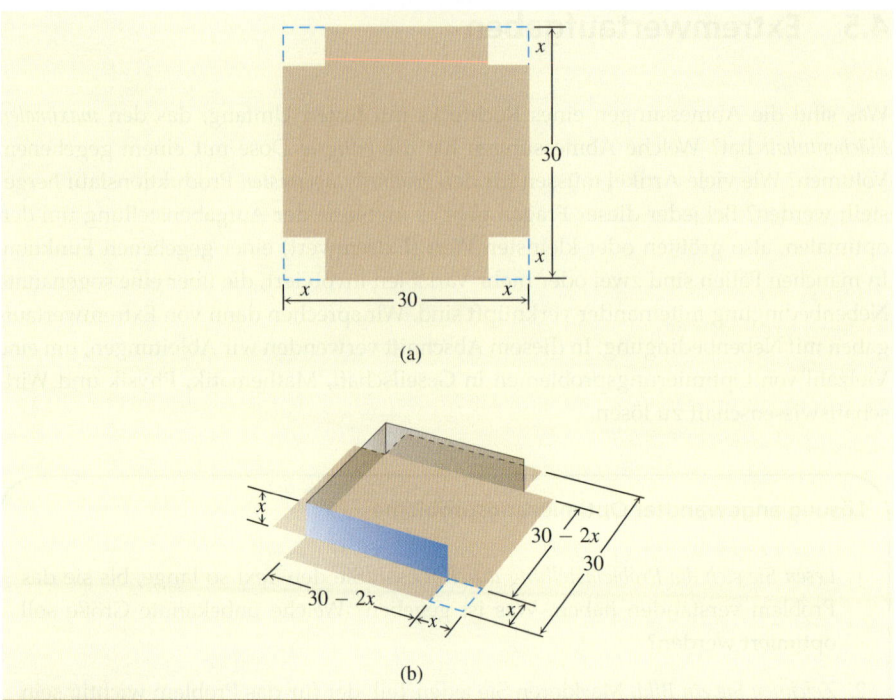

Abbildung 4.32 Ein offener Kasten, der hergestellt wird, indem man die Ecken aus einer quadratischen Blechtafel herausschneidet. Welche Eckengröße maximiert das Volumen des Kastens (Beispiel 4.20)?

Die Darstellung von V (▶Abbildung 4.33) legt nahe, dass der Minimalwert 0 an den Stellen $x = 0$ und $x = 15$ angenommen wird und das Maximum an der Stelle $x = 5$ liegt. Um mehr zu erfahren, untersuchen wir die erste Ableitung von V nach x:

$$\frac{d}{dx}V(x) = x \cdot 2(30 - 2x) \cdot (-2) + (1)(30 - 2x)^2$$
$$= (30 - 2x)(-4x + (30 - 2x))$$
$$= (30 - 2x)(30 - 6x).$$

Von den beiden Nullstellen $x = 5$ und $x = 15$ liegt nur $x = 5$ im Inneren des Definitionsbereichs der Funktion, sodass $x = 5$ die einzige kritische Stelle ist. Die Werte von V an dieser einen kritischen Stelle und den beiden Randstellen sind

Wert an der kritischen Stelle: $V(5) = 2000$

Werte an den Randstellen: $V(0) = 0, V(15) = 0.$

Der Maximalwert ist 2000 cm^3. Die ausgeschnittenen Quadrate sollten eine Seitenlänge von 5 cm haben. ∎

Minimaler Materialaufwand

Beispiel 4.21 Sie sollen eine Dose mit einem Volumen von 1 l in Form eines Kreiszylinders entwerfen (▶Abbildung 4.34). Mit welchen Abmessungen verbrauchen Sie die geringste Menge an Material?

Lösung *Volumen der Dose*: Werden r und h in Zentimetern gemessen, so ist das Volumen in Kubikzentimetern

$$\pi r^2 h = 1000 . \quad \text{1 Liter} = 1000 \text{ cm}^3$$

(Dies ist die Nebenbedingung, die die beiden Variablen r und h miteinander verknüpft.)

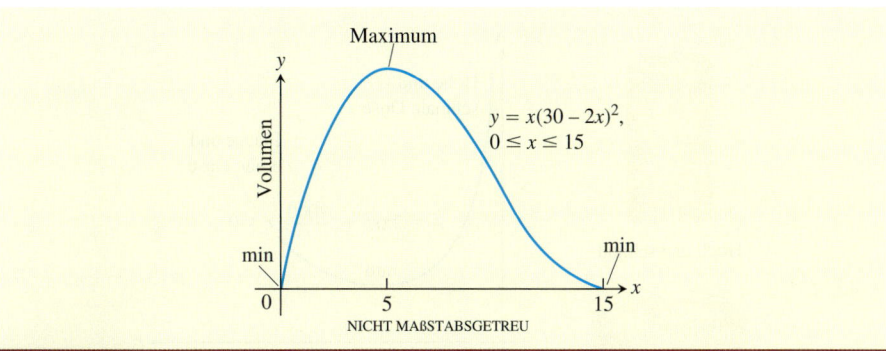

Abbildung 4.33 Das Volumen des Kastens aus Abbildung 4.32 als Funktion von x.

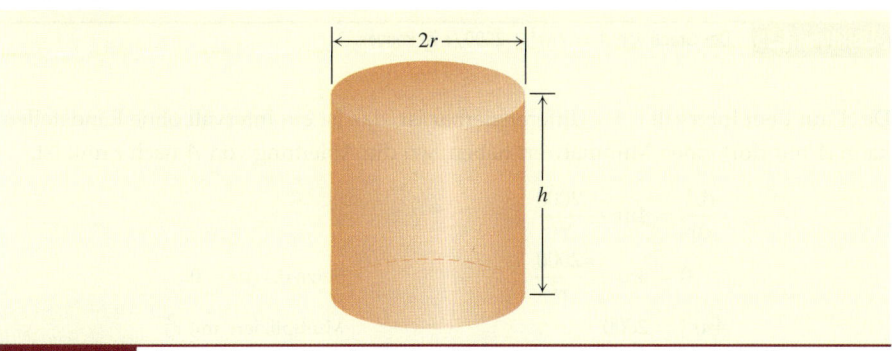

Abbildung 4.34 Diese 1-l-Dose benötigt das wenigste Material, wenn $h = 2r$ ist (Beispiel 4.21).

Oberfläche der Dose: $\quad A = \underbrace{2\pi r^2}_{\text{kreisförmige Deckflächen}} + \underbrace{2\pi rh}_{\text{Mantelfläche}}$

Wie können wir den Ausdruck „die geringste Menge an Material" interpretieren? In erster Näherung können wir die Materialdicke und den Abfall bei der Herstellung ignorieren. Dann fragen wir nach den Abmessungen r und h, die die Oberfläche unter der Nebenbedingung $\pi r^2 h = 1000$ so klein wie möglich machen.

Um den Flächeninhalt als Funktion einer Variablen auszudrücken, lösen wir $\pi r^2 h = 1000$ nach einer Variablen auf und setzen den gewonnenen Ausdruck in die Gleichung für den Flächeninhalt ein. Auflösen nach h ist einfacher:

$$h = \frac{1000}{\pi r^2}.$$

Folglich ist

$$\begin{aligned} A &= 2\pi r^2 + 2\pi rh \\ &= 2\pi r^2 + 2\pi r \left(\frac{1000}{\pi r^2} \right) \\ &= 2\pi r^2 + \frac{2000}{r}. \end{aligned}$$

Wir wollen einen Wert von $r > 0$ bestimmen, der den Wert von A minimiert. ▶Abbildung 4.35 legt die Vermutung nahe, dass ein solcher Wert existiert.

Anhand des Graphen kann man erkennen, dass für kleine r (die Dose ist hoch und schmal) der Term $2000/r$ dominiert (Abschnitt 2.6) und A groß ist. Für große f (die Dose ist flach und breit) dominiert der Term $2\pi r^2$ und A ist wieder groß.

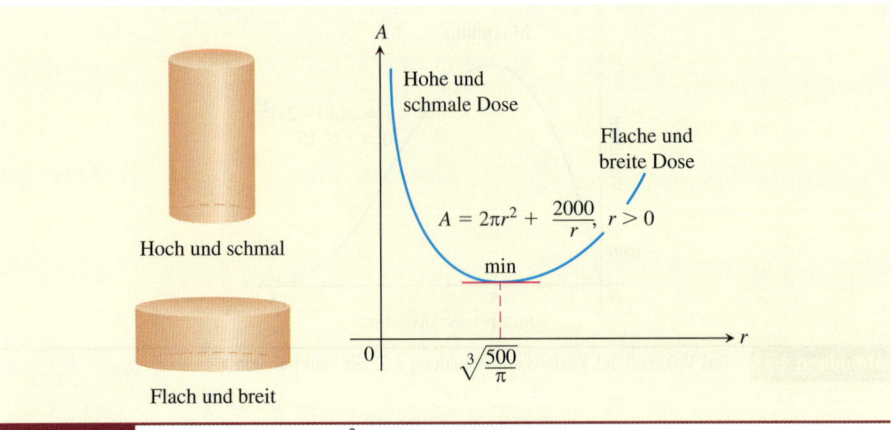

Abbildung 4.35 Der Graph von $A = 2\pi r^2 + 2000/r$ ist konvex.

Da A auf dem Intervall $r > 0$ differenzierbar ist, das ist ein Intervall ohne Randstellen, kann A nur dort einen Minimalwert haben, wo die Ableitung von A nach r null ist.

$$\frac{dA}{dr} = 4\pi r - \frac{2000}{r^2}$$

$$0 = 4\pi r - \frac{2000}{r^2} \qquad \text{Setze } dA/dr = 0.$$

$$4\pi r^3 = 2000 \qquad \text{Multipliziere mit } r^2.$$

$$r = \sqrt[3]{\frac{500}{\pi}} \approx 5{,}42 \qquad \text{Löse nach } r \text{ auf.}$$

Was passiert an der Stelle $r = \sqrt[3]{500/\pi}$?

Die zweite Ableitung

$$\frac{d^2 A}{dr^2} = 4\pi + \frac{4000}{r^3}$$

ist über dem Definitionsbereich von A positiv. Der Graph ist deshalb überall konvex, und der Wert von A an der Stelle $r = \sqrt[3]{500/\pi}$ ist ein globales Minimum.

Der zugehörige Wert von h ergibt sich (nach einer kleinen Rechnung) als

$$h = \frac{1000}{\pi r^2} = 2\sqrt[3]{\frac{500}{\pi}} = 2r.$$

Für die 1-l-Dose mit dem geringsten Materialverbrauch ist also die Höhe doppelt so groß wie der Radius, hier ist $r \approx 5{,}42$ cm und $h \approx 10{,}84$ cm. ∎

Maximaler Flächeninhalt eines Rechtecks im Halbkreis

Beispiel 4.22 Ein Rechteck soll einem Halbkreis mit dem Radius 2 eingeschrieben werden. Was ist der größte Flächeninhalt, den das Rechteck haben kann, und welche Abmessungen hat es?

Lösung Seien $(x, \sqrt{4 - x^2})$ die Koordinaten der oberen rechten Ecke des Rechtecks, wenn man den Halbkreis und das Rechteck in die xy-Ebene legt (▶Abbildung 4.36). Länge, Höhe und Flächeninhalt des Rechtecks können dann als Funktion der x-Koordinate der unteren rechten Ecke ausgedrückt werden:

Seitenlänge: $2x$ Höhe: $\sqrt{4 - x^2}$ Flächeninhalt: $2x\sqrt{4 - x^2}$.

Veranschaulichen Sie sich, dass die Werte von x im Intervall $0 \leq x \leq 2$ liegen, weil nur dort die ausgewählte Ecke des Rechtecks liegen kann.

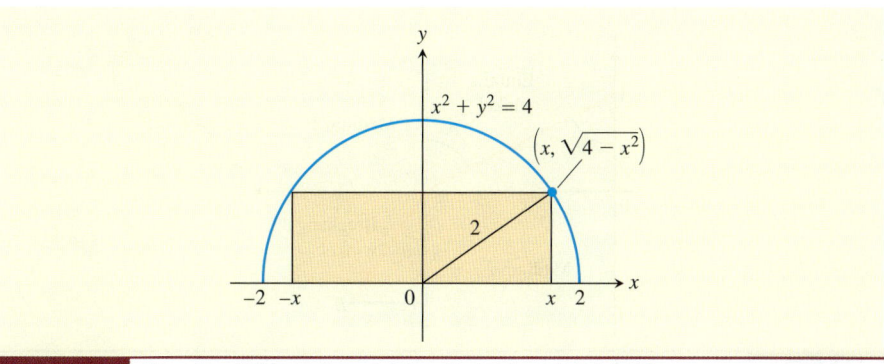

Abbildung 4.36 Das einem Halbkreis eingeschriebene Rechteck aus Beispiel 4.22.

Unser Ziel besteht darin, das absolute Maximum der Funktion

$$A(x) = 2x\sqrt{4-x^2}$$

auf dem Definitionsbereich $[0, 2]$ zu bestimmen.

Die Ableitung

$$\frac{d}{dx}A(x) = \frac{-2x^2}{\sqrt{4-x^2}} + 2\sqrt{4-x^2}$$

ist an der Stelle $x = 2$ nicht definiert. Sie ist null für

$$\frac{-2x^2}{\sqrt{4-x^2}} + 2\sqrt{4-x^2} = 0$$
$$-2x^2 + 2(4-x^2) = 0$$
$$8 - 4x^2 = 0$$
$$x^2 = 2 \quad \text{oder} \quad x = \pm\sqrt{2}.$$

Von den beiden Nullstellen $x = \sqrt{2}$ und $x = -\sqrt{2}$ liegt nur $x = \sqrt{2}$ im Innern des Definitionsbereichs von A; dies ist daher die einzige kritische Stelle. Die Werte von A an den Randstellen und an dieser einen kritischen Stelle sind

Wert an der kritischen Stelle: $A(\sqrt{2}) = 2\sqrt{2}\sqrt{4-2} = 4$
Werte an den Randstellen: $A(0) = 0$, $A(2) = 0$.

Der Flächeninhalt hat einen Maximalwert von 4, wenn das Rechteck $\sqrt{4-x^2} = \sqrt{2}$ Einheiten hoch und $2x = 2\sqrt{2}$ Einheiten breit ist. ■

Beispiel 4.23 Die Lichtgeschwindigkeit hängt von dem Medium ab, durch das sich das Licht ausbreitet. Im Vakuum ist sie am größten, in dichteren Medien ist sie generell geringer. **Fermat'sches Prinzip**

Das **Fermat'sche Prinzip der Optik** besagt, dass sich Licht entlang eines Weges ausbreitet, für den die Laufzeit minimal ist. Beschreiben Sie den Weg, auf dem sich ein Lichtstrahl ausbreitet, wenn er sich von einem Punkt A in einem Medium mit der Lichtgeschwindigkeit c_1 zu einem Punkt B in einem zweiten Medium mit der Lichtgeschwindigkeit c_2 ausbreitet.

4 Anwendungen der Ableitungen

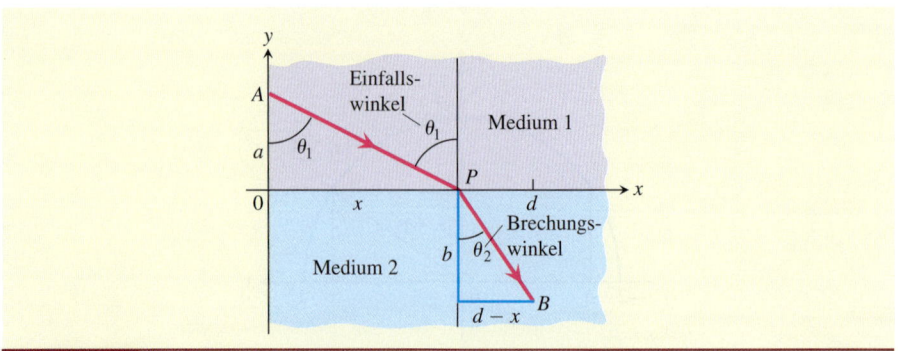

Abbildung 4.37 Ein Lichtstrahl wird gebrochen (von seinem Weg abgelenkt), wenn er von einem Medium in ein dichteres Medium übergeht (Beispiel 4.23).

Lösung Da sich das Licht von A nach B auf dem schnellsten Weg ausbreitet, suchen wir nach einem Weg, der die Laufzeit minimiert. Wir nehmen an, dass A und B in der xy-Ebene liegen und dass die Trennungslinie zwischen den beiden Medien die x-Achse ist (▶Abbildung 4.37).

In einem homogenen Medium, in dem die Lichtgeschwindigkeit konstant bleibt, bedeutet „kürzeste Zeit" auch „kürzester Weg", und der Lichtstrahl breitet sich auf einer Geraden aus. Folglich besteht der Weg von A nach B aus einem Geradenabschnitt von A zum Randpunkt P und einem Geradenabschnitt von P nach B. Der zurückgelegte Weg ist Geschwindigkeit mal Zeit, also gilt

$$\text{Zeit} = \frac{\text{Weg}}{\text{Geschwindigkeit}}.$$

Aus Abbildung 4.37 lesen wir ab, dass die von A nach P vom Lichtstrahl benötigte Zeit

$$t_1 = \frac{AP}{c_1} = \frac{\sqrt{a^2 + x^2}}{c_1}$$

ist. Von P nach B wird die Zeit

$$t_2 = \frac{PB}{c_2} = \frac{\sqrt{b^2 + (d-x)^2}}{c_2}$$

benötigt. Die Zeit von A nach B ist die Summe dieser beiden Zeiten:

$$t = t_1 + t_2 = \frac{\sqrt{a^2 + x^2}}{c_1} + \frac{\sqrt{b^2 + (d-x)^2}}{c_2}.$$

Diese Gleichung beschreibt t als eine differenzierbare Funktion von x, deren Definitionsbereich $[0, d]$ ist. Wir wollen den globalen Minimalwert von t auf diesem abgeschlossenen Intervall bestimmen. Die Ableitung von t nach x ist

$$\frac{dt}{dx} = \frac{x}{c_1 \sqrt{a^2 + x^2}} - \frac{d-x}{c_2 \sqrt{b^2 + (d-x)^2}}.$$

Sie ist stetig. Als Funktion der Winkel θ_1 und θ_2 aus Abbildung 4.37 ist

$$\frac{dt}{dx} = \frac{\sin \theta_1}{c_1} - \frac{\sin \theta_2}{c_2}.$$

Die Funktion t hat eine negative Ableitung an der Stelle $x = 0$ und eine positive Ableitung an der Stelle $x = d$. Da dt/dx auf dem Intervall $[0, d]$ stetig ist, gibt es nach dem Zwischenwertsatz für stetige Funktionen (Abschnitt 2.5) eine Stelle $x_0 \in [0, d]$, an der

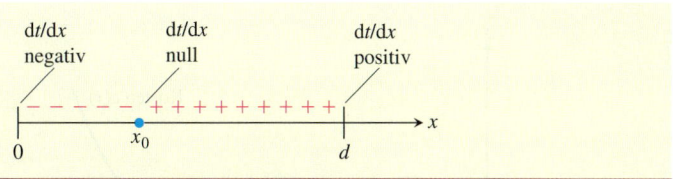

Abbildung 4.38 Das Vorzeichenmuster von dt/dx aus Beispiel 4.23.

$\left.\frac{dt}{dx}\right|_{x=x_0} = 0$ ist (▶Abbildung 4.38). Es gibt nur eine solche Stelle, weil dt/dx eine wachsende Funktion von x ist (Aufgabe 35). An dieser eindeutigen Stelle haben wir dann

$$\frac{\sin\theta_1}{c_1} = \frac{\sin\theta_2}{c_2}.$$

Diese Gleichung heißt **Snellius'sches Brechungsgesetz** oder kurz einfach *Brechungsgesetz*. Sie verkörpert ein wichtiges Prinzip in der Theorie der Optik. Es beschreibt den Weg, auf dem sich ein Lichtstrahl ausbreitet.

Beispiele aus den Wirtschaftswissenschaften

Wir definieren:

$r(x) =$ Einnahmen aus dem Verkauf von x Artikeln

$c(x) =$ Kosten für die Herstellung der x Artikel

$p(x) = r(x) - c(x) =$ Ertrag aus Herstellung und Verkauf der x Artikel

Obwohl x bei vielen Anwendungen in der Regel eine ganze Zahl ist, können wir etwas über das Verhalten dieser Funktionen lernen, indem wir sie für alle von null verschiedenen reellen Zahlen definieren und annehmen, dass die Funktionen differenzierbar sind. Wirtschaftswissenschaftler verwenden die Begriffe **Grenzeinnahmen**, **Grenzkosten** und **Grenzertrag** für die Ableitungen $r'(x)$, $c'(x)$ und $p'(x)$ der Einnahmen-, der Kosten- und der Ertragsfunktion. Betrachten wir den Zusammenhang zwischen dem Ertrag p und diesen Ableitungen.

Sind $r(x)$ und $c(x)$ für x auf einem Intervall der Produktionsmöglichkeiten differenzierbar und hat $p(x) = r(x) - c(x)$ dort ein Maximum, so wird dieses an einer kritischen Stelle von $p(x)$ oder an einer Randstelle des Intervalls angenommen. Wird es an einer kritischen Stelle angenommen, so ist $p'(x) = r'(x) - c'(x) = 0$, und wir erhalten $r'(x) = c'(x)$. Wirtschaftswissenschaftlich betrachtet, bedeutet diese letzte Gleichung:

> **Merke**
> Bei einem Produktionsniveau, das den maximalen Gewinn liefert, sind die Grenzeinnahmen gleich den Grenzkosten (▶Abbildung 4.39).

Beispiel 4.24 Nehmen Sie an, dass $r(x) = 9x$ und $c(x) = x^3 - 6x^2 + 15x$ ist. Dabei steht x für die Anzahl produzierter MP3-Player in Millionen. Gibt es ein Produktionsniveau, das den Gewinn maximiert? Wenn dem so ist, wo liegt es?

Optimales Produktionsniveau für MP3-Player

Lösung Bedenken Sie, dass $r'(x) = 9$ und $c'(x) = 3x^2 - 12x + 15$ ist.

$3x^2 - 12x + 15 = 9$ Setze $c'(x) = r'(x)$.

$3x^2 - 12x + 6 = 0$

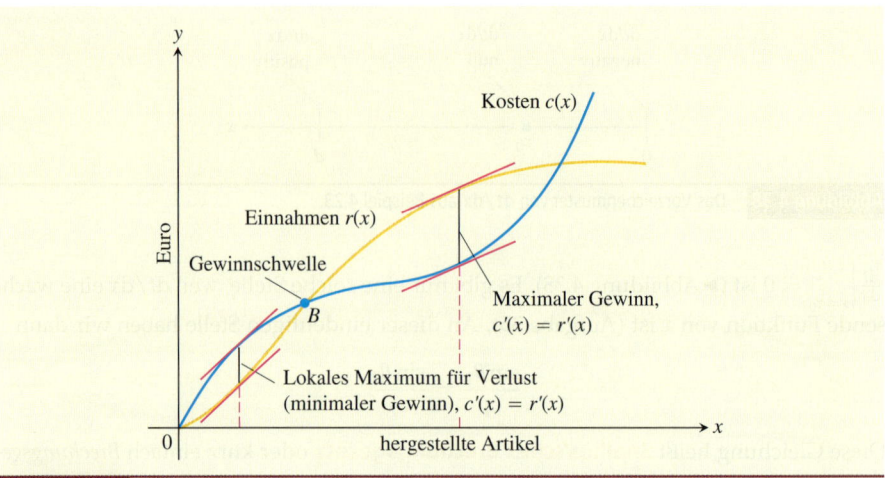

Abbildung 4.39 Der Graph einer typischen Kostenfunktion beginnt konkav und wird später konvex. Er schneidet die Einnahmen an der Gewinnschwelle (engl. *break even point*) B. Links von B arbeitet das Unternehmen mit Verlust, rechts davon arbeitet das Unternehmen mit Gewinn, wobei der maximale Gewinn bei $c'(x) = r'(x)$ erzielt wird. Weiter rechts davon übersteigen die Kosten die Einnahmen (vielleicht aufgrund einer Kombination aus steigendem Personalaufwand und steigenden Materialkosten sowie Marktsättigung), und das Produktionsniveau wird wieder nicht gewinnbringend.

Die beiden Lösungen der quadratischen Gleichung sind

$$x_1 = \frac{12 - \sqrt{72}}{6} = 2 - \sqrt{2} \approx 0{,}586 \quad \text{und} \quad x_2 = \frac{12 + \sqrt{72}}{6} = 2 + \sqrt{2} \approx 3{,}414.$$

Die möglichen Produktionsniveaus für maximalen Gewinn sind $x \approx 0{,}586$ Millionen MP3-Player oder $x \approx 3{,}414$ Millionen MP3-Player. Die zweite Ableitung von $p(x) = r(x) - c(x)$ ist $p''(x) = -c''(x)$, weil $r''(x)$ überall null ist. Folglich ist $p''(x) = 6(2 - x)$, was an der Stelle $x = 2 + \sqrt{2}$ negativ und an der Stelle $x = 2 - \sqrt{2}$ positiv ist. Nach dem Test mithilfe der zweiten Ableitung wird der maximale Gewinn bei etwa $x = 3{,}414$ Millionen MP3-Playern erzielt (wo die Einnahmen die Kosten übersteigen), und der maximale Verlust tritt bei etwa $x = 0{,}586$ Millionen MP3-Playern auf. Die Graphen von $r(x)$ und $c(x)$ sind in ▶Abbildung 4.40 dargestellt.

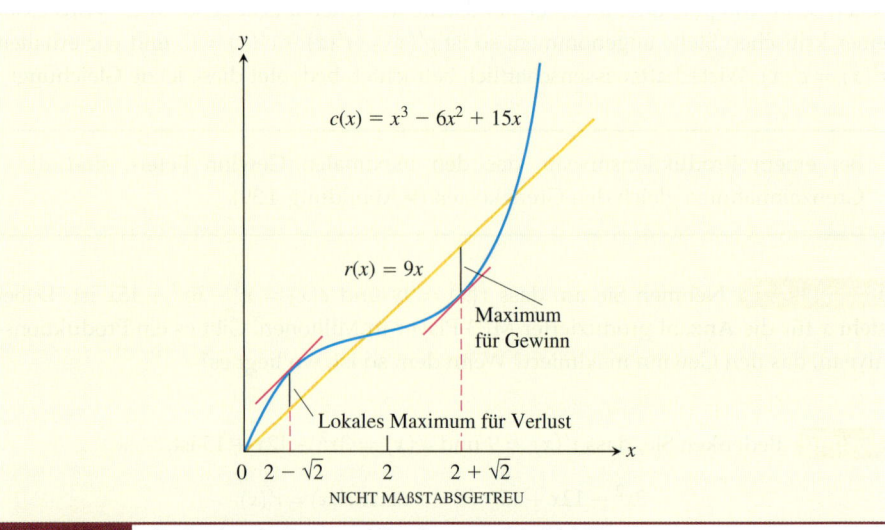

Abbildung 4.40 Die Graphen der Kosten und Einnahmen aus Beispiel 4.24.

Aufgaben zum Abschnitt 4.5

Mathematische Anwendungen Jedesmal, wenn Sie eine Funktion einer einzigen Variablen maximieren oder minimieren, sollen Sie die Funktion über dem Definitionsbereich zeichnen, der zu dem von Ihnen zu lösenden Problem passt. Der Graph wird Ihnen, noch bevor Sie rechnen, Einsichten liefern und Ihnen eine visuelle Grundlage zum Verständnis Ihrer Antwort bieten.

1. Umfang minimieren Was ist der kleinste Umfang, den ein Rechteck mit einem Flächeninhalt von $100\,\text{cm}^2$ haben kann, und was sind die Abmessungen dieses Rechtecks?

2. Zeigen Sie, dass unter allen Rechtecken mit einem Umfang von 8 m das flächengrößte ein Quadrat ist.

3. Die nachfolgende Abbildung zeigt ein Rechteck, das einem gleichschenkligen, rechtwinkligen Dreieck eingeschrieben ist, dessen Hypotenuse 2 Einheiten lang ist.

a. Drücken Sie die y-Koordinate von P als Funktion von x aus. (*Hinweis*: Schreiben Sie eine Gleichung für die Gerade AB auf.)

b. Drücken Sie den Flächeninhalt des Rechtecks als Funktion von x aus.

c. Was ist der größte Flächeninhalt, den das Rechteck haben kann, und welche Abmessungen hat es dann?

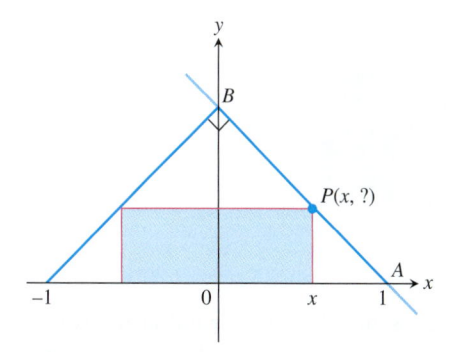

4. Sie wollen eine offene rechteckige Schachtel aus einem $20\,\text{cm} \times 40\,\text{cm}$ großen Pappstück herstellen, indem Sie kongruente Quadrate aus den Ecken herausschneiden und die Seiten nach oben falten. Was sind die Abmessungen einer Schachtel mit dem maximalen Volumen, die Sie auf diese Weise herstellen können, und was ist ihr Volumen?

5. Der beste Umzäunungsplan Ein rechteckiges Stück Ackerland ist an einer Seite durch einen Fluss begrenzt und an den anderen drei Seiten durch einen elektrischen Weidezaun mit einem Draht. Ihnen stehen 800 m Draht zur Verfügung. Was ist die größte Fläche, die Sie damit umschließen können, und was sind die Abmessungen dieser Fläche?

6. Einen Behälter entwerfen Ihre Stahlhütte hat den Auftrag übernommen, einen $32\,\text{m}^3$ fassenden, rechteckigen Stahlbehälter für eine Papierfabrik zu entwerfen und zu bauen. Er soll eine quadratische Grundfläche haben und nach oben offen sein. Der Behälter soll hergestellt werden, indem man Edelstahlplatten entlang ihrer Kanten verschweißt. Als Fertigungsplaner ist es Ihre Aufgabe, die Abmessungen der Grundfläche und die Höhe so zu bestimmen, dass das Gewicht des Behälters so gering wie möglich ist.

a. Welche Abmessungen geben Sie an die Fertigung weiter?

b. Beschreiben Sie kurz, wie sie das Gewicht berücksichtigt haben.

7. Ein Poster entwerfen Sie entwerfen ein rechteckiges Poster, das $300\,\text{cm}^3$ Druckfläche haben soll. Oben und unten soll der Rand 10 cm sein, an den Seiten jeweils 5 cm. Welche Gesamtabmessungen minimieren die verbrauchte Papiermenge?

8. Zwei Seiten eines Dreiecks haben die Längen a und b, der Winkel zwischen diesen beiden Seiten ist θ. Welcher Wert von θ maximiert den Flächeninhalt des Dreiecks? (*Hinweis*: $A = (1/2)ab\sin\theta$.)

9. Eine Dose entwerfen Entwerfen Sie einen $1000\,\text{cm}^3$ fassenden geraden Kreiszylinder, bei dessen Herstellung der Abfall berücksichtigt wird. Beim Schneiden des Aluminiums für die Seitenfläche gibt es keinen Abfall, aber Boden und Deckel mit dem Radius r werden aus Quadraten ausgeschnitten, deren Seitenlänge $2r$ ist. Die für eine Dose verbrauchte Gesamtmenge von Aluminium ist deshalb nicht $A = 2\pi r^2 + 2\pi rh$ wie in Beispiel 4.21, sondern

$$A = 8r^2 + 2\pi rh.$$

In Beispiel 4.21 war das Verhältnis von h zu r für die wirtschaftlichste Dose 2 zu 1. Wie ist das Verhältnis nun?

4 Anwendungen der Ableitungen

10. Einen Koffer entwerfen Ein Pappbogen von 60 cm × 90 cm wird, wie in der nachfolgenden Abbildung dargestellt, zu einem Rechteck von 60 cm × 45 cm gefaltet. Dann werden vier gleiche Quadrate mit der Seitenlänge x aus den Ecken des gefalteten Bogens ausgeschnitten. Danach wird der Bogen aufgeklappt, und die sechs Seitenflügel werden nach oben gefaltet, sodass sie einen Kasten mit Seiten und einem Deckel bilden.

a. Geben Sie eine Formel für das Volumen $V(x)$ des Kastens an.

b. Bestimmen Sie den Definitionsbereich von V in der gegebenen Situation und zeichnen Sie den Graphen der Funktion V auf ihrem Definitionsbereich.

c. Bestimmen Sie anhand des Graphen das maximale Volumen und den Wert von x, der es liefert.

d. Bestätigen Sie Ihre Ergebnisse aus **c** analytisch.

e. Bestimmen Sie einen Wert von x, der ein Volumen von 19 008 cm³ liefert.

f. Beschreiben Sie kurz, was Sie in Teil **b.** beobachten.

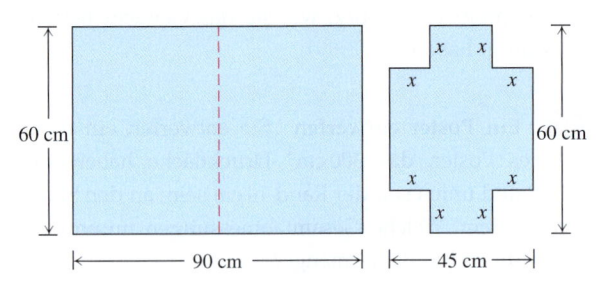

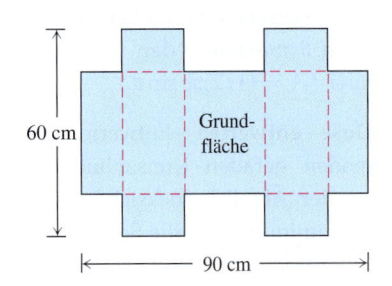

11. Bestimmen Sie die Abmessungen eines geraden Kreiszylinders mit maximalem Volumen, der einer Kugel mit dem Radius 10 cm eingeschrieben werden kann.

12. a. Der U.S. Postal Service akzeptiert eine Transportbox für Tiere nur, wenn die Summe ihrer Länge und ihres Gürtelumfangs 274 cm nicht übersteigt. Welche Abmessungen würden Sie für eine Transportbox mit quadratischen Endflächen wählen, um das größte Volumen zu erhalten?

b. Stellen Sie das Volumen einer Transportbox (Länge plus Umfang gleich 274 cm) als Funktion ihrer Länge grafisch dar und vergleichen Sie Ihre Erkenntnisse aus der Betrachtung des Graphen mit Ihrer Antwort aus Teil **a.**

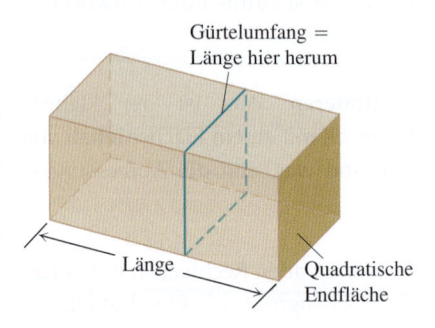

13. *Fortsetzung von Aufgabe 12*

a. Nehmen Sie an, dass die Transportbox keine quadratischen Endflächen, sondern quadratische Seitenflächen hat, sodass die Abmessungen $h \times h \times w$ sind und der Umfang $2h + 2w$ ist. Welche Abmessungen liefern nun die Transportbox mit maximalem Volumen?

b. Stellen Sie das Volumen als Funktion von h grafisch dar und vergleichen Sie Ihre Erkenntnisse aus der Beobachtung des Graphen mit Ihrer Antwort aus Teil **a.**

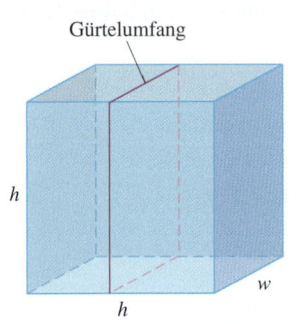

14. Ein Silo (ausschließlich der Grundfläche) soll in Form eines Zylinders konstruiert werden, der von einer Halbkugel bedeckt wird. Die Konstruktionskosten sind pro Flächeneinheit für die Halbkugel doppelt so groß wie für die zylindrische Seitenfläche. Bestimmen Sie die zu verwendenden Abmessungen, wenn das Volumen fest ist und die Konstruktionskosten minimal sein sollen. Vernachlässigen Sie die Dicke des Silos und den Konstruktionsabfall.

Aufgaben zum Abschnitt 4.5

15. Papier falten Ein rechteckiges Blatt Papier mit den Abmessungen 21,6 cm × 27,9 cm (US-Letter-Format) wird auf eine flache Oberfläche gelegt. Eine der Ecken wird auf die gegenüberliegende lange Kante gelegt, wie in der nachfolgenden Abbildung dargestellt, und dort festgehalten, während das Papier wieder flach gedrückt wird. Das Problem besteht darin, die Faltkante so kurz wie möglich zu machen. Ihre Länge sei L. Experimentieren Sie mit einem echten Blatt Papier.

a. Zeigen Sie, dass $L^2 = 2x^3/(2x - 21{,}6)$ ist.

b. Welcher Wert von x minimiert L^2?

c. Was ist der minimale Wert von L?

d. Wie lauten die Ergebnisse, wenn Sie mit einem DIN-A4-Bogen arbeiten (Abmessungen 21,0 × 29,7 cm)?

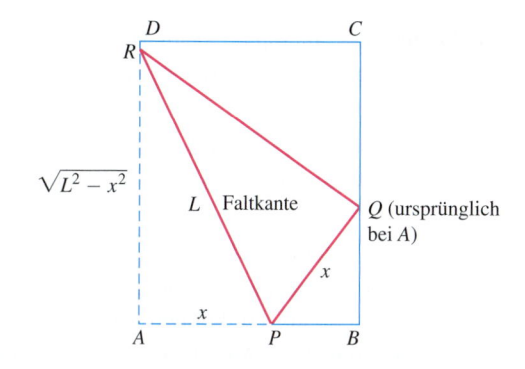

16. Kegel konstruieren Ein rechtwinkliges Dreieck mit der Hypotenuse $\sqrt{3}$ wird um einen seiner Schenkel gedreht, sodass ein gerader Kreiskegel entsteht. Bestimmen Sie Radius, Höhe und Volumen des Kegels mit dem maximalen Volumen, der auf diese Weise konstruiert werden kann.

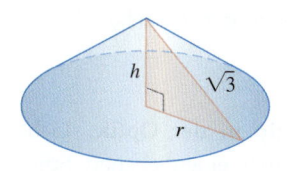

17. Bestimmen Sie eine positive Zahl, für die ihre Summe mit ihrem Kehrwert am kleinsten ist.

18. Ein b m langer Draht wird in zwei Teile zerschnitten. Ein Teil wird zu einem gleichseitigen Dreieck gebogen und der andere zu einem Kreis. Die Summe des von beiden Teilen eingeschlossenen Flächeninhalts soll minimal sein. Wie lang ist dann jedes Teil?

19. Bestimmen Sie die Abmessungen eines Rechtecks mit dem maximalen Flächeninhalt, das einem rechtwinkligen Dreieck eingeschrieben werden kann, wie in der nachfolgenden Abbildung dargestellt.

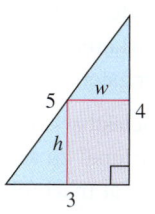

20. Welcher Wert von a führt dazu, dass die Funktion $f(x) = x^2 + (a/x)$

a. an der Stelle $x = 2$ ein lokales Minimum hat?

b. an der Stelle $x = 1$ einen Wendepunkt hat?

Physikalische Anwendungen

21. Vertikale Bewegung Die Höhe über dem Boden eines sich vertikal bewegenden Körpers ist

$$s = -16t^2 + 96t + 112\,.$$

s wird in Metern und t in Sekunden gemessen. Bestimmen Sie:

a. Die Geschwindigkeit des Körpers zur Zeit $t = 0$.

b. Seine maximale Höhe und wann diese erreicht wird.

c. Die Geschwindigkeit des Körpers bei $s = 0$.

22. Kürzester Balken Eine 3 m hohe Mauer steht in einem Abstand von 8 m vor einem Gebäude. Bestimmen Sie die Länge des kürzesten geraden Balkens, der die Seite des Gebäudes vom Boden außerhalb des Gebäudes aus erreicht.

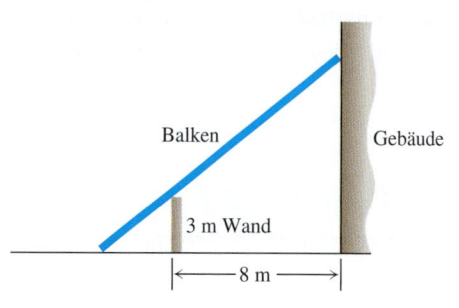

4 Anwendungen der Ableitungen

23. Die Intensität der Beleuchtung durch eine Lichtquelle ist an jedem Punkt proportional zum Quadrat des Kehrwerts des Abstands zwischen dem Punkt und der Lichtquelle. Zwei Lichtquellen, von denen eine die achtfache Intensität der anderen hat, befinden sich 6 m voneinander entfernt. Wie weit von der stärkeren Lichtquelle ist die Gesamtbeleuchtung am geringsten?

24. Belastbarkeit eines Balkens Die Belastbarkeit S eines rechteckigen Holzbalkens ist proportional zu seiner Breite w mal seiner Dicke d zum Quadrat (nachfolgende Abbildung).

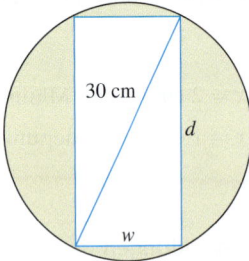

a. Bestimmen Sie die Abmessungen des stärksten Balkens, der aus einem zylindrischen Holzstamm mit 30 cm Durchmesser geschnitten werden kann.

b. Stellen Sie S mit der Proportionalitätskonstanten $k = 1$ als Funktion der Breite des Stamms w grafisch dar. Vergleichen Sie Ihre Beobachtungen mit Ihrer Antwort aus Teil **a**.

c. Zeichnen Sie nun den Graphen von S als Funktion der Dicke des Balkens d. Setzen Sie wieder $k = 1$. Vergleichen Sie die beiden Graphen miteinander und mit Ihrer Antwort aus Teil **a**. Wie würde sich der Übergang zu einem anderen Wert der Proportionalitätskonstante k auswirken? Probieren Sie es aus!

25. Reibungsfreier Wagen Ein kleiner reibungsfrei rollender Wagen, der mit einer Feder an der Wand angebracht ist (siehe nachfolgende Abbildung), wird 10 cm aus seiner Ruhelage ausgelenkt und zur Zeit $t = 0$ losgelassen. Innerhalb von 4 Sekunden rollt er in Richtung Wand und wieder zurück. Zur Zeit t ist sein Ort $s = 10 \cos \pi t$.

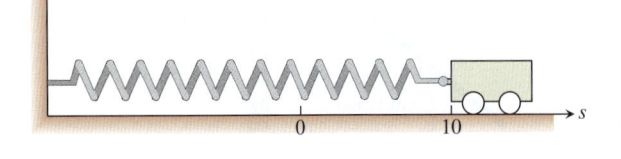

a. Was ist die Maximalgeschwindigkeit des Wagens? Wann bewegt sich der Wagen mit dieser Geschwindigkeit? Was ist dann der Betrag der Beschleunigung?

b. Wo befindet sich der Wagen, wenn der Betrag der Beschleunigung maximal ist? Mit welcher Geschwindigkeit bewegt sich der Wagen dann?

26. Abstand zwischen zwei Schiffen Mittags befand sich Schiff A genau 12 nautische Meilen nördlich von Schiff B. Schiff A segelte mit 12 Knoten (nautische Meilen pro Stunde) nach Süden und behielt diese Geschwindigkeit den ganzen Tag bei. Schiff B segelte mit 8 Knoten nach Osten und behielt diese Geschwindigkeit den ganzen Tag bei.

a. Starten Sie die Zeitmessung mit $t = 0$ am Mittag und drücken Sie den Abstand s zwischen den Schiffen als Funktion von t aus.

b. Wie schnell änderte sich der Abstand zwischen den Schiffen am Mittag? Wie verhielt es sich eine Stunde später?

c. Die Sichtweite war an diesem Tag 5 nautische Meilen. Waren die Schiffe jemals in Sichtweite?

d. Stellen Sie s und ds/dt als Funktionen von t für $-1 \leq t \leq 3$ grafisch dar, nach Möglichkeit mit verschiedenen Farben. Vergleichen Sie die Graphen und vergleichen Sie Ihre Beobachtungen mit Ihren Antworten aus **b.** und **c.**

e. Es scheint, als könnte der Graph von ds/dt im ersten Quadranten eine horizontale Asymptote haben. Dies legt wiederum die Vermutung nahe, dass ds/dt für $t \to \infty$ einen Grenzwert erreicht. Welcher Wert ist das? Wie ist das Verhältnis zu den Einzelgeschwindigkeiten der Schiffe?

27. Das Fermat'sche Prinzip in der Optik Licht aus einer Quelle A wird durch einen ebenen Spiegel in einen Empfänger im Punkt B reflektiert (▶die nachfolgende Abbildung). Zeigen Sie, dass der Einfallswinkel gleich dem Reflexionswinkel sein muss, wenn das Licht dem Fermat'schen Prinzip gehorcht. (Beide Winkel werden gegen die Normale über der Spiegelebene gemessen.) Dieses Ergebnis können Sie, wenn Sie mögen, auch ohne Analysis durch rein geometrische Überlegungen herleiten.

Aufgaben zum Abschnitt 4.5

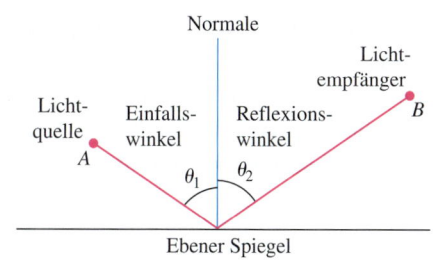

28. Zinnpest Wird Zinn bei einer Temperatur von unter 13,2 °C aufbewahrt, so wird es brüchig und zerbröselt zu einem grauen Pulver. Gegenstände aus Zinn zerbröseln irgendwann spontan zu diesem grauen Pulver, wenn sie jahrelang bei einem kalten Klima aufbewahrt werden. Die Europäer, die vor vielen Jahren den Zerfall von Orgelpfeifen aus Zinn in ihren Kirchen beobachteten, nannten den Zerfall *Zinnpest*, weil er ansteckend zu sein schien, was auch tatsächlich zutraf, denn das graue Pulver ist ein Katalysator seiner eigenen Bildung.

Ein *Katalysator* einer chemischen Reaktion ist eine Substanz, die die Reaktionsgeschwindigkeit steuert, ohne selbst einer permanenten Änderung zu unterliegen. Eine *autokatalytische Reaktion* ist eine Reaktion, deren Endprodukt als Katalysator dieser Reaktion wirkt. Eine solche Reaktion kann am Anfang langsam ablaufen, wenn die vorhandene Menge des Katalysators klein ist. Auch am Ende läuft sie langsam ab, wenn der überwiegende Teil der Ausgangssubstanz verbraucht ist. Dazwischen aber, wenn sowohl die Ausgangssubstanz als auch der Katalysator reichlich vorhanden sind, läuft die Reaktion in einem schnellen Tempo ab.

In einigen Fällen ist es plausibel anzunehmen, dass die Reaktionsgeschwindigkeit $v = dx/dt$ sowohl proportional zur vorliegenden Menge der Ausgangssubstanz als auch zur Menge des Reaktionsprodukts proportional ist. Das heißt, man kann v ausschließlich als Funktion von x betrachten. Es gilt

$$v = kx(a - x) = kax - kx^2$$

mit x = Menge des Reaktionsprodukts
a = Menge der Ausgangssubstanz
k = positive Konstante.

Für welchen Wert von x ist die Reaktionsgeschwindigkeit v maximal? Was ist der Maximalwert von v?

Handel und Wirtschaft

29. Es kostet Sie jeweils c Euro, einen Rucksack herzustellen und zu vertreiben. Werden die Rucksäcke für x Euro pro Stück verkauft, so ist die Anzahl der verkauften Rucksäcke gegeben durch

$$n = \frac{a}{x - c} + b(100 - x)$$

mit den positiven Konstanten a und b. Welcher Verkaufspreis liefert den maximalen Gewinn?

30. Wilson'sche Losformel Eine der Formeln der Warenwirtschaft besagt, dass die mittleren wöchentlichen Kosten für Bestellung, Bezahlung und Aufbewahrung von Waren

$$A(q) = \frac{km}{q} + cm + \frac{hq}{2}$$

betragen. Dabei ist q die Menge, die sie bestellen, wenn Dinge knapp werden (Schuhe, Radios, Besen oder was Ihnen sonst noch einfällt), k sind die Kosten für eine Bestellung (gleich, unabhängig wie oft sie bestellen), c sind die Kosten eines Stücks (eine Konstante), m ist die pro Woche verkaufte Stückzahl (eine Konstante), und h sind die wöchentlichen Lagerkosten pro Stück (eine Konstante, die Platz, Hilfsmittel, Versicherung und Betriebsschutz berücksichtigt).

a. Als Lagerleiter besteht Ihre Aufgabe darin, die Menge zu finden, die $A(q)$ minimiert. Welche Menge ist das? (Die Formel, die Sie erhalten, ist die *Wilson'sche Losformel*.)

b. Die Versandkosten hängen manchmal von der Bestellmenge ab. In diesem Fall ist es realistischer, k durch $k + bq$ zu ersetzen, das ist die Summe von k und einer Konstanten mal q. Was ist nun die wirtschaftlichste Bestellmenge?

31. Ihre Einnahmefunktion sei $r(x) = 6x$, und Ihre Kostenfunktion sei $c(x) = x^3 - 6x^2 + 15x$. Zeigen Sie, dass Sie dann bestenfalls die Gewinnschwelle erreichen können (Einnahmen sind so groß wie die Kosten).

32. Sie sollen einen offenen, rechteckigen Behälter konstruieren, der eine quadratische Grundfläche und ein Fassungsvolumen von 6 m³ hat. Das Material für die Grundfläche kostet 60 Euro pro m², das für die Seiten 40 Euro pro m². Welche Abmessungen liefern den kostengünstigsten Behälter. Was sind die minimalen Kosten?

Biologie

33. **Empfindlichkeit gegenüber einem Medikament** (*Fortsetzung von Aufgabe 33 in Abschnitt 3.3*) Bestimmen Sie die Medikamentenmenge, auf die der Körper am empfindlichsten reagiert, indem Sie den Wert M bestimmen, der die Ableitung dR/dM maximiert. Dabei ist

$$R = M^2 \left(\frac{C}{2} - \frac{M}{3} \right)$$

mit einer Konstanten C.

Theorie und Beispiele

34. **Eine Ungleichung für positive ganze Zahlen** Seien a, b, c und d positive ganze Zahlen. Zeigen Sie, dass

$$\frac{(a^2+1)(b^2+1)(c^2+1)(d^2+1)}{abcd} \geq 16 \quad \text{ist.}$$

35. **Die Ableitung von dt/dx aus Beispiel 4.23.**

a. Zeigen Sie, dass

$$f(x) = \frac{x}{\sqrt{a^2 + x^2}}$$

eine wachsende Funktion von x ist.

b. Zeigen Sie, dass

$$g(x) = \frac{d-x}{\sqrt{b^2 + (d-x)^2}}$$

eine fallende Funktion von x ist.

c. Zeigen Sie, dass

$$\frac{dt}{dx} = \frac{x}{c_1 \sqrt{a^2 + x^2}} - \frac{d-x}{c_2 \sqrt{b^2 + (d-x)^2}}$$

eine wachsende Funktion von x ist.

36. Seien f und g die nachfolgend dargestellten differenzierbaren Funktionen. Die Stelle c ist die Stelle, an der der vertikale Abstand zwischen den Kurven am größten ist. Weisen die Tangenten an die beiden Kurven an der Stelle c eine Besonderheit auf? Begründen Sie Ihre Antwort.

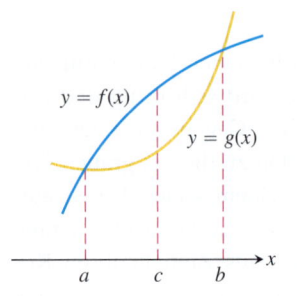

37. **a.** Die Funktion $y = \cot x - \sqrt{2} \csc x$ hat auf dem Intervall $0 < x < \pi$ ein globales Maximum. Bestimmen Sie es.

b. Stellen Sie die Funktion grafisch dar, und vergleichen Sie Ihre Beobachtung mit Ihrer Antwort aus **a**.

38. **a.** Wie nah kommt die Kurve $y = \sqrt{x}$ dem Punkt $(3/2, 0)$? (*Hinweis*: Wenn Sie das *Quadrat* des Abstands minimieren, umgehen Sie die Wurzelausdrücke.)

b. Stellen sie die Abstandsfunktion $D(x)$ und $y = \sqrt{x}$ in einer Abbildung dar, und vergleichen Sie Ihre Beobachtung mit Ihrer Antwort aus **a**.

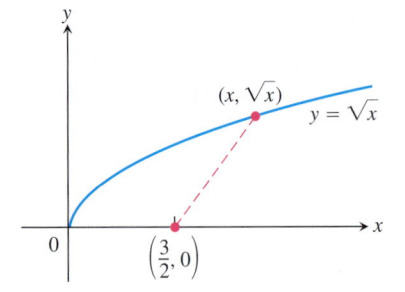

4.6 Das Newton-Verfahren

In diesem Abschnitt behandeln wir ein numerisches Verfahren, das man als *Newton-Verfahren* oder *Newton-Raphson-Verfahren* bezeichnet. Mit diesem Verfahren lässt sich eine *Nullstelle* einer (differenzierbaren) Funktion f, also eine Lösung der Gleichung $f(x) = 0$, näherungsweise bestimmen. Dazu spielen Tangenten an den Graphen von f eine entscheidende Rolle.

Vorgehensweise beim Newton-Verfahren

Ziel des Newton-Verfahrens zur näherungsweisen Lösung einer Gleichung $f(x) = 0$ ist es, Zahlen x_0, x_1, x_2, x_3, ... zu erzeugen, die der gesuchten Nullstelle x von f beliebig nahe kommen. In der Sprechweise von Kapitel 10 können wir auch sagen: Die mit dem Newton-Verfahren erzeugte Folge $(x_0, x_1, x_2, x_3, \ldots)$ konvergiert gegen x. Die erste Zahl x_0 wählen wir selbst aus, idealerweise liegt x_0 bereits in der Nähe von der Nullstelle x. Dann erledigt das Verfahren den Rest, indem es sukzessive x_1 aus x_0, x_2 aus x_1, x_3 aus x_2, ... allgemein x_{n+1} aus x_n bestimmt, und zwar so:

Zur Bestimmung von x_1 verwendet man die Tangente an den Graphen von f im Punkt $(x_0, f(x_0))$, also die Linearisierung von f bei x_0. Die Stelle, an der diese Tangente die x-Achse schneidet, ist x_1.

Zur Bestimmung von x_2 verwendet man die Tangente im Punkt $(x_1, f(x_1))$. Die Stelle, an der diese Tangente die x-Achse schneidet, ist x_2, usw. (▶Abbildung 4.41).

Idealerweise kommt man mit den so konstruierten Zahlen immer näher an die gesuchte Nullstelle von f heran. Man bricht das Verfahren ab und verwendet x_n als Näherungslösung von $f(x) = 0$, wenn zu einem vorher festgelegten (sehr kleinen) $\varepsilon > 0$ gilt $|f(x_n)| < \varepsilon$, oder, wenn sich x_{n+1} und x_n kaum mehr unterscheiden.

Eine Gleichung zur Erzeugung der aufeinanderfolgenden Näherungen können wir folgendermaßen herleiten: Ist die Näherung x_n gegeben, so ist die Punkt-Steigungsglei-

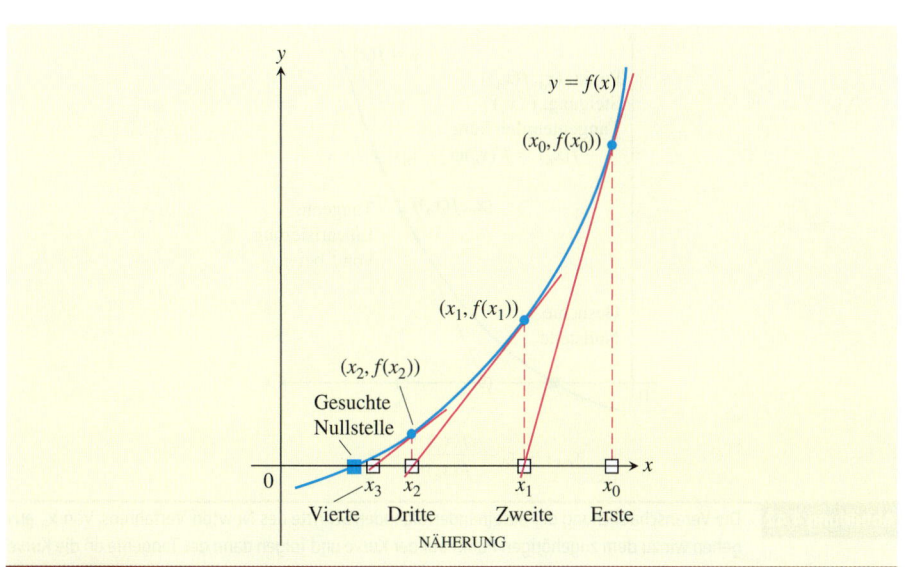

Abbildung 4.41 Das Newton-Verfahren beginnt mit einem geratenen Startwert x_0 und verbessert (im Idealfall) die Näherung in jedem Schritt.

chung der Tangente an die Kurve im Punkt $(x_n, f(x_n))$

$$y = f(x_n) + f'(x_n)(x - x_n).$$

Wir können bestimmen, wo die Tangente die x-Achse schneidet, indem wir $y = 0$ setzen (▶ Abbildung 4.42):

$$0 = f(x_n) + f'(x_n)(x - x_n)$$

$$-\frac{f(x_n)}{f'(x_n)} = x - x_n$$

$$x = x_n - \frac{f(x_n)}{f'(x_n)} \qquad \text{falls } f'(x_n) \neq 0.$$

Dieser Wert von x ist die nächste Näherung x_{n+1}. Hier ist das Schema des Newton-Verfahrens:

Merke

Newton-Verfahren

1. Wählen Sie eine erste Näherung x_0 für die Lösung der Gleichung $f(x) = 0$. Eine grafische Darstellung von $y = f(x)$ kann dabei hilfreich sein.

2. Verwenden Sie die erste Näherung, um eine zweite zu bestimmen, bestimmen Sie aus der zweiten eine dritte usw. Verwenden Sie dazu die Rekursionsgleichung

$$x_{n+1} = x_n - \frac{f(x_n)}{f'(x_n)}, \quad \text{falls } f'(x_n) \neq 0. \tag{4.6}$$

Wir sprechen in diesem Zusammenhang auch von einer **rekursiven Definition**; (4.6) gibt an, wie sich x_{n+1} aus x_n berechnet.

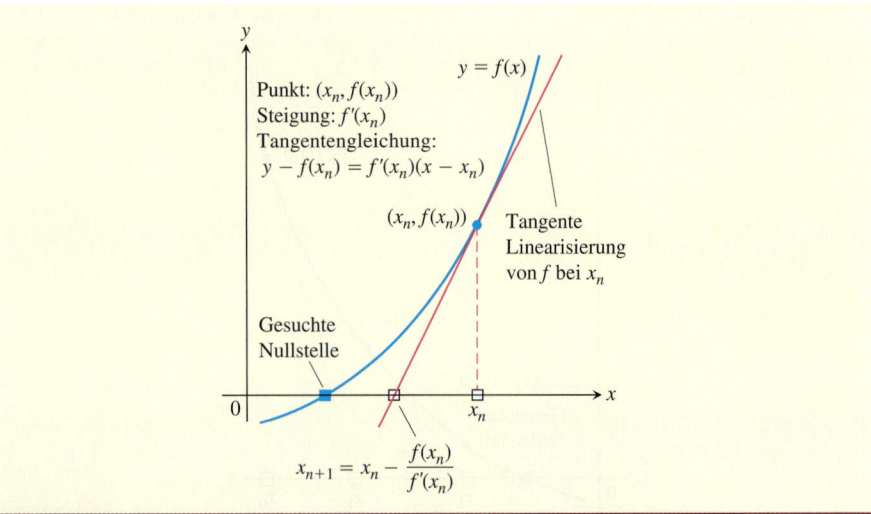

Abbildung 4.42 Die Veranschaulichung der aufeinanderfolgenden Schritte des Newton-Verfahrens. Von x_n aus gehen wir zu dem zugehörigen Punkt auf der Kurve und folgen dann der Tangente an die Kurve in diesem Punkt bis zum Schnittpunkt mit der x-Achse, um x_{n+1} zu bekommen.

4.6 Das Newton-Verfahren

Das Newton-Verfahren anwenden

Anwendungen des Newton-Verfahrens gehen in der Regel mit vielen numerischen Berechnungen einher, sodass sie sich für Computer oder Taschenrechner sehr eignen. Doch selbst wenn man die Berechnungen per Hand ausführt (was sehr mühsam sein kann), bildet das Verfahren ein leistungsfähiges Werkzeug zur näherungsweisen Lösung von Gleichungen.

In unserem ersten Beispiel bestimmen wir Dezimalnäherungen von $\sqrt{2}$, indem wir die positive Nullstelle der Gleichung $f(x) = x^2 - 2 = 0$ näherungsweise bestimmen.

Beispiel 4.25 Bestimmen Sie die positive Nullstelle der Gleichung

$$f(x) = x^2 - 2 = 0.$$

Dezimalnäherung von $\sqrt{2}$

Lösung Mit $f(x) = x^2 - 2$ und $f'(x) = 2x$ wird Gleichung (4.6) zu

$$x_{n+1} = x_n - \frac{x_n^2 - 2}{2x_n}$$
$$= x_n - \frac{x_n}{2} + \frac{1}{x_n}$$
$$= \frac{x_n}{2} + \frac{1}{x_n}.$$

Die Gleichung

$$x_{n+1} = \frac{x_n}{2} + \frac{1}{x_n}$$

ermöglicht es uns, mit nur ein paar Tastendrücken von einer Näherung zur nächsten zu kommen. Mit dem Startwert $x_0 = 1$ erhalten wir die Ergebnisse in der ersten Spalte der folgenden Tabelle. (Auf fünf Dezimalstellen genau ist $\sqrt{2} = 1{,}41421$.)

	Fehler	Anzahl der korrekten Stellen
$x_0 = 1$	$-0{,}41421$	1
$x_1 = 1{,}5$	$0{,}08579$	1
$x_2 = 1{,}41667$	$0{,}00246$	3
$x_3 = 1{,}41422$	$0{,}00001$	5

Das Newton-Verfahren ist das Verfahren, das die meisten Taschenrechner zur Nullstellenberechnung verwenden, weil es sehr schnell konvergiert. Wären die Rechnungen in der Tabelle aus Beispiel 4.25 nicht nur auf 5, sondern auf 13 Stellen genau ausgeführt worden, dann hätten wir $\sqrt{2}$ schon nach einem einzigen weiteren Schritt auf mehr als 10 Stellen genau bestimmt.

Beispiel 4.26 Bestimmen Sie die x-Koordinate des Punktes, in dem die Kurve $y = x^3 - x$ die horizontale Gerade $y = 1$ schneidet.

Schnittpunkt von $y = x^3 - x$ mit der Horizontalen $y = 1$

Lösung Die Kurve schneidet die Gerade für $x^3 - x = 1$ bzw. $x^3 - x - 1 = 0$. Wann ist $f(x) = x^3 - x - 1$ gleich null? Wegen $f(1) = -1$ und $f(2) = 5$ wissen wir aus dem Zwischenwertsatz, dass es im Intervall $(1, 2)$ eine Nullstelle gibt (▶Abbildung 4.43).

Wir wenden nun das Newton-Verfahren auf f an, mit dem Startwert $x_0 = 1$. Die Ergebnisse sind in Tabelle 4.1 und ▶Abbildung 4.44 dargestellt.

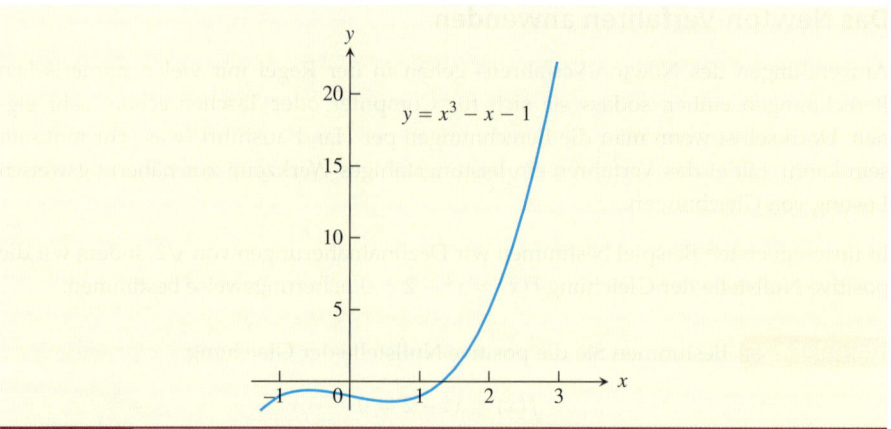

Abbildung 4.43 Der Graph von $f(x) = x^3 - x - 1$ schneidet die x-Achse einmal; dies ist die von uns gesuchte Nullstelle (Beispiel 4.26).

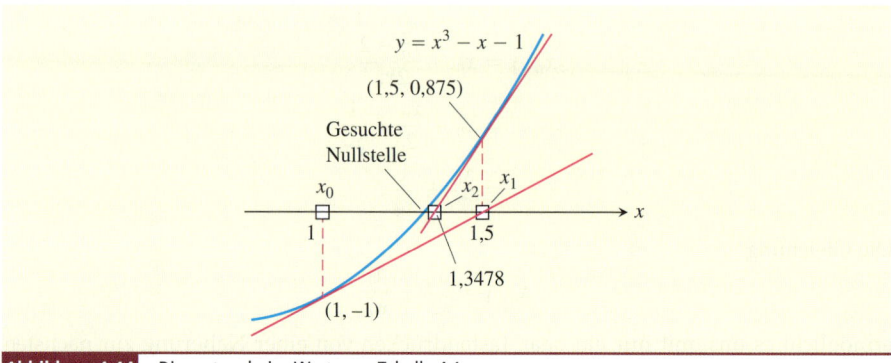

Abbildung 4.44 Die ersten drei x-Werte aus Tabelle 4.1.

Wir sehen, dass sich x_5 und x_6 in den ersten neun Dezimalstellen nicht mehr unterscheiden und verwenden x_5 (oder auch x_6) als Näherungslösung von $f(x) = 0$. In der Tat ist $|f(x_5)| < 2 \cdot 10^{-13}$, also $f(x_5) \approx 0$. Damit haben wir eine Lösung von $f(x) = 0$ auf neun Dezimalstellen genau bestimmt.

In ▶Abbildung 4.45 sehen wir, dass das Verfahren in Beispiel 4.26 auch mit $x_0 = 3$ hätte starten können. Der Punkt $B_1(3, 23)$ ist ziemlich weit von der x-Achse entfernt, aber die Tangente an B_0 schneidet die x-Achse bei etwa $(2{,}12, 0)$, sodass $x_1 = 2{,}12$ trotzdem eine Verbesserung gegenüber x_0 ist. Wenden wir wie vorhin Gleichung (4.6) mit $f(x) = x^3 - x - 1$ und $f'(x) = 3x^2 - 1$ immer wieder an, erhalten wir die neunstellige Näherungslösung $x_6 = 1{,}324717957$ nach sechs Schritten.

Tabelle 4.1: Die Ergebnisse des Newton-Verfahrens für $f(x) = x^3 - x - 1$ mit $x_0 = 1$.

n	x_n	$f(x_n)$	$f'(x_n)$	$x_{n+1} = x_n - \dfrac{f(x_n)}{f'(x_n)}$
0	1	−1	2	1,5
1	1,5	0,875	5,75	1,347826087
2	1,347826087	0,100682173	4,449905482	1,325200399
3	1,325200399	0,002058362	4,268468292	1,324718174
4	1,324718174	0,000000924	4,264634722	1,324717957
5	1,324717957	$-1{,}8672 \cdot 10^{-13}$	4,264632999	1,324717957

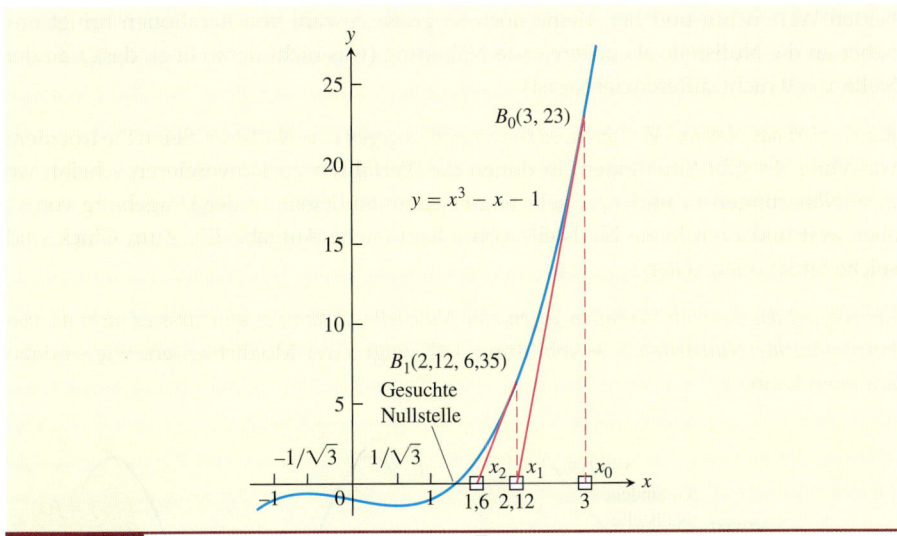

Abbildung 4.45 Jeder Startwert x_0 rechts von $x = 1/\sqrt{3}$ führt auf die Nullstelle.

Konvergenz der Näherungen

Wir können die Konvergenz des Newton-Verfahrens anhand einer Zeichnung illustrieren, aber an dieser Stelle hier nicht beweisen. Dazu werden Sätze über die Konvergenz von Folgen aus Kapitel 10 benötigt. Wir bemerken hier nur, dass die Definition der Folgenkonvergenz vergleichbar ist mit der des Grenzwerts einer Funktion $g(t)$, wenn t gegen unendlich geht (siehe Abschnitt 2.6). In der Praxis liefert das Newton-Verfahren in der Regel eine Konvergenz mit beeindruckender Geschwindigkeit. Die Konvergenz können Sie beispielsweise prüfen, indem Sie zunächst die Funktion grafisch darstellen, um einen guten Startwert für x_0 auszuwählen. Dann können Sie sich davon überzeugen, dass Sie der Nullstelle der Funktion immer näher kommen, indem Sie $|f(x_n)|$ berechnen. Die Konvergenz der Näherungen können Sie prüfen, indem Sie $|x_n - x_{n+1}|$ berechnen.

Das Newton-Verfahren konvergiert aber nicht immer. Ist beispielsweise

$$f(x) = \begin{cases} -\sqrt{r-x}, & x < r \\ \sqrt{x-r}, & x \geq r, \end{cases}$$

so haben wir einen Graphen wie in ▶Abbildung 4.46. Starten wir mit $x_0 = r - h$, so erhalten wir $x_1 = r + h$, und die sukzessiven Näherungen springen zwischen diesen

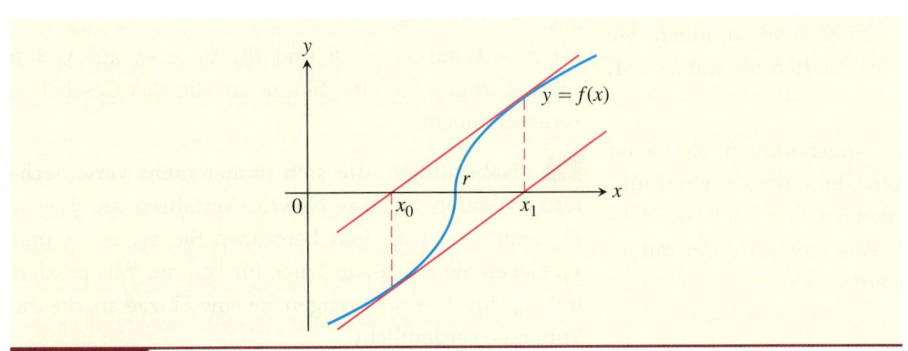

Abbildung 4.46 Das Newton-Verfahren konvergiert nicht. Sie gelangen von x_0 zu x_1 und wieder zu x_0 zurück, kommen aber r nie näher.

beiden Werten hin und her. Keine noch so große Anzahl von Iterationen bringt uns näher an die Nullstelle als unsere erste Näherung (was nicht daran liegt, dass f an der Stelle $x = 0$ nicht differenzierbar ist).

Konvergiert das Newton-Verfahren, so konvergiert es gegen eine Nullstelle. Seien Sie trotzdem vorsichtig. Es gibt Situationen, in denen das Verfahren zu konvergieren scheint, wo zwei Näherungen x_n und x_{n+1} sehr eng beisammen liegen, in der Umgebung von x_n aber weit und breit keine Nullstelle von f liegt (siehe Aufgabe 17). Zum Glück sind solche Situationen selten.

Konvergiert das Newton-Verfahren gegen eine Nullstelle, so kann es sein, dass es nicht die von Ihnen gesuchte Nullstelle ist. ▶Abbildung 4.47 zeigt zwei Möglichkeiten, wie es dazu kommen kann.

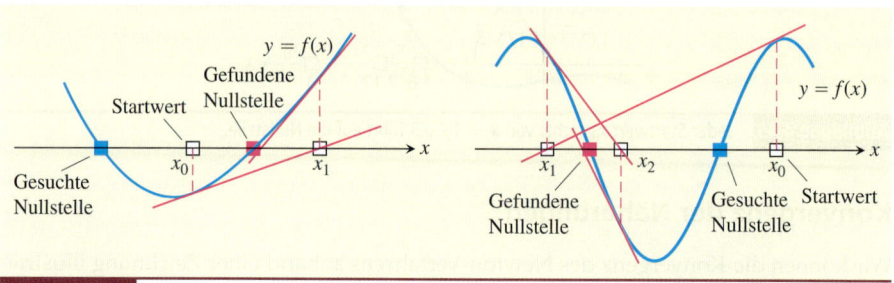

Abbildung 4.47 Starten Sie in zu großem Abstand von der Nullstelle, so kann das Newton-Verfahren die gesuchte Nullstelle verfehlen.

Aufgaben zum Abschnitt 4.6

Nullstellen bestimmen

1. Verwenden Sie das Newton-Verfahren, um die Lösungen der Gleichung $x^2 + x - 1 = 0$ abzuschätzen. Starten Sie für die linke Lösung mit $x_0 = -1$ und für die rechte mit $x_0 = 1$. Bestimmen Sie in beiden Fällen x_2.

2. Verwenden Sie das Newton-Verfahren, um die beiden Nullstellen der Funktion $f(x) = x^4 + x - 3$ abzuschätzen. Beginnen Sie für die linke Lösung mit $x_0 = -1$ und für die rechte mit $x_0 = 1$.

3. Verwenden Sie das Newton-Verfahren, um die vierte positive Wurzel von 2 zu bestimmen, indem Sie die Gleichung $x^4 - 2 = 0$ lösen. Starten Sie mit $x_0 = 1$, und bestimmen Sie x_2.

4. Eine Nullstelle raten Angenommen, Sie haben mit Ihrem ersten Tipp insofern Glück, dass x_0 eine Nullstelle von $f(x) = 0$ ist. Nehmen Sie an, dass $f'(x_0)$ definiert und ungleich null ist. Was passiert dann mit x_1 und den weiteren Näherungen?

5. Schätzung von π Sie wollen $\pi/2$ auf fünf Dezimalstellen bestimmen und dazu mithilfe des Newton-Verfahrens die Gleichung $\cos x = 0$ lösen. Spielt Ihr Startwert eine Rolle? Begründen Sie Ihre Antwort.

Theorie und Beispiele

6. Schwingungen Zeigen Sie, dass die Anwendung des Newton-Verfahrens mit $h > 0$ auf

$$f(x) = \begin{cases} \sqrt{x}, & x \geq 0 \\ \sqrt{-x}, & x < 0 \end{cases}$$

für $x_0 = h$ auf $x_1 = -h$ und für $x_0 = -h$ auf $x_1 = h$ führt. Fertigen Sie eine Skizze an, die das Geschehen veranschaulicht.

7. Näherungen, die sich immer mehr verschlechtern Wenden Sie das Newton-Verfahren auf $f(x) = x^{1/3}$ mit $x_0 = 1$ an und berechnen Sie x_1, x_2, x_3 und x_4. Geben Sie einen Ausdruck für $|x_n|$ an. Was passiert mit $|x_n|$ für $n \to \infty$? Fertigen Sie eine Skizze an, die die Vorgänge verdeutlicht.

Aufgaben zum Abschnitt 4.6

8. Erläutern Sie, warum in den folgenden vier Aussagen nach derselben Information gefragt ist.

a. Bestimmen Sie die Nullstellen von $f(x) = x^3 - 3x - 1$.

b. Bestimmen Sie die x-Koordinaten der Schnittpunkte der Kurve $y = x^3$ mit der Geraden $y = 3x + 1$.

c. Bestimmen Sie die x-Koordinaten der Punkte, in denen die Kurve $y = x^3 - 3x$ die Horizontale $y = 1$ schneidet.

d. Bestimmen Sie die Werte von x, für die die Ableitung von $g(x) = (1/4)x^4 - (3/2)x^2 - x + 5$ gleich null ist.

9. Sich schneidende Kurven Die Kurve $y = \tan x$ schneidet die Gerade $y = 2x$ zwischen $x = 0$ und $x = \pi/2$. Bestimmen Sie mithilfe des Newton-Verfahrens die genaue Stelle.

10. a. Wie viele Lösungen hat die Gleichung $\sin 3x = 0{,}99 - x^2$?

b. Bestimmen Sie die Lösungen mithilfe des Newton-Verfahrens.

11. Bestimmen Sie die vier reellen Nullstellen der Funktion $f(x) = 2x^4 - 4x^2 + 1$.

12. Schätzung von π Schätzen Sie π auf so viele Dezimalstellen genau ab, wie Ihr Taschenrechner hergibt. Lösen Sie dazu die Gleichung $\tan x = 0$ mit $x_0 = 3$ mithilfe des Newton-Verfahrens.

13. Sich schneidende Kurven An welchen Stellen (welcher Stelle) x ist $\cos x = 2x$?

14. Die Graphen von $y = x^2(x+1)$ und $y = 1/x$ mit $x > 0$ schneiden sich an einer Stelle $x = r$. Bestimmen Sie mithilfe des Newton-Verfahrens den Wert von r auf vier Dezimalstellen genau.

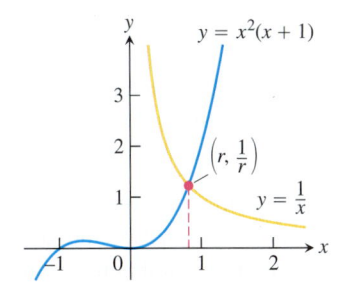

15. Zeigen Sie mithilfe des Zwischenwertsatzes aus Abschnitt 2.5, dass $f(x) = x^3 + 2x - 4$ zwischen $x = 1$ und $x = 2$ eine Nullstelle hat. Bestimmen Sie anschließend die Nullstelle auf fünf Dezimalstellen genau.

16. Konvergenz gegen verschiedenen Nullstellen Bestimmen Sie mithilfe des Newton-Verfahrens von den angegebenen Startwerten ausgehend die Nullstellen von $f(x) = 4x^4 - 4x^2$.

a. $x_0 = -2$ und $x_0 = -0{,}8$, in $(-\infty, -\sqrt{2}/2)$

b. $x_0 = -0{,}5$ und $x_0 = 0{,}25$, in $(-\sqrt{21}/7, \sqrt{21}/7)$

c. $x_0 = 0{,}8$ und $x_0 = 2$, in $(\sqrt{2}/2, \infty)$

d. $x_0 = -\sqrt{21}/7$ und $x_0 = \sqrt{21}/7$

17. Kurven, die an der Nullstelle fast flach sind Manche Kurven sind so flach, dass das Newton-Verfahren in der Praxis zu weit von der Nullstelle entfernt stoppt, um eine nützliche Schätzung abzugeben. Wenden Sie versuchsweise das Newton-Verfahren auf $f(x) = (x-1)^{40}$ mit dem Startwert $x_0 = 2$ an, um zu sehen, wie nah Ihr Rechner an die Nullstelle $x = 1$ herankommt. Betrachten Sie dazu die nachfolgende Abbildung.

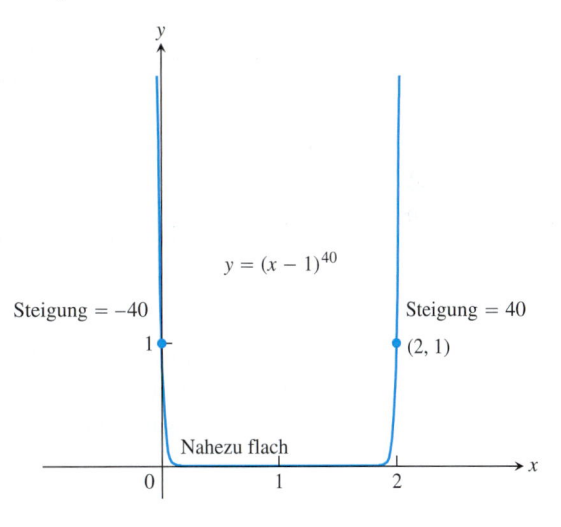

4.7 Stammfunktionen

Wir haben untersucht, wie man die Ableitung einer Funktion bestimmt. Bei vielen Problemen muss man jedoch eine Funktion aus ihrer bekannten Ableitung zurückgewinnen (also aus ihrer Änderungsrate). Wir kennen zum Beispiel die Geschwindigkeitsfunktion eines fallenden Körpers aus einer Ausgangshöhe und möchten seine Höhe zu jeder Zeit t wissen. Allgemeiner ausgedrückt, wollen wir zu einer gegebenen Funktion f eine Funktion F so bestimmen, dass f die Ableitung von F ist, also $F' = f$ gilt. Existiert eine solche Funktion F, so nennt man sie *Stammfunktion* von f. Im nächsten Kapitel werden wir sehen, dass Stammfunktionen die Brücke zwischen zwei zentralen Begriffen der Analysis sind: nämlich die Verbindung zwischen Ableitungen und bestimmten Integralen.

Stammfunktionen bestimmen

Definition Eine Funktion F ist eine **Stammfunktion** von f auf einem Intervall I, wenn $F'(x) = f(x)$ für alle x aus I ist.

Der Prozess, eine Funktion $F(x)$ aus ihrer Ableitung $f(x)$ zurückzugewinnen, heißt *Integration*. Wir verwenden Großbuchstaben wie F, um eine Stammfunktion einer Funktion f zu bezeichnen, G ist dann eine Stammfunktion von g usw.

Stammfunktionen von $y = 2x$, $y = \cos x$ und $y = 2x + \cos x$

Beispiel 4.27 Bestimmen Sie eine Stammfunktion der folgenden Funktionen.

a) $f(x) = 2x$ b) $g(x) = \cos x$ c) $h(x) = 2x + \cos x$

Lösung Hier müssen wir rückwärts denken: Welche Funktion kennen wir, die die gegebene Funktion als Ableitung hat?

a) $F(x) = x^2$ b) $G(x) = \sin x$ c) $H(x) = x^2 + \sin x$

Jede Antwort kann durch Differentiation geprüft werden. Die Ableitung von $F(x) = x^2$ ist $F'(x) = 2x$. Die Ableitung von $G(x) = \sin x$ ist $G'(x) = \cos x$, und die Ableitung von $H(x) = x^2 + \sin x$ ist $H'(x) = 2x + \cos x$. ∎

Die Funktion $F(x) = x^2$ ist aber nicht die einzige Funktion, deren Ableitung $f(x) = 2x$ ist. Die Funktion $y = x^2 + 1$ hat dieselbe Ableitung. Das gilt auch für $y = x^2 + C$ mit einer beliebigen Konstanten C. Gibt es noch weitere Funktionen?

Folgerung 2 des Mittelwertsatzes aus Abschnitt 4.2 gibt eine Antwort: zwei Stammfunktionen einer Funktion unterscheiden sich durch eine Konstante. Also sind die Funktionen $y = x^2 + C$ mit einer **beliebigen Konstanten** *alle* Stammfunktionen von $f(x) = 2x$. Allgemeiner ausgedrückt, haben wir das folgende Resultat:

> **Satz 4.6** Ist F eine Stammfunktion von f auf einem Intervall I, so ist die allgemeine Stammfunktion von f auf I
>
> $$y = F(x) + C$$
>
> mit einer beliebigen Konstanten C.

Folglich ist die allgemeine Stammfunktion von f auf I eine *Schar* von Funktionen $y = F(x) + C$, deren Graphen vertikale Verschiebungen voneinander sind. Wir können eine bestimmte Stammfunktion aus dieser Schar wählen, indem wir C einen speziellen Wert zuweisen. Hier ist ein Beispiel, das zeigt, wie man eine solche Zuweisung vornehmen kann.

Beispiel 4.28 Bestimmen Sie eine Stammfunktion von $f(x) = 3x^2$, die $F(1) = -1$ erfüllt.

Stammfunktionen von $f(x) = 3x^2$ **mit** $F(1) = -1$

Lösung Da die Ableitung von $y = x^3$ gleich $y' = 3x^2$ ist, liefert die allgemeine Stammfunktion

$$F(x) = x^3 + C$$

alle Stammfunktionen von $f(x)$. Die Bedingung $F(1) = -1$ bestimmt einen speziellen Wert für C. Setzen wir $x = 1$ in $F(x) = x^3 + C$ ein, so erhalten wir

$$F(1) = (1)^3 + C = 1 + C.$$

Wegen $F(1) = -1$ ergibt das Auflösen von $1 + C = -1$ nach C die Lösung $C = -2$. Also ist

$$F(x) = x^3 - 2$$

die Stammfunktion mit $F(1) = -1$. Vergegenwärtigen Sie sich, dass diese Zuweisung an C eine ganz bestimmte Kurve aus der Kurvenschar $y = x^3 + C$ auswählt, nämlich diejenige, die durch den Punkt $(1, -1)$ in der xy-Ebene verläuft (▶Abbildung 4.48).

Indem wir rückwärts aus den geltenden Differentiationsregeln schließen, können wir Gleichungen und Regeln für Stammfunktionen herleiten. In jedem Fall gibt es eine Konstante C im allgemeinen Ausdruck, der alle Stammfunktionen einer gegebenen Funktion verkörpert. Tabelle 4.2 fasst Stammfunktionen für eine Reihe wichtiger Funktionen zusammen.

Die Regeln aus Tabelle 4.2 lassen sich leicht überprüfen, indem man die Ableitung der allgemeinen Stammfunktion bildet; man erhält dann jeweils die Funktion in der linken Spalte. Zum Beispiel ist die Ableitung von $F(x) = (\tan kx)/k + C$ gleich $f(x) = \sec^2 kx$, unabhängig vom Wert der Konstanten C mit $k \neq 0$, und dies begründet Regel 4 für die allgemeine Stammfunktion von $f(x) = \sec^2 kx$.

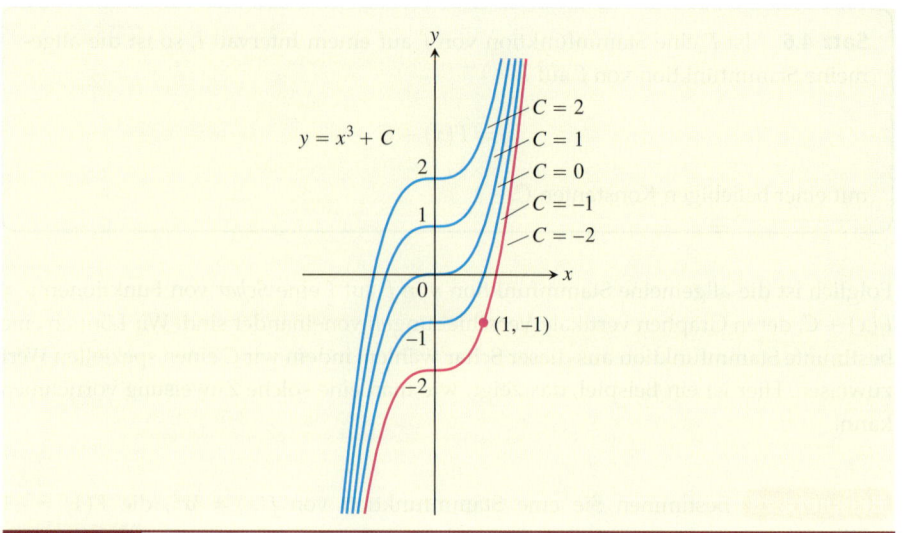

Abbildung 4.48 Die Kurven $y = x^3 + C$ füllen die xy-Ebene ohne Überschneidungen. In Beispiel 4.28 identifizieren wir die Kurve $y = x^3 - 2$ als diejenige, die durch den gegebenen Punkt $(1, -1)$ verläuft.

Tabelle 4.2: Stammfunktionen einiger wichtiger Funktionen, k ist eine von null verschiedene Konstante.

Funktion $f(x) =$	Allgemeine Stammfunktion $F(x) =$
1. x^n	$\frac{1}{n+1}x^{n+1} + C$, $n \neq -1$
2. $\sin kx$	$-\frac{1}{k}\cos kx + C$
3. $\cos kx$	$\frac{1}{k}\sin kx + C$
4. $\sec^2 kx$	$\frac{1}{k}\tan kx + C$
5. $\csc^2 kx$	$-\frac{1}{k}\cot kx + C$
6. $\sec kx \tan kx$	$\frac{1}{k}\sec kx + C$
7. $\csc kx \cot kx$	$-\frac{1}{k}\csc kx + C$

Stammfunktionen aus Tabelle 4.2

Beispiel 4.29 Bestimmen Sie die allgemeinen Stammfunktionen der folgenden Funktionen:

a $f(x) = x^5$ **b** $g(x) = \dfrac{1}{\sqrt{x}}$, $x > 0$ **c** $h(x) = \sin 2x$ **d** $i(x) = \cos \dfrac{x}{2}$

Lösung In allen Fällen können wir auf die Regeln aus Tabelle 4.2 zurückgreifen.

a $F(x) = \dfrac{x^6}{6} + C$ \hfill Regel 1 mit $n = 5$

b $g(x) = x^{-1/2}$, also

$G(x) = \dfrac{x^{1/2}}{1/2} + C = 2\sqrt{x} + C$, $x > 0$ \hfill Regel 1 mit $n = -1/2$

Tabelle 4.3: Regeln für Stammfunktionen

	Funktion	Allgemeine Stammfunktion
1. *Faktorregel*	$kf(x)$	$kF(x) + C$, k eine Konstante
2. *Minusregel*	$-f(x)$	$-F(x) + C$
3. *Summen- oder Differenzenregel*	$f(x) \pm g(x)$	$F(x) \pm G(x) + C$

c $\quad H(x) = \dfrac{-\cos 2x}{2} + C \qquad$ Regel 2 mit $k = 2$

d $\quad I(x) = \dfrac{\sin(x/2)}{1/2} + C = 2\sin\dfrac{x}{2} + C \qquad$ Regel 3 mit $k = 1/2$

Andere Ableitungsregeln führen auch zu entsprechenden Regeln für die Stammfunktion. Wir können Stammfunktionen addieren und subtrahieren, und wir können sie mit Konstanten multiplizieren.

Die Regeln aus Tabelle 4.3 lassen sich leicht durch Differentiation der Stammfunktionen beweisen. Das Resultat stimmt mit der Ausgangsfunktion überein. Regel 2 ist der Spezialfall von Regel 1 mit $k = -1$.

Beispiel 4.30 Bestimmen Sie die allgemeine Stammfunktion von

$$f(x) = \dfrac{3}{\sqrt{x}} + \sin 2x, \quad x > 0.$$

Stammfunktion von $f(x) = \dfrac{3}{\sqrt{x}} + \sin 2x$

Lösung Wir stellen fest, dass $f(x) = 3g(x) + h(x)$ ist mit den Funktionen g und h aus Beispiel 4.29. Da $G(x) = 2\sqrt{x}$ eine Stammfunktion von $g(x)$ aus Beispiel 4.29b ist, ergibt sich aus der Faktorregel für Stammfunktionen, dass $3G(x) = 3 \cdot 2\sqrt{x} = 6\sqrt{x}$ eine Stammfunktion von $3g(x) = 3\sqrt{x}$ ist. Analog wissen wir aus Beispiel 4.29c, dass $H(x) = (-1/2)\cos 2x$ eine Stammfunktion von $h(x) = \sin 2x$ ist. Aus der Summenregel für Stammfunktionen erhalten wir dann, dass

$$F(x) = 3G(x) + H(x) + C$$
$$= 6\sqrt{x} - \dfrac{1}{2}\cos 2x + C$$

die allgemeine Stammfunktion von $f(x)$ mit einer beliebigen Konstanten C ist.

Im Vorgriff auf Kapitel 5 bemerken wir hier noch, dass jede auf einem Intervall stetige Funktion f eine Stammfunktion F besitzt. Dies folgt aus dem Hauptsatz der Differential- und Integralrechnung im nächsten Kapitel.

Anfangswertprobleme und Differentialgleichungen

Stammfunktionen spielen in der Mathematik und ihren Anwendungen eine wichtige Rolle. Verfahren und Techniken, um Stammfunktionen zu bestimmen, machen einen wesentlichen Teil der Analysis aus, und wir nehmen diese Untersuchung in Kapitel 8 auf. Die Stammfunktion einer Funktion $f(x)$ zu bestimmen, ist dasselbe Problem wie eine Funktion zu bestimmen, die die Gleichung

$$\dfrac{dy}{dx} = f(x)$$

erfüllt. Diese Gleichung ist die einfachste Form einer **Differentialgleichung**, weil sie eine unbekannte Funktion y enthält, die differenziert wurde. Um diese Gleichung zu lösen, müssen wir eine Funktion $y(x)$ finden, die diese Gleichung erfüllt. Diese Funktion bestimmt man, indem man eine Stammfunktion von $f(x)$ bildet. Wir legen die beliebige Konstante C, die bei der Bildung der Stammfunktion auftritt, durch eine Anfangsbedingung

$$y(x_0) = y_0$$

fest. Diese Bedingung besagt, dass die Funktion $y(x)$ für $x = x_0$ den Wert y_0 hat. Die Kombination einer Differentialgleichung mit einer Anfangsbedingung nennt man **Anfangswertproblem**. Solche Probleme spielen in allen Wissenschaftszweigen eine wichtige Rolle.

Die allgemeine Stammfunktion $y = F(x) + C$ (wie $y = x^3 + C$ aus Beispiel 4.28) der Funktion $f(x)$ liefert die **allgemeine Lösung** $y = F(x) + C$ der Differentialgleichung $dy/dx = f(x)$. Die allgemeine Lösung liefert *alle* Lösungen der Gleichung (es gibt unendlich viele, eine zu jedem Wert von C). Wir **lösen** die Differentialgleichung, indem wir ihre allgemeine Lösung bestimmen. Anschließend lösen wir das Anfangswertproblem, indem wir die **spezielle Lösung** bestimmen, die die Anfangsbedingung $y(x_0) = y_0$ erfüllt. In Beispiel 4.28 ist die Funktion $y = x^3 - 2$ die spezielle Lösung der Differentialgleichung $dy/dx = 3x^2$, die die Anfangsbedingung $y(1) = -1$ erfüllt.

In Kapitel 9 werden wir uns ausführlicher mit Differentialgleichungen und Anfangswertproblemen beschäftigen. Die Differentialgleichungen dort sind allerdings allgemeiner und um einiges komplizierter als $\frac{dy}{dx} = f(x)$, da man dann zulässt, dass die unbekannte Funktion y auch auf der rechten Seite der Gleichung auftaucht, wie etwa bei der Differentialgleichung $\frac{dy}{dx} = f(x) \cdot y^2$.

Stammfunktionen und Bewegung

Wir haben gesehen, dass die Ableitung der Ortsfunktion eines Körpers seine Geschwindigkeit ergibt, und die Ableitung seiner Geschwindigkeitsfunktion ergibt seine Beschleunigung. Kennen wir die Beschleunigung eines Körpers, so können wir die Geschwindigkeitsfunktion zurückgewinnen, indem wir eine Stammfunktion bestimmen. Und aus der Stammfunktion der Geschwindigkeit können wir die Ortsfunktion des Körpers bekommen. Diese Vorgehensweise haben wir in Abschnitt 4.2 als Anwendung von Folgerung 2 benutzt. Nun, wo uns eine Terminologie und das Konzept der Stammfunktion zur Verfügung stehen, wollen wir das Problem vom Standpunkt der Differentialgleichungen erneut beleuchten.

Falldauer eines Ballasts

Beispiel 4.31 Ein Heißluftballon, der mit einer Geschwindigkeit von 4 m/s steigt, befindet sich in einer Höhe von 24 m über dem Boden, als ein Sandsack als Ballast abgeworfen wird. Wie lange braucht der Sandsack, bis er auf dem Boden aufschlägt?

Lösung Sei $v(t)$ die Geschwindigkeit des Sandsacks zur Zeit t, und sei $s(t)$ seine Höhe über dem Boden. Die Gravitationsbeschleunigung ist in der Nähe der Erdoberfläche 9,81 m/s. Unter der Annahme, dass keine weiteren Kräfte auf den abgeworfenen Sandsack einwirken, erhalten wir

$$\frac{dv}{dt} = -9{,}81 \qquad \text{Negativ, weil die Schwerkraft nach unten, also in Richtung abnehmenden } x \text{, wirkt.}$$

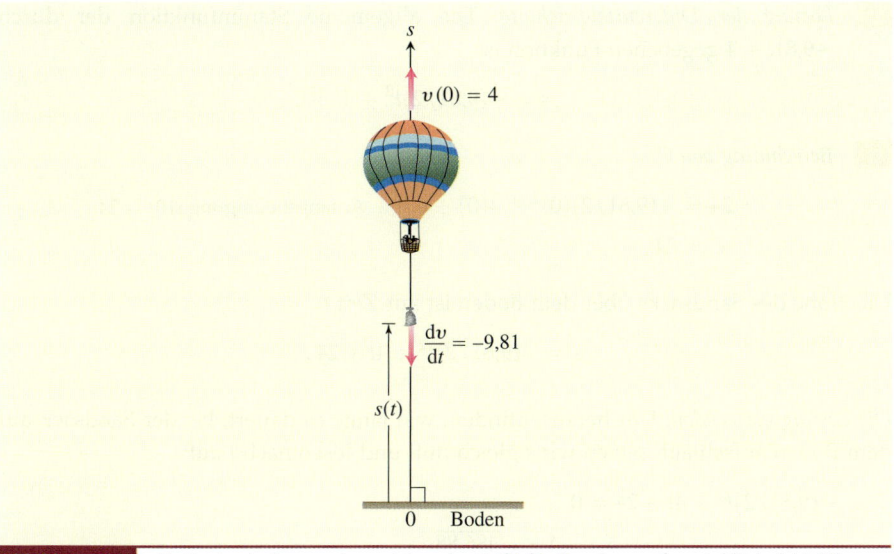

Abbildung 4.49 Ein Sandsack, der von einem steigenden Heißluftballon abgeworfen wird (Beispiel 4.31).

Dies führt auf das folgende Anfangswertproblem (▶Abbildung 4.49):

$$\text{Differentialgleichung}: \quad \frac{dv}{dt} = -9{,}81$$

$$\text{Anfangsbedingung}: \quad v(0) = 4 \qquad \text{Ballon steigt beim Abwurf.}$$

Das ist unser mathematisches Modell für die Bewegung des Sandsacks. Wir lösen dieses Anfangswertproblem, um die Geschwindigkeit des Sandsacks zu erhalten.

a *Lösung der Differentialgleichung*: Die allgemeine Stammfunktion der konstanten Funktion $-9{,}81$ ist

$$v = -9{,}81 t + C\,.$$

Nachdem wir die allgemeine Lösung der Differentialgleichung bestimmt haben, setzen wir die Anfangsbedingung ein, um die spezielle Lösung zu bestimmen, die unser Problem löst.

b *Berechnung von C*:

$$4 = -9{,}81(0) + C$$
$$C = 4\,.$$

Die Lösung des Anfangswertproblems ist

$$v = -9{,}81 t + 4\,.$$

Da die Geschwindigkeit die Ableitung der Höhe nach der Zeit ist, und die Höhe des Sandsacks 24 m war, als er zur Zeit $t = 0$ abgeworfen wurde, haben wir nun ein zweites Anfangswertproblem:

$$\text{Differentialgleichung}: \quad \frac{ds}{dt} = -9{,}81 t + 4 \qquad \text{Setze in der letzten Gleichung } v = ds/dt.$$
$$\text{Anfangsbedingung}: \quad s(0) = 24$$

Wir lösen dieses Anfangswertproblem, um die Höhe als Funktion von t zu bestimmen.

c *Lösung der Differentialgleichung*: Die allgemeine Stammfunktion der durch $-9{,}81t + 4$ gegebenen Funktion ist

$$s = -(9{,}81/2)t^2 + 4t + C.$$

d *Berechnung von C*:

$$24 = -(9{,}81/2)(0)^2 + 4(0) + C \qquad \text{Anfangsbedingung } s(0) = 24$$
$$C = 24.$$

Die Höhe des Sandsacks über dem Boden ist zur Zeit t

$$s = -(9{,}81/2)t^2 + 4t + 24.$$

Die Lösung verwenden: Um herauszufinden, wie lange es dauert, bis der Sandsack auf dem Boden aufschlägt, setzen wir s gleich null und lösen nach t auf:

$$-(9{,}81/2)t^2 + 4t + 24 = 0$$
$$t = \frac{-4 \pm \sqrt{486{,}88}}{-9{,}81} \qquad \text{Lösung einer quadratischen Gleichung}$$
$$t \approx -1{,}84, \ t \approx 2{,}66.$$

Der Sandsack trifft etwa 2,66 s nach dem Abwurf vom Ballon auf dem Boden auf (die negative Nullstelle hat keine physikalische Bedeutung).

Unbestimmte Integrale

Es gibt ein spezielles Symbol, dass für die Menge aller Stammfunktionen, also für die allgemeine Stammfunktion, einer Funktion f verwendet wird.

> **Definition**
>
> Die Menge aller Stammfunktionen von f, also die allgemeine Stammfunktion von f, nennt man **unbestimmtes Integral** von f bezüglich x, und man schreibt
>
> $$\int f(x)\,\mathrm{d}x.$$
>
> Das Symbol $\int$ ist ein Integralzeichen. Die Funktion f ist der **Integrand** der Integrals, und x ist die **Integrationsvariable**.

In der eben definierten Schreibweise folgt hinter dem Integralzeichen auf den Integranden immer ein $\mathrm{d}x$. Woher diese Symbolschreibweise kommt, werden wir in Kapitel 5 ausführlicher besprechen. Mithilfe dieser Schreibweise können wir die Lösungen aus Beispiel 4.27 folgendermaßen umformulieren:

$$\int 2x\,\mathrm{d}x = x^2 + C,$$

$$\int \cos x\,\mathrm{d}x = \sin x + C,$$

$$\int (2x + \cos x)\,\mathrm{d}x = x^2 + \sin x + C.$$

4.7 Stammfunktionen

Beispiel 4.32 Berechnen Sie

$$\int (x^2 - 2x + 5)\,\mathrm{d}x.$$

Unbestimmtes Integral

Lösung Wenn wir sofort erkennen, dass $(x^3/3) - x^2 + 5x$ eine Stammfunktion von $x^2 - 2x + 5$ ist, können wir das unbestimmte Integral wie folgt angeben:

$$\int (x^2 - 2x + 5)\,\mathrm{d}x = \underbrace{\frac{x^3}{3} - x^2 + 5x}_{\text{Stammfunktion}} \underbrace{+C}_{\text{beliebige Konstante}}.$$

Wenn wir die Stammfunktion nicht sofort erkennen, können wir sie gliedweise mithilfe der Summen-, Differenzen und Faktorregel bestimmen:

$$\int (x^2 - 2x + 5)\,\mathrm{d}x = \int x^2\,\mathrm{d}x - \int 2x\,\mathrm{d}x + \int 5\,\mathrm{d}x$$

$$= \int x^2\,\mathrm{d}x - 2\int x\,\mathrm{d}x + 5\int 1\,\mathrm{d}x$$

$$= \left(\frac{x^3}{3} + C_1\right) - 2\left(\frac{x^2}{2} + C_2\right) + 5(x + C_3)$$

$$= \frac{x^3}{3} + C_1 - x^2 - 2C_2 + 5x + 5C_3.$$

Diese Gleichung ist komplizierter als nötig. Fassen wir C_1, $-2C_2$ und $5C_3$ zu einer Konstanten $C = C_1 - 2C_2 + 5C_3$ zusammen, so vereinfacht sich die Gleichung auf

$$\frac{x^3}{3} - x^2 + 5x + C$$

und liefert *dennoch* alle möglichen Stammfunktionen. Deshalb empfehlen wir Ihnen, gleich zu dieser letzten Form überzugehen, auch wenn Sie sich für eine gliedweise Integration entschieden haben. Schreiben Sie

$$\int (x^2 - 2x + 5)\,\mathrm{d}x = \int x^2\,\mathrm{d}x - \int 2x\,\mathrm{d}x + \int 5\,\mathrm{d}x$$

$$= \frac{x^3}{3} - x^2 + 5x + C.$$

Bestimmen Sie für jedes Glied die einfachste Stammfunktion und addieren Sie am Ende eine beliebige Integrationskonstante. ■

Aufgaben zum Abschnitt 4.7

Stammfunktionen bestimmen Bestimmen Sie zu jeder Funktion f aus den Aufgaben 1–8 eine Stammfunktion. Erledigen Sie so viel wie möglich im Kopf. Überprüfen Sie Ihre Antworten durch Differentiation. Es ist $f(x) = \ldots$

1. a. $2x$ b. x^2 c. $x^2 - 2x + 1$

2. a. $-3x^{-4}$ b. x^{-4} c. $x^{-4} + 2x + 3$

3. a. $\dfrac{1}{x^2}$ b. $\dfrac{5}{x^2}$ c. $2 - \dfrac{5}{x^2}$

4. a. $\dfrac{3}{2}\sqrt{x}$ b. $\dfrac{1}{2\sqrt{x}}$ c. $\sqrt{x} + \dfrac{1}{\sqrt{x}}$

5. a. $\dfrac{2}{3}x^{-1/3}$ b. $\dfrac{1}{3}x^{-2/3}$ c. $-\dfrac{1}{3}x^{-4/3}$

6. a. $-\pi \sin \pi x$ b. $3 \sin x$ c. $\sin \pi x - 3 \sin 3x$

7. a. $\sec^2 x$ b. $\dfrac{2}{3}\sec^2 \dfrac{x}{3}$ c. $-\sec^2 \dfrac{3x}{2}$

8. a. $\operatorname{cosec} x \cot x$ b. $-\operatorname{cosec} 5x \cot 5x$

c. $-\pi \operatorname{cosec} \dfrac{\pi x}{2} \cot \dfrac{\pi x}{2}$

Unbestimmte Integrale bestimmen Bestimmen Sie in den Aufgaben 9–27 das unbestimmte Integral, also die allgemeine Stammfunktion. Überprüfen Sie Ihre Antworten durch Differentiation.

9. $\int (x+1)\,dx$

10. $\int \left(3t^2 + \dfrac{t}{2}\right) dt$

11. $\int \left(2x^3 - 5x + 7\right) dx$

12. $\int \left(\dfrac{1}{x^2} - x^2 - \dfrac{1}{3}\right) dx$

13. $\int x^{-1/3}\,dx$

14. $\int \left(\sqrt{x} + \sqrt[3]{x}\right) dx$

15. $\int \left(8y - \dfrac{2}{y^{1/4}}\right) dy$

16. $\int 2x\left(1 - x^{-3}\right) dx$

17. $\int \dfrac{t\sqrt{t} - \sqrt{t}}{t^2}\,dt$

18. $\int (-2\cos t)\,dt$

19. $\int 7\sin\dfrac{\theta}{3}\,d\theta$

20. $\int (-3\operatorname{cosec}^2 x)\,dx$

21. $\int \dfrac{\operatorname{cosec}\theta \cot\theta}{2}\,d\theta$

22. $\int \left(4\sec x \tan x - 2\sec^2 x\right) dx$

23. $\int \left(\sin 2x - \operatorname{cosec}^2 x\right) dx$

24. $\int \dfrac{1 + \cos 4t}{2}\,dt$

25. $\int \left(1 + \tan^2 \theta\right) d\theta$

26. $\int \cot^2 x\,dx$

27. $\int \cos\theta (\tan\theta + \sec\theta)\,d\theta$

Stammfunktionen überprüfen Überprüfen Sie die Gleichungen aus den Aufgaben 28 und 30 durch Differentiation.

28. $\int (7x - 2)^3\,dx = \dfrac{(7x-2)^4}{28} + C$

29. $\int \sec^2 (5x - 1)\,dx = \dfrac{1}{5}\tan(5x-1) + C$

30. $\int \dfrac{1}{(x+1)^2}\,dx = -\dfrac{1}{x+1} + C$

31. Richtig oder falsch? Entscheiden Sie sich für eines von beiden und begründen Sie kurz Ihre Antwort.

a. $\int x \sin x\,dx = \dfrac{x^2}{2}\sin x + C$

b. $\int x \sin x\,dx = -x\cos x + C$

c. $\int x \sin x\,dx = -x\cos x + \sin x + C$

32. Richtig oder falsch? Entscheiden Sie sich für eines von beiden und begründen Sie kurz Ihre Antwort.

a. $\int (2x+1)^2\,dx = \dfrac{(2x+1)^3}{3} + C$

b. $\int 3(2x+1)^2\,dx = (2x+1)^3 + C$

c. $\int 6(2x+1)^2\,dx = (2x+1)^3 + C$

33. Richtig oder falsch? Begründen Sie kurz Ihre Antwort.

$$\int \dfrac{-15(x+3)^2}{(x-2)^4}\,dx = \left(\dfrac{x+3}{x-2}\right)^3 + C$$

Anfangswertprobleme

34. Welcher der nachfolgend dargestellten Graphen zeigt die Lösung des Anfangswertproblems

$$\dfrac{dy}{dx} = 2x, \quad \text{mit } y = 4 \text{ für } x = 1?$$

Begründen Sie Ihre Antwort.

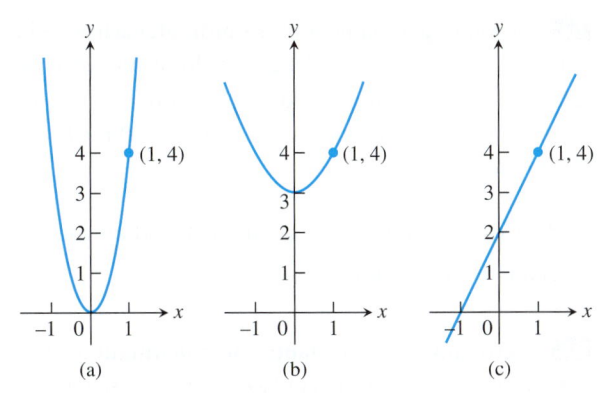

Lösen Sie die Anfangswertprobleme aus den Aufgaben 35–44.

35. $\dfrac{dy}{dx} = 2x - 7$, $y(2) = 0$

36. $\dfrac{dy}{dx} = \dfrac{1}{x^2} + x$, $x > 0$; $y(2) = 1$

37. $\dfrac{dy}{dx} = 3x^{-2/3}$, $y(-1) = -5$

38. $\dfrac{ds}{dt} = 1 + \cos t$, $s(0) = 4$

39. $\dfrac{dr}{d\theta} = -\pi \sin \pi\theta$, $r(0) = 0$

40. $\dfrac{dv}{dt} = \dfrac{1}{2} \sec t \tan t$, $v(0) = 1$

41. $\dfrac{d^2 y}{dx^2} = 2 - 6x$; $y'(0) = 4$, $y(0) = 1$

42. $\dfrac{d^2 r}{dt^2} = \dfrac{2}{t^3}$; $\left.\dfrac{dr}{dt}\right|_{t=1} = 1$, $r(1) = 1$

43. $\dfrac{d^3 y}{dx^3} = 6$; $y''(0) = -8$, $y'(0) = 0$, $y(0) = 5$

44. $y^{(4)} = -\sin t + \cos t$; $y'''(0) = 7$, $y''(0) = y'(0) = -1$, $y(0) = 0$

45. Bestimmen Sie die Kurve $y = f(x)$ in der xy-Ebene, die durch den Punkt $(9, 4)$ verläuft und deren Steigung in jedem Punkt $3\sqrt{x}$ ist.

46. **Eindeutigkeit der Lösungen** Zwei differenzierbare Funktionen $y = F(x)$ und $y = G(x)$ lösen beide das Anwangswertproblem

$$\dfrac{dy}{dy} = f(x), \quad y(x_0) = y_0$$

auf einem Intervall I. Muss dann $F(x) = G(x)$ für jedes x in I gelten? Begründen Sie Ihre Antwort.

Lösungs- (Integral) Kurven In den Aufgaben 47–50 sind Lösungskurven von Differentialgleichungen dargestellt. Bestimmen Sie in jeder Aufgabe die Funktionsgleichung der Kurve durch den markierten Punkt.

47. $\dfrac{dy}{dx} = 1 - \dfrac{4}{3} x^{1/3}$; Punkt $(1, 0{,}5)$

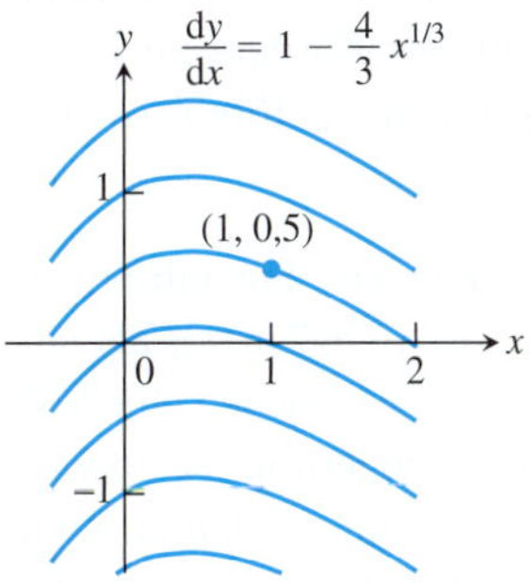

48. $\dfrac{dy}{dx} = x - 1$; Punkt $(-1, 1)$

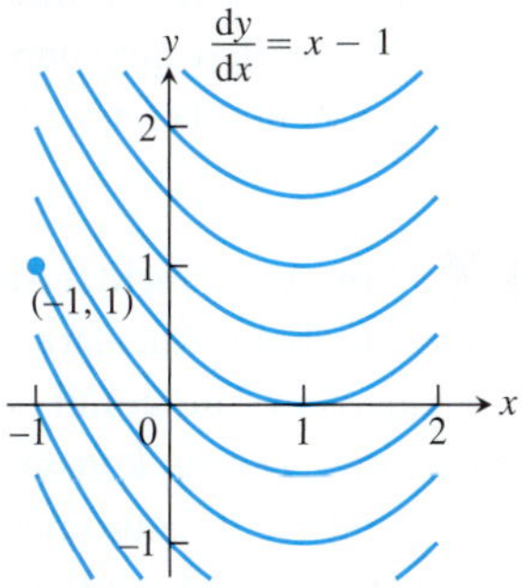

49. $\dfrac{dy}{dx} = \sin x - \cos x$; Punkt $(-\pi, -1)$

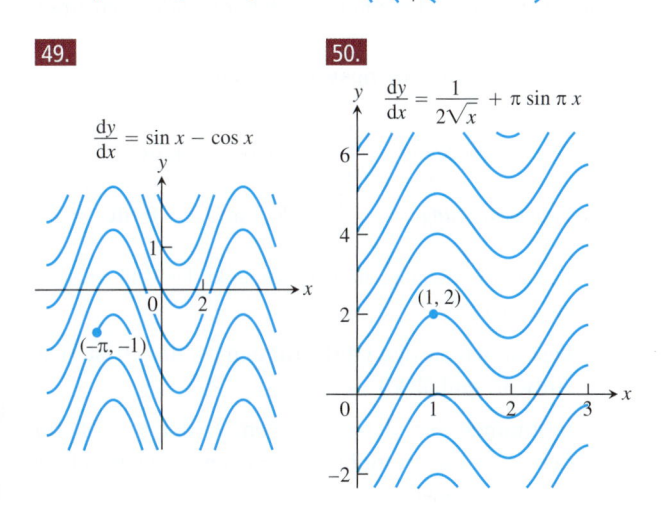

50. $\dfrac{dy}{dx} = \dfrac{1}{2\sqrt{x}} + \pi \sin \pi x$; Punkt $(1, 2)$

Anwendungen

51. **Die Auslenkung aus einer Stammfunktion der Geschwindigkeit bestimmen**

a. Angenommen, die Geschwindigkeit eines Körpers, der sich entlang der s-Achse bewegt ist

$$\dfrac{ds}{dt} = v = 9{,}81 t - 3.$$

i. Bestimmen Sie die Auslenkung des Körpers über dem Zeitintervall von $t = 1$ bis $t = 3$ unter der Anfangsbedingung $s(0) = 5$.

ii. Bestimmen Sie die Auslenkung des Körpers über dem Zeitintervall von $t = 1$ bis $t = 3$ unter der Anfangsbedingung $s(0) = -2$.

iii. Bestimmen Sie die Auslenkung des Körpers über dem Zeitintervall von $t = 1$ bis $t = 3$ unter der Anfangsbedingung $s(0) = s_0$.

b. Nehmen Sie an, dass der Ort eines Körpers, der sich entlang einer Koordinatenachse bewegt, eine differenzierbare Funktion der Zeit t ist. Stimmt es, dass Sie aus der Kenntnis einer Stammfunktion der Geschwindigkeit ds/dt die Auslenkung des Körpers von $t = a$ bis $t = b$ auch dann bestimmen können, wenn Sie den genauen Ort des Körpers zu keiner dieser Zeiten kennen? Begründen Sie Ihre Antwort.

52. **Ein Auto rechtzeitig bremsen** Sie fahren auf einer Autobahn konstant 96 km/h (26,7 m/s), als sich vor Ihnen ein Autounfall ereignet. Sie machen eine Vollbremsung. Welche konstante Verzögerung ist notwendig, damit Sie Ihr Auto nach 74 m zum Halten bringen? Beantworten Sie diese Frage in den folgenden Schritten:

a. Lösen Sie das Anfangswertproblem

Differentialgleichung : $\dfrac{d^2s}{dt^2} = -k$ (k konstant)

Anfangsbedingung : $\dfrac{ds}{dt} = 26{,}7$ und $s = 0$ für $t = 0$.

Zeit und Entfernung ab dem Zeitpunkt der Vollbremsung gemessen

b. Bestimmen Sie den Wert t, für den $ds/dt = 0$ ist. (Die Antwort enthält k.)

c. Bestimmen Sie den Wert von k, der $s = 74$ für den Wert von t ergibt, den Sie im zweiten Schritt bestimmt haben.

53. **Bewegung entlang einer Koordinatenachse** Ein Teilchen bewegt sich entlang der Koordinatenachse mit der Beschleunigung $a = d^2s/dt^2 = 15\sqrt{t} - \left(3/\sqrt{t}\right)$ unter den Bedingungen $ds/dt = 4$ und $s = 0$ für $t = 1$. Bestimmen Sie

a. die Geschwindigkeit $v = ds/dt$ als Funktion von t.

b. den Ort s als Funktion von t.

54. **Bewegung mit konstanter Beschleunigung** Die Standardgleichung für den Ort s eines Körpers, der sich mit einer konstanten Beschleunigung a entlang einer Koordinatenachse bewegt, ist

$$s = \frac{a}{2}t^2 + v_0 t + s_0 \qquad (4.7)$$

mit der Geschwindigkeit des Körpers v_0 und seinem Ort s_0 zur Zeit $t = 0$. Leiten Sie diese Gleichung her, indem Sie das folgende Anfangswertproblem lösen:

Differentialgleichung : $\dfrac{d^2s}{dt^2} = a$

Anfangsbedingung : $\dfrac{ds}{dt} = v_0$ und $s = s_0$ für $t = 0$.

Computeralgebra. Lösen Sie die Anfangswertprobleme aus den Aufgaben 55 und 56 mithilfe eines CAS. Stellen Sie die Lösungskurven grafisch dar.

55. $y' = \cos^2 x + \sin x$, $y(\pi) = 1$

56. $y' = \dfrac{1}{\sqrt{4 - x^2}}$, $y(0) = 2$

Kapitel 4 – Wiederholungsfragen

1. Was kann man über die Extremwerte einer Funktion sagen, die auf einem abgeschlossenen Intervall stetig ist?

2. Was bedeutet es für eine Funktion, wenn sie über ihrem Definitionsbereich lokale Extrema hat, ein globales Extremum hat? Wie hängen gegebenenfalls die lokalen und die globalen Extremwerte zusammen? Führen Sie Beispiele an.

3. Wie bestimmen Sie die globalen Extrema einer stetigen Funktion auf einem abgeschlossenen Intervall? Führen Sie Beispiele an.

4. Welche Voraussetzungen und Folgerungen hat der Satz von Rolle? Sind alle Voraussetzungen notwendig? Erläutern Sie Ihre Antwort.

5. Was sind die Voraussetzungen und die Behauptungen des Mittelwertsatzes? Welche physikalische Interpretation kann der Satz haben?

6. Geben Sie die drei Folgerungen aus dem Mittelwertsatz an.

7. Wie können Sie mitunter eine Funktion $f(x)$ identifizieren, wenn Sie f' und den Wert von f an einer Stelle $x = x_0$ kennen? Geben Sie ein Beispiel an.

8. Was ist der Test auf lokale Extrema mithilfe der ersten Ableitung? Führen Sie Anwendungsbeispiele an.

9. Wie testen Sie eine zweimal differenzierbare Funktion, um herauszufinden, ob der Graph konvex oder konkav ist? Geben Sie Beispiele an.

10. Was ist ein Wendepunkt? Führen Sie ein Beispiel an. Welche physikalische Bedeutung können Wendepunkte haben?

11. Was ist der Test mithilfe der zweiten Ableitung auf lokale Extremwerte? Geben Sie Beispiele dafür an, wie man ihn anwendet.

12. Was sagen Ihnen die Ableitungen einer Funktion über die Form des Graphen?

13. Geben Sie die Schritte an, die Sie ausführen würden, um ein Polynom grafisch darzustellen. Illustrieren Sie diese Schritte anhand eines Beispiels.

14. Was ist eine Spitze in einem Funktionsgraphen? Führen Sie Beispiel an.

15. Geben Sie die Schritte an, die Sie ausführen würden, um eine rationale Funktion grafisch darzustellen. Illustrieren Sie diese Schritte anhand eines Beispiels.

16. Entwerfen Sie eine allgemeine Strategie für die Lösung von Extremwertaufgaben. Geben Sie Beispiele an.

17. Beschreiben Sie das Newton-Verfahren zur Lösung von Gleichungen. Geben Sie ein Beispiel an. Welche Theorie verbirgt sich hinter dem Verfahren? Worauf müssen Sie achten, wenn Sie dieses Verfahren anwenden?

18. Kann eine Funktion mehr als eine Stammfunktion haben? Fall ja, wie hängen diese Stammfunktionen zusammen? Erläutern Sie Ihre Antwort.

19. Was ist ein unbestimmtes Integral? Wie berechnet man es? Welche allgemeinen Formeln kennen Sie, um unbestimmte Integrale zu bestimmen?

20. Wie lässt sich eine Differentialgleichung der Form $dx/dy = f(x)$ manchmal lösen? Geben Sie ein Beispiel an.

21. Was ist ein Anfangswertproblem? Wie löst man es? Geben Sie ein Beispiel an.

22. Sie kennen den zeitlichen Verlauf der Beschleunigung eines Körpers, der sich entlang einer Koordinatenachse bewegt. Was müssen Sie noch wissen, damit Sie die Ortsfunktion des Körpers bestimmen können? Geben Sie ein Beispiel an.

Kapitel 4 – Praktische Aufgaben

Extremwerte **1.** Hat $f(x) = x^3 + 2x + \tan x$ lokale Maximal- oder Minimalwerte? Begründen Sie Ihre Antwort.

2. Hat $f(x) = (7+x)(11-3x)^{1/3}$ einen globalen Minimal- oder Maximalwert? Bestimmen Sie die Werte gegebenenfalls oder begründen Sie, warum sie nicht existieren. Führen Sie alle kritischen Stellen von f auf.

3. Die Abrundungsfunktion $f(x) = \lfloor x \rfloor$, die für alle x-Werte definiert ist, nimmt in jedem Punkt $[0,1)$ einen lokalen Maximalwert an. Könnten einige dieser lokalen Maximalwerte auch lokale Minimalwerte von f sein? Begründen Sie Ihre Antwort.

4. Die Funktion $y = 1/x$ nimmt auf dem Intervall $0 < x < 1$ weder ein Maximum noch ein Minimum an, obwohl die Funktion auf diesem Intervall stetig ist. Widerspricht dies dem Existenzsatz für globale Extrema für stetige Funktionen? Begründen Sie dies.

5. Eine grafische Darstellung, die hinreichend groß ist, um das globale Verhalten einer Funktion wiederzugeben, kann wichtige lokale Eigenschaften unterschlagen. Der Graph von $f(x) = (x^8/8) - (x^6/2) - x^5 + 5x^3$ ist ein typisches Beispiel.

a. Stellen Sie f über dem Intervall $-2{,}5 \leq x \leq 2{,}5$ grafisch dar. Wo scheint der Graph lokale Extrema oder Wendepunkte zu haben?

b. Faktorisieren Sie nun $f'(x)$ und zeigen Sie, dass f an der Stelle $x = \sqrt[3]{5} \approx 1{,}70998$ ein lokales Maximum und an den Stellen $x = \pm\sqrt{3} \approx \pm 1{,}73205$ lokale Minima hat.

c. Vergrößern Sie den Graphen, um ein Fenster zu finden, dass das Vorliegen der Extremwerte an den Stellen $x = \sqrt[3]{5}$ und $x = \pm\sqrt{3}$ zeigt.

Daraus ziehen wir die Lehre, dass die Existenz von zwei der drei Extremwerten ohne die Analysis vermutlich unbemerkt geblieben wäre. Auf jedem normalen Graphen der Funktion würden die Werte so eng beieinander liegen, dass ihr Abstand unter die Abmessungen eines Bildschirmpixels fallen würde.

Der Mittelwertsatz

6. **a.** Zeigen Sie, dass die Funktion $g(t) = \sin^2 t - 3t$ auf jedem Intervall ihres Definitionsbereichs fallend ist.

b. Wie viele Lösungen hat die Gleichung $\sin^2 t - 3t = 5$? Begründen Sie Ihre Antwort.

7. **a.** Zeigen Sie, dass die Gleichung $x^4 + 2x^2 - 2 = 0$ auf dem Intervall $[0, 1]$ genau eine Lösung hat.

b. Bestimmen Sie die Lösung auf so viele Dezimalstellen genau wie möglich.

8. **Wasser in einem Reservoir** Nach einem heftigen Regen hat das Wasservolumen in einem Reservoir in 24 Stunden um 170 Hektar-Meter zugenommen. Zeigen Sie, dass zu einem Zeitpunkt in diesen 24 Stunden das Volumen des Reservoirs mit einer Rate von mehr als 850 000 l/min stieg. (Ein Hektar-Meter ist das Volumen, bei dem das Wasser über einer Fläche von einem Hektar 1 m hoch steht, also $10\,000\,\text{m}^3$. Ein Kubikmeter fasst 1000 Liter.)

9. Zeigen Sie

$$\frac{d}{dx}\left(\frac{x}{x+1}\right) = \frac{d}{dx}\left(-\frac{1}{x+1}\right),$$

obwohl

$$\frac{x}{x+1} \neq -\frac{1}{x+1}$$

ist. Widerspricht dies nicht Folgerung 2 des Mittelwertsatzes? Begründen Sie Ihre Antwort.

Graphen analysieren
Beantworten Sie die Fragen in den Aufgaben 10 und 11 anhand der Graphen.

10. Identifizieren Sie die globalen Extremwerte von f und die Werte von x, für die sie angenommen werden.

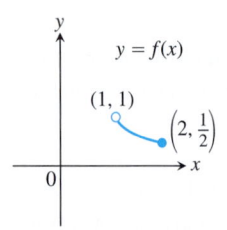

11. Geben Sie die Intervalle an, auf denen die Funktion $y = f(x)$

a. wachsend ist. **b.** fallend ist.

c. Verwenden Sie den gegebenen Graphen von f', um lokale Extremwerte der Funktion ausfindig zu machen. Entscheiden Sie, ob es sich jeweils um ein lokales Maximum oder Minimum handelt.

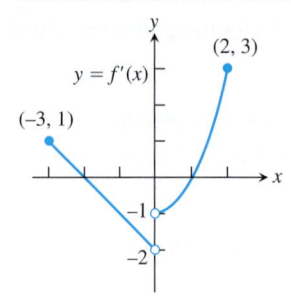

Jeder der Graphen aus den Aufgaben 12 und 13 ist der Graph der Ortsfunktion $s = f(t)$ eines Körpers, der sich entlang einer Koordinatenachse bewegt (t steht für Zeit). Zu ungefähr welchen Zeiten ist (gegebenenfalls) **a.** die Geschwindigkeit des Körpers null und **b.** seine Beschleunigung null? In welchen Zeitintervallen bewegt sich der Körper **c.** vorwärts bzw. **d.** rückwärts?

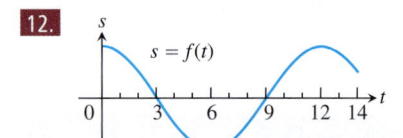

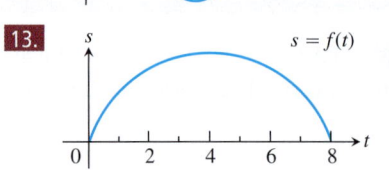

12.

13.

Graphen und grafische Darstellung
Stellen Sie die Funktionen aus den Aufgaben 14–18 grafisch dar.

14. $y = x^2 - (x^3/6)$ **15.** $y = -x^3 + 6x^2 - 9x + 3$

16. $y = x^3(8 - x)$ **17.** $y = x - 3x^{2/3}$

18. $y = x\sqrt{3 - x}$

In den Aufgaben 19–21 ist jeweils die erste Ableitung einer Funktion $y = f(x)$ gegeben. **a.** An welchen Stellen hat der Graph von f gegebenenfalls ein lokales Maximum, ein lokales Minimum oder einen Wendepunkt?

b. Skizzieren Sie die allgemeine Form des Graphen.

19. $y' = 16 - x^2$ **20.** $y' = 6x(x+1)(x-2)$

21. $y' = x^4 - 2x^2$

Stellen Sie die Funktionen aus den Aufgaben 22 und 23 grafisch dar. Erläutern Sie anschließend anhand der ersten Ableitung der Funktion Ihre Beobachtungen.

22. $y = x^{2/3} + (x-1)^{1/3}$ **23.** $y = x^{1/3} + (x-1)^{1/3}$

Skizzieren Sie die Graphen der rationalen Funktionen aus den Aufgaben 24–27.

24. $y = \dfrac{x+1}{x-3}$ **25.** $y = \dfrac{x^2+1}{x}$

26. $y = \dfrac{x^3+2}{2x}$ **27.** $y = \dfrac{x^2-4}{x^2-3}$

Extremwertaufgaben **28.** Die Summe zweier nichtnegativer Zahlen ist 36. Bestimmen Sie die Zahlen, wenn

a. die Differenz ihrer Quadratwurzeln so groß wie möglich sein soll.

b. die Summe ihrer Quadratwurzeln so groß wie möglich sein soll.

29. Eine Ecke eines gleichschenkligen Dreiecks liegt im Ursprung und seine Basis ist parallel zur x-Achse, sodass die Ecken über der x-Achse auf der Kurve $y = 27 - x^2$ liegen. Bestimmen Sie den größten Flächeninhalt, den das Dreieck haben kann.

30. Bestimmen Sie die Höhe und den Radius des größten geraden Kreiszylinders, der einer Kugel mit dem Radius $\sqrt{3}$ eingeschrieben werden kann.

31. **Reifenherstellung** Ihr Unternehmen kann x Hundert Reifen vom Typ A und y Hundert Reifen vom Typ B pro Tag produzieren, wobei $0 \leq x \leq 4$ und

$$y = \frac{40 - 10x}{5 - x}$$

ist. Ihr Gewinn ist bei einem Reifen vom Typ A doppelt so hoch wie bei einem Reifen vom Typ B. Welche Produktionszahl jeder Reifenart ist am gewinnbringendsten?

32. **Offener Behälter** Ein rechteckiger, nach oben offener Behälter soll aus einem $25\,\text{cm} \times 40\,\text{cm}$ großen Pappstück konstruiert werden, indem man Quadrate mit gleicher Seitenlänge aus den Ecken ausschneidet und die Seitenflügel nach oben faltet. Bestimmen Sie die Abmessungen des Behälters mit dem größten Volumen sowie das maximale Volumen analytisch. Belegen Sie Ihre Antworten durch eine grafische Darstellung.

33. **Das Leiterproblem** Welche Länge (in Metern) kann näherungsweise eine Leiter maximal haben, die Sie noch horizontal durch den gezeigten Flur um die Ecke tragen können? Runden Sie Ihr Ergebnis auf die nächste ganze Zahl ab.

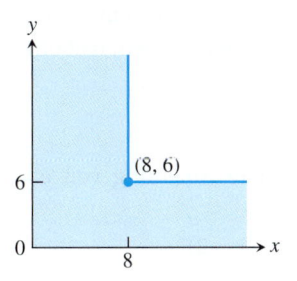

Newton-Verfahren **34.** Sei $f(x) = 3x - x^3$. Zeigen Sie, dass die Gleichung $f(x) = -4$ auf dem Intervall $[2,3]$ eine Lösung hat, und bestimmen Sie sie mithilfe des Newton-Verfahrens.

35. Sei $f(x) = x^4 - x^3$. Zeigen Sie, dass die Gleichung $f(x) = 75$ auf dem Intervall $[3,4]$ eine Lösung hat, und bestimmen Sie sie mithilfe des Newton-Verfahrens.

Unbestimmte Integrale angeben Geben Sie in den Aufgaben 36–43 die unbestimmten Integrale (d.h. die allgemeine Stammfunktion) an. Überprüfen Sie Ihre Lösung durch Differentiation.

36. $\displaystyle\int (x^3 + 5x - 7)\,dx$ **37.** $\displaystyle\int \left(3\sqrt{t} + \frac{4}{t^2}\right)dt$

38. $\displaystyle\int \frac{dr}{(r+5)^2}$ **39.** $\displaystyle\int 3\theta\sqrt{\theta^2+1}\,d\theta$

40. $\displaystyle\int x^3(1+x^4)^{-1/4}\,dx$ **41.** $\displaystyle\int \sec^2\frac{s}{10}\,ds$

42. $\displaystyle\int \operatorname{cosec}\sqrt{2}\theta \cot\sqrt{2}\theta\,d\theta$

43. $\displaystyle\int \sin^2\frac{x}{4}\,dx$ $\left(\textit{Hinweis: } \sin^2\theta = \dfrac{1-\cos 2\theta}{2}\right)$

Anfangswertprobleme Lösen Sie die Anfangswertprobleme aus den Aufgaben 44 und 45.

44. $\dfrac{dy}{dx} = \dfrac{x^2+1}{x^2}$, $y(1) = -1$

45. $\dfrac{d^2r}{dt^2} = 15\sqrt{t} + \dfrac{3}{\sqrt{t}}$; $r'(1) = 8$, $r(1) = 0$

Kapitel 4 – Zusätzliche Aufgaben und Aufgaben für Fortgeschrittene

Funktionen und Graphen

1. Was können Sie über eine Funktion sagen, deren Maximalwerte und Minimalwerte über einem Intervall gleich sind?

2. Können Sie irgendwelche Schlüsse über die Extremwerte einer stetigen Funktion auf einem offenen Intervall ziehen? Wie verhält es sich bei einem halboffenen Intervall? Begründen Sie Ihre Antwort.

3. Lokale Extrema:

a. Nehmen Sie an, dass die erste Ableitung von $y = f(x)$

$$y' = 6(x+1)(x-2)^2$$

ist. An welchen Stellen hat der Graph von f gegebenenfalls ein lokales Maximum, ein lokales Minimum und einen Wendepunkt?

b. Nehmen Sie an, dass die erste Ableitung von $y = f(x)$

$$y' = 6x(x+1)(x-2)$$

ist. An welchen Stellen hat der Graph von f gegebenenfalls ein lokales Maximum, ein lokales Minimum und einen Wendepunkt?

4. Schranke einer Funktion Nehmen Sie an, dass g auf dem Intervall $[a,b]$ stetig ist und c im Innern des Intervalls liegt. Zeigen Sie: Ist $f'(x) \leq 0$ auf $[a,c]$ und $f'(x) \geq 0$ auf $(c,b]$, so ist $f(x)$ auf $[a,b]$ nie kleiner als $f(c)$.

5. Die Ableitung von $f(x) = x^2$ ist an der Stelle $x = 0$ gleich null, aber f ist keine konstante Funktion. Widerspricht dies nicht der Folgerung aus dem Mittelwertsatz, nach dem Funktionen mit verschwindenden Ableitungen konstant sind?

6. Extrema und Wendepunkte Die Funktion $h = fg$ sei das Produkt zweier differenzierbarer Funktionen in x.

a. Die Funktionen f und g sind beide positiv mit lokalen Maxima an der Stelle $x = a$. Ihre Ableitungen f' und g' ändern an der Stelle a das Vorzeichen. Hat h an der Stelle a ein lokales Maximum?

b. Die Funktionen f und g haben an der Stelle $x = a$ Wendepunkte. Hat dann auch die Funktion h einen Wendepunkt an der Stelle $x = a$?

Wenn Sie die Antworten bejahen, führen Sie den entsprechenden Beweis. Verneinen Sie die Antwort, geben Sie ein Gegenbeispiel an.

7. Eine Funktion bestimmen Bestimmen Sie anhand der folgenden Informationen die Werte von a, b und c in der Gleichung $f(x) = (x+a)/(bx^2+cx+2)$.

a. Die Werte von a, b und c sind 0 oder 1.

b. Der Graph von f geht durch den Punkt $(-1,0)$.

c. Die Gerade $y = 1$ ist eine Asymptote des Graphen von f.

8. Größtes eingeschriebenes Dreieck Die Punkte A und B liegen auf den Enden des Durchmessers eines Einheitskreises, und der Punkt C liegt auf dem Rand des Kreises. Stimmt es, dass der Flächeninhalt des Dreiecks ABC am größten ist, wenn das Dreieck gleichschenklig ist? Woher wissen Sie das?

9. Loch im Wassertank Sie wollen in die Seite des in der nachfolgenden Abbildung dargestellten Tanks ein Loch in einer Höhe bohren, sodass das ausströmende Wasser in der größtmöglichen Entfernung auf dem Boden auftrifft. Bohren Sie das Loch in der Nähe des oberen Randes, wo der Druck gering ist, strömt das Wasser langsam heraus, es bewegt sich aber relativ lange durch die Luft. Bohren Sie das Loch in der Nähe des unteren Randes, strömt das Wasser mit einer höheren Geschwindigkeit heraus, braucht aber für den Weg nach unten nur kurz. Wo ist gegebenenfalls der ideale Platz für das Loch, wenn der austretende Wasserstrahl in möglichst großer Entfernung vom Tank auf dem Boden auftreffen soll? (*Hinweis*: Wie lange braucht ein austretendes Wassermolekül, bis es aus einer Höhe y auf dem Boden auftrifft?)

Tank wird voll gehalten, oben offen

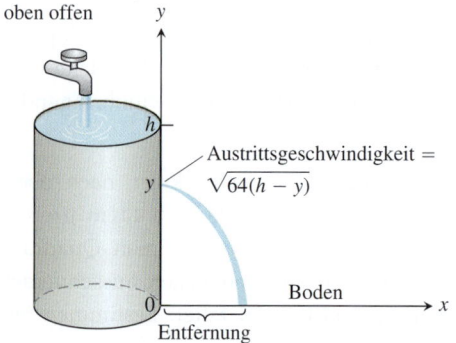

Austrittsgeschwindigkeit = $\sqrt{64(h-y)}$

Entfernung

10. Ein Maximum-Minimum-Problem mit verschiedenen Lösungen Manchmal hängt die Lösung eines Maximum-Minimum-Problems von den Verhältnissen der beteiligten Formen ab. Nehmen Sie als typisches Beispiel an, dass ein gerader Kreiszylinder mit dem Radius r und der Höhe h einem geraden Kreiskegel eingeschrieben ist, der wie in der nachfolgenden Abbildung den Radius R und die Höhe H hat. Bestimmen Sie den Wert von r (als Funktion von R und H), der den Oberflächeninhalt des Kreiszylinders (einschließlich Grund- und Deckfläche) maximiert. Wie Sie feststellen werden, hängt die Lösung davon ab, ob $H \leq 2R$ oder $H > 2R$ ist.

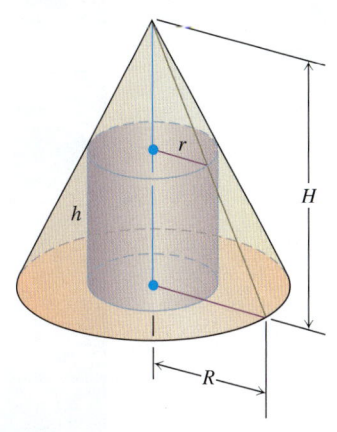

11. Nehmen Sie an, dass es ein Unternehmen $y = a + bx$ Euro kostet, x Bauteile pro Woche herzustellen. Das Unternehmen verkauft pro Woche x Bauteile zu einem Preis von $P = c - ex$ Euro pro Bauteil. Dabei sind a, b, c und e positive Konstanten. **a.** Welches Produktionsniveau maximiert den Gewinn? **b.** Wie ist der zugehörige Preis? **c.** Wie ist der wöchentliche Gewinn bei diesem Produktionsniveau? **d.** Zu welchem Preis sollte zur Gewinnmaximierung jedes Bauteil verkauft werden, wenn die Regierung pro verkauftem Bauteil eine Steuer von t Euro erhebt. Kommentieren Sie den Unterschied zwischen diesem Preis und dem Preis vor Steuern.

12. Um $\sqrt[q]{a}$ zu bestimmen, wenden wir das Newton-Verfahren auf $f(x) = x^q - a$ an. Dabei nehmen wir an, dass a eine positive reelle Zahl und q eine positive ganze Zahl ist. Zeigen Sie, dass x_1 ein gewichtetes Mittel von x_0 und a/x_0^{q-1} ist, und bestimmen Sie die Koeffizienten m_0, m_1 so, dass gilt:

$$x_1 = m_0 x_0 + m_1 \left(\frac{a}{x_0^{q-1}}\right), \quad \begin{array}{l} m_0 > 0, \ m_1 > 0, \\ m_0 + m_1 = 1. \end{array}$$

Zu welchem Schluss würden Sie kommen, wenn x_0 und a/x_0^{q-1} gleich wären? Was wäre in diesem Fall der Wert von x_1?

13. Nehmen Sie an, dass die Bremsen eines Autos eine konstante Verzögerung von k m/s² erzeugen. **a.** Bestimmen Sie, wie groß k sein muss, damit ein Auto mit einer Geschwindigkeit von 96 km/h (26,7 m/s) bei einer Vollbremsung innerhalb von 30 m zum Stehen kommt. **b.** Nach wie vielen Metern würde ein Auto mit einer Geschwindigkeit von 50 km/h bei einer Vollbremsung mit demselben k zum Stehen kommen?

14. Kann es eine Funktion $y = f(x)$ geben, die folgende Bedingungen erfüllt? d^2y/dx^2 ist überall null, für $x = 0$ ist $y = 0$ und $dy/dx = 1$. Begründen Sie Ihre Antwort.

15. Ein Teilchen bewegt sich entlang der x-Achse. Seine Beschleunigung ist $a(t) = -t^2$. Bei $t = 0$ befindet sich das Teilchen im Ursprung. Im Verlaufe der Bewegung erreicht es die Stelle $x = b$ mit $b > 0$, es kommt aber nicht über b hinaus. Bestimmen Sie die Geschwindigkeit des Teilchen zur Zeit $t = 0$.

16. Sei $f(x) = ax^2 + 2bx + c$ mit $a > 0$. Betrachten Sie das Minimum und beweisen Sie, dass für alle reellen x genau dann $f(x) \geq 0$ ist, wenn $b^2 - ac \leq 0$ ist.

17. Cauchy-Schwarz'sche Ungleichung

a. Setzen Sie in Aufgabe 16

$$f(x) = (a_1 x + b_1 x)^2 + (a_2 x + b_2 x)^2 \\ + \cdots + (a_n x + b_n x)^2$$

und leiten Sie die Cauchy-Schwarz'sche Ungleichung her:

$$(a_1 b_1 + a_2 b_2 + \cdots a_n b_n)^2 \\ \leq (a_1^2 + a_2^2 + \cdots + a_n^2)(b_1^2 + b_2^2 + \cdots + b_n^2).$$

b. Zeigen Sie, dass das Gleichheitszeichen in der Cauchy-Schwarz'schen Ungleichung nur gilt, wenn es eine reelle Zahl x gibt, für die $a_i x$ gleich $-b_i$ ist (für alle Werte von i von 1 bis n).

Lernziele

1 Flächeninhalte und Abschätzung mithilfe endlicher Summen
- Flächeninhalt krummlinig begrenzter Flächen
- Ober- und Untersumme
- Mittelpunktsregel
- Mittelwert von Funktionen

2 Schreibweise mit Summenzeichen und Grenzwerte endlicher Summen
- Sigma-Schreibweise (Summenzeichen)
- Rechenregeln für endliche Summen
- Grenzwerte endlicher Summen
- Riemann'sche Summen
- Intervallzerlegung (Partition) und Norm

3 Das bestimmte Integral
- Das bestimmte Integral als Grenzwert einer Riemann'schen Summe
- Integrierbare und nicht integrierbare Funktionen
- Eigenschaften von bestimmten Integralen
- Flächeninhalte unter einer Kurve
- Mittelwert einer stetigen Funktion

4 Der Hauptsatz der Differential- und Integralrechnung
- Mittelwertsatz der Integralrechnung
- Berechnung von Integralen aus der Stammfunktion
- Zusammenhang zwischen Integration und Differentiation

5 Unbestimmte Integrale und die Substitutionsmethode
- Substitution als Rückwärtsanwendung der Kettenregel

6 Die Substitutionsmethode bei bestimmten Integralen und der Flächeninhalt von Gebieten zwischen Kurven
- Substitution in bestimmten Integralen
- Änderung der Integrationsgrenze
- Flächeninhalt von Gebieten zwischen Kurven
- Integration bezüglich y

Integration

5.1 Flächeninhalte und Abschätzung
mithilfe endlicher Summen 329

5.2 Schreibweise mit dem Summenzeichen und
Grenzwerte endlicher Summen 341

5.3 Das bestimmte Integral 350

5.4 Der Hauptsatz der Differential- und
Integralrechnung 365

5.5 Unbestimmte Integrale und die
Substitutionsmethode 379

5.6 Die Substitutionsmethode bei bestimmten
Integralen
und der Flächeninhalt von Gebieten zwischen
Kurven 387

5 Integration

Übersicht

Gleichungen für die Flächeninhalte und Volumina von Dreiecken, Kugeln und Kegeln zu erhalten, war eine große Errungenschaft der klassischen Geometrie. In diesem Kapitel entwickeln wir eine Methode, Flächeninhalte und Volumina von sehr allgemeinen Formen zu berechnen. Diese Methode, die sogenannte *Integration*, ist ein Werkzeug, mit dem man wesentlich mehr als nur Flächeninhalte und Volumina berechnen kann. Das *Integral* ist in der Statistik, den Naturwissenschaften und den Ingenieurwissenschaften von grundlegender Bedeutung. Wir verwenden es zur Berechnung von Größen, die von Wahrscheinlichkeiten und Mittelwerten bis hin zum Energieverbrauch und den Kräften auf das Schleusentor eines Staudamms reichen. Eine Reihe dieser Anwendungen werden wir im nächsten Kapitel behandeln. In diesem Kapitel konzentrieren wir uns aber auf das Integralkonzept und seine Verwendung bei der Berechnung von Flächeninhalten verschiedener Gebiete mit gekrümmten Rändern.

5.1 Flächeninhalte und Abschätzung mithilfe endlicher Summen

Das *bestimmte Integral* ist das Schlüsselwerkzeug der Analysis, um Größen zu berechnen, die für Mathematik und Naturwissenschaft wichtig sind, darunter Flächeninhalte, Volumina, Längen gekrümmter Kurven, Wahrscheinlichkeiten und das Gewicht verschiedener Körper, um nur einige zu nennen. Hinter dem Integral steckt der Gedanke, dass wir solche Größen effektiv berechnen können, indem wir sie in kleine Stücke zerlegen und dann die Beträge der Stücke aufsummieren. Wir beobachten dann, was passiert, wenn wir immer mehr und immer kleinere Stücke in den Summationsprozess aufnehmen. Geht die Anzahl der Terme, die zur Summe beitragen, gegen unendlich und bilden wir den Grenzwert dieser Summen wie in Abschnitt 5.3 beschrieben, so ist das Ergebnis ein bestimmtes Integral. Wir beweisen in Abschnitt 5.4, dass Integrale mit Stammfunktionen zusammenhängen – ein Zusammenhang, der sich als einer der wichtigsten Zusammenhänge der Analysis erweist.

Die Grundlage für die Formulierung bestimmter Integrale ist die Konstruktion geeigneter endlicher Summen. Obwohl wir noch genau definieren müssen, was wir unter dem Flächeninhalt eines allgemeinen Gebiets in der Ebene oder unter dem Mittelwert einer Funktion über einem abgeschlossenen Intervall verstehen, so haben wir doch eine intuitive Vorstellung davon, was mit diesen Begriffen gemeint ist. Also beginnen wir unsere Einführung in die Integration in diesem Abschnitt mit der *Näherung* dieser Größen durch endliche Summen. Außerdem untersuchen wir, was passiert, wenn wir immer mehr Terme in den Summationsprozess aufnehmen. In den nachfolgenden Abschnitten sehen wir uns die Grenzwertbildung für diese Summen an, wenn die Anzahl der Terme gegen unendlich geht. Dies führt dann auf exakte Definitionen der Größen, die hier genähert werden.

Flächeninhalt

Angenommen, wir wollen den Flächeninhalt des schattierten Gebiets G bestimmen, das über der x-Achse unter dem Graphen von $y = 1 - x^2$ zwischen den vertikalen Geraden $x = 0$ und $x = 1$ liegt (▶Abbildung 5.1). Leider gibt es keine einfache geometrische Formel zur Berechnung der Flächeninhalte allgemeiner Formen, die wie das Gebiet G gekrümmte Ränder haben. Wie können wir den Flächeninhalt von G dann bestimmen?

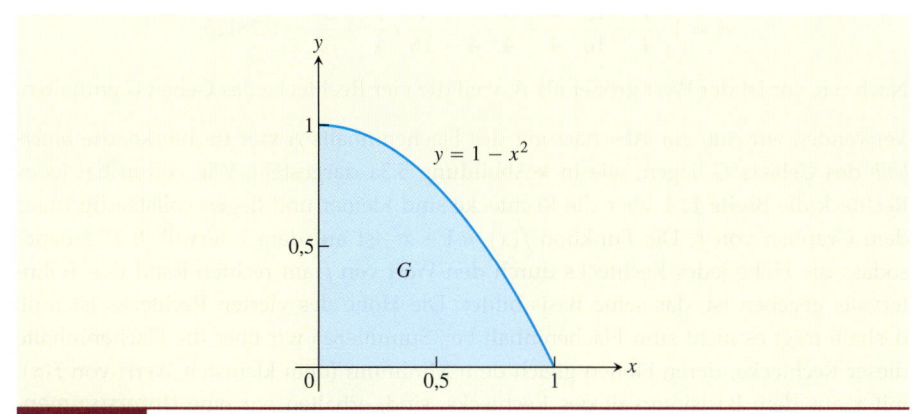

Abbildung 5.1 Der Flächeninhalt des Gebiets G kann nicht mithilfe einer einfachen Formel bestimmt werden.

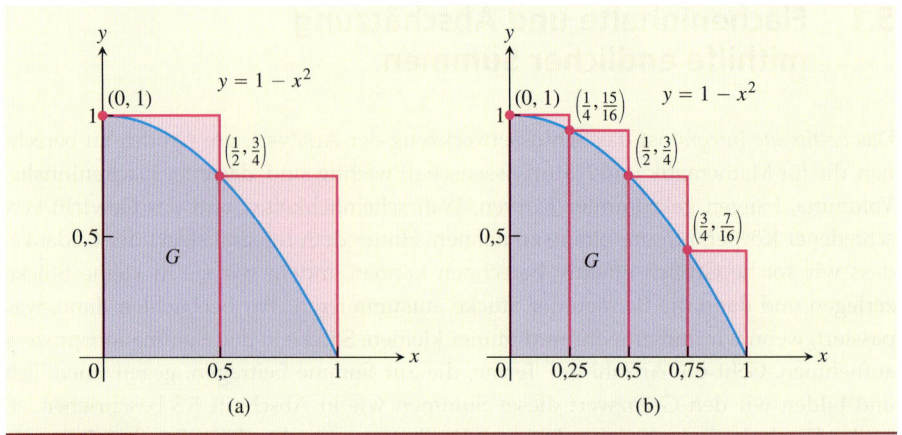

Abbildung 5.2 (a) Wir erhalten eine obere Schranke für den Flächeninhalt von G, indem wir zwei Rechtecke betrachten, die G enthalten. (b) Vier Rechtecke liefern eine bessere obere Schranke. Beide Abschätzungen übersteigen den echten Wert des Flächeninhalts um den hellrot schattierten Betrag.

Selbst wenn wir noch keine Methode haben, den exakten Flächeninhalt von G zu bestimmen, so können wir ihn doch in einer einfachen Weise annähern. ▶Abbildung 5.2a zeigt zwei Rechtecke, die zusammen das Gebiet G enthalten. Jedes Rechteck hat die Breite 1/2, und die Rechtecke haben die Höhen 1 und 3/4. Die Höhe jedes Rechtecks ist das Maximum der Funktion f auf dem jeweiligen Teilintervall. Diese Höhe erhalten wir, indem wir f am linken Rand des Teilintervalls von $[0,1]$ berechnen, das die Basis des Rechtecks ist. Der Gesamtflächeninhalt der beiden Rechtecke nähert den Flächeninhalt A des Gebiets G an:

$$A \approx 1 \cdot \frac{1}{2} + \frac{3}{4} \cdot \frac{1}{2} = \frac{7}{8} = 0{,}875\,.$$

Diese Schätzung ist größer als der tatsächliche Flächeninhalt A, weil die beiden Rechtecke das Gebiet G enthalten. Wir nennen 0,875 eine **Obersumme**, weil wir sie erhalten, indem wir für die Höhe jedes Rechtecks das Maximum (den größten Wert) von $f(x)$, wobei x aus dem Basisintervall des Rechtecks ist, wählen. In ▶Abbildung 5.2 verbessern wir unsere Abschätzung, indem wir vier schmalere Rechtecke betrachten, deren Breite jeweils 1/4 ist. Zusammengenommen enthalten sie wieder das Gebiet G. Diese vier Rechtecke liefern die Näherung

$$A \approx 1 \cdot \frac{1}{4} + \frac{15}{16} \cdot \frac{1}{4} + \frac{3}{4} \cdot \frac{1}{4} + \frac{7}{16} \cdot \frac{1}{4} = \frac{25}{32} = 0{,}78125\,.$$

Nach wie vor ist der Wert größer als A, weil die vier Rechtecke das Gebiet G enthalten.

Verwenden wir nun zur Abschätzung des Flächeninhalts A vier Rechtecke, die *innerhalb* des Gebiets G liegen, wie in ▶Abbildung 5.3a dargestellt. Wie vorhin hat jedes Rechteck die Breite 1/4, aber die Rechtecke sind kleiner und liegen vollständig unter dem Graphen von f. Die Funktion $f(x) = 1 - x^2$ ist auf dem Intervall $[0,1]$ fallend, sodass die Höhe jedes Rechtecks durch den Wert von f am rechten Rand des Teilintervalls gegeben ist, das seine Basis bildet. Die Höhe des vierten Rechtecks ist null, deshalb trägt es nicht zum Flächeninhalt bei. Summieren wir über die Flächeninhalte dieser Rechtecke, deren Höhen gleich dem Minimum (dem kleinsten Wert) von $f(x)$, mit x aus dem Basisintervall des Rechtecks, sind, erhalten wir eine **Untersummen**-Näherung des Flächeninhalts:

$$A \approx \frac{15}{16} \cdot \frac{1}{4} + \frac{3}{4} \cdot \frac{1}{4} + \frac{7}{16} \cdot \frac{1}{4} + 0 \cdot \frac{1}{4} = \frac{17}{32} = 0{,}53125\,.$$

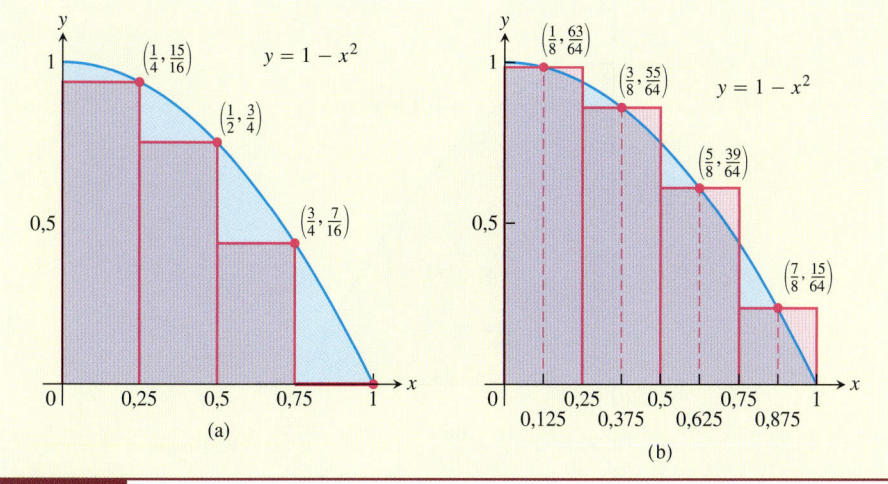

Abbildung 5.3 (a) Rechtecke, die in G liegen, ergeben eine Schätzung des Flächeninhalts, die den tatsächlichen Wert um den blau schattierten Betrag unterschreitet. (b) Die Mittelpunktsregel verwendet Rechtecke, deren Höhe der Wert $y = f(x)$ am Mittelpunkt ihrer Basis ist. Die Schätzung scheint näher am tatsächlichen Wert des Flächeninhalts zu liegen, weil die hellroten Überschussflächen die blauen Fehlflächen grob ausgleichen.

Diese Schätzung ist kleiner als der Flächeninhalt A, weil die Rechtecke alle im Innern des Gebiets G liegen. Der tatsächliche Wert von A liegt irgendwo zwischen diesen Unter- und Obersummen:

$$0{,}53125 < A < 0{,}78125\,.$$

Da wir sowohl die Näherung durch Untersummen als auch die durch Obersummen betrachten, erhalten wir nicht nur Abschätzungen des Flächeninhalts, sondern auch eine Schranke für den Betrag des möglichen Fehlers bei diesen Abschätzungen, denn der tatsächliche Wert des Flächeninhalts liegt irgendwo zwischen den beiden Näherungen. Hier kann der Fehler nicht größer als die Differenz $0{,}78125 - 0{,}53125 = 0{,}25$ sein.

Eine weitere Schätzung können wir erhalten, indem wir Rechtecke verwenden, deren Höhen die Werte von f an den Mittelpunkten ihrer Basen sind (▶Abbildung 5.3b). Die Methode heißt **Mittelpunktsregel** zur Abschätzung des Flächeninhalts. Die Mittelpunktsregel liefert eine Näherung, die zwischen einer Untersumme und einer Obersumme liegt, aber es ist nicht ganz klar, ob sie den tatsächlichen Flächeninhalt über- oder unterschätzt. Verwenden wir wie vorhin vier Rechtecke der Breite $1/4$, schätzt die Mittelpunktsregel den Flächeninhalt F auf

$$A \approx \frac{63}{64} \cdot \frac{1}{4} + \frac{55}{64} \cdot \frac{1}{4} + \frac{39}{64} \cdot \frac{1}{4} + \frac{15}{64} \cdot \frac{1}{4} = \frac{172}{64} \cdot \frac{1}{4} = 0{,}671875\,.$$

Bei jeder der von uns berechneten Summen wurde das Intervall $[a, b]$, über dem die Funktion f definiert ist, in n Teilintervalle gleicher Breite $\Delta x = (b-a)/n$ zerlegt, die Breite der Teilintervalle wird auch als deren Länge bezeichnet. Und f wurde an einer Stelle in jedem Teilintervall berechnet: c_1 im ersten Intervall, c_2 im zweiten Intervall usw. Die endlichen Summen haben dann alle die Form

$$f(c_1)\Delta x + f(c_2)\Delta x + f(c_3)\Delta x + \cdots + f(c_n)\Delta x\,.$$

Verwenden wir immer mehr und immer schmalere Rechtecke, so scheinen diese endlichen Summen immer bessere Näherungen für den tatsächlichen Wert des Flächeninhalts von G zu liefern.

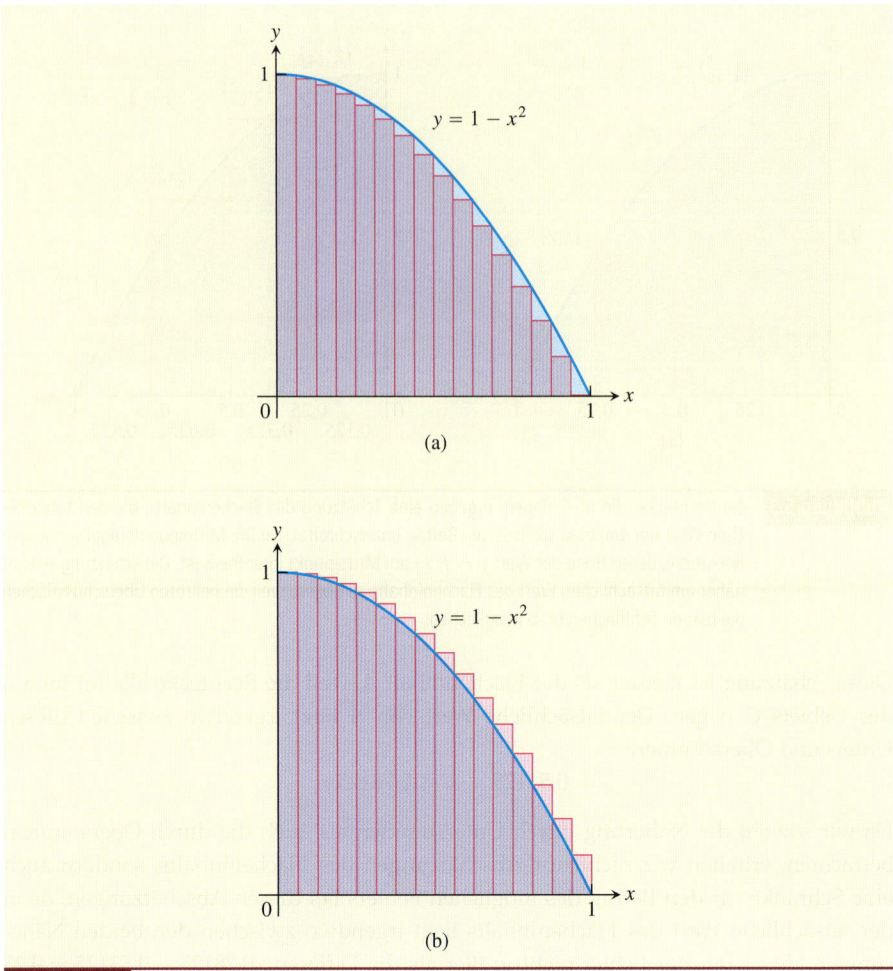

Abbildung 5.4 (a) Eine Untersumme mit 16 Rechtecken gleicher Breite $\Delta x = 1/16$.
(b) Eine Obersumme mit 16 Rechtecken.

▶Abbildung 5.4a zeigt eine Näherung durch Untersummen für den Flächeninhalt von G mit 16 Rechtecken gleicher Breite. Die Summe ihrer Flächeninhalte ist 0,634765625, was nah am tatsächlichen Wert zu sein scheint. Der Wert ist aber immer noch kleiner als der tatsächliche Flächeninhalt, weil die Rechtecke in G liegen.

▶Abbildung 5.4b zeigt eine Näherung durch Obersummen mit 16 Rechtecken gleicher Breite. Die Summe ihrer Flächeninhalte ist 0,697265625 und also etwas größer als der tatsächliche Flächeninhalt, weil die summierten Rechtecke G enthalten. Die Mittelpunktsregel mit 16 Rechtecken liefert eine Näherung des Gesamtflächeninhalts von 0,6669921875, aber es ist nicht unmittelbar klar, ob diese Abschätzung größer oder kleiner als der tatsächliche Flächeninhalt ist.

Näherung eines Flächeninhalts durch Ober- und Untersummen

Beispiel 5.1 Tabelle 5.1 zeigt die Werte der Näherungen durch Ober- und Untersummen für den Flächeninhalt von G mit bis zu 1000 Rechtecken. In Abschnitt 5.2 werden wir sehen, wie man einen exakten Wert des Flächeninhalts für solche Gebiete wie G erhält, indem man die Breite der Basis jedes Rechtecks gegen null und die Anzahl der Rechtecke gegen unendlich gehen lässt. Mit den dort entwickelten Techniken werden wir zeigen können, dass der Flächeninhalt von G genau 2/3 ist.

Zurückgelegter Weg

Angenommen, wir kennen die Geschwindigkeitsfunktion $v(t)$ eines Autos, das sich geradlinig auf der Autobahn fortbewegt, und wir wollen wissen, wie weit es sich zwischen den Zeitpunkten $t = a$ und $t = b$ fortbewegt hat. Kennen wir bereits eine Stammfunktion $F(t)$ von $v(t)$, so können wir die Ortsfunktion $s(t)$ bestimmen, indem wir $s(t) = F(t) + C$ setzen. Den zurückgelegten Weg können wir dann bestimmen, indem wir die Änderung des Ortes $s(b) - s(a) = F(b) - F(a)$ berechnen. Ist aber die Geschwindigkeit nur aus Ablesungen des Tachometers im Auto zu verschiedenen Zeiten bekannt, so haben wir keine Funktion, aus der wir eine Stammfunktion der Geschwindigkeit bestimmen können. Was machen wir also in dieser Situation?

Kennen wir keine Stammfunktion der Geschwindigkeitsfunktion $v(t)$, so können wir dasselbe Näherungsprinzip für den zurückgelegten Weg durch endliche Summen verwenden wie bei der eben diskutierten Abschätzung des Flächeninhalts. Wir unterteilen das Intervall $[a, b]$ in kurze Zeitintervalle, in denen die Geschwindigkeit als konstant betrachtet wird. Dann nähern wir den zurückgelegten Weg über jedem Teilintervall durch die übliche Gleichung

$$\text{Weg} = \text{Geschwindigkeit} \times \text{Zeit}$$

und addieren die Ergebnisse über $[a, b]$.

Die Teilintervalle der Länge Δt sollen die Gestalt

haben. Greifen wir eine Zahl t_1 aus dem ersten Intervall heraus. Ist Δt so klein, dass sich die Geschwindigkeit über einem kurzen Zeitintervall der Dauer Δt kaum ändert, so ist der im ersten Zeitintervall zurückgelegte Weg ungefähr $v(t_1)\Delta t$. Ist t_2 eine Zahl aus dem zweiten Intervall, so ist der im zweiten Zeitintervall zurückgelegte Weg ungefähr $v(t_2)\Delta t$. Die Summe der zurückgelegten Wege über allen Zeitintervallen ist

$$W \approx v(t_1)\Delta t + v(t_2)\Delta t + \cdots + v(t_n)\Delta t$$

Dabei ist n die Anzahl der Teilintervalle.

Beispiel 5.2 Die Geschwindigkeitsfunktion eines senkrecht in die Luft geschossenen Projektils ist $f(t) = 160 - 9{,}81t$ m/s. Schätzen Sie mithilfe der eben beschriebenen Ober- und Untersummenmethode ab, wie hoch des Projektil in den ersten drei Sekunden steigt. Wie nah kommen die Summen dem exakten Wert von 435,9 m?

Näherung der zurückgelegten Entfernung

Tabelle 5.1: Endliche Näherungen für den Flächeninhalt von G.

Anzahl der Teilintervalle	Untersumme	Mittelpunktsregel	Obersumme
2	0,375	0,6875	0,875
4	0,53125	0,671875	0,78125
16	0,634765625	0,6669921875	0,697265625
50	0,6566	0,6667	0,6766
100	0,66165	0,666675	0,67165
1000	0,6661665	0,66666675	0,6671665

Lösung Wir untersuchen die Ergebnisse für verschieden viele Intervalle und verschiedene Berechnungspunkte. Bedenken Sie, dass $f(t)$ fallend ist, sodass die Berechnung von f am linken Rand des Teilintervalls eine Schätzung durch eine Obersumme ergibt. Die Berechnung von f am rechten Rand ergibt eine Untersumme.

a *Drei Teilintervalle der Länge 1, bei denen f am linken Rand berechnet wird, ergeben eine Obersumme*:

Die Berechnung von f an den Stellen $t = 0$, 1 und 2 ergibt

$$W \approx f(t_1)\Delta t + f(t_2)\Delta t + f(t_3)\Delta t$$
$$= [160 - 9{,}81(0)](1) + [160 - 9{,}81(1)](1) + [160 - 9{,}81(2)](1)$$
$$= 450{,}57 \,.$$

b *Drei Teilintervalle der Länge 1, bei denen f am rechten Rand berechnet wird, ergeben eine Untersumme*:

Die Berechnung von f an den Stellen $t = 0$, 1 und 2 ergibt

$$W \approx f(t_1)\Delta t + f(t_2)\Delta t + f(t_3)\Delta t$$
$$= [160 - 9{,}81(1)](1) + [160 - 9{,}81(2)](1) + [160 - 9{,}81(3)](1)$$
$$= 421{,}14 \,.$$

c *Mit sechs Teilintervallen der Länge 1/2 erhalten wir*:

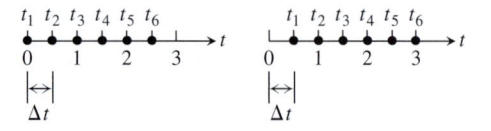

Diese Abschätzungen ergeben bei Berechnung von f an den linken Rändern eine Obersumme: $W \approx 443{,}25$, bei Berechnung von f an den rechten Rändern eine Untersumme: $W \approx 428{,}55$. Diese Abschätzungen aus sechs Teilintervallen liegen etwas enger beisammen als die Abschätzungen aus drei Teilintervallen. Die Ergebnisse verbessern sich mit kürzer werdenden Teilintervallen.

Wie wir Tabelle 5.2 entnehmen können, nähern sich die Obersummen dem tatsächlichen Wert von 435,9 von oben, während sich ihm die Untersummen von unten nähern. Der tatsächliche Wert liegt zwischen diesen Ober- und Untersummen. Der Betrag des Fehlers in der letzten Spalte ist 0,23, ein kleiner Bruchteil des tatsächlichen Wertes.

$$\text{Betrag des Fehlers} = |\text{tatsächlicher Wert} - \text{berechneter Wert}|$$
$$= |435{,}9 - 435{,}67| = 0{,}23 \,.$$
$$\text{prozentualer Fehler} = \frac{0{,}23}{435{,}9} \approx 0{,}05\% \,.$$

Vernünftigerweise würde man aus den Tabellenwerten schließen, dass das Projektil in den ersten 3 Sekunden seines Fluges ungefähr 436 m stieg.

Tabelle 5.2: Abschätzungen für den zurückgelegten Weg.

Anzahl der Teilintervalle	Länge jedes Teilintervalls	Obersumme	Untersumme
3	1	450,6	421,2
6	1/2	443,25	428,55
12	1/4	439,58	432,23
24	1/8	437,74	434,06
48	1/16	436,82	434,98
96	1/32	436,36	435,44
192	1/64	436,13	435,67

Ortsverschiebung und zurückgelegte Entfernung

Bewegt sich ein Körper mit der Ortsfunktion $s(t)$ ohne Richtungsänderung entlang einer Koordinatenachse, so können wir den in der Zeit von $t = a$ bis $t = b$ von ihm zurückgelegten Weg berechnen, indem wir wie in Beispiel 5.2 die zurückgelegten Wege über kleine Intervalle summieren. Kehrt der Körper auf seinem Weg ein oder mehrmals seine Bewegungsrichtung um, so müssen wir den Betrag der Geschwindigkeit $|v(t)|$ des Körpers heranziehen, um den zurückgelegten Weg zu bestimmen. Verwenden wir wie in Beispiel 5.2 die Geschwindigkeit selbst, so erhalten wir stattdessen eine Schätzung für die **Ortsverschiebung** des Körpers $s(b) - s(a)$, das ist die Differenz zwischen der Anfangs- und der Endlage des Körpers.

Um zu sehen, warum die Geschwindigkeitsfunktion im Summationsprozess eine Abschätzung für die Ortsverschiebung liefert, zerlegen wir das Zeitintervall $[a, b]$ in hinreichend kleine Teilintervalle Δt, sodass sich die Geschwindigkeit des Körpers in der Zeit von t_{k-1} bis t_k nur wenig ändert. Dann ist $v(t_k)$ eine gute Näherung der Geschwindigkeit über dem Intervall. Dementsprechend ist die Ortsänderung des Körpers im Zeitintervall ungefähr

$$v(t_k)\Delta t.$$

Diese Änderung ist positiv, wenn $v(t_k)$ positiv ist, und negativ, wenn $v(t_k)$ negativ ist.

In beiden Fällen ist der vom Körper im Teilintervall zurückgelegte Weg

$$|v(t_k)|\Delta t.$$

Der **insgesamt zurückgelegte Weg** ist näherungsweise die Summe

$$|v(t_1)|\Delta t + |v(t_2)|\Delta t + \cdots + |v(t_n)|\Delta t.$$

Auf diese Überlegungen kommen wir in Abschnitt 5.4 zurück.

Beispiel 5.3 In Beispiel 3.20 aus Abschnitt 3.4 hatten wir die Bewegung eines schweren Steins analysiert, der bei einer Dynamitsprengung nach oben geschleudert wird. In diesem Beispiel hatten wir festgestellt, dass die Geschwindigkeit des Steins zu jedem Zeitpunkt $v(t) = (49{,}05 - 9{,}81t)$ m/s ist. Der Stein befand sich zwei Minuten nach der Explosion 78,48 m über dem Boden, bewegte sich bis 5 Minuten nach der Explosion bis zu seiner maximalen Höhe von 122,625 m weiter nach oben, und fiel dann nach unten, wobei er sich 8 Sekunden nach der Explosion wieder auf einer Höhe von 78,48 m befand (▶Abbildung 5.5).

Näherung der zurückgelegten Entfernung

Wir wollen wie in Beispiel 5.2 vorgehen und die Geschwindigkeitsfunktion $v(t)$ im Summationsprozess über dem Zeitintervall $[0, 8]$ verwenden. Dann erhalten wir eine

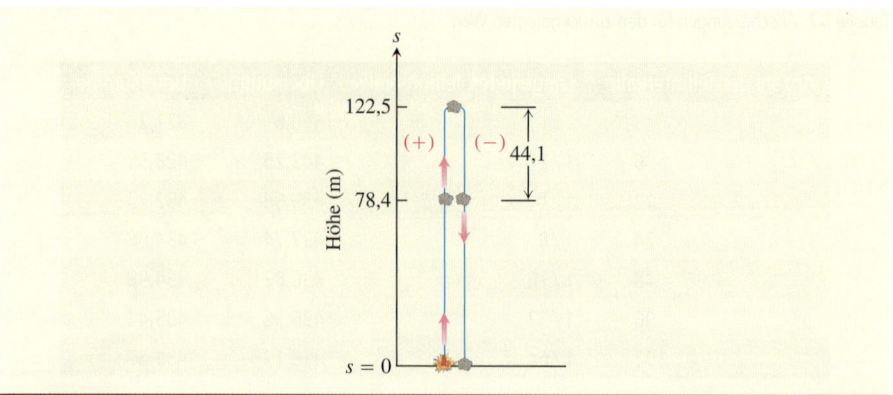

Abbildung 5.5 Der Stein aus Beispiel 5.3. Die Höhe 78,48 m wird nach $t = 2$ Sekunden und nach $t = 8$ Sekunden erreicht. Der Stein ist zur Zeit $t = 8$ gegenüber seiner maximalen Höhe 44,145 m gefallen.

Abschätzung für 78,48 m, also die *Höhe* des Steins über dem Boden zur Zeit $t = 8$. Die positive Aufwärtsbewegung (die eine positive Abstandsänderung von 44,145 m zwischen 78,48 m und der maximalen Höhe liefert) wird durch die negative Abwärtsbewegung aufgehoben (die wieder eine negative Änderung von 44,145 m zwischen der maximalen Höhe und 78,48 m liefert). Daher wird die Ortsverschiebung bzw. die Höhe über dem Boden durch die Geschwindigkeitsfunktion genähert.

Verwenden wir im Summationsprozess dagegen den Betrag der Geschwindigkeit $|v(t)|$, so erhalten wir eine Schätzung für den *Gesamtweg*, die der Stein zurückgelegt hat: Sie setzt sich zusammen aus der vom Stein erreichten Maximalhöhe von 122,625 m und dem zusätzlichen Weg von 44,145 m, die der Stein von der Maximalhöhe ausgehend gefallen ist, wenn er nach $t = 8$ Sekunden wieder auf einer Höhe von 78,48 m ist. Verwenden wir also den Betrag der Geschwindigkeit im Summationsprozess über dem Zeitintervall $[0,8]$, so erhalten wir eine Schätzung von 166,77 m, das ist der Weg, den der Stein bei seiner Auf- und Abwärtsbewegung innerhalb von 8 Sekunden zurückgelegt hat. Es gibt keine Aufhebung durch Vorzeichenwechsel der Geschwindigkeitsfunktion, sodass wir mit dem Betrag der Geschwindigkeitsfunktion nicht die Ortsverschiebung, sondern den zurückgelegten Weg abschätzen.

Zur Illustration dessen zerlegen wir das Intervall $[0,8]$ in sechzehn Teilintervalle der Länge $\Delta t = 1/2$ und benutzen in unserer Rechnung den rechten Rand jedes Teilintervalls. Tabelle 5.3 führt die Werte der Geschwindigkeitsfunktion an diesen Randstellen auf.

Tabelle 5.3: Geschwindigkeitsfunktion.

t	$v(t)$	t	$v(t)$
0	49	4,5	4,9
0,5	44,1	5,0	0
1,0	39,2	5,5	−4,9
1,5	34,3	6,0	−9,81
2,0	29,4	6,5	−14,7
2,5	24,5	7,0	−19,6
3,0	19,6	7,5	−24,5
3,5	14,7	8,0	−29,4
4,0	9,81		

Verwenden wir $v(t)$ im Summationsprozess, so schätzen wir die Ortsverschiebung zur Zeit $t = 8$ ab:

$$(44{,}1 + 39{,}2 + 34{,}3 + 29{,}4 + 24{,}5 + 19{,}6 + 14{,}7 + 9{,}81 + 4{,}9$$
$$+ 0 - 4{,}9 - 9{,}81 - 14{,}7 - 19{,}6 - 24{,}5 - 29{,}4) \cdot \frac{1}{2} = 58{,}8$$

Betrag des Fehlers $= 78{,}4 - 58{,}8 = 19{,}6$.

Verwenden wir $|v(t)|$ im Summationsprozess, so schätzen wir den über dem Zeitintervall $[0, 8]$ zurückgelegten Weg ab:

$$44{,}1 + 39{,}2 + 34{,}3 + 29{,}4 + 24{,}5 + 19{,}6 + 14{,}7 + 9{,}81 + 4{,}9$$
$$+ 0 + 4{,}9 + 9{,}81 + 14{,}7 + 19{,}6 + 24{,}5 + 29{,}4) \cdot \frac{1}{2} = 161{,}7$$

Betrag des Fehlers $= 166{,}7 - 161{,}7 = 5{,}0$.

Verwenden wir bei unseren Berechnungen immer mehr Teilintervalle von $[0, 8]$, verbessern sich die Näherungen und gehen gegen die exakten Werte 78,48 m und 166,77 m.

Mittelwert nichtnegativer stetiger Funktionen

Den Mittelwert einer Menge von n Zahlen $x_1, x_2, \ldots, x_n$ erhält man, indem man sie addiert und durch n teilt. Was aber ist der Mittelwert einer stetigen Funktion f auf einem Intervall $[a, b]$? Eine solche Funktion kann unendlich viele Werte annehmen. Zum Beispiel ist die Temperatur an einem bestimmten Ort in einer Stadt eine stetige Funktion, die jeden Tag Schwankungen unterliegt. Was bedeutet es zu sagen, dass die mittlere Temperatur in der Stadt über den Tag 23 °C beträgt?

Ist eine Funktion konstant, lässt sich diese Frage leicht beantworten. Eine Funktion mit dem konstanten Wert c hat über einem Intervall $[a, b]$ den Mittelwert c. Für ein positives c erzeugt der Graph der Funktion über $[a, b]$ ein Rechteck mit der Höhe c. Der Mittelwert der Funktion kann dann geometrisch als der Flächeninhalt dieses Rechtecks, geteilt durch dessen Breite $b - a$, interpretiert werden (▶Abbildung 5.6a).

Was ist, wenn wir den Mittelwert einer nicht konstanten Funktion bestimmen wollen, wie den Mittelwert der Funktion g aus ▶Abbildung 5.6b? Wir können uns diesen Graphen als eine Momentaufnahme der Höhe einer Wassermenge vorstellen, die in einem Tank zwischen den Wänden bei $x = a$ und $x = b$ hin und her schwappt. Wenn sich das

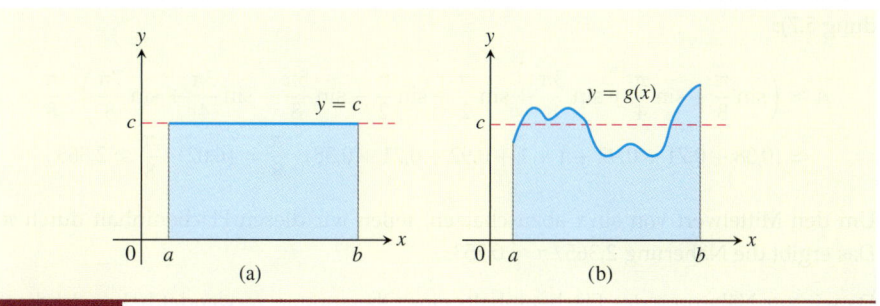

Abbildung 5.6 (a) Der Mittelwert von $f(x) = c$ über dem Intervall $[a, b]$ ist der Flächeninhalt des Rechtecks, geteilt durch $b - a$. (b) Der Mittelwert der Funktion $g(x)$ über $[a, b]$ ist der Flächeninhalt des Gebiets unter ihrem Graphen, geteilt durch $b - a$.

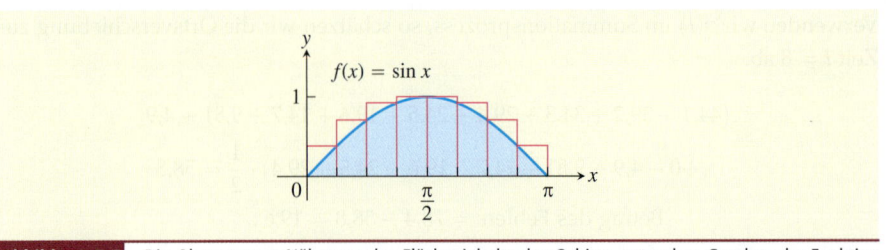

Abbildung 5.7 Die Obersummen-Näherung des Flächeninhalts des Gebiets unter dem Graphen der Funktion $f(x) = \sin x$ zwischen 0 und π durch acht Rechtecke, um den Mittelwert von $\sin x$ über dem Intervall $[0, \pi]$ zu berechnen (Beispiel 5.4).

Wasser bewegt, ändert sich seine Höhe über jeder Stelle, aber seine mittlere Höhe bleibt gleich. Um die mittlere Höhe des Wassers zu bestimmen, lassen wir den Tank so lange ruhen, bis die Oberfläche des Wassers glatt und seine Höhe konstant ist. Die Höhe c ist gleich dem Flächeninhalt des Gebiets unter dem Graphen von g, geteilt durch $b - a$. Das führt uns darauf, den Mittelwert einer nichtnegativen Funktion über einem Intervall $[a, b]$ als den Flächeninhalt des Gebiets unter ihrem Graphen, geteilt durch $b - a$ zu *definieren*. Damit diese Definition Sinn macht, brauchen wir ein genaues Verständnis dessen, was mit dem Flächeninhalt des Gebiets unter einem Graphen gemeint ist. Dieses Verständnis werden wir in Abschnitt 5.3 erreichen. Im Moment sehen wir uns erst einmal ein Beispiel an.

Mittelwert der Funktion $f(x) = \sin x$ über dem Intervall $[0, \pi]$

Beispiel 5.4 Schätzen Sie den Mittelwert der Funktion $f(x) = \sin x$ über dem Intervall $[0, \pi]$ ab.

Lösung Betrachten wir den Graphen von $\sin x$ zwischen 0 und π aus ▶Abbildung 5.7, so stellen wir fest, dass seine mittlere Höhe irgendwo zwischen 0 und 1 liegt. Um den Mittelwert zu bestimmen, müssen wir den Flächeninhalt A des Gebiets unter dem Graphen berechnen und diesen Flächeninhalt dann durch die Länge des Intervalls $\pi - 0 = \pi$ teilen.

Es gibt keinen einfachen Weg, den Flächeninhalt zu bestimmen, daher nähern wir ihn mithilfe endlicher Summen. Um eine Obersumme zu erhalten, addieren wir die Flächeninhalte von acht Rechtecken der gleichen Breite $\pi/8$, die zusammen das Gebiet unter dem Graphen von $y = \sin x$ und über der x-Achse auf $[0, \pi]$ enthalten. Als Höhe der einzelnen Rechtecke wählen wir den größten Wert von $\sin x$ auf dem jeweiligen Teilintervall. Über einem einzelnen Teilintervall kann dieser größte Wert am linken Rand, am rechten Rand oder irgendwo dazwischen angenommen werden. Wir berechnen $\sin x$ an dieser Stelle, um die Höhe des Rechtecks für eine Obersumme zu erhalten. Die Summe der Rechteckflächeninhalte nähert dann den Gesamtflächeninhalt (Abbildung 5.7):

$$A \approx \left(\sin\frac{\pi}{8} + \sin\frac{\pi}{4} + \sin\frac{3\pi}{8} + \sin\frac{\pi}{2} + \sin\frac{\pi}{2} + \sin\frac{5\pi}{8} + \sin\frac{3\pi}{4} + \sin\frac{7\pi}{8}\right) \cdot \frac{\pi}{8}$$

$$\approx (0{,}38 + 0{,}71 + 0{,}92 + 1 + 1 + 0{,}92 + 0{,}71 + 0{,}38) \cdot \frac{\pi}{8} = (6{,}02) \cdot \frac{\pi}{8} \approx 2{,}365 \,.$$

Um den Mittelwert von $\sin x$ abzuschätzen, teilen wir diesen Flächeninhalt durch π. Das ergibt die Näherung $2{,}365/\pi \approx 0{,}753$.

Da wir zur Näherung des Flächeninhalts eine Obersumme verwendet haben, ist diese Schätzung größer als der tatsächliche Mittelwert von $\sin x$ über $[0, \pi]$. Verwenden wir immer mehr und immer schmalere Rechtecke, so kommen wir dem tatsächlichen Mittelwert immer näher. Mithilfe der in Abschnitt 5.3 behandelten Techniken werden wir zeigen, dass der tatsächliche Wert $2/\pi \approx 0{,}64$ ist.

Wie vorhin hätten wir genauso gut Rechtecke verwenden können, die unter dem Graphen von $y = \sin x$ liegen und eine Näherung durch Untersummen ergeben hätten, oder wir hätten die Mittelpunktsregel verwenden können. In Abschnitt 5.3 werden wir sehen, dass die Näherungen in jedem Fall nah an dem tatsächlichen Wert liegen, wenn alle Rechtecke hinreichend schmal sind.

Zusammenfassung

Der Flächeninhalt des Gebiets unter dem Graphen einer positiven Funktion, der von einem sich ohne Richtungsänderung bewegenden Körper zurückgelegte Weg und der Mittelwert einer nichtnegativen Funktion über einem Intervall können durch endliche Summen genähert werden. Zuerst zerlegen wir das Intervall in Teilintervalle und behandeln die dazugehörige Funktion f so, als wäre sie über jedem einzelnen Teilintervall konstant. Dann multiplizieren wir die Breite jedes Teilintervalls mit dem Wert von f an einer Stelle des Teilintervalls und addieren diese Produkte. Wird das Intervall $[a, b]$ in n Teilintervalle mit gleicher Breite $\Delta x = (b-a)/n$ zerlegt und ist $f(c_k)$ der Wert von f an der ausgewählten Stelle c_k im k-ten Teilintervall, so liefert dieser Prozess eine endliche Summe der Form

$$f(c_1)\Delta x + f(c_2)\Delta x + f(c_3)\Delta x + \cdots + f(c_n)\Delta x.$$

Die Auswahl der c_k kann den Wert von f im k-ten Teilintervall maximieren oder minimieren oder ihm irgendeinen Zwischenwert zuweisen. Der tatsächliche Wert liegt irgendwo zwischen den Näherungen durch Obersummen und Untersummen. Die von uns betrachteten Näherungen durch endliche Summen verbesserten sich durch Verwendung von immer mehr und immer schmaleren Teilintervallen.

Aufgaben zum Abschnitt 5.1

Flächeninhalt Bestimmen Sie in den Aufgaben 1–4 Näherungen für den Flächeninhalt des Gebiets unter dem Graphen der Funktion. Verwenden Sie dazu eine

a. Untersumme mit zwei Rechtecken gleicher Breite.

b. Untersumme mit vier Rechtecken gleicher Breite.

c. Obersumme mit zwei Rechtecken gleicher Breite.

d. Obersumme mit vier Rechtecken gleicher Breite.

1. $f(x) = x^2$ zwischen $x = 0$ und $x = 1$.

2. $f(x) = x^3$ zwischen $x = 0$ und $x = 1$.

3. $f(x) = 1/x$ zwischen $x = 1$ und $x = 5$.

4. $f(x) = 4 - x^2$ zwischen $x = -2$ und $x = 2$.

Benutzen Sie bei den Näherungen Rechtecke, deren Höhe durch den Wert der Funktion im Mittelpunkt der Basis des Rechtecks (Mittelpunktsregel) gegeben ist. Schätzen Sie den Flächeninhalt des Gebiets unter den Graphen der folgenden Funktionen ab, indem Sie zuerst zwei und dann vier Rechtecke verwenden.

5. $f(x) = x^2$ zwischen $x = 0$ und $x = 1$.

6. $f(x) = x^3$ zwischen $x = 0$ und $x = 1$.

7. $f(x) = 1/x$ zwischen $x = 1$ und $x = 5$.

8. $f(x) = 4 - x^2$ zwischen $x = -2$ und $x = 2$.

Entfernung

9. Zurückgelegter Weg Die nachfolgende Tabelle führt die Geschwindigkeit einer Lokomotive auf, die 10 Sekunden auf dem Gleis der Modelleisenbahnanlage fährt. Schätzen Sie den von der Lok zurückgelegten Weg ab. Verwenden Sie dazu 10 Teilintervalle der Länge 1 mit **a.** Werten am linken Rand, **b.** Werten am rechten Rand.

Zeit (s)	Geschwindigkeit (cm/s)	Zeit (s)	Geschwindigkeit (cm/s)
0	0	6	28
1	30	7	15
2	56	8	5
3	25	9	15
4	38	10	0
5	33		

10. Länge einer Straße Sie und Ihr Beifahrer sind gerade mit Ihrem Auto auf einem kurvenreichen Abschnitt einer Schotterstraße unterwegs. Der Tachometer funktioniert, aber der Entfernungsmesser (Kilometerzähler) ist beschädigt. Um herauszufinden, wie lang dieser bestimmte Straßenabschnitt ist, zeichnen Sie in Intervallen von 10 Sekunden die Geschwindigkeit des Autos auf. Das Ergebnis ist in der nachfolgenden Tabelle angegeben. Schätzen Sie die Länge des Straßenabschnitts ab, indem Sie

a. Werte am linken Rand verwenden.

b. Werte am rechten Rand verwenden.

Zeit (s)	Geschwindigkeit (m/s)	Zeit (s)	Geschwindigkeit (m/s)
0	0	70	5
10	13	80	7
20	5	90	11
30	11	100	13
40	9	110	9
50	13	120	11
60	11		

11. Freier Fall mit Luftwiderstand Ein Körper wird aus einem Hubschrauber nach unten fallen gelassen. Der Körper fällt immer schneller, aber seine Beschleunigung (Änderungsrate seiner Geschwindigkeit) nimmt aufgrund des Luftwiderstands nach und nach ab. Die Beschleunigung wird in m/s² gemessen. Sie wird nach dem Abwurf für 5 s einmal pro Sekunde aufgezeichnet, wie in der folgenden Tabelle angegeben.

t	0	1	2	3	4	5
a	9,75	5,92	3,59	2,18	1,32	0,80

a. Bestimmen Sie eine obere Schätzung für den Betrag der Geschwindigkeit zur Zeit $t = 5$.

b. Bestimmen Sie eine untere Schätzung für den Betrag der Geschwindigkeit zur Zeit $t = 5$.

c. Bestimmen Sie eine obere Schätzung für die zurückgelegte Fallstrecke zur Zeit $t = 3$.

Mittelwert einer Funktion Bestimmen Sie in den Aufgaben 12–14 den Mittelwert von f auf dem angegebenen Intervall mithilfe einer endlichen Summe. Zerlegen Sie dazu das Intervall in vier Teilintervalle gleicher Länge und berechnen Sie f an den Mittelpunkten der Teilintervalle.

12. $f(x) = x^3$ auf $[0,2]$ **13.** $f(x) = 1/x$ auf $[1,9]$

14. $f(t) = (1/2) + \sin^2 \pi t$ auf $[0,2]$

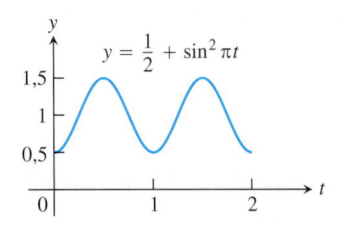

15. $f(t) = 1 - \left(\cos \dfrac{\pi t}{4}\right)^4$ auf $[0,4]$

Beispiele für Schätzungen

16. Wasserverschmutzung Öl strömt aus einem Tanker, der auf See beschädigt wurde. Der Schaden am Tanker verschlimmert sich, wie man an dem zunehmenden Ölverlust pro Stunde erkennen kann, der in der nachfolgenden Tabelle aufgeführt ist.

Zeit (h)	0	1	2	3	4
Verlust (l/h)	190	265	368	515	720
Zeit (h)	5	6	7	8	
Verlust (l/h)	1003	1397	1953	2725	

a. Geben Sie eine obere und eine untere Schätzung der Gesamtmenge von Öl an, die nach 5 Stunden ausgelaufen ist.

b. Wiederholen Sie **a.** für die Menge von Öl, die nach 8 Stunden ausgelaufen ist.

c. Der Tanker verliert nach den ersten 8 Stunden weiterhin 2725 l/h Öl. Der Tanker hatte ursprünglich 94 625 l Öl an Bord. Wie lange würde es im Ernstfall dauern, bis das gesamte Öl ausgelaufen wäre?

5.2 Die Schreibweise mit dem Summenzeichen und Grenzwerte endlicher Summen

Als wir in Abschnitt 5.1 Abschätzungen mithilfe endlicher Summen vorgenommen haben, sind wir auf Summen mit vielen Termen gestoßen (in Tabelle 5.1 waren es beispielsweise 1000). In diesem Abschnitt führen wir eine geeignetere Schreibweise für Summen ein. Nachdem wir die Schreibweise besprochen und einige ihrer Eigenschaften angegeben haben, werden wir uns ansehen, was mit einer Näherung durch endliche Summen passiert, wenn die Anzahl der Terme gegen unendlich geht.

Endliche Summen und die Schreibweise mit dem Summenzeichen

Mithilfe der **Schreibweise mit dem Summenzeichen** können wir eine Summe von Termen $a_1, \ldots, a_n$ in kompakter Form aufschreiben:

$$\sum_{k=1}^{n} a_k = a_1 + a_2 + a_3 + \cdots + a_{n-1} + a_n.$$

Der griechische Buchstabe Σ (groß Sigma, der unserem Buchstaben S entspricht) steht für „Summe". Der **Summationsindex** k sagt uns, wo die Summe beginnt (bei der Zahl unter dem $\sum$-Symbol) und wo sie endet (bei der Zahl über dem $\sum$-Symbol). Als Index kann man jeden Buchstaben verwenden, aber die Buchstaben i, j und k sind am gebräuchlichsten.

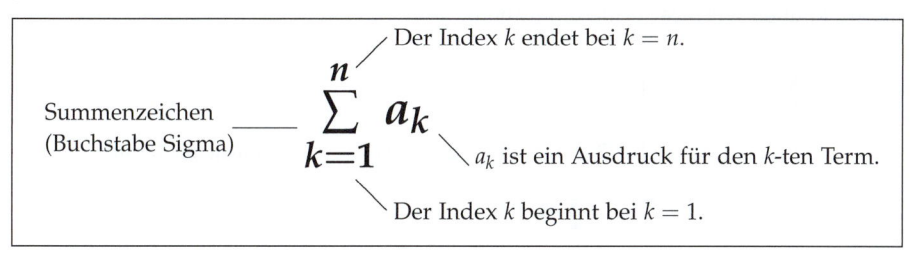

Summenzeichen (Buchstabe Sigma) —— $\sum_{k=1}^{n} a_k$

- Der Index k endet bei $k = n$.
- a_k ist ein Ausdruck für den k-ten Term.
- Der Index k beginnt bei $k = 1$.

Somit können wir

$$1^2 + 2^2 + 3^2 + 4^2 + 5^2 + 6^2 + 7^2 + 8^2 + 9^2 + 10^2 + 11^2 = \sum_{k=1}^{11} k^2$$

und

$$f(1) + f(2) + f(3) + \cdots + f(100) = \sum_{i=1}^{100} f(i)$$

schreiben. Die Summe muss nicht bei $k = 1$ beginnen; der Startwert kann eine beliebige ganze Zahl sein.

Beispiel 5.5 — Schreibweise mit Summenzeichen

Summe in Schreibweise mit Summenzeichen	Ausgeschriebene Summe mit einem Term pro k	Wert der Summe
$\sum_{k=1}^{5} k$	$1 + 2 + 3 + 4 + 5$	15
$\sum_{k=1}^{3} (-1)^k k$	$(-1)^1(1) + (-1)^2(2) + (-1)^3(3)$	$-1 + 2 - 3 = -2$
$\sum_{k=1}^{2} \frac{k}{k+1}$	$\frac{1}{1+1} + \frac{2}{2+1}$	$\frac{1}{2} + \frac{2}{3} = \frac{7}{6}$
$\sum_{k=4}^{5} \frac{k^2}{k-1}$	$\frac{4^2}{4-1} + \frac{5^2}{5-1}$	$\frac{16}{3} + \frac{25}{4} = \frac{139}{12}$

Integration

Umwandlung in Schreibweise mit Summenzeichen

Beispiel 5.6 Schreiben Sie die Summe $1+3+5+7+9$ mit Summenzeichen.

Lösung Der Ausdruck für die einzelnen Terme ändert sich je nach dem gewählten Startwert des Summationsindex, aber die erzeugten Terme bleiben gleich. Oft ist es am einfachsten, mit $k=0$ oder $k=1$ zu beginnen. Prinzipiell können wir aber mit jeder ganzen Zahl anfangen.

$$\text{Start bei } k=0: \qquad 1+3+5+7+9 = \sum_{k=0}^{4}(2k+1)$$

$$\text{Start bei } k=1: \qquad 1+3+5+7+9 = \sum_{k=1}^{5}(2k-1)$$

$$\text{Start bei } k=2: \qquad 1+3+5+7+9 = \sum_{k=2}^{6}(2k-3)$$

$$\text{Start bei } k=-3: \qquad 1+3+5+7+9 = \sum_{k=-3}^{1}(2k+7)$$

Wenn wir eine Summe wie

$$\sum_{k=1}^{3}(k+k^2)$$

haben, können wir ihre Terme umordnen:

$$\sum_{k=1}^{3}(k+k^2) = (1+1^2)+(2+2^2)+(3+3^2)$$
$$= (1+2+3)+(1^2+2^2+3^2) \qquad \text{Umordnen der Terme}$$
$$= \sum_{k=1}^{3} k + \sum_{k=1}^{3} k^2 .$$

Dies illustriert eine allgemeine Regel für endliche Summen:

$$\sum_{k=1}^{n}(a_k+b_k) = \sum_{k=1}^{n} a_k + \sum_{k=1}^{n} b_k .$$

Vier dieser Regeln sind nachfolgend angegeben. Ein Beweis für ihre Gültigkeit kann durch vollständige Induktion geführt werden. (Anhang A.2).

Merke

Rechenregeln für endliche Summen

1. *Summenregel*: $\quad \sum_{k=1}^{n}(a_k+b_k) = \sum_{k=1}^{n} a_k + \sum_{k=1}^{n} b_k$

2. *Differenzenregel*: $\quad \sum_{k=1}^{n}(a_k-b_k) = \sum_{k=1}^{n} a_k - \sum_{k=1}^{n} b_k$

3. *Faktorregel*: $\quad \sum_{k=1}^{n} ca_k = c \cdot \sum_{k=1}^{n} a_k \qquad$ für eine beliebige Zahl c

4. *Konstantenregel*: $\quad \sum_{k=1}^{n} c = n \cdot c \qquad\qquad\qquad$ c ist eine beliebige Konstante.

5.2 Schreibweise mit dem Summenzeichen und Grenzwerte endlicher Summen

Beispiel 5.7 Wir demonstrieren nun die Anwendung der Rechenregeln.

Anwendung der Rechenregeln für endliche Summen

a. $\sum_{k=1}^{n}(3k - k^2) = 3\sum_{k=1}^{n} k - \sum_{k=1}^{n} k^2$ Differenzenregel und Faktorregel

b. $\sum_{k=1}^{n}(-a_k) = \sum_{k=1}^{n}(-1) \cdot a_k = -1 \cdot \sum_{k=1}^{n} a_k = -\sum_{k=1}^{n} a_k$ Faktorregel

c. $\sum_{k=1}^{3}(k+4) = \sum_{k=1}^{3} k + \sum_{k=1}^{3} 4$ Summenregel

$\qquad\qquad = (1+2+3) + (3 \cdot 4)$ Konstantenregel

$\qquad\qquad = 6 + 12 = 18$

d. $\sum_{k=1}^{n} \frac{1}{n} = n \cdot \frac{1}{n} = 1$ Konstantenregel ($1/n$ ist konstant)

Über die Jahre hinweg wurden eine Reihe von Formeln für die Werte von endlichen Summen entdeckt. Am berühmtesten sind die Formel für die Summe der ersten n positiven ganzen Zahlen (Carl Friedrich Gauß (1777–1855) behauptet, sie im Alter von 8 Jahren entdeckt zu haben) sowie die Formeln für die Summe der Quadrate und der Kuben der ersten n positiven ganzen Zahlen.

Beispiel 5.8 Zeigen Sie, dass die Summe der ersten n positiven ganzen Zahlen

Formel für die Summe der ersten n positiven ganzen Zahlen

$$\sum_{k=1}^{n} k = \frac{n(n+1)}{2}$$

ist.

Lösung Nach der Formel ist z. B. die Summe der ersten 4 positiven ganzen Zahlen

$$\frac{4 \cdot 5}{2} = 10.$$

Die Addition bestätigt dies:
$$1 + 2 + 3 + 4 = 10.$$

Um dies für den allgemeinen Fall zu beweisen, schreiben wir die Terme der Summe doppelt auf, einmal vorwärts und einmal rückwärts:

$$\begin{array}{ccccccccc} 1 & + & 2 & + & 3 & + & \cdots & + & n \\ n & + & (n-1) & + & (n-2) & + & \cdots & + & 1. \end{array}$$

Addieren wir die beiden Terme in der ersten Spalte, so erhalten wir $1 + n = n + 1$. Addieren wir die beiden Terme in der zweiten Spalte, so erhalten wir analog $2 + (n-1) = n + 1$. Die Summe der beiden Terme in jeder Spalte ist $n + 1$. Addieren wir alle n Spalten, so erhalten wir n Terme, die alle $n + 1$ sind, sodass sich insgesamt $n(n+1)$ ergibt. Da dies zweimal die gesuchte Größe ist, ist die Summe der ersten n positiven ganzen Zahlen $(n)(n+1)/2$. ∎

Die Formeln für die Summen der Quadrate und Kuben der ersten n ganzen Zahlen beweist man durch vollständige Induktion. (Anhang A.2). Hier geben wir sie nur an.

> **Merke**
>
> Für die ersten n Quadratzahlen gilt: $\quad \sum_{k=1}^{n} k^2 = \dfrac{n(n+1)(2n+1)}{6}$.
>
> Für die ersten n Kubikzahlen gilt: $\quad \sum_{k=1}^{n} k^3 = \left(\dfrac{n(n+1)}{2}\right)^2$.

Grenzwerte endlicher Summen

Die Näherung durch endliche Summen, die wir in Abschnitt 5.1 behandelt haben, wurde mit zunehmender Anzahl von Termen und schmaler werdenden Teilintervallen besser. Das nächste Beispiel zeigt, wie man den „Grenzwert" berechnet, wenn die Breite der Teilintervalle gegen null und damit ihre Anzahl gegen unendlich geht.

Grenzwert der Näherung durch Untersummen

Beispiel 5.9 Bestimmen Sie den Grenzwert der Näherung durch Untersummen für den Flächeninhalt des Gebiets G unter dem Graphen von $y = 1 - x^2$ und über dem Intervall $[0, 1]$ auf der x-Achse. Verwenden Sie dabei Rechtecke gleicher Breite, deren Breite gegen null und deren Anzahl gegen unendlich geht (Abbildung 5.4a).

Lösung Wir berechnen eine Näherung durch Untersummen mit n Rechtecken gleicher Breite $\Delta x = (1-0)/n$. Dann beobachten wir, was für $n \to \infty$ passiert. Wir beginnen mit der Zerlegung des Intervalls $[0, 1]$ in n Teilintervalle gleicher Breite

$$\left[0, \frac{1}{n}\right], \left[\frac{1}{n}, \frac{2}{n}\right], \ldots, \left[\frac{n-1}{n}, \frac{n}{n}\right].$$

Jedes Teilintervall hat die Breite $1/n$. Die Funktion $1 - x^2$ ist auf $[0, 1]$ fallend, und ihr kleinster Wert wird in einem Teilintervall an seinem rechten Rand angenommen. Also wird eine Untersumme aus Rechtecken konstruiert, deren Höhe über dem Teilintervall $[(k-1)/n, k/n]$ gleich $f(k/n) = 1 - (k/n)^2$ ist. Dabei ergibt sich die Summe

$$\left[f\left(\frac{1}{n}\right)\right]\left(\frac{1}{n}\right) + \left[f\left(\frac{2}{n}\right)\right]\left(\frac{1}{n}\right) + \cdots + \left[f\left(\frac{k}{n}\right)\right]\left(\frac{1}{n}\right) + \cdots + \left[f\left(\frac{n}{n}\right)\right]\left(\frac{1}{n}\right).$$

Diese Summe schreiben wir mit Summenzeichen und vereinfachen:

$$\sum_{k=1}^{n} f\left(\frac{k}{n}\right)\left(\frac{1}{n}\right) = \sum_{k=1}^{n}\left(1 - \left(\frac{k}{n}\right)^2\right)\left(\frac{1}{n}\right)$$

$$= \sum_{k=1}^{n}\left(\frac{1}{n} - \frac{k^2}{n^3}\right)$$

$$= \sum_{k=1}^{n} \frac{1}{n} - \sum_{k=1}^{n} \frac{k^2}{n^3} \qquad \text{Differenzenregel}$$

$$= n \cdot \frac{1}{n} - \frac{1}{n^3} \sum_{k=1}^{n} k^2 \qquad \text{Konstantenregel und Faktorregel}$$

$$= 1 - \left(\frac{1}{n^3}\right) \frac{n(n+1)(2n+1)}{6} \qquad \text{Summe der ersten } n \text{ Quadrate}$$

$$= 1 - \frac{2n^3 + 3n^2 + n}{6n^3}. \qquad \text{Zähler ausmultipliziert}$$

Damit haben wir einen Ausdruck für die Untersumme, der für jedes n gilt. Bilden wir den Grenzwert dieses Ausdrucks für $n \to \infty$, so stellen wir fest, dass die Untersumme konvergiert, wenn die Anzahl der Teilintervalle gegen unendlich und die Breite der Teilintervalle gegen null geht:

$$\lim_{n\to\infty}\left(1-\frac{2n^3+3n^2+n}{6n^3}\right)=1-\frac{2}{6}=\frac{2}{3}.$$

Diese Zeile ist im Sinne der Definition aus Kapitel 2 zu verstehen, wobei wir die Variable jetzt mit n bezeichnet haben. Eigentlich handelt es sich, da n nur positive ganzzahlige Werte annehmen kann, um den Grenzwert einer Folge (wie in Kapitel 10 behandelt), den man aber auch als Grenzwert einer Funktion ausdrücken und berechnen kann. Die Näherung durch Untersummen konvergiert gegen 2/3. Eine ähnliche Rechnung zeigt, dass die Näherung durch Obersummen ebenfalls gegen 2/3 konvergiert. Auch jede andere Näherung durch endliche Summen $\sum_{k=1}^{n} f(c_k)(1/n)$ konvergiert gegen denselben Wert 2/3, denn man kann zeigen, dass jede Näherung durch endliche Summen zwischen den Näherungen durch Untersummen und Obersummen liegt. Dies veranlasst uns, den Flächeninhalt des Gebiets G als diesen Grenzwert zu *definieren*. In Abschnitt 5.3 untersuchen wir die Grenzwerte solcher Näherungen durch endliche Summen in einem allgemeinen Kontext.

Riemann'sche Summen

Die Theorie der Grenzwerte von Näherungen durch endliche Summen wurde von dem deutschen Mathematiker Bernhard Riemann (1826–1866) exakt formuliert. Wir führen nun den Begriff der **Riemann'schen Summe** ein. Er liegt der Theorie bestimmter Integrale zugrunde, die wir im nächsten Abschnitt behandeln.

Wir beginnen mit einer beliebigen beschränkten Funktion f, die auf einem abgeschlossenen Intervall $[a,b]$ definiert ist. Wie die in ▶Abbildung 5.8 dargestellte Funktion kann f sowohl negative als auch positive Werte haben. Wir zerlegen das Intervall $[a,b]$ in Teilintervalle, die nicht unbedingt die gleiche Breite (oder Länge) haben müssen, und bilden die Summen, wie wir es bei den Näherungen durch endliche Summen in Abschnitt 5.1 getan haben. Dazu wählen wir $n-1$ Stellen $\{x_1, x_2, x_3, \ldots, x_{n-1}\}$ zwischen a und b, die die folgende Ungleichung erfüllen:

$$a < x_1 < x_2 < \ldots < x_{n-1} < b.$$

Zur Vereinfachung der Schreibweise bezeichnen wir a als x_0 und b als x_n, sodass

$$a = x_0 < x_1 < x_2 << x_{n-1} < x_n = b$$

ist. Die Menge

$$P = \{x_0, x_1, x_2, \ldots, x_{n-1}, x_n\}$$

heißt eine **Zerlegung** oder auch *Partition* von $[a,b]$.

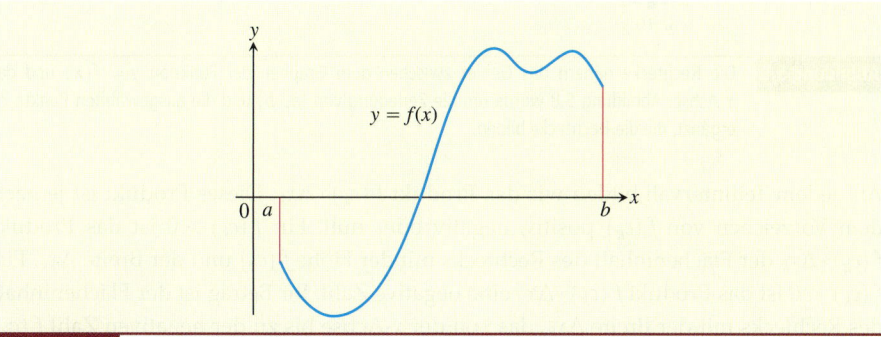

Abbildung 5.8 Eine typische stetige Funktion $y = f(x)$ über einem abgeschlossenen Intervall $[a,b]$.

Die Zerlegung P zerlegt $[a,b]$ in n abgeschlossene Teilintervalle

$$[x_0, x_1], [x_1, x_2], \ldots, [x_{n-1}, x_n].$$

Das erste dieser Teilintervalle ist $[x_0, x_1]$, das zweite ist $[x_1, x_2]$, und das **k-te Teilintervall von** P ist $[x_{k-1}, x_k]$ mit einer ganzen Zahl k zwischen 1 und n.

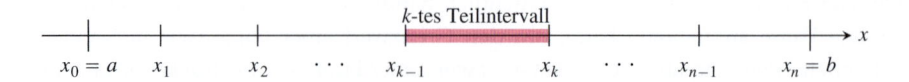

Die Breite des ersten Teilintervalls $[x_0, x_1]$ ist Δx_1, die Breite des zweiten Teilintervalls $[x_1, x_2]$ ist Δx_2, und die Breite des k-ten Teilintervalls ist $\Delta x_k = x_k - x_{k-1}$. Haben alle n Teilintervalle dieselbe Breite Δx, dann ist diese Breite $(b-a)/n$.

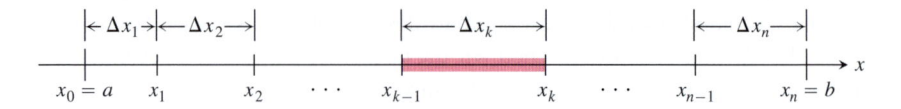

In jedem Teilintervall wählen wir einen Punkt. Der im k-ten Teilintervall $[x_{k-1}, x_k]$ gewählte Punkt heißt c_k. Anschließend zeichnen wir über jedem Teilintervall ein vertikales Rechteck, das sich von der x-Achse bis zum Punkt $(c_k, f(c_k))$ erstreckt, wo es die Kurve berührt. Diese Rechtecke können über oder unter der x-Achse liegen. Das hängt davon ab, ob $f(c_k)$ positiv oder negativ ist oder für $f(c_k) = 0$ auf der x-Achse liegt (▶Abbildung 5.9).

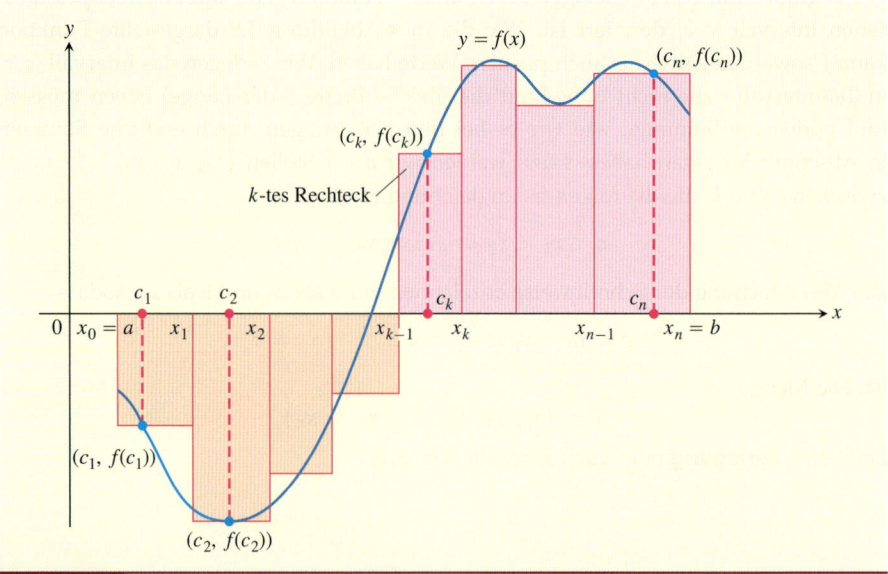

Abbildung 5.9 Die Rechtecke nähern das Gebiet zwischen dem Graphen der Funktion $y = f(x)$ und der x-Achse. Abbildung 5.8 wurde um die Zerlegung von $[a, b]$ und die ausgewählten Punkte c_k ergänzt, die die Rechtecke bilden.

Auf jedem Teilintervall bilden wir das Produkt $f(c_k) \cdot \Delta x_k$. Dieses Produkt ist je nach dem Vorzeichen von $f(c_k)$ positiv, negativ oder null. Für $f(c_k) > 0$ ist das Produkt $f(c_k) \cdot \Delta x_k$ der Flächeninhalt des Rechtecks mit der Höhe $f(c_k)$ und der Breite Δx_k. Für $f(c_k) < 0$ ist das Produkt $f(c_k) \cdot \Delta x_k$ eine negative Zahl. Ihr Betrag ist der Flächeninhalt des Rechtecks mit der Breite Δx_k, das von der x-Achse bis zu der negativen Zahl $f(c_k)$ reicht.

Schließlich summieren wir diese Produkte und erhalten

$$S_P = \sum_{k=1}^{n} f(c_k) \Delta x_k.$$

Diese Summe S_P heißt die **Riemann'sche Summe für f auf dem Intervall $[a, b]$**. Abhängig von der gewählten Zerlegung P und der Wahl der Punkte c_k in den Teilintervallen gibt es viele solcher Summen. Wir könnten zur Zerlegung von $[a, b]$ beispielsweise n Teilintervalle wählen, die alle dieselbe Breite $\Delta x = (b-a)/n$ haben, und dann bei der Bildung der Riemann'schen Summe den Punkt c_k am rechten Rand jedes Teilintervalls wählen (wie in Beispiel 5.9). Diese Wahl führt auf die Riemann'sche Summenformel

$$S_n = \sum_{k=1}^{n} f\left(a + k\frac{b-a}{n}\right) \cdot \left(\frac{b-a}{n}\right).$$

Ähnliche Formeln ergeben sich, wenn wir den Punkt c_k am linken Rand oder in der Mitte jedes Teilintervalls wählen.

In den Fällen, in denen die Teilintervalle alle dieselbe Breite $\Delta x = (b-a)/n$ haben, können wir die Rechtecke schmaler machen, indem wir n erhöhen. Weist eine Zerlegung Intervalle verschiedener Breiten auf, können wir sicherstellen, dass sie alle schmal sind, indem wir die Breite des breitesten (längsten) Teilintervalls steuern. Wir definieren die **Norm** einer Zerlegung P, geschrieben $\|P\|$, als die größte der Breiten aller Teilintervalle. Ist $\|P\|$ klein, so haben alle Teilintervalle der Zerlegung P eine kleine Breite. Sehen wir uns dazu ein Beispiel an.

Beispiel 5.10 Die Menge $P = 0, 0{,}2, 0{,}6, 1, 1{,}5, 2$ ist eine Zerlegung des Intervalls $[0, 2]$. **Norm einer Zerlegung P**
Es gibt fünf Teilintervalle von P: $[0, 2], [0{,}2, 0{,}6], [0{,}6, 1], [1, 1{,}5]$ und $[1{,}5, 2]$:

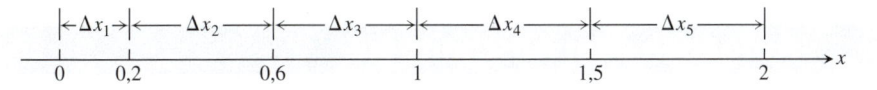

|←Δx_1→|←— Δx_2 —→|←— Δx_3 —→|←—— Δx_4 ——→|←—— Δx_5 ——→|
--|--|--|--|--|--|--
0 | 0,2 | 0,6 | 1 | 1,5 | 2 | x

Die Längen der Teilintervalle sind $\Delta x_1 = 0{,}2$, $\Delta x_2 = 0{,}4$, $\Delta x_3 = 0{,}4$, $\Delta x_4 = 0{,}5$ und $\Delta x_5 = 0{,}5$. Das längste Teilintervall ist $0{,}5$. Also ist die Norm der Zerlegung $\|P\| = 0{,}5$. In diesem Beispiel gibt es zwei Teilintervalle dieser Länge.

Jede Riemann'sche Summe zu einer Zerlegung eines abgeschlossenen Intervalls $[a, b]$ definiert Rechtecke, die das Gebiet zwischen dem Graphen einer stetigen Funktion f und der x-Achse nähern. Zerlegungen, deren Norm gegen null geht, führen auf Mengen von Rechtecken, die dieses Gebiet mit zunehmender Genauigkeit nähern, wie ▶Abbildung 5.10 nahelegt. Im nächsten Abschnitt werden wir sehen, dass es für eine stetige Funktion f über dem abgeschlossenen Intervall $[a, b]$ nicht darauf ankommt, *wie* wir die Zerlegung P und die Punkte c_k in ihren Teilintervallen bei der Konstruktion einer Riemann'schen Summe wählen. Es gibt immer nur *einen* „Grenzwert", wenn die Breite der Teilintervalle, die von der Norm der Zerlegung gesteuert wird, gegen null geht.

5 Integration

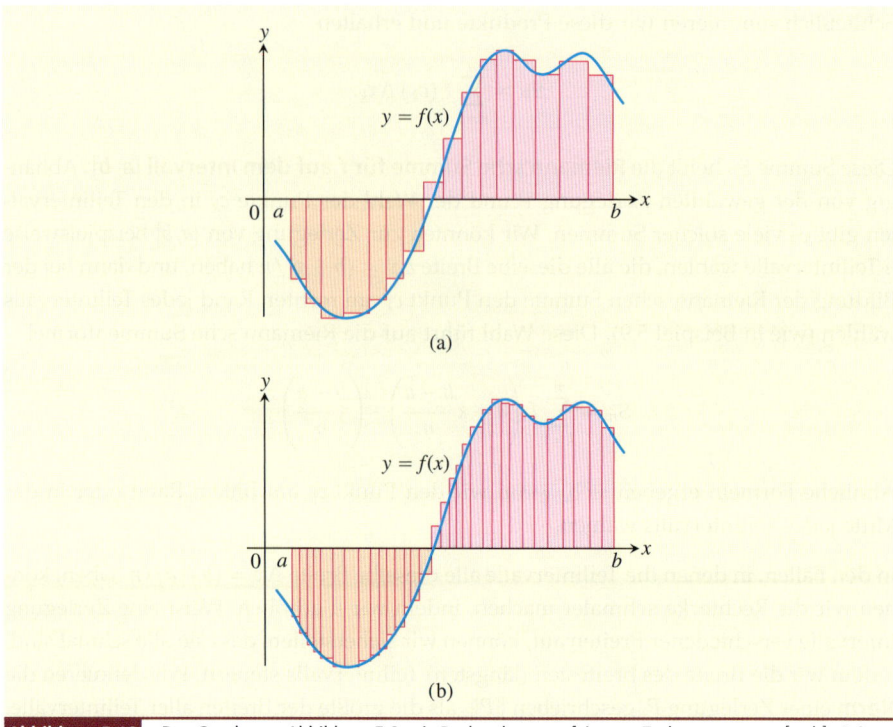

Abbildung 5.10 Der Graph aus Abbildung 5.9 mit Rechtecken aus feineren Zerlegungen von $[a, b]$. Feinere Zerlegungen führen auf Mengen von Rechtecken mit schmaleren Basen. Sie nähern das Gebiet zwischen dem Graphen von f und der x-Achse mit zunehmender Genauigkeit.

Aufgaben zum Abschnitt 5.2

Flächeninhalt Schreiben Sie die Summen aus den Aufgaben 1–6 ohne Summenzeichen. Berechnen Sie die Summen.

1. $\sum_{k=1}^{2} \dfrac{6k}{k+1}$

2. $\sum_{k=1}^{3} \dfrac{k-1}{k}$

3. $\sum_{k=1}^{4} \cos k\pi$

4. $\sum_{k=1}^{5} \sin k\pi$

5. $\sum_{k=1}^{3} (-1)^{k+1} \sin \dfrac{\pi}{k}$

6. $\sum_{k=1}^{4} (-1)^k \cos k\pi$

7. Welche Summe in der Schreibweise mit Summenzeichen steht für den Ausdruck $1 + 2 + 4 + 8 + 16 + 32$?

a. $\sum_{k=1}^{6} 2^{k-1}$ b. $\sum_{k=0}^{5} 2^k$ c. $\sum_{k=-1}^{4} 2^{k+1}$

8. Zwei dieser drei Summen beschreiben denselben Ausdruck. Welche sind dies?

a. $\sum_{k=2}^{4} \dfrac{(-1)^{k-1}}{k-1}$ b. $\sum_{k=0}^{2} \dfrac{(-1)^k}{k+1}$ c. $\sum_{k=-1}^{1} \dfrac{(-1)^k}{k+2}$

Schreiben Sie die Summen aus den Aufgaben 9–14 mit Summenzeichen. Die Form hängt von der Wahl der unteren Grenze des Summationsindex ab.

9. $1 + 2 + 3 + 4 + 5 + 6$

10. $1 + 4 + 9 + 16$

11. $\dfrac{1}{2} + \dfrac{1}{4} + \dfrac{1}{8} + \dfrac{1}{16}$

12. $2 + 4 + 6 + 8 + 10$

13. $1 - \dfrac{1}{2} + \dfrac{1}{3} - \dfrac{1}{4} + \dfrac{1}{5}$

14. $-\dfrac{1}{5} + \dfrac{2}{5} - \dfrac{3}{5} + \dfrac{4}{5} - \dfrac{5}{5}$

Werte endlicher Summen

15. Sei $\sum_{k=1}^{n} a_k = -5$ und $\sum_{k=1}^{n} b_k = 6$. Bestimmen Sie die Werte von

a. $\sum_{k=1}^{n} 3a_k$ **b.** $\sum_{k=1}^{n} \frac{b_k}{6}$ **c.** $\sum_{k=1}^{n} (a_k + b_k)$

d. $\sum_{k=1}^{n} (a_k - b_k)$ **e.** $\sum_{k=1}^{n} (b_k - 2a_k)$

Berechnen Sie die Summen aus den Aufgaben 16–22.

16. **a.** $\sum_{k=1}^{10} k$ **b.** $\sum_{k=1}^{10} k^2$ **c.** $\sum_{k=1}^{10} k^3$

17. $\sum_{k=1}^{7} (-2k)$

18. $\sum_{k=1}^{6} (3 - k^2)$

19. $\sum_{k=1}^{5} k(3k + 5)$

20. $\sum_{k=1}^{5} \frac{k^3}{225} + \left(\sum_{k=1}^{5} k\right)^3$

21. **a.** $\sum_{k=1}^{7} 3$ **b.** $\sum_{k=1}^{500} 7$ **c.** $\sum_{k=3}^{264} 10$

22. **a.** $\sum_{k=1}^{n} 4$ **b.** $\sum_{k=1}^{n} c$ **c.** $\sum_{k=1}^{n} (k-1)$

Riemann'sche Summen Stellen Sie in den Aufgaben 23–26 jede Funktion $f(x)$ über dem gegebenen Intervall grafisch dar. Zerlegen Sie das Intervall in vier Teilintervalle gleicher Länge. Ergänzen Sie dann Ihre Skizze durch die Rechtecke zur Riemann'schen Summe $\sum_{k=1}^{4} f(c_k)\, \Delta x_k$. Wählen Sie c_k **a.** am linken Rand, **b.** am rechten Rand und **c.** in der Mitte des k-ten Teilintervalls. (Fertigen Sie für jede Menge von Rechtecken eine separate Zeichnung an.)

23. $f(x) = x^2 - 1$, $[0, 2]$

24. $f(x) = -x^2$, $[0, 1]$

25. $f(x) = \sin x$, $[-\pi, \pi]$

26. $f(x) = \sin x + 1$, $[-\pi, \pi]$

27. Bestimmen Sie die Norm der Zerlegung $P = \{0, 1{,}2, 1{,}5, 2{,}3, 2{,}6, 3\}$.

Grenzwerte Riemann'scher Summen Bestimmen Sie in den Aufgaben 28–31 die Riemann'sche Summe aus der Zerlegung des Teilintervalls $[a, b]$ in n gleiche Teilintervalle mit c_k am rechten Rand. Bilden Sie dann einen Grenzwert dieser Summen für $n \to \infty$, um den Flächeninhalt unter der Kurve über dem Intervall $[a, b]$ zu berechnen.

28. $f(x) = 1 - x^2$ über dem Intervall $[0, 1]$.

29. $f(x) = x^2 + 1$ über dem Intervall $[0, 3]$.

30. $f(x) = x + x^2$ über dem Intervall $[0, 1]$.

31. $f(x) = 2x^3$ über dem Intervall $[0, 1]$.

5.3 Das bestimmte Integral

In Abschnitt 5.2 haben wir den „Grenzwert" einer endlichen Summe für eine Funktion untersucht, die auf einem abgeschlossenen Intervall $[a,b]$ definiert ist. Dazu haben wir n Teilintervalle gleicher Breite (oder Länge) $(b-a)/n$ verwendet. In diesem Abschnitt definieren wir den Begriff des Grenzwerts allgemeiner Riemann'scher Summen, wenn die Norm der Zerlegung von $[a,b]$ gegen null geht. Bei allgemeinen Riemann'schen Summen müssen die Teilintervalle der Zerlegung nicht gleich breit sein. Die Grenzwertbildung führt dann auf die Definition des *bestimmten Integrals* einer Funktion über einem abgeschlossenen Intervall $[a,b]$.

Definition des bestimmten Integrals

Die Definition des bestimmten Integrals stützt sich auf die Überlegung, dass die Werte der Riemann'schen Summen für bestimmte Funktionen gegen einen Grenzwert J gehen, wenn die Norm der Zerlegungen $[a,b]$ gegen null geht. Damit meinen wir, dass eine Riemann'sche Summe nah an der Zahl J liegt, wenn die Norm ihrer Zerlegung hinreichend klein ist (sodass ihre Teilintervalle hinreichend schmal sind). Wir führen das Symbol ε als eine kleine positive Zahl ein, die angibt, wie nah die Riemann'sche Summe dem Wert J ist. Wir führen das Symbol δ für eine zweite kleine positive Zahl ein, die angibt, wie klein die Norm der Zerlegung sein muss, damit die Summe konvergiert. Wir definieren diesen Grenzwert nun genau.

> **Definition**
>
> Sei $f(x)$ eine beschränkte Funktion, die auf einem abgeschlossenen Intervall $[a,b]$ definiert ist. Wir sagen, dass die Zahl J das **bestimmte Integral von f über $[a,b]$** und dass J der Grenzwert der Riemann'schen Summen $\sum_{k=1}^{n} f(c_k)\Delta x_k$ ist, wenn die folgende Bedingung erfüllt ist:
>
> Zu jedem gegebenen $\varepsilon > 0$ existiert ein $\delta > 0$, sodass für jede Zerlegung $P = \{x_0, x_1, \ldots, x_n\}$ von $[a,b]$ mit $\|P\| < \delta$ und jede Wahl von c_k in $[x_{k-1}, x_k]$ gilt
>
> $$\left| \sum_{k=1}^{n} f(c_k)\Delta x_k - J \right| < \varepsilon.$$

Statt „über $[a,b]$" ist auch die Sprechweise „von a bis b" gebräuchlich. In dieser Definition gibt es einen Grenzwertbildungsprozess, bei dem die Norm der Zerlegung gegen null geht. Für Teilintervalle gleicher Breite $\Delta x = (b-a)/n$ können wir jede Riemann'sche Summe durch

$$S_n = \sum_{k=1}^{n} f(c_k)\Delta x_k = \sum_{k=1}^{n} f(c_k)\left(\frac{b-a}{n}\right) \qquad \Delta x_k = \Delta x = (b-a)/n \text{ für alle } k$$

mit einem aus dem Teilintervall Δx_k gewählten c_k bilden. Existiert der Grenzwert dieser Riemann'schen Summe für $n \to \infty$ (siehe dazu die Bemerkung zu Beispiel 5.9) und ist er gleich J, so ist J das bestimmte Integral von f über dem Intervall $[a,b]$, also

$$J = \lim_{n \to \infty} \sum_{k=1}^{n} f(c_k)\left(\frac{b-a}{n}\right) = \lim_{n \to \infty} \sum_{k=1}^{n} f(c_k)\Delta x. \qquad \Delta x = (b-a)/n.$$

Leibniz führte eine Schreibweise für das bestimmte Integral ein, welche die (viel später entstandene) Konstruktion als Grenzwert Riemann'scher Summen vorwegnimmt. Er stellte sich vor, dass aus der endlichen Summe $\sum_{k=1}^{n} f(c_k)\Delta x_k$ eine unendliche Summe von Funktionswerten $f(x)$ wird, die mit den „infinitesimalen" Breiten dx der Teilintervalle multipliziert werden. Das Summenzeichen $\sum$ wird durch das Integralzeichen $\int$ ersetzt, dessen Ursprung im Buchstaben „S" für Summe liegt. Die Funktionswerte $f(c_k)$ werden ersetzt durch eine stetige Auswahl von Funktionswerten $f(x)$. Aus den Breiten Δx_k der Teilintervalle wird das Differential dx. Es ist, als würden wir alle Produkte der Form $f(x) \cdot dx$ für x von a bis b aufsummieren. Während diese Schreibweise den Prozess der Konstruktion eines Integrals erfasst, weist aber erst Riemanns Definition dem bestimmten Integral eine genaue Bedeutung zu.

Das Symbol für die Zahl J in der Definition des bestimmten Integrals ist

$$\int_a^b f(x)\,dx,$$

gelesen als „Integral von a bis b von f von x dx" oder „Integral von a bis b von f von x bezüglich x". Auch die Komponenten des Integralsymbols haben bestimmte Namen:

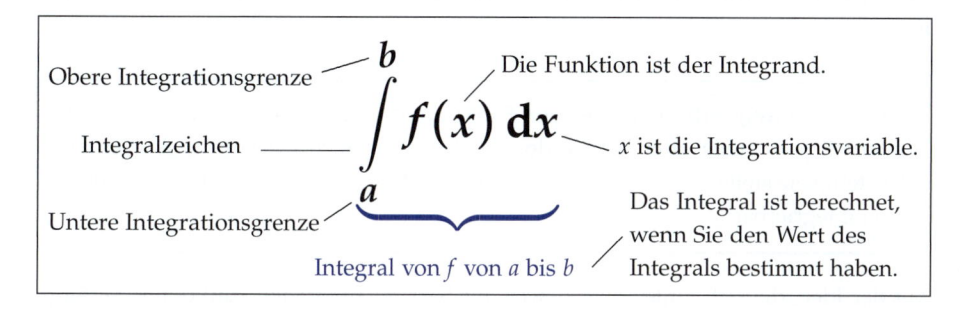

Obere Integrationsgrenze — b
Die Funktion ist der Integrand.

Integralzeichen — $\int_a^b f(x)\,dx$

x ist die Integrationsvariable.

Untere Integrationsgrenze — a

Das Integral ist berechnet, wenn Sie den Wert des Integrals bestimmt haben.

Integral von f von a bis b

Ist die Voraussetzung der Definition erfüllt, so sagen wir, dass die Riemann'schen Summen von f auf $[a,b]$ gegen das bestimmte Integral $J = \int_a^b f(x)\,dx$ **konvergieren** und dass f über $[a,b]$ **integrierbar** ist.

Wir haben viele Möglichkeiten, eine Zerlegung P mit einer verschwindenden Norm zu wählen. Dasselbe gilt für die Wahl der Punkte c_k in jeder Zerlegung. Das bestimmte Integral existiert, wenn wir unabhängig von der speziellen Wahl stets denselben Grenzwert J erhalten. Existiert der Grenzwert, so schreiben wir dies als

$$\lim_{\|P\|\to 0} \sum_{k=1}^n f(c_k)\,\Delta x_k = J = \int_a^b f(x)\,dx.$$

Hat jede Zerlegung n Teilintervalle mit der Breite $\Delta x = (b-a)/n$, so schreiben wir auch

$$\lim_{n\to\infty} \sum_{k=1}^n f(c_k)\,\Delta x = J = \int_a^b f(x)\,dx.$$

Der Grenzwert jeder Riemann'schen Summe wird jeweils gebildet, indem die Norm der Zerlegung gegen null und damit die Anzahl der Teilintervalle gegen unendlich geht.

Der Wert des bestimmten Integrals einer Funktion über einem bestimmten Intervall hängt von der Funktion ab und nicht von dem Buchstaben, den wir als Bezeichnung für die unabhängige Variable gewählt haben. Entscheiden wir uns nicht für x, sondern für t oder u, so schreiben wir das Integral einfach als

$$\int_a^b f(t)\,dt \quad \text{oder} \quad \int_a^b f(u)\,du \quad \text{anstelle von} \quad \int_a^b f(x)\,dx.$$

Integrierbare und nicht integrierbare Funktionen

Nicht jede auf dem abgeschlossenen Intervall $[a,b]$ definierte Funktion ist integrierbar, selbst dann nicht, wenn die Funktion beschränkt ist. Das heißt, die Riemann'schen Summen konvergieren möglicherweise nicht gegen denselben Grenzwert oder gegen gar keinen Wert. Eine vollständige Behandlung dessen, welche über $[a,b]$ definierten Funktionen integrierbar sind, erfordert höhere Analysis. Glücklicherweise sind aber die meisten Funktionen, die üblicherweise in Anwendungen vorkommen, integrierbar. Insbesondere ist jede auf dem Intervall $[a,b]$ *stetige* Funktion über diesem Intervall integrierbar, und dasselbe gilt für jede Funktion, die nicht mehr als eine endliche Anzahl von Sprungstellen auf $[a,b]$ hat. (Letzteres sind *stückweise stetige* Funktionen, und sie werden in den zusätzlichen Aufgaben am Ende dieses Kapitels definiert.) Der folgende Satz, der in weiterführenden Vorlesungen bewiesen wird, fasst diese Resultate zusammen.

> **Satz 5.1 Integrierbarkeit stetiger Funktionen** Ist eine Funktion f auf dem Intervall $[a,b]$ stetig oder hat sie dort höchstens endlich viele Sprungstellen als Unstetigkeitsstellen, so existiert das bestimmte Integral $\int_a^b f(x)\,dx$, und f ist über $[a,b]$ integrierbar.

Mit der Idee, die sich hinter dem Beweis für Satz 5.1 für stetige Funktionen verbirgt, befassen sich die Aufgaben 52 und 53. Kurz gesagt, können wir bei einer stetigen Funktion f jedes c_k so wählen, dass $f(c_k)$ das Maximum von f auf dem Teilintervall $[x_{k-1}, x_k]$ ist, was auf eine Obersumme führt. Genauso können wir c_k so wählen, dass wir das Minimum von f auf $[x_{k-1}, x_k]$ erhalten, was auf eine Untersumme führt. Man kann zeigen, dass die Ober- und Untersummen gegen denselben Grenzwert konvergieren, wenn die Norm der Zerlegung P gegen null geht. Außerdem liegt jede Riemann'sche Summe zwischen den Werten der Ober- und Untersummen, sodass jede Riemann'sche Summe ebenfalls gegen denselben Grenzwert konvergiert. Deshalb existiert die Zahl J in der Definition des bestimmten Integrals, und die stetige Funktion f ist über $[a,b]$ integrierbar.

Damit eine beschränkte Funktion *nicht* integrierbar ist, muss sie so unstetig sein, dass das Gebiet zwischen ihrem Graphen und der x-Achse nicht gut durch immer schmalere Rechtecke genähert werden kann. Das nächste Beispiel zeigt eine Funktion, die über einem abgeschlossenen Intervall nicht integrierbar ist.

Eine nicht integrierbare Funktion

Beispiel 5.11 Die Funktion

$$f(x) = \begin{cases} 1, & \text{für rationales } x \\ 0, & \text{für irrationales } x \end{cases}$$

hat über dem Intervall $[0,1]$ kein Riemann'sches Integral. Das liegt daran, dass es zwischen zwei beliebigen Zahlen sowohl eine rationale als auch eine irrationale Zahl gibt. Daher springt die Funktion über $[0,1]$ so unberechenbar auf und ab, dass das Gebiet unter ihrem Graphen und über der x-Achse nicht durch Rechtecke genähert werden kann, so schmal sie auch sein mögen. Wir zeigen, dass die Näherungen durch Obersummen tatsächlich gegen einen anderen Wert konvergieren als die Näherungen durch Untersummen.

Greifen wir eine Zerlegung P von $[0, 1]$ heraus und wählen wir c_k so, dass es das Maximum von f auf $[x_{k-1}, x_k]$ liefert. Dann ist die zugehörige Riemann'sche (Ober-) Summe

$$\mathcal{O} = \sum_{k=1}^{n} f(c_k) \Delta x_k = \sum_{k=1}^{n} (1) \Delta x_k = 1,$$

weil jedes Teilintervall $[x_{k-1}, x_k]$ eine rationale Zahl enthält, für die $f(c_k) = 1$ ist. Bedenken Sie, dass sich die Intervalllängen zu 1 aufsummieren, sodass $\sum_{k=1}^{n} \Delta x_k = 1$ ist. Also ist jede derartige Riemann'sche Summe gleich 1.

Wählen wir c_k dagegen so, dass es das Minimum von f auf $[x_{k-1}, x_k]$ liefert, so ist die Riemann'sche (Unter-)Summe

$$\mathcal{U} = \sum_{k=1}^{n} f(c_k) \Delta x_k = \sum_{k=1}^{n} (0) \Delta x_k = 0,$$

weil jedes Teilintervall $[x_{k-1}, x_k]$ eine irrationale Zahl c_k enthält, für die $f(c_k) = 0$ ist. Der Grenzwert der Riemann'schen Summen aus dieser Wahl ist null. Da der Grenzwert von der Wahl der c_k abhängt, ist die Funktion f nicht integrierbar.

Satz 5.1 sagt nichts darüber aus, wie man bestimmte Integrale *berechnet*. Eine Berechnungsmethode im Zusammenhang mit dem Prozess des Auffindens einer Stammfunktion wird in Abschnitt 5.4 entwickelt.

Eigenschaften bestimmter Integrale

Bei der Definition von $\int_a^b f(x)\, dx$ als Grenzwert der Summen $\sum_{k=1}^{n} f(c_k) \Delta x_k$ haben wir uns von links nach rechts durch das Intervall $[a, b]$ bewegt. Was passiert, wenn wir es stattdessen von rechts nach links durchlaufen, wenn wir also bei $x_0 = b$ starten und bei $x_n = a$ enden? Die Vorzeichen aller Δx_k in der Riemann'schen Summe kehren sich um, weil $x_k - x_{k-1}$ nun nicht mehr positiv, sondern negativ ist. Mit derselben Wahl der c_k in jedem Teilintervall kehrt sich das Vorzeichen der Riemann'schen Summe und damit auch das Vorzeichen ihres Grenzwerts, also des Integrals $\int_b^a f(x)\,dx$, einfach um. Da wir der „Rückwärtsintegration" keine genaue Bedeutung zugewiesen haben, definieren wir

$$\int_b^a f(x)\,dx = -\int_a^b f(x)\,dx.$$

Obwohl wir bisher nur das Integral über einem Intervall $[a, b]$ mit $a < b$ definiert haben, können wir diesen Ausdruck durch eine Definition des Integrals über $[a, b]$ mit $a = b$ erweitern. Gemeint ist ein Integral über einem Intervall der Länge null. Weil $a = b$ die Breite $\Delta x = 0$ ergibt, definieren wir, sofern $f(a)$ existiert,

$$\int_a^a f(x)\,dx = 0.$$

Satz 5.2 führt grundlegende Eigenschaften von Integralen in Form von Regeln auf, darunter die beiden eben diskutierten Eigenschaften. Diese Regeln werden sich bei der Berechnung von Integralen als sehr nützlich erweisen. Wir werden immer wieder auf sie zurückgreifen, um unsere Berechnungen zu vereinfachen.

Die Regeln 2 bis 7 haben geometrische Interpretationen, die ▶Abbildung 5.11 veranschaulicht. Die Graphen aus dieser Abbildung sind Graphen positiver Funktionen. Die Regeln gelten aber für allgemeine integrierbare Funktionen.

Satz 5.2 Sind f und g über dem Intervall $[a,b]$ integrierbar, so erfüllt das bestimmte Integral die Rechenregeln aus Tabelle 5.4.

Tabelle 5.4: Rechenregeln für bestimmte Integrale

1. Integrationsrichtung:	$\int_b^a f(x)dx = -\int_a^b f(x)dx$	Definition
2. Intervall der Breite null:	$\int_a^a f(x)dx = 0$	Definition
3. Konstante Vielfache:	$\int_a^b kf(x)dx = k\int_a^b f(x)dx$	beliebige Konstante k
4. Summe und Differenz:	$\int_a^b (f(x) \pm g(x))\,dx = \int_a^b f(x)dx \pm \int_a^b g(x)dx$	
5. Additivität:	$\int_a^b f(x)dx + \int_b^c f(x)dx = \int_a^c f(x)dx$	
6. Max-Min-Ungleichung:	Hat f den Maximalwert $\max f$ und den Minimalwert $\min f$ auf $[a,b]$, so gilt $$\min f \cdot (b-a) \leq \int_a^b f(x)dx \leq \max f \cdot (b-a).$$	
7. Dominierung:	$f(x) \geq g(x)$ auf $[a,b] \Rightarrow \int_a^b f(x)dx \geq \int_a^b g(x)dx$	
	$f(x) \geq 0$ auf $[a,b] \Rightarrow \int_a^b f(x)dx \geq 0$	(Spezialfall)

Die Regeln 1 und 2 sind Definitionen. Die Regeln 3 bis 7 aus Tabelle 5.4 müssen hingegen bewiesen werden. Wir beweisen hier nur die Regel 6. Die anderen Formeln aus Tabelle 5.4 lassen sich ähnlich beweisen.

Beweis ■ **von Regel 6** Nach Regel 6 ist das Integral von f über $[a,b]$ nie kleiner als das Minimum von f mal Intervalllänge und nie größer als das Maximum von f mal Intervalllänge. Der Grund dafür ist, dass für jede Zerlegung von $[a,b]$ und jede Wahl der c_k gilt:

$$\min f \cdot (b-a) = \min f \cdot \sum_{k=1}^n \Delta x_k \qquad \sum_{k=1}^n \Delta x_k = b-a$$

$$= \sum_{k=1}^n \min f \cdot \Delta x_k \qquad \text{Konstante Vielfache}$$

$$\leq \sum_{k=1}^n f(c_k)\Delta x_k \qquad \min f \leq f(c_k)$$

$$\leq \sum_{k=1}^n \max f \cdot \Delta x_k \qquad f(c_k) \leq \max f$$

$$= \max f \cdot \sum_{k=1}^n \Delta x_k \qquad \text{Konstante Vielfache}$$

$$= \max f \cdot (b-a).$$

5.3 Das bestimmte Integral

(a) Intervall der Breite null:
$$\int_a^a f(x)\,\mathrm{d}x = 0$$

(b) Konstante Vielfache:
$$\int_a^b k f(x)\,\mathrm{d}x = k \int_a^b f(x)\,\mathrm{d}x$$

(c) Summe (Flächen addieren sich):
$$\int_a^b (f(x)+g(x))\,\mathrm{d}x = \int_a^b f(x)\,\mathrm{d}x + \int_a^b g(x)\,\mathrm{d}x$$

(d) Additivität:
$$\int_a^b f(x)\,\mathrm{d}x + \int_b^c f(x)\,\mathrm{d}x = \int_a^c f(x)\,\mathrm{d}x$$

(e) Max-Min-Ungleichung:
$$\min f \cdot (b-a) \le \int_a^b f(x)\,\mathrm{d}x \le \max f \cdot (b-a)$$

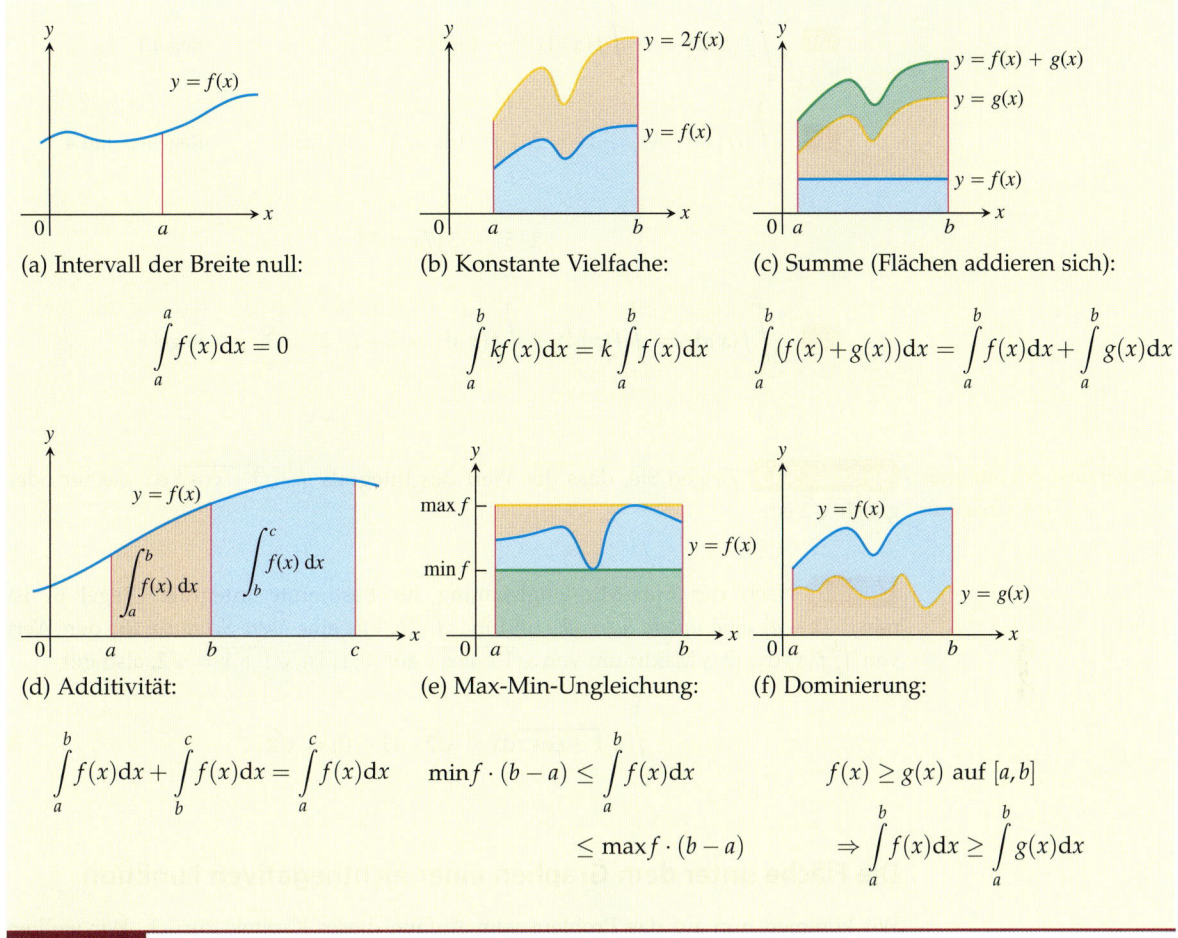

(f) Dominierung:
$$f(x) \ge g(x) \text{ auf } [a,b]$$
$$\Rightarrow \int_a^b f(x)\,\mathrm{d}x \ge \int_a^b g(x)\,\mathrm{d}x$$

Abbildung 5.11 Geometrische Interpretation der Regeln 2–7 aus Tabelle 5.4.

Alle Riemann'schen Summen für f auf $[a,b]$ erfüllen demnach die Ungleichung

$$\min f \cdot (b-a) \le \sum_{k=1}^{n} f(c_k)\,\Delta x_k \le \max f \cdot (b-a).$$

Wie man sich leicht überlegt, gilt das dann auch für ihren Grenzwert, also für das Integral. ∎

Beispiel 5.12 Zur Illustration einiger Regeln nehmen wir an, dass

$$\int_{-1}^{1} f(x)\,\mathrm{d}x = 5, \quad \int_{1}^{4} f(x)\,\mathrm{d}x = -2 \quad \text{und} \quad \int_{-1}^{1} h(x)\,\mathrm{d}x = 7$$

ist. Dann gilt

Anwendung der Rechenregeln für bestimmte Integrale

a $\displaystyle\int_4^1 f(x)\,dx = -\int_1^4 f(x)\,dx = -(-2) = 2$ Regel 1

b $\displaystyle\int_{-1}^1 [2f(x)+3h(x)]\,dx = 2\int_{-1}^1 f(x)\,dx + 3\int_{-1}^1 h(x)\,dx$ Regeln 3 und 4

$$= 2(5) + 3(7) = 31$$

c $\displaystyle\int_{-1}^4 f(x)\,dx = \int_{-1}^1 f(x)\,dx + \int_1^4 f(x)\,dx = 5 + (-2) = 3$ Regel 5

Abschätzung des Integrals $\int_0^1 \sqrt{1+\cos x}\,dx$

Beispiel 5.13 Zeigen Sie, dass der Wert des Integrals $\int_0^1 \sqrt{1+\cos x}\,dx$ kleiner oder gleich $\sqrt{2}$ ist.

Lösung Nach der Max-Min-Ungleichung für bestimmte Integrale (Regel 6) ist $\min f \cdot (b-a)$ eine *untere Schranke* und $\max f \cdot (b-a)$ eine *obere Schranke* für den Wert von $\int_a^b f(x)\,dx$. Das Maximum von $\sqrt{1+\cos x}$ auf $[0,1]$ ist $\sqrt{1+1} = \sqrt{2}$, also gilt

$$\int_0^1 \sqrt{1+\cos x}\,dx \leq \sqrt{2}\cdot(1-0) = \sqrt{2}.$$

Die Fläche unter dem Graphen einer nichtnegativen Funktion

Wir kommen nun auf das Problem vom Anfang dieses Kapitels zurück. Wir wollten definieren, was wir unter dem *Flächeninhalt* eines Gebiets mit gekrümmten Rändern verstehen. In Abschnitt 5.1 haben wir die Fläche unter dem Graphen einer nichtnegativen, stetigen Funktion mithilfe verschiedener Arten endlicher Summen von Rechteckflächen genähert, die dieses Gebiet erfassen. Das waren Obersummen, Untersummen und Summen, bei denen der Mittelpunkt jedes Teilintervalls berücksichtigt wurde. In allen Fällen handelte es sich um Riemann'sche Summen, die in einer speziellen Weise konstruiert wurden. Nach Satz 5.1 konvergieren alle diese Riemann'schen Summen gegen ein einziges bestimmtes Integral, wenn die Norm der Zerlegung gegen null und die Anzahl der Teilintervalle gegen unendlich geht. Als Ergebnis können wir nun den Flächeninhalt unter dem Graphen einer nichtnegativen integrierbaren Funktionen als den Wert dieses bestimmten Integrals *definieren*.

Definition Sei $y = f(x)$ eine nichtnegative und über einem abgeschlossenen Intervall $[a,b]$ integrierbare Funktion. Dann ist der **Flächeninhalt des Gebiets unter dem Graphen von f über $[a,b]$** das Integral von f über $[a,b]$:

$$A = \int_a^b f(x)\,dx.$$

Statt „Flächeninhalt des Gebiets unter dem Graphen" sagen wir auch „Inhalt der Fläche unter dem Graphen" ... und statt „über $[a,b]$" auch wieder „von a bis b". Erstmals haben wir eine strenge Definition für den Flächeninhalt eines Gebiets, dessen oberer

5.3 Das bestimmte Integral

Rand der Graph einer stetigen beliebigen Funktion ist. Wir wenden diese Erkenntnis nun auf ein einfaches Beispiel an, nämlich die Fläche unter einer Geraden. Anhand dieses Beispiels können wir prüfen, ob unsere neue Definition mit unserer alten Vorstellung vom Flächeninhalt übereinstimmt.

Beispiel 5.14 Berechnen Sie $\int_0^b x\,dx$, und bestimmen Sie den Inhalt A der Fläche unter der Geraden $y = x$ über dem Intervall $[0, b]$ mit $b > 0$.

Fläche unter der Geraden $y = x$

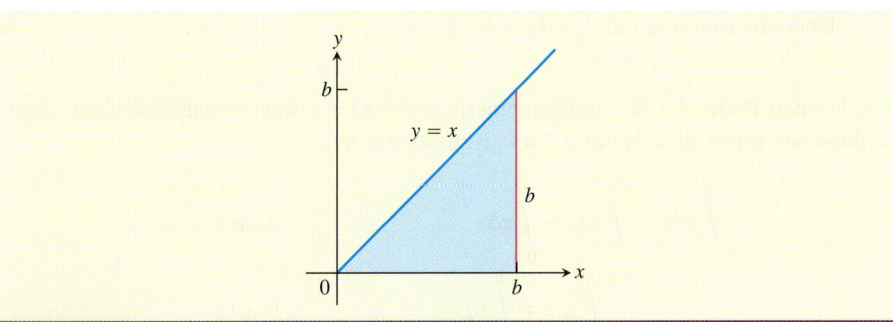

Abbildung 5.12 Das Gebiet aus Beispiel 5.14 ist ein Dreieck.

Lösung Das betrachtete Gebiet ist ein Dreieck (▶Abbildung 5.12). Wir berechnen den Flächeninhalt auf zwei Wegen.

a Zur Berechnung des bestimmten Integrals als Grenzwert Riemann'scher Summen berechnen wir $\lim_{\|P\| \to 0} \sum_{k=1}^{n} f(c_k) \Delta x_k$ für Zerlegungen, deren Normen gegen null gehen. Nach Satz 5.1 spielt es keine Rolle, wie wir die Zerlegung oder die Punkte c_k wählen, solange die Normen gegen null gehen. Immer ergibt sich derselbe Grenzwert. Also betrachten wir die Zerlegung P, die das Intervall $[0, b]$ in n Teilintervalle der gleichen Breite $\Delta x = (b - 0)/n = b/n$ unterteilt. c_k wählen wir am rechten Rand jedes Teilintervalls. Die Zerlegung ist

$$P = \left\{0, \frac{b}{n}, \frac{2b}{n}, \frac{3b}{n}, \frac{nb}{n}\right\} \quad \text{und} \quad c_k = \frac{kb}{n}.$$

Also gilt:

$$\sum_{k=1}^{n} f(c_k) \Delta x = \sum_{k=1}^{n} \frac{kb}{n} \cdot \frac{b}{n} \qquad f(c_k) = c_k$$

$$= \sum_{k=1}^{n} \frac{kb^2}{n^2}$$

$$= \frac{b^2}{n^2} \sum_{k=1}^{n} k \qquad \text{Faktorregel}$$

$$= \frac{b^2}{n^2} \cdot \frac{n(n+1)}{2} \qquad \text{Summe der ersten } n \text{ ganzen Zahlen}$$

$$= \frac{b^2}{2}\left(1 + \frac{1}{n}\right).$$

Für $n \to \infty$ gilt $\|P\| \to 0$, daher hat der letzte Ausdruck auf der rechten Seite den Grenzwert $b^2/2$. Deshalb ist
$$\int_0^b x\,dx = \frac{b^2}{2}.$$

b Da es sich bei dem Gebiet um ein Dreieck handelt, können wir den Flächeninhalt auch mithilfe der Formel für den Flächeninhalt eines Dreiecks mit der Basis b und der Höhe $y = b$ bestimmen. Der Flächeninhalt ist $A = (1/2)\,b \cdot b = b^2/2$, in Übereinstimmung mit $\int_0^b x\,dx = b^2/2$. ∎

Wir können Beispiel 5.14 verallgemeinern, um $f(x) = x$ über einem beliebigen abgeschlossenen Intervall $[a, b]$ mit $0 \le a < b$ zu integrieren:

$$\int_a^b x\,dx = \int_a^0 x\,dx + \int_0^b x\,dx \qquad \text{Regel 5}$$

$$= -\int_0^a x\,dx + \int_0^b x\,dx \qquad \text{Regel 1}$$

$$= -\frac{a^2}{2} + \frac{b^2}{2}. \qquad \text{Beispiel 5.14}$$

Daraus ergibt sich die folgende Regel für die Integration von $f(x) = x$:

$$\int_a^b x\,dx = \frac{b^2}{2} - \frac{a^2}{2}, \quad a < b. \tag{5.1}$$

Diese Berechnung liefert den Flächeninhalt eines Trapezes (▶Abbildung 5.13a). Gleichung (5.1) gilt auch dann, wenn a und b negativ sind. Für $a < b \le 0$ ist der Wert $(b^2 - a^2)/2$ des bestimmten Integrals eine negative Zahl, nämlich das Negative des Flächeninhalts eines Trapezes, das zwischen der x-Achse und der Geraden $y = x$ liegt (▶Abbildung 5.13b). Auch für $a < 0$ und $b > 0$ gilt immer noch Gleichung (5.1); das bestimmte Integral gibt jetzt eine **Flächenbilanz** an und zwar den Flächeninhalt des Dreiecks oberhalb der x-Achse (blaues Dreieck in ▶Abbildung 5.13c) minus den Flächeninhalt des Dreiecks unterhalb der x-Achse (braunes Dreieck in Abbildung 5.13c). Generell gehen in das bestimmte Integral Flächen, die zwischen Graph und x-Achse unterhalb der x-Achse liegen, negativ ein.

Mit einer ähnlichen Berechnung einer Riemann'schen Summe wie in Beispiel 5.14 können auch die folgenden Ergebnisse erzielt werden. (vgl. die Aufgaben 34 und 36 auf Seite 362).

$$\int_a^b c\,dx = c(b - a), \quad \text{für eine beliebige Konstante } c \tag{5.2}$$

$$\int_a^b x^2\,dx = \frac{b^3}{3} - \frac{a^3}{3}, \quad a < b \tag{5.3}$$

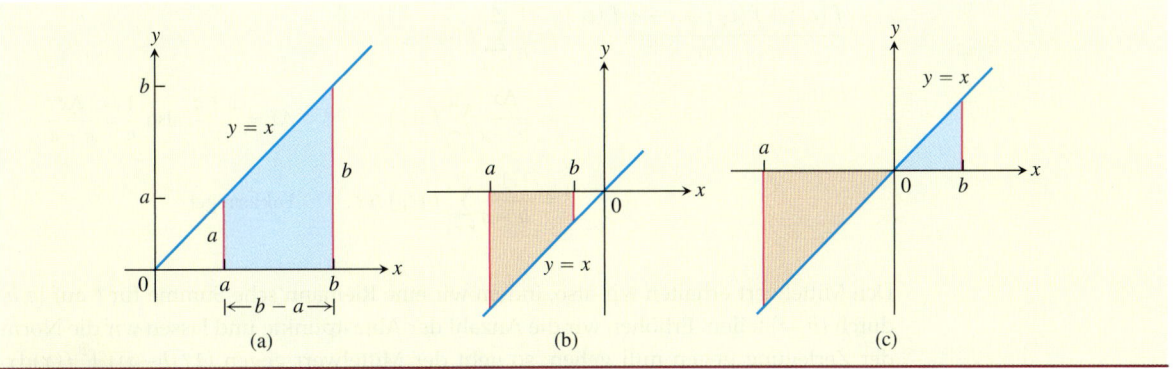

Abbildung 5.13 (a) Der Flächeninhalt dieses trapezförmigen Gebiets ist $A = (b^2 - a^2)/2$. (b) Das bestimmte Integral aus Gleichung (5.1) liefert das Negative des Flächeninhalts dieses trapezförmigen Gebiets. (c) Das bestimmte Integral aus Gleichung (5.1) liefert den Flächeninhalt des blauen dreieckigen Gebiets addiert zu dem Negativen des Flächeninhalts des braunen Gebiets.

Noch einmal der Mittelwert einer stetigen Funktion

In Abschnitt 5.1 hatten wir den Mittelwert einer nichtnegativen stetigen Funktion f über einem Intervall $[a, b]$ intuitiv betrachtet. Dabei hatten wir diesen Mittelwert als den Flächeninhalt des Gebiets unter dem Graphen von $y = f(x)$, geteilt durch $b - a$ eingeführt. In der Schreibweise mit Integralzeichen heißt dies

$$\text{Mittelwert} = \frac{1}{b-a} \int_a^b f(x) \, dx.$$

Diese Gleichung können wir für eine exakte Definition des Mittelwerts einer stetigen (oder integrierbaren) Funktion verwenden, unabhängig davon, ob die Funktion positiv, negativ oder beides ist. Alternativ dazu können wir folgendermaßen argumentieren: Wir beginnen mit der Vorstellung aus der Arithmetik, dass der Mittelwert von n Zahlen ihre Summe, geteilt durch n ist. Eine stetige Funktion f auf $[a, b]$ kann unendlich viele Werte haben, aber wir können im Intervall $[a, b]$ geeignete „Abtastpunkte" auswählen und die Funktion an diesen Stellen auswerten. Dazu zerlegen wir $[a, b]$ in n Teilintervalle gleicher Breite $\Delta x = (b - a)/n$ und berechnen f an einer Stelle c_k in jedem Teilintervall (▶Abbildung 5.14). Der Mittelwert der n abgetasteten Werte ist

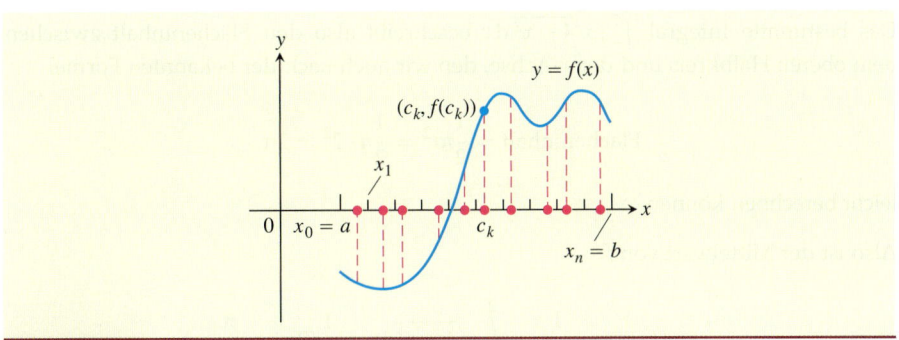

Abbildung 5.14 Das Abtasten von Werten einer Funktion auf einem Intervall $[a, b]$.

$$\frac{f(c_1)+f(c_2)+\cdots+f(c_n)}{n} = \frac{1}{n}\sum_{k=1}^{n} f(c_k)$$

$$= \frac{\Delta x}{b-a}\sum_{k=1}^{n} f(c_k) \qquad \Delta x = \frac{b-a}{n}, \text{ also } \frac{1}{n} = \frac{\Delta x}{b-a}$$

$$= \frac{1}{b-a}\sum_{k=1}^{n} f(c_k)\,\Delta x. \qquad \text{Faktorregel}$$

Den Mittelwert erhalten wir also, indem wir eine Riemann'sche Summe für f auf $[a,b]$ durch $(b-a)$ teilen. Erhöhen wir die Anzahl der Abtastpunkte und lassen wir die Norm der Zerlegung gegen null gehen, so geht der Mittelwert gegen $(1/(b-a))\int_a^b f(x)dx$. Beide Betrachtungsweisen führen uns auf die folgenden Definition:

Definition

Sei f über $[a,b]$ integrierbar. Dann ist der **Mittelwert von f über $[a,b]$** oder das **Mittel** von f

$$\mathrm{m}(f) = \frac{1}{b-a}\int_a^b f(x)dx.$$

Mittelwert von $f(x) = \sqrt{4-x^2}$ über $[-2,2]$

Beispiel 5.15 Bestimmen Sie den Mittelwert von $f(x) = \sqrt{4-x^2}$ über $[-2,2]$.

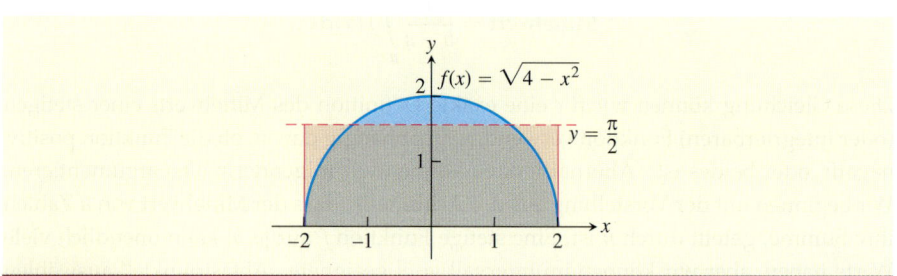

Abbildung 5.15 Der Mittelwert von $f(x) = \sqrt{4-x^2}$ über $[-2,2]$ ist $\pi/2$ (Beispiel 5.15).

Lösung Wir sehen $f(x) = \sqrt{4-x^2}$ als eine Funktion, deren Graph der obere Halbkreis mit dem Radius 2 um den Ursprung ist (▶Abbildung 5.15).

Das bestimmte Integral $\int_{-2}^{2} \sqrt{4-x^2}\,dx$ beschreibt also den Flächeninhalt zwischen dem oberen Halbkreis und der x-Achse, den wir auch nach der bekannten Formel

$$\text{Flächeninhalt} = \frac{1}{2}\pi r^2 = \frac{1}{2}\pi \cdot 2^2 = 2\pi$$

leicht berechnen können.

Also ist der Mittelwert von f

$$\mathrm{m}(f) = \frac{1}{2-(-2)}\int_{-2}^{2} \sqrt{4-x^2}\,dx = \frac{1}{4}(2\pi) = \frac{\pi}{2}.$$

Nach Satz 5.3 aus dem nächsten Abschnitt ist dieser Flächeninhalt derselbe wie der Flächeninhalt des Rechtecks, dessen Höhe der Mittelwert von f über $[-2,2]$ ist (Abbildung 5.15).

Aufgaben zum Abschnitt 5.3

Grenzwerte als Integrale interpretieren Drücken Sie in den Aufgaben 1–4 die Grenzwerte als bestimmte Integrale aus.

1. $\lim_{\|P\|\to 0} \sum_{k=1}^{n} c_k^2 \Delta x_k$,
P ist eine Zerlegung von $[0,2]$

2. $\lim_{\|P\|\to 0} \sum_{k=1}^{n} (c_k^2 - 3c_k) \Delta x_k$,
P ist eine Zerlegung von $[-7,5]$

3. $\lim_{\|P\|\to 0} \sum_{k=1}^{n} \frac{1}{1-c_k} \Delta x_k$,
P ist eine Zerlegung von $[2,3]$

4. $\lim_{\|P\|\to 0} \sum_{k=1}^{n} (\sec c_k) \Delta x_k$,
P ist eine Zerlegung von $[-\pi/4, 0]$

Rechenregeln für bestimmte Integrale

5. f und g seien integrierbare Funktionen mit

$$\int_1^2 f(x)\,dx = -4, \quad \int_1^5 f(x)\,dx = 6, \quad \int_1^5 g(x)\,dx = 8.$$

Wenden Sie die Regeln aus Tabelle 5.4 an, um die folgenden Integrale zu berechnen:

a. $\int_2^2 g(x)\,dx$ **b.** $\int_5^1 g(x)\,dx$

c. $\int_1^2 3f(x)\,dx$ **d.** $\int_2^5 f(x)\,dx$

e. $\int_1^5 [f(x) - g(x)]\,dx$ **f.** $\int_1^5 [4f(x) - g(x)]\,dx$

6. Es sei $\int_1^2 f(x)\,dx = 5$. Berechnen Sie

a. $\int_1^2 f(u)\,du$ **b.** $\int_1^2 \sqrt{3} f(z)\,dz$

c. $\int_2^1 f(t)\,dt$ **d.** $\int_1^2 [-f(x)]\,dx$

7. Sei f integrierbar sowie $\int_0^3 f(z)\,dz = 3$ und $\int_0^4 f(z)\,dz = 7$. Berechnen Sie

a. $\int_3^4 f(z)\,dz$ **b.** $\int_4^3 f(t)\,dt$

Integrale mithilfe bekannter Flächeninhalte Zeichnen Sie in den Aufgaben 8–11 den Integranden und verwenden Sie bekannte Formeln zur Berechnung von Flächeninhalten, um die Integrale zu bestimmen.

8. $\int_{-2}^{4} \left(\frac{x}{2} + 3\right) dx$ **9.** $\int_{-3}^{3} \sqrt{9 - x^2}\,dx$

10. $\int_{-2}^{1} |x|\,dx$ **11.** $\int_{-1}^{1} (2 - |x|)\,dx$

Berechnen Sie die Integrale aus den Aufgaben 12–14 mithilfe bekannter Flächeninhaltsformeln.

12. $\int_0^b \frac{x}{2}\,dx, \; b > 0$ **13.** $\int_a^b 2s\,ds, \; 0 < a < b$

14. $f(x) = \sqrt{4 - x^2}$ über

a. $[-2, 2]$ **b.** $[-1, 1]$

Bestimmte Integrale berechnen Berechnen Sie die Integrale aus den Aufgaben 15–20 mithilfe der Gleichungen (5.1)–(5.3).

15. $\int_1^{\sqrt{2}} x\,dx$ **16.** $\int_\pi^{2\pi} \theta\,d\theta$

17. $\int_0^{\sqrt[3]{7}} x^2\,dx$ **18.** $\int_0^{1/2} t^2\,dt$

19. $\int_a^{2a} x\,dx$ **20.** $\int_0^{\sqrt[3]{b}} x^2\,dx$

Berechnen Sie die Integrale aus den Aufgaben 21–25 mithilfe der Regeln aus Tabelle 5.4 sowie der Gleichungen (5.1)–(5.3).

21. $\int_3^1 7\,dx$ **22.** $\int_0^2 (2t - 3)\,dt$

23. $\int_2^1 \left(1 + \frac{z}{2}\right) dz$ **24.** $\int_1^2 3u^2\,du$

25. $\int_0^2 \left(3x^2 + x - 5\right) dx$

Flächeninhalte mithilfe bestimmter Integrale

Bestimmen Sie in den Aufgaben 26–29 den Flächeninhalt des Gebiets zwischen der angegebenen Kurve und der x-Achse über dem Intervall $[0, b]$ mithilfe eines bestimmten Integrals.

26. $y = 3x^2$

27. $y = \pi x^2$

28. $y = 2x$

29. $y = \dfrac{x}{2} + 1$

Mittelwerte berechnen

Stellen Sie in den Aufgaben 30–33 die Funktion grafisch dar und berechnen Sie ihren Mittelwert über dem angegebenen Intervall.

30. $f(x) = x^2 - 1$ über $[0, \sqrt{3}]$

31. $f(x) = -3x^2 - 1$ über $[0, 1]$

32. $f(t) = (t-1)^2$ über $[0, 3]$

33. $g(x) = |x| - 1$ über

a. $[-1, 1]$ **b.** $[1, 3]$ und **c.** $[-1, 1]$.

Bestimmte Integrale als Grenzwerte

Berechnen Sie die bestimmten Integrale aus den Aufgaben 34–41 wie in Beispiel 5.14a.

34. $\displaystyle\int_a^b c\,dx$

35. $\displaystyle\int_0^2 (2x+1)\,dx$

36. $\displaystyle\int_a^b x^2\,dx,\ a < b$

37. $\displaystyle\int_{-1}^0 \left(x - x^2\right) dx$

38. $\displaystyle\int_{-1}^2 \left(3x^2 - 2x + 1\right) dx$

39. $\displaystyle\int_{-1}^1 x^3\,dx$

40. $\displaystyle\int_a^b x^3\,dx,\ a < b$

41. $\displaystyle\int_0^1 \left(3x - x^3\right) dx$

Theorie und Beispiele

42. Welche Werte von a und b maximieren

$$\int_a^b \left(x - x^2\right) dx?$$

(*Hinweis*: Wo ist der Integrand positiv?)

43. Bestimmen Sie mithilfe der Max-Min-Ungleichung obere und untere Schranken für den Wert von

$$\int_0^1 \frac{1}{1+x^2}\,dx.$$

44. Zeigen Sie, dass der Wert von $\int_0^1 \sin(x^2)\,dx$ unmöglich 2 sein kann.

45. Integrale nichtnegativer Funktionen Zeigen Sie mithilfe der Max-Min-Ungleichung, dass für eine integrierbare Funktion f gilt:

$$f(x) \geq 0 \text{ auf } [a, b] \;\Rightarrow\; \int_a^b f(x)\,dx \geq 0.$$

46. Integrale nichtpositiver Funktionen Zeigen Sie, dass für eine integrierbare Funktion f gilt:

$$f(x) \leq 0 \text{ auf } [a, b] \;\Rightarrow\; \int_a^b f(x)\,dx \leq 0.$$

47. Finden Sie eine obere Schranke für den Wert von $\int_0^1 \sin x\,dx$ mithilfe der Ungleichung $\sin x \leq x$, die für $x \geq 0$ gilt.

48. Ist der Mittelwert $m(f)$ tatsächlich ein typischer Wert der integrierbaren Funktion $f(x)$ auf $[a, b]$, so sollte die konstante Funktion $m(f)$ über $[a, b]$ dasselbe Integral haben wie f. Stimmt das? Ist also

$$\int_a^b m(f)\,dx = \int_a^b f(x)\,dx?$$

Begründen Sie Ihre Antwort.

49. Obersummen und Untersummen für wachsende Funktionen

a. Die Funktion f sei stetig und wachsend auf $[a, b]$. Sei P eine Zerlegung von $[a, b]$ in n Teilintervalle der Länge $\Delta x = (b-a)/n$. Zeigen Sie im Zusammenhang mit der nachfolgenden Abbildung, dass die Differenz $\mathcal{O} - \mathcal{U}$ zwischen den Ober- und Untersummen für f auf dieser Zerlegung grafisch als der Flächeninhalt des Rechtecks G mit den Abmessungen $[f(b) - f(a)] \times \Delta x$ dargestellt werden kann. (*Hinweis*: Die Differenz $\mathcal{O} - \mathcal{U}$ ist die Summe der Flächeninhalte der kleinen Rechtecke, deren Diagonalen Q_0Q_1, Q_1Q_2, $\ldots$, $Q_{n-1}Q_n$ entlang der Kurve liegen. Verschiebt man diese kleinen Rechtecke horizontal nach G, so überlappen sie nicht.)

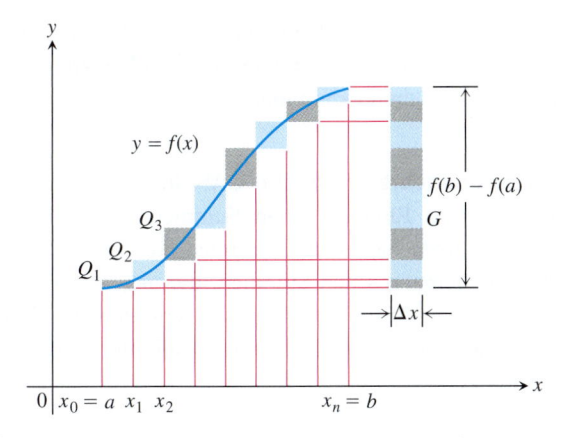

b. Nehmen Sie nun stattdessen an, dass die Längen Δx_k der Teilintervalle der Zerlegung von $[a,b]$ nicht gleich, sondern verschieden sind. Zeigen Sie, dass mit der Norm $\Delta x_{\max} =\ \| P \|$ von P gilt:

$$\mathcal{O} - \mathcal{U} \leq |f(b) - f(a)| \Delta x_{\max}.$$

Folglich ist der Grenzwert $\lim\limits_{\|P\| \to 0} (\mathcal{O} - \mathcal{U}) = 0$.

50. **Obersummen und Untersummen für fallende Funktionen** *(Fortsetzung von Aufgabe 49.)*

a. Zeichnen Sie eine Abbildung wie in Aufgabe 49 für eine fallende, stetige Funktion f auf $[a,b]$. Sei P eine Zerlegung von $[a,b]$ in Teilintervalle gleicher Länge. Bestimmen Sie einen Ausdruck $\mathcal{O} - \mathcal{U}$, der analog zu dem Ausdruck für $\mathcal{O} - \mathcal{U}$ ist, den Sie in Aufgabe 49(a) bestimmt haben.

b. Nehmen Sie nun stattdessen an, dass die Längen Δx_k der Teilintervalle von P nicht gleich, sondern verschieden sind. Zeigen Sie, dass die Ungleichung

$$\mathcal{O} - \mathcal{U} \leq |f(b) - f(a)| \Delta x_{\max}$$

aus Aufgabe 49(b) weiterhin gilt und folglich $\lim\limits_{\|P\| \to 0} (\mathcal{O} - \mathcal{U}) = 0$ ist.

51. Bestimmen Sie mithilfe der Gleichung

$$\sin h + \sin 2h + \sin 3h + \cdots + \sin mh$$
$$= \frac{\cos(h/2) - \cos((m + (1/2))h)}{2\sin(h/2)},$$

den Inhalt der Fläche unter der Kurve $y = \sin x$ von $x = 0$ bis $x = \pi/2$ in zwei Schritten:

a. Zerlegen Sie das Intervall $[0, \pi/2]$ in n Teilintervalle gleicher Länge und berechnen Sie die zugehörige Obersumme $\mathcal{O}$.

b. Bestimmen Sie dann den Grenzwert von $\mathcal{O}$ für $n \to \infty$ und $\Delta x = (b - a)/n \to 0$.

52. Nehmen Sie wie in der nachfolgenden Abbildung an, dass f über $[a,b]$ stetig und nichtnegativ ist. Zerlegen Sie $[a,b]$, wie dargestellt, in n Teilintervalle der Längen $\Delta x_1 = x_1 - a, \Delta x_2 = x_2 - x_1, \ldots, \Delta x_n = b - x_{n-1}$, indem Sie Punkte

$$x_1, x_2, \ldots, x_{k-1}, x_k, \ldots, x_{n-1}$$

festlegen. Die Teilintervalle müssen nicht gleich lang sein.

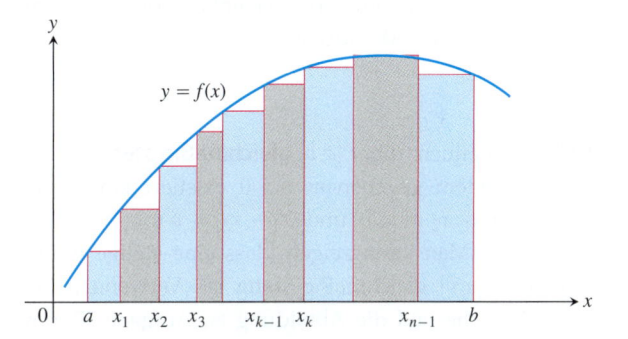

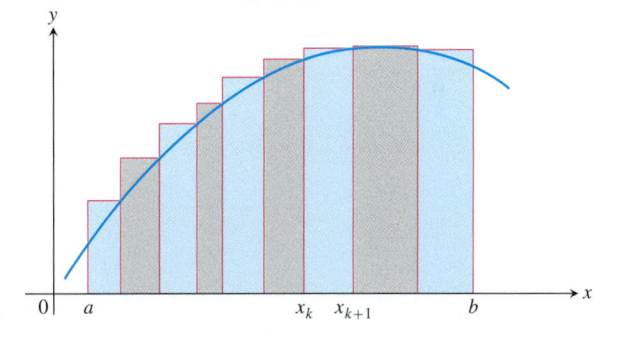

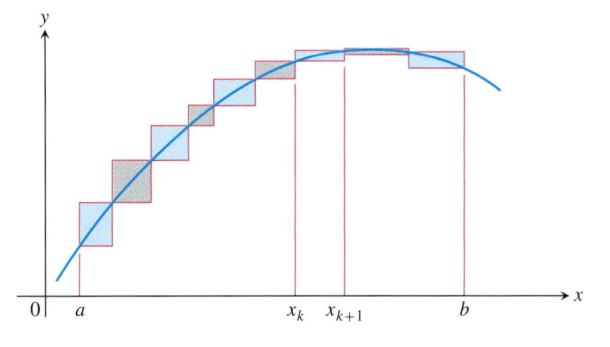

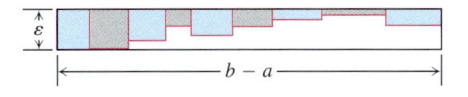

a. Sei $m_k = \min\{f(x)$ für x im k-ten Teilintervall$\}$. Erläutern Sie den Zusammenhang zwischen der **Untersumme**

$$\mathcal{U} = m_1 \Delta x_1 + m_2 \Delta x_2 + \cdots + m_n \Delta x_n$$

und den schattierten Bereichen im ersten Teil der Abbildung.

b. Sei $M_k = \max\{f(x)$ für x im k-ten Teilintervall$\}$. Erläutern Sie den Zusammenhang zwischen der **Obersumme**

$$\mathcal{O} = M_1 \Delta x_1 + M_2 \Delta x_2 + \cdots + M_n \Delta x_n$$

und den schattierten Bereichen im zweiten Teil der Abbildung.

c. Erläutern Sie den Zusammenhang zwischen $\mathcal{O} - \mathcal{U}$ und den schattierten Bereichen entlang der Kurve im dritten Teil der Abbildung.

53. Wir nennen f über $[a,b]$ **gleichmäßig stetig**, wenn gilt: Zu jedem gegebenem $\varepsilon > 0$ existiert ein $\delta > 0$, sodass für x_1, x_2 in $[a,b]$ und $|x_1 - x_2| < \delta$ folgt $|f(x_1) - f(x_2)| < \varepsilon$. Man kann zeigen, dass eine stetige Funktion über $[a,b]$ gleichmäßig stetig ist. Verwenden Sie diese Tatsache und die Abbildung zu Aufgabe 52, um zu zeigen, dass man zu einem gegebenem $\varepsilon > 0$ für eine stetige Funktion f die Differenz $\mathcal{O} - \mathcal{U}$ kleiner gleich $\varepsilon \cdot (b - a)$ machen kann, indem man das längste Intervall Δx_k hinreichend klein macht.

Computeralgebra Falls Ihr CAS in der Lage ist, Rechtecke zu Riemann'schen Summen zu zeichnen, dann benutzen Sie es und zeichnen Sie damit Rechtecke zu Riemann'schen Summen, die gegen die Integrale aus den Aufgaben 54–58 konvergieren. Verwenden Sie jeweils $n = 4, 10, 20$ und 50 Teilintervalle gleicher Länge.

54. $\displaystyle\int_0^1 (1-x)\,\mathrm{d}x = \frac{1}{2}$

55. $\displaystyle\int_0^1 \left(x^2 + 1\right)\mathrm{d}x = \frac{4}{3}$

56. $\displaystyle\int_{-\pi}^{\pi} \cos x\,\mathrm{d}x = 0$

57. $\displaystyle\int_0^{\pi/4} \sec^2 x\,\mathrm{d}x = 1$

58. $\displaystyle\int_{-1}^{1} |x|\,\mathrm{d}x = 1$

5.4 Der Hauptsatz der Differential- und Integralrechnung

In diesem Abschnitt stellen wir den Hauptsatz der Differential- und Integralrechnung vor, den zentralen Satz der Analysis. Er verbindet die Integration und die Differentiation, indem er es uns ermöglicht, Integrale mithilfe einer Stammfunktion des Integranden zu berechnen, anstatt Grenzwerte Riemann'scher Summen bilden zu müssen, wie wir es in Abschnitt 5.3 getan haben. Leibniz und Newton nutzten diesen Zusammenhang aus und setzten damit mathematische Entwicklungen in Gang, die die wissenschaftliche Revolution für die nächsten 200 Jahre vorantrieben.

Zuvor geben wir eine Integralversion des Mittelwertsatzes an. Das ist ein weiterer wichtiger Satz der Integralrechnung. Mit seiner Hilfe werden wir den Hauptsatz der Differential- und Integralrechnung beweisen.

Mittelwertsatz der Integralrechnung

Im letzten Abschnitt haben wir den Mittelwert einer stetigen Funktion über einem abgeschlossenen Intervall $[a, b]$ folgendermaßen definiert: Er ist das Integral $\int_a^b f(x)dx$, dividiert durch die Länge oder Breite $b - a$ des Intervalls. Der Mittelwertsatz erklärt, dass dieser Mittelwert von der Funktion f *immer* an mindestens einer Stelle des Intervalls angenommen wird.

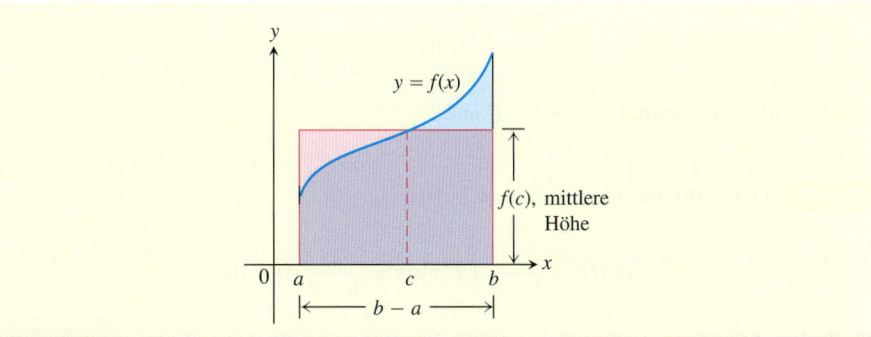

Abbildung 5.16 Der Wert $f(c)$ im Mittelwertsatz ist in gewisser Hinsicht die mittlere Höhe (das *Mittel*) von f über $[a, b]$. Für $f \geq 0$ ist der Flächeninhalt des Rechtecks gleich dem Flächeninhalt des Gebiets unter dem Graphen von f über $[a, b]$: $f(c)(b - a) = \int_a^b f(x)dx$.

Der Graph aus ▶Abbildung 5.16 zeigt eine *positive* stetige Funktion $y = f(x)$, die über dem Intervall $[a, b]$ definiert ist. Geometrisch besagt der Mittelwertsatz, dass es eine Zahl c in $[a, b]$ gibt, sodass das Rechteck mit der Höhe $f(c)$ der Funktion und der Basis $b - a$ genau denselben Flächeninhalt hat wie das Gebiet unter dem Graphen von f über $[a, b]$.

Satz 5.3 Der Mittelwertsatz der Integralrechnung Ist f auf $[a, b]$ stetig, so gilt an einer bestimmten Stelle c in $[a, b]$

$$f(c) = \frac{1}{b-a} \int_a^b f(x)dx.$$

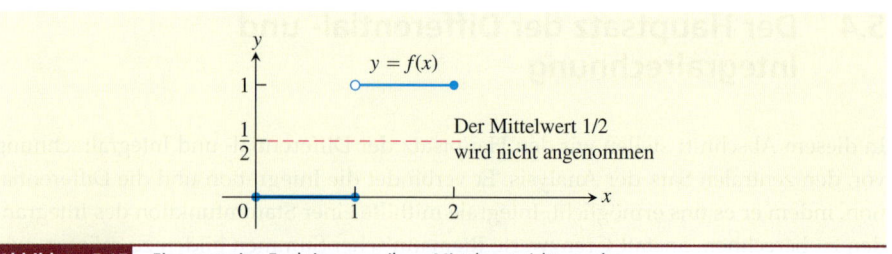

Abbildung 5.17 Eine unstetige Funktion muss ihren Mittelwert nicht annehmen.

Beweis ◼ Dividieren wir beide Seiten der Max-Min-Ungleichung (▶Tabelle 5.4, Regel 6) durch $(b-a)$, so erhalten wir

$$\min f \leq \frac{1}{b-a} \int_a^b f(x)\,dx \leq \max f.$$

Da f stetig ist, muss f nach dem Zwischenwertsatz für stetige Funktionen (Abschnitt 2.5) jeden Wert zwischen $\min f$ und $\max f$ annehmen. Deshalb muss die Funktionen an einer Stelle c in $[a,b]$ auch den Wert $(1/(b-a))\int_a^b f(x)\,dx$ annehmen. ◼

Entscheidend ist hier die Stetigkeit von f. Es kann nämlich sein, dass eine unstetige Funktionen ihren Mittelwert nie annimmt (▶Abbildung 5.17).

Näherung eines Flächeninhalts durch Ober- und Untersummen

Beispiel 5.16 Zeigen Sie: Ist f auf $[a,b]$ stetig mit $a \neq b$ und gilt

$$\int_a^b f(x)\,dx = 0,$$

so ist mindestens einmal $f(x) = 0$ auf $[a,b]$.

Lösung Der Mittelwert von f über $[a,b]$ ist

$$\mathrm{m}(f) = \frac{1}{b-a}\int_a^b f(x)\,dx = \frac{1}{b-a} \cdot 0 = 0.$$

Nach dem Mittelwertsatz nimmt f diesen Wert an einer Stelle $c \in [a,b]$ an. ◼

Der Hauptsatz, Teil 1

Ist $f(t)$ eine integrierbare Funktion über einem Intervall I, so definiert das Integral von einer festen Stelle $a \in I$ bis zu einer anderen Stelle $x \in I$ eine neue Funktion F (**Integralfunktion**), deren Wert an der Stelle x

$$F(x) = \int_a^x f(t)\,dt \qquad (5.4)$$

ist. Ist f beispielsweise nichtnegativ und liegt x rechts von a, so ist $F(x)$ der Flächeninhalt des Gebiets unter dem Graphen über $[a,x]$ (▶Abbildung 5.18). Es ist vielleicht etwas ungewohnt, dass die Variable x als obere Integrationsgrenze eines bestimmten Integrals auftaucht, aber F ist eine reellwertige Funktion wie jede andere auch: zu jedem Wert der Eingabe x existiert eine wohldefinierte Ausgabe – in diesem Fall das bestimmte Integral von f über $[a,x]$.

Gleichung (5.4) ist ein Weg zur Definition neuer Funktionen. (wie wir in Abschnitt 7.2 sehen werden). Gegenwärtig liegt ihre Bedeutung für uns aber in der Verbindung, die

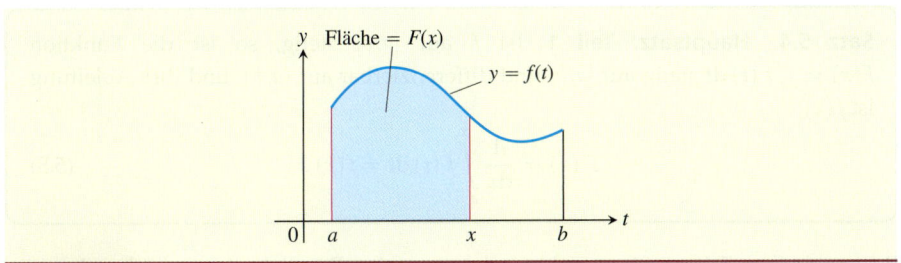

Abbildung 5.18 Die durch Gleichung (5.4) definierte Funktion $F(x)$ liefert den Inhalt der Fläche unter dem Graphen von f von a bis x, wenn f nichtnegativ und $x > a$ ist.

sie zwischen Integralen und Ableitungen herstellt. Ist f eine beliebige stetige Funktion, so ist F nach dem Hauptsatz eine differenzierbare Funktion von x, deren Ableitung wieder f selbst ist. Für jeden Wert von x ist also

$$\frac{d}{dx}F(x) = f(x).$$

Um einen gewissen Einblick zu gewinnen, warum diese Aussage gilt, sehen wir uns die zugrundeliegende Geometrie an.

Sei $f \geq 0$ auf $[a,b]$. Nach der Definition der Ableitung ist $F'(x)$ der Grenzwert (so er denn existiert) der Differenzenquotienten

$$\frac{F(x+h) - F(x)}{h}$$

für $h \to 0$.

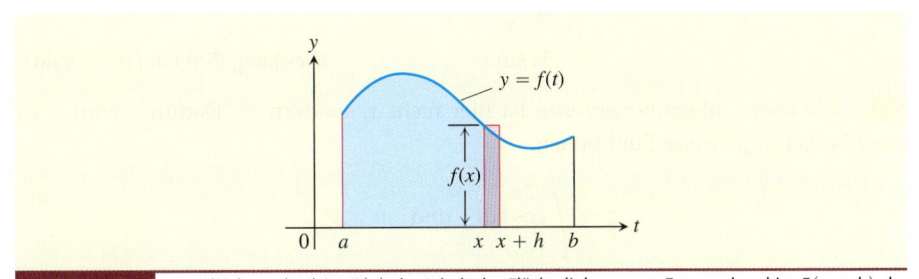

Abbildung 5.19 In Gleichung (5.4) ist $F(x)$ der Inhalt der Fläche links von x. Entsprechend ist $F(x+h)$ der Inhalt der Fläche links von $x + h$. Der Differenzenquotient $[F(x+h) - F(x)]/h$ ist dann näherungsweise $f(x)$, das ist die Höhe des hier dargestellten Rechtecks.

Für $h > 0$ erhalten wir den Zähler durch Subtraktion zweier Flächeninhalte, also ist das Ergebnis der Inhalt der Fläche unter dem Graphen von f von x bis $x + h$ (▶ Abbildung 5.19). Für kleine h ist dieser Flächeninhalt näherungsweise gleich dem Flächeninhalt des Rechtecks mit der Höhe $f(x)$ und der Breite h. Das können wir Abbildung 5.19 entnehmen. Also ist

$$F(x+h) - F(x) \approx hf(x).$$

Dividieren wir beide Seiten dieser Näherung durch h und lassen wir h gegen null gehen, kann man sinnvollerweise

$$F'(x) = \lim_{h \to 0} \frac{F(x+h) - F(x)}{h} = f(x)$$

erwarten. Dieses Ergebnis gilt auch, wenn die Funktion nicht positiv ist; und es bildet den ersten Teil des Hauptsatzes der Differential- und Integralrechnung.

> **Satz 5.4 Hauptsatz, Teil 1** Ist f auf $[a,b]$ stetig, so ist die Funktion $F(x) = \int_a^x f(t)\,dt$ stetig auf $[a,b]$ und differenzierbar auf (a,b), und ihre Ableitung ist $f(x)$:
> $$F'(x) = \frac{d}{dx} \int_a^x f(t)\,dt = f(x). \tag{5.5}$$

Bevor wir Satz 5.4 beweisen, sehen wir uns einige Beispiele an, um seine Aussage besser zu verstehen. Veranschaulichen Sie sich in jedem Beispiel, dass die unabhängige Variable in einer Integrationsgrenze auftaucht.

Anwendung des Fundamentalsatzes

Beispiel 5.17 Bestimmen Sie mithilfe des Fundamentalsatzes dy/dx für

a $y = \int_a^x (t^3 + 1)\,dt$ **b** $y = \int_x^5 3t \sin t\,dt$ **c** $y = \int_1^{x^2} \cos t\,dt$

Lösung Wir berechnen die Ableitung nach der unabhängigen Variablen x.

a $\dfrac{dy}{dx} = \dfrac{d}{dx} \int_a^x (t^3 + 1)\,dt = x^3 + 1$ $\qquad$ Gleichung (5.5) mit $f(t) = t^3 + 1$

b $\dfrac{dy}{dx} = \dfrac{d}{dx} \int_x^5 3t \sin t\,dt = \dfrac{d}{dx}\left(-\int_5^x 3t \sin t\,dt\right)$ $\qquad$ Tabelle 5.4, Regel 1

$\qquad = -\dfrac{d}{dx} \int_5^x 3t \sin t\,dt$

$\qquad = -3x \sin x$ $\qquad$ Gleichung (5.5) mit $f(t) = 3t \sin t$

c Die obere Integrationsgrenze ist hier nicht x, sondern x^2. Dadurch wird y zu einer Verkettung zweier Funktionen

$$y = \int_1^u \cos t\,dt \quad \text{und} \quad u = x^2.$$

Deshalb müssen wir die Kettenregel anwenden, wenn wir dy/dx bestimmen.

$$\frac{dy}{dx} = \frac{dy}{du} \cdot \frac{du}{dx}$$

$$= \left(\frac{d}{du} \int_1^u \cos t\,dt\right) \cdot \frac{du}{dx}$$

$$= \cos u \cdot \frac{du}{dx}$$

$$= \cos(x^2) \cdot 2x$$

$$= 2x \cos x^2 \qquad \blacksquare$$

Beweis ☐ **von Satz 5.4** Wir beweisen den ersten Teil des Fundamentalsatzes, indem wir die Definition der Ableitung direkt auf die Funktion $F(x)$ mit x und $x + h$ in (a,b) anwenden. Wir müssen also den Differenzenquotienten

$$\frac{F(x+h) - F(x)}{h} \tag{5.6}$$

ausschreiben und zeigen, dass sein Grenzwert für $h \to 0$ die Zahl $f(x)$ für alle x in (a,b) ist. Also

$$F'(x) = \lim_{h \to 0} \frac{F(x+h) - F(x)}{h}$$

$$= \lim_{h \to 0} \frac{1}{h} \left[\int_a^{x+h} f(t)\,dt - \int_a^x f(t)\,dt \right]$$

$$= \lim_{h \to 0} \frac{1}{h} \int_x^{x+h} f(t)\,dt \qquad \text{Tabelle 5.4, Regel 5}$$

Nach dem Mittelwertsatz für bestimmte Integrale ist der Wert vor der Grenzwertbildung im letzten Ausdruck einer der Werte, die f im Intervall zwischen x und $x+h$ annimmt. Für eine Zahl c in diesem Intervall ist also

$$\frac{1}{h} \int_x^{x+h} f(t)\,dt = f(c) \,. \tag{5.7}$$

Für $h \to 0$ geht $x+h$ gegen x, weshalb auch c gegen x gehen muss (denn c liegt zwischen x und $x+h$). Da f an der Stelle x stetig ist, geht $f(c)$ gegen $f(x)$:

$$\lim_{h \to 0} f(c) = f(x) \,. \tag{5.8}$$

Insgesamt erhalten wir

$$F'(x) = \lim_{h \to 0} \frac{1}{h} \int_x^{x+h} f(t)\,dt$$

$$= \lim_{h \to 0} f(c) \qquad \text{Gleichung (5.7)}$$

$$= f(x). \qquad \text{Gleichung (5.8)}$$

Für $x = a$ oder b wird der Grenzwert in Gleichung (5.6) als einseitiger Grenzwert für $h \to 0^+$ beziehungsweise $h \to 0^-$ interpretiert. Dann ist F sogar auf dem abgeschlossenen Intervall $[a,b]$ differenzierbar und nach Satz 3.1 aus Abschnitt 3.2 auf $[a,b]$ insbesondere stetig. Damit ist der Beweis abgeschlossen. ■

Der Hauptsatz, Teil 2 (Satz zur Berechnung bestimmter Integrale)

Wir kommen nun zum zweiten Teil des Fundamentalsatzes der Differential- und Integralrechnung. Er beschreibt, wie wir bestimmte Integrale berechnen, ohne Grenzwerte Riemann'scher Summen bestimmen zu müssen. Stattdessen bestimmen wir eine Stammfunktion und berechnen sie an der oberen und unteren Integrationsgrenze.

> **Satz 5.4 (Fortsetzung) Hauptsatz, Teil 2** Ist f auf $[a,b]$ stetig und ist F eine Stammfunktion von f auf $[a,b]$, so gilt
>
> $$\int_a^b f(x)\,dx = F(b) - F(a) \,.$$

Beweis ◼ Nach Teil 1 des Hauptsatzes gibt es eine Stammfunktion von f, nämlich

$$G(x) = \int_a^x f(t)\, dt.$$

Ist F eine *beliebige* Stammfunktion von f, dann gilt $F(x) = G(x) + C$ für eine Konstante C für $a < x < b$ (nach Folgerung 2 aus dem Mittelwertsatz für Ableitungen, Abschnitt 4.2). Sowohl F als auch G sind auf $[a,b]$ stetig. Daraus schließen wir, dass $F(x) = G(x) + C$ auch dann gilt, wenn $x = a$ und $x = b$ ist, indem wir einseitige Grenzwerte bilden (für $x \to a^+$ und $x \to b^-$).

Berechnen wir $F(b) - F(a)$, so erhalten wir

$$\begin{aligned} F(b) - F(a) &= [G(b) + C] - [G(a) + C] \\ &= G(b) - G(a) \\ &= \int_a^b f(t)\, dt - \int_a^a f(t)\, dt \\ &= \int_a^b f(t)\, dt - 0 \\ &= \int_a^b f(t)\, dt. \end{aligned}$$
◼

Dieser Satz ist wichtig, weil er uns sagt, dass wir zur Berechnung des bestimmten Integrals von f über einem Intervall $[a,b]$ nur zwei Dinge tun müssen:

1 Eine Stammfunktion F von f bestimmen und

2 die Zahl $F(b) - F(a)$ berechnen; diese ist gleich $\int_a^b f(x)\,dx$.

Dieser Prozess ist viel einfacher als eine Berechnung mit Riemann'schen Summen. Die Kraft des Satzes liegt in der Erkenntnis, dass man ein bestimmtes Integral, das durch einen komplizierten Prozess unter Berücksichtigung aller Werte der Funktion f über $[a,b]$ definiert ist, bestimmen kann, wenn man nur die Werte *einer* Stammfunktion F an den beiden Randstellen a und b kennt. Üblicherweise schreibt man für die Differenz $F(b) - F(a)$

$$F(x)\Big|_a^b \quad \text{oder} \quad \Big[F(x)\Big]_a^b,$$

abhängig davon, ob sich F aus einem oder mehreren Termen zusammensetzt.

Berechnung bestimmter Integrale mithilfe des Berechnungssatzes

Beispiel 5.18 Wir berechnen einige bestimmte Integrale mithilfe des Teils 2 des Hauptsatzes, anstatt Grenzwerte Riemann'scher Summen zu bilden.

a $\displaystyle\int_0^\pi \cos x\, dx = \Big[\sin x\Big]_0^\pi \qquad\qquad \dfrac{d}{dx}\sin x = \cos x$

$\qquad\qquad\qquad = \sin \pi - \sin 0 = 0 - 0 = 0$

b $\displaystyle\int_{-\pi/4}^0 \sec x \tan x\, dx = \Big[\sec x\Big]_{-\pi/4}^0 \qquad \dfrac{d}{dx}\sec x = \sec x \tan x$

$\qquad\qquad\qquad = \sec 0 - \sec\left(-\dfrac{\pi}{4}\right) = 1 - \sqrt{2}$

c) $\int_1^4 \left(\frac{3}{2}\sqrt{x} - \frac{4}{x^2}\right) dx = \left[x^{3/2} + \frac{4}{x}\right]_1^4 \qquad \frac{d}{dx}\left(x^{3/2} + \frac{4}{x}\right) = \frac{3}{2}x^{1/2} - \frac{4}{x^2}$

$$= \left[(4)^{3/2} + \frac{4}{4}\right] - \left[(1)^{3/2} + \frac{4}{1}\right]$$

$$= [8+1] - [5] = 4$$

Aufgabe 43 bietet einen weiteren Beweis des Berechnungssatzes, der das Konzept der Riemann'schen Summen sowie den Mittelwertsatz und die Definition des bestimmten Integrals in sich vereint.

Das Integral einer Rate

Wir können den zweiten Teil des Fundamentalsatzes auch auf andere Weise interpretierten. Ist F eine Stammfunktion einer stetigen Funktion f, so gilt $F' = f$. Die Gleichung aus dem Hauptsatz kann dann folgendermaßen umgeschrieben werden:

$$\int_a^b F'(x)\,dx = F(b) - F(a).$$

Nun steht $F'(x)$ für die Änderungsrate der Funktion $F(x)$ bezüglich x. Also ist das Integral von F' einfach die *Nettoänderung* von F, wenn sich x von a nach b ändert. Formal haben wir das folgende Resultat:

> **Satz 5.5 Der Änderungssatz**
>
> Die Nettoänderung einer Funktion $F(x)$ über einem Intervall $a \le x \le b$ ist das Integral ihrer Änderungsrate:
>
> $$F(b) - F(a) = \int_a^b F'(x)\,dx. \tag{5.9}$$

Beispiel 5.19 Es folgen einige Interpretationen des Änderungssatzes.

Interpretationen des Änderungssatzes

a) Sind c die Kosten für die Herstellung von x Einheiten eines bestimmten Artikels, so sind $c'(x)$ die Grenzkosten (Abschnitt 3.4). Nach Satz 5.5 gilt

$$\int_{x_1}^{x_2} c'(x)\,dx = c(x_2) - c(x_1).$$

Das sind die Kosten für die Erhöhung der Produktion von x_1 auf x_2 Einheiten.

b) Bewegt sich ein Körper mit der Ortsfunktion $s(t)$ entlang einer Koordinatenachse, so ist seine Geschwindigkeit $v(t) = s'(t)$. Nach Satz 5.5 ist

$$\int_{t_1}^{t_2} v(t)\,dt = s(t_2) - s(t_1),$$

sodass das Integral der Geschwindigkeit die **Ortsverschiebung** über dem Zeitintervall $t_1 \le t \le t_2$ ist. Andererseits ist das Integral über den Betrag der Geschwindigkeit $|v(t)|$ der im Zeitintervall **insgesamt zurückgelegte Weg**. Dies stimmt mit unseren Ausführungen in Abschnitt 5.1 überein.

Ordnen wir die Gleichung (5.9) folgendermaßen um:

$$F(b) = F(a) + \int_a^b F'(x) \, dx \, .$$

So besagt der Änderungssatz auch, dass der Endwert einer Funktion $F(x)$ über einem Intervall $[a, b]$ gleich ihrem Anfangswert $F(a)$ plus der Nettoänderung über dem Intervall ist. Ist also $v(t)$ die Geschwindigkeitsfunktion eines Körpers, der sich entlang einer Koordinatenachse bewegt, dann ist die Endposition $s(t_2)$ des Körpers über dem Zeitintervall $t_1 \leq t \leq t_2$ seine Anfangsposition $s(t_1)$ plus seine Netto-Ortsverschiebung entlang dieser Achse (Beispiel 5.19b).

Stein bei einer Dynamitsprengung

Beispiel 5.20 Kommen wir wieder auf unsere Analyse eines schweren Steins zurück, der bei einer Dynamitsprengung senkrecht nach oben geschleudert wird (Beispiel 5.3, Abschnitt 5.1). Die Geschwindigkeit des Steins war zu jeder Zeit seiner Bewegung durch $v(t) = (49{,}05 - 9{,}81t)$ m/s gegeben.

a Bestimmen Sie die Ortsverschiebung des Steins während der Zeitspanne $0 \leq t \leq 8$.
b Bestimmen Sie den in dieser Zeit insgesamt zurückgelegten Weg.

Lösung

a Nach Beispiel 5.19b ist die Ortsverschiebung das Integral

$$\int_0^8 v(t) \, dt = \int_0^8 (49{,}05 - 9{,}81t) \, dt = \left[49{,}05 t - \frac{9{,}81}{2} t^2 \right]_0^8$$

$$= (49{,}05)(8) - \left(\frac{9{,}81}{2} \right)(64) = 78{,}48 \, .$$

Demzufolge beträgt die Höhe des Steins über dem Boden 8 Sekunden nach der Explosion 78,48 m, was mit unserem Ergebnis aus Beispiel 5.3, Abschnitt 5.1 übereinstimmt.

b Wie wir in Tabelle 5.3 festgestellt hatten, ist die Geschwindigkeitsfunktion $v(t)$ über dem Intervall $[0, 5]$ positiv und über dem Intervall $[5, 8]$ negativ. Deshalb ist nach Beispiel 5.19b die insgesamt zurückgelegte Entfernung das Integral

$$\int_0^8 |v(t)| \, dt = \int_0^5 |v(t)| \, dt + \int_5^8 |v(t)| \, dt$$

$$= \int_0^5 (49{,}05 - 9{,}81t) \, dt - \int_5^8 (49{,}05 - 9{,}81t) \, dt$$

$$= \left[49{,}05 t - (9{,}81/2) t^2 \right]_0^5 - \left[49{,}05 t - 49{,}05 t^2 \right]_5^8$$

$$= [(49{,}05)(5) - (9{,}81/2)(25)]$$
$$\quad - [(49{,}05)(8) - (9{,}81/2)(64) - ((49{,}05)(5) - (9{,}81/2)(25))]$$

$$= 122{,}625 - (-44{,}145) = 166{,}77 \, .$$

Erneut stimmt die Berechnung mit unseren Ergebnissen aus Beispiel 5.3, Abschnitt 5.1 überein. Der in der Zeitspanne $0 \leq t \leq 8$ insgesamt zurückgelegte

Weg von 166,77 m setzt sich also aus (i) der über dem Zeitintervall [0, 5] erreichten maximalen Höhe von 122,625 m und (ii) dem zusätzlichen Weg von 44,145 m zusammen, den der Stein über dem Zeitintervall [5, 8] gefallen ist.

Der Zusammenhang zwischen Integration und Differentiation

Wir gewinnen wichtige Erkenntnisse aus dem Hauptsatz. So kann Gleichung (5.5) auch geschrieben werden als

$$\frac{d}{dx} \int_a^x f(t)\,dt = f(x).$$

Integrieren wir also zunächst die Funktion f und differenzieren dann das Ergebnis, so erhalten wir die Funktion f zurück. Ersetzen wir in Gleichung (5.9) b durch x und x durch t, so ergibt sich analog

$$\int_a^x F'(t)dt = F(x) - F(a).$$

Differenzieren wir also zunächst die Funktion F und integrieren dann das Ergebnis, so erhalten wir die Funktion F zurück (erweitert um eine Integrationskonstante). In gewisser Weise sind die Prozesse der Integration und der Differentiation zueinander „invers". Der Hauptsatz besagt auch, dass jede stetige Funktion f eine Stammfunktion F besitzt. Außerdem zeigt er auch, welche Bedeutung es hat, die Stammfunktionen zu bestimmen, wenn man die bestimmten Integrale auf einfache Weise berechnen will. Darüber hinaus besagt er, dass die Differentialgleichung $dy/dx = f(x)$ für jede stetige Funktion f eine Lösung hat (nämlich eine der Funktionen $y = F(x) + C$).

Gesamtflächeninhalt

Die Riemann'sche Summe enthält Terme wie $f(c_k)\,\Delta x_k$, die für positive $f(c_k)$ den Flächeninhalt eines Rechtecks liefern. Für negative $f(c_k)$ ist das Produkt $f(c_k)\,\Delta x_k$ das Negative des Flächeninhalts des Rechtecks. Addieren wir solche Terme bei einer negativen Funktion, so erhalten wir das Negative des Flächeninhalts zwischen der Kurve und der x-Achse. Der Betrag ist der korrekte positive Flächeninhalt.

Beispiel 5.21 ▶ Abbildung 5.20 zeigt den Graphen von $f(x) = x^2 - 4$ und sein Spiegelbild an der x Achse $g(x) = 4 - x^2$. Berechnen Sie für die beiden Funktionen

Flächeninhalte von Spiegelgraphen

a das bestimmte Integral über dem Intervall $[-2, 2]$ und
b den Flächeninhalt des Gebiets zwischen dem Graphen und der x Achse über $[-2, 2]$.

Lösung

a
$$\int_{-2}^{2} f(x)dx = \left[\frac{x^3}{3} - 4x\right]_{-2}^{2} = \left(\frac{8}{3} - 8\right) - \left(-\frac{8}{3} + 8\right) = -\frac{32}{3}$$

und

$$\int_{-2}^{2} g(x)dx = \left[4x - \frac{x^3}{3}\right]_{-2}^{2} = \frac{32}{3}.$$

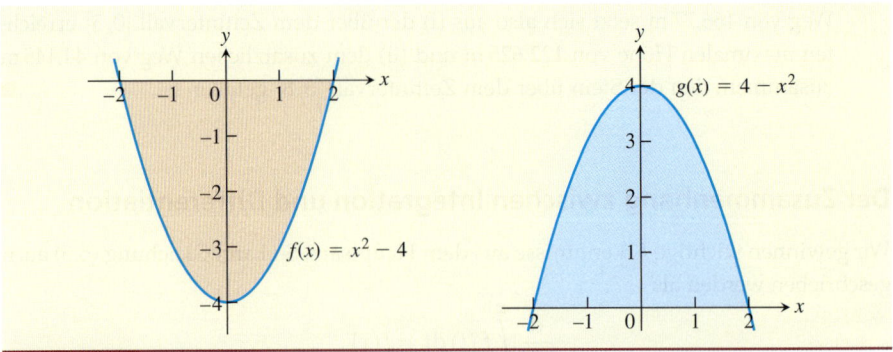

Abbildung 5.20 Diese Graphen schließen mit der x-Achse Gebiete mit demselben Flächeninhalt ein, aber die bestimmten Integrale der beiden Funktionen über $[-2, 2]$ unterscheiden sich in ihrem Vorzeichen (Beispiel 5.20).

b In beiden Fällen ist der Flächeninhalt des Gebiets zwischen der Kurve und der x-Achse über $[-2, 2]$ gleich $32/3$ Einheiten. Das bestimmte Integral von f ist negativ, der Flächeninhalt ist positiv. ■

Um den Flächeninhalt eines Gebiets zu berechnen, das durch den Graphen einer Funktion $y = f(x)$ mit positiven und negativen Funktionswerten und die x-Achse begrenzt ist, müssen wir das Intervall $[a, b]$ sorgfältig in Teilintervalle zerlegen, auf denen die Funktion ihr Vorzeichen nicht ändert. Anderenfalls können sich Flächen mit positiven Vorzeichen und Flächen mit negativem Vorzeichen gegenseitig aufheben, was zu einem falschen Gesamtergebnis führt, denn das bestimmte Integral $\int_a^b f(x)\,dx$ liefert die Flächenbilanz, bei der Flächen, die unterhalb der x-Achse liegen, negativ gezählt werden. Den korrekten Gesamtflächeninhalt erhalten wir, indem wir die Beträge der bestimmten Integrale über den Teilintervallen addieren, über denen sich das Vorzeichen von $f(x)$ nicht ändert. Mit dem Begriff „Flächeninhalt" soll dieser *Gesamtflächeninhalt* gemeint sein.

Gesamtflächeninhalt von $f(x) = \sin x$ über $[0, 2\pi]$

Beispiel 5.22 ▶ Abbildung 5.21 zeigt den Graphen der Funktion $f(x) = \sin x$ zwischen $x = 0$ und $x = 2\pi$. Berechnen Sie

a das bestimmte Integral von f über $[0, 2\pi]$ und

b den Flächeninhalt des Gebiets zwischen dem Graphen von $f(x)$ und der x-Achse über $[0, 2\pi]$.

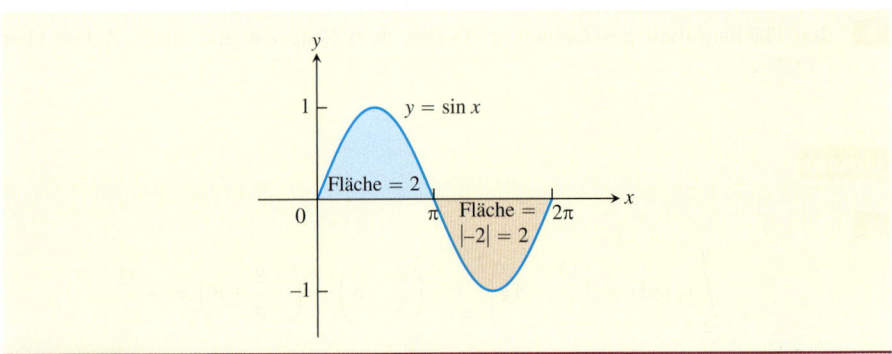

Abbildung 5.21 Der Gesamtflächeninhalt des Gebiets zwischen $y = \sin x$ und der x-Achse für $0 \leq x \leq 2\pi$ ist die Summe des Betrags zweier Integrale.

Lösung Das bestimmte Integral von $f(x) = \sin x$ ist

$$\int_0^{2\pi} \sin x \, dx = \left[-\cos x \right]_0^{2\pi} = -[\cos 2\pi - \cos 0] = -[1-1] = 0.$$

Das bestimmte Integral ist null, weil die Teile über und unter dem Graphen dieselben Beiträge mit entgegengesetzten Vorzeichen liefern.

Den Flächeninhalt des Gebiets zwischen dem Graphen von f und der x-Achse über $[0, 2\pi]$ berechnet man, indem man den Definitionsbereich von $\sin x$ in zwei Teile zerlegt, nämlich in das Intervall $[0, \pi]$, wo die Funktion nichtnegativ ist, und das Intervall $[\pi, 2\pi]$, wo die Funktion nichtpositiv ist.

$$\int_0^{\pi} \sin x \, dx = \left[-\cos x \right]_0^{\pi} = -[\cos \pi - \cos 0] = -[-1-1] = 2$$

$$\int_{\pi}^{2\pi} \sin x \, dx = \left[-\cos x \right]_{\pi}^{2\pi} = -[\cos 2\pi - \cos \pi] = -[1-(-1)] = -2$$

Das zweite Integral liefert einen negativen Wert. Den Flächeninhalt des Gebiets zwischen dem Graphen und der x-Achse erhält man durch Addition der Beträge:

$$\text{Flächeninhalt} = |2| + |-2| = 4.$$

Man beachte, dass z. B. bei der Formulierung „Integral von f über $[a, b]$" das „über" nicht bedeutet, dass der Graph von f über der x-Achse liegt, sondern nur, dass a und b die Integrationsgrenzen sind.

> **Gesamtflächeninhalt:** Um den Flächeninhalt des Gebiets zwischen dem Graphen von $y = f(x)$ und der x-Achse über dem Intervall $[a, b]$ zu bestimmen, gehen Sie folgendermaßen vor:
>
> 1. Zerlegen Sie das Intervall $[a, b]$ an den Nullstellen von f in Teilintervalle.
> 2. Integrieren Sie f über jedem Teilintervall.
> 3. Addieren Sie die Beträge der Integrale.

Merke

Beispiel 5.23 Bestimmen Sie den Flächeninhalt des Gebiets zwischen der x-Achse und dem Graphen von $f(x) = x^3 - x^2 - 2x$ für $-1 \leq x \leq 2$.

Gesamtflächeninhalt von $f(x) = x^3 - x^2 - 2x$ für $-1 \leq x \leq 2$

Lösung Zunächst bestimmen wir die Nullstellen von f. Wegen

$$f(x) = x^3 - x^2 - 2x = x\left(x^2 - x - 2\right) = x(x+1)(x-2)$$

liegen die Nullstellen bei $x = 0, -1$ und 2 (▶Abbildung 5.22). Die Nullstellen zerlegen $[-1, 2]$ in zwei Teilintervalle: nämlich $[-1, 0]$, wo $f \geq 0$ ist, und $[0, 2]$, wo $f \leq 0$ ist. Wir integrieren f über jedem Teilintervall und addieren die Beträge der berechneten

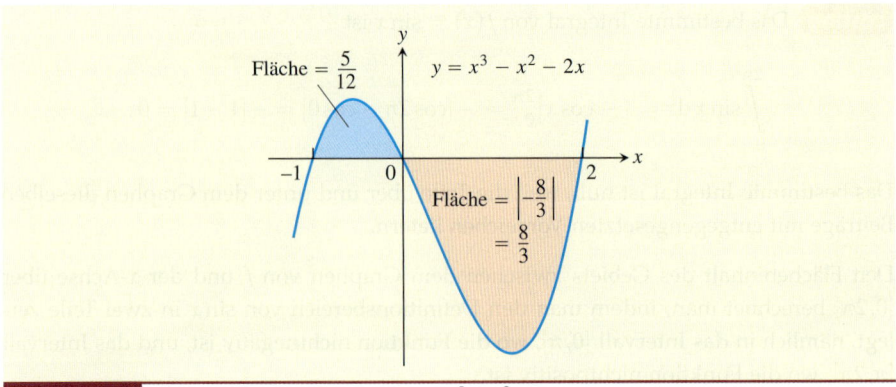

Abbildung 5.22 Das Gebiet zwischen der Kurve $y = x^3 - x^2 - 2x$ und der x-Achse (Beispiel 5.23).

Integrale:

$$\int_{-1}^{0} \left(x^3 - x^2 - 2x\right) dx = \left[\frac{x^4}{4} - \frac{x^3}{3} - x^2\right]_{-1}^{0} = 0 - \left[\frac{1}{4} + \frac{1}{3} - 1\right] = \frac{5}{12},$$

$$\int_{0}^{2} \left(x^3 - x^2 - 2x\right) dx = \left[\frac{x^4}{4} - \frac{x^3}{3} - x^2\right]_{0}^{2} = \left[4 - \frac{8}{3} - 4\right] - 0 = -\frac{8}{3}.$$

Für die insgesamt eingeschlossenen Flächen erhalten wir durch Addition der Beträge der berechneten Integrale:

$$\text{Gesamtflächeninhalt} = \frac{5}{12} + \left|-\frac{8}{3}\right| = \frac{37}{12}.$$

Aufgaben zum Abschnitt 5.4

Integrale berechnen Bestimmen Sie die Integrale aus den Aufgaben 1–14.

1. $\int_{-2}^{0} (2x + 5)\, dx$

2. $\int_{0}^{2} x(x - 3)\, dx$

3. $\int_{0}^{4} \left(3x - \frac{x^3}{4}\right) dx$

4. $\int_{0}^{1} \left(x^2 + \sqrt{x}\right) dx$

5. $\int_{0}^{\pi/3} 2\sec^2 x\, dx$

6. $\int_{\pi/4}^{3\pi/4} \csc\theta \cot\theta\, d\theta$

7. $\int_{\pi/2}^{0} \frac{1 + \cos 2t}{2}\, dt$

8. $\int_{0}^{\pi/4} \tan^2 x\, dx$

9. $\int_{0}^{\pi/8} \sin 2x\, dx$

10. $\int_{1}^{-1} (r + 1)^2\, dr$

11. $\int_{\sqrt{2}}^{1} \left(\frac{u^7}{2} - \frac{1}{u^5}\right) du$

12. $\int_{1}^{\sqrt{2}} \frac{s^2 + \sqrt{s}}{s^2}\, ds$

13. $\int_{\pi/2}^{\pi} \frac{\sin 2x}{2\sin x}\, dx$

14. $\int_{-4}^{4} |x|\, dx$

Ableitungen von Integralen Bestimmen Sie in den Aufgaben 15–18 die Ableitungen

a. durch Berechnung des Integrals und Differentiation des Ergebnisses.

b. durch direkte Differentiation des Integrals.

15. $\dfrac{d}{dx} \int_{0}^{\sqrt{x}} \cos t\, dt$

16. $\dfrac{d}{dx} \int_{1}^{\sin x} 3t^2\, dt$

17. $\dfrac{d}{dt}\displaystyle\int_0^{t^4}\sqrt{u}\,du$ **18.** $\dfrac{d}{d\theta}\displaystyle\int_0^{\tan\theta}\sec^2 y\,dy$

Bestimmen Sie in den Aufgaben 19–22 dy/dx.

19. $y=\displaystyle\int_0^x\sqrt{1+t^2}\,dt$

20. $y=\displaystyle\int_{\sqrt{x}}^0\sin(t^2)\,dt$

21. $y=\displaystyle\int_{-1}^x\dfrac{t^2}{t^2+4}\,dt-\displaystyle\int_3^x\dfrac{t^2}{t^2+4}\,dt$

22. $y=\displaystyle\int_0^{\sin x}\dfrac{dt}{\sqrt{1-t^2}}$, $|x|<\dfrac{\pi}{2}$

Flächeninhalt Bestimmen Sie in den Aufgaben 23–26 den Gesamtflächeninhalt des Gebiets zwischen der Kurve und der x-Achse über dem angegebenen Intervall.

23. $y=-x^2-2x$, $-3\le x\le 2$

24. $y=3x^2-3$, $-2\le x\le 2$

25. $y=x^3-3x^2+2x$, $0\le x\le 2$

26. $y=x^{1/3}-x$, $-1\le x\le 8$

Bestimmen Sie die Flächeninhalte der schattierten Gebiete aus den Aufgaben 27–30.

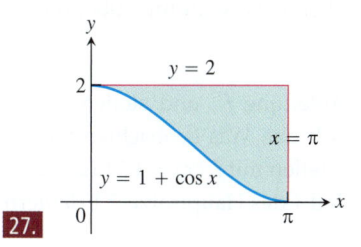

27.

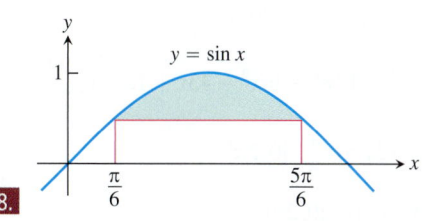

28.

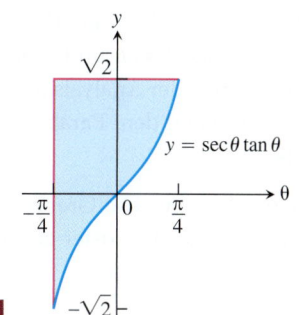

29.

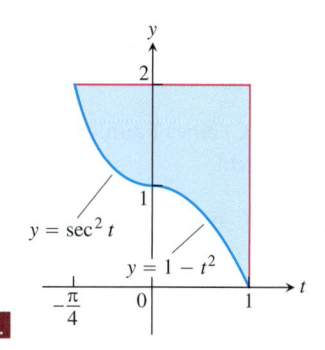

30.

Anfangswertprobleme

Jede der nachfolgenden Funktionen löst eines der Anfangswertprobleme aus den Aufgaben 31–34. Welche Funktion löst welches Problem? Begründen Sie kurz Ihre Antworten.

a. $y=\displaystyle\int_1^x\dfrac{1}{t}\,dt-3$ **b.** $y=\displaystyle\int_0^x\sec t\,dt+4$

c. $y=\displaystyle\int_{-1}^x\sec t\,dt+4$ **d.** $y=\displaystyle\int_\pi^x\dfrac{1}{t}\,dt-3$

31. $\dfrac{dy}{dx}=\dfrac{1}{x}$, $y(\pi)=-3$ **32.** $y'=\sec x$, $y(-1)=4$

33. $y'=\sec x$, $y(0)=4$ **34.** $y'=\dfrac{1}{x}$, $y(1)=-3$

Drücken Sie die Lösungen der Anfangswertprobleme aus den Aufgaben 35 und 36 in Form von Integralen aus.

35. $\dfrac{dy}{dx}=\sec x$, $y(2)=3$

36. $\dfrac{dy}{dx}=\sqrt{1+x^2}$, $y(1)=-2$

Theorie und Beispiele

37. Archimedes' Flächenformel für Parabelbögen
Archimedes (287–212 v. Chr.) war Erfinder, Ingenieur, Physiker und der größte Mathematiker der Antike. Er entdeckte, dass der Flächeninhalt unter einem Parabelbogen zwei Drittel seiner Basis mal seine Höhe ist.

Zeichnen Sie den Parabelbogen $y = h - (4h/b^2)x^2$ mit $-b/2 \leq x \leq b/2$. Nehmen Sie an, dass h und b positiv sind. Bestimmen Sie dann mithilfe der Analysis den Flächeninhalt des von der x-Achse und dem Parabelbogen eingeschlossenen Gebiets.

38. **Kosten aus den Grenzkosten** Die Grenzkosten für den Druck eines Posters nachdem x Poster gedruckt worden sind betragen

$$\frac{dc}{dx} = \frac{1}{2\sqrt{x}}$$

Euro. Bestimmen Sie $c(100) - c(1)$, das sind die Kosten für den Druck der Poster 2–100.

39. Die Temperatur T (in °C) eines Raumes zur Zeit t (in Minuten) ist gegeben durch:

$$T = \frac{265}{9} - \frac{5}{3}\sqrt{25 - t} \quad \text{für} \quad 0 \leq t \leq 25.$$

a. Bestimmen Sie die Raumtemperatur bei $t = 0$, $t = 16$ und $t = 25$.

b. Bestimmen Sie die mittlere Raumtemperatur für $0 \leq t \leq 25$.

40. Es sei $\int_1^x f(t)\,dt = x^2 - 2x + 1$. Bestimmen Sie $f(x)$.

41. Bestimmen Sie die Linearisierung von

$$f(x) = 2 - \int_2^{x+1} \frac{9}{1+t}\,dt$$

bei $a = 1$.

42. Nehmen Sie an, dass f für alle Werte von x eine positive Ableitung hat und $f(1) = 0$ ist. Welche der folgenden Behauptungen gelten für die Funktion

$$g(x) = \int_0^x f(t)\,dt\,?$$

Begründen Sie Ihre Antworten.

a. g ist eine differenzierbare Funktion von x.

b. g ist eine stetige Funktion von x

c. Der Graph von g hat an der Stelle $x = 1$ eine horizontale Tangente.

d. g hat an der Stelle $x = 1$ ein lokales Maximum.

e. g hat an der Stelle $x = 1$ ein lokales Minimum.

f. Der Graph von g hat an der Stelle $x = 1$ einen Wendepunkt.

g. Der Graph von dg/dx schneidet die x-Achse an der Stelle $x = 1$.

43. **Ein weiterer Beweis des Hauptsatzes, Teil 2**

a. Sei $a = x_0 < x_1 < x_2 \cdots < x_n = b$ eine Zerlegung von $[a, b]$, und sei F eine Stammfunktion einer stetigen Funktion f. Zeigen Sie

$$F(b) - F(a) = \sum_{i=1}^n \left[F(x_i) - F(x_{i-1})\right].$$

b. Wenden Sie den Mittelwertsatz auf jeden Term einzeln an, um zu zeigen, dass $F(x_i) - F(x_{i-1}) = f(c_i)(x_j - x_{i-1})$ für ein c_j im Intervall (x_{i-1}, x_i) ist. Zeigen Sie dann, dass $F(b) - F(a)$ eine Riemann'sche Summe für f auf $[a, b]$ ist.

c. Zeigen Sie mithilfe von (b) und der Definition des bestimmten Integrals, dass gilt:

$$F(b) - F(a) = \int_a^b f(x)\,dx.$$

Computeralgebra. In den Aufgaben 44–47 sei $F(x) = \int_a^x f(t)\,dt$ für die angegebene Funktion f auf dem angegebenen Intervall $[a, b]$. Führen Sie mithilfe eines CAS die folgenden Schritte aus und beantworten Sie die gestellten Fragen.

a. Zeichnen Sie die Graphen der Funktionen f und F gemeinsam über $[a, b]$.

b. Lösen Sie die Gleichung $F'(x) = 0$. Was beobachten Sie an den Graphen von f und F an den Stellen mit $F'(x) = 0$? Ergibt sich Ihre Beobachtung aus Teil 1 des Hauptsatzes in Verbindung mit den Information über die erste Ableitung? Erläutern Sie Ihre Antwort.

c. Über (ungefähr) welchen Intervallen ist die Funktion F wachsend und fallend? Was gilt für f über diesen Intervallen?

d. Berechnen Sie die Ableitung f', und stellen Sie sie zusammen mit F grafisch dar. Was beobachten Sie am Graphen von F an den Stellen mit $f'(x) = 0$? Ergibt sich Ihre Beobachtung aus Teil 1 des Hauptsatzes? Erläutern Sie Ihre Antwort.

44. $f(x) = x^3 - 4x^2 + 3x$, $[0, 4]$

45. $f(x) = 2x^4 - 17x^3 + 46x^2 - 43x + 12$, $\left[0, \frac{9}{2}\right]$

46. $f(x) = \sin 2x \cos \frac{x}{3}$, $[0, 2\pi]$

47. $f(x) = x \cos \pi x$, $[0, 2\pi]$

5.5 Unbestimmte Integrale und die Substitutionsmethode

Nach dem Hauptsatz der Differential- und Integralrechnung können wir ein bestimmtes Integral einer stetigen Funktion direkt berechnen, wenn wir eine Stammfunktion der Funktion bestimmen können. In Abschnitt 4.7 hatten wir das **unbestimmte Integral** der Funktion f bezüglich x als die Menge *aller* Stammfunktionen von f, also die allgemeine Stammfunktion von f, mit dem Symbol

$$\int f(x)\,\mathrm{d}x$$

bezeichnet. Da sich zwei Stammfunktionen von f durch eine Konstante unterscheiden, bedeutet die Schreibweise, dass für jede Stammfunktion F von f gilt:

$$\int f(x)\,\mathrm{d}x = F(x) + C$$

mit einer beliebigen Konstanten C.

Der vom Hauptsatz hergestellte Zusammenhang zwischen Stammfunktionen und dem bestimmten Integral erklärt nun diese Schreibweise. Denken Sie beim Bestimmen des unbestimmten Integrals einer Funktion f immer an die beliebige Integrationskonstante C.

Wir müssen genau zwischen bestimmten und unbestimmten Integralen unterscheiden. Ein bestimmtes Integral $\int_a^b f(x)\,\mathrm{d}x$ ist eine *Zahl*. Aber ein unbestimmtes Integral $\int f(x)\,\mathrm{d}x$ ist eine *Funktion* in der Variablen x, zu der eine beliebige Konstante C addiert wird.

Bisher waren wir nur in der Lage, Stammfunktionen von Funktionen zu bestimmen, die klar als Ableitungen erkennbar waren. In diesem Abschnitt beginnen wir, allgemeine Methoden zur Bestimmung von Stammfunktionen zu entwickeln.

Substitutionsmethode: Die Kettenregel rückwärts

Sei u eine differenzierbare Funktion von x, und sei n eine Zahl ungleich -1. Dann gilt nach der Kettenregel

$$\frac{\mathrm{d}}{\mathrm{d}x}\left(\frac{u^{n+1}}{n+1}\right) = u^n \frac{\mathrm{d}u}{\mathrm{d}x}.$$

Von einem anderen Standpunkt aus besagt diese Gleichung, dass $u^{n+1}/(n+1)$ eine der Stammfunktionen der Funktion $u^n\,(\mathrm{d}u/\mathrm{d}x)$ ist. Deshalb gilt:

$$\int u^n \frac{\mathrm{d}u}{\mathrm{d}x}\,\mathrm{d}x = \frac{u^{n+1}}{n+1} + C. \qquad (5.10)$$

Das Integral in Gleichung (5.10) ist gleich dem einfacheren Integral

$$\int u^n\,\mathrm{d}u = \frac{u^{n+1}}{n+1} + C.$$

Dies legt die Vermutung nahe, dass bei der Berechnung eines Integrals anstelle von $(\mathrm{d}u/\mathrm{d}x)\,\mathrm{d}x$ der einfachere Ausdruck $\mathrm{d}u$ eingesetzt werden kann. Leibniz, einer der Begründer der Analysis, gelangte zu der Erkenntnis, dass man diese Substitution tatsächlich vornehmen kann, was auf die *Substitutionsmethode* zur Berechnung von Integralen führt. Wie bei Differentialen gilt bei der Berechnung von Integralen

$$\mathrm{d}u = \frac{\mathrm{d}u}{\mathrm{d}x}\,\mathrm{d}x.$$

5 Integration

Substitutionsmethode für $\int (x^3+x)^5 (3x^2+1)\,dx$

Beispiel 5.24 Bestimmen Sie das unbestimmte Integral $\int (x^3+x)^5 (3x^2+1)\,dx$.

Lösung Wir setzen $u = x^3 + x$. Dann gilt

$$du = \frac{du}{dx}\,dx = \left(3x^2+1\right)dx,$$

so dass wir durch Substitution erhalten

$$\int \left(x^3+x\right)^5 \left(3x^2+1\right)dx = \int u^5\,du \qquad \text{Sei } u = x^3+x,\ du = (3x^2+1)dx.$$

$$= \frac{u^6}{6} + C \qquad \text{Integration bezüglich } u$$

$$= \frac{(x^3+x)^6}{6} + C \qquad u \text{ durch } x^3+x \text{ ersetzen}$$

Substitutionsmethode für $\int \sqrt{2x+1}\,dx$

Beispiel 5.25 Bestimmen Sie $\int \sqrt{2x+1}\,dx$.

Lösung Das Integral passt nicht in das Schema

$$\int u^n\,du$$

mit $u = 2x+1$ und $n = 1/2$, weil

$$du = \frac{du}{dx}\,dx = 2dx$$

nicht genau dx ist. Der Faktor 2 fehlt im Integral. Wir können diesen Faktor jedoch nach dem Integralzeichen einfügen, wenn wir ihn durch einen Faktor $1/2$ vor dem Integralzeichen kompensieren. Also schreiben wir

$$\int \sqrt{2x+1}\,dx = \frac{1}{2}\int \underbrace{\sqrt{2x+1}}_{u} \cdot \underbrace{2dx}_{du}$$

$$= \frac{1}{2}\int u^{1/2}\,du \qquad \text{Sei } u = 2x+1,\ du = 2dx.$$

$$= \frac{1}{2}\frac{u^{3/2}}{3/2} + C \qquad \text{Integration bezüglich } u$$

$$= \frac{1}{3}(2x+1)^{3/2} + C \qquad u \text{ durch } 2x+1 \text{ ersetzen}$$

Die Substitutionen aus den Beispielen 5.24 und 5.25 sind Anwendungen der folgenden allgemeinen Regel:

Satz 5.6 Die Substitutionsregel Ist $u = g(x)$ eine auf einem Intervall definierte differenzierbare Funktion mit stetiger Ableitung g', und ist die Funktion f auf dem Wertebereich von g stetig, so gilt

$$\int f(g(x))g'(x)\,dx = \int f(u)\,du.$$

5.5 Unbestimmte Integrale und die Substitutionsmethode

Beweis ◻ Nach der Kettenregel ist $F(g(x))$ eine Stammfunktion von $f(g(x)) \cdot g'(x)$, wenn F eine Stammfunktion von f ist:

$$\frac{d}{dx}F(g(x)) = F'(g(x)) \cdot g'(x) \qquad \text{Kettenregel}$$
$$= f(g(x)) \cdot g'(x). \qquad F' = f$$

Nach der Substitution $u = g(x)$ erhalten wir

$$\int f(g(x))g'(x)dx = \int \frac{d}{dx}F(g(x))\,dx$$
$$= F(g(x)) + C \qquad \text{Fundamentalsatz}$$
$$= F(u) + C \qquad u = g(x)$$
$$= \int F'(u)\,du \qquad \text{Fundamentalsatz}$$
$$= \int f(u)\,du \qquad F' = f \qquad ■$$

Die Substitutionsregel liefert die folgende **Substitutionsmethode** zur Berechnung des Integrals

$$\int f(g(x))\,g'(x)dx,$$

wenn f und g' stetige Funktionen sind:

1 Substituieren Sie $u = g(x)$ und $du = (du/dx)\,dx = g'(x)dx$. Sie erhalten damit das Integral

$$\int f(u)\,du.$$

2 Integrieren Sie bezüglich u.

3 Ersetzen Sie im Ergebnis u durch $g(x)$.

Beispiel 5.26 Bestimmen Sie $\int \sec^2(5t+1) \cdot 5\,dt$.

Substitutionsmethode für $\int \sec^2(5t+1) \cdot 5\,dt$

Lösung Wir substituieren $u = 5t+1$ und $du = 5\,dt$. Damit gilt:

$$\int \sec^2(5t+1) \cdot 5\,dt = \int \sec^2 u\,du \qquad \text{Sei } u = 5t+1,\ du = 5\,dt.$$
$$= \tan u + c \qquad \frac{d}{du}\tan u = \sec^2 u$$
$$= \tan(5t+1) + C. \qquad u \text{ durch } 5t+1 \text{ ersetzen} \qquad ■$$

Beispiel 5.27 Bestimmen Sie $\int \cos(7\theta + 3)\,d\theta$.

Substitutionsmethode für $\int \cos(7\theta + 3)\,d\theta$

Lösung Wir setzen $u = 7\theta + 3$, sodass $du = 7d\theta$ ist. Der Faktor 7 fehlt vor dem $d\theta$-Term im Integral. Das können wir kompensieren, indem wir analog zu Beispiel 5.25 mit 7 multiplizieren und dann wieder durch 7 dividieren. Dann gilt:

$$\int \cos(7\theta + 3)\, d\theta = \frac{1}{7} \int \cos(7\theta + 3) \cdot 7 d\theta \qquad \text{Faktor 1/7 vor das Integral setzen}$$

$$= \frac{1}{7} \int \cos u\, du \qquad \text{Sei } u = 7\theta + 3,\, du = 7d\theta.$$

$$= \frac{1}{7} \sin u + C \qquad \text{Integrieren}$$

$$= \frac{1}{7} \sin(7\theta + 3) + C. \qquad u \text{ durch } 7\theta + 3 \text{ ersetzen}$$

Dieses Problem können wir auch noch anders angehen. Sei wie zuvor $u = 7\theta + 3$ und $du = 7d\theta$. Nun lösen wir nach $d\theta$ auf und erhalten $d\theta = (1/7)\, du$. Dann wird aus dem Integral

$$\int \cos(7\theta + 3)\, d\theta = \int \cos u \cdot \frac{1}{7} du \qquad \text{Sei } u = 7\theta + 3,\, du = 7d\theta \text{ und } d\theta = (1/7)\, du.$$

$$= \frac{1}{7} \sin u + C \qquad \text{Integrieren}$$

$$= \frac{1}{7} \sin(7\theta + 3) + C \qquad u \text{ durch } 7\theta + 3 \text{ ersetzen}$$

Dass dies eine Lösung ist, können wir prüfen, indem wir die Funktion nach θ ableiten und uns davon überzeugen, dass wir die ursprüngliche Funktion $y = \cos(7\theta + 3)$ erhalten.

Substitutionsmethode für $\int x^2 \sin(x^3)\, dx$

Beispiel 5.28 Manchmal fällt uns auf, dass eine Potenz von x im Integranden vorkommt, die um eins niedriger ist als die Potenz von x im Argument einer Funktion, die wir integrieren wollen. Diese Beobachtung legt sofort nahe, es mit einer Substitution für die höhere Potenz von x zu probieren. Dieser Fall liegt beim folgenden Integral vor:

$$\int x^2 \sin(x^3)\, dx = \int \sin(x^3) \cdot x^2\, dx$$

$$= \int \sin u \cdot \frac{1}{3} du \qquad \text{Sei } u = x^3,\, du = 3x^2\, dx, \; (1/3)\, du = x^2\, dx.$$

$$= \frac{1}{3} \int \sin u\, du$$

$$= \frac{1}{3}(-\cos u) + C \qquad \text{Integrieren}$$

$$= -\frac{1}{3} \cos(x^3) + C. \qquad u \text{ durch } x^3 \text{ ersetzen}$$

Es kann sein, dass im Integranden ein zusätzlicher Faktor x vorkommt, wenn wir eine Substitution $u = g(x)$ vornehmen. In diesem Fall können wir versuchen, die Gleichung $u = g(x)$ nach x aufzulösen. Ersetzen wir dann den zusätzlichen Faktor x durch den gewonnenen Ausdruck, so führt dies möglicherweise auf ein Integral, das wir berechnen können. Hier ist ein Beispiel für diesen Fall.

5.5 Unbestimmte Integrale und die Substitutionsmethode

Beispiel 5.29 Berechnen Sie $\int x\sqrt{2x+1}\,dx$.

Substitutionsmethode für $\int x\sqrt{2x+1}\,dx$

Lösung Bei unserer Integration in Beispiel 5.25 waren wir mit der Substitution $u = 2x + 1$ mit $du = 2\,dx$ erfolgreich. Das wollen wir auch hier probieren. Dann ist

$$\sqrt{2x+1}\,dx = \frac{1}{2}\sqrt{u}\,du.$$

In diesem Fall steht im Integranden aber ein zusätzlicher Faktor x vor dem Term $\sqrt{2x+1}$. Um ihn zu beseitigen, lösen wir die Substitutionsgleichung $u = 2x + 1$ nach x auf und erhalten $x = (u-1)/2$. Daraus ergibt sich

$$x\sqrt{2x+1}\,dx = \frac{1}{2}(u-1) \cdot \frac{1}{2}\sqrt{u}\,du.$$

Das Integral wird damit zu

$$\int x\sqrt{2x+1}\,dx = \frac{1}{4}\int (u-1)\sqrt{u}\,du = \frac{1}{4}\int (u-1)u^{1/2}\,du \qquad \text{Substituieren}$$

$$= \frac{1}{4}\int \left(u^{3/2} - u^{1/2}\right) du \qquad \text{Multiplizieren}$$

$$= \frac{1}{4}\left(\frac{2}{5}u^{5/2} - \frac{2}{3}u^{3/2}\right) + C \qquad \text{Integrieren}$$

$$= \frac{1}{10}(2x+1)^{5/2} - \frac{1}{6}(2x+1)^{3/2} + C. \qquad \text{u durch $2x+1$ ersetzen}$$

Der Erfolg der Substitutionsmethode hängt davon ab, ob wir eine Substitution finden, die aus einem Integral, das wir nicht berechnen können, ein Integral macht, das wir berechnen können. Reicht die erste Substitution nicht aus, können wir versuchen, den Integranden durch zusätzliche Substitutionen weiter zu vereinfachen. (Aufgaben 26 und 27 auf Seite 386).

Beispiel 5.30 Berechnen Sie $\int \dfrac{2z\,dz}{\sqrt[3]{z^2+1}}$.

Substitutionsmethode für $\int \dfrac{2z\,dz}{\sqrt[3]{z^2+1}}$

Lösung Wir können die Substitutionsmethode zur Integration als ein Untersuchungswerkzeug benutzen: Wir substituieren den kompliziertesten Teil des Integranden und sehen uns an, was dabei herauskommt. Bei dem vorliegenden Integral könnten wir es mit $u = z^2 + 1$ probieren, oder wir könnten unser Glück versuchen und für u gleich die gesamte dritte Wurzel wählen. Wir führen nun vor, was in beiden Fällen passiert.

Lösung 1: Wir substituieren $u = z^2 + 1$.

$$\int \frac{2z\,dz}{\sqrt[3]{z^2+1}} = \int \frac{du}{u^{1/3}} \qquad \text{Sei } u = z^2+1,\, du = 2z\,dz.$$

$$= \int u^{-1/3}\,du \qquad \text{Integral von der Form } \int u^n\,du$$

$$= \frac{u^{2/3}}{2/3} + C \qquad \text{Integrieren}$$

$$= \frac{3}{2}u^{2/3} + C$$

$$= \frac{3}{2}\left(z^2+1\right)^{2/3} + C \qquad \text{u durch z^2+1 ersetzen}$$

LÖSUNG 2: Wir substituieren stattdessen $u = \sqrt[3]{z^2 + 1}$.

$$\int \frac{2z\,dz}{\sqrt[3]{z^2+1}} = \int \frac{3u^2\,du}{u} \qquad \text{Sei } u = \sqrt[3]{z^2+1},\ u^3 = z^2+1,$$
$$\phantom{\int \frac{2z\,dz}{\sqrt[3]{z^2+1}}} = 3\int u\,du \qquad 3u^2\,du = 2z\,dz.$$
$$\phantom{\int \frac{2z\,dz}{\sqrt[3]{z^2+1}}} = 3 \cdot \frac{u^2}{2} + C \qquad \text{Integrieren}$$
$$\phantom{\int \frac{2z\,dz}{\sqrt[3]{z^2+1}}} = \frac{3}{2}\left(z^2+1\right)^{2/3} + C \qquad u \text{ durch } (z^2+1)^{1/3} \text{ ersetzen}$$

Die Integrale von $\sin^2 x$ und $\cos^2 x$

Mitunter lassen sich Integrale, in denen trigonometrische Funktionen auftauchen, mithilfe der Additionstheoreme in Integrale umwandeln, die wir dann mithilfe der Substitutionsmethode bestimmen können.

$\int \sin^2 x\,dx$ bestimmen
$\int \cos^2 x\,dx$ bestimmen

Beispiel 5.31

a $\quad \int \sin^2 x\,dx = \int \frac{1 - \cos 2x}{2}\,dx \qquad\qquad \sin^2 x = \frac{1 - \cos 2x}{2}$

$ = \frac{1}{2}\int (1 - \cos 2x)\,dx$

$ = \frac{1}{2}x - \frac{1}{2}\frac{\sin 2x}{2} + C = \frac{x}{2} - \frac{\sin 2x}{4} + C$

b $\quad \int \cos^2 x\,dx = \int \frac{1 + \cos 2x}{2}\,dx = \frac{x}{2} + \frac{\sin 2x}{4} + C \qquad \cos^2 x = \frac{1 + \cos 2x}{2}$

Beispiel 5.32 Wir können die Spannung in einer elektrischen Leitung eines Wohnhauses durch die Sinusfunktion modellieren

$$U = U_{\max} \sin(100\,\pi t).$$

Diese Gleichung drückt die Spannung U in Volt als eine Funktion der Zeit t in Sekunden aus. Die Funktion schwingt 50 Mal pro Sekunde (ihre Frequenz ist 50 Hertz oder 50 Hz). Die positive Konstante $U_{\max}$ ist die **Maximalspannung**.

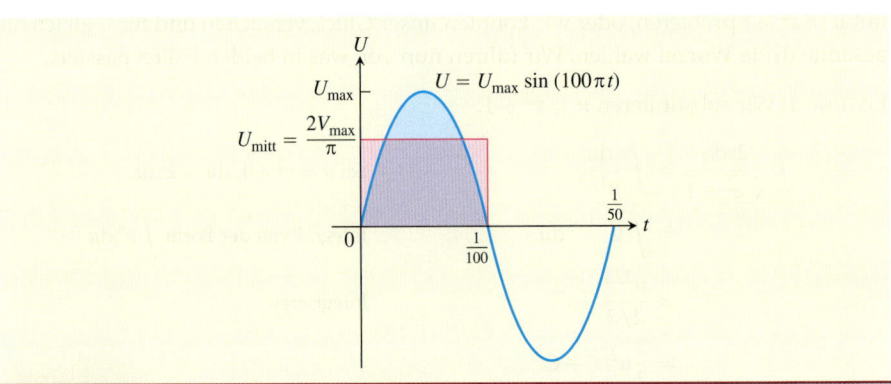

Abbildung 5.23 Der Graph der Spannung U über eine volle Periode. Sein Mittelwert über eine halbe Periode ist $2U_{\max}/\pi$. Sein Mittelwert über eine volle Periode ist null (Beispiel 5.32).

Der Mittelwert von U über die halbe Periode von 0 bis 1/100 s ist (▶Abbildung 5.23)

$$U_{mitt} = \frac{1}{(1/100) - 0} \int_0^{1/100} U_{max} \sin(100\pi t) \, dt$$

$$= 100 U_{max} \left[-\frac{1}{100\pi} \cos(100\pi t) \right]_0^{1/100}$$

$$= \frac{U_{max}}{\pi} [-\cos\pi + \cos 0]$$

$$\frac{2U_{max}}{\pi}.$$

Der Mittelwert der Spannung über eine volle Periode ist null, wie wir Abbildung 5.23 entnehmen können. Würden wir die Spannung mit einem handelsüblichen Drehspulgalvanometer messen, würde es null anzeigen.

Um die Effektivspannung zu messen, benutzen wir ein Instrument, das die Wurzel des Mittelwerts des Quadrats der Spannung misst, also

$$U_{eff} = \sqrt{(U^2)_{mitt}}.$$

Da der Mittelwert von $U^2 = (U_{max})^2 \sin^2(100\pi t)$ über eine Periode gleich

$$\left(U^2\right)_{mitt} = \frac{1}{(1/50) - 0} \int_0^{1/50} (U_{max})^2 \sin^2(100\pi t) \, dt = \frac{(U_{max})^2}{2}$$

ist, ist die Effektivspannung

$$U_{eff} = \sqrt{(U_{max})^2/2} = \frac{U_{max}}{\sqrt{2}}.$$

Die für Haushaltsstrom angegebenen Werte für Stromstärke und Spannung sind immer Effektivwerte. Die Angabe „220 Volt Wechselstrom" bedeutet also letztlich eine *Effektiv*spannung von 220 V. Die sich aus der letzten Gleichung ergebende *Maximal*spannung

$$U_{max} = \sqrt{2} U_{eff} = \sqrt{2} \cdot 220 \approx 311 \text{ V}$$

ist beachtlich höher.

Aufgaben zum Abschnitt 5.5

Unbestimmte Integrale berechnen Bringen Sie die unbestimmten Integrale aus den Aufgaben 1–8 mithilfe der angegebenen Substitutionen auf eine bekannte Form und berechnen Sie sie.

1. $\int 2(2x+4)^5 \, dx, \ u = 2x + 4$

2. $\int 2x \left(x^2 + 5\right)^{-4} dx, \ u = x^2 + 5$

3. $\int (3x+2)\left(3x^2 + 4x\right)^4 dx, \ u = 3x^2 + 4x$

4. $\int \sin 3x \, dx, \ u = 3x$

5. $\int \sec 2t \tan 2t \, dt, \ u = 2t$

6. $\int \frac{9r^2 \, dr}{\sqrt{1 - r^3}}, \ u = 1 - r^3$

7. $\int \sqrt{x} \sin^2\left(x^{3/2} - 1\right) dx, \ u = x^{3/2} - 1$

8. $\int \csc^2 2\theta \cot 2\theta \, d\theta$

mit **a.** $u = \cot 2\theta$ und **b.** $u = \csc 2\theta$

5 Integration

Berechnen Sie die Integrale in den Aufgaben 9–25.

9. $\int \sqrt{3-2s}\, ds$

10. $\int \theta \sqrt[4]{1-\theta^2}\, d\theta$

11. $\int \dfrac{1}{\sqrt{x}\left(1+\sqrt{x}\right)^2}\, dx$

12. $\int \sec^2(3x+2)\, dx$

13. $\int \sin^5 \dfrac{x}{3} \cos \dfrac{x}{3}\, dx$

14. $\int r^2 \left(\dfrac{r^3}{18} - 1\right)^5 dr$

15. $\int x^{1/2} \sin\left(x^{3/2}+1\right) dx$

16. $\int \dfrac{\sin(2t+1)}{\cos^2(2t+1)}\, dt$

17. $\int \dfrac{1}{t^2} \cos\left(\dfrac{1}{t}-1\right) dt$

18. $\int \dfrac{1}{\theta^2} \sin \dfrac{1}{\theta} \cos \dfrac{1}{\theta}\, d\theta$

19. $\int t^3 \left(1+t^4\right)^3 dt$

20. $\int \dfrac{1}{x^2} \sqrt{2 - \dfrac{1}{x}}\, dx$

21. $\int \sqrt{\dfrac{x^3-3}{x^{11}}}\, dx$

22. $\int x(x-1)^{10}\, dx$

23. $\int (x+1)^2 (1-x)^5\, dx$

24. $\int x^3 \sqrt{x^2+1}\, dx$

25. $\int \dfrac{x}{(x^2-4)^3}\, dx$

Wenn Ihnen keine gute Substitution einfällt, versuchen Sie das Integral Schritt für Schritt zu vereinfachen, indem Sie das Integral zunächst mit einer Testsubstitution ein wenig und dann mit einer weiteren Substitution noch mehr vereinfachen. Sie werden verstehen, wovon wir sprechen, wenn Sie sich mit den aufeinanderfolgenden Substitutionen in den Aufgaben 26 und 27 beschäftigen.

26. $\int \dfrac{18 \tan^2 x \sec^2 x}{\left(2+\tan^3 x\right)^2}\, dx$

a. zuerst $u = \tan x$, dann $v = u^3$, dann $w = 2+v$
b. zuerst $u = \tan^3 x$, dann $v = 2+u$
c. $u = 2+\tan^3 x$

27. $\int \sqrt{1+\sin^2(x-1)}\, \sin(x-1) \cos(x-1)\, dx$

a. zuerst $u = x-1$, dann $v = \sin u$, dann $w = 1+v^2$
b. zuerst $u = \sin(x-1)$, dann $v = 1+u^2$
c. $u = 1+\sin^2(x-1)$

Berechnen Sie die Integrale aus den Aufgaben 28 und 29.

28. $\int \dfrac{(2r-1)\cos \sqrt{3(2r-1)^2+6}}{\sqrt{3(2r-1)^2+6}}\, dr$

29. $\int \dfrac{\sin \sqrt{\theta}}{\sqrt{\theta} \cos^3 \sqrt{\theta}}\, d\theta$

Anfangswertprobleme

Lösen Sie die Anfangswertprobleme in den Aufgaben 30–35.

30. $\dfrac{ds}{dt} = 12t\left(3t^2-1\right)^3,\ s(1) = 3$

31. $\dfrac{dy}{dx} = 4x\left(x^2+8\right)^{-1/3},\ y(0) = 0$

32. $\dfrac{ds}{dt} = 8\sin^2\left(t + \dfrac{\pi}{12}\right),\ s(0) = 8$

33. $\dfrac{dr}{d\theta} = 3\cos^2\left(\dfrac{\pi}{4} - \theta\right),\ r(0) = \dfrac{\pi}{8}$

34. $\dfrac{d^2s}{dt^2} = -4\sin\left(2t - \dfrac{\pi}{2}\right),\ s'(0) = 100,\ s(0) = 0$

35. $\dfrac{d^2y}{dx^2} = 4\sec^2 2x \tan 2x,\ y'(0) = 4,\ y(0) = -1$

Theorie und Beispiele

36. Die Geschwindigkeit eines Teilchens, das sich auf einer Geraden hin und her bewegt, ist $v = ds/dt = 6\sin 2t$ (in Meter/Sekunde) für alle t. Sei $s = 0$ für $t = 0$. Bestimmen Sie den Wert von s für $t = \pi/2$.

5.6 Die Substitutionsmethode bei bestimmten Integralen und der Flächeninhalt von Gebieten zwischen Kurven

Es gibt zwei Möglichkeiten zur Berechnung eines bestimmten Integrals durch Substitution. Eine Möglichkeit ist, eine Stammfunktion mit der Substitutionsmethode zu bestimmen und dann das bestimmte Integral durch Einsetzen der Integrationsgrenzen auszurechnen. Bei der anderen Möglichkeit wird die Substitutionsregel (siehe Satz 5.6) auf *bestimmte* Integrale erweitert, indem man allgemein angibt, wie sich Integrationsgrenzen bei der Substitution verändern. Wir wenden die hier eingeführte neue Formel auf das Problem an, den Flächeninhalt eines Gebiets, das zwischen zwei Kurven liegt, zu bestimmen.

Die Substitutionsformel

Die folgende Formel zeigt, wie sich die Integrationsgrenzen ändern, wenn die Integrationsvariable durch Substitution geändert wird.

Satz 5.7 Substitution in bestimmten Integralen Ist $u = g(x)$ eine auf einem Intervall $[a,b]$ definierte differenzierbare Funktion mit stetiger Ableitung g', und ist die Funktion f auf dem Wertebereich von g stetig, so gilt:

$$\int_a^b f(g(x)) \cdot g'(x)\,\mathrm{d}x = \int_{g(a)}^{g(b)} f(u)\,\mathrm{d}u.$$

Beweis Sei F eine Stammfunktion von f. Dann gilt:

$$\int_a^b f(g(x)) \cdot g'(x)\,\mathrm{d}x = \left[F(g(x))\right]_{x=a}^{x=b} \qquad \frac{\mathrm{d}}{\mathrm{d}x}F(g(x)) = F'(g(x))g'(x)$$
$$= f(g(x))g'(x)$$
$$= F(g(b)) - F(g(a))$$
$$= \left[F(u)\right]_{u=g(a)}^{u=g(b)}$$
$$= \int_{g(a)}^{g(b)} f(u)\,\mathrm{d}u. \qquad \text{Hauptsatz, Teil 2} \qquad \blacksquare$$

Zur Anwendung der Formel nehmen wir dieselbe Substitution $u = g(x)$ mit $\mathrm{d}u = g'(x)\mathrm{d}x$ vor wie bei der Berechnung des entsprechenden unbestimmten Integrals. Wir berechnen dann das transformierte Integral bezüglich u vom Wert $g(a)$ (dem Wert von u an der Stelle $x = a$) bis zu dem Wert $g(b)$ (dem Wert von u an der Stelle $x = b$).

Integration

Substitutionsmethode für $\int_{-1}^{1} 3x^2 \sqrt{x^3+1}\,dx$

Beispiel 5.33 Berechnen Sie $\int_{-1}^{1} 3x^2 \sqrt{x^3+1}\,dx$.

Lösung Wir haben zwei Möglichkeiten.

METHODE 1: Wir transformieren das Integral und berechnen das transformierte Integral mit den transformierten Grenzen gemäß Satz 5.7.

$$\int_{-1}^{1} 3x^2 \sqrt{x^3+1}\,dx \qquad \text{Sei } u = x^3+1,\, du = 3x^2\,dx.$$
$$\text{Für } x = -1 \text{ ist } u = (-1)^3 + 1 = 0.$$
$$\text{Für } x = 1 \text{ ist } u = (1)^3 + 1 = 2.$$

$$= \int_0^2 \sqrt{u}\,du$$

$$= \left[\frac{2}{3} u^{3/2}\right]_0^2 \qquad \text{Berechnung des neuen bestimmten Integrals}$$

$$= \frac{2}{3}\left[2^{3/2} - 0^{3/2}\right] = \frac{2}{3}\left[2\sqrt{2}\right] = \frac{4\sqrt{2}}{3}$$

METHODE 2: Wir behandeln das Integral wie ein unbestimmtes Integral, integrieren mithilfe der Substitutionsregel, kehren zu x zurück und verwenden die ursprünglichen Integrationsgrenzen.

$$\int 3x^2 \sqrt{x^3+1}\,dx = \int \sqrt{u}\,du \qquad \text{Sei } u = x^3+1,\, du = 3x^2\,dx.$$

$$= \frac{2}{3} u^{3/2} + C \qquad \text{Integration bezüglich } u$$

$$= \frac{2}{3}\left(x^3+1\right)^{3/2} + C \qquad u \text{ durch } x^3+1 \text{ ersetzen}$$

$$\int_{-1}^{1} 3x^2 \sqrt{x^3+1}\,dx = \left[\frac{2}{3}\left(x^3+1\right)^{3/2}\right]_{-1}^{1} \qquad \text{Verwenden Sie das eben berechnete Integral mit den Integrationsgrenzen für } x.$$

$$= \frac{2}{3}\left[\left((1)^3+1\right)^{3/2} - \left((-1)^3+1\right)^{3/2}\right]$$

$$= \frac{2}{3}\left[2^{3/2} - 0^{3/2}\right] = \frac{2}{3}\left[2\sqrt{2}\right] = \frac{4\sqrt{2}}{3}$$

Welche Methode ist besser – Berechnung des transformierten bestimmten Integrals mit den nach Satz 5.7 transformierten Integrationsgrenzen oder die Transformation des Integrals, Integration und anschließende Rücktransformation des Integrals, um die ursprünglichen Integrationsgrenzen verwenden zu können? In Beispiel 5.33 erscheint die erste Methode einfacher, das ist aber nicht immer der Fall. In der Regel ist es am besten, beide Methoden zu kennen und diejenige zu verwenden, die gerade am besten geeignet erscheint.

5.6 Die Substitutionsmethode bei bestimmten Integralen und der Flächeninhalt von Gebieten zwischen Kurven

Beispiel 5.34 Wir verwenden die Methode mit der Transformation der Integrationsgrenzen.

Substitutionsmethode für $\int_{\pi/4}^{\pi/2} \cot\theta \, \csc^2\theta \, d\theta$

$$\int_{\pi/4}^{\pi/2} \cot\theta \, \csc^2\theta \, d\theta = \int_1^0 u \cdot (-1) \, du$$

Sei $u = \cot\theta$, $du = -\csc^2\theta \, d\theta$,
$-du = \csc^2\theta \, d\theta$.
Für $\theta = \pi/4$ ist $u = \cot(\pi/4) = 1$.
Für $\theta = \pi/2$ ist $u = \cot(\pi/2) = 0$.

$$= -\int_1^0 u \, du$$

$$= -\left[\frac{u^2}{2}\right]_1^0$$

$$= -\left[\frac{(0)^2}{2} - \frac{(1)^2}{2}\right] = \frac{1}{2}$$

Bestimmte Integrale symmetrischer Funktionen

Die Substitutionsformel aus Satz 5.7 vereinfacht die Berechnung bestimmter Integrale gerader und ungerader Funktionen (Abschnitt 1.1), die auf einem Intervall $[-a, a]$, das symmetrisch um den Ursprung liegt, definiert sind (▶Abbildung 5.24).

> **Satz 5.8** Sei f auf dem symmetrischen Intervall $[-a, a]$ stetig.
>
> **a** Ist f gerade, so gilt $\int_{-a}^{a} f(x) \, dx = 2 \int_0^a f(x) \, dx$.
>
> **b** Ist f ungerade, so gilt $\int_{-a}^{a} f(x) \, dx = 0$.

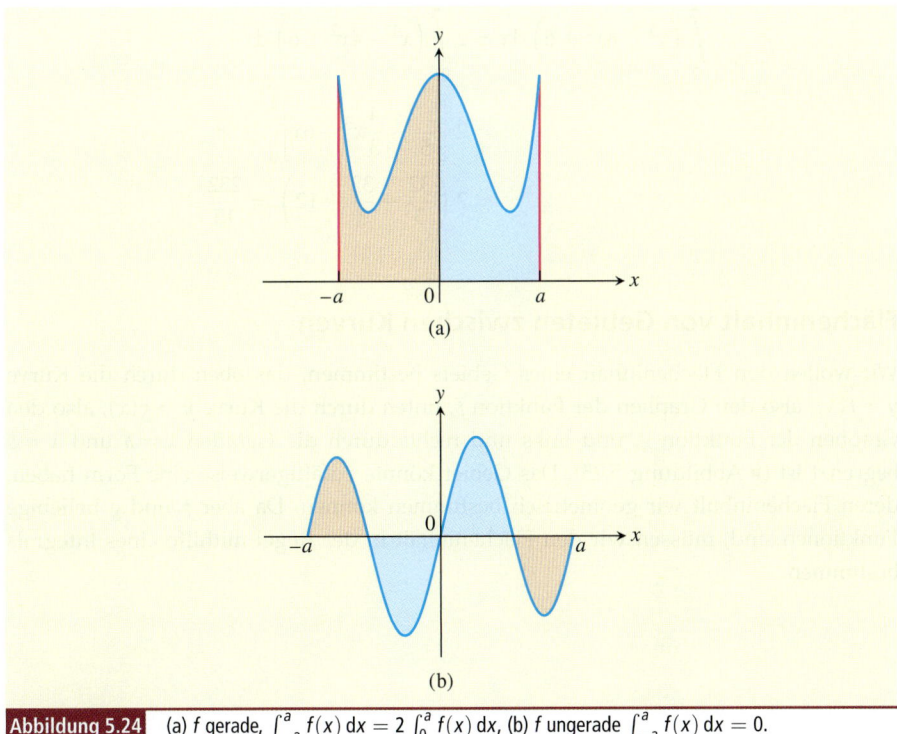

Abbildung 5.24 (a) f gerade, $\int_{-a}^{a} f(x) \, dx = 2 \int_0^a f(x) \, dx$, (b) f ungerade $\int_{-a}^{a} f(x) \, dx = 0$.

Beweis ◻ von Teil (a)

$$\int_{-a}^{a} f(x)\,dx = \int_{-a}^{0} f(x)\,dx + \int_{0}^{a} f(x)\,dx \qquad \text{Additivität für bestimmte Integrale}$$

$$= -\int_{0}^{-a} f(x)\,dx + \int_{0}^{a} f(x)\,dx \qquad \text{Regel für Integrationsrichtung}$$

$$= -\int_{0}^{a} f(-u)(-1)\,du + \int_{0}^{a} f(x)\,dx \qquad \begin{array}{l}\text{Sei } u = -x,\, du = -dx.\\ \text{Für } x = 0 \text{ ist } u = 0.\\ \text{Für } x = -a \text{ ist } u = a.\end{array}$$

$$= \int_{0}^{a} f(-u)\,du + \int_{0}^{a} f(x)\,dx$$

$$= \int_{0}^{a} f(u)\,du + \int_{0}^{a} f(x)\,dx \qquad f \text{ ist gerade, also } f(-u) = f(u).$$

$$= 2\int_{0}^{a} f(x)\,dx$$

Der Beweis von Teil (b) ist ganz ähnlich. In Aufgabe 54 sollen Sie ihn führen. ∎

Die Behauptungen von Satz 5.8 bleiben auch dann wahr, wenn f nur eine integrierbare Funktion ist (im Gegensatz zu der stärkeren Eigenschaft der Stetigkeit).

Substitutionsmethode für $\int_{-2}^{2} (x^4 - 4x^2 + 6)\,dx$

Beispiel 5.35 Berechnen Sie $\int_{-2}^{2} (x^4 - 4x^2 + 6)\,dx$.

Lösung Weil $f(x) = x^4 - 4x^2 + 6$ die Gleichung $f(-x) = f(x)$ erfüllt, haben wir eine gerade Funktion auf dem symmetrischen Intervall $[-2, 2]$, also gilt:

$$\int_{-2}^{2} \left(x^4 - 4x^2 + 6\right) dx = 2\int_{0}^{2} \left(x^4 - 4x^2 + 6\right) dx$$

$$= 2\left[\frac{x^5}{5} - \frac{4}{3}x^3 + 6x\right]_{0}^{2}$$

$$= 2\left(\frac{32}{5} - \frac{32}{3} + 12\right) = \frac{232}{15}.$$
◼

Flächeninhalt von Gebieten zwischen Kurven

Wir wollen den Flächeninhalt eines Gebiets bestimmen, das oben durch die Kurve $y = f(x)$, also den Graphen der Funktion f, unten durch die Kurve $y = g(x)$, also den Graphen der Funktion g, und links und rechts durch die Geraden $x = a$ und $x = b$ begrenzt ist (▶Abbildung 5.25). Das Gebiet könnte zufälligerweise eine Form haben, deren Flächeninhalt wir geometrisch bestimmen können. Da aber f und g beliebige Funktionen sind, müssen wir den Flächeninhalt in der Regel mithilfe eines Integrals bestimmen.

5.6 Die Substitutionsmethode bei bestimmten Integralen und der Flächeninhalt von Gebieten zwischen Kurven

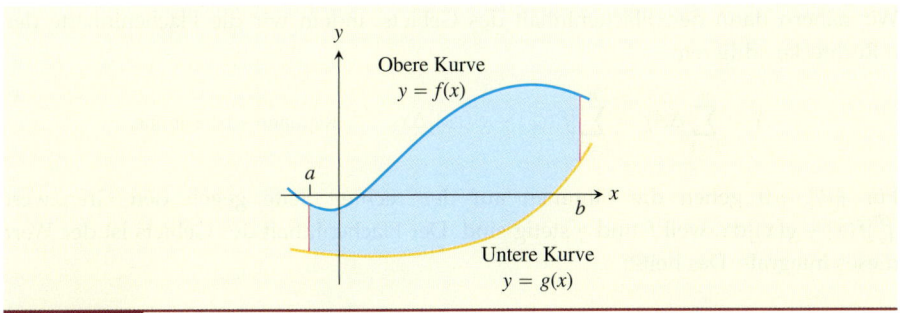

Abbildung 5.25 Das Gebiet zwischen den Kurven $y = f(x)$ und $y = g(x)$ und den Geraden $x = a$ und $x = b$.

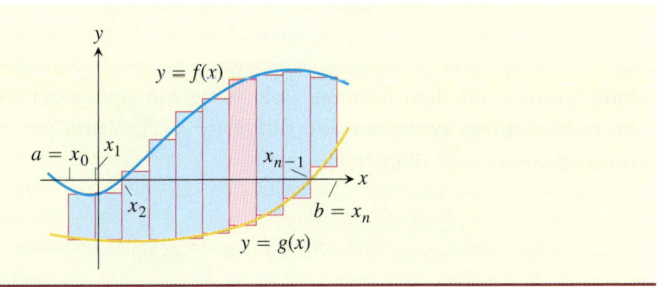

Abbildung 5.26 Wir nähern das Gebiet durch Rechtecke.

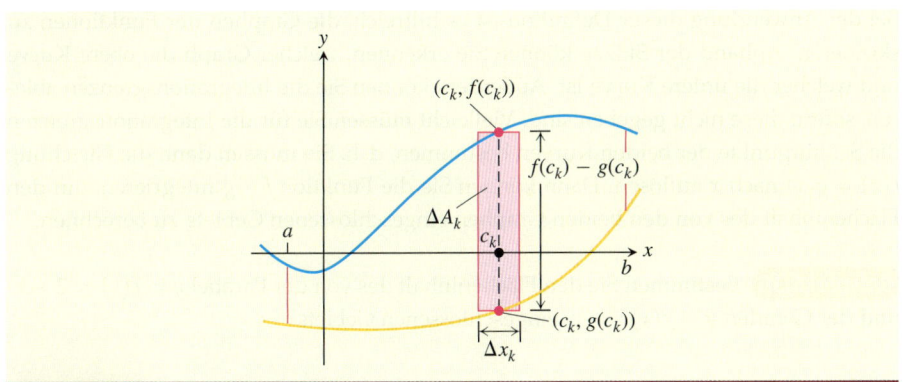

Abbildung 5.27 Der Flächeninhalt ΔA_k des k-ten Rechtecks ist das Produkt aus seiner Höhe $f(c_k) - g(c_k)$ und seiner Breite Δx_k.

Um zu sehen, welchen Wert das Integral ungefähr haben sollte, nähern wir das Gebiet zunächst durch n vertikale Rechtecke auf der Zerlegung $P = \{x_0, x_1, \ldots, x_n\}$ von $[a, b]$ (▶Abbildung 5.26). Der Flächeninhalt des k-ten Rechtecks (▶Abbildung 5.27) ist

$$\Delta A_k = \text{Höhe} \times \text{Breite} = [f(c_k) - g(c_k)]\Delta x_k.$$

5 Integration

Wir nähern dann den Flächeninhalt des Gebiets, indem wir die Flächeninhalte der n Rechtecke addieren:

$$A \approx \sum_{k=1}^{n} \Delta A_k = \sum_{k=1}^{n} [f(c_k) - g(c_k)] \Delta x_k. \qquad \text{Riemann'sche Summe}$$

Für $\|P\| \to 0$ gehen die Summen auf der rechten Seite gegen den Grenzwert $\int_a^b [f(x) - g(x)] dx$, weil f und g stetig sind. Der Flächeninhalt des Gebiets ist der Wert dieses Integrals. Das heißt:

$$A = \lim_{\|P\| \to 0} \sum_{k=1}^{n} [f(c_k) - g(c_k)] \Delta x_k = \int_a^b [f(x) - g(x)] dx.$$

Definition

Sind f und g auf dem Intervall $[a,b]$ stetig mit $f(x) \geq g(x)$, so ist der **Flächeninhalt des Gebiets zwischen den Kurven $y = f(x)$ und $y = g(x)$ von a bis b** das Integral von $(f-g)$ über $[a,b]$:

$$A = \int_a^b [f(x) - g(x)] dx.$$

Bei der Anwendung dieser Definition ist es hilfreich, die Graphen der Funktionen zu skizzieren. Anhand der Skizze können Sie erkennen, welcher Graph die obere Kurve und welcher die untere Kurve ist. Außerdem können Sie die Integrationsgrenzen ablesen, sofern diese nicht gegeben sind. Vielleicht müssen Sie für die Integrationsgrenzen die Schnittpunkte der beiden Kurven bestimmen, d. h. Sie müssen dann die Gleichung $f(x) = g(x)$ nach x auflösen. Dann können Sie die Funktion $f - g$ integrieren, um den Flächeninhalt des von den beiden Graphen eingeschlossenen Gebiets zu berechnen.

Flächeninhalt des Gebiets zwischen den Kurven $y = 2 - x^2$ und $y = -x$

Beispiel 5.36 Bestimmen Sie den Flächeninhalt des von der Parabel $y = f(x) = 2 - x^2$ und der Geraden $y = g(x) = -x$ eingeschlossenen Gebiets.

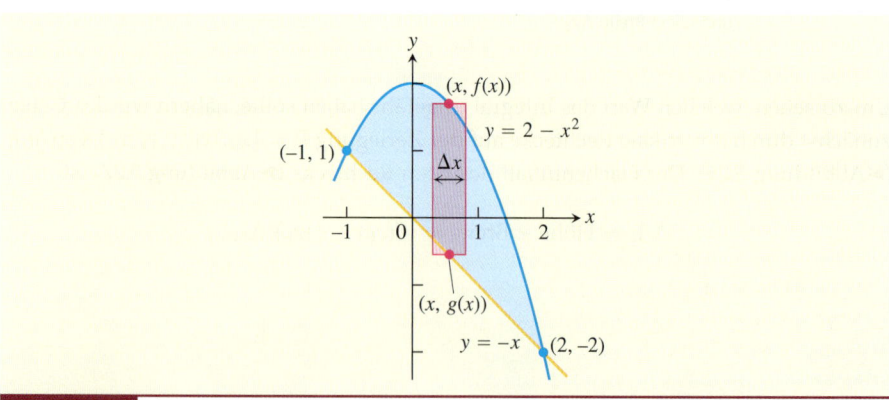

Abbildung 5.28 Das Gebiet aus Beispiel 5.36 mit einem typischen Rechteck zur Näherung.

5.6 Die Substitutionsmethode bei bestimmten Integralen und der Flächeninhalt von Gebieten zwischen Kurven

Lösung Zunächst skizzieren wir die beiden Graphen (▶Abbildung 5.28). Die Integrationsgrenzen ergeben sich durch Gleichsetzen der Funktionswerte.

$$2 - x^2 = -x \qquad f(x) \text{ und } g(x) \text{ gleichsetzen.}$$
$$x^2 - x - 2 = 0 \qquad \text{Umformen}$$
$$(x+1)(x-2) = 0 \qquad \text{Faktorisieren}$$
$$x = -1, \ x = 2. \qquad \text{Lösen}$$

Das Gebiet reicht von $x = -1$ bis $x = 2$. Die Integrationsgrenzen sind $a = -1$, $b = 2$.

Der Flächeninhalt des Gebiets zwischen den Kurven ist

$$A = \int_a^b [f(x) - g(x)] \, dx = \int_{-1}^{2} \left[(2 - x^2) - (-x) \right] dx = \int_{-1}^{2} \left(2 + x - x^2 \right) dx$$
$$= \left[2x + \frac{x^2}{2} - \frac{x^3}{3} \right]_{-1}^{2} = \left(4 + \frac{4}{2} - \frac{8}{3} \right) - \left(-2 + \frac{1}{2} + \frac{1}{3} \right) = \frac{9}{2}. \qquad \blacksquare$$

Ändert sich die zu einer Randkurve gehörige Funktionsgleichung an einer oder mehreren Stellen des Intervalls, ist also die Randkurve Graph einer stückweise definierten Funktion, so zerlegen wir das Gebiet zwischen den Kurven an diesen Stellen in Teilgebiete und berechnen und addieren die Flächeninhalte dieser Teilgebiete.

Beispiel 5.37 Bestimmen Sie den Flächeninhalt des Gebiets, das im ersten Quadranten von oben durch $y = \sqrt{x}$ und von unten durch die x-Achse sowie die Gerade $y = x - 2$ begrenzt wird.

> Flächeninhalt zwischen den Kurven $y = \sqrt{x}$, $y = x - 2$ und der x-Achse

Lösung Die Skizze (▶Abbildung 5.29) zeigt, dass der obere Rand des Gebiets der Graph von $f(x) = \sqrt{x}$ ist. Die Funktionsvorschrift des unteren Rands ändert sich von $g(x) = 0$ für $0 \leq x \leq 2$ auf $g(x) = x - 2$ für $2 \leq x \leq 4$ (der Funktionswert an der Stelle $x = 2$ ist jeweils null). Wir zerlegen das Gebiet an der Stelle $x = 2$ in die Gebiete A und B, die in Abbildung 5.29 dargestellt sind.

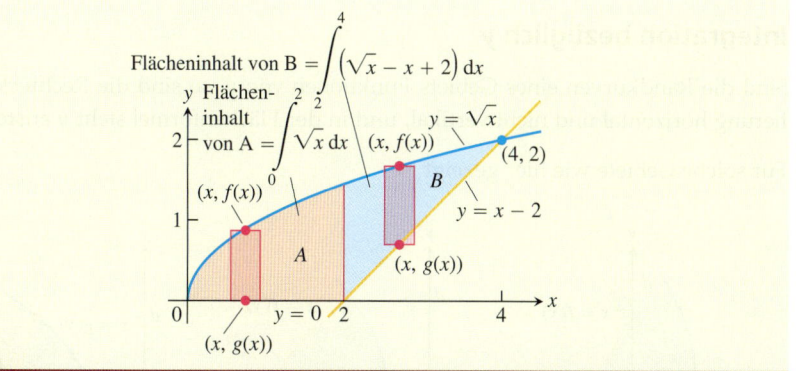

Abbildung 5.29 Ändert sich die Funktionsgleichung einer Randkurve, wie in Beispiel 5.37 an der Stelle $x = 2$ von $y = 0$ zu $y = x - 2$, so zerlegen wir das Gebiet in aneinandergrenzende Teilgebiete (hier A und B), deren Flächeninhalte jeweils durch Integrale gegeben sind.

Für das Gebiet A sind die Integrationsgrenzen $a = 0$ und $b = 2$. Die linke Grenze für das Gebiet B ist $a = 2$. Um die rechte Grenze zu bestimmen, setzen wir die Funktionen $y = \sqrt{x}$ und $y = x - 2$ gleich:

$$\sqrt{x} = x - 2 \qquad f(x) \text{ und } g(x) \text{ gleichsetzen}$$

$$x = (x-2)^2 = x^2 - 4x + 4 \qquad \text{Quadrieren auf beiden Seiten}$$

$$x^2 - 5x + 4 = 0 \qquad \text{Umformen}$$

$$(x-1)(x-4) = 0 \qquad \text{Faktorisieren}$$

$$x = 1, \ x = 4. \qquad \text{Lösen}$$

Nur $x = 4$ löst die Gleichung $\sqrt{x} = x - 2$. Der Wert $x = 1$ ist irrelevant, er ist keine Lösung von $\sqrt{x} = x - 2$ und nur durch das Quadrieren ins Spiel gekommen. Die rechte Integrationsgrenze ist also $b = 4$.

$$\text{Für } 0 \leq x \leq 2: \quad f(x) - g(x) = \sqrt{x} - 0 = \sqrt{x}$$

$$\text{Für } 2 \leq x \leq 4: \quad f(x) - g(x) = \sqrt{x} - (x-2) = \sqrt{x} - x + 2$$

Wir addieren die Flächeninhalte der Gebiete A und B, um den Gesamtflächeninhalt zu bestimmen:

$$\text{Gesamtflächeninhalt} = \underbrace{\int_0^2 \sqrt{x}\, dx}_{\text{Fläche von } A} + \underbrace{\int_2^4 \left(\sqrt{x} - x + 2\right) dx}_{\text{Fläche von } B}$$

$$= \left[\frac{2}{3}x^{3/2}\right]_0^2 + \left[\frac{2}{3}x^{3/2} - \frac{x^2}{2} + 2x\right]_2^4$$

$$= \frac{2}{3}(2)^{3/2} - 0 + \left(\frac{2}{3}(4)^{3/2} - 8 + 8\right) - \left(\frac{2}{3}(2)^{3/2} - 2 + 4\right)$$

$$= \frac{2}{3}(8) - 2 = \frac{10}{3}.$$

Integration bezüglich y

Sind die Randkurven eines Gebiets Funktionen von y, so sind die Rechtecke der Näherung horizontal und nicht vertikal, und in der Flächenformel steht y anstelle von x.

Für solche Gebiete wie hier gezeigt

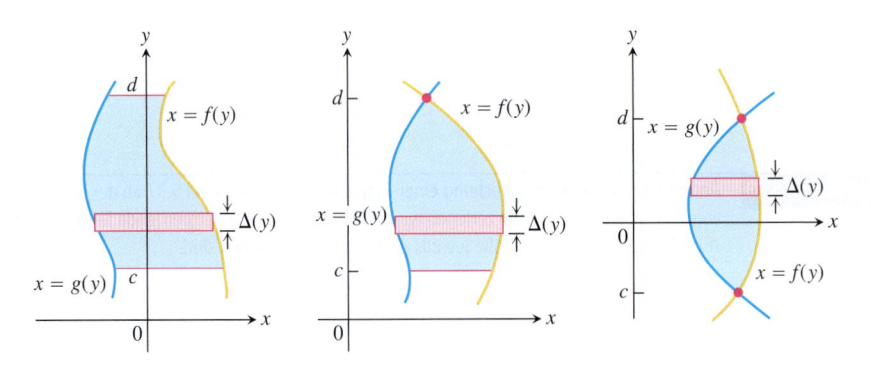

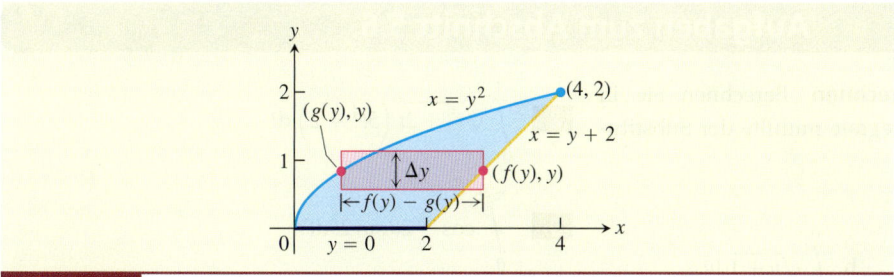

5.6 Die Substitutionsmethode bei bestimmten Integralen und der Flächeninhalt von Gebieten zwischen Kurven

Abbildung 5.30 Wir brauchen zwei Integrationen, um den Flächeninhalt dieses Gebiets zu bestimmen, wenn wir über x integrieren. Wir brauchen nur eine Integration, wenn wir über y integrieren (Beispiel 5.38).

verwenden Sie die Formel

$$A = \int_c^d [f(y) - g(y)]\,dy.$$

In dieser Gleichung steht f immer für die rechte Kurve und g für die linke, also ist $f(y) - g(y)$ nichtnegativ.

Beispiel 5.38 Bestimmen Sie den Flächeninhalt des Gebiets aus Beispiel 5.37 durch Integration bezüglich y.

Flächeninhalt zwischen den Kurven $y = \sqrt{x}$, $y = x - 2$ und der x-Achse Integration bezüglich y

Lösung Zunächst skizzieren wir das Gebiet und ein typisches *horizontales* Rechteck auf Basis einer Zerlegung eines Intervalls von y-Werten (▶Abbildung 5.30). Der rechte Rand des Gebiets ist die Gerade $x = y + 2$, also $f(y) = y + 2$. Der linke Rand ist die Kurve $x = y^2$, also $g(y) = y^2$. Die untere Integrationsgrenze ist $y = 0$. Für die obere Grenze setzen wir die Funktionen $x = y + 2$ und $x = y^2$ gleich:

$$y + 2 = y^2 \qquad f(y) = y + 2 \text{ und } g(y) = y^2 \text{ gleichsetzen}$$
$$y^2 - y - 2 = 0 \qquad \text{Umformen}$$
$$(y + 1)(y - 2) = 0 \qquad \text{Faktorisieren}$$
$$y = -1,\ y = 2 \qquad \text{Lösen}$$

Die obere Integrationsgrenze ist $b = 2$. (Der Wert $y = -1$ gehört zu einem Schnittpunkt *unter* der x-Achse.)

Der Flächeninhalt dieses Gebiets ist

$$A = \int_c^d [f(y) - g(y)]\,dy = \int_0^2 [y + 2 - y^2]\,dy = \int_0^2 [2 + y - y^2]\,dy$$

$$= \left[2y + \frac{y^2}{2} - \frac{y^3}{3} \right]_0^2$$

$$= 4 + \frac{4}{2} - \frac{8}{3} = \frac{10}{3}.$$

Wir kommen zu demselben Ergebnis wie in Beispiel 5.37, nur mit weniger Aufwand. ■

Aufgaben zum Abschnitt 5.6

Bestimmte Integrale berechnen Berechnen Sie in den Aufgaben 1–12 die Integrale mithilfe der Substitutionsformel aus Satz 5.7.

1. a. $\displaystyle\int_0^3 \sqrt{y+1}\,dy$ b. $\displaystyle\int_{-1}^0 \sqrt{y+1}\,dy$

2. a. $\displaystyle\int_0^{\pi/4} \tan x \sec^2 x\,dx$

b. $\displaystyle\int_{-\pi/4}^0 \tan x \sec^2 x\,dx$

3. a. $\displaystyle\int_0^1 t^3\left(1+t^4\right)^3 dt$

b. $\displaystyle\int_{-1}^1 t^3\left(1+t^4\right)^3 dt$

4. a. $\displaystyle\int_{-1}^1 \frac{5r}{(4+r^2)^2}\,dr$ b. $\displaystyle\int_0^1 \frac{5r}{(4+r^2)^2}\,dr$

5. a. $\displaystyle\int_0^{\sqrt{3}} \frac{4x}{\sqrt{x^2+1}}\,dx$

b. $\displaystyle\int_{-\sqrt{3}}^{\sqrt{3}} \frac{4x}{\sqrt{x^2+1}}\,dx$

6. a. $\displaystyle\int_0^{\pi/6} (1-\cos 3t) \sin 3t\,dt$

b. $\displaystyle\int_{\pi/6}^{\pi/3} (1-\cos 3t) \sin 3t\,dt$

7. a. $\displaystyle\int_0^{2\pi} \frac{\cos z}{\sqrt{4+3\sin z}}\,dz$

b. $\displaystyle\int_{-\pi}^{\pi} \frac{\cos z}{\sqrt{4+3\sin z}}\,dz$

8. $\displaystyle\int_0^1 \sqrt{t^5+2t}\,\left(5t^4+2\right) dt$

9. $\displaystyle\int_0^{\pi/6} \cos^{-3} 2\theta \sin 2\theta\,d\theta$

10. $\displaystyle\int_0^{\pi} 5\left(5-4\cos t\right)^{1/4} \sin t\,dt$

11. $\displaystyle\int_0^1 \left(4y-y^2+4y^3+1\right)^{-2/3}\left(12y^2-2y+4\right) dy$

12. $\displaystyle\int_0^{\sqrt[3]{\pi^2}} \sqrt{\theta}\cos^2\left(\theta^{3/2}\right) d\theta$

Flächeninhalt Berechnen Sie in den Aufgaben 13–27 jeweils den Gesamtflächeninhalt der schattierten Gebiete.

13.

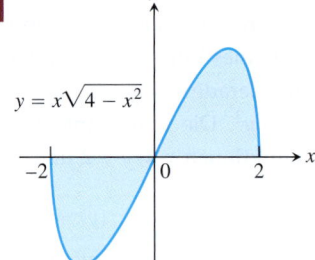

$y = x\sqrt{4-x^2}$

14.

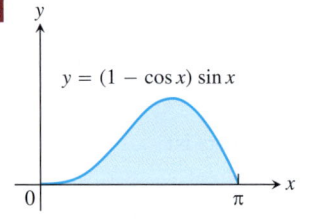

$y = (1-\cos x)\sin x$

15.

$y = 3(\sin x)\sqrt{1+\cos x}$

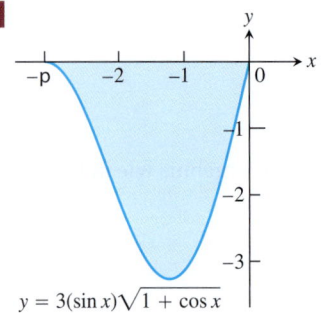

16. $y = \frac{\pi}{2}(\cos x)(\sin(\pi + \pi \sin x))$

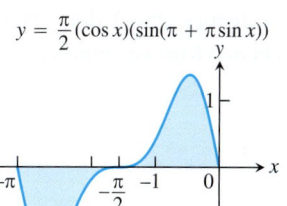

17. $y = 1$, $y = \cos^2 x$

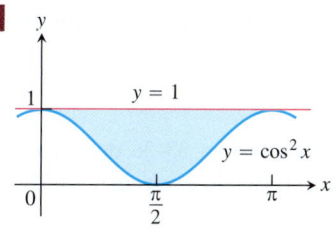

18. $y = \frac{1}{2}\sec^2 t$, $y = -4\sin^2 t$

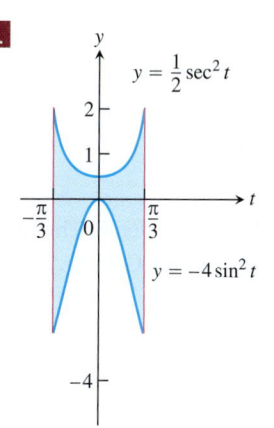

19. $y = 2x^2$, $y = x^4 - 2x^2$, points $(-2, 8)$ and $(2, 8)$

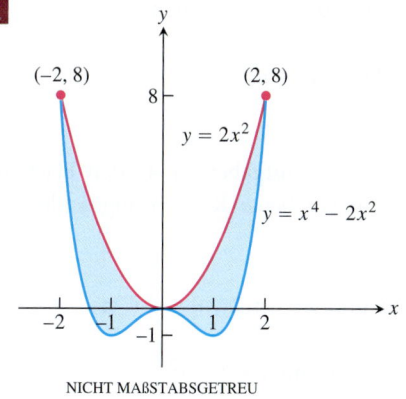

NICHT MASSSTABSGETREU

20. $x = y^3$, $x = y^2$, point $(1, 1)$

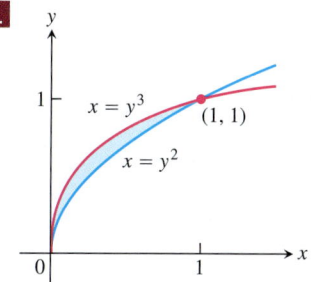

21. $x = 12y^2 - 12y^3$, $x = 2y^2 - 2y$

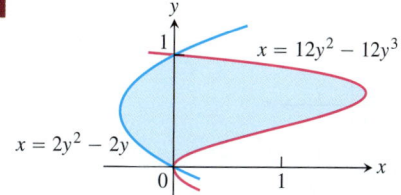

22. $y = x^2$, $y = -2x^4$

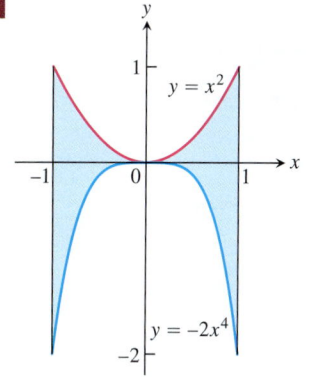

23. $y = x$, $y = 1$, $y = \frac{x^2}{4}$

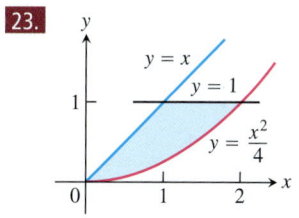

24.

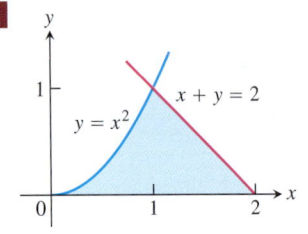

25.

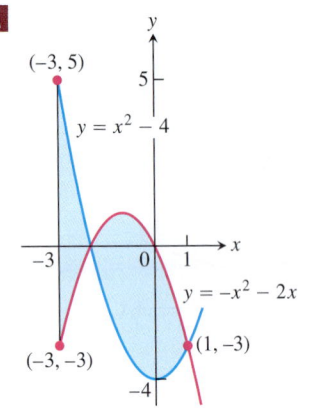

26.

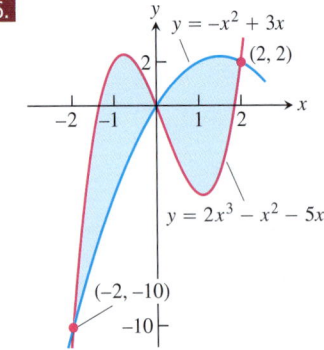

27.

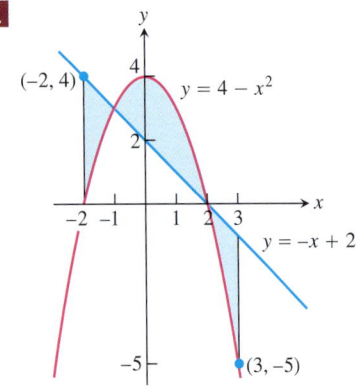

Berechnen Sie in den Aufgaben 28–32 den Flächeninhalt der von den angegebenen Kurven eingeschlossenen Gebiete.

28. $y = x^2 - 2$ und $y = 2$

29. $y = x^4$ und $y = 8x$

30. $y = x^2$ und $y = -x^2 + 4x$

31. $y = x^4 - 4x^2 + 4$ und $y = x^2$

32. $y = \sqrt{|x|}$ und $5y = x + 6$ (Wie viele Schnittpunkte gibt es?)

Berechnen Sie in den Aufgaben 33–36 den Flächeninhalt der von den angegebenen Kurven eingeschlossenen Gebiete.

33. $x = 2y^2$, $x = 0$ und $y = 3$

34. $y^2 - 4x = 4$ und $4x - y = 16$

35. $x = y^2 - y$ und $x = 2y^2 - 2y - 6$

36. $x = y^2 - 1$ und $x = |y|\sqrt{1 - y^2}$

Berechnen Sie in den Aufgaben 37–40 den Flächeninhalt der von den Kurven eingeschlossenen Gebiete.

37. $4x^2 + y = 4$ und $x^4 - y = 1$

38. $x^3 - y = 0$ und $3x^2 - y = 4$

39. $x + 4y^2 = 4$ und $x + y^4 = 1$ für $x \geq 0$

40. $x + y^2 = 3$ und $4x + y^2 = 0$

Berechnen Sie in den Aufgaben 41–44 den Flächeninhalt der von den angegebenen Kurven eingeschlossenen Gebiete.

41. $y = 2\sin x$ und $y = \sin 2x$, $0 \leq x \leq \pi$

42. $y = \cos(\pi x/2)$ und $y = 1 - x^2$

43. $y = \sec^2 x$, $y = \tan^2 x$, $x = -\pi/4$, und $x = \pi/4$

44. $x = 3\sin y \sqrt{\cos y}$ und $x = 0$, $0 \leq y \leq \pi/2$

45. Bestimmen Sie den Flächeninhalt des Gebiets mit der Form eines Propellers, das von der Kurve $x - y^3 = 0$ und der Geraden $x - y = 0$ eingeschlossen wird.

46. Bestimmen Sie den Flächeninhalt des Gebiets, das im ersten Quadranten von der Gerade $y = x$, der Gerade $x = 2$, der Kurve $y = 1/x^2$ und der x-Achse eingeschlossen wird.

47. Das Gebiet, das von unten durch die Parabel $y = x^2$ und von oben durch die Gerade $y = 4$ begrenzt wird, lässt sich durch eine horizontale Gerade $y = c$ in zwei Teile mit gleichem Flächeninhalt zerlegen.

a. Skizzieren Sie das Gebiet und zeichnen sie eine Gerade $y = c$ ein, die ungefähr passend erscheint. Wie sind die Koordinaten der Schnittpunkte der Geraden und der Parabel als Funktion von c? Tragen Sie die Punkte in die Skizze ein.

b. Bestimmen Sie c durch Integration bezüglich y. (Dabei kommt c in die Integrationsgrenzen.)

c. Bestimmen Sie c durch Integration bezüglich x. (Dabei kommt c auch in den Integranden.)

48. Bestimmen Sie den Flächeninhalt des Gebiets, das im ersten Quadranten links durch die y-Achse, unten durch die Gerade $y = x/4$, links oben durch die Kurve $y = 1 + \sqrt{x}$ und rechts oben durch die Kurve $y = 2/\sqrt{x}$ begrenzt wird.

49. Die nachfolgende Abbildung zeigt ein Dreieck AOC. Es ist dem Gebiet eingeschrieben, das die Gerade $y = a^2$ von der Parabel $y = x^2$ abschneidet. Bestimmen Sie den Grenzwert des Verhältnisses aus Flächeninhalt des Dreiecks zu Flächeninhalt des Parabelgebiets, wenn a gegen null geht.

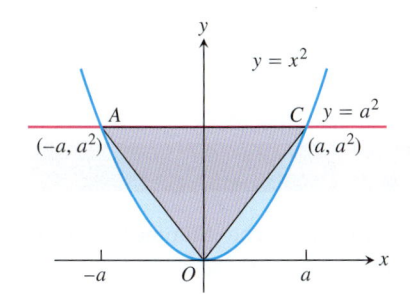

50. Zeigen Sie, dass der Flächeninhalt des schattierten Bereichs für alle Werte von z gleich 1/6 ist.

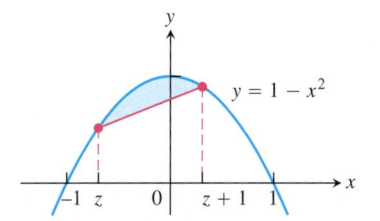

51. Ist die folgende Aussage immer wahr, manchmal wahr oder niemals wahr? Das Gebiet zwischen den Graphen der stetigen Funktionen $y = f(x)$ und $y = g(x)$ sowie den vertikalen Geraden $x = a$ und $x = b$ (mit $a < b$) hat den Flächeninhalt

$$\int_a^b [f(x) - g(x)]\,dx.$$

Begründen Sie Ihre Antwort.

Theorie und Beispiele

52. $F(x)$ sei eine Stammfunktion von $f(x) = (\sin x)/x$, $x > 0$. Drücken Sie

$$\int_1^3 \frac{\sin 2x}{x}\,dx$$

als Funktion von F aus.

53. Es sei

$$\int_0^1 f(x)\,dx = 3.$$

Bestimmen Sie

$$\int_{-1}^0 f(x)\,dx$$

für **a.** ein gerades f, **b.** ein ungerades f.

54. a. Zeigen Sie, dass für eine ungerade Funktion f auf $[-a,a]$ gilt:

$$\int_{-a}^a f(x)\,dx = 0.$$

b. Prüfen Sie das Ergebnis aus Teil (a) anhand der Funktion $f(x) = \sin x$ mit $a = \pi/2$.

55. Sei f eine stetige Funktion. Bestimmen Sie den Wert des Integrals

$$I = \int_0^a \frac{f(x)\,dx}{f(x) + f(a-x)},$$

indem Sie $u = a - x$ substituieren und das sich ergebende Integral zu I addieren.

Translationsinvarianz für bestimmte Integrale Eine grundlegende Eigenschaft bestimmter Integrale ist ihre Translationsinvarianz, d. h. sie ändern sich nicht, wenn die Funktion – und mit ihr die Integrationsgrenzen – entlang der x-Achse verschoben werden. Das bedeutet als Gleichung ausgedrückt

$$\int_a^b f(x)\,dx = \int_{a-c}^{b-c} f(x+c)\,dx. \quad (5.11)$$

Die Gleichung gilt immer dann, wenn f integrierbar und für die benötigten Werte von x definiert ist. In der nachfolgenden Abbildung zeigt sich beispielsweise, dass

$$\int_{-2}^{-1} (x+2)^3\,dx = \int_0^1 x^3\,dx$$

ist, weil die Flächeninhalte der schattierten Gebiete kongruent sind.

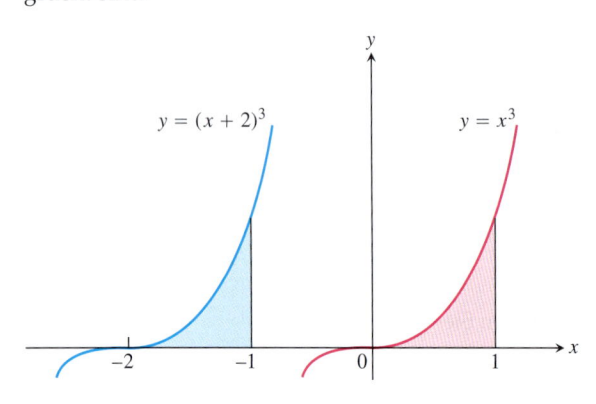

56. Beweisen Sie Gleichung (5.11) durch Substitution.

57. Zeichnen Sie die Graphen für die im Folgenden angegebenen Funktionen $y = f(x)$ jeweils über $[a, b]$ und $y = f(x + c)$ über $[a - c, b - c]$. Überzeugen Sie sich, dass Gleichung (5.11) richtig ist.

a. $f(x) = x^2$, $a = 0$, $b = 1$, $c = 1$
b. $f(x) = \sin x$, $a = 0$, $b = \pi$, $c = \pi/2$
c. $f(x) = \sqrt{x - 4}$, $a = 4$, $b = 8$, $c = 5$

Computeralgebra. Bestimmen Sie in den Aufgaben 58–61 den Flächeninhalt eines Gebiets zwischen Kurven in der Ebene, wenn Sie deren Schnittpunkte nicht mithilfe einfacher Algebra bestimmen können. Führen Sie dazu mithilfe eines CAS die folgenden Schritte aus:

a. Stellen Sie die Kurven in einer Abbildung grafisch dar, um zu sehen, wie die Kurven aussehen und wie viele Schnittpunkte sie haben.

b. Bestimmen Sie mithilfe ihres CAS numerisch alle Schnittpunkte.

c. Integrieren Sie $|f(x) - g(x)|$ über die durch aufeinanderfolgende Schnittpunkte gegebenen Teilintervalle.

d. Addieren Sie alle Integrale aus Teil (c).

58. $f(x) = \frac{x^3}{3} - \frac{x^2}{2} - 2x + \frac{1}{3}$, $g(x) = x - 1$

59. $f(x) = \frac{x^4}{2} - 3x^3 + 10$, $g(x) = 8 - 12x$

60. $f(x) = x + \sin(2x)$, $g(x) = x^3$

61. $f(x) = x^2 \cos x$, $g(x) = x^3 - x$

Kapitel 5 – Wiederholungsfragen

1. Wie können Sie mitunter solche Größen wie den zurückgelegten Weg, den Flächeninhalt und den Mittelwert durch endliche Summen annähern? Warum benutzen Sie endliche Summen?

2. Was ist die Schreibweise mit Summenzeichen? Welchen Vorteil bietet sie? Geben Sie Beispiele an.

3. Was ist eine Riemann'sche Summe? Warum betrachten Sie eine solche Summe?

4. Was ist die Norm einer Zerlegung eines abgeschlossenen Intervalls?

5. Was ist das bestimmte Integral einer Funktion f über einem abgeschlossenen Intervall $[a,b]$? Wann können Sie sicher sein, dass es existiert?

6. Wie hängen bestimmte Integrale und der Flächeninhalt zusammen? Beschreiben Sie einige andere Interpretationen bestimmter Integrale.

7. Was ist der Mittelwert einer integrierbaren Funktion über einem abgeschlossenen Intervall? Muss die Funktion ihren Mittelwert annehmen? Erläutern Sie Ihre Antwort.

8. Beschreiben Sie die Regeln für den Umgang mit bestimmten Integralen (Tabelle 5.4). Geben Sie Beispiele an.

9. Was ist der Hauptsatz der Differential- und Integralrechnung? Illustrieren Sie jeden Teil des Satzes durch ein Beispiel.

10. Was ist der Änderungssatz? Was sagt er über das Integral der Geschwindigkeit aus? Was über das Integral der Grenzkosten?

11. Diskutieren Sie die Aussage, dass Integration und Differentiation als zueinander „invers" angesehen werden können.

12. Wie liefert der Fundamentalsatz eine Lösung zum Anfangswertproblem $dy/dx = f(x)$, $y(x_0) = y_0$, wenn f eine stetige Funktion ist?

13. Wie hängt die Integration durch Substitution mit der Kettenregel zusammen?

14. Wie können Sie unbestimmte Integrale mitunter durch Substitution bestimmen? Geben Sie Beispiele an.

15. Wie funktioniert die Substitutionsmethode bei bestimmten Integralen? Geben Sie Beispiele an.

16. Wie definieren und berechnen Sie den Flächeninhalt eines Gebiets zwischen den Graphen zweier stetiger Funktionen? Geben Sie ein Beispiel.

Kapitel 5 – Praktische Aufgaben

Endliche Summen und Näherungen **1.** Die nachfolgende Abbildung zeigt den Graphen der Geschwindigkeit (m/s) einer Modellrakete in den ersten 8 Sekunden nach dem Start. Die Rakete beschleunigt in den ersten 2 Sekunden senkrecht nach oben und bewegt sich dann entgegen der Schwerkraft weiter, bis sie nach $t = 8$ Sekunden ihre maximale Höhe erreicht.

a. Nehmen Sie an, dass die Rakete vom Boden gestartet ist. Wie hoch ist sie gekommen? (Das ist die Rakete aus Abschnitt 3.3, Aufgabe 10, aber Sie brauchen die Aufgabe 10 nicht zu bearbeiten, um diese Aufgabe lösen zu können.)

b. Skizzieren Sie den Graphen der Höhe der Rakete über dem Boden als Funktion der Zeit für $0 \leq t \leq 8$.

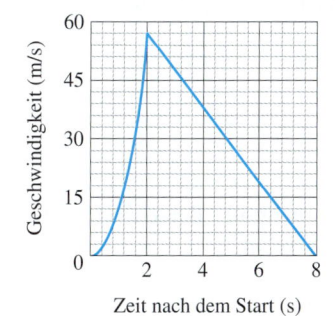

2. Es sei $\sum_{k=1}^{10} a_k = -2$ und $\sum_{k=1}^{10} b_k = 25$. Bestimmen Sie die Werte von

a. $\sum_{k=1}^{10} \dfrac{a_k}{4}$

b. $\sum_{k=1}^{10} (b_k - 3a_k)$

c. $\sum_{k=1}^{10} (a_k + b_k - 1)$

d. $\sum_{k=1}^{10} \left(\dfrac{5}{2} - b_k \right)$

Bestimmte Integrale Drücken Sie in den Aufgaben 3–6 jeden Grenzwert als bestimmtes Integral aus. Berechnen Sie das Integral anschließend, um den Grenzwert zu bestimmen. P ist eine Zerlegung des angegebenen Intervalls, und die Zahlen c_k entstammen den Teilintervallen von P.

3. $\lim\limits_{\|P\|\to 0} \sum\limits_{k=1}^{n} (2c_k - 1)^{-1/2} \Delta x_k$,

P ist eine Zerlegung von $[1, 5]$

4. $\lim\limits_{\|P\|\to 0} \sum\limits_{k=1}^{n} c_k \left(c_k^2 - 1 \right)^{1/3} \Delta x_k$,

P ist eine Zerlegung von $[1, 3]$

5. $\lim_{\|P\|\to 0} \sum_{k=1}^{n} \left(\cos\left(\frac{c_k}{2}\right)\right) \Delta x_k$,

P ist eine Zerlegung von $[-\pi, 0]$

6. $\lim_{\|P\|\to 0} \sum_{k=1}^{n} (\sin c_k)(\cos c_k) \Delta x_k$,

P ist eine Zerlegung von $[0, \pi/2]$

7. Sei $\int_{-2}^{2} 3f(x)\,dx = 12$, $\int_{-2}^{5} f(x)\,dx = 6$ und $\int_{-2}^{5} g(x)\,dx = 2$. Bestimmen Sie die Werte der folgenden Integrale:

a. $\int_{-2}^{2} f(x)\,dx$

b. $\int_{2}^{5} f(x)\,dx$

c. $\int_{5}^{-2} g(x)\,dx$

d. $\int_{-2}^{5} (-\pi g(x))\,dx$

e. $\int_{-2}^{5} \left(\frac{f(x)+g(x)}{5}\right) dx$

Flächeninhalt Bestimmen Sie in den Aufgaben 8–11 den Gesamtflächeninhalt des Gebiets zwischen dem Graphen von f und der x-Achse.

8. $f(x) = x^2 - 4x + 3$, $0 \leq x \leq 3$

9. $f(x) = 1 - (x^2/4)$, $-2 \leq x \leq 3$

10. $f(x) = 5 - 5x^{2/3}$, $-1 \leq x \leq 8$

11. $f(x) = 1 - \sqrt{x}$, $0 \leq x \leq 4$

Berechnen Sie in den Aufgaben 12–17 den Flächeninhalt der von den angegebenen Kurven eingeschlossenen Gebiete.

12. $y = x$, $y = 1/x^2$, $x = 2$

13. $\sqrt{x} + \sqrt{y} = 1$, $x = 0$, $y = 0$

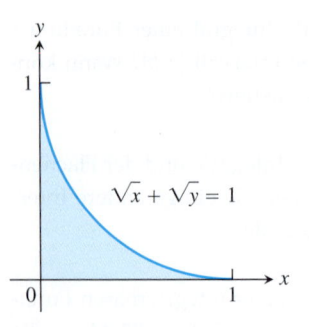

14. $x = 2y^2$, $x = 0$, $y = 3$

15. $y^2 = 4x$, $y = 4x - 2$

16. $y = \sin x$, $y = x$, $0 \leq x \leq \pi/4$

17. $y = 2\sin x$, $y = \sin 2x$, $0 \leq x \leq \pi$

18. Bestimmen Sie den Flächeninhalt des dreieckähnlichen Gebiets, das links durch $x + y = 2$, rechts durch $y = x^2$ und oben durch $y = 2$ begrenzt ist.

19. Bestimmen Sie die Extremwerte der Funktion $f(x) = x^3 - 3x^2$ und bestimmen Sie den Flächeninhalt des Gebiets zwischen dem Graphen und der x-Achse.

20. Bestimmen Sie den Gesamtflächeninhalt des Gebiets zwischen der Kurve $x = y^{2/3}$ und den Geraden $x = y$ und $y = -1$.

Anfangswertprobleme **21.** Zeigen Sie, dass $y = x^2 + \int_{1}^{x}(1/t)\,dt$ das folgende Anfangswertproblem löst:

$$\frac{d^2y}{dx^2} = 2 - \frac{1}{x^2};\ y'(1) = 3,\ y(1) = 1.$$

22. Zeigen Sie, dass $y = \int_{0}^{x}\left(1 + 2\sqrt{\sec t}\right)dt$ das folgende Anfangswertproblem löst:

$$\frac{d^2y}{dx^2} = \sqrt{\sec x}\tan x;\ y'(0) = 3,\ y(0) = 0.$$

Drücken Sie die Lösungen der Anfangswertprobleme aus den Aufgaben 23 und 24 als Integrale aus.

23. $\frac{dy}{dx} = \frac{\sin x}{x}$, $y(5) = -3$

24. $\frac{dy}{dx} = \sqrt{2 - \sin^2 x}$, $y(-1) = 2$

Unbestimmte Integrale berechnen Berechnen Sie die Integrale aus den Aufgaben 25–28.

25. $\int 2(\cos x)^{-1/2} \sin x\,dx$

26. $\int (2\theta + 1 + 2\cos(2\theta + 1))\,d\theta$

27. $\int \left(t - \dfrac{2}{t}\right)\left(t + \dfrac{2}{t}\right)dt$

28. $\int \sqrt{t}\sin\left(2t^{3/2}\right)dt$

Bestimmte Integrale berechnen Berechnen Sie die Integrale aus den Aufgaben 29–41.

29. $\int_{-1}^{1} \left(3x^2 - 4x + 7\right)dx$

30. $\int_{1}^{2} \dfrac{4}{v^2}\,dv$

31. $\int_{1}^{4} \dfrac{dt}{t\sqrt{t}}$

32. $\int_{0}^{1} \dfrac{36\,dx}{(2x+1)^3}$

33. $\int_{1/8}^{1} x^{-1/3}\left(1 - x^{2/3}\right)^{3/2}dx$

34. $\int_{0}^{\pi} \sin^2 5r\,dr$

35. $\int_{0}^{\pi/3} \sec^2 \theta\,d\theta$

36. $\int_{\pi}^{3\pi} \cot^2 \dfrac{x}{6}\,dx$

37. $\int_{-\pi/3}^{0} \sec x \tan x\,dx$

38. $\int_{0}^{\pi/2} 5(\sin x)^{3/2} \cos x\,dx$

39. $\int_{-\pi/2}^{\pi/2} 15\sin^4 3x \cos 3x\,dx$

40. $\int_{0}^{\pi/2} \dfrac{3\sin x \cos x}{\sqrt{1 + 3\sin^2 x}}\,dx$

41. $\int_{0}^{\pi/3} \dfrac{\tan \theta}{\sqrt{2\sec \theta}}\,d\theta$

Mittelwerte **42.** Bestimmen Sie den Mittelwert der Funktion $f(x) = mx + b$ über **a.** $[-1, 1]$ und **b.** $[-k, k]$.

43. Sei f eine über $[a, b]$ differenzierbare Funktion. In Kapitel 2 haben wir die mittlere Änderungsrate von f über $[a, b]$ als

$$\frac{f(b) - f(a)}{b - a}$$

und die lokale Änderungsrate von f an der Stelle x als $f'(x)$ definiert. In diesem Kapitel haben wir den Mittelwert einer Funktion definiert. Damit die neue Definition des Mittelwerts mit der alten übereinstimmt, sollte

$$\frac{f(b) - f(a)}{b - a} = \text{Mittelwert von } f' \text{ auf } [a, b]$$

gelten. Ist das der Fall? Begründen Sie Ihre Antwort.

44. Berechnen Sie den Mittelwert der Temperaturfunktion (in °C)

$$f(x) = \frac{185}{9}\sin\left(\frac{2\pi}{365}(x - 101)\right) - \frac{35}{9}$$

für ein Jahr mit 365 Tagen. Dies ist eine Möglichkeit, die mittlere Jahrestemperatur in Fairbanks, Alaska abzuschätzen. Nach den offiziellen Zahlen des US-Wetterdienstes ist der numerisch berechnete Mittelwert für die mittlere Tagestemperatur über ein Jahr $-3{,}5\,°C$. Dieser Wert liegt etwas über dem Mittelwert aus der Temperaturfunktion $f(x)$.

Integrale differenzieren Bestimmen Sie in den Aufgaben 45–48 die Ableitung dy/dx.

45. $y = \int_{2}^{x} \sqrt{2 + \cos^3 t}\,dt$

46. $y = \int_{2}^{7x^2} \sqrt{2 + \cos^3 t}\,dt$

47. $y = \int_{x}^{1} \dfrac{6}{3 + t^4}\,dt$

48. $y = \int_{\sec x}^{2} \dfrac{1}{t^2 + 1}\,dt$

Theorie und Beispiele **49.** Stimmt es, dass jede auf $[a,b]$ differenzierbare Funktion $y = f(x)$ selbst die Ableitung einer Funktion auf $[a,b]$ ist? Begründen Sie Ihre Antwort.

50. Bestimmen Sie dy/dx für $y = \int_x^1 \sqrt{1+t^2}\, dt$. Erläutern Sie die wesentlichen Schritte Ihrer Berechnung.

51. **Ein neuer Parkplatz** Um den Bedarf an Parkplätzen zu decken, hat Ihre Stadt den hier dargestellten Platz reserviert. Die Kommune hat Sie als Stadtbauleiter damit beauftragt zu prüfen, ob der Parkplatz für 10 000 Euro angelegt werden kann. Die Kosten für die Räumung der Fläche betragen 1,08 Euro pro m², und das Betonieren der Fläche kostet 21,53 Euro pro m². Kann man den Auftrag für 10 000 Euro erledigen? Prüfen Sie das anhand einer Abschätzung mithilfe einer Untersumme. (Die Antworten können sich in Abhängigkeit von der verwendeten Schätzung geringfügig unterscheiden.)

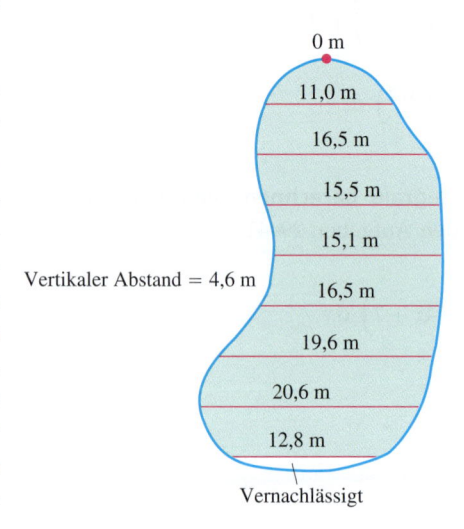

0 m
11,0 m
16,5 m
15,5 m
15,1 m
Vertikaler Abstand = 4,6 m
16,5 m
19,6 m
20,6 m
12,8 m
Vernachlässigt

Kapitel 5 – Zusätzliche Aufgaben und Aufgaben für Fortgeschrittene

Theorie und Beispiele

1. **a.** Sei $\int_0^1 7f(x)\, dx = 7$. Gilt $\int_0^1 f(x)\, dx = 1$?

b. Sei $\int_0^1 f(x)\, dx = 4$ und $f(x) \geq 0$. Gilt $\int_0^1 \sqrt{f(x)}\, dx = \sqrt{4} = 2$? Begründen Sie Ihre Antwort.

2. **Anfangswertproblem** Zeigen Sie, dass

$$y = \frac{1}{a}\int_0^x f(t) \sin a\,(x-t)\, dt$$

das folgende Anfangswertproblem löst:

$$\frac{d^2 y}{dx^2} + a^2 y = f(x),\quad \frac{dy}{dx} = 0 \text{ und } y = 0 \text{ für } x = 0.$$

(*Hinweis:* $\sin(ax - at) = \sin ax \cos at - \cos ax \sin at$)

3. Bestimmen Sie $f(4)$ für

a. $\int_0^{x^2} f(t)\, dt = x \cos \pi x$ **b.** $\int_0^{f(x)} t^2\, dt = x \cos \pi x$

4. Der Flächeninhalt des Gebiets, das in der xy-Ebene von der x-Achse, der Kurve $y = f(x)$, $f(x) \geq 0$, und den Geraden $x = 1$ und $x = b$ begrenzt wird, ist

$$\sqrt{b^2 + 1} - \sqrt{2}$$

für alle $b > 1$. Bestimmen Sie $f(x)$.

5. **Eine Kurve bestimmen** Bestimmen Sie die Gleichung der Kurve in der xy-Ebene, die durch den Punkt $(1, -1)$ verläuft, wenn die Steigung an der Stelle x immer $3x^2 + 2$ ist.

Stückweise stetige Funktionen Obwohl wir hauptsächlich an stetigen Funktionen interessiert sind, kommen in vielen Anwendungen stückweise stetige Funktionen vor. Eine Funktion $f(x)$ ist **auf einem abgeschlossenen Intervall I stückweise stetig**, wenn f in I nur endlich viele Unstetigkeitsstellen hat, die Grenzwerte

$$\lim_{x \to c^-} f(x) \quad \text{und} \quad \lim_{x \to c^+} f(x)$$

an jeder inneren Stelle von I existieren und endlich sind und die entsprechenden einseitigen Grenzwerte an den Randstellen von I existieren und endlich sind. Alle stückweise stetigen Funktionen sind integrierbar. Die Unstetigkeitsstellen zerlegen das Intervall I in offene und halboffene Teilintervalle, auf denen f stetig ist, und die oben genannten Grenzwerteigenschaften garantieren, dass f eine stetige Fortsetzung auf dem Abschluss jedes Teilintervalls hat. Eine stückweise stetige Funktion integrieren wir, indem wir die einzelnen Fortsetzungen integrieren und die Ergebnisse addieren. Das Integral von

$$f(x) = \begin{cases} 1 - x, & -1 \leq x < 0 \\ x^2, & 0 \leq x < 2 \\ -1, & 2 \leq x \leq 3 \end{cases}$$

(▶Abbildung 5.31) auf $[-1, 3]$ ist

$$\int_{-1}^{3} f(x)dx = \int_{-1}^{0} (1-x)\,dx + \int_{0}^{2} x^2 dx + \int_{2}^{3} (-1)\,dx$$

$$= \left[x - \frac{x^2}{2}\right]_{-1}^{0} + \left[\frac{x^3}{3}\right]_{0}^{2} + [-x]_{2}^{3}$$

$$= \frac{3}{2} + \frac{8}{3} - 1 = \frac{19}{6}.$$

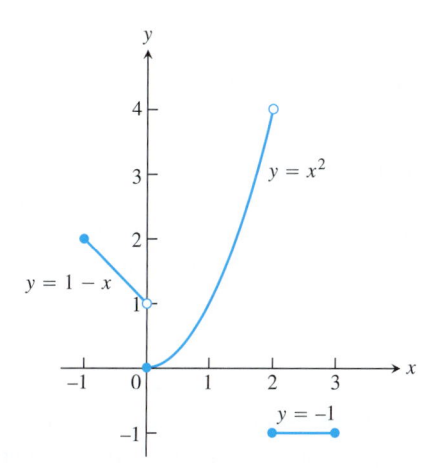

Abbildung 5.31 Stückweise stetige Funktionen wie diese Funktion werden Stück für Stück integriert.

Der Hauptsatz gilt für stückweise Funktionen mit der Einschränkung, dass $(d/dx)\int_a^x f(t)\,dt$ nur an den Stellen gleich $f(x)$ ist, an denen f stetig ist. Eine ähnliche Einschränkung gibt es für die Leibniz-Regel (Aufgabe 14).

Stellen Sie die Funktionen aus den Aufgaben 6–8 grafisch dar und integrieren Sie sie über ihren Definitionsbereichen.

6. $f(x) = \begin{cases} x^{2/3}, & -8 \leq x < 0 \\ -4, & 0 \leq x \leq 3 \end{cases}$

7. $g(x) = \begin{cases} t, & 0 \leq t < 1 \\ \sin \pi t, & 1 \leq t \leq 2 \end{cases}$

8. $f(x) = \begin{cases} 1, & -2 \leq x < -1 \\ 1 - x^2, & -1 \leq x < 1 \\ 2, & 1 \leq x \leq 2 \end{cases}$

9. Bestimmen Sie den Mittelwert der nachfolgend grafisch dargestellten Funktion.

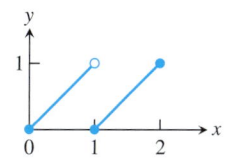

Näherung endlicher Summen durch Integrale In vielen Anwendungen der Analysis werden endliche Summen mithilfe von Integralen genähert – also genau entgegengesetzt zu unserer üblichen Vorgehensweise, Integrale durch endliche Summen zu nähern.

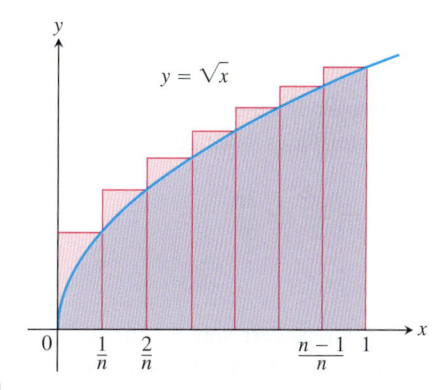

Wir wollen beispielsweise die Summe der Quadratwurzeln der ersten n positiven Zahlen $\sqrt{1}, \sqrt{2} + \cdots + \sqrt{n}$ abschätzen. Das Integral

$$\int_0^1 \sqrt{x}\,dx = \frac{2}{3}x^{3/2}\Big]_0^1 = \frac{2}{3}$$

ist der Grenzwert der Obersummen

$$s_n = \sqrt{\frac{1}{n}} \cdot \frac{1}{n} + \sqrt{\frac{2}{n}} \cdot \frac{1}{n} + \cdots + \sqrt{\frac{n}{n}} \cdot \frac{1}{n}$$

$$= \frac{\sqrt{1} + \sqrt{2} + \cdots + \sqrt{n}}{n^{3/2}}.$$

Für große n ist daher S_n nahe 2/3, und wir erhalten

Summe der Quadratwurzeln

$$= \sqrt{1} + \sqrt{2} + \cdots + \sqrt{n} = S_n \cdot n^{3/2} \approx \frac{2}{3}n^{3/2}$$

Die folgende Tabelle zeigt, wie gut die Näherung sein kann.

n	Summe	$(2/3)n^{3/2}$	relativer Fehler
10	22,468	21,082	1,386/22,468 ≈ 6 %
50	239,04	235,70	1,4 %
100	671,46	666,67	0,7 %
1000	21 097	21 082	0,07 %

10. Berechnen Sie

$$\lim_{n\to\infty} \frac{1^5 + 2^5 + 3^5 + \cdots + n^5}{n^6},$$

indem Sie zeigen, dass dieser Grenzwert

$$\int_0^1 x^5 \, dx$$

ist, und berechnen Sie das Integral.

11. Sei $f(x)$ eine stetige Funktion. Schreiben Sie

$$\lim_{n\to\infty} \frac{1}{n}\left[f\left(\frac{1}{n}\right) + f\left(\frac{2}{n}\right) + \cdots + f\left(\frac{n}{n}\right)\right]$$

als ein bestimmtes Integral.

12. a. Zeigen Sie, dass ein in einen Kreis vom Radius r eingeschriebenes regelmäßiges n-seitiges Polygon den Flächeninhalt

$$A_n = \frac{nr^2}{2} \sin \frac{2\pi}{n}$$

hat.

b. Bestimmen Sie den Grenzwert von A_n für $n \to \infty$. Stimmt das Ergebnis mit dem überein, was Sie über den Flächeninhalt eines Kreises wissen?

Funktionen mithilfe des Hauptsatzes definieren

13. Eine durch ein Integral definierte Funktion
Der Graph einer Funktion f besteht aus einem Halbkreis und zwei Geradenabschnitten, wie in der nachfolgenden Abbildung dargestellt. Es sei $g(x) = \int_1^x f(t) \, dt$.

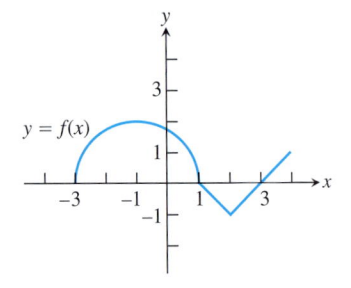

a. Bestimmen Sie $g(1)$.
b. Bestimmen Sie $g(3)$.
c. Bestimmen Sie $g(-1)$.

d. Bestimmen Sie alle Stellen x aus dem offenen Intervall $(-3, 4)$, an denen g ein lokales Maximum hat.
e. Geben Sie eine Gleichung für die Tangente an den Graphen von g an der Stelle $x = -1$ an.
f. Bestimmen Sie die x-Koordinaten aller Wendepunkte des Graphen von g auf dem offenen Intervall $(-3, 4)$.
g. Bestimmen Sie den Wertebereich von g.

Leibniz-Regel In manchen Anwendungen begegnen uns Funktionen wie

$$f(x) = \int_{\sin x}^{x^2} (1+t) \, dt \quad \text{und} \quad g(x) = \int_{\sqrt{x}}^{2\sqrt{x}} \sin t^2 \, dt,$$

die durch Integrale definiert sind, in denen sowohl die oberen als auch die unteren Integrationsgrenzen variabel sind. Das erste Integral kann direkt berechnet werden, aber das zweite nicht. Wir können jedoch mithilfe der sogenannten **Leibniz-Regel** die Ableitung beider Integrale bestimmen.

> **Satz 5.9 Leibniz-Regel** Ist eine Funktion f auf $[a, b]$ stetig, und sind $u(x)$ und $v(x)$ differenzierbare Funktionen von x mit Funktionswerten in $[a, b]$, so gilt
>
> $$\frac{d}{dx} \int_{u(x)}^{v(x)} f(t) \, dt = f(v(x)) \frac{dv}{dx} - f(u(x)) \frac{du}{dx}.$$

▶ Abbildung 5.32 liefert eine geometrische Interpretation der Leibniz-Regel. Sie zeigt einen Teppich mit variabler Breite $f(t)$, der links aufgerollt und zur selben Zeit x recht abgerollt wird. (In dieser Interpretation ist die Zeit x, nicht t.) Zur Zeit x ist der Boden von $u(x)$ bis $v(x)$ bedeckt. Die Rate du/dx, mit der der Teppich aufgerollt wird, muss nicht genauso groß sein wie die Rate dv/dx, mit der der Teppich ausgelegt wird. Zu jeder Zeit x ist die vom Teppich bedeckte Fläche

$$A(x) = \int_{u(x)}^{v(x)} f(t) \, dt.$$

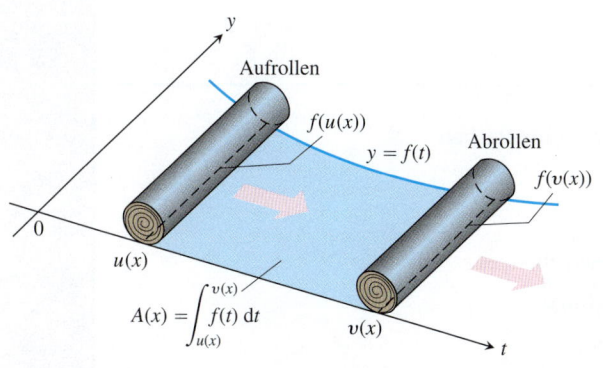

Abbildung 5.32 Auf- und Abrollen eines Teppichs – eine geometrische Interpretation der Leibniz-Regel:

$$\frac{dA}{dx} = f(v(x))\frac{dv}{dx} - f(u(x))\frac{du}{dx}.$$

Mit welcher Rate ändert sich die bedeckte Fläche? Zur Zeit x wächst $A(x)$ um die Breite $f(v(x))$ des abgerollten Teppichs mal die Rate dv/dx, mit der der Teppich abgerollt wird. $A(x)$ wächst also mit der Rate

$$f(v(x))\frac{dv}{dx}.$$

Zur gleichen Zeit fällt A mit der Rate

$$f(u(x))\frac{du}{dx}.$$

Das ist die Breite am aufgerollten Ende mal die Rate du/dx. Die Nettoänderungsrate von A ist

$$\frac{dA}{dx} = f(v(x))\frac{dv}{dx} - f(u(x))\frac{du}{dx},$$

und das ist genau die Leibniz-Regel.

Zum Beweis der Regel sei F eine Stammfunktion von f auf $[a,b]$. Dann gilt:

$$\int_{u(x)}^{v(x)} f(t)\, dt = F(v(x)) - F(u(x)).$$

Leiten wir beide Seiten dieser Gleichung nach x ab, so erhalten wir die gesuchte Gleichung:

$$\frac{d}{dx}\int_{u(x)}^{v(x)} f(t)\, dt = \frac{d}{dx}[F(v(x)) - F(u(x))]$$

$$= F'(v(x))\frac{dv}{dx} - F'(u(x))\frac{du}{dx} \quad \text{Kettenregel}$$

$$= f(v(x))\frac{dv}{dx} - f(u(x))\frac{du}{dx}.$$

Bestimmen Sie mithilfe der Leibniz-Regel die Ableitungen der Funktionen aus den Aufgaben 14–16.

14. $f(x) = \displaystyle\int_{1/x}^{x} \frac{1}{t}\, dt$

15. $f(x) = \displaystyle\int_{\sin x}^{\cos x} \frac{1}{1-t^2}\, dt$

16. $g(y) = \displaystyle\int_{\sqrt{y}}^{2\sqrt{y}} \sin t^2\, dt$

17. Bestimmen Sie mithilfe der Leibniz-Regel den Wert von x, der das Integral

$$\int_{x}^{x+3} t(5-t)\, dt$$

maximiert.

Lernziele

1 Volumenbestimmung mithilfe von Querschnittsflächen

- Querschnittsflächen
- Zerlegung mit parallelen Ebenen
- Zerlegung von Rotationskörpern in Scheiben
- Zerlegung von Rotationskörpern in Ringe
- Integration zur Volumenbestimmung

2 Volumenbestimmung mit zylindrischen Schalen

- Zerlegung in zylindrische Schalen
- Integration über die Schalen
- Auswahl der geeigneten Zerlegung

3 Bogenlängen

- Länge einer Kurve
- Berechnung der Bogenlänge trotz unstetiger Ableitung
- Differential der Bogenlänge

4 Rotationsflächen

- Flächeninhalt von Oberflächen
- Rotationsflächen

Bestimmte Integrale in Anwendungen

6.1 Volumenbestimmung mithilfe von Querschnittsflächen 411

6.2 Volumenbestimmung mit zylindrischen Schalen 428

6.3 Bogenlängen 438

6.4 Rotationsflächen 446

6.5 Arbeit und die Kraft von Flüssigkeiten 454

6.6 Momente und Schwerpunkt 468

Bestimmte Integrale in Anwendungen

Übersicht

In Kapitel 5 haben wir uns mit bestimmten Integralen beschäftigt und festgestellt, dass für eine stetige Funktion auf einem abgeschlossenen Intervall ein solches Integral existiert; es entspricht dem Grenzwert jeder Riemann'schen Summe der Funktion. Wir haben außerdem bewiesen, dass wir dieses bestimmte Integral mit dem Hauptsatz der Differential- und Integralrechnung berechnen können. Die Fläche unter einer Kurve lässt sich mithilfe eines bestimmten Integrals berechnen, genauso wie die Fläche zwischen zwei Kurven.

In diesem Kapitel besprechen wir weitere Anwendungen der bestimmten Integrale. So können damit auch Volumina berechnet werden, die Bogenlänge von Kurven und die Oberfläche von Rotationskörpern. Außerdem werden wir mit Integralen physikalische Probleme bearbeiten, z. B. wenn es um die Arbeit, die von einer Kraft verrichtet wird, die Kraft einer Flüssigkeit, die gegen eine ebene Wand drückt, oder den Massenschwerpunkt eines Körpers geht.

6.1 Volumenbestimmung mithilfe von Querschnittsflächen

In diesem Abschnitt bestimmen wir das Volumen von Körpern mithilfe von Querschnittsflächen. Eine **Querschnittsfläche** eines Festkörpers S ist die Fläche, die entsteht, wenn man S mit einer Ebene schneidet (▶Abbildung 6.1). Wir stellen im Folgenden drei Verfahren vor, mit denen sich die Querschnittsflächen und damit das Volumen eines Körpers berechnen lassen: die Zerlegungsmethode, die Scheiben- und die Ringmethode.

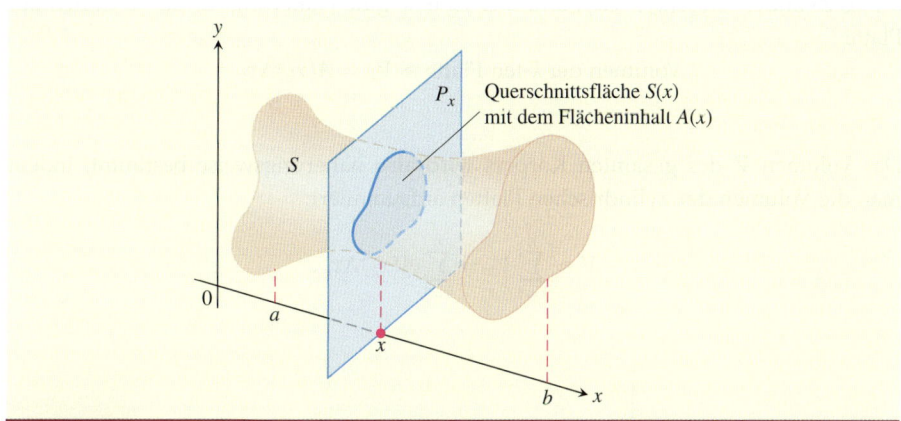

Abbildung 6.1 Eine Querschnittsfläche $S(x)$ des Körpers S wird gebildet, indem man S mit einer Ebene P_x schneidet, die im Punkt $x \in [a, b]$ senkrecht auf der x-Achse steht.

Wir wollen das Volumen eines beliebigen Körpers bestimmen, ein Beispiel zeigt Abbildung 6.1. Wir erinnern uns an die Definition eines (Kreis-)Zylinders in der klassischen Geometrie und erweitern sie auf zylindrische Körper mit beliebiger Grundfläche (▶Abbildung 6.2). Wenn ein solcher zylindrischer Körper die bekannte Grundfläche A und die Höhe h hat, so gilt für sein Volumen:

$$\text{Volumen} = \text{Grundfläche} \times \text{Höhe} = A \cdot h.$$

Wir verwenden hier den Begriff „Grundfläche" gleichbedeutend mit „Inhalt der Grundfläche".

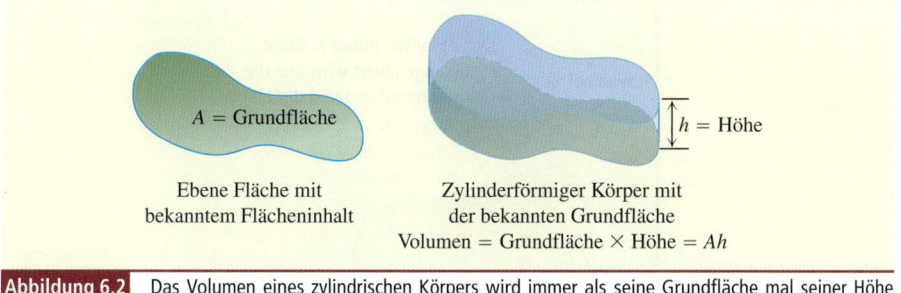

Abbildung 6.2 Das Volumen eines zylindrischen Körpers wird immer als seine Grundfläche mal seiner Höhe definiert.

Diese Gleichung ist die Grundlage für die Volumenbestimmung vieler Körper, auch nicht-zylindrischer wie dem in Abbildung 6.1. Es sei $S(x)$ die Querschnittsfläche des Körpers S in jedem Punkt x im Intervall $[a, b]$ mit dem Flächeninhalt $A(x)$, und es sei A eine stetige Funktion von x. Wir können das Volumen von S dann als bestimmtes Integral von $A(x)$ definieren und berechnen. Wir motivieren dies nun mit der **Zerlegungsmethode**.

Zerlegung mit parallelen Ebenen

Wir zerlegen $[a,b]$ in Teilintervalle der Breite (oder Länge) Δx_k und legen durch jeden der Punkte $a = x_0 < x_1 < \cdots < x_n = b$ eine Ebene senkrecht zur x-Achse, die den Körper zerlegt. Man kann sich diesen Vorgang vorstellen wie das Schneiden eines Brotes in Scheiben. Die Ebenen P_{x_k}, die in den Teilungspunkten senkrecht zur x-Achse stehen, schneiden S in „Platten" (ähnlich den Brotscheiben). Eine typische dieser Platten ist in ▶Abbildung 6.3 zu sehen. Wir ersetzen nun näherungsweise die Platte zwischen den Ebenen bei x_{k-1} und x_k durch einen zylindrischen Körper, der die Grundfläche $S(x_k)$ mit Inhalt $A(x_k)$ und die Höhe $\Delta x_k = x_k - x_{k-1}$ hat (▶Abbildung 6.4). Das Volumen V_k dieses Zylinders ist $A(x_k) \cdot \Delta x_k$, und dies ist eine gute Näherung für das Volumen der Platte:

$$\text{Volumen der } k\text{-ten Platte} \approx V_k = A(x_k)\Delta x_k.$$

Das Volumen V des gesamten Körpers wird also näherungsweise bestimmt, indem man die Volumen der zylindrischen Platten aufsummiert:

$$V \approx \sum_{k=1}^{n} V_k = \sum_{k=1}^{n} A(x_k)\Delta x_k.$$

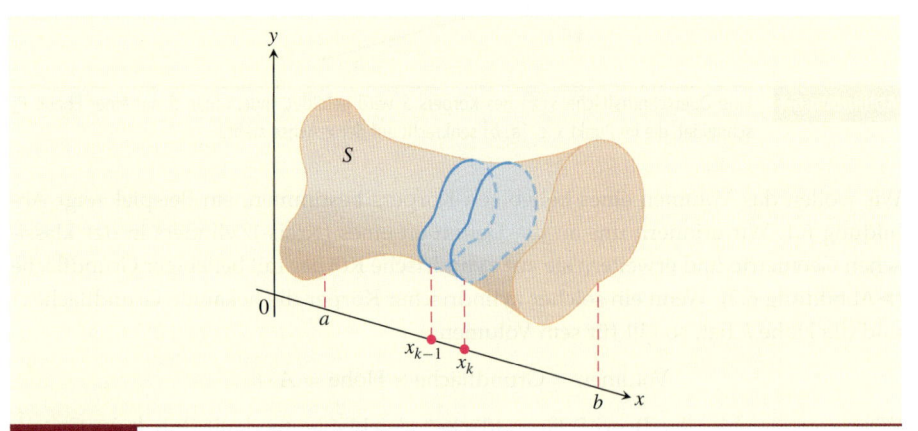

Abbildung 6.3 Eine typische dünne Scheibe in dem Körper S.

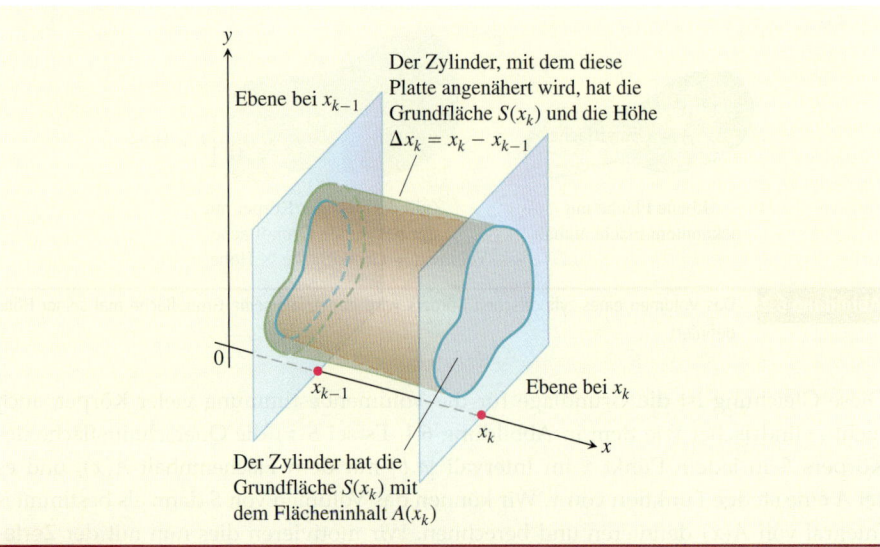

Abbildung 6.4 Die dünne Platte aus Abbildung 6.3 wird hier vergrößert gezeigt. Sie wird angenähert durch den Zylinder mit der Grundfläche $S(x_k)$ (Flächeninhalt $A(x_k)$) und der Höhe $\Delta x_k = x_k - x_{k-1}$.

Dies ist eine Riemann'sche Summe für die Funktion $A(x)$ im Intervall $[a,b]$. Die Näherung des Volumens mit dieser Summe wird natürlich besser, wenn die Norm $\|P\|$ der Zerlegung von $[a,b]$ gegen null geht. Für eine Zerlegung von $[a,b]$ in n Teilintervalle erhalten wir beim Grenzübergang $\|P\| \to 0$

$$\lim_{n\to\infty} \sum_{k=1}^{n} A(x_k)\Delta x_k = \int_a^b A(x)\,dx.$$

Wir definieren also, dass das bestimmte Integral als Grenzwert der Riemann'sche Summe dem Volumen des Körpers S entspricht.

> **Definition**
>
> Das **Volumen** eines Körpers mit dem integrierbaren Querschnittsflächeninhalt $A(x)$ von $x = a$ bis $x = b$ ist das Integral von A über $[a,b]$,
>
> $$V = \int_a^b A(x)\,dx.$$

Diese Definition ist immer gültig, wenn A als Funktion von x integrierbar ist, insbesondere also, wenn A stetig ist. Um mithilfe dieser Definition das Volumen eines Körpers zu berechnen, führen Sie die folgenden Schritte aus:

> **Merke**
>
> **Volumenberechnung eines Körpers**
>
> 1. *Skizzieren Sie den Körper und eine typischen Querschnittsfläche.*
> 2. *Stellen Sie eine Gleichung für $A(x)$ auf,* den Flächeninhalt einer typischen Querschnittsfläche.
> 3. *Bestimmen Sie die Integrationsgrenzen.*
> 4. *Integrieren Sie die Funktion $A(x)$ und berechnen Sie damit das Volumen.*

Beispiel 6.1 Eine Pyramide ist 3 m hoch und hat eine quadratische Grundfläche mit einer Seitenlänge von 3 m. Die Querschnittsfläche der Pyramide, die senkrecht zur Höhe verläuft und x m von der Spitze entfernt ist, ist ein Quadrat mit der Seitenlänge x m. Bestimmen Sie das Volumen der Pyramide.

Volumen einer quadratischen Pyramide

Lösung Wir lassen die Einheiten in der Rechnung weg.

1. *Skizze* Wir zeichnen die Pyramide mit der Höhe auf der x-Achse und der Spitze im Ursprung. Wir skizzieren außerdem eine typische Querschnittsfläche (▶Abbildung 6.5).
2. *Gleichung für $A(x)$* Die Querschnittsfläche ist ein Quadrat mit der Seitenlänge x, für den Flächeninhalt gilt also
$$A(x) = x^2.$$
3. *Integrationsgrenzen* Die Quadrate liegen in den Ebenen $x = 0$ bis $x = 3$.
4. *Berechnung des Volumens durch Integration:*
$$V = \int_0^3 A(x)\,dx = \int_0^3 x^2\,dx = \left[\frac{x^3}{3}\right]_0^3 = 9\,m^3.$$

6 Bestimmte Integrale in Anwendungen

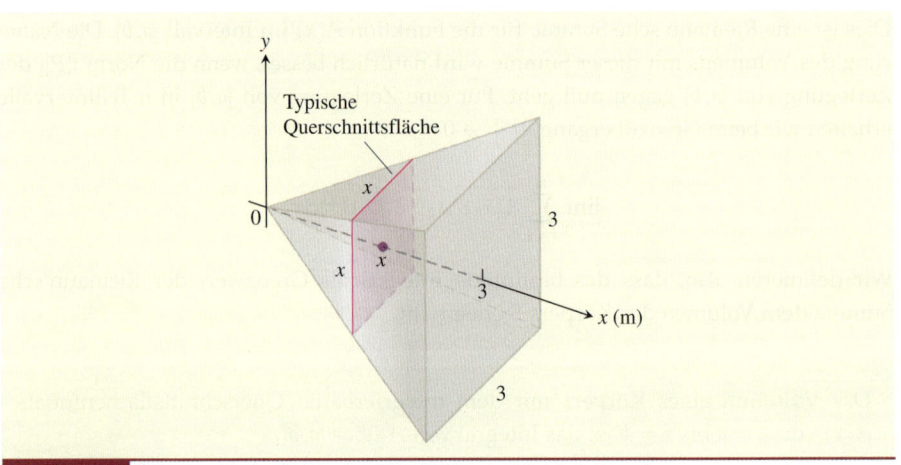

Abbildung 6.5 Die Querschnittsflächen der Pyramide in Beispiel 6.1 sind Quadrate.

Ein Keil wird aus einem Zylinder geschnitten

Beispiel 6.2 Ein abgerundeter Keil wird von zwei Ebenen aus einem Kreiszylinder herausgeschnitten, der Zylinder hat einen Durchmesser von 3 m. Eine der Ebenen verläuft senkrecht zur Achse des Zylinders, die andere schneidet die erste Ebene im Durchmesser des Zylinders unter einem Winkel von 45°. Bestimmen Sie das Volumen des Keils.

Lösung Wir zeichnen den Keil und skizzieren eine typische Querschnittsfläche senkrecht zur x-Achse (▶Abbildung 6.6). In dieser Abbildung ist eine Schnittfläche des Zylinders der Kreis $x^2 + y^2 = 9$. Die um 45° geneigten Ebene schneidet die y-Achse und trennt so die Hälfte dieses Kreises mit $x \geq 0$ ab. Der so entstandene Halbkreis ist die Grundseite des Keils. Für jedes x im Intervall $[0, 3]$ bewegen sich die y-Werte in diesem Halbkreis zwischen $y = -\sqrt{9 - x^2}$ und $y = \sqrt{9 - x^2}$.

Wir betrachten nun eine Querschnittsfläche des Keils, die entsteht, wenn wir den Keil mit einer Ebene senkrecht zur x-Achse schneiden. Diese Querschnittsfläche ist ein Rechteck mit der Höhe x, dessen Breite quer durch die halbkreisförmige Grundfläche des Keils geht. Der Flächeninhalt dieser Querschnittsfläche ist damit

$$A(x) = (\text{Höhe}) \cdot (\text{Breite}) = (x)\left(2\sqrt{9 - x^2}\right)$$
$$= 2x\sqrt{9 - x^2}.$$

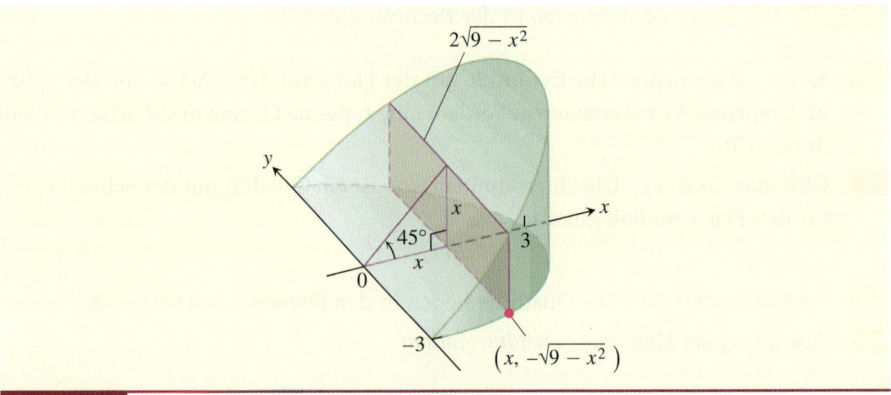

Abbildung 6.6 Die Querschnittsflächen des Keils in Beispiel 6.2 werden senkrecht zur x-Achse gelegt und sind Rechtecke.

Diese Rechtecke laufen von $x = 0$ bis $x = 3$, wir erhalten also für das Volumen:

$$V = \int_a^b A(x)\,dx = \int_0^3 2x\sqrt{9-x^2}\,dx$$

$$= \left[-\frac{2}{3}(9-x^2)^{3/2}\right]_0^3 \quad \text{Es sei } u = 9 - x^2,\ du = -2x\,dx,\ \text{es wird integriert und rücksubstituiert.}$$

$$= 0 + \frac{2}{3}(9)^{3/2}$$

$$= 18.$$

Beispiel 6.3 Das Prinzip von Cavalieri besagt, das Körper mit gleicher Gesamthöhe, deren Querschnittsflächen überall gleich sind, das gleiche Volumen haben (▶Abbildung 6.7). Dies folgt direkt aus der obigen Definition des Volumens, da für zwei solche Körper sowohl die Funktion der Querschnittsinhalte $A(x)$ als auch das Intervall $[a, b]$ übereinstimmen.

Prinzip von Cavalieri

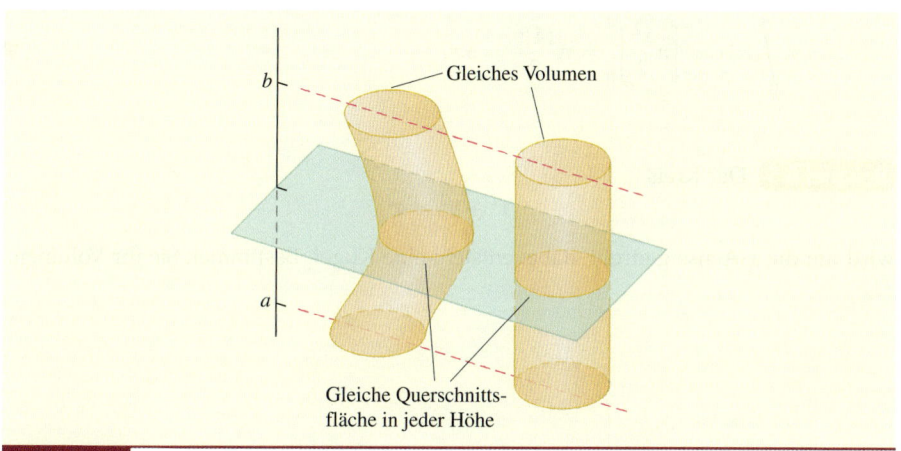

Abbildung 6.7 *Das Prinzip von Cavalieri* Diese beiden Körper haben das gleiche Volumen, was man sich klar machen kann, wenn man sie sich als Stapel aus Münzen vorstellt.

Rotationskörper: Die Scheibenmethode

Dreht man eine ebene Fläche um eine Achse, die in dieser Fläche liegt, so entsteht ein **Rotationskörper**; dies zeigt ▶Abbildung 6.8. Die Querschnittsflächen $S(x)$ eines solchen Körpers sind Kreise mit dem Radius $R(x)$, dem Abstand der Außenlinie der ebenen Fläche von der Rotationsachse. Der Flächeninhalt ist dann:

$$A(x) = \pi(\text{Radius})^2 = \pi[R(x)]^2.$$

Mit der Definition des Volumens erhalten wir hier also

> **Volumenbestimmung durch Zerlegung in Kreisscheiben bei Rotation um die x-Achse**
>
> $$V = \int_a^b A(x)\,dx = \int_a^b \pi[R(x)]^2\,dx.$$

Merke

6 Bestimmte Integrale in Anwendungen

Dieses Verfahren zur Volumenberechnung eines Rotationskörpers wird oft **Scheibenmethode** genannt, da die Querschnittsflächen Kreisscheiben mit dem Radius $R(x)$ sind.

Volumen eines Rotationskörpers

Beispiel 6.4 Die Fläche zwischen der Kurve $y = \sqrt{x}$ mit $0 \leq x \leq 4$ und der x-Achse wird um die x-Achse gedreht, dabei entsteht ein Rotationskörper. Berechnen Sie sein Volumen.

Lösung Abbildung 6.8 zeigt die Fläche, einen typischen Radius und den Rotationskörper. Das Volumen ist

$$V = \int_a^b \pi [R(x)]^2 \, dx$$

$$= \int_0^4 \pi \left[\sqrt{x}\right]^2 dx \quad \text{Für die Drehung um die } x\text{-Achse ist der Radius } R(x) = \sqrt{x}.$$

$$= \pi \int_0^4 x \, dx = \left[\pi \frac{x^2}{2}\right]_0^4 = \pi \frac{(4)^2}{2} = 8\pi.$$

Kugel als Rotationskörper

Beispiel 6.5 Der Kreis

$$x^2 + y^2 = a^2$$

wird um die x-Achse gedreht, dabei entsteht eine Kugel. Bestimmen Sie ihr Volumen.

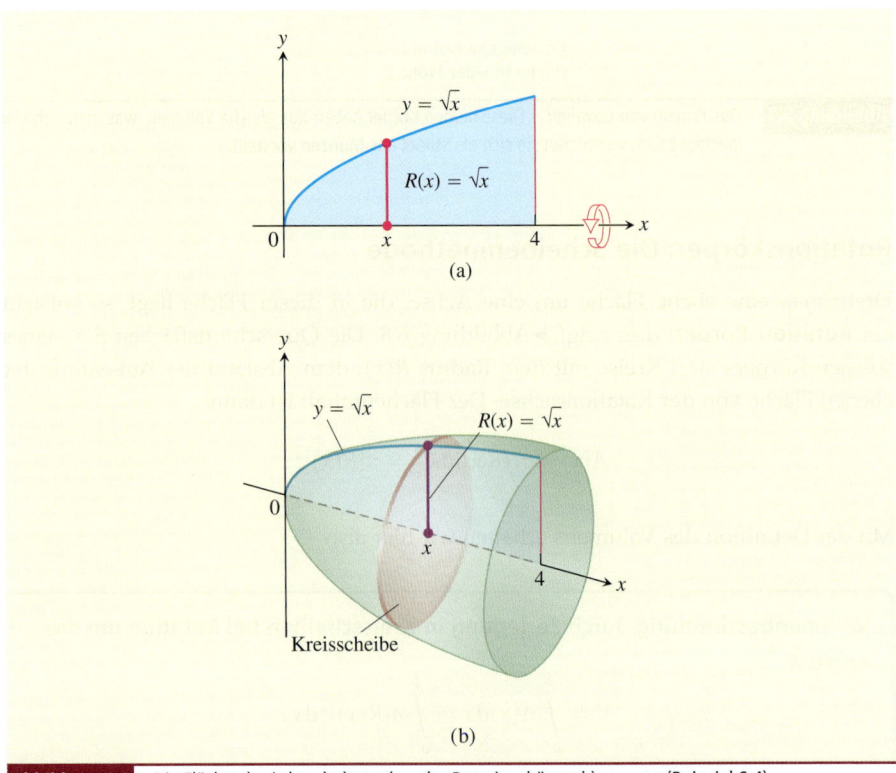

Abbildung 6.8 Die Fläche a) wird gedreht und so der Rotationskörper b) erzeugt (Beispiel 6.4).

6.1 Volumenbestimmung mithilfe von Querschnittsflächen

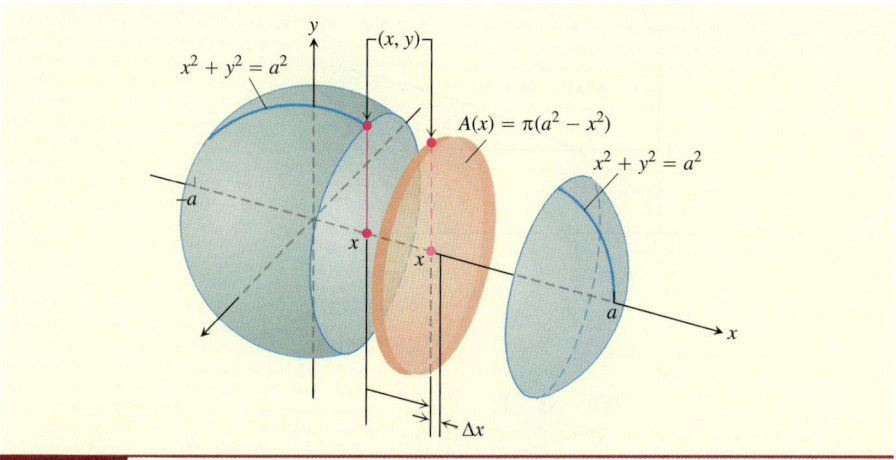

Abbildung 6.9 Die Kugel, die bei Rotation des Kreises $x^2 + y^2 = a^2$ um die x-Achse entsteht. Der Radius ist $R(x) = y = \sqrt{a^2 - x^2}$ (Beispiel 6.5).

Lösung Wir zerlegen die Kugel mithilfe von Ebenen senkrecht zur x-Achse (▶Abbildung 6.9). Der Inhalt der Querschnittsfläche in einem typischen Punkt x zwischen $-a$ und a ist dann

$$A(x) = \pi y^2 = \pi(a^2 - x^2).$$ $R(x) = \sqrt{a^2 - x^2}$ für die Drehung um die x-Achse

Für das Volumen gilt dann

$$V = \int_{-a}^{a} A(x)\,dx = \int_{-a}^{a} \pi(a^2 - x^2)\,dx = \pi\left[a^2 x - \frac{x^3}{3}\right]_{-a}^{a} = \frac{4}{3}\pi a^3.$$ ∎

Im nächsten Beispiel ist die Rotationsachse nicht die x-Achse. Die Regeln zur Bestimmung des Volumens sind aber dieselben: Integrieren Sie $\pi(\text{Radius})^2$ zwischen den Grenzen, die sich aus der Aufgabe ergeben.

Beispiel 6.6 Eine Fläche wird von der Kurve $y = \sqrt{x}$ und den Geraden $y = 1$ und $x = 4$ begrenzt. Sie wird um die Gerade $y = 1$ gedreht, dabei entsteht ein Rotationskörper. Berechnen Sie sein Volumen. — *Rotation um eine andere Achse*

Lösung ▶Abbildung 6.10 zeigt die Fläche, einen typischen Radius und den entstandenen Körper. Für das Volumen gilt

$$V = \int_{1}^{4} \pi[R(x)]^2\,dx$$

$$= \int_{1}^{4} \pi\left[\sqrt{x} - 1\right]^2\,dx$$ Der Radius ist $R(x) = \sqrt{x} - 1$ für die Drehung um $y = 1$.

$$= \pi \int_{1}^{4} \left[x - 2\sqrt{x} + 1\right]\,dx$$ Ausmultiplizieren des Integranden

$$= \pi\left[\frac{x^2}{2} - 2 \cdot \frac{2}{3}x^{3/2} + x\right]_{1}^{4} = \frac{7\pi}{6}.$$ Integrieren ∎

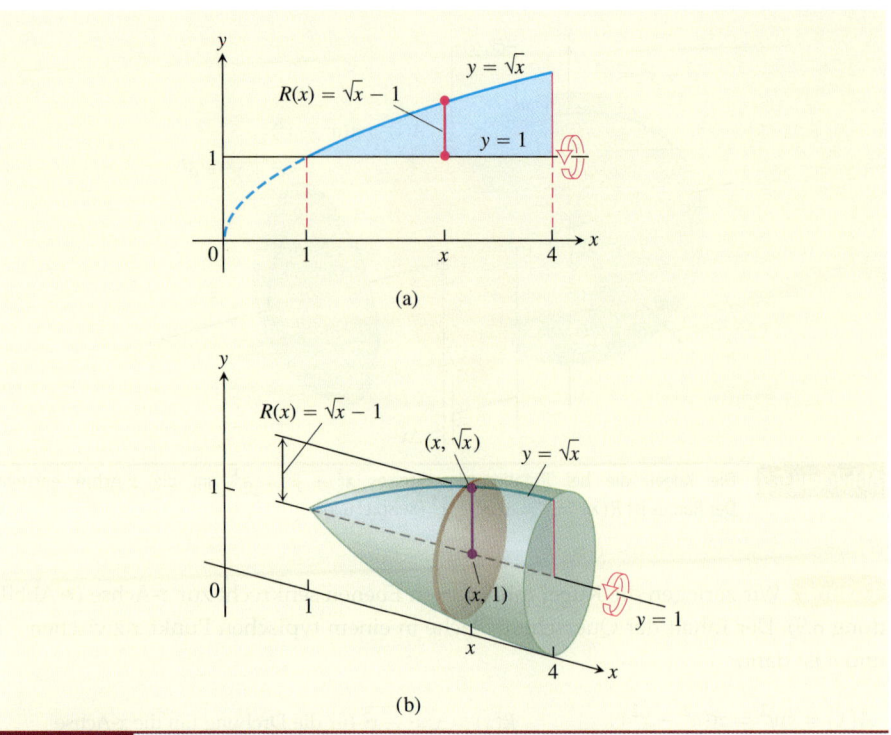

Abbildung 6.10 Die Fläche a) und der Rotationskörper b) aus Beispiel 6.6).

Ein Rotationskörper kann auch durch Drehung um die y-Achse entstehen, wenn also eine Fläche zwischen der y-Achse und einer Kurve $x = R(y)$ mit $c \leq y \leq d$ um die y-Achse rotiert. Das Volumen solcher Körper lässt sich mit dem gleichen Verfahren bestimmen, es wird lediglich x durch y ersetzt. Für den kreisförmigen Querschnitt gilt dann

$$A(y) = \pi \, [\text{Radius}]^2 = \pi [R(y)]^2,$$

und mit der Definition des Volumen erhält man

> **Merke**
>
> **Volumenbestimmung durch Zerlegung in Kreisscheiben bei Rotation um die y-Achse**
>
> $$V = \int_c^d A(y)\,\mathrm{d}y = \int_c^d \pi[R(y)]^2\,\mathrm{d}y.$$

Rotation um die y-Achse

Beispiel 6.7 Die Fläche zwischen der y-Achse und der Kurve $x = 2/y$ für $1 \leq y \leq 4$ wird um die y-Achse gedreht, dabei entsteht ein Rotationskörper. Berechnen Sie sein Volumen.

Lösung ▶ Abbildung 6.11 zeigt die Fläche, einen typischen Radius und den entstandenen Rotationskörper. Für das Volumen gilt

$$V = \int_1^4 \pi[R(y)]^2\,\mathrm{d}y = \int_1^4 \pi\left(\frac{2}{y}\right)^2 \mathrm{d}y \qquad \text{Der Radius ist } R(y) = \frac{2}{y} \text{ bei Drehung um die } y\text{-Achse.}$$

$$= \pi \int_1^4 \frac{4}{y^2}\,\mathrm{d}y = 4\pi \left[-\frac{1}{y}\right]_1^4 = 4\pi \left[\frac{3}{4}\right] = 3\pi.$$

6.1 Volumenbestimmung mithilfe von Querschnittsflächen

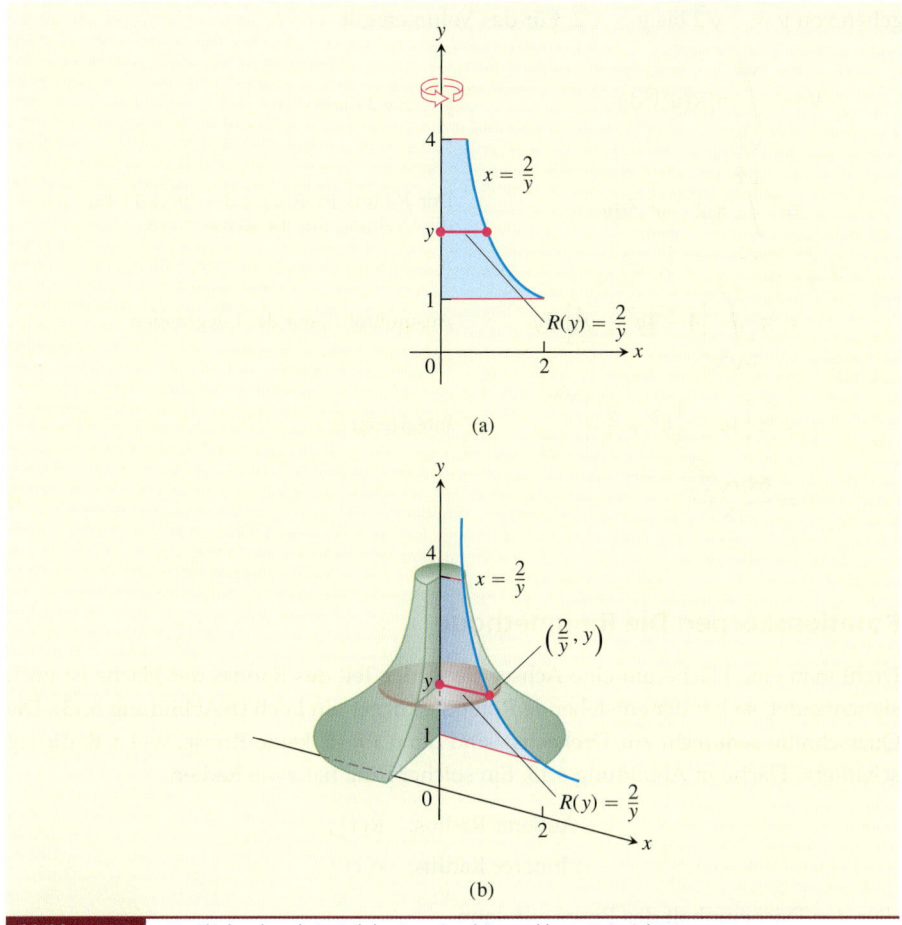

Abbildung 6.11 Die Fläche a) und ein Teil des Rotationskörpers b) aus Beispiel 6.7.

Beispiel 6.8 Die Fläche zwischen der Parabel $x = y^2 + 1$ und der Geraden $x = 3$ wird um die Gerade $x = 3$ gedreht, dabei entsteht ein Rotationskörper. Berechnen Sie sein Volumen.

Rotation einer Parabel

Lösung Abbildung 6.12 zeigt die Fläche, einen typischen Radius und den Rotationskörper. Die Querschnitte liegen senkrecht zu der Geraden $x = 3$, ihre y-Koordinaten

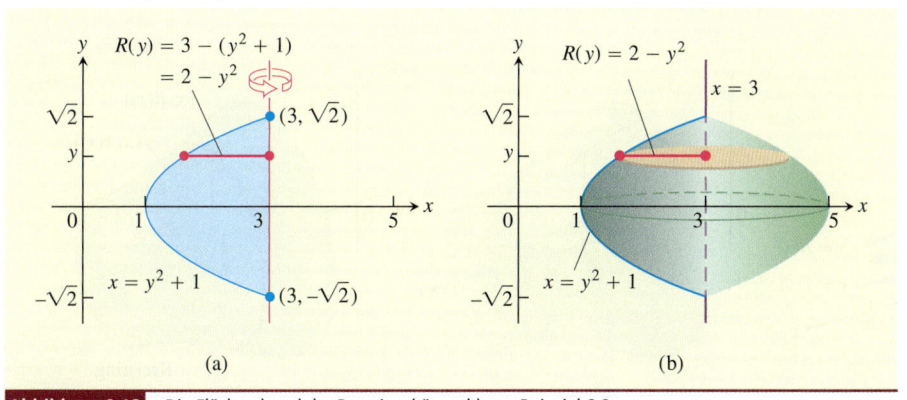

Abbildung 6.12 Die Fläche a) und der Rotationskörper b) aus Beispiel 6.8.

gehen von $y = -\sqrt{2}$ bis $y = \sqrt{2}$. Für das Volumen gilt

$$V = \int_{-\sqrt{2}}^{\sqrt{2}} \pi[R(y)]^2 \mathrm{d}y \qquad y = \pm\sqrt{2} \text{ für } x = 3$$

$$= \int_{-\sqrt{2}}^{\sqrt{2}} \pi[2 - y^2]^2 \mathrm{d}y \qquad \text{Der Radius ist } R(y) = 3 - (y^2 + 1) \text{ für die Drehung um die Achse } x = 3.$$

$$= \pi \int_{-\sqrt{2}}^{\sqrt{2}} \left[4 - 4y^2 + y^4\right] \mathrm{d}y \qquad \text{Ausmultiplizieren des Integranden}$$

$$= \pi \left[4y - \frac{4}{3}y^3 + \frac{y^5}{5}\right]_{-\sqrt{2}}^{\sqrt{2}} \qquad \text{Integrieren}$$

$$= \frac{64\pi\sqrt{2}}{15}.$$

Rotationskörper: Die Ringmethode

Dreht man eine Fläche um eine Achse, die weder Teil des Randes der Fläche ist noch sie schneidet, so hat der entstehende Rotationskörper ein Loch (▶Abbildung 6.13). Die Querschnitte senkrecht zur Drehachse sind dann *Ringe*, keine Kreise, wie z. B. die rot schattierte Fläche in Abbildung 6.13. Ein solcher Ring hat zwei Radien:

$$\text{Äußerer Radius:} \quad R(x),$$
$$\text{Innerer Radius:} \quad r(x).$$

Für den Flächeninhalt des Rings gilt dann

$$A(x) = \pi[R(x)]^2 - \pi[r(x)]^2 = \pi\left([R(x)]^2 - [r(x)]^2\right).$$

Daraus folgt mit der Definition des Volumens in diesem Fall

> **Merke**
>
> **Volumenbestimmung durch Zerlegung in Ringe bei Rotation um die *x*-Achse**
>
> $$V = \int_a^b A(x)\mathrm{d}x = \int_a^b \pi\left([R(x)]^2 - [r(x)]^2\right)\mathrm{d}x.$$

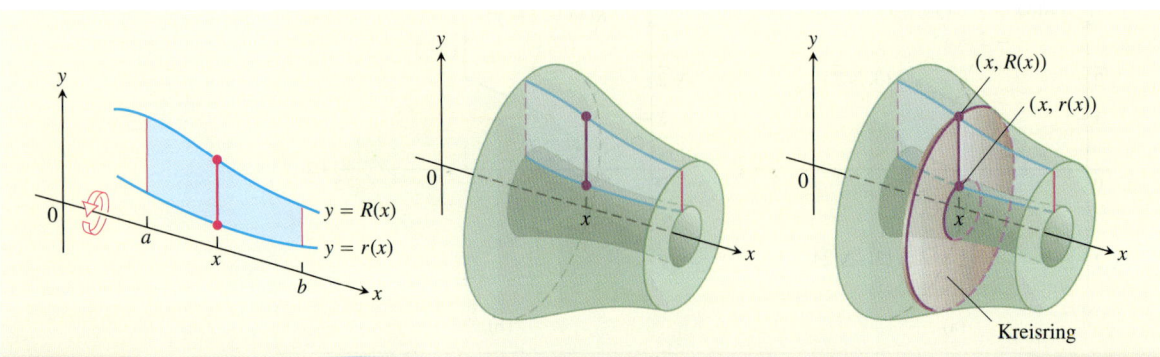

Abbildung 6.13 Die Querschnittsflächen dieses Rotationskörpers sind Ringe, keine Kreise; das Integral $\int_a^b A(x)\mathrm{d}x$ führt also auf eine etwas andere Gleichung für das Volumen.

6.1 Volumenbestimmung mithilfe von Querschnittsflächen

Dieses Verfahren zur Volumenbestimmung eines Rotationskörpers nennt man auch **Ringmethode**, denn eine dünne Platte des Körpers ähnelt hier einem Kreisring mit dem äußeren Radius $R(x)$ und dem inneren Radius $r(x)$.

Beispiel 6.9 Die Fläche zwischen der Kurve $y = x^2 + 1$ und der Geraden $y = -x + 3$ wird um die x-Achse gedreht, es entsteht ein Rotationskörper. Bestimmen Sie sein Volumen.

Volumenbestimmung mit der Ringmethode

Lösung Wir bestimmen das Volumen mit den vier Schritten, die wir am Anfang dieses Abschnitts besprochen haben.

1. Wir zeichnen die Fläche und skizzieren eine Strecke in der Fläche, die senkrecht zur Rotationsachse liegt (die rote Linie in ▶Abbildung 6.14a).

2. Wir bestimmen die äußeren und inneren Radien des Kreisrings, der von dieser Strecke gebildet wird, wenn man sie – gemeinsam mit der Fläche – einmal um die x-Achse dreht.

   Diese Radien entsprechen den Abständen der beiden Endpunkte der Strecke von der x-Achse (▶Abbildung 6.14).

$$\text{Äußerer Radius:} \quad R(x) = -x + 3$$
$$\text{Innerer Radius:} \quad r(x) = x^2 + 1$$

Querschnitt des Kreisrings:
Äußerer Radius: $R(x) = -x + 3$
Innerer Radius: $r(x) = x^2 + 1$
(b)

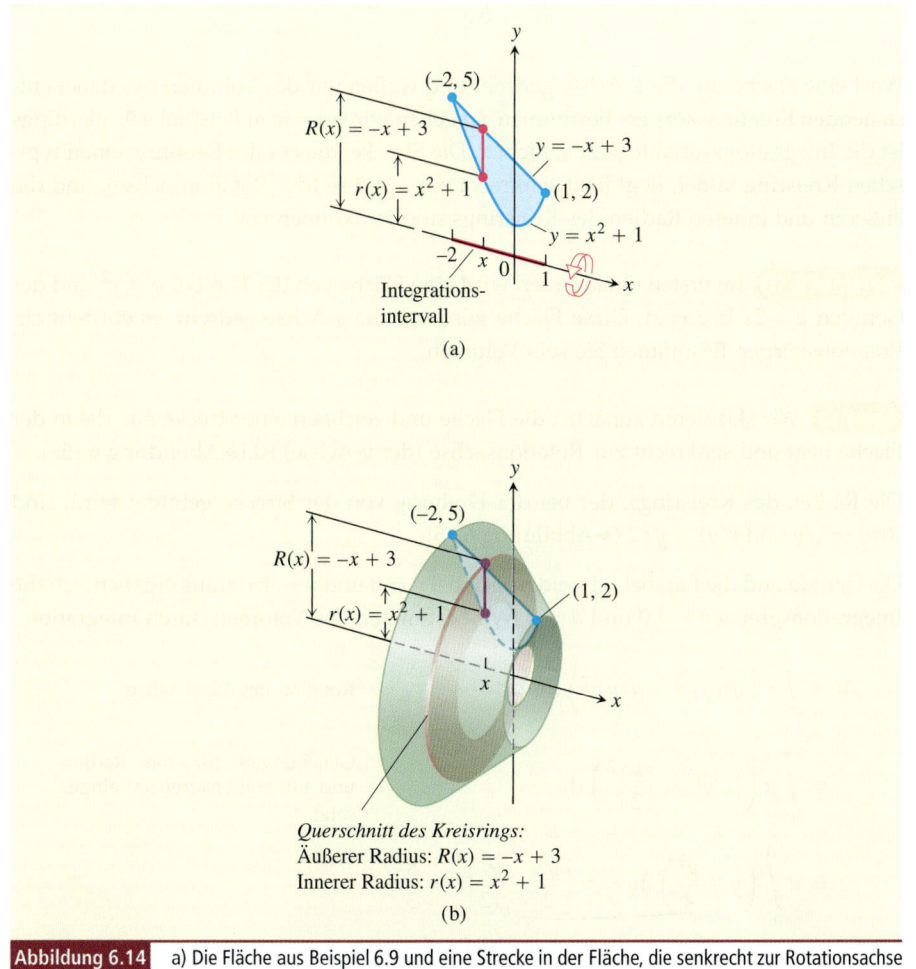

Abbildung 6.14 a) Die Fläche aus Beispiel 6.9 und eine Strecke in der Fläche, die senkrecht zur Rotationsachse liegt. b) Wird die Fläche um die x-Achse gedreht, so erzeugt die Strecke einen Kreisring.

3 Wir berechnen die x-Koordinaten der Schnittpunkte von der Kurve und der Geraden, die die Fläche bilden (Abbildung 6.14a). Diese Koordinaten entsprechen den Integrationsgrenzen.

$$x^2 + 1 = -x + 3$$
$$x^2 + x - 2 = 0$$
$$(x+2)(x-1) = 0$$
$$x = -2, \ x = 1 \qquad \text{Integrationsgrenzen}$$

4 Wir berechnen das Integral und bestimmen so das Volumen.

$$V = \int_a^b \pi \left([R(x)]^2 - [r(x)]^2\right) dx \qquad \text{Rotation um die } x\text{-Achse}$$

$$= \int_{-2}^1 \pi((-x+3)^2 - (x^2+1)^2) dx \qquad \text{Einsetzen der Werte aus den Schritten 2 und 3}$$

$$= \pi \int_{-2}^1 (8 - 6x - x^2 - x^4) dx \qquad \text{Algebraisch vereinfacht}$$

$$= \pi \left[8x - 3x^2 - \frac{x^3}{3} - \frac{x^5}{5}\right]_{-2}^1 = \frac{117\pi}{5}$$

Wird eine Fläche um die y-Achse gedreht und wollen wir das Volumen des dabei entstehenden Rotationskörpers bestimmen, so gehen wir vor wie in Beispiel 6.9, allerdings ist die Integrationsvariable jetzt y, nicht x. Die Strecke, die bei der Drehung einen typischen Kreisring bildet, liegt jetzt senkrecht zur y-Achse (der Rotationsachse), und die äußeren und inneren Radien des Kreisrings sind Funktionen von y.

Ringmethode bei Drehung um die y-Achse

Beispiel 6.10 Im ersten Quadranten wird eine Fläche von der Parabel $y = x^2$ und der Geraden $y = 2x$ begrenzt. Diese Fläche wird um die y-Achse gedreht, es entsteht ein Rotationskörper. Bestimmen Sie sein Volumen.

Lösung Wir skizzieren zunächst die Fläche und zeichnen eine Strecke ein, die in der Fläche liegt und senkrecht zur Rotationsachse (der y-Achse) ist (▶Abbildung 6.15a).

Die Radien des Kreisrings, der bei der Drehung von der Strecke gebildet wird, sind $R(y) = \sqrt{y}$ und $r(y) = y/2$ (▶Abbildung 6.15).

Die Gerade und die Parabel schneiden sich bei $y = 0$ und $y = 4$, daraus ergeben sich die Integrationsgrenzen $c = 0$ und $d = 4$. Wir bestimmen das Volumen durch Integration.

$$V = \int_c^d \pi \left([R(y)]^2 - [r(y)]^2\right) dy \qquad \text{Rotation um die } y\text{-Achse}$$

$$= \int_0^4 \pi \left([\sqrt{y}]^2 - \left[\frac{y}{2}\right]^2\right) dy \qquad \text{Gleichungen für die Radien und Integrationsgrenzen eingesetzt}$$

$$= \pi \int_0^4 \left(y - \frac{y^2}{4}\right) dy = \pi \left[\frac{y^2}{2} - \frac{y^3}{12}\right]_0^4 = \frac{8}{3}\pi.$$

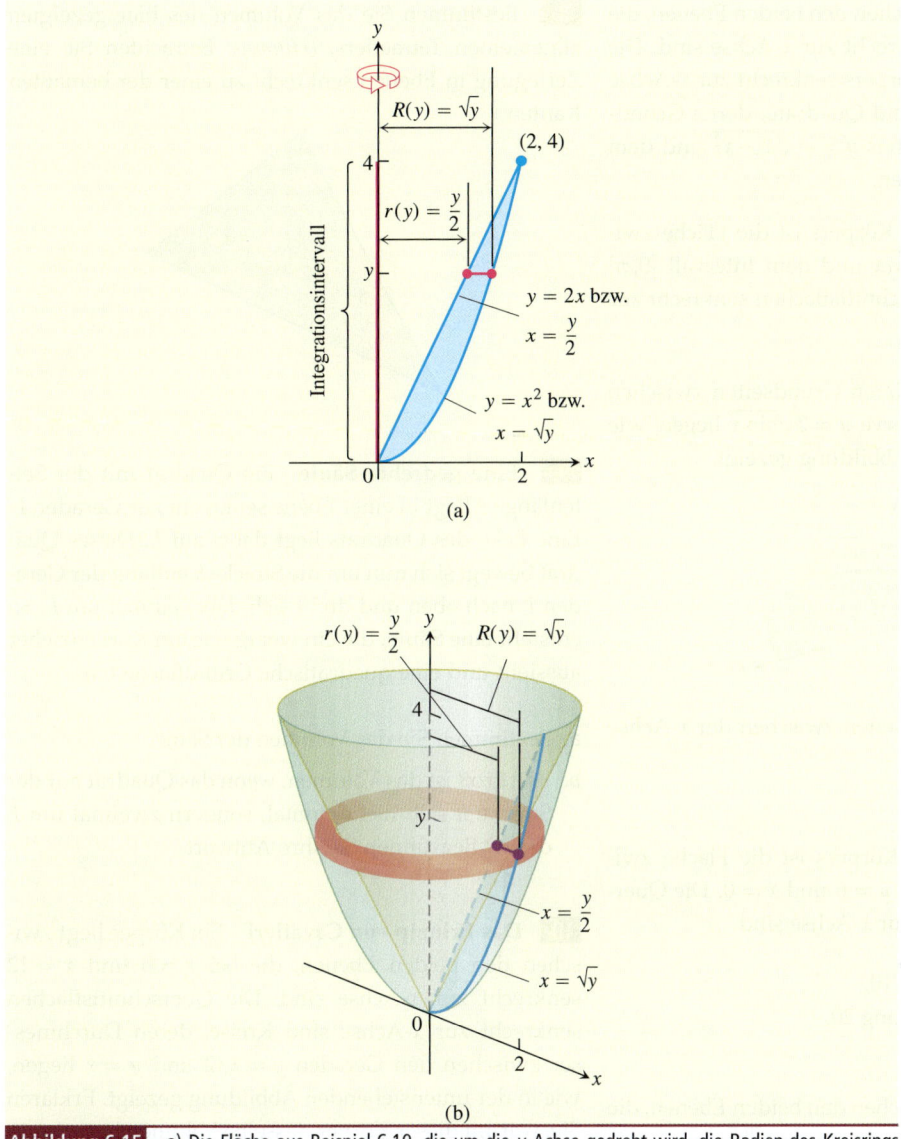

Abbildung 6.15 a) Die Fläche aus Beispiel 6.10, die um die y-Achse gedreht wird, die Radien des Kreisrings und die Integrationsgrenzen. b) Der Kreisring, der durch die Drehung der Strecke aus a) gebildet wird.

Aufgaben zum Abschnitt 6.1

Volumenbestimmung durch Zerlegung

Bestimmen Sie in den Aufgaben 1–7 das Volumen der Körper.

1. Der Körper liegt zwischen den beiden Ebenen, die bei $x = 0$ und $x = 4$ senkrecht zur x-Achse sind. Die Querschnittsflächen des Körpers senkrecht zur x-Achse im Intervall $0 \leq x \leq 4$ sind Quadrate, deren Diagonalen zwischen den Parabeln $y = -\sqrt{x}$ und $y = \sqrt{x}$ liegen.

2. Der Körper liegt zwischen den beiden Ebenen, die bei $x = -1$ und $x = 1$ senkrecht zur x-Achse sind. Die Querschnittsflächen des Körpers senkrecht zur x-Achse sind Kreisscheiben, deren Durchmesser zwischen den Parabeln $y = x^2$ und $y = 2 - x^2$ liegen.

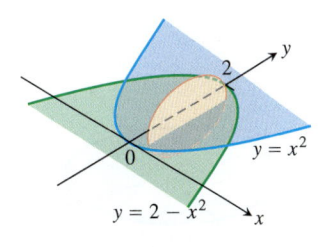

6 Bestimmte Integrale in Anwendungen

3. Der Körper liegt zwischen den beiden Ebenen, die bei $x = -1$ und $x = 1$ senkrecht zur x-Achse sind. Die Querschnittsflächen des Körpers senkrecht zur x-Achse zwischen diesen Ebenen sind Quadrate, deren Grundseite zwischen dem Halbkreis $y = -\sqrt{1-x^2}$ und dem Halbkreis $y = \sqrt{1-x^2}$ liegen.

4. Die Grundfläche des Körpers ist die Fläche zwischen der Kurve $y = 2\sqrt{\sin x}$ und dem Intervall $[0, \pi]$ auf der x-Achse. Die Querschnittsflächen senkrecht zur x-Achse sind

a. gleichseitige Dreiecke, deren Grundseiten zwischen der x-Achse und der Kurve $y = 2\sqrt{\sin x}$ liegen, wie in der untenstehenden Abbildung gezeigt.

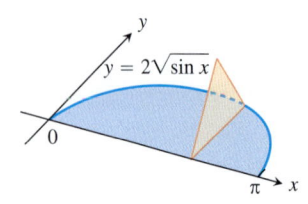

b. Quadrate, deren Grundseiten zwischen der x-Achse und der Kurve liegen.

5. Die Grundseite des Körpers ist die Fläche zwischen den Geraden $y = 3x$, $y = 6$ und $x = 0$. Die Querschnittsflächen senkrecht zur x-Achse sind

a. Rechtecke mit der Höhe 10,
b. Rechtecke mit dem Umfang 20.

6. Der Körper liegt zwischen den beiden Ebenen, die bei $y = 0$ und $y = 2$ senkrecht zur y-Achse sind. Die Querschnittsflächen senkrecht zur y-Achse sind Kreisscheiben, deren Durchmesser zwischen der y-Achse und der Parabel $x = \sqrt{5}y^2$ liegen.

7. Die Grundfläche des Körpers ist der Kreis $x^2 + y^2 \leq 1$. Die Querschnittsflächen senkrecht zur y-Achse zwischen $y = -1$ und $y = 1$ sind gleichschenklige rechtwinklige Dreiecke, deren einer Schenkel auf der Grundfläche liegt.

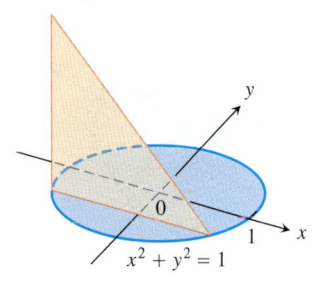

8. Bestimmen Sie das Volumen des hier gezeigten allgemeinen Tetraeders. (*Hinweis:* Betrachten Sie eine Zerlegung in Ebenen senkrecht zu einer der bemaßten Kanten.)

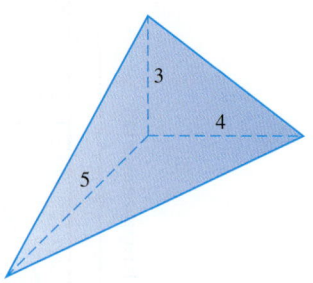

9. Eine gedrehte Säule Ein Quadrat mit der Seitenlänge s liegt in einer Ebene senkrecht zur Geraden L. Eine Ecke des Quadrats liegt dabei auf L. Dieses Quadrat bewegt sich nun um die Strecke h entlang der Geraden L nach oben und dreht sich dabei einmal um L. So entsteht eine Säule, die ein wenig wie ein Korkenzieher aussieht und eine quadratische Grundfläche hat.

a. Bestimmen Sie das Volumen der Säule.

b. Wie groß ist das Volumen, wenn das Quadrat auf der Strecke h sich nicht einmal, sondern zweimal um L dreht? Begründen Sie Ihre Antwort.

10. Das Prinzip von Cavalieri Ein Körper liegt zwischen den beiden Ebenen, die bei $x = 0$ und $x = 12$ senkrecht zur x-Achse sind. Die Querschnittsflächen senkrecht zur x-Achse sind Kreise, deren Durchmesser zwischen den Geraden $y = x/2$ und $y = x$ liegen, wie in der untenstehenden Abbildung gezeigt. Erklären Sie, warum dieser Körper dasselbe Volumen hat wie ein Kreiskegel mit der Höhe 12 und einer Grundfläche mit Radius 3.

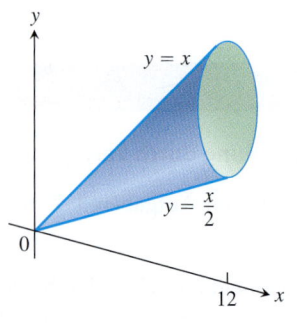

Volumenbestimmung mit der Scheibenmethode

Bestimmen Sie in den Aufgaben 11–14 das Volumen des Körpers, der durch Drehen der schattierten Flächen um die angegebenen Achsen entsteht.

11. Drehung um die x-Achse

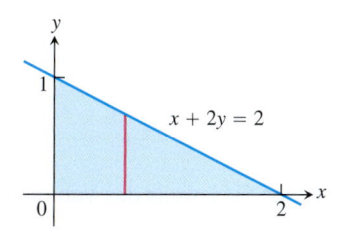

$x + 2y = 2$

12. Drehung um die y-Achse

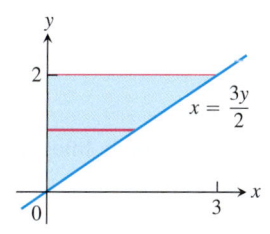

$x = \dfrac{3y}{2}$

13. Drehung um die y-Achse

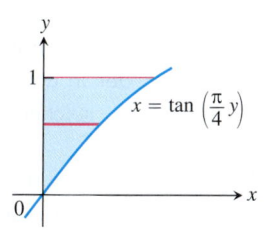

$x = \tan\left(\dfrac{\pi}{4} y\right)$

14. Drehung um die x-Achse

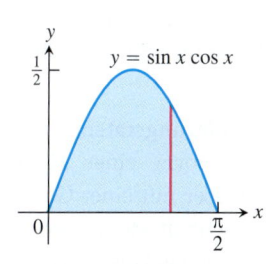

$y = \sin x \cos x$

In den Aufgaben 15–20 werden die Flächen, die von den angegebenen Geraden und Kurven gebildet werden, um die x-Achse gedreht. Berechnen Sie das Volumen der so entstehenden Körper.

15. $y = x^2, y = 0, x = 2$

16. $y = x^3, y = 0, x = 2$

17. $y = \sqrt{9 - x^2}, y = 0$

18. $y = x - x^2, y = 0$

19. $y = \sqrt{\cos x}, 0 \le x \le \pi/2, y = 0, x = 0$

20. $y = \sec x, y = 0, x = -\pi/4, x = \pi/4$

Bestimmen Sie in den Aufgaben 21 und 22 das Volumen des Körpers, der durch Drehen der gegebenen Fläche um die gegebene Gerade entsteht.

21. Eine Fläche im ersten Quadranten wird oben von der Geraden $y = \sqrt{2}$ begrenzt, unten von der Kurve $y = \sec x \tan x$ und links von der y-Achse. Sie wird um die Gerade $y = \sqrt{2}$ gedreht.

22. Eine Fläche im ersten Quadranten wird oben von der Geraden $y = 2$ begrenzt, unten von der Kurve $y = 2 \sin x$ für $0 \le x \le \pi/2$ und links von der y-Achse. Sie wird um die Gerade $y = 2$ gedreht.

In den Aufgaben 23–26 werden die Flächen, die von den angegebenen Geraden und Kurven gebildet werden, um die y-Achse gedreht. Berechnen Sie das Volumen der so entstehenden Körper.

23. Die betrachtete Fläche wird von $x = \sqrt{5} y^2, x = 0, y = -1$ und $y = 1$ eingeschlossen.

24. Die betrachtete Fläche wird von $x = \sqrt{2 \sin 2y}$ für $0 \le y \le \pi/2$ und $x = 0$ eingeschlossen.

25. $x = 2/(y+1), x = 0, y = 0, y = 3$

26. $x = \sqrt{2y}/(y^2 + 1), x = 0, y = 1$

Volumenbestimmung mit der Ringmethode

In den Aufgaben 27 und 28 werden die schattierten Flächen um die angegebene Achse gedreht. Berechnen Sie das Volumen des Rotationskörpers.

27. Drehung um die x-Achse

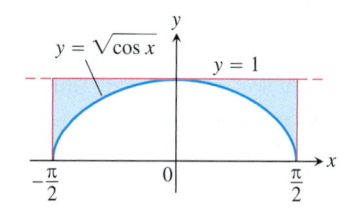

$y = \sqrt{\cos x}, \quad y = 1$

28. Drehung um die y-Achse

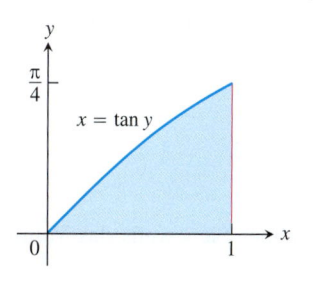

$x = \tan y$

6 Bestimmte Integrale in Anwendungen

In den Aufgaben 29–34 werden die von den angegebenen Geraden und Kurven begrenzten Flächen um die x-Achse gedreht. Berechnen Sie das Volumen des Rotationskörpers.

29. $y = x$, $y = 1$, $x = 0$

30. $y = 2\sqrt{x}$, $y = 2$, $x = 0$

31. $y = x^2 + 1$, $y = x + 3$

32. $y = 4 - x^2$, $y = 2 - x$

33. $y = \sec x$, $y = \sqrt{2}$, $-\pi/4 \leq x \leq \pi/4$

34. $y = \sec x$, $y = \tan x$, $x = 0$, $x = 1$

In den Aufgaben 35–39 wird die angegebene Fläche um die y-Achse gedreht. Berechnen Sie das Volumen des Rotationskörpers.

35. Die Fläche des Dreiecks mit den Ecken $(1, 0)$, $(2, 1)$ und $(1, 1)$.

36. Die Fläche im ersten Quadranten, die oben von der Parabel $y = x^2$ begrenzt wird, unten von der x-Achse und rechts von der Geraden $x = 2$.

37. Die Fläche im ersten Quadranten, die links von dem Kreis $x^2 + y^2 = 3$ begrenzt wird, rechts von der Geraden $x = \sqrt{3}$ und oben von der Geraden $y = \sqrt{3}$.

Bestimmen Sie in den Aufgaben 38 und 39 das Volumen des Rotationskörpers, der durch Drehen der angegebenen Fläche um die angegebene Achse entsteht.

38. Eine Fläche im ersten Quadranten wird oben von der Kurve $y = x^2$ begrenzt, unten von der x-Achse und rechts von der Geraden $x = 1$. Sie wird um die Gerade $x = -1$ gedreht.

39. Eine Fläche im zweiten Quadranten wird oben von der Kurve $y = -x^3$ begrenzt, unten von der x-Achse und links von der Geraden $x = -1$. Sie wird um die Gerade $x = -2$ gedreht.

Volumen von Rotationskörpern

40. Die Fläche zwischen der Kurve $y = \sqrt{x}$ und den Geraden $y = 2$ und $x = 0$ wird um

a. die x-Achse,

b. die y-Achse,

c. die Gerade $y = 2$,

d. die Gerade $x = 4$

gedreht. Berechnen Sie jeweils das Volumen des Rotationskörpers.

41. Die Fläche zwischen der Parabel $y = x^2$ und der Geraden $y = 1$ wird um

a. die Gerade $y = 1$,

b. die Gerade $y = 2$,

c. die Gerade $y = -1$

gedreht. Berechnen Sie jeweils das Volumen des Rotationskörpers.

42. Die Dreiecksfläche mit den Ecken $(0, 0)$, $(b, 0)$ und $(0, h)$ wird um

a. die x-Achse,

b. die y-Achse

gedreht. Berechnen Sie durch Integration jeweils das Volumen des Rotationskörpers.

Theorie und Anwendungen

43. Volumen eines Torus Die Kreisscheibe $x^2 + y^2 \leq a^2$ wird um die Gerade $x = b$ (mit $b > a$) gedreht. Dabei entsteht ein Körper, der in etwa wie ein Donut aussieht, man nennt einen solchen Körper *Torus*. Bestimmen Sie sein Volumen.
(Hinweis: Es gilt $\int_{-a}^{a} \sqrt{a^2 - y^2}\, dy = \pi a^2/2$, es handelt sich um die Fläche eines Halbkreises mit Radius a.)

44. Volumen von Wasser in einem Gefäß

a. In einem halbkugelförmigen Gefäß steht Wasser bis zur Höhe h. Bestimmen Sie das Volumen des Wassers in der Kugel.

b. **Verknüpfte Änderungsraten** In ein versenktes Betonbecken in Form einer Halbkugel mit 5 m Radius fließt Wasser mit einer Geschwindigkeit von $0{,}2\,\text{m}^3/\text{s}$. Wie schnell steigt der Wasserspiegel in dem Becken, wenn das Wasser 4 m hoch steht?

45. Wie können Sie das Volumen eines Rotationskörpers bestimmen, indem Sie seinen Schatten messen? Der Schatten wird auf ein Platte geworfen, die parallel zur Rotationsachse steht; die Lichtquelle befindet sich direkt darüber.

46. Volumen einer Halbkugel Leiten Sie die Formel $V = (2/3)\pi R^3$ für das Volumen einer Halbkugel mit Radius R her. Vergleichen Sie dazu die Querschnittsflächen der Halbkugel mit den Querschnittsflächen eines geraden Kreiszylinders mit Radius R und Höhe h, aus dem ein Kreiskegel (Radius R, Höhe h) herausgeschnitten wurde (untenstehende Abbildung).

Aufgaben zum Abschnitt 6.1

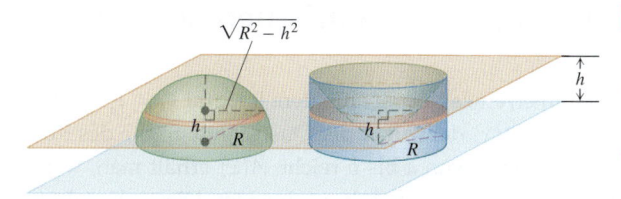

47. Gewicht eines Senkbleis Sie sollen ein Senkblei aus Messing konstruieren, das in etwa 190 g wiegen soll. Sie entscheiden sich, dass es die Form des Rotationskörpers haben soll, der in der untenstehenden Abbildung zu sehen ist. Bestimmen Sie das Volumen des Senkbleis. Wenn Sie Messing mit einem spezifischen Gewicht von $8,5\,\text{g/cm}^3$ verwenden, wie schwer wird das Senkbei dann sein? Nähern Sie auf ganze Gramm.

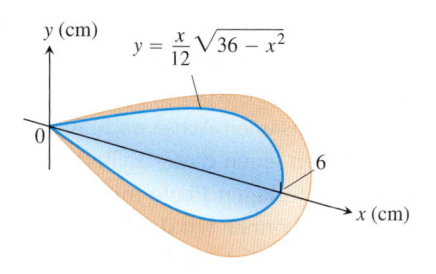

$y = \frac{x}{12}\sqrt{36 - x^2}$

48. Form eines Wok Sie entwickeln einen Wok, eine Bratpfanne in Form einer Kugelkappe mit zwei Griffen. Sie haben ein wenig experimentiert und vermuten nun, dass Sie einen Wok mit etwa 3 l Fassungsvermögen bekommen, wenn Sie von einer Kugel mit Radius 16 cm ausgehen und dem Wok eine Höhe von 9 cm geben. Um diese Vermutung zu überprüfen, betrachten Sie den Wok als Rotationskörper, wie im untenstehenden Bild zu sehen, und berechnen das Volumen durch Integration. Wie groß ist das Volumen tatsächlich? Runden Sie auf ganze Kubikzentimeter. ($1\,\text{l} = 1000\,\text{cm}^3$).

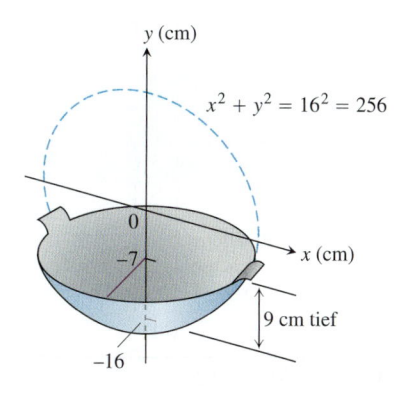

$x^2 + y^2 = 16^2 = 256$

9 cm tief

49. Extremwertaufgabe Der Bogen $y = \sin x$ mit $0 \leq x \leq \pi$ wird um die Gerade $y = c$ mit $0 \leq c \leq 1$ gedreht, es entsteht der unten abgebildete Rotationskörper.

a. Bestimmen Sie den Wert von c, für den das Volumen des Körpers minimal wird. Wie groß ist dieses kleinste Volumen?

b. Für welches c im Intervall $[0, 1]$ wird das Volumen des Körpers maximal?

c. Zeichnen Sie das Volumen als Funktion von c, zuerst für $0 \leq c \leq 1$, dann auch für größere c. Wie verhält sich das Volumen, wenn c außerhalb des Intervalls $[0, 1]$ liegt? Ist eine solche Rotationsachse physikalisch sinnvoll? Begründen Sie Ihre Antwort.

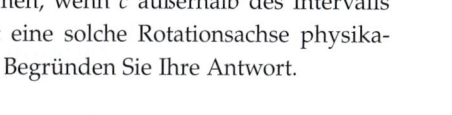

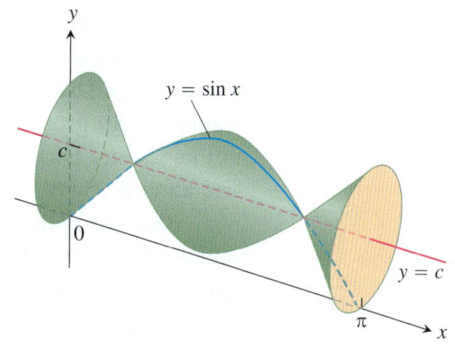

50. Betrachten Sie die Fläche R, die von den Graphen der Funktion $y = f(x) > 0$, $x = a > 0$, $x = b > a$ und $y = 0$ begrenzt wird (▶die untenstehende Abbildung). Das Volumen des Rotationskörpers, der bei Drehung von R um die x-Achse entsteht, sei 4π; bei Drehung um die Gerade $y = -1$ entstehe ein Körper mit dem Volumen 8π. Bestimmen Sie den Flächeninhalt von R.

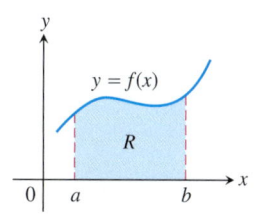

51. Betrachten Sie nochmals die Fläche R aus Aufgabe 50. Das Volumen des Rotationskörpers, der bei Drehung von R um die x-Achse entsteht, sei nun 6π, bei Drehung um die Gerade $y = -2$ entstehe ein Körper mit dem Volumen 10π. Berechnen Sie den Flächeninhalt von R.

6.2 Volumenbestimmung mit zylindrischen Schalen

In Abschnitt 6.1 haben wir das Volumen eines Körpers mit dem Integral $V = \int_a^b A(x)\,dx$ definiert; dabei sei A integrierbar und $A(x)$ der Inhalt der Querschnittsfläche des Körpers, der senkrecht zu diesem Querschnitt von a bis b reicht. $A(x)$ erhält man, wenn man den Körper mit einer Ebene senkrecht zur x-Achse schneidet. Dieses Verfahren ist allerdings in manchen Fällen recht umständlich anzuwenden, wie wir im ersten Beispiel sehen werden. Solche Schwierigkeiten lassen sich oft mit einem anderen Verfahren umgehen, bei dem wir die Definition des Volumens als Integral beibehalten, den Körper statt mit Querschnittsflächen jetzt aber aus Zylinderflächen aufbauen; wir schneiden also statt mit Ebenen jetzt mit Zylindern.

Zerlegung mit Zylindern

Ein Körper kann auch in zylindrische Schalen zerlegt werden, deren Radien ansteigen; das kann man sich ein wenig wie ein Zerlegen mit Ausstechformen für Plätzchen vorstellen. Wir setzen diese Zerlegung so an, dass die Achse der Zylinder parallel zur y-Achse liegt. Die Achse aller Zylinder ist dieselbe, die Radien werden mit jedem Zerlegungsschritt größer. Mit diesem Verfahren wird der Körper in zylindrische Schalen mit konstanter Dicke zerlegt, die von ihrer gemeinsamen Achse nach außen anwachsen, ähnlich wie die Ringe eines Baums. Rollt man einen dieser Zylinder ab, so sieht man, dass sein Volumen in etwa dem einer rechteckigen Platte mit der Fläche $A(x)$ und der Dicke Δx entspricht. Im Grenzfall $\Delta x \to 0$ können wir das Volumen dann wieder als Integral schreiben. Wir betrachten nun zunächst ein Beispiel, bevor wir das Verfahren allgemein herleiten.

Volumenbestimmung durch Zerlegung in Zylinder

Beispiel 6.11 Die Fläche zwischen der x-Achse und der Parabel $y = f(x) = 3x - x^2$ wird um die Gerade $x = -1$ gedreht (▶Abbildung 6.16). Bestimmen Sie das Volumen des Rotationskörpers.

Lösung Die Scheibenmethode aus Abschnitt 6.1 wäre hier sehr umständlich, denn dann müssten wir die x-Werte der linken und rechten Seite der Parabel in ▶Abbildung 6.16a als Funktion von y ausdrücken. Diese x-Werte wären die inneren und äußeren Radien einer Zerlegungsscheibe; um sie zu erhalten, müssten wir $y = 3x - x^2$

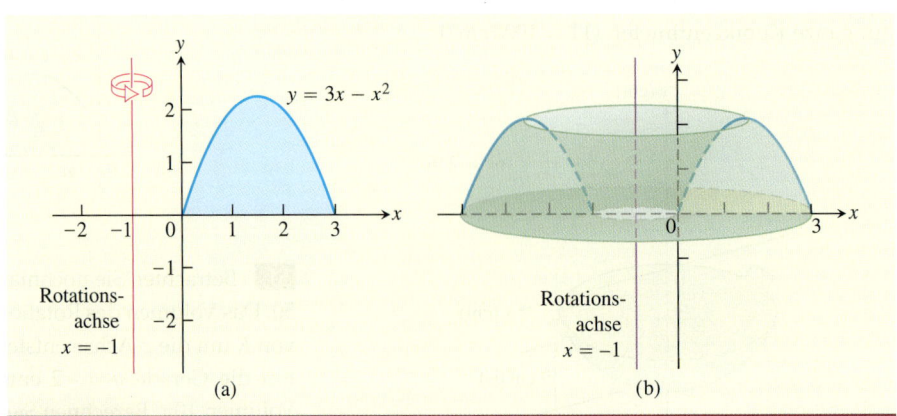

Abbildung 6.16 a) Der Graph der Fläche aus Beispiel 6.11 vor der Drehung.
(b) Der Körper, der durch die Drehung der Fläche aus (a) um die Rotationsachse $x = -1$ gebildet wird.

6.2 Volumenbestimmung mit zylindrischen Schalen

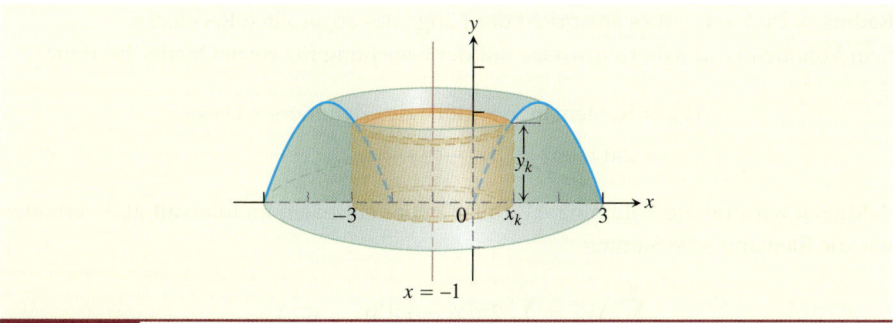

Abbildung 6.17 Eine Zylinderschale der Höhe y_k, die man erhält, indem man einen vertikalen Streifen der Dicke Δx_k um die Gerade $x = -1$ dreht. Der äußere Radius des Zylinders liegt bei x_k, die Höhe entspricht dem Wert der Parabel $y_k = 3x_k - x_k^2$ (Beispiel 6.11).

nach x auflösen, was auf komplizierte Ausdrücke führt. Wir gehen also nicht von einem horizontalen Streifen mit der Dicke Δy aus, der rotiert und so eine Querschnittsfläche erzeugt. Stattdessen betrachten wir einen *vertikalen* Streifen der Dicke Δx. Rotiert dieser Streifen um die Achse $x = -1$, so erzeugt er eine *zylindrische Schale* der Höhe y_k an der Stelle x_k, deren Dicke Δx beträgt. Ein Beispiel für solch eine zylindrische Schale ist die orange schattierte Figur in ▶Abbildung 6.17. Wir können uns die Entstehung einer solchen Schale so vorstellen: Man schneidet durch den gesamten Körper mit einem kreisförmigen Werkzeug hindurch, das parallel zur Rotationsachse geführt wird. Die so entstehende Figur entspricht in etwa unserer zylindrischen Schale, nur ist letztere oben abgeflacht, hat also eine konstante Höhe. Die erste Schale wird nah an der Achse entlang ausgeschnitten, die nächste entlang dem nun vergrößerten Loch in der Mitte des Körpers usw., und erhält so n Zylinder. Die Radien steigen mit jedem Zylinder an, die Höhen der Zylinder folgen der Parabel, sie wachsen also zunächst an und werden nach dem Scheitelpunkt der Parabel wieder kleiner (Abbildung 6.16a).

Jeder dieser Zylinder deckt ein Teilintervall der x-Achse mit der Länge Δx_k ab (der Breite des Zylinders). Sein äußerer Radius beträgt $(1 + x_k)$, seine Höhe $3x_k - x_k^2$. Wenn wir den Zylinder bei x_k abrollen, so erhalten wir annähernd eine rechteckige Platte mit der Dicke Δx_k (▶Abbildung 6.18). Der äußere Umfang des k-ten Zylinders ist $2\pi \cdot$

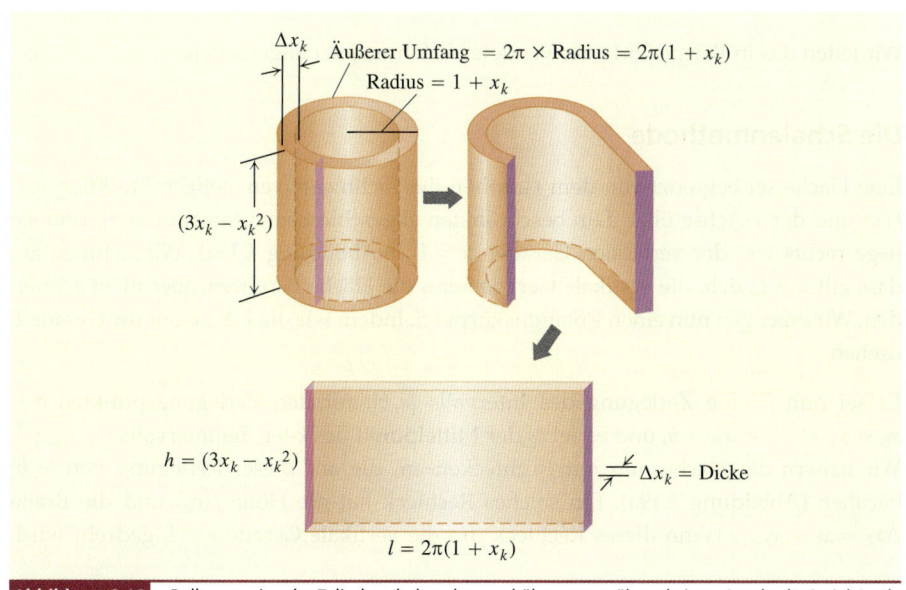

Abbildung 6.18 Rollt man eine der Zylinderschalen ab, so erhält man annähernd einen Quader (Beispiel 6.11).

Radius $= 2\pi(1 + x_k)$, dies entspricht der Länge des abgerollten Rechtecks.
Sein Volumen wird näherungsweise mit der Gleichung für einen Quader bestimmt:

$$\Delta V_k = \text{Kantenlänge} \times \text{Höhe des Zylinders} \times \text{Dicke}$$
$$= 2\pi(1 + x_k) \cdot (3x_k - x_k^2) \cdot \Delta x_k.$$

Addieren wir nun die Volumina ΔV_k aller Zylinderschalen im Intervall $[0, 3]$, erhalten wir die Riemann'sche Summe

$$\sum_{k=1}^{n} \Delta V_k = \sum_{k=1}^{n} 2\pi(x_k + 1)(3x_k - x_k^2)\Delta x_k.$$

Es ist anschaulich klar, dass diese Riemann'sche Summe, wenn n sehr groß und alle Δx_n sehr klein sind, eine gute Näherung an das Volumen V des Körpers darstellt. Wir betrachten also den Grenzwert für $\Delta x_k \to 0$ bei $n \to \infty$ und erhalten das Volumen V als Integral

$$V = \lim_{n \to \infty} \sum_{k=1}^{n} 2\pi(x_k + 1)(3x_k - x_k^2)\Delta x_k$$

$$= \int_0^3 2\pi(x + 1)(3x - x^2)\,dx$$

$$= \int_0^3 2\pi(3x^2 + 3x - x^3 - x^2)\,dx$$

$$= 2\pi \int_0^3 (2x^2 + 3x - x^3)\,dx$$

$$= 2\pi \left[\frac{2}{3}x^3 + \frac{3}{2}x^2 - \frac{1}{4}x^4\right]_0^3 = \frac{45\pi}{2}.$$

Würde man das Volumen gemäß der Definition als Integral der Inhalte der Querschnittsflächen berechnen, so ergäbe sich derselbe Wert.

Wir leiten das in Beispiel 6.11 verwendete Verfahren jetzt allgemein her.

Die Schalenmethode

Eine Fläche sei begrenzt von dem Graphen der nichtnegativen stetigen Funktion $y = f(x)$ und der x-Achse über dem beschränkten abgeschlossenen Intervall $[a, b]$; und sie liege rechts von der vertikalen Geraden $x = L$ (▶Abbildung 6.19a). Wir nehmen an, dass gilt $a \geq L$, d. h. die vertikale Gerade kann die Fläche berühren, aber nicht schneiden. Wir erzeugen nun einen Rotationskörper S, indem wir die Fläche um die Gerade L drehen.

Es sei nun P eine Zerlegung des Intervalls $[a, b]$ mit den Zerlegungspunkten $a = x_0 < x_1 < \cdots < x_n = b$, und es sei c_k der Mittelpunkt des k-ten Teilintervalls $[x_{k-1}, x_k]$. Wir nähern die Fläche nun mit Rechtecken an, die auf dieser Zerlegung von $[a, b]$ beruhen (Abbildung 6.19a). Ein solches Rechteck hat die Höhe $f(c_k)$ und die Breite $\Delta x_k = x_k - x_{k-1}$. Wenn dieses Rechteck um die vertikale Gerade $x = L$ gedreht wird,

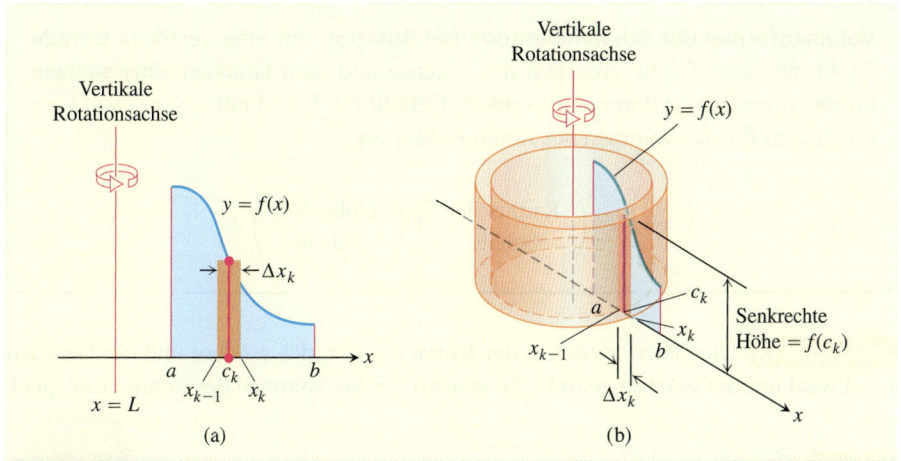

6.2 Volumenbestimmung mit zylindrischen Schalen

Abbildung 6.19 Die Fläche in (a) wird um die Gerade $x = L$ gedreht; dabei entsteht ein Rotationskörper, der durch zylindrische Schalen angenähert werden kann. Eine typische Schale wird in (b) gezeigt.

erzeugt es eine Schale, wie in ▶Abbildung 6.19b zu sehen ist. Aus der elementaren Geometrie wissen wir, dass für das Volumen dieser Schale gilt:

$$\Delta V_k = 2\pi \times \text{mittlerer Radius der Schale} \times \text{Höhe der Schale} \times \text{Dicke}$$
$$= 2\pi \cdot (c_k - L) \cdot f(c_k) \cdot \Delta x_k.$$

Mit der Zerlegung P wird die Fläche durch n Rechtecke angenähert. Wir summieren nun die Volumina der Schalen auf, die durch Rotation dieser n Rechtecke entstehen, und nähern so das Volumen des Rotationskörpers S an:

$$V \approx \sum_{k=1}^{n} \Delta V_k.$$

Für $\Delta x_n \to 0$ wird aus der Schale eine Zylindermantelfläche, die wir auch wieder als Schale bezeichnen.

Der Grenzwert dieser Riemann'schen Summe für $\Delta x_k \to 0$ und $n \to \infty$ führt also auf ein bestimmtes Integral, das dem Volumen des Körpers entspricht,

$$V = \lim_{n \to \infty} \sum_{k=1}^{n} \Delta V_k = \int_a^b 2\pi \begin{pmatrix} \text{Radius der} \\ \text{Schale} \end{pmatrix} \begin{pmatrix} \text{Höhe der} \\ \text{Schale} \end{pmatrix} dx$$

$$= \int_a^b 2\pi (x - L) f(x)\, dx.$$

Wenn wir das *Prinzip* der Schalenmethode deutlich machen möchten, so betrachten wir eher das erste Integral als das zweite, das im Integranden eine Funktion enthält. Das erste Integral gilt (mit dy anstelle von dx) auch für Rotationen um eine horizontale Gerade L.

Das **Volumen einer zylindrischen Schale** mit der Höhe h, dem inneren Radius r und dem äußeren Radius R ist
$$V = \pi R^2 h - \pi r^2 h$$
$$= 2\pi \left(\frac{R+r}{2}\right)(h)(R-r)$$

6 Bestimmte Integrale in Anwendungen

Merke — **Volumenformel der Schalenmethode bei Rotation um eine vertikale Gerade**

Dreht man eine Fläche zwischen der x-Achse und dem Graphen einer stetigen Funktion $y = f(x) \geq 0$ um eine vertikale Gerade $x = L$ und gilt $L \leq a \leq x \leq b$, so erhält man für das Volumen des Rotationskörpers

$$V = \int_a^b 2\pi \begin{pmatrix} \text{Radius der} \\ \text{Schale} \end{pmatrix} \begin{pmatrix} \text{Höhe der} \\ \text{Schale} \end{pmatrix} dx.$$

Anwendung der Schalenmethode, vertikale Rotationsachse

Beispiel 6.12 Die Fläche zwischen der Kurve $y = \sqrt{x}$, der x-Achse und der Geraden $x = 4$ wird um die y-Achse gedreht. Berechnen Sie das Volumen des Rotationskörpers.

Lösung Wir skizzieren die Fläche und zeichnen eine Strecke *parallel* zur Rotationsachse ein (▶Abbildung 6.20a). Wir benennen die Höhe der Strecke (entspricht der Höhe der Schale) und den Abstand von der Rotationsachse (entspricht dem Radius der Schale). ▶Abbildung 6.20b zeigt die Schale, die bei Rotation dieser Strecke entsteht. Zur Lösung der Aufgabe ist diese Zeichnung allerdings nicht notwendig.

Die Integrationsgrenzen bei der Schalenmethode sind $a = 0$ und $b = 4$ (▶Abbildung 6.20). Damit erhalten wir für das Volumen

$$V = \int_a^b 2\pi \begin{pmatrix} \text{Radius der} \\ \text{Schale} \end{pmatrix} \begin{pmatrix} \text{Höhe der} \\ \text{Schale} \end{pmatrix} dx$$

$$= \int_0^4 2\pi (x)(\sqrt{x})\, dx$$

$$= 2\pi \int_0^4 x^{3/2}\, dx = 2\pi \left[\frac{2}{5} x^{5/2}\right]_0^4 = \frac{128\pi}{5}.$$

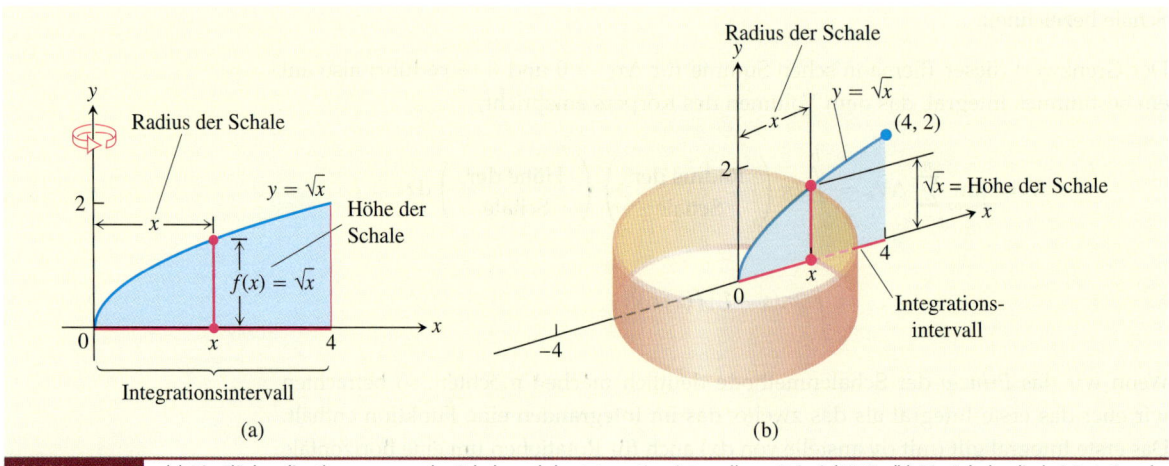

∎

Abbildung 6.20 (a) Die Fläche, die Abmessungen der Schale und das Integrationsintervall aus Beispiel 6.12. (b) Die Schale, die bei Rotation der Strecke in (a) entsteht.

6.2 Volumenbestimmung mit zylindrischen Schalen

Bisher haben wir nur vertikale Rotationsachsen betrachtet. Bei Aufgaben mit horizontalen Rotationsachsen ersetzen wir x durch y.

Beispiel 6.13 Die Fläche zwischen der Kurve $y = \sqrt{x}$, der x-Achse und der Geraden $x = 4$ wird um die x-Achse gedreht. Berechnen Sie das Volumen des Rotationskörpers.

Anwendung der Schalenmethode, horizontale Rotationsachse

Lösung Das Volumen dieses Körpers haben wir in Beispiel 6.4 in Abschnitt 6.1 bereits mit der Scheibenmethode berechnet. Zum Vergleich bestimmen wir es jetzt mit der Schalenmethode. Wir skizzieren als erstes wieder die Fläche und zeichnen eine Strecke *parallel* zur Rotationsachse ein (▶Abbildung 6.21a). Wir benennen die Höhe der Strecke (entspricht der Höhe der Schale) und den Abstand von der Rotationsachse (entspricht dem Radius der Schale). Zur Veranschaulichung zeigt ▶Abbildung 6.21b wieder die Schale, die bei Rotation der Strecke entsteht; zur Lösung der Aufgabe ist diese Zeichnung nicht notwendig.

Bei dieser Aufgabe sind die Integrationsgrenzen $a = 0$ und $b = 2$. (Betrachten Sie die y-Achse in ▶Abbildung 6.21). Für das Volumen des Körpers gilt dann

$$V = \int_a^b 2\pi \begin{pmatrix} \text{Radius der} \\ \text{Schale} \end{pmatrix} \begin{pmatrix} \text{Höhe der} \\ \text{Schale} \end{pmatrix} dy$$

$$= \int_0^2 2\pi(y)(4 - y^2) dy$$

$$= 2\pi \int_0^2 (4y - y^3) dy$$

$$= 2\pi \left[2y^2 - \frac{y^4}{4} \right]_0^2 = 8\pi. \quad \blacksquare$$

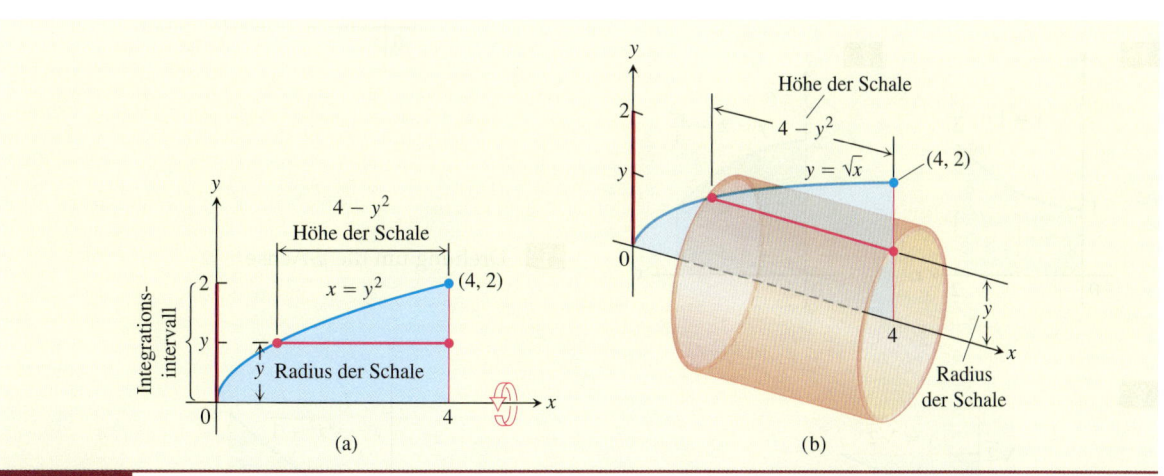

Abbildung 6.21 (a) Die Fläche, die Abmessungen der Schale und das Integrationsintervall aus Beispiel 6.13. (b) Die Schale, die bei Rotation der Strecke in (a) entsteht.

6 Bestimmte Integrale in Anwendungen

> **Merke** **Zusammenfassung der Schalenmethode** Unabhängig von der Rotationsachse (vertikal oder horizontal) führt man bei Anwendung der Schalenmethode die folgenden Schritte aus:
>
> 1. *Zeichnen Sie die Fläche und skizzieren Sie eine Strecke* in der Fläche *parallel* zur Rotationsachse. *Benennen Sie* die Höhe (oder Länge) der Strecke (entspricht der Höhe der Schale) und den Abstand von der Rotationsachse (entspricht dem Radius der Schale).
> 2. *Bestimmen Sie die Integrationsgrenzen.*
> 3. *Integrieren Sie* das Produkt 2π (Radius der Schale)(Höhe der Schale) über die Variable (x oder y) und bestimmen Sie so das Volumen.

Wird das Volumen eines Rotationskörpers sowohl mit der Schalen- als auch mit der Ringmethode berechnet, so stimmen die Ergebnisse natürlich überein. Wir beweisen diese Identität hier nicht, sie wird aber z. B. in den Aufgaben 34 und 35 deutlich. (In Aufgabe 60 in Abschnitt 7.1 wird ein Beweis skizziert.) Die Formeln beider Verfahren sind Spezialfälle einer allgemeineren Definitionsgleichung für das Volumen, die wir im zweiten Band in Kapitel 15 behandeln werden, wenn wir Doppel- und Dreifachintegrale besprechen. Mit dieser Gleichung kann man dann auch das Volumen von Körpern berechnen, die nicht durch Rotation einer Fläche entstanden sind.

Aufgaben zum Abschnitt 6.2

Drehung um die Koordinatenachsen

In den Aufgaben 1–6 werden die schattierten Flächen um die angegebenen Achsen gedreht. Berechnen Sie das Volumen der Rotationskörper mit der Schalenmethode.

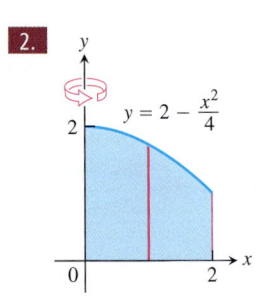

1. $y = 1 + \dfrac{x^2}{4}$

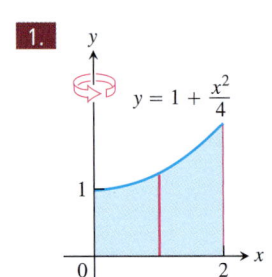

2. $y = 2 - \dfrac{x^2}{4}$

3. $y = \sqrt{2}$, $x = y^2$

4. $y = \sqrt{3}$, $x = 3 - y^2$

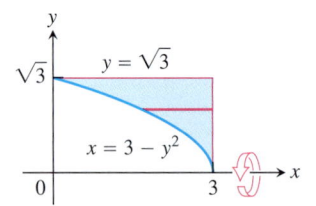

5. Drehung um die y-Achse

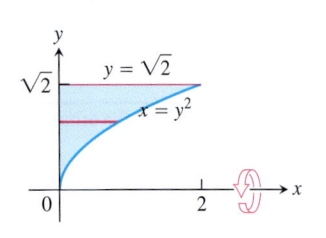

$y = \sqrt{x^2 + 1}$, $x = \sqrt{3}$

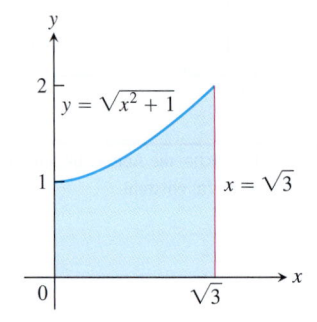

Aufgaben zum Abschnitt 6.2

6. Drehung um die x-Achse

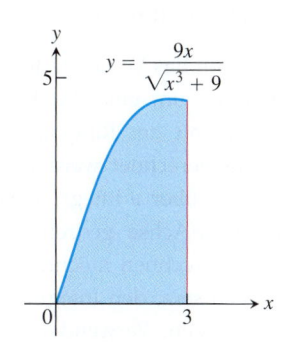

$y = \dfrac{9x}{\sqrt{x^3+9}}$

a. Zeigen Sie, dass gilt $xg(x) = (\tan x)^2$ für $0 \le x \le \pi/4$.

b. Die schattierte Fläche in der untenstehenden Abbildung wird um die y-Achse gedreht. Berechnen Sie das Volumen des Rotationskörpers.

$y = \begin{cases} \dfrac{\tan^2 x}{x}, & 0 < x \le \dfrac{\pi}{4} \\ 0, & x = 0 \end{cases}$

Drehung um die y-Achse

In den Aufgaben 7–12 wird die von den angegebenen Kurven und Geraden eingeschlossene Fläche um die y-Achse gedreht. Bestimmen Sie das Volumen des Rotationskörpers mit der Schalenmethode.

7. $y = x$, $y = -x/2$, $x = 2$

8. $y = 2x$, $y = x/2$, $x = 1$

9. $y = x^2$, $y = 2 - x$, $x = 0$ für $x \ge 0$

10. $y = 2 - x^2$, $y = x^2$, $x = 0$

11. $y = 2x - 1$, $y = \sqrt{x}$, $x = 0$

12. $y = 3/(2\sqrt{x})$, $y = 0$, $x = 1$, $x = 4$

13. Es sei

$$f(x) = \begin{cases} (\sin x)/x, & 0 < x \le \pi \\ 1, & x = 0 \end{cases}$$

a. Zeigen Sie, dass gilt $xf(x) = \sin x$ für $0 \le x \le \pi$.

b. Die schattierte Fläche in der untenstehenden Abbildung wird um die y-Achse gedreht. Berechnen Sie das Volumen des Rotationskörpers.

$y = \begin{cases} \dfrac{\sin x}{x}, & 0 < x \le \pi \\ 1, & x = 0 \end{cases}$

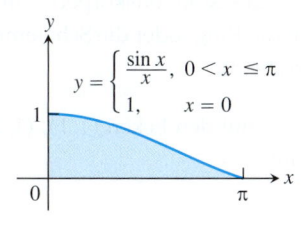

14. Es sei

$$g(x) = \begin{cases} (\tan x)^2/x, & 0 < x \le \pi/4 \\ 0, & x = 0 \end{cases}$$

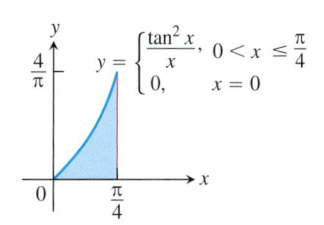

Drehung um die x-Achse

In den Aufgaben 15–22 wird die von den angegebenen Kurven und Geraden eingeschlossene Fläche um die x-Achse gedreht. Bestimmen Sie das Volumen des Rotationskörpers mit der Schalenmethode.

15. $x = \sqrt{y}$, $x = -y$, $y = 2$

16. $x = y^2$, $x = -y$, $y = 2$, $y \ge 0$

17. $x = 2y - y^2$, $x = 0$

18. $x = 2y - y^2$, $x = y$

19. $y = |x|$, $y = 1$

20. $y = x$, $y = 2x$, $y = 2$

21. $y = \sqrt{x}$, $y = 0$, $y = x - 2$

22. $y = \sqrt{x}$, $y = 0$, $y = 2 - x$

Drehung um horizontale und vertikale Geraden

In den Aufgaben 23–25 werden die von den angegebenen Kurven und Geraden begrenzten Flächen um die angegebenen Geraden gedreht. Berechnen Sie das Volumen des Rotationskörpers mit der Schalenmethode.

23. $y = 3x$, $y = 0$, $x = 2$

a. Die y-Achse

b. Die Gerade $x = 4$

c. Die Gerade $x = -1$

d. Die x-Achse

e. Die Gerade $y = 7$

f. Die Gerade $y = -2$

6 Bestimmte Integrale in Anwendungen

24. $y = x + 2$, $y = x^2$

a. Die Gerade $x = 2$
b. Die Gerade $x = -1$
c. Die x-Achse
d. Die Gerade $y = 4$

25. $y = x^4$, $y = 4 - 3x^2$

a. Die Gerade $x = 1$
b. Die x-Achse

In den Aufgaben 26 und 27 werden die schattierten Flächen in den Abbildungen um die angegebenen Achsen gedreht. Berechnen Sie das Volumen des Rotationskörpers mit der Schalenmethode.

26. a. Die x-Achse
b. Die Gerade $y = 1$
c. Die Gerade $y = 8/5$
d. Die Gerade $y = -2/5$

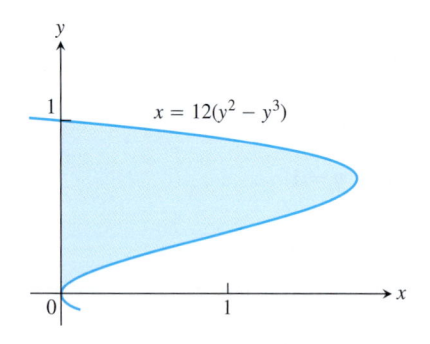

27. a. Die x-Achse
b. Die Gerade $y = 2$
c. Die Gerade $y = 5$
d. Die Gerade $y = -5/8$

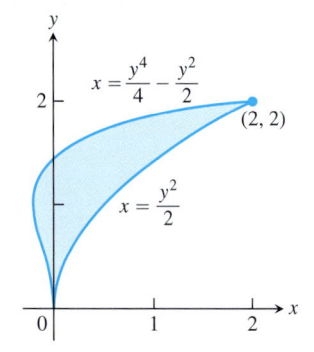

Wann rechnet man mit der Ringmethode, wann mit der Schalenmethode?

Bei vielen Flächen kann das Volumen des Rotationskörpers, der bei Drehung um eine der Koordinatenachsen entsteht, sowohl mit der Ring- als auch mit der Schalenmethode gut berechnet werden; das gilt aber nicht immer. So muss über y integriert werden, wenn eine Fläche um die y-Achse gedreht wird und wir mit der Ringmethode rechnen möchten. Es kann aber manchmal unmöglich sein, den Integranden als Funktion von y auszudrücken. Verwenden wir in solchen Fällen die Schalenmethode, so integrieren wir stattdessen über x. Die Aufgaben 28 und 29 illustrieren dieses Problem.

28. Die Fläche zwischen $y = x$ und $y = x^2$ wird um beide Koordinatenachsen gedreht. Berechnen Sie in beiden Fällen das Volumen des Rotationskörpers

a. mit der Schalenmethode und
b. mit der Ringmethode.

29. Die Geraden $2y = x + 4$, $y = x$ und $x = 0$ begrenzen ein Dreieck. Berechnen Sie das Volumen des Rotationskörpers, der entsteht, wenn man dieses Dreieck

a. um die x-Achse dreht, verwenden Sie die Ringmethode;
b. um die y-Achse dreht, verwenden Sie die Schalenmethode;
c. um die Gerade $x = 4$ dreht, verwenden Sie die Schalenmethode;
d. um die Gerade $y = 8$ dreht, verwenden Sie die Ringmethode.

In den Aufgaben 30–35 werden die angegebenen Flächen um die angegebenen Achsen gedreht. Berechnen Sie das Volumen des Rotationskörpers; entscheiden Sie selbst, ob Ihnen die Ring- oder die Schalenmethode besser geeignet erscheint.

30. Das Dreieck mit den Ecken $(1,1)$, $(1,2)$ und $(2,2)$ wird gedreht um

a. die x-Achse,
b. die y-Achse,
c. die Gerade $x = 10/3$,
d. die Gerade $y = 1$.

31. Die Fläche im ersten Quadranten zwischen der Kurve $x = y - y^3$ und der y-Achse wird gedreht um

a. die x-Achse,

b. die Gerade $y = 1$.

32. Die Fläche zwischen $y = \sqrt{x}$ und $y = x^2/8$ wird gedreht um

a. die x-Achse,

b. die y-Achse.

33. Die Fläche zwischen $y = 2x - x^2$ und $y = x$ wird gedreht um

a. die y-Achse,

b. die Gerade $x = 1$.

34. Eine Fläche im ersten Quadranten wird oben von der Kurve $y = 1/x^{1/4}$ begrenzt, links von der Geraden $x = 1/16$ und unten von der Geraden $y = 1$. Sie wird um die x-Achse gedreht. Berechnen Sie das Volumen des Rotationskörpers

a. mit der Ringmethode,

b. mit der Schalenmethode.

35. Eine Fläche im ersten Quadranten wird oben von der Kurve $y = 1/\sqrt{x}$ begrenzt, links von der Geraden $x = 1/4$ und unten von der Geraden $y = 1$. Sie wird um die y-Achse gedreht. Berechnen Sie das Volumen des Rotationskörpers

a. mit der Ringmethode,

b. mit der Schalenmethode.

Wann rechnet man mit der Scheibenmethode, wann mit der Ringmethode, wann mit der Schalenmethode?

36. Die schattierte Fläche in der untenstehenden Abbildung soll um die x-Achse gedreht werden, dabei entsteht ein Rotationskörper. Mit welcher der drei Methoden (Scheiben, Ringe, Schalen) lässt sich das Volumen des Rotationskörpers berechnen? Wie viele Integrale muss man bei jeder der Methoden berechnen? Erläutern Sie Ihre Antworten.

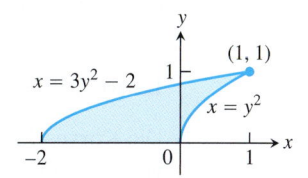

37. Eine Kugel mit dem Radius 5 wird entlang eines Durchmessers mit einem Bohrer mit Radius 3 durchbohrt, sodass eine Perle entsteht.

a. Berechnen Sie das Volumen der Perle.

b. Berechnen Sie das Volumen des Teils der Kugel, der bei dem Vorgang entfernt wurde.

38. Leiten Sie die Formel für das Volumen eines geraden Kreiszylinders mit Höhe h und Radius r her; gehen Sie dabei von einem geeigneten Rotationskörper aus.

39. Leiten Sie die Formel für das Volumen einer Kugel mit dem Radius r her, verwenden Sie die Schalenmethode.

6.3 Bogenlängen

Wir wissen natürlich, was unter der Länge einer geraden Strecke zu verstehen ist. Ohne Methoden der Analysis lassen sich dagegen keine genauen Informationen zur Länge einer gekrümmten Kurve geben. Wenn eine Kurve als Graph einer stetigen Funktion gegeben ist, die auf einem Intervall definiert ist, dann lässt sich die Länge dieser Kurve mit einem Verfahren bestimmen, das dem ähnelt, mit dem wir den Flächeninhalt zwischen einer Kurve und der x-Achse definiert haben. Bei diesem Verfahren wird die Kurve zwischen den Punkten A und B in viele Teilstücke zerlegt und die Teilungspunkte durch gerade Strecken verbunden. Wir summieren dann die Längen aller dieser Strecken und definieren die Länge der Kurve als Grenzwert dieser Summe, wenn die Zahl der Teilstrecken gegen unendlich geht.

Länge einer Kurve $y = f(x)$

Die Kurve, deren Länge wir bestimmen wollen, sei der Graph der Funktion $y = f(x)$ von $x = a$ bis $x = b$. Wir stellen nun eine Gleichung für die Länge dieser Kurve in Integralform auf; dazu nehmen wir an, dass f auf dem Intervall $[a,b]$ eine stetige Ableitung hat. Eine solche Funktion heißt **glatt**, den Graphen nennt man eine **glatte Kurve**, denn sie hat keinerlei Unterbrechungen, Ecken oder Zacken.

Wir zerlegen das Intervall $[a,b]$ in n Teilintervalle mit $a = x_0 < x_1 < x_2 < \cdots < x_n = b$. Wenn gilt $y_k = f(x_k)$, dann liegt der entsprechende Punkt $P_k(x_k, y_k)$ auf der Kurve. Wir verbinden nun zwei aufeinander folgende Punkte P_{k-1} und P_k durch gerade Strecken. Zusammengenommen bilden diese Strecken einen Polygonzug, dessen Länge die Länge der Kurve annähert (▶ Abbildung 6.22). Es sei $\Delta x_k = x_k - x_{k-1}$ und $\Delta y_k = y_k - y_{k-1}$. Eine typische Strecke auf dem Polygonzug hat dann die Länge (▶ Abbildung 6.23)

$$L_k = \sqrt{(\Delta x_k)^2 + (\Delta y_k)^2},$$

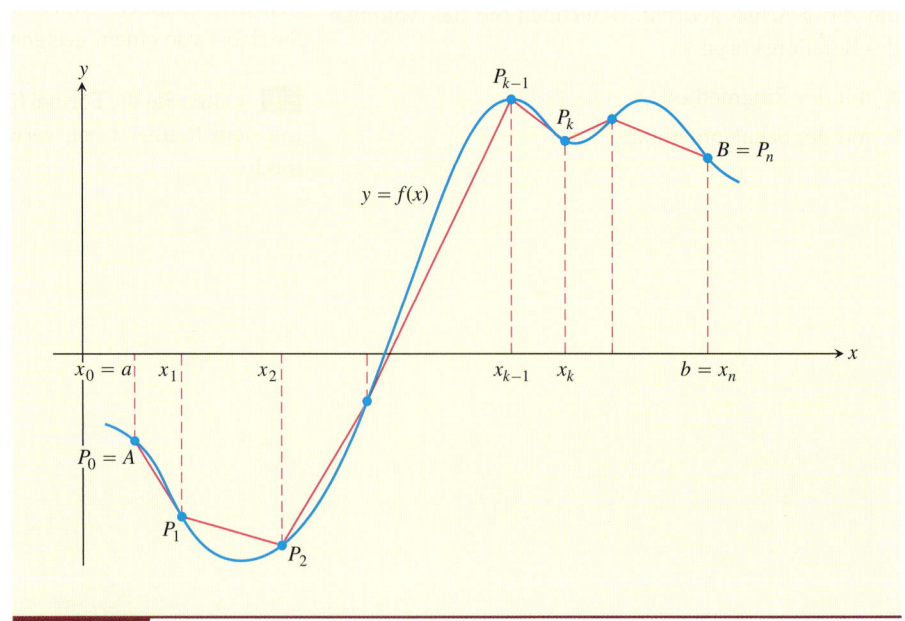

Abbildung 6.22 Die Länge des Polygonzugs $P_0 P_1 P_2 \cdots P_n$ ist eine Näherung für die Kurve $y = f(x)$ von Punkt A nach Punkt B.

6.3 Bogenlängen

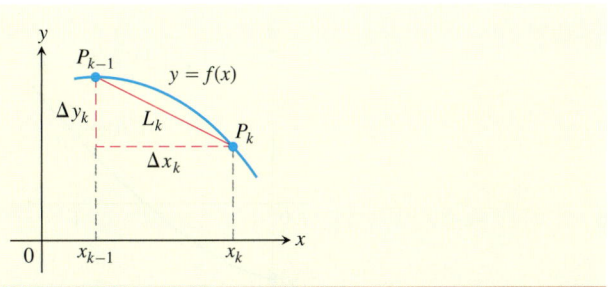

Abbildung 6.23 Der Bogen $P_{k-1}P_k$ der Kurve $y = f(x)$ wird durch die hier gezeigte gerade Strecke angenähert; diese Strecke hat die Länge $L_k = \sqrt{(\Delta x_k)^2 + (\Delta y_k)^2}$.

die Kurve wird also durch die Summe

$$\sum_{k=1}^{n} L_k = \sum_{k=1}^{n} \sqrt{(\Delta x_k)^2 + (\Delta y_k)^2} \tag{6.1}$$

angenähert. Wir erwarten natürlich, dass diese Näherung umso besser wird, je feiner $[a,b]$ unterteilt wird. Gemäß dem Mittelwertsatz der Differentialrechnung existiert eine Stelle c_k mit $x_{k-1} < c_k < x_k$, sodass gilt

$$\Delta y_k = f'(c_k)\Delta x_k \, .$$

Wir setzen diesen Term für Δy_k in Gleichung (6.1) ein und erhalten

$$\sum_{k=1}^{n} L_k = \sum_{k=1}^{n} \sqrt{(\Delta x_k)^2 + (f'(c_k)\Delta x_k)^2} = \sum_{k=1}^{n} \sqrt{1 + [f'(c_k)]^2}\Delta x_k \, . \tag{6.2}$$

$\sqrt{1 + [f'(x)]^2}$ ist stetig im Intervall $[a,b]$, sodass der Grenzwert der Riemann'schen Summe auf der rechten Seite von Gleichung (6.2) existiert, wenn die Zerlegung sehr fein ist, also die Norm gegen null geht. Wir erhalten damit

$$\lim_{n \to \infty} \sum_{k=1}^{n} L_k = \lim_{n \to \infty} \sum_{k=1}^{n} \sqrt{1 + [f'(c_k)]^2}\Delta x_k = \int_{a}^{b} \sqrt{1 + [f'(x)]^2}\,dx \, .$$

Wir definieren nun, dass der Wert dieses bestimmten Integrals der Kurvenlänge entspricht.

Definition

Es sei f' stetig auf dem Intervall $[a,b]$. Dann ist die **Länge (Bogenlänge)** der Kurve $y = f(x)$ vom Punkt $A = (a, f(a))$ zum Punkt $B = (b, f(b))$ der Wert des Integrals

$$L = \int_{a}^{b} \sqrt{1 + [f'(x)]^2}\,dx = \int_{a}^{b} \sqrt{1 + \left(\frac{dy}{dx}\right)^2}\,dx \, . \tag{6.3}$$

Beispiel 6.14 Bestimmen Sie die Länge der Kurve (▶Abbildung 6.24)

$$y = \frac{4\sqrt{2}}{3}x^{3/2} - 1, \quad 0 \leq x \leq 1 \, .$$

Berechnung einer Kurvenlänge (1)

6 Bestimmte Integrale in Anwendungen

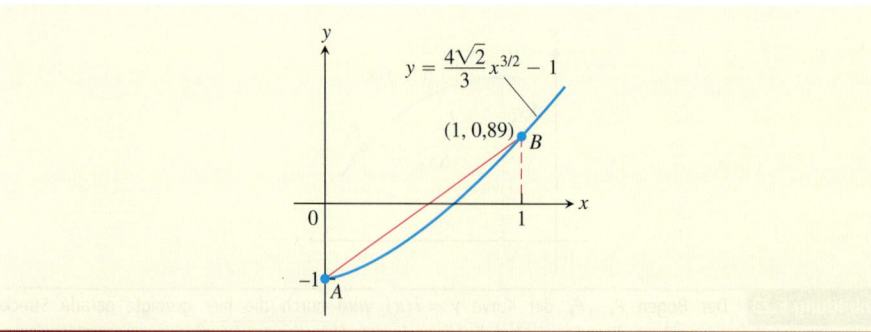

Abbildung 6.24 Die Kurve in Beispiel 6.14 ist etwas länger als die gerade Strecke, die die beiden Punkte A und B verbindet.

Lösung Wir rechnen mit Gleichung (6.3). Dazu setzen wir $a = 0, b = 1$ und berechnen zunächst den Term $(dy/dx)^2$:

$$y = \frac{4\sqrt{2}}{3}x^{3/2} - 1 \qquad x = 1, y \approx 0{,}89$$

$$\frac{dy}{dx} = \frac{4\sqrt{2}}{3} \cdot \frac{3}{2}x^{1/2} = 2\sqrt{2}x^{1/2}$$

$$\left(\frac{dy}{dx}\right)^2 = \left(2\sqrt{2}x^{1/2}\right)^2 = 8x.$$

Die Länge der Kurve von $x = 0$ bis $x = 1$ ist damit

$$L = \int_0^1 \sqrt{1 + \left(\frac{dy}{dx}\right)^2}\,dx = \int_0^1 \sqrt{1+8x}\,dx \qquad \text{Gleichung (6.3) mit } a=0, b=1$$

$$= \left[\frac{2}{3} \cdot \frac{1}{8}(1+8x)^{3/2}\right]_0^1 = \frac{13}{6} \approx 2{,}17. \qquad \begin{array}{l}u = 1+8x \text{ setzen, integrieren und}\\ \text{dann wieder } u \text{ durch } 1+8x \text{ ersetzen}\end{array}$$

Die Kurve ist also etwas länger als eine gerade Strecke zwischen den Punkten $A = (0, -1)$ und $B = (1, 4\sqrt{2}/3 - 1)$, die beide auf der Kurve liegen (Abbildung 6.24):

$$2{,}17 > \sqrt{1^2 + (1{,}89)^2} \approx 2{,}14. \qquad \text{Gerundet auf zwei Nachkommastellen} \blacksquare$$

Berechnung einer Kurvenlänge (2)

Beispiel 6.15 Berechnen Sie die Länge des Graphen von

$$f(x) = \frac{x^3}{12} + \frac{1}{x}, \quad 1 \le x \le 4.$$

Lösung ▶Abbildung 6.25 zeigt den Graphen der Funktion. Um Gleichung (6.3) anwenden zu können, berechnen wir zunächst die Ableitung

$$f'(x) = \frac{x^2}{4} - \frac{1}{x^2}.$$

Damit erhalten wir

$$1 + [f'(x)]^2 = 1 + \left(\frac{x^2}{4} - \frac{1}{x^2}\right)^2 = 1 + \left(\frac{x^4}{16} - \frac{1}{2} + \frac{1}{x^4}\right)$$

$$= \frac{x^4}{16} + \frac{1}{2} + \frac{1}{x^4} = \left(\frac{x^2}{4} + \frac{1}{x^2}\right)^2.$$

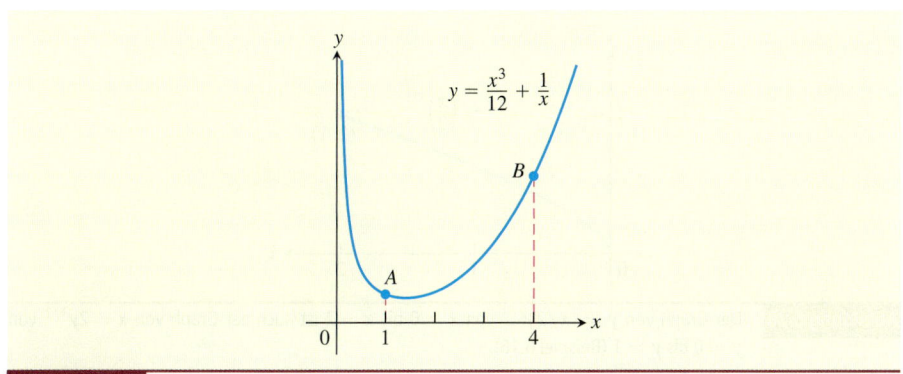

Abbildung 6.25 Die Kurve aus Beispiel 6.15 mit $A = (1, 13/12)$ und $B = (4, 67/12)$.

Die Länge des Graphen über dem Intervall $[1, 4]$ ist dann

$$L = \int_1^4 \sqrt{1 + [f'(x)]^2}\,dx = \int_1^4 \left(\frac{x^2}{4} + \frac{1}{x^2}\right) dx$$

$$= \left[\frac{x^3}{12} - \frac{1}{x}\right]_1^4 = \left(\frac{64}{12} - \frac{1}{4}\right) - \left(\frac{1}{12} - 1\right) = \frac{72}{12} = 6.$$

Stellen, an denen die Ableitung dy/dx nicht existiert

Auch wenn an einem Punkt der Kurve dy/dx nicht existiert, so kann doch dx/dy existieren. In solchen Fällen lässt sich die Bogenlänge vielleicht bestimmen, indem man x als Funktion von y ausdrückt und mit der folgenden Formel rechnet, die analog zu Gleichung (6.3) aufgestellt wurde.

> **Formel für die Bogenlänge von $x = g(y)$ für $c \leq y \leq d$**   **Merke**
> Es sei g' stetig auf dem Intervall $[c, d]$. Die Bogenlänge der Kurve $x = g(y)$ von $A = (g(c), c)$ bis $B = (g(d), d)$ ist dann
>
> $$L = \int_c^d \sqrt{1 + \left(\frac{dx}{dy}\right)^2}\,dy = \int_c^d \sqrt{1 + [g'(y)]^2}\,dy. \qquad (6.4)$$

Beispiel 6.16 Berechnen Sie die Länge der Kurve $y = (x/2)^{2/3}$ von $x = 0$ bis $x = 2$.

Bogenlänge bei Unstetigkeitsstelle

Lösung Die Ableitung

$$\frac{dy}{dx} = \frac{2}{3}\left(\frac{x}{2}\right)^{-1/3}\left(\frac{1}{2}\right) = \frac{1}{3}\left(\frac{2}{x}\right)^{1/3}$$

ist bei $x = 0$ nicht definiert, die Bogenlänge lässt sich also nicht mit Gleichung (6.3) berechnen. Wir formen daher die Gleichung der Kurve so um, dass x als Funktion von y vorliegt:

$$y = \left(\frac{x}{2}\right)^{2/3}$$

$$y^{3/2} = \frac{x}{2} \qquad \text{Beide Seiten zur Potenz 3/2 erhoben}$$

$$x = 2y^{3/2}. \qquad \text{Nach } x \text{ aufgelöst}$$

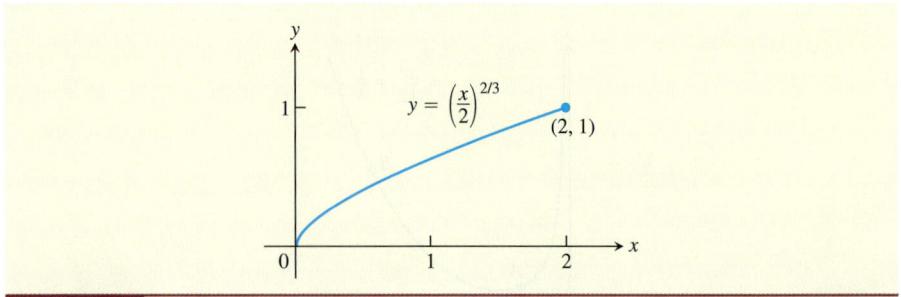

Abbildung 6.26 Der Graph von $y = (x/2)^{2/3}$ von $x = 0$ bis $x = 2$ ist auch der Graph von $x = 2y^{3/2}$ von $y = 0$ bis $y = 1$ (Beispiel 6.16).

Die betrachtete Kurve, deren Länge bestimmt werden soll, ist also auch der Graph von $x = 2y^{3/2}$ von $y = 0$ bis $y = 1$ (▶Abbildung 6.26).

Die Ableitung

$$\frac{dx}{dy} = 2\left(\frac{3}{2}\right)y^{1/2} = 3y^{1/2}$$

ist stetig in $[0, 1]$. Die Bogenlänge der Kurve lässt sich also mit Gleichung (6.4) berechnen.

$$L = \int_c^d \sqrt{1 + \left(\frac{dx}{dy}\right)^2}\, dy = \int_0^1 \sqrt{1 + 9y}\, dy \quad \text{Gleichung (6.4) mit } c = 0, d = 1.$$

$$= \frac{1}{9} \cdot \frac{2}{3}\left[(1 + 9y)^{3/2}\right]_0^1 \quad u = 1 + 9y \text{ gesetzt, also } du/9 = dy,$$
$$\text{integriert und rücksubstituiert}$$

$$= \frac{2}{27}\left(10\sqrt{10} - 1\right) \approx 2{,}27\,.$$

Das Differential der Bogenlänge

Es seien $y = f(x)$ und f' stetig auf $[a, b]$. Wir können dann eine neue Funktion definieren:

$$s(x) = \int_a^x \sqrt{1 + [f'(t)]^2}\, dt\,. \tag{6.5}$$

Diese Funktion s ist stetig und misst die Länge der Kurve $y = f(x)$ vom Anfangspunkt $P_0(a, f(a))$ zum Punkt $Q(x, f(x))$ für jedes $x \in [a, b]$. Dies wird deutlich, wenn man Gleichung (6.3) betrachtet. Diese Funktion nennt man die **Funktion der Bogenlänge** für $y = f(x)$. Gemäß dem Hauptsatz der Differential- und Integralrechnung ist diese Funktion differenzierbar auf (a, b), und es gilt

$$\frac{ds}{dx} = \sqrt{1 + [f'(x)]^2} = \sqrt{1 + \left(\frac{dy}{dx}\right)^2}\,.$$

Das **Differential der Bogenlänge** ist damit

$$ds = \sqrt{1 + \left(\frac{dy}{dx}\right)^2}\, dx\,. \tag{6.6}$$

Gleichung (6.6) kann auch folgendermaßen geschrieben werden:

$$ds = \sqrt{dx^2 + dy^2}\,, \tag{6.7}$$

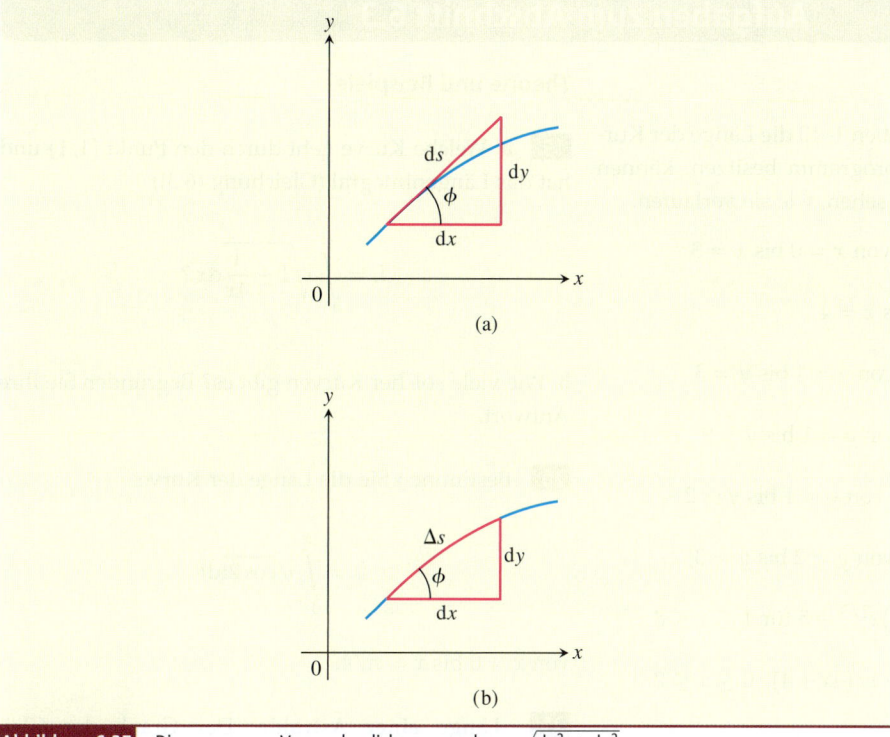

Abbildung 6.27 Diagramme zur Veranschaulichung von $ds = \sqrt{dx^2 + dy^2}$.

diese Form ist vielleicht leichter zu merken. Gleichung (6.7) lässt sich mit passenden Integrationsgrenzen integrieren, man erhält damit die Gesamtlänge der Kurve. Alle Gleichungen für die Bogenlänge sind von diesem Standpunkt aus gesehen lediglich unterschiedliche Ausdrücke für die Gleichung $L = \int ds$ (mit geeigneten Grenzen versehen). ▶Abbildung 6.27a zeigt ds gemäß Gleichung (6.7). ▶Abbildung 6.27b soll die Bedeutung von ds als Näherung von Δs zeigen; also $ds \approx \Delta s$.

Beispiel 6.17 Stellen Sie die Funktion der Bogenlänge für die Kurve aus Beispiel 6.15 auf; der Startpunkt sei $A = (1, 13/12)$ (Abbildung 6.25).

Funktion der Bogenlänge

Lösung Bei der Lösung von Beispiel 6.15 haben wir die folgende Gleichung hergeleitet:

$$1 + [f'(x)]^2 = \left(\frac{x^2}{4} + \frac{1}{x^2}\right)^2.$$

Die Funktion der Bogenlänge ist damit

$$s(x) = \int_1^x \sqrt{1 + [f'(t)]^2}\,dt = \int_1^x \left(\frac{t^2}{4} + \frac{1}{t^2}\right) dt$$

$$= \left[\frac{t^3}{12} - \frac{1}{t}\right]_1^x = \frac{x^3}{12} - \frac{1}{x} + \frac{11}{12}.$$

Um die Bogenlänge der Kurve zu berechnen, z. B. von $A = (1, 13/12)$ nach $B = (4, 67/12)$, muss man jetzt lediglich den Wert von $s(4)$ bestimmen:

$$s(4) = \frac{4^3}{12} - \frac{1}{4} + \frac{11}{12} = 6.$$

Dieses Ergebnis haben wir auch in Beispiel 6.15 erhalten.

Aufgaben zum Abschnitt 6.3

Kurvenlängen berechnen

Berechnen Sie in den Aufgaben 1–10 die Länge der Kurven. Wenn Sie ein Grafikprogramm besitzen, können Sie sie zuvor zeichnen und sehen, wie sie verlaufen.

1. $y = (1/3)(x^2 + 2)^{3/2}$ von $x = 0$ bis $x = 3$

2. $y = x^{3/2}$ von $x = 0$ bis $x = 4$

3. $x = (y^3/3) + 1/(4y)$ von $y = 1$ bis $y = 3$

4. $x = (y^{3/2}/3) - y^{1/2}$ von $y = 1$ bis $y = 9$

5. $x = (y^4/4) + 1/(8y^2)$ von $y = 1$ bis $y = 2$

6. $x = (y^3/6) + 1/(2y)$ von $y = 2$ bis $y = 3$

7. $y = (3/4)x^{4/3} - (3/8)x^{2/3} + 5$ für $1 \leq x \leq 8$

8. $y = (x^3/3) + x^2 + x + 1/(4x+4)$, $0 \leq x \leq 2$

9. $x = \int_0^y \sqrt{\sec^4 t - 1}\, dt$ für $-\pi/4 \leq y \leq \pi/4$

10. $y = \int_{-2}^x \sqrt{3t^4 - 1}\, dt$ für $-2 \leq x \leq -1$

Integrale zur Bestimmung der Bogenlänge

Führen Sie in den Aufgaben 11–18 die folgenden Schritte aus:

a. Stellen Sie ein Integral auf, das die Kurvenlänge angibt.

b. Zeichnen Sie die Kurve, um ihren Verlauf zu sehen.

c. Berechnen Sie das Integral mit einem Integrationsprogramm und bestimmen Sie so die Kurvenlänge numerisch.

11. $y = x^2$ für $-1 \leq x \leq 2$

12. $y = \tan x$, $-\pi/3 \leq x \leq 0$

13. $x = \sin y$ für $0 \leq y \leq \pi$

14. $x = \sqrt{1 - y^2}$, $-1/2 \leq y \leq 1/2$

15. $y^2 + 2y = 2x + 1$ von $(-1, -1)$ bis $(7, 3)$

16. $y = \sin x - x \cos x$, $0 \leq x \leq \pi$

17. $y = \int_0^x \tan t\, dt$ für $0 \leq x \leq \pi/6$

18. $x = \int_0^y \sqrt{\sec^2 t - 1}\, dt$ für $-\pi/3 \leq y \leq \pi/4$

Theorie und Beispiele

19. a. Welche Kurve geht durch den Punkt $(1, 1)$ und hat das Längenintegral (Gleichung (6.3))

$$L = \int_1^4 \sqrt{1 + \frac{1}{4x}}\, dx\,?$$

b. Wie viele solcher Kurven gibt es? Begründen Sie Ihre Antwort.

20. Bestimmen Sie die Länge der Kurve

$$y = \int_0^x \sqrt{\cos 2t}\, dt$$

von $x = 0$ bis $x = \pi/4$.

21. Länge einer Astroide Der Graph der Gleichung $x^{2/3} + y^{2/3} = 1$ ist eine der sogenannten *Astroiden* oder *Sternkurven*. Diese Familie von Kurven wird so genannt, da die Graphen ein wenig wie Sterne aussehen (untenstehende Abbildung), sollte aber dennoch nicht mit den *Asteroiden* verwechselt werden. Bestimmen Sie die Bogenlänge dieser Astroide. Berechnen Sie dazu zunächst die Hälfte des Bogens im ersten Quadranten $y = (1 - x^{2/3})^{3/2}$ für $\sqrt{2}/4 \leq x \leq 1$ und multiplizieren Sie das Ergebnis mit 8.

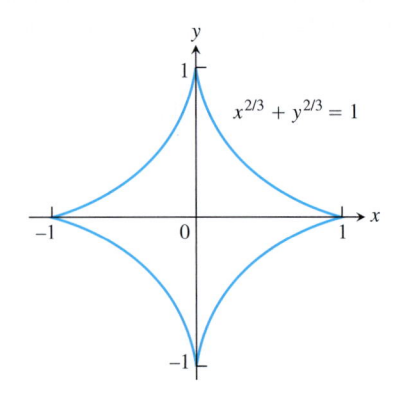

22. Länge einer Strecke Bestimmen Sie mithilfe der Gleichung für die Bogenlänge (Gleichung (6.3)) die Länge der Strecke $y = 3 - 2x$ für $0 \leq x \leq 2$. Berechnen Sie dann die Länge der Strecke als Hypotenuse eines rechtwinkligen Dreiecks und überprüfen Sie so Ihre Antwort.

23. Umfang eines Kreises Stellen Sie ein Integral auf, mit dem Sie den Umfang eines Kreises mit Radius r berechnen können, dessen Mittelpunkt im Ursprung liegt. In Abschnitt 8.3 werden wir behandeln, wie man dieses Integral löst.

24. Es sei $9x^2 = y(y-3)^2$. Zeigen Sie, dass dann gilt

$$ds^2 = \frac{(y+1)^2}{4y} dy^2.$$

25. Gibt es eine glatte (stetig differenzierbare) Kurve $y = f(x)$, deren Länge in dem Intervall $0 \leq x \leq a$ immer $\sqrt{2}a$ beträgt? Begründen Sie Ihre Antwort.

26. Herleitung der Gleichung für die Bogenlänge mit Tangenten Es sei f glatt über $[a,b]$ und das Intervall $[a,b]$ werde auf die übliche Weise zerlegt. Wir konstruieren nun in jedem Teilintervall $[x_{k-1}, x_k]$ eine Tangente im Punkt $(x_{k-1}, f(x_{k-1}))$, wie in der untenstehenden Abbildung zu sehen ist.

a. Zeigen Sie, dass für die Länge der k-ten Tangente im Intervall $[x_{k-1}, x_k]$ gilt $\sqrt{(\Delta x_k)^2 + (f'(x_{k-1})\Delta x_k)^2}$.

b. Zeigen Sie, dass gilt

$$\lim_{n \to \infty} \sum_{k=1}^{n} \text{Länge der } k\text{-ten Tangente} = \int_a^b \sqrt{1 + (f'(x))^2} dx.$$

Dieser Grenzwert ist die Länge der Kurve $y = f(x)$ von a bis b.

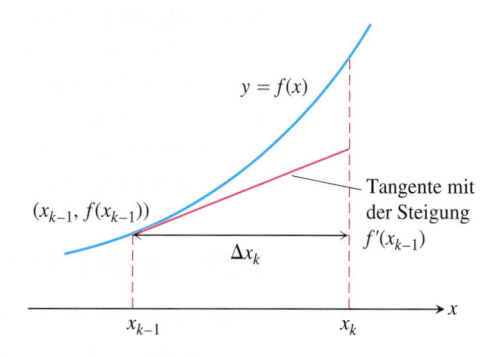

27. Bestimmen Sie näherungsweise die Länge von einem Viertel des Einheitskreises (der exakte Wert ist $\pi/2$), indem Sie eine Näherung durch einen Polygonzug mit $n = 4$ Teilstücken betrachten (untenstehende Abbildung).

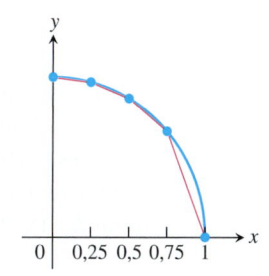

28. Bestimmen Sie die Funktion der Bogenlänge für den Graphen von $f(x) = 2x^{3/2}$, starten Sie bei $(0,0)$. Wie lang ist die Kurve von $(0,0)$ bis $(1,2)$?

6.4 Rotationsflächen

Beim Seilspringen beschreibt das Seil in der Luft eine Fläche, die einer sogenannten *Rotationsfläche* sehr ähnlich ist. Eine solche Fläche entspricht der Oberfläche eines Rotationskörpers. In vielen Anwendungen ist die Größe der Oberfläche eines Rotationskörpers wichtiger als der Wert des Volumens. In diesem Kapitel definieren wir Rotationsflächen und berechnen ihren Flächeninhalt. Im zweiten Band, in Kapitel 16, behandeln wir allgemeinere Oberflächen.

Definition des Flächeninhalts einer Oberfläche

Dreht man eine ebene Fläche, die von dem Graphen einer Funktion in einem Intervall begrenzt wird, um eine Rotationsachse, so erhält man einen Rotationskörper. Das haben wir weiter oben in diesem Kapitel behandelt. Dreht man nun aber nicht die Fläche, sondern lediglich die Begrenzungskurve um eine Achse, so erhält man keinen Körper. Hier entsteht eine Rotationsfläche, die einen Körper einschließt und seine Begrenzungsfläche (oder ein Teil davon) ist. So wie wir im letzten Abschnitt die Bogenlänge einer Kurve definiert und berechnet haben, wollen wir jetzt den Flächeninhalt der Fläche definieren und berechnen, die bei Drehung einer Kurve um eine Achse entsteht.

Bevor wir allgemeine Kurven behandeln, betrachten wir zunächst horizontale und geneigte Strecken, die um die x-Achse gedreht werden. Wenn wir z. B. eine horizontale Strecke AB mit der Länge Δx um die x-Achse drehen (▶Abbildung 6.28a), so erzeugen wir einen Zylinder mit der Oberfläche $2\pi y \Delta x$. Dieser Flächeninhalt ist der gleiche wie der eines Rechtecks mit den Seitenlängen Δx und $2\pi y$ (▶Abbildung 6.28b). Die Länge $2\pi y$ entspricht dem Umfang eines Kreises mit Radius y. Ein solcher Kreis entsteht, wenn der Punkt (x, y) auf der Strecke AB um die x-Achse gedreht wird.

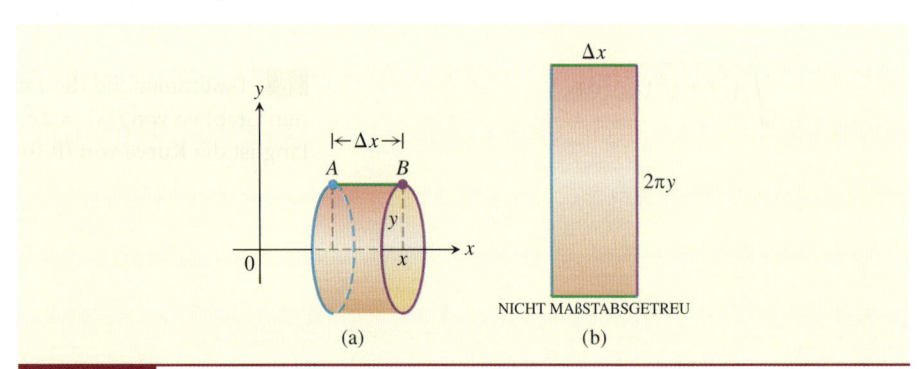

Abbildung 6.28 (a) Dreht man eine horizontale Strecke AB der Länge Δx um die x-Achse, so erhält man eine zylindrische Fläche mit dem Flächeninhalt $2\pi y \Delta x$. (b) Rollt man diese zylindrische Fläche in einer Ebene ab, so erhält man ein Rechteck.

Wenn die Strecke AB mit der Länge L geneigt und nicht horizontal ist, so erzeugt man bei Drehung von AB um die x-Achse einen Kegelstumpf (▶Abbildung 6.29a). Aus der klassischen Geometrie wissen wir, dass die Oberfläche eines solchen Kegelstumpfes den Flächeninhalt $2\pi y^* L$ hat, dabei ist $y^* = (y_1 + y_2)/2$ der mittlere Abstand der geneigten Strecke AB von der x-Achse. Der Flächeninhalt ist der gleiche wie der eines Rechtecks mit den Seitenlängen L und $2\pi y^*$ (▶Abbildung 6.29b).

Wir gehen jetzt von diesen Ergebnissen der Geometrie aus und definieren den Inhalt von Flächen, die beim Rotieren von Kurven um die x-Achse entstehen. Dreht man eine nichtnegative stetige Funktion $y = f(x)$ mit $a \leq x \leq b$ zwischen a und b um die x-Achse – gemeint ist natürlich, dass der Graph gedreht wird –, so entsteht eine Flä-

6.4 Rotationsflächen

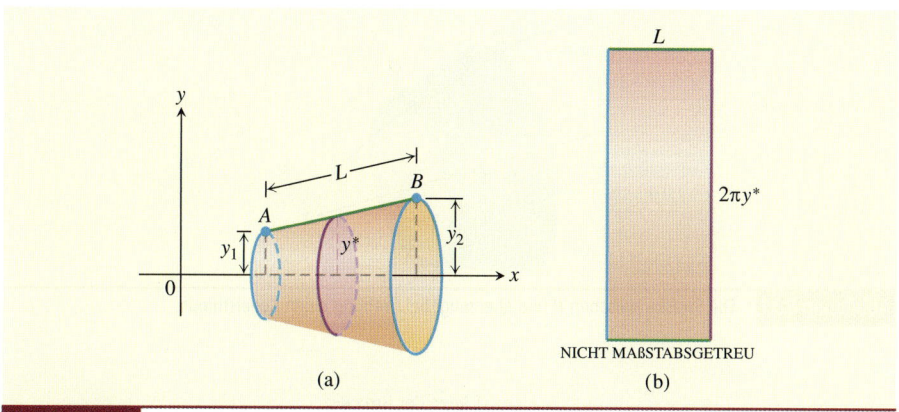

Abbildung 6.29 (a) Dreht man eine geneigte Strecke AB der Länge L um die x-Achse, so erhält man einen Kegelstumpf mit der Oberfläche $2\pi y^* L$ (b) Das Rechteck mit den Seitenlängen L und $y^* = \dfrac{y_1 + y_2}{2}$, dem mittleren Abstand der Strecke AB von der x-Achse.

che, deren Flächeninhalt wir bestimmen wollen. Wir zerlegen dafür das abgeschlossene Intervall $[a,b]$ auf die übliche Weise in n Teilintervalle. Zwischen den Teilungspunkten liegen jetzt kurze Bogenstücke des Graphen. Ein solches Bogenstück PQ (▶Abbildung 6.30) ist Teil des Graphen von f und erzeugt bei Drehung um die x-Achse einen Ring.

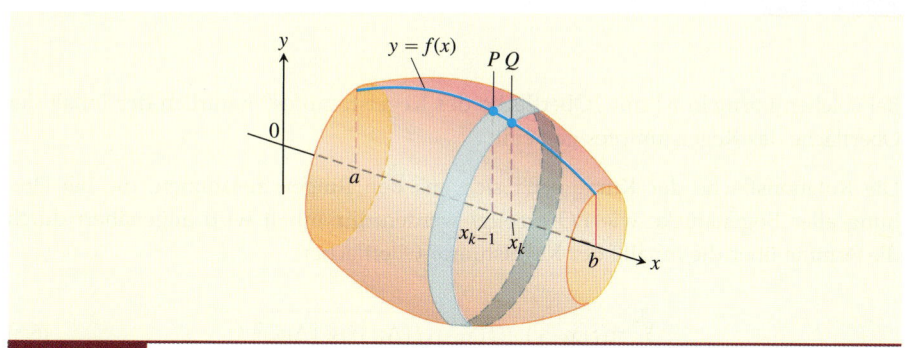

Abbildung 6.30 Dreht man den Graphen der nichtnegativen Funktion $y = f(x)$ mit $a \leq x \leq b$ um die x-Achse, so entsteht eine Fläche. Diese Fläche kann man in Ringe einteilen, die von einzelnen Bogenstücken der Kurve erzeugt werden; hier sind der Bogen PQ und der entsprechende Ring eingezeichnet.

Die Strecke zwischen P und Q ergibt bei dieser Drehung um die x-Achse einen Kegelstumpf, dessen Achse auf der x-Achse liegt (▶Abbildung 6.31). Die Oberfläche dieses Kegelstumpfes ist eine Näherung für die Fläche des Rings, den der Bogen PQ erzeugt. Der Inhalt der Oberfläche des Kegelstumpfes in Abbildung 6.31 ist $2\pi y^* L$, dabei ist y^* der mittlere Abstand der Strecke zwischen P und Q von der x-Achse und L die Länge der Strecke (genauso wie oben).

Wenn $f \geq 0$ ist, können wir aus ▶Abbildung 6.32 damit entnehmen, dass der mittlere Abstand der Strecke $y^* = (f(x_{k-1}) + f(x_k))/2$ beträgt und die Länge der Strecke $L = \sqrt{(\Delta x_k)^2 + (\Delta y_k)^2}$ ist. Damit erhalten wir:

$$\begin{aligned}\text{Oberfläche des Kegelstumpfes} &= 2\pi \cdot \frac{f(x_{k-1}) + f(x_k)}{2} \cdot \sqrt{(\Delta x_k)^2 + (\Delta y_k)^2} \\ &= \pi(f(x_{k-1}) + f(x_k))\sqrt{(\Delta x_k)^2 + (\Delta y_k)^2}.\end{aligned}$$

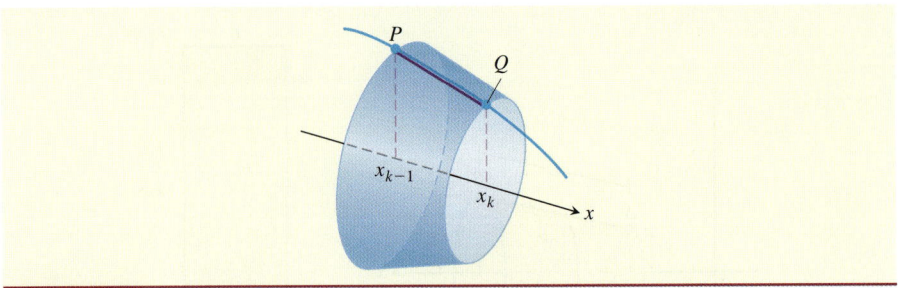

Abbildung 6.31 Die Strecke zwischen P und Q erzeugt bei Drehung einen Kegelstumpf.

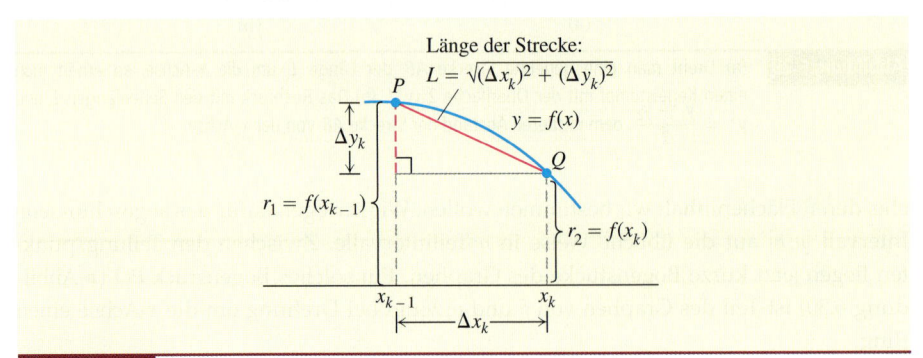

Abbildung 6.32 Das Bogenstück der Kurve und die Strecke zwischen P und Q.

Bei solchen Formeln ist mit „Oberfläche des Kegelstumpfes" natürlich der Inhalt der Oberfläche des Kegelstumpfes gemeint.

Die Rotationsfläche der Kurve setzt sich aus den Ringen zusammen, die bei Drehung aller Bogenstücke wie PQ erzeugt werden. Ihr Inhalt wird angenähert durch die Summe über die Inhalte der Kegelstumpf-Oberflächen.

$$\sum_{k=1}^{n} \pi(f(x_{k-1}) + f(x_k))\sqrt{(\Delta x_k)^2 + (\Delta y_k)^2}\,. \tag{6.8}$$

Diese Näherung wird umso besser, je feiner die Zerlegung von $[a,b]$ ist. Ist die Funktion f differenzierbar, so gibt es gemäß dem Mittelwertsatz einen Punkt $(c_k, f(c_k))$ zwischen P und Q auf der Kurve, in dem die Tangente parallel zu der Strecke PQ ist (▶Abbildung 6.33). In diesem Punkt gilt

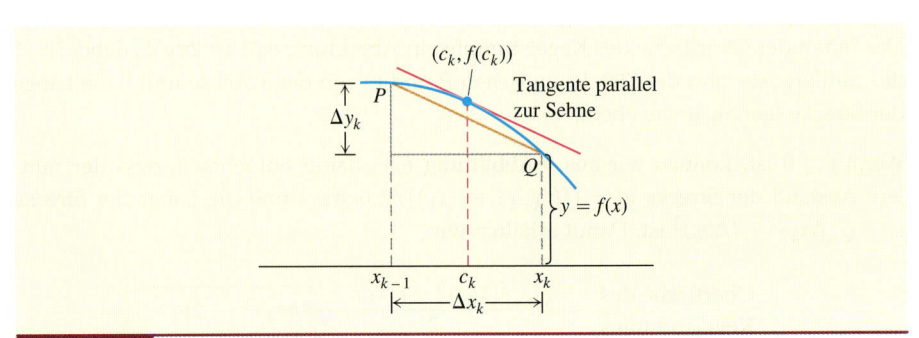

Abbildung 6.33 Für differenzierbares f existiert gemäß dem Mittelwertsatz ein Punkt c_k, in dem die Tangente parallel zu PQ ist.

6.4 Rotationsflächen

$$f'(c_k) = \frac{\Delta y_k}{\Delta x_k},$$

$$\Delta y_k = f'(c_k)\Delta_{x_k}.$$

Setzen wir diesen Ausdruck für Δy_k in (6.8) ein, so erhalten wir für die Summe

$$\sum_{k=1}^{n} \pi(f(x_{k-1}) + f(x_k))\sqrt{(\Delta x_k)^2 + (f'(c_k)\Delta x_k)^2}$$

$$= \sum_{k=1}^{n} \pi(f(x_{k-1}) + f(x_k))\sqrt{1 + (f'(c_k))^2}\Delta x_k. \quad (6.9)$$

Diese Summe ist nicht die Riemann'sche Summe einer Funktion, denn die Punkte x_{k-1}, x_k und c_k fallen nicht zusammen. Man kann aber dennoch zeigen: Geht die Norm der Zerlegung gegen null, so konvergieren die Ausdrücke in (6.9) gegen das Integral

$$\int_a^b 2\pi f(x)\sqrt{1 + (f'(x))^2}\,dx.$$

Wir definieren nun, dass dieses Integral der Flächeninhalt der Rotationsfläche ist, die von dem Graphen von f zwischen a und b bei Drehung um die x-Achse gebildet wird.

> **Definition**
>
> Die Funktion $f(x) \geq 0$ sei auf dem Intervall $[a,b]$ stetig differenzierbar. Der Flächeninhalt der **Rotationsfläche**, die bei Rotation des Graphen von $y = f(x)$ zwischen a und b um die x-Achse entsteht, ist dann
>
> $$S = \int_a^b 2\pi y\sqrt{1 + \left(\frac{dy}{dx}\right)^2}\,dx = \int_a^b 2\pi f(x)\sqrt{1 + (f'(x))^2}\,dx. \quad (6.10)$$

Der Wurzelterm in Gleichung (6.10) entspricht dem Differential der Bogenlänge der Kurve, die die Rotationsfläche erzeugt (Gleichung (6.6) in Abschnitt 6.3).

Beispiel 6.18 Die Kurve $y = 2\sqrt{x}$ mit $1 \leq x \leq 2$, also der Graph der Funktion $y = 2\sqrt{x}$, wird um die x-Achse gedreht. Berechnen Sie den Flächeninhalt der Rotationsfläche (▶ Abbildung 6.34).

Berechnung einer Rotationsfläche bei Drehung um die x-Achse

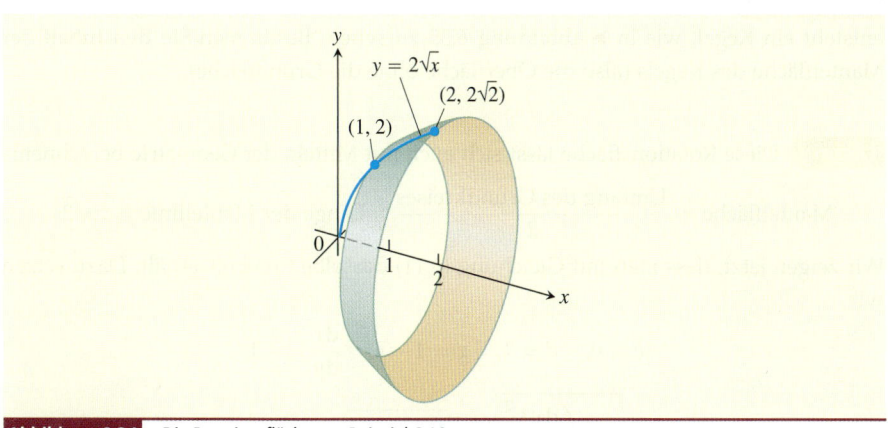

Abbildung 6.34 Die Rotationsfläche aus Beispiel 6.18.

6 Bestimmte Integrale in Anwendungen

Lösung Wir berechnen

$$S = \int_a^b 2\pi y \sqrt{1 + \left(\frac{dy}{dx}\right)^2}\,dx \qquad \text{Gleichung (6.10)}$$

mit

$$a = 1, \quad b = 2, \quad y = 2\sqrt{x} \quad \frac{dy}{dx} = \frac{1}{\sqrt{x}}.$$

Zuerst formen wir den Wurzelterm im Integranden algebraisch um, sodass er leichter zu integrieren ist:

$$\sqrt{1 + \left(\frac{dy}{dx}\right)^2} = \sqrt{1 + \left(\frac{1}{\sqrt{x}}\right)^2}$$
$$= \sqrt{1 + \frac{1}{x}} = \sqrt{\frac{x+1}{x}} = \frac{\sqrt{x+1}}{\sqrt{x}}.$$

Setzen wir dies in die Gleichung für die Oberfläche ein, so erhalten wir

$$S = \int_1^2 2\pi \cdot 2\sqrt{x}\, \frac{\sqrt{x+1}}{\sqrt{x}}\,dx = 4\pi \int_1^2 \sqrt{x+1}\,dx$$
$$= \left[4\pi \cdot \frac{2}{3}(x+1)^{3/2}\right]_1^2 = \frac{8\pi}{3}(3\sqrt{3} - 2\sqrt{2}).$$

Rotation um die y-Achse

Die Formel für den Flächeninhalt bei Rotation um die y-Achse ergibt sich, wenn wir in Gleichung (6.10) x und y vertauschen.

> **Merke**
>
> **Flächeninhalt der Rotationsfläche bei Drehung um die y-Achse** Die Funktion $x = g(y) \geq 0$ sei auf dem Intervall $[c, d]$ stetig differenzierbar. Der Flächeninhalt der Rotationsfläche, die bei Rotation des Graphen von $x = g(y)$ um die y-Achse entsteht, ist dann
>
> $$S = \int_c^d 2\pi x \sqrt{1 + \left(\frac{dx}{dy}\right)^2}\,dy = \int_c^d 2\pi g(y)\sqrt{1 + (g'(y))^2}\,dy. \qquad (6.11)$$

Berechnung einer Rotationsfläche bei Drehung um die y-Achse

Beispiel 6.19 Die Strecke $x = 1 - y$ mit $0 \leq y \leq 1$ wird um die y-Achse gedreht, dabei entsteht ein Kegel, wie in ▶Abbildung 6.35 zu sehen. Bestimmen Sie den Inhalt der Mantelfläche des Kegels (also die Oberfläche ohne die Grundfläche).

Lösung Diese Rotationsfläche lässt sich auch mit Mitteln der Geometrie berechnen:

$$\text{Mantelfläche} = \frac{\text{Umfang des Grundkreises}}{2} \times \text{Länge der Mantellinie} = \pi\sqrt{2}.$$

Wir zeigen jetzt, dass man mit Gleichung (6.11) dasselbe Ergebnis erhält. Dazu setzen wir

$$c = 0, \quad d = 1, \quad x = 1 - y, \quad \frac{dx}{dy} = -1,$$

$$\sqrt{1 + \left(\frac{dx}{dy}\right)^2} = \sqrt{1 + (-1)^2} = \sqrt{2}$$

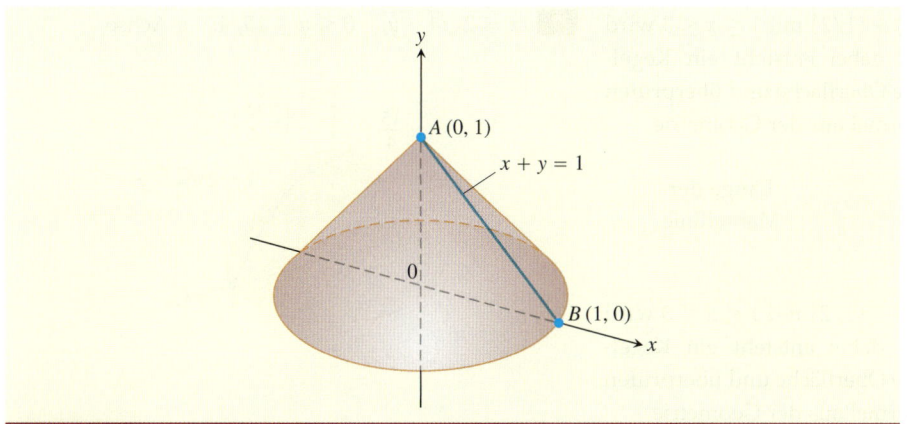

Abbildung 6.35 Dreht man die Strecke AB um die y-Achse, so entsteht ein Kegel, dessen Mantelfläche wir jetzt mit zwei Verfahren berechnen können (Beispiel 6.19).

und berechnen damit

$$S = \int_c^d 2\pi x \sqrt{1 + \left(\frac{dx}{dy}\right)^2} dy = \int_0^1 2\pi(1-y)\sqrt{2} dy$$

$$= 2\pi\sqrt{2}\left[y - \frac{y^2}{2}\right]_0^1 = 2\pi\sqrt{2}\left(1 - \frac{1}{2}\right)$$

$$= \pi\sqrt{2}.$$

Wie erwartet stimmen die Ergebnisse überein.

Aufgaben zum Abschnitt 6.4

Integrale zur Bestimmung von Rotationsflächen aufstellen

Führen Sie in den Aufgaben 1–8 die folgenden Schritte aus:

a. Stellen Sie ein Integral für die Rotationsfläche auf, die entsteht, wenn der Graph der gegebenen Kurve um die gegebene Achse gedreht wird.

b. Zeichnen Sie die Kurve, um ihren Verlauf zu erkennen. Versuchen Sie außerdem, wenn möglich, auch die Oberfläche darzustellen.

c. Bestimmen Sie den numerischen Wert des Integrals mithilfe eines Integrationsprogramms.

1. $y = \tan x$, $0 \leq x \leq \pi/4$; x-Achse
2. $y = x^2$, $0 \leq x \leq 2$; x-Achse
3. $xy = 1$, $1 \leq y \leq 2$; y-Achse
4. $x = \sin y$, $0 \leq y \leq \pi$; y-Achse
5. $x^{1/2} + y^{1/2} = 3$ von $(4,1)$ bis $(1,4)$; x-Achse
6. $y + 2\sqrt{y} = x$, $1 \leq y \leq 2$; y-Achse
7. $x = \int_0^y \tan t\, dt$, $0 \leq y \leq \pi/3$; y-Achse
8. $y = \int_1^x \sqrt{t^2 - 1}\, dt$, $1 \leq x \leq \sqrt{5}$; x-Achse

Berechnung des Flächeninhalts von Oberflächen

9. Die Strecke $y = x/2$ mit $0 \leq x \leq 4$ wird um die x-Achse gedreht, dabei entsteht ein Kegel. Berechnen Sie seine Mantelfläche und überprüfen Sie Ihr Ergebnis mit der Formel aus der Geometrie

$$\text{Mantelfläche} = \frac{1}{2} \times \text{Umfang des Grundkreises} \times \text{Länge der Mantellinie}$$

10. Die Strecke $y = (x/2) + (1/2)$ mit $1 \leq x \leq 3$ wird um die x-Achse gedreht, dabei entsteht ein Kegelstumpf. Berechnen Sie seine Oberfläche und überprüfen Sie Ihr Ergebnis mit der Formel aus der Geometrie

$$\begin{array}{l}\text{Oberfläche des}\\ \text{Kegelstumpfes}\end{array} = \pi(r_1 + r_2) \times \begin{array}{l}\text{Länge der}\\ \text{Mantellinie}\end{array}$$

11. Die Strecke $y = (x/2) + (1/2)$ mit $1 \leq x \leq 3$ wird um die y-Achse gedreht, dabei entsteht ein Kegelstumpf. Berechnen Sie seine Oberfläche und überprüfen Sie Ihr Ergebnis mit der Formel aus der Geometrie

$$\begin{array}{l}\text{Oberfläche des}\\ \text{Kegelstumpfes}\end{array} = \pi(r_1 + r_2) \times \begin{array}{l}\text{Länge der}\\ \text{Mantellinie}\end{array}$$

Die Graphen der Kurven in den Aufgaben 12–22 werden um die angegebenen Achsen gedreht. Berechnen Sie die Inhalte der Rotationsflächen. Wenn Sie ein Grafikprogramm haben, können Sie sie zuvor zeichnen und sehen, wie sie verlaufen.

12. $y = x^3/9$, $0 \leq x \leq 2$; x-Achse

13. $y = \sqrt{x}$, $3/4 \leq x \leq 15/4$; x-Achse

14. $y = \sqrt{2x - x^2}$, $0{,}5 \leq x \leq 1{,}5$; x-Achse

15. $y = \sqrt{x+1}$, $1 \leq x \leq 5$; x-Achse

16. $x = y^3/3$, $0 \leq y \leq 1$; y-Achse

17. $x = (1/3)y^{3/2} - y^{1/2}$, $1 \leq y \leq 3$; y-Achse

18. $y = (x^2/2) + (1/2)$, $0 \leq x \leq 1$; y-Achse

19. $y = (1/3)(x^2 + 2)^{3/2}$, $0 \leq x \leq \sqrt{2}$; y-Achse

(*Hinweis*: Schreiben Sie $ds = \sqrt{dx^2 + dy^2}$ als Funktion von dx und berechnen Sie das Integral $S = \int 2\pi x\, ds$ mit passenden Integrationsgrenzen.)

20. $x = (y^4/4) + 1/(8y^2)$, $1 \leq y \leq 2$; x-Achse

(*Hinweis*: Schreiben Sie $ds = \sqrt{dx^2 + dy^2}$ als Funktion von dy und berechnen Sie das Integral $S = \int 2\pi y\, ds$ mit passenden Integrationsgrenzen.)

21. $x = 2\sqrt{4-y}$, $0 \leq y \leq 15/4$; y-Achse

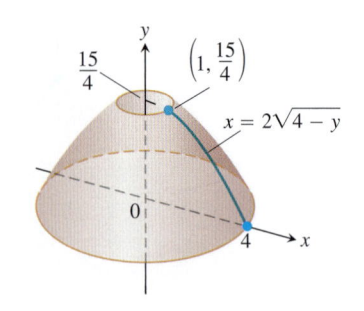

22. $x = \sqrt{2y-1}$, $5/8 \leq y \leq 1$; y-Achse

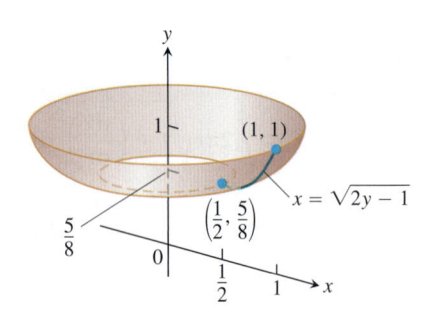

23. **Überprüfen der Definition von Rotationsflächen** Zeigen Sie, dass die Oberfläche einer Kugel mit Radius a den Flächeninhalt $4\pi a^2$ hat. Berechnen Sie dazu mit Gleichung (6.10) den Flächeninhalt der Rotationsfläche, die bei Drehung der Strecke $y = \sqrt{a^2 - x^2}$ für $-a \leq x \leq a$ um die x-Achse entsteht.

24. **Emaillieren eines Woks** Sie arbeiten in einer Firma für Küchengeräte und haben einen Wok entwickelt. Ihre Firma beschließt nun, von diesem Wok eine De-luxe-Version auf den Markt zu bringen. Dafür soll die Innenseite mit weißem Email und die Außenseite mit blauem Email überzogen werden. Beide Email-Schichten werden 0,5 mm dick aufgetragen und dann gebrannt (die ▶untenstehende Abbildung). Die Produktionsabteilung fragt nun an, wie viel Email sie für die Produktion von 5000 Woks braucht. Was antworten Sie? (Ignorieren Sie Abfall und Überschuss, und geben Sie das Ergebnis in Litern an. Es gilt $1\,\text{cm}^3 = 1\,\text{ml}$, also $1\,\text{l} = 1000\,\text{cm}^3$.)

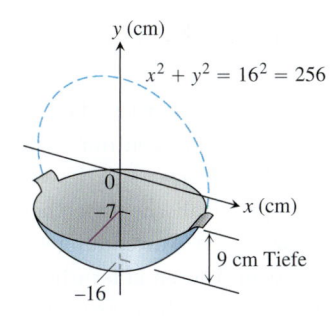

25. Brotscheiben Schneidet man einen kugelförmigen Brotleib in Scheiben mit gleicher Dicke, so hat jede Scheibe die gleiche Menge Kruste. Dieses vielleicht erstaunliche Ergebnis kann man folgendermaßen zeigen: Der unten gezeigte Halbkreis $y = \sqrt{r^2 - x^2}$ wird um die x-Achse gedreht, so entsteht eine Kugel. Es sei AB ein Bogenstück des Halbkreises, das oberhalb eines Intervalls der Länge h auf der x-Achse liegt. Zeigen Sie, dass der Flächeninhalt der Fläche, die bei Rotation von AB entsteht, nicht von der Lage von AB abhängt. (Dagegen hängt er von der Länge des Intervalls ab.)

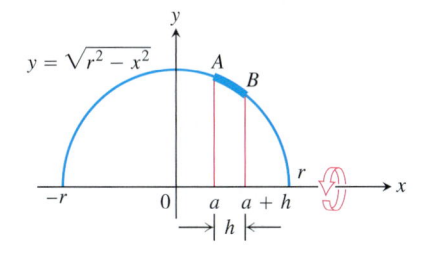

26. Das schattierte Band in der untenstehenden Abbildung wurde aus einer Kugel mit Radius R herausgeschnitten, indem die Kugel mit zwei parallelen Ebenen mit Abstand h geschnitten wurde. Zeigen Sie, dass dieses Band den Flächeninhalt $2\pi Rh$ hat.

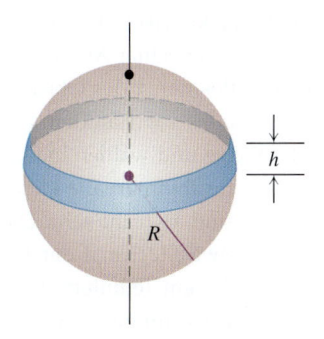

27. Eine alternative Herleitung der Formel für Rotationsflächen f sei glatt auf dem Intervall $[a, b]$, und $[a, b]$ werde auf die übliche Weise in n Teilintervalle zerlegt. Im k-ten Teilintervall $[x_{k-1}, x_k]$ konstruieren wir dann die Tangente an die Kurve im Mittelpunkt des Intervalls $m_k = (x_{k-1} + x_k)/2$, wie in der untenstehenden Abbildung zu sehen.

a. Zeigen Sie, dass gilt

$$r_1 = f(m_k) - f'(m_k)\frac{\Delta x_k}{2} \quad \text{und}$$

$$r_2 = f(m_k) + f'(m_k)\frac{\Delta x_k}{2}.$$

b. Die Tangente hat über dem k-ten Teilintervall die Länge L_k (die ▶untenstehende Abbildung). Zeigen Sie, dass gilt

$$L_k = \sqrt{(\Delta x_k)^2 + (f'(m_k)\Delta x_k)^2}.$$

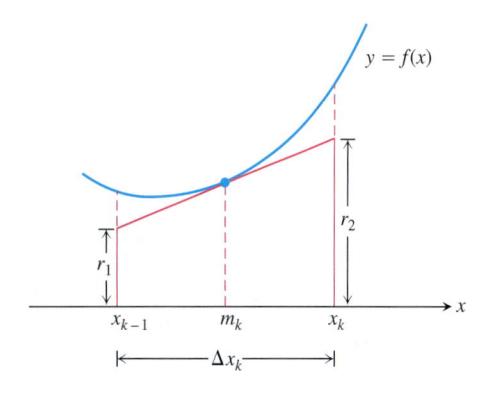

c. Rotiert der Teil der Tangente aus **b.** um die x-Achse, so entsteht ein Kegelstumpf. Zeigen Sie, dass der Flächeninhalt der Oberfläche dieses Kegelstumpfes $2\pi f(m_k)\sqrt{1 + (f'(m_k))^2}\Delta x_k$ beträgt.

d. Rotiert der Graph der Kurve $y = f(x)$ zwischen a und b um die x-Achse, so entsteht eine Rotationsfläche. Zeigen Sie, dass für den Flächeninhalt dieser Rotationsfläche gilt

$$\lim_{n\to\infty}\sum_{k=1}^{n}\begin{pmatrix}\text{Mantelfläche des}\\ k\text{-ten Kegelstumpfs}\end{pmatrix}$$

$$= \int_{a}^{b} 2\pi f(x)\sqrt{1 + (f'(x))^2}\,dx.$$

6.5 Arbeit und die Kraft von Flüssigkeiten

Im Alltag bezeichnet man mit *Arbeit* eine Aktivität, die körperlichen oder geistigen Aufwand bedeutet. In der Physik wird dieser Begriff dagegen nur verwendet, wenn eine Kraft auf einen Körper (ein Objekt) wirkt und der Körper sich deswegen im Raum bewegt. Wir zeigen in diesem Abschnitt, wie sich physikalische Arbeit berechnen lässt. Der Begriff der physikalischen Arbeit ist in unzähligen Anwendungen wichtig, z. B. bei den Federn der Stoßdämpfung eines Autos, beim Leeren unterirdischer Tanks, bei Kollisionen von Elektronen in Beschleunigern oder beim Schießen von Satelliten ins Weltall.

Joule
Das Joule wird J abgekürzt und „dschul" ausgesprochen. Es ist nach dem englischen Physiker James Prescott Joule (1818–1889) benannt. Die Definitionsgleichung lautet 1 Joule = (1 Newton)× (1 Meter), in Symbolen 1 J = 1 N · m.

Arbeit durch eine konstante Kraft

Eine konstante Kraft F wirkt auf einen Körper, der sich unter dem Einfluss dieser Kraft geradlinig eine Strecke d bewegt. Die Kraft wirkt in Richtung der Bewegung. Wir definieren in diesem Fall die **Arbeit** W, die die Kraft am Körper verrichtet, mit der Gleichung

$$W = Fd \qquad \text{Formel für die Arbeit einer konstanten Kraft.} \qquad (6.12)$$

Aus (6.12) ergibt sich auch die Einheit der Arbeit: In jedem System ist es eine Einheit für die Kraft mal einer Einheit für den Weg. In SI-Einheiten (SI steht für *Système International*) ist die Einheit für die Kraft *Newton* (N) und die Einheit für den Weg Meter (m), damit ergibt sich für die Arbeit Newtonmeter (N · m). Diese Einheit ist so häufig, dass sie einen eigenen Namen hat, das **Joule**. Im angelsächsischen Bereich wird für die Arbeit auch die Einheit foot-pound (ft · lb) verwendet.

Arbeit zum Anheben eines Autos

Beispiel 6.20 Sie heben mit einem Wagenheber die eine Seite eines 8896 N schweren Autos um 0,381 m an, um einen Reifen zu wechseln. Der Wagenheber übt eine konstante Kraft von etwa 4448 N auf das Auto aus, um die Seite in die Luft zu heben. (Die mechanische Konstruktion des Wagenhebers bewirkt, dass Sie nur eine Kraft von etwa 133 N aufwenden müssen, um den Wagenheber zu bedienen.) Die Arbeit, die der Wagenheber insgesamt an dem Auto verrichtet, ist damit die Kraft von 4448 N mal der Strecke von 0,381 m, also 4448 N × 0,381 m ≈ 1695 J.

Arbeit durch eine veränderliche Kraft entlang einer Geraden

In vielen Anwendungen ist die Kraft entlang des Weges nicht konstant, dies gilt z. B., wenn man eine Feder zusammendrückt. Die Formel $W = Fd$ muss dann durch eine Integralformel ersetzt werden, die diese Änderungen von F berücksichtigt.

Wir betrachten den Fall, dass eine Kraft auf ein Objekt wirkt, das sich entlang einer Geraden bewegt, z. B. entlang der x-Achse. Die Kraft verrichtet Arbeit an dem Objekt, die Größe der Kraft sei eine stetige Funktion F der Position x des Objekts. Wir wollen die Arbeit bestimmen, die in dem Intervall von $x = a$ bis $x = b$ an dem Objekt verrichtet wird. Dazu zerlegen wir $[a, b]$ auf die übliche Weise und wählen in jedem Teilintervall $[x_{k-1}, x_k]$ einen beliebigen Punkt c_k aus. Wenn die Teilintervalle klein genug sind, ändert sich die (stetige) Funktion F zwischen x_{k-1} und x_k nicht sehr. Die Arbeit, die in diesem Teilintervall verrichtet wird, ist dann in etwa $F(c_k)$ mal der Länge Δx_k des Intervalls. Dieser Wert ergäbe sich auch, wenn F in diesem Teilintervall konstant wäre und wir Gleichung (6.12) anwenden könnten. Die Arbeit im gesamten Intervall von a

bis b ist dann näherungsweise durch die folgende Riemann'sche Summe gegeben:

$$\text{Arbeit} \approx \sum_{k=1}^{n} F(c_k)\Delta x_k.$$

Wenn die Norm der Zerlegung gegen null geht, wird diese Näherung immer besser. Wir definieren daher die Arbeit, die von einer Kraft zwischen a und b verrichtet wird, als das Integral über F von a bis b:

$$\lim_{n \to \infty} \sum_{k=1}^{n} F(c_k)\Delta x_k = \int_{a}^{b} F(x)\,dx.$$

> **Definition**
>
> Die **Arbeit**, die eine veränderliche Kraft $F(x)$ entlang der x-Achse in Bewegungsrichtung an einem Körper verrichtet, ist
>
> $$W = \int_{a}^{b} F(x)\,dx. \tag{6.13}$$

Wird F in Newton und x in Metern angegeben (die SI-Einheiten), so hat das Integral die Einheit Joule. Die Kraft $F(x) = 1/x^2$ Newton verrichtet also an einem Objekt, das sich entlang der x-Achse bewegt, zwischen $x = 1$ m und $x = 10$ m die Arbeit

$$W = \int_{1}^{10} \frac{1}{x^2}\,dx = \left[-\frac{1}{x}\right]_{1}^{10} = -\frac{1}{10} + 1 = 0{,}9\,\text{J}.$$

Das Hooke'sche Federgesetz: $F = kx$

Wird eine Feder aus ihrer Ruhelage ausgelenkt, also entweder auseinandergezogen oder zusammengedrückt, so ist dafür eine Kraft nötig. Gemäß dem **Hooke'schen Gesetz** ist diese Kraft bei einer Auslenkung von x Einheiten aus der Ruhelage der Feder (ihrer Länge ohne Krafteinwirkung) proportional zu x. Es gilt also

$$F = kx. \tag{6.14}$$

Die Konstante k hat die Dimension Kraft durch Länge und die Einheit N/m. Sie ist charakteristisch für eine bestimmte Feder und wird ihre **Federkonstante** genannt. Das Hooke'sche Gesetz (Gleichung (6.14)) beschreibt die Kraft zum Auslenken der Feder gut, solange die Feder nicht so stark gedehnt oder gestaucht wird, dass das Material beschädigt wird und die Feder nicht länger elastisch ist (Elastizitätsgrenze). Wir nehmen im Folgenden an, dass alle betrachteten Kräfte zu klein sind, um eine solche Zerstörung zu bewirken.

Beispiel 6.21 Eine Feder hat die Federkonstante $k = 234$ N/m und ohne Krafteinwirkung eine Länge von 0,3 m. Sie soll auf eine Länge von 0,2 m zusammengedrückt werden. Welche Kraft ist dazu nötig? — *Kompression einer Feder*

Lösung Wir machen eine Skizze und legen die Feder entlang der x-Achse. Im unausgelenkten Zustand liegt das feste Ende bei $x = 0{,}3$ m und das bewegliche im Ursprung (▶ Abbildung 6.36). Um das bewegliche Ende von 0 nach x zu drücken (ohne Einheiten

6 Bestimmte Integrale in Anwendungen

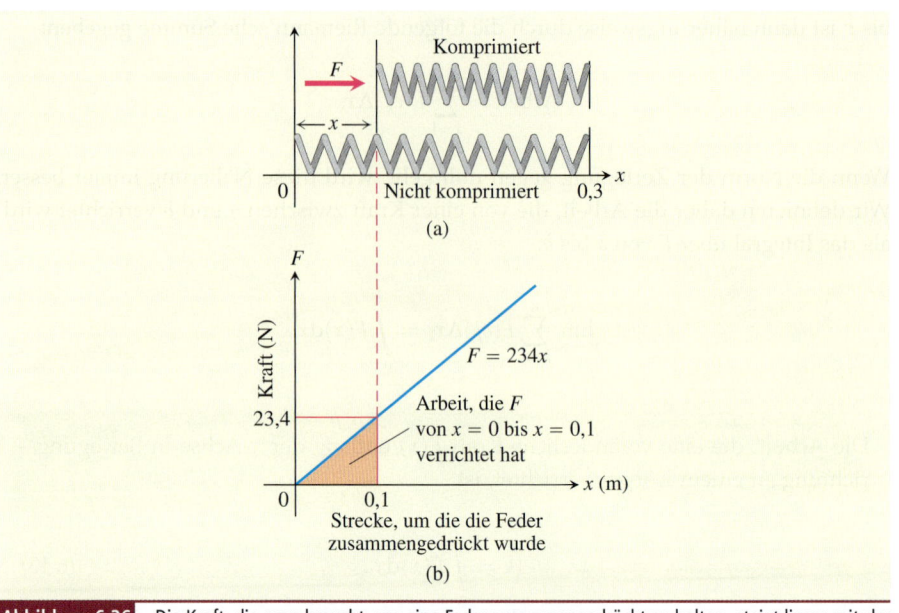

Abbildung 6.36 Die Kraft, die man braucht, um eine Feder zusammengedrückt zu halten, steigt linear mit der Kompression der Feder (Beispiel 6.21).

in der Rechnung), braucht man dann die Kraft $F = 234$. Wollen wir die Feder also von $x = 0$ auf $x = 0{,}1$ komprimieren, so muss die Kraft von

$$F(0) = 234 \cdot 0 = 0\,\mathrm{N} \quad \text{auf} \quad F(0{,}1) = 234 \cdot 0{,}1 = 23{,}4\,\mathrm{N}$$

ansteigen. Die Kraft F leistet in diesem Intervall die Arbeit

$$W = \int_0^{0{,}1} 234x\,\mathrm{d}x = \left[117x^2\right]_0^{0{,}1} = 1{,}17\,\mathrm{J}.$$

Gleichung (6.13) mit $a = 0$, $b = 0{,}1$, $F(x) = 234x$

Ausdehnung einer Feder

Beispiel 6.22 Eine Feder hat ohne Krafteinwirkungen eine Länge von 1 m. Zieht man mit einer Kraft von 24 N an ihr, verlängert sie sich auf insgesamt 1,8 m.

1. Bestimmen Sie die Federkonstante k.
2. Wie viel Arbeit muss verrichtet werden, um die Feder um 2 m gegenüber ihre Ruhelage zu verlängern?
3. Wie weit wird die Feder gedehnt, wenn eine Kraft von 45 N auf sie wirkt?

Lösung

1. *Die Federkonstante* Wir berechnen die Federkonstante mit Gleichung (6.14). Wirkt eine Kraft von 24 N auf die Feder, wird sie um 0,8 m gegenüber ihrer Ruhelage verlängert. Damit gilt (ohne Einheiten)

$$24 = k(0{,}8)$$

$$k = 24/0{,}8 = 30\,\mathrm{N/m}.$$

Gleichung (6.14) mit $F = 24\,\mathrm{N}$, $x = 0{,}8\,\mathrm{m}$

6.5 Arbeit und die Kraft von Flüssigkeiten

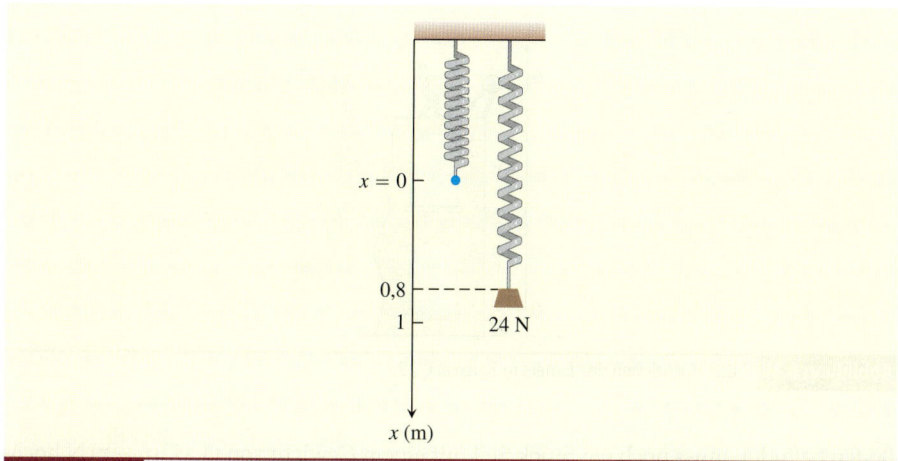

Abbildung 6.37 Ein Gewicht von 24 N verlängert diese Feder um 0,8 m gegenüber ihrer Länge ohne Krafteinwirkung (Beispiel 6.22).

2 *Die Arbeit, um die Feder um 2 m zu verlängern* Die Feder hänge ohne Krafteinwirkung entlang der x-Achse, das freie Ende befinde sich bei $x = 0$ (▶Abbildung 6.37). Soll diese Feder nun um x über ihre Ruhelage hinaus gedehnt werden, so ist dazu die gleiche Kraft nötig wie dazu, das freie Ende x Einheiten unter dem Ursprung festzuhalten. Gemäß dem Hooke'schen Gesetz mit $k = 30$ ist diese Kraft

$$F(x) = 30x.$$

Diese Kraft wirkt auf die Feder, während das bewegliche Ende von $x = 0$ bis $x = 2$ gezogen wird; dabei wird die folgende Arbeit verrichtet:

$$W = \int_0^2 30x\,\mathrm{d}x = \left[15x^2\right]_0^2 = 60\,\mathrm{J}.$$

3 *Wie weit wird die Feder von einer Kraft von 45 N gedehnt?* Wir setzen $F = 45$ in die Gleichung $F = 30x$ ein und erhalten

$$45 = 30x \quad \text{oder} \quad x = 1{,}5.$$

Mit einer Kraft von 45 N wird die Feder um 1,5 m über ihre Ruhelage hinaus gedehnt. ∎

Das Integral ist auch hilfreich, wenn man die Arbeit zum Heben von Objekten berechnen will, deren Gewicht sich mit der Höhe ändert.

Beispiel 6.23 Ein Eimer mit einem Gewicht von 22 N wird auf einer Baustelle nach oben gezogen, indem man 6 m eines Seils mit konstanter Geschwindigkeit einrollt (▶Abbildung 6.38). Ein 1 m langes Seilstück hat eine Gewichtskraft von 1,17 N. (Wir sagen dann auch: Das Seil wiegt 1,17 N/m.) Wir viel Arbeit wurde verrichtet, um Eimer und Seil hochzuziehen?

Ein Gewicht hochziehen

Lösung Das Gewicht des Eimers ist konstant, beim Hochziehen des Eimers wird also die Arbeit = Gewichtskraft × Strecke = $22 \cdot 6 = 132\,\mathrm{J}$ verrichtet.

Das Gewicht des Seils dagegen verändert sich während des Hochziehens, da ein Teil nicht mehr frei hängt, sondern bereits eingerollt ist. Wenn der Eimer sich x über dem

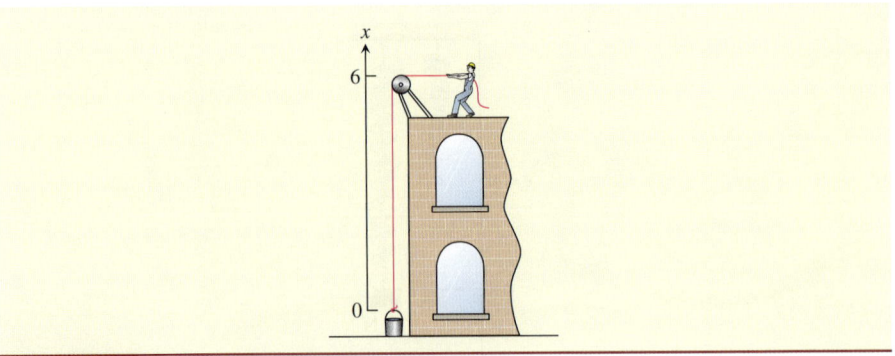

Abbildung 6.38 Das Hochziehen des Eimers in Beispiel 6.23.

Boden befindet, muss noch ein Stück Seil mit einem Gewicht von $(1{,}17)(6-x)$ N hochgezogen werden. Die Arbeit zum Hochziehen des Seils ist also (die Einheiten lassen wir während der Rechnung fort)

$$W_{\text{Seil}} = \int_0^6 (1{,}17)(6-x)\,\mathrm{d}x = \int_0^6 (7{,}02 - 1{,}17x)\,\mathrm{d}x$$

$$= \left[7{,}02x - 0{,}585x^2\right]_0^6 = 21{,}06\,\text{J}.$$

Insgesamt muss also zum Hochziehen von Eimer und Seil die folgende Arbeit aufgewendet werden:

$$132\,\text{J} + 21{,}06\,\text{J} = 153{,}06\,\text{J}.$$

Flüssigkeiten aus Behältern pumpen

Wie viel Arbeit muss man aufwenden, um einen Behälter mit Flüssigkeit (evtl. teilweise) leer zu pumpen? Diese Frage ist für Ingenieure oft wichtig, um die richtige Pumpe auszuwählen, wenn Wasser (oder eine andere Flüssigkeit) von einem Ort zu einem anderen transportiert werden soll. Wir wollen nun die benötigte Arbeit zum Auspumpen des Gefäßes bestimmen. Dazu stellen wir uns vor, dass wir eine dünne Schicht Flüssigkeit nach der anderen herausheben, und berechnen die Arbeit für jeder dieser Schichten mit der Gleichung $W = Fd$. Wenn wir die Dicke der Schichten gegen null gehen lassen (und ihre Anzahl damit gegen unendlich), erhalten wir ein Integral, dessen Wert uns die benötigte Arbeit angibt. Dieses Integral hängt in jedem Fall vom Gewicht der Flüssigkeit und von der Geometrie des Gefäßes ab, das Verfahren zum Aufstellen des Integrals ist aber immer gleich. Wir demonstrieren das Vorgehen im nächsten Beispiel.

Auspumpen eines kegelförmigen Tanks

Beispiel 6.24 Der kegelförmige Tank in ▶Abbildung 6.39 ist bis 0,6 m unterhalb des Rands mit Olivenöl gefüllt. Das Öl wiegt 8960,4 N/m^3, d. h. 1 m^3 Öl hat die Gewichtskraft 8960,4 N. Welche Arbeit muss aufgewendet werden, um dieses Öl bis zum Rand des Tanks zu pumpen?

Lösung Das Intervall $[0, 2{,}4]$ wird mit Teilungspunkten zerlegt. Durch diese Teilungspunkte gehen Ebenen senkrecht zur y-Achse, die das Volumen des Öls in dünne Schichten zerlegen.

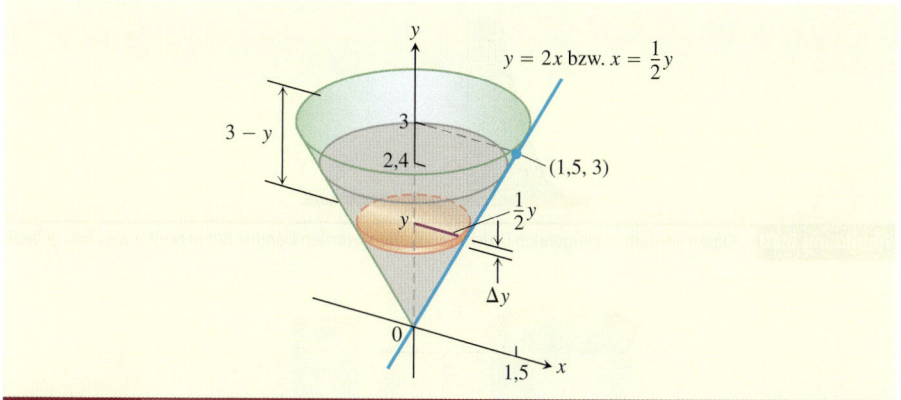

Abbildung 6.39 Tank mit Olivenöl aus Beispiel 6.24.

Eine solche Schicht zwischen den Ebenen bei y und $y + \Delta y$ hat näherungsweise das Volumen

$$\Delta V = \pi (\text{Radius})^2 (\text{Dicke der Schicht}) = \pi \left(\frac{1}{2}y\right)^2 \Delta y = \frac{\pi}{4} y^2 \Delta y \, \text{m}^3.$$

Um diese Schicht anzuheben, benötigt man die Kraft $F(y)$, die der Gewichtskraft der Schicht entspricht,

$$F(y) = 8960{,}4 \, \Delta V = 2240{,}1 \, \pi y^2 \, \Delta y \, \text{N}. \qquad \text{Gewicht} = (\text{Gewicht pro Volumeneinheit}) \times \text{Volumen}$$

Diese Schicht Öl muss nun bis zum Rand des Kegels angehoben werden, dazu muss die Kraft $F(y)$ über eine Strecke von $(3-y)$ m wirken. Dabei wird die folgende Arbeit verrichtet:

$$\Delta W = 2240{,}1 \pi (3-y) y^2 \Delta y \, \text{J}.$$

Das Intervall $[0, 2{,}4]$ werde in n Teile zerlegt, und $y = y_k$ sei der Ort der k-ten Schicht mit der Dicke Δx_k. Wir bestimmen dann die Arbeit zum Anheben aller Schichten näherungsweise mit der Riemann'schen Summe

$$W \approx \sum_{k=1}^{n} 2240{,}1 \pi (3-y_k) y_k^2 \Delta y_k \, \text{J}.$$

Geht nun die Norm der Zerlegung gegen null und die Anzahl der Scheiben damit gegen unendlich, so ergibt dieser Grenzwert der Riemann'schen Summe die gesamte Arbeit, die man zum Auspumpen des Öls verrichten muss (die Einheiten werden während der Rechnung weggelassen):

$$W = \lim_{n \to \infty} \sum_{k=1}^{n} 2240{,}1 \pi (3-y_k) y_k^2 \Delta y_k = \int_0^{2{,}4} 2240{,}1 \pi (3-y) y^2 \, dy$$

$$= 2240{,}1 \pi \int_0^{2{,}4} (3y^2 - y^3) \, dy$$

$$= 2240{,}1 \pi \left[y^3 - \frac{y^4}{4} \right]_0^{2{,}4} \approx 38\,914 \, \text{J}.$$

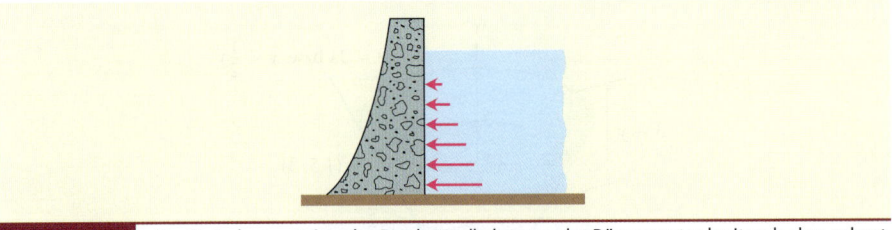

Abbildung 6.40 Damit sie dem ansteigenden Druck standhalten, werden Dämme unten breiter als oben gebaut.

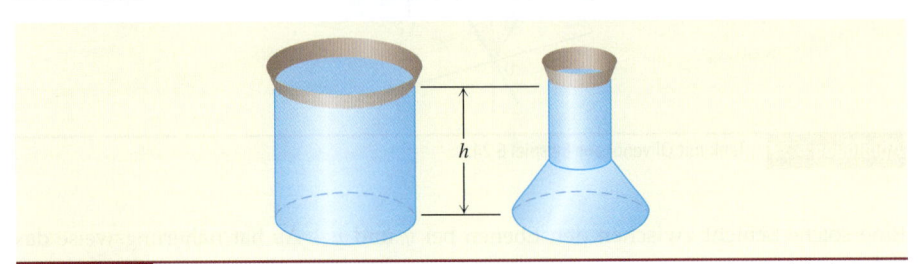

Abbildung 6.41 Diese beiden Gefäße haben die gleiche Grundfläche, und in ihnen steht gleich hoch Wasser. Infolgedessen ist auch die Kraft auf ihre Grundflächen gleich, unabhängig von der Form der Gefäße.

Druck und Kräfte von Flüssigkeiten

Dämme werden unten dicker gebaut als oben (▶Abbildung 6.40), denn der Druck des Wassers gegen den Damm steigt mit der Wassertiefe an. Der Wasserdruck an einem Punkt hängt nur davon ab, wie tief dieser Punkt unter der Wasseroberfläche liegt. Unwichtig ist für den Druck, wie stark der Damm hier gerade geneigt ist. Der Druck wird in Newton pro Quadratmeter gemessen und beträgt an einem Punkt h Meter unter der Wasseroberfläche immer $9809{,}3\,h$. Die Zahl 9809,3 entspricht dem spezifischen Gewicht von Süßwasser in Newton pro Kubikmetern. Für jede Flüssigkeit gilt, dass der Druck h Meter unter der Oberfläche (Schweredruck) dem spezifischen Gewicht mal h entspricht.

Merke

Gleichung für den Schweredruck In einer ruhenden Flüssigkeit entspricht der Druck p in einer Tiefe h unter der Oberfläche dem spezifischen Gewicht der Flüssigkeit w mal der Tiefe h.
$$p = wh. \tag{6.15}$$

Spezifisches Gewicht
Das spezifische Gewicht w einer Flüssigkeit ist ihr Gewicht pro Volumen. Einige Werte (in N/m³) werden hier aufgeführt:

Benzin	6602,4
Blei	133 462,8
Milch	10 139,4
Sirup	15 720,0
Olivenöl	8960,4
Meerwasser	10 061,0
Süßwasser	9809,3

Ein Gefäß habe einen ebenen Boden, und wir wollen die Kraft berechnen, die eine Flüssigkeit in dem Gefäß auf den Boden ausübt. Diese Kraft entspricht dem Druck am Boden mal der Fläche des Bodens, denn Kraft ist gleich Kraft pro Fläche (Druck) mal Fläche (▶Abbildung 6.41). Es sei F die gesamte Kraft, p der Druck und A die Fläche. Dann gilt

$$F = \text{gesamte Kraft} = \text{Kraft pro Fläche} \times \text{Fläche}$$
$$= \text{Druck} \times \text{Fläche} = pA$$
$$= whA. \qquad p = wh \text{ aus Gleichung (6.15)}$$

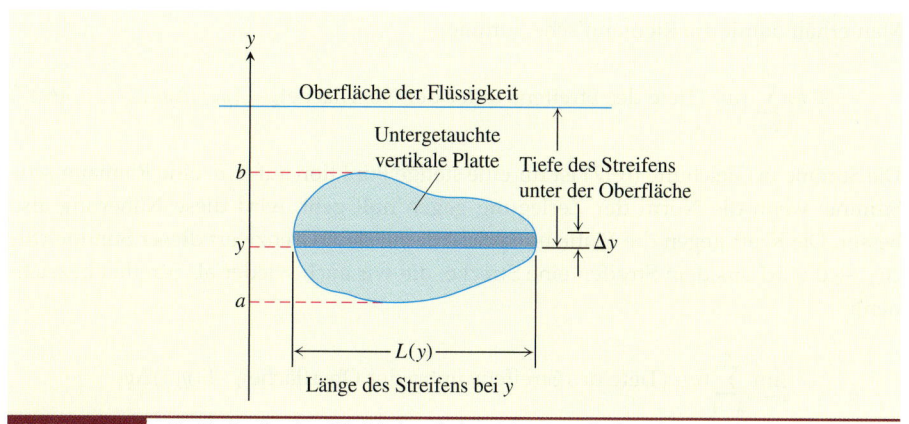

6.5 Arbeit und die Kraft von Flüssigkeiten

Abbildung 6.42 Die Kraft, die eine Flüssigkeit auf eine Seite eines flachen, horizontalen Streifens ausübt, beträgt in etwa $\Delta F = $ Druck $\times$ Fläche $= w \times$ (Tiefe des Streifens) $\times L(y)\,\Delta y$.

> **Merke**
>
> **Kraft einer Flüssigkeit auf eine Fläche mit konstanter Tiefe**
>
> $$F = pA = whA \qquad (6.16)$$

Das spezifische Gewicht z. B. von Süßwasser beträgt 9809,3 N/m³. Die Kraft, die die Flüssigkeit auf den Boden eines rechteckigen Schwimmbecken ausübt, das 3 m × 6 m groß und 1,5 m tief ist, ist also

$$\begin{aligned} F = whA &= (9809{,}3\,\text{N/m}^3)(1{,}5\,\text{m})(3 \cdot 6\,\text{m}^2) \\ &= 52\,970{,}22\,\text{N}\,. \end{aligned}$$

Liegt eine flache Platte *horizontal* im Wasser, so wie der Boden des gerade besprochenen Schwimmbeckens, so kann man die Kraft auf ihre Oberfläche mit Gleichung (6.16) berechnen. Liegt eine Platte dagegen *vertikal* im Wasser, so ändert sich der Wasserdruck gegen die Platte mit der Tiefe. Gleichung (6.16) kann dann nicht mehr in dieser Form angewendet werden, da h jetzt variabel ist.

Wir wollen nun die Kraft bestimmen, die eine Flüssigkeit mit dem spezifischen Gewicht w auf eine Seite einer Platte ausübt, die vertikal in die Flüssigkeit getaucht ist. Wir betrachten die Platte hierzu als Fläche, die sich von $y=a$ bis $y=b$ in der xy-Ebene erstreckt (▶ Abbildung 6.42). Wir zerlegen $[a,b]$ auf die übliche Weise in n Teilintervalle und legen durch die Teilungspunkte Ebenen senkrecht zur y-Achse. Die Fläche wird damit in dünne horizontale Streifen zerlegt. Ein solcher Streifen geht von y bis $y+\Delta y$, er ist Δy Einheiten breit und $L(y)$ Einheiten lang. L sei eine stetige Funktion von y.

Der Druck ändert sich von der unteren zur oberen Kante des Streifens. Wenn der Streifen allerdings dünn genug ist, so kann man den Druck durch den Wert an der unteren Kante annähern, also $w \times$ (Tiefe des Streifens unter der Oberfläche). Die Kraft, die die Flüssigkeit auf eine Seite des Streifens ausübt, beträgt dann etwa

$$\begin{aligned} \Delta F &= (\text{Druck an der unteren Kante}) \times (\text{Fläche}) \\ &= w \cdot (\text{Tiefe des Streifens unter der Oberfläche}) \cdot L(y)\Delta y\,. \end{aligned}$$

Die Zerlegung von $a \leq y \leq b$ führe zu n Streifen und y_k sei die untere Kante des k-ten Streifens mit der Länge $L(y_k)$ und der Breite Δy_k. Die Kraft gegen die gesamte Platte ist dann näherungsweise durch die Summe der Kräfte gegen jeden Streifen gegeben.

6 Bestimmte Integrale in Anwendungen

Man erhält damit die Riemann'sche Summe

$$F \approx \sum_{k=1}^{n} (w \cdot (\text{Tiefe des Streifens unter der Oberfläche})_k \cdot L(y_k)) \Delta y_k. \qquad (6.17)$$

Die Summe in Gleichung (6.17) ist für eine stetige Funktion auf $[a, b]$ eine Riemann'sche Summe; wenn die Norm der Zerlegung gegen null geht, wird diese Näherung also besser. Die Kraft gegen die Platte entspricht damit dem Grenzwert dieser Summe (für $\Delta y_k \to 0$ wird aus dem Streifen eine Strecke, die wir auch wieder als Streifen bezeichnen):

$$\lim_{n \to \infty} \sum_{k=1}^{n} (w \cdot (\text{Tiefe des Streifens unter der Oberfläche})_k \cdot L(y_k)) \Delta y_k$$

$$= \int_a^b w \cdot (\text{Tiefe des Streifens unter der Oberfläche}) \cdot L(y) \, dy.$$

Merke

Das Integral für die Kraft einer Flüssigkeit gegen eine vertikale flache Platte
Eine Platte liege vertikal in einer Flüssigkeit mit dem spezifischen Gewicht w und reiche von $y = a$ bis $y = b$ auf der y-Achse. Es sei $L(y)$ die Länge eines horizontalen Streifens, der bei y von der linken zur rechten Kante der Platte geht. Die Kraft, die die Flüssigkeit auf eine Seite der Platte ausübt, ist dann:

$$F = \int_a^b w \cdot (\text{Tiefe des Streifens unter der Oberfläche}) \cdot L(y) \, dy. \qquad (6.18)$$

Kraft auf ein Dreieck unter Wasser

Beispiel 6.25 Ein Platte hat die Form eines gleichschenkligen rechtwinkligen Dreiecks mit einer Grundseite von 4 m und einer Höhe von 2 m. Sie wird senkrecht in ein Schwimmbecken getaucht, die Grundseite liegt oben und 1 m unterhalb der Wasseroberfläche. Berechnen Sie die Kraft, die das Wasser auf eine Seite der Platte ausübt.

Lösung Wir zeichnen die Platte in ein Koordinatensystem. Dabei legen wir die untere Spitze des Dreiecks in den Ursprung und die y-Achse auf die Symmetrieachse des Dreiecks (▶Abbildung 6.43). Die Wasseroberfläche liegt dann auf der Geraden $y = 3$ und die obere Kante der Platte auf der Geraden $y = 2$. Die rechte schräge Kante des Dreiecks entspricht der Geraden $y = x$, der obere rechte Eckpunkt dem Punkt $(2, 2)$.

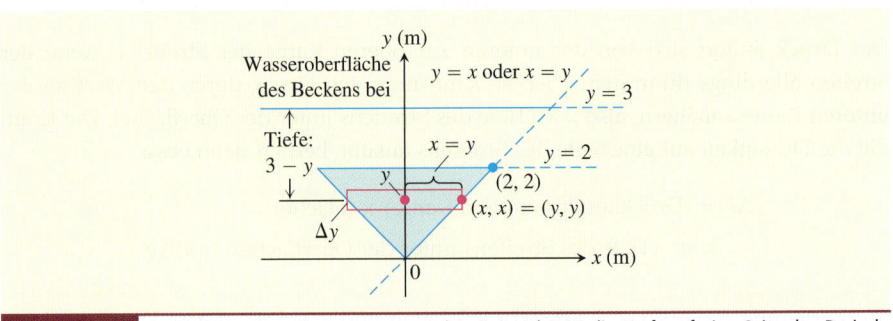

Abbildung 6.43 Mit diesem Koordinatensystem wird in Beispiel 6.25 die Kraft auf eine Seite des Dreiecks berechnet.

Die Länge eines dünnen Streifens der Platte bei y ist

$$L(y) = 2x = 2y.$$

Jeder Streifen liegt $(3 - y)$ Einheiten unter der Wasseroberfläche. Das Wasser übt die folgende Kraft auf eine Seite der Platte aus (die Einheiten werden während der Rechnung weggelassen):

$$F = \int_a^b w \cdot \begin{pmatrix} \text{Tiefe des Streifens} \\ \text{unter der Wasseroberfläche} \end{pmatrix} L(y) \mathrm{d}y \quad \text{Gleichung (6.18)}$$

$$= \int_0^2 9809{,}3(3-y)\, 2y\, \mathrm{d}y$$

$$= 19\,618{,}6 \int_0^2 (3y - y^2)\mathrm{d}y$$

$$= 19\,618{,}6 \left[\frac{3}{2}y^2 - \frac{y^3}{3}\right]_0^2 \approx 65\,395{,}3\,\mathrm{N}.$$

Aufgaben zum Abschnitt 6.5

Federn

1. Federkonstante Eine Feder ist ohne Krafteinwirkung 2 m lang. Um sie auf 5 m zu verlängern, benötigt man eine Kraft von 1800 J. Berechnen Sie die Federkonstante.

2. Dehnung einer Feder Ohne Kräfte hat eine Feder eine Länge von 25 cm. Eine Kraft von 100 N dehnt sie auf 35 cm aus.

a. Berechnen Sie die Federkonstante.

b. Wie viel Arbeit wurde verrichtet, als die Feder von 25 cm auf 35 cm gedehnt wurde?

c. Wie weit wird die Feder von einer Kraft von 2000 N gedehnt?

3. Dehnung eines Gummibands Eine Kraft von 2 N dehnt ein Gummiband um 2 cm (0,02 m). Wenn auch für dieses Band das Hooke'sche Gesetz gilt, wie lang wird das Band dann bei einer Zugkraft von 4 N? Wie viel Arbeit muss verrichtet werden, um das Band auf diese Länge zu dehnen?

4. Stoßdämpfer einer U-Bahn Ein U-Bahn-Wagen der Stadt New York hat ein Set von Federn, die als Stoßdämpfer dienen. Diese Federn haben ohne Krafteinwirkung eine Länge von 20 cm, mit einer Kraft von 96 584 N werden sie auf 12 cm verkürzt.

a. Wie groß ist die Federkonstante dieses Sets von Federn?

b. Wir viel Arbeit muss man aufwenden, um die Federn den ersten Zentimeter herunterzudrücken? Wie viel braucht man für den zweiten Zentimeter? Runden Sie Ihre Antwort auf ganze Zahlenwerte.

Arbeit, die von einer veränderlichen Kraft verrichtet wird

5. Ein Seil hochziehen Ein Bergsteiger zieht ein frei hängendes Seilstück mit 50 m Länge nach oben. Wie viel Arbeit muss er dafür aufwenden, wenn das Seil 0,624 N/m wiegt?

6. Ein Aufzugkabel hochziehen Ein elektrischer Aufzug hängt an einem Seil, das 66 N/m wiegt. Er wird von einem Motor am oberen Ende heraufgezogen. Wenn die Kabine sich im Erdgeschoss befindet, sind 55 m des Kabels ausgerollt, ist sie im obersten Stock, so sind es de facto 0 m. Wir viel Arbeit muss der Motor allein dafür aufwenden, das Kabel hochzuziehen, wenn er die Kabine vom ersten in den obersten Stock befördert?

7. Ein undichter Eimer Wir betrachten noch einmal den Eimer aus Beispiel 6.23 und nehmen jetzt an, er sei undicht. Er wird mit 6,12 l Wasser gefüllt (60 N) und dann hochgezogen, dabei tropft er mit konstanter Rate. Oben angekommen, ist das Wasser gerade vollständig aus dem Eimer herausgetropft. Wie viel Arbeit wurde nur für den Transport des Wassers verrichtet? (*Hinweis*: Ignorieren Sie das Gewicht von Eimer und Seil, bestim-

6 Bestimmte Integrale in Anwendungen

men Sie den Anteil des Wassers, der in einer Höhe von x Metern noch vorhanden ist.)

8. *Fortsetzung von Aufgabe 7* Die Bauarbeiter aus Beispiel 6.23 und Aufgabe 7 nehmen nun einen größeren Eimer, der zu Beginn mit 18,36 l (180 N) Wasser befüllt ist. Leider tropft dieser Eimer auch stärker, sodass auch er leer ist, wenn vollständig hochgezogen ist. Wenn wir wieder von einer konstante Tropfrate ausgehen, wie viel Arbeit wurde dann verrichtet, um nur das Wasser hochzuziehen? (Vernachlässigen Sie die Arbeit zum Anheben von Seil und Eimer.)

Pumpen von Flüssigkeiten aus Gefäßen

9. **Wasser pumpen** Das untenstehende Bild zeigt einen quaderförmigen Tank, der in die Erde eingelassen ist und dessen obere Kante sich auf Bodenhöhe befindet. In ihm wird Ablaufwasser gesammelt, das 9809,3 N/m³ wiegt.

a. Wenn der Tank ganz gefüllt ist, welche Arbeit muss man dann aufwenden, wenn man ihn vollständig leeren will und dazu das gesamte Wasser wieder auf Bodenniveau pumpt?

b. Das Wasser wird mit einer Pumpe ausgepumpt, deren Motor eine Leistung von 339 Watt (J/s) hat. Wie lange dauert es dann, bis der Tank vollständig leergepumpt ist? (Runden Sie Ihr Ergebnis auf Minuten.)

c. Zeigen Sie, dass die Pumpe aus Teil b. den Wasserspiegel in 26,04 min Pumpen um 3 m senkt (also den Tank in dieser Zeit halb leer pumpt).

d. **Das Gewicht des Wassers** Bekanntlich ändert sich die Erdbeschleunigung mit der geografischen Breite und mit der Höhe über dem Meeresspiegel; dementsprechend kann auch das Gewicht des Wassers variieren. Wie lauten die Antworten der Fragen a. und b., wenn das gesammelte Ablaufwasser 9787,3 N/m³ wiegt? Wie bei einem Gewicht von 9839,1 N/m³?

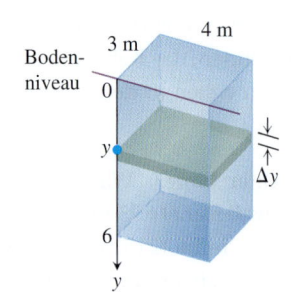

10. **Eine Zisterne leeren** Die quaderförmige Zisterne (ein Sammelbehälter für Regenwasser) im untenstehenden Bild liegt unter der Erde, ihre obere Kante befindet sich 3 m unter Bodenniveau. Die Zisterne ist vollständig gefüllt und muss zu Wartung leergepumpt werden. Dazu wird das gesamte Wasser auf Bodenniveau hochgepumpt.

a. Wie viel Arbeit muss man aufwenden, um die Zisterne zu leeren?

b. Wie lange dauert das Auspumpen mit einer 1/2-PS-Pumpe, die eine Leistung von 373 J/s hat?

c. Wie lange dauert es mit der Pumpe aus Teil b., bis der Tank halb geleert ist? (Dafür wird weniger als die Hälfte der Zeit gebraucht, die das gesamte Leeren des Tanks dauert.)

d. **Das Gewicht des Wassers** Wie lauten die Antworten der Fragen a. bis c., wenn das Wasser 9787,3 N/m³ wiegt, wie bei einem Gewicht von 9839,1 N/m³?

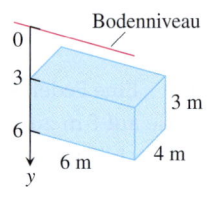

11. **Pumpen von Öl** Wir betrachten den Tank in Beispiel 6.24 und nehmen an, er sei vollständig mit Olivenöl gefüllt. Wie viel Arbeit muss man dann verrichten, um das gesamte Öl bis zum Rand des Tanks hochzupumpen?

12. **Einen Tank leerpumpen** Ein Tank hat die Form eines geraden Kreiszylinders, hat einen Durchmesser von 6 m und ist 9 m hoch. Er ist vollständig mit Kerosin gefüllt, das 8048,6 N/m³ wiegt. Wie viel Arbeit muss man verrichten, um das gesamte Kerosin auf die Höhe der oberen Kante des Tanks zu pumpen?

13. Ein Tank hat die Form des Rotationskörpers, der entsteht, wenn man den Graph von $y = x^2$ im Intervall $0 \leq x \leq 2$ um die y-Achse dreht. Dieser Tank ist mit Salzwasser aus dem Toten Meer gefüllt, das in etwa 11 475,6 N/m³ wiegt. Wie viel Arbeit muss verrichtet werden, um das gesamte Wasser in diesem Tank auf die Höhe der oberen Kante zu pumpen?

14. **Ein Wasserreservoir leeren** Wenn wir die Arbeit berechnen wollen, die zum Leeren eines kugelförmigen Gefäßes notwendig ist, gehen wir vor wie bei Gefäßen mit anderen Formen: Wir legen eine Achse entlang eines Durchmessers der Kugel und zerlegen das Gefäß in Scheiben parallel zu dieser Achse (▶die untenstehende Abbildung). Berechnen Sie so die Arbeit, die man zum Leeren eines halbkugelförmigen Gefäßes verrichten muss. Das Gefäß hat einen Radius von 5 m; es ist vollständig mit Wasser gefüllt, das auf eine Höhe von 4 m über der oberen Kante gepumpt werden soll. Das Wasser wiegt 9800 N/m³.

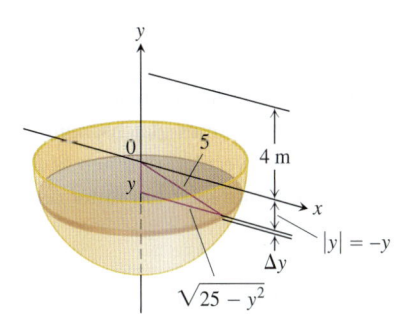

können wir die Arbeit bestimmen, die die Kraft verrichtet, wenn sie den Körper von x_1 nach x_2 bewegt. Zeigen Sie, dass für diese Arbeit gilt

$$W = \int_{x_1}^{x_2} F(x)\,dx = \frac{1}{2}mv_2^2 - \frac{1}{2}mv_1^2;$$

dabei sind v_1 und v_2 die Geschwindigkeit des Körpers bei x_1 bzw. x_2. In der Physik nennt man den Term $(1/2)mv^2$ die *kinetische Energie* eines Körpers der Masse m, der sich mit der Geschwindigkeit v bewegt. Es gilt also: *Die Arbeit, die eine Kraft an einem Körper verrichtet, entspricht der Änderung in seiner kinetischen Energie.* Wenn wir diese Änderung berechnen, können wir also die Arbeit bestimmen.

Verwenden Sie in den Aufgaben 17–19 das Ergebnis aus Aufgabe 16.

15. Der unten gezeigte Vorratstank muss geleert und repariert werden. Er hat die Form einer Halbkugel und ist vollständig mit Benzin gefüllt, das 8803,2 N/m³ wiegt. Sie sind für dieses Projekt verantwortlich und kontaktieren eine Firma, die Ihnen anbietet, den Tank für 1/2 Cent pro Joule Arbeit zu leeren. Das Ausweichgefäß, in das das Benzin gepumpt werden soll, befindet sich 1 m über der oberen Kante des Tanks. Berechnen Sie die Arbeit, die man für das Auspumpen dann aufwenden muss. Können Sie der Firma den Auftrag erteilen, wenn Sie ein Budget von 5000 € haben?

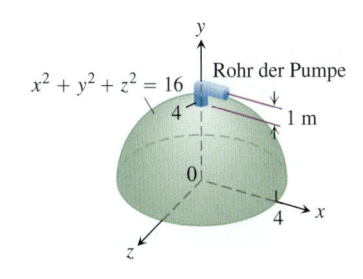

17. **Tennis** Ein Tennisball wiegt 0,556 N und hat nach dem Aufschlag eine Geschwindigkeit von 49 m/s (etwa 176 km/h). Wie viel Arbeit wurde an dem Ball verrichtet, damit er so schnell fliegt? (Um die Masse des Balls aus dem Gewicht zu bestimmen, verwenden Sie die Gravitationsbeschleunigung von 9,8 m/s².)

18. **Baseball** Wie viel Arbeit muss man aufwenden, um einen Baseball so zu werfen, dass er 145 km/h schnell wird? Ein Baseball wiegt 1,39 N.

19. Bei einem Spitzentennisspiel wurde 2004 gemessen, dass der Ball nach dem Aufschlag rekordträchtige 246 km/h schnell war. Wie viel Arbeit musste der Spieler dafür verrichten? Der Tennisball wog 0,556 N.

20. **Milchshake trinken** Das untenstehende Bild zeigt einen Becher in Form eines Kegelstumpfs, der mit Erdbeermilchshake mit einem Gewicht von 0,017 N/cm³ gefüllt ist. Wie Sie dem Bild entnehmen können, ist der Becher 18 cm hoch, der Boden hat einen Durchmesser von 6,4 cm, der Deckel von 8,8 cm. (Dies sind die Abmessungen eines Standard-Bechers.) Der Trinkhalm ragt 3 cm über den Deckel hinaus. Wie viel Arbeit muss man verrichten, um den gesamten Milchshake mit dem Trinkhalm aufzusaugen? Vernachlässigen Sie die Reibung und geben Sie Ihr Ergebnis in Newton mal Zentimetern an.

Arbeit und kinetische Energie

16. **Kinetische Energie** Eine veränderliche Kraft $F(x)$ bewegt einen Körper der Masse m entlang der x-Achse von x_1 nach x_2. Die Geschwindigkeit des Körpers kann dann als dx/dt geschrieben werden, t steht für die Zeit. Mithilfe des zweiten Newton'schen Gesetzes $F = m(dv/dt)$ und der Kettenregel

$$\frac{dv}{dt} = \frac{dv}{dx}\frac{dx}{dt} = v\frac{dv}{dx}$$

6 Bestimmte Integrale in Anwendungen

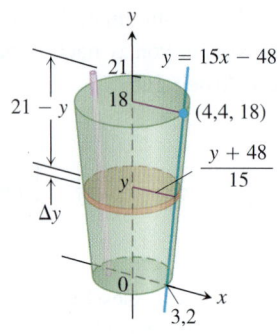

21. Ein Satellit wird ins All geschossen Die Stärke des Gravitationsfelds der Erde nimmt mit wachsendem Abstand r vom Erdmittelpunkt ab. Für die Gravitationskraft, die auf einen Satelliten bei und nach dem Start wirkt, gilt

$$F(r) = \frac{mMG}{r^2}.$$

Hierbei ist $M = 5{,}975 \cdot 10^{24}$ kg die Masse der Erde, $G = 6{,}6720 \cdot 10^{-11}$ N·m²kg⁻² die universelle Gravitationskonstante; der Abstand r wird in Metern gemessen. Schießt man einen Satelliten mit einer Masse von 1000 kg von der Erdoberfläche in eine Umlaufbahn 35 780 km vom Erdmittelpunkt entfernt, so ist die dazu benötigte Arbeit durch das Integral

$$\text{Arbeit} = \int_{6\,370\,000}^{35\,780\,000} \frac{1000 MG}{r^2}\, dr \; \text{Joule}$$

gegeben. Berechnen Sie dieses Integral. Die untere Integrationsgrenze entspricht dem Radius der Erde am Startpunkt des Satelliten. (Diese Berechnung berücksichtigt nicht die Energie, die man zum Aufrichten der Abschusseinrichtung braucht oder dafür, den Satelliten auf die Umlaufgeschwindigkeit zu beschleunigen.)

Kräfte von Flüssigkeiten

22. Dreieckige Platte Berechnen Sie die Kraft, die auf eine Seite der Platte aus Beispiel 6.25 wirkt. Verwenden Sie das Koordinatensystem der untenstehenden Abbildung.

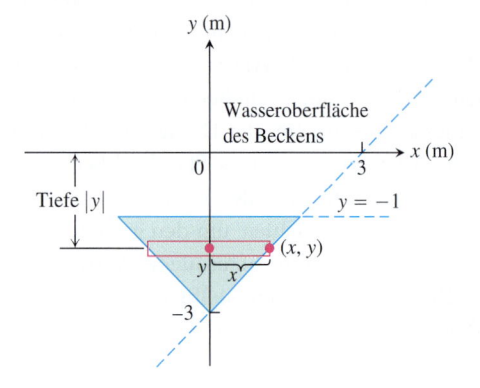

23. Rechteckige Platte Ein Becken ist 3 m tief mit Wasser gefüllt. In dieses Becken wird eine rechteckige Platte mit den Abmessungen 1 m und 2 m getaucht; sie steht mit einer ihrer Kanten auf dem Boden. Berechnen Sie die Kraft, die das Wasser auf die Platte ausübt, wenn die Platte

a. auf der langen Kante oder

b. auf der kurzen Kante steht.

24. Dreieckige Platte Die untenstehende Abbildung zeigt eine Platte in Form eines gleichschenkligen Dreiecks. Diese Platte wird vertikal in einen Süßwassersee getaucht, ihre obere Kante liegt 1 m unter der Wasseroberfläche.

a. Berechnen Sie die Kraft, die das Wasser auf eine Seite der Platte ausübt.

b. Welche Kraft würde auf die Platte wirken, wenn in dem See Salzwasser statt Süßwasser wäre?

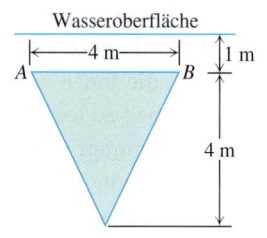

25. Gedrehte dreieckige Platte Die Platte aus Aufgabe 24 wird um 180° um die Gerade AB gedreht, sodass eine Teil der Platte jetzt aus dem Wasser ragt. Welche Kraft übt das Wasser jetzt auf eine Seite der Platte aus?

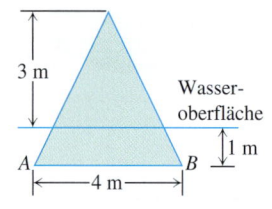

26. Aquariumsbecken Wir betrachten ein quaderförmiges Becken in der Aquariumsabteilung eines Zoos, in dessen einer Wand sich ein Glasfenster befindet, durch das die Fische beobachtet werden können. Ein typisches solches Glasfenster ist 160 cm breit und geht von 1,3 cm unter der Wasseroberfläche bis zu 85 cm unter der Oberfläche. Berechnen Sie die Kraft, die das Wasser auf diesen Teil der Wand ausübt. Das spezifische Gewicht des Salzwassers im Becken ist 10 061 N/m³. (Das Glas ist 2 cm dick und die Wand reicht noch 10 cm über die Wasseroberfläche, um die Fische am Herausspringen zu hindern; dies nur als vielleicht interessante Zusatzinformation.)

27. **Geneigte Platte** Eine 5 m mal 5 m große quadratische Platte befindet sich am Boden eines Beckens, das bis zur Höhe von 8 m mit Wasser gefüllt ist. Dabei liegt die Platte

a. flach auf der 5 m mal 5 m großen Seite,

b. vertikal auf einer der 5 m langen Kanten,

c. auf einer der 5 m langen Kanten und ist gegenüber dem Boden des Beckens um 45° geneigt.

Berechnen Sie jeweils die Kraft, die das Wasser auf eine Seite der Platte ausübt.

28. Die untenstehende Abbildung zeigt ein würfelförmiges Gefäß mit einem parabolischen Ausfluss. Dieser Ausfluss ist verschlossen, gegen den Verschluss kann eine Kraft von 25 150 N drücken, ohne dass er aufgeht. Sie wollen in diesem Gefäß eine Flüssigkeit lagern, deren spezifisches Gewicht 7860 N/m³ beträgt.

a. Wie groß ist die Kraft auf den Ausfluss, wenn die Flüssigkeit 2 m hoch steht?

b. Bis zu welcher Höhe kann das Gefäß gefüllt werden, ohne dass die Belastbarkeit des Ausflusses überschritten wird und er aufgeht?

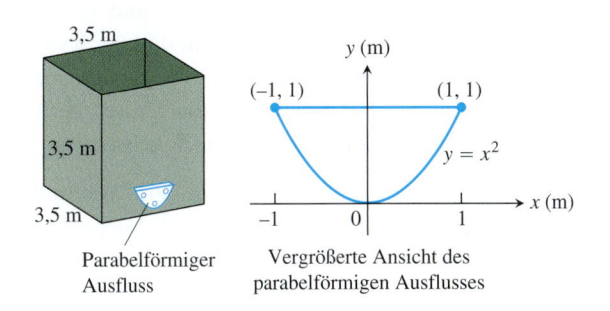

Parabelförmiger Ausfluss

Vergrößerte Ansicht des parabelförmigen Ausflusses

29. Das untenstehende Bild zeigt einen Bottich, dessen Endflächen eine Kraft von 1 048 052 N aushalten ohne kaputt zu gehen. Wie viele Kubikmeter Wasser können in den Tank gefüllt werden, ohne diesen Grenzwert zu überschreiten? Runden Sie auf Kubikmeter ab. Wie groß ist dann die Wasserhöhe h?

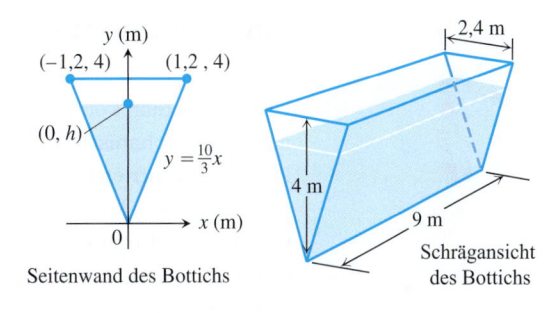

Seitenwand des Bottichs

Schrägansicht des Bottichs

30. Eine rechteckige Platte ist a Einheiten breit und b Einheiten hoch. Sie wird vertikal in eine Flüssigkeit mit dem spezifischen Gewicht w eingetaucht, die längere Seite liegt dabei parallel zur Oberfläche der Flüssigkeit. Bestimmen Sie den mittleren Wert des Drucks entlang der vertikalen Seite der Platte. Erläutern Sie Ihre Antwort.

31. (*Fortsetzung von Aufgabe 30.*) Zeigen Sie, dass die Kraft, die die Flüssigkeit auf eine Seite der Platte ausübt, dem mittleren Druck (aus Aufgabe 30) mal der Fläche der Platte entspricht.

32. Das untenstehende Bild zeigt einen Tank, in den mit einer Geschwindigkeit von 0,112 m³/min Wasser fließt. Die Querschnitte des Tanks sind Halbkreise mit einem Durchmesser von 1,2 m. Eine Seite des Tanks ist beweglich. Um das Volumen des Tanks zu vergrößern, muss die bewegliche Seite eine Feder zusammendrücken; deren Federkonstante ist $k = 1459,3$ N/m. Bewegt sich die Seite des Tanks 1,5 m gegen den Widerstand der Feder, läuft das Wasser durch ein Sicherheitsventil im Boden des Tanks mit einer Geschwindigkeit von 0,14 m³/min. Erreicht das bewegliche Ende des Tanks dieses Sicherheitsloch, bevor der Tank überläuft?

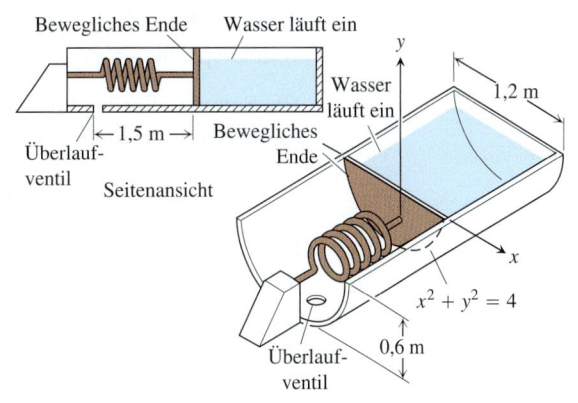

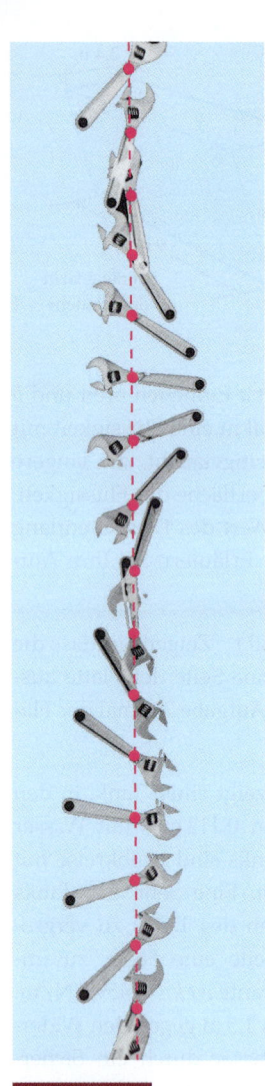

6.6 Momente und Schwerpunkt

Untersucht man komplexe mechanische Aufgaben, so kann man sich Folgendes zunutze machen: Mechanische Systeme verhalten sich so, als ob ihre Masse in einem einzigen Punkt konzentriert wäre (▶Abbildung 6.44). Dieser Punkt heißt *Schwerpunkt* oder *Massenmittelpunkt*[1]; kennt man ihn, so kann man das Verhalten des Systems einfach berechnen. Die Bestimmung des Schwerpunkts ist also oft sehr wichtig, und sie ist vor allem eine mathematische Aufgabe. Wir untersuchen in diesem Abschnitt zunächst ein- und zweidimensionale Objekte. Dreidimensionale Objekte lassen sich am besten mit den Mehrfachintegralen bearbeiten, die Kapitel 15 im zweiten Band behandelt werden.

Massenverteilung entlang einer Geraden

Wir wollen ein mathematisches Modell zur Bestimmung des Schwerpunkts entwickeln und gehen dazu schrittweise vor. Als erstes behandeln wir drei Massen m_1, m_2 und m_3, die auf einer Linie entlang der x-Achse liegen. Von unten wird die x-Achse von einem Stützpunkt im Ursprung getragen.

Dieses System kann im Gleichgewicht sein, kann aber auch zu einer Seite wegkippen. Das hängt davon ab, wie groß die Massen sind und wie sie auf der x-Achse verteilt sind.

Jede Masse übt eine (Gewichts-)Kraft $m_k g$ (entspricht dem Gewicht von m_k) nach unten aus; diese Kraft ist gleich der Größe der Masse mal der Gravitationsbeschleunigung. Jede dieser Kräfte bewirkt eine Drehung der Achse um den Ursprung, denn dort ist die Achse unterstützt (man nennt diesen Punkt auch *Drehpunkt*.) Auf ähnliche Weise dreht ein Kind eine Wippe um die Auflagestelle. Diese Wirkung einer Kraft nennt man **Drehmoment**. Es entspricht der Gewichtskraft $m_k g$ der Masse mal dem Abstand x_k ihres Wirkungspunktes zur Drehachse (hier dem Ursprung). Massen, die in diesem System links vom Ursprung liegen, bewirken ein Drehmoment gegen den Uhrzeigersinn, man definiert diese Drehmomente als negativ. Entsprechend bewirken die Massen rechts vom Ursprung ein positives Drehmoment, also ein Drehmoment im Uhrzeigersinn.

Die Summe aller Drehmomente gibt an, ob das gesamte System um den Drehpunkt rotiert. Diese Summe nennt man auch **Gesamtdrehmoment**:

$$\text{Gesamtdrehmoment} = m_1 g x_1 + m_2 g x_2 + m_3 g x_3 \tag{6.19}$$

Das System befindet sich dann und nur dann im Gleichgewicht, wenn das Gesamtdrehmoment null ist.

Wir klammern in Gleichung (6.19) das g aus und erhalten für das Gesamtdrehmoment

$$\underbrace{g}_{\text{Eigenschaft der Umgebung}} \cdot \underbrace{(m_1 x_1 + m_2 x_2 + m_3 x_3)}_{\text{Eigenschaft des Systems}}.$$

Abbildung 6.44
Ein Schraubenschlüssel gleitet über Eis und dreht sich um seinen Schwerpunkt, der Schwerpunkt selbst bewegt sich auf einer geraden Linie.

---
[1] Streng genommen sind Massenmittelpunkt und Schwerpunkt nicht identisch und fallen nur in einem homogenen Schwerefeld zusammen. Da dies aber in der Regel angenommen werden kann, werden die beiden Begriffe oft synonym verwendet, so auch hier. Davon zu unterscheiden ist der *geometrische Schwerpunkt* weiter unten.

Das Drehmoment besteht also aus zwei Faktoren: Die Erdbeschleunigung g ist eine Eigenschaft der Umgebung, in der sich das System befindet; der Term $(m_1 x_1 + m_2 x_2 + m_3 x_3)$ dagegen ist eine Eigenschaft des mechanischen Systems selbst, er bleibt unabhängig vom Ort des Systems konstant.

Die Zahl $(m_1 x_1 + m_2 x_2 + m_3 x_3)$ nennt man auch das **Moment des Systems um den Ursprung**. Dies ist die Summe der **Momente** $m_1 x_1$, $m_2 x_2$ und $m_3 x_3$ der einzelnen Massen[2].

Sie ergibt sich als Summe der gewichteten Orte aller Massen $m_1 x_1$, $m_2 x_2$ und $m_3 x_3$.

$$M_0 = \text{Moment des Systems um den Ursprung} = \sum m_k x_k .$$

(Wir notieren jetzt mit dem Summensymbol, da der Ausdruck allgemein natürlich noch mehr Summanden haben kann.)

In der Regel sucht man bei Systemen wie dem hier besprochenen den Punkt, in dem man die Achse unterstützen muss, damit das System im Gleichgewicht ist. Wir wollen also wissen, an welcher Stelle $\bar{x}$ der Drehpunkt liegen muss, damit sich die Drehmomente zu null addieren.

Ort der Abstützung, an dem das System im Gleichgewicht ist (bei $m_1 = m_2 = m_3$)

Das Drehmoment jeder Masse um diesen speziellen Drehpunkt ist

$$\text{Drehmoment von } m_k \text{ um } \bar{x} = \begin{pmatrix} \text{Abstand zwischen } m_k \\ \text{und } \bar{x} \text{ (mit Vorzeichen)} \end{pmatrix} \begin{pmatrix} \text{Kraft} \\ \text{nach unten} \end{pmatrix}$$

$$= (x_k - \bar{x}) m_k g .$$

Um $\bar{x}$ zu bestimmen, setzen wir diese Gleichung gleich null:

$$\sum (x_k - \bar{x}) m_k g = 0 \qquad \text{Die Summe der Drehmomente ist null.}$$

$$\bar{x} = \frac{\sum m_k x_k}{\sum m_k} . \qquad \text{Nach } \bar{x} \text{ aufgelöst}$$

Mit der letzten Gleichung können wir also $\bar{x}$ bestimmen: Man teilt dazu das Moment des Systems um den Ursprung durch die Gesamtmasse:

$$\bar{x} = \frac{\sum m_k x_k}{\sum m_k} = \frac{\text{Moment des Systems um den Ursprung}}{\text{Gesamtmasse des Systems}} . \tag{6.20}$$

Den Punkt $\bar{x}$ nennt man den **Massenmittelpunkt** oder **Schwerpunkt** des Systems.

Massen verteilt in einer Ebene

Wir betrachten eine Anordnung einer endlichen Anzahl von Massen in einer Ebene, die Massen m_k befinden sich in den Punkten (x_k, y_k) (▶Abbildung 6.45). Die Gesamtmasse

---

[2] Als „Moment" bezeichnet man allgemein das Produkt einer physikalischen Größe, z. B. Kraft oder Masse, mit einem Abstand bzw. dem Quadrat eines Abstands. Beispiele sind etwa das Drehmoment (Kraft mal Hebelarm) oder das Trägheitsmoment (Masse mal Abstandsquadrat). Die hier verwendeten Momente werden vor allem zur mathematischen Bearbeitung der Massenverteilung verwendet.

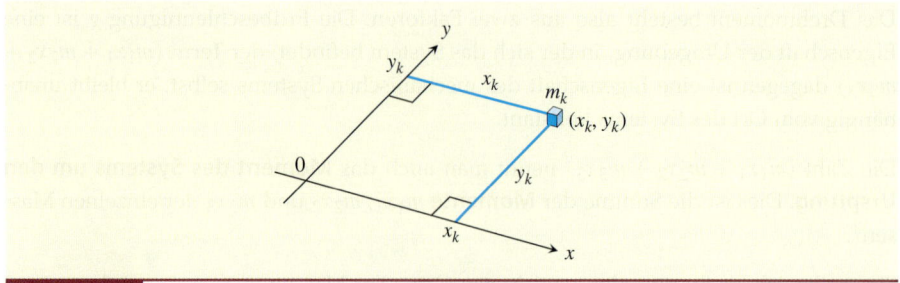

Abbildung 6.45 Jede Masse m_k hat ein Moment um jede der beiden Achsen.

dieses Systems ist

$$\text{Gesamtmasse:} \quad M = \sum m_k.$$

Jede dieser Einzelmassen hat ein Moment um jede der beiden Achsen der Ebene. Das Moment einer Masse um die x-Achse ist $m_k y_k$, um die y-Achse $m_k x_k$. Betrachtet man das gesamte System, so gilt

$$\text{Moment um die } x\text{-Achse:} \quad M_x = \sum m_k y_k,$$
$$\text{Moment um die } y\text{-Achse:} \quad M_y = \sum m_k x_k.$$

Damit kann man die x-Koordinate für den Schwerpunkt des Systems definieren:

$$\bar{x} = \frac{M_y}{M} = \frac{\sum m_k x_k}{\sum m_k}. \tag{6.21}$$

Wie im eindimensionalen Fall gilt: Unterstützt man ein System an dieser Stelle $\bar{x}$, so ist es bezüglich der x-Achse im Gleichgewicht (▶Abbildung 6.46).

Die y-Koordinate für den Schwerpunkt eines solchen Systems ist entsprechend definiert als

$$\bar{y} = \frac{M_x}{M} = \frac{\sum m_k y_k}{\sum m_k}. \tag{6.22}$$

Bei diesem Unterstützungspunkt $\bar{y}$ ist das System auch bezüglich der y-Achse im Gleichgewicht. Die Drehmomente, die die Massen in y-Richtung ausüben, gleichen sich gegenseitig aus. Das System verhält sich also – zumindest was das Gleichgewicht betrifft – als ob seine gesamte Masse in einem Punkt konzentriert wäre, in dem Punkt $(\bar{x}, \bar{y})$. Dieser Punkt heißt der **Massenmittelpunkt** (oder **Schwerpunkt**) des Systems.

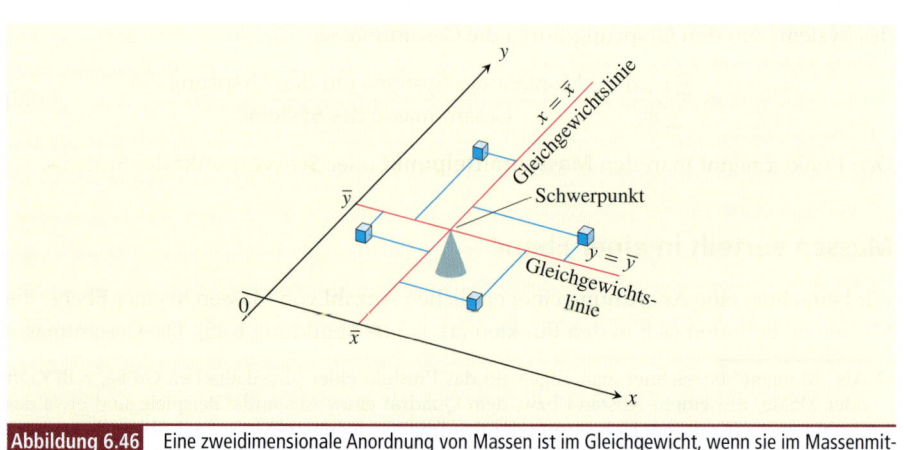

Abbildung 6.46 Eine zweidimensionale Anordnung von Massen ist im Gleichgewicht, wenn sie im Massenmittelpunkt unterstützt wird.

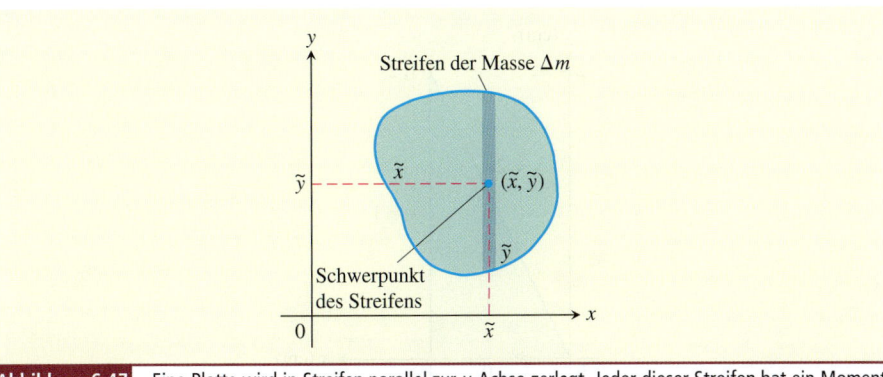

Abbildung 6.47 Eine Platte wird in Streifen parallel zur y-Achse zerlegt. Jeder dieser Streifen hat ein Moment um beide Achsen; stellt man sich die Masse Δm im Massenmittelpunkt des Streifens konzentriert vor, so erhält man damit das gleiche Moment.

Dünne flache Platten

In viele Anwendungen soll der Massenmittelpunkt einer dünnen flachen Platte berechnet werden, z. B. von einer Kreisscheibe aus Aluminium oder einer dreieckigen Stahlplatte. Oft kann man in solchen Fällen von einer gleichmäßigen Verteilung der Masse ausgehen; die Gleichungen für $\bar{x}$ und $\bar{y}$ enthalten dann Integrale statt der Summen. Wir leiten diese Integrale im Folgenden her.

Eine Platte nehme eine bestimmte Fläche in der xy-Ebene ein und werde in schmale Streifen parallel zu einer der Achsen zerlegt (in ▶Abbildung 6.47 parallel zur y-Achse). Der Massenmittelpunkt eines dieser Streifen sei $\tilde{x}, \tilde{y}$. Wir können nun die Masse Δm dieses Streifens behandeln, als wäre sie in $(\tilde{x}, \tilde{y})$ konzentriert; das Moment des Streifens um die y-Achse ist dann $\tilde{x}\Delta m$, das Moment um die x-Achse ist entsprechend $\tilde{y}\Delta m$. Für die Gleichungen (6.21) und (6.22) ergibt sich damit

$$\bar{x} = \frac{M_y}{M} = \frac{\sum \tilde{x}\Delta m}{\sum \Delta m}, \qquad \bar{y} = \frac{M_x}{M} = \frac{\sum \tilde{y}\Delta m}{\sum \Delta m}.$$

Diese Summen sind Riemann'sche Summen für Integrale. Wenn man die Breite der Streifen, in die die Platte zerlegt wird, also immer kleiner wählt, so werden aus den Summen im Grenzübergang Integrale, die wir im Folgenden in Symbolschreibweise noch ohne Grenzen notieren:

$$\bar{x} = \frac{\int \tilde{x}\,\mathrm{d}m}{\int \mathrm{d}m} \quad \text{und} \quad \bar{y} = \frac{\int \tilde{y}\,\mathrm{d}m}{\int \mathrm{d}m}.$$

Momente, Massen und Massenmittelpunkt einer dünnen Platte, die eine Fläche in der xy-Ebene einnimmt **Merke**

$$\text{Moment um die } x\text{-Achse:} \quad M_x = \int \tilde{y}\,\mathrm{d}m$$

$$\text{Moment um die } y\text{-Achse:} \quad M_y = \int \tilde{x}\,\mathrm{d}m$$

$$\text{Masse:} \quad M = \int \mathrm{d}m \qquad (6.23)$$

$$\text{Massenmittelpunkt:} \quad \bar{x} = \frac{M_y}{M}, \quad \bar{y} = \frac{M_x}{M}$$

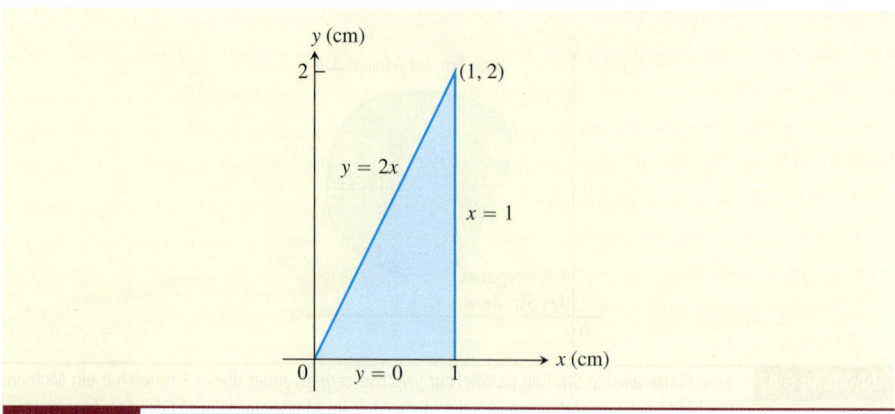

Abbildung 6.48 Die Platte aus Beispiel 6.26.

Dichte
Die Dichte des Materials einer Platte wird in Masse pro Fläche gemessen. Bei dünnen Objekte wie Drähten, dünnen Rohren und Seilen wird sie auch in Masse pro Länge angegeben.

Das Differential dm ist die Masse eines („unendlich schmalen") Streifens. Wenn die Dichte δ der Platte eine stetige Funktion ist, die auf dem Streifen als konstant angenommen werden kann, dann entspricht das Massedifferential dm dem Produkt δdA, also der Masse pro Flächeneinheit mal dem Differential der Fläche. Dabei steht dA für die Fläche des Streifens.

Um die Integrale in Gleichung (6.23) zu berechnen, zeichnen wir die Platte in ein Koordinatensystem und markieren einen Streifen parallel zu einer der Achsen. Wir drücken dann die Masse dm des Streifens und die Koordinaten seines Schwerpunkts $(\widetilde{x}, \widetilde{y})$ als Funktion von x und y aus. Die Integrationsgrenzen für $\widetilde{y}$dm, $\widetilde{x}$dm und dm ergeben sich aus den Abmessungen der Platte. Damit lassen sich die Integrale berechnen.

Schwerpunktkoordinate einer dreieckigen Platte

Beispiel 6.26 ▶Abbildung 6.48 zeigt eine dreieckige Platte mit einer konstanten Dichte von $\delta = 3\,\mathrm{g/cm^2}$. Bestimmen Sie

1. das Moment M_y der Platte um die y-Achse,
2. die Masse M der Platte,
3. die x-Koordinate des Massenmittelpunkts (Schwerpunkts) der Platte.

Lösung (Die Einheiten werden in den Rechnungen weggelassen)
Methode 1: Vertikale Streifen (▶Abbildung 6.49)

1. Das Moment M_y: Zerlegt man die Platte in vertikale Streifen, so gilt für einen Streifen:

$$\text{Schwerpunkt:} \quad (\widetilde{x}, \widetilde{y}) = (x, x)$$
$$\text{Länge:} \quad 2x$$
$$\text{Breite:} \quad \mathrm{d}x$$
$$\text{Fläche:} \quad \mathrm{d}A = 2x\,\mathrm{d}x$$
$$\text{Masse:} \quad \mathrm{d}m = \delta\,\mathrm{d}A = 3 \cdot 2x\,\mathrm{d}x = 6x\,\mathrm{d}x$$

Abstand des Schwerpunkts von der y-Achse: $\widetilde{x} = x$

Das Moment des Streifens um die y-Achse ist dann

$$\widetilde{x}\,\mathrm{d}m = x \cdot 6x\,\mathrm{d}x = 6x^2\,\mathrm{d}x.$$

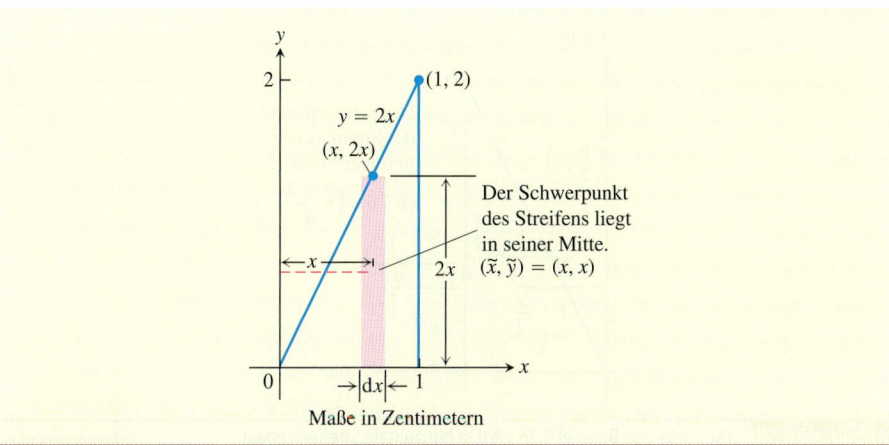

Abbildung 6.49 Die Platte aus Beispiel 6.26 wird in vertikale Streifen zerlegt.

Damit ergibt sich für das Moment der Platte um die y-Achse:

$$M_y = \int \tilde{x}\,dm = \int_0^1 6x^2\,dx = \left[2x^3\right]_0^1 = 2\,\text{g}\cdot\text{cm}$$

2 Die Masse der Platte ist

$$M = \int dm = \int_0^1 6x\,dx = \left[3x^2\right]_0^1 = 3\,\text{g}.$$

3 Mit diesen Ergebnissen kann man die x-Koordinate für den Schwerpunkt der Platte berechnen:

$$\bar{x} = \frac{M_y}{M} = \frac{2\,\text{g}\cdot\text{cm}}{3\,\text{g}} = \frac{2}{3}\,\text{cm}.$$

Mit einer ähnlichen Rechnung lassen sich auch M_x und $\bar{y} = M_x/M$ bestimmen.

Methode 2: Horizontale Streifen (▶Abbildung 6.50)

1 Das Moment M_y: Zerlegt man die Platte in horizontale Streifen, so liegt die x-Koordinate des Schwerpunkts eines Streifens bei y (▶die Abbildung), es gilt also

$$\tilde{y} = y.$$

Die x-Koordinate des Schwerpunkts ist der x-Wert in der Mitte des horizontalen Streifens im Dreieck auf Höhe y. Der linke x-Wert des Streifens ist $y/2$, der rechte 1, für die x-Koordinate des Schwerpunkts gilt damit

$$\tilde{x} = \frac{(y/2)+1}{2} = \frac{y}{4} + \frac{1}{2} = \frac{y+2}{4}.$$

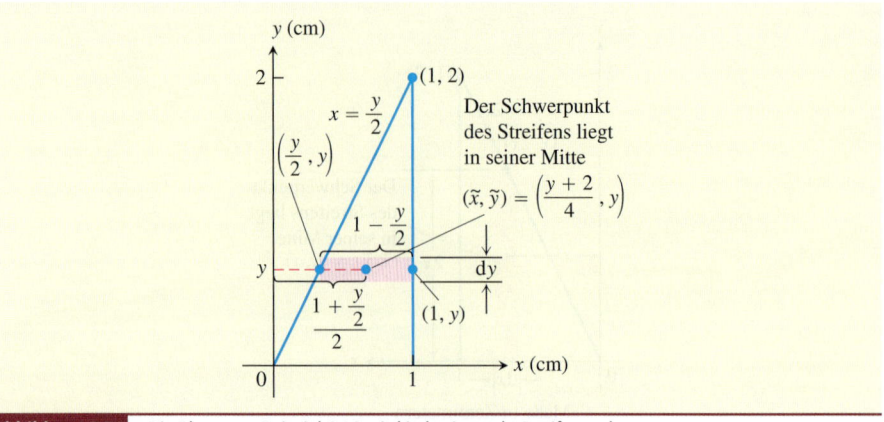

Abbildung 6.50 Die Platte aus Beispiel 6.26 wird in horizontale Streifen zerlegt.

Außerdem gilt für einen horizontalen Streifen

$$\text{Länge:} \quad 1 - \frac{y}{2} = \frac{2-y}{y}$$

$$\text{Breite:} \quad dy$$

$$\text{Fläche:} \quad dA = \frac{2-y}{2} dy$$

$$\text{Masse:} \quad dm = \delta dA = 3 \cdot \frac{2-y}{y} dy$$

Abstand des Schwerpunkts

$$\text{von der } y\text{-Achse:} \quad \tilde{x} = \frac{y+2}{4}$$

Das Moment des Streifens um die y-Achse ist dann

$$\tilde{x} dm = \frac{y+2}{4} \cdot 3 \cdot \frac{2-y}{2} dy = \frac{3}{8}(4-y^2) dy.$$

Damit ergibt sich für das Moment der Platte um die y-Achse:

$$M_y = \int \tilde{x} dm = \int_0^2 \frac{3}{8}(4-y^2) dy = \frac{3}{8}\left[4y - \frac{y^3}{3}\right]_0^2 = \frac{3}{8}\left(\frac{16}{3}\right) = 2\,\text{g} \cdot \text{cm}.$$

2 Die Masse der Platte ist

$$M = \int dm = \int_0^2 \frac{3}{2}(2-y) dy = \frac{3}{2}\left[2y - \frac{y^2}{2}\right]_0^2 = \frac{3}{2}(4-2) = 3\,\text{g}.$$

3 Mit diesen Ergebnissen kann man die x-Koordinate für den Schwerpunkt der Platte berechnen:

$$\bar{x} = \frac{M_y}{M} = \frac{2\,\text{g} \cdot \text{cm}}{3\,\text{g}} = \frac{2}{3}\,\text{cm}.$$

Mit einer ähnlichen Rechnung lassen sich auch M_x und $\bar{y}$ bestimmen.

Wenn die Massenverteilung einer dünne flachen Platte eine Symmetrieachse hat, dann liegt der Schwerpunkt auf dieser Achse. Gibt es zwei Symmetrieachsen, dann liegt er auf dem Schnittpunkt dieser Achsen. Dies kann die Arbeit bei der Bestimmung des Schwerpunkts sehr erleichtern.

6.6 Momente und Schwerpunkt

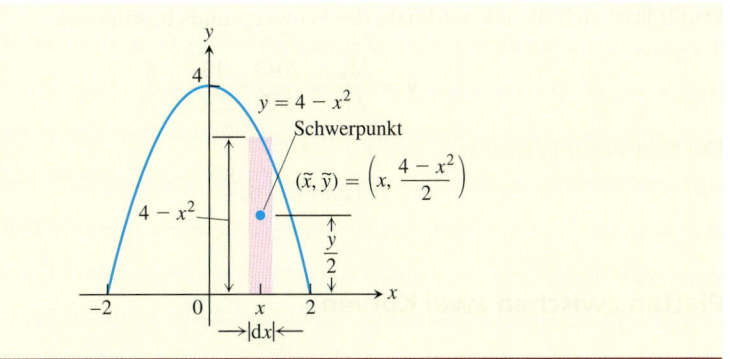

Abbildung 6.51 Die Platte aus Beispiel 6.27 wird in vertikale Streifen zerlegt.

Beispiel 6.27 Bestimmen Sie den Massenmittelpunkt einer Platte, deren Fläche zwischen der Parabel $y = 4 - x^2$ und der x-Achse liegt (▶Abbildung 6.51). Die Dichte der Masse im Punkt (x,y) ist $\delta = 2x^2$; sie entspricht also dem Doppelten des Abstands zur y-Achse zum Quadrat.

Schwerpunkt einer parabelförmigen Platte mit variabler Dichte

Lösung Die Massenverteilung ist symmetrisch zur y-Achse, es gilt also $\bar{x} = 0$. Die Dichte ist als Funktion von x gegeben, wir zerlegen die Platte daher in schmale vertikale Streifen. Für einen solchen Streifen gilt (Abbildung 6.51):

$$\text{Schwerpunkt:} \quad (\tilde{x}, \tilde{y}) = \left(x, \frac{4 - x^2}{2}\right)$$

$$\text{Länge:} \quad 4 - x^2$$

$$\text{Breite:} \quad dx$$

$$\text{Fläche:} \quad dA = (4 - x^2)dx$$

$$\text{Masse:} \quad dm = \delta dA = \delta(4 - x^2)dx$$

Abstand des Schwerpunkts

$$\text{von der } x\text{-Achse:} \quad \tilde{y} = \frac{4 - x^2}{2}$$

Das Moment des Streifens um die x Achse ist

$$\tilde{y}\, dm = \frac{4 - x^2}{2} \cdot \delta(4 - x^2)dx = \frac{\delta}{2}(4 - x^2)^2 dx.$$

Das Moment der Platte um die x-Achse ist dann

$$M_x = \int \tilde{y}\, dm = \int_{-2}^{2} \frac{\delta}{2}(4 - x^2)^2 dx = \int_{-2}^{2} x^2(4 - x^2)^2 dx$$

$$= \int_{-2}^{2} (16x^2 - 8x^4 + x^6)dx = \frac{2048}{105}.$$

Für die Masse gilt

$$M = \int dm = \int_{-2}^{2} \delta(4 - x^2)dx = \int_{-2}^{2} 2x^2(4 - x^2)dx$$

$$= \int_{-2}^{2} (8x^2 - 2x^4)dx = \frac{256}{15}.$$

Damit lässt sich die y-Koordinate des Schwerpunkts bestimmen:

$$\bar{y} = \frac{M_x}{M} = \frac{2048}{105} \cdot \frac{15}{256} = \frac{8}{7}.$$

Der Schwerpunkt ist also

$$(\bar{x}, \bar{y}) = \left(0, \frac{8}{7}\right).$$

Platten zwischen zwei Kurven

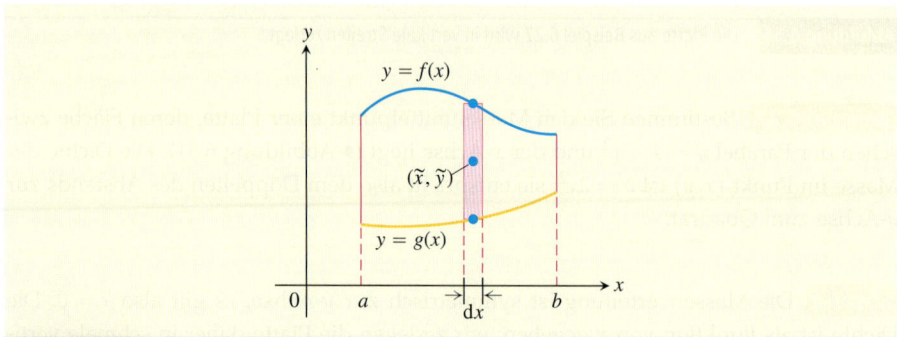

Abbildung 6.52 Eine Platte zwischen zwei Kurven wird in vertikale Streifen zerlegt. Die y-Koordinate des Schwerpunkts liegt in der Mitte eines Streifens, es gilt also $\tilde{y} = \frac{1}{2}[f(x) + g(x)]$.

Wir betrachten eine Platte, deren Fläche zwischen den beiden Kurven $y = g(x)$ und $y = f(x)$ liegt, dabei ist $f(x) \geq g(x)$ und $a \leq x \leq b$. Zerlegt man diese Platte in vertikale Streifen (▶Abbildung 6.52), so gilt für einen solchen Streifen

Schwerpunkt: $(\tilde{x}, \tilde{y}) = \left(x, \frac{1}{2}[f(x) + g(x)]\right)$

Länge: $f(x) - g(x)$

Breite: dx

Fläche: $dA = [f(x) - g(x)]dx$

Masse: $dm = \delta dA = \delta[f(x) - g(x)]dx$.

Das Moment der Platte um die y-Achse ist

$$M_y = \int x\, dm = \int_a^b x\delta[f(x) - g(x)]dx,$$

und für das Moment um die x-Achse gilt

$$M_x = \int \tilde{y}\, dm = \int_a^b \frac{1}{2}[f(x) + g(x)] \cdot \delta[f(x) - g(x)]dx$$

$$= \int_a^b \frac{\delta}{2}\left[f^2(x) - g^2(x)\right] dx.$$

Mit diesen Momenten erhält man die folgenden Ausdrücke für die Schwerpunktkoordinaten:

6.6 Momente und Schwerpunkt

Schwerpunktkoordinaten für Platte zwischen zwei Kurven — Merke

$$\bar{x} = \frac{1}{M} \int_a^b \delta x \, [f(x) - g(x)] \, dx \qquad (6.24)$$

$$\bar{y} = \frac{1}{M} \int_a^b \frac{\delta}{2} \left[f^2(x) - g^2(x) \right] dx \qquad (6.25)$$

Beispiel 6.28 Bestimmen Sie mit den Gleichungen (6.24) und (6.25) den Massenmittelpunkt einer dünnen Platte, die zwischen den Kurven $g(x) = x/2$ und $f(x) = \sqrt{x}$ mit $0 \leq x \leq 1$ liegt (▶Abbildung 6.53). Die Dichtefunktion ist $\delta(x) = x^2$.

Schwerpunkt einer Platte zwischen zwei Kurven

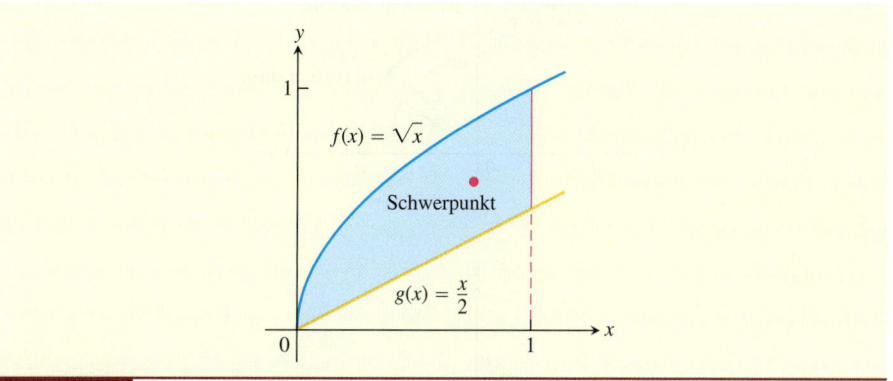

Abbildung 6.53 Die Platte aus Beispiel 6.28.

Lösung Wir berechnen zuerst die Masse der Platte, dabei gilt $dm = \delta[f(x) - g(x)]dx$:

$$M = \int_0^1 x^2 \left(\sqrt{x} - \frac{x}{2} \right) dx = \int_0^1 \left(x^{5/2} - \frac{x^3}{2} \right) dx = \left[\frac{2}{7} x^{7/2} - \frac{1}{8} x^4 \right]_0^1 = \frac{9}{56}.$$

Mit den Gleichungen (6.24) und (6.25) erhalten wir dann

$$\bar{x} = \frac{56}{9} \int_0^1 x^2 \cdot x \left(\sqrt{x} - \frac{x}{2} \right) dx$$

$$= \frac{56}{9} \int_0^1 \left(x^{7/2} - \frac{x^4}{2} \right) dx$$

$$= \frac{56}{9} \left[\frac{2}{9} x^{9/2} - \frac{1}{10} x^5 \right]_0^1 = \frac{308}{405}$$

und

$$\bar{y} = \frac{56}{9} \int_0^1 \frac{x^2}{2} \left(x - \frac{x^2}{4} \right) dx$$

$$= \frac{28}{9} \int_0^1 \left(x^3 - \frac{x^4}{4} \right) dx$$

$$= \frac{28}{9} \left[\frac{1}{4} x^4 - \frac{1}{20} x^5 \right]_0^1 = \frac{252}{405}.$$

Der Schwerpunkt ist in Abbildung 6.53 eingezeichnet.

Geometrischer Schwerpunkt

Wenn die Dichtefunktion konstant ist, kürzt die Dichte sich aus Zähler und Nenner der Gleichungen für $\bar{x}$ und $\bar{y}$ heraus. Wenn die Dichte also überall gleich ist, so ist der Ort des Massenmittelpunkts eine Frage der Geometrie des Objekts, das Material spielt dann keine Rolle. In solchen Fällen nennen vor allem Ingenieure den Massenmittelpunkt auch den **geometrischen Schwerpunkt** einer Form; in diesem Sinne spricht man z. B. von dem geometrischen Schwerpunkt (oder Mittelpunkt) eines Dreiecks oder eines Kegels. Um den geometrischen Schwerpunkt zu bestimmen, setzt man $\delta = 1$ und berechnet dann den Schwerpunkt wie gehabt, indem man die Momente durch die Masse teilt.

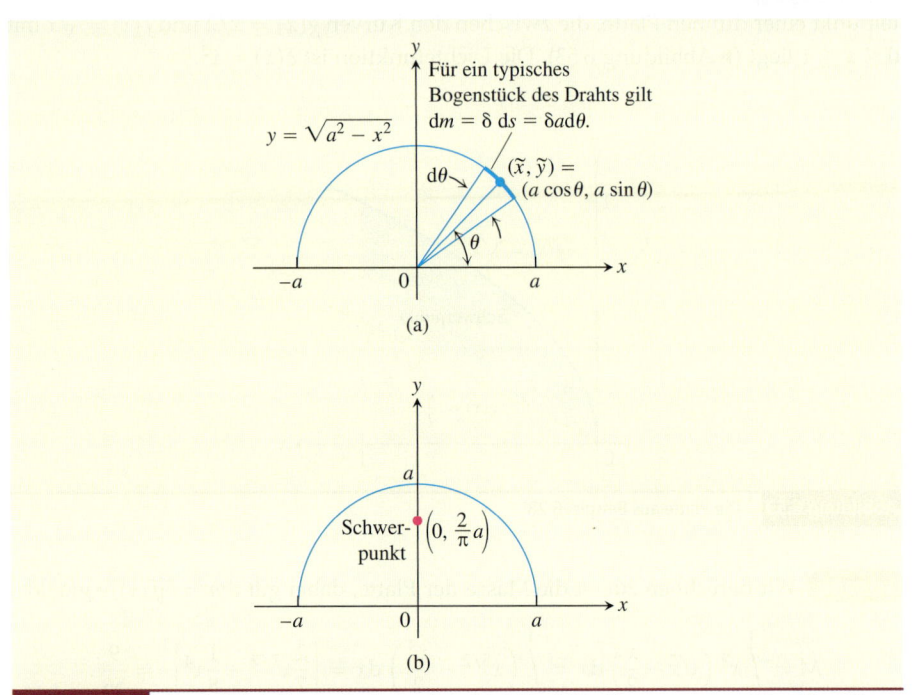

Abbildung 6.54 Der halbkreisförmige Draht aus Beispiel 6.29. a) Die Abmessungen und Variablen, die zur Schwerpunktberechnung verwendet wurden. b) Der Schwerpunkt liegt nicht auf dem Draht.

Geometrischer Schwerpunkt eines Drahtes

Beispiel 6.29 Bestimmen Sie den geometrischen Schwerpunkt eines dünnen Drahtes mit konstanter Dichte δ, der in die Form eines Halbkreises mit Radius a gebogen wurde.

Lösung Wir legen den Draht so in ein Koordinatensystem, dass für den Halbkreis die Gleichung $y = \sqrt{a^2 - x^2}$ gilt (▶ Abbildung 6.54). Die Massenverteilung ist symmetrisch zur y-Achse, es gilt also $\bar{x} = 0$. Um $\bar{y}$ zu bestimmen, zerlegen wir den Draht in kleine Bogenelemente. Es sei $\tilde{x}, \tilde{y}$ der Massenmittelpunkt eines dieser Bogenelemente und θ der Winkel zwischen der x-Achse und der radialen Geraden, die den Ursprung mit $(\tilde{x}, \tilde{y})$ verbindet. Dann ist $\tilde{y} = a \sin \theta$ eine Funktion des Winkels θ gemessen in Radiant (▶ Abbildung 6.54a), und die Länge ds des Bogenelements mit $(\tilde{x}, \tilde{y})$ entspricht einem

Winkel von dθ Radiant, daraus folgt d$s = a$dθ. Für ein Bogenelement gilt

$$\text{Länge:} \quad ds = ad\theta$$
$$\text{Masse:} \quad dm = \delta ds = \delta a d\theta \qquad \text{Masse pro Längeneinheit mal Länge}$$

Abstand des Schwerpunkts

$$\text{von der } x\text{-Achse:} \quad \widetilde{y} = a\sin\theta.$$

Damit lässt sich $\bar{y}$ berechnen. Wir erhalten

$$\bar{y} = \frac{\int \widetilde{y}dm}{\int dm} = \frac{\int_0^\pi a\sin\theta \cdot \delta a d\theta}{\int_0^\pi \delta a d\theta} = \frac{\delta a^2 \left[-\cos\theta\right]_0^\pi}{\delta a \pi} = \frac{2}{\pi}a.$$

Der Massenmittelpunkt liegt auf der Symmetrieachse in dem Punkt $(0, 2a/\pi)$, auf etwa zwei Dritteln der Strecke zwischen Ursprung und dem Radius a auf der y-Achse (▶Abbildung 6.54b). δ kürzt sich aus der Gleichung für $\bar{y}$ heraus, wir hätten auch $\delta = 1$ setzen können und so das gleiche Ergebnis für $\bar{y}$ erhalten.

In Beispiel 6.29 haben wir den Schwerpunkt eines Drahts berechnet, der auf dem Graphen einer differenzierbaren Funktion in der xy-Ebene liegt. In Kapitel 16 im zweiten Band behandeln wir dann die Berechnung des Schwerpunkts von Drähten, die auf allgemeinen glatten Kurven in der Ebene und im Raum liegen.

Die Kraft von Flüssigkeiten und der geometrische Schwerpunkt

Eine flache Platte wird vertikal in eine Flüssigkeit getaucht und wir wollen die Kraft bestimmen, die die Flüssigkeit auf eine Seite der Platte ausübt (▶Abbildung 6.55). Wenn wir den geometrischen Schwerpunkt dieser Platte kennen, lässt sich diese Rechnung abkürzen. Wir beginnen mit Gleichung (6.18) aus Abschnitt 6.5 und erhalten

$$F = \int_a^b w \cdot (\text{Tiefe eines Streifens}) \cdot L(y) dy$$

$$= w \int_a^b (\text{Tiefe eines Streifens}) \cdot L(y) dy$$

$$= w \cdot (\text{Moment um die Gerade an der Flüssigkeitsoberfläche oberhalb der Platte})$$

$$= w \cdot (\text{Tiefe des geometrischen Schwerpunkts der Platte}) \cdot (\text{Fläche der Platte}).$$

> **Kraft von Flüssigkeiten und der geometrische Schwerpunkt** Die Kraft einer Flüssigkeit mit dem spezifischen Gewicht w gegen eine Seite einer Platte, die sich vertikal in der Flüssigkeit befindet, ist das Produkt aus w, dem Abstand $\bar{h}$ zwischen dem geometrischen Schwerpunkt der Platte und der Flüssigkeitsoberfläche und der Fläche A der Platte:
> $$F = w\bar{h}A \qquad (6.26)$$

Merke

6   Bestimmte Integrale in Anwendungen

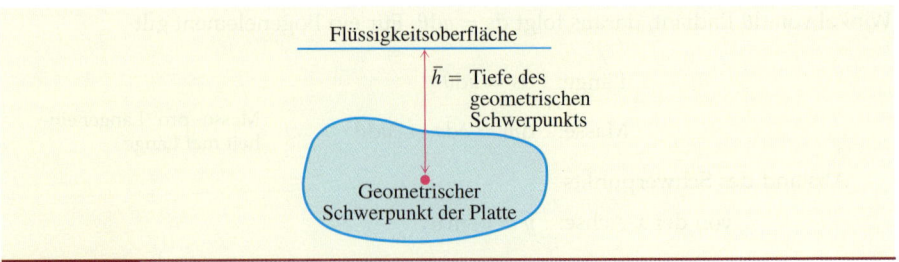

Abbildung 6.55 Die Kraft gegen eine Seite der Platte entspricht $w \cdot \bar{h} \cdot$ Fläche der Platte.

Berechnung der Kraft auf eine Platte unter Wasser mithilfe des Schwerpunkts

Beispiel 6.30 Eine flache Platte in Form eines gleichschenkligen Dreiecks mit einer Grundseite von 4 m und einer Höhe von 2 m wird vertikal in das Wasser eines Schwimmbeckens getaucht. Die Grundseite befindet sich oben und 1 m unterhalb der Wasseroberfläche, die Spitze liegt im Ursprung. (Dies entspricht Beispiel 6.25 aus Abschnitt 6.5.) Berechnen Sie die Kraft, die das Wasser gegen eine Seite der Platte ausübt, mithilfe von Gleichung (6.26).

Lösung Der geometrische Schwerpunkt des Dreiecks liegt auf der y-Achse, auf der Strecke zwischen Grundlinie und Spitze ein Drittel des Weges unterhalb der Grundlinie (▶ Abbildung 6.43). Es ist also $\bar{h} = 5/3$ (für $y = 4/3$), da die Wasseroberfläche bei $y = 3$ liegt. Die Fläche des Dreiecks ist

$$A = \frac{1}{2}(\text{Grundlinie})(\text{Höhe}) = \frac{1}{2}(4)(2) = 4\,\text{m}^2.$$

Damit erhalten wir für die Kraft

$$F = w\bar{h}A = (9809{,}3)\left(\frac{5}{3}\right)(4) \approx 65\,395{,}3\,\text{N}.$$

Guldin'sche Regeln

Wir stellen im folgenden zwei Sätze vor, die einen Zusammenhang zwischen dem geometrischen Schwerpunkt sowie den Oberflächen und Volumina von Rotationskörpern herstellen. Im deutschen Sprachraum sind diese beiden Sätze vor allem als die *Guldin'schen Regeln* bekannt, benannt nach dem Schweizer Mathematiker Paul Guldin. Im englischsprachigen Raum sind sie auch als die *Sätze des Pappus* bekannt (*Pappus's centroid theorems*, *Theorems of Pappus*), manchmal auch als *Pappus–Guldinus-Theorem*. Pappos (lateinisiert Pappus) von Alexandria lebte im 3. Jahrhundert, in seinen Schriften findet sich eine erste Fassung des Zusammenhangs.

Mit diesen Regeln lassen sich oft längere Rechnungen vereinfachen.

> **Satz 6.1 Die Guldin'sche Regel für Volumen (zweite Guldin'sche Regel)** Eine ebene Fläche wird einmal um eine Gerade gedreht, die in der Ebene der Fläche liegt und die Fläche nicht schneidet. Das Volumen des Rotationskörpers, der dabei entsteht, entspricht dann dem Flächeninhalt mal dem Weg, den der geometrische Schwerpunkt der Fläche zurücklegt. Es sei ρ der Abstand des geometrischen Schwerpunkts von der Rotationsachse. Dann gilt
>
> $$V = 2\pi\rho A. \qquad (6.27)$$

6.6 Momente und Schwerpunkt

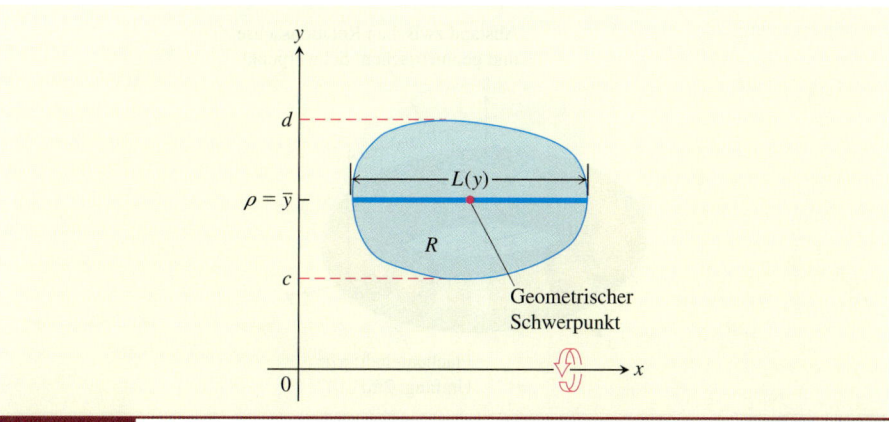

Abbildung 6.56 Die Fläche R wird (einmal) um die x-Achse gedreht, dabei entsteht ein Rotationskörper. Gemäß einem Satz, der bereits vor 1700 Jahren zum ersten Mal formuliert wurde, entspricht das Volumen dieses Rotationskörpers dem Produkt aus dem Flächeninhalt und der Länge der Strecke, die der geometrische Schwerpunkt bei der Drehung zurücklegt.

Beweis Wir legen die Rotationsachse auf die x-Achse und zeichnen die Fläche R in den ersten Quadranten (▶Abbildung 6.56). Es sei $L(y)$ die Länge einer Strecke durch R senkrecht zur y-Achse bei y. Wir gehen davon aus, dass L stetig ist.

Berechnen wir das Volumen des Rotationskörpers, der bei Drehung um die x-Achse entsteht, mit der Schalenmethode, so erhalten wir

$$V = \int_c^d 2\pi \,(\text{Radius der Schale})(\text{Höhe der Schale})\,dy = 2\pi \int_c^d y L(y)\,dy\,. \qquad (6.28)$$

Die y-Koordinate des geometrischen Schwerpunkts von R ist

$$\bar{y} = \frac{\int_c^d \tilde{y}\,dA}{A} = \frac{\int_c^d y L(y)\,dy}{A}\,. \qquad \tilde{y}=y,\; dA = L(y)\,dy$$

Damit ergibt sich

$$\int_c^d y L(y)\,dy = A\bar{y}\,.$$

Setzt man $A\bar{y}$ für das letzte Integral in Gleichung (6.28) ein, so erhält man $V = 2\pi \bar{y} A$. Da der Abstand ρ gleich $\bar{y}$ ist, entspricht dies $V = 2\pi \rho A$. ∎

Beispiel 6.31 Eine Kreisscheibe mit Radius a wird um eine Achse gedreht, die in der gleichen Ebene liegt und vom ihrem Mittelpunkt den Abstand $b \geq a$ hat. Dabei entsteht ein Torus, ein Körpers in Form eines Fahrradreifens oder eines Donuts (▶Abbildung 6.57). Berechnen Sie sein Volumen.

Volumen eines Torus

Lösung Wir rechnen mit der Guldin'schen Regel für Volumen. Der geometrische Schwerpunkt eines Kreises liegt in seinem Mittelpunkt, seine Flache ist $A = \pi a^2$, und der Abstand des Schwerpunkts von der Rotationsachse ist $\rho = b$ (Abbildung 6.57). Setzen wir dies in Gleichung (6.27) ein, so erhalten wir für das Volumen des Torus

$$V = 2\pi (b)(\pi a^2) = 2\pi^2 b a^2\,.$$

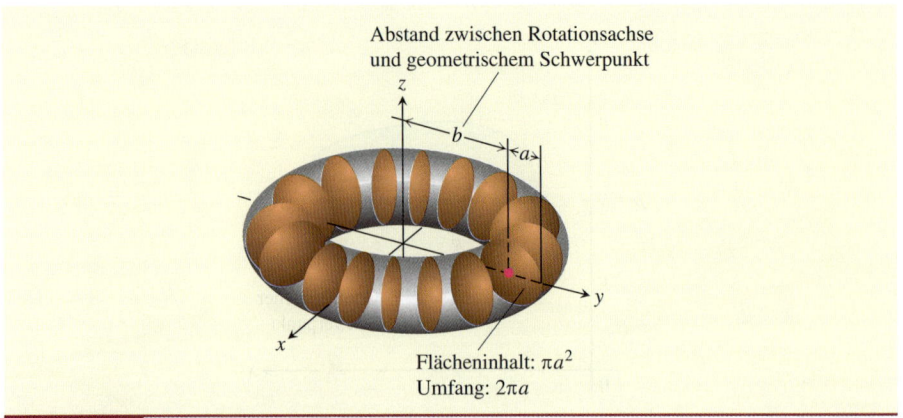

Abbildung 6.57 Mit der Guldin'schen Regel für Volumen lässt sich das Volumen eines Torus ohne Integration bestimmen (Beispiel 6.31).

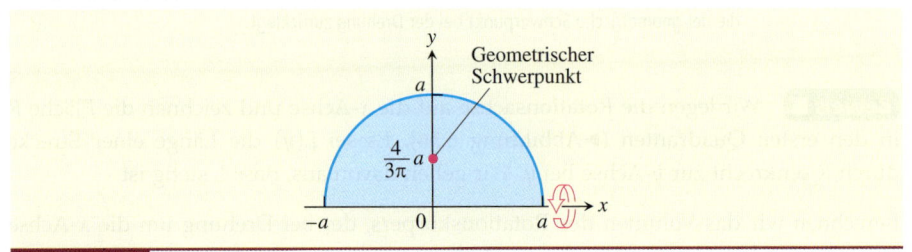

Abbildung 6.58 Mit der Guldin'schen Regel für Volumen lässt sich der Schwerpunkt eines Halbkreises ohne Integration bestimmen (Beispiel 6.31).

Kennen wir den Flächeninhalt A einer Fläche und das Volumen des Rotationskörpers, der bei Drehung dieser Fläche um eine Koordinatenachse entsteht, so lässt sich mit der Guldin'schen Regel für Volumen (Gleichung (6.27)) eine der Koordinaten des geometrischen Schwerpunkts der Fläche bestimmen (und zwar die, um deren Achse nicht gedreht wurde). Wollen wir also z. B. $\bar{y}$ bestimmen, so drehen wir die Fläche um die x-Achse; dann ist $\bar{y} = \rho$ der Abstand zur Drehachse. Wenn dabei ein Rotationskörper mit bekanntem Volumen V entsteht, können wir Gleichung (6.27) nach ρ auflösen, und mit $\rho = \bar{y}$ erhalten wir so die Koordinate des geometrischen Schwerpunkts. Wir zeigen dieses Verfahren im nächsten Beispiel.

Schwerpunkt eines Halbkreises

Beispiel 6.32 Bestimmen Sie den geometrischen Schwerpunkt einer Fläche, die die Form eines Halbkreises mit Radius a hat.

Lösung Wir betrachten die Fläche zwischen dem Halbkreis $y = \sqrt{a^2 - x^2}$ und der x-Achse (▶ Abbildung 6.58). Dreht man diese Fläche um die x-Achse, so entsteht eine Kugel. Die x-Koordinate des Schwerpunkts lässt sich mit Symmetrieüberlegungen bestimmen, sie ist $\bar{x} = 0$. Setzen wir in Gleichung (6.27) $\bar{y} = \rho$ ein, so erhalten wir

$$\bar{y} = \frac{V}{2\pi A} = \frac{(4/3)\pi a^3}{2\pi (1/2)\pi a^2} = \frac{4}{3\pi} a.$$

6.6 Momente und Schwerpunkt

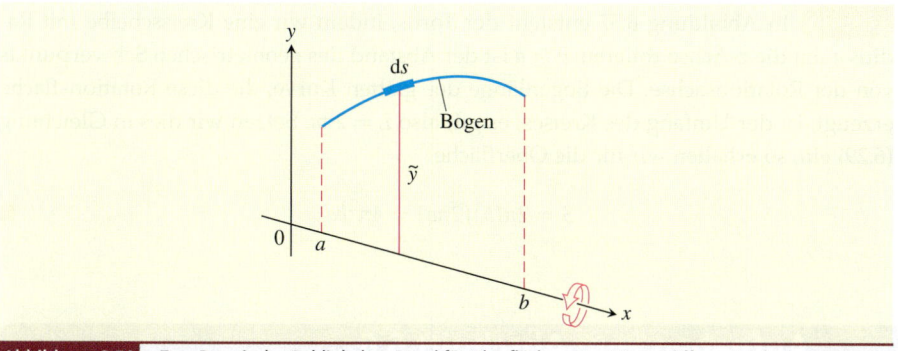

Abbildung 6.59 Zum Beweis der Guldin'schen Regel für Oberflächen. Das Längendifferential ds des Bogens ist gegeben durch Gleichung (6.6) in Abschnitt 6.3.

> **Satz 6.2 Die Guldin'sche Regel für Oberflächen (erste Guldin'sche Regel)** Ein Bogenstück einer glatten ebenen Kurve wird einmal um eine Gerade gedreht, die in der Ebene des Bogenstücks liegt und das Bogenstück nicht schneidet. Die Oberfläche, die bei dieser Drehung entsteht, entspricht dann der Länge L des Bogenstücks mal dem Weg, den der geometrische Schwerpunkt des Bogenstücks bei der Drehung zurücklegt. Es sei ρ der Abstand des geometrischen Schwerpunkts von der Rotationsachse. Dann gilt
> $$S = 2\pi\rho L. \tag{6.29}$$

In dem Beweis dieser Regel legen wir die Rotationsachse auf die x-Achse und gehen davon aus, dass das Bogenstück der Graph einer stetigen differenzierbaren Funktion von x ist.

Beweis ∎ Die Rotationsachse sei die x-Achse, und das Bogenstück reiche von $x = a$ bis $x = b$ im ersten Quadranten (▶Abbildung 6.59). Die Oberfläche, die bei Rotation des Bogens entsteht, hat dann den Flächeninhalt

$$S = \int_{x=a}^{x=b} 2\pi y\, ds = 2\pi \int_{x=a}^{x=b} y\, ds. \tag{6.30}$$

Der geometrische Schwerpunkt des Bogens hat die y-Koordinate

$$\bar{y} = \frac{\int_{x=a}^{x=b} \tilde{y}\, ds}{\int_{x=a}^{x=b} ds} = \frac{\int_{x=a}^{x=b} y\, ds}{L}. \qquad L = \int ds \text{ ist die Länge des Bogens und } \tilde{y} = y$$

Damit gilt

$$\int_{x=a}^{x=b} y\, ds = \bar{y}L.$$

Setzt man $\bar{y}L$ für das letzte Integral in Gleichung (6.30) ein, so erhält man $S = 2\pi\bar{y}L$. Da der Abstand ρ gleich $\bar{y}$ ist, entspricht dies $S = 2\pi\rho L$. ∎

Beispiel 6.33 Bestimmen Sie mit der ersten Guldin'schen Regel die Oberfläche des Torus aus Beispiel 6.31.

Oberfläche eines Torus

Lösung In Abbildung 6.57 entsteht der Torus, indem wir eine Kreisscheibe mit Radius a um die z-Achse rotieren; $b \geq a$ ist der Abstand des geometrischen Schwerpunkts von der Rotationsachse. Die Bogenlänge der glatten Kurve, die diese Rotationsfläche erzeugt, ist der Umfang des Kreises, es gilt also $L = 2\pi a$. Setzen wir dies in Gleichung (6.29) ein, so erhalten wir für die Oberfläche

$$S = 2\pi(b)(2\pi a) = 4\pi^2 ba.$$

Aufgaben zum Abschnitt 6.6

Dünne Platten mit konstanter Dichte

Bestimmen Sie in den Aufgaben 1–12 den Massenmittelpunkt einer dünnen Platte mit konstanter Dichte δ, die die angegebene Fläche überdeckt.

1. Die Fläche zwischen der Parabel $y = x^2$ und der Geraden $y = 4$.

2. Die Fläche zwischen der Parabel $y = 25 - x^2$ und der x-Achse.

3. Die Fläche zwischen der Parabel $y = x - x^2$ und der Geraden $y = -x$.

4. Die Fläche zwischen den Parabeln $y = x^2 - 3$ und $y = -2x^2$.

5. Die Fläche zwischen der y-Achse und der Kurve $x = y - y^3$ mit $0 \leq y \leq 1$.

6. Die Fläche zwischen der Parabel $x = y^2 - y$ und der Geraden $y = x$.

7. Die Fläche zwischen der x-Achse und der Kurve $y = \cos x$ mit $-\pi/2 \leq x \leq \pi/2$.

8. Die Fläche zwischen Kurve $y = \sec^2 x$, $-\pi/4 \leq x \leq \pi/4$ und der x-Achse.

9. Die Fläche zwischen den Parabeln $y = 2x^2 - 4x$ und $y = 2x - x^2$.

10. a. Die Fläche, die durch den Kreis $x^2 + y^2 = 9$ von dem ersten Quadranten abgetrennt wird. **b.** Die Fläche zwischen der x-Achse und dem Halbkreis $y = \sqrt{9 - x^2}$. Vergleichen Sie die Lösungen der Teilaufgaben **a.** und **b.**

11. Die dreiecksähnliche Fläche im ersten Quadranten zwischen dem Kreis $x^2 + y^2 = 9$ sowie den Geraden $x = 3$ und $y = 3$. (*Hinweis:* Bestimmen Sie den Flächeninhalt mit Mitteln der elementaren Geometrie.)

12. Die Fläche, die oben von der Kurve $y = 1/x^3$ begrenzt wird, unten von der Kurve $y = -1/x^3$ sowie links und rechts von den Geraden $x = 1$ und $x = a > 1$. Bestimmen Sie auch den Grenzwert $\lim_{a \to \infty} \bar{x}$.

Dünne Platten mit variabler Dichte

13. Bestimmen Sie den Massenmittelpunkt einer dünnen Platte, die die Fläche zwischen der x-Achse und der Kurve $y = 2/x^2$ mit $1 \leq x \leq 2$ einnimmt. Die Dichte der Platte im Punkt (x, y) ist $\delta(x) = x^2$.

14. Bestimmen Sie den Massenmittelpunkt einer dünnen Platte, die die Fläche zwischen der Parabel $y = x^2$ und der Geraden $y = x$ einnimmt. Die Dichte der Platte im Punkt (x, y) ist $\delta(x) = 12x$.

15. Die Fläche zwischen den Kurven $y = \pm 4\sqrt{x}$ und den Geraden $x = 1$ und $x = 4$ wird um die y-Achse gedreht, dabei entsteht ein Rotationskörper.

a. Bestimmen Sie das Volumen des Rotationskörpers.

b. Auf der Fläche liegt eine dünne Platte, ihre Dichte im Punkt (x, y) ist $\delta(x) = 1/x$. Bestimmen Sie den Massenmittelpunkt dieser Platte.

c. Skizzieren Sie die Platte und zeichnen Sie den Massenmittelpunkt ein.

Geometrischer Schwerpunkt von Dreiecken

16. Der geometrische Schwerpunkt eines Dreiecks liegt auf dem Schnittpunkt der Seitenhalbierenden Die drei Seitenhalbierenden eines Dreiecks treffen sich in einem Punkt; dieser Punkt teilt jeder der Seitenhalbierenden im Verhältnis 1:2 (ein Drittel der Strecke zum Seitenmittelpunkt, zwei Drittel zur gegenüberliegenden Ecke). Dies ist aus der elementaren Geometrie bekannt. Beweisen Sie, dass der geometrische Schwerpunkt des Dreiecks mit diesem Schnittpunkt der Seitenhalbierenden übereinstimmt, indem sie zeigen, dass auch der

Schwerpunkt die Seitenhalbierenden in dem gleichen Verhältnis teilt. Führen Sie dazu die folgenden Schritte aus:

a. Legen Sie eine Seite des Dreiecks auf die x-Achse wie in Teil b. der untenstehenden Abbildung. Drücken Sie dann dm als Funktion von L und dy aus.

b. Zeigen Sie mithilfe ähnlicher Dreiecke, dass gilt $L = (b/h)(h-y)$. Setzen Sie diesen Ausdruck für L in die Gleichung für dm ein.

c. Zeigen Sie, dass gilt $\bar{y} = h/3$.

d. Wenden Sie diese Argumentationskette auf die anderen Seiten an.

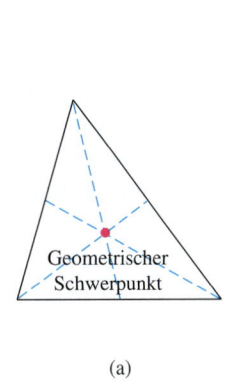

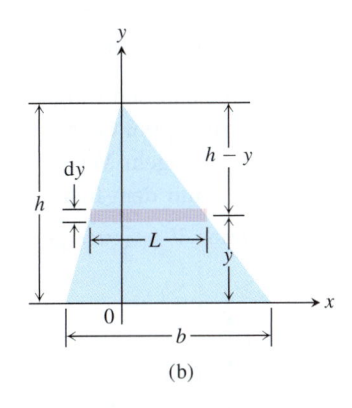

Bestimmen Sie mit den Ergebnissen aus Aufgaben 16 den geometrischen Schwerpunkt der Dreiecke, deren Eckpunkte in den Aufgaben 17–21 angegeben sind. Nehmen Sie an, dass gilt $a, b > 0$.

17. $(-1, 0), (1, 0), (0, 3)$

18. $(0, 0), (1, 0), (0, 1)$

19. $(0, 0), (a, 0), (0, a)$

20. $(0, 0), (a, 0), (0, b)$

21. $(0, 0), (a, 0), (a/2, b)$

Dünne Drähte

22. Konstante Dichte Ein Draht mit konstanter Dichte liegt auf der Kurve $y = \sqrt{x}$ zwischen $x = 0$ und $x = 2$. Bestimmen Sie sein Moment um die x-Achse.

23. Konstante Dichte Ein Draht mit konstanter Dichte liegt auf der Kurve $y = x^3$ zwischen $x = 0$ und $x = 1$. Bestimmen Sie sein Moment um die x-Achse.

24. Variable Dichte Die Dichte des Drahts in Beispiel 6.29 sei nun $\delta = k \sin \theta$, k ist konstant. Bestimmen Sie den Massenmittelpunkt dieses Drahtes.

25. Variable Dichte Die Dichte des Drahts in Beispiel 6.29 sei nun $\delta = 1 + k|\cos \theta|$, k ist konstant. Bestimmen Sie den Massenmittelpunkt dieses Drahtes.

Platten zwischen zwei Kurven

Bestimmen Sie in den Aufgaben 26–29 den geometrischen Schwerpunkt einer dünnen Platte, deren Fläche von den gegebenen Funktionen begrenzt wird. Rechnen Sie mit den Gleichungen (6.24) und (6.25), setzen Sie $\delta = 1$ und M gleich der Fläche der Platte.

26. $g(x) = x^2$ und $f(x) = x + 6$

27. $g(x) = x^2(x + 1), f(x) = 2$ und $x = 0$

28. $g(x) = x^2(x - 1)$ und $f(x) = x^2$

29. $g(x) = 0, f(x) = 2 + \sin x, x = 0$ und $x = 2\pi$
(Hinweis: $\int x \sin x \, dx = \sin x - x \cos x + C$.)

Theorie und Beispiele

Bestätigen Sie in den Aufgaben 30 und 31 die angegebenen Aussagen und Gleichungen.

30. Die Koordinaten des geometrischen Schwerpunkts einer glatten ebenen Kurve sind

$$\bar{x} = \frac{\int x \, ds}{\text{Länge}}, \quad \bar{y} = \frac{\int y \, ds}{\text{Länge}}$$

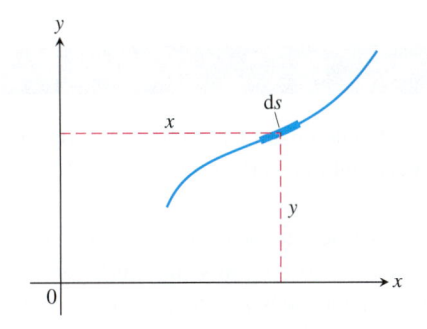

31. Ein Bogenstück liegt auf der Kurve $y = x^2/(4p)$ zwischen den beiden Werten von x, für die $y = a$ ist (siehe die untenstehende Abbildung). Unabhängig vom Wert für $p > 0$ liegt der geometrische Schwerpunkt des Bogenstücks immer bei $\bar{y} = (3/5)a$.

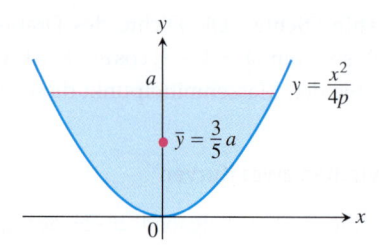

Die Guldin'schen Regeln

32. Das Quadrat mit den Ecken $(0,2)$, $(2,0)$, $(4,2)$ und $(2,4)$ wird um die x-Achse gedreht. Bestimmen Sie das Volumen und die Oberfläche des Rotationskörpers.

33. Der Kreis $(x-2)^2 + y^2 = 1$ wird um die y-Achse gedreht. Bestimmen Sie das Volumen des Torus, der dabei entsteht.

34. Bestimmen Sie den geometrischen Schwerpunkt des Halbkreises $y = \sqrt{a^2 - x^2}$ mit der Guldin'schen Regel. Verwenden Sie, dass die Oberfläche einer Kugel mit Radius a durch die Gleichung $A = 4\pi a^2$ gegeben ist.

35. Wie Sie in Aufgabe 34 berechnet haben, liegt der geometrische Schwerpunkt des Halbkreises $y = \sqrt{a^2 - x^2}$ in dem Punkt $(0, 2a/\pi)$. Dieser Halbkreis wird um die Gerade $y = a$ gedreht. Berechnen Sie den Flächeninhalt der Rotationsfläche.

36. Eine Fläche R wird von der halben Ellipse $y = (b/a)\sqrt{a^2 - x^2}$ und der x-Achse begrenzt, ihr Flächeninhalt ist $(1/2)\pi ab$. Wird R um die x-Achse gedreht, entsteht ein Rotationskörper, dessen Volumen $(4/3)\pi ab^2$ beträgt. Bestimmen Sie den geometrischen Schwerpunkt von R. Der Ort dieses Schwerpunkts ist unabhängig von a.

37. Der geometrische Schwerpunkt der Fläche zwischen der x-Achse und dem Halbkreis $y = \sqrt{a^2 - x^2}$ liegt in dem Punkt $(0, 4a/3\pi)$, dies wurde in Beispiel 6.32 berechnet. Wird diese Fläche um die Gerade $y = -a$ gedreht, entsteht ein Rotationskörper. Betimmen Sie sein Volumen.

38. Die Fläche aus Aufgabe 37 wird um die Gerade $y = x - a$ gedreht. Berechnen Sie das Volumen des Rotationskörpers.

39. In Aufgabe 34 haben wir den geometrischen Schwerpunkt des Halbkreises $y = \sqrt{a^2 - x^2}$ berechnet, er liegt in dem Punkt $(0, 2a/\pi)$. Wird dieser Halbkreis um die Gerade $y = x - a$ gedreht, so entsteht eine Rotationsfläche. Bestimmen Sie ihren Flächeninhalt.

Bestimmen Sie in den Aufgaben 40 und 41 den geometrischen Schwerpunkt der gegebenen Dreiecke mit den Guldin'schen Regeln. Verwenden Sie, dass das Volumen eines Kegels mit dem Radius r und der Höhe h durch die Gleichung $V = \frac{1}{3}\pi r^2 h$ gegeben ist.

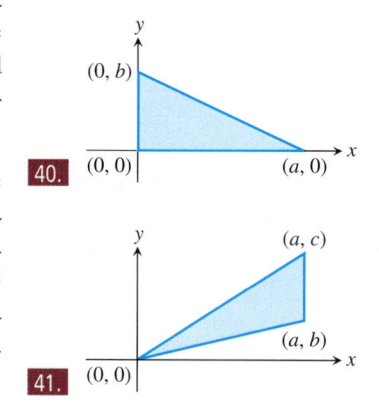

40.

41.

Kapitel 6 – Wiederholungsfragen

1. Wie definieren und berechnen Sie das Volumen von Körpern mit der Zerlegungsmethode?

2. Wie lässt sich die Scheiben- und Schalenmethode zur Volumenberechnung aus der Zerlegungsmethode herleiten? Nennen Sie Beispiele für Volumenberechnungen mit diesen Methoden.

3. Beschreiben Sie die Methode der zylindrischen Schalen und nennen Sie ein Beispiel.

4. Wie lässt sich die Länge des Graphen einer glatten Kurve in einem abgeschlossenen Intervall bestimmen? Nennen Sie ein Beispiel. Wie verfährt man bei Kurven, die keine stetige erste Ableitung haben?

5. Wenn der Graph der glatten Funktion $y = f(x)$ mit $a \leq x \leq b$ um die x-Achse gedreht wird, entsteht eine Rotationsfläche. Wie definiert und berechnet man den Flächeninhalt dieser Fläche? Nennen Sie ein Beispiel.

6. Eine variable Kraft wirkt entlang eines Teils der x-Achse. Wie definiert und berechnet man die Arbeit, die diese Kraft verrichtet? Wie berechnet man die Arbeit, die man verrichten muss, um eine Flüssigkeit aus einem Tank zu pumpen? Nennen Sie Beispiele.

7. Wie berechnet man die Kraft, die eine Flüssigkeit auf einen Teil einer flachen vertikalen Mauer ausübt? Nennen Sie ein Beispiel.

8. Was versteht man unter dem Massenmittelpunkt oder Schwerpunkt, was unter dem geometrischen Schwerpunkt?

9. Wie bestimmt man den Schwerpunkt einer dünnen flachen Platte? Nennen Sie ein Beispiel.

10. Wie berechnet man den Schwerpunkt einer dünnen Platte, die von den beiden Kurven $y = f(x)$ und $y = g(x)$ mit $a \leq x \leq b$ begrenzt wird?

Kapitel 6 – Praktische Aufgaben

Volumenbestimmungen

Bestimmen Sie in den Aufgaben 1–10 das Volumen der angegebenen Körper.

1. Der Körper liegt zwischen den beiden Ebenen, die bei $x = 0$ und $x = 1$ senkrecht zur x-Achse sind. Die Querschnittsflächen des Körpers senkrecht zur x-Achse zwischen diesen beiden Ebenen sind Kreisscheiben, deren Durchmesser sich zwischen der Parabel $y = x^2$ und der Parabel $y = \sqrt{x}$ erstrecken.

2. Der Körper liegt zwischen den beiden Ebenen, die bei $x = \pi/4$ und $x = 5\pi/4$ senkrecht zur x-Achse sind. Die Querschnittsflächen des Körpers senkrecht zur x-Achse zwischen diesen beiden Ebenen sind Kreisscheiben, deren Durchmesser sich zwischen der Kurve $y = 2\cos x$ und der Kurve $y = 2\sin x$ erstrecken.

3. Der Körper liegt zwischen den beiden Ebenen, die bei $x = 0$ und $x = 6$ senkrecht zur x-Achse sind. Die Querschnittsflächen des Körpers senkrecht zur x-Achse zwischen diesen beiden Ebenen sind Quadrate, deren Grundlinien sich zwischen der x-Achse und der Kurve $x^{1/2} + y^{1/2} = \sqrt{6}$ erstrecken.

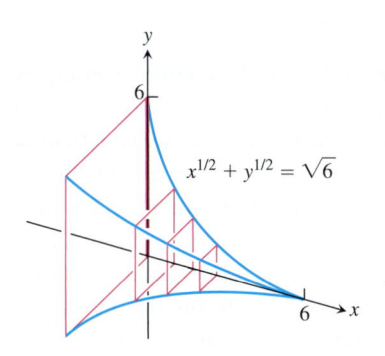

4. Der Körper liegt zwischen den beiden Ebenen, die bei $x = 0$ und $x = 4$ senkrecht zur x-Achse sind. Die Querschnittsflächen des Körpers senkrecht zur x-Achse zwischen diesen beiden Ebenen sind Kreisscheiben, deren Durchmesser sich zwischen der Kurve $x^2 = 4y$ und der Kurve $y^2 = 4x$ erstrecken.

5. Die Fläche zwischen der x-Achse, der Kurve $y = 3x^4$ und den Geraden $x = 1$ und $x = -1$ wird

a. um die x-Achse,

b. um die y-Achse,

c. um die Gerade $x = 1$ und

d. um die Gerade $y = -3$

gedreht. Berechnen Sie das Volumen des Rotationskörpers.

6. Eine Fläche wird links von der Parabel $x = y^2 + 1$ und rechts von der Geraden $x = 5$ begrenzt. Sie wird

a. um die x-Achse,

b. um die y-Achse und

c. um die Gerade $x = 5$

gedreht. Berechnen Sie das Volumen des Rotationskörpers.

7. Die dreiecksähnliche Fläche im ersten Quadranten zwischen der x-Achse, der Geraden $x = \pi/3$ und der Kurve $y = \tan x$ wird um die x-Achse gedreht. Berechnen Sie das Volumen des Rotationskörpers.

8. Die Fläche zwischen der x-Achse und der Kurve $y = x^2 - 2x$ wird

a. um die x-Achse,

b. um die Gerade $y = -1$,

c. um die Gerade $x = 2$ und

d. um die Gerade $y = 2$

gedreht. Berechnen Sie das Volumen des Rotationskörpers.

6 Bestimmte Integrale in Anwendungen

9. Volumen eines Lochs in einer Kugel Durch den Mittelpunkt einer Kugel mit dem Radius 2 m wird rundes Loch mit dem Durchmesser $\sqrt{3}$ m gebohrt. Bestimmen Sie das Volumen des Materials, das bei diesem Vorgang aus der Kugel entfernt wird.

10. Volumen eines Spielballs im American Football Der Spielball im American Football hat einen Querschnitt, der der hier abgebildeten Ellipse entspricht (die Maße sind in Zentimetern angegeben). Bestimmen Sie das Volumen des Spielballs, runden Sie auf ganze Kubikzentimeter.

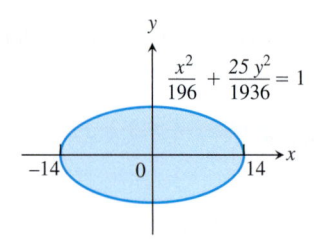

$$\frac{x^2}{196} + \frac{25\,y^2}{1936} = 1$$

Länge von Kurven

Bestimmen Sie in den Aufgaben 11–14 die Länge der Kurve.

11. $y = x^{1/2} - (1/3)x^{3/2}$ mit $1 \leq x \leq 4$

12. $x = y^{2/3}$ mit $1 \leq y \leq 8$

13. $y = (5/12)x^{6/5} - (5/8)x^{4/5}$ mit $1 \leq x \leq 32$

14. $x = (y^3/12) + (1/y)$ mit $1 \leq y \leq 2$

Flächeninhalt von Rotationsflächen

In den Aufgaben 15–18 wird die angegebene Kurve um die angegebene Achse gedreht. Berechnen Sie den Flächeninhalt der dabei entstehenden Rotationsfläche.

15. $y = \sqrt{2x+1}$ mit $0 \leq x \leq 3$; Drehung um die x-Achse

16. $y = x^3/3$, mit $0 \leq x \leq 1$; Drehung um die x-Achse

17. $x = \sqrt{4y - y^2}$ mit $1 \leq y \leq 2$; Drehung um die y-Achse

18. $x = \sqrt{y}$ mit $2 \leq y \leq 6$; Drehung um die y-Achse

Arbeit

19. Ausrüstung hochziehen Eine Bergsteigerin will 100 N Ausrüstung hochziehen, die an einem 40 m langen Seil unter ihr hängt. Das Seil wiegt 0,8 N/m. Wie viel Arbeit muss sie verrichten? (*Hinweis:* Berechnen Sie die Arbeit getrennt für die Ausrüstung und das Seil, addieren Sie die Ergebnisse.)

20. Kraft einer Feder Eine Feder wird von einer Kraft von 90 N um 0,3 m über ihre Ruhelänge hinaus verlängert. Wie viel Arbeit wurde für diese Verlängerung benötigt? Wie viel Arbeit muss verrichtet werden, um die Feder um weitere 0,3 m zu verlängern?

21. Ein Reservoir auspumpen Ein Wasserspeicher hat die Form eines geraden Kreiskegels; die Spitze liegt unten, der Durchmesser des oberen Kreises beträgt 20 m, das Reservoir ist 8 m hoch und komplett mit Wasser gefüllt. Wie viel Arbeit muss verrichtet werden, um das Wasser auf ein Niveau 6 m oberhalb der oberen Kante des Wasserspeichers zu pumpen?

22. (*Fortsetzung von Aufgabe 21*) Der Wasserspeicher ist bis zu einer Höhe von 5 m gefüllt und soll auf die Höhe der oberen Kante des Kegels gepumpt werden. Wie viel Arbeit wird jetzt verrichtet?

23. Einen kegelförmigen Tank auspumpen Ein Tank hat die Form eines geraden Kreiskegels, steht auf der Spitze und hat oben einen Radius von 5 m. Er ist bis zu einer Höhe von 10 m mit einer Flüssigkeit gefüllt, die ein spezifisches Gewicht von 9432 N/m³ hat. Wie viel Arbeit muss man verrichten, um diese Flüssigkeit auf ein Niveau 2 m über dem Tank zu pumpen? Die verwendete Pumpe hat einen Motor mit einer Leistung von 372,9 J/s. Wie lange dauert es dann, bis der Tank leer gepumpt ist?

24. Einen zylindrischen Tank auspumpen Ein Vorratstank hat die Form eines Zylinders mit einer Länge von 6 m und einem Durchmesser von 2,4 m; seine Achse liegt horizontal. Der Tank ist zur Hälfte mit Olivenöl gefüllt (spezifisches Gewicht 8960,4 N/m³) und soll durch einen Schlauch geleert werden. Dieser Schlauch führt vom Boden des Tanks zu einem Gefäß, das sich 1,8 m oberhalb der Oberkante des Tanks befindet. Welche Arbeit muss man dafür verrichten?

Massenmittelpunkt und geometrischer Schwerpunkt

25. Berechnen Sie den geometrischen Schwerpunkt einer dünnen Platte, deren Fläche zwischen den Parabeln $y = 2x^2$ und $y = 3 - x$ liegt.

26. Berechnen Sie den geometrischen Schwerpunkt der dreiecksähnlichen Platte, deren Fläche im ersten Quadranten zwischen der y-Achse, der Parabel $y = x^2/4$ und der Geraden $y = 4$ liegt.

27. Bestimmen Sie den Massenmittelpunkt einer dünnen, flachen Platte, deren Fläche zwischen der Parabel $y^2 = x$ und der Geraden $x = 2y$ liegt und deren Dichtefunktion $\delta(y) = 1 + y$ ist. (Zerlegen Sie die Platte in horizontale Streifen.)

28. a. Bestimmen Sie den Massenmittelpunkt einer dünnen Platte mit konstanter Dichte, deren Fläche zwischen der Kurve $y = 3/x^{3/2}$ und der x-Achse zwischen $x = 1$ und $x = 9$ liegt. **b.** Berechnen Sie den Massenmittelpunkt dieser Platte, wenn ihre Dichte nicht konstant ist, sondern der Funktion $\delta(x) = x$ genügt. (Zerlegen Sie in vertikale Streifen.)

Kraft von Flüssigkeiten

29. Wasserbottich Die vertikale Dreiecksplatte, die im untenstehenden Bild zu sehen ist, schließt einen Bottich ab, der vollständig mit Wasser ($w = 9809,3\,\text{N/m}^3$) gefüllt ist. Welche Kraft übt die Flüssigkeit auf die Platte aus?

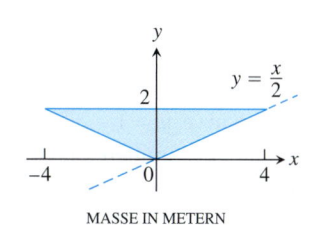

MASSE IN METERN

30. Bottich gefüllt mit Ahornsirup Die vertikale Platte in Form eines Trapezes, die im untenstehenden Bild zu sehen ist, schließt einen Bottich ab. In diesem Bottich befindet sich Ahornsirup, der $11\,790\,\text{N/m}^3$ wiegt; der Sirup steht 25 cm hoch. Welche Kraft übt er gegen die Endplatte aus?

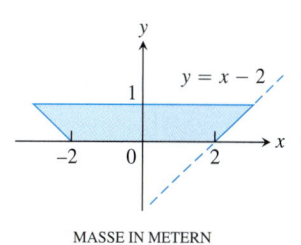

MASSE IN METERN

31. Kraft auf ein Tor in Parabelform In einer Sperrmauer befindet sich ein vertikales Tor, das die Form einer Parabelfläche hat: Die Fläche liegt zwischen der Kurve $y = 4x^2$ und der Geraden $y = 4$, die Strecken werden in Metern gemessen. Die obere Kante des Tor liegt 5 m unterhalb der Wasseroberfläche. Berechnen Sie die Kraft, die das Wasser auf das Tor ausübt ($w = 9809,3\,\text{N/m}^3$).

32. Sie wollen Quecksilber ($w = 133\,462,8\,\text{N/m}^3$) in einem vertikal aufgestellten quaderförmigen Tank lagern. Der Tank hat eine quadratische Grundfläche mit einer Seitenlänge von 0,3 m; seine Wände können einer Kraft von insgesamt 177 920 N widerstehen. Wie viele Kubikmeter Quecksilber können Sie auf einmal in diesen Tank einfüllen?

Kapitel 6 – Zusätzliche Aufgaben und Aufgaben für Fortgeschrittene

Volumen und Länge

1. Die Fläche zwischen der stetigen positiven Funktion $y = f(x)$, der x-Achse, der feststehenden Geraden $x = a$ und der variablen Geraden $x = b$, $b > a$ wird um die x-Achse gedreht. Das Volumen des Rotationskörpers beträgt $V = b^2 - ab$ für alle b. Bestimmen Sie $f(x)$.

2. Eine ansteigende Funktion $f(x)$ sei glatt für $x \geq 0$ und es sei $f(0) = a$. Außerdem sei $s(x)$ die Länge des Graphen von f von $(0, a)$ bis $(x, f(x))$ mit $x > 0$. Berechnen Sie $f(x)$ für $s(x) = Cx$ mit der Konstanten C. Welche Werte sind für C erlaubt?

3. a. Zeigen Sie, dass für $0 < \alpha \leq \pi/2$ gilt

$$\int_0^\alpha \sqrt{1 + \cos^2\theta}\, d\theta > \sqrt{\alpha^2 + \sin^2\alpha}\,.$$

b. Verallgemeinern Sie das Ergebnis von **a**.

4. Die Fläche zwischen den Graphen von $y = x$ und $y = x^2$ wird um die Gerade $y = x$ gedreht. Bestimmen Sie das Volumen des Rotationskörpers.

5. Wir betrachten einen geraden Kreiszylinder mit Durchmesser 1. Aus diesem Zylinder wird ein Keil herausgeschnitten. Dazu macht man einen Schnitt parallel zur Grundfläche durch den gesamten Zylinder und einen zweiten, dessen Schnittebene gegenüber der Ebene des ersten Schnitts um 45° geneigt ist. Die beiden Ebenen schneiden sich am Rand des Zylinders (▶die untenstehende Abbildung). Bestimmen Sie das Volumen des Keils.

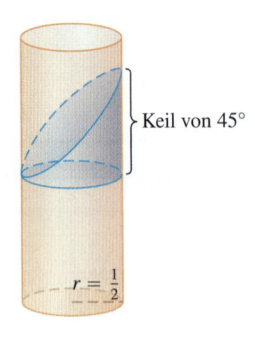

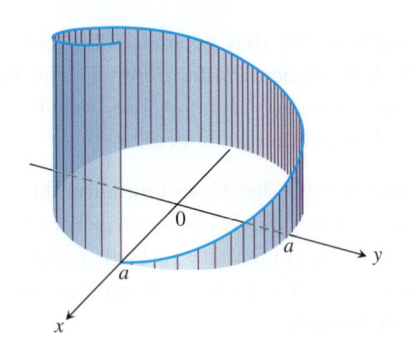

Arbeit

8. Ein Teilchen der Masse m ist zum Zeitpunkt $t = 0$ in Ruhe und wird dann von einer konstanten Beschleunigung a entlang der x-Achse gegen eine variable Kraft F bewegt, für die Kraft gilt $f(t) = t^2$. Berechnen Sie die Arbeit, die dabei verrichtet wird.

9. **Arbeit und kinetische Energie** Ein Golfball mit einem Gewicht von 0,44 N wird auf eine vertikal stehende Feder gelegt, deren Federkonstante $k = 3{,}5\,\text{N/cm}$ beträgt. Die Feder wird um 15 cm zusammengedrückt und dann losgelassen. Wie hoch springt dann in etwa der Ball (gemessen von der Ruheposition der Feder)?

Oberflächen

6. Wir betrachten Strecken der Länge $h = y$, die von Punkten auf der Kurve $y = 2\sqrt{x}$ senkrecht zur xy-Ebene stehen (▶die untenstehende Abbildung). Diese Senkrechten bilden zwischen $(0,0)$ und $(3, 2\sqrt{3})$ eine Fläche; berechnen Sie ihren Flächeninhalt.

Schwerpunkte

10. Eine Fläche wird unten von der x-Achse begrenzt und oben von der Kurve $y = 1 - x^n$, dabei ist n eine positive ganze Zahl. Bestimmen Sie ihren geometrischen Schwerpunkt. Wo liegt dieser Punkt beim Grenzübergang $n \to \infty$?

11. Eine dünne Platte mit dem Flächeninhalt A und der konstanten Dichte δ liege in der xy-Ebene und es sei M_y das Moment der Platte um die y-Achse. Zeigen Sie, dass für das Moment der Platte um die Gerade $x = b$ gilt:

a. es beträgt $M_y - b\delta A$, wenn die Platte rechts von der Geraden liegt und

b. es beträgt $b\delta A - M_y$, wenn die Platte links von der Geraden liegt.

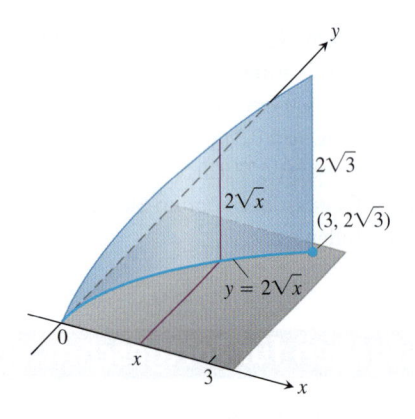

7. Von Punkten auf einem Kreis mit Radius a gehen Strecken senkrecht zur Kreisebene nach oben. Die Senkrechte in jedem Punkt P hat die Länge ks, dabei ist s die Länge des Kreisbogens zwischen $(a, 0)$ und P (gemessen gegen den Uhrzeigersinn) und k eine positive Konstante (▶die untenstehende Abbildung). Diese Strecken bilden eine Fläche. Berechnen Sie ihren Flächeninhalt, wenn die Strecken den Kreisbogen einmal umrunden.

12. a. Im ersten Quadranten wird eine Fläche von zwei konzentrischen Kreisen und den Koordinatenachsen begrenzt; die Kreise haben die Radien a und b mit $0 < a < b$, und ihr Mittelpunkt liegt im Ursprung. Berechnen Sie den geometrischen Schwerpunkt dieser Fläche.

b. Auf welchen Wert läuft der geometrische Schwerpunkt aus **a.** zu, wenn a sich b nähert? Was bedeutet dieses Ergebnis?

13. Von einem Quadrat mit der Seitenlänge 1 m wird eine dreieckförmige Ecke abgeschnitten. Dieses Dreieck hat einen Flächeninhalt von 230 cm^3. Der geometrische Schwerpunkt der verbleibenden Fläche liegt 18 cm von einer Seitenkante des ursprünglichen Quadrats entfernt. Wie groß ist dann seine Entfernung zu den anderen Seiten?

Kraft von Flüssigkeiten

14. Eine dreieckige Platte ABC wird vertikal in Wasser getaucht. Die Seite AB ist 4 m lang und befindet sich 6 m unterhalb der Wasseroberfläche; die Ecke C liegt 2 m unter der Oberfläche. Bestimmen Sie die Kraft, die das Wasser auf eine Seite der Platte ausübt.

15. Eine rechteckige Platte wird vertikal in eine Flüssigkeit getaucht, ihre obere Kante verläuft parallel zur Wasseroberfläche. Zeigen Sie: Die Kraft, die die Flüssigkeit auf eine Seite der Platte ausübt, entspricht dem Durchschnittswert des Drucks entlang der Platte mal dem Flächeninhalt der Platte.

Lernziele

1 Inverse Funktionen und ihre Ableitungen
- Injektive (linkseindeutige) Funktionen und wie man sie erkennt
- Umkehrfunktionen (inverse Funktionen)
- Bestimmung von Inversen
- Ableitung von Inversen

2 Der natürliche Logarithmus
- Definition als Funktion
- Die Euler'sche Zahl e
- Ableitung der Logarithmusfunktion
- Eigenschaften der Logarithmusfunktion
- Integral über den Kehrwert einer Funktion
- Integrale trigonometrischer Funktionen
- Logarithmische Differentiation

3 Exponentialfunktionen
- Exponentialfunktion als Inverse des Logarithmus
- Ableitung und Integral der Exponentialfunktion
- Potenzgesetze und Potenzregel
- Die allgemeine Exponentialfunktion a^x
- Die Zahl e als Grenzwert
- Die Ableitung der allgemeinen Exponentialfunktion
- Logarithmen zu beliebiger Basis

4 Unbestimmte Ausdrücke und die Regel von l'Hospital
- Unbestimmte Ausdrücke in verschiedener Form
- Regel von l'Hospital
- Grenzwertberechnung mit der Regel von l'Hospital
- Unbestimmte Potenzen

5 Inverse trigonometrische Funktionen
- Definition der Arkusfunktionen
- Rechnen mit Arkusfunktionen
- Ableitung der Arkusfunktionen
- Ausdrücke für die Integration

6 Hyperbolische Funktionen
- Definition
- Identitäten
- Ableitungen und Integrale
- Umkehrfunktionen

Transzendente Funktionen

7.1 Inverse Funktionen und ihre Ableitungen 495
7.2 Der natürliche Logarithmus 508
7.3 Exponentialfunktionen 517
7.4 Exponentielles Wachstum und separierbare Differentialgleichungen 530
7.5 Unbestimmte Ausdrücke und die Regel von l'Hospital 539
7.6 Inverse trigonometrische Funktionen 548
7.7 Hyperbolische Funktionen 565
7.8 Konvergenzordnungen und Wachstumsgeschwindigkeiten 575

7 Transzendente Funktionen

Übersicht

Die in der Differentialrechnung wichtigen Funktionen lassen sich in zwei große, komplementäre Klassen einteilen, die *algebraischen Funktionen* und die *transzendenten Funktionen* (siehe Abschnitt 1.1). Abgesehen von den trigonometrischen Funktionen haben wir uns bisher vor allem mit algebraischen Funktionen beschäftigt. In diesem Kapitel untersuchen wir wichtige transzendente Funktionen, darunter die Logarithmus- und die Exponentialfunktion, die Arkusfunktionen und hyperbolische Funktionen. Sie kommen in vielen mathematischen Problemen und naturwissenschaftlichen Anwendungen vor.

7.1 Inverse Funktionen und ihre Ableitungen

Eine Funktion, die die Zuordnungsvorschrift einer anderen Funktion rückgängig macht oder invertiert, wird die *Inverse von f* oder die *Umkehrfunktion von f* genannt. Viele gebräuchliche Funktionen – wenn auch nicht alle – haben eine Inverse. Inverse Funktionen kommen oft in Anwendungen vor. Eine wichtige Rolle spielen sie auch in der Herleitung und bei den Eigenschaften von Logarithmus- und Exponentialfunktionen, die wir in Abschnitt 7.3 behandeln werden.

Injektive oder linkseindeutige Funktionen

Eine Funktion ist eine Vorschrift, die jedem Element ihres Definitionsbereichs einen Wert ihres Wertebereiches zuordnet. Manche Funktionen ordnen mehreren Elementen des Definitionsbereichs dasselbe Element des Wertebereichs zu. So wird bei der Funktion $f(x) = x^2$ der Wert 1 an den beiden Stellen $x = -1$ und $x = 1$ angenommen, der Sinus von $\pi/3$ und $2\pi/3$ beträgt beide Male $\sqrt{3}/2$. Andere Funktionen nehmen jedes Element ihres Wertebereichs nur einmal an. Die Quadratwurzeln oder die dritten Potenzen verschiedener Zahlen sind immer auch verschieden. Eine Funktion mit verschiedenen Werten für verschiedene Elemente des Definitionsbereichs wird injektiv genannt. Diese Funktionen nehmen jeden Wert ihres Wertebereichs genau einmal an.

> **Definition**
>
> Eine Funktion $f(x)$ heißt **injektiv** auf ihrem Definitionsbereich D, wenn für alle $x_1, x_2 \in D$ mit $x_1 \neq x_2$ immer gilt $f(x_1) \neq f(x_2)$.

Beispiel 7.1 Manche Funktionen sind injektiv auf ihrem gesamten natürlichen Definitionsbereich. Andere Funktionen sind zwar nicht auf dem gesamten Definitionsbereich injektiv, wir können aber eine injektive Funktion erhalten, indem wir den Definitionsbereich auf einen kleineren Bereich einschränken. Die ursprüngliche und die so entstandene eingeschränkte Funktion sind nicht dieselbe Funktion, da sie unterschiedliche Definitionsbereiche haben. Auf dem eingeschränkten Definitionsbereich haben beide Funktionen jedoch dieselben Werte, die ursprüngliche Funktion ist also eine Fortsetzung der eingeschränkten Funktion auf einen größeren Definitionsbereich.

Einschränkung des Definitionsbereichs von Funktionen, um Injektivität zu erreichen

a. $f(x) = \sqrt{x}$ ist injektiv auf jedem Definitionsbereich, der aus nichtnegativen Zahlen besteht, denn es gilt $\sqrt{x_1} \neq \sqrt{x_2}$ immer dann, wenn gilt $x_1 \neq x_2$.

b. $g(x) = \sin x$ ist *nicht* injektiv auf dem Intervall $[0, \pi]$, denn $\sin(\pi/6) = \sin(5\pi/6)$. Es gibt sogar für jedes Element x_1 in dem Teilintervall $[0, \pi/2]$ ein korrespondierendes Element x_2 in dem Teilintervall $(\pi/2, \pi]$, für das gilt $\sin x_1 = \sin x_2$, es werden also bestimmte Elemente des Definitionsbereichs denselben Werten des Wertebereichs zugeordnet. Die Sinusfunktion *ist* aber eine injektive Funktion auf dem Intervall $[0, \pi/2]$, denn auf dem Intervall $[0, \pi/2]$ ist der Sinus eine wachsende Funktion und erzeugt verschiedene Ausgabewerte für verschiedene Eingabewerte.

Der Graph einer injektiven Funktion $y = f(x)$ kann eine gegebene horizontale Gerade höchstens einmal schneiden. Schneidet eine Funktion eine solche Gerade mehr als einmal, so nimmt sie denselben y-Wert für mindestens zwei x-Werte an und ist damit nicht mehr injektiv (▶Abbildung 7.1).

7 Transzendente Funktionen

Abbildung 7.1 (a) $y = x^3$ und $y = \sqrt{x}$ sind injektiv auf ihren Definitionsbereichen $(-\infty, \infty)$ bzw. $[0, \infty)$.
(b) $y = x^2$ und $y = \sin x$ sind nicht injektiv auf ihrem Definitionsbereich $(-\infty, \infty)$.

(a) Injektiv: Der Graph schneidet jede horizontale Gerade höchstens einmal.

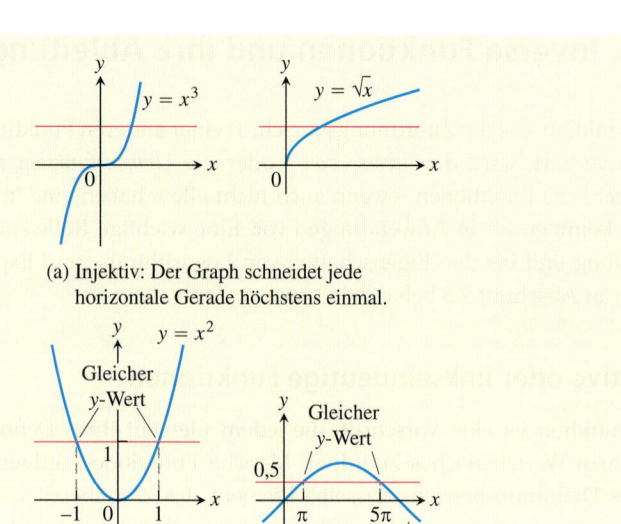

(b) Nicht injektiv: Der Graph schneidet eine oder mehrere horizontale Geraden mehr als einmal.

Merke   **Der Test mit horizontalen Geraden auf Injektivität**   Eine Funktion $y = f(x)$ ist dann und nur dann injektiv, wenn ihr Graph jede horizontale Gerade höchstens einmal schneidet.

Inverse Funktionen

Da jeder Ausgabewert einer injektiven Funktion zu genau einem Eingabewert gehört, kann man die Zuordnungsvorschrift der Funktion umkehren und dem Ausgabewert wieder den Eingabewert zuordnen.

Definition   Es sei f eine injektive Funktion auf dem Definitionsbereich D und mit dem Wertebereich W. Die **inverse Funktion** f^{-1} (Umkehrfunktion) ist dann definiert durch

$$f^{-1}(b) = a \quad \text{wenn} \quad f(a) = b.$$

Der Definitionsbereich von f^{-1} ist W und der Wertebereich von f^{-1} ist D.

Das Symbol f^{-1} für die Inverse von f wird „f invers" gelesen. Das „-1" in f^{-1} ist *kein* Exponent; $f^{-1}(x)$ ist nicht gleichbedeutend mit $1/f(x)$. f und f^{-1} tauschen Definitions- und Wertebereich untereinander aus.

Erstellen der Wertetabelle einer Inversen   **Beispiel 7.2**   Eine injektive Funktion $y = f(x)$ mit Definitionsbereich $D = \{1, 2, 3, 4, 5, 6, 7, 8\}$ ist durch die folgende Wertetabelle gegeben:

x	1	2	3	4	5	6	7	8
$f(x)$	3	4,5	7	10,5	15	20,5	27	34,5

Eine Wertetabelle für $x = f^{-1}(y)$ erhält man, indem man einfach die Werte in den beiden Zeilen der Tabelle von f austauscht:

y	3	4,5	7	10,5	15	20,5	27	34,5
$f^{-1}(y)$	1	2	3	4	5	6	7	8

Wenden wir f auf einen Eingabewert x an, so erhalten wir den Ausgabewert $f(x)$, und wenden wir anschließend f^{-1} auf $f(x)$ an, so erhalten wir wieder unseren Startwert x. Ähnlich gilt: Nehmen wir einen beliebigen Wert y aus dem Wertebereich von f, wenden darauf f^{-1} an und wenden dann auf das Ergebnis $f^{-1}(y)$ die Funktion f an, so erhalten wir y zurück, den Wert, mit dem wir gestartet sind. Eine Funktion und ihre Inverse zu verknüpfen hat dieselbe Auswirkung, wie einfach nichts zu tun.

$(f^{-1} \circ f)(x) = x$	für alle x aus dem Definitionsbereich von f
$(f \circ f^{-1})(y) = y$	für alle y im Definitionsbereich von f^{-1} (entspricht dem Wertebereich von f)

Nur eine injektive Funktion kann eine Inverse haben. Gilt nämlich $f(x_1) = y$ und $f(x_2) = y$ für zwei verschiedene Eingabewerte x_1 und x_2, dann gibt es keine Möglichkeit, $f^{-1}(y)$ so festzusetzen, dass die Gleichungen $f^{-1}(f(x_1)) = x_1$ und $f^{-1}(f(x_2)) = x_2$ beide erfüllt sind.

Eine Funktion, die auf einem Intervall streng wächst und damit die Ungleichung $f(x_2) > f(x_1)$ für $x_2 > x_1$ erfüllt, ist injektiv und hat eine Inverse. Streng fallende Funktionen haben ebenfalls eine Inverse. Auch Funktionen, die in einem Intervall weder nur fallen noch nur wachsen, können injektiv sein und eine Inverse haben, so z. B. die Funktionen $f(x) = 1/x$ für $x \neq 0$ und $f(0) = 0$, definiert im Intervall $(-\infty, \infty)$, wie der Test mit horizontalen Geraden zeigt.

Bestimmung von Inversen

Zwischen dem Graphen einer Funktion und dem der Inversen besteht ein enger Zusammenhang. Um den Wert einer Funktion aus dem Graphen abzulesen, starten wir an einer Stelle x auf der x-Achse, gehen senkrecht zum Graphen, bewegen uns dann horizontal bis zur y-Achse und lesen den Wert dort ab. Die Werte der inversen Funktion können von dem Graphen abgelesen werden, indem man diesen Prozess umkehrt. Wir starten bei einem Punkt y auf der y-Achse, gehen horizontal zum Graphen von $y = f(x)$ und bewegen uns dann senkrecht zur x-Achse, um den Wert von $x = f^{-1}(y)$ abzulesen (▶Abbildung 7.2).

Wir wollen jetzt den Graphen von f^{-1} so erstellen, dass die Eingabewerte auf der x-Achse statt auf der y-Achse liegen, so wie das für Funktionen üblich ist. Dazu tauschen wir die x- und die y-Achse, indem wir sie an der 45°-Linie $y = x$ spiegeln. Nach dieser Spiegelung erhalten wir einen neuen Graphen für f^{-1}. Die Werte von $f^{-1}(x)$ können nun auf die übliche Weise von dem Graphen abgelesen werden, indem man an einer Stelle x auf der x-Achse beginnt, senkrecht zum Graphen geht und dann horizontal zur y-Achse, um dort den Wert von $f^{-1}(x)$ abzulesen. Abbildung 7.2 zeigt den Zusammenhang zwischen den Graphen von f und f^{-1}. Die Graphen werden ausgetauscht, indem sie an der Geraden $y = x$ gespiegelt werden. Diese geometrischen Überlegungen machen es plausibel, dass die Inverse einer injektiven stetigen Funktion ebenfalls stetig ist. Sie sind aber natürlich kein Beweis.

7 Transzendente Funktionen

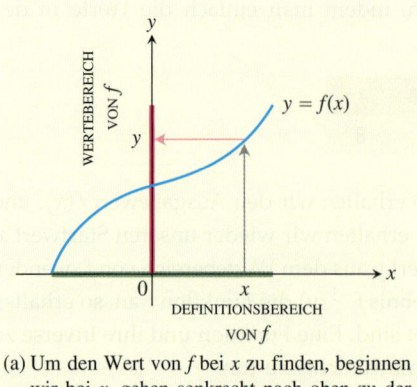

(a) Um den Wert von f bei x zu finden, beginnen wir bei x, gehen senkrecht nach oben zu der Kurve und dann waagrecht zur y-Achse.

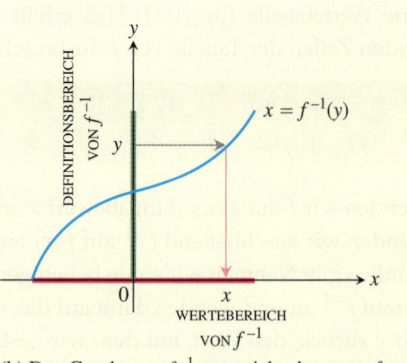

(b) Der Graph von f^{-1} entspricht dem von f, es sind nur x und y vertauscht. Um den Wert von x zu bestimmen, der zu dem Ergebnis y führt, beginnen wir bei y, gehen horizontal zur Kurve und dann nach unten zur x-Achse. Der Definitionsbereich von f^{-1} entspricht dem Wertebereich von f. Der Wertebereich von f^{-1} ist der Definitionsbereich von f.

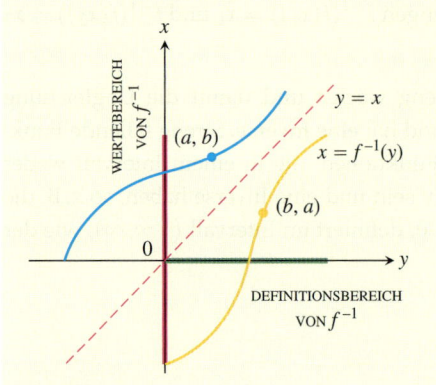

(c) Um den Graphen von f^{-1} in der üblichen Darstellung zu erhalten, spiegeln wir das Koordinatensystem an der Geraden $y = x$.

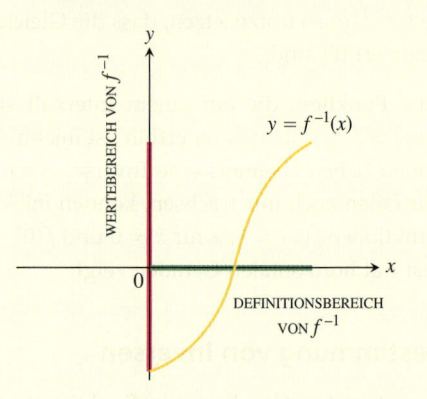

(d) Danach tauschen wir die Buchstaben x und y. Wir haben jetzt den üblichen Graphen von f^{-1} als Funktion von x.

Abbildung 7.2 Ermittlung des Graphen von $y = f^{-1}(x)$ aus dem Graphen von $y = f(x)$. Man erhält den Graphen von f^{-1}, indem man den Graphen von f an der Geraden $y = x$ spiegelt.

Der Vorgang, mit dem man von f zu f^{-1} kommt, lässt sich in zwei Schritten zusammenfassen:

1 Lösen Sie die Gleichung $y = f(x)$ nach x auf. Damit erhalten Sie die Gleichung $x = f^{-1}(y)$, die x als Funktion von y ausdrückt.

2 Tauschen Sie x und y; damit erhalten Sie die Beziehung $y = f^{-1}(x)$, die f^{-1} in der üblichen Weise darstellt, also mit x als unabhängiger und y als abhängiger Variablen.

Bestimmen einer Inversen (1)

Beispiel 7.3 Bestimmen Sie die Inverse von $y = \frac{1}{2}x + 1$ und drücken Sie das Ergebnis als Funktion von x aus.

7.1 Inverse Funktionen und ihre Ableitungen

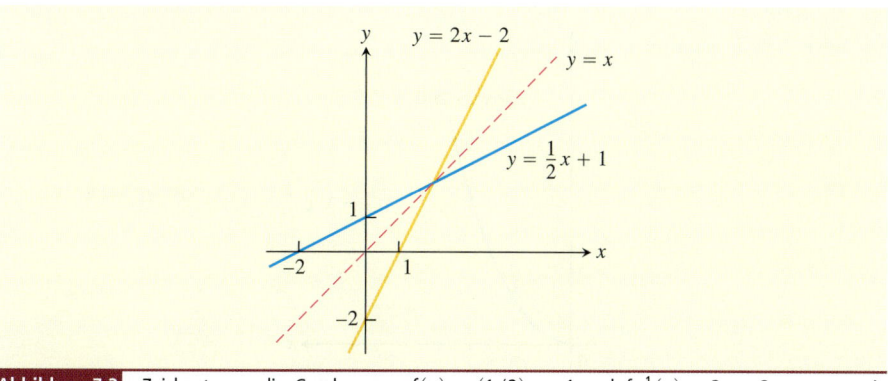

Abbildung 7.3 Zeichnet man die Graphen von $f(x) = (1/2)x + 1$ und $f^{-1}(x) = 2x - 2$ zusammen in ein Diagramm, so erkennt man die Symmetrie des Graphen bezüglich der Geraden $y = x$ (Beispiel 7.3).

Lösung

1. Lösen Sie y nach x auf:

$$y = \frac{1}{2}x + 1$$
$$2y = x + 2$$
$$x = 2y - 2.$$

2. Tauschen Sie x und y:

$$y = 2x - 2.$$

Die Inverse der Funktion $f(x) = (1/2)x + 1$ ist die Funktion $f^{-1}(x) = 2x - 2$ (▶Abbildung 7.3). Dies kann einfach überprüft werden: Beide Verknüpfungen der zwei Funktionen ergeben eine Identität:

$$f^{-1}(f(x)) = 2\left(\frac{1}{2}x + 1\right) - 2 = x + 2 - 2 = x$$

$$f(f^{-1}(x)) = \frac{1}{2}(2x - 2) + 1 = x - 1 + 1 = x.$$

Beispiel 7.4 Bestimmen Sie die Inverse der Funktion $y = x^2$ für $x \geq 0$ und drücken Sie das Ergebnis als Funktion von x aus.

Bestimmen einer Inversen (2)

Lösung Wir lösen zunächst y nach x auf:

$$y = x^2$$
$$\sqrt{y} = \sqrt{x^2} = |x| = x \qquad |x| = x \text{ denn es gilt } x \geq 0$$

Wir tauschen dann x und y aus und erhalten

$$y = \sqrt{x}.$$

Die Inverse der Funktion $y = x^2$ für $x \geq 0$ ist die Funktion $y = \sqrt{x}$ (▶Abbildung 7.4).

Die Funktion $y = x^2$ mit $x \geq 0$, deren Definitionsbereich auf die nicht-negativen reellen Zahlen beschränkt ist, ist injektiv (Abbildung 7.4) und hat eine Inverse. Dagegen ist die Funktion $y = x^2$ ohne Einschränkung des Definitionsbereichs *nicht* injektiv (▶Abbildung 7.1b) und hat infolgedessen keine Inverse.

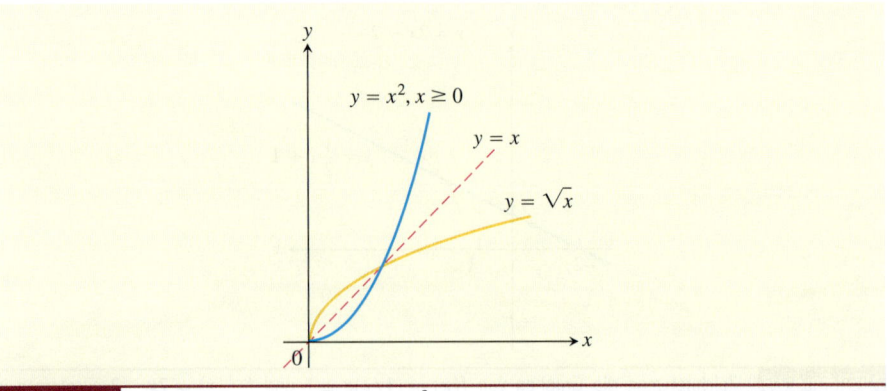

Abbildung 7.4 Die Funktionen $y = \sqrt{x}$ und $y = x^2$, $x \geq 0$ sind zueinander invers (Beispiel 7.4).

Ableitungen von Inversen differenzierbarer Funktionen

Wenn wir die Ableitungen der Funktion $f(x) = (1/2)x + 1$ und ihrer Inversen $f^{-1}(x) = 2x - 2$ aus Beispiel 7.3 berechnen, so sehen wir, dass gilt:

$$\frac{d}{dx} f(x) = \frac{d}{dx}\left(\frac{1}{2}x + 1\right) = \frac{1}{2},$$

$$\frac{d}{dx} f^{-1}(x) = \frac{d}{dx}(2x - 2) = 2.$$

Die Ableitungen sind umgekehrt proportional zueinander, die Steigung der einen Geraden ist also reziprok zur Steigung der anderen Geraden (Abbildung 7.3).

Dies ist kein Spezialfall. Spiegelt man eine beliebige Gerade, die weder horizontal noch vertikal ist, an der Geraden $y = x$, so kehrt man immer die Steigung um. Hat die ursprüngliche Gerade eine Steigung $m \neq 0$, so beträgt die Steigung der gespiegelten Geraden $1/m$.

Die reziproke Beziehung zwischen den Steigungen von f und f^{-1} gilt auch für andere Funktionen, wir müssen dann nur aufpassen, dass wir die Steigung in einander entsprechenden Punkten vergleichen. Wenn die Steigung von $y = f(x)$ im Punkt $(a, f(a))$ $f'(a)$ ist und $f'(a) \neq 0$, dann beträgt die Steigung von $y = f^{-1}(x)$ in dem Punkt $(f(a), a)$ $1/(f'(a))$, ist also reziprok zu $f'(a)$ (▶Abbildung 7.5). Setzen wir $b = f(a)$, so erhalten

Die Steigungen sind zueinander reziprok: $(f^{-1})'(b) = \dfrac{1}{f'(a)}$ oder $(f^{-1})'(b) = \dfrac{1}{f'(f^{-1}(b))}$

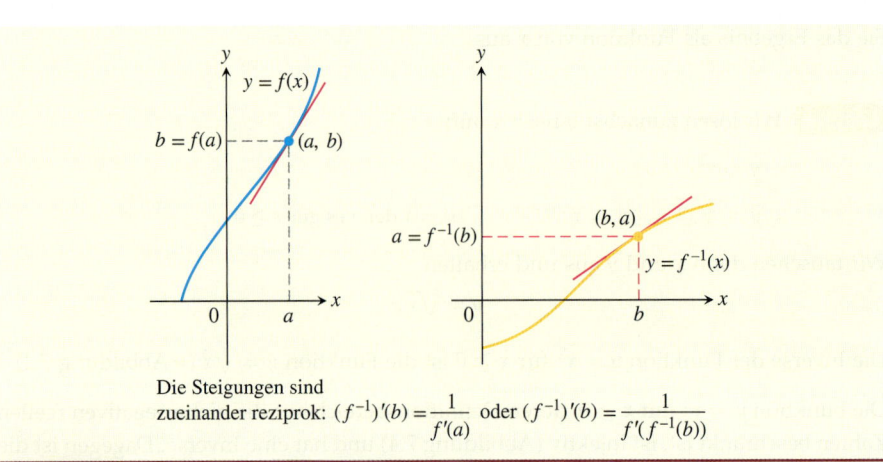

Abbildung 7.5 Die Graphen zweier inverser Funktionen haben an einander entsprechenden Punkten reziproke Steigungen.

wir:
$$(f^{-1})'(b) = \frac{1}{f'(a)} = \frac{1}{f'(f^{-1}(b))}.$$

Wenn $y = f(x)$ im Punkt $(a, f(a))$ eine horizontale Tangente hat, dann hat die inverse Funktion f^{-1} im Punkt $(f(a), a)$ eine vertikale Tangente und diese unendliche Steigung der Tangente bedeutet, dass f^{-1} bei $f(a)$ nicht differenzierbar ist. Satz 7.1 benennt die Bedingungen, unter denen f^{-1} in ihrem Definitionsbereich differenzierbar ist. (Der Definitionsbereich von f^{-1} entspricht dem Wertebereich von f.)

> **Satz 7.1 Die Ableitungsregel für Inverse** Es sei das Intervall I der Definitionsbereich von f. $f'(x)$ existiere und sei in I nirgends 0. Dann ist f^{-1} differenzierbar an jeder Stelle ihres Definitionsbereiches (der dem Wertebereich von f entspricht). Der Wert von $(f^{-1})'$ an einer Stelle b im Definitionsbereich von f^{-1} ist reziprok zum Wert von f' an der Stelle $a = f^{-1}(b)$:
>
> $$(f^{-1})'(b) = \frac{1}{f'(f^{-1}(b))} \qquad (7.1)$$
>
> oder
>
> $$\left.\frac{df^{-1}}{dx}\right|_{x=b} = \frac{1}{\left.\frac{df}{dx}\right|_{x=f^{-1}(b)}}.$$

Satz 7.1 macht zwei Aussagen. Die erste bezieht sich auf die Bedingungen, unter denen f^{-1} differenzierbar ist; die zweite Aussage ist eine Formel für die Ableitung von f^{-1}, wenn sie existiert. Der Beweis der ersten Aussage soll hier nicht gegeben werden, die zweite aber kann wie folgt bewiesen werden:

$$f(f^{-1}(x)) = x \qquad \text{Beziehung zwischen } f \text{ und } f^{-1}$$
$$\frac{d}{dx}f(f^{-1}(x)) = 1 \qquad \text{Beide Seiten werden differenziert.}$$
$$f'(f^{-1}(x)) \cdot \frac{d}{dx}f^{-1}(x) = 1 \qquad \text{Kettenregel}$$
$$\frac{d}{dx}f^{-1}(x) = \frac{1}{f'(f^{-1}(x))} \qquad \text{Auflösen nach der Ableitung}$$

Beispiel 7.5 Die Funktion $f(x) = x^2$, $x \geq 0$ und ihre Inverse $f^{-1}(x) = \sqrt{x}$ haben die Ableitungen $f'(x) = 2x$ und $(f^{-1})'(x) = 1/(2\sqrt{x})$. Wir wollen jetzt verifizieren, dass wir mit Satz 7.1 dieselbe Gleichung für die Ableitung $f^{-1}(x)$ erhalten:

Ableitung einer inversen Funktion

Lösung

$$(f^{-1})'(x) = \frac{1}{f'(f^{-1}(x))}$$
$$= \frac{1}{2(f^{1-}(x))} \qquad f'(x) = 2x, \text{ dabei wird } x \text{ durch } f^{-1}(x) \text{ ersetzt.}$$
$$= \frac{1}{2(\sqrt{x})}.$$

Satz 7.1 ergibt also eine Ableitung, die mit der bekannten Ableitung der Quadratwurzelfunktion übereinstimmt.

7 Transzendente Funktionen

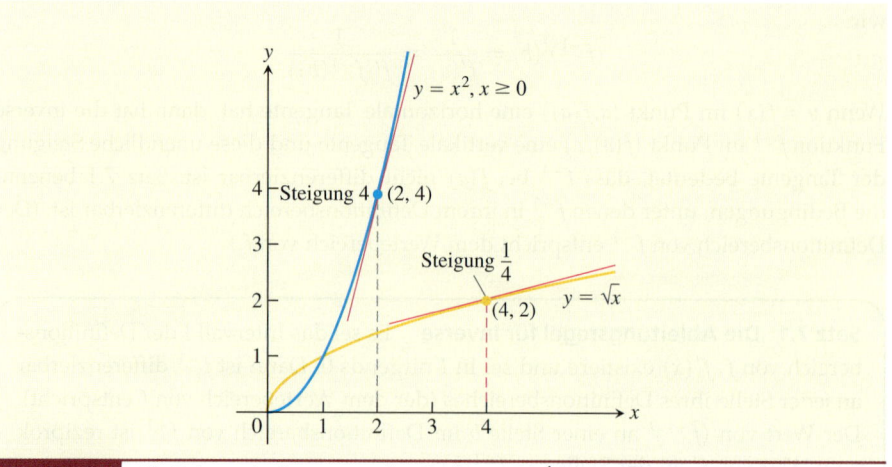

Abbildung 7.6 Die Steigungen der Tangente an den Graphen von $f^{-1}(x) = \sqrt{x}$ im Punkt $(4, 2)$ ist reziprok zu der Steigung der Tangente an den Graphen von $f(x) = x^2$ bei $(2, 4)$ (Beispiel 7.5).

Wir untersuchen die Funktionen jetzt an einer speziellen Stelle und überprüfen dort Satz 7.1. Wir wählen $x = 2$ (die Zahl a in Satz 7.1) und damit $f(2) = 4$ (der Wert b). Die Ableitung von f bei 2 beträgt $f'(2) = 4$, die Ableitung von f^{-1} bei $f(2)$ ist $(f^{-1})'(4)$. Satz 7.1 besagt nun, dass diese beiden Ableitungen zueinander reziprok sind. Es gilt also:

$$(f^{-1})'(4) = \frac{1}{f'(f^{-1}(4))} = \frac{1}{f'(2)} = \frac{1}{2x}\bigg|_{x=2} = \frac{1}{4}.$$

Dies zeigt auch ▶ Abbildung 7.6

Wir werden das Verfahren aus Beispiel 7.5 in diesem Kapitel öfter verwenden, um Formeln für die Ableitungen verschiedener inverser Funktionen zu berechnen. Mithilfe von Gleichung (7.1) können wir manchmal einen speziellen Wert von df^{-1}/dx bestimmen, ohne f^{-1} explizit zu kennen.

Spezieller Wert der Ableitung einer inversen Funktion

Beispiel 7.6 Es sei $f(x) = x^3 - 2$. Bestimmen Sie den Wert von df^{-1}/dx bei $x = 6 = f(2)$, ohne eine Formel für f^{-1} zu bestimmen.

Lösung Wir bestimmen den Wert der Ableitung von f^{-1} bei $x = 6$ mithilfe von Satz 7.1:

$$\frac{df}{dx}\bigg|_{x=2} = 3x^2\bigg|_{x=2} = 12$$

$$\frac{df^{-1}}{dx}\bigg|_{x=f(2)} = \frac{1}{\frac{df}{dx}\bigg|_{x=2}} = \frac{1}{12} \qquad \text{Gleichung (7.1)}$$

Die Funktionen sind in ▶ Abbildung 7.7 graphisch dargestellt.

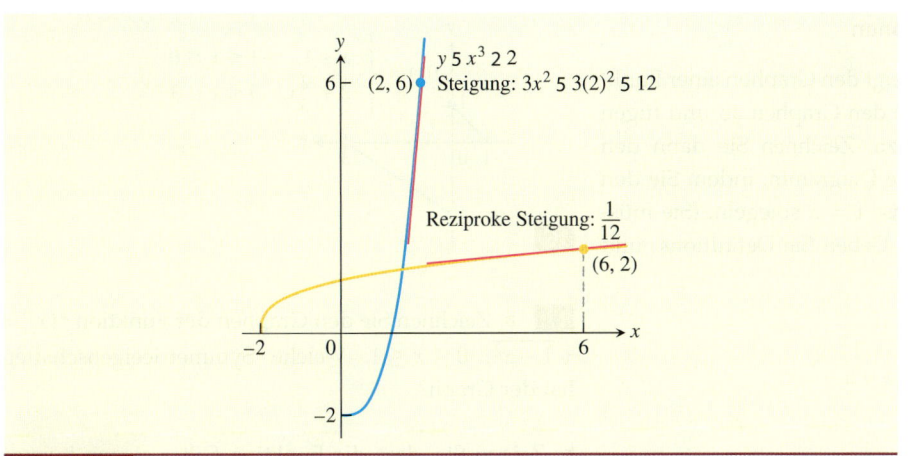

Abbildung 7.7 Aus der Ableitung von $f(x) = x^3 - 2$ an der Stelle $x = 2$ erhalten wir den Wert der Ableitung von f^{-1} an der Stelle $x = 6$ (Beispiel 7.6).

Aufgaben zum Abschnitt 7.1

Erkennen von injektiven Funktionen anhand ihrer Graphen

Welche der Funktionen, die in den Aufgaben 3–5 gezeigt werden, sind injektiv und welche nicht?

1.

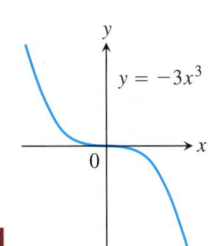

2.

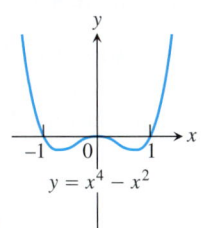

3.

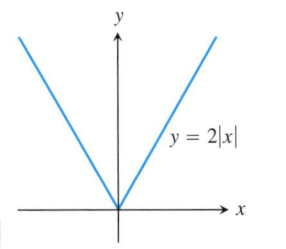

4.

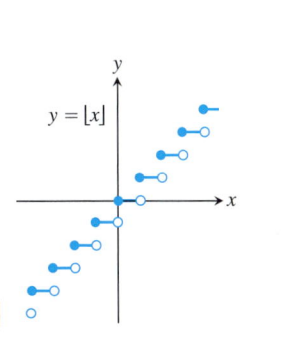

5.

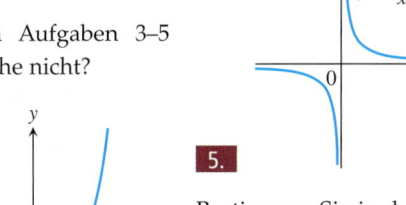

6.

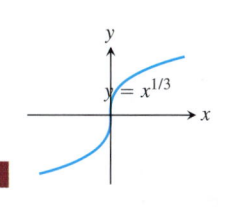

Bestimmen Sie in den Aufgaben 7–10 mithilfe der Graphen, ob die Funktionen injektiv sind.

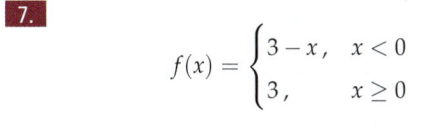

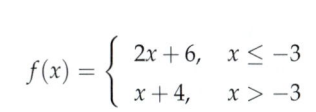

7.
$$f(x) = \begin{cases} 3 - x, & x < 0 \\ 3, & x \geq 0 \end{cases}$$

8.
$$f(x) = \begin{cases} 2x + 6, & x \leq -3 \\ x + 4, & x > -3 \end{cases}$$

9.
$$f(x) = \begin{cases} 1 - \dfrac{x}{2}, & x \leq 0 \\ \dfrac{x}{x+2}, & x > 0 \end{cases}$$

10.
$$f(x) = \begin{cases} 2 - x^2, & x \leq 1 \\ x^2, & x > 1 \end{cases}$$

Zeichnen inverser Funktionen

Jede der Aufgaben 11–15 zeigt den Graphen einer Funktion $y = f(x)$. Zeichnen Sie den Graphen ab und fügen Sie die Gerade $y = x$ hinzu. Zeichnen Sie dann den Graphen f^{-1} in das gleiche Diagramm, indem Sie den Graphen von f an der Achse $y = x$ spiegeln. (Sie müssen f^{-1} nicht bestimmen.) Geben Sie Definitions- und Wertebereich von f^{-1} an.

11. $y = f(x) = \dfrac{1}{x^2 + 1},\ x \geq 0$

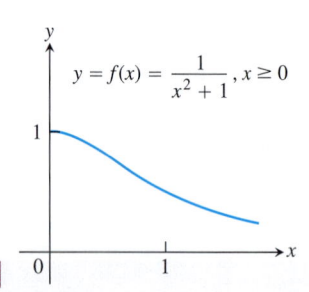

12. $y = f(x) = 1 - \dfrac{1}{x},\ x > 0$

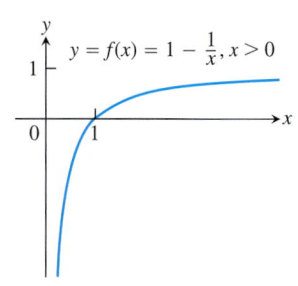

13. $y = f(x) = \sin x,\ -\dfrac{\pi}{2} \leq x \leq \dfrac{\pi}{2}$

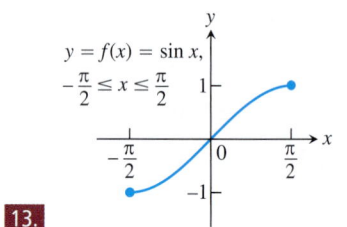

14. $y = f(x) = \tan x,\ -\dfrac{\pi}{2} < x < \dfrac{\pi}{2}$

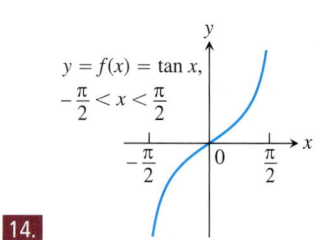

15. $f(x) = 6 - 2x,\ 0 \leq x \leq 3$

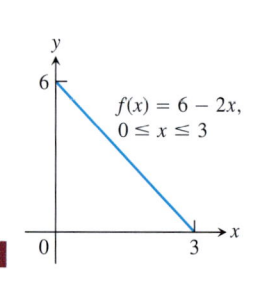

16. $f(x) = \begin{cases} x + 1, & -1 \leq x \leq 0 \\ -2 + \dfrac{2}{3}x, & 0 < x < 3 \end{cases}$

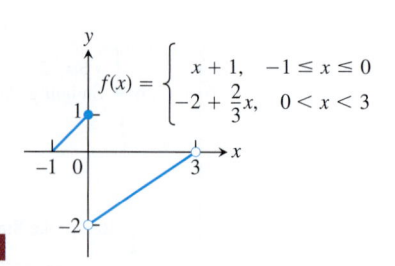

17. **a.** Zeichnen Sie den Graphen der Funktion $f(x) = \sqrt{1 - x^2},\ 0 \leq x \leq 1$. Welche Symmetrieeigenschaften hat der Graph?

b. Zeigen Sie, dass die Funktion f ihre eigene Inverse ist. (Es gilt $\sqrt{x^2} = x$ für $x \geq 0$.)

18. **a.** Zeichnen Sie den Graphen der Funktion $f(x) = 1/x$. Welche Symmetrieeigenschaften hat der Graph?

b. Zeigen Sie, dass die Funktion f ihre eigene Inverse ist.

Formeln für inverse Funktionen

In den Aufgaben 19–23 sind jeweils eine Funktion $y = f(x)$ und die Graphen von f und f^{-1} gegeben. Bestimmen Sie für jede Funktion die Inverse $y = f^{-1}(x)$.

19. $f(x) = x^2 + 1,\ x \geq 0$

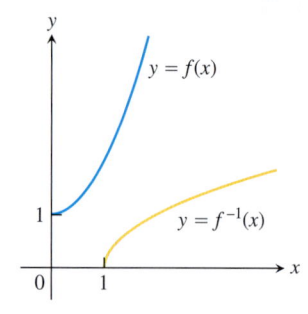

20. $f(x) = x^2,\ x \leq 0$

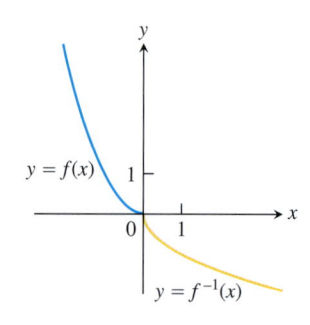

Aufgaben zum Abschnitt 7.1

21. $f(x) = x^3 - 1$

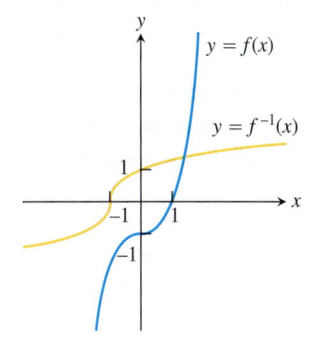

22. $f(x) = x^2 - 2x + 1, x \geq 1$

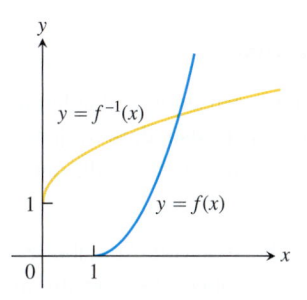

23. $f(x) = (x+1)^2, x \geq -1$

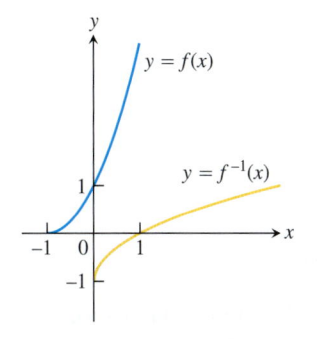

24. $f(x) = x^{2/3}, x \geq 0$

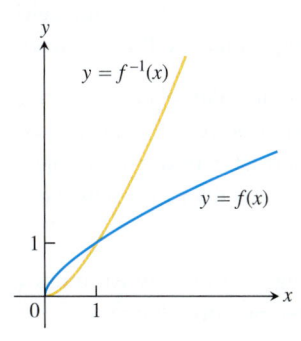

Ableitungen inverser Funktionen

In den Aufgaben 25–33 ist jeweils eine Funktion $y = f(x)$ gegeben. Bestimmen Sie jeweils $f^{-1}(x)$ und den Definitions- und Wertebereich von f^{-1}. Überprüfen Sie das Ergebnis, indem Sie zeigen: $f(f^{-1}(x)) = f^{-1}(f(x)) = x$.

25. $f(x) = x^5$

26. $f(x) = x^4, x \geq 0$

27. $f(x) = x^3 + 1$

28. $f(x) = (1/2)x - 7/2$

29. $f(x) = 1/x^2, x > 0$

30. $f(x) = 1/x^3, x \neq 0$

31. $f(x) = \dfrac{x+3}{x-2}$

32. $f(x) = \dfrac{\sqrt{x}}{\sqrt{x}-3}$

33. $f(x) = x^2 - 2x, x \leq 1$ (*Tipp:* Vervollständigen Sie zur binomischen Formel.)

34. $f(x) = (2x^3 + 1)^{1/5}$

In den Aufgaben 35–38:

a. Bestimmen Sie $f^{-1}(x)$.

b. Zeichnen Sie die Graphen von f und f^{-1} in einem Bild.

c. Berechnen Sie df/dx an der Stelle $x = a$ und df^{-1}/dx an der Stelle $x = f(a)$ und zeigen Sie damit, dass an diesen Stellen gilt: $df^{-1}/dx = 1/(df/dx)$.

35. $f(x) = 2x + 3, a = -1$

36. $f(x) = (1/5)x + 7, a = -1$

37. $f(x) = 5 - 4x, a = 1/2$

38. $f(x) = 2x^2, x \geq 0, a = 5$

39. a. Zeigen Sie, dass $f(x) = x^3$ und $g(x) = \sqrt[3]{x}$ zueinander invers sind.

b. Zeichnen Sie die Graphen von f und g in einem x-Intervall, das so groß ist, dass die Schnittpunkte der Graphen bei $(1, 1)$ und $(-1, -1)$ zu sehen sind. Achten Sie darauf, dass das Bild die Spiegelsymmetrie an der Geraden $y = x$ gut wiedergibt.

c. Bestimmen Sie die Steigung der Tangenten der Graphen von f und g in den Punkten $(1, 1)$ und $(-1, -1)$ (insgesamt vier Tangenten).

d. Was sind die Tangenten an die Kurven im Ursprung?

40. **a.** Zeigen Sie, dass $h(x) = x^3/4$ und $k(x) = (4x)^{1/3}$ zueinander invers sind.

b. Zeichnen Sie h und k in einem x-Intervall, das groß genug ist, um die Schnittpunkte der Graphen bei $(2,2)$ und $(-2,-2)$ zu zeigen. Achten Sie darauf, dass das Bild die Spiegelsymmetrie an der Geraden $y = x$ gut wiedergibt.

c. Bestimmen Sie die Steigung der Tangenten der Graphen von h und k in den Punkten $(2,2)$ und $(-2,-2)$ (insgesamt vier Tangenten).

d. Was sind die Tangenten an die Kurven im Ursprung?

41. Es sei $f(x) = x^3 - 3x^2 - 1$, $x \geq 2$. Bestimmen Sie den Wert von df^{-1}/dx an der Stelle $x = -1 = f(3)$.

42. Es sei $f(x) = x^2 - 4x - 5$, $x > 2$. Bestimmen Sie den Wert von df^{-1}/dx an der Stelle $x = 0 = f(5)$.

43. Die differenzierbare Funktion $y = f(x)$ habe eine Inverse, der Graph von f gehe durch den Punkt $(2,4)$ und habe dort die Steigung $1/3$. Bestimmen Sie den Wert von df^{-1}/dx an der Stelle $x = 4$.

44. Nehmen Sie an, dass die differenzierbare Funktion $y = g(x)$ eine Inverse hat und dass der Graph von g durch den Ursprung geht und dort die Steigung 2 hat. Bestimmen Sie die Steigung des Graphen von g^{-1} im Ursprung.

Inverse von Geraden

45. **a.** Bestimmen Sie die Inverse von $y = mx$, wenn m eine Konstante ungleich null ist.

b. Was kann man über die Inverse einer Funktion $y = f(x)$ schließen, deren Graph eine Gerade durch den Ursprung mit einer Steigung ungleich null ist?

46. Zeigen Sie, dass der Graph der Inversen von $f(x) = mx + b$, wobei m und b Konstanten ungleich null sind, eine Gerade mit Steigung $1/m$ und y-Achsenabschnitt $-b/m$ ist.

47. **a.** Bestimmen Sie die Inverse von $f(x) = x + 1$. Zeichnen Sie den Graphen von f und den der Inversen in ein Bild. Fügen Sie Ihrer Skizze die Gerade $y = x$ hinzu; zeichnen Sie sie für einen besseren Überblick gepunktet oder gestrichelt.

b. Bestimmen Sie die Inverse von $f(x) = x + b$ (b konstant). Welcher Zusammenhang besteht zwischen dem Graphen von f^{-1} und dem von f?

c. Was kann man über die Inversen von Funktionen sagen, deren Graphen Parallelen zu der Gerade $y = x$ sind?

48. **a.** Bestimmen Sie die Inverse von $f(x) = -x + 1$. Zeichnen Sie die Gerade $y = -x + 1$ zusammen mit der Geraden $y = x$. Unter welchem Winkel schneiden sich die beiden Geraden?

b. Bestimmen Sie die Inverse von $f(x) = -x + b$ (b konstant). Welcher Winkel liegt zwischen den Geraden $y = -x + b$ und $y = x$?

c. Was kann man über die Inversen von Funktionen schließen, deren Graphen Geraden senkrecht zu der Geraden $y = x$ sind?

Steigende und fallende Funktionen

49. Zeigen Sie, dass monoton wachsende und fallende Funktionen injektiv sind. Zeigen Sie also, dass für jedes x_1 und x_2 im Intervall I gilt: Wenn $x_1 \neq x_2$ gilt, dann auch $f(x_1) \neq f(x_2)$.

Zeigen Sie mithilfe des Ergebnisses von Aufgabe 49, dass die Funktionen in den Aufgaben 50–53 in ihrem Definitionsbereich Inverse haben. Stellen Sie mithilfe des Satzes 7.1 jeweils eine Gleichung für df^{-1}/dx auf.

50. $f(x) = (1/3)x + (5/6)$

51. $f(x) = 27x^3$

52. $f(x) = 1 - 8x^3$

53. $f(x) = (1-x)^3$

54. $f(x) = x^{5/3}$

Theorie und Anwendungen

55. Es sei $y = f(x)$ injektiv. Kann man daraus irgendetwas zu $g(x) = -f(x)$ schließen? Ist $g(x)$ ebenfalls injektiv? Begründen Sie Ihre Antwort.

56. Wenn $y = f(x)$ injektiv und nirgends null ist, kann man daraus irgendetwas über $h(x) = 1/f(x)$ schließen? Ist $h(x)$ ebenfalls injektiv? Begründen Sie Ihre Antwort.

57. Nehmen Sie an, dass der Wertebereich von g innerhalb des Definitionsbereichs von f liegt, sodass die Verknüpfung $f \circ g$ definiert ist. f und g seien injektiv. Kann man daraus irgendetwas über $f \circ g$ schließen? Begründen Sie Ihre Antwort.

58. Wenn eine Verknüpfung $f \circ g$ injektiv ist, muss g dann injektiv sein? Begründen Sie Ihre Antwort.

59. f und g seien differenzierbare Funktionen, die zueinander invers sind, sodass gilt: $(g \circ f)(x) = x$. Leiten Sie beide Seiten dieser Gleichung mithilfe der Kettenregel nach x ab, sodass $(g \circ f)'(x)$ als Produkt der Ableitungen von f und g ausgedrückt wird. Was sehen Sie? (Dies ist kein Beweis für Satz 7.1, da wir hier die Aussage des Satzes benutzen, dass $g = f^{-1}$ differenzierbar ist.)

60. Die Äquivalenz der Scheiben- und der Schalen-Methode zur Volumenbestimmung (Die Methoden wurden in Abschnitt 6.1 und 6.2 vorgestellt.) Es sei f differenzierbar und wachsend im Intervall $a \leq x \leq b$ mit $a > 0$, und f habe eine differenzierbare Inverse f^{-1}. Von dem Graphen der Funktion sowie den Geraden $x = a$ und $y = f(b)$ wird eine Fläche begrenzt. Rotieren Sie diese Fläche um die y-Achse und erzeugen Sie so einen Rotationskörper. Die Integrale, die man nach der Scheiben- bzw. Schalen-Methode zur Berechnung des Volumens aufstellt, haben dann denselben Wert:

$$\int_{f(a)}^{f(b)} \pi((f^{-1}(y))^2 - a^2) dy = \int_a^b 2\pi x(f(b) - f(x)) dx.$$

Um diese Äquivalenz zu beweisen, definieren wir

$$W(t) = \int_{f(a)}^{f(t)} \pi((f^{-1}(y))^2 - a^2) dy$$

$$S(t) = \int_a^t 2\pi x(f(t) - f(x)) dx.$$

Zeigen Sie, dass die Funktionen W und S in einem Punkt aus $[a, b]$ übereinstimmen und identische Ableitungen über dem Intervall $[a, b]$ haben. Wie in Abschnitt 4.7, Aufgabe 46 gezeigt, folgt daraus $W(t) = S(t)$ für alle t in $[a, b]$. Insbesondere gilt $W(b) = S(b)$. (Quelle: „Disks and Shells revisited" von Walter Carlip, *American Mathematical Monthly*, Vol. 98, No. 2, Feb. 1991, S. 154–156).

Computeralgebra

In den Aufgaben 61–67 untersuchen Sie einige Funktionen und deren Inversen zusammen mit ihren Ableitungen und linearen Näherungen an bestimmten Punkten. Führen Sie die folgenden Schritte aus, benutzen Sie dafür Ihr CAS.

a. Zeichnen Sie die Graphen der Funktion $y = f(x)$ und den ihrer Ableitung im gegebenen Intervall. Woher wissen Sie, dass f im gegebenen Intervall injektiv ist?

b. Lösen Sie die Gleichung $y = f(x)$ nach x als Funktion von y auf, benennen Sie die Ergebnisfunktion mit g.

c. Bestimmen Sie die Gleichung der Tangenten an den Graphen von f im angegebenen Punkt $(x_0, f(x_0))$.

d. Bestimmen Sie die Tangente an den Graphen von g im Punkt $(f(x_0), x_0)$, der symmetrisch auf der anderen Seite der 45°-Geraden $y = x$ liegt. $y = x$ ist der Graph der identischen Funktion. Bestimmen Sie mit Satz 7.1 die Steigung der Tangenten.

e. Stellen Sie die Funktionen f und g, die identische Abbildung, die beiden Tangenten und die Strecke, die die Punkte $(x_0, f(x_0))$ und $(f(x_0), x_0)$ verbindet, grafisch dar. Diskutieren Sie die Symmetrien, die sich dabei bezüglich der Hauptdiagonalen ergeben

61. $y = \sqrt{3x - 2}$, $\frac{2}{3} \leq x \leq 4$, $x_0 = 3$

62. $y = \dfrac{3x + 2}{2x - 11}$, $-2 \leq x \leq 2$, $x_0 = 1/2$

63. $y = \dfrac{4x}{x^2 + 1}$, $-1 \leq x \leq 1$, $x_0 = 1/2$

64. $y = \dfrac{x^3}{x^2 - 1}$, $-1 \leq x \leq 1$, $x_0 = 1/2$

65. $y = x^3 - 3x^2 - 1$, $-2 \leq x \leq 5$, $x_0 = \dfrac{27}{10}$

66. $y = 2 - x - x^3$, $-2 \leq x \leq 2$, $x_0 = \dfrac{3}{2}$

67. $y = e^x$, $-3 \leq x \leq 5$, $x_0 = 1$

68. $y = \sin x$, $-\dfrac{\pi}{2} \leq x \leq \dfrac{\pi}{2}$, $x_0 = 1$

Führen Sie in den Aufgaben 69 und 70 die oben angegebenen Schritte aus und lösen Sie die im gegebenen Intervall implizit definierten Funktionen nach $y = f(x)$ und $x = f^{-1}(y)$ auf.

69. $y^{1/3} - 1 = (x + 2)^3$, $-5 \leq x \leq h$, $x_0 = -3/2$

70. $\cos y = x^{1/5}$, $0 \leq x \leq 1$, $x_0 = 1/2$

7.2 Der natürliche Logarithmus

Historisch betrachtet spielten Logarithmen eine wichtige Rolle bei den arithmetischen Berechnungen, die im 17. Jahrhundert die großen Fortschritte bei der Hochseenavigation und der Himmelsmechanik möglich machten. Wir definieren den natürlichen Logarithmus in diesem Kapitel mithilfe des Hauptsatzes der Differential- und Integralrechnung als Integral. Dieser indirekte Ansatz mag zunächst merkwürdig wirken, er zeigt aber auf einem eleganten und folgerichtigen Weg die wichtigsten Eigenschaften des Logarithmus und der Exponentialfunktion.

Definition der Funktion des natürlichen Logarithmus

Der natürliche Logarithmus jeder positiven Zahl x wird als $\ln x$ geschrieben und ist als ein Integral definiert.

> **Definition**
>
> Der **natürliche Logarithmus** ist die Funktion
>
> $$\ln x = \int_1^x \frac{1}{t} \, dt, \quad x > 0. \tag{7.2}$$

Gemäß dem Hauptsatz der Differential- und Integralrechnung ist $\ln x$ eine stetige Funktion. Geometrisch betrachtet gilt: Für $x > 1$ ist $\ln x$ der Inhalt der Fläche unter der Kurve $y = 1/t$ von $t = 1$ bis $t = x$ (▶Abbildung 7.8). Für $0 < x < 1$ ist $\ln x$ der negative Flächeninhalt der Fläche unter der Kurve von x bis 1. Die Funktion ist für $x \leq 0$ nicht definiert. Mithilfe der Regel für bestimmte Integrale mit gleichen Integrationsober- und -untergrenzen erhalten wir außerdem:

$$\ln 1 = \int_1^1 \frac{1}{t} = 0.$$

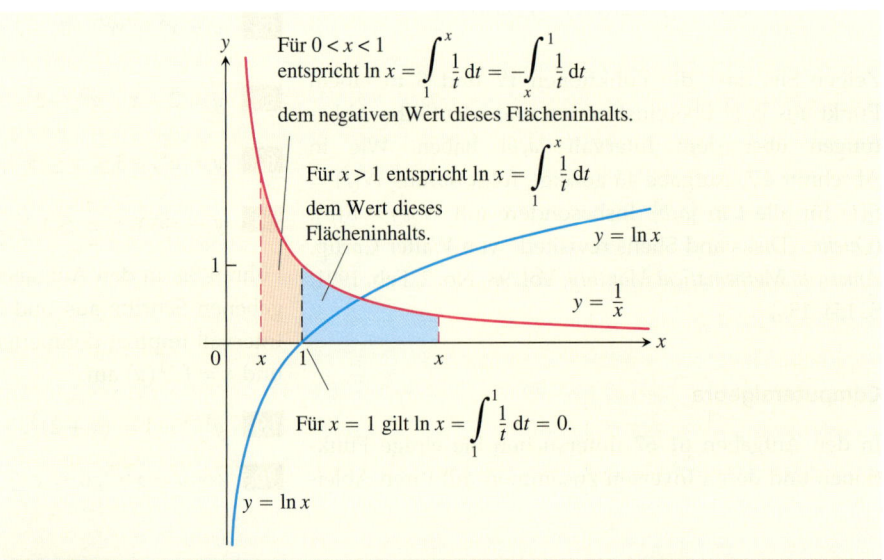

Abbildung 7.8 Der Graph von $y = \ln x$ und sein Zusammenhang mit der Funktion $y = 1/x$ für $x > 0$. Der Graph des Logarithmus liegt für Werte $x > 1$ oberhalb der x-Achse, für Werte $0 < x < 1$ unterhalb der x-Achse.

7.2 Der natürliche Logarithmus

Tabelle 7.1: Typische Werte von ln x, angegeben mit einer Genauigkeit von 2 Stellen hinter dem Komma.

x	ln x
0	nicht definiert
0,05	-3,00
0,5	-0,69
1	0
2	0,69
3	1,10
4	1,39
10	2,30

Beachten Sie, dass in Abbildung 7.8 der Graph von $y = 1/x$ gezeigt wird, wir im Integral aber von $y = 1/t$ sprechen. Würde man alle Variablen mit x bezeichnen, so erhielte man

$$\ln x = \int_1^x \frac{1}{x} \, dx,$$

in dieser Gleichung hätte x zwei Bedeutungen. Deshalb bezeichnen wir die Integrationsvariable mit t.

Wir können die Fläche unter dem Graphen $y = \frac{1}{t}$ im Intervall zwischen $t = 1$ und $t = x$ mithilfe von Rechtecken annähern (Abschnitt 5.1) und erhalten damit Näherungen für die Werte der Funktion $\ln x$. Einige Werte sind in Tabelle 7.1 aufgeführt. Zwischen $x = 2$ und $x = 3$ gibt es eine wichtige Zahl, deren natürlicher Logarithmus 1 ergibt. Diese Zahl wollen wir jetzt definieren; sie existiert, weil $\ln x$ eine stetige Funktion ist und damit den Zwischenwertsatz mit dem Intervall $[a, b] = [2, 3]$ erfüllt.

> **Definition**
>
> Die **Zahl e** ist die Zahl im Definitionsbereich des natürlichen Logarithmus, für die gilt
> $$\ln(e) = 1.$$
> Diese Zahl heißt auch **Euler'sche Zahl**, benannt nach dem Schweizer Mathematiker Leonhard Euler (1707–1783).

Die Zahl e liegt also in dem Intervall $[2, 3]$ und erfüllt die Gleichung

$$\int_1^e \frac{1}{t} \, dt = 1.$$

Geometrisch betrachtet entspricht e der Stelle auf der x-Achse, an der die Fläche unterhalb des Graphen $y = 1/t$ in dem Intervall $[1, e]$ genau so groß ist wie das Einheitsquadrat. Die blau unterlegte Fläche in Abbildung 7.8 hat also denselben Flächeninhalt wie das Einheitsquadrat, wenn $x = e$ ist. Im nächsten Abschnitt werden wir sehen, dass die Zahl e als Grenzwert berechnet werden kann und den numerischen Wert $e \approx 2{,}718\,281\,828\,459\,045$ hat, angegeben mit einer Genauigkeit von 15 Nachkommastellen.

7 Transzendente Funktionen

Die Ableitung von y = ln x

Mithilfe des ersten Teils des Hauptsatzes (Abschnitt 5.4) erhalten wir

$$\frac{d}{dx} \ln x = \frac{d}{dx} \int_1^x \frac{1}{t} dt = \frac{1}{x}.$$

Für jeden positiven Wert von x ergibt sich damit

$$\frac{d}{dx} \ln x = \frac{1}{x},$$

und mithilfe der Kettenregel können wir diese Formel für positive Funktionen $u(x)$ erweitern:

$$\frac{d}{dx} \ln u = \frac{d}{du} \ln u \cdot \frac{du}{dx}.$$

Merke

$$\frac{d}{dx} \ln u = \frac{1}{u} \frac{du}{dx}, \quad u > 0. \tag{7.3}$$

Ableitungen mit der Logarithmusfunktion

Beispiel 7.7 Wir bestimmen Ableitungen mithilfe von Gleichung (7.3).

a
$$\frac{d}{dx} \ln 2x = \frac{1}{2x} \frac{d}{dx}(2x) = \frac{1}{2x}(2) = \frac{1}{x}, \quad x > 0$$

b Setzt man $u = x^2 + 3$ in Gleichung (7.3) ein, so erhält man

$$\frac{d}{dx} \ln(x^2 + 3) = \frac{1}{x^2 + 3} \cdot \frac{d}{dx}(x^2 + 3) = \frac{1}{x^2 + 3} \cdot 2x = \frac{2x}{x^2 + 3}.$$

In Beispiel 7.7a haben wir eine Besonderheit gesehen: Die Funktion $y = \ln 2x$ hat dieselbe Ableitung wie die Funktion $y = \ln x$. Dies gilt für alle Funktionen $y = \ln bx$ mit jeder Konstanten b, solange gilt $bx > 0$:

$$\frac{d}{dx} \ln bx = \frac{1}{bx} \cdot \frac{d}{dx}(bx) = \frac{1}{bx}(b) = \frac{1}{x}. \tag{7.4}$$

Wenn $x < 0$ und $b < 0$, dann ist $bx > 0$, und Gleichung (7.4) ist ebenso gültig. Ist insbesondere $x < 0$ und $b = -1$, so erhalten wir

$$\frac{d}{dx} \ln(-x) = \frac{1}{x} \quad \text{für} \quad x < 0.$$

Da $|x| = x$ für $x > 0$ und $|x| = -x$ für $x < 0$, erhalten wir das wichtige Ergebnis, dass $\ln |x|$ für $x \neq 0$ eine Stammfunktion von $1/x$ ist:

Merke

$$\frac{d}{dx} \ln |x| = \frac{1}{x}, \quad x \neq 0. \tag{7.5}$$

Eigenschaften des Logarithmus

Logarithmen wurden von John Napier eingeführt und waren eine der wichtigsten Neuerungen der Arithmetik vor den modernen elektronischen Computern. Sie sind deshalb so nützlich für Berechnungen, weil mithilfe der Eigenschaften von Logarithmen Rechnungen vereinfacht werden können: Die Multiplikation positiver Zahlen wird auf die Addition ihrer Logarithmen zurückgeführt, die Division positiver Zahlen auf die Subtraktion ihrer Logarithmen und das Potenzieren einer positiven Zahl auf die Multiplikation ihres Logarithmus mit dem Exponenten.

> **Satz 7.2 Algebraische Eigenschaften des natürlichen Logarithmus** Für alle Zahlen $b > 0$ und $x > 0$ gilt für den natürlichen Logarithmus:
>
> 1. *Produktregel* $\quad\quad\ln bx = \ln b + \ln x$
> 2. *Quotientenregel* $\quad\ln \dfrac{b}{x} = \ln b - \ln x$
> 3. *Reziprokenregel* $\quad\ln \dfrac{1}{x} = -\ln x \quad$ Regel 2 mit $b = 1$
> 4. *Potenzregel* $\quad\quad\;\ln x^r = r \ln x \quad$ Für rationale r

Im Moment betrachten wir in Regel 4 nur rationale Exponenten. In Abschnitt 7.3, wo wir x^r für beliebige reelle Zahlen r definieren, werden wir sehen, dass die Regel auch für reelle Exponenten gilt.

Beispiel 7.8

a) $\ln 4 + \ln \sin x = \ln(4 \sin x)\quad\quad$ Produktregel

b) $\ln \dfrac{x+1}{2x-3} = \ln(x+1) - \ln(2x-3)\quad$ Quotientenregel

c) $\ln \dfrac{1}{8} = -\ln 8 \quad\quad\quad\quad\quad\quad$ Reziprokenregel
$\phantom{\ln \dfrac{1}{8}} = -\ln 2^3 = -3\ln 2 \quad\quad$ Potenzregel

Rechenregeln für Logarithmen

Wir beweisen nun den Satz 7.2. Dazu wenden wir die Folgerung 2 des Mittelwertsatzes (siehe Abschnitt 4.2) der Integralrechnung auf jede der Regeln an.

Beweis von $\ln bx = \ln b + \ln x$ Wir stellen zunächst fest, dass $\ln bx$ und $\ln x$ dieselbe Ableitung haben:

$$\frac{d}{dx}\ln(bx) = \frac{b}{bx} = \frac{1}{x} = \frac{d}{dx}\ln x.$$

Gemäß der Folgerung 2 des Mittelwertsatzes unterscheiden sich die Funktionen also nur durch eine Konstante, d. h. es gilt

$$\ln bx = \ln x + C$$

für eine Konstante C.

Da die letzte Gleichung für alle positiven Werte von x gilt, gilt sie auch für $x = 1$. Damit erhalten wir:

$$\ln(b \cdot 1) = \ln 1 + C$$
$$\ln b = 0 + C \ln 1 = 0$$
$$C = \ln b.$$

Setzen wir dies ein, so folgt:

$$\ln bx = \ln b + \ln x.\quad\quad\blacksquare$$

Beweis von $\ln x^r = r \ln x$ (mit der Annahme, dass r rational ist) Wir verwenden wieder, dass zwei Funktionen dieselbe Ableitung haben.

Für alle positiven Werte von x gilt:

$$\frac{d}{dx} \ln x^r = \frac{1}{x^r} \frac{d}{dx}(x^r) \qquad \text{Gleichung 7.3 mit } u = x^r$$

$$= \frac{1}{x^r} r x^{r-1} \qquad \text{Allgemeine Potenzregel für Ableitungen, } r \text{ ist rational}$$

$$= r \cdot \frac{1}{x} = \frac{d}{dx}(r \ln x).$$

Da $\ln x^r$ und $r \ln x$ dieselbe Ableitung haben, gilt

$$\ln x^r = r \ln x + C$$

für eine Konstante C. Setzen wir $x = 1$, so erhalten wir $C = 0$ und sind damit fertig. (Aufgabe 26 im Abschnitt 3.7 skizziert einen Beweis der allgemeinen Potenzregel für Ableitungen, wenn r rational ist.)

Regel 2 soll in Aufgabe 45 bewiesen werden. Regel 3 ist der Spezialfall von Regel 2 für $b = 1$, eingesetzt wird hier $\ln 1 = 0$. Damit sind alle Fälle von Satz 7.2 bearbeitet. ∎

Graph und Wertebereich von ln x

Der Graph von $y = \ln x$ ist in Abbildung 7.8 zu sehen. Wir wollen jetzt seine Eigenschaften überprüfen. Die Ableitung $d(\ln x)/dx = 1/x$ ist positiv für $x > 0$, $\ln x$ ist also eine monoton wachsende Funktion von x. Die zweite Ableitung $-1/x^2$ ist negativ, der Graph von $\ln x$ ist also konkav.

Wir können den Wert von $\ln 2$ abschätzen, indem wir die Fläche unter dem Graphen $y = 1/x$ im Intervall $[1, 2]$ betrachten. In ▶Abbildung 7.9a ist ein Rechteck mit der Höhe $1/2$ im Intervall $[1, 2]$ zu sehen, das unter den Graphen passt. Die Fläche unter dem Graphen, die dem Wert von $\ln 2$ entspricht, ist also größer als die Fläche des Rechtecks und damit größer als $1/2$. Es gilt also $\ln 2 > 1/2$. Damit erhalten wir

$$\ln 2^n = n \ln 2 > n \left(\frac{1}{2}\right) = \frac{n}{2}$$

und

$$\ln 2^{-n} = -n \ln 2 < -n \left(\frac{1}{2}\right) = -\frac{n}{2}.$$

Daraus folgt:

$$\lim_{x \to \infty} \ln x = \infty \quad \text{und} \quad \lim_{x \to 0^+} \ln x = -\infty.$$

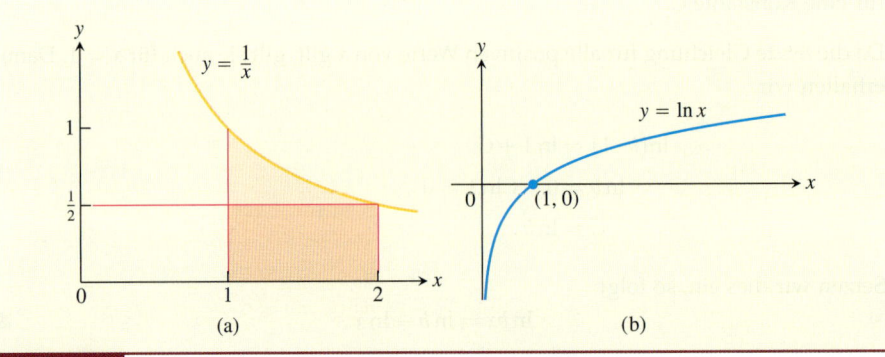

Abbildung 7.9 (a) Das Rechteck mit der Höhe $y = 1/2$ passt im Intervall $1 \leq x \leq 2$ unter den Graphen von $y = 1/x$. (b) Der Graph des natürlichen Logarithmus.

$\ln x$ wurde für $x > 0$ definiert, der Definitionsbereich von $\ln x$ umfasst also alle positiven reellen Zahlen. Die eben geführte Diskussion und der Zwischenwertsatz zeigen, dass der Wertebereich die gesamte reelle Achse ist, und der Graph von $y = \ln x$ sieht so aus, wie in ▶Abbildung 7.9b gezeichnet.

Das Integral $\int (1/u)\,du$

Aus Gleichung (7.5) ergibt sich die folgende Gleichung für das Integral:

> **Merke**
>
> Wenn u eine differenzierbare Funktion ist, die nirgends null wird, so gilt:
> $$\int \frac{1}{u}\,du = \ln|u| + C. \tag{7.6}$$

Nach Gleichung (7.6) tritt der Logarithmus als Stammfunktion von gewissen Funktionen auf: Ist $u = f(x)$, so ist $du = f'(x)\,dx$ und damit

$$\int \frac{f'(x)}{f(x)}\,dx = \ln|f(x)| + C.$$

Damit können wir Funktionen mithilfe des Logarithmus integrieren, die als Quotient gegeben sind, wobei der Zähler die Ableitung des Nenners ist. Voraussetzung hierfür ist, dass f eine differenzierbare Funktion ist, die nirgends null wird.

Beispiel 7.9 Wir betrachten ein Integral mit der Form $\int \frac{du}{u}$.

Logarithmus als Stammfunktion

$$\int_0^2 \frac{2x}{x^2-5}\,dx = \int_{-5}^{-1} \frac{du}{u} = \ln|u|\Big|_{-5}^{-1} \qquad u = x^2 - 5,\ du = 2x\,dx,$$
$$u(0) = -5,\ u(2) = -1$$
$$= \ln|-1| - \ln|-5|$$
$$= \ln 1 - \ln 5 = -\ln 5$$

Die Integrale von tan x, cot x, sec x und cosec x

Diese trigonometrischen Funktionen können mithilfe von Gleichung (7.6) integriert werden.

$$\int \tan x\,dx = \int \frac{\sin x}{\cos x}\,dx = \int \frac{-du}{u} \qquad u = \cos x > 0 \quad \text{im} \quad \text{Intervall}$$
$$(-\pi/2, \pi/2);\ du = -\sin x\,dx$$
$$= -\ln|u| + C = -\ln|\cos x| + C$$
$$= \ln \frac{1}{|\cos x|} + C = \ln|\sec x| + C. \quad \text{Reziprokenregel}$$

Für den Kotangens gilt dann:

$$\int \cot x\,dx = \int \frac{\cos x}{\sin x}\,dx = \int \frac{du}{u} \qquad u = \sin x,\ du = \cos x\,dx$$
$$= \ln|u| + C = \ln|\sin x| + C$$
$$= -\ln|\operatorname{cosec} x| + C.$$

Um $\sec x$ zu integrieren, erweitern wir mit $(\sec x + \tan x)$.

$$\int \sec x \, dx = \int \sec x \frac{(\sec x + \tan x)}{(\sec x + \tan x)} dx$$
$$= \int \frac{\sec^2 x + \sec x \tan x}{\sec x + \tan x} dx$$
$$= \int \frac{du}{u} = \ln|u| + C \qquad \begin{array}{l} u = \sec x + \tan x, \\ du = (\sec x \tan x + \sec^2 x) dx \end{array}$$
$$= \ln|\sec x + \tan x| + C$$

Um $\operatorname{cosec} x$ zu integrieren, erweitern wir mit $(\operatorname{cosec} x + \cot x)$.

$$\int \operatorname{cosec} x \, dx = \int \operatorname{cosec} x \frac{(\operatorname{cosec} x + \cot x)}{(\operatorname{cosec} x + \cot x)} dx$$
$$= \int \frac{\operatorname{cosec}^2 x + \operatorname{cosec} x \cot x}{\operatorname{cosec} x + \cot x} dx$$
$$= \int \frac{-du}{u} = -\ln|u| + C \qquad \begin{array}{l} u = \operatorname{cosec} x + \cot x, \\ du = (-\operatorname{cosec} x \cot x - \operatorname{cosec}^2 x) dx \end{array}$$
$$= -\ln|\operatorname{cosec} x + \cot x| + C$$

> **Merke** — **Integrale der Tangens-, Kotangens-, Sekans- und Kosekans-Funktionen**
>
> $$\int \tan u \, du = -\ln|\cos u| + C \qquad \int \sec u \, du = \ln|\sec u + \tan u| + C$$
> $$\int \cot u \, du = \ln|\sin u| + C \qquad \int \operatorname{cosec} u \, du = -\ln|\operatorname{cosec} u + \cot u| + C$$

Integral mit der Tangensfunktion

Beispiel 7.10

$$\int_0^{\pi/6} \tan 2x \, dx = \int_0^{\pi/3} \tan u \cdot \frac{du}{2} \qquad \begin{array}{l} \text{Einsetzen von } u = 2x, \, dx = \\ du/2, \, u(0) = 0, \, u(\pi/6) = \pi/3 \end{array}$$
$$= \frac{1}{2} \int_0^{\pi/3} \tan u \, du$$
$$= \left[\frac{1}{2}(-\ln|\cos u|)\right]_0^{\pi/3}$$
$$= \frac{1}{2}(\ln 2 - \ln 1) = \frac{1}{2} \ln 2$$

Logarithmische Differentiation

Sollen positive Funktionen abgeleitet werden, in denen Produkte, Quotienten und Potenzen vorkommen, so lassen sich die Ableitungen oft schneller bestimmen, wenn wir vor dem Ableiten den natürlichen Logarithmus von beiden Seiten bilden. Mithilfe der Logarithmenregeln können wir so die Gleichungen vereinfachen, bevor wir ableiten. Dieses Verfahren wird **logarithmisches Differenzieren** genannt, es wird im folgenden Beispiel vorgestellt.

Beispiel 7.11 Bestimmen Sie dy/dx für

$$y = \frac{(x^2+1)(x+3)^{1/2}}{x-1}, \quad x > 1.$$

Logarithmisches Differenzieren

Lösung Wir bilden von beiden Seiten den natürlichen Logarithmus und vereinfachen die Gleichung so mithilfe der Logarithmus-Eigenschaften:

$$\begin{aligned}
\ln y &= \ln \frac{(x^2+1)(x+3)^{1/2}}{x-1} \\
&= \ln((x^2+1)(x+3)^{1/2}) - \ln(x-1) &&\text{Satz 7.2, Regel 2}\\
&= \ln(x^2+1) + \ln(x+3)^{1/2} - \ln(x-1) &&\text{Satz 7.2, Regel 1}\\
&= \ln(x^2+1) + \frac{1}{2}\ln(x+3) - \ln(x-1) &&\text{Satz 7.2, Regel 4}
\end{aligned}$$

Wir leiten nun beide Seiten nach x ab, auf der rechten Seite mithilfe von Gleichung (7.3):

$$\frac{1}{y}\frac{dy}{dx} = \frac{1}{x^2+1} \cdot 2x + \frac{1}{2} \cdot \frac{1}{x+3} - \frac{1}{x-1}.$$

Dieses Ergebnis lösen wir nach dy/dx auf:

$$\frac{dy}{dx} = y\left(\frac{2x}{x^2+1} + \frac{1}{2x+6} - \frac{1}{x-1}\right).$$

Setzen wir nun y aus der ursprünglichen Gleichung ein, so erhalten wir:

$$\frac{dy}{dx} = \frac{(x^2+1)(x+3)^{1/2}}{x-1}\left(\frac{2x}{x^2+1} + \frac{1}{2x+6} - \frac{1}{x-1}\right).$$

Diese Ableitung könnte man auch direkt mithilfe der Quotienten- und Produktregel bestimmen, eine solche Rechnung wäre aber bedeutend länger und fehleranfälliger. ■

Aufgaben zum Abschnitt 7.2

Rechnungen mit den algebraischen Eigenschaften des Logarithmus – Satz 7.2

1. Drücken Sie die folgenden Logarithmen durch $\ln 2$ und $\ln 3$ aus.

a. $\ln 0{,}75$ **b.** $\ln(4/9)$ **c.** $\ln(1/2)$
d. $\ln \sqrt[3]{9}$ **e.** $\ln 3\sqrt{2}$ **f.** $\ln \sqrt{13{,}5}$

2. Vereinfachen Sie die folgenden Ausdrücke mithilfe der Eigenschaften des Logarithmus.

a. $\ln \sin\theta - \ln\left(\dfrac{\sin\theta}{5}\right)$

b. $\ln(3x^2 - 9x) + \ln\left(\dfrac{1}{3x}\right)$

c. $\dfrac{1}{2}\ln(4t^4) - \ln 2$

Bestimmung von Ableitungen Bestimmen Sie in den Aufgaben 3–18 die Ableitung der Funktion y nach x, t oder θ.

3. $y = \ln 3x$ **4.** $y = \ln(t^2)$

5. $y = \ln\dfrac{3}{x}$ **6.** $y = \ln(\theta + 1)$

7. $y = \ln x^3$ **8.** $y = t(\ln t)^2$

9. $y = \dfrac{x^4}{4}\ln x - \dfrac{x^4}{16}$ **10.** $y = \dfrac{\ln t}{t}$

11. $y = \dfrac{\ln x}{1 + \ln x}$ **12.** $y = \ln(\ln x)$

13. $y = \theta(\sin(\ln\theta) + \cos(\ln\theta))$

14. $y = \ln\dfrac{1}{x\sqrt{x+1}}$ **15.** $y = \dfrac{1 + \ln t}{1 - \ln t}$

7 Transzendente Funktionen

16. $y = \ln(\sec(\ln \theta))$

17. $y = \ln\left(\dfrac{(x^2+1)^5}{\sqrt{1-x}}\right)$

18. $y = \displaystyle\int_{x^2/2}^{x^2} \ln\sqrt{t}\,dt$

Berechnung von Integralen Bestimmen Sie in den Aufgaben 19–27 die Integrale.

19. $\displaystyle\int_{-3}^{-2} \dfrac{dx}{x}$

20. $\displaystyle\int \dfrac{2y\,dy}{y^2 - 25}$

21. $\displaystyle\int_0^\pi \dfrac{\sin t}{2 - \cos t}\,dt$

22. $\displaystyle\int_1^2 \dfrac{2\ln x}{x}\,dx$

23. $\displaystyle\int_2^4 \dfrac{dx}{x(\ln x)^2}$

24. $\displaystyle\int \dfrac{3\sec^2 t}{6 + 3\tan t}\,dt$

25. $\displaystyle\int_0^{\pi/2} \tan\dfrac{x}{2}\,dx$

26. $\displaystyle\int_{\pi/2}^{\pi} 2\cot\dfrac{\theta}{3}\,d\theta$

27. $\displaystyle\int \dfrac{dx}{2\sqrt{x} + 2x}$

Logarithmische Differentiation Bestimmen Sie in den Aufgaben 28–34 die Ableitung von y nach der unabhängigen Variable mithilfe der logarithmischen Differentiation.

28. $y = \sqrt{x(x+1)}$

29. $y = \sqrt{\dfrac{t}{t+1}}$

30. $y = \sqrt{\theta + 3}\sin\theta$

31. $y = t(t+1)(t+2)$

32. $y = \dfrac{\theta + 5}{\theta \cos\theta}$

33. $y = \dfrac{x\sqrt{x^2+1}}{(x+1)^{2/3}}$

34. $y = \sqrt[3]{\dfrac{x(x-2)}{x^2+1}}$

Theorie und Anwendungen

35. Was sind die absoluten Extremwerte von

a. $\ln(\cos x)$ im Intervall $[-\pi/4, \pi/3]$,

b. $\cos(\ln x)$ im Intervall $[1/2, 2]$?

36. Bestimmen Sie den Flächeninhalt der Fläche zwischen den Kurven $y = \ln x$ und $y = \ln 2x$ von $x = 1$ bis $x = 5$.

37. Im ersten Quadranten wird eine Fläche von den Koordinatenachsen, der Geraden $y = 3$ und der Kurve $x = 2/\sqrt{y+1}$ begrenzt. Diese Fläche wird nun um die y-Achse gedreht, dadurch entsteht ein Rotationskörper. Bestimmen Sie sein Volumen.

38. Die Fläche zwischen der Kurve $y = 1/x^2$ und der x-Achse zwischen $x = 1/2$ und $x = 2$ wird um die y-Achse gedreht, dadurch entsteht ein Rotationskörper. Bestimmen Sie sein Volumen.

39. Bestimmen Sie die Längen der folgenden Kurven:

a. $y = (x^2/8) - \ln x, \quad 4 \leq x \leq 8$

b. $x = (y/4)^2 - 2\ln(y/4), \quad 4 \leq y \leq 12$

40. a. Die Kurve $y = 1/x$ und die x-Achse zwischen $x = 1$ und $x = 2$ schließen eine Fläche ein. Bestimmen Sie den Schwerpunkt dieser Fläche, geben Sie seine Koordinaten auf zwei Stellen hinter dem Komma genau an.

b. Skizzieren Sie die Fläche und zeichnen Sie den Schwerpunkt in Ihre Skizze ein.

41. Zeigen Sie mithilfe einer Ableitung, dass $f(x) = \ln(x^3 - 1)$ injektiv ist.

Lösen Sie in den Aufgaben 42 und 43 das Anfangswertproblem.

42. $\dfrac{dy}{dx} = 1 + \dfrac{1}{x}, \quad y(1) = 3$

43. $\dfrac{d^2y}{dx^2} = \sec^2 x, \quad y(0) = 0 \text{ und } y'(0) = 1$

44. Linearisierung von $\ln(1+x)$ bei $x = 0$ $\ln x$ kann man mit den üblichen Verfahren bei $x = 1$ annähern. Wir wollen stattdessen aber $\ln(1+x)$ bei $x = 0$ annähern, so erhält man einen einfacheren Ausdruck.

a. Leiten Sie die Linearisierung $\ln(1+x) \approx x$ bei $x = 0$ her.

b. Ersetzt man $\ln(1+x)$ im Intervall $[0, 0{,}1]$ durch x, so macht man einen Fehler. Schätzen Sie diesen Fehler auf 5 Stellen hinter dem Komma genau ab.

c. Zeichnen Sie $\ln(1+x)$ und x für $0 \leq x \leq 0{,}5$ in ein Bild. Verwenden Sie möglichst verschiedene Farben. An welcher Stelle scheint die Näherung von $\ln(1+x)$ am besten zu sein? Wo am schlechtesten? Lesen Sie die Koordinaten aus dem Graphen ab und ermitteln Sie so eine möglichst gute Obergrenze für den Fehler, so gut wie es Ihr Zeichenprogramm erlaubt.

45. Beweisen Sie die Quotientenregel für Logarithmen. Verwenden Sie dazu das Argument mit den gleichen Ableitungen, mit dem wir die Regeln 1 und 4 von Satz 7.2 bewiesen haben.

46. a. Zeichnen Sie $y = \sin x$ und die Kurven $y = \ln(a + \sin x)$ für $a = 2, 4, 8, 20$ und 50 für $0 \leq x \leq 23$ zusammen in ein Bild.

b. Warum werden die Kurven mit wachsendem a flacher? (*Tipp:* Bestimmen Sie eine obere Schranke für $|y'|$, abhängig von a.)

7.3 Exponentialfunktionen

Nachdem wir die Funktion $\ln x$ diskutiert haben, führen wir nun ihre Inverse ein, die Exponentialfunktion $\exp x = e^x$. Wir untersuchen ihre Eigenschaften und bestimmen ihre Ableitung und ihr Integral. Außerdem werden wir in diesem Kapitel auch allgemeine Exponentialfunktionen (a^x) und allgemeine Logarithmusfunktionen ($\log_a x$) behandeln. Schließlich beweisen wir die Potenzregel für Ableitungen allgemein für beliebige reelle Exponenten.

Die Inverse von ln x und die Zahl e

Die Funktion $y = \ln x$ ist eine monoton wachsende Funktion von x mit dem Definitionsbereich $(0, \infty)$ und dem Wertebereich $(-\infty, \infty)$. Sie hat eine Inverse $y = \ln^{-1} x$ mit dem Definitionsbereich $(-\infty, \infty)$ und dem Wertebereich $(0, \infty)$. Der Graph von $y = \ln^{-1} x$ entspricht dem Graphen von $y = \ln x$, der an der Geraden $y = x$ gespiegelt wurde. Wie man auch in ▶Abbildung 7.10 sehen kann, gilt

$$\lim_{x \to \infty} \ln^{-1} x = \infty \quad \text{und} \quad \lim_{x \to -\infty} \ln^{-1} x = 0.$$

Die Funktion $y = \ln^{-1} x$ wird normalerweise als $y = \exp x$ geschrieben. $y = \exp x$ ist eine Exponentialfunktion mit der Basis e, was wir jetzt zeigen werden.

Die Zahl e wurde als Lösung der Gleichung $\ln(e) = 1$ definiert, es gilt also $e = \exp(1)$. Potenzen von e mit rationalen Exponenten r können auf die übliche Weise nach den Regeln der Algebra berechnet werden:

$$e^2 = e \cdot e, \quad e^{-2} = \frac{1}{e^2}, \quad e^{1/2} = \sqrt{e}$$

und so weiter. Da e positiv ist, gilt dies auch für e^r, wir können also den Logarithmus von e^r bestimmen. Für rationale r gilt damit:

$$\ln e^r = r \ln e = r \cdot 1 = r. \qquad \text{Satz 7.2, Regel 4}$$

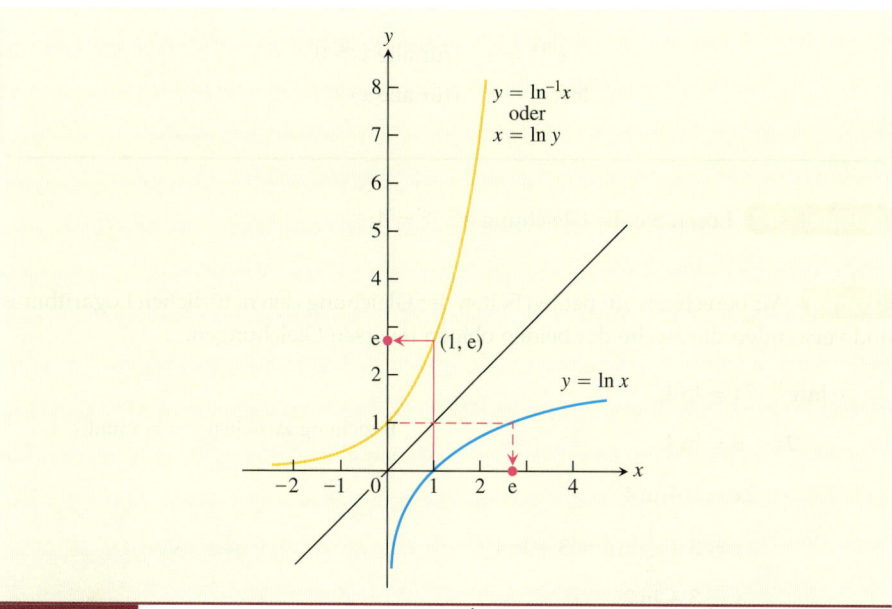

Abbildung 7.10 Die Graphen von $y = \ln x$ und $y = \ln^{-1} x = \exp x$. Die Zahl e ist $\ln^{-1} 1 = \exp(1)$.

7 Transzendente Funktionen

Tabelle 7.2: Typische Werte für e^x.

x	e^x (gerundet)
-1	0,37
0	1
1	2,72
2	7,39
10	22026
100	$2{,}6881 \cdot 10^{43}$

Wenden wir die Inverse $\ln^{-1}$ auf beide Seiten dieser Gleichung an, so erhalten wir:

$$e^r = \exp r \quad \text{für rationale } r \qquad \text{exp entspricht } \ln^{-1} \qquad (7.7)$$

Noch unklar ist bis jetzt, welche Bedeutung e^x für irrationale x hat. Allerdings ist $\ln^{-1} x$ für alle x definiert, seien sie rational oder irrational. Mithilfe von Gleichung (7.7) können wir also die Definition von e^x auf irrationale Werte von x erweitern. Die Funktion $y = \exp x$ ist für alle x definiert, wir werden also mithilfe von $\exp x$ der Funktion e^x Werte für alle x zuweisen.

Definition

> Die **natürliche Exponentialfunktion** wird für alle reellen Zahlen x definiert durch
> $$y = e^x = \exp x.$$

Wir haben jetzt also eine exakte Bedeutung für einen irrationalen Exponenten von e^x: Wir erheben eine Zahl e zu einer Potenz mit einem beliebigen reellen Exponenten x, sei er rational oder irrational. Die Funktionen $y = \ln x$ und $y = e^x$ sind zueinander invers, wir erhalten also die folgenden Beziehungen:

Merke

> **Beziehung zwischen $y = \ln x$ und $y = e^x$**
>
> $$e^{\ln x} = x \quad (\text{für alle } x > 0)$$
> $$\ln(e^x) = x \quad (\text{für alle } x)$$

Lösen einer Exponentialgleichung

Beispiel 7.12 Lösen Sie die Gleichung $e^{2x-6} = 4$.

Lösung Wir berechnen auf beiden Seiten der Gleichung den natürlichen Logarithmus und verwenden die zweite der beiden obigen inversen Gleichungen:

$$\ln(e^{2x-6}) = \ln 4$$
$$2x - 6 = \ln 4 \qquad \text{Beziehung zwischen } y = \ln x \text{ und } y = e^x$$
$$2x = 6 + \ln 4$$
$$x = 3 + \frac{1}{2}\ln 4 = 3 + \ln 4^{1/2}$$
$$x = 3 + \ln 2.$$

■

Die Ableitung und das Integral von e^x

Die natürliche Exponentialfunktion ist – gemäß Satz 7.1 – deshalb differenzierbar, weil sie die Inverse einer differenzierbaren Funktion ist, deren Ableitung niemals null wird. Wir berechnen nun die Ableitung von $y = e^x$ mithilfe der Kettenregel.

$$\ln(e^x) = x \qquad \text{Beziehung zwischen } y = \ln x \text{ und } y = e^x$$

$$\frac{d}{dx}\ln(e^x) = 1 \qquad \text{Beide Seiten werden abgeleitet.}$$

$$\frac{1}{e^x} \cdot \frac{d}{dx}(e^x) = 1 \qquad \text{Gleichung (7.3) mit } u = e^x$$

$$\frac{d}{dx}e^x = e^x \qquad \text{Nach der Ableitung auflösen}$$

Für $y = e^x$ erhalten wir also $dy/dx = e^x$, die natürliche Exponentialfunktion $y = e^x$ ist ihre eigene Ableitung. Für $f(x) = e^x$ gilt außerdem $f'(0) = e^0 = 1$. Die natürliche Exponentialfunktion e^x hat also am Schnittpunkt mit der y-Achse (an der Stelle $x = 0$) die Steigung 1.

Mithilfe der Kettenregel können wir dieses Ergebnis für die Ableitung der natürlichen Exponentialfunktion ausweiten:

> **Merke**
>
> Für jede differenzierbare Funktion $u(x)$ gilt
>
> $$\frac{d}{dx}e^u = e^u \frac{du}{dx}. \qquad (7.8)$$

Beispiel 7.13 Wir bestimmen mithilfe von Gleichung (7.8) die Ableitungen verschiedener Exponentialfunktionen.

Ableitungen von Exponentialfunktionen

a) $\dfrac{d}{dx}(5e^x) = 5\dfrac{d}{dx}e^x = 5e^x$

b) $\dfrac{d}{dx}e^{-x} = e^{-x}\dfrac{d}{dx}(-x) = e^{-x}(-1) = -e^{-x}$ \qquad Gleichung (7.8) mit $u = -x$

c) $\dfrac{d}{dx}e^{\sin x} = e^{\sin x}\dfrac{d}{dx}(\sin x) = e^{\sin x} \cdot \cos x$ \qquad Gleichung (7.8) mit $u = \sin x$

d) $\dfrac{d}{dx}\left(e^{\sqrt{3x+1}}\right) = e^{\sqrt{3x+1}} \cdot \dfrac{d}{dx}\left(\sqrt{3x+1}\right)$ \qquad Gleichung (7.8) mit $u = \sqrt{3x+1}$

$\qquad = e^{\sqrt{3x+1}} \cdot \dfrac{1}{2}(3x+1)^{-1/2} \cdot 3$

$\qquad = \dfrac{3}{2\sqrt{3x+1}} e^{\sqrt{3x+1}}$

Die Funktion $y = e^x$ ist ihre eigene Ableitung und damit auch ihre eigene Stammfunktion. Neben Gleichung (7.8) gilt also auch die Integralform:

> **Merke**
>
> **Die Stammfunktion der Exponentialfunktion**
>
> $$\int e^u \, du = e^u + C$$

Integrale mit Exponentialfunktionen

Beispiel 7.14

a)
$$\int_0^{\ln 2} e^{3x} dx = \int_0^{\ln 8} e^u \cdot \frac{1}{3} du \qquad u = 3x, \; \frac{1}{3} du = dx, \; u(0) = 0,$$
$$u(\ln 2) = 3\ln 2 = \ln 2^3 = \ln 8$$

$$= \frac{1}{3} \int_0^{\ln 8} e^u du$$

$$= \left[\frac{1}{3} e^u\right]_0^{\ln 8}$$

$$= \frac{1}{3}(8-1) = \frac{7}{3}$$

b)
$$\int_0^{\pi/2} e^{\sin x} \cos x \, dx = \left[e^{\sin x}\right]_0^{\pi/2} \qquad \text{Stammfunktion aus Beispiel 7.13(c)}$$

$$= e^1 - e^0 = e - 1$$

Die Ableitung von $y = e^x$ existiert und ist überall positiv. Damit ist bestätigt, was wir auch in Abbildung 7.10 sehen: $y = e^x$ ist eine stetige und monoton steigende Funktion. Auch die zweite Ableitung von $y = e^x$ ist wieder $y = e^x$ und damit überall positiv, der Graph ist also konvex. Abbildung 7.10 zeigt auch die Grenzwerte der Exponentialfunktion für $x \to \pm\infty$:

$$\lim_{x \to -\infty} e^x = 0 \quad \text{und} \quad \lim_{x \to \infty} e^x = \infty.$$

Die x-Achse ist also eine horizontale Asymptote des Graphen von $y = e^x$, was wir am ersten der beiden Grenzwerte sehen können.

Potenzgesetze für die Exponentialfunktion

Wir haben e^x als $\ln^{-1} x$ definiert, das erschien vielleicht etwas ungewohnt. e^x erfüllt aber natürlich trotzdem alle bekannten Gesetze für Potenzen. Im folgenden Satz 7.3 zeigen wir, dass diese Gesetze unmittelbar aus den Definitionen von $\ln x$ und e^x folgen.

Satz 7.3 Es seien x, x_1 und x_2 beliebige Zahlen. Für die natürliche Exponentialfunktion $y = e^x$ gelten dann die folgenden Regeln:

1. $e^{x_1} \cdot e^{x_2} = e^{x_1 + x_2}$
2. $e^{-x} = \dfrac{1}{e^x}$
3. $\dfrac{e^{x_1}}{e^{x_2}} = e^{x_1 - x_2}$
4. $(e^{x_1})^r = e^{rx_1}$, für rationale r

Beweis ■ **Beweis von Regel 1** Es sei $y_1 = e^{x_1}$ und $y_2 = e^{x_2}$. Dann gilt

$$x_1 = \ln y_1 \quad \text{und} \quad x_2 = \ln y_2 \qquad \text{Definition von } e^x$$

$$x_1 + x_2 = \ln y_1 + \ln y_2$$

$$= \ln y_1 y_2 \qquad \text{Produktregel für Logarithmen}$$

$$e^{x_1 + x_2} = e^{\ln y_1 y_2} \qquad \text{Zur Potenz erheben}$$

$$= y_1 y_2 \qquad e^{\ln u} = u$$

$$= e^{x_1} e^{x_2}.$$

Beweis ◼ **Beweis von Regel 4** Es sei $y = (e^{x_1})^r$. Dann gilt

$$\begin{aligned}\ln y &= \ln(e^{x_1})^r \\ &= r\ln(e^{x_1}) & \text{Potenzregel für Logarithmen, rationales } r \\ &= rx_1 & \ln e^u = u \text{ mit } u = x_1\end{aligned}$$

Erheben wir jetzt beide Seiten zur Potenz, so erhalten wir:

$$y = e^{rx_1}. \qquad\qquad e^{\ln y} = y \qquad\qquad ◼$$

Die Regeln 2 und 3 folgen aus Regel 1. Regel 4 beweisen wir, nachdem wir die allgemeine Exponentialfunktion eingeführt haben, im Anschluss gleich für alle reellen r.

Die allgemeine Exponentialfunktion a^x

$a = e^{\ln a}$ gilt für alle positiven Zahlen a. Im Hinblick auf die Gültigkeit von Regel 4 in Satz 7.3 ist es natürlich, für alle reellen b die allgemeine Potenz a^b als

$$a^b = \left(e^{\ln a}\right)^b = e^{b\ln a}$$

zu definieren. Wir drücken also a^b als eine Potenz mit Basis e aus und können damit eine allgemeine Exponentialfunktion definieren.

> **Definition**
>
> Für alle Zahlen $a > 0$ und x ist die **Exponentialfunktion mit der Basis a** definiert als
>
> $$y = a^x = e^{x\ln a}.$$

Für $a = e$ folgt aus dieser Definition $a^x = e^{x\ln a} = e^{x\ln e} = e^{x\cdot 1} = e^x$.

Satz 7.3 gilt auch für a^x, die Exponentialfunktion mit der Basis a. So gilt zum Beispiel

$$\begin{aligned}a^{x_1} \cdot a^{x_2} &= e^{x_1\ln a} \cdot e^{x_2\ln a} & \text{Definition von } a^x \\ &= e^{x_1\ln a + x_2\ln a} & \text{Regel 1} \\ &= e^{(x_1+x_2)\ln a} & \text{Ausklammern von } \ln a \\ &= a^{x_1+x_2}. & \text{Definition von } a^x\end{aligned}$$

Insbesondere gilt $a^n \cdot a^{-1} = a^{n-1}$ für jede reelle Zahl n.

Außerdem gilt für alle reellen r

$$\begin{aligned}(a^{x_1})^r &= \left(e^{x_1\ln a}\right)^r & \text{Definition von } a^x \\ &= e^{r\cdot\ln e^{x_1\cdot\ln a}} & \text{Definition von } (e^{x_1\ln a})^r \\ &= e^{r\cdot x_1\cdot \ln a} & \ln(e^x) = x \\ &= a^{r\cdot x_1}. & \text{Definition von } a^x\end{aligned}$$

Beweis der Potenzregel in der allgemeinen Fassung

Wir haben die allgemeine Potenz definiert und können damit jetzt jede positive Zahl zu jeder reellen Potenz erheben, sei sie rational oder irrational. Damit definieren wir nun die allgemeine Potenzfunktion $y = x^n$ für jeden Exponenten n.

7 Transzendente Funktionen

Definition Für alle $x > 0$ und für alle reellen Zahlen n ist die allgemeine Potenzfunktion definiert als:
$$y = x^n = e^{n \ln x}.$$

Logarithmus- und Exponentialfunktion sind zueinander invers. Aus der Definition folgt also:
$$\ln x^n = n \ln x \quad \text{für alle reellen Zahlen } n$$

Die Potenzregel für natürliche Logarithmen gilt also für *alle* reellen Exponenten n. In Satz 7.2 hatten wir dies noch auf rationale Exponenten eingeschränkt, diese Einschränkung kann jetzt wegfallen.

Mit der Definition der Potenzfunktion können wir auch die Potenzregel für Ableitungen aus Abschnitt 3.3 auf alle reellen Exponenten n erweitern.

Merke — **Allgemeine Potenzregel für Ableitungen**

Für $x > 0$ und jede reelle Zahl n gilt
$$\frac{d}{dx} x^n = n x^{n-1}.$$

Für $x \leq 0$ gilt diese Gleichung immer dann, wenn die Ableitung, x^n und x^{n-1} existieren, also insbesondere für alle natürlichen Zahlen n.

Beweis ◻ Leiten wir x^n nach x ab, so erhalten wir:

$$\begin{aligned}
\frac{d}{dx} x^n &= \frac{d}{dx} e^{n \ln x} && \text{Definition von } x^n, x > 0 \\
&= e^{n \ln x} \cdot \frac{d}{dx}(n \ln x) && \text{Kettenregel für } e^u, \text{Gleichung (7.8)} \\
&= x^n \cdot \frac{n}{x} && \text{Definition und Ableitung von } \ln x \\
&= n x^{n-1}. && x^n \cdot x^{-1} = x^{n-1}
\end{aligned}$$

Für alle $x > 0$ gilt also
$$\frac{d}{dx} x^n = n x^{n-1}.$$

Für $x < 0$ muss man zunächst sicherstellen, dass $y = x^n$, y' und x^{n-1} existieren. Ist das der Fall, so gilt
$$\ln |y| = \ln |x|^n = n \ln |x|.$$

Diese Gleichung kann man implizit differenzieren. Dazu nimmt man an, dass die Ableitung y' existiert. Damit und mit Gleichung (7.5) aus Abschnitt 7.2 erhalten wir
$$\frac{y'}{y} = \frac{n}{x}.$$

Wir lösen nach der Ableitung auf und bekommen
$$y' = n \frac{y}{x} = n \frac{x^n}{x} = n x^{n-1}.$$

Direkt aus der Definition der Ableitung können wir zeigen, dass die Ableitung für $x = 0$ und $n \geq 1$ gleich null wird. Damit sind dann alle Teile der allgemeinen Potenzregel bewiesen. ∎

7.3 Exponentialfunktionen

Beispiel 7.15 Leite Sie $f(x) = x^x$, $x > 0$ nach x ab.

Ableitung von x^x

Lösung Der Exponent ist hier die *Variable* x und kein konstanter Wert n (rational oder irrational). Die Potenzregel können wir hier also nicht anwenden. Allerdings können wir die Definition der allgemeinen Potenz verwenden, nämlich $f(x) = x^x = e^{x \ln x}$. Differenzieren wir diesen Ausdruck, so erhalten wir

$$f'(x) = \frac{d}{dx}(e^{x \ln x})$$
$$= e^{x \ln x} \frac{d}{dx}(x \ln x) \quad \text{Gleichung (7.8) mit } u = x \ln x$$
$$= e^{x \ln x} \left(\ln x + x \cdot \frac{1}{x}\right)$$
$$= x^x (\ln x + 1). \quad x > 0$$

Die Zahl e als Grenzwert

Wir haben e bisher definiert als die Zahl, für die $\ln e = 1$ gilt oder – was äquivalent ist – als den Wert von $\exp(1)$. Wir wissen also, dass e eine wichtige Konstante für Logarithmen und Exponentialfunktionen ist. Was wir noch nicht kennen, ist ihr numerischer Wert. Dieser Wert kann als Grenzwert bestimmt werden. Im nächsten Satz 7.4 stellen wir hierfür ein Verfahren vor.

Satz 7.4 Die Zahl e als Grenzwert Die Zahl e kann als Grenzwert berechnet werden:
$$e = \lim_{x \to 0}(1+x)^{1/x}.$$

Beweis Für $f(x) = \ln x$ gilt $f'(x) = 1/x$ und damit $f'(1) = 1$. Mit der Definition der Ableitung erhalten wir für $f'(1)$:

$$f'(1) = \lim_{h \to 0} \frac{f(1+h) - f(1)}{h} = \lim_{x \to 0} \frac{f(1+x) - f(1)}{x}$$
$$= \lim_{x \to 0} \frac{\ln(1+x) - \ln 1}{x} = \lim_{x \to 0} \frac{1}{x} \ln(1+x) \quad \ln 1 = 0$$
$$= \lim_{x \to 0} \ln(1+x)^{1/x}$$

Mit $f'(1) = 1$ erhalten wir
$$\lim_{x \to 0} \ln(1+x)^{1/x} = 1.$$

Beide Seiten dieser Gleichung erheben wir jetzt zur Potenz, verwenden die Stetigkeit der Exponentialfunktion und erhalten

$$e = e^1 = e^{\lim_{x \to 0} \ln(1+x)^{1/x}} = \lim_{x \to 0} e^{\ln(1+x)^{1/x}} = \lim_{x \to 0}(1+x)^{1/x}.$$

Wenn man in Satz 7.4 sehr kleine Werte für x einsetzt, so erhält man einen Näherungswert für e. Auf 15 Dezimalstellen genau gilt $e \approx 2{,}718\,281\,828\,459\,045$.

7 Transzendente Funktionen

Die Ableitung von a^u

Wir bestimmen die Ableitung von a^u mithilfe der Definition $a^x = e^{x \ln a}$.

$$\frac{d}{dx}a^x = \frac{d}{dx}e^{x \ln a} = e^{x \ln a} \cdot \frac{d}{dx}(x \ln a) \qquad \frac{d}{dx}e^u = e^u \frac{du}{dx}$$
$$= a^x \ln a.$$

Wir sehen mit dieser Gleichung sofort, warum e^x in der Analysis so beliebt ist: Für $a = e$ gilt $\ln a = 1$, und die Ableitung von $y = a^x$ vereinfacht sich zu

$$\frac{d}{dx}e^x = e^x \ln e = e^x.$$

Die Ableitung der allgemeinen Exponentialfunktion können wir nun mit der Kettenregel bestimmen.

Merke

> Ist $a > 0$ und u eine differenzierbare Funktion von x, dann ist auch a^u eine differenzierbare Funktion von x, und es gilt
>
> $$\frac{d}{dx}a^u = a^u \ln a \frac{du}{dx}. \qquad (7.9)$$

Für die Stammfunktion der allgemeinen Exponentialfunktion gilt entsprechend

Merke

> $$\int a^u du = \frac{a^u}{\ln a} + C. \qquad (7.10)$$

Setzen wir in Gleichung (7.9) $u = x$, so erhalten wir einige Eigenschaften der Ableitung von $y = a^x$:

- Die Ableitung von $y = a^x$ ist positiv für $\ln a > 0$ bzw. $a > 1$ und
- die Ableitung von $y = a^x$ ist negativ für $\ln a < 0$ bzw. $0 < a < 1$.

$y = a^x$ ist also eine wachsende Funktion von x für $a > 1$ und eine fallende Funktion von x für $0 < a < 1$. In jedem Fall ist $y = a^x$ injektiv. Die zweite Ableitung

$$\frac{d^2}{dx^2}(a^x) = \frac{d}{dx}(a^x \ln a) = (\ln a)^2 a^x$$

ist positiv für alle x, der Graph von a^x ist also in jedem Intervall der x-Achse konvex.
▶Abbildung 7.11 zeigt die Graphen einiger Exponentialfunktionen.

Ableitungen und Integrale von Exponentialfunktionen

Beispiel 7.16 Wir bestimmen Ableitungen und Integrale mithilfe der Gleichungen (7.9) und (7.10).

a) $\frac{d}{dx}(3^x) = 3^x \ln 3$ $\qquad$ Gleichung (7.9) mit $a = 3, u = x$

b) $\frac{d}{dx}3^{-x} = 3^{-x}(\ln 3)\frac{d}{dx}(-x) = -3^{-x} \ln 3$ $\qquad$ Gleichung (7.9) mit $a = 3, u = -x$

c) $\frac{d}{dx}3^{\sin x} = 3^{\sin x}(\ln 3)\frac{d}{dx}(\sin x) = 3^{\sin x}(\ln 3)\cos x$ $\qquad$ ...$u = \sin x$

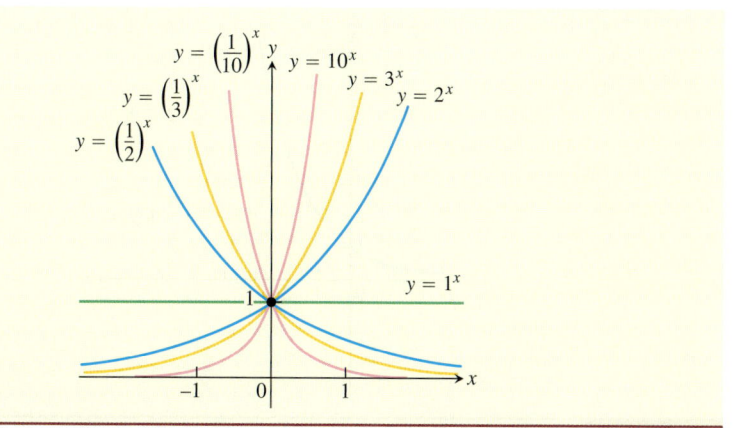

Abbildung 7.11 Exponentialfunktionen sind fallend für $0 < a < 1$ und wachsend für $a > 1$. Für $x \to \infty$ gilt $a^x \to 0$ bei $0 < a < 1$ und $a^x \to \infty$ bei $a > 1$. Für $x \to -\infty$ gilt $a^x \to \infty$ bei $0 < a < 1$ und $a^x \to 0$ bei $a > 1$.

d $\displaystyle\int 2^x dx = \frac{2^x}{\ln 2} + C$

Gleichung (7.10) mit $a = 2, u = x$

e $\displaystyle\int 2^{\sin x} \cos x\, dx = \int 2^u du = \frac{2^u}{\ln 2} + C$

$u = \sin x, du = \cos x\, dx$ und Gleichung (7.10)

$\displaystyle\quad = \frac{2^{\sin x}}{\ln 2} + C$

u durch $\sin x$ ersetzt

Logarithmen zur Basis a

Für alle positiven Zahlen a außer 1 ist die Funktion $y = a^x$ injektiv und hat überall eine Ableitung ungleich null. Damit hat sie eine differenzierbare Inverse. Diese Inverse wird **Logarithmus von x zur Basis a** genannt und $y = \log_a x$ geschrieben.

> **Definition**
>
> Für jede positive Zahl $a \neq 1$ gilt
>
> $$y = \log_a x \text{ ist die inverse Funktion von } y = a^x$$

Den Graphen von $y = \log_a x$ erhält man, indem man den Graphen von $y = a^x$ an der Geraden $y = x$ spiegelt (▶ Abbildung 7.12). Für $a = e$ ergibt sich: $\log_e x = \ln x$. Die Funktion $\log_{10} x$ wird manchmal einfach als $\log x$ geschrieben und **dekadischer Logarithmus** genannt. $y = \log_a x$ und $y = a^x$ sind invers zueinander; führt man sie hintereinander aus (gleichgültig in welcher Reihenfolge), so heben sie einander auf, und man erhält eine identische Abbildung.

> **Merke**
>
> Beziehung zwischen $y = \log_a x$ und $y = a^x$
>
> $$a^{\log_a x} = x \quad (x > 0)$$
> $$\log_a(a^x) = x \quad (\text{für alle } x)$$

$\log_a x$ ist ein Vielfaches von $\ln x$. Dies kann man folgendermaßen zeigen:

$\quad y = \log_a x$

$\quad a^y = x$ \hspace{2em} Beide Seiten zur Potenz erhoben

$\quad y \ln a = \ln x$. \hspace{2em} Natürlicher Logarithmus auf beiden Seiten

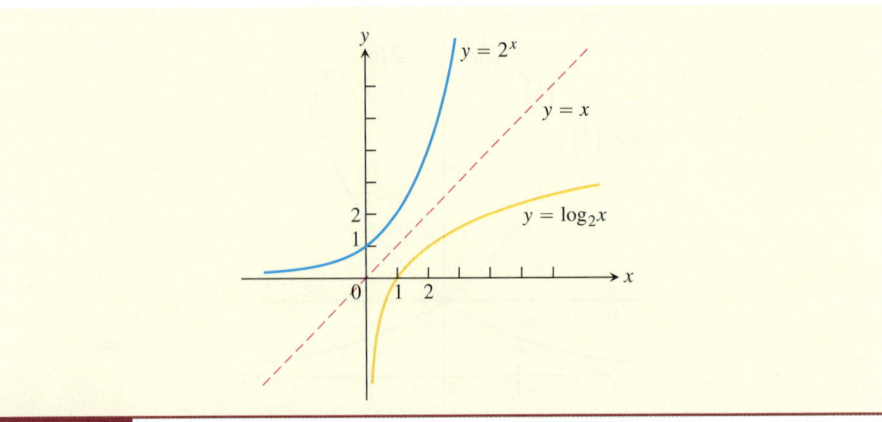

Abbildung 7.12 Der Graph der Funktion $y = 2^x$ und ihrer Inversen $y = \log_2 x$.

Tabelle 7.3: Rechenregeln für Logarithmen zur Basis a.

Für alle Zahlen $x > 0$ und $y > 0$ gilt:		
1.	Produktregel:	$\log_a xy = \log_a x + \log_a y$
2.	Quotientenregel:	$\log_a \dfrac{x}{y} = \log_a x - \log_a y$
3.	Reziprokenregel:	$\log_a \dfrac{1}{y} = -\log_a y$
4.	Potenzregel:	$\log_a x^r = r \log_a x$

Löst man die letzte Gleichung nach y auf, so erhält man

Merke
$$\log_a x = \frac{\ln x}{\ln a}. \tag{7.11}$$

Für $\log_a x$ gelten dieselben Rechenregeln wie für $\ln x$. Diese Regeln sind in Tabelle 7.3 zusammengestellt. Sie lassen sich mithilfe von Gleichung (7.11) beweisen, dazu muss lediglich die entsprechende Gleichung für den natürlichen Logarithmus durch $\ln a$ geteilt werden. So gilt zum Beispiel

$\ln xy = \ln x + \ln y$ — Regel 1 für natürliche Logarithmen

$\dfrac{\ln xy}{\ln a} = \dfrac{\ln x}{\ln a} + \dfrac{\ln y}{\ln a}$ — ...geteilt durch $\ln a$...

$\log_a xy = \log_a x + \log_a y$ — ...ergibt Regel 1 für Logarithmen zur Basis a

Ableitungen und Integrale mit $\log_a x$

Logarithmen zur Basis a können mithilfe von Gleichung (7.11) in natürliche Logarithmen umgerechnet werden. Man nutzt diese Möglichkeit, um Ableitungen und Integrale zu berechnen. Für eine positive differenzierbare Funktion $u(x)$ gilt damit:

$$\frac{d}{dx}(\log_a u) = \frac{d}{dx}\left(\frac{\ln u}{\ln a}\right) = \frac{1}{\ln a}\frac{d}{dx}(\ln u) = \frac{1}{\ln a} \cdot \frac{1}{u}\frac{du}{dx}.$$

Merke
$$\frac{d}{dx}(\log_a u) = \frac{1}{\ln a} \cdot \frac{1}{u}\frac{du}{dx}$$

Beispiel 7.17

Ableitungen und Integrale mit $\log_a x$

a $\dfrac{d}{dx}\log_{10}(3x+1) = \dfrac{1}{\ln 10}\cdot\dfrac{1}{3x+1}\dfrac{d}{dx}(3x+1) = \dfrac{3}{(\ln 10)(3x+1)}$

b $\displaystyle\int \dfrac{\log_2 x}{x}dx = \dfrac{1}{\ln 2}\int \dfrac{\ln x}{x}dx \qquad \log_2 x = \dfrac{\ln x}{\ln 2}$

$\qquad\qquad\quad = \dfrac{1}{\ln 2}\int u\,du \qquad\qquad u = \ln x,\, du = \dfrac{1}{x}dx$

$\qquad\qquad\quad = \dfrac{1}{\ln 2}\dfrac{u^2}{2} + C$

$\qquad\qquad\quad = \dfrac{1}{\ln 2}\dfrac{(\ln x)^2}{2} + C = \dfrac{(\ln x)^2}{2\ln 2} + C$

Aufgaben zum Abschnitt 7.3

Auflösen von Exponentialgleichungen

Lösen Sie in den Aufgaben 1–3 die gegebenen Gleichungen nach t auf.

1. a. $e^{-0{,}3t} = 27$ b. $e^{kt} = \dfrac{1}{2}$ c. $e^{(\ln 0{,}2)t} = 0{,}4$

2. $e^{\sqrt{t}} = x^2$

3. $e^{(x^2)}e^{(2x+1)} = e^t$

Berechnung von Ableitungen

Bestimmen Sie in den Aufgaben 4–13 die Ableitung von y nach x, t, oder θ.

4. $y = e^{-5x}$

5. $y = e^{5-7x}$

6. $y = xe^x - e^x$

7. $y = (x^2 - 2x + 2)e^x$

8. $y = e^\theta(\sin\theta + \cos\theta)$

9. $y = \cos\left(e^{-\theta^2}\right)$

10. $y = \ln\left(3te^{-t}\right)$

11. $y = \ln\left(\dfrac{e^\theta}{1+e^\theta}\right)$

12. $y = e^{(\cos t + \ln t)}$

13. $y = \displaystyle\int_0^{\ln x}\sin e^t\,dt$

Bestimmen Sie in den Aufgaben 14 und 15 die Ableitung dy/dx.

14. $\ln y = e^y \sin x$

15. $e^{2x} = \sin(x + 3y)$

Bestimmen Sie in den Aufgaben 16–26 die Integrale.

16. $\displaystyle\int \left(e^{3x} + 5e^{-x}\right)dx$

17. $\displaystyle\int_{\ln 2}^{\ln 3} e^x dx$

18. $\displaystyle\int 8e^{(x+1)}dx$

19. $\displaystyle\int_{\ln 4}^{\ln 9} e^{x/2}dx$

20. $\displaystyle\int \dfrac{e^{\sqrt{r}}}{\sqrt{r}}dr$

21. $\displaystyle\int 2te^{-t^2}dt$

22. $\displaystyle\int \dfrac{e^{1/x}}{x^2}dx$

23. $\displaystyle\int_0^{\pi/4}\left(1 + e^{\tan\theta}\right)\sec^2\theta\,d\theta$

24. $\displaystyle\int e^{\sec\pi t}\sec\pi t\,\tan\pi t\,dt$

25. $\displaystyle\int_{\ln(\pi/6)}^{\ln(\pi/2)} 2e^v \cos e^v\,dv$

26. $\displaystyle\int \dfrac{e^r}{1+e^r}dr$

Anfangswertprobleme

Lösen Sie in den Aufgaben 27–29 das Anfangswertproblem.

27. $\dfrac{dy}{dt} = e^t \sin(e^t - 2), \quad y(\ln 2) = 0$

28. $\dfrac{d^2 y}{dx^2} = 2e^{-x}, \quad y(0) = 1 \text{ und } y'(0) = 0$

29. $\dfrac{d^2 y}{dt^2} = 1 - e^{2t}, \quad y(1) = -1 \text{ und } y'(1) = 0$

7 Transzendente Funktionen

Differentiation

Bestimmen Sie in den Aufgaben 30–43 die Ableitung von y nach der jeweiligen unabhängigen Variablen.

30. $y = 2^x$

31. $y = 5^{\sqrt{s}}$

32. $y = x^\pi$

33. $y = (\cos\theta)^{\sqrt{2}}$

34. $y = 7^{\sec\theta} \ln 7$

35. $y = 2^{\sin 3t}$

36. $y = \log_2 5\theta$

37. $y = \log_4 x + \log_4 x^2$

38. $y = x^3 \log_{10} x$

39. $y = \log_3\left(\left(\dfrac{x+1}{x-1}\right)^{\ln 3}\right)$

40. $y = \theta \sin(\log_7 \theta)$

41. $y = \log_{10} e^x$

42. $y = 3^{\log_2 t}$

43. $y = \log_2\left(8t^{\ln 2}\right)$

Integration

Bestimmen Sie in den Aufgaben 44–48 das gegebene Integral.

44. $\displaystyle\int 5^x \, dx$

45. $\displaystyle\int_0^1 2^{-\theta} \, d\theta$

46. $\displaystyle\int_1^{\sqrt{2}} x 2^{(x^2)} \, dx$

47. $\displaystyle\int_0^{\pi/2} 7^{\cos t} \sin t \, dt$

48. $\displaystyle\int_2^4 x^{2x}(1 + \ln x) \, dx$

Bestimmen Sie in den Aufgaben 49–55 das gegebene Integral.

49. $\displaystyle\int 3x^{\sqrt{3}} \, dx$

50. $\displaystyle\int_0^3 \left(\sqrt{2} + 1\right) x^{\sqrt{2}} \, dx$

51. $\displaystyle\int \dfrac{\log_{10} x}{x} \, dx$

52. $\displaystyle\int_1^4 \dfrac{\ln 2 \log_2 x}{x} \, dx$

53. $\displaystyle\int_0^2 \dfrac{\log_2(x+2)}{x+2} \, dx$

54. $\displaystyle\int_0^9 \dfrac{2 \log_{10}(x+1)}{x+1} \, dx$

55. $\displaystyle\int \dfrac{dx}{x \log_{10} x}$

Berechnen Sie in den Aufgaben 56 und 57 die gegebenen Integrale.

56. $\displaystyle\int_1^{\ln x} \dfrac{1}{t} \, dt, \quad x > 1$

57. $\displaystyle\int_1^{1/x} \dfrac{1}{t} \, dt, \quad x > 0$

Logarithmische Differentiation

Bestimmen Sie in den Aufgaben 58–61 die Ableitung von y mithilfe der logarithmischen Differentiation.

58. $y = (x+1)^x$

59. $y = (\sqrt{t})^t$

60. $y = (\sin x)^x$

61. $y = \sin x^x$

Theorie und Anwendungen

62. Bestimmen Sie das absolute Maximum und das absolute Minimum der Funktion $f(x) = e^x - 2x$ auf dem Intervall $[0, 1]$.

63. Wo liegen die Extremwerte der Funktion $f(x) = 2e^{\sin(x/2)}$, und welchen Wert haben sie?

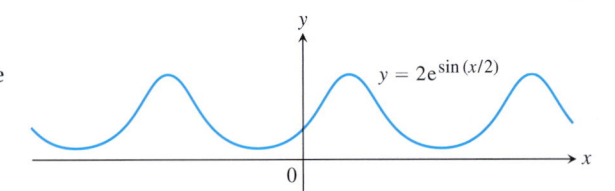

64. Es sei $f(x) = xe^{-x}$.

a. Bestimmen Sie alle absoluten Extremwerte von f.

b. Bestimmen Sie alle Wendepunkte von f.

65. Bestimmen Sie den Wert des absoluten Maximums von $f(x) = x^2 \ln(1/x)$ und geben Sie an, an welcher Stelle die Funktion diesen Wert annimmt.

66. Die Kurven $y = e^{2x}$ und $y = e^x$ sowie die Gerade $x = \ln 3$ schließen im ersten Quadranten eine Fläche ein, die einem Dreieck ähnelt. Berechnen Sie ihren Flächeninhalt.

67. Eine Kurve in der xy-Ebene soll durch den Ursprung gehen und von $x = 0$ bis $x = 1$ die Länge

$$L = \int_0^1 \sqrt{1 + \frac{1}{4}e^x}\, dx$$

haben. Welche Gleichung kann eine solche Kurve haben?

68. Die Kurve $x = (e^y + e^{-y})/2$ für $0 \leq y \leq \ln 2$ wird um die y-Achse gedreht, dabei entsteht ein Rotationskörper. Berechnen Sie den Flächeninhalt der Oberfläche dieses Körpers.

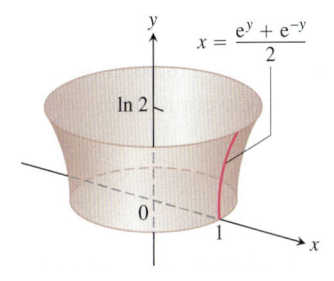

Bestimmen Sie in den Aufgaben 69 und 70 die Länge der jeweils angegebenen Kurve.

69. $y = \frac{1}{2}\left(e^x + e^{-x}\right)$ von $x = 0$ bis $x = 1$

70. $y = \ln(\cos x)$ von $x = 0$ bis $x = \pi/4$

71. a. Zeigen Sie, dass gilt $\int \ln x\, dx = x \ln x - x + C$.
b. Bestimmen Sie den mittleren Wert von $\ln x$ in dem Intervall $[1, e]$.

72. Die Linearisierung von e^x bei $x = 0$

a. Leiten Sie die lineare Näherung $e^x \approx 1 + x$ bei $x = 0$ her.
b. Ersetzt man e^x im Intervall $[0, 0{,}2]$ durch $1 + x$, so macht man einen Näherungsfehler. Schätzen Sie diesen Fehler auf fünf Stellen hinter dem Komma ab.
c. Zeichnen Sie die Graphen von $y = e^x$ und $y = 1 + x$ im Intervall $-2 \leq x \leq 2$ in ein Bild. Verwenden Sie möglichst verschiedene Farben. In welchem Intervall liegt die Näherung über e^x, in welchem unter e^x?

73. Der geometrische, logarithmische und arithmetische Mittelwert sind nicht gleich

a. Zeigen Sie, dass der Graph von $y = e^x$ in jedem Intervall von x-Werten konvex ist.

b. Zeigen Sie mithilfe des untenstehenden Bildes, dass für $0 < a < b$ gilt

$$e^{(\ln a + \ln b)/2} \cdot (\ln b - \ln a) <$$

$$\int_{\ln a}^{\ln b} e^x dx < \frac{e^{\ln a} + e^{\ln b}}{2} \cdot (\ln b - \ln a).$$

c. Gehen Sie von der Ungleichung aus Teil **b.** aus und zeigen Sie:

$$\sqrt{ab} < \frac{b-a}{\ln b - \ln a} < \frac{a+b}{2}.$$

Aus dieser Ungleichung kann man schließen: Das geometrische Mittel zweier positiver Zahlen ist kleiner als das logarithmische Mittel, dieses wiederum ist kleiner als das arithmetische Mittel.

74. Die Kurve $y = 2x/(1 + x^2)$ schließt mit der x-Achse im Intervall $-2 \leq x \leq 2$ eine Fläche ein. Berechnen Sie ihren Flächeninhalt.

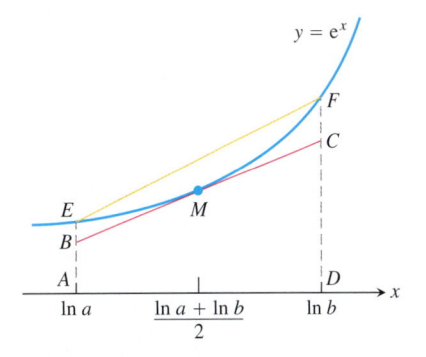

75. Die Gleichung $x^2 = 2^x$ hat drei Lösungen, zwei davon sind $x = 2$ und $x = 4$. Schätzen Sie die dritte Lösung mithilfe eines Grafikprogramms so genau wie möglich ab.

76. Die Linearisierung von 2^x

a. Bestimmen Sie die Linearisierung von $f(x) = 2^x$ bei $x = 0$. Runden Sie die Koeffizienten der Lösung dann auf 2 Dezimalstellen.

b. Zeichnen Sie die Graphen der Linearisierung und der Funktion in den folgenden Intervallen jeweils in ein Bild: $-3 \leq x \leq 3$ und $-1 \leq x \leq 1$.

7.4 Exponentielles Wachstum und separierbare Differentialgleichungen

Der Funktionswert einer Exponentialfunktionen steigt oder fällt sehr schnell, wenn die unabhängige Variable sich ändert. Viele Wachstums- und Zerfallsprozesse in der Natur oder in technischen Verfahren werden gut von einer Exponentialfunktion beschrieben. Es gibt sehr viele Modelle, die auf Exponentialfunktionen beruhen, auch daran kann man also sehen, wie wichtig diese Funktion ist. Wir untersuchen im Folgenden die Annahmen, die zu solchem *exponentiellen Wachstum* bzw. *Zerfall* führen.

Exponentielles Wachstum

In sehr unterschiedlichen Kontexten sollen Wachstums- und Zerfallsprozesse durch mathematische Modelle beschrieben werden. Dabei ergibt sich oft die folgende Situation: Eine Größe y ändert sich proportional zu ihrem Wert zu einer bestimmten Zeit t. Dies gilt z. B. für die Menge eines radioaktiv zerfallenden Materials, für die Größe einer Bevölkerung oder für die Temperaturdifferenz zwischen einem heißen Objekt und seiner Umgebung. Bei solchen Größen spricht man von **exponentiellem Wachstum** bzw. **Zerfall**.

Der Wert einer solchen Größe zur Zeit $t = 0$ sei y_0. Wollen wir eine Funktion für y in Abhängigkeit von t aufstellen, so lösen wir das folgende Anfangswertproblem:

$$\text{Differentialgleichung:} \quad \frac{dy}{dt} = ky \qquad (7.12a)$$

$$\text{Anfangsbedingung:} \quad y = y_0 \text{ für } t = 0 \qquad (7.12b)$$

Für positive und wachsende y ist k positiv. Gleichung (7.12a) bedeutet dann: Die Änderungsrate zur Zeit t ist proportional zu dem, was sich zur Zeit t angesammelt hat. Für positive und fallende y ist k negativ; die Änderungsrate ist dann proportional zu dem, was zur Zeit t noch vorhanden ist.

Für $y_0 = 0$ ist die konstante Funktion $y = 0$ eine Lösung von Gleichung (7.12a), das sieht man sofort. Um auch nicht-triviale Lösungen zu finden, teilen wir Gleichung (7.12a) durch y:

$$\frac{1}{y} \cdot \frac{dy}{dt} = k \qquad y \neq 0$$

$$\int \frac{1}{y} \frac{dy}{dt} dt = \int k\, dt \qquad \text{Integrieren über } t$$

$$\ln|y| = kt + C \qquad \int (1/u)\,du = \ln|u| + C$$

$$|y| = e^{kt+C} \qquad e^{\ln x} = x$$

$$|y| = e^C \cdot e^{kt} \qquad e^{a+b} = e^a \cdot e^b$$

$$y = \pm e^C e^{kt} \qquad \text{Für } |y| = r \text{ gilt } y = \pm r.$$

$$y = A e^{kt}. \qquad A \text{ ist eine Abkürzung für } \pm e^C.$$

Diese Gleichung gibt die Lösungen von Gleichung (7.12a) an. Wollen wir auch die triviale Lösung $y = 0$ mit ihr beschreiben, so müssen wir für die Konstante A neben allen Werten $\pm e^C$ auch den Wert 0 zulassen.

Der Wert der Konstanten A können wir über das Anfangswertproblem bestimmen: Wir setzen $t = 0$ und $y = y_0$ ein und lösen nach A auf:

$$y_0 = A e^{k \cdot 0} = A.$$

Die Lösung ist also:
$$y = y_0 e^{kt}. \tag{7.13}$$

Ändern sich Größen gemäß dieser Gleichung, so spricht man für $k > 0$ von **exponentiellem Wachstum** und für $k < 0$ von **exponentiellem Zerfall**. k ist dabei die **Wachstums-** bzw. **Zerfallskonstante**.

Leitet man Gleichung (7.13) ab, so sieht man auch: Vielfache der Exponentialfunktion sind die einzigen Funktionen, die ihre eigene Ableitung sind.

Die Herleitung von Gleichung (7.13) ist ein Beispiel für die Lösung einer bestimmten Differentialgleichung. Dieses Verfahren wollen wir jetzt genauer betrachten.

Separierbare Differentialgleichungen

Das Modell für exponentielles Wachstum bzw. Zerfall beruht auf einer Differentialgleichung der Form $dy/dx = ky$ mit einer Konstanten $k \neq 0$. Die allgemeine Form einer solchen Differentialgleichung ist

$$\frac{dy}{dx} = f(x, y); \tag{7.14}$$

hier ist f eine Funktion sowohl der unabhängigen als auch der abhängigen Variable. Die **Lösung** einer solchen Differentialgleichung ist eine differenzierbare Funktion $y = y(x)$, die auf einem (ggf. unbeschränkten) Intervall definiert ist und die in diesem Intervall die Bedingung

$$\frac{d}{dx} y(x) = f(x, y(x))$$

erfüllt. Setzt man also $y(x)$ und die Ableitung $y'(x)$ in die Differentialgleichung ein, so erhält man für alle x des Lösungsintervalls eine wahre Gleichung. Die **allgemeine Lösung** $y(x)$ enthält alle möglichen Lösungen, in ihr gibt es immer eine frei wählbare Konstante.

Kann in Gleichung (7.14) f als Produkt einer Funktion von x und einer Funktion von y geschrieben werden, so ist die Differentialgleichung **separierbar**. Sie hat dann die Form

$$\frac{dy}{dx} = g(x) H(y). \qquad \text{g ist eine Funktion von x; H ist eine Funktion von y.}$$

Schreiben wir diese Gleichung in der Form (bei $h(y) \neq 0$)

$$\frac{dy}{dx} = \frac{g(x)}{h(y)}, \qquad H(y) = \frac{1}{h(y)}$$

so können wir alle Terme mit y und dy von denen mit x und dx trennen:

$$h(y) dy = g(x) dx.$$

Wir integrieren nun beide Seiten dieser Gleichung

$$\int h(y) dy = \int g(x) dx \tag{7.15}$$

und erhalten so eine Lösung y als Funktion von x.

Dürfen wir die beiden Seiten von Gleichung (7.15) einfach integrieren? Das machen wir uns mithilfe der Substitutionsregel aus Abschnitt 5.5 klar:

$$\int h(y) dy = \int h(y(x)) \frac{dy}{dx} dx$$
$$= \int h(y(x)) \frac{g(x)}{h(y(x))} dx \qquad \frac{dy}{dx} = \frac{g(x)}{h(y)}$$
$$= \int g(x) dx.$$

Lösen einer separierbaren Differentialgleichung (1)

Beispiel 7.18 Lösen Sie die Differentialgleichung

$$\frac{dy}{dx} = (1+y)e^x, \quad y > -1.$$

Lösung $1+y$ ist für $y > -1$ niemals null; wir können also die Gleichung durch Trennung der Variablen lösen.

$$\frac{dy}{dx} = (1+y)e^x$$

$$dy = (1+y)e^x dx \qquad \text{d}y/\text{d}x \text{ wird als Quotient der Differentiale } dy \text{ und } dx \text{ behandelt, beide Seiten werden mit } dx \text{ multipliziert}$$

$$\frac{dy}{1+y} = e^x dx \qquad \text{Dividieren durch } (1+y)$$

$$\int \frac{dy}{1+y} = \int e^x dx \qquad \text{Beide Seiten integrieren}$$

$$\ln(1+y) = e^x + C \qquad C \text{ steht für die zusammengefassten Integrationskonstanten.}$$

Mit der letzten Gleichung ist y implizit als Funktion von x gegeben.

Lösen einer separierbaren Differentialgleichung (2)

Beispiel 7.19 Lösen Sie die Gleichung

$$y(x+1)\frac{dy}{dx} = x(y^2+1), \quad x \neq -1.$$

Lösung Wir schreiben die Gleichung in differentieller Form, trennen die Variablen und integrieren.

$$y(x+1)dy = x(y^2+1)dx$$

$$\frac{y\,dy}{y^2+1} = \frac{x\,dx}{x+1} \qquad x \neq -1$$

$$\int \frac{y\,dy}{1+y^2} = \int \left(1 - \frac{1}{x+1}\right) dx \qquad x = x+1-1$$

$$\frac{1}{2}\ln(1+y^2) = x - \ln|x+1| + C.$$

Mit der letzten Gleichung ist y implizit als Funktion von x gegeben.

Das Anfangswertproblem

$$\frac{dy}{dt} = ky, \quad y(0) = y_0$$

führt auf eine separierbare Differentialgleichung. Seine Lösungsfunktion ist $y = y_0 e^{kt}$; sie beschreibt einen exponentiellen Wachstums- bzw. Zerfallsprozess.

Wir besprechen jetzt einige Beispiele für exponentielle Wachstums- und Zerfallsprozesse.

Unbeschränktes Wachstum einer Population

Genau genommen ist die Anzahl der Individuen in einer Population – seien es Menschen, Pflanzen, Tiere oder Bakterien – natürlich keine stetige Funktion, denn sie kann nur diskrete (ganzzahlige) Werte annehmen. Wird die Zahl der Individuen allerdings ausreichend groß, so kann man die Population näherungsweise durch eine stetige Funktion beschreiben. In der Regel nimmt man auch an, dass diese Funktion differenzierbar ist, in den meisten Fällen ist diese Annahme sinnvoll. Damit kann man die Entwicklung der Population mithilfe der Analysis modellieren und vorhersagen.

In vielen Modellen geht man von zwei Annahmen aus: Der prozentuale Anteil der Bevölkerung, der sich fortpflanzt, ist konstant und ebenso dessen Fruchtbarkeit. Zu jeder Zeit t ist die Geburtenrate dann proportional zu der Anzahl der Individuen $y(t)$. Wir nehmen außerdem an, dass auch die Todesrate der Population stabil und proportional zu $y(t)$ ist. Sonstige Veränderungen z. B. durch Zu- und Abwanderungen werden nicht berücksichtigt. Damit ist die Änderungsrate die Geburten- minus der Todesrate; da diese beide proportional zu $y(t)$ sind, gilt dies auch für ihre Differenz: Es gilt also $dy/dt = h \cdot y$, also $y(t) = y_0 e^{kt}$, dabei ist y_0 ist die Bevölkerungszahl zur Zeit $t = 0$. Wie bei allen Wachstumsprozessen kann es natürlich auch hier Beschränkungen des Wachstums aufgrund der äußeren Bedingungen geben, dies wird hier jedoch nicht berücksichtigt. Die Gleichung $dy/dt = ky$ steht für das Modell des *unbeschränkten Wachstums* einer Population.

Im folgenden Beispiel untersuchen wir mithilfe dieses Modells die Entwicklung von Krankheiten. In einer gegebenen Population ist eine bestimmte Anzahl von Individuen von einer Krankheit betroffen. Wird diese Krankheit angemessen behandelt, so sinkt der Anteil kranker Individuen. Dies wollen wir genauer betrachten.

Beispiel 7.20 Wir wollen mit einem Modell beschreiben, wie sich eine Krankheit zurückdrängen lässt, wenn sie erfolgreich behandelt wird. Wir nehmen dazu an, dass die Anzahl y der kranken Individuen sich mit dy/dt ändert und dass dies proportional zu y ist. Die Anzahl der geheilten Personen ist also proportional zu denen, die mit der Krankheit infiziert sind. Die Behandlung bewirkt, dass die Krankheitsfälle im Laufe eines beliebigen Jahres um 20 % zurückgehen. Im Moment gibt es 10 000 Fälle. In wie vielen Jahren werden es nur noch 1000 sein?

Verbreitung einer Krankheit bei Behandlung

Lösung Wir gehen von der Gleichung $y = y_0 e^{kt}$ aus. Drei Angaben sind gesucht: Der Wert von y_0, der Wert von k und die Zeit t, nach der gilt $y = 1000$.

Der Wert von y_0. Wir können den Zeitpunkt frei wählen, zu dem wir unsere Betrachtung beginnen. Wenn wir „heute" bei $t = 0$ festlegen, so ist $y_0 = 10\,000$ bei $t = 0$. Die Modellgleichung lautet dann:

$$y = 10\,000 e^{kt}. \tag{7.16}$$

Der Wert von k. Nach $t = 1$ Jahr beträgt die Anzahl der Krankheitsfälle noch 80 % des Wertes y_0, also 8000. Wir erhalten also:

$$8000 = 10\,000 e^{k(1)}$$
$$e^k = 0{,}8 \qquad \text{Gleichung (7.16) mit } t = 1 \text{ und } y = 8000$$
$$\ln(e^k) = \ln 0{,}8 \qquad \text{Logarithmus auf beiden Seiten angewandt}$$
$$k = \ln 0{,}8 < 0.$$

Zu jeder Zeit t gilt dann:

$$y = 10\,000 e^{(\ln 0{,}8)t}. \tag{7.17}$$

Der Wert von t für y = 1000. Wir setzen $y = 1000$ in Gleichung (7.17) ein und lösen nach t auf:

$$1000 = 10\,000\,e^{(\ln 0{,}8)t}$$
$$e^{(\ln 0{,}8)t} = 0{,}1$$
$$(\ln 0{,}8)t = \ln 0{,}1 \qquad \text{\color{blue}Logarithmus auf beiden Seiten angewandt}$$
$$t = \frac{\ln 0{,}1}{\ln 0{,}8} \approx 10{,}32 \text{ Jahre}$$

Nach etwas über 10 Jahren sind weniger als 1000 Krankheitsfälle erreicht. ■

Radioaktivität

Es gibt eine Reihe von Atomen, die nicht stabil sind und spontan entweder Masseteilchen oder Strahlung emittieren können. Diesen Prozess nennt man **radioaktiven Zerfall**, ein Element, dessen Atome spontan zerfallen können, heißt **radioaktiv**. Bei einer bestimmten Art von radioaktivem Zerfall (α-Zerfall) wird ein Masseteilchen emittiert, und der Rest des Atoms bildet danach ein Atom eines anderen Elements. So zerfällt z. B. radioaktiver Kohlenstoff (C-14) zu Stickstoff oder Radium nach mehreren Schritten zu Blei.

Betrachtet man gasförmiges Radon-222, so wird t in Tagen gemessen und $k = 0{,}18$. Bei Radium-226 misst man t in Jahren und $k = 4{,}3 \cdot 10^{-4}$. Radium-226 wurde früher für die Zahlen auf Uhren verwendet, da sie dann im Dunkeln leuchten – eine gefährliche Praxis!

Als Zerfallsrate eines radioaktiven Elements bezeichnet man die Anzahl der Atome, die in einer Zeiteinheit zerfallen. Experimente haben gezeigt, dass sie in etwa proportional zur Anzahl der vorhandenen radioaktiven Atome ist. Für den Zerfall eines radioaktiven Elements gilt also die Gleichung $dy/dt = -ky$ mit $k > 0$. k wird üblicherweise als positive Zahl definiert, damit in der Gleichung $-k$ erscheint und so deutlich gemacht wird, dass es sich um einen Zerfallsprozess handelt und die Anzahl y kleiner wird. Zum Zeitpunkt $t = 0$ seien y_0 radioaktive Atome vorhanden. Die Anzahl zu einem späteren Zeitpunkt t beträgt dann:

$$y = y_0 e^{-kt}, \quad k > 0.$$

Die **Halbwertszeit** eines radioaktiven Elements ist die Zeit, nach der die Hälfte der Atome einer Probe zerfallen sind. Die Halbwertszeit hängt nicht von der Größe der Probe ab. Sie ist für jede radioaktive Substanz eine Konstante.

Betrachtet man das Modell des radioaktiven Zerfalls, wird schnell klar, warum die Halbwertszeit konstant ist. Es sei y_0 die Anzahl radioaktiver Atome in einer Probe zur Zeit $t = 0$. Die Anzahl zu einem späteren Zeitpunkt t ist dann $y = y_0 e^{-kt}$. Wir bestimmen die Zeit t, zu der noch die Hälfte der ursprünglichen Anzahl radioaktiver Atome vorhanden ist:

$$y_0 e^{-kt} = \frac{1}{2} y_0$$
$$e^{-kt} = \frac{1}{2}$$
$$-kt = \ln \frac{1}{2} = -\ln 2 \qquad \text{\color{blue}Reziprokenregel für Logarithmen}$$
$$t = \frac{\ln 2}{k}$$

$$\text{Halbwertszeit} = \frac{\ln 2}{k} \qquad (7.18)$$

Merke

So beträgt die Halbwertszeit beispielsweise von Radon-222

$$\frac{\ln 2}{0{,}18} \approx 3{,}9 \text{ Tage}.$$

Beispiel 7.21 Der radioaktive Zerfall bestimmter Elemente kann genutzt werden, um Ereignisse in der Erdgeschichte zu datieren. In einem lebenden Organismus ist das Verhältnis zwischen radioaktivem Kohlenstoff (C-14) und nicht-radioaktivem Kohlenstoff (C-12) ziemlich konstant, es entspricht in etwa dem Verhältnis der beiden Elemente, das auch in der Umgebung herrscht. Nach dem Tod des Organismus wird dann kein neuer Kohlenstoff mehr aufgenommen. Da der radioaktive Kohlenstoff C-14 zerfällt, sinkt ab dem Todeszeitpunkt sein Anteil am Kohlenstoff im Organismus. Mit der sogenannten C-14-Datierung kann dann also bestimmt werden, wie lange ein vormals lebendiges Material (z. B. Holz oder Kohle) schon abgestorben ist.

C-14-Methode zur Altersbestimmung

Für die C-14-Datierung rechnet man mit einer Halbwertszeit von C-14 von 5700 Jahren. Bestimmen Sie das Alter einer Probe, in der 10 % der ursprünglichen radioaktiven Atome zerfallen sind.

Lösung Wir gehen von der Zerfallsgleichung $y = y_0 e^{-kt}$ aus. Wir wollen zwei Dinge bestimmen: den Wert von k und die Zeit t, bei der gilt: $y = 0{,}9\, y_0$ (es sind noch 90 % der radioaktiven Atome vorhanden). Wir suchen also t für $y_0 e^{-kt} = 0{,}9\, y_0$ oder $e^{-kt} = 0{,}9$.

Der Wert von k. Mit der Gleichung der Halbwertszeit (7.18) erhalten wir

$$k = \frac{\ln 2}{\text{Halbwertszeit}} = \frac{\ln 2}{5700} \quad \left(\approx 1{,}2 \cdot 10^{-4}\right).$$

Der Wert für t mit $e^{-kt} = 0{,}9$.

$$e^{-kt} = 0{,}9$$
$$e^{-(\ln 2/5700)t} = 0{,}9$$
$$-\frac{\ln 2}{5700} t = \ln 0{,}9 \qquad \text{Logarithmus auf beiden Seiten}$$
$$t = -\frac{5700 \ln 0{,}9}{\ln 2} \approx 866 \text{ Jahre}$$

Die Probe ist knapp 900 Jahre alt.

Wärmeübertragung: das Newton'sche Abkühlungsgesetz

Lässt man heiße Suppe in einem Teller stehen, so kühlt sie ab, bis die Umgebungstemperatur erreicht ist. Auch ein heißer Silberbarren in einer großen Wanne mit Wasser kühlt auf die Temperatur des Wassers ab. Die Geschwindigkeit, mit der Körper in solchen Situationen die Umgebungstemperatur annehmen, ist zu jeder Zeit t in etwa proportional zur Temperaturdifferenz zwischen Körper und Umgebung. Diese Beobachtung wird *Newton'sches Abkühlungsgesetz* genannt; es gilt trotz des Namens auch, wenn ein Körper eine wärmere Umgebungstemperatur annimmt.

Es sei H die Temperatur des Objekts zur Zeit t und H_S die konstante Umgebungstemperatur. Dann gilt die Differentialgleichung:

$$\frac{dH}{dt} = -k(H - H_S). \qquad (7.19)$$

Wir setzen y für $(H - H_S)$ und erhalten:

$$\frac{dy}{dt} = \frac{d}{dt}(H - H_S) = \frac{dH}{dt} - \frac{d}{dt}(H_S)$$
$$= \frac{dH}{dt} - 0 \qquad \text{H_S ist konstant}$$
$$= \frac{dH}{dt}$$
$$= -k(H - H_S) \qquad \text{Gleichung (7.19)}$$
$$= -ky. \qquad H - H_S = y$$

Wir wissen bereits, dass die Lösung der Differentialgleichung $dy/dt = -ky$ die Funktion $y = y_0 e^{-kt}$ mit $y(0) = y_0$ ist. Setzen wir nun wieder $(H - H_S)$ für y, erhalten wir

$$H - H_S = (H_0 - H_S)e^{-kt}, \qquad (7.20)$$

H_0 ist die Temperatur zur Zeit $t = 0$. Diese Gleichung ist die Lösung für das Newton'sche Abkühlungsgesetz.

Abkühlen eines gekochten Eis

Beispiel 7.22 Ein hartgekochtes Ei hat die Temperatur 98 °C und wird in ein Becken mit 18 °C kaltem Wasser gelegt. Nach fünf Minuten beträgt die Temperatur des Eis 38 °C. Wir nehmen an, dass das Wasser sich nicht nennenswert erwärmt hat. Wie lange wird es unter diesen Umständen dauern, bis die Ei-Temperatur auf 20 °C gesunken ist?

Lösung Wir berechnen die Zeit, in der das Ei von 98 °C auf 20 °C abkühlt und ziehen die fünf Minuten ab, die schon verstrichen sind. Wir verwenden Gleichung (7.20) mit $H_S = 18$ und $H_0 = 98$ und berechnen damit die Ei-Temperatur zur Zeit t Minuten. t wird ab dem Moment gemessen, an dem das Ei in das Wasser gelegt wurde. Die Temperatur beträgt

$$H = 18 + (98 - 18)e^{-kt} = 18 + 80e^{-kt}.$$

Für $t = 5$ ist $H = 38$. Mit dieser Information bestimmen wir k:

$$38 = 18 + 80e^{-5k}$$
$$e^{-5k} = \frac{1}{4}$$
$$-5k = \ln\frac{1}{4} = -\ln 4$$
$$k = \frac{1}{5}\ln 4 = 0{,}2\ln 4 \quad \text{(etwa 0,28.)}$$

Die Ei-Temperatur zur Zeit t beträgt also $H = 18 + 80e^{-(0{,}2\ln 4)t}$. Wir bestimmen jetzt die Zeit t, bei der die Temperatur $H = 20$ ist:

$$20 = 18 + 80e^{-(0{,}2\ln 4)t}$$
$$80e^{-(0{,}2\ln 4)t} = 2$$
$$e^{-(0{,}2\ln 4)t} = \frac{1}{40}$$
$$-(0{,}2\ln 4)t = \ln\frac{1}{40} = -\ln 40$$
$$t = \frac{\ln 40}{0{,}2\ln 4} \approx 13 \text{ min.}$$

Ungefähr 13 Minuten nachdem das Ei zum Kühlen ins Wasser gelegt wurde, beträgt seine Temperatur 20 °C. Das Ei war nach 5 Minuten 38 °C warm, es wird also nach weiteren 8 Minuten auf 20 °C abgekühlt sein.

Aufgaben zum Abschnitt 7.4

Bestätigen von Lösungen

Zeigen Sie in den Aufgaben 1–3, dass jeweils alle Funktionen $y = f(x)$ eine Lösung der angegebenen Differentialgleichung sind.

1. $2y' + 3y = e^{-x}$

a. $y = e^{-x}$
b. $y = e^{-x} + e^{-(3/2)x}$
c. $y = e^{-x} + Ce^{-(3/2)x}$

2. $y = \dfrac{1}{x}\displaystyle\int_1^x \dfrac{e^t}{t}\,dt, \quad x^2 y' + xy = e^x$

3. $y = \dfrac{1}{\sqrt{1+x^4}}\displaystyle\int_1^x \sqrt{1+t^4}\,dt, \quad y' + \dfrac{2x^3}{1+x^4}y = 1$

Anfangswertprobleme

Zeigen Sie in den Aufgaben 4–6, dass die gegebenen Funktionen jeweils eine Lösung des Anfangswertproblems sind.

4. Differentialgleichung: $y' + y = \dfrac{2}{1+4e^{2x}}$
Anfangsbedingung: $y(-\ln 2) = \dfrac{\pi}{2}$
mögliche Lösung: $y = e^{-x}\tan^{-1}(2e^x)$

5. Differentialgleichung: $xy' + y = -\sin x, \; x > 0$
Anfangsbedingung: $y\left(\dfrac{\pi}{2}\right) = 0$
mögliche Lösung: $y = \dfrac{\cos x}{x}$

6. Differentialgleichung: $x^2 y' = xy - y^2, \; x > 1$
Anfangsbedingung: $y(e) = e$
mögliche Lösung: $y = \dfrac{x}{\ln x}$

Separierbare Differentialgleichungen

Lösen Sie in den Aufgaben 7–13 die Differentialgleichungen.

7. $2\sqrt{xy}\,\dfrac{dy}{dx} = 1, \quad x, y > 0$

8. $\dfrac{dy}{dx} = e^{x-y}$

9. $\dfrac{dy}{dx} = \sqrt{y}\cos^2\sqrt{y}, \quad y > 0$

10. $\sqrt{x}\,\dfrac{dy}{dx} = e^{y+\sqrt{x}}, \quad x > 0$

11. $\dfrac{dy}{dx} = 2x\sqrt{1-y^2}, \quad -1 < y < 1$

12. $y^2\,\dfrac{dy}{dx} = 3x^2 y^3 - 6x^2, \quad y > 0$

13. $\dfrac{1}{x}\dfrac{dy}{dx} = y e^{x^2} + 2\sqrt{y}e^{x^2}, \quad x, y > 0$

Anwendungen und Beispiele

In den meisten Lösungen der folgenden Aufgaben kommen Logarithmen und Potenzen vor. Um die Lösung als Dezimalzahl angeben zu können, sollte ein Taschenrechner benutzt werden.

14. Menschliche Evolution heute C. Loring Brace und Kollegen vom Museum für Anthropologie der Universität Michigan untersuchen die Größe menschlicher Zähne. Ihre Studien legen nahe, dass die Zahngröße der Menschen weiterhin abnimmt. Im Gegensatz zur Überzeugung vieler Wissenschaftler endete dieser evolutionäre Prozess nicht vor etwa 30 000 Jahren. So nimmt z. B. die Zahngröße in Nordeuropa jetzt um etwa 1 % in 1000 Jahren ab.

a. Es sei t die Zeit und y die Zahngröße. Dann gilt $y = 0{,}99 y_0$ für $t = 1000$. Bestimmen Sie damit k in der Gleichung $y = y_0 e^{kt}$. Beantworten Sie mit dem so gefundenen Wert für k die folgenden Fragen.

b. In ungefähr wie vielen Jahren wird die Größe der menschlichen Zähne 90 % des momentanen Werts betragen?

c. Wie groß werden die Zähne unserer Nachfahren in etwa 20 000 Jahren sein? Geben Sie das Ergebnis als Prozentsatz der heutigen Zahngröße an.

15. Chemische Reaktionen erster Ordnung In einigen chemischen Reaktionen ist die Geschwindigkeit, mit der eine Substanz reagiert, proportional zur Menge dieser Substanz. So gilt z. B. für die Umwandlung von Glucono-δ-Lacton in Gluconsäure

$$\dfrac{dy}{dt} = -0{,}6y\,.$$

Die Zeit t wird in Stunden gemessen. Zur Zeit $t = 0$ sind 100 g Glucono-δ-Lacton vorhanden. Wie viel Gramm sind es nach einer Stunde?

7 Transzendente Funktionen

16. Arbeiten unter Wasser Die Intensität $L(x)$ von Licht x Meter unter der Oberfläche des Ozeans wird durch die Differentialgleichung

$$\frac{dL}{dx} = -kL$$

beschrieben. Sie haben Erfahrung als Taucher und wissen daher, dass in der Karibik 6 m unter der Wasseroberfläche die Lichtintensität ungefähr die Hälfte des Werts über Wasser beträgt. Fällt die Lichtintensität auf weniger als ein Zehntel, so kann man nur noch mit künstlichen Lichtquellen arbeiten. Bis in welche Tiefe kommt man ohne künstliches Licht aus?

17. Cholerabakterien Wir nehmen an, dass sich eine Bakterienkolonie gemäß dem Gesetz zum exponentiellen Wachstum unbeschränkt vermehrt. Die Kolonie besteht zu Beginn aus einem Bakterium, die Population verdoppelt sich alle halbe Stunde. Wie viele Bakterien umfasst die Kolonie nach 24 Stunden? (Unter günstigen Laborbedingungen kann sich eine Bakterienkolonie tatsächlich alle 30 Minuten verdoppeln. Im Körper einer erkrankten Person werden zwar viele Bakterien abgetötet, trotzdem hilft diese Berechnung zu verstehen, warum auch Personen, die sich am Morgen noch gut fühlen, am Abend sehr krank sein können.)

18. Verbreitung einer Krankheit (*Fortsetzung von Beispiel 7.20*) Nehmen Sie an, dass die Anzahl der Krankheitsfälle in jedem Jahr nicht nur um 20 %, sondern um 25 % reduziert werden kann.

a. Wie lange dauert es jetzt, bis die Anzahl der Krankheitsfälle auf 1000 zurückgegangen ist?

b. Wie lange wird es dauern, bis die Krankheit ausgerottet ist? Man versteht darunter einen Rückgang der Krankheitszahlen auf unter 1.

19. Ölquellen sind erschöpft In den Canyons bei Whittier, Kalifornien wird Öl gefördert. Nehmen Sie an, dass die Ölförderung aus einer dieser Quellen kontinuierlich um 10 % pro Jahr zurückgeht. Wann wird die Förderung auf ein Fünftel des heutigen Werts gefallen sein?

20. Plutonium-239 Die Halbwertszeit dieses Plutonium-Isotops beträgt 24 360 Jahre. Bei einem Nuklearunfall werden 10 g Plutonium in der Atmosphäre freigesetzt. Wie lange dauert es, bis 80 % davon zerfallen sind?

21. Mittlere Lebensdauer eines radioaktiven Kerns In der Gleichung für den radioaktiven Zerfall $y = y_0 e^{-kt}$ wird der Term $1/k$ als *mittlere Lebensdauer* eines radioaktiven Kerns bezeichnet. Die mittlere Lebensdauer eines Radon-Kerns beträgt etwa $1/0{,}18 = 5{,}6$ Tage; die mittlere Lebensdauer eines Kohlenstoff-14-Kerns mehr als 8000 Jahre. Zeigen Sie, dass innerhalb von drei mittleren Lebensdauern 90 % der Kerne einer Probe zerfallen sind, also innerhalb der Zeit $t = k/3$. Mithilfe der mittleren Lebensdauer kann man also schnell abschätzen, wie lange eine Probe radioaktiv strahlen wird.

22. Suppe kühlt ab Ein Teller Suppe steht in einem Raum mit der Temperatur $20\,°C$ und kühlt dort innerhalb von 10 Minuten von $90\,°C$ auf $60\,°C$ ab. Beantworten Sie die folgenden Fragen mithilfe des Newton'schen Abkühlungsgesetzes.

a. Wie lange dauert es noch, bis die Suppe auf $35\,°C$ abgekühlt ist?

b. Die Suppe wird nicht im Raum stehen gelassen, sondern in die Gefriertruhe gestellt, die Temperatur beträgt dort $-15\,°C$. Wie lange dauert es jetzt, bis die Suppe von $90\,°C$ auf $35\,°C$ abgekühlt ist?

23. Unbekannte Umgebungstemperatur Eine Schüssel mit warmem Wasser ($46\,°C$) wird in den Kühlschrank gestellt. Zehn Minuten später beträgt die Temperatur des Wassers $39\,°C$, weitere zehn Minuten später $33\,°C$. Schätzen Sie mithilfe des Newton'sches Abkühlungsgesetzes die Temperatur des Kühlschranks.

24. Alter eines Kratersees Crater Lake, ein Kratersee in Oregon, entstand bei einem Vulkanausbruch. Aus einem Baum, der bei diesem Ausbruch abstarb, ist inzwischen Kohle geworden. Der Anteil an Kohlenstoff-14 in einem Stück dieser Kohle wird untersucht, er beträgt noch 44,5 % des Werts im lebenden Baum. Wie alt ist in etwa der See?

25. Kohlenstoff-14 Die älteste bekannte Gletschermumie ist der berühmte „Ötzi", der 1991 in einem Gletscher im Schnalstal in den italienischen Alpen gefunden wurde. Die Mumie trug Strohschuhe und einen Lederumhang mit Ziegenfell, außerdem wurden bei ihr eine Kupferaxt und ein Steindolch gefunden. Man schätzt, dass Ötzi etwa 5000 Jahre vor seiner Entdeckung im schmelzenden Gletscher gestorben ist. Wie viel des ursprünglichen Kohlenstoff-14 war in der Mumie noch vorhanden, als sie gefunden wurde?

7.5 Unbestimmte Ausdrücke und die Regel von l'Hospital

Mithilfe einer eigentlich von Johann Bernoulli stammenden Regel kann man die Grenzwerte von Ausdrücken bestimmen, deren Zähler und Nenner beide gegen 0 oder $+\infty$ gehen. Diese Regel benutzt die Ableitungen von Zähler und Nenner und ist bekannt als die **Regel von l'Hospital**. Sie ist nach dem französischen Marquis Guillaume de l'Hospital benannt, der die erste Einführung in die Analysis schrieb (manchmal findet man auch die Schreibweise de l'Hôpital). In seinem Buch wurde die Regel das erste Mal gedruckt. Sie wird oft angewendet, wenn man die Grenzwerte transzendenter Funktionen bestimmen will.

Unbestimmte Ausdrücke der Form 0/0

Die Funktion
$$F(x) = \frac{x - \sin x}{x^3}$$
ist bei $x = 0$ nicht definiert. Wir können aber untersuchen, wie sie sich in der Nähe von 0 verhält, indem wir den Grenzwert von $F(x)$ für $x \to 0$ betrachten. Der Grenzwert kann nicht mit der Quotientenregel für Grenzwerte (Satz 2.1) bestimmt werden, da der Grenzwert des Nenners 0 ist. Es gehen hier sogar Zähler *und* Nenner gegen 0, und 0/0 ist nicht definiert. Wir können keine allgemeine Aussage dazu machen, ob solche Grenzwerte existieren, der Grenzwert der hier besprochenen Funktion $F(x)$ existiert aber, wie wir in Beispiel 7.23d zeigen werden.

Zwei stetige Funktionen $f(x)$ und $g(x)$ seien beide null bei $x = a$. Dann kann man
$$\lim_{x \to a} \frac{f(x)}{g(x)}$$
nicht bestimmen, indem man $x = a$ einsetzt. Damit bekäme man den Ausdruck 0/0, der nicht definiert ist und damit auch nicht berechnet werden kann. Wir verwenden „0/0" als Schreibweise für einen **unbestimmten Ausdruck**. Es gibt auch andere bedeutungslose Ausdrücke, auf die man oft stößt, so z. B. ∞/∞, $\infty \cdot 0$, $\infty - \infty$, 0^0 oder 1^∞. Auch diese Ausdrücke kann man nicht sinnvoll bestimmen, sie werden ebenfalls unbestimmte Ausdrücke genannt. Manchmal lassen sich solche Grenzwerte, die auf unbestimmte Ausdrücke führen, mithilfe von algebraischen Umformungen bestimmen, z. B. indem man kürzt oder Terme umstellt. Das funktioniert allerdings nicht immer. Bereits in Kapitel 2 haben wir uns mit diesem Problem beschäftigt, so mussten wir in Abschnitt 2.4 umfangreiche Berechnungen und Umformungen vornehmen, um $\lim_{x \to 0}(\sin x)/x$ zu bestimmen. Hingegen gelang es, den Grenzwert
$$f'(a) = \lim_{x \to a} \frac{f(x) - f(a)}{x - a},$$
zu bestimmen, mit dem wir die Ableitung berechnet haben. Auch dieser Grenzwert führt auf den unbestimmten Ausdruck 0/0, wenn wir $x = a$ einsetzen. Die Regel von l'Hospital verwendet Ableitungen. Mit ihr können wir Grenzwerte bestimmen, die zunächst auf unbestimmte Ausdrücke führen.

Achtung
Um die Regel von l'Hospital anzuwenden, dividiert man die Ableitung von f durch die Ableitung von g. Passen Sie auf, dass Sie nicht die Ableitung von f/g bilden. Man muss mit f'/g' rechnen, nicht mit $(f/g)'$.

Satz 7.5 Regel von l'Hospital Es sei $f(a) = g(a) = 0$, f und g seien differenzierbar in einem offenen Intervall I, das a enthält, und es gelte $g'(x) \neq 0$ auf I für $x \neq a$. Dann gilt
$$\lim_{x \to a} \frac{f(x)}{g(x)} = \lim_{x \to a} \frac{f'(x)}{g'(x)},$$
sofern der Grenzwert auf der rechten Seite der Gleichung existiert.

Wir beweisen Satz 7.5 am Ende dieses Abschnitts. Er gilt auch, wenn a ein Randpunkt von I mit $\lim_{x \to a} f(x) = \lim_{x \to a} g(x) = 0$ ist.

Grenzwertberechnung mit der Regel von l'Hospital, 0/0

Beispiel 7.23 Die folgenden Grenzwerte führen auf den unbestimmten Ausdruck 0/0, wir berechnen sie also mithilfe der Regel von l'Hospital. Manchmal muss die Regel mehrfach angewendet werden.

a $\lim\limits_{x \to 0} \dfrac{3x - \sin x}{x} = \lim\limits_{x \to 0} \dfrac{3 - \cos x}{1} = \left. \dfrac{3 - \cos x}{1} \right|_{x=0} = 2$

b $\lim\limits_{x \to 0} \dfrac{\sqrt{1+x} - 1}{x} = \lim\limits_{x \to 0} \dfrac{\frac{1}{2\sqrt{1+x}}}{1} = \dfrac{1}{2}$

c $\lim\limits_{x \to 0} \dfrac{\sqrt{1+x} - 1 - x/2}{x^2} \qquad \dfrac{0}{0}$

$= \lim\limits_{x \to 0} \dfrac{(1/2)(1+x)^{-1/2} - 1/2}{2x} \qquad$ Immer noch $\dfrac{0}{0}$, noch einmal ableiten

$= \lim\limits_{x \to 0} \dfrac{-(1/4)(1+x)^{-3/2}}{2} = -\dfrac{1}{8} \qquad$ Nicht mehr $\dfrac{0}{0}$, Grenzwert bestimmt

d $\lim\limits_{x \to 0} \dfrac{x - \sin x}{x^3} \qquad \dfrac{0}{0}$

$= \lim\limits_{x \to 0} \dfrac{1 - \cos x}{3x^2} \qquad$ Immer noch $\dfrac{0}{0}$

$= \lim\limits_{x \to 0} \dfrac{\sin x}{6x} \qquad$ Immer noch $\dfrac{0}{0}$

$= \lim\limits_{x \to 0} \dfrac{\cos x}{6} = \dfrac{1}{6} \qquad$ Nicht mehr $\dfrac{0}{0}$, Grenzwert bestimmt

Das Rechenverfahren, das wir in diesem Beispiel 7.23 angewendet haben, kann man folgendermaßen zusammenfassen.

Merke

Anwendung der Regel von l'Hospital Um den Grenzwert
$$\lim_{x \to a} \frac{f(x)}{g(x)}$$
mithilfe der Regel von l'Hospital zu bestimmen, leitet man f und g so oft ab, bis eine der beiden Ableitungen für $x = a$ einen Wert $\neq 0$ hat. Dann wird nicht weiter abgeleitet. Die Regel von l'Hospital ist nicht gültig, wenn Zähler oder Nenner einen endlichen Grenzwert ungleich null haben.

7.5 Unbestimmte Ausdrücke und die Regel von l'Hospital

Beispiel 7.24 Bestimmen Sie den Grenzwert mithilfe der Regel von l'Hospital. Es darf nicht zu oft abgeleitet werden!

$$\lim_{x\to 0}\frac{1-\cos x}{x+x^2} \qquad \frac{0}{0}$$

$$=\lim_{x\to 0}\frac{\sin x}{1+2x}=\frac{0}{1}=0. \qquad \text{Nicht mehr } \frac{0}{0}, \text{ Grenzwert bestimmt}$$

Grenzwertberechnung mit der Regel von l'Hospital, 0/0

Bis hierher ist die Rechnung richtig. Wenn wir nun aber die Regel von l'Hospital noch einmal anwenden und wieder differenzieren, so erhalten wir

$$\lim_{x\to 0}\frac{\cos x}{2}=\frac{1}{2},$$

und dies ist nicht der korrekte Grenzwert. Die Regel von l'Hospital kann nur angewendet werden, wenn der Grenzwert eines *unbestimmten* Ausdrucks berechnet werden soll, und 0/1 ist nicht unbestimmt.

Die Regel von l'Hospital gilt auch für einseitige Grenzwerte.

Beispiel 7.25 In diesem Beispiel unterscheidet sich der links- vom rechtsseitigen Grenzwert.

Rechts- und linksseitige Grenzwerte

a $\lim_{x\to 0^+}\frac{\sin x}{x^2}$ $\qquad\qquad \frac{0}{0}$

$\qquad =\lim_{x\to 0^+}\frac{\cos x}{2x}=\infty \qquad$ positiv für $x>0$

b $\lim_{x\to 0^-}\frac{\sin x}{x^2}$ $\qquad\qquad \frac{0}{0}$

$\qquad =\lim_{x\to 0^-}\frac{\cos x}{2x}=-\infty \qquad$ negativ für $x<0$

Die unbestimmten Ausdrücke ∞/∞, $\infty\cdot 0$, $\infty-\infty$

∞ und $+\infty$ bedeuten dasselbe

Versucht man den Grenzwert $x\to a$ zu bestimmen, so kann man auch auf andere unbestimmte Ausdrücke außer 0/0 kommen. Beispiele sind ∞/∞, $\infty\cdot 0$ oder $\infty-\infty$. Wir betrachten zunächst ∞/∞.

Man kann beweisen, dass die Regel von l'Hospital auch für den unbestimmten Ausdruck ∞/∞ gilt, wir wollen das hier aber nicht tun. (Man benötigt hierfür fortgeschrittenere Analysis.) Gilt $f(x)\to\pm\infty$ und $g(x)\to\pm\infty$ für $x\to a$, so erhält man

$$\lim_{x\to a}\frac{f(x)}{g(x)}=\lim_{x\to a}\frac{f'(x)}{g'(x)},$$

vorausgesetzt der Grenzwert auf der rechten Seite existiert. In dem Ausdruck $x\to a$ kann a entweder endlich oder unendlich sein. Die Regel gilt ebenso für links- oder rechtsseitige Grenzwerte, also für $x\to a^+$ und $x\to a^-$.

Beispiel 7.26 Bestimmen Sie die folgenden Grenzwerte, die auf unbestimmte Ausdrücke der Form ∞/∞ führen.

Grenzwertberechnung mit der Regel von l'Hospital, ∞/∞

a $\lim_{x\to\pi/2}\dfrac{1+\frac{1}{\cos x}}{1+\tan x}$ **b** $\lim_{x\to\infty}\dfrac{\ln x}{2\sqrt{x}}$ **c** $\lim_{x\to\infty}\dfrac{e^x}{x^2}$

Lösung

a Zähler und Nenner sind bei $x = \pi/2$ nicht definiert, wir betrachten daher den links- und den rechtsseitigen Grenzwert. Wir können die Regel von l'Hospital auf einem beliebigen offenen Intervall mit dem Randpunkt $\pi/2$ anwenden.

$$\lim_{x \to (\pi/2)^-} \frac{1 + 1/\cos x}{1 + \tan x} \qquad \frac{\infty}{\infty} \text{ bei Annäherung von links}$$

$$= \lim_{x \to (\pi/2)^-} \frac{\sin x / \cos^2 x}{1/\cos^2 x}$$

$$= \lim_{x \to (\pi/2)^-} \sin x = 1$$

Auch der rechtsseitige Grenzwert ist 1, er führt auf den unbestimmten Ausdruck $(-\infty)/(-\infty)$. Damit ist auch der beidseitige Grenzwert 1.

b $\displaystyle\lim_{x \to \infty} \frac{\ln x}{2\sqrt{x}} = \lim_{x \to \infty} \frac{1/x}{1/\sqrt{x}} = \lim_{x \to \infty} \frac{1}{\sqrt{x}} = 0 \qquad \frac{1/x}{1/\sqrt{x}} = \frac{\sqrt{x}}{x} = \frac{1}{\sqrt{x}}$

c $\displaystyle\lim_{x \to \infty} \frac{e^x}{x^2} = \lim_{x \to \infty} \frac{e^x}{2x} = \lim_{x \to \infty} \frac{e^x}{2} = \infty$

Als Nächstes betrachten wir die unbestimmten Ausdrücke $\infty \cdot 0$ und $\infty - \infty$. Diese Ausdrücke können manchmal mithilfe der Algebra in $0/0$ oder ∞/∞ umgeformt werden. Auch hier soll noch einmal deutlich gesagt werden, dass es sich bei $\infty \cdot 0$ oder $\infty - \infty$ nicht um Zahlen handelt. Es sind lediglich Ausdrücke, mit denen das Verhalten einer Funktion im Grenzfall beschrieben wird. In den folgenden Beispielen stellen wir noch einige Methoden vor, mit denen man solche Grenzwerte bestimmen kann.

Grenzwertberechnungen mit der Regel von l'Hospital, $\infty \cdot 0$

Beispiel 7.27 Bestimmen Sie die folgenden Grenzwerte, die auf unbestimmte Ausdrücke der Form $\infty \cdot 0$ führen.

a $\displaystyle\lim_{x \to \infty} \left(x \sin \frac{1}{x} \right)$ **b** $\displaystyle\lim_{x \to 0^+} \sqrt{x} \ln x$

Lösung

a $\displaystyle\lim_{x \to \infty} \left(x \sin \frac{1}{x} \right) = \lim_{h \to 0^+} \left(\frac{1}{h} \sin h \right) = \lim_{h \to 0^+} \frac{\sin h}{h} = 1 \qquad \infty \cdot 0; \text{ es gilt } h = 1/x$

b
$$\lim_{x \to 0^+} \sqrt{x} \ln x = \lim_{x \to 0^+} \frac{\ln x}{1/\sqrt{x}} \qquad (-\infty) \cdot 0 \text{ umgeformt zu } -\infty/\infty$$

$$= \lim_{x \to 0^+} \frac{1/x}{-1/2 x^{3/2}} \qquad \text{Regel von l'Hospital}$$

$$= \lim_{x \to 0^+} (-2\sqrt{x}) = 0$$

Grenzwertberechnungen mit der Regel von l'Hospital, $\infty - \infty$

Beispiel 7.28 Bestimmen Sie den folgenden Grenzwert, der auf einen unbestimmten Ausdruck der Form $\infty - \infty$ führt:

$$\lim_{x \to 0} \left(\frac{1}{\sin x} - \frac{1}{x} \right)$$

Lösung Für $x \to 0^+$ gilt $\sin x \to 0^+$ und damit ergibt sich bei $x \to 0^+$ für $\dfrac{1}{\sin x} - \dfrac{1}{x}$ ein unbestimmter Ausdruck der Form $\infty - \infty$.

Ebenso haben wir für $x \to 0^-$ einen unbestimmten Ausdruck der Form $-\infty + \infty$.

Beiden Ausdrücken kann man keine Informationen über den Grenzwert entnehmen. Um ihn zu bestimmen, formen wir zunächst die Brüche um:

$$\frac{1}{\sin x} - \frac{1}{x} = \frac{x - \sin x}{x \sin x}.$$ Der Hauptnenner ist $x \sin x$.

Auf diesen Ausdruck können wir nun die Regel von l'Hospital anwenden:

$$\lim_{x \to 0} \left(\frac{1}{\sin x} - \frac{1}{x} \right) = \lim_{x \to 0} \frac{x - \sin x}{x \sin x} \qquad 0/0$$
$$= \lim_{x \to 0} \frac{1 - \cos x}{\sin x + x \cos x} \qquad \text{Immer noch } 0/0$$
$$= \lim_{x \to 0} \frac{\sin x}{2 \cos x - x \sin x} = \frac{0}{2} = 0.$$

Unbestimmte Potenzen

Führt ein Grenzwert auf einen der unbestimmten Ausdrücke 1^∞, 0^0 und ∞^0, so kann man die Aufgabe manchmal lösen, indem man den Logarithmus der Funktion betrachtet. Mithilfe der Regel von l'Hospital bestimmt man dann den Grenzwert des Logarithmus und erhebt das Ergebnis zur Potenz, um den Grenzwert der ursprünglichen Funktion zu finden. Dieses Verfahren ist wegen der Stetigkeit der Exponentialfunktion und wegen Satz 2.10 aus Abschnitt 2.5 zulässig. Wir formulieren es noch einmal mit Gleichungen:

Merke

Für $\lim\limits_{x \to a} \ln f(x) = L$ gilt

$$\lim_{x \to a} f(x) = \lim_{x \to a} e^{\ln f(x)} = e^L.$$

a kann sowohl ein endlicher als auch ein unendlicher Wert sein.

Diese Gleichung kann auch bei einseitigen Grenzwerten angewendet werden.

Beispiel 7.29 Zeigen Sie mithilfe der Regel von l'Hospital, dass $\lim\limits_{x \to 0^+} (1+x)^{1/x} = e$.

Grenzwertberechnung mit der Regel von l'Hospital, 1^∞

Lösung Der Grenzwert führt auf die unbestimmte Form 1^∞. Es sei $f(x) = (1+x)^{1/x}$. Wir bestimmen den Grenzwert $\lim\limits_{x \to 0^+} \ln f(x)$. Mit

$$\ln f(x) = \ln(1+x)^{1/x} = \frac{1}{x} \ln(1+x)$$

erhalten wir mit der Regel von l'Hospital:

$$\lim_{x \to 0^+} \ln f(x) = \lim_{x \to 0^+} \frac{\ln(1+x)}{x} \qquad \frac{0}{0}$$
$$= \lim_{x \to 0^+} \frac{\frac{1}{1+x}}{1}$$
$$= \frac{1}{1} = 1.$$

Es gilt also $\lim\limits_{x \to 0^+} (1+x)^{1/x} = \lim\limits_{x \to 0^+} f(x) = \lim\limits_{x \to 0^+} e^{\ln f(x)} = e^1 = e$.

7 Transzendente Funktionen

Grenzwertberechnung mit der Regel von l'Hospital, ∞^0

Beispiel 7.30 Bestimmen Sie den Grenzwert $\lim_{x\to\infty} x^{1/x}$.

Lösung Der Grenzwert führt auf den unbestimmten Ausdruck ∞^0. Es sei $f(x) = x^{1/x}$, und wir bestimmen zunächst $\lim_{x\to\infty} \ln f(x)$. Es gilt

$$\ln f(x) = \ln x^{1/x} = \frac{\ln x}{x},$$

und mit der Regel von l'Hospital erhalten wir

$$\lim_{x\to\infty} \ln f(x) = \lim_{x\to\infty} \frac{\ln x}{x} \qquad \frac{\infty}{\infty}$$
$$= \lim_{x\to\infty} \frac{1/x}{1}$$
$$= \frac{0}{1} = 0.$$

Es gilt also $\lim_{x\to\infty} x^{1/x} = \lim_{x\to\infty} f(x) = \lim_{x\to\infty} e^{\ln f(x)} = e^0 = 1$. ∎

Beweis der Regel von l'Hospital

Der Beweis der Regel von l'Hospital basiert auf dem erweiterten Mittelwertsatz, der den Mittelwertsatz der Differentialrechnung (Satz 4.4 in Abschnitt 4.2) auf zwei Funktionen erweitert. Im englischen Sprachraum wird dieser Satz nach dem französischen Mathematiker und Ingenieur Augustin-Louis Cauchy benannt (Cauchy's Mean Value Theorem). Wir beweisen zunächst den erweiterten Mittelwertsatz und zeigen dann, wie sich damit die Regel von l'Hospital beweisen lässt.

> **Satz 7.6 Der erweiterte Mittelwertsatz** Die Funktionen f und g seien stetig auf dem Intervall $[a,b]$ und differenzierbar auf (a,b), außerdem sei $g'(x) \neq 0$ in (a,b). Dann existiert eine Zahl c, für die gilt:
>
> $$\frac{f'(c)}{g'(c)} = \frac{f(b) - f(a)}{g(b) - g(a)}.$$

Beweis ∎ Wir benutzen den Mittelwertsatz aus Abschnitt 4.2 zweimal. Zunächst zeigen wir damit, dass gilt $g(a) \neq g(b)$. Wäre nämlich $g(b) = g(a)$, so ergäbe der Mittelwertsatz

$$g'(c) = \frac{g(b) - g(a)}{b - a} = 0$$

für irgendein c zwischen a und b. Da $g'(x) \neq 0$ im gesamten Intervall (a,b) ist, kann das nicht sein.

Als Nächstes wenden wir den Mittelwertsatz auf die folgende Funktion an:

$$F(x) = f(x) - f(a) - \frac{f(b) - f(a)}{g(b) - g(a)} [g(x) - g(a)].$$

Diese Funktion ist überall stetig und differenzierbar, wo es f und g sind, und es gilt $F(b) = F(a) = 0$. Es existiert also eine Zahl c zwischen a und b, für die gilt $F'(c) = 0$. Schreibt man $F'(c)$ mithilfe von f und g, so erhält man

$$F'(c) = f'(c) - \frac{f(b) - f(a)}{g(b) - g(a)} [g'(c)] = 0$$

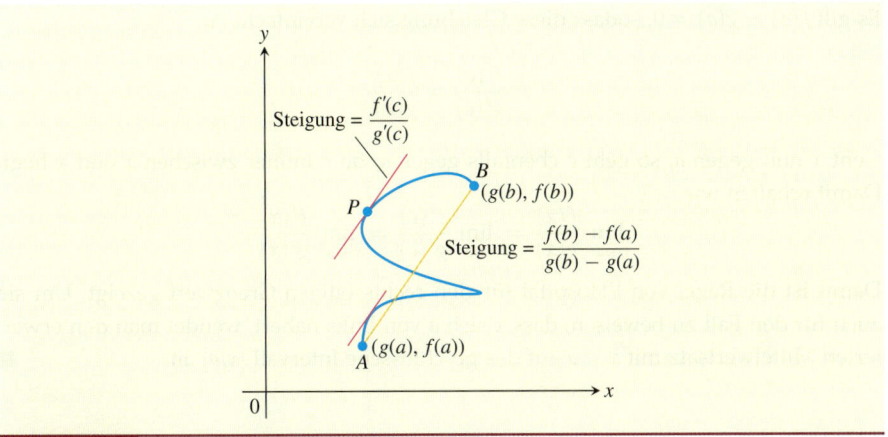

Abbildung 7.13 Es gibt mindestens einen Punkt P auf der Kurve C, für den gilt: Die Steigung der Tangente durch P an die Kurve C ist gleich der Steigung der Sekanten, die die Punkte $A(g(a), f(a))$ und $B(g(b), f(b))$ verbindet.

und damit

$$\frac{f'(c)}{g'(c)} = \frac{f(b)-f(a)}{g(b)-g(a)}.$$ ∎

Der Mittelwertsatz in Kapitel 4.2 entspricht Satz 7.6 für $g(x) = x$.

Für den erweiterten Mittelwertsatz gibt es eine interessante geometrische Interpretation. Wir betrachten eine allgemeine gekrümmte Kurve C in einer Ebene, die die beiden Punkte $A = (g(a), f(a))$ und $B = (g(b), f(b))$ verbindet. In Kapitel 11 (zweiter Band) werden wir uns damit beschäftigen, wie die Gleichung einer solchen Kurve so aufgestellt werden kann, dass es mindestens einen Punkt P gibt, in dem die Steigung der Tangente an der Kurve gleich der Steigung der Sekante durch die Punkte A und B ist. Wir werden feststellen, dass die Steigung dieser Tangente der Quotient f'/g' an der Stelle c ist, c liegt im Intervall (a, b). Die Steigung der Sekanten zwischen A und B ist

$$\frac{f(b)-f(a)}{g(b)-g(a)}.$$

Der erweiterte Mittelwertsatz besagt nun, dass eine Stelle c mit der Steigung $f'(c)/g'(c)$ $= (f(b)-f(a))/(g(b)-g(a))$ existiert, also ein Punkt, in dem die Steigung der Tangenten gleich der Steigung der Sekanten ist. Diese geometrische Interpretation wird in ▶Abbildung 7.13 gezeigt. Wie man in der Abbildung sieht, kann es auch mehrere Punkte auf der Kurve C geben, deren Tangente dieselbe Steigung wie die Sekante durch A und B hat.

Beweis ☐ **Beweis der Regel von l'Hospital** Wir beweisen die Gleichung zunächst für den Fall $x \to a^+$. Die Beweisführung kann nahezu unverändert für $x \to a^-$ übernommen werden, und beide Fälle kombiniert ergeben schließlich den vollständigen Beweis.

x liege rechts von a. Dann gilt $g'(x) \neq 0$ und wir können den erweiterten Mittelwertsatz auf dem abgeschlossenen Intervall $[a, x]$ anwenden. Damit erhalten wir eine Zahl c zwischen a und x mit der Eigenschaft

$$\frac{f'(c)}{g'(c)} = \frac{f(x)-f(a)}{g(x)-g(a)}.$$

Es gilt $f(a) = g(a) = 0$, sodass diese Gleichung sich vereinfacht zu

$$\frac{f'(c)}{g'(c)} = \frac{f(x)}{g(x)}$$

Geht x nun gegen a, so geht c ebenfalls gegen a, da c immer zwischen a und x liegt. Damit erhalten wir

$$\lim_{x \to a^+} \frac{f(x)}{g(x)} = \lim_{c \to a^+} \frac{f'(c)}{g'(c)} = \lim_{x \to a^+} \frac{f'(x)}{g'(x)}.$$

Damit ist die Regel von l'Hospital für den rechtsseitigen Grenzwert gezeigt. Um sie auch für den Fall zu beweisen, dass x sich a von links nähert, wendet man den erweiterten Mittelwertsatz mit $x < a$ auf das geschlossene Intervall $[x, a]$ an. ∎

Aufgaben zum Abschnitt 7.5

Grenzwertbestimmung auf zwei Arten

Bestimmen Sie in den Aufgaben 1–3 den Grenzwert erst mit der Regel von l'Hospital und dann mit den Verfahren aus Kapitel 2.

1. $\lim\limits_{x \to -2} \dfrac{x+2}{x^2 - 4}$

2. $\lim\limits_{x \to \infty} \dfrac{5x^2 - 3x}{7x^2 + 1}$

3. $\lim\limits_{x \to 0} \dfrac{1 - \cos x}{x^2}$

Anwendung der Regel von l'Hospital

Bestimmen Sie in den Aufgaben 4–25 den Grenzwert mithilfe der Regel von l'Hospital.

4. $\lim\limits_{x \to 2} \dfrac{x-2}{x^2 - 4}$

5. $\lim\limits_{t \to -3} \dfrac{t^3 - 4t + 15}{t^2 - t - 12}$

6. $\lim\limits_{x \to \infty} \dfrac{5x^3 - 2x}{7x^3 + 3}$

7. $\lim\limits_{t \to 0} \dfrac{\sin t^2}{t}$

8. $\lim\limits_{x \to 0} \dfrac{8x^2}{\cos x - 1}$

9. $\lim\limits_{\theta \to \pi/2} \dfrac{2\theta - \pi}{\cos(2\pi - \theta)}$

10. $\lim\limits_{\theta \to \pi/2} \dfrac{1 - \sin \theta}{1 + \cos 2\theta}$

11. $\lim\limits_{x \to 0} \dfrac{x^2}{\ln(\sec x)}$

12. $\lim\limits_{t \to 0} \dfrac{t(1 - \cos t)}{t - \sin t}$

13. $\lim\limits_{x \to (\pi/2)^-} \left(x - \dfrac{\pi}{2}\right) \sec x$

14. $\lim\limits_{\theta \to 0} \dfrac{3^{\sin \theta} - 1}{\theta}$

15. $\lim\limits_{x \to 0} \dfrac{x 2^x}{2^x - 1}$

16. $\lim\limits_{x \to \infty} \dfrac{\ln(x+1)}{\log_2 x}$

17. $\lim\limits_{x \to 0^+} \dfrac{\ln(x^2 + 2x)}{\ln x}$

18. $\lim\limits_{y \to 0} \dfrac{\sqrt{5y + 25} - 5}{y}$

19. $\lim\limits_{x \to \infty} (\ln 2x - \ln(x+1))$

20. $\lim\limits_{x \to 0^+} \dfrac{(\ln x)^2}{\ln(\sin x)}$

21. $\lim\limits_{x \to 1^+} \left(\dfrac{1}{x-1} - \dfrac{1}{\ln x}\right)$

22. $\lim\limits_{\theta \to 0} \dfrac{\cos \theta - 1}{e^\theta - \theta - 1}$

23. $\lim\limits_{t \to \infty} \dfrac{e^t + t^2}{e^t - t}$

24. $\lim\limits_{x \to 0} \dfrac{x - \sin x}{x \tan x}$

25. $\lim\limits_{\theta \to 0} \dfrac{\theta - \sin \theta \cos \theta}{\tan \theta - \theta}$

Unbestimmte Potenzen und Produkte

Bestimmen Sie in den Aufgaben 26–33 den Grenzwert.

26. $\lim_{x \to 1^+} x^{1/(1-x)}$

27. $\lim_{x \to \infty} (\ln x)^{1/x}$

28. $\lim_{x \to 0^+} x^{-1/\ln x}$

29. $\lim_{x \to \infty} (1 + 2x)^{1/(2\ln x)}$

30. $\lim_{x \to 0^+} x^x$

31. $\lim_{x \to \infty} \left(\frac{x+2}{x-1} \right)^x$

32. $\lim_{x \to 0^+} x^2 \ln x$

33. $\lim_{x \to 0^+} x \tan\left(\frac{\pi}{2} - x \right)$

Theorie und Anwendungen

Die Regel von l'Hospital hilft in den Aufgaben 34–37 nicht weiter. Probieren Sie es aus – Sie werden aus einer Schleife nicht mehr herauskommen. Bestimmen Sie den Grenzwert auf andere Weise.

34. $\lim_{x \to \infty} \frac{\sqrt{9x+1}}{\sqrt{x+1}}$

35. $\lim_{x \to (\pi/2)^-} \frac{\sec x}{\tan x}$

36. $\lim_{x \to \infty} \frac{2^x - 3^x}{3^x + 4^x}$

37. $\lim_{x \to \infty} \frac{e^{x^2}}{xe^x}$

38. Welche der folgenden Rechnungen ist korrekt, welche ist falsch? Begründen Sie Ihre Antwort.

a. $\lim_{x \to 3} \frac{x-3}{x^2-3} = \lim_{x \to 3} \frac{1}{2x} = \frac{1}{6}$

b. $\lim_{x \to 3} \frac{x-3}{x^2-3} = \frac{0}{6} = 0$

39. Nur eine der folgenden Rechnungen ist korrekt. Welche? Warum sind die anderen falsch? Begründen Sie Ihre Antwort.

a. $\lim_{x \to 0^+} x \ln x = 0 \cdot (-\infty) = 0$

b. $\lim_{x \to 0^+} x \ln x = 0 \cdot (-\infty) = -\infty$

c. $\lim_{x \to 0^+} x \ln x = \lim_{x \to 0^+} \frac{\ln x}{(1/x)} = \frac{-\infty}{\infty} = -1$

d. $\lim_{x \to 0^+} x \ln x = \lim_{x \to 0^+} \frac{\ln x}{(1/x)}$
$= \lim_{x \to 0^+} \frac{(1/x)}{(-1/x^2)}$
$= \lim_{x \to 0^+} (-x) = 0$

40. Stetige Erweiterung Bestimmen Sie c so, dass die Funktion

$$f(x) = \begin{cases} \dfrac{9x - 3\sin 3x}{5x^3}, & x \neq 0 \\ c, & x = 0 \end{cases}$$

bei $x = 0$ stetig wird. Erklären Sie, warum f mit dem von Ihnen gewählten c stetig ist.

41. Unbestimmter Ausdruck der Form $\infty - \infty$

a. Schätzen Sie den Grenzwert

$$\lim_{x \to \infty} \left(x - \sqrt{x^2 + x} \right)$$

ab, indem Sie die Funktion $f(x) = x - \sqrt{x^2 + x}$ in einem ausreichend großen Intervall von x-Werten grafisch darstellen.

b. Bestätigen Sie Ihre Schätzung, indem Sie den Grenzwert mithilfe der Regel von l'Hospital berechnen. Erweitern Sie dazu die Funktion zunächst mit $(x + \sqrt{x^2 + x})/(x + \sqrt{x^2 + x})$ und vereinfachen Sie den dadurch entstandenen Nenner.

42. Unbestimmter Ausdruck der Form 0/0 Schätzen Sie den Grenzwert

$$\lim_{x \to 1} \frac{2x^2 - (3x+1)\sqrt{x} + 2}{x - 1}$$

grafisch ab. Bestätigen Sie Ihre Schätzung mithilfe der Regel von l'Hospital.

7.6 Inverse trigonometrische Funktionen

Wenn man Seiten eines Dreiecks misst und daraus Winkel berechnen möchte, dann muss man mit inversen trigonometrischen Funktionen rechnen. Außerdem sind diese Funktionen als Stammfunktionen nützlich und treten häufig bei der Lösung von Differentialgleichungen auf. In diesem Kapitel wollen wir zeigen, wie die inversen trigonometrischen Funktionen (die sogenannten Arkusfunktionen) definiert sind, wie ihre Graphen aussehen, was ihre Ableitungen sind und warum sie als Stammfunktionen so wichtig sind.

Definition der Inversen

Die sechs grundlegenden trigonometrischen Funktionen sind nicht injektiv, da sich ihre Werte periodisch wiederholen. Wir können aber ihren Definitionsbereich auf Intervalle beschränken, in denen sie injektiv sind. So steigt z. B. die Sinusfunktion von -1 bei $x = -\pi/2$ auf 1 bei $x = \pi/2$. Beschränken wir also ihren Definitionsbereich auf das Intervall $[-\pi/2, \pi/2]$, so wird die Sinusfunktion injektiv und hat damit eine Inverse $\sin^{-1} x$ (▶Abbildung 7.14). Genauso können wir mit allen sechs trigonometrischen Funktionen verfahren. Einen Überblick hierzu gibt Tabelle 7.4.

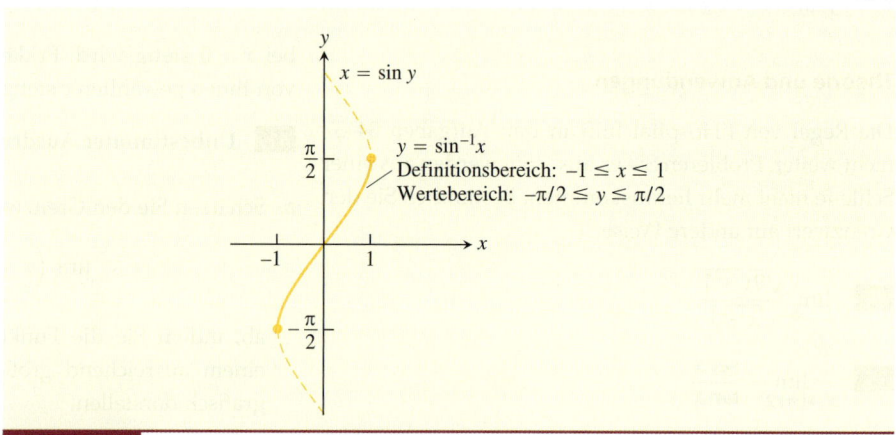

Abbildung 7.14 Der Graph von $y = \sin^{-1} x$.

Diese Funktionen mit eingeschränktem Definitionsbereich sind also alle injektiv und haben eine Inverse. Diese Inversen werden folgendermaßen bezeichnet:

$$y = \sin^{-1} x \quad \text{oder} \quad y = \arcsin x$$
$$y = \cos^{-1} x \quad \text{oder} \quad y = \arccos x$$
$$y = \tan^{-1} x \quad \text{oder} \quad y = \arctan x$$
$$y = \cot^{-1} x \quad \text{oder} \quad y = \text{arccot}\, x$$
$$y = \sec^{-1} x \quad \text{oder} \quad y = \text{arcsec}\, x$$
$$y = \text{cosec}^{-1} x \quad \text{oder} \quad y = \text{arccosec}\, x$$

Gesprochen werden diese Funktionen „y ist gleich dem Arkussinus von x" oder „y ist der Arkussinus von x" usw.

Vorsicht Die -1 im Exponenten der Funktionsbezeichnung bedeutet „invers", sie bedeutet nicht „reziprok". Die reziproke Funktion z. B. des Sinus ist $(\sin x)^{-1} = 1/\sin x = \text{cosec}\, x$, nicht $\sin^{-1} x$.

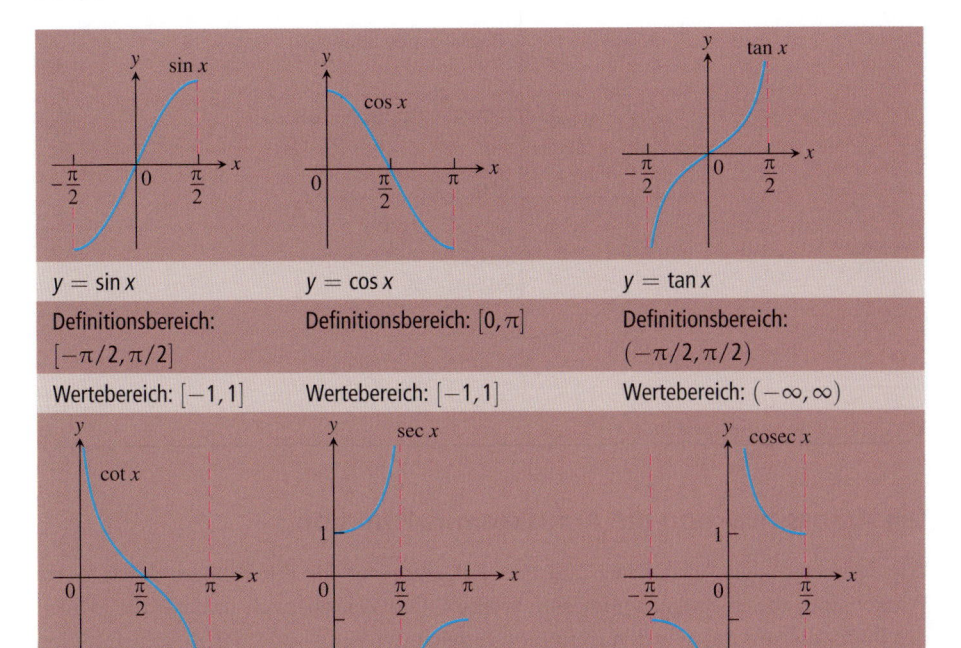

Tabelle 7.4: Mit den angegebenen Beschränkungen des Definitionsbereichs werden die trigonometrischen Funktionen injektiv.

$y = \sin x$	$y = \cos x$	$y = \tan x$
Definitionsbereich: $[-\pi/2, \pi/2]$	Definitionsbereich: $[0, \pi]$	Definitionsbereich: $(-\pi/2, \pi/2)$
Wertebereich: $[-1, 1]$	Wertebereich: $[-1, 1]$	Wertebereich: $(-\infty, \infty)$
$y = \cot x$	$y = \sec x$	$y = \csc x$
Definitionsbereich: $(0, \pi)$	Definitionsbereich: $[0, \pi/2) \cup (\pi/2, \pi]$	Definitionsbereich: $[-\pi/2, 0) \cup (0, \pi/2]$
Wertebereich: $(-\infty, \infty)$	Wertebereich: $(-\infty, -1] \cup [1, \infty)$	Wertebereich: $(-\infty, -1] \cup [1, \infty)$

Die Graphen der sechs inversen trigonometrischen Funktionen sind in Tabelle 7.5 zusammengestellt. Wie bereits in Abschnitt 7.1 gezeigt, erhält man diese Graphen, wenn man die Graphen der ursprünglichen Funktion (mit beschränktem Definitionsbereich) an der Geraden $y = x$ spiegelt. Als Nächstes werden wir diese Funktionen und ihre Ableitungen genauer betrachten.

> **Merke**
>
> **Woher kommt das „Arc" in arcsin und arccos?** Die untenstehende Abbildung zeigt eine geometrische Interpretation der Funktionen $y = \sin^{-1} x$ und $\cos^{-1} x$. Misst man die Winkel am Mittelpunkte in Radiant, so beträgt die Länge des entsprechenden Kreisbogens $s = r\theta$, im Einheitskreis wird daraus $s = \theta$. Die Gleichung $x = \sin y$ bedeutet dann also nicht nur, dass y der Winkel ist, dessen Sinus x beträgt. Außerdem gilt dann, dass y die Länge des Bogens ist, der dem Winkel mit dem Sinus x gegenüberliegt. Da „Bogen" auf Lateinisch „arcus" heißt (englisch „arc"), kommen daher die Bezeichnungen Arkussinus und Arkuskosinus (Formelzeichen arcsin und arccos).

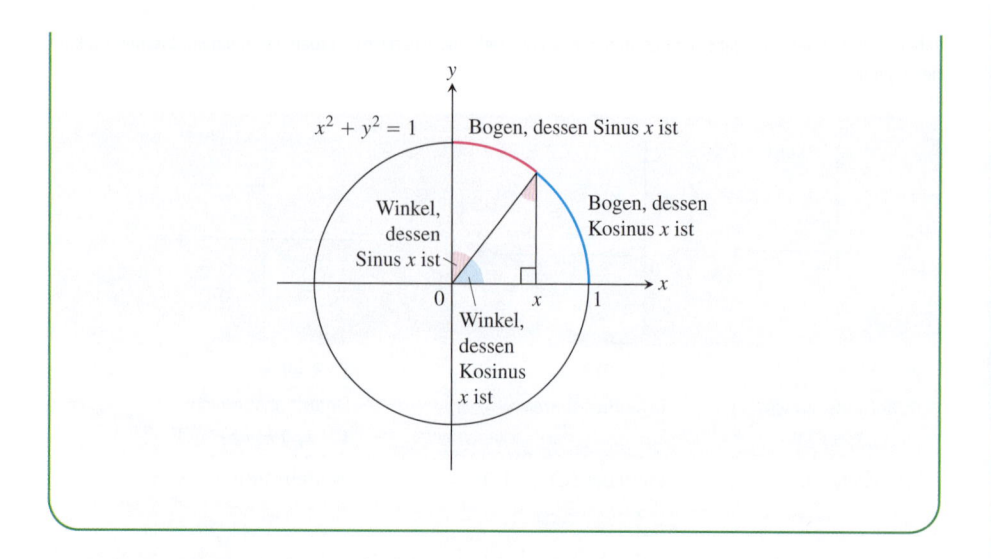

Die Arkussinus- und die Arkuskosinus-Funktion

Wir definieren den Arkussinus und den Arkuskosinus als Funktionen, deren Werte Winkel sind, die in Radiant gemessen werden. Der Wertebereich umfasst die Winkel des Intervalls, auf das wir den Definitionsbereich der Sinus- und der Kosinusfunktion zuvor eingeschränkt haben.

Tabelle 7.5: Die Graphen der sechs inversen trigonometrischen Funktionen.

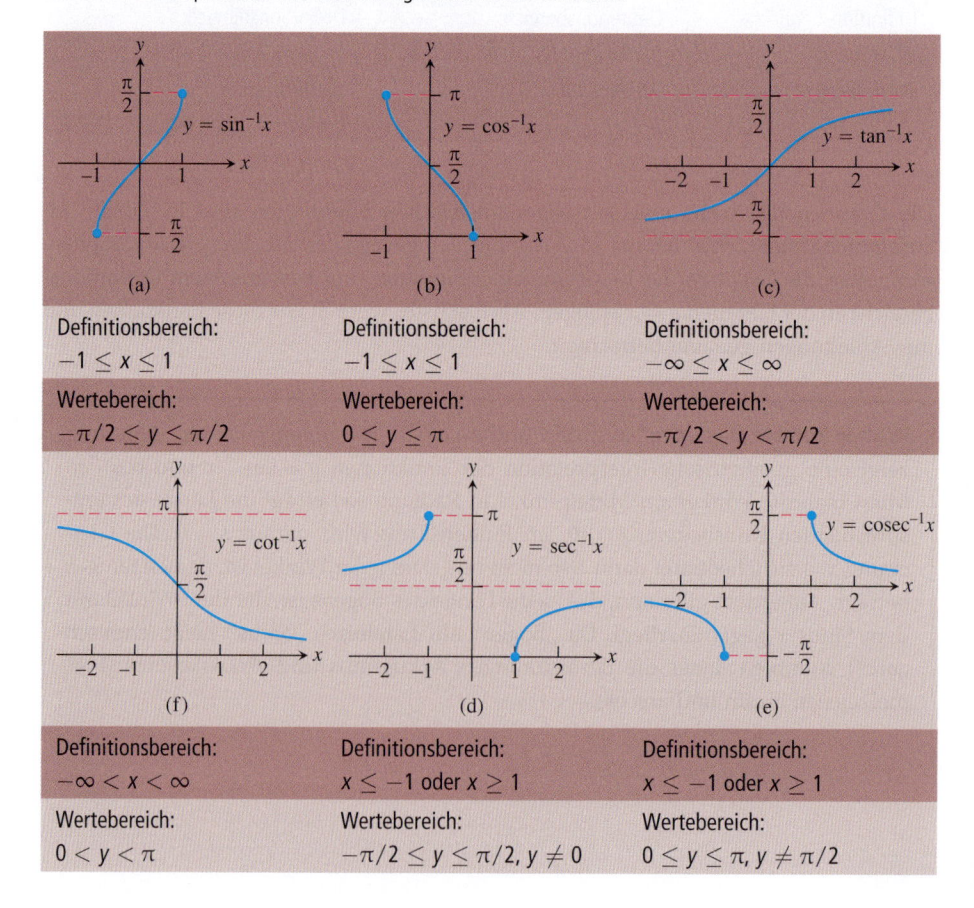

(a) $y = \sin^{-1} x$	(b) $y = \cos^{-1} x$	(c) $y = \tan^{-1} x$
Definitionsbereich: $-1 \leq x \leq 1$	Definitionsbereich: $-1 \leq x \leq 1$	Definitionsbereich: $-\infty \leq x \leq \infty$
Wertebereich: $-\pi/2 \leq y \leq \pi/2$	Wertebereich: $0 \leq y \leq \pi$	Wertebereich: $-\pi/2 < y < \pi/2$
(f) $y = \cot^{-1} x$	(d) $y = \sec^{-1} x$	(e) $y = \operatorname{cosec}^{-1} x$
Definitionsbereich: $-\infty < x < \infty$	Definitionsbereich: $x \leq -1$ oder $x \geq 1$	Definitionsbereich: $x \leq -1$ oder $x \geq 1$
Wertebereich: $0 < y < \pi$	Wertebereich: $-\pi/2 \leq y \leq \pi/2, y \neq 0$	Wertebereich: $0 \leq y \leq \pi, y \neq \pi/2$

7.6 Inverse trigonometrische Funktionen

Definition

$y = \sin^{-1} x$ ist die Zahl in dem Intervall $[-\pi/2, \pi/2]$, für die gilt: $\sin y = x$.

$y = \cos^{-1} x$ ist die Zahl in dem Intervall $[0, \pi]$, für die gilt: $\cos y = x$.

Der Graph von $y = \sin^{-1} x$ (▶Abbildung 7.15) ist symmetrisch zum Ursprung (er liegt auf der Kurve von $x = \sin y$). Der Arkussinus ist also eine ungerade Funktion:

$$\sin^{-1}(-x) = -\sin^{-1} x. \qquad (7.21)$$

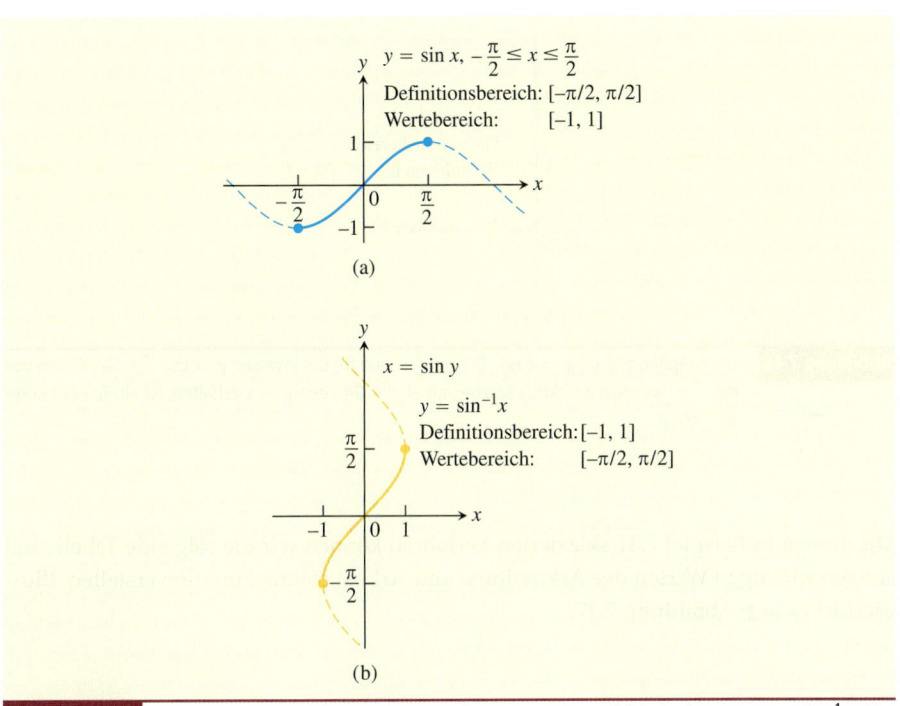

Abbildung 7.15 Die Graphen von (a) $y = \sin x$, $-\pi/2 \leq x \leq \pi/2$ und (b) der Inversen $y = \sin^{-1} x$. Der Graph von $\sin^{-1} x$, welchen wir durch Spiegelung an der Geraden $y = x$ erhalten, ist ein Teil der Kurve $x = \sin y$.

Der Graph von $y = \cos^{-1} x$ (▶Abbildung 7.16) zeigt keine entsprechende Symmetrie.

Beispiel 7.31 Berechnen Sie

a) $\sin^{-1}\left(\dfrac{\sqrt{3}}{2}\right)$ und b) $\cos^{-1}\left(-\dfrac{1}{2}\right)$.

Berechnung von Werten des Arkussinus und des Arkuskosinus

Lösung

a) Es gilt $\sin(\pi/3) = \sqrt{3}/2$, und $\pi/3$ liegt im Wertebereich $[-\pi/2, \pi/2]$ der Arkussinus-Funktion (▶Abbildung 7.17a). Damit erhalten wir:

$$\sin^{-1}\left(\frac{\sqrt{3}}{2}\right) = \frac{\pi}{3}.$$

b) Es gilt $\cos(2\pi/3) = -1/2$, und $2\pi/3$ liegt im Wertebereich $[0, \pi]$ der Arkuskosinus-Funktion (▶Abbildung 7.17b). Damit erhalten wir:

$$\cos^{-1}\left(-\frac{1}{2}\right) = \frac{2\pi}{3}.$$

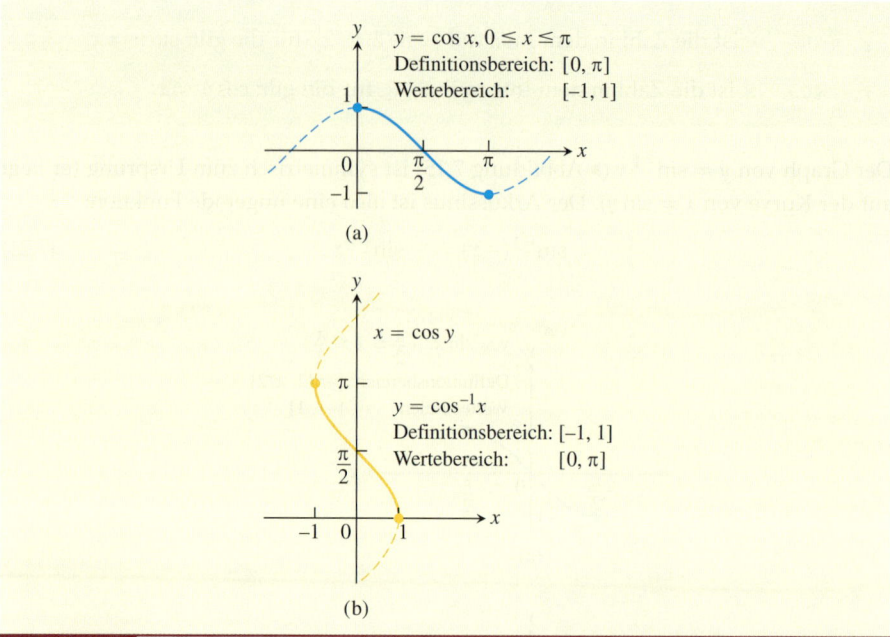

Abbildung 7.16 Die Graphen von (a) $y = \cos x$, $0 \leq x \leq \pi$ und (b) der Inversen $y = \cos^{-1} x$. Der Graph von $\cos^{-1} x$, welchen wir durch Spiegelung an der Geraden $y = x$ erhalten, ist ein Teil der Kurve $x = \cos y$.

Mit diesem in Beispiel 7.31 skizzierten Verfahren können wir die folgende Tabelle mit einigen wichtigen Werten der Arkussinus- und Arkuskosinus-Funktion erstellen. Illustriert ist es in ▶Abbildung 7.17.

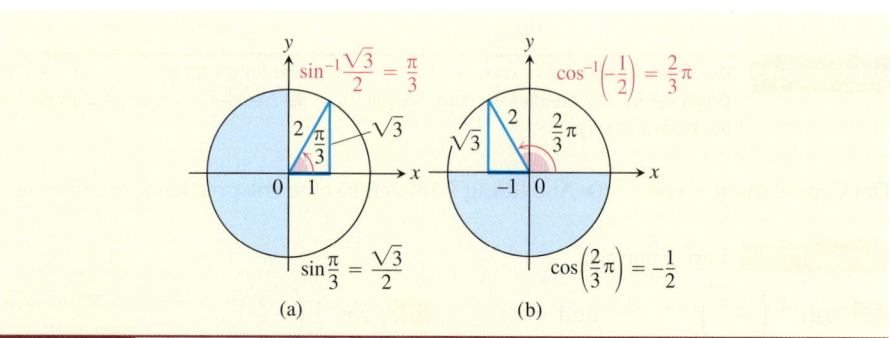

Abbildung 7.17 Werte der Arkussinus- und der Arkuskosinus-Funktion (Beispiel 7.31).

x	$\sin^{-1} x$	$\cos^{-1} x$
$\sqrt{3}/2$	$\pi/3$	$\pi/6$
$\sqrt{2}/2$	$\pi/4$	$\pi/4$
$1/2$	$\pi/6$	$\pi/3$
$-1/2$	$-\pi/6$	$2\pi/3$
$-\sqrt{2}/2$	$-\pi/4$	$3\pi/4$
$-\sqrt{3}/2$	$-\pi/3$	$5\pi/6$

7.6 Inverse trigonometrische Funktionen

Beispiel 7.32 Auf einem Flug von Chicago nach St. Louis stellt der Navigator fest, dass die Maschine 12 Meilen vom Kurs abgekommen ist, wie in ▶Abbildung 7.18 gezeigt. Bestimmen Sie den Winkel α, um den das Flugzeug seinen Kurs ändern muss, damit es parallel zum ursprünglich geplanten Kurs fliegt, außerdem den Winkel β und den Winkel $\gamma = \alpha + \beta$, mit dem das Flugzeug seine Drift korrigieren kann.

Kursberechnungen mit dem Arkussinus

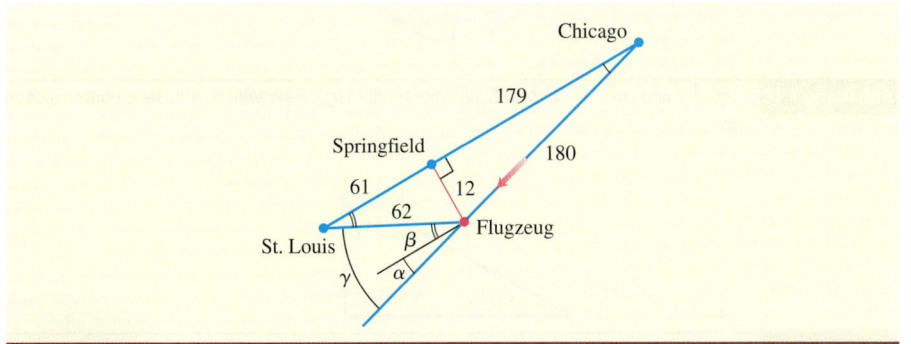

Abbildung 7.18 Skizze zur Driftkorrektur in Beispiel 7.32. Die Abstände sind auf Meilen gerundet, die Skizze ist nicht maßstabsgerecht.

Lösung Wir betrachten Abbildung 7.18. Mithilfe einfacher geometrischer Zusammenhänge können wir die folgenden Beziehungen aufstellen: $180\sin\alpha = 12$ und $62\sin\beta = 12$. Damit erhalten wir:

$$\alpha = \sin^{-1}\frac{12}{180} \approx 0{,}067 \text{ radiant} \approx 3{,}8°$$

$$\beta = \sin^{-1}\frac{12}{62} \approx 0{,}195 \text{ radiant} \approx 11{,}2°$$

$$\gamma = \alpha + \beta \approx 15° \, .$$

Identitäten mit der Arkussinus- und der Arkuskosinus-Funktion

In ▶Abbildung 7.19 können wir sehen, dass für den Arkuskosinus von x gilt:

$$\cos^{-1} x + \cos^{-1}(-x) = \pi \, , \qquad (7.22)$$

bzw.

$$\cos^{-1}(-x) = \pi - \cos^{-1} x \, . \qquad (7.23)$$

Dem Dreieck in ▶Abbildung 7.20 können wir entnehmen, dass für $x > 0$ gilt:

$$\sin^{-1} x + \cos^{-1} x = \pi/2 \, . \qquad (7.24)$$

Gleichung (7.24) gilt auch für $x \leq 0$ im Intervall $[-1, 1]$, wir können dies allerdings nicht aus dem Dreieck in Abbildung 7.20 schließen. Es folgt aber aus den Gleichungen (7.21) und (7.23), was Sie in Aufgabe 64 zeigen werden.

Die Inversen von $\tan x$, $\cot x$, $\sec x$ und $\csc x$

Der Arkustangens von x ist ein Winkel, dessen Tangens x ergibt. Entsprechend ist der Arkuskotangens von x ein Winkel, dessen Kotangens x beträgt. Die Winkel liegen in den eingeschränkten Definitionsbereichen der Tangens- und Kotangensfunktion.

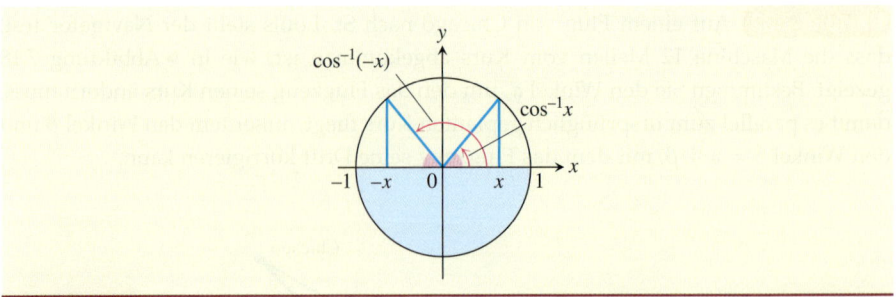

Abbildung 7.19 $\cos^{-1} x$ und $\cos^{-1}(-x)$ sind Supplement- oder Ergänzungswinkel, d. h. sie ergänzen sich zu π.

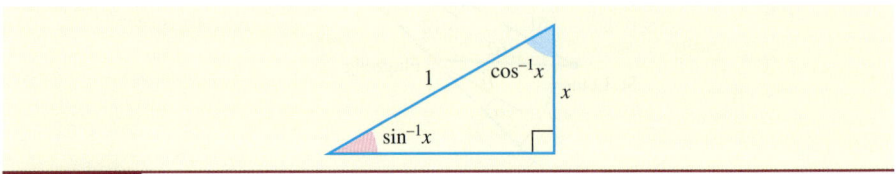

Abbildung 7.20 $\sin^{-1} x$ und $\sin^{-1}(-x)$ sind Komplementwinkel, d. h. ihre Summe beträgt $\pi/2$.

Definition

$y = \tan^{-1} x$ ist die Zahl im Intervall $(-\pi/2, \pi/2)$ für die gilt: $\tan y = x$.
$y = \cot^{-1} x$ ist die Zahl im Intervall $(0, \pi)$ für die gilt: $\cot y = x$.

Wir definieren die Inversen auf offenen Intervallen, um die Werte auszusparen, bei denen Tangens und Kotangens nicht definiert sind.

Der Graph von $y = \tan^{-1} x$ ist symmetrisch zum Ursprung. Das erkennt man daran, dass er ein Ast des Graphen $x = \tan y$ ist, der ebenfalls symmetrisch zum Ursprung ist (Tabelle 7.5c). Algebraisch kann man dies folgendermaßen ausdrücken:

$$\tan^{-1}(-x) = -\tan^{-1} x;$$

der Arkustangens ist also eine ungerade Funktion. Der Graph von $y = \cot^{-1} x$ weist keine entsprechende Symmetrie auf (Tabelle 7.5f). Dem Bild in Tabelle 7.5c kann man auch entnehmen, dass der Graph des Arkustangens zwei horizontale Asymptoten hat: eine bei $y = \pi/2$ und die andere bei $y = -\pi/2$.

Veranschaulichung des Arkustangens

Beispiel 7.33 Die folgende Abbildung zeigt zwei Werte von $\tan^{-1} x$ (vgl. dazu auch die Werte der nebenstehenden Tabelle).

x	$\tan^{-1} x$
$\sqrt{3}$	$\pi/3$
1	$\pi/4$
$\sqrt{3}/3$	$\pi/6$
$-\sqrt{3}/3$	$-\pi/6$
-1	$-\pi/4$
$-\sqrt{3}$	$-\pi/3$

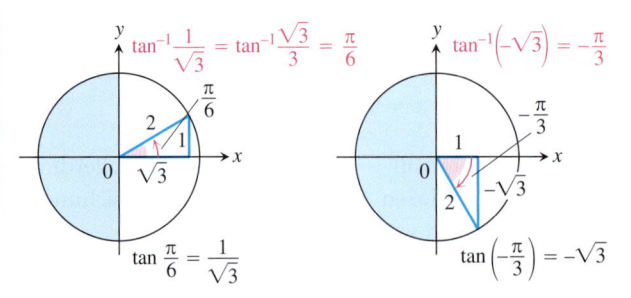

Die Winkel liegen im ersten und vierten Quadranten, denn der Wertebereich von $\tan^{-1} x$ ist $(-\pi/2, \pi/2)$.

Die Inversen der Funktionen $\sec x$ und $\csc x$ mit entsprechend eingeschränkten Definitionsbereichen sind in Tabelle 7.5d und 7.5e gezeichnet.

Definitionsbereich: $|x| \geq 1$
Wertebereich: $0 \leq y \leq \pi, y \neq \frac{\pi}{2}$

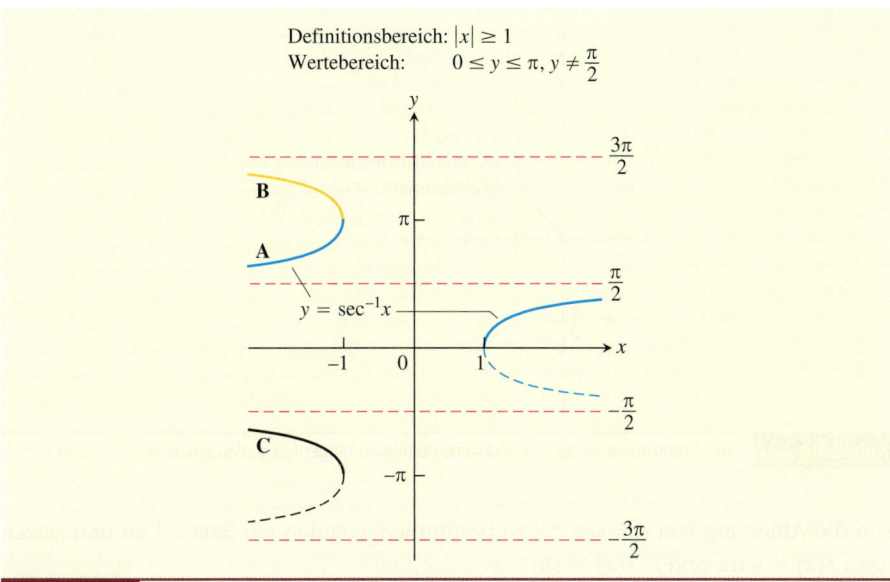

Abbildung 7.21 Es gibt mehrere widerspruchsfreie Möglichkeiten, den linken Ast der Funktion $y = \sec^{-1} x$ zu definieren (hier mit A, B und C bezeichnet). Mit Möglichkeit **A** gilt $\sec^{-1} x = \cos^{-1}(1/x)$; diese Identität ist oft in Rechnungen nützlich und wird von vielen Taschenrechnern benutzt.

Vorsicht Es gibt keine allgemein anerkannte Definition von $\sec^{-1} x$ für negative Werte von x. Wir haben Winkel aus dem zweiten Quadranten zwischen $\pi/2$ und π gewählt. Damit wird $\sec^{-1} x = \cos^{-1}(1/x)$. Außerdem wird damit $\sec^{-1} x$ in jedem Intervall des Definitionsbereichs eine ansteigende Funktion. Es gibt auch Quellen, die $\sec^{-1} x = \cos^{-1}(1/x)$ für $x < 0$ im Intervall $[-\pi, -\pi/2)$ definieren, ebenso wie andere Texte, die die Werte in $[\pi, 3\pi/2)$ wählen (▶Abbildung 7.21). Diese Definitionen vereinfachen die Gleichung für die Ableitung – mit unserer Wahl brauchen wir ein Betragszeichen, wie wir unten sehen werden. Allerdings erfüllen sie nicht die Gleichung $\sec^{-1} x = \cos^{-1}(1/x)$, die Berechnungen erleichtert. Mit ihr können wir die Identität

$$\sec^{-1} x = \cos^{-1}\left(\frac{1}{x}\right) = \frac{\pi}{2} - \sin^{-1}\left(\frac{1}{x}\right) \tag{7.25}$$

herleiten, indem wir Gleichung (7.24) verwenden.

Die Ableitung von $y = \sin^{-1} u$

Wir wissen bereits, dass die Funktion $y = \sin x$ im Intervall $-\pi/2 < x < \pi/2$ differenzierbar ist, dass ihre Ableitung die Kosinusfunktion ist und dass diese Ableitung im genannten Intervall positiv ist. Mithilfe von Satz 7.1 können wir daraus schließen, dass die inverse Funktion $\sin^{-1} x$ im Intervall $-1 < x < 1$ ebenfalls differenzierbar ist. Die Inverse ist nicht differenzierbar an den Stellen $x = 1$ und $x = -1$, denn an diesen Stellen sind ihre Tangenten vertikal (▶Abbildung 7.22).

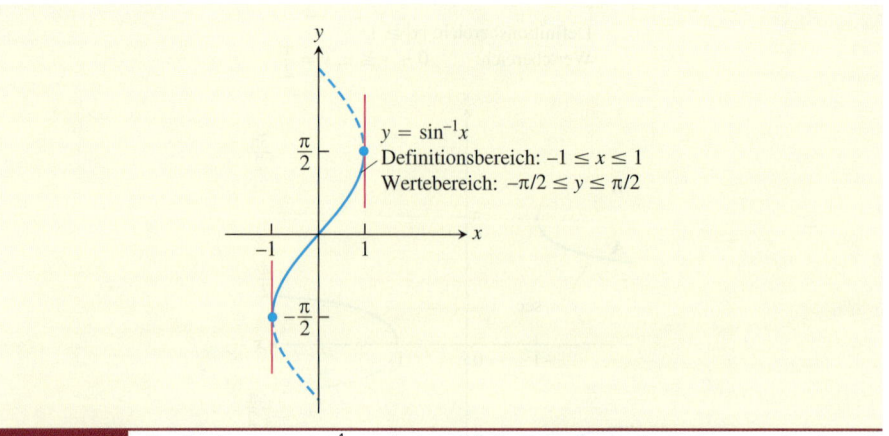

Abbildung 7.22 Der Graph von $y = \sin^{-1} x$ und seine vertikalen Tangenten an den Stellen $x = -1$ und $x = 1$.

Um die Ableitung von $y = \sin^{-1} x$ zu bestimmen, wenden wir Satz 7.1 an und setzen dazu $f(x) = \sin x$ und $f^{-1}(x) = \sin^{-1} x$:

$$(f^{-1})'(x) = \frac{1}{f'(f^{-1}(x))} \qquad \text{Satz 7.1}$$

$$= \frac{1}{\cos(\sin^{-1} x)} \qquad f'(u) = \cos u$$

$$= \frac{1}{\sqrt{1 - \sin^2(\sin^{-1} x)}} \qquad \cos u = \sqrt{1 - \sin^2 u}$$

$$= \frac{1}{\sqrt{1 - x^2}}. \qquad \sin(\sin^{-1} x) = x$$

Will man die Ableitung von $\sin^{-1} u$ bestimmen und ist u eine differenzierbare Funktion von x mit $|u| < 1$, so erhält man mit der Kettenregel:

Merke

$$\frac{d}{dx}(\sin^{-1} u) = \frac{1}{\sqrt{1 - u^2}} \frac{du}{dx}, \quad |u| < 1.$$

Ableitung mit einem Arkussinus

Beispiel 7.34 Wir berechnen die folgende Ableitung mithilfe der Kettenregel:

$$\frac{d}{dx}(\sin^{-1} x^2) = \frac{1}{\sqrt{1 - (x^2)^2}} \cdot \frac{d}{dx}(x^2) = \frac{2x}{\sqrt{1 - x^4}}.$$

Die Ableitung von $y = \tan^{-1} u$

Auch die Ableitung von $y = \tan^{-1} x$ bestimmen wir mithilfe von Satz 7.1; das geht, da die Ableitung von $y = \tan x$ im Intervall $-\pi/2 < x < \pi/2$ positiv ist. Wir setzen dazu $f(x) = \tan x$ und $f^{-1}(x) = \tan^{-1} x$:

$$(f^{-1})'(x) = \frac{1}{f'(f^{-1}(x))} \qquad \text{Satz 7.1}$$

$$= \frac{1}{1 + \tan^2(\tan^{-1} x)} \qquad f'(u) = 1 + \tan^2 u$$

$$= \frac{1}{1 + x^2}. \qquad \tan(\tan^{-1} x) = x$$

7.6 Inverse trigonometrische Funktionen

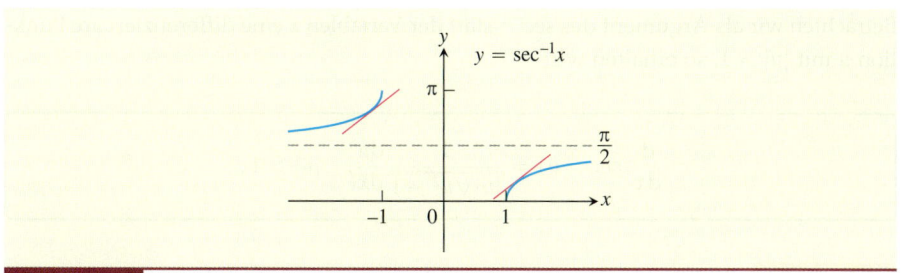

Abbildung 7.23 Die Steigung der Kurve $y = \sec^{-1} x$ ist positiv für $x < -1$ und $x > 1$.

Die Ableitung ist für alle reellen Zahlen definiert. Die Ableitung von $\tan^{-1} u$ mit der differenzierbaren Funktion u von x erhalten wir wieder mit der Kettenregel:

$$\frac{d}{dx}(\tan^{-1} u) = \frac{1}{1+u^2} \frac{du}{dx}.$$

Merke

Die Ableitung von $y = \sec^{-1} u$

Die Ableitung von $y = \sec x$ ist positiv für $0 < x < \pi/2$ und $\pi/2 < x < \pi$. Mithilfe von Satz 7.1 wissen wir also, dass die inverse Funktion $y = \sec^{-1} x$ differenzierbar ist. Wir bestimmen die Ableitung allerdings nicht auf direktem Weg mit Satz 7.1, sondern differenzieren $y = \sec^{-1} x$ für $|x| > 1$ implizit und wenden die Kettenregel an:

$$y = \sec^{-1} x$$
$$\sec y = x \qquad \text{Zusammenhang zwischen } f \text{ und } f^{-1}$$
$$\frac{d}{dx}(\sec y) = \frac{d}{dx} x \qquad \text{Beide Seiten differenzieren}$$
$$\sec y \tan y \frac{dy}{dx} = 1 \qquad \text{Kettenregel}$$
$$\frac{dy}{dx} = \frac{1}{\sec y \tan y}. \qquad \text{Es ist } |x| > 1, \text{ damit liegt } y \text{ im Intervall } (0, \pi/2) \cup (\pi/2, \pi), \text{ und es gilt } \sec y \tan y \neq 0.$$

Um dieses Ergebnis in Abhängigkeit von x auszudrücken, verwenden wir die Beziehungen

$$\sec y = x \quad \text{und} \quad \tan y = \pm\sqrt{\sec^2 y - 1} = \pm\sqrt{x^2 - 1}.$$

Damit erhalten wir

$$\frac{dy}{dx} = \pm \frac{1}{x\sqrt{x^2 - 1}}.$$

Wann gilt das Plus-, wann das Minus-Zeichen? In ▶Abbildung 7.23 können wir sehen, dass die Steigung des Graphen von $y = \sec^{-1} x$ immer positiv ist. Damit bekommen wir:

$$\frac{d}{dx}\sec^{-1} x = \begin{cases} +\dfrac{1}{x\sqrt{x^2-1}} & \text{für } x > 1 \\ -\dfrac{1}{x\sqrt{x^2-1}} & \text{für } x < -1. \end{cases}$$

Mit dem Betragssymbol können wir die Ableitung auch in einer einzigen Gleichung schreiben und vermeiden so die Doppeldeutigkeit des $\pm$:

$$\frac{d}{dx}\sec^{-1} x = \frac{1}{|x|\sqrt{x^2-1}}.$$

Betrachten wir als Argument des $\sec^{-1}$ statt der Variablen x eine differenzierbare Funktion u mit $|u| > 1$, so erhalten wir:

Merke

$$\frac{d}{dx}(\sec^{-1} u) = \frac{1}{|u|\sqrt{u^2-1}} \frac{du}{dx}, \quad |u| > 1.$$

Ableitung mit einem Arkussekans

Beispiel 7.35 Mithilfe der Kettenregel und der Ableitung der Arkussekans-Funktion bestimmen wir die folgende Ableitung für $5x^4 > 1$:

$$\frac{d}{dx}\sec^{-1}(5x^4) = \frac{1}{|5x^4|\sqrt{(5x^4)^2-1}} \frac{d}{dx}(5x^4)$$

$$= \frac{1}{5x^4\sqrt{25x^8-1}}(20x^3) \qquad 5x^4 > 1 > 0$$

$$= \frac{4}{x\sqrt{25x^8-1}}.$$

Ableitungen der anderen drei inversen trigonometrischen Funktionen

Die Ableitungen der drei noch fehlenden inversen Funktionen – Arkuskosinus, Arkuskotangens und Arkuskosekans – könnten wir mit den gleichen Methoden herleiten. Mithilfe der folgenden Identitäten geht das aber auch einfacher.

Merke

Identitäten mit den inversen trigonometrischen Funktionen

$$\cos^{-1} x = \pi/2 - \sin^{-1} x$$
$$\cot^{-1} x = \pi/2 - \tan^{-1} x$$
$$\csc^{-1} x = \pi/2 - \sec^{-1} x$$

Die erste dieser drei Identitäten haben wir oben in Gleichung (7.24) hergeleitet. Die anderen beiden können auf die gleiche Weise gezeigt werden. Die Ableitungen der inversen Funktionen $\cos^{-1}$, $\cot^{-1}$ und $\csc^{-1}$ lassen sich damit sehr leicht berechnen. So erhalten wir z. B. für die Ableitung von $\cos^{-1}$:

$$\frac{d}{dx}(\cos^{-1} x) = \frac{d}{dx}\left(\frac{\pi}{2} - \sin^{-1} x\right) \qquad \text{Identität}$$

$$= -\frac{d}{dx}(\sin^{-1} x)$$

$$= -\frac{1}{\sqrt{1-x^2}}. \qquad \text{Ableitung des Arkussinus}$$

Die Ableitungen aller inversen trigonometrischen Funktionen sind noch einmal in Tabelle 7.6 zusammengestellt.

Ausdrücke für die Integration

Aus den Gleichungen für die Ableitungen in Tabelle 7.6 kann man drei sehr nützliche Ausdrücke für die Integration herleiten. Sie sind in Tabelle 7.7 zusammengestellt. Diese Ausdrücke können einfach verifiziert werden, indem man die rechte Seite der Gleichungen ableitet.

7.6 Inverse trigonometrische Funktionen

Tabelle 7.6: Die Ableitungen der inversen trigonometrischen Funktionen.

1.	$\dfrac{d(\sin^{-1} u)}{dx} = \dfrac{1}{\sqrt{1-u^2}} \dfrac{du}{dx},$	$\lvert u \rvert < 1$
2.	$\dfrac{d(\cos^{-1} u)}{dx} = -\dfrac{1}{\sqrt{1-u^2}} \dfrac{du}{dx},$	$\lvert u \rvert < 1$
3.	$\dfrac{d(\tan^{-1} u)}{dx} = \dfrac{1}{1+u^2} \dfrac{du}{dx}$	
4.	$\dfrac{d(\cot^{-1} u)}{dx} = -\dfrac{1}{1+u^2} \dfrac{du}{dx}$	
5.	$\dfrac{d(\sec^{-1} u)}{dx} = \dfrac{1}{\lvert u \rvert \sqrt{u^2-1}} \dfrac{du}{dx},$	$\lvert u \rvert > 1$
6.	$\dfrac{d(\operatorname{cosec}^{-1} u)}{dx} = -\dfrac{1}{\lvert u \rvert \sqrt{u^2-1}} \dfrac{du}{dx},$	$\lvert u \rvert > 1$

Tabelle 7.7: Integrale, die mithilfe von inversen trigonometrischen Funktionen bestimmt werden.

1.	$\displaystyle\int \dfrac{du}{\sqrt{a^2-u^2}} = \sin^{-1}\left(\dfrac{u}{a}\right) + C$	(gültig für $u^2 < a^2$)	$a \neq 0$
2.	$\displaystyle\int \dfrac{du}{a^2+u^2} = \dfrac{1}{a} \tan^{-1}\left(\dfrac{u}{a}\right) + C$	(gültig für alle u)	$a \neq 0$
3.	$\displaystyle\int \dfrac{du}{u\sqrt{u^2-a^2}} = \dfrac{1}{a} \sec^{-1}\left\lvert\dfrac{u}{a}\right\rvert + C$	(gültig für $\lvert u \rvert > a > 0$)	$a \neq 0$

Beispiel 7.36 In den folgenden Rechnungen zeigen wir einige Anwendungen der Formeln in Tabelle 7.7.

Ableitung verschiedener Arkusfunktionen

a)
$$\int_{\sqrt{2}/2}^{\sqrt{3}/2} \dfrac{dx}{\sqrt{1-x^2}} = \left[\sin^{-1} x\right]_{\sqrt{2}/2}^{\sqrt{3}/2}$$
$$= \sin^{-1}\left(\dfrac{\sqrt{3}}{2}\right) - \sin^{-1}\left(\dfrac{\sqrt{2}}{2}\right)$$
$$= \dfrac{\pi}{3} - \dfrac{\pi}{4} = \dfrac{\pi}{12}$$

Gleichung 1 aus Tabelle 7.7 mit $a=1, u=x$

b)
$$\dfrac{dx}{\sqrt{1-x^2}}$$
$$\int \dfrac{dx}{\sqrt{3-4x^2}} = \dfrac{1}{2} \int \dfrac{du}{\sqrt{a^2-u^2}}$$
$$= \dfrac{1}{2} \sin^{-1}\left(\dfrac{u}{a}\right) + C$$
$$= \dfrac{1}{2} \sin^{-1}\left(\dfrac{2x}{\sqrt{3}}\right) + C$$

$a = \sqrt{3}, u = 2x$ und $du/2 = dx$

Gleichung 1 aus Tabelle 7.7

7 Transzendente Funktionen

c)
$$\int \frac{dx}{\sqrt{e^{2x}-6}} = \int \frac{du/u}{\sqrt{u^2-a^2}}$$

$u = e^x$, $du = e^x dx$, $dx = du/e^x = du/u$, $a = \sqrt{6}$

$$= \int \frac{du}{u\sqrt{u^2-a^2}}$$

$$= \frac{1}{a}\sec^{-1}\left|\frac{u}{a}\right| + C \qquad \text{Gleichung 3 aus Tabelle 7.7}$$

$$= \frac{1}{\sqrt{6}}\sec^{-1}\left(\frac{e^x}{\sqrt{6}}\right) + C$$

Integrale mit inversen trigonometrischen Funktionen

Beispiel 7.37 Bestimmen Sie

a) $\displaystyle\int \frac{dx}{\sqrt{4x-x^2}}$ **b)** $\displaystyle\int \frac{dx}{4x^2+4x+2}$

Lösung

1. Die Formeln aus Tabelle 7.7 sind nicht direkt anwendbar; wir müssen den Ausdruck $4x - x^2$ zunächst umformen. Dazu benutzen wir die quadratische Ergänzung:

$$4x - x^2 = -(x^2 - 4x) = -(x^2 - 4x + 4) + 4 = 4 - (x-2)^2.$$

Wir setzen ein: $a = 2$, $u = x - 2$, $du = dx$ und erhalten:

$$\int \frac{dx}{\sqrt{4x-x^2}} = \int \frac{dx}{\sqrt{4-(x-2)^2}}$$

$$= \int \frac{du}{\sqrt{a^2-u^2}} \qquad a=2, u=x-2, du=dx$$

$$= \sin^{-1}\left(\frac{u}{a}\right) + C \qquad \text{Gleichung 1 aus Tabelle 7.7}$$

$$= \sin^{-1}\left(\frac{x-2}{2}\right) + C$$

2. Wir formen den Nenner mithilfe der quadratischen Ergänzung um:

$$4x^2 + 4x + 2 = 4(x^2 + x) + 2 = 4\left(x^2 + x + \frac{1}{4}\right) + 2 - \frac{4}{4}$$

$$= 4\left(x + \frac{1}{2}\right)^2 + 1 = (2x+1)^2 + 1.$$

Damit erhalten wir:

$$\int \frac{dx}{4x^2+4x+2} = \int \frac{dx}{(2x+1)^2+1} = \frac{1}{2}\int \frac{du}{u^2+a^2} \qquad a=1, u=2x+1 \text{ und } du/2 = dx$$

$$= \frac{1}{2}\cdot\frac{1}{a}\tan^{-1}\left(\frac{u}{a}\right) + C \qquad \text{Gleichung 2 aus Tabelle 7.7}$$

$$= \frac{1}{2}\tan^{-1}(2x+1) + C \qquad a=1, u=2x+1$$

Aufgaben zum Abschnitt 7.6

Wichtige Werte für trigonometrische Funktionen

Bestimmen Sie in den Aufgaben 1–8 die gesuchten Winkel. Verwenden Sie zur Lösung Dreiecke wie in den Beispielen 7.31 und 7.33.

1. a. $\tan^{-1} 1$
b. $\tan^{-1}\left(-\sqrt{3}\right)$
c. $\tan^{-1}\left(\dfrac{1}{\sqrt{3}}\right)$

2. a. $\tan^{-1}(-1)$
b. $\tan^{-1}(\sqrt{3})$
c. $\tan^{-1}\left(\dfrac{-1}{\sqrt{3}}\right)$

3. a. $\sin^{-1}\left(\dfrac{-1}{2}\right)$
b. $\sin^{-1}\left(\dfrac{1}{\sqrt{2}}\right)$
c. $\sin^{-1}\left(\dfrac{-\sqrt{3}}{2}\right)$

4. a. $\sin^{-1}\left(\dfrac{1}{2}\right)$
b. $\sin^{-1}\left(\dfrac{-1}{\sqrt{2}}\right)$
c. $\sin^{-1}\left(\dfrac{\sqrt{3}}{2}\right)$

5. a. $\cos^{-1}\left(\dfrac{1}{2}\right)$
b. $\cos^{-1}\left(\dfrac{-1}{\sqrt{2}}\right)$
c. $\cos^{-1}\left(\dfrac{\sqrt{3}}{2}\right)$

6. a. $\operatorname{cosec}^{-1} \sqrt{2}$
b. $\operatorname{cosec}^{-1}\left(\dfrac{-2}{\sqrt{3}}\right)$
c. $\operatorname{cosec}^{-1} 2$

7. a. $\sec^{-1}(-\sqrt{2})$
b. $\sec^{-1}\left(\dfrac{2}{\sqrt{3}}\right)$
c. $\sec^{-1}(-2)$

8. a. $\cot^{-1}(-1)$
b. $\cot^{-1}(\sqrt{3})$
c. $\cot^{-1}\left(\dfrac{-1}{\sqrt{3}}\right)$

Berechnungen

Bestimmen Sie in den Aufgaben 9–11 den Wert des Ausdrucks.

9. $\sin\left(\cos^{-1}\left(\dfrac{\sqrt{2}}{2}\right)\right)$

10. $\tan\left(\sin^{-1}\left(-\dfrac{1}{2}\right)\right)$

11. $\cot\left(\sin^{-1}\left(-\dfrac{\sqrt{3}}{2}\right)\right)$

Grenzwerte

Bestimmen Sie in den Aufgaben 12–15 den Grenzwert. Wenn Sie sich nicht sicher sind, betrachten den Graph der Funktion.

12. $\lim_{x \to 1^-} \sin^{-1} x$

13. $\lim_{x \to \infty} \tan^{-1} x$

14. $\lim_{x \to \infty} \sec^{-1} x$

15. $\lim_{x \to \infty} \operatorname{cosec}^{-1} x$

Ableitungen

Bestimmen Sie in den Aufgaben 16–26 die Ableitung von y nach der jeweiligen Variablen.

16. $y = \cos^{-1}(x^2)$

17. $y = \sin^{-1} \sqrt{2}t$

18. $y = \sec^{-1}(2s+1)$

19. $y = \operatorname{cosec}^{-1}(x^2+1), \quad x > 0$

20. $y = \sec^{-1} \dfrac{1}{t}, \quad 0 < t < 1$

21. $y = \cot^{-1} \sqrt{t}$

22. $y = \ln(\tan^{-1} x)$

23. $y = \operatorname{cosec}^{-1}(e^t)$

24. $y = s\sqrt{1-s^2} + \cos^{-1} s$

25. $y = \tan^{-1}\sqrt{x^2-1} + \operatorname{cosec}^{-1} x, \quad x > 1$

26. $y = x\sin^{-1} x + \sqrt{1-x^2}$

Berechnung von Integralen

Bestimmen Sie in den Aufgaben 27–38 das Integral.

27. $\displaystyle\int \dfrac{\mathrm{d}x}{\sqrt{9-x^2}}$

28. $\displaystyle\int \dfrac{\mathrm{d}x}{17+x^2}$

29. $\displaystyle\int \dfrac{\mathrm{d}x}{x\sqrt{25x^2-2}}$

30. $\displaystyle\int_0^1 \dfrac{4\mathrm{d}s}{\sqrt{4-s^2}}$

31. $\displaystyle\int_0^2 \dfrac{\mathrm{d}t}{8+2t^2}$

32. $\displaystyle\int_{-1}^{-\sqrt{2}/2} \dfrac{\mathrm{d}y}{y\sqrt{4y^2-1}}$

33. $\displaystyle\int \dfrac{3\mathrm{d}r}{\sqrt{1-4(r-1)^2}}$

34. $\displaystyle\int \dfrac{\mathrm{d}x}{2+(x-1)^2}$

35. $\displaystyle\int \dfrac{\mathrm{d}x}{(2x-1)\sqrt{(2x-1)^2-4}}$

36. $\int_{-\pi/2}^{\pi/2} \dfrac{2\cos\theta\, d\theta}{1+(\sin\theta)^2}$

37. $\int_{0}^{\ln\sqrt{3}} \dfrac{e^x\, dx}{1+e^{2x}}$

38. $\int \dfrac{y\, dy}{\sqrt{1-y^4}}$

Bestimmen Sie in den Aufgaben 39–45 das Integral.

39. $\int \dfrac{dx}{\sqrt{-x^2+4x-3}}$

40. $\int_{-1}^{0} \dfrac{6\, dt}{\sqrt{3-2t-t^2}}$

41. $\int \dfrac{dy}{y^2-2y+5}$

42. $\int_{1}^{2} \dfrac{8\, dx}{x^2-2x+2}$

43. $\int \dfrac{x+4}{x^2+4}\, dx$

44. $\int \dfrac{x^2+2x-1}{x^2+9}\, dx$

45. $\int \dfrac{dx}{(x+1)\sqrt{x^2+2x}}$

Bestimmen Sie in den Aufgaben 46–50 das Integral.

46. $\int \dfrac{e^{\sin^{-1}x}\, dx}{\sqrt{1-x^2}}$

47. $\int \dfrac{(\sin^{-1}x)^2\, dx}{\sqrt{1-x^2}}$

48. $\int \dfrac{dy}{(\tan^{-1}y)(1+y^2)}$

49. $\int_{\sqrt{2}}^{2} \dfrac{\sec^2(\sec^{-1}x)\, dx}{x\sqrt{x^2-1}}$

50. $\int \dfrac{1}{\sqrt{x}(x+1)\left((\tan^{-1}\sqrt{x})^2+9\right)}\, dx$

Die Regel von l'Hospital

Bestimmen Sie in den Aufgaben 51–54 den Grenzwert.

51. $\lim\limits_{x\to 0} \dfrac{\sin^{-1}5x}{x}$

52. $\lim\limits_{x\to\infty} x\tan^{-1}\dfrac{2}{x}$

53. $\lim\limits_{x\to 0} \dfrac{\tan^{-1}x^2}{x\sin^{-1}x}$

54. $\lim\limits_{x\to 0^+} \dfrac{(\tan^{-1}\sqrt{x})^2}{x\sqrt{x+1}}$

Gleichungen für Integrale

Bestätigen Sie in den Aufgaben 55–57 die angegebene allgemeine Stammfunktion.

55. $\int \dfrac{\tan^{-1}x}{x^2}\, dx = \ln x - \dfrac{1}{2}\ln(1+x^2) - \dfrac{\tan^{-1}x}{x} + C$

56. $\int (\sin^{-1}x)^2\, dx = x(\sin^{-1}x)^2 - 2x + 2\sqrt{1-x^2}\sin^{-1}x + C$

57. $\int \ln(a^2+x^2)\, dx = x\ln(a^2+x^2) - 2x + 2a\tan^{-1}\dfrac{x}{a} + C$

Anfangswertprobleme

Lösen Sie in den Aufgaben 58–60 das Anfangswertproblem.

58. $\dfrac{dy}{dx} = \dfrac{1}{\sqrt{1-x^2}},\; y(0) = 0$

59. $\dfrac{dy}{dx} = \dfrac{1}{x\sqrt{x^2-1}},\; x>1;\; y(2) = \pi$

60. $\dfrac{dy}{dx} = \dfrac{1}{1+x^2} - \dfrac{2}{\sqrt{1-x^2}},\; y(0) = 2$

Anwendungen und Theorie

61. Sie sitzen in einem Seminarraum direkt an der Wand und schauen zur Tafel vorne im Raum. Die Tafel ist 4 m breit, ihr Abstand zu der Wand, an der Sie sitzen, beträgt 1 m.

a. Sie sitzen x m von der vorderen Wand des Raums entfernt. Zeigen Sie, dass Ihr Sichtwinkel dann

$$\alpha = \cot^{-1}\dfrac{x}{5} - \cot^{-1}\dfrac{x}{1}$$

beträgt.

b. Bestimmen Sie x so, dass α maximal wird.

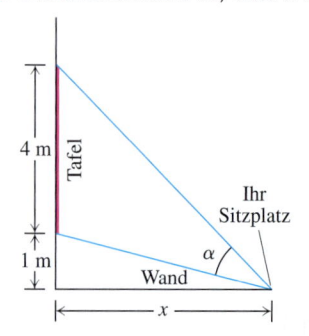

62. Die Mantellinie eines Kegels beträgt 3 m, wie in der untenstehenden Abbildung gezeigt. Wie groß muss der eingezeichnete Winkel gewählt werden, um das Volumen des Kegels zu maximieren?

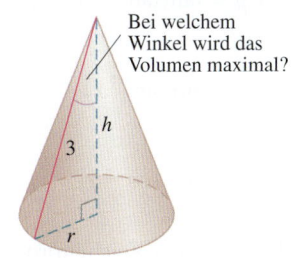

Bei welchem Winkel wird das Volumen maximal?

63. Zwei Herleitungen der Identität
$\sec^{-1}(-x) = \pi - \sec^{-1} x$

a. *Geometrische Herleitung* Mit dem folgenden Bild kann die Gleichung $\sec^{-1}(-x) = \pi - \sec^{-1} x$ gezeigt werden. Erläutern Sie das Vorgehen.

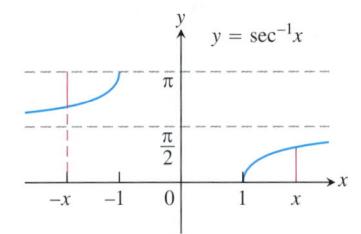

b. *Algebraische Herleitung* Verbinden Sie die beiden folgenden Gleichungen aus dem Text dieses Kapitels und leiten Sie damit die Identität $\sec^{-1}(-x) = \pi - \sec^{-1} x$ her:

$$\cos^{-1}(-x) = \pi - \cos^{-1} x \quad \text{Gleichung (7.23)}$$
$$\sec^{-1} x = \cos^{-1}(1/x) \quad \text{Gleichung (7.25)}$$

64. Die Identität $\sin^{-1} x + \cos^{-1} x = \pi/2$ Diese Identität wurde in Abbildung 7.20 für $0 < x < 1$ gezeigt. Wir wollen sie jetzt auch für den Rest des Intervalls $[-1, 1]$ nachweisen. Dazu zeigen wir zunächst durch direktes Nachrechnen, dass sie für $x = 1$, $x = 0$ und $x = -1$ gilt. Wir müssen also nur noch den Nachweis für die Werte im Intervall $(-1, 0)$ führen. Dazu setzen wir $x = -a$ für $a > 0$ und wenden die Gleichungen (7.21) und (7.23) auf die Summe $\sin^{-1}(-a) + \cos^{-1}(-a)$ an.

65. Die folgende Zeichnung verdeutlicht die Gleichung $\tan^{-1} 1 + \tan^{-1} 2 + \tan^{-1} 3 = \pi$. Sie liefert keinen strengen Beweis, kommt dem aber nahe. Erläutern Sie, wie die Gleichung mithilfe der Zeichnung begründet wird.

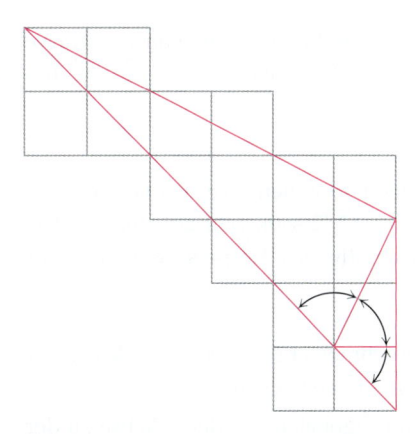

66. Leiten Sie die Gleichung für die Ableitung von $\csc^{-1} u$ in Tabelle 7.6 her. Gehen Sie dazu von der Ableitung von $\sec^{-1} u$ aus und verwenden Sie die Identität

$$\csc^{-1} u = \frac{\pi}{2} - \sec^{-1} u.$$

67. Leiten Sie mithilfe der Ableitungsregel (Satz 7.1) die folgende Gleichung her:

$$\frac{d}{dx} \sec^{-1} x = \frac{1}{|x|\sqrt{x^2 - 1}}, \quad |x| > 1.$$

68. Erläutern Sie die Besonderheiten der Funktionen

$$f(x) = \sin^{-1} \frac{x-1}{x+1}, \quad x \geq 0,$$
$$\text{und} \quad g(x) = 2 \tan^{-1} \sqrt{x}.$$

69. Bestimmen Sie das Volumen des hier gezeigten Rotationskörpers.

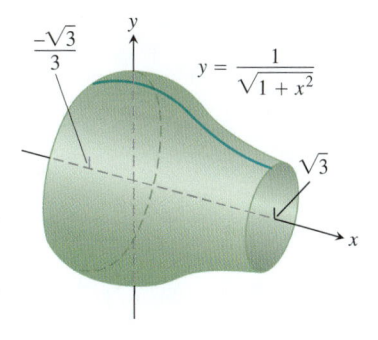

Bestimmen Sie in den Aufgaben 70 und 71 das Volumen der beschriebenen Körper.

70. Ein Körper liegt zwischen zwei Ebenen, die bei $x = -1$ und $x = 1$ senkrecht auf der x-Achse stehen. Die Querschnitte des Körpers senkrecht zur x-Achse sind:

a. Kreise, deren Durchmesser sich von der Kurve $y = -1/\sqrt{1+x^2}$ zur Kurve $y = 1/\sqrt{1+x^2}$ erstrecken.

b. Quadrate, deren Grundlinie jeweils von der Kurve $y = -1/\sqrt{1+x^2}$ zu der Kurve $y = 1/\sqrt{1+x^2}$ reichen.

71. Ein Körper liegt zwischen zwei Ebenen, die bei $x = -\sqrt{2}/2$ und $x = \sqrt{2}/2$ senkrecht auf der x-Achse stehen. Die Querschnitte des Körpers senkrecht zur x-Achse sind:

a. Kreise, deren Durchmesser sich von der x-Achse zur Kurve $y = 2/\sqrt[4]{1-x^2}$ erstrecken.

b. Quadrate, deren Diagonalen von der x-Achse zu der Kurve $y = 2/\sqrt[4]{1-x^2}$ reichen.

72. Bestimmen Sie die Werte der folgenden Ausdrücke

a. $\sec^{-1} 1{,}5$ **b.** $\csc^{-1}(-1{,}5)$

c. $\cot^{-1} 2$

Bestimmen Sie in den Aufgaben 73–75 jeweils den Definitions- und den Wertebereich der verketteten Funktionen. Zeichnen Sie dann die Graphen der Verkettungen jeweils in ein eigenes Bild. Sind die Graphen immer sinnvoll? Erläutern Sie Ihre Antwort. Kommentieren Sie die Unterschiede, die Ihnen zwischen den Graphen auffallen.

73. **a.** $y = \tan^{-1}(\tan x)$ **b.** $y = \tan(\tan^{-1} x)$

74. **a.** $y = \sin^{-1}(\sin x)$ **b.** $y = \sin(\sin^{-1} x)$

75. **a.** $y = \cos^{-1}(\cos x)$ **b.** $y = \cos(\cos^{-1} x)$

Verwenden Sie für die Aufgabe 76–77 ein Zeichenprogramm.

76. Die Kurve $y = 4x/(x^2+1)$ wurde von Isaac Newton untersucht und von ihm als „Schlangenkurve" (serpentine) bezeichnet. Zeichnen Sie diese Kurve zusammen mit der Kurve $y = 2\sin(2\tan^{-1} x)$ in ein Bild. Erklären Sie, was Sie sehen.

77. Zeichnen Sie den Graphen der Funktion $f(x) = \sin^{-1} x$ und ihrer ersten beiden Ableitungen in ein Bild. Welcher Zusammenhang besteht zwischen der Form des Graphen von f und dem Vorzeichen und den Werten von f' und f''?

7.7 Hyperbolische Funktionen

Unter hyperbolischen Funktionen oder Hyperbelfunktionen versteht man eine Reihe von Kombinationen der beiden Exponentialfunktionen $y = e^x$ und $y = e^{-x}$. Sie vereinfachen viele mathematische Ausdrücke und kommen in zahlreichen mathematischen Anwendungen vor. Wir betrachten in diesem Kapitel zunächst, wie hyperbolische Funktionen definiert sind, und behandeln dann ihre Graphen und Ableitungen.

Definitionen und Identitäten

Die hyperbolische Sinusfunktion $\sinh x$ und die hyperbolische Kosinusfunktion $\cosh x$ werden durch die folgenden Gleichungen definiert:

$$\sinh x = \frac{e^x - e^{-x}}{2} \quad \text{und} \quad \cosh x = \frac{e^x + e^{-x}}{2}.$$

Andere Bezeichnungen dieser Funktionen sind Hyperbelsinus oder sinus hyperbolicus bzw. Hyperbelkosinus oder cosinus hypercolicus. Von diesen beiden Basisfunktionen geht man aus, um den Hyperbeltangens, den Hyperbelkotangens, den Hyperbelsekans und den Hyperbelkosekans zu definieren. Alle Definitionen und Graphen der hyperbolischen Funktionen sind in Tabelle 7.8 zusammengestellt. Alle hyperbolischen Funktionen haben viele Ähnlichkeiten mit den trigonometrischen Funktionen, nach denen sie benannt sind.

Tabelle 7.8: Die sechs hyperbolischen Funktionen.

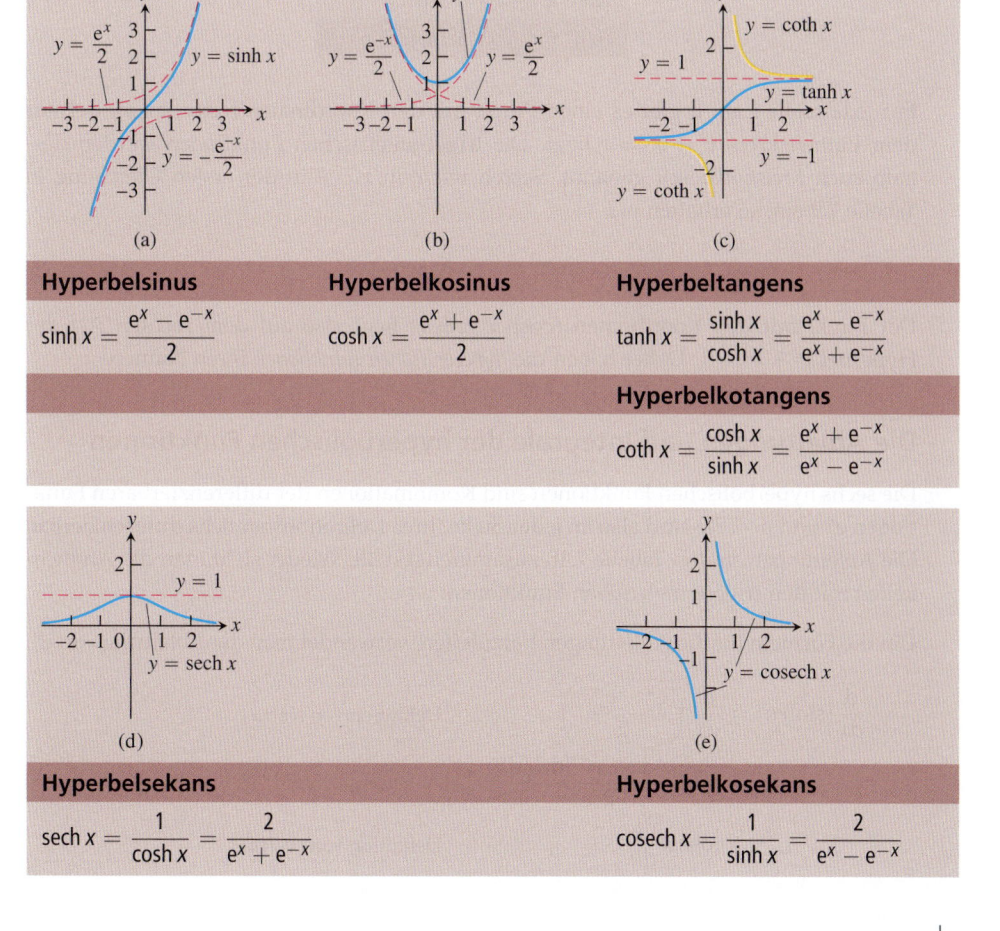

Hyperbelsinus	Hyperbelkosinus	Hyperbeltangens
$\sinh x = \dfrac{e^x - e^{-x}}{2}$	$\cosh x = \dfrac{e^x + e^{-x}}{2}$	$\tanh x = \dfrac{\sinh x}{\cosh x} = \dfrac{e^x - e^{-x}}{e^x + e^{-x}}$
		Hyperbelkotangens
		$\coth x = \dfrac{\cosh x}{\sinh x} = \dfrac{e^x + e^{-x}}{e^x - e^{-x}}$

Hyperbelsekans	Hyperbelkosekans
$\text{sech}\, x = \dfrac{1}{\cosh x} = \dfrac{2}{e^x + e^{-x}}$	$\text{cosech}\, x = \dfrac{1}{\sinh x} = \dfrac{2}{e^x - e^{-x}}$

Die hyperbolischen Funktionen erfüllen die Identitäten in Tabelle 7.9. Diese Identitäten ähneln sehr denen für trigonometrische Funktionen, es gibt nur einige Unterschiede in den Vorzeichen. Sie lassen sich direkt mit den Definitionen beweisen. Als Beispiel zeigen wir dies mit der zweiten:

$$2\sinh x \cosh x = 2\left(\frac{e^x - e^{-x}}{2}\right)\left(\frac{e^x + e^{-x}}{2}\right)$$
$$= \frac{e^{2x} - e^{-2x}}{2}$$
$$= \sinh 2x.$$

Die anderen Identitäten werden auf gleiche Weise bewiesen, man setzt die Definitionen ein und formt dann algebraisch um. Wie andere Standardfunktionen haben auch die hyperbolischen Funktionen eine eigene Taste auf vielen Taschenrechnern. Es ist also recht einfach, ihre Werte mit einem Taschenrechner zu bestimmen.

Tabelle 7.9: Identitäten für hyperbolische Funktionen.

$\cosh^2 x - \sinh^2 x = 1$	
$\sinh 2x$	$= 2 \sinh x \cosh x$
$\cosh 2x$	$= \cosh^2 x + \sinh^2 x$
$\cosh^2 x$	$= \dfrac{\cosh 2x + 1}{2}$
$\sinh^2 x$	$= \dfrac{\cosh 2x - 1}{2}$
$\tanh^2 x$	$= 1 - \operatorname{sech}^2 x$
$\coth^2 x$	$= 1 + \operatorname{cosech}^2 x$

Für jede reelle Zahl u gibt es einen Punkt mit den Koordinaten $(\cos u, \sin u)$, der auf dem Einheitskreis $x^2 + y^2 = 1$ liegt. Die trigonometrischen Funktionen werden deshalb auch *Kreisfunktionen* genannt. Setzen wir nun $x = u$ in der ersten Gleichung in Tabelle 7.9 ein, so erhalten wir

$$\cosh^2 u - \sinh^2 u = 1.$$

Der Punkt mit den Koordinaten $(\cosh u, \sinh u)$ liegt also auf dem rechten Ast der Hyperbel $x^2 - y^2 = 1$. Daher haben die *hyperbolischen Funktionen* ihren Namen.

Die Ableitungen und Integrale der hyperbolischen Funktionen

Die sechs hyperbolischen Funktionen sind Kombinationen der differenzierbaren Funktionen e^x und e^{-x}. Sie sind also an jeder Stelle ihres Definitionsbereichs differenzierbar. Die Ableitungen sind in Tabelle 7.10 zusammengestellt. Wieder sieht man die Ähnlichkeiten mit den trigonometrischen Funktionen.

Um die Formeln für die Ableitungen herzuleiten, verwendet man die Ableitung von e^u:

$$\frac{d}{dx}(\sinh u) = \frac{d}{dx}\left(\frac{e^u - e^{-u}}{2}\right) \qquad \text{Definition von } \sinh u$$
$$= \frac{e^u du/dx + e^{-u} du/dx}{2} \qquad \text{Ableitung von } e^u$$
$$= \cosh u \frac{du}{dx}. \qquad \text{Definition von } \cosh u$$

7.7 Hyperbolische Funktionen

Tabelle 7.10: Ableitungen der hyperbolischen Funktionen.

$\dfrac{d}{dx}(\sinh u)$	$= \cosh u \dfrac{du}{dx}$
$\dfrac{d}{dx}(\cosh u)$	$= \sinh u \dfrac{du}{dx}$
$\dfrac{d}{dx}(\tanh u)$	$= \operatorname{sech}^2 u \dfrac{du}{dx}$
$\dfrac{d}{dx}(\coth u)$	$= -\operatorname{cosech}^2 u \dfrac{du}{dx}$
$\dfrac{d}{dx}(\operatorname{sech} u)$	$= -\operatorname{sech} u \tanh u \dfrac{du}{dx}$
$\dfrac{d}{dx}(\operatorname{cosech} u)$	$= -\operatorname{cosech} u \coth u \dfrac{du}{dx}$

Tabelle 7.11: Integralformeln für hyperbolische Funktionen.

$\int \sinh u \, du = \cosh u + C$
$\int \cosh u \, du = \sinh u + C$
$\int \operatorname{sech}^2 u \, du = \tanh u + C$
$\int \operatorname{cosec}^2 u \, du = -\coth u + C$
$\int \operatorname{sech} u \tanh u \, du = -\operatorname{sech} u + C$
$\int \operatorname{cosech} u \coth u \, du = -\operatorname{cosech} u + C$

So erhalten wir die erste Formel in Tabelle 7.10. Wir gehen ebenfalls von der Definition aus, um die Ableitung des Hyperbelkosekans zu bestimmen:

$$\begin{aligned}\frac{d}{dx}(\operatorname{cosech} u) &= \frac{d}{dx}\left(\frac{1}{\sinh u}\right) &&\text{Definition von } \operatorname{cosech} u \\ &= -\frac{\cosh u}{\sinh^2 u}\frac{du}{dx} &&\text{Quotientenregel} \\ &= -\frac{1}{\sinh u}\frac{\cosh u}{\sinh u}\frac{du}{dx} &&\text{Umformen} \\ &= -\operatorname{cosech} u \coth u \frac{du}{dx}. &&\text{Definition von } \operatorname{cosech} u \text{ und } \coth u\end{aligned}$$

Die anderen Formeln aus Tabelle 7.10 erhält man mit der gleichen Methode.

Aus den Formeln für die Ableitungen kann man die Integrationsformeln in Tabelle 7.11 herleiten.

Beispiel 7.38

Ableitungen und Integrale mit hyperbolischen Funktionen

a

$$\begin{aligned}\frac{d}{dt}\left(\tanh\sqrt{1+t^2}\right) &= \operatorname{sech}^2\sqrt{1+t^2}\cdot\frac{d}{dt}\left(\sqrt{1+t^2}\right) \\ &= \frac{t}{\sqrt{1+t^2}}\operatorname{sech}^2\sqrt{1+t^2}\end{aligned}$$

b
$$\int \coth 5x \, dx = \int \frac{\cosh 5x}{\sinh 5x} dx = \frac{1}{5} \int \frac{du}{u} \qquad u = \sinh 5x,$$
$$du = 5\cosh 5x \, dx$$
$$= \frac{1}{5} \ln |u| + C = \frac{1}{5} \ln |\sinh 5x| + C$$

c
$$\int_0^1 \sinh^2 x \, dx = \int_0^1 \frac{\cosh 2x - 1}{2} dx \qquad \text{Tabelle 7.9}$$
$$= \frac{1}{2} \int_0^1 (\cosh 2x - 1) dx = \frac{1}{2} \left[\frac{\sinh 2x}{2} - x \right]_0^1$$
$$= \frac{\sinh 2}{4} - \frac{1}{2} \approx 0{,}40672 \qquad \text{Mit einem Taschenrechner berechnet}$$

d
$$\int_0^{\ln 2} 4e^x \sinh x \, dx = \int_0^{\ln 2} 4e^x \frac{e^x - e^{-x}}{2} dx$$
$$= \int_0^{\ln 2} (2e^{2x} - 2) dx$$
$$= \left[e^{2x} - 2x \right]_0^{\ln 2} = \left(e^{2\ln 2} - 2\ln 2 \right) - (1 - 0)$$
$$= 4 - 2\ln 2 - 1 \approx 1{,}6137$$

Inverse hyperbolische Funktionen

Die Inversen der sechs hyperbolischen Funktionen werden bei der Integration häufig verwendet (Kapitel 8). Es gilt $d(\sinh x)/dx = \cosh x > 0$, der Hyperbelsinus ist also eine wachsende Funktion von x. Wir bezeichnen seine Inverse mit

$$y = \sinh^{-1} x.$$

Für jeden Wert von x im Intervall $-\infty < x < \infty$ gilt: Der Wert von $y = \sinh^{-1} x$ ist die Zahl, deren Hyperbelsinus x ergibt. ▶Abbildung 7.24a zeigt die Graphen von $y = \sinh x$ und $y = \sinh^{-1} x$.

Die Funktion $y = \cosh x$ ist nicht injektiv, das stellt man mithilfe des Test mit horizontalen Geraden fest. Allerdings kann man sie zu einer injektive Funktion machen, indem man den Definitionsbereich einschränkt: $y = \cosh x$ für $x \geq 0$ ist injektiv und hat damit eine Inverse:

$$y = \cosh^{-1} x.$$

Für jeden Wert $x \geq 1$ gilt: Der Wert von $y = \cosh^{-1} x$ ist die nicht-negative Zahl, deren Hyperbelkosinus x beträgt. ▶Abbildung 7.24b zeigt die Graphen von $y = \cosh x$ für $x \geq 0$ und $y = \cosh^{-1} x$.

Ebenso wie $y = \cosh x$ ist auch die Funktion $y = \operatorname{sech} x = 1/\cosh x$ nicht injektiv, man erhält aber eine injektive Funktion, wenn man den Definitionsbereich auf nichtnegative Werte von x einschränkt. Diese Funktion hat dann eine Inverse:

$$y = \operatorname{sech}^{-1} x.$$

Für jeden Wert x im Intervall $(0, 1]$ gilt: Der Wert von $y = \operatorname{sech}^{-1} x$ ist die nichtnegative Zahl, deren Hyperbelsekans x beträgt. ▶Abbildung 7.24c zeigt die Graphen von $y = \operatorname{sech} x$ für $x \geq 0$ und $y = \operatorname{sech}^{-1} x$.

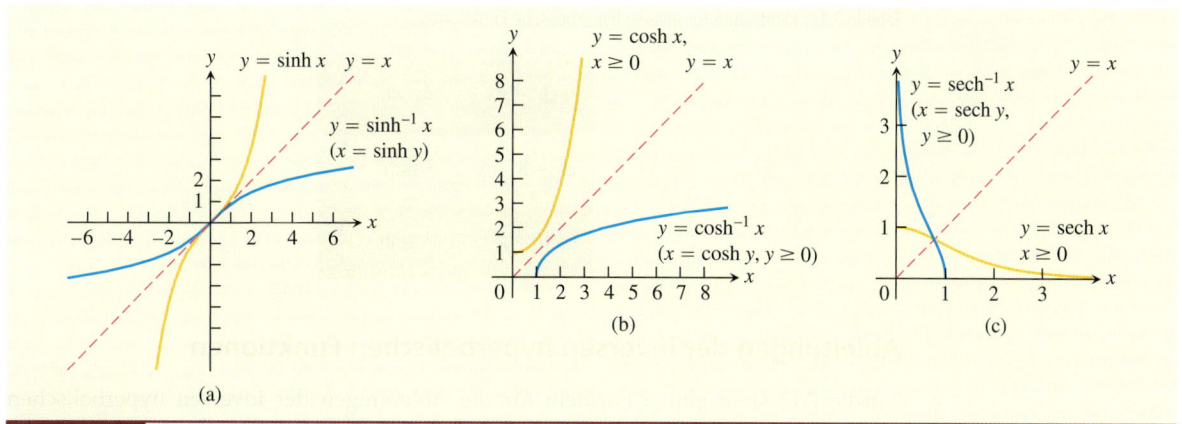

Abbildung 7.24 Die Graphen des inversen Hyperbelsinus, Hyperbelkosinus und Hyperbelsekans als Funktion von x. Man sieht die Symmetrien bezüglich der Geraden $y = x$.

Der Hyperbeltangens, der Hyperbelkotangens und der Hyperbelkosekans sind in ihrem gesamten Definitionsbereich injektiv. Ihre Inversen sind:

$$y = \tanh^{-1} x, \quad y = \coth^{-1} x, \quad y = \operatorname{cosech}^{-1} x.$$

▶Abbildung 7.25 zeigt die Graphen dieser Funktionen.

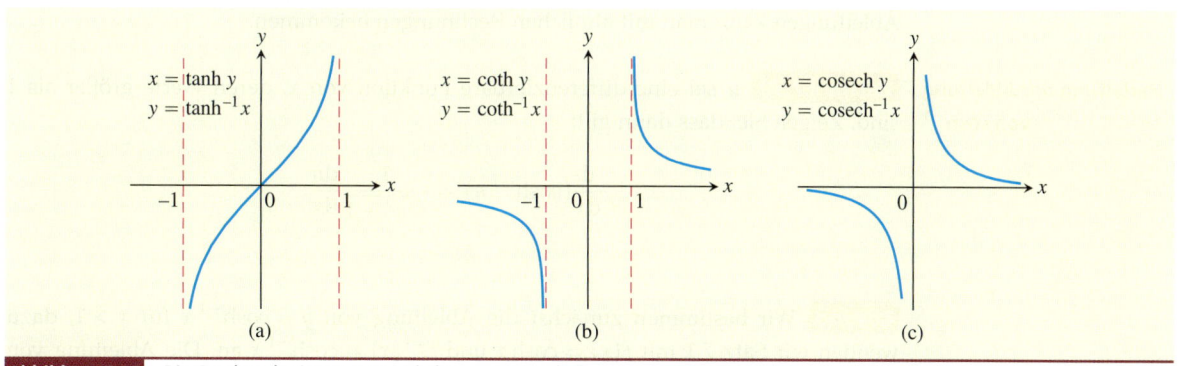

Abbildung 7.25 Die Graphen des inversen Hyperbeltangens, Hyperbelkotangens und Hyperbelkosekans als Funktion von x.

Nützliche Identitäten

In Tabelle 7.12 sind einige Identitäten für inverse hyperbolische Funktionen zusammengestellt. Mithilfe dieser Identitäten können wir $\operatorname{sech}^{-1} x$, $\operatorname{cosech}^{-1} x$ und $\coth^{-1} x$ berechnen, auch wenn unser Taschenrechner nur die Funktionen $\cosh^{-1} x$, $\sinh^{-1} x$ und $\tanh^{-1} x$ kennt. Diese Identitäten leiten sich direkt aus den Definitionen her. So gilt z. B. für $0 < x \leq 1$:

$$\operatorname{sech}\left(\cosh^{-1}\left(\frac{1}{x}\right)\right) = \frac{1}{\cosh\left(\cosh^{-1}\left(\frac{1}{x}\right)\right)} = \frac{1}{\left(\frac{1}{x}\right)} = x.$$

Der Hyperbelsekans ist injektiv im Intervall $(0, 1]$, und es gilt $\operatorname{sech}(\operatorname{sech}^{-1})x = x$. Damit erhalten wir:

$$\cosh^{-1}\left(\frac{1}{x}\right) = \operatorname{sech}^{-1} x.$$

Tabelle 7.12: Identitäten für inverse hyperbolische Funktionen.

$\text{sech}^{-1} x$	$= \cosh^{-1} \dfrac{1}{x}$
$\text{cosech}^{-1} x$	$= \sinh^{-1} \dfrac{1}{x}$
$\coth^{-1} x$	$= \tanh^{-1} \dfrac{1}{x}$

Ableitungen der inversen hyperbolischen Funktionen

Tabelle 7.13 stellt einige Formeln für die Ableitungen der inversen hyperbolischen Funktionen zusammen. Umgekehrt kann man dieser Tabelle natürlich auch Stammfunktionen entnehmen, und besonders diese Stammfunktionen sind in vielen Integralen nützlich.

Die Einschränkungen $|u| < 1$ und $|u| > 1$ in den Formeln für die Ableitungen von $\tanh^{-1} u$ und $\coth^{-1} u$ entsprechen den natürlichen Beschränkungen der Werte dieser Funktionen (die ▶Abbildungen 7.25a und b). Die Unterscheidung zwischen $|u| < 1$ und $|u| > 1$ wird wichtig, wenn wir aus den Formeln für Ableitungen solche für Integrale ableiten.

Wir bestimmen beispielhaft die Ableitung des inversen Hyperbelkosinus. Die anderen Ableitungen kann man mit ähnlichen Rechnungen bekommen.

Herleitung der Ableitung von $\cosh^{-1}$

Beispiel 7.39 u sei eine differenzierbare Funktion von x, deren Werte größer als 1 sind. Zeigen Sie, dass dann gilt:

$$\frac{d}{dx}(\cosh^{-1} u) = \frac{1}{\sqrt{u^2 - 1}} \frac{du}{dx}.$$

Lösung Wir bestimmen zunächst die Ableitung von $y = \cosh^{-1} x$ für $x > 1$, dazu wenden wir Satz 7.1 mit $f(x) = \cosh x$ und $f^{-1}(x) = \cosh^{-1} x$ an. Die Ableitung von

Tabelle 7.13: Ableitungen inverser hyperbolischer Funktionen.

$\dfrac{d(\sinh^{-1} u)}{dx}$	$= \dfrac{1}{\sqrt{1+u^2}} \dfrac{du}{dx}$	
$\dfrac{d(\cosh^{-1} u)}{dx}$	$= \dfrac{1}{\sqrt{u^2-1}} \dfrac{du}{dx},$	$u > 1$
$\dfrac{d(\tanh^{-1} u)}{dx}$	$= \dfrac{1}{1-u^2} \dfrac{du}{dx},$	$|u| < 1$
$\dfrac{d(\coth^{-1} u)}{dx}$	$= \dfrac{1}{1-u^2} \dfrac{du}{dx},$	$|u| > 1$
$\dfrac{d(\text{sech}^{-1} u)}{dx}$	$= -\dfrac{1}{u\sqrt{1-u^2}} \dfrac{du}{dx},$	$0 < u < 1$
$\dfrac{d(\text{cosec}^{-1} u)}{dx}$	$= -\dfrac{1}{|u|\sqrt{1+u^2}} \dfrac{du}{dx},$	$u \neq 0$

$\cosh x$ ist positiv für $0 < x$, sodass wir Satz 7.1 verwenden können.

$$
\begin{aligned}
(f^{-1})'(x) &= \frac{1}{f'(f^{-1}(x))} && \text{Satz 7.1} \\
&= \frac{1}{\sinh(\cosh^{-1} x)} && f'(u) = \sinh u \\
&= \frac{1}{\sqrt{\cosh^2(\cosh^{-1} x) - 1}} && \cosh^2 u - \sinh^2 u = 1,\ \sinh u = \sqrt{\cosh^2 u - 1} \\
&= \frac{1}{\sqrt{x^2 - 1}} && \cosh(\cosh^{-1} x) = x
\end{aligned}
$$

Mithilfe der Kettenregel erhalten wir das Ergebnis:

$$\frac{d}{dx}(\cosh^{-1} u) = \frac{1}{\sqrt{u^2 - 1}} \frac{du}{dx}.$$

Mit den Formeln für die Ableitungen in Tabelle 7.13 kann man die Integralformeln in Tabelle 7.14 herleiten. Jede der Gleichungen in Tabelle 7.14 kann einfach verifiziert werden, indem man den Ausdruck auf der rechten Seite ableitet.

Tabelle 7.14: Integrale, bei denen inverse hyperbolische Funktionen vorkommen.

1.	$\int \dfrac{du}{\sqrt{a^2 + u^2}}$	$= \sinh^{-1}\left(\dfrac{u}{a}\right) + C,$	$a > 0$
2.	$\int \dfrac{du}{\sqrt{u^2 - a^2}}$	$= \cosh^{-1}\left(\dfrac{u}{a}\right) + C,$	$u > a > 0$
3.	$\int \dfrac{du}{a^2 - u^2}$	$= \begin{cases} \dfrac{1}{a} \tanh^{-1}\left(\dfrac{u}{a}\right) + C, & u^2 < a^2 \\ \dfrac{1}{a} \coth^{-1}\left(\dfrac{u}{a}\right) + C, & u^2 > a^2 \end{cases}$	
4.	$\int \dfrac{du}{u\sqrt{a^2 - u^2}}$	$= -\dfrac{1}{a} \operatorname{sech}^{-1}\left(\dfrac{u}{a}\right) + C,$	$0 < u < a$
5.	$\int \dfrac{du}{u\sqrt{a^2 + u^2}}$	$= -\dfrac{1}{a} \operatorname{cosech}^{-1}\left|\dfrac{u}{a}\right| + C,$	$u \neq 0$ und $a > 0$

Beispiel 7.40 Berechnen Sie:

$$\int_0^1 \frac{2\,dx}{\sqrt{3 + 4x^2}}.$$

Integral mit dem inversen Hyperbelsinus

Lösung Das unbestimmte Integral ist:

$$
\begin{aligned}
\int \frac{2\,dx}{\sqrt{3 + 4x^2}} &= \int \frac{du}{\sqrt{a^2 + u^2}} && u = 2x,\ du = 2dx,\ a = \sqrt{3} \\
&= \sinh^{-1}\left(\frac{u}{a}\right) + C && \text{Formel 1 aus Tabelle 7.14} \\
&= \sinh^{-1}\left(\frac{2x}{\sqrt{3}}\right) + C.
\end{aligned}
$$

Damit gilt:

$$\int_0^1 \frac{2\,dx}{\sqrt{3+4x^2}} = \left[\sinh^{-1}\left(\frac{2x}{\sqrt{3}}\right)\right]_0^1 = \sinh^{-1}\left(\frac{2}{\sqrt{3}}\right) - \sinh^{-1}(0)$$

$$= \sinh^{-1}\left(\frac{2}{\sqrt{3}}\right) - 0 \approx 0{,}98665\,. \blacksquare$$

Aufgaben zum Abschnitt 7.7

Werte und Identitäten

In jeder der Aufgaben 1–4 ist der Wert von $\sinh x$ oder $\cosh x$ gegeben. Bestimmen Sie jeweils den Wert der anderen fünf hyperbolischen Funktionen, verwenden Sie dazu die Definitionen und die Identität $\cosh^2 x - \sinh^2 x = 1$.

1. $\sinh x = -\dfrac{3}{4}$ **2.** $\sinh x = \dfrac{4}{3}$

3. $\cosh x = \dfrac{17}{15},\ x>0$ **4.** $\cosh x = \dfrac{13}{5},\ x>0$

Formen Sie in den Aufgaben 5–7 die Ausdrücke so um, dass sie aus Exponentialtermen bestehen, und vereinfachen Sie so weit wie möglich.

5. $2\cosh(\ln x)$ **6.** $\cosh 5x + \sinh 5x$

7. $(\sinh x + \cosh x)^4$

8. Beweisen Sie die Identitäten:

$$\sinh(x+y) = \sinh x \cosh y + \cosh x \sinh y,$$
$$\cosh(x+y) = \cosh x \cosh y + \sinh x \sinh y.$$

Zeigen Sie dann mithilfe dieser Identitäten:

a. $\sinh 2x = 2\sinh x \cosh x$,

b. $\cosh 2x = \cosh^2 x + \sinh^2 x$.

Ableitungen

Bestimmen Sie in den Aufgaben 9–14 die Ableitung von y nach der entsprechenden Variablen.

9. $y = 6\sinh\dfrac{x}{3}$ **10.** $y = 2\sqrt{t}\tanh\sqrt{t}$

11. $y = \ln(\sinh z)$ **12.** $y = \text{sech}\,\theta(1 - \ln\text{sech}\,\theta)$

13. $y = \ln\cosh v - \dfrac{1}{2}\tanh^2 v$

14. $y = (x^2+1)\,\text{sech}(\ln x)$ (Hinweis: Rechnen Sie diesen Ausdruck in Exponentialfunktionen um und vereinfachen Sie, bevor Sie differenzieren.)

Bestimmen Sie in den Aufgaben 15–20 die Ableitung von y nach der entsprechenden Variablen.

15. $y = \sinh^{-1}\sqrt{x}$

16. $y = (1-\theta)\tanh^{-1}\theta$

17. $y = (1-t)\coth^{-1}\sqrt{t}$

18. $y = \cos^{-1}x - x\,\text{sech}^{-1}x$

19. $y = \text{cosech}^{-1}\left(\dfrac{1}{2}\right)^\theta$

20. $y = \sinh^{-1}(\tan x)$

Integration

Bestätigen Sie in den Aufgaben 21–23 die angegebenen allgemeinen Stammfunktionen.

21. a. $\displaystyle\int \text{sech}\,x\,dx = \tan^{-1}(\sinh x) + C$

b. $\displaystyle\int \text{sech}\,x\,dx = \sin^{-1}(\tanh x) + C$

22. $\displaystyle\int x\coth^{-1}x\,dx = \dfrac{x^2-1}{2}\coth^{-1}x + \dfrac{x}{2} + C$

23. $\displaystyle\int \tanh^{-1}x\,dx = x\tanh^{-1}x + \dfrac{1}{2}\ln(1-x^2) + C$

Bestimmen von Integralen

Bestimmen Sie in den Aufgaben 24–33 die Integrale.

24. $\displaystyle\int \sinh 2x\,dx$

25. $\displaystyle\int 6\cosh\left(\dfrac{x}{2}-\ln 3\right)dx$

26. $\displaystyle\int \tanh\dfrac{x}{7}dx$

27. $\int \text{sech}^2\left(x - \dfrac{1}{2}\right) dx$

28. $\int \dfrac{\text{sech}\sqrt{t}\, \tanh\sqrt{t}}{\sqrt{t}}\, dt$

29. $\int_{\ln 2}^{\ln 4} \coth x\, dx$

30. $\int_{-\ln 4}^{-\ln 2} 2e^{\theta} \cosh\theta\, d\theta$

31. $\int_{-\pi/4}^{\pi/4} \cosh(\tan\theta)\sec^2\theta\, d\theta$

32. $\int_1^2 \dfrac{\cosh(\ln t)}{t}\, dt$

33. $\int_{-\ln 2}^{0} \cosh^2\left(\dfrac{x}{2}\right) dx$

Inverse hyperbolische Funktionen und Integrale

Auf manchen Taschenrechnern sind die inversen hyperbolischen Funktionen nicht programmiert. Dann kann man diese Funktionen berechnen, indem man sie in Logarithmen umrechnet. Die Umrechnungsgleichungen sind hier zusammengestellt:

$\sinh^{-1} x$	$= \ln\left(x + \sqrt{x^2 + 1}\right),$	$-\infty < x < \infty$
$\cosh^{-1} x$	$= \ln\left(x + \sqrt{x^2 - 1}\right),$	$x \geq 1$
$\tanh^{-1} x$	$= \dfrac{1}{2} \ln \dfrac{1+x}{1-x},$	$|x| < 1$
$\text{sech}^{-1} x$	$= \ln\left(\dfrac{1 + \sqrt{1 - x^2}}{x}\right),$	$0 < x \leq 1$
$\text{cosech}^{-1} x$	$= \ln\left(\dfrac{1}{x} + \dfrac{\sqrt{1 + x^2}}{|x|}\right),$	$x \neq 0$
$\coth^{-1} x$	$= \dfrac{1}{2} \ln \dfrac{x+1}{x-1},$	$|x| > 1$

Rechnen Sie mit diesen Gleichungen die Ausdrücke in den Aufgaben 34–38 in Terme mit natürlichen Logarithmen um.

34. $\sinh^{-1}(-5/12)$

35. $\cosh^{-1}(5/3)$

36. $\tanh^{-1}(-1/2)$

37. $\coth^{-1}(5/4)$

38. $\text{sech}^{-1}(3/5)$

39. $\text{cosech}^{-1}(-1/\sqrt{3})$

Berechnen Sie in den Aufgaben 40–43 die Integrale und drücken Sie das Ergebnis

a. mit inversen hyperbolischen Funktionen und

b. mit natürlichen Logarithmen

aus.

40. $\int_0^{2\sqrt{3}} \dfrac{dx}{\sqrt{4 + x^2}}$

41. $\int_{5/4}^{2} \dfrac{dx}{1 - x^2}$

42. $\int_{1/5}^{3/13} \dfrac{dx}{x\sqrt{1 - 16x^2}}$

43. $\int_0^{\pi} \dfrac{\cos x\, dx}{\sqrt{1 + \sin^2 x}}$

Anwendungen und Beispiele

44. Eine Funktion f sei auf einem Intervall definiert, das symmetrisch zum Ursprung liegt. Ist f also bei x definiert, so ist es dies auch bei $-x$. Zeigen Sie, dass dann gilt:

$$f(x) = \dfrac{f(x) + f(-x)}{2} + \dfrac{f(x) - f(-x)}{2}.$$

Zeigen Sie dann, dass $y = (f(x) + f(-x))/2$ gerade und $y = (f(x) - f(-x))/2$ ungerade ist.

45. Fallschirmspringen Eine Körper der Masse m fällt unter dem Einfluss der Schwerkraft aus Ruhe nach unten und erfährt dabei eine Luftreibungskraft, die proportional zum Quadrat der Geschwindigkeit ist. Für die Geschwindigkeit dieses Körpers nach t Sekunden gilt dann die Differentialgleichung:

$$m \dfrac{dv}{dt} = mg - kv^2;$$

die Konstante k ist abhängig von den aerodynamischen Eigenschaften des Körpers und der Dichte der Luft. (Der Fall sei so kurz, dass Schwankungen in der Luftdichte das Ergebnis nicht merklich beeinflussen.)

a. Zeigen Sie, dass

$$v = \sqrt{\dfrac{mg}{k}} \tanh\left(\sqrt{\dfrac{gk}{m}}\, t\right)$$

die Differentialgleichung mit den Anfangsbedingungen $v = 0$ bei $t = 0$ erfüllt.

b. Bestimmen Sie die *Grenzgeschwindigkeit* des Körpers, $\lim_{t \to \infty} v(t)$.

c. Gilt bei einem Fallschirmspringer $mg = 712$, so bezeichnet man ihn als „712-N". Für einen solchen Fallschirmspringer ist $k = 0{,}2397$ ein typischer Wert für die Konstante k, dabei wird t in Sekunden und die Fallhöhe in Metern gemessen. Was ist die Grenzgeschwindigkeit eines solchen Fallschirmspringers?

46. Volumen Eine Fläche im ersten Quadranten wird von den folgenden Kurven begrenzt: oben von der Kurve $y = \cosh x$, unten von der Kurve $y = \sinh x$, links von der y-Achse und rechts von der Geraden $x = 2$. Diese Fläche wird um die x-Achse rotiert. Berechnen Sie das Volumen des so entstehenden Rotationskörpers.

47. Bogenlänge Berechnen Sie die Länge der Kurve $y = (1/2) \cosh 2x$ von $x = 0$ bis $x = \ln \sqrt{5}$.

48. Durchhängende Kabel Ein Kabel ist an Pfosten entlang einer Strecke befestigt und hängt dazwischen frei durch. Das Gewicht des Kabels pro Längeneinheit ist eine Konstante w, die horizontale Zugspannung an der tiefsten Stelle ist ein Vektor mit der Länge H. Wir zeichnen das Kabel zwischen zwei Pfosten in ein Koordinatensystem. Die x-Achse dieses Koordinatensystems liegt horizontal, die Schwerkraft wirkt senkrecht nach unten, die positive y-Achse zeigt senkrecht nach oben. Der tiefste Punkt des Kabels liegt an der Stelle $y = H/w$ auf der y-Achse (▶die untenstehende Abbildung). Man kann nun zeigen, dass das Kabel die Form des Graphen eines Hyperbelkosinus annimmt:

$$y = \frac{H}{w} \cosh \frac{w}{H} x.$$

Eine solche Kurve wird **Kettenkurve** oder **Katenoide** genannt, abgeleitet vom lateinischen Wort für Kette, *catena*.

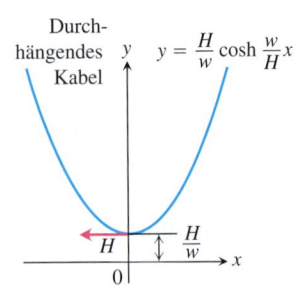

a. Es sei $P(x, y)$ eine Stelle auf dem Kabel. In der nächsten Abbildung ist die Zugspannung an der Stelle P als Vektor der Länge T dargestellt, außerdem ist die Spannung H am tiefsten Punkt von A eingezeichnet. Zeigen Sie, dass für die Steigung des Kabels in P gilt:

$$\tan \phi = \frac{dy}{dx} = \sinh \frac{w}{H} x.$$

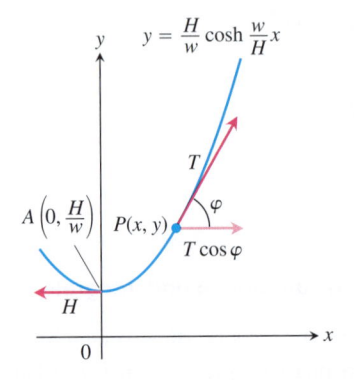

b. Die horizontale Zugspannung an der Stelle P muss gleich H sein, da das Kabel sich nicht bewegt. Zeigen Sie damit und mit dem Ergebnis von Teil **a.**, dass gilt: $T = wy$. Die Zugspannung an der Stelle P entspricht also genau dem Gewicht von y Längeneinheiten Kabel.

49. (Fortsetzung von Aufgabe 48) In der zweiten Abbildung in Aufgabe 48 sieht man den Bogen von P nach A. Die Länge dieses Bogens beträgt $s = (1/a) \sinh ax$ mit $a = w/H$. Zeigen Sie, dass man damit die Koordinaten von P wie folgt schreiben kann:

$$x = \frac{1}{a} \sinh^{-1} as, \quad y = \sqrt{s^2 + \frac{1}{a^2}}.$$

50. Flächeninhalt Eine Fläche im ersten Quadranten wird von der Kurve $y = (1/a) \cosh ax$, den Koordinatenachsen und der Geraden $x = b$ begrenzt. Zeigen Sie, dass ihr Flächeninhalt dem eines Rechtecks mit der Höhe $1/a$ und der Länge s entspricht; dabei ist s die Länge der Kurve von $x = 0$ bis $x = b$. Verdeutlichen Sie das Ergebnis mit einer Skizze.

7.8 Konvergenzordnungen und Wachstumsgeschwindigkeiten

In der Mathematik, den Computer- und den Ingenieurwissenschaften ist es oft wichtig, die Geschwindigkeiten zu vergleichen, mit denen verschiedenen Funktionen von x mit x ansteigen. Bei solchen Vergleichen werden oft Exponentialfunktionen betrachtet, da sie sehr schnell steigen, und Logarithmusfunktionen, da sie sehr langsam steigen. Wir führen in diesem Kapitel die **Landau-Symbole** ein, eine Schreibweise, mit der die Ergebnisse solcher Vergleiche zusammengefasst werden. Wir behandeln nur Funktionen, deren Werte bei wachsendem x positiv werden und es für $x \to \infty$ auch bleiben.

Wachstumsraten von Funktionen

Exponentialfunktionen wie $y = 2^x$ oder $y = e^x$ wachsen mit größer werdendem x schneller als Polynome und rationale Funktionen. Sie wachsen eindeutig schneller als x selbst. So können Sie in ▶Abbildung 7.26 sehen, wie 2^x mit zunehmendem x schnell über x^2 hinaus wächst. Für $x \to \infty$ wachsen e^x und 2^x schneller als alle Potenzen von x, auch schneller als $x^{1\,000\,000}$ (Aufgabe 16). Im Gegensatz dazu wachsen Logarithmusfunktionen wie $y = \log_2 x$ und $y = \ln x$ für $x \to \infty$ langsamer als alle Potenzen von x (Aufgabe 18).

Einen guten Eindruck davon, wie schnell die Werte von $y = e^x$ mit zunehmendem x anwachsen, bekommt man, wenn man sich Folgendes vorstellt: Wir zeichnen die Funktion auf einer großen Tafel in ein Koordinatensystem, dessen Achsen in Zentimeter eingeteilt sind. Bei $x = 1$ cm liegt der Graph ungefähr $e^1 \approx 3$ cm über der x-Achse. Bei $x = 6$ ist der Graph $e^6 \approx 403$ cm ≈ 4 m hoch (wahrscheinlich stößt er spätestens jetzt durch die Decke). Bei $x = 10$ cm ist der Graph dann $e^{10} \approx 22\,023$ cm ≈ 220 m hoch, höher als die meisten Gebäude. Bei $x = 24\,cm$ hat der Graph schließlich über die Hälfte der Höhe zum Mond erreicht und bei $x = 43$ cm reicht der Graph bis zum sonnennächsten Stern, dem Roten Zwerg Proxima Centauri. Im Gegensatz dazu müsste man auf der gleichen Skala fast 5 Lichtjahre entlang der x-Achse gehen, bis die Funktion $y = \ln x$ gerade einmal $y = 43$ cm hoch ist. Dies wird in ▶Abbildung 7.27 dargestellt.

Die Vergleiche zwischen Exponentialfunktionen, Polynomen und logarithmischen Funktionen sollen nun präzisiert werden. Dazu definieren wir zunächst, was genau man

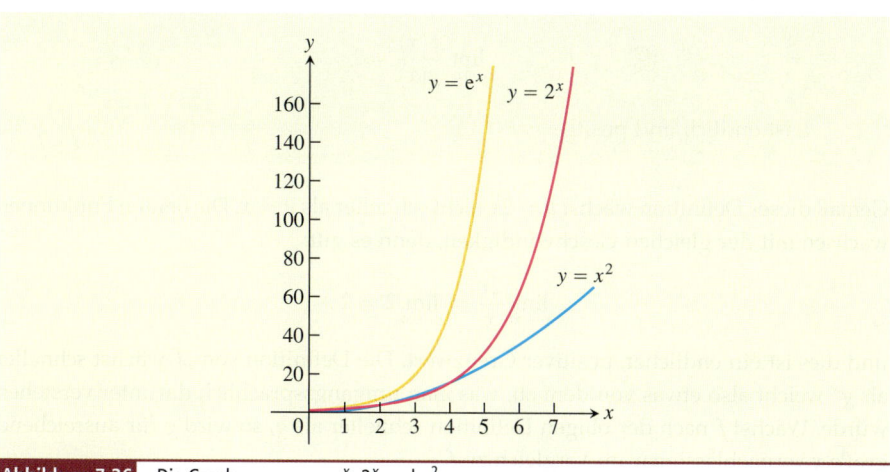

Abbildung 7.26 Die Graphen von $y = e^x$, 2^x und x^2.

7 Transzendente Funktionen

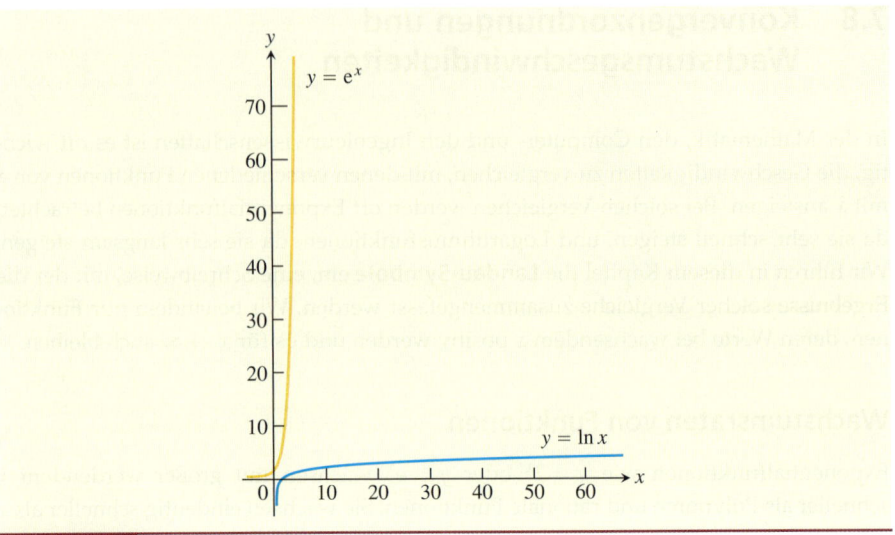

Abbildung 7.27 Die Graphen von $y = e^x$ und $y = \ln x$, maßstabsgerecht.

darunter versteht, dass eine Funktion $f(x)$ für $x \to \infty$ *schneller* als eine andere Funktion $g(x)$ wächst.

Definition

Wachstumsgeschwindigkeit für $x \to \infty$

Es seien $f(x)$ und $g(x)$ zwei Funktionen, die für ausreichend große x positiv sind.

1 f **wächst schneller als** g für $x \to \infty$, wenn gilt:

$$\lim_{x \to \infty} \frac{f(x)}{g(x)} = \infty,$$

oder wenn – gleichbedeutend – gilt:

$$\lim_{x \to \infty} \frac{g(x)}{f(x)} = 0.$$

Wir sagen in diesem Fall auch, dass g für $x \to \infty$ **langsamer wächst** als f.

2 f und g **wachsen mit der gleichen Geschwindigkeit** für $x \to \infty$, wenn gilt:

$$\lim_{x \to \infty} \frac{f(x)}{g(x)} = L,$$

L ist endlich und positiv.

Gemäß dieser Definition wächst $y = 2x$ nicht schneller als $y = x$. Die beiden Funktionen wachsen mit der gleichen Geschwindigkeit, denn es gilt:

$$\lim_{x \to \infty} \frac{2x}{x} = \lim_{x \to \infty} 2 = 2,$$

und dies ist ein endlicher, positiver Grenzwert. Die Definition von „f wächst schneller als g" weicht also etwas von dem ab, was man umgangssprachlich darunter verstehen würde. Wächst f nach der obigen Definition schneller als g, so wird g für ausreichend große x vernachlässigbar im Vergleich zu f.

Vergleich von Wachstumsgeschwindigkeiten

Beispiel 7.41 Wir vergleichen nun die Wachstumsgeschwindigkeiten von verschiedenen oft benutzten Funktionen.

7.8 Konvergenzordnungen und Wachstumsgeschwindigkeiten

a e^x wächst schneller als x^2 für $x \to \infty$, denn es gilt:

$$\underbrace{\lim_{x \to \infty} \frac{e^x}{x^2}}_{\infty/\infty} = \underbrace{\lim_{x \to \infty} \frac{e^x}{2x}}_{\infty/\infty} = \lim_{x \to \infty} \frac{e^x}{2} = \infty \qquad \text{Regel von l'Hospital, zweimal angewendet}$$

b 3^x wächst schneller als 2^x für $x \to \infty$, denn es gilt:

$$\lim_{x \to \infty} \frac{3^x}{2^x} = \lim_{x \to \infty} \left(\frac{3}{2}\right)^x = \infty.$$

c x^2 wächst schneller als $\ln x$ für $x \to \infty$, denn es gilt:

$$\lim_{x \to \infty} \frac{x^2}{\ln x} = \lim_{x \to \infty} \frac{2x}{1/x} = \lim_{x \to \infty} 2x^2 = \infty. \qquad \text{Regel von l'Hospital}$$

d Geht $x \to \infty$, so wächst für jede positive Zahl n $\ln x$ langsamer als $x^{1/n}$, denn es gilt:

$$\lim_{x \to \infty} \frac{\ln x}{x^{1/n}} = \lim_{x \to \infty} \frac{1/x}{(1/n)x^{(1/n)-1}} \qquad \text{Regel von l'Hospital}$$

$$= \lim_{x \to \infty} \frac{n}{x^{1/n}} = 0. \qquad n \text{ ist konstant.}$$

e Exponentialfunktionen mit unterschiedlichen Basen wachsen niemals mit der gleichen Wachstumsrate. Darauf deutet schon das Ergebnis aus Teil **b**. hin. Für $a > b > 0$ wächst a^x schneller als b^x. Für $(a/b) > 1$ gilt also:

$$\lim_{x \to \infty} \frac{a^x}{b^x} = \lim_{x \to \infty} \left(\frac{a}{b}\right)^x = \infty.$$

f Anders als Exponentialfunktionen wachsen logarithmische Funktionen für $x \to \infty$ mit der gleichen Wachstumsrate, auch wenn sie verschiedene Basen $a > 1$ und $b > 1$ haben:

$$\lim_{x \to \infty} \frac{\log_a x}{\log_b x} = \lim_{x \to \infty} \frac{\ln x / \ln a}{\ln x / \ln b} = \frac{\ln b}{\ln a}.$$

Das Verhältnis dieser Grenzwerte ist immer endlich und niemals null.

Wächst f für $x \to \infty$ mit der gleichen Geschwindigkeit wie g und wächst g für $x \to \infty$ mit der gleichen Geschwindigkeit wie h, so wächst auch f für $x \to \infty$ mit der gleichen Geschwindigkeit wie h. Mit den Grenzwerten

$$\lim_{x \to \infty} \frac{f(x)}{g(x)} = L_1 \quad \text{und} \quad \lim_{x \to \infty} \frac{g(x)}{h(x)} = L_2$$

gilt nämlich

$$\lim_{x \to \infty} \frac{f(x)}{h(x)} = \lim_{x \to \infty} \frac{f(x)}{g(x)} \cdot \frac{g(x)}{h(x)} = L_1 L_2.$$

Sind L_1 und L_2 endlich und ungleich null, so gilt das auch für $L_1 L_2$.

Beispiel 7.42 Zeigen Sie, dass $\sqrt{x^2 + 5}$ und $(2\sqrt{x} - 1)^2$ für $x \to \infty$ mit der gleichen Geschwindigkeit wachsen.

Vergleich von Wachstumsraten

Lösung Wir zeigen, dass beide Funktionen mit der gleichen Geschwindigkeit wachsen wie die Funktion $g(x) = x$. Damit ist dann auch gezeigt, dass sie beide gleich schnell wachsen.

$$\lim_{x \to \infty} \frac{\sqrt{x^2 + 5}}{x} = \lim_{x \to \infty} \sqrt{1 + \frac{5}{x^2}} = 1,$$

$$\lim_{x \to \infty} \frac{(2\sqrt{x} - 1)^2}{x} = \lim_{x \to \infty} \left(\frac{2\sqrt{x} - 1}{\sqrt{x}}\right)^2 = \lim_{x \to \infty} \left(2 - \frac{1}{\sqrt{x}}\right)^2 = 4.$$

Landau-Symbole und die Ordnung von Funktionen

Die Landau-Symbole wurden Ende des 19. Jahrhunderts von den Zahlentheoretikern Paul Bachmann und Edmund Landau eingeführt. Mit ihnen kann man beschreiben, wie schnell Funktionen bei Grenzübergängen wachsen. Die beiden bekanntesten sind „klein o" und „groß $\mathcal{O}$", die heute in der Analysis und den Computerwissenschaften regelmäßig verwendet werden.

Definition

Eine Funktion f ist **von kleinerer Ordnung** als g für $x \to \infty$, wenn gilt:
$$\lim_{x \to \infty} \frac{f(x)}{g(x)} = 0.$$
Man schreibt dies als $f = o(g)$, gesprochen „f ist klein o von g".

$f = o(g)$ ist also eine andere Schreibweise für „f wächst für $x \to \infty$ langsamer als g".

Landau-Symbol klein o

Beispiel 7.43 In den beiden folgenden Beispielen verwenden wir das Symbol „klein o".

a $\ln x = o(x)$ für $x \to \infty$, denn es gilt $\lim_{x \to \infty} \frac{\ln x}{x} = 0$

b $x^2 = o(x^3 + 1)$ für $x \to \infty$, denn es gilt $\lim_{x \to \infty} \frac{x^2}{x^3 + 1} = 0$

Definition

Es seien $f(x)$ und $g(x)$ für ausreichend große x positiv. Existiert eine positive ganze Zahl M, für die gilt:
$$\frac{f(x)}{g(x)} \leq M,$$
so ist f **höchstens von der Ordnung** von g für $x \to \infty$. Man schreibt dies als $f = \mathcal{O}(g)$, gesprochen „f ist groß $\mathcal{O}$ von g".

Landau-Symbol groß $\mathcal{O}$

Beispiel 7.44 In den folgenden Beispielen verwenden wir das Symbol „groß $\mathcal{O}$".

a $x + \sin x = \mathcal{O}(x)$ für $x \to \infty$, denn es gilt $\frac{x + \sin x}{x} \leq 2$ für ausreichend große x.

b $e^x + x^2 = \mathcal{O}(e^x)$ für $x \to \infty$, denn es gilt $\frac{e^x + x^2}{e^x} \to 1$ für $x \to \infty$.

c $x = \mathcal{O}(e^x)$ für $x \to \infty$, denn es gilt $\frac{x}{e^x} \to 0$ für $x \to \infty$.

Gilt $f = o(g)$, so gilt auch $f = \mathcal{O}(g)$ für Funktionen, die für hinreichend große x positiv sind. Das ergibt sich aus den Definitionen. Wachsen f und g mit der gleichen Geschwindigkeit, so gilt $f = \mathcal{O}(g)$ und $g = \mathcal{O}(f)$ (Aufgabe 10).

Serielle und binäre Suche

In den Computerwissenschaften wird die Effizienz eines Algorithmus oft daran gemessen, wie viele Schritte ein Computer ausführen muss, um ihn zu berechnen. In der Effizienz zweier Algorithmen kann es deutliche Unterschiede geben, auch wenn beide dieselbe Aufgabe erfüllen sollen. Diese Unterschiede werden oft ebenfalls mit dem Symbol „groß $\mathcal{O}$" geschrieben. Wir betrachten ein Beispiel.

Webster's International Dictionary enthält etwa 26 000 Stichwörter, die mit dem Buchstaben *a* beginnen. Will man ein Wort nachschlagen (oder feststellen, dass es in dem Wörterbuch nicht enthalten ist), so könnte man die Liste Wort für Wort durchgehen, bis man das gesuchte Wort gefunden hat (oder sicher ist, es nicht mehr zu finden). Diese Methode heißt **serielle Suche**. Sie macht sich nicht die Tatsache zu Nutze, dass die Wörter alphabetisch geordnet sind. Man bekommt zwar sicher die gesuchte Antwort, es könnten aber 26 000 Schritte notwendig sein.

Eine andere Methode für die Suche ist es, zuerst in etwa an der Mitte der Liste zu schauen. Wenn das gesuchte Wort nicht an dieser Stelle steht, betrachtet man die Hälfte der Liste, in der es stehen muss, und geht dort wieder zum mittleren Stichwort. Da die Wörter alphabetisch geordnet sind, weiß man, in welcher Hälfte man weitersuchen muss. Diese Methode heißt **binäre Suche**. Man kann mit ihr bereits nach dem ersten Schritt etwa 13 000 Stichwörter ignorieren. Findet man das gesuchte Wort auch im zweiten Schritt nicht, so betrachtet man wieder die Hälfte der verbliebenen Liste, in der das Wort steht, und geht wieder zum mittleren Stichwort. Dieser Schritt wird wiederholt, bis man entweder das Wort gefunden hat oder die verbliebene Liste nur noch ein Wort enthält. Wie oft muss man diesen Schritt maximal ausführen, bis man das Wort gefunden hat oder sicher sein kann, dass die Liste es nicht enthält? Es sind höchstens 15 Halbierungen notwendig, denn es gilt:

$$\frac{26\,000}{2^{15}} < 1.$$

Die Suche geht also eindeutig schneller als mit der ersten Methode!

Enthält eine Liste n Stichwörter und will man ein Wort finden oder ausschließen, dass die Liste es enthält, so liegt die Anzahl der benötigten Schritte bei der seriellen Suche in der Größenordnung von n. Bei einer binären Suche hingegen liegt die benötigte Anzahl in der Größenordnung von $\log_2 n$. Für $2^{m-1} < n \leq 2^m$ gilt nämlich $m - 1 < \log_2 n \leq m$, man braucht also maximal $m = \lceil \log_2 n \rceil$ Halbierungen, bis die Liste nur noch aus einem Wort besteht. $\lceil \log_2 n \rceil$ ist die kleinste ganze Zahl, die größer gleich $\log_2 n$ ist.

Mithilfe des Landau-Symbols „groß $\mathcal{O}$" kann man all dies einfach darstellen. Die benötigte Anzahl an Schritten bei einer seriellen Suche in einer geordneten Liste beträgt $\mathcal{O}(n)$, bei einer binären Suche $\mathcal{O}(\log_2 n)$. Bereits in unserem Beispiel war der Unterschied zwischen diesen beiden Zahlen gewaltig (26 000 gegenüber 15). Für größere n nimmt dieser Unterschied noch zu, da n für $n \to \infty$ schneller wächst als $\log_2 n$.

Aufgaben zum Abschnitt 7.8

Vergleiche mit der Exponentialfunktion

Welche der folgenden Funktionen wächst für $x \to \infty$ schneller als $y = e^x$? Welche wächst langsamer, welche genauso schnell?

1.
a. $x - 3$ b. $x^3 + \sin^2 x$ c. $\sqrt{x}$ d. 4^x
e. $(3/2)^x$ f. $e^{x/2}$ g. $e^x/2$ h. $\log_{10} x$

2. Welche der folgenden Funktionen wächst für $x \to \infty$ schneller als $y = e^x$? Welche wächst langsamer, welche genauso schnell?

a. $10x^4 + 30x + 1$ b. $x \ln x - x$
c. $\sqrt{1 + x^4}$ d. $(5/2)^x$
e. e^{-x} f. xe^x
g. $e^{\cos x}$ h. e^{x-1}

7 Transzendente Funktionen

Vergleiche mit der quadratischen Funktion x^2

3. Welche der folgenden Funktionen wächst für $x \to \infty$ schneller als x^2? Welche wächst langsamer, welche genauso schnell?

a. $x^2 + 4x$
b. $x^5 - x^2$
c. $\sqrt{x^4 + x^3}$
d. $(x+3)^2$
e. $x \ln x$
f. 2^x
g. $x^3 e^{-x}$
h. $8x^2$

4. Welche der folgenden Funktionen wächst für $x \to \infty$ schneller als x^2? Welche wächst langsamer, welche genauso schnell?

a. $x^2 + \sqrt{x}$
b. $10x^2$
c. $x^2 e^{-x}$
d. $\log_{10}(x^2)$
e. $x^3 - x^2$
f. $(1/10)^x$
g. $(1{,}1)^x$
h. $x^2 + 100x$

Vergleiche mit der Logarithmusfunktion

5. Welche der folgenden Funktionen wächst für $x \to \infty$ schneller als $\ln x$? Welche wächst langsamer, welche genauso schnell?

a. $\log_3 x$
b. $\ln 2x$
c. $\ln \sqrt{x}$
d. $\sqrt{x}$
e. x
f. $5 \ln x$
g. $1/x$
h. e^x

6. Welche der folgenden Funktionen wächst für $x \to \infty$ schneller als $\ln x$? Welche wächst langsamer, welche genauso schnell?

a. $\log_2(x^2)$
b. $\log_{10} 10x$
c. $1/\sqrt{x}$
d. $1/x^2$
e. $x - 2 \ln x$
f. e^{-x}
g. $\ln(\ln x)$
h. $\ln(2x + 5)$

Sortieren von Funktionen nach der Wachstumsrate

7. Sortieren Sie die folgenden Funktionen von der kleinsten zur größten Wachstumsrate für $x \to \infty$.

a. e^x
b. x^x
c. $(\ln x)^x$
d. $e^{x/2}$

8. Sortieren Sie die folgenden Funktionen von der kleinsten zur größten Wachstumsrate für $x \to \infty$.

a. 2^x
b. x^2
c. $(\ln 2)^x$
d. e^x

Die Landau-Symbole groß $\mathcal{O}$ und klein o, Größenordnung von Funktionen

9. Wahr oder falsch? Für $x \to \infty$ gilt

a. $x = o(x)$
b. $x = o(x+5)$
c. $x = \mathcal{O}(x+5)$
d. $x = \mathcal{O}(2x)$
e. $e^x = o(e^{2x})$
f. $x + \ln x = \mathcal{O}(x)$
g. $\ln x = o(\ln 2x)$
h. $\sqrt{x^2 + 5} = \mathcal{O}(x)$

10. Die beiden positiven Funktionen $f(x)$ und $g(x)$ wachsen für $x \to \infty$ mit der gleichen Geschwindigkeit. Zeigen Sie, dass dann gilt: $f = \mathcal{O}(g)$ und $g = \mathcal{O}(f)$.

11. Wann ist ein Polynom $f(x)$ für den Grenzübergang $x \to \infty$ höchstens von der Größenordnung eines anderen Polynoms $g(x)$? Begründen Sie Ihre Antwort.

12. In Abschnitt 2.4 haben wir einige Folgerungen zu den Grenzwerten rationaler Funktionen gezogen. Was können wir daraus für das relative Wachstum von Polynomen bei $x \to \infty$ schließen?

Sonstige Vergleiche

13. Untersuchen Sie die Grenzwerte

$$\lim_{x \to \infty} \frac{\ln(x+1)}{\ln x} \quad \text{und} \quad \lim_{x \to \infty} \frac{\ln(x+999)}{\ln x}.$$

Erklären Sie dann das Ergebnis mithilfe der Regel von l'Hospital.

14. (Fortsetzung von Aufgaben 13) Zeigen Sie, dass der Wert von

$$\lim_{\to \infty} \frac{\ln(x+a)}{\ln x}$$

konstant ist, unabhängig vom Wert der Konstanten a. Was kann man daraus über die Wachstumsgeschwindigkeiten der Funktionen $f(x) = \ln(x+a)$ und $g(x) = \ln x$ schließen?

15. Zeigen Sie, dass die beiden Funktionen $y = \sqrt{10x+1}$ und $y = \sqrt{x+1}$ für $x \to \infty$ mit der gleichen Geschwindigkeit wachsen. Zeigen Sie dazu, dass sie beide mit der gleichen Geschwindigkeit wie $y = \sqrt{x}$ für $x \to \infty$ wachsen.

16. Zeigen Sie, dass e^x für $x \to \infty$ schneller als x^n wächst, und zwar für jede positive ganze Zahl n, selbst für $x^{1\,000\,000}$. (*Tipp:* Was ist die n. Ableitung von x^n?)

17. **Die Funktion $y = e^x$ wächst schneller als jedes Polynom** Zeigen Sie, dass e^x für $x \to \infty$ schneller wächst als jedes Polynom

$$a_n x^n + a_{n-1} x^{n-1} + \cdots + a_1 x + a_0.$$

18. **a.** Zeigen Sie, dass $\ln x$ für $x \to \infty$ langsamer wächst als $x^{1/n}$, und zwar für jede positive ganze Zahl n, selbst für $x^{1/1\,000\,000}$.

b. Auch wenn die Werte von $x^{1/1\,000\,000}$ irgendwann größer als die von $\ln x$ werden, so kann dies doch erst bei relativ großen x geschehen. Bestimmen Sie einen Wert von x größer als 1, bei dem gilt: $x^{1/1\,000\,000} > \ln x$. In diesem Zusammenhang ist nützlich zu wissen, dass die Gleichung $\ln x = x^{1/1\,000\,000}$ für $x > 1$ äquivalent zu der Gleichung $\ln(\ln x) = (\ln x)/1\,000\,000$ ist.

c. Selbst $x^{1/10}$ ist lange kleiner als $\ln x$. Probieren Sie verschiedene Werte mit dem Taschenrechner aus und bestimmen Sie so den Wert von x, bei dem sich die Graphen von $y = x^{1/10}$ und $y = \ln x$ schneiden. Alternativ können Sie auch den Wert von x bestimmen, bei dem $\ln x = 10 \ln(\ln x)$ ist (die Gleichungen sind äquivalent). Bestimmen Sie dazu zunächst die beiden Potenzen von 10, zwischen denen der Schnittpunkt liegt, und halbieren Sie dann mehrmals das Intervall dazwischen, um den Schnittpunkt immer genauer zu berechnen.

d. *(Fortsetzung von Teil c.)* Der Wert von x, für den $\ln x = 10 \ln(\ln x)$ gilt, ist sehr groß, für viele Algorithmen von Taschenrechnern zu groß. Versuchen Sie es mit den Geräten, die Sie zur Verfügung haben. Können Sie den Wert berechnen?

19. **Die Funktion $y = \ln x$ wächst langsamer als jedes Polynom** Zeigen Sie, dass $\ln x$ für $x \to \infty$ langsamer wächst als jedes nichtkonstante Polynom.

Algorithmen und Suchvorgänge

20. **a.** Sie haben drei verschiedene Algorithmen, die alle das gleiche Problem lösen. Die Anzahl der benötigten Schritte ist für jeden dieser Algorithmen von der Größenordnung einer der drei folgenden Funktionen:

$$y = n \log_2 n, \quad y = n^{3/2}, \quad y = n(\log_2 n)^2.$$

Welcher der Algorithmen ist bei langen Berechnungen am effizientesten? Begründen Sie Ihre Antwort.

b. Zeichnen Sie die drei Funktionen aus Teil **a.** in ein Bild. Damit bekommt man einen guten Überblick über die Wachstumsgeschwindigkeiten.

21. Wiederholen Sie Aufgaben 20 mit den Funktionen

$$y = n, \quad y = \sqrt{n} \log_2 n, \quad y = (\log_2 n)^2.$$

22. Sie wollen ein Stichwort in einer Liste suchen, die eine Millionen Einträge hat und alphabetisch geordnet ist. Wie viele Schritte könnten Sie bei einer seriellen Suche brauchen? Wie viele bei einer binären Suche?

23. Sie suchen ein Stichwort in einer alphabetisch geordneten Liste, die 450 000 Einträge hat, das entspricht in etwa der Länge von *Webster's Third New International Dictionary*. Wie viele Schritte könnten Sie bei einer seriellen Suche brauchen? Wie viele bei einer binären Suche?

Kapitel 7 – Wiederholungsfragen

1. Welche Funktionen haben Inverse? Wie kann man feststellen, ob zwei Funktionen f und g Inverse voneinander sind? Nennen Sie Beispiele von Funktionen, die zueinander invers sind, und von solchen, die es nicht sind.

2. Welcher Zusammenhang besteht zwischen den Definitions- und Wertebereichen einer Funktion und ihrer Inversen? Welcher zwischen ihren Graphen? Nennen Sie ein Beispiel.

3. Wie kann man manchmal die Inverse einer Funktion von x als Funktion von x ausdrücken?

4. Unter welchen Umständen kann man sicher sein, dass die Inverse einer Funktion f differenzierbar ist? Welcher Zusammenhang besteht zwischen den Ableitungen von f und f^{-1}?

5. Wie ist die natürliche Logarithmusfunktion definiert? Was ist ihr Definitions- und Wertebereich, was ihre Ableitung? Welche arithmetischen Eigenschaften hat die Funktion? Wie sieht ihr Graph aus?

6. Was versteht man unter logarithmischer Differentiation? Nennen Sie ein Beispiel.

7. Bei der Bestimmung welcher Integrale kommt man auf Logarithmen? Nennen Sie Beispiele. Was sind die unbestimmten Integrale von $y = \tan x$ und von $y = \cot x$?

8. Wie ist die Exponentialfunktion $y = e^x$ definiert? Was ist ihr Definitions- und Wertebereich, was ihre Ableitung? Welche Rechengesetze gelten für die Exponenten? Wie sieht ihr Graph aus?

9. Wie sind die Funktionen $y = a^x$ und $y = \log_a x$ definiert? Kann a alle Werte annehmen, oder gibt es Einschränkungen? Welcher Zusammenhang besteht zwischen den Graphen von $y = \log_a x$ und $y = \ln x$? Was ist mit der Aussage gemeint, dass es eigentlich nur eine einzige Exponentialfunktion und nur eine einzige Logarithmusfunktion gibt?

10. Wie löst man separierbare Differentialgleichungen erster Ordnung?

11. Welche Gleichung gilt für exponentielles Wachstum? Wie kann sie aus einem Anfangswertproblem hergeleitet werden? Was sind die bekanntesten Anwendungen dieser Gleichung?

12. Beschreiben Sie die Regel von l'Hospital. Wann kann man die Regel anwenden, wann nicht (mehr)? Nennen Sie ein Beispiel.

13. Welche Möglichkeiten gibt es, Grenzwerte zu bestimmen, die zunächst auf die unbestimmten Ausdrücke ∞/∞, $\infty \cdot 0$ und $\infty - \infty$ führen? Nennen Sie Beispiele.

14. Welche Möglichkeiten gibt es, Grenzwerte zu bestimmen, die zunächst auf die unbestimmten Ausdrücke 1^∞, 0^0 und ∞^∞ führen? Nennen Sie Beispiele.

15. Wie sind die inversen trigonometrischen Funktionen definiert? Wie kann man die Werte dieser Funktion manchmal mithilfe rechtwinkliger Dreiecke bestimmen? Nennen Sie Beispiele.

16. Was sind die Ableitungen inverser trigonometrischer Funktionen? Welcher Zusammenhang besteht zwischen den Definitionsbereichen der Ableitungen und den Definitionsbereichen der Funktionen?

17. Bei der Bestimmung welcher Integrale kommt man auf inverse trigonometrische Funktionen? Diese Integralformeln können auch bei weiteren Integralberechnungen angewendet werden, indem man den Integranden mit Substitutionen und durch quadratische Ergänzungen umformt. Bei welchen Integranden ist das möglich?

18. Wie sind die sechs hyperbolischen Funktionen definiert? Was sind ihre Definitions- und Wertebereiche, wie sehen ihre Graphen aus? Nennen Sie einige der Identitäten, die für hyperbolische Funktionen gelten.

19. Was sind die Ableitungen der sechs hyperbolischen Funktionen? Wie lauten die entsprechenden Integralformeln? Welche Ähnlichkeiten haben diese Formeln mit den entsprechenden Formeln für die sechs trigonometrischen Funktionen?

20. Wie sind die inversen hyperbolischen Funktionen definiert? Was sind ihre Definitions- und Wertebereiche, wie sehen ihre Graphen aus? Wie kann man mit einem Taschenrechner auch dann die Werte von sech^{-1}, cosech^{-1} und $\coth^{-1}$ bestimmen, wenn dieser Taschenrechner nur Tasten für $\cosh^{-1}$, $\sinh^{-1}$ und $\tanh^{-1}$ hat?

21. Bei welchen Integralen tauchen inverse hyperbolische Funktionen als Stammfunktionen auf?

Kapitel 7 – Praktische Aufgaben

Ableitung von Funktionen

Bestimmen Sie in den Aufgaben 1–12 die Ableitung der Funktionen.

1. $y = 10e^{-x/5}$

2. $y = \dfrac{1}{4}xe^{4x} - \dfrac{1}{16}e^{4x}$

3. $y = \ln(\sin^2 \theta)$

4. $y = \log_2(x^2/2)$

5. $y = 8^{-t}$

6. $y = 5x^{3,6}$

7. $y = (x+2)^{x+2}$

8. $y = \sin^{-1}\sqrt{1-u^2}, \quad 0 < u < 1$

9. $y = \ln \cos^{-1} x$

10. $y = t\tan^{-1} t - \dfrac{1}{2}\ln t$

11. $y = z\sec^{-1} z - \sqrt{z^2 - 1}, \quad z > 1$

12. $y = \text{cosec}^{-1}(\sec \theta), \quad 0 < \theta < \pi/2$

Logarithmische Differentiation

Bestimmen Sie in den Aufgaben 13–15 die Ableitung der Funktionen mithilfe der logarithmischen Differentiation.

13. $y = \dfrac{2(x^2+1)}{\sqrt{\cos 2x}}$

14. $y = \left(\dfrac{(t+1)(t-1)}{(t-2)(t+3)}\right)^5, \quad t > 2$

15. $y = (\sin\theta)^{\sqrt{\theta}}$

Berechnung von Integralen

Bestimmen Sie in den Aufgaben 16–39 die Integrale.

16. $\int e^x \sin(e^x)\,dx$

17. $\int e^x \sec^2(e^x - 7)\,dx$

18. $\int \sec^2(x) e^{\tan x}\,dx$

19. $\int_{-1}^{1} \dfrac{dx}{3x-4}$

20. $\int_{0}^{\pi} \tan\dfrac{x}{3}\,dx$

21. $\int_{0}^{4} \dfrac{2t}{t^2-25}\,dt$

22. $\int \dfrac{\tan(\ln v)}{v}\,dv$

23. $\int \dfrac{(\ln x)^{-3}}{x}\,dx$

24. $\int \dfrac{1}{r}\csc^2(1+\ln r)\,dr$

25. $\int x 3^{x^2}\,dx$

26. $\int_{1}^{7} \dfrac{3}{x}\,dx$

27. $\int_{1}^{4}\left(\dfrac{x}{8}+\dfrac{1}{2x}\right)dx$

28. $\int_{-2}^{-1} e^{-(x+1)}\,dx$

29. $\int_{0}^{\ln 5} e^r(3e^r+1)^{-3/2}\,dr$

30. $\int_{1}^{e} \dfrac{1}{x}(1+7\ln x)^{-1/3}\,dx$

31. $\int_{1}^{3} \dfrac{(\ln(v+1))^2}{v+1}\,dv$

32. $\int_{1}^{8} \dfrac{\log_4 \theta}{\theta}\,d\theta$

33. $\int_{-3/4}^{3/4} \dfrac{6\,dx}{\sqrt{9-4x^2}}$

34. $\int_{-2}^{2} \dfrac{3\,dt}{4+3t^2}$

35. $\int \dfrac{dy}{y\sqrt{4y^2-1}}$

36. $\int_{\sqrt{2}/3}^{2/3} \dfrac{dy}{|y|\sqrt{9y^2-1}}$

37. $\int \dfrac{dx}{\sqrt{-2x-x^2}}$

38. $\int_{-2}^{-1} \dfrac{2\,dv}{v^2+4v+5}$

39. $\int \dfrac{dt}{(t+1)\sqrt{t^2+2t-8}}$

Lösen von Gleichung

Lösen Sie in den Aufgaben 40–42 die Gleichungen nach y auf.

40. $3^y = 2^{y+1}$

41. $9e^{2y} = x^2$

42. $\ln(y-1) = x + \ln y$

Anwendungen der Regel von l'Hospital

Bestimmen Sie in den Aufgaben 43–54 die Grenzwerte mithilfe der Regel von l'Hospital.

43. $\lim_{x\to 1} \dfrac{x^2+3x-4}{x-1}$

44. $\lim_{x\to \pi} \dfrac{\tan x}{x}$

45. $\lim_{x\to 0} \dfrac{\sin^2 x}{\tan(x^2)}$

46. $\lim_{x\to \pi/2^-} \sec 7x \cos 3x$

47. $\lim_{x\to 0}(\csc x - \cot x)$

48. $\lim_{x\to\infty}\left(\sqrt{x^2+x+1} - \sqrt{x^2-x}\right)$

49. $\lim_{x\to 0} \dfrac{10^x-1}{x}$

50. $\lim_{x\to 0} \dfrac{2^{\sin x}-1}{e^x-1}$

51. $\lim_{x\to 0} \dfrac{5-5\cos x}{e^x-x-1}$

52. $\lim_{t\to 0^+} \dfrac{t-\ln(1+2t)}{t^2}$

53. $\lim_{t\to 0^+}\left(\dfrac{e^t}{t}-\dfrac{1}{t}\right)$

54. $\lim_{x\to\infty}\left(\dfrac{e^x+1}{e^x-1}\right)^{\ln x}$

Wachstumsgeschwindigkeiten von Funktionen vergleichen

55. Vergleichen Sie die gegebenen Funktionen f und g. Wächst f für $x \to \infty$ schneller als g, langsamer als g oder wachsen beide gleich schnell? Begründen Sie Ihre Antwort.

a.	$f(x) = \log_2 x$,	$g(x) = \log_3 x$
b.	$f(x) = x$,	$g(x) = x + \dfrac{1}{x}$
c.	$f(x) = x/100$,	$g(x) = xe^{-x}$
d.	$f(x) = x$,	$g(x) = \tan^{-1} x$
e.	$f(x) = \csc^{-1} x$,	$g(x) = 1/x$
f.	$f(x) = \sinh x$,	$g(x) = e^x$

56. Sind die folgenden Aussagen wahr oder falsch? Begründen Sie Ihre Antwort.

a. $\dfrac{1}{x^2}+\dfrac{1}{x^4} = \mathcal{O}\left(\dfrac{1}{x^2}\right)$
b. $\dfrac{1}{x^2}+\dfrac{1}{x^4} = \mathcal{O}\left(\dfrac{1}{x^4}\right)$

c. $x = o(x+\ln x)$
d. $\ln(\ln x) = o(\ln x)$

e. $\tan^{-1} x = \mathcal{O}(1)$
f. $\cosh x = \mathcal{O}(e^x)$

Theorie und Anwendungen

57. Die Funktion $f(x) = e^x + x$ ist differenzierbar und injektiv, und sie hat eine differenzierbare Inverse f^{-1}. Bestimmen Sie den Wert von df^{-1}/dx an der Stelle $f(\ln 2)$.

58. Bestimmen Sie die Inverse der Funktion $f(x) = 1 + (1/x)$, $x \neq 0$. Zeigen Sie dann $f^{-1}(f(x)) = f(f^{-1}(x)) = x$ und dass gilt:

$$\frac{df^{-1}}{dx}\bigg|_{f(x)} = \frac{1}{f'(x)}.$$

Bestimmen Sie in den Aufgaben 59 und 60 den Wert des absoluten Maximums und des absoluten Minimums der Funktion auf dem gegebenen Intervall.

59. $y = x \ln 2x - x$, $\left[\dfrac{1}{2e}, \dfrac{e}{2}\right]$

60. $y = 10x(2 - \ln x)$, $(0, e^2]$

61. Flächeninhalt Eine Fläche wird von der Kurve $y = 2(\ln x)/x$ und der x-Achse zwischen den Werten $x = 1$ und $x = e$ begrenzt. Berechnen Sie ihren Flächeninhalt.

62. Ein Teilchen bewegt sich aufwärts und nach rechts entlang der Kurve $y = \ln x$. Seine x-Koordinate nimmt dabei mit $(dx/dt) = \sqrt{x}$ m/s zu. Wie schnell ändert sich dann die y-Koordinate an dem Punkt $(e^2, 2)$?

63. Das Rechteck in der untenstehenden Abbildung liegt mit zwei Seiten auf der x- und der y-Achse. Eine weitere Ecke bewegt sich auf der Kurve $y = e^{-x^2}$. Wo liegt diese Ecke, wenn das Rechteck den größten Flächeninhalt hat? Wie groß ist dann dieser Flächeninhalt?

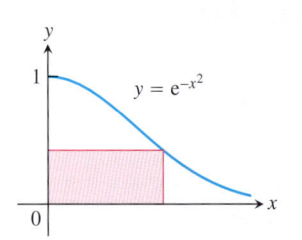

64. Zeichnen Sie die folgenden Funktionen mit einem Grafikprogramm. Lesen Sie an diesem Bild so gut wie möglich die Extremwerte ab, schätzen Sie die Koordinaten der Wendepunkte ab und bestimmen Sie die Intervalle, in denen die Funktion konkav und konvex ist. Bestätigen Sie dann Ihre Schätzungen, indem Sie die Ableitungen berechnen und betrachten.

a. $y = (\ln x)/\sqrt{x}$ **b.** $y = e^{-x^2}$ **c.** $y = (1+x)e^{-x}$

Lösen Sie in den Aufgaben 65 und 66 die Differentialgleichung.

65. $\dfrac{dy}{dx} = \sqrt{y} \cos^2 \sqrt{y}$ **66.** $yy' = \sec y^2 \sec^2 x$

Lösen Sie in den Aufgaben 67 und 68 das Anfangswertproblem.

67. $\dfrac{dy}{dx} = e^{-x-y-2}$, $y(0) = -2$

68. $x \, dy - (y + \sqrt{y}) \, dx = 0$, $y(1) = 1$

69. Wie alt ist ein Stück Kohle, wenn in ihm 90 % des ursprünglich vorhandenen Kohlenstoff-14 zerfallen sind?

70. Der Standort einer Solaranlage Sie sollen eine Solaranlage auf Bodenniveau zwischen zwei Gebäuden errichten. Die Situation ist in der untenstehenden Abbildung dargestellt. Die beiden Gebäude liegen auf der Ost-West-Linie, wir betrachten einen Tag, an dem die Sonne sich direkt über den Gebäuden bewegt. Natürlich soll die Solaranlage möglichst viele Stunden in der Sonne liegen. Wie weit sollte man sie dann von dem höheren Gebäude entfernt aufstellen? Für den Winkel θ in Abhängigkeit von x gilt:

$$\theta = \pi - \cot^{-1}\frac{x}{60} - \cot^{-1}\frac{50-x}{30}.$$

Bestimmen Sie den Wert von x, bei dem θ maximal wird.

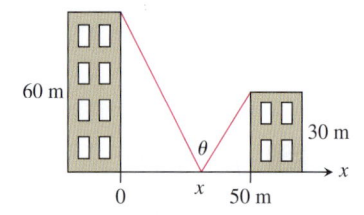

Kapitel 7 – Zusätzliche Aufgaben und Aufgaben für Fortgeschrittene

Grenzwerte

Bestimmen Sie in den Aufgaben 1–3 den Grenzwert.

1. $\displaystyle\lim_{b \to 1^-} \int_0^b \frac{dx}{\sqrt{1-x^2}}$ **2.** $\displaystyle\lim_{x \to 0^+} (\cos \sqrt{x})^{1/x}$

3. $\displaystyle\lim_{n \to \infty} \left(\frac{1}{n+1} + \frac{1}{n+2} + \cdots + \frac{1}{2n}\right)$

4. Eine Fläche im ersten Quadranten wird von der Funktion $y = e^{-x}$, den Koordinatenachsen und der vertikalen Geraden $x = t$, $t > 0$ begrenzt. Es sei $A(t)$ ihr Flächeninhalt. Rotiert man die Fläche um die x-Achse, so erhält man einen Rotationskörper mit dem Volumen $V(t)$. Bestimmen Sie die folgenden Grenzwerte.

a. $\lim_{t \to \infty} A(t)$ **b.** $\lim_{t \to \infty} V(t)/A(t)$ **c.** $\lim_{t \to 0^+} V(t)/A(t)$

Theorie und Beispiele

5. Die Kurven $y = 2(\log_2 x)/x$ und $y = 2(\log_4 x)/x$ schießen mit der x-Achse zwischen $x = 1$ und $x = e$ jeweils eine Fläche ein. Bestimmen Sie die beiden Flächeninhalte. Wie groß ist das Verhältnis der größeren zur kleineren Fläche?

6. Für welche $x > 0$ gilt $x^{(x^x)} = (x^x)^x$? Begründen Sie Ihre Antwort.

7. Bestimmen Sie $f'(2)$ für $f(x) = e^{g(x)}$ und $g(x) = \int_2^x \frac{t}{1+t^4} dt$.

8. Gerade und ungerade Funktionen

a. Es seien g eine gerade und h eine ungerade Funktion von x. Zeigen Sie: Ist $g(x) + h(x) = 0$ für alle x, so ist auch $g(x) = 0$ für alle x und $h(x) = 0$ für alle x.

b. Es sei $f(x) = f_E(x) + f_O(x)$ die Summe einer geraden Funktion $f_E(x)$ und einer ungeraden Funktion $f_O(x)$. Zeigen Sie, dass dann gilt:

$$f_E(x) = \frac{f(x) + f(-x)}{2} \quad \text{und}$$
$$f_O(x) = \frac{f(x) - f(-x)}{2}.$$

c. Welche Bedeutung hat das Ergebnis von **b.**?

9. Massenmittelpunkt Die Kurven $y = 1/(1+x^2)$ und $y = -1/(2\sqrt{x})$ sowie die Geraden $x = 0$ und $x = 1$ begrenzen eine Fläche im ersten und vierten Quadranten. Eine dünne Platte mit konstanter Dichte bedeckt genau diese Fläche. Berechnen Sie den Massenmittelpunkt der Platte.

10. Der beste Verzweigungswinkel für Blutgefäße und Röhren In einem Röhrensystem, durch das eine Flüssigkeit fließt, zweigt eine dünnere Röhre von einer dickeren ab. Wir suchen nun den günstigsten Winkel für diesen Abzweig, wenn wir möglichst viel Energie sparen möchten. So wollen wir z. B. erreichen, dass der Energieverlust durch Reibung entlang des Weges AOB möglichst gering wird (▶ die untenstehende Abbildung). Dabei ist B ein Punkt in der kleineren Röhre, den die Flüssigkeit erreichen soll, A ist ein Punkt in der größeren Röhre, den die Flüssigkeit davor passiert, und O ist der Punkt des Abzweigs. Eine nichtturbulente (laminare) Strömung wird von dem Gesetz von Hagen-Poiseuille beschrieben. Aus ihm kann man ableiten, dass die Energieverluste durch Reibung proportional zur Länge des Weges und umgekehrt proportional zur vierten Potenz des Radius sind. Der Reibungsverlust entlang AO beträgt also $(kd_1)/R^4$, der entlang OB ist $(kd_2)/r^4$. Dabei ist k eine Konstante, d_1 die Länge des Weges AO, d_2 die von OB; R ist der Radius der dickeren Röhre und r der Radius der dünneren Röhre. Der Winkel θ soll nun so gewählt werden, dass die Summe L der beiden Reibungsverluste minimiert wird.

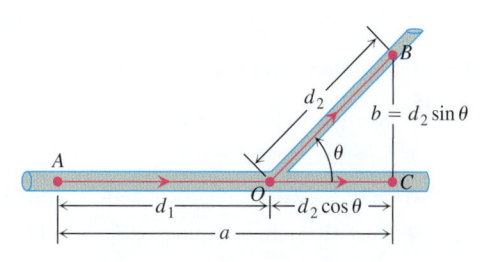

$$L = k\frac{d_1}{R^4} + k\frac{d_2}{r^4}.$$

Wir nehmen in unserem Modell an, dass $AC = a$ und $BC = b$ konstant sind. Dann erhalten wir:

$$d_1 + d_2 \cos\theta = a \quad d_2 \sin\theta = b,$$

sodass gilt:

$$d_2 = b \csc\theta,$$
$$d_1 = a - d_2 \cos\theta = a - b\cot\theta.$$

Damit können wir den Gesamtverlust L als Funktion von θ ausdrücken:

$$L = k\left(\frac{a - b\cot\theta}{R^4} + \frac{b\csc\theta}{r^4}\right).$$

a. Wenn $dL/d\theta = 0$ wird, so spricht man vom kritischen Winkel θ_c. Zeigen Sie, dass für θ_c gilt:

$$\theta_c = \cos^{-1}\frac{r^4}{R^4}.$$

b. Das Verhältnis der beiden Radien soll $r/R = 5/6$ betragen. Bestimmen Sie dafür mit dem Ergebnis aus Teil **a.** den optimalen Winkel für einen Abzweig. Geben Sie das Ergebnis auf ein Grad genau an.

Mit diesen mathematischen Überlegungen wurden auch die Winkel erklärt, mit denen sich die Blutgefäße in menschlichen und tierischen Körpern verzweigen.

Lernziele

1 Partielle Integration
- Produktregel in der Integralform
- Anwendung der partiellen Integration
- Mehrfache partielle Integration
- Berechnung bestimmter Integrale

2 Integrale trigonometrischer Funktionen
- Umformung des Integranden mit den trigonometrischen Identitäten
- Substitutions- und Eliminationsverfahren

3 Trigonometrische Substitution
- Anwendung und Vorzüge der trigonometrischen Substitution

4 Integration rationaler Funktionen mit Partialbruchzerlegung
- Die Partialbruchzerlegung
- Irreduzible Polynome
- Echt und unecht gebrochene rationale Funktionen
- Partialbruchzerlegung nach dem Heaviside-Verfahren

5 Numerische Integration
- Trapezregel
- Simpson-Regel (Kepler'sche Fassregel)
- Fehlerabschätzung bei der numerischen Integration

6 Uneigentliche Integrale
- Uneigentliche Integrale 1. Art
- Uneigentliche Integrale 2. Art
- Berechnung durch Grenzübergang
- Konvergenzkriterien

Integrationstechniken

8.1	Partielle Integration	589
8.2	Integrale trigonometrischer Funktionen	598
8.3	Trigonometrische Substitutionen	604
8.4	Integration rationaler Funktionen mit Partialbruchzerlegung	610
8.5	Integrationstabellen und Computeralgebrasysteme (CAS)	621
8.6	Numerische Integration	628
8.7	Uneigentliche Integrale	641

8 Integrationstechniken

Übersicht

Mit dem Hauptsatz der Differential- und Integralrechnung können wir bestimmte Integrale berechnen, wenn wir eine Stammfunktion für den Integranden kennen. In Tabelle 8.1 sind die Stammfunktionen wichtiger elementarer Funktionen, die wir bis jetzt untersucht haben, zusammengestellt. Mit der Substitutionsmethode können wir auch kompliziertere Funktionen integrieren, unter Verwendung der Integrationsformeln aus Tabelle 8.1. Die Stammfunktionen vieler Funktionen lassen sich mit den bisher behandelten Methoden jedoch nicht bestimmen. In diesem Kapitel werden wir daher weitere wichtige Integrationsmethoden vorstellen.

Tabelle 8.1: Grundlegende Integrationsformeln.

1.	$\int k\,dx = kx + C$ (für alle k)	12.	$\int \tan x\,dx = -\ln|\cos x| + C$
2.	$\int x^n\,dx = \dfrac{x^{n+1}}{n+1} + C$ $(n \neq -1)$	13.	$\int \cot x\,dx = \ln|\sin x| + C$
3.	$\int \dfrac{dx}{x} = \ln|x| + C$	14.	$\int \sec x\,dx = \ln|\sec x + \tan x| + C$
4.	$\int e^x\,dx = e^x + C$	15.	$\int \cosec x\,dx = -\ln|\cosec x + \cot x| + C$
5.	$\int a^x\,dx = \dfrac{a^x}{\ln a} + C$ $(a > 0,\ a \neq 1)$	16.	$\int \sinh x\,dx = \cosh x + C$
6.	$\int \sin x\,dx = -\cos x + C$	17.	$\int \cosh x\,dx = \sinh x + C$
7.	$\int \cos x\,dx = \sin x + C$	18.	$\int \dfrac{dx}{\sqrt{a^2 - x^2}} = \sin^{-1}\left(\dfrac{x}{a}\right) + C$
8.	$\int \sec^2 x\,dx = \tan x + C$	19.	$\int \dfrac{dx}{a^2 + x^2} = \dfrac{1}{a}\tan^{-1}\left(\dfrac{x}{a}\right) + C$
9.	$\int \cosec^2 x\,dx = -\cot x + C$	20.	$\int \dfrac{dx}{x\sqrt{x^2 - a^2}} = \dfrac{1}{a}\sec^{-1}\left|\dfrac{x}{a}\right| + C$
10.	$\int \sec x \tan x\,dx = \sec x + C$	21.	$\int \dfrac{dx}{\sqrt{a^2 + x^2}} = \sinh^{-1}\left(\dfrac{x}{a}\right) + C$ $(a > 0)$
11.	$\int \cosec x \cot x\,dx = -\cosec x + C$	22.	$\int \dfrac{dx}{\sqrt{x^2 - a^2}} = \cosh^{-1}\left(\dfrac{x}{a}\right) + C$ $(x > a > 0)$

8.1 Partielle Integration

Mit der partiellen Integration kann man Integrale vereinfachen, die in der Form

$$\int f(x)g(x)\,\mathrm{d}x$$

vorliegen. Diese Technik ist immer dann nützlich, wenn f ohne Probleme (mehrfach) differenziert und g ebenso problemlos (mehrfach) integriert werden kann. Das gilt z. B. für die Integrale

$$\int x\cos x\,\mathrm{d}x \quad \text{und} \quad \int x^2 \mathrm{e}^x\,\mathrm{d}x.$$

Leitet man $f(x) = x$ oder $f(x) = x^2$ mehrfach ab, so erhält man schließlich null, und $g(x) = \cos x$ sowie $g(x) = \mathrm{e}^x$ können problemlos mehrfach integriert werden.

Mit der partiellen Integration kann man auch Integrale wie

$$\int \ln x\,\mathrm{d}x \quad \text{und} \quad \int \mathrm{e}^x \cos x\,\mathrm{d}x$$

lösen. Im ersten Integral kann $f(x) = \ln x$ einfach differenziert werden und $g(x) = 1$ hat die – ebenso einfache – Stammfunktion x. Im zweiten Integral erscheinen beide Funktionen $f(x) = \mathrm{e}^x$ und $g(x) = \cos x$ nach mehrfacher Differentiation bzw. Integration wieder in ihrer ursprünglichen Form.

Die Produktregel in der Integralform

Es seien f und g differenzierbare Funktionen von x. Dann gilt mit der Produktregel:

$$\frac{\mathrm{d}}{\mathrm{d}x}[f(x)g(x)] = f'(x)g(x) + f(x)g'(x).$$

Drückt man diese Gleichung mit unbestimmten Integralen aus, so erhält man:

$$\int \frac{\mathrm{d}}{\mathrm{d}x}[f(x)g(x)]\,\mathrm{d}x = \int [f'(x)g(x) + f(x)g'(x)]\,\mathrm{d}x$$

oder

$$\int \frac{\mathrm{d}}{\mathrm{d}x}[f(x)g(x)]\,\mathrm{d}x = \int f'(x)g(x)\,\mathrm{d}x + \int f(x)g'(x)\,\mathrm{d}x.$$

Wenn wir die Terme in der zweiten Gleichung umordnen, erhalten wir

$$\int f(x)g'(x)\,\mathrm{d}x = \int \frac{\mathrm{d}}{\mathrm{d}x}[f(x)g(x)]\,\mathrm{d}x - \int f'(x)g(x)\,\mathrm{d}x,$$

was uns auf die Gleichung für die **partielle Integration** führt:

$$\int f(x)g'(x)\,\mathrm{d}x = f(x)g(x) - \int f'(x)g(x)\,\mathrm{d}x \qquad (8.1)$$

Merke

Diese Gleichung kann man sich vielleicht leichter merken, wenn man sie mit Differentialen schreibt. Es sei $u = f(x)$ und $v = g(x)$. Dann gilt $\mathrm{d}u = f'(x)\mathrm{d}x$ und $\mathrm{d}v = g'(x)\mathrm{d}x$. Mithilfe der Substitutionsregel kann man dann die Gleichung für die partielle Integration folgendermaßen schreiben:

Gleichung der partiellen Integration

$$\int u\,dv = uv - \int v\,du \qquad (8.2)$$

In dieser Gleichung wird das Integral $\int u\,dv$ in einen Term umgeformt, der jetzt das Integral $\int v\,du$ enthält. Die Gleichung ist also dann nützlich, wenn das zweite Integral einfacher zu berechnen ist als das erste. Dazu müssen die Funktionen u und v geschickt gewählt werden; bei vielen Integralen gibt es für diese Wahl mehrere Möglichkeiten. Die Integrationstechnik wird im nächsten Beispiel näher erläutert. Um nicht den Überblick zu verlieren, geben wir bei jeder Aufgabe zunächst die Terme für u und dv an sowie die daraus berechneten Ausdrücke für du und v. Danach wenden wir Gleichung (8.2) an.

Anwendung der partiellen Integration

Beispiel 8.1 Bestimmen Sie

$$\int x \cos x\,dx.$$

Lösung Wir verwenden die Gleichung $\int u\,dv = uv - \int v\,du$ mit

$$u = x, \quad dv = \cos x\,dx,$$
$$du = dx, \quad v = \sin x. \quad \text{sin}\,x \text{ ist die einfachste Stammfunktion von } \cos x$$

Dann gilt

$$\int x \cos x\,dx = x \sin x - \int \sin x\,dx = x \sin x + \cos x + C.$$

In Beispiel 8.1 gibt es mehrere Möglichkeiten, die Terme für u und dv zu wählen:

1 $u = 1$ und $dv = x \cos x\,dx$,
2 $u = x$ und $dv = \cos x\,dx$,
3 $u = x \cos x$ und $dv = dx$,
4 $u = \cos x$ und $dv = x\,dx$.

Für die Lösung haben wir mit der 2. Möglichkeit gerechnet. Die anderen drei führen auf Integrale, die genauso schwer zu integrieren sind wie das ursprüngliche. So erhalten wir z. B. mit der 3. Möglichkeit:

$$\int (x \cos x - x^2 \sin x)\,dx.$$

Bei der partiellen Integration versucht man also, ein Integral, das man so nicht lösen kann, in ein anderes umzuformen, dessen Lösung einfacher ist. Bewährt hat sich im Allgemeinen folgende Strategie: Man wählt als dv den Teil des Integrals inklusive dx, dessen Stammfunktion man kennt, dabei sollte dv möglichst viel des Integranden umfassen. u ist dann der restliche Teil des Integranden. Die Stammfunktion v von dv sollte möglichst einfach gewählt werden. Eine Integrationskonstante in v ist nicht notwendig, sie würde auf der rechten Seite von Gleichung (8.2) sowieso herausfallen.

Anwendung der partiellen Integration

Beispiel 8.2 Bestimmen Sie

$$\int \ln x\,dx.$$

8.1 Partielle Integration

Lösung $\int \ln x\,dx$ kann auch als $\int \ln x \cdot 1\,dx$ geschrieben werden. Wir setzen in die Gleichung $\int u\,dv = uv - \int v\,du$ die folgenden Terme ein:

$$u = \ln x \qquad \text{Vereinfacht sich durch Differenzieren}$$
$$du = \frac{1}{x}dx,$$
$$dv = dx, \qquad \text{Einfach zu integrieren}$$
$$v = x. \qquad \text{Einfachste Stammfunktion}$$

Damit erhalten wir:

$$\int \ln x\,dx = x\ln x - \int x \cdot \frac{1}{x}dx = x\ln x - \int dx = x\ln x - x + C. \qquad \blacksquare$$

Manche Aufgaben kann man nur lösen, wenn man die partielle Integration mehrfach anwendet.

Beispiel 8.3 Bestimmen Sie

$$\int x^2 e^x\,dx.$$

Mehrfach partiell integrieren

Lösung Es sei $u = x^2$, $dv = e^x dx$, $du = 2x\,dx$ und $v = e^x$. Damit erhalten wir:

$$\int x^2 e^x\,dx = x^2 e^x - 2\int x e^x\,dx.$$

Das neue Integral ist etwas einfacher als das alte, der Exponent von x hat sich um eins reduziert. Wir berechnen dieses neue Integral auf der rechten Seite, indem wir ein zweites Mal partiell integrieren, diesmal setzen wir $u = x$ und $dv = e^x dx$. Dann wird $du = dx$, $v = e^x$ und damit

$$\int x e^x\,dx = x e^x - \int e^x\,dx = x e^x - e^x + C.$$

Setzen wir diese Gleichung in die obige ein, so erhalten wir:

$$\int x^2 e^x\,dx = x^2 e^x - 2\int x e^x\,dx$$
$$= x^2 e^x - 2x e^x + 2 e^x + C. \qquad \blacksquare$$

Die Lösungsmethode aus Beispiel 8.3 kann man für jedes Integral $\int x^n e^x\,dx$ anwenden, wenn n eine positive ganze Zahl ist: Differenziert man x^n oft genug, so erhält man immer irgendwann null, und die Integration von e^x ist einfach.

Im nächsten Beispiel 8.4 behandeln wir einen Integraltyp, der in der Elektrotechnik oft vorkommt. Für die Berechnung muss man zweimal partiell integrieren und die so erhaltene Gleichung nach dem unbekannten Integral auflösen.

Beispiel 8.4 Bestimmen Sie

$$\int e^x \cos x\,dx.$$

Ein wichtiges Integral aus der Elektrotechnik

Lösung Es sei $u = e^x$ und $dv = \cos x \, dx$. Dann ist $du = e^x dx$, $v = \sin x$ und

$$\int e^x \cos x \, dx = e^x \sin x - \int e^x \sin x \, dx.$$

Das zweite Integral ähnelt sehr dem ersten, es steht lediglich $\sin x$ an Stelle von $\cos x$. Wir berechnen es ebenfalls mit der partiellen Integration und setzen dafür

$$u = e^x, \quad dv = \sin x \, dx, \quad v = -\cos x, \quad du = e^x dx.$$

Damit erhalten wir

$$\int e^x \cos x \, dx = e^x \sin x - \left(-e^x \cos x - \int (-\cos x)(e^x dx) \right)$$
$$= e^x \sin x + e^x \cos x - \int e^x \cos x \, dx.$$

Das unbekannte Integral steht nun auf beiden Seiten der Gleichung. Wir addieren dieses Integral auf beiden Seiten und fügen eine Integrationskonstante hinzu:

$$2 \int e^x \cos x \, dx = e^x \sin x + e^x \cos x + C_1.$$

Diese Gleichung teilen wir durch 2 und benennen die Integrationskonstante um:

$$\int e^x \cos x \, dx = \frac{e^x \sin x + e^x \cos x}{2} + C. \qquad \blacksquare$$

Reduktionsformel für Integrale

Beispiel 8.5 Das Integral

$$\int \cos^n x \, dx$$

soll so umgeformt werden, dass in dem neuen Ausdruck ein Integral steht, in dem $\cos x$ in einer niedrigeren Potenz vorkommt. Stellen Sie hierfür eine Formel auf.

Lösung $\cos^n x$ können wir auch als $\cos^{n-1} x \cdot \cos x$ schreiben. Wir setzen

$$u = \cos^{n-1} x \quad \text{und} \quad dv = \cos x \, dx,$$

damit wird

$$du = (n-1) \cos^{n-2} x (-\sin x \, dx) \quad \text{und} \quad v = \sin x.$$

Wir integrieren partiell:

$$\int \cos^n x \, dx = \cos^{n-1} x \sin x + (n-1) \int \sin^2 x \cos^{n-2} x \, dx$$
$$= \cos^{n-1} x \sin x + (n-1) \int (1 - \cos^2 x) \cos^{n-2} x \, dx$$
$$= \cos^{n-1} x \sin x + (n-1) \int \cos^{n-2} x \, dx - (n-1) \int \cos^n x \, dx.$$

Auf beiden Seiten der Gleichung addieren wir nun

$$(n-1) \int \cos^n x \, dx$$

und erhalten so:

$$n \int \cos^n x \, dx = \cos^{n-1} x \sin x + (n-1) \int \cos^{n-2} x \, dx.$$

Wir dividieren durch n und bekommen so die gesuchte Formel:

$$\int \cos^n x \, dx = \frac{\cos^{n-1} x \sin x}{n} + \frac{n-1}{n} \int \cos^{n-2} x \, dx.$$

∎

Die Formel, die wir in Beispiel 8.5 hergeleitet haben, nennt man eine **Reduktionsformel**; mit ihr kann man ein Integral, das eine Funktion in einer bestimmten Potenz enthält, auf ein anderes zurückführen, in dem die gleiche Funktion in einer reduzierten (niedrigeren) Potenz auftritt. Wenn n eine positive ganze Zahl ist, so kann man eine solche Formel so oft anwenden, bis das Integral einfach zu berechnen ist. Mit dem Ergebnis aus Beispiel 8.5 erhalten wir z. B.:

$$\int \cos^3 x \, dx = \frac{\cos^2 x \sin x}{3} + \frac{2}{3} \int \cos x \, dx$$
$$= \frac{1}{3} \cos^2 x \sin x + \frac{2}{3} \sin x + C.$$

Berechnung bestimmter Integrale mit der partiellen Integration

Die partielle Integration kann auch bei bestimmten Integralen angewendet werden; dazu kombinieren wir Gleichung (8.1) mit dem zweiten Teil des Hauptsatzes. Es seien f' und g' stetig auf dem Intervall $[a,b]$. Dann erhalten wir die folgende Beziehung:

> **Partielle Integration für bestimmte Integrale**
>
> $$\int_a^b f(x) g'(x) \, dx = [f(x) g(x)]_a^b - \int_a^b f'(x) g(x) \, dx \qquad (8.3)$$

Merke

Meistens werden die Funktionen in (8.3) auch als u und v bezeichnet. Im nächsten Beispiel 8.6 zeigen wir eine Anwendung von Gleichung (8.3).

Beispiel 8.6 Die Kurve $y = xe^{-x}$ und die x-Achse zwischen $x = 0$ und $x = 4$ schließen eine Fläche ein. Bestimmen Sie ihren Flächeninhalt.

Partielle Integration bei einem bestimmten Integral

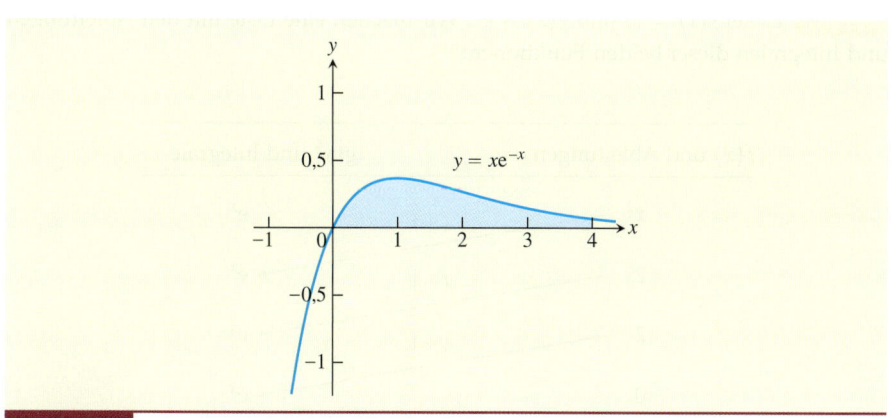

Abbildung 8.1 Diese Fläche wird in Beispiel 8.6 berechnet.

Lösung Die Fläche ist in ▶Abbildung 8.1 blau eingezeichnet. Der Flächeninhalt wird von dem folgenden Integral angegeben:

$$\int_0^4 xe^{-x}dx.$$

Es sei $u = x$, $dv = e^{-x}dx$, $v = -e^{-x}$ und $du = dx$. Dann gilt:

$$\int_0^4 xe^{-x}dx = \left[-xe^{-x}\right]_0^4 - \int_0^4 \left(-e^{-x}\right)dx$$

$$= \left[-4e^{-4} - (0)\right] + \int_0^4 e^{-x}dx$$

$$= -4e^{-4} + \left[-e^{-x}\right]_0^4$$

$$= -4e^{-4} - e^{-4} - (-e^0) = 1 - 5e^{-4} \approx 0{,}91. \quad \blacksquare$$

Tabellarische Integration

Für die partielle Integration bieten sich vor allem Integrale der Form $\int f(x)g(x)dx$ an, bei denen f nach mehrfacher Ableitung null wird und g problemlos mehrfach integriert werden kann. Bei manchen Integralen muss man die partielle Integration allerdings mehrfach durchführen, dabei kann man leicht den Überblick verlieren. Außerdem kann es passieren, dass die Rechnungen nach mehreren Schritten wieder auf das Ausgangsintegral führen, das man eigentlich bestimmen wollte. In solchen Fällen ist es sinnvoll, die Rechnungen geordnet aufzuschreiben und sich so die Arbeit zu erleichtern. Eine solche Ordnungstechnik ist die **tabellarische Integration**, die wir in den nächsten beiden Beispielen vorstellen werden.

Tabellarische Integration   **Beispiel 8.7** Bestimmen Sie

$$\int x^2 e^x dx.$$

Lösung Es sei $f(x) = x^2$ und $g(x) = e^x$. Wir machen eine Liste mit den Ableitungen und Integralen dieser beiden Funktionen:

$f(x)$ und Ableitungen		$g(x)$ und Integrale
x^2	$(+)$	e^x
$2x$	$(-)$	e^x
2	$(+)$	e^x
0		e^x

Das Integral kann nun folgendermaßen bestimmt werden: Wir bilden Produkte der Terme in der Tabelle entlang der Pfeile und versehen sie mit den Vorzeichen, die oberhalb der Pfeile aufgeführt sind. Damit erhalten wir:

$$\int x^2 e^x dx = x^2 e^x - 2x e^x + 2e^x + C.$$

Vergleichen Sie dieses Ergebnis mit dem aus Beispiel 8.3.

Beispiel 8.8 Bestimmen Sie das Integral

$$\int x^3 \sin x\, dx.$$

Tabellarische Integration

Lösung Es sei $f(x) = x^3$ und $g(x) = \sin x$. Wir erstellen wieder eine Liste der Ableitungen und Integrale:

$f(x)$ und Ableitungen		$g(x)$ und Integrale
x^3	$(+)$	$\sin x$
$3x^2$	$(-)$	$-\cos x$
$6x$	$(+)$	$-\sin x$
6	$(-)$	$\cos x$
0		$\sin x$

Wir kombinieren wieder die Produkte der Terme in der Liste und versehen sie mit den angegebenen Vorzeichen. Damit erhalten wir als Lösung des Integrals:

$$\int x^3 \sin x\, dx = -x^3 \cos x + 3x^2 \sin x + 6x \cos x - 6 \sin x + C.$$

Die Technik der tabellarischen Integration kann auch verwendet werden, wenn keine der beiden Funktionen f und g nach mehrmaliger Ableitung null wird. Das wird in den zusätzlichen Aufgaben am Ende dieses Kapitels erläutert.

Aufgaben zum Abschnitt 8.1

Partielle Integration Bestimmen Sie in den Aufgaben 1–12 das Integral mithilfe der partiellen Integration.

1. $\int x \sin \frac{x}{2} dx$

2. $\int t^2 \cos t\, dt$

3. $\int_1^2 x \ln x\, dx$

4. $\int x e^x dx$

5. $\int x^2 e^{-x} dx$

6. $\int \tan^{-1} y\, dy$

7. $\int x \sec^2 x\, dx$

8. $\int x^3 e^x dx$

9. $\int (x^2 - 5x) e^x dx$

10. $\int x^5 e^x dx$

11. $\int e^\theta \sin \theta\, d\theta$

12. $\int e^{2x} \cos 3x\, dx$

Integrieren mit Substitution Bestimmen Sie in den Aufgaben 13 und 14 das Integral. Substituieren Sie zuerst und integrieren Sie dann partiell.

8 Integrationstechniken

13. $\int e^{\sqrt{3s+9}} ds$

14. $\int_0^{\pi/3} x \tan^2 x \, dx$

15. $\int \sin(\ln x) \, dx$

Bestimmung von Integralen Bestimmen Sie in den Aufgaben 16–25 das Integral. Sie müssen bei einigen, aber nicht bei allen Aufgaben partiell integrieren.

16. $\int x \sec x^2 \, dx$

17. $\int x (\ln x)^2 \, dx$

18. $\int \dfrac{\ln x}{x^2} \, dx$

19. $\int x^3 e^{x^4} \, dx$

20. $\int x^3 \sqrt{x^2+1} \, dx$

21. $\int \sin 3x \cos 2x \, dx$

22. $\int e^x \sin e^x \, dx$

23. $\int \cos \sqrt{x} \, dx$

24. $\int_0^{\pi/2} \theta^2 \sin 2\theta \, d\theta$

25. $\int_{2/\sqrt{3}}^{2} t \sec^{-1} t \, dt$

Theorie und Beispiele

26. Flächeninhalt Die Kurve $y = x \sin x$ schließt mit Abschnitten der x-Achse jeweils eine Fläche ein (▶die untenstehende Abbildung). Bestimmen Sie die Flächeninhalte für

a. $0 \le x \le \pi$,

b. $\pi \le x \le 2\pi$,

c. $2\pi \le x \le 3\pi$.

d. Welches Muster erkennen Sie in den Ergebnissen? Welchen Inhalt hat die Fläche zwischen der Kurve und dem x-Achsenabschnitt für $n\pi \le x \le (n+1)\pi$, wenn n eine beliebige nichtnegative ganze Zahl ist? Begründen Sie Ihre Antwort.

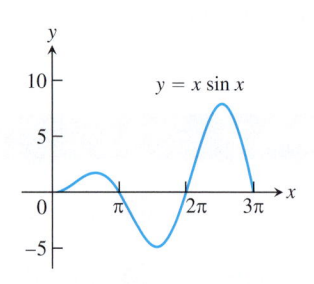

27. Volumenbestimmung Die Kurve $y = e^x$, die Koordinatenachsen und die Gerade $x = \ln 2$ schließen im ersten Quadranten eine Fläche ein. Diese Fläche wird um die Gerade $x = \ln 2$ gedreht. Berechnen Sie das Volumen des so entstandenen Rotationskörpers.

28. Volumenbestimmung Die Kurve $y = \cos x$ für $0 \le x \le \pi/2$ und die Koordinatenachsen schließen im ersten Quadranten eine Fläche ein. Diese Fläche wird
a. um die y-Achse und **b.** die Gerade $x = \pi/2$ gedreht.
Berechnen Sie das Volumen der so entstandenen Rotationskörper.

29. Betrachten Sie die Fläche, die von der Kurve $y = \ln x$ sowie den Geraden $y = 0$ und $x = e$ eingeschlossen wird.

a. Bestimmen Sie den Flächeninhalt.

b. Die Fläche wird um die x-Achse gedreht. Bestimmen Sie das Volumen des so entstandenen Rotationskörpers.

c. Die Fläche wird um die Gerade $x = -2$ gedreht. Bestimmen Sie das Volumen des so entstandenen Rotationskörpers.

d. Wo liegt der Schwerpunkt der Fläche?

30. Mittelwerte Eine Masse schwingt an einer Feder und wird dabei von einer Verzögerungskraft gebremst. Diese Verzögerung wird in der nachfolgenden Abbildung von einem Dämpfungszylinder repräsentiert. Die Position der Masse zur Zeit t wird dann von der folgenden Gleichung beschrieben:

$$y = 2e^{-t} \cos t, \quad t \ge 0.$$

Bestimmen Sie den Mittelwert von y in dem Intervall $0 \le t \le 2\pi$.

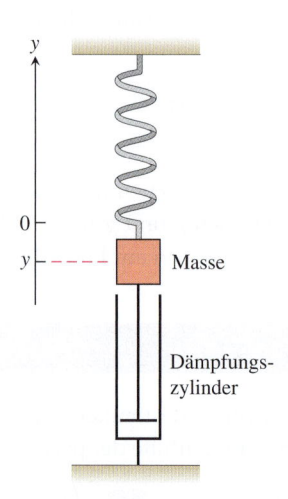

Reduktionsgleichungen Stellen Sie in den Aufgaben 31 und 32 mithilfe der partiellen Integration eine Reduktionsformel auf.

31. $\int x^n \cos x \, dx = x^n \sin x - n \int x^{n-1} \sin x \, dx$

32. $\displaystyle\int x^n e^{ax} dx = \dfrac{x^n e^{ax}}{a} - \dfrac{n}{a}\int x^{n-1} e^{ax} dx, \quad a \neq 0$

33. Zeigen Sie, dass gilt:
$$\int_a^b \left(\int_x^b f(t)dt\right) dx = \int_a^b (x-a)f(x)dx.$$

34. Leiten Sie die folgende Gleichung mithilfe der partiellen Integration her.
$$\int \sqrt{1-x^2}\, dx = \dfrac{1}{2} x\sqrt{1-x^2} + \dfrac{1}{2}\int \dfrac{1}{\sqrt{1-x^2}}\, dx.$$

Die Integration der Inversen einer Funktion Mithilfe der partiellen Integration kann man eine Regel für die Integration von inversen Funktionen herleiten, die oft zu nützlichen Ergebnissen führt.

$$\int f^{-1}(x)\, dx = \int y f'(y)\, dy \qquad \begin{array}{l} y = f^{-1}(x),\ x = f(y),\\ dx = f'(y)dy \end{array}$$
$$= y f(y) - \int f(y)\, dy \qquad \begin{array}{l}\text{Partielle Integration}\\ \text{mit } u=y,\\ dv = f'(y)dy\end{array}$$
$$= x f^{-1}(x) - \int f(y)\, dy$$

Mit dieser Gleichung kann man das Integral von $f^{-1}(x)$ auf das von $f(y)$ zurückführen und damit in vielen Fällen den komplizierten Teil des Integrals vereinfachen. Für das Integral beispielsweise von $\ln x$ erhalten wir mit dieser Gleichung:

$$\int \ln x\, dx = \int y e^y\, dy \qquad \begin{array}{l} y = \ln x,\ x = e^y,\\ dx = e^y dy\end{array}$$
$$= y e^y - e^y + C$$
$$= x \ln x - x + C.$$

Für das Integral beispielsweise von $\cos^{-1} x$ bekommen wir:

$$\int \cos^{-1} x\, dx = x \cos^{-1} x - \int \cos y\, dy \quad y = \cos^{-1} x$$
$$= x \cos^{-1} x - \sin y + C$$
$$= x \cos^{-1} x - \sin(\cos^{-1} x) + C.$$

Berechnen Sie mithilfe der Gleichung
$$\int f^{-1}(x)\, dx = x f^{-1}(x) - \int f(y)\, dy \quad y = f^{-1}(x) \qquad (8.4)$$

die Integrale in den Aufgaben 35–38. Drücken Sie das Ergebnis als Funktion von x aus.

35. $\displaystyle\int \sin^{-1} x\, dx$

36. $\displaystyle\int \tan^{-1} x\, dx$

37. $\displaystyle\int \sec^{-1} x\, dx$

38. $\displaystyle\int \log_2 x\, dx$

Die partielle Integration kann auch auf andere Weise verwendet werden, um das Integral von $f^{-1}(x)$ zu berechnen – immer vorausgesetzt natürlich, f^{-1} ist integrierbar. Wir setzen $u = f^{-1}(x)$ und $dv = dx$ und formen das Integral von $f^{-1}(x)$ damit folgendermaßen um:

$$\int f^{-1}(x)\, dx = x f^{-1}(x) - \int x \left(\dfrac{d}{dx} f^{-1}(x)\right) dx. \qquad (8.5)$$

In den Aufgaben 39 und 40 werden Ergebnisse mit den Gleichungen (8.4) und (8.5) verglichen.

39. Mit den Gleichungen (8.4) und (8.5) erhält man verschiedene Ergebnisse für das Integral von $\cos^{-1} x$:

a.
$$\int \cos^{-1} x\, dx =$$
$$x \cos^{-1} x - \sin(\cos^{-1} x) + C \quad \text{Gl. (8.4)}$$

b.
$$\int \cos^{-1} x\, dx =$$
$$x \cos^{-1} x - \sqrt{1-x^2} + C \quad \text{Gl. (8.5)}$$

Können beide Rechnungen korrekt sein? Erläutern Sie.

40. Mit den Gleichungen (8.4) und (8.5) erhält man verschiedene Ergebnisse für das Integral von $\tan^{-1} x$:

a.
$$\int \tan^{-1} x\, dx =$$
$$x \tan^{-1} x - \ln \sec(\tan^{-1} x) + C \quad \text{Gl. (8.4)}$$

b.
$$\int \tan^{-1} x\, dx =$$
$$x \tan^{-1} x - \ln \sqrt{1+x^2} + C \quad \text{Gl. (8.5)}$$

Können beide Rechnungen korrekt sein? Erläutern Sie.

Berechnen Sie in den Aufgaben 41 und 42 die Integrale mit a. Gleichung (8.4) und b. Gleichung (8.5). Überprüfen Sie in beiden Fällen Ihr Ergebnis, indem Sie nach x ableiten.

41. $\displaystyle\int \sinh^{-1} x\, dx$ **42.** $\displaystyle\int \tanh^{-1} x\, dx$

8.2 Integrale trigonometrischer Funktionen

Diese Integrale trigonometrischer Funktionen umfassen Kombinationen aller sechs trigonometrischer Funktionen. Solche Kombinationen können grundsätzlich immer als Funktionen des Sinus und des Kosinus ausgedrückt werden, allerdings ist es oft einfacher, mit einer der anderen trigonometrischen Funktionen zu arbeiten, z. B. in dem Integral

$$\int \frac{1}{\cos^2 x}\,dx = \int \sec^2 x\,dx = \tan x + C.$$

Bei Integralen trigonometrischer Funktionen kann der Integrand mithilfe der bekannten Identitäten umgeformt werden. So bringt man ihn in eine Form, in der das Integral möglichst einfach berechnet werden kann.

Produkte von Potenzen des Sinus und Kosinus

Wir betrachten zunächst Integrale der Form

$$\int \sin^m x \cos^n x\,dx;$$

dabei sind m und n nicht negative ganze Zahlen. (also positive Zahlen oder null). Je nachdem, ob n und m gerade oder ungerade sind, kann man bei diesen Integralen drei Fälle unterscheiden.

Fall 1: m ist ungerade Wir setzen $m = 2k + 1$ und erhalten mit der Identität $\sin^2 x = 1 - \cos^2 x$

$$\sin^m x = \sin^{2k+1} x = (\sin^2 x)^k \sin x = (1 - \cos^2 x)^k \sin x. \qquad (8.6)$$

Unter dem Integral fassen wir dann $\sin x$ und dx zusammen und setzen $\sin x\,dx = -d(\cos x)$.

Fall 2: m ist gerade und n ist ungerade Wir setzen $n = 2k + 1$ und erhalten mit der Identität $\cos^2 x = 1 - \sin^2 x$

$$\cos^n x = \cos^{2k+1} x = (\cos^2 x)^k \cos x = (1 - \sin^2 x)^k \cos x.$$

Unter dem Integral fassen wir dann $\cos x$ und dx zusammen und setzen $\cos x\,dx = d(\sin x)$.

Fall 3: m und n sind beide gerade Wir setzen hier

$$\sin^2 x = \frac{1 - \cos 2x}{2}, \quad \cos^2 x = \frac{1 + \cos 2x}{2} \qquad (8.7)$$

und erhalten so einen Integranden, der $\cos 2x$ in einer niedrigeren Potenz enthält.

In den folgenden Beispielen werden alle drei Fälle näher erläutert.

Fall 1 **Beispiel 8.9** Bestimmen Sie

$$\int \sin^3 x \cos^2 x\,dx.$$

Lösung Dies ist ein Beispiel für Fall 1.

$$\int \sin^3 x \cos^2 x \, dx = \int \sin^2 x \cos^2 x \sin x \, dx \qquad m \text{ ist ungerade}$$

$$= \int (1 - \cos^2 x) \cos^2 x (-d(\cos x)) \qquad \sin x \, dx = -d(\cos x)$$

$$= \int (1 - u^2)(u^2)(-du) \qquad u = \cos x$$

$$= \int (u^4 - u^2) du \qquad \text{Ausmultiplizieren}$$

$$= \frac{u^5}{5} - \frac{u^3}{3} + C = \frac{\cos^5 x}{5} - \frac{\cos^3 x}{3} + C. \qquad \blacksquare$$

Beispiel 8.10 Bestimmen Sie   Fall 2

$$\int \cos^5 x \, dx.$$

Lösung Dies ist ein Beispiel für Fall 2, denn $m = 0$ ist gerade und $n = 5$ ungerade.

$$\int \cos^5 x \, dx = \int \cos^4 x \cos x \, dx = \int (1 - \sin^2 x)^2 d(\sin x) \qquad \cos x \, dx = d(\sin x)$$

$$= \int (1 - u^2)^2 du \qquad u = \sin x$$

$$= \int (1 - 2u^2 + u^4) du \qquad \text{Quadrat ausmultipliziert}$$

$$= u - \frac{2}{3} u^3 + \frac{1}{5} u^5 + C$$

$$= \sin x - \frac{2}{3} \sin^3 x + \frac{1}{5} \sin^5 x + C. \qquad \blacksquare$$

Beispiel 8.11 Bestimmen Sie   Fall 3

$$\int \sin^2 x \cos^4 x \, dx.$$

Lösung Dies ist ein Beispiel für Fall 3.

$$\int \sin^2 x \cos^4 x \, dx = \int \left(\frac{1 - \cos 2x}{2}\right)\left(\frac{1 + \cos 2x}{2}\right)^2 dx \qquad m \text{ und } n \text{ sind beide gerade}$$

$$= \frac{1}{8} \int (1 - \cos 2x)(1 + 2\cos 2x + \cos^2 2x) dx$$

$$= \frac{1}{8} \int (1 + \cos 2x - \cos^2 2x - \cos^3 2x) dx$$

$$= \frac{1}{8} \left[x + \frac{1}{2} \sin 2x - \int (\cos^2 2x + \cos^3 2x) dx \right].$$

Den Term mit $\cos^2 2x$ können wir folgendermaßen integrieren:

$$\int \cos^2 2x \, dx = \frac{1}{2} \int (1 + \cos 4x) dx$$

$$= \frac{1}{2} \left(x + \frac{1}{4} \sin 4x \right). \qquad \text{Die Integrationskonstante wird erst im Endergebnis angegeben.}$$

Für den Term mit $\cos^3 2x$ gilt:

$$\int \cos^3 2x\,dx = \int (1 - \sin^2 2x)\cos 2x\,dx$$
$$= \frac{1}{2}\int (1-u^2)\,du = \frac{1}{2}\left(\sin 2x - \frac{1}{3}\sin^3 2x\right).$$

$u = \sin 2x,$
$du = 2\cos 2x\,dx$

Wieder ohne Integrationskonstante

Fassen wir alles zusammen und vereinfachen die entstehende Gleichung, so erhalten wir:

$$\int \sin^2 x \cos^4 x\,dx = \frac{1}{16}\left(x - \frac{1}{4}\sin 4x + \frac{1}{3}\sin^3 2x\right) + C.$$

Elimination von Quadratwurzeln

Quadratwurzeln in Integranden können manchmal mithilfe von geeigneten Identitäten eliminiert werden. Im nächsten Beispiel zeigen wir das mit der Identität $\cos^2 \theta = (1 + \cos 2\theta)/2$.

Umformungen mithilfe von $\cos^2 \theta = (1 + \cos 2\theta)/2$

Beispiel 8.12 Berechnen Sie

$$\int_0^{\pi/4} \sqrt{1 + \cos 4x}\,dx.$$

Lösung Wir verwenden die Identität

$$\cos^2 \theta = \frac{1 + \cos 2\theta}{2} \quad \text{oder} \quad 1 + \cos 2\theta = 2\cos^2 \theta$$

und eliminieren damit die Quadratwurzel im Integranden. Für $\theta = 2x$ gilt:

$$1 + \cos 4x = 2\cos^2 2x,$$

und damit erhalten wir:

$$\int_0^{\pi/4} \sqrt{1 + \cos 4x}\,dx = \int_0^{\pi/4} \sqrt{2\cos^2 2x}\,dx = \int_0^{\pi/4} \sqrt{2}\sqrt{\cos^2 2x}\,dx = \sqrt{2}\int_0^{\pi/4} |\cos 2x|\,dx$$

$$= \sqrt{2}\int_0^{\pi/4} \cos 2x\,dx \qquad \cos 2x \geq 0 \text{ im Intervall } [0, \pi/4]$$

$$= \sqrt{2}\left[\frac{\sin 2x}{2}\right]_0^{\pi/4}$$

$$= \frac{\sqrt{2}}{2}[1 - 0] = \frac{\sqrt{2}}{2}.$$

Integrale der Potenzen von $\tan x$ und $\sec x$

Wir wissen, wie man die Tanges- und die Sekansfunktion sowie deren Quadrate integriert. Integranden mit höheren Potenzen dieser Funktionen können wir mit den Identitäten $\tan^2 x = \sec^2 x - 1$ und $\sec^2 x = \tan^2 x + 1$ umformen und mit partieller Integration auf Integrale zurückführen, in denen $\tan x$ und $\sec x$ in einer niedrigeren Potenz vorkommen.

Beispiel 8.13 Berechnen Sie

$$\int \tan^4 x \, dx.$$

Vierte Potenz von tan x

Lösung

$$\int \tan^4 x \, dx = \int \tan^2 x \cdot \tan^2 x \, dx = \int \tan^2 x \cdot (\sec^2 x - 1) \, dx$$

$$= \int \tan^2 x \sec^2 x \, dx - \int \tan^2 x \, dx$$

$$= \int \tan^2 x \sec^2 x \, dx - \int (\sec^2 x - 1) \, dx$$

$$= \int \tan^2 x \sec^2 x \, dx - \int \sec^2 x \, dx + \int dx.$$

Im ersten Integral setzen wir

$$u = \tan x, \quad du = \sec^2 x \, dx$$

und erhalten damit

$$\int u^2 \, du = \frac{1}{3} u^3 + C_1.$$

Die übrigen beiden Integrale sind Standardintegrale, sodass wir das Integral lösen können:

$$\int \tan^4 x \, dx = \frac{1}{3} \tan^3 x - \tan x + x + C.$$

∎

Beispiel 8.14 Bestimmen Sie

$$\int \sec^3 x \, dx.$$

Dritte Potenz von sec x

Lösung Wir setzen

$$u = \sec x, \quad dv = \sec^2 x \, dx, \quad v = \tan x, \quad du = \sec x \tan x \, dx$$

und integrieren partiell. Es gilt dann

$$\int \sec^3 x \, dx = \sec x \tan x - \int (\tan x)(\sec x \tan x) \, dx$$

$$= \sec x \tan x - \int (\sec^2 x - 1) \sec x \, dx \qquad \tan^2 = \sec^2 x - 1$$

$$= \sec x \tan x + \int \sec x \, dx - \int \sec^3 x \, dx.$$

Wir bringen die beiden Integrale über $\sec^3 x$ auf eine Seite der Gleichung

$$2 \int \sec^3 x \, dx = \sec x \tan x + \int \sec x \, dx$$

und erhalten

$$\int \sec^3 x \, dx = \frac{1}{2} \sec x \tan x + \frac{1}{2} \ln |\sec x + \tan x| + C.$$

∎

Produkte von Sinus- und Kosinusfunktion

Die Integrale

$$\int \sin mx \sin nx\, dx, \quad \int \sin mx \cos nx\, dx \quad \text{und} \quad \int \cos mx \cos nx\, dx$$

treten in vielen Anwendungen auf, in denen Vorgänge mit periodischen Funktionen beschrieben werden. Diese Integrale lassen sich mit partieller Integration lösen, allerdings muss man dazu jeweils zweimal integrieren. Einfacher sind die Rechnungen mit den folgenden Identitäten:

$$\sin mx \sin nx = \frac{1}{2}\left[\cos(m-n)x - \cos(m+n)x\right], \tag{8.8}$$

$$\sin mx \cos nx = \frac{1}{2}\left[\sin(m-n)x + \sin(m+n)x\right], \tag{8.9}$$

$$\cos mx \cos nx = \frac{1}{2}\left[\cos(m-n)x + \cos(m+n)x\right]. \tag{8.10}$$

Diese Identitäten kann man aus den Formeln ableiten, die für Vielfache des Winkels bei Sinus- und Kosinusfunktionen gelten (Abschnitt 1.3).

Mit ihnen erhält man Ausdrücke, deren Stammfunktionen einfach bestimmt werden können.

Produkte aus Sinus und Kosinus

Beispiel 8.15 Berechnen Sie

$$\int \sin 3x \cos 5x\, dx.$$

Lösung Wir verwenden Gleichung (8.9) und setzen $m=3$ und $n=5$. Damit erhalten wir:

$$\int \sin 3x \cos 5x\, dx = \frac{1}{2}\int \left[\sin(-2x) + \sin 8x\right] dx$$

$$= \frac{1}{2}\int (\sin 8x - \sin 2x)\, dx = -\frac{\cos 8x}{16} + \frac{\cos 2x}{4} + C.$$

Aufgaben zum Abschnitt 8.2

Potenzen der Sinus- und Kosinusfunktion Bestimmen Sie in den Aufgaben 1–11 das Integral.

1. $\int \cos 2x\, dx$

2. $\int \cos^3 x \sin x\, dx$

3. $\int \sin^3 x\, dx$

4. $\int \sin^5 x\, dx$

5. $\int \cos^3 x\, dx$

6. $\int \sin^3 x \cos^3 x\, dx$

7. $\int \cos^2 x\, dx$

8. $\int_0^{\pi/2} \sin^7 y\, dy$

9. $\int_0^{\pi} 8\sin^4 x\, dx$

10. $\int 16\sin^2 x \cos^2 x\, dx$

11. $\int 8\cos^3 2\theta \sin 2\theta\, d\theta$

Integration von Quadratwurzeln Berechnen Sie in den Aufgaben 12–16 das Integral.

12. $\displaystyle\int_0^{2\pi} \sqrt{\frac{1-\cos x}{2}}\,dx$

13. $\displaystyle\int_0^{\pi} \sqrt{1-\sin^2 t}\,dt$

14. $\displaystyle\int_{\pi/3}^{\pi/2} \frac{\sin^2 x}{\sqrt{1-\cos x}}\,dx$

15. $\displaystyle\int_{5\pi/6}^{\pi} \frac{\cos^4 x}{\sqrt{1-\sin x}}\,dx$

16. $\displaystyle\int_0^{\pi/2} \theta\sqrt{1-\cos 2\theta}\,d\theta$

Potenzen der Tangens- und Sekansfunktion Bestimmen Sie in den Aufgaben 17–25 das Integral.

17. $\displaystyle\int \sec^2 x \tan x\,dx$

18. $\displaystyle\int \sec^3 x \tan x\,dx$

19. $\displaystyle\int \sec^2 x \tan^2 x\,dx$

20. $\displaystyle\int_{-\pi/3}^{0} 2\sec^3 x\,dx$

21. $\displaystyle\int \sec^4 \theta\,d\theta$

22. $\displaystyle\int_{\pi/4}^{\pi/2} \operatorname{cosec}^4 \theta\,d\theta$

23. $\displaystyle\int 4\tan^3 x\,dx$

24. $\displaystyle\int \tan^5 x\,dx$

25. $\displaystyle\int_{\pi/6}^{\pi/3} \cot^3 x\,dx$

Produkte der Sinus- und Kosinusfunktion Bestimmen Sie in den Aufgaben 26–28 das Integral.

26. $\displaystyle\int \sin 3x \cos 2x\,dx$

27. $\displaystyle\int_{-\pi}^{\pi} \sin 3x \sin 3x\,dx$

28. $\displaystyle\int \cos 3x \cos 4x\,dx$

In den Aufgaben 29–31 müssen die Integranden mit verschiedenen trigonometrischen Identitäten umgeformt werden, bevor das Integral bestimmt werden kann.

29. $\displaystyle\int \sin^2 \theta \cos 3\theta\,d\theta$

30. $\displaystyle\int \cos^3 \theta \sin 2\theta\,d\theta$

31. $\displaystyle\int \sin \theta \cos \theta \cos 3\theta\,d\theta$

Verschiedene Integrationstechniken Bestimmen Sie in den Aufgaben 32–37 das Integral. Versuchen Sie es mit verschiedenen Integrationstechniken.

32. $\displaystyle\int \frac{\sec^3 x}{\tan x}\,dx$

33. $\displaystyle\int \frac{\sin^3 x}{\cos^4 x}\,dx$

34. $\displaystyle\int \frac{\tan^2 x}{\operatorname{cosec} x}\,dx$

35. $\displaystyle\int \frac{\cot x}{\cos^2 x}\,dx$

36. $\displaystyle\int x \sin^2 x\,dx$

37. $\displaystyle\int x \cos^3 x\,dx$

Anwendungen

38. Bogenlänge Berechnen Sie die Länge der Kurve

$$y = \ln(\sec x), \quad 0 \le x \le \pi/4.$$

39. Schwerpunkt Eine Fläche wird von der x-Achse, der Kurve $y = \sec x$ und den Geraden $x = -\pi/4$ sowie $x = \pi/4$ begrenzt. Bestimmen Sie ihren Schwerpunkt.

40. Volumenbestimmung Dreht man die Fläche unter einem Bogen der Kurve $y = \sin x$ um die x-Achse, so erhält man einen Rotationskörper. Berechnen Sie sein Volumen.

41. Flächeninhalt Eine Fläche wird von der x-Achse und der Kurve $y = \sqrt{1+\cos 4x}$ für $0 \le x \le \pi$ begrenzt. Berechnen Sie ihren Flächeninhalt.

42. Schwerpunkt Eine Fläche wird von den Kurven $y = x + \cos x$ und $y = 0$ für $0 \le x \le 2\pi$ begrenzt. Bestimmen Sie ihren Schwerpunkt.

43. Volumen Die Kurven $y = \sin x + \sec x$, $y = 0$, $x = 0$ und $x = \pi/3$ begrenzen eine Fläche. Diese Fläche wird um die x-Achse gedreht. Berechnen Sie das Volumen des so entstandenen Rotationskörpers.

8.3 Trigonometrische Substitutionen

Trigonometrische Substitution heißt die Methode, die Integrationsvariable durch eine trigonometrische Funktion zu ersetzen. Am häufigsten sind die Substitutionen $x = a\tan\theta$, $x = a\sin\theta$ und $x = a\sec\theta$. Mit diesen Substitutionen kann man Integrale vereinfachen, in denen die Ausdrücke $\sqrt{a^2 + x^2}$, $\sqrt{a^2 - x^2}$ und $\sqrt{x^2 - a^2}$ vorkommen. Der Zusammenhang zwischen den Wurzeln und den trigonometrischen Funktionen kann man sich anhand der Definition der trigonometrischen Funktionen am rechtwinkligen Dreieck klarmachen, ▶Abbildung 8.2 zeigt entsprechende Referenzdreiecke. Wir erhalten mit diesen Substitutionen Integrale, die wir direkt berechnen können.

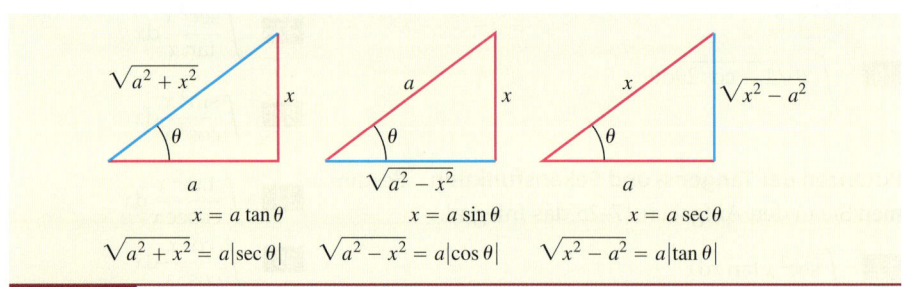

Abbildung 8.2 Die rechtwinkligen Referenzdreiecke zeigen die Zusammenhänge zwischen Wurzel und trigonometrischer Funktion für die drei wichtigsten Substitutionen.

So bekommen wir mit der Substitution $x = a\tan\theta$

$$a^2 + x^2 = a^2 + a^2\tan^2\theta = a^2(1 + \tan^2\theta) = a^2\sec^2\theta,$$

mit $x = a\sin\theta$

$$a^2 - x^2 = a^2 - a^2\sin^2\theta = a^2(1 - \sin^2\theta) = a^2\cos^2\theta$$

und mit $x = a\sec\theta$

$$x^2 - a^2 = a^2\sec^2\theta - a^2 = a^2(\sec^2\theta - 1) = a^2\tan^2\theta.$$

Jede Substitution sollte natürlich reversibel sein, da wir nach der Integration wieder zu der ursprünglichen Variable zurückkehren wollen. Benutzen wir also z. B. die Substitution $x = a\tan\theta$, so wollen wir nach der Integration $\theta = \tan^{-1}(x/a)$ einsetzen und so das Ergebnis als Funktion von x darstellen. Genauso wollen wir bei der Substitution $x = a\sin\theta$ nach der Integration wieder $\theta = \sin^{-1}(x/a)$ einsetzen und ebenso bei $x = a\sec\theta$ wieder zur Variablen x zurückkehren.

Wie wir in Abschnitt 7.6 gesehen haben, haben die trigonometrischen Funktionen nur dann Inverse, wenn das Argument θ auf ein bestimmtes Intervall begrenzt wird (▶Abbildung 8.3). Um die Substitution reversibel zu machen, gilt also:

$$x = a\tan\theta \quad \text{erfordert} \quad \theta = \tan^{-1}\left(\frac{x}{a}\right) \text{ mit } -\frac{\pi}{2} < \theta < \frac{\pi}{2},$$

$$x = a\sin\theta \quad \text{erfordert} \quad \theta = \sin^{-1}\left(\frac{x}{a}\right) \text{ mit } -\frac{\pi}{2} \leq \theta \leq \frac{\pi}{2},$$

$$x = a\sec\theta \quad \text{erfordert} \quad \theta = \sec^{-1}\left(\frac{x}{a}\right) \text{ mit } \begin{cases} 0 \leq \theta < \frac{\pi}{2} & \text{für } \frac{x}{a} \geq 1, \\ \frac{\pi}{2} < \theta \leq \pi & \text{für } \frac{x}{a} \leq -1. \end{cases}$$

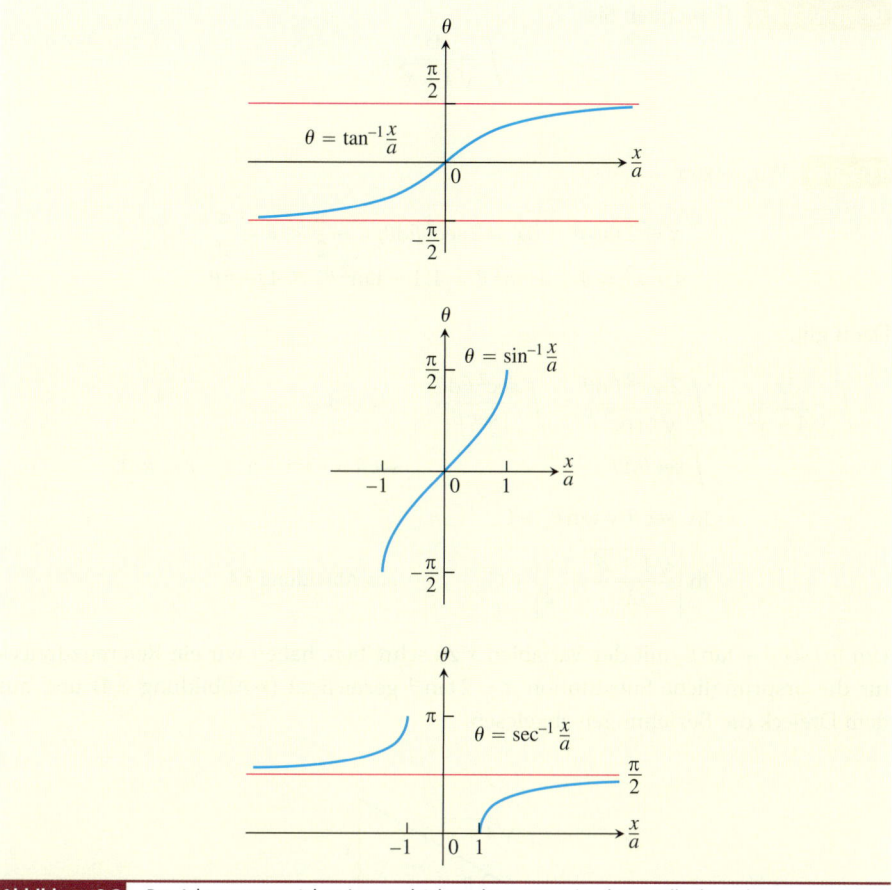

Abbildung 8.3 Der Arkustangens, Arkussinus und Arkussekans von x/a, dargestellt als Funktion von x/a.

Um die Berechnungen zu vereinfachen, werden wir die Substitution $x = a\sec\theta$ nur bei Integralen anwenden, bei denen $x/a \geq 1$ ist. Damit liegt θ im Intervall $[0, \pi/2)$ und es folgt $\tan\theta \geq 0$. Wir erhalten dann $\sqrt{x^2 - a^2} = \sqrt{a^2 \tan^2\theta} = |a\tan\theta| = a\tan\theta$, und für $a > 0$ brauchen wir keine Betragszeichen.

Vorgehensweise bei trigonometrischen Substitutionen — Merke

1. Wählen Sie die Substitution für x aus, berechnen Sie das Differential dx und bestimmen Sie das Intervall für θ.

2. Setzen Sie die Substitution und das Differential in das Integral ein und vereinfachen Sie den Integranden mit algebraischen Berechnungen so weit wir möglich.

3. Berechnen Sie das Integral der trigonometrischen Funktion. Beachten Sie dabei die Einschränkungen für den Winkel θ.

4. Zeichnen Sie ein rechtwinkliges Referenzdreieck und machen Sie sich damit klar, wie die Substitution rückgängig gemacht werden kann. Drücken Sie so das Ergebnis der Integration mit der ursprünglichen Variablen x aus.

Substitution $x = a \tan \theta$ **Beispiel 8.16** Berechnen Sie

$$\int \frac{\mathrm{d}x}{\sqrt{4+x^2}}.$$

Lösung Wir setzen

$$x = 2\tan\theta, \quad \mathrm{d}x = 2\sec^2\theta\,\mathrm{d}\theta, \quad -\frac{\pi}{2} < \theta < \frac{\pi}{2},$$
$$4 + x^2 = 4 + 4\tan^2\theta = 4(1 + \tan^2\theta) = 4\sec^2\theta.$$

Dann gilt:

$$\int \frac{\mathrm{d}x}{\sqrt{4+x^2}} = \int \frac{2\sec^2\theta\,\mathrm{d}\theta}{\sqrt{4\sec^2\theta}} = \int \frac{\sec^2\theta\,\mathrm{d}\theta}{|\sec\theta|} \quad \sqrt{\sec^2\theta} = |\sec\theta|$$
$$= \int \sec\theta\,\mathrm{d}\theta \quad \sec\theta > 0 \text{ für } -\pi/2 < \theta < \pi/2$$
$$= \ln|\sec\theta + \tan\theta| + C$$
$$= \ln\left|\frac{\sqrt{4+x^2}}{2} + \frac{x}{2}\right| + C. \quad \text{aus Abbildung 8.4}$$

Um $\ln|\sec\theta + \tan\theta|$ mit der Variablen x zu schreiben, haben wir ein Referenzdreieck für die ursprüngliche Substitution $x = 2\tan\theta$ gezeichnet (▶ Abbildung 8.4) und aus dem Dreieck die Beziehungen abgelesen. ∎

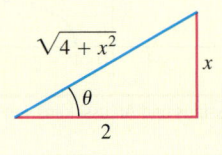

Abbildung 8.4 Referenzdreieck für die Substitution $x = 2\tan\theta$ (Beispiel 8.16). Es gilt $\tan\theta = \frac{x}{2}$ und $\sec\theta = \frac{\sqrt{4+x^2}}{2}$.

Substitution $x = a \sin \theta$ **Beispiel 8.17** Berechnen Sie

$$\int \frac{x^2\,\mathrm{d}x}{\sqrt{9-x^2}}.$$

Lösung Wir setzen

$$x = 3\sin\theta, \quad \mathrm{d}x = 3\cos\theta\,\mathrm{d}\theta, \quad -\frac{\pi}{2} < \theta < \frac{\pi}{2}$$
$$9 - x^2 = 9 - 9\sin^2\theta = 9(1 - \sin^2\theta) = 9\cos^2\theta.$$

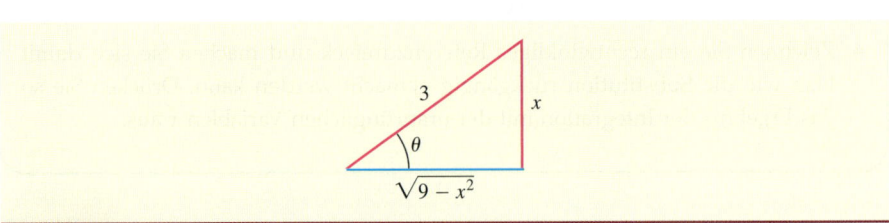

Abbildung 8.5 Referenzdreieck für die Substitution $x = 3\sin\theta$ (Beispiel 8.17). Es gilt $\sin\theta = \frac{x}{3}$ und $\cos\theta = \frac{\sqrt{9-x^2}}{3}$.

Dann erhalten wir:

$$\int \frac{x^2 \, dx}{\sqrt{9-x^2}} = \int \frac{9 \sin^2 \theta \cdot 3 \cos \theta \, d\theta}{|3 \cos \theta|}$$

$$= 9 \int \sin^2 \theta \, d\theta \qquad \cos \theta > 0 \text{ für } -\pi/2 < \theta < \pi/2$$

$$= 9 \int \frac{1 - \cos 2\theta}{2} \, d\theta$$

$$= \frac{9}{2} \left(\theta - \frac{\sin 2\theta}{2} \right) + C$$

$$= \frac{9}{2} (\theta - \sin \theta \cos \theta) + C \qquad \sin 2\theta = 2 \sin \theta \cos \theta$$

$$= \frac{9}{2} \left(\sin^{-1} \frac{x}{3} - \frac{x}{3} \cdot \frac{\sqrt{9-x^2}}{3} \right) + C \qquad \text{Abbildung 8.5}$$

$$= \frac{9}{2} \sin^{-1} \frac{x}{3} - \frac{x}{2} \sqrt{9-x^2} + C.$$

■

Beispiel 8.18 Berechnen Sie

Substitution mit $x = a \sec \theta$

$$\int \frac{dx}{\sqrt{25x^2 - 4}}, \quad x > \frac{2}{5}.$$

Lösung Wir formen zunächst die Wurzel um, damit unter der Wurzel ein Term der Form $x^2 - a^2$ steht.

$$\sqrt{25x^2 - 4} = \sqrt{25 \left(x^2 - \frac{4}{25} \right)}$$

$$= 5 \sqrt{x^2 - \left(\frac{2}{5} \right)^2}.$$

Dann setzen wir

$$x = \frac{2}{5} \sec \theta, \quad dx = \frac{2}{5} \sec \theta \tan \theta \, d\theta, \quad 0 < \theta < \frac{\pi}{2}$$

$$x^2 - \left(\frac{2}{5} \right)^2 = \frac{4}{25} \sec^2 \theta - \frac{4}{25}$$

$$= \frac{4}{25} (\sec^2 \theta - 1) = \frac{4}{25} \tan^2 \theta$$

$$\sqrt{x^2 - \left(\frac{2}{5} \right)^2} = \frac{2}{5} |\tan \theta| = \frac{2}{5} \tan \theta. \qquad \tan \theta > 0 \text{ für } 0 < \theta < \pi/2$$

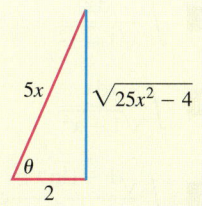

Abbildung 8.6 Für $x = (2/5) \sec \theta$, $0 < \theta < \pi/2$ gilt $\theta = \sec^{-1}(5x/2)$, und wir können die Werte der anderen trigonometrischen Funktionen von θ aus diesem Dreieck ablesen (Beispiel 8.17).

Mit diesen Substitutionen erhalten wir

$$\int \frac{dx}{\sqrt{25x^2-4}} = \int \frac{dx}{5\sqrt{x^2-(4/25)}} = \int \frac{(2/5)\sec\theta\tan\theta\,d\theta}{5\cdot(2/5)\tan\theta}$$

$$= \frac{1}{5}\int \sec\theta\,d\theta = \frac{1}{5}\ln|\sec\theta+\tan\theta|+C$$

$$= \frac{1}{5}\ln\left|\frac{5x}{2}+\frac{\sqrt{25x^2-4}}{2}\right|+C \qquad \text{Abbildung 8.6}$$

Aufgaben zum Abschnitt 8.3

Integralberechnungen mit trigonometrischen Substitutionen Bestimmen Sie in den Aufgaben 1–7 das Integral.

1. $\displaystyle\int \frac{dx}{\sqrt{9+x^2}}$

2. $\displaystyle\int_{-2}^{2} \frac{dx}{4+x^2}$

3. $\displaystyle\int_{0}^{3/2} \frac{dx}{\sqrt{9-x^2}}$

4. $\displaystyle\int \sqrt{25-t^2}\,dt$

5. $\displaystyle\int \frac{dx}{\sqrt{4x^2-49}},\quad x>\frac{7}{2}$

6. $\displaystyle\int \frac{\sqrt{y^2-49}}{y}\,dy,\quad y>7$

7. $\displaystyle\int \frac{dx}{x^2\sqrt{x^2-1}},\quad x>1$

Verschiedene Integrationstechniken Bestimmen Sie in den Aufgaben 8–17 das Integral. Versuchen Sie es mit verschiedenen Integrationstechniken. Die meisten Integrale lassen sich mit einer trigonometrischen Substitution lösen, bei einigen braucht man aber auch andere Methoden.

8. $\displaystyle\int \frac{x}{\sqrt{9-x^2}}\,dx$

9. $\displaystyle\int \frac{x^3\,dx}{\sqrt{x^2+4}}$

10. $\displaystyle\int \frac{8\,dw}{w^2\sqrt{4-w^2}}$

11. $\displaystyle\int \frac{100}{36+25x^2}\,dx$

12. $\displaystyle\int_{0}^{\sqrt{3}/2} \frac{4x^2\,dx}{(1-x^2)^{3/2}}$

13. $\displaystyle\int \frac{dx}{(x^2-1)^{3/2}},\quad x>1$

14. $\displaystyle\int \frac{(1-x^2)^{3/2}}{x^6}\,dx$

15. $\displaystyle\int \frac{8\,dx}{(4x^2+1)^2}$

16. $\displaystyle\int \frac{x^3\,dx}{x^2-1}$

17. $\displaystyle\int \frac{v^2\,dv}{(1-v^2)^{5/2}}$

Zum Bestimmen der Integrale in den Aufgaben 18–28 braucht man zunächst eine allgemeine und dann eine trigonometrische Substitution.

18. $\displaystyle\int_{0}^{\ln 4} \frac{e^t\,dt}{\sqrt{e^{2t}+9}}$

19. $\displaystyle\int_{1/12}^{1/4} \frac{2\,dt}{\sqrt{t}+4t\sqrt{t}}$

20. $\displaystyle\int \frac{dx}{x\sqrt{x^2-1}}$

21. $\displaystyle\int \frac{dx}{1+x^2}$

22. $\displaystyle\int \frac{x\,dx}{\sqrt{x^2-1}}$

23. $\displaystyle\int \frac{dx}{\sqrt{1-x^2}}$

24. $\displaystyle\int \frac{x\,dx}{\sqrt{1+x^4}}$

25. $\displaystyle\int \frac{\sqrt{1-(\ln x)^2}}{x\ln x}\,dx$

26. $\int \sqrt{\dfrac{4-x}{x}}\, dx$ (*Tipp:* Setzen Sie $x = u^2$)

27. $\int \sqrt{1-x^3}\, x\, dx$

28. $\int \sqrt{x}\sqrt{1-x}\, dx$

29. $\int \dfrac{\sqrt{x-2}}{\sqrt{x-1}}\, dx$

Anfangswertprobleme Lösen Sie in den Aufgaben 30–33 das Anfangswertproblem für y als Funktion von x.

30. $x\dfrac{dy}{dx} = \sqrt{x^2-4}, \quad x \geq 2, \; y(2) = 0$

31. $\sqrt{x^2-9}\dfrac{dy}{dx} = 1, \quad x > 3, \; y(5) = \ln 3$

32. $(x^2+4)\dfrac{dy}{dx} = 3, \quad y(2) = 0$

33. $(x^2+1)^2\dfrac{dy}{dx} = \sqrt{x^2+1}, \quad y(0) = 1$

Anwendungen und Beispiele

34. **Flächeninhalt** Eine Fläche im ersten Quadranten wird von den Koordinatenachsen und der Kurve $y = \sqrt{9-x^2}/3$ eingeschlossen. Berechnen Sie ihren Flächeninhalt.

35. **Flächeninhalt** Bestimmen Sie den Flächeninhalt der Fläche, die von der Ellipse

$$\dfrac{x^2}{a^2} + \dfrac{y^2}{b^2} = 1.$$

eingeschlossen wird.

36. Eine Fläche wird von den Graphen $y = \sin^{-1} x$, $y = 0$ und $x = 1/2$ eingeschlossen.

a. Berechnen Sie den Flächeninhalt.

b. Bestimmen Sie den Schwerpunkt der Fläche.

37. Eine Fläche wird von den Graphen $y = \sqrt{x}\tan^{-1} x$ und $y = 0$ für $0 \leq x \leq 1$ eingeschlossen (siehe die untenstehende Abbildung). Diese Fläche wird um die x-Achse gedreht. Berechnen Sie das Volumen des entstehenden Rotationskörpers.

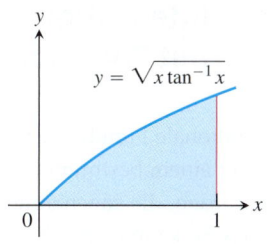

38. Bestimmen Sie das Integral $\int x^3\sqrt{1-x^2}\, dx$ mit drei Integrationsmethoden:

a. partielle Integration,

b. eine u-Substitution und

c. eine trigonometrische Substitution.

39. **Bahn eines Wasserski-Fahrers** Ein Boot liegt im Ursprung eines Koordinatensystems, an ihm hängt ein Wasserski-Fahrer an einem 9 m langen Seil. Er befindet sich zu Beginn an dem Punkt $(9,0)$. Das Boot fährt nun los und bewegt sich entlang der positiven y-Achse. Der Wasserski-Fahrer wird dann auf einer unbekannten Bahn $y = f(x)$ hinter dem Boot hergezogen, wie in der untenstehenden Abbildung zu sehen ist. Die gesuchte Bahn bezeichnet man als **Schleppkurve** oder **Traktrix**.

a. Zeigen Sie, dass gilt:

$$f'(x) = \dfrac{-\sqrt{81-x^2}}{x}.$$

(*Tipp:* Nehmen Sie an, dass die Skier immer direkt in Richtung Boot zeigen und dass das Seil immer eine Tangente an die Kurve $y = f(x)$ bildet.)

b. Bestimmen Sie mit der Gleichung aus Teil **(a)** die Funktion $f(x)$ für $f(9) = 0$.

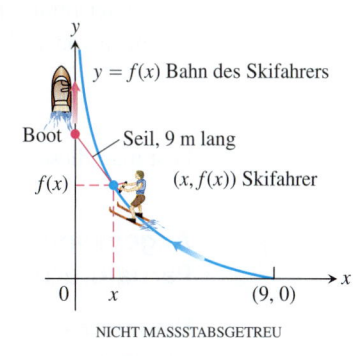

8.4 Integration rationaler Funktionen mit Partialbruchzerlegung

Eine rationale Funktion ist ein Quotient aus zwei Polynomen. Solche Funktionen können mit einem bestimmten Rechenverfahren in Summen aus einfacheren Brüchen zerlegt werden, die sogenannten *Partialbrüche*. Diese Brüche sind dann einfacher zu integrieren. So kann man z. B. die rationale Funktion $y = (5x - 3)/(x^2 - 2x - 3)$ folgendermaßen umformen:

$$y = \frac{5x - 3}{x^2 - 2x - 3} = \frac{2}{x + 1} + \frac{3}{x - 3}.$$

Wenn Sie die beiden Brüche auf der rechten Seite der Gleichung auf den Hauptnenner $(x + 1)(x - 3)$ bringen, können Sie diese Gleichung leicht verifizieren. Die Rechenmethode, mit der eine rationale Funktion in eine solche Summe zerlegt wird, ist auch in anderen Zusammenhängen nützlich, z. B. bei einigen Lösungsmethoden für Differentialgleichungen. Um die rationale Funktion $y = (5x - 3)/(x^2 - 2x - 3)$, also die linke Seite der obigen Gleichung, zu integrieren, kann man nun einfach die Integrale der beiden Summanden auf der rechten Seite addieren:

$$\int \frac{5x - 3}{(x + 1)(x - 3)} dx = \int \frac{2}{x + 1} dx + \int \frac{3}{x - 3} dx$$
$$= 2 \ln |x + 1| + 3 \ln |x - 3| + C.$$

Das Verfahren zur Umformung einer rationalen Funktion in eine Summe einfacherer Brüche heißt **Partialbruchzerlegung**. Es besteht in unserem Beispiel darin, die beiden Konstanten A und B in der folgenden Gleichung zu bestimmen:

$$\frac{5x - 3}{x^2 - 2x - 3} = \frac{A}{x + 1} + \frac{B}{x - 3}. \tag{8.11}$$

(Wir nehmen hier einmal an, dass wir die Lösung $A = 2$ und $B = 3$ noch nicht kennen.) Die beiden Brüche $A/(x + 1)$ und $B/(x - 3)$ heißen **Partialbrüche**, weil ihre Nenner jeweils nur ein Teil des ursprünglichen Nenners $x^2 - 2x - 3$ sind. Die beiden Konstanten A und B nennt man **(unbestimmte) Koeffizienten**.

Um A und B zu bestimmen, eliminieren wir in Gleichung (8.11) zunächst die Brüche und ordnen die Terme nach den Potenzen von x um:

$$5x - 3 = A(x - 3) + B(x + 1) = (A + B)x - 3A + B.$$

Diese Gleichung ist dann und nur dann gültig, wenn die Koeffizienten vor den gleichen Potenzen von x identisch sind. Es gilt also:

$$A + B = 5, \quad -3A + B = -3.$$

Löst man diese Gleichungen, so erhält man $A = 2$ und $B = 3$.

Allgemeine Beschreibung des Verfahrens der Partialbruchzerlegung

Um in der Praxis eine rationale Funktion $f(x)/g(x)$ als Summe von Partialbrüchen schreiben zu können, müssen die folgenden Bedingungen erfüllt sein:

- *Der Grad von $f(x)$ muss kleiner sein als der Grad von $g(x)$. Der Bruch muss also eine echtgebrochene rationale Funktion sein. Wenn dies nicht der Fall ist, teilt man $f(x)$ durch $g(x)$ und arbeitet mit dem verbleibenden Term; dieser ist dann echtgebrochen.*

8.4 Integration rationaler Funktionen mit Partialbruchzerlegung

- *Die Faktoren des Nenners $g(x)$ müssen bekannt sein.* Man kann zwar theoretisch jedes Polynom mit reellen Koeffizienten als Produkt aus reellen Linearfaktoren und reellen quadratischen Faktoren schreiben. Allerdings kann es in der Praxis schwierig sein, diese Faktorisierung zu berechnen.

Wir besprechen im Folgenden eine Methode, mit der man die Partialbrüche einer echtgebrochenen rationalen Funktion $f(x)/g(x)$ dann bestimmen kann, wenn die Faktoren von g bekannt sind. Zuvor noch eine Begriffsklärung: Ein quadratisches Polynom (oder ein quadratischer Faktor) heißt dann **irreduzibel** (d. h. nicht zerlegbar), wenn es nicht als Produkt aus zwei Linearfaktoren mit reellen Koeffizienten geschrieben werden kann. Das Polynom hat dann keine reellen Nullstellen.

> **Verfahren der Partialbruchzerlegung für echtgebrochene rationale Funktionen $f(x)/g(x)$**
>
> 1. Es sei $x - r$ ein linearer Faktor von $g(x)$. Außerdem sei $(x - r)^m$ die höchste Potenz von $x - r$, die Faktor von $g(x)$ ist. Ordnen Sie diesem Linearfaktor des Nenners dann die folgenden m Partialbrüche zu:
>
> $$\frac{A_1}{(x-r)} + \frac{A_2}{(x-r)^2} + \cdots + \frac{A_m}{(x-r)^m}.$$
>
> Führen Sie diesen Schritt für alle Linearfaktoren von $g(x)$ durch.
>
> 2. Es sei $x^2 + px + q$ ein irreduzibler quadratischer Faktor von $g(x)$, d. h. $x^2 + px + q$ hat keine reellen Nullstellen. Außerdem sei $(x^2 + px + q)^n$ die höchste Potenz von $(x^2 + px + q)$, die Faktor von g ist. Ordnen Sie diesem Faktor des Nenners dann die folgenden n Partialbrüche zu:
>
> $$\frac{B_1 x + C_1}{(x^2 + px + q)} + \frac{B_2 x + C_2}{(x^2 + px + q)^2} + \cdots + \frac{B_n x + C_n}{(x^2 + px + q)^n}.$$
>
> Führen Sie diesen Schritt für alle irreduziblen quadratischen Faktoren von $g(x)$ durch.
>
> 3. Setzen Sie den ursprünglichen Bruch $f(x)/g(x)$ gleich der Summe aus allen diesen Partialbrüchen. Eliminieren Sie die Brüche in dieser Gleichung und ordnen Sie die Terme nach den Potenzen von x.
>
> 4. Setzen Sie die Koeffizienten vor den gleichen Potenzen von x auf beiden Seiten der Gleichung gleich und berechnen Sie so die unbestimmten Koeffizienten (Koeffizientenvergleich).

Beispiel 8.19 Berechnen Sie mithilfe der Partialbruchzerlegung das Integral:

$$\int \frac{x^2 + 4x + 1}{(x-1)(x+1)(x+3)} \, dx.$$

Partialbruchzerlegung mit Linearfaktoren

Lösung Die Partialbruchzerlegung hat die Form

$$\frac{x^2 + 4x + 1}{(x-1)(x+1)(x+3)} = \frac{A}{x-1} + \frac{B}{x+1} + \frac{C}{x+3}.$$

Um die unbestimmten Koeffizienten A, B und C zu berechnen, eliminieren wir in dieser Gleichung die Brüche. Dann erhalten wir:

$$x^2 + 4x + 1 = A(x+1)(x+3) + B(x-1)(x+3) + C(x-1)(x+1)$$
$$= A(x^2 + 4x + 3) + B(x^2 + 2x - 3) + C(x^2 - 1)$$
$$= (A + B + C)x^2 + (4A + 2B)x + (3A - 3B - C).$$

Die Polynome auf beiden Seiten dieser Gleichung sind identisch. Wir können also die Koeffizienten der gleichen Potenzen von x gleichsetzen und erhalten durch den Koeffizientenvergleich:

$$\text{Koeffizient von } x^2: \quad A + B + C = 1$$
$$\text{Koeffizient von } x^1: \quad 4A + 2B = 4$$
$$\text{Koeffizient von } x^0: \quad 3A - 3B - C = 1$$

Ein solches Gleichungssystem mit den drei Unbekannten A, B und C kann auf verschiedene Weise gelöst werden. Neben den bekannten Lösungsverfahren wie dem Einsetzungs- oder dem Additionsverfahren gehört dazu auch der Einsatz eines Taschenrechners oder Computers. Unabhängig von der Lösungsmethode erhält man $A = 3/4$, $B = 1/2$ und $C = -1/4$. Damit folgt für das Integral:

$$\int \frac{x^2 + 4x + 1}{(x-1)(x+1)(x+3)} dx = \int \left[\frac{3}{4} \frac{1}{x-1} + \frac{1}{2} \frac{1}{x+1} - \frac{1}{4} \frac{1}{x+3} \right] dx$$
$$= \frac{3}{4} \ln|x-1| + \frac{1}{2} \ln|x+1| - \frac{1}{4} \ln|x+3| + K;$$

dabei wurde die Integrationskonstante mit K bezeichnet, um Verwechslungen mit dem Koeffizienten C zu vermeiden.

Partialbruchzerlegung mit doppeltem linearen Faktor

Beispiel 8.20 Berechnen Sie mithilfe der Partialbruchzerlegung das Integral:

$$\int \frac{6x + 7}{(x+2)^2} dx.$$

Lösung Zuerst schreiben wir den Integranden als Summe aus Partialbrüchen mit unbestimmten Koeffizienten.

$$\frac{6x + 7}{(x+2)^2} = \frac{A}{x+2} + \frac{B}{(x+2)^2}$$
$$6x + 7 = A(x+2) + B \qquad \text{Multiplikation beider Seiten mit } (x+2)^2$$
$$= Ax + (2A + B)$$

Der Koeffizientenvergleich ergibt:

$$A = 6 \text{ und } 2A + B = 12 + B = 7 \qquad \text{oder} \qquad A = 6 \text{ und } B = -5.$$

Damit erhalten wir

$$\int \frac{6x + 7}{(x+2)^2} dx = \int \left(\frac{6}{x+2} - \frac{5}{(x+2)^2} \right) dx$$
$$= 6 \int \frac{dx}{x+2} - 5 \int (x+2)^{-2} dx$$
$$= 6 \ln|x+2| + 5(x+2)^{-1} + C.$$

8.4 Integration rationaler Funktionen mit Partialbruchzerlegung

Beispiel 8.21 Berechnen Sie mithilfe der Partialbruchzerlegung das Integral

$$\int \frac{2x^3 - 4x^2 - x - 3}{x^2 - 2x - 3} dx.$$

Partialbruchzerlegung einer unecht gebrochenen rationalen Funktion

Lösung Der Zähler des Integranden hat einen höheren Grad (3) als der Nenner (2), der Integrand ist also unecht gebrochen. Wir teilen deshalb zuerst den Zähler durch den Nenner (Polynomdivision):

$$\begin{array}{l}(2x^3 - 4x^2 - x - 3) : (x^2 - 2x - 3) = 2x + \frac{5x-3}{x^2-2x-3} \\ \underline{-\,(2x^3 - 4x^2 - 6x\,)} \\ 5x - 3\end{array}$$

Damit können wir den Integranden als Summe aus einem Polynom und einer echt gebrochenen rationalen Funktion schreiben:

$$\frac{2x^3 - 4x^2 - x - 3}{x^2 - 2x - 3} = 2x + \frac{5x-3}{x^2 - 2x - 3}.$$

Die Partialbruchzerlegung des Bruches auf der rechten Seiten haben wir bereits am Anfang dieses Kapitels bestimmt. Wir erhalten also

$$\begin{aligned}\int \frac{2x^3 - 4x^2 - x - 3}{x^2 - 2x - 3} dx &= \int 2x\,dx + \int \frac{5x-3}{x^2-2x-3} dx \\ &= \int 2x\,dx + \int \frac{2}{x+1} dx + \int \frac{3}{x-3} dx \\ &= x^2 + 2\ln|x+1| + 3\ln|x-3| + C.\end{aligned}$$ ■

Beispiel 8.22 Berechnen Sie mithilfe der Partialbruchzerlegung das Integral:

$$\int \frac{-2x+4}{(x^2+1)(x-1)^2} dx.$$

Partialbruchzerlegung mit irreduziblem quadratischem Faktor

Lösung Der Nenner besteht aus einem irreduziblen quadratischen Faktor und einem Linearfaktor, der zweimal auftritt. Wir setzen also für die Partialbruchzerlegung an:

$$\frac{-2x+4}{(x^2+1)(x-1)^2} = \frac{Ax+B}{x^2+1} + \frac{C}{x-1} + \frac{D}{(x-1)^2}. \quad (8.12)$$

In dieser Gleichung eliminieren wir die Brüche und erhalten:

$$\begin{aligned}-2x+4 &= (Ax+B)(x-1)^2 + C(x-1)(x^2+1) + D(x^2+1) \\ &= (A+C)x^3 + (-2A+B-C+D)x^2 \\ & + (A-2B+C)x + (B-C+D).\end{aligned}$$

Mit dem Koeffizientenvergleich ergibt sich:

Koeffizient von x^3: $\quad 0 = A + C$
Koeffizient von x^2: $\quad 0 = -2A + B - C + D$
Koeffizient von x^1: $\quad -2 = A - 2B + C$
Koeffizient von x^0: $\quad 4 = B - C + D$

Wir lösen dieses Gleichungssystem und erhalten so die Werte für A, B, C, und D.

$$-4 = -2A, \quad A = 2 \qquad \text{2. Gleichung} - \text{4. Gleichung}$$
$$C = -A = -2 \qquad \text{1. Gleichung}$$
$$B = (A+C+2)/2 = 1 \qquad \text{3. Gleichung und } C = -A$$
$$D = 4 - B + C = 1. \qquad \text{4. Gleichung}$$

Wir setzen diese Werte für die Koeffizienten in Gleichung (8.12) ein und bekommen so die Partialbruchzerlegung:

$$\frac{-2x+4}{(x^2+1)(x-1)^2} = \frac{2x+1}{x^2+1} - \frac{2}{x-1} + \frac{1}{(x-1)^2}.$$

Mit dieser Umformung des Integranden können wir das Integral berechnen:

$$\int \frac{-2x+4}{(x^2+1)(x-1)^2}\,dx = \int \left(\frac{2x+1}{x^2+1} - \frac{2}{x-1} + \frac{1}{(x-1)^2}\right) dx$$
$$= \int \left(\frac{2x}{x^2+1} + \frac{1}{x^2+1} - \frac{2}{x-1} + \frac{1}{(x-1)^2}\right) dx$$
$$= \ln(x^2+1) + \tan^{-1} x - 2\ln|x-1| - \frac{1}{x-1} + C. \quad \blacksquare$$

Partialbruchzerlegung mit doppeltem irreduziblem quadratischem Faktor

Beispiel 8.23 Berechnen Sie mithilfe der Partialbruchzerlegung das Integral

$$\int \frac{dx}{x(x^2+1)^2}.$$

Lösung Die Partialbruchzerlegung des Integranden hat die Form:

$$\frac{1}{x(x^2+1)^2} = \frac{A}{x} + \frac{Bx+C}{x^2+1} + \frac{Dx+E}{(x^2+1)^2}.$$

Wir multiplizieren dies mit dem Hauptnenner $x(x^2+1)^2$ und erhalten:

$$1 = A(x^2+1)^2 + (Bx+C)x(x^2+1) + (Dx+E)x$$
$$= A(x^4 + 2x^2 + 1) + B(x^4 + x^2) + C(x^3 + x) + Dx^2 + Ex$$
$$= (A+B)x^4 + Cx^3 + (2A+B+D)x^2 + (C+E)x + A.$$

Mit dem Koeffizientenvergleich kommen wir auf das folgende Gleichungssystem:

$$A+B = 0, \quad C = 0, \quad 2A+B+D = 0, \quad C+E = 0, \quad A = 1.$$

Lösen wir dieses System, so erhalten wir für die Koeffizienten $A = 1$, $B = -1$, $C = 0$, $D = -1$ und $E = 0$. Damit berechnen wir das Integral.

$$\int \frac{dx}{x(x^2+1)^2} = \int \left[\frac{1}{x} + \frac{-x}{x^2+1} + \frac{-x}{(x^2+1)^2}\right] dx$$
$$= \int \frac{dx}{x} - \int \frac{x\,dx}{x^2+1} - \int \frac{x\,dx}{(x^2+1)^2}$$
$$= \int \frac{dx}{x} - \frac{1}{2}\int \frac{du}{u} - \frac{1}{2}\int \frac{du}{u^2} \qquad u = x^2+1,\; du = 2x\,dx$$
$$= \ln|x| - \frac{1}{2}\ln|u| + \frac{1}{2u} + K$$
$$= \ln|x| - \frac{1}{2}\ln(x^2+1) + \frac{1}{2(x^2+1)} + K$$
$$= \ln \frac{|x|}{\sqrt{x^2+1}} + \frac{1}{2(x^2+1)} + K. \quad \blacksquare$$

Das „Abdeck-Verfahren" von Heaviside für die Partialbruchzerlegung mit Linearfaktoren

Es sei der Grad des Polynoms $f(x)$ im Zähler kleiner als der von $g(x)$ im Nenner, und es sei $g(x)$ ein Produkt von n verschiedenen linearen Faktoren in der ersten Potenz

$$g(x) = (x - r_1)(x - r_2) \cdots (x - r_n).$$

Dann gibt es ein einfaches Verfahren, mit dem die Partialbruchzerlegung von $f(x)/g(x)$ bestimmt werden kann.

Beispiel 8.24 Bestimmen Sie A, B und C in der folgenden Partialbruchzerlegung.

$$\frac{x^2 + 1}{(x-1)(x-2)(x-3)} = \frac{A}{x-1} + \frac{B}{x-2} + \frac{C}{x-3}. \qquad (8.13)$$

Partialbruchzerlegung mit dem Heaviside-Verfahren, Einführungsbeispiel

Lösung Wir multiplizieren beide Seiten der Gleichung (8.13) mit $(x-1)$ und erhalten:

$$\frac{x^2 + 1}{(x-2)(x-3)} = A + \frac{B(x-1)}{x-2} + \frac{C(x-1)}{x-3}.$$

Setzen wir in dieser Gleichung $x = 1$, so erhalten wir den Wert von A:

$$\frac{(1)^2 + 1}{(1-2)(1-3)} = A + 0 + 0,$$

$$A = 1.$$

Wir betrachten die linke Seite dieses Bruchs: Sie entspricht dem ursprünglichen Bruch ohne den Term $(x - 1)$ im Nenner:

$$\frac{x^2 + 1}{(x-1)(x-2)(x-3)}. \qquad (8.14)$$

Man kann A also auch bestimmen, indem man im Nenner des ursprünglichen Bruchs den Term $(x - 1)$ „abdeckt" und den restlichen Bruch bei $x = 1$ bestimmt.

$$A = \frac{(1)^2 + 1}{\underbrace{\boxed{(x-1)}}_{\text{abdecken}}(1-2)(1-3)} = \frac{2}{(-1)(-2)} = 1.$$

Wir bestimmen B aus Gleichung (8.13) auf die gleiche Weise: Wir decken in Gleichung (8.14) den Faktor $(x - 2)$ ab und berechnen den Rest des Terms für $x = 2$:

$$B = \frac{(2)^2 + 1}{(2-1)\underbrace{\boxed{(x-2)}}_{\text{abdecken}}(2-3)} = \frac{5}{(1)(-1)} = -5.$$

Als Letztes bestimmen wir C: Wir decken $(x - 3)$ in Gleichung (8.14) ab und berechnen den restlichen Term bei $x = 3$:

$$C = \frac{(3)^2 + 1}{(3-1)(3-2)\underbrace{\boxed{(x-3)}}_{\text{abdecken}}} = \frac{10}{(2)(1)} = 5. \qquad \blacksquare$$

8 Integrationstechniken

> **Merke** **Das Heaviside-Verfahren**
>
> 1. Faktorisieren Sie in dem Quotienten $f(x)/g(x)$ den Nenner:
> $$\frac{f(x)}{g(x)} = \frac{f(x)}{(x-r_1)(x-r_2)\cdots(x-r_n)}.$$
>
> 2. Decken Sie nacheinander jeweils einen der Faktoren $(x-r_i)$ von $g(x)$ ab und setzen Sie für die Variable x im restlichen Bruch jeweils die Zahl r_i ein. Damit erhält man für jede Nullstelle r_i die Zahl A_i:
> $$A_1 = \frac{f(r_1)}{(r_1-r_2)\cdots(r_1-r_n)}$$
> $$A_2 = \frac{f(r_2)}{(r_2-r_1)(r_2-r_3)\cdots(r_2-r_n)}$$
> $$\vdots$$
> $$A_n = \frac{f(r_n)}{(r_n-r_1)(r_n-r_2)\cdots(r_n-r_{n-1})}.$$
>
> 3. Setzen Sie die A_i in die Partialbruchzerlegung ein:
> $$\frac{f(x)}{g(x)} = \frac{A_1}{(x-r_1)} + \frac{A_2}{(x-r_2)} + \cdots + \frac{A_n}{(x-r_n)}.$$

Partialbruchzerlegung mit dem Heaviside-Verfahren

Beispiel 8.25 Bestimmen Sie das folgende Integral mithilfe des Heaviside-Verfahrens.

$$\int \frac{x+4}{x^3+3x^2-10x}\,dx.$$

Lösung Der Grad von $f(x) = x+4$ ist kleiner als der Grad des kubischen Polynoms $g(x) = x^3 + 3x^2 - 10x$. Wir faktorisieren $g(x)$ und erhalten

$$\frac{x+4}{x^3+3x^2-10x} = \frac{x+4}{x(x-2)(x+5)}.$$

$g(x)$ hat also die Nullstellen $r_1 = 0$, $r_2 = 2$ und $r_3 = -5$. Wir bestimmen die Koeffizienten:

$$A_1 = \frac{0+4}{\underbrace{\boxed{x}}_{\text{abdecken}}(0-2)(0+5)} = \frac{4}{(-2)(5)} = -\frac{2}{5}$$

$$A_2 = \frac{2+4}{2\underbrace{\boxed{(x-2)}}_{\text{abdecken}}(2+5)} = \frac{6}{(2)(7)} = \frac{3}{7}$$

$$A_3 = \frac{-5+4}{(-5)(-5-2)\underbrace{\boxed{(x+5)}}_{\text{abdecken}}} = \frac{-1}{(-5)(-7)} = -\frac{1}{35}.$$

Damit erhalten wir:

$$\frac{x+4}{x(x-2)(x+5)} = -\frac{2}{5x} + \frac{3}{7(x-2)} - \frac{1}{35(x+5)}$$

und

$$\int \frac{x+4}{x(x-2)(x+5)}\,dx = -\frac{2}{5}\ln|x| + \frac{3}{7}\ln|x-2| - \frac{1}{35}\ln|x+5| + C.$$ ∎

Andere Verfahren zur Bestimmung der Koeffizienten

Man kann die Koeffizienten in der Partialbruchzerlegung auch bestimmen, indem man in die Gleichung nach Elimination der Brüche (durch Multiplikation mit dem Hauptnenner) für x geeignete Zahlenwerte (z. B. die Nullstellen von g) einsetzt und so die Koeffizienten bestimmt. Wir demonstrieren dies in Beispiel 8.27. Eine Möglichkeit ist auch, nach Elimination der Brüche, beide Seiten der Gleichung zu differenzieren, um dann geeignete Zahlenwerte für x einzusetzen. Wie dies genau funktioniert, zeigen wir in Beispiel 8.26.

Beispiel 8.26 Bestimmen Sie in der folgenden Gleichung die Koeffizienten A, B und C: **Koeffizientenbestimmung durch Differentiation**

$$\frac{x-1}{(x+1)^3} = \frac{A}{x+1} + \frac{B}{(x+1)^2} + \frac{C}{(x+1)^3}.$$

Eliminieren Sie dazu die Brüche, setzen Sie $x = -1$ ein, leiten Sie ab und setzen Sie dann nochmals $x = -1$.

Lösung Wir eliminieren zuerst die Brüche:

$$x - 1 = A(x+1)^2 + B(x+1) + C.$$

Setzen wir $x = -1$, so erhalten wir $C = -2$. Wir leiten dann beide Seiten der Gleichung nach x ab und bekommen:

$$1 = 2A(x+1) + B.$$

Setzen wir in dieser Gleichung $x = -1$, so erhalten wir $B = 1$. Leiten wir nochmals ab, so bekommen wir $0 = 2A$ und damit $A = 0$. Für die Partialbruchzerlegung gilt also:

$$\frac{x-1}{(x+1)^3} = \frac{1}{(x+1)^2} - \frac{2}{(x+1)^3}.$$ ∎

Beispiel 8.27 Bestimmen Sie A, B und C in der Gleichung   **Koeffizientenbestimmung durch Einsetzen geeigneter Zahlen für x**

$$\frac{x^2+1}{(x-1)(x-2)(x-3)} = \frac{A}{x-1} + \frac{B}{x-2} + \frac{C}{x-3}.$$

Eliminieren Sie wieder die Brüche und setzen Sie in die entstehende Gleichung geeignete Zahlenwerte für x ein.

Lösung Wir eliminieren zunächst die Brüche:

$$x^2 + 1 = A(x-2)(x-3) + B(x-1)(x-3) + C(x-1)(x-2).$$

Dann setzen wir nacheinander $x = 1, 2, 3$ ein und bestimmen so A, B und C:

$$x = 1: \quad (1)^2 + 1 = A(-1)(-2) + B(0) + C(0)$$
$$2 = 2A$$
$$A = 1$$
$$x = 2: \quad (2)^2 + 1 = A(0) + B(1)(-1) + C(0)$$
$$5 = -B$$
$$B = -5$$
$$x = 3: \quad (3)^2 + 1 = A(0) + B(0) + C(2)(1)$$
$$10 = 2C$$
$$C = 5.$$

Insgesamt erhält man also:

$$\frac{x^2 + 1}{(x-1)(x-2)(x-3)} = \frac{1}{x-1} - \frac{5}{x-2} + \frac{5}{x-3}.$$

Da wir hier genau die Nullstellen des Nenners eingesetzt haben, entspricht dies der Vorgehensweise des „Abdeck-Verfahrens". Das „Heaviside-Verfahren" kann also als Spezialfall des „Einsetzungsverfahrens" gesehen werden.

Aufgaben zum Abschnitt 8.4

Partialbruchzerlegungen Bestimmen Sie in den Aufgaben 1–7 die Partialbruchzerlegung des angegebenen Bruchs.

1. $\dfrac{5x - 13}{(x-3)(x-2)}$

2. $\dfrac{5x - 7}{x^2 - 3x + 2}$

3. $\dfrac{x + 4}{(x+1)^2}$

4. $\dfrac{2x + 2}{x^2 - 2x + 1}$

5. $\dfrac{z + 1}{z^2(z - 1)}$

6. $\dfrac{z}{z^3 - z^2 - 6z}$

7. $\dfrac{t^2 + 8}{t^2 - 5t + 6}$

8. $\dfrac{t^4 + 9}{t^4 + 9t^2}$

Linearfaktoren in der ersten Potenz Bestimmen Sie in den Aufgaben 9–15 die Partialbruchzerlegung des Integranden und berechnen Sie das Integral.

9. $\displaystyle\int \frac{dx}{1 - x^2}$

10. $\displaystyle\int \frac{dx}{x^2 + 2x}$

11. $\displaystyle\int \frac{x + 4}{x^2 + 5x - 6} dx$

12. $\displaystyle\int \frac{2x + 1}{x^2 - 7x + 12} dx$

13. $\displaystyle\int_4^8 \frac{y \, dy}{y^2 - 2y - 3}$

14. $\displaystyle\int_{1/2}^1 \frac{y + 4}{y^2 + y} dy$

15. $\displaystyle\int \frac{dt}{t^3 + t^2 - 2t}$

16. $\displaystyle\int \frac{x + 3}{2x^3 - 8x} dx$

Linearfaktoren in höheren Potenzen Bestimmen Sie in den Aufgaben 17–20 die Partialbruchzerlegung des Integranden und berechnen Sie das Integral.

17. $\displaystyle\int_0^1 \frac{x^3 dx}{x^2 + 2x + 1}$

18. $\displaystyle\int_{-1}^0 \frac{x^3 dx}{x^2 - 2x + 1}$

19. $\displaystyle\int \frac{dx}{(x^2 - 1)^2}$

20. $\displaystyle\int \frac{x^2 dx}{(x-1)(x^2 + 2x + 1)}$

Irreduzible quadratische Faktoren Bestimmen Sie in den Aufgaben 21–32 die Partialbruchzerlegung des Integranden und berechnen Sie das Integral.

21. $\int_0^1 \dfrac{dx}{(x+1)(x^2+1)}$

22. $\int_1^{\sqrt{3}} \dfrac{3t^2+t+4}{t^3+t}\,dt$

23. $\int \dfrac{y^2+2y+1}{(y^2+1)^2}\,dy$

24. $\int \dfrac{8x^2+8x+2}{(4x^2+1)^2}\,dx$

25. $\int \dfrac{2s+2}{(s^2+1)(s-1)^3}\,ds$

26. $\int \dfrac{s^4+81}{s(s^2+9)^2}\,ds$

27. $\int \dfrac{x^2-x+2}{x^3-1}\,dx$

28. $\int \dfrac{1}{x^4+x}\,dx$

29. $\int \dfrac{x^2}{x^4-1}\,dx$

30. $\int \dfrac{x^2+x}{x^4-3x^2-4}\,dx$

31. $\int \dfrac{2\theta^3+5\theta^2+8\theta+4}{(\theta^2+2\theta+2)^2}\,d\theta$

32. $\int \dfrac{\theta^4-4\theta^3+2\theta^2-3\theta+1}{(\theta^2+1)^3}\,d\theta$

Unecht gebrochene Integranden Führen Sie in den Aufgaben 33–38 zunächst eine Polynomdivision durch, zerlegen Sie dann den echtgebrochenen Anteil in Partialbrüche und berechnen Sie das Integral.

33. $\int \dfrac{2x^3-2x^2+1}{x^2-x}\,dx$

34. $\int \dfrac{x^4}{x^2-1}\,dx$

35. $\int \dfrac{9x^3-3x+1}{x^3-x^2}\,dx$

36. $\int \dfrac{16x^3}{4x^2-4x+1}\,dx$

37. $\int \dfrac{y^4+y^2-1}{y^3+y}\,dy$

38. $\int \dfrac{2y^4}{y^3-y^2+y-1}\,dy$

Integralberechnung Berechnen Sie in den Aufgaben 39–49 das Integral.

39. $\int \dfrac{e^t\,dt}{e^{2t}+3e^t+2}$

40. $\int \dfrac{e^{4t}+2e^{2t}-e^t}{e^{2t}+1}\,dt$

41. $\int \dfrac{\cos y\,dy}{\sin^2 y+\sin y-6}$

42. $\int \dfrac{\sin\theta\,d\theta}{\cos^2\theta+\cos\theta-2}$

43. $\int \dfrac{(x-2)^2\tan^{-1}(2x)-12x^3-3x}{(4x^2+1)(x-2)^2}\,dx$

44. $\int \dfrac{(x+1)^2\tan^{-1}(3x)+9x^3+x}{(9x^2+1)(x+1)^2}\,dx$

45. $\int \dfrac{1}{x^{3/2}-\sqrt{x}}\,dx$

46. $\int \dfrac{1}{(x^{1/3}-1)\sqrt{x}}\,dx$

47. $\int \dfrac{\sqrt{x+1}}{x}\,dx$ (*Tipp:* Setzen Sie $x+1=u^2$.)

48. $\int \dfrac{1}{x\sqrt{x+9}}\,dx$

49. $\int \dfrac{1}{x(x^4+1)}\,dx$ (*Tipp:* Multiplizieren Sie mit $\dfrac{x^3}{x^3}$.)

50. $\int \dfrac{1}{x^6(x^5+4)}\,dx$

Anfangswertprobleme Lösen Sie in den Aufgaben 51–54 das Anfangswertproblem für x als Funktion von t.

51. $(t^2-3t+2)\dfrac{dx}{dt}=1 \quad (t>2), \quad x(3)=0$

52. $(3t^4+4t^2+1)\dfrac{dx}{dt}=2\sqrt{3}, \quad x(1)=-\pi\sqrt{3}/4$

53. $(t^2+2t)\dfrac{dx}{dt}=2x+2 \quad (t,x>0), \quad x(1)=1$

54. $(t+1)\dfrac{dx}{dt}=x^2+1 \quad (t>-1), \quad x(0)=0$

Anwendungen und Beispiele In den Aufgaben 55 und 56 wird die schattierte Fläche um die angegebene Achse gedreht. Berechnen Sie das Volumen des so entstandenen Rotationskörpers.

55. Rotation um die x-Achse.

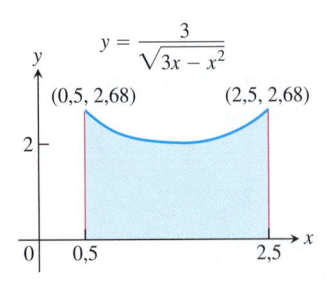

$y = \dfrac{3}{\sqrt{3x - x^2}}$

(0,5; 2,68)   (2,5; 2,68)

56. Rotation um die y-Achse.

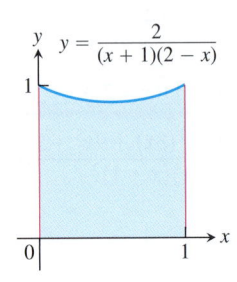

$y = \dfrac{2}{(x+1)(2-x)}$

57. Eine Fläche im ersten Quadranten wird von der x-Achse, der Kurve $y = \tan^{-1} x$ und der Geraden $x = \sqrt{3}$ begrenzt. Bestimmen Sie die x-Koordinate des Schwerpunkts dieser Fläche und geben Sie sie auf zwei Stellen hinter dem Komma an.

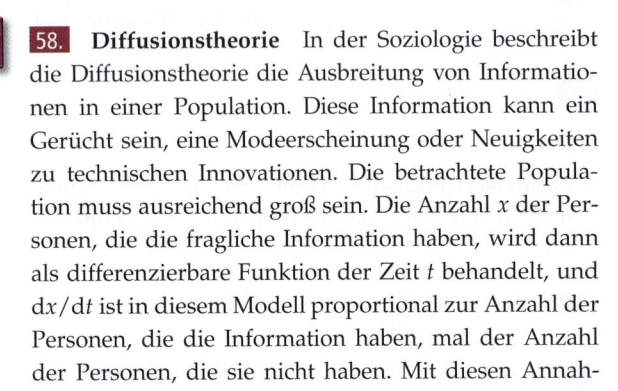

58. Diffusionstheorie In der Soziologie beschreibt die Diffusionstheorie die Ausbreitung von Informationen in einer Population. Diese Information kann ein Gerücht sein, eine Modeerscheinung oder Neuigkeiten zu technischen Innovationen. Die betrachtete Population muss ausreichend groß sein. Die Anzahl x der Personen, die die fragliche Information haben, wird dann als differenzierbare Funktion der Zeit t behandelt, und dx/dt ist in diesem Modell proportional zur Anzahl der Personen, die die Information haben, mal der Anzahl der Personen, die sie nicht haben. Mit diesen Annahmen kommt man auf die Gleichung

$$\frac{dx}{dt} = kx(N - x),$$

N ist die Anzahl der Personen in der betrachteten Population.

Nehmen Sie an, dass t in Tagen gemessen wird, dass gilt $k = 1/250$ und dass zum Zeitpunkt $t = 0$ zwei Personen das Gerücht in die Welt setzen. Die Population umfasse 1000 Personen.

a. Bestimmen Sie x als Funktion von t.

b. Wann wird die Hälfte der Population von dem Gerücht erfahren haben? (Zu diesem Zeitpunkt breitet sich das Gerücht am schnellsten aus.)

59. Chemische Reaktionen zweiter Ordnung In vielen chemischen Prozessen reagieren zwei Moleküle miteinander und bilden ein neues chemisches Produkt. Die Reaktionsrate ist dabei typischerweise proportional zur Konzentration der beiden Ausgangsstoffe. Es sei a die Menge der Substanz A und b die Menge der Substanz B zur Zeit $t = 0$, und x sei die Menge des Produkts zur Zeit t. Bei einigen Reaktionstypen wird dann die Geschwindigkeit, mit der sich x bildet, durch die folgende Differentialgleichung beschrieben:

$$\frac{dx}{dt} = k(a-x)(b-x),$$

oder

$$\frac{1}{(a-x)(b-x)} \frac{dx}{dt} = k.$$

k ist dabei eine Reaktionskonstante. Integrieren Sie beide Seiten dieser Gleichung und stellen Sie so einen Zusammenhang zwischen x und t auf, und zwar für die beiden Fälle:

a. $a = b$ und

b. $a \neq b$.

In beiden Fällen sei $x = 0$ für $t = 0$.

8.5 Integrationstabellen und Computeralgebrasysteme (CAS)

Integrale können auch mit Tabellen und Computersystemen bestimmt werden. In diesem Kapitel behandeln wir diese Methoden.

Integrationstabellen

Am Ende dieses Buches, hinter dem Index, finden Sie eine kurze Tabelle der wichtigsten Integrale. Es gibt bedeutend ausführlichere Tabellen mit Tausenden von Integralen, z. B. in *Bronstein, Semendjajew: Taschenbuch der Mathematik* oder den *CRC Mathematical Tables*, die auch in jeder Universitätsbibliothek zu finden sind.

Die Integrationsformeln werden in solchen Tabellen (auch in diesem Buch) mit Konstanten angegeben, also in Abhängigkeit von a, b, c, m, n usw. Diese Konstanten können in der Regel jeden Wert annehmen und müssen keine ganze Zahlen sein. Bei einigen Integralen gibt es Einschränkungen für diese Konstanten, die jeweils bei der Gleichung angegeben sind. So gilt z. B. Gleichung 21 nur für $n \neq -1$ und Gleichung 27 nur für $n \neq -2$.

Die Konstanten dürfen natürlich auch keine Werte annehmen, mit denen durch 0 geteilt würde oder gerade Wurzeln aus negativen Zahlen gezogen werden müssten. So gilt Gleichung 24 nur für $a \neq 0$, und die Gleichungen 29a und 29b sind nur für positive b definiert.

Beispiel 8.28 Bestimmen Sie

$$\int x(2x+5)^{-1}\,\mathrm{d}x.$$

Integration von $x(ax+b)^{-1}$

Lösung Wir bestimmen das Integral mithilfe von Gleichung 24 aus der Tabelle am Ende des Buches. (Gleichung 22 gilt nur für $n \neq -1$ und kann deshalb nicht verwendet werden.)

$$\int x(ax+b)^{-1}\,\mathrm{d}x = \frac{x}{a} - \frac{b}{a^2}\ln|ax+b| + C.$$

Wir setzen $a = 2$ und $b = 5$ und erhalten

$$\int x(2x+5)^{-1}\,\mathrm{d}x = \frac{x}{2} - \frac{5}{4}\ln|2x+5| + C.$$

Beispiel 8.29 Bestimmen Sie

$$\int \frac{\mathrm{d}x}{x\sqrt{2x-4}}.$$

Integration von $1/x\sqrt{ax-b}$

Lösung Wir bestimmen das Integral mithilfe von Gleichung 29b:

$$\int \frac{\mathrm{d}x}{x\sqrt{ax-b}} = \frac{2}{\sqrt{b}}\tan^{-1}\sqrt{\frac{ax-b}{b}} + C.$$

Wir setzen $a = 2$ und $b = 4$ und erhalten

$$\int \frac{\mathrm{d}x}{x\sqrt{2x-4}} = \frac{2}{\sqrt{4}}\tan^{-1}\sqrt{\frac{2x-4}{4}} + C = \tan^{-1}\sqrt{\frac{x-2}{2}} + C.$$

8 Integrationstechniken

Integration von $x^n \sin^{-1} ax$

Beispiel 8.30 Bestimmen Sie
$$\int x \sin^{-1} x \, dx.$$

Lösung Wir rechnen zunächst mit Gleichung 106:
$$\int x^n \sin^{-1} ax \, dx = \frac{x^{n+1}}{n+1} \sin^{-1} ax - \frac{a}{n+1} \int \frac{x^{n+1} dx}{\sqrt{1-a^2 x^2}}, \quad n \neq -1.$$

Wir setzen $n = 1$ und $a = 1$ und erhalten
$$\int x \sin^{-1} x \, dx = \frac{x^2}{2} \sin^{-1} x - \frac{1}{2} \int \frac{x^2 dx}{\sqrt{1-x^2}}.$$

Das Integral auf der rechten Seite bestimmen wir mit Gleichung 49:
$$\int \frac{x^2}{\sqrt{a^2 - x^2}} dx = \frac{a^2}{2} \sin^{-1}\left(\frac{x}{a}\right) - \frac{1}{2} x \sqrt{a^2 - x^2} + C.$$

Mit $a = 1$ folgt daraus:
$$\int \frac{x^2 dx}{\sqrt{1-x^2}} = \frac{1}{2} \sin^{-1} x - \frac{1}{2} x \sqrt{1-x^2} + C.$$

Zusammen erhalten wir also
$$\int x \sin^{-1} x \, dx = \frac{x^2}{2} \sin^{-1} x - \frac{1}{2}\left(\frac{1}{2} \sin^{-1} x - \frac{1}{2} x \sqrt{1-x^2} + C\right)$$
$$= \left(\frac{x^2}{2} - \frac{1}{4}\right) \sin^{-1} x + \frac{1}{4} x \sqrt{1-x^2} + C'. \quad \blacksquare$$

Reduktionsformeln

Integrale, in denen Funktionen in Potenzen vorkommen, müssen oft mehrfach partiell integriert werden. Man kann solche Rechnungen manchmal mithilfe von Reduktionsformeln abkürzen. Beispiele für solche Reduktionsformeln sind

$$\int \tan^n x \, dx = \frac{1}{n-1} \tan^{n-1} x - \int \tan^{n-2} x \, dx \tag{8.15}$$

$$\int (\ln x)^n dx = x(\ln x)^n - n \int (\ln x)^{n-1} dx \tag{8.16}$$

$$\int \sin^n x \cos^m x \, dx = -\frac{\sin^{n-1} x \cos^{m+1} x}{m+n}$$
$$+ \frac{n-1}{m+n} \int \sin^{n-2} x \cos^m x \, dx \quad (n \neq -m) \tag{8.17}$$

Wenn man diese Gleichungen mehrfach anwendet, kann man manchmal ein Integral erreichen, das direkt integriert werden kann. Dies ist im nächsten Beispiel der Fall.

Integrieren mithilfe einer Reduktionsformel

Beispiel 8.31 Bestimmen Sie das Integral
$$\int \tan^5 x \, dx.$$

Lösung Wir reduzieren den Grad des Integranden mithilfe von Gleichung (8.15) für $n = 5$.

$$\int \tan^5 x \, dx = \frac{1}{4} \tan^4 x - \int \tan^3 x \, dx.$$

Wir vereinfachen dann das Integral auf der rechten Seite erneut mithilfe von Gleichung (8.15):

$$\int \tan^3 x \, dx = \frac{1}{2} \tan^2 x - \int \tan x \, dx = \frac{1}{2} \tan^2 x + \ln|\cos x| + C.$$

Zusammen erhält man

$$\int \tan^5 x \, dx = \frac{1}{4} \tan^4 x - \frac{1}{2} \tan^2 x - \ln|\cos x| + C'.$$

∎

Reduktionsformeln werden mithilfe der partiellen Integration hergeleitet, was man ihrer Form auch ansieht (Beispiel 8.5).

Integration mit einem Computeralgebrasystem (CAS)

Computeralgebrasysteme können symbolisch integrieren, das ist eine ihrer großen Stärken. Der dazu nötige **Integrationsbefehl** wird in verschiedenen Systemen unterschiedlich benannt, z. B. **int** in Maple und **Integrate** in Mathematica oder Wolfram Alpha.

Beispiel 8.32 Sie wollen das unbestimmte Integral der Funktion

Integrieren mit Maple

$$f(x) = x^2 \sqrt{a^2 + x^2}$$

bestimmen. Wenn Sie dazu Maple verwenden möchten, müssen Sie zuerst die Funktion definieren und benennen:

$$> f := x\wedge 2 * \text{sqrt}(a\wedge 2 + x\wedge 2);$$

Mit der folgenden Eingabe wird dann die Funktion integriert und die Integrationsvariable festgelegt:

$$> \text{int}(f, x);$$

Die Antwort von Maple auf diesen Befehl lautet:

$$\frac{1}{4} x (a^2 + x^2)^{3/2} - \frac{1}{8} a^2 x \sqrt{a^2 + x^2} - \frac{1}{8} a^4 \ln\left(x + \sqrt{a^2 + x^2}\right).$$

Man kann Maple auffordern, diese Antwort wenn möglich zu vereinfachen, indem man den Befehl

$$> \text{simplify}(\%);$$

eingibt. Damit erhält man

$$\frac{1}{8} a^2 x \sqrt{a^2 + x^2} + \frac{1}{4} x^3 \sqrt{a^2 + x^2} - \frac{1}{8} a^4 \ln\left(x + \sqrt{a^2 + x^2}\right).$$

Sie können mit Maple auch das bestimmte Integral für $0 \leq x \leq \pi/2$ berechnen, und zwar mit dem Befehl

$$> \text{int}(f, x = 0..\text{Pi}/2);$$

Integrationstechniken

Maple wird daraufhin den folgenden Ausdruck ausgeben:

$$\frac{1}{64}\pi(4a^2+\pi^2)^{(3/2)}-\frac{1}{32}a^2\pi\sqrt{4a^2+\pi^2}+\frac{1}{8}a^4\ln(2)$$
$$-\frac{1}{8}a^4\ln\left(\pi+\sqrt{4a^2+\pi^2}\right)+\frac{1}{16}a^4\ln(a^2).$$

Will man das bestimmte Integral für einen Wert der Konstanten a bestimmen, so gibt man ein:

$$> a:=1;$$
$$> \text{int}(f,\,x=0..1);$$

damit erhält man als Antwort die Zahl

$$\frac{3}{8}\sqrt{2}+\frac{1}{8}\ln\left(\sqrt{2}-1\right).$$

Integrieren mit Maple (2)   **Beispiel 8.33**   Bestimmen Sie das folgende Integral

$$\int \sin^2 x \cos^3 x\,\mathrm{d}x.$$

mithilfe eines CAS.

Lösung   Wir geben den folgenden Befehl in Maple ein:

$$> \text{int}((\sin{\wedge}2)(x){*}(\cos{\wedge}3)(x),\,x);$$

und erhalten

$$-\frac{1}{5}\sin(x)\cos(x)^4+\frac{1}{15}\cos(x)^2\sin(x)+\frac{2}{15}\sin(x). \quad\blacksquare$$

Verschiedene Computeralgebrasysteme bearbeiten Integrationen leicht unterschiedlich. In den Beispielen 8.32 und 8.33 haben wir Maple benutzt. Die Ausgaben von Mathematica wären etwas anders gewesen:

1   In Beispiel 8.32 lautet die entsprechende Eingabe in Mathematica

$$In[1] := \text{Integrate}[x{\wedge}2{*}\text{Sqrt}[a{\wedge}2+x{\wedge}2],\,x]$$

und die Ausgabe von Mathematica

$$Out\,[1] = \sqrt{a^2+x^2}\left(\frac{a^2x}{8}+\frac{x^3}{4}\right)-\frac{1}{8}a^4\text{Log}\left[x+\sqrt{a^2+x^2}\right].$$

Das Ergebnis wird hier nicht zuerst in einer Form ausgegeben, die man noch vereinfachen muss. Die Ausgabe ähnelt Gleichung 22 in der Integrationstabelle am Ende des Buches.

2   Das Integral aus Beispiel 8.33 wird mit der folgenden Eingabe in Mathematica berechnet:

$$In\,[2] := \text{Integrate}[\text{Sin}[x]{\wedge}2{*}\text{Cos}[x]{\wedge}3,\,x].$$

Dies führt zu der Ausgabe

$$Out\,[2] = \frac{\text{Sin}[x]}{8}-\frac{1}{48}\text{Sin}[3x]-\frac{1}{80}\text{Sin}[5x].$$

Die Ausgabe unterscheidet sich also von der Maple-Antwort. Beide Ergebnisse sind aber korrekt.

8.5 Integrationstabellen und Computeralgebrasysteme (CAS)

Moderne CAS sind sehr leistungsfähige Hilfsmittel bei der Lösung vieler komplizierter Integrationen. Sie stoßen aber auch alle irgendwann an ihre Grenzen, die für jedes CAS ein wenig anders sind. Es gibt sogar Fälle, in denen ein CAS ein Problem noch komplizierter macht, in denen es also ein Antwort ausgibt, die nur sehr schwer interpretiert und verwendet werden kann. Weder Maple noch Mathematica berücksichtigen außerdem die Integrationskonstante C, die man also ggf. selbst ergänzen muss. Probleme mit einem CAS können aber oft vermieden oder gelöst werden, wenn man die Ausgangsfrage mit etwas mathematischem Denken in eine leichter lösbare umformt. Ein Beispiel hierfür finden Sie in Aufgabe 64.

Nicht elementar integrierbare Funktionen

Moderne Computer verfügen über immer bessere Verfahren zur symbolischen Integration. Diese Entwicklung führt auch zu einem verstärkten Interesse an der Frage, welche Stammfunktionen als endliche Kombination elementarer Funktionen dargestellt werden können und welche nicht. (Wir haben bisher ausschließlich elementare Funktionen behandelt.) Kann man die Stammfunktion einer Funktion nicht als Kombination von elementaren Funktionen darstellen, so nennt man die Funktion **nicht elementar integrierbar**. Eine solche Stammfunktion ist entweder eine unendliche Summe von Funktionen (▶Kapitel 10), oder die Funktion kann nur mit numerischen Methoden integriert werden, die natürlich immer nur einen Näherungswert liefern. Beispiele für solche nicht elementar integrierbaren Funktionen sind die Gauß'sche Fehlerfunktion

$$\mathrm{erf}(x) = \frac{2}{\sqrt{\pi}} \int_0^x e^{-t^2} dt$$

sowie die Funktionen

$$\int \sin x^2 \, dx \quad \text{and} \quad \int \sqrt{1+x^4} \, dx,$$

die in physikalischen und technischen Anwendungen auftreten. Es gibt auch noch eine Reihe weiterer nicht elementar integrierbarer Funktionen, z. B.

$$\int \frac{e^x}{x} dx, \quad \int e^{(e^x)} dx, \quad \int \frac{1}{\ln x} dx, \quad \int \ln(\ln x) dx, \quad \int \frac{\sin x}{x} dx,$$
$$\int \sqrt{1-k^2 \sin^2 x}\, dx, \; 0 < k < 1.$$

Diese Funktionen sehen so einfach aus, dass man versucht ist, sie einfach in ein CAS einzugeben und zu schauen, was passiert. Man kann aber *beweisen*, dass das Integral dieser Funktionen nicht als Kombination elementarer Funktionen dargestellt werden kann. Das gilt auch für alle Integrale, die mit Substitutionen in die Integrale dieser Funktionen umgeformt werden können. Die Stammfunktionen existieren allerdings, auch wenn sie nicht elementar dargestellt werden können: Die Funktionen sind stetig und damit gemäß dem Fundamentalsatz der Analysis, Teil 1, auch integrierbar.

In diesem Kapitel werden keine nicht elementar integrierbaren Funktionen behandelt, die Lösung aller Integrationsaufgaben ist also eine elementar darstellbare Stammfunktion. Allerdings können Ihnen nicht elementar integrierbare Integrale in anderen Gebieten begegnen.

Aufgaben zum Abschnitt 8.5

Integrieren mit Integrationstabellen

Bestimmen Sie in den Aufgaben 1–25 das Integral mithilfe der Integrationstabelle am Ende dieses Buches.

1. $\int \dfrac{dx}{x\sqrt{x-3}}$
2. $\int \dfrac{dx}{x\sqrt{x+4}}$
3. $\int \dfrac{x\,dx}{\sqrt{x-2}}$
4. $\int \dfrac{x\,dx}{(2x+3)^{3/2}}$
5. $\int x\sqrt{2x-3}\,dx$
6. $\int x(7x+5)^{3/2}\,dx$
7. $\int \dfrac{\sqrt{9-4x}}{x^2}\,dx$
8. $\int \dfrac{dx}{x^2\sqrt{4x-9}}$
9. $\int x\sqrt{4x-x^2}\,dx$
10. $\int \dfrac{\sqrt{x-x^2}}{x}\,dx$
11. $\int \dfrac{dx}{x\sqrt{7+x^2}}$
12. $\int \dfrac{dx}{x\sqrt{7-x^2}}$
13. $\int \dfrac{\sqrt{4-x^2}}{x}\,dx$
14. $\int \dfrac{\sqrt{x^2-4}}{x}\,dx$
15. $\int e^{2t}\cos 3t\,dt$
16. $\int e^{-3t}\sin 4t\,dt$
17. $\int x\cos^{-1} x\,dx$
18. $\int x\tan^{-1} x\,dx$
19. $\int x^2\tan^{-1} x\,dx$
20. $\int \dfrac{\tan^{-1} x}{x^2}\,dx$
21. $\int \sin 3x \cos 2x\,dx$
22. $\int \sin 2x \cos 3x\,dx$
23. $\int 8\sin 4t \sin \dfrac{t}{2}\,dt$
24. $\int \sin \dfrac{t}{3}\sin \dfrac{t}{6}\,dt$
25. $\int \cos \dfrac{\theta}{3}\cos \dfrac{\theta}{4}\,d\theta$
26. $\int \cos \dfrac{\theta}{2}\cos 7\theta\,d\theta$

Substitutionen und Integrationstabellen

Bestimmen Sie in den Aufgaben 27–39 das Integral. Formen Sie es dazu mithilfe einer Substitution in ein Integral um, das in der Integrationstabelle zu finden ist.

27. $\int \dfrac{x^3+x+1}{(x^2+1)^2}\,dx$
28. $\int \dfrac{x^2+6x}{(x^2+3)^2}\,dx$
29. $\int \sin^{-1}\sqrt{x}\,dx$
30. $\int \dfrac{\cos^{-1}\sqrt{x}}{\sqrt{x}}\,dx$
31. $\int \dfrac{\sqrt{x}}{\sqrt{1-x}}\,dx$
32. $\int \dfrac{\sqrt{2-x}}{\sqrt{x}}\,dx$
33. $\int \cot t\sqrt{1-\sin^2 t}\,dt,\quad 0<t<\pi/2$
34. $\int \dfrac{dt}{\tan t\sqrt{4-\sin^2 t}}$
35. $\int \dfrac{dy}{y\sqrt{3+(\ln y)^2}}$
36. $\int \tan^{-1}\sqrt{y}\,dy$
37. $\int \dfrac{1}{\sqrt{x^2+2x+5}}\,dx$ (*Tipp*: Ergänzen Sie den Term unter der Wurzel zur Binomischen Formel.)
38. $\int \dfrac{x^2}{\sqrt{x^2-4x+5}}\,dx$
39. $\int \sqrt{5-4x-x^2}\,dx$
40. $\int x^2\sqrt{2x-x^2}\,dx$

Integrieren mit Reduktionsgleichungen

Berechnen Sie in den Aufgaben 41–49 das Integral mithilfe einer Reduktionsformel.

41. $\int \sin^5 2x\,dx$
42. $\int 8\cos^4 2\pi t\,dt$
43. $\int \sin^2 2\theta \cos^3 2\theta\,d\theta$
44. $\int 2\sin^2 t \sec^4 t\,dt$
45. $\int 4\tan^3 2x\,dx$
46. $\int 8\cot^4 t\,dt$
47. $\int 2\sec^3 \pi x\,dx$
48. $\int 3\sec^4 3x\,dx$
49. $\int \operatorname{cosec}^5 x\,dx$
50. $\int 16x^3(\ln x)^2\,dx$

Berechnen Sie in den Aufgaben 51–55 das Integral. Nehmen Sie dazu eine (evtl. trigonometrische) Substitution vor und wenden Sie dann eine Reduktionsformel an.

51. $\int e^t \sec^3(e^t-1)\,dt$
52. $\int \dfrac{\csc^3 J_\theta}{J_\theta}\,d\theta$
53. $\int_0^1 2\sqrt{x^2+1}\,dx$
54. $\int_{o(1}^{f_{3/2}} -y^2)^{5/2}\,dy$
55. $\int_1^2 \dfrac{(r^2-1)^{3/2}}{r}\,dr$
56. $\int_{o(t^2}^{1/} \sqrt{3}+1)^{7/2}\,dt$

Anwendungen

57. **Oberfläche** Die Kurve $y=\sqrt{x^2+2}$ mit $0\le x\le \sqrt{2}$ wird um die x-Achse gedreht. Berechnen Sie den Flächeninhalt der dadurch entstehenden Fläche.

58. **Schwerpunkt** Die Kurve $y=1/\sqrt{x+1}$ und die Gerade $x=3$ begrenzen im ersten Quadranten eine Fläche. Berechnen Sie den Schwerpunkt dieser Fläche.

59. Die Kurve $y=x^2$ für $-1\le x\le 1$ wird um die x-Achse gedreht; dadurch entsteht ein Rotationskörper. Bestimmen Sie mithilfe einer Integrationstabelle und eines Taschenrechners die Oberfläche dieses Körpers auf zwei Nachkommastellen genau.

60. Volumenbestimmung Die Abteilungsleiterin der Buchhaltung Ihrer Firma möchte mithilfe eines Computerprogramms den Vorrat an Benzin berechnen, den die Firma am Ende des Jahres in ihren Tanks hat. Sie sollen dafür eine Gleichung entwickeln. Ein typischer Tank hat die Form eines geraden Kreiszylinders mit dem Radius r und der Länge L; er wird waagrecht aufgestellt, wie man in der untenstehenden Abbildung sieht. Die Daten zum Benzinvorrat, die die Buchhaltung hat, sind Messungen der Füllhöhe in Zentimetern.

a. Die Füllhöhe des Benzins im Tank sei d. Zeigen Sie, dass das Volumen des Benzins dann mit der folgenden Gleichung bestimmt werden kann (entnehmen Sie die Bezeichnungen der Abbildung):

$$V = 2L \int_{-r}^{-r+d} \sqrt{r^2 - y^2}\, dy.$$

b. Berechnen Sie das Integral

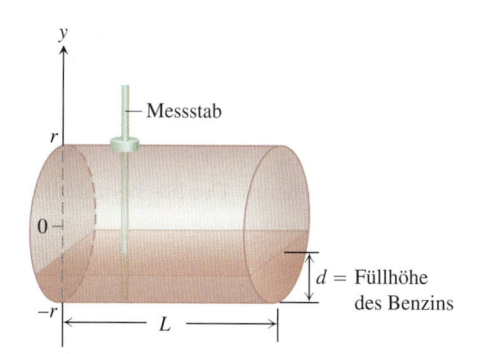

61. Welchen maximalen Wert kann das Integral

$$\int_a^b \sqrt{x - x^2}\, dx$$

für beliebige a und b mit $0 \leq a, b \leq 1$ haben? Begründen Sie Ihre Antwort.

Computeralgebra Führen Sie in den Aufgaben 62 und 63 die Integralbestimmungen mit einem CAS aus.

62. Bestimmen Sie die folgenden Integrale.

a. $\int x \ln x\, dx$, b. $\int x^2 \ln x\, dx$, c. $\int x^3 \ln x\, dx$.

d. Welches Muster kann man erkennen? Welche Gleichung wird sich für $\int x^4 \ln x\, dx$ ergeben? Stellen Sie diese Gleichung gemäß den Ergebnissen von (a)–(c) auf und überprüfen Sie sie, indem Sie das Integral mit dem CAS bestimmen.

e. Welche Gleichung gilt für $\int x^n \ln x\, dx$, $n \geq 1$? Überprüfen Sie Ihre Lösung durch Verwendung eines CAS.

63. Bestimmen Sie die folgenden Integrale.

a. $\int \dfrac{\ln x}{x^2}\, dx$, b. $\int \dfrac{\ln x}{x^3}\, dx$, c. $\int \dfrac{\ln x}{x^4}\, dx$.

d. Welches Muster kann man erkennen? Welche Gleichung wird sich für

$$\int \dfrac{\ln x}{x^5}\, dx$$

ergeben? Überprüfen Sie Ihre Lösung durch Verwendung eines CAS.

e. Wie lautet die Formel für

$$\int \dfrac{\ln x}{x^n}\, dx, \quad n \geq 2?$$

Überprüfen Sie Ihre Lösung mit einem CAS.

64. a. Berechnen Sie das folgende Integral mit einem CAS:

$$\int_0^{\pi/2} \dfrac{\sin^n x}{\sin^n x + \cos^n x}\, dx,$$

n ist eine beliebige positive ganze Zahl. Schafft es Ihr CAS, die Lösung zu bestimmen?

b. Bestimmen Sie das Integral nacheinander für $n = 1, 2, 3, 4, 5$ und 7. Wie komplex ist jeweils das Ergebnis?

c. Substituieren Sie jetzt $x = (\pi/2) - u$ und addieren Sie die so entstandenen neuen Integrale zu den alten. Was können Sie nun zu dem Wert von

$$\int_0^{\pi/2} \dfrac{\sin^n x}{\sin^n x + \cos^n x}\, dx$$

sagen? Diese Übung zeigt, dass man manchmal mit ein wenig mathematischem Einfallsreichtum Probleme überwinden kann, die sich mit einem CAS nicht unmittelbar lösen lassen.

8.6 Numerische Integration

Für die Stammfunktionen einiger Funktionen gibt es keine elementare Formel, dies gilt z. B. für $\sin(x^2)$, $1/\ln x$ und $\sqrt{1+x^4}$. Müssen wir eine solche Funktion f über einem Intervall $[a,b]$ integrieren, für die es keine elementare Stammfunktion gibt, mit der wir arbeiten können, so bleibt noch der folgende Weg: Wir unterteilen das Integrationsintervall, ersetzen in jedem Teilintervall die Funktion f durch ein Polynom, das sie gut annähert, integrieren die Polynome und addieren die Ergebnisse. Wir erhalten so einen Näherungswert für das Integral von f. Dieses Vorgehen ist ein Beispiel für numerische Integration. In diesem Abschnitt behandeln wir zwei wichtige numerische Integrationsmethoden, die **Trapezregel** und die **Simpson-Regel**, die manchmal auch **Kepler'sche Fassregel** genannt wird. Wir gehen bei unserer Darstellung im Folgenden von positiven Funktionen f aus. Die Methoden können aber auf alle Funktionen angewandt werden, die über dem Integrationsintervall $[a,b]$ stetig sind.

Annäherung an die Fläche mit Trapezen

Bestimmt man den Wert eines Integrals mithilfe der Trapezregel, so nähert man die Fläche zwischen der Kurve und der x-Achse nicht mit Rechtecken, sondern mit Trapezen an. Dies ist in ▶Abbildung 8.7 zu sehen. Die Punkte $x_0, x_1, x_2, \ldots, x_n$, die das Intervall unterteilen, müssen nicht den gleichen Abstand haben, allerdings wird die Formel für das Ergebnis mit äquidistanten Punkten deutlich einfacher, sodass wir hier davon ausgehen wollen. Wir nehmen also an, dass die Breite jedes Intervalls

$$\Delta x = \frac{b-a}{n}.$$

ist. Diese Länge $\Delta x = (b-a)/n$ wird **Schrittweite** genannt. Der Flächeninhalt des Trapezes, das oberhalb des i-ten Teilintervalls liegt, ist dann

$$\Delta x \left(\frac{y_{i-1} + y_j}{2} \right) = \frac{\Delta x}{2}(y_{i-1} + y_i),$$

dabei ist $y_{i-1} = f(x_{i-1})$ und $y_i = f(x_i)$. Diese Fläche entspricht der horizontalen „Breite" Δx des Trapezes mal dem Durchschnittswert der beiden vertikalen „Höhen" (Abbildung 8.7).

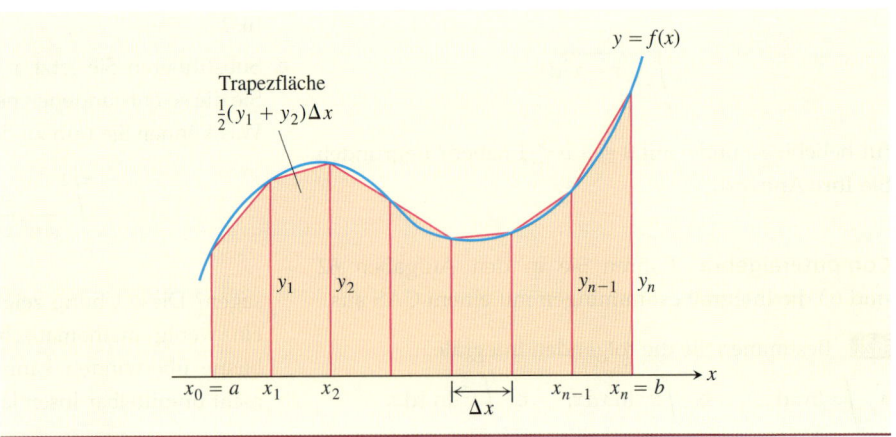

Abbildung 8.7 Die Methode der Trapezregel nähert kleine Abschnitte der Kurve $y = f(x)$ mit Strecken an. Diese Strecken werden jeweils senkrecht mit der x-Achse verbunden, dadurch entstehen Trapeze. Der Wert des Integrals wird nun näherungsweise bestimmt, indem die Flächeninhalte dieser Trapeze addiert werden.

Die Fläche zwischen der Kurve $y = f(x)$ und der x-Achse wird dann näherungsweise bestimmt, indem man die Flächen aller Trapeze addiert:

$$\begin{aligned}T &= \frac{1}{2}(y_0 + y_1)\Delta x + \frac{1}{2}(y_1 + y_2)\Delta x + \cdots \\ &\quad + \frac{1}{2}(y_{n-2} + y_{n-1})\Delta x + \frac{1}{2}(y_{n-1} + y_n)\Delta x \\ &= \Delta x \left(\frac{1}{2}y_0 + y_1 + y_2 + \cdots + y_{n-1} + \frac{1}{2}y_n\right) \\ &= \frac{\Delta x}{2}(y_0 + 2y_1 + 2y_2 + \cdots + 2y_{n-1} + y_n);\end{aligned}$$

dabei gilt jeweils

$$y_0 = f(a), \quad y_1 = f(x_1), \quad \ldots, \quad y_{n-1} = f(x_{n-1}), \quad y_n = f(b).$$

Die Trapezregel besagt dann: Mit T kann man den Wert des Integrals von f zwischen a und b annähern. Diese Methode ist äquivalent zur Mittelpunktsregel aus Abschnitt 5.1.

> **Die Trapezregel** Um $\int_a^b f(x)\,\mathrm{d}x$ näherungsweise zu bestimmen, verwendet man den Ausdruck
>
> $$T = \frac{\Delta x}{2}\left(y_0 + 2y_1 + 2y_2 + \cdots + 2y_{n-1} + y_n\right).$$
>
> Die y_i sind dabei die Werte der Funktion f an den Stellen x_i, die das Intervall unterteilen:
>
> $$x_0 = a, \quad x_1 = a + \Delta x, \quad x_2 = a + 2\Delta x, \quad \ldots, \quad x_{n-1} = a + (n-1)\Delta x, \quad x_n = b$$
>
> mit $\Delta x = (b-a)/n$.

Merke

Beispiel 8.34 Bestimmen Sie mithilfe der Trapezregel mit $n = 4$ den Wert von $\int_1^2 x^2\,\mathrm{d}x$. Vergleichen Sie den so erhaltenen Näherungswert mit der exakten Lösung.

Trapezregel

Lösung Wir teilen zunächst das Intervall $[1,2]$ in vier gleich große Teilintervalle (▶Abbildung 8.8) und berechnen dann $y = x^2$ an jedem Teilungspunkt (Tabelle 8.2).

Tabelle 8.2: Zu Beispiel 8.34.

x	$y = x^2$
1	1
$\frac{5}{4}$	$\frac{25}{16}$
$\frac{6}{4}$	$\frac{36}{16}$
$\frac{7}{4}$	$\frac{49}{16}$
2	4

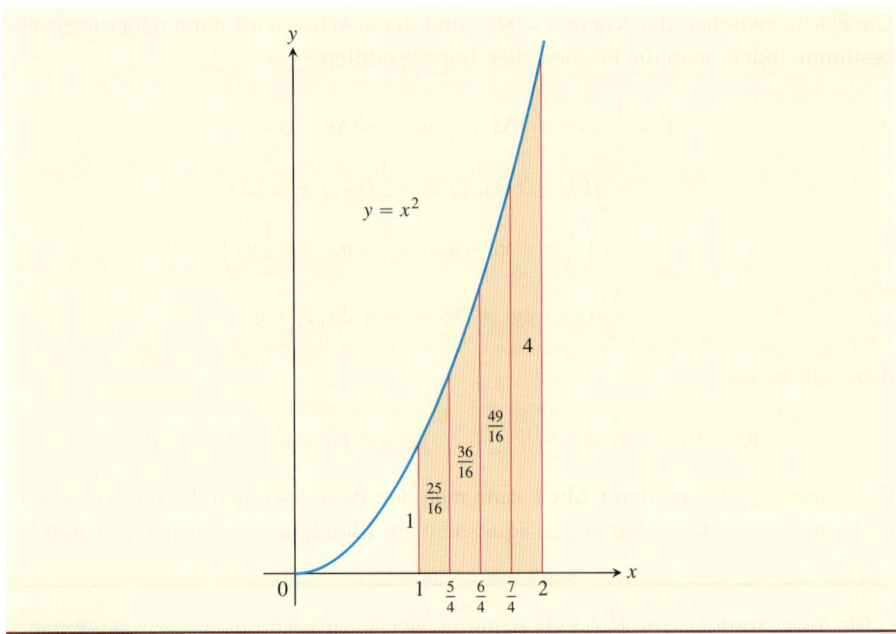

Abbildung 8.8 Nähert man die Fläche unter dem Graphen von $y = x^2$ im Intervall [1,2] mit Trapezen an, so erhält man ein Ergebnis, das etwas zu groß ist (Beispiel 8.34).

Setzen wir diese y-Werte und $\Delta x = (2-1)/4 = 1/4$ in die Trapezregel ein, so erhalten wir:

$$T = \frac{\Delta x}{2}(y_0 + 2y_1 + 2y_2 + 2y_3 + y_4)$$

$$= \frac{1}{8}\left(1 + 2\left(\frac{25}{16}\right) + 2\left(\frac{36}{16}\right) + 2\left(\frac{49}{16}\right) + 4\right)$$

$$= \frac{75}{32} = 2{,}34375.$$

Eine Parabel ist konvex; die Strecken, die die Kurve in jedem Teilintervall annähern, liegen also über der Kurve. Die Trapeze sind damit etwas größer als die entsprechenden Streifen unterhalb der Kurve. Der exakte Wert des Integrals ist:

$$\int_1^2 x^2 \, dx = \left.\frac{x^3}{3}\right|_1^2 = \frac{8}{3} - \frac{1}{3} = \frac{7}{3}.$$

Die Näherung mithilfe von T liegt also etwa ein halbes Prozent über dem exakten Wert von 7/3. Der prozentuale Fehler beträgt $(2{,}34375 - 7/3)/(7/3) \approx 0{,}00446$ oder 0,446%.

Die Simpson-Regel: Näherung mithilfe von Parabeln

Die Simpson-Regel ist eine andere Näherungsmethode für bestimmte Integrale stetiger Funktionen; sie verwendet Parabeln statt der geraden Strecken, mit denen man die Trapeze der Trapezregel erhält. Wie dort unterteilen wir das Integrationsintervall $[a, b]$ in n Teilintervalle mit gleicher Breite $h = \Delta x = (b-a)/n$, allerdings muss n diesmal eine gerade Zahl sein. Wir nähern nun die Kurve $y = f(x) \geq 0$ auf zwei nebeneinanderliegenden Teilintervallen durch eine Parabel an, wie in ▶Abbildung 8.9 zu sehen. Eine solche Parabel geht durch die drei aufeinander folgenden Punkte (x_{i-1}, y_{i-1}), (x_i, y_i) und (x_{i+1}, y_{i+1}) auf der Kurve.

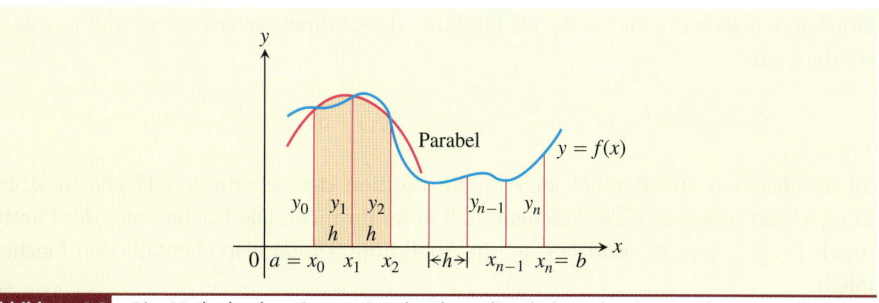

Abbildung 8.9 Die Methode der Simpson-Regel nähert die Fläche schmaler Streifen unter der Kurve mit Parabeln an.

Wir berechnen nun den Inhalt der (in Abbildung 8.9 schattierten) Fläche unter der Parabel, die durch diese drei aufeinander folgenden Punkte geht. Um unsere Berechnungen zu vereinfachen, betrachten wir zunächst den Fall, dass $x_0 = -h$, $x_1 = 0$ und $x_2 = h$ (▶Abbildung 8.10); es gilt dann $h = \Delta x = (b-a)/n$. Die Fläche unter der Parabel bleibt gleich, wenn wir die y-Achse nach rechts oder links verschieben. Eine Parabel hat die allgemeine Form

$$y = Ax^2 + Bx + C,$$

der Inhalt der Fläche unter der Parabel von $x = -h$ bis $x = h$ ist dann

$$A_P = \int_{-h}^{h} (Ax^2 + Bx + C)\,dx$$

$$= \left[\frac{Ax^3}{3} + \frac{Bx^2}{2} + Cx\right]_{-h}^{h}$$

$$= \frac{2Ah^3}{3} + 2Ch = \frac{h}{3}(2Ah^2 + 6C).$$

Die Kurve geht durch die drei Punkte $(-h, y_0)$, $(0, y_1)$ und (h, y_2); es gilt also auch:

$$y_0 = Ah^2 - Bh + C, \quad y_1 = C, \quad y_2 = Ah^2 + Bh + C,$$

und damit erhalten wir:

$$C = y_1,$$
$$Ah^2 - Bh = y_0 - y_1,$$
$$Ah^2 + Bh = y_2 - y_1,$$
$$2Ah^2 = y_0 + y_2 - 2y_1.$$

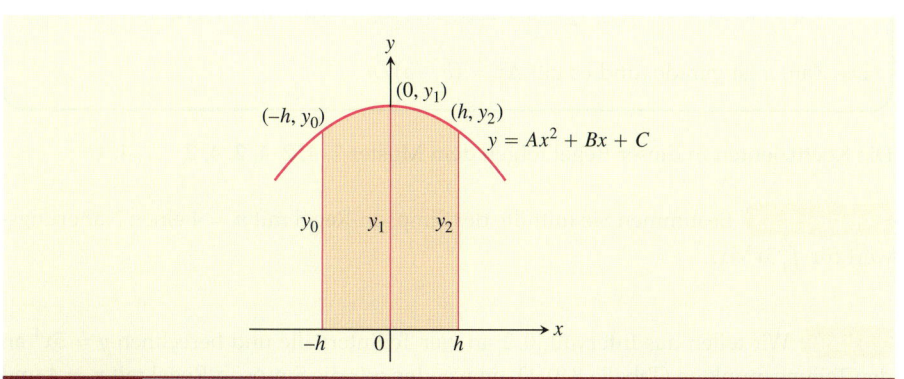

Abbildung 8.10 Wir integrieren von $-h$ bis h und erhalten so für die schattierte Fläche den Inhalt $\frac{h}{3}(y_0 + 4y_1 + y_2)$.

Drücken wir jetzt die Fläche A_p als Funktion der Ordinatenwerte y_0, y_1 und y_2 aus, so erhalten wir:

$$A_\mathrm{p} = \frac{h}{3}(2Ah^2 + 6C) = \frac{h}{3}\left((y_0 + y_2 - 2y_1) + 6y_1\right) = \frac{h}{3}(y_0 + 4y_1 + y_2).$$

Verschieben wir die Parabel jetzt in die Position der schattierten Fläche in Abbildung 8.9, so ändert sich der Flächeninhalt unter ihr nicht. Die Fläche unter der Parabel durch (x_0, y_0), (x_1, y_1) und (x_2, y_2) in Abbildung 8.9 hat also ebenfalls den Flächeninhalt

$$\frac{h}{3}(y_0 + 4y_1 + y_2).$$

Auf die gleiche Weise berechnen wir den Flächeninhalt unter der Parabel durch die drei Punkte (x_2, y_2), (x_3, y_3) und (x_4, y_4):

$$\frac{h}{3}(y_2 + 4y_3 + y_4).$$

Berechnen wir so die Flächeninhalte unter allen Parabeln im Intervall $[a, b]$ und addieren die Ergebnisse, so erhalten wir die folgende Näherung für das bestimmte Integral:

$$\int_a^b f(x)\,\mathrm{d}x \approx \frac{h}{3}(y_0 + 4y_1 + y_2) + \frac{h}{3}(y_2 + 4y_3 + y_4) + \cdots$$
$$+ \frac{h}{3}(y_{n-2} + 4y_{n-1} + y_n)$$
$$= \frac{h}{3}(y_0 + 4y_1 + 2y_2 + 4y_3 + 2y_4 + \cdots + 2y_{n-2} + 4y_{n-1} + y_n).$$

Dieses Ergebnis wird auch Simpson-Regel genannt. Wir sind in der Herleitung von einer positiven Funktion ausgegangen, dies ist aber für die Gültigkeit der Regel nicht nötig. Die Zahl n der Teilintervalle muss allerdings immer gerade sein, da jede Parabel sich über zwei Teilintervalle erstreckt.

Merke

Die Simpson-Regel Um $\int_a^b f(x)\,\mathrm{d}x$ näherungsweise zu bestimmen, verwendet man den Ausdruck

$$S = \frac{\Delta x}{3}(y_0 + 4y_1 + 2y_2 + 4y_3 + \cdots + 2y_{n-2} + 4y_{n-1} + y_n).$$

Die y_i sind dabei die Werte von f an den Punkten x_i, die das Intervall unterteilen:

$$x_0 = a,\; x_1 = a + \Delta x,\; x_2 = a + 2\Delta x,\; \ldots,\; x_{n-1} = a + (n-1)\Delta x,\; x_n = b.$$

Die Zahl n ist gerade, und es gilt $\Delta x = (b - a)/n$.

Die Koeffizienten in dieser Regel folgen dem Muster 1, 4, 2, 4, 2, 4, 2, ..., 4, 1.

Simpson-Regel **Beispiel 8.35** Bestimmen Sie mithilfe der Simpson-Regel mit $n = 4$ einen Näherungswert für $\int_0^2 5x^4\,\mathrm{d}x$.

Lösung Wir teilen das Intervall $[0, 2]$ in vier Teilintervalle und berechnen $y = 5x^4$ an den Teilungspunkten (Tabelle 8.3). Dann wenden wir die Simpson-Regel mit $n = 4$ und

Tabelle 8.3: Zu Beispiel 8.35.

x	$y = 5x^4$
0	0
$\frac{1}{2}$	$\frac{5}{16}$
1	5
$\frac{3}{2}$	$\frac{405}{16}$
2	80

$\Delta x = 1/2$ an und erhalten:

$$\begin{aligned} S &= \frac{\Delta x}{3}\left(y_0 + 4y_1 + 2y_2 + 4y_3 + y_4\right) \\ &= \frac{1}{6}\left(0 + 4\left(\frac{5}{16}\right) + 2(5) + 4\left(\frac{405}{16}\right) + 80\right) \\ &= 32 + \frac{1}{12}. \end{aligned}$$

Dieser Wert weicht vom exakten Wert 32 nur um 1/12 ab, der prozentuale Fehler beträgt weniger als drei Zehntel eines Prozents. Für lediglich vier Teilintervalle ist dies ein bemerkenswertes Ergebnis.

Fehlerbetrachtung

Bei jeder Methode zur Bestimmung von Näherungslösungen stellt sich die Frage, wie genau die Ergebnisse sind. Der folgende Satz enthält Ungleichungen, die den Fehler bei Anwendung der Trapez- und Simpson-Regel abschätzen. Als **Fehler** bezeichnet man dabei die Differenz zwischen dem Ergebnis, das man mit der Näherungsmethode erhält, und dem exakten Wert des bestimmten Integrals $\int_a^b f(x)\,dx$.

> **Satz 8.1 Fehlerabschätzung bei Anwendung der Trapez- und der Simpson-Regel** Es sei f'' stetig und M eine obere Schranke der Werte von $|f''|$ im Intervall $[a,b]$. Das Integral von f wird von a bis b mit der Methode der Trapezregel näherungsweise berechnet, $[a,b]$ wird in n Teilintervalle eingeteilt. Für den Fehler E_T gilt dann die Ungleichung
>
> $$|E_T| \leq \frac{M(b-a)^3}{12n^2}. \qquad \text{Trapezregel}$$
>
> Es sei $f^{(4)}$ stetig und und M eine obere Schranke der Werte von $|f^{(4)}|$ im Intervall $[a,b]$. Das Integral von f wird von a bis b mit der Methode der Simpson-Regel näherungsweise berechnet, $[a,b]$ wird in n Teilintervalle eingeteilt. Für den Fehler E_S gilt dann die Ungleichung
>
> $$|E_S| \leq \frac{M(b-a)^5}{180n^4}. \qquad \text{Simpson-Regel}$$

Wir zeigen Satz 8.1 zunächst für die Trapezregel. Dazu beginnen wir mit einem Ergebnis der fortgeschrittenen Analysis: Wenn f'' im Intervall $[a,b]$ stetig ist, dann gilt

$$\int_a^b f(x)\,\mathrm{d}x = T - \frac{b-a}{12} \cdot f''(c)(\Delta x)^2$$

für eine Zahl c zwischen a und b. Der Fehler zwischen dem Näherungswert T und dem exakten Wert des Integrals ist

$$E_\mathrm{T} = -\frac{b-a}{12} \cdot f''(c)(\Delta x)^2.$$

Geht nun Δx gegen null, so geht auch E_T mit dem *Quadrat* von Δx gegen null.

Die Ungleichung

$$|E_\mathrm{T}| \leq \frac{b-a}{12} \max |f''(x)|(\Delta x)^2$$

gibt also eine obere Schranke für die Größe des Fehlers, max bezieht sich dabei auf das Maximum im Intervall $[a,b]$. Der exakte Wert dieses Maximums ist in der Praxis oft unbekannt, wir müssen es also abschätzen und setzen einen „Worst-case-Wert" dafür ein. Wenn M irgendeine obere Schranke für die Werte von $|f''(x)|$ im Intervall $[a,b]$ ist, sodass $|f''(x)| \leq M$ auf $[a,b]$ gilt, dann erhalten wir

$$|E_\mathrm{T}| \leq \frac{b-a}{12} M (\Delta x)^2.$$

Setzen wir nun $(b-a)/n$ für Δx ein, so kommen wir auf den Ausdruck aus Satz 8.1 auf Seite 633,

$$|E_\mathrm{T}| \leq \frac{M(b-a)^3}{12n^2}.$$

Um den Fehler bei Anwendung der Simpson-Regel zu bestimmen, beginnen wir wieder mit einem Ergebnis der fortgeschritten Analysis. Wenn die vierte Ableitung $f^{(4)}$ stetig ist, dann gilt:

$$\int_a^b f(x)\,\mathrm{d}x = S - \frac{b-a}{180} \cdot f^{(4)}(c)(\Delta x)^4$$

für einen Punkt c zwischen a und b. Geht nun Δx gegen null, so geht der Fehler

$$E_\mathrm{S} = -\frac{b-a}{180} \cdot f^{(4)}(c)(\Delta x)^4$$

mit der *vierten Potenz* von Δx gegen null. (Damit wird auch klar, warum die Simpson-Regel oft bessere Näherungslösungen ergibt als die Trapezregel.)

Die Ungleichung

$$|E_\mathrm{S}| \leq \frac{b-a}{180} \max \left|f^{(4)}(x)\right|(\Delta x)^4$$

gibt eine obere Schranke für die Größe des Fehlers, max bezieht sich wieder auf das Intervall $[a,b]$. Ähnlich wie bei $\max |f''(x)|$ in der Fehlerabschätzung für die Trapezregel kennen wir auch hier in der Regel nicht den exakten Wert von $\max |f^{(4)}(x)|$ und müssen ihn durch eine abgeschätzte obere Schranke ersetzen. Wenn M irgendeine obere Schranke der Werte von $f^{(4)}$ im Intervall $[a,b]$ ist, dann gilt

$$|E_\mathrm{S}| \leq \frac{b-a}{180} M(\Delta x)^4.$$

Setzen wir $(b-a)/n$ für Δx ein, erhalten wir mit diesem letzten Ausdruck

$$|E_\mathrm{S}| \leq \frac{M(b-a)^5}{180 n^4}.$$

Beispiel 8.36 Bestimmen Sie eine obere Schranke für den Fehler, den man macht, wenn man $\int_0^2 5x^4\,dx$ mit der Simpson-Regel mit $n=4$ näherungsweise berechnet (Beispiel 8.35).

Fehlerabschätzung bei der Simpson-Regel

Lösung Als erstes müssen wir eine obere Grenze M für die vierte Ableitung von $f(x)=5x^4$ im Intervall $0\le x\le 2$ bestimmen. Die vierte Ableitung hat den konstanten Wert $f^{(4)}(x)=120$, wir rechnen also mit $M=120$. Es gilt außerdem $b-a=2$ und $n=4$; mit der Gleichung für die Fehlerabschätzung bei der Simpson-Regel bekommen wir also

$$|E_S|\le \frac{M(b-a)^5}{180n^4}=\frac{120(2)^5}{180\cdot 4^4}=\frac{1}{12}.$$

Diese Abschätzung stimmt mit dem Ergebnis von Beispiel 8.35 überein. ■

Mithilfe von Satz 8.1 kann man auch bestimmen, wie viele Teilintervalle man braucht, wenn ein Integral mit der Trapez- oder Simpson-Regel abgeschätzt werden soll und ein maximal tolerierter Fehler vorgegeben ist.

Beispiel 8.37 Das Integral aus Beispiel 8.36 soll mithilfe der Simpson-Regel abgeschätzt werden, der Fehler soll kleiner als 10^{-4} sein. Wie viele Teilintervalle braucht man dafür mindestens?

Simpson-Regel – Abschätzung der benötigten Schrittzahl

Lösung Wir betrachten die Ungleichung aus Satz 8.1. Gilt für die Anzahl n der Teilintervalle

$$\frac{M(b-a)^5}{180n^4}<10^{-4},$$

so ist der Fehler kleiner als $|E_S|<10^{-4}$, wie gefordert.

Schon in Beispiel 8.36 haben wir $M=120$ und $b-a=2$ bestimmt, n muss also die folgende Gleichung erfüllen:

$$\frac{120(2)^5}{180n^4}<\frac{1}{10^4}.$$

Diese Ungleichung ist äquivalent zu

$$n^4>\frac{64\cdot 10^4}{3}.$$

Daraus folgt:

$$n>10\left(\frac{64}{3}\right)^{1/4}\approx 21{,}5.$$

Bei Anwendung der Simpson-Regel muss n gerade sein, für die geforderte Fehlertoleranz wählen wir also $n=22$. ■

Beispiel 8.38 Wie wir in Kapitel 7 gesehen haben, kann man $\ln 2$ mit dem folgenden Integral berechnen:

Abschätzung von ln 2

$$\ln 2=\int_1^2 \frac{1}{x}\,dx.$$

Tabelle 8.4: Abschätzungen des Integrals $\ln 2 = \int_1^2 1/x\,dx$ mithilfe der Trapezregel (T_n) und der Simpson-Regel (S_n).

n	T_n	|Fehler| kleiner als …	S_n	|Fehler| kleiner als …
10	0,6937714032	0,0006242227	0,6931502307	0,0000030502
20	0,6933033818	0,0001562013	0,6931473747	0,0000001942
30	0,6932166154	0,0000694349	0,6931472190	0,0000000385
40	0,6931862400	0,0000390595	0,6931471927	0,0000000122
50	0,6931721793	0,0000249988	0,6931471856	0,0000000050
100	0,6931534305	0,0000062500	0,6931471809	0,0000000004

Dieses Integral $\int_1^2 (1/x)\,dx$ kann nun sowohl mit der Trapez- als auch mit der Simpson-Regel angenähert werden. In Tabelle 8.4 sind die Ergebnisse für verschiedene Werte von n zusammengestellt. Die Simpson-Regel führt zu deutlich besseren Resultaten als die Trapezregel. Verdoppelt man nämlich den Wert von n, rechnet also mit doppelt so vielen Teilintervallen, die damit halb so breit sind ($h = \Delta x$ wird halbiert), so verringert sich der Fehler von T mit dem Quadrat von 2, der Fehler von S allerdings mit der vierten Potenz von 2.

Für sehr kleine Werte von $\Delta x = (2-1)/n$ wird dieser Effekt sehr groß. Die Näherung mit der Simpson-Regel ist für $n = 50$ auf sieben Dezimalstellen genau, für $n = 100$ auf neun, das entspricht einem Milliardstel!

Ist die Funktion f ein Polynom mit einem Grad kleiner vier, dann ist seine vierte Ableitung null und es gilt

$$E_S = -\frac{b-a}{180}f^{(4)}(c)(\Delta x)^4 = -\frac{b-a}{180}(0)(\Delta x)^4 = 0.$$

Nähert man das Integral einer solchen Funktion also mit der Simpson-Regel, so ist der Fehler null. In anderen Worten: Für eine Konstante, eine lineare Funktion, ein quadratisches oder ein kubisches Polynom erhält man für jedes Integral über die Funktion f mithilfe der Simpson-Regel den exakten Wert, und zwar unabhängig von der Zahl der verwendeten Teilintervalle. Genauso ist für eine Konstante oder eine lineare Funktion die zweite Ableitung null und es gilt

$$E_T = -\frac{b-a}{12}f''(c)(\Delta x)^2 = -\frac{b-a}{12}(0)(\Delta x)^2 = 0.$$

Mit der Trapezregel können die Integrale solcher Funktionen also exakt bestimmt werden. Dies ist keine Überraschung: Die Trapeze, mit denen angenähert wird, stimmen mit der Fläche unter dem Graphen von f überein. Theoretisch kann man den Fehler bei Näherungen mit der Trapez- und der Simpson-Regel beliebig verkleinern, indem man die Schrittweite Δx verkleinert. In der Praxis funktioniert das oft nicht. Wenn Δx sehr klein ist, in etwa von der Größenordnung 10^{-5}, muss man die Rundungsfehler der Algorithmen des Computers oder Taschenrechners berücksichtigen. Diese Rundungsfehler können sich so aufaddieren, dass die Formeln aus Satz 8.1 den Sachverhalt nicht mehr beschreiben. Verkleinert man Δx unter eine bestimmte Grenze, so kann das Ergebnis dann sogar ungenauer werden. Diese Phänomene werden in diesem Buch nicht weiter behandelt. Wenn Sie mit Ihrem Rechner Probleme mit solchen Rundungsfehlern haben, sollten Sie sich genauer mit numerischer Analysis beschäftigen.

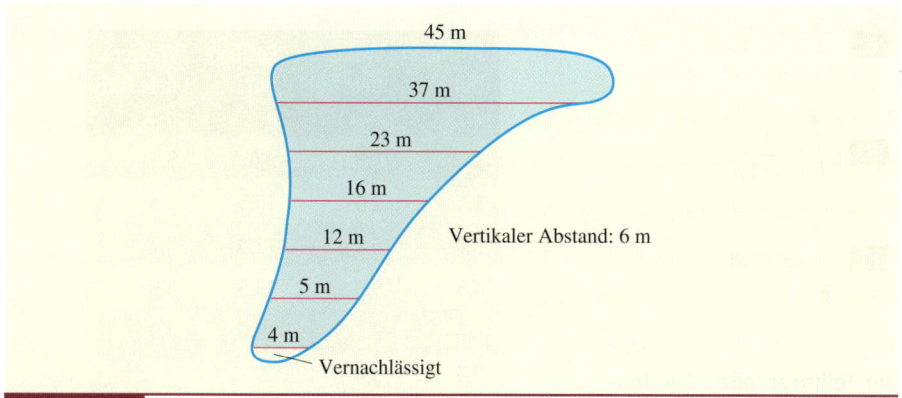

Abbildung 8.11 Das Sumpfgebiet aus Beispiel 8.39.

Beispiel 8.39 Eine Stadtverwaltung möchte ein kleines verseuchtes Sumpfgebiet erst trockenlegen und dann auffüllen (▶Abbildung 8.11). Der Sumpf ist im Durchschnitt 1,5 m tief. Wie viele Kubikmeter Schutt bracht man in etwa, um das Sumpfgebiet nach der Trockenlegung zu füllen?

Flächenbestimmung mit der Simpson-Regel

Lösung Um das Volumen des Sumpfgebietes zu bestimmen, schätzen wir die Oberfläche ab und nehmen mit 1,5 m mal. Für die Oberflächenabschätzung verwenden wir die Simpson-Regel mit $\Delta x = 6$ m, die Werte für y wurden gemessen und können der Abbildung 8.11 entnommen werden.

$$S = \frac{\Delta x}{3}(y_0 + 4y_1 + 2y_2 + 4y_3 + 2y_4 + 4y_5 + y_6)$$
$$= \frac{6}{3}(45 + 4(37) + 2(23) + 4(16) + 2(12) + 4(9) + 4) = 734$$

Das Volumen beträgt in etwa 734 m² · 1,5 m = 1101 m³.

Aufgaben zum Abschnitt 8.6

Abschätzen von Integralen In den Aufgaben 1–10 sollen die Integrale auf zwei Arten abgeschätzt werden, einmal mithilfe der Trapezregel, einmal mithilfe der Simpson-Regel. Gehen Sie im einzelnen folgendermaßen vor:

1. Abschätzung mit der Trapezregel

a. Schätzen Sie das Integral mit $n = 4$ Teilintervallen ab und bestimmen Sie eine obere Grenze für $|E_T|$.

b. Berechnen Sie das Integral direkt und bestimmen Sie so $|E_T|$.

c. Drücken Sie $|E_T|$ als Prozentsatz des exakten Werts des Integrals aus, verwenden Sie dazu die Formel $(|E_T|/(\text{exakter Wert})) \times 100$.

2. Abschätzung mit der Simpson-Regel

a. Schätzen Sie das Integral mit $n = 4$ Teilintervallen ab und bestimmen Sie eine obere Grenze für $|E_S|$.

b. Berechnen Sie das Integral direkt und bestimmen Sie so $|E_S|$.

c. Drücken Sie $|E_S|$ als Prozentsatz des exakten Werts des Integrals aus, verwenden Sie dazu die Formel $(|E_S|/(\text{exakter Wert})) \times 100$.

1. $\int_1^2 x\,dx$

2. $\int_1^3 (2x - 1)\,dx$

3. $\int_{-1}^1 (x^2 + 1)\,dx$

4. $\int_{-2}^0 (x^2 - 1)\,dx$

5. $\int_0^2 (t^3 + t)\,dt$ **6.** $\int_{-1}^1 (t^3 + 1)\,dt$

7. $\int_1^2 \frac{1}{s^2}\,ds$ **8.** $\int_2^4 \frac{1}{(s-1)^2}\,ds$

9. $\int_0^\pi \sin t\,dt$ **10.** $\int_0^1 \sin \pi t\,dt$

Position (m) x	Wassertiefe (m) $h(x)$	Position (m) x	Wassertiefe (m) $h(x)$
0	1,8	9,0	3,5
1,5	2,5	10,5	3,6
3,0	2,8	12,0	3,7
4,5	3,0	13,5	3,9
6,0	3,2	15,0	4,0
7,5	3,4		

Abschätzung der Anzahl der Teilintervalle Die Integrale in den Aufgaben 11–22 sollen **a.** mit der Trapezregel und **b.** mit der Simpson-Regel abgeschätzt werden. Bestimmen Sie die kleinste Anzahl an Teilintervallen, die man braucht, damit der Fehler der Abschätzung unter 10^{-4} liegt. (Die Integrale der Aufgaben 11–18 entsprechen denen der Aufgaben 1–8.)

11. $\int_1^2 x\,dx$ **12.** $\int_1^3 (2x - 1)\,dx$

13. $\int_{-1}^1 (x^2 + 1)\,dx$ **14.** $\int_{-2}^0 (x^2 - 1)\,dx$

15. $\int_0^2 (t^3 + t)\,dt$ **16.** $\int_{-1}^1 (t^3 + 1)\,dt$

17. $\int_1^2 \frac{1}{s^2}\,ds$ **18.** $\int_2^4 \frac{1}{(s-1)^2}\,ds$

19. $\int_0^3 \sqrt{x+1}\,dx$ **20.** $\int_0^3 \frac{1}{\sqrt{x+1}}\,dx$

21. $\int_0^2 \sin(x+1)\,dx$ **22.** $\int_{-1}^1 \cos(x+\pi)\,dx$

Abschätzungen mit numerischen Daten

23. Volumen eines Schwimmbeckens Ein rechteckiges Schwimmbecken ist 10 m breit und 15 m lang. Die untenstehende Tabelle listet die Wassertiefe $h(x)$ auf, die alle 1,5 m – von einem Ende des Beckens bis zum anderen – gemessen wurde. Schätzen Sie die Wassermenge in dem Becken ab. Verwenden Sie dazu die Trapezregel mit $n = 10$ und bestimmen Sie damit das Integral

$$V = \int_0^{15} 10 \cdot h(x)\,dx.$$

24. Entwicklung eines Flugzeugflügels Bei der Entwicklung eines neuen Flugzeugs muss in jedem Flügel ein Treibstofftank mit konstanter (und feststehender) Querschnittsfläche eingeplant werden. Diese Querschnittfläche ist in der untenstehenden Abbildung zu sehen, die Abbildung ist maßstabsgerecht. In den Tank müssen 22 240 N Treibstoff passen, der Treibstoff hat eine Dichte von 6600 N/m³. Schätzen Sie mithilfe der Simpson-Regel die Länge des Tanks ab.

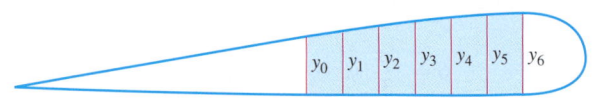

$y_0 = 0{,}457$ m, $y_1 = 0{,}488$ m, $y_2 = 0{,}549$ m, $y_3 = 0{,}579$ m, $y_4 = 0{,}610$ m, $y_5 = y_6 = 0{,}640$ m   Horizontaler Abstand: 0,3048 m

25. Ölverbrauch in einem Zeltlager Ein Dieselgenerator in einem Zeltlager läuft eine Woche lang ohne Unterbrechung, der Verbrauch steigt in dieser Zeit jeden Tag leicht an. Nach dieser Zeit muss er kurz abgeschaltet werden, um die Filter auszutauschen. Schätzen Sie mithilfe der Trapezregel den Verbrauch des Generators in der ganzen Woche ab.

Tag	Verbrauch in l/h
Sonntag	0,019
Montag	0,020
Dienstag	0,021
Mittwoch	0,023
Donnerstag	0,025
Freitag	0,028
Samstag	0,031
Sonntag	0,035

Theorie und Beispiele

26. **Der Integralsinus** Die folgende Funktion von x,

$$\text{Si}(x) = \int_0^x \frac{\sin t}{t} dt, \quad \text{Integralsinus von } x$$

bezeichnet man als **Integralsinus**. Sie hat viele Anwendungen in den Ingenieurwissenschaften. Das Integral kann nicht weiter vereinfacht werden, es gibt keine elementare Stammfunktion von $(\sin t)/t$. Die Werte des Integralsinus $\text{Si}(x)$ lassen sich aber recht einfach mittels numerischer Integration bestimmen.

Dazu muss die folgende Funktion integriert werden

$$f(t) = \begin{cases} \dfrac{\sin t}{t}, & t \neq 0 \\ 1, & t = 0, \end{cases}$$

die stetige Fortsetzung von $(\sin t)/t$ im Intervall $[0, x]$. Für diese Funktion existieren an jeder Stelle ihres Definitionsbereichs alle Ableitungen. Der Graph ist glatt (▶ die untenstehenden Abbildung), sodass mit der Simpson-Regel gute Ergebnisse erzielt werden können.

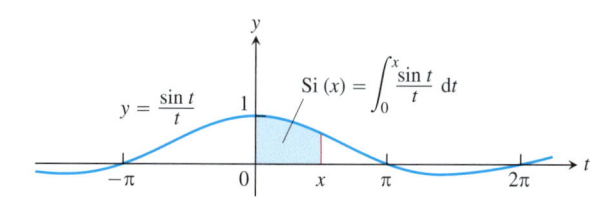

a. Es gilt $|f^{(4)}| \leq 1$ im Intervall $[0, \pi/2]$. Stellen Sie damit eine obere Grenze für den Fehler auf, den man bei der Abschätzung von

$$\text{Si}\left(\frac{\pi}{2}\right) = \int_0^{\pi/2} \frac{\sin t}{t} dt$$

mithilfe der Simpson-Regel mit $n = 4$ macht.

b. Schätzen Sie $\text{Si}(\pi/2)$ mithilfe der Simpson-Regel mit $n = 4$ ab.

c. Drücken Sie den Fehler, den Sie in **a.** berechnet haben, als Prozentsatz des Wertes aus **b.** aus.

27. **Die Fehlerfunktion** Die **Fehlerfunktion**

$$\text{erf}(x) = \frac{2}{\sqrt{\pi}} \int_0^x e^{-t^2} dt$$

spielt eine wichtige Rolle in der Wahrscheinlichkeitsrechnung und in den Theorien zum Wärmefluss und zur Signalübertragung. Sie muss numerisch berechnet werden, da $y = e^{-t^2}$ keine elementare Stammfunktion hat.

a. Schätzen Sie $\text{erf}(1)$ mithilfe der Simpson-Regel mit $n = 10$ ab.

b. Im Intervall $[0, 1]$ gilt

$$\left| \frac{d^4}{dt^4} \left(e^{-t^2} \right) \right| \leq 12.$$

Geben Sie eine obere Grenze für den Fehler der Abschätzung aus **a.** an.

28. Die Funktion f sei stetig auf dem Intervall $[a, b]$. Schätzt man das Integral $\int_a^b f(x) dx$ dieser Funktion mithilfe der Trapezregel ab, erhält man die Summe T. Beweisen Sie, dass T eine Riemann-Summe ist. (Hinweis: Zeigen Sie mit dem Zwischenwertsatz, dass ein c_k im Teilintervall $[x_{k-1}, x_k]$ existiert, für das gilt: $f(c_k) = (f(x_{k-1}) + f(x_k))/2$.)

29. Die Funktion f sei stetig auf dem Intervall $[a, b]$. Schätzt man das Integral $\int_a^b f(x) dx$ dieser Funktion mithilfe der Simpson-Regel ab, erhält man die Summe S. Beweisen Sie, dass S eine Riemann-Summe ist (siehe auch Aufgabe 28).

30. **Elliptische Integrale** Für den Umfang u einer Ellipse mit der Gleichung

$$\frac{x^2}{a^2} + \frac{y^2}{b^2} = 1$$

gilt

$$u = 4a \int_0^{\pi/2} \sqrt{1 - e^2 \cos^2 t}\, dt,$$

dabei ist $e = \sqrt{a^2 - b^2}/a$ die Exzentrizität der Ellipse. Dieses Integral hat keine elementare Stammfunktion, abgesehen von den Fällen $e = 0$ und $e = 1$. Es wird **elliptisches Integral** genannt.

a. Betrachten Sie eine Ellipse mit $a = 1$ und $e = 1/2$. Schätzen Sie ihren Umfang mithilfe der Trapezregel mit $n = 10$ ab.

b. Der absolute Wert der zweiten Ableitung von $f(t) = \sqrt{1 - e^2 \cos^2 t}$ ist kleiner als 1. Geben Sie damit eine obere Schranke für den Fehler an, den man bei der Abschätzung aus **(a)** macht.

Anwendungen

31. Die Länge eines Bogens der Kurve $y = \sin x$ von $x = 0$ bis $x = \pi$ ist gegeben durch

$$L = \int_0^\pi \sqrt{1 + \cos^2 x}\,dx.$$

Schätzen Sie die Länge L mithilfe der Simpson-Regel mit $n = 8$ ab.

32. Sie arbeiten bei einer metallverarbeitenden Firma, die sich um einen Auftrag zur Herstellung von Wellblechen bemüht. Die Querschnitte der gewellten Bleche sollen eine Form annehmen, die mit der Funktion

$$y = \sin\frac{3\pi}{50}x, \quad 0 \leq x \leq 50 \text{ cm}$$

beschrieben werden kann. Das untenstehende Bild zeigt die Ausgangsbleche und die gewellten Bleche. Wir nehmen an, dass bei der Verarbeitung des Blechs das Material nicht gestaucht oder gestreckt wird. Wie groß müssen dann die ungewellten Ausgangsbleche sein? Bestimmen Sie dazu die Länge der obigen Sinuskurve näherungsweise mit numerischer Integration auf zwei Dezimalstellen genau.

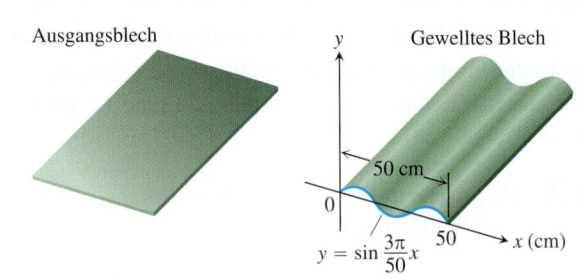

Die Kurven in den Aufgaben 33 und 34 werden um die x-Achse gedreht, dabei entsteht eine Fläche. Bestimmen Sie den Flächeninhalt dieser Fläche auf zwei Dezimalstellen genau.

33. $y = \sin x, \quad 0 \leq x \leq \pi$

34. $y = x^2/4, \quad 0 \leq x \leq 2$

35. Bestimmen Sie mithilfe der numerischen Integration den Wert des Integrals

$$\sin^{-1} 0{,}6 = \int_0^{0,6} \frac{dx}{\sqrt{1-x^2}}.$$

Zum Vergleich: $\sin^{-1} 0{,}6 = 0{,}64359$ auf fünf Dezimalstellen genau.

36. Bestimmen Sie mithilfe der numerischen Integration den Wert des Integrals

$$\pi = 4\int_0^1 \frac{1}{1+x^2}\,dx.$$

8.7 Uneigentliche Integrale

Bisher haben wir bestimmte Integrale mit zwei Eigenschaften betrachtet: Zum einen war der Definitionsbereich, also das Intervall $[a,b]$, über das integriert wurde, beschränkt. Außerdem war der Wertebereich des Integranden f im Integrationsintervall beschränkt, d. h. also, f war beschränkt. In vielen Anwendungen kommen aber durchaus Funktionen vor, in denen eine oder auch beide dieser Eigenschaften nicht erfüllt sind. So können wir uns beispielsweise (▶ Abbildung 8.12a) für die Fläche interessieren, die unterhalb des Graphen der Funktion $f(x) = (\ln x)/x^2$ von $x = 1$ bis $x = \infty$ liegt. Den Inhalt dieser (nach rechts unbeschränkten) Fläche würden wir in der Form $\int_1^\infty f(x)\,dx$ als Integral von f schreiben, nur ist das Integrationsintervall jetzt $[1,\infty)$, also unbeschränkt.

Oder wir interessieren uns beispielsweise für die Fläche, die unter dem Graphen der Funktion $1/\sqrt{x}$ von $x = 0$ bis $x = 1$ liegt. Der Inhalt dieser (nach oben unbeschränkten) Fläche würden wir in der Form $\int_0^1 f(x)\,dx$ schreiben, nur ist jetzt f auf dem Integrationsintervall $(0,1]$ unbeschränkt, da $\lim_{x \to 0^+} f(x) = \infty$ (▶Abbildung 8.12b). In beiden Fällen werden solche Integrale als **uneigentliche Integrale** bezeichnet, für ihre Berechnung führt man einen Grenzübergang durch. Uneigentliche Integrale sind sehr wichtig, wenn man die Konvergenz bestimmter Reihen untersucht. Wir werden darauf in Kapitel 10 zurückkommen.

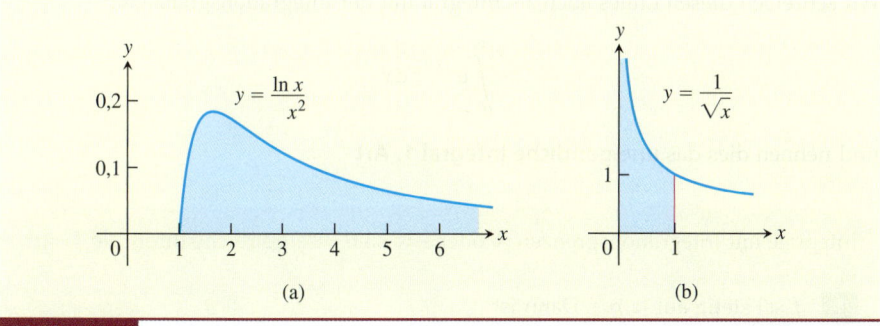

Abbildung 8.12 Diese beiden Flächen unter den Kurven sind nicht beschränkt. Haben die Flächen unter ihnen dennoch einen endlichen Flächeninhalt? Wir werden sehen, dass die Antwort in beiden Fällen ja lautet.

Integration über unbeschränkte Intervalle

Unter der Kurve $y = e^{-x/2}$, also unter dem Graphen der Funktion $e^{-x/2}$, liegt im ersten Quadranten eine unbeschränkte Fläche (▶Abbildung 8.13a). Man könnte also annehmen, dass der Flächeninhalt dieser Fläche unendlich ist, wir werden aber sehen, dass sich ein endlicher Wert ergibt. Um diesen Flächeninhalt zu bestimmen, berechnen wir zuerst den Inhalt einer Teilfläche $A(b)$, die von $x = 0$ bis $x = b$ geht (▶Abbildung 8.13b):

$$A(b) = \int_0^b e^{-x/2}\,dx = \left[-2e^{-x/2}\right]_0^b = -2e^{-b/2} + 2.$$

Dann bestimmen wir den Grenzwert von $A(b)$ für $b \to \infty$:

$$\lim_{b \to \infty} A(b) = \lim_{b \to \infty} \left(-2e^{-b/2} + 2\right) = 2.$$

Damit erhalten wir für den Flächeninhalt unter der Kurve von $x = 0$ bis $x = \infty$

$$\lim_{b \to \infty} \int_0^b e^{-x/2}\,dx = 2.$$

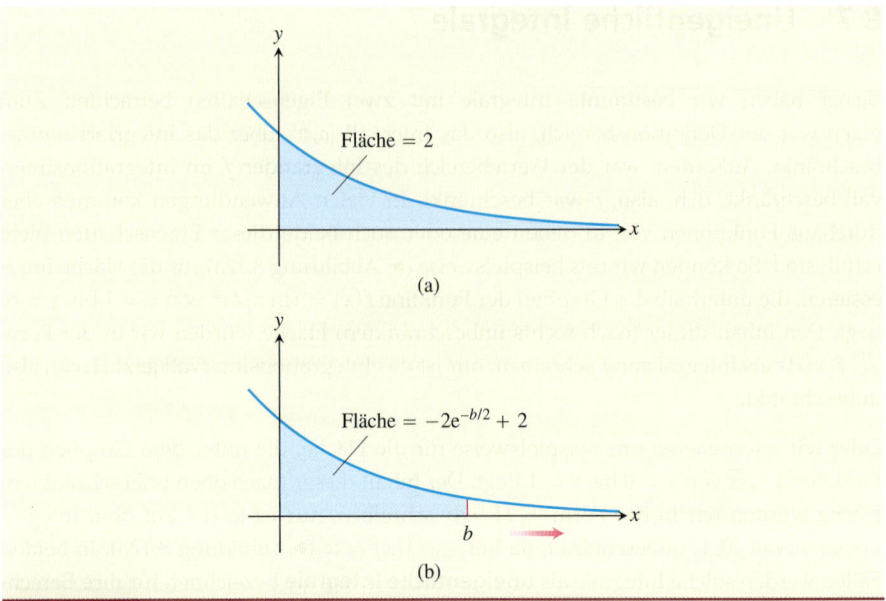

Abbildung 8.13 (a) Die Fläche im ersten Quadranten unter der Kurve $y = e^{-x/2}$. (b) Diese Fläche entspricht einem uneigentlichen Integral erster Art.

Wir schreiben diesen Limes auch als Integral mit der Integrationsgrenze ∞:

$$\int_0^\infty e^{-x/2}\,dx$$

und nennen dies das **uneigentliche Integral 1. Art**

Definition Integrale mit Integrationsgrenzen ∞ oder $-\infty$ sind **uneigentliche Integrale 1. Art**.

1. f sei stetig auf $[a, \infty)$. Dann ist

$$\int_a^\infty f(x)\,dx = \lim_{b \to \infty} \int_a^b f(x)\,dx.$$

2. f sei stetig auf $(-\infty, b]$. Dann ist

$$\int_{-\infty}^b f(x)\,dx = \lim_{a \to -\infty} \int_a^b f(x)\,dx.$$

3. f sei stetig auf $(-\infty, \infty)$. Dann ist

$$\int_{-\infty}^\infty f(x)\,dx = \int_{-\infty}^c f(x)\,dx + \int_c^\infty f(x)\,dx,$$

dabei ist c eine beliebige reelle Zahl.

Für alle Fälle gilt: Wenn der Grenzwert endlich ist, so **konvergiert** das uneigentliche Integral, und der Grenzwert ist der **Wert** dieses uneigentlichen Integrals. Wenn der Grenzwert nicht existiert, **divergiert** das uneigentliche Integral.

Man kann zeigen, dass die Wahl von c im dritten Teil der Definition unwichtig ist. Wir können c also so wählen, dass die Rechnungen möglichst einfach werden, wenn wir die Konvergenz oder Divergenz eines Integrals $\int_{-\infty}^{\infty} f(x)\,dx$ bestimmen wollen.

Wenn $f \geq 0$ ist, kann jedes der Integrale aus der obigen Definition als Flächeninhalt interpretiert werden. Wir interpretieren also zum Beispiel das uneigentliche Integral in Abbildung 8.13a als Inhalt der nach rechts unbeschränkten, blau schattierten Fläche. Diese Fläche hat dann den Wert, also den Flächeninhalt 2. Ist $f \geq 0$, und das uneigentliche Integral divergiert, so ist der Flächeninhalt ∞.

Beispiel 8.40 Ist der Inhalt der Fläche unter der Kurve $y = (\ln x)/x^2$ von $x = 1$ bis $x = \infty$ endlich? Wenn ja, wie groß ist ihr Wert?

Uneigentliche Integrale zur Flächenberechnung

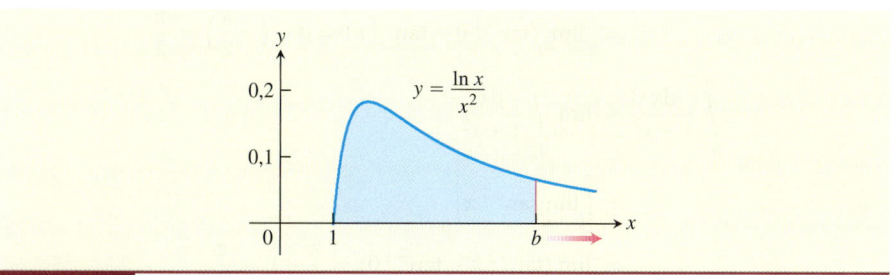

Abbildung 8.14 Die Fläche unter dieser Kurve entspricht einem uneigentlichen Integral (Beispiel 8.40).

Lösung Wir bestimmen zunächst den Inhalt der Fläche unter der Kurve von $x = 1$ bis $x = b$ und untersuchen dann den Grenzwert $b \to \infty$. Wenn der Grenzwert endlich ist, entspricht er dem Flächeninhalt unter der Kurve (▶Abbildung 8.14). Für den Flächeninhalt von 1 bis b gilt:

$$\int_1^b \frac{\ln x}{x^2}\,dx = \left[(\ln x)\left(-\frac{1}{x}\right)\right]_1^b - \int_1^b \left(-\frac{1}{x}\right)\left(\frac{1}{x}\right) dx$$

Partielle Integration mit $u = \ln x$, $dv = dx/x^2$, $du = dx/x$, $v = -1/x$

$$= -\frac{\ln b}{b} - \left[\frac{1}{x}\right]_1^b$$

$$= -\frac{\ln b}{b} - \frac{1}{b} + 1.$$

Der Grenzwert für $b \to \infty$ ist dann:

$$\int_1^{\infty} \frac{\ln x}{x^2}\,dx = \lim_{b \to \infty} \int_1^b \frac{\ln x}{x^2}\,dx$$

$$= \lim_{b \to \infty}\left[-\frac{\ln b}{b} - \frac{1}{b} + 1\right]$$

$$= -\left[\lim_{b \to \infty} \frac{\ln b}{b}\right] - 0 + 1$$

$$= -\left[\lim_{b \to \infty} \frac{1/b}{1}\right] + 1 = 0 + 1 = 1. \qquad \text{Regel von l'Hospital}$$

Das uneigentliche Integral konvergiert also, und die Fläche hat den endlichen Wert 1. ■

Beispiel 8.41 Berechnen Sie das Integral

$$\int_{-\infty}^{\infty} \frac{dx}{1 + x^2}.$$

Lösung Gemäß der Definition (3. Teil) können wir c frei wählen. Wir setzen $c = 0$ und schreiben damit

$$\int_{-\infty}^{\infty} \frac{dx}{1+x^2} = \int_{-\infty}^{0} \frac{dx}{1+x^2} + \int_{0}^{\infty} \frac{dx}{1+x^2}.$$

Wir berechnen nun die beiden uneigentlichen Integrale auf der rechten Seite dieser Gleichung:

$$\int_{-\infty}^{0} \frac{dx}{1+x^2} = \lim_{a \to -\infty} \int_{a}^{0} \frac{dx}{1+x^2}$$

$$= \left[\lim_{a \to -\infty} \tan^{-1} x \right]_{a}^{0}$$

$$= \lim_{a \to -\infty} (\tan^{-1} 0 - \tan^{-1} a) = 0 - \left(-\frac{\pi}{2}\right) = \frac{\pi}{2}$$

$$\int_{0}^{\infty} \frac{dx}{1+x^2} = \lim_{b \to \infty} \int_{0}^{b} \frac{dx}{1+x^2}$$

$$= \left[\lim_{b \to \infty} \tan^{-1} x \right]_{0}^{b}$$

$$= \lim_{b \to \infty} (\tan^{-1} b - \tan^{-1} 0) = \frac{\pi}{2} - 0 = \frac{\pi}{2}$$

Damit erhalten wir

$$\int_{-\infty}^{\infty} \frac{dx}{1+x^2} = \frac{\pi}{2} + \frac{\pi}{2} = \pi.$$

Es gilt $1/(1+x^2) > 0$, das uneigentliche Integral kann also als (endlicher) Inhalt der Fläche unter der Kurve und über der x-Achse interpretiert werden (▶Abbildung 8.15).

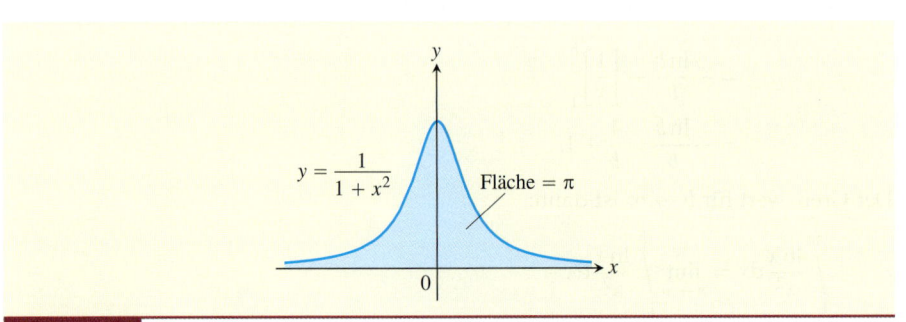

Abbildung 8.15 Der Inhalt der Fläche unter dieser Kurve ist endlich (Beispiel 8.41).

Das Integral $\int_{1}^{\infty} \frac{dx}{x^p}$

Integriert man Funktionen der Art $y = 1/x^p$ von $x = 1$ bis $x = \infty$, so hängt Konvergenz oder Divergenz von dem Exponenten p ab. Wie wir im nächsten Beispiel zeigen werden, konvergieren diese uneigentlichen Integrale für $p > 1$ und divergieren für $p \leq 1$. Die Funktion $y = 1/x$ stellt die Grenze zwischen konvergierenden und divergierenden uneigentlichen Integralen dar.

Beispiel 8.42 Für welche Werte von p konvergiert das Integral $\int_1^\infty dx/x^p$? Wenn das Integral konvergiert, was ist dann sein Wert?

Wann konvergiert $\int_1^\infty dx/x^p$?

Lösung Für $p \neq 1$ gilt

$$\int_1^b \frac{dx}{x^p} = \left[\frac{x^{-p+1}}{-p+1}\right]_1^b = \frac{1}{1-p}(b^{-p+1} - 1) = \frac{1}{1-p}\left(\frac{1}{b^{p-1}} - 1\right).$$

Daraus folgt

$$\int_1^\infty \frac{dx}{x^p} = \lim_{b\to\infty} \int_1^b \frac{dx}{x^p}$$

$$= \lim_{b\to\infty} \left[\frac{1}{1-p}\left(\frac{1}{b^{p-1}} - 1\right)\right] = \begin{cases} \frac{1}{p-1}, & p > 1 \\ \infty, & p < 1 \end{cases}$$

denn es gilt

$$\lim_{b\to\infty} \frac{1}{b^{p-1}} = \begin{cases} 0, & p > 1 \\ \infty, & p < 1. \end{cases}$$

Das Integral konvergiert also für $p > 1$ gegen den Wert $1/(p-1)$ und divergiert für $p < 1$.

Das Integral divergiert auch für $p = 1$:

$$\int_1^\infty \frac{dx}{x^p} = \int_1^\infty \frac{dx}{x}$$

$$= \lim_{b\to\infty} \int_1^b \frac{dx}{x}$$

$$= \lim_{b\to\infty} [\ln x]_1^b$$

$$= \lim_{b\to\infty} (\ln b - \ln 1) = \infty.$$

Integration von unbeschränkten Integranden mit vertikalen Asymptoten

Es gibt noch eine weitere Art uneigentlicher Integrale. Sie treten auf, wenn der Integrand eine vertikale Asymptote hat, also eine Stelle, an der die Funktion gegen unendlich geht. Diese vertikale Asymptote kann sowohl an einer der Integrationsgrenzen als auch innerhalb des Integrationsintervalls auftreten. Wenn der Integrand f im Integrationsintervall positiv ist, können wir das uneigentliche Integral wieder als Fläche unter dem Graphen von x, über der x-Achse und zwischen den Integrationsgrenzen interpretieren.

Wir betrachten nun die Fläche im ersten Quadranten, die unter der Kurve $y = 1/\sqrt{x}$ zwischen $x = 0$ und $x = 1$ liegt (Abbildung 8.12b). Zuerst bestimmen wir den Flächeninhalt der Teilfläche zwischen a und 1 (▶Abbildung 8.16).

$$\int_a^1 \frac{dx}{\sqrt{x}} = [2\sqrt{x}]_a^1 = 2 - 2\sqrt{a}$$

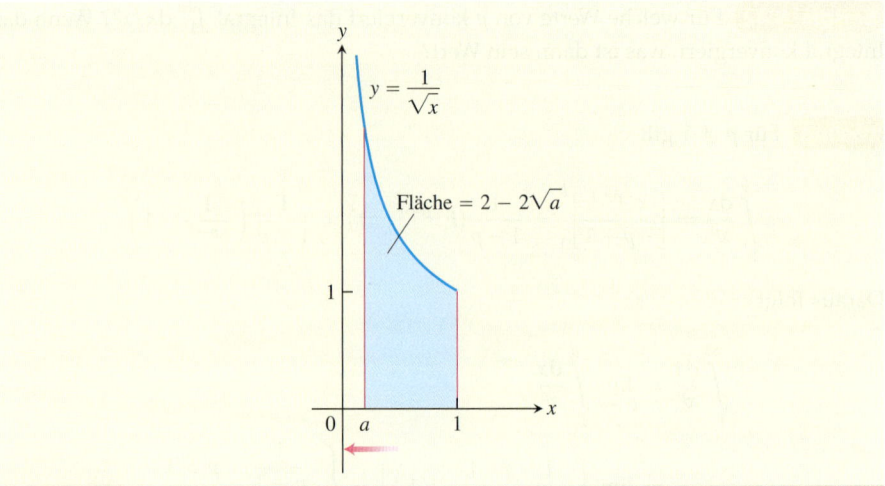

Abbildung 8.16 Der Inhalt der Fläche unter dieser Kurve für $a \to 0^+$ liefert ein Beispiel für ein uneigentliches Integral zweiter Art.

Dann betrachten wir den Flächeninhalt beim Grenzübergang $a \to 0^+$:

$$\lim_{a \to 0^+} \int_a^1 \frac{\mathrm{d}x}{\sqrt{x}} = \lim_{a \to 0^+} (2 - 2\sqrt{a}) = 2.$$

Der Inhalt der Fläche unter der Kurve von 0 bis 1 ist also endlich und wird definiert als

$$\int_0^1 \frac{\mathrm{d}x}{\sqrt{x}} = \lim_{a \to 0^+} \int_a^1 \frac{\mathrm{d}x}{\sqrt{x}} = 2.$$

Definition

Integrale über Funktionen, die innerhalb der Integrationsgrenzen an einer Stelle eine vertikale Asymptote haben, also gegen ∞ oder $-\infty$ gehen, nennt man **uneigentliche Integrale 2. Art**.

1. f sei stetig auf $(a, b]$. Dann ist

$$\int_a^b f(x)\mathrm{d}x = \lim_{c \to a^+} \int_c^b f(x)\mathrm{d}x.$$

2. f sei stetig auf $[a, b)$. Dann ist

$$\int_a^b f(x)\mathrm{d}x = \lim_{c \to b^-} \int_a^c f(x)\mathrm{d}x.$$

3. f sei stetig auf $[a, c) \cup (c, b]$. Dann ist

$$\int_a^b f(x)\mathrm{d}x = \int_a^c f(x)\mathrm{d}x + \int_c^b f(x)\mathrm{d}x.$$

Für alle Fälle gilt: Wenn der Grenzwert endlich ist, so **konvergiert** das uneigentliche Integral, und der Grenzwert ist der **Wert** dieses uneigentlichen Integrals. Wenn der Grenzwert nicht existiert, **divergiert** das uneigentliche Integral.

Für den 3. Teil der Definition gilt: Das Integral auf der linken Seite der Gleichung konvergiert, wenn *beide* Integrale auf der rechten Seite der Gleichung konvergieren, sonst divergiert es.

Es ist zu beachten, dass beim uneigentlichen Integral 2. Art $\int_a^b f(x)\,dx$ nicht vorausgesetzt wird, dass f an den Randstellen (bzw. im Teil 3 an der Stelle c) definiert ist.

Beispiel 8.43 Untersuchen Sie, ob das folgende Integral konvergent ist.

$$\int_0^1 \frac{1}{1-x}\,dx$$

Konvergenzuntersuchung bei uneigentlichen Integralen 2. Art

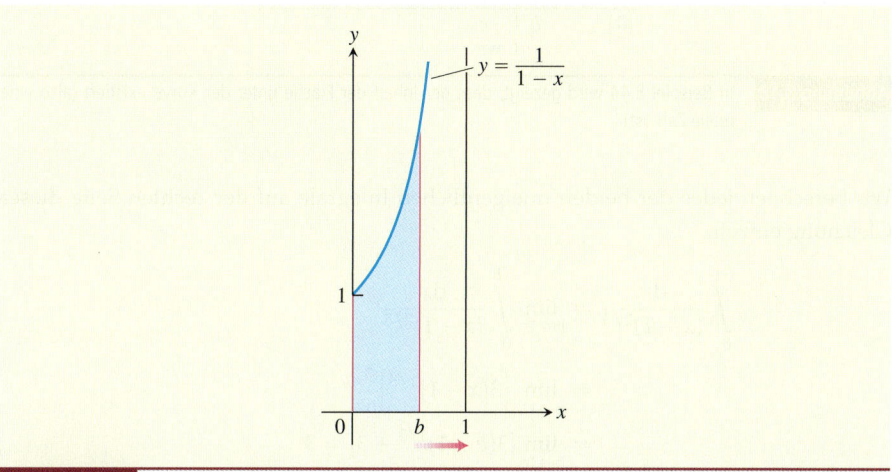

Abbildung 8.17 Der Flächeninhalt unter der Kurve und über der x-Achse im Intervall [0, 1) ist ∞ (Beispiel 8.43).

Lösung Der Integrand $f(x) = 1/(1-x)$ ist stetig auf dem Intervall $[0,1)$, allerdings an der Stelle $x = 1$ nicht definiert und wird unendlich für $x \to 1^-$ (▶Abbildung 8.17). Wir untersuchen das Integral:

$$\lim_{b \to 1^-} \int_0^b \frac{1}{1-x}\,dx = \lim_{b \to 1^-} \Big[-\ln|1-x|\Big]_0^b = \lim_{b \to 1^-} [-\ln(1-b) + 0] = \infty.$$

Der Grenzwert ist unendlich, also divergiert das Integral. ∎

Beispiel 8.44 Berechnen Sie das Integral

$$\int_0^3 \frac{dx}{(x-1)^{2/3}}.$$

Uneigentliches Integral 2. Art

Lösung Der Integrand hat eine vertikale Asymptote an der Stelle $x = 1$ und ist stetig auf den Intervallen $[0, 1)$ und $(1, 3]$ (▶Abbildung 8.18). Mit dem 3. Teil der Definition zu uneigentlichen Integralen 2. Art ergibt sich also:

$$\int_0^3 \frac{dx}{(x-1)^{2/3}} = \int_0^1 \frac{dx}{(x-1)^{2/3}} + \int_1^3 \frac{dx}{(x-1)^{2/3}}.$$

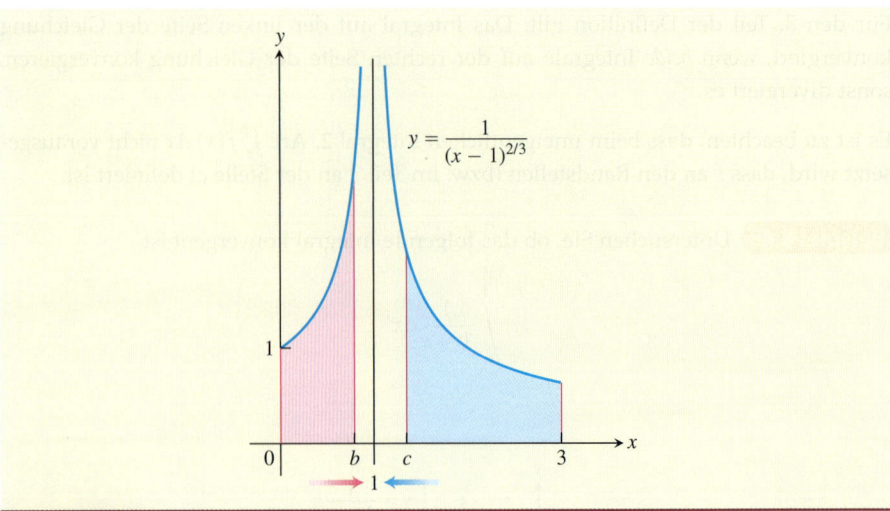

Abbildung 8.18 In Beispiel 8.44 wird gezeigt, dass der Inhalt der Fläche unter der Kurve existiert (also eine reelle Zahl ist).

Wir berechnen jedes der beiden uneigentlichen Integrale auf der rechten Seite dieser Gleichung einzeln.

$$\int_0^1 \frac{dx}{(x-1)^{2/3}} = \lim_{b \to 1^-} \int_0^b \frac{dx}{(x-1)^{2/3}}$$

$$= \lim_{b \to 1^-} \left[3(x-1)^{1/3}\right]_0^b$$

$$= \lim_{b \to 1^-} [3(b-1)^{1/3} + 3] = 3$$

$$\int_1^3 \frac{dx}{(x-1)^{2/3}} = \lim_{c \to 1^+} \int_c^3 \frac{dx}{(x-1)^{2/3}}$$

$$= \lim_{c \to 1^+} \left[3(x-1)^{1/3}\right]_c^3$$

$$= \lim_{c \to 1^+} \left[3(3-1)^{1/3} - 3(c-1)^{1/3}\right] = 3\sqrt[3]{2}$$

Daraus schließen wir

$$\int_0^3 \frac{dx}{(x-1)^{2/3}} = 3 + 3\sqrt[3]{2}.$$

Berechnung uneigentlicher Integrale mit einem CAS

Viele konvergente uneigentliche Integrale können auch mit einem CAS berechnet werden. Wir behandeln als Beispiel das Integral

$$\int_2^\infty \frac{x+3}{(x-1)(x^2+1)} dx,$$

das konvergiert. In Maple gibt man zu Berechnung zunächst die Gleichung der Funktion ein:

$$> f := (x+3)/(x-1)*(x^\wedge 2 + 1));$$

dann verwendet man den Integrationsbefehl

$$> \text{int}(f, x = 2..\text{infty});$$

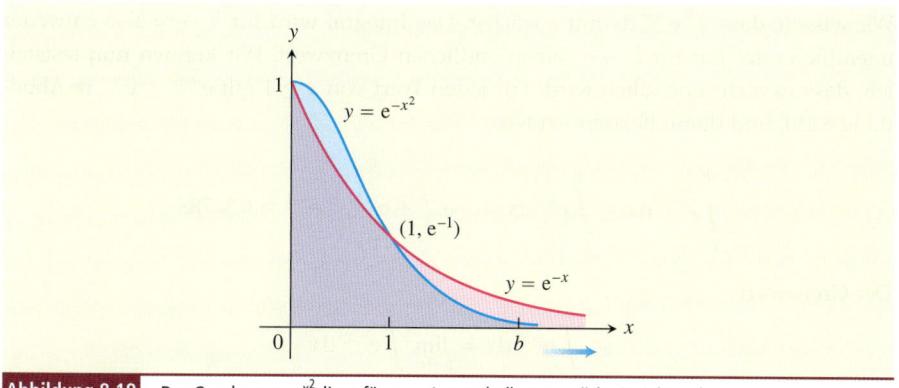

Abbildung 8.19 Der Graph von e^{-x^2} liegt für $x > 1$ unterhalb von e^{-x} (Beispiel 8.45).

Die Antwort von Maple ist dann

$$-\frac{1}{2}\pi + \ln(5) + \arctan(2).$$

Das numerische Ergebnis erhält man nun mit dem Evaluierungsbefehl **evalf**, in dem man außerdem die gewünschte Anzahl der signifikanten Stellen angeben kann:

$$> \text{evalf}(\%, 6);$$

Das Symbol % bedeutet, dass der Rechner den letzten Ausdruck numerisch auswerten und anzeigen soll, hier also $(-1/2)\pi + \ln(5) + \arctan(2)$. Das Ergebnis von Maple ist 1,14579.

Berechnet man das Integral mit Mathematica, so gibt man ein:

$$In[1] := \text{Integrate}[(x+3)/((x-1)(x^{\wedge}2+1)), \{x, 2, \text{Infinity}\}]$$

und erhält

$$Out[1] := \frac{-\pi}{2} + \text{ArcTan}[2] + \text{Log}[5].$$

Um das numerische Ergebnis mit sechs signifikanten Stellen zu erhalten, verwenden wir den Befehl "N[%,6];" das Ergebnis ist ebenfalls 1,14579.

Überprüfung der Konvergenz und Divergenz

Wenn wir ein uneigentliches Integral nicht direkt berechnen können, sollten wir zunächst untersuchen, ob es konvergiert oder divergiert. Wenn das Integral divergiert, müssen wir uns mit seinem Wert nicht weiter beschäftigen. Wenn es konvergiert, können wir mit numerischen Methoden versuchen, den Wert näherungsweise zu bestimmen. Es gibt zwei Kriterien für die Konvergenz oder Divergenz eines uneigentlichen Integrals, die auf dem Vergleich eines Integrals mit einem anderen beruhen. Wir stellen sie im Folgenden vor.

Beispiel 8.45 Konvergiert das Integral $\int_1^\infty e^{-x^2} dx$?

Konvergenzuntersuchung eines uneigentlichen Integrals durch Vergleich

Lösung Mit der Definition für uneigentliche Integrale gilt:

$$\int_1^\infty e^{-x^2} dx = \lim_{b \to \infty} \int_1^b e^{-x^2} dx.$$

Der Integrand hat keine elementare Stammfunktion, wir können das Integral also nicht direkt berechnen. Wir können aber zeigen, dass sein Grenzwert für $x \to \infty$ endlich ist.

Wir wissen, dass $\int_1^b e^{-x^2} dx$ mit b wächst. Das Integral wird für $b \to \infty$ also entweder unendlich oder hat für $b \to \infty$ einen endlichen Grenzwert. Wir können nun feststellen, dass es nicht unendlich wird: Für jeden Wert von $x \geq 1$ gilt $e^{-x^2} \leq e^{-x}$ (▶ Abbildung 8.19), und damit bekommen wir:

$$\int_1^b e^{-x^2} dx \leq \int_1^b e^{-x} dx = -e^{-b} + e^{-1} < e^{-1} \approx 0{,}36788.$$

Der Grenzwert

$$\int_1^\infty e^{-x^2} dx = \lim_{b \to \infty} \int_1^b e^{-x^2} dx$$

konvergiert also gegen einen bestimmten, endlichen Wert. Wir kennen diesen Wert nicht genau; wir wissen nur, dass es eine positive Zahl kleiner gleich 0,37 ist. Diese Schlussfolgerung beruht auf der Vollständigkeit der reellen Zahlen, die in Anhang 6 näher besprochen wird. ∎

Dieser Vergleich der beiden Funktionen e^{-x^2} und e^{-x} in Beispiel 8.45 kann verallgemeinert werden.

> **Satz 8.2 1. Konvergenzkriterium (Vergleichskriterium, Majoranten- und Minorantenkriterium)** Es seien f und g stetig auf dem Intervall $[a, \infty)$, und es sei $0 \leq f(x) \leq g(x)$ für alle $x \geq a$. Dann gilt
>
> 1. $\int_a^\infty f(x) dx$ konvergiert, wenn $\int_a^\infty g(x) dx$ konvergiert.
> 2. $\int_a^\infty g(x) dx$ divergiert, wenn $\int_a^\infty f(x) dx$ divergiert.
>
> Die Bezeichnungen *Majoranten-* bzw. *Minorantenkriterium* kommen daher, dass man das gesuchte Integral mit einem anderen vergleicht, das mit Sicherheit größer bzw. kleiner ist.

Beweis ◻ Die Argumentation zum Beweis von Satz 8.2 ähnelt den Überlegungen in Beispiel 8.45. Es sei $0 \leq f(x) \leq g(x)$ für $x \geq a$. Dann kann man Regel 7 aus Satz 2 in Abschnitt 5.3 anwenden und erhält

$$\int_a^b f(x) dx \leq \int_a^b g(x) dx, \quad b > a.$$

Wie in Beispiel 8.45 kann man dann argumentieren, dass gilt

$$\int_a^\infty f(x) dx \quad \text{konvergiert, wenn} \quad \int_a^\infty g(x) dx \quad \text{konvergiert.}$$

Umgekehrt gilt auch

$$\int_a^\infty g(x) dx \quad \text{divergiert, wenn} \quad \int_a^\infty f(x) dx \quad \text{divergiert.} \blacksquare$$

Beispiel 8.46 In diesem Beispiel zeigen wir, wie mithilfe von Satz 8.2 die Konvergenz von uneigentlichen Integralen untersucht werden kann.

Anwendung des Majorantenkriteriums

a

$$\int_1^\infty \frac{\sin^2 x}{x^2}\,\mathrm{d}x$$

konvergiert, denn es gilt

$$0 \leq \frac{\sin^2 x}{x^2} \leq \frac{1}{x^2} \quad \text{im Intervall} \quad [1,\infty),$$

und

$$\int_1^\infty \frac{1}{x^2}\,\mathrm{d}x \quad \text{konvergiert.} \qquad \text{Beispiel 8.42}$$

b

$$\int_1^\infty \frac{1}{\sqrt{x^2 - 0{,}1}}\,\mathrm{d}x$$

divergiert, denn es gilt

$$\frac{1}{\sqrt{x^2 - 0{,}1}} \geq \frac{1}{x} \quad \text{im Intervall} \quad [1,\infty),$$

und

$$\int_1^\infty \frac{1}{x}\,\mathrm{d}x \quad \text{divergiert.} \qquad \text{Beispiel 8.42}$$

Satz 8.3 2. Konvergenzkriterium (Vergleichskriterium in Limesform) Die beiden Funktionen f und g seien positiv und stetig auf dem Intervall $[a,\infty)$. Wenn gilt

$$\lim_{x \to \infty} \frac{f(x)}{g(x)} = L, \quad 0 < L < \infty,$$

so sind

$$\int_a^\infty f(x)\,\mathrm{d}x \quad \text{und} \quad \int_a^\infty g(x)\,\mathrm{d}x$$

beide konvergent oder beide divergent.

Den ziemlich schwierigen Beweis von Satz 8.3 lassen wir hier weg.

Wenn die uneigentlichen Integrale zweier Funktionen von a bis ∞ nach Satz 8.3 beide konvergieren, bedeutet das natürlich nicht, dass ihre Integrale den gleichen Wert haben müssen. Dies illustrieren wir im nächsten Beispiel.

Beispiel 8.47 Zeigen Sie, dass

$$\int_1^\infty \frac{\mathrm{d}x}{1 + x^2}$$

Konvergenzuntersuchungen mit dem 2. Konvergenzkriterium

konvergiert, indem Sie das Integral mit $\int_1^\infty (1/x^2)\,\mathrm{d}x$ vergleichen. Bestimmen Sie dann die Werte der beiden Integrale und vergleichen Sie.

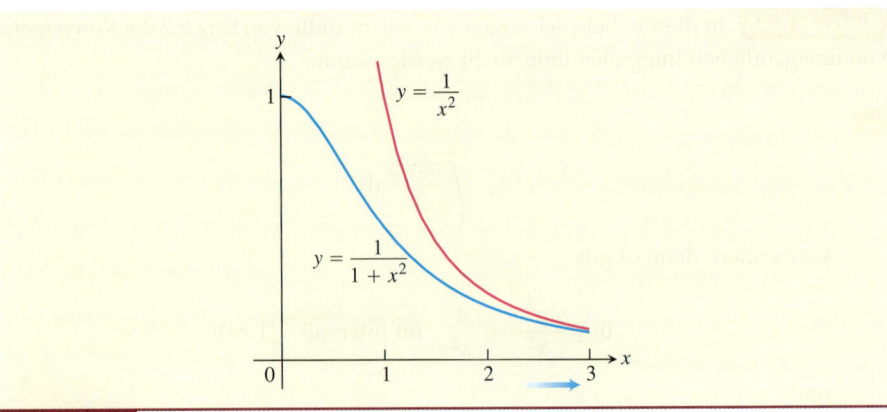

Abbildung 8.20 Die Funktionen aus Beispiel 8.47.

Lösung Die Funktionen $f(x) = 1/x^2$ und $g(x) = 1/(1 + x^2)$ sind auf dem Intervall $[1, \infty)$ positiv und stetig (▶Abbildung 8.20). Außerdem gilt

$$\lim_{x \to \infty} \frac{f(x)}{g(x)} = \lim_{x \to \infty} \frac{1/x^2}{1/(1 + x^2)} = \lim_{x \to \infty} \frac{1 + x^2}{x^2}$$
$$= \lim_{x \to \infty} \left(\frac{1}{x^2} + 1\right) = 0 + 1 = 1.$$

Dieser Grenzwert ist also positiv und endlich. Da $\int_1^\infty \frac{dx}{x^2}$ konvergiert, konvergiert folglich auch $\int_1^\infty \frac{dx}{1 + x^2}$.

Die Werte der beiden Integrale sind jedoch verschieden:

$$\int_1^\infty \frac{dx}{x^2} = \frac{1}{2 - 1} = 1 \qquad \text{Beispiel 8.42}$$

und

$$\int_1^\infty \frac{dx}{1 + x^2} = \lim_{b \to \infty} \int_1^b \frac{dx}{1 + x^2}$$
$$= \lim_{b \to \infty} [\tan^{-1} b - \tan^{-1} 1] = \frac{\pi}{2} - \frac{\pi}{4} = \frac{\pi}{4}.$$

■

Anwendung des 2. Konvergenzkriteriums

Beispiel 8.48 Untersuchen Sie die Konvergenz des Integrals

$$\int_1^\infty \frac{1 - e^{-x}}{x} dx.$$

Lösung Sieht man sich den Integranden an, so liegt ein Vergleich von $f(x) = (1 - e^{-x})/x$ mit $g(x) = 1/x$ nahe. Damit können wir allerdings nicht das Majorantenkriterium anwenden, denn es gilt $f(x) \leq g(x)$, und das Integral von $g(x)$ divergiert. Wir kommen aber mit dem 2. Konvergenzkriterium weiter, denn es gilt

$$\lim_{x \to \infty} \frac{f(x)}{g(x)} = \lim_{x \to \infty} \left(\frac{1 - e^{-x}}{x}\right)\left(\frac{x}{1}\right) = \lim_{x \to \infty} (1 - e^{-x}) = 1;$$

8.7 Uneigentliche Integrale

Tabelle 8.5: Zu Beispiel 8.48

b	$\int_1^b \dfrac{1-e^{-x}}{x}\,dx$
2	0,522 663 756 9
5	1,391 200 273 6
10	2,083 205 315 6
100	4,385 786 251 6
1000	6,688 371 344 6
10 000	8,990 956 437 6
100 000	11,293 541 530 6

dieser Grenzwert ist also positiv und endlich. Damit divergiert $\int_1^\infty \dfrac{1-e^{-x}}{x}\,dx$, denn $\int_1^\infty \dfrac{dx}{x}$ divergiert ebenfalls. Tabelle 8.5 gibt einige Werte des uneigentlichen Integrals für verschiedene b an. Offensichtlich nähern sich die Werte des Integrals für $b \to \infty$ keinem festen Wert. ∎

Merke

Beispiele für uneigentliche Integrale in diesem Kapitel

Integrationsgrenzen ∞ oder $-\infty$: Uneigentliche Integrale 1. Art

1. Obere Integrationsgrenze unendlich

$$\int_1^\infty \frac{\ln x}{x^2}\,dx = \lim_{b \to \infty} \int_1^b \frac{\ln x}{x^2}\,dx$$

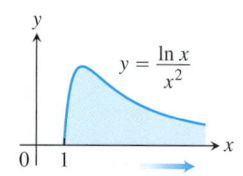

2. Untere Integrationsgrenze minus unendlich

$$\int_{-\infty}^0 \frac{dx}{1+x^2} = \lim_{a \to \infty} \int_a^0 \frac{dx}{1+x^2}$$

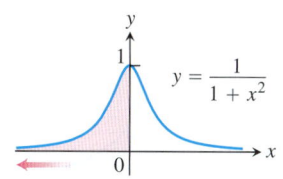

3. Beide Integrationsgrenzen unendlich bzw. minus unendlich

$$\int_{-\infty}^\infty \frac{dx}{1+x^2} = \lim_{b \to -\infty} \int_b^0 \frac{dx}{1+x^2} + \lim_{c \to \infty} \int_0^c \frac{dx}{1+x^2}$$

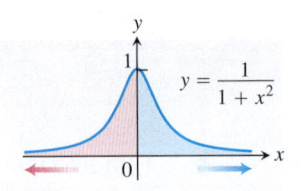

Der Integrand wird unendlich: Uneigentliche Integrale 2. Art

4. Integrand wird an der oberen Integrationsgrenze unendlich

$$\int_0^1 \frac{dx}{(x-1)^{2/3}} = \lim_{b \to 1^-} \int_0^b \frac{dx}{(x-1)^{2/3}}$$

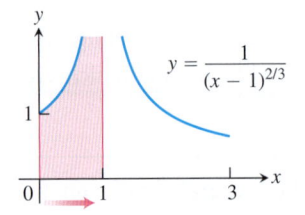

5. Integrand wird an der unteren Integrationsgrenze unendlich

$$\int_1^3 \frac{dx}{(x-1)^{2/3}} = \lim_{d \to 1^+} \int_d^3 \frac{dx}{(x-1)^{2/3}}$$

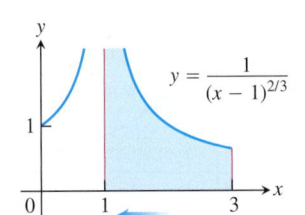

6. Integrand wird an einer Stelle zwischen den Integrationsgrenzen unendlich

$$\int_0^3 \frac{dx}{(x-1)^{2/3}} = \int_0^1 \frac{dx}{(x-1)^{2/3}} + \int_1^3 \frac{dx}{(x-1)^{2/3}}$$

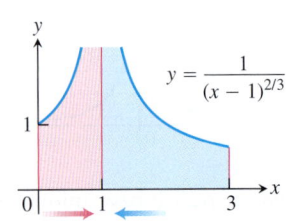

Aufgaben zum Abschnitt 8.7

Berechnung uneigentlicher Integrale Berechnen Sie in den Aufgaben 1–33 die Integrale, ohne Tabellen zu verwenden.

1. $\displaystyle\int_0^\infty \frac{dx}{x^2+1}$

2. $\displaystyle\int_1^\infty \frac{dx}{x^{1,001}}$

3. $\displaystyle\int_0^1 \frac{dx}{\sqrt{x}}$

4. $\displaystyle\int_0^4 \frac{dx}{\sqrt{4-x}}$

5. $\displaystyle\int_{-1}^1 \frac{dx}{x^{2/3}}$

6. $\displaystyle\int_{-8}^1 \frac{dx}{x^{1/3}}$

7. $\displaystyle\int_0^1 \frac{dx}{\sqrt{1-x^2}}$

8. $\displaystyle\int_0^1 \frac{dr}{r^{0,999}}$

9. $\displaystyle\int_{-\infty}^{-2} \frac{2\,dx}{x^2-1}$

10. $\displaystyle\int_{-\infty}^2 \frac{2\,dx}{x^2+4}$

11. $\displaystyle\int_2^\infty \frac{2}{v^2-v}\,dv$

12. $\displaystyle\int_2^\infty \frac{2\,dt}{t^2-1}$

13. $\displaystyle\int_{-\infty}^\infty \frac{2x\,dx}{(x^2+1)^2}$

14. $\displaystyle\int_{-\infty}^\infty \frac{x\,dx}{(x^2+4)^{3/2}}$

15. $\displaystyle\int_0^1 \frac{\theta+1}{\sqrt{\theta^2+2\theta}}\,d\theta$

16. $\displaystyle\int_0^2 \frac{s+1}{\sqrt{4-s^2}}\,ds$

17. $\displaystyle\int_0^\infty \frac{dx}{(1+x)\sqrt{x}}$

18. $\displaystyle\int_1^\infty \frac{1}{x\sqrt{x^2-1}}\,dx$

19. $\displaystyle\int_0^\infty \frac{dv}{(1+v^2)(1+\tan^{-1}v)}$

20. $\displaystyle\int_0^\infty \frac{16\tan^{-1}x}{1+x^2}\,dx$

21. $\displaystyle\int_{-\infty}^0 \theta e^\theta\,d\theta$

22. $\displaystyle\int_0^\infty 2e^{-\theta}\sin\theta\,d\theta$

23. $\displaystyle\int_{-\infty}^0 e^{-|x|}\,dx$

24. $\displaystyle\int_{-\infty}^\infty 2xe^{-x^2}\,dx$

25. $\displaystyle\int_0^1 x\ln x\,dx$

26. $\displaystyle\int_0^1 (-\ln x)\,dx$

27. $\displaystyle\int_0^2 \frac{ds}{\sqrt{4-s^2}}$

28. $\displaystyle\int_0^1 \frac{4r\,dr}{\sqrt{1-r^4}}$

29. $\displaystyle\int_1^2 \frac{ds}{s\sqrt{s^2-1}}$

30. $\displaystyle\int_2^4 \frac{dt}{t\sqrt{t^2-4}}$

31. $\displaystyle\int_{-1}^4 \frac{dx}{\sqrt{|x|}}$

32. $\displaystyle\int_0^2 \frac{dx}{\sqrt{|x-1|}}$

33. $\displaystyle\int_{-1}^\infty \frac{d\theta}{\theta^2+5\theta+6}$

34. $\displaystyle\int_0^\infty \frac{dx}{(x+1)(x^2+1)}$

Überprüfung auf Konvergenz Überprüfen Sie in den Aufgaben 35–63 das Integral auf Konvergenz, verwenden Sie dazu direkte Integration oder eines der beiden Konvergenzkriterien. Wenn mehrere dieser Methoden möglich sind, wählen Sie eine aus.

35. $\displaystyle\int_0^{\pi/2} \tan\theta\,d\theta$

36. $\displaystyle\int_0^{\pi/2} \cot\theta\,d\theta$

37. $\displaystyle\int_0^\pi \frac{\sin\theta\,d\theta}{\sqrt{\pi-\theta}}$

38. $\displaystyle\int_{-\pi/2}^{\pi/2} \frac{\cos\theta\,d\theta}{(\pi-2\theta)^{1/3}}$

39. $\displaystyle\int_0^{\ln 2} x^{-2}e^{-1/x}\,dx$

40. $\displaystyle\int_0^1 \frac{e^{-\sqrt{x}}}{\sqrt{x}}\,dx$

41. $\displaystyle\int_0^\pi \frac{dt}{\sqrt{t}+\sin t}$

42. $\displaystyle\int_0^1 \frac{dt}{t-\sin t}$ (Hinweis: $t \geq \sin t$ für $t \geq 0$)

43. $\displaystyle\int_0^2 \frac{dx}{1-x^2}$

44. $\displaystyle\int_0^2 \frac{dx}{1-x}$

45. $\displaystyle\int_{-1}^1 \ln|x|\,dx$

46. $\displaystyle\int_{-1}^1 -x\ln|x|\,dx$

47. $\displaystyle\int_1^\infty \frac{dx}{x^3+1}$

48. $\displaystyle\int_4^\infty \frac{dx}{\sqrt{x}-1}$

49. $\displaystyle\int_2^\infty \frac{dv}{\sqrt{v-1}}$

50. $\displaystyle\int_0^\infty \frac{d\theta}{1+e^\theta}$

51. $\displaystyle\int_0^\infty \frac{dx}{\sqrt{x^6+1}}$

52. $\displaystyle\int_2^\infty \frac{dx}{\sqrt{x^2-1}}$

53. $\displaystyle\int_1^\infty \frac{\sqrt{x+1}}{x^2}\,dx$

54. $\displaystyle\int_2^\infty \frac{x\,dx}{\sqrt{x^4-1}}$

55. $\displaystyle\int_\pi^\infty \frac{2+\cos x}{x}\,dx$

56. $\displaystyle\int_\pi^\infty \frac{1+\sin x}{x^2}\,dx$

57. $\displaystyle\int_4^\infty \frac{2\,dt}{t^{3/2}-1}$

58. $\displaystyle\int_2^\infty \frac{1}{\ln x}\,dx$

59. $\displaystyle\int_1^\infty \frac{e^x}{x}\,dx$

60. $\displaystyle\int_{e^e}^\infty \ln(\ln x)\,dx$

61. $\displaystyle\int_1^\infty \frac{1}{\sqrt{e^x-x}}\,dx$

62. $\displaystyle\int_1^\infty \frac{1}{e^x-2x}\,dx$

63. $\displaystyle\int_{-\infty}^\infty \frac{dx}{\sqrt{x^4+1}}$

64. $\displaystyle\int_{-\infty}^\infty \frac{dx}{e^x+e^{-x}}$

Theorie und Beispiele

65. Bestimmen Sie die Werte von p, für die die folgenden Integrale konvergieren.

a. $\displaystyle\int_1^2 \frac{dx}{x(\ln x)^p}$
b. $\displaystyle\int_2^\infty \frac{dx}{x(\ln x)^p}$

66. $\displaystyle\int_{-\infty}^\infty f(x)\,dx$ muss nicht gleich $\displaystyle\lim_{b\to\infty}\int_{-b}^b f(x)\,dx$ sein. Zeigen Sie, dass

$$\int_0^\infty \frac{2x\,dx}{x^2+1}$$

divergiert und damit auch

$$\int_{-\infty}^\infty \frac{2x\,dx}{x^2+1}$$

divergiert. Zeigen Sie dann, dass dennoch gilt

$$\lim_{b\to\infty}\int_{-b}^b \frac{2x\,dx}{x^2+1}=0.$$

Die Aufgaben 67–70 untersuchen die unbeschränkte Fläche im ersten Quadranten zwischen der Kurve $y=e^{-x}$ und der x-Achse.

67. Bestimmen Sie den Flächeninhalt dieser Fläche.

68. Bestimmen Sie den Schwerpunkt dieser Fläche.

69. Die Fläche wird um die y-Achse gedreht. Bestimmen Sie das Volumen des dabei entstehenden Rotationskörpers.

70. Die Fläche wird um die x-Achse gedreht. Bestimmen Sie das Volumen des dabei entstehenden Rotationskörpers.

71. Eine Fläche liegt von $x=0$ bis $x=\pi/2$ zwischen den Kurven $y=\sec x$ und $y=\tan x$. Berechnen Sie ihren Flächeninhalt.

72. Die Fläche aus Aufgabe 71 wird um die x-Achse gedreht, dabei entsteht ein Rotationskörper.

a. Berechnen Sie das Volumen dieses Rotationskörpers.

b. Zeigen Sie, dass die innere und die äußere Oberfläche dieses Körpers einen unendlichen Flächeninhalt haben.

73. **Abschätzen des Werts eines konvergenten uneigentlichen Integrals mit unbeschränktem Definitionsbereich**

a. Zeigen Sie, dass gilt

$$\int_3^\infty e^{-3x}\,dx = \frac{1}{3}e^{-9} < 0{,}000\,042,$$

und damit auch $\int_3^\infty e^{-x^2}\,dx < 0{,}000\,042$. Demnach kann man $\int_0^\infty e^{-x^2}\,dx$ durch $\int_0^3 e^{-x^2}\,dx$ ersetzen, und der Fehler wird dabei nicht größer als 0,000042. Erklären Sie, warum dies so ist.

b. Bestimmen Sie $\int_0^3 e^{-x^2}\,dx$ numerisch.

74. **Gabriels Horn oder Torricellis Trompete** Wie in Beispiel 8.42 gezeigt, divergiert das Integral $\int_1^\infty (dx/x)$. Demzufolge divergiert auch das Integral

$$\int_1^\infty 2\pi\frac{1}{x}\sqrt{1+\frac{1}{x^4}}\,dx.$$

Dieses Integral gibt den Flächeninhalt der *Oberfläche* eines Rotationskörpers an, der entsteht, wenn man die Kurve $y=1/x$, $1\le x$, um die x-Achse dreht. Beim Vergleich dieser beiden Integrale sehen wir, dass für jeden endlichen Wert $b>1$ gilt

$$\int_1^b 2\pi\frac{1}{x}\sqrt{1+\frac{1}{x^4}}\,dx > 2\pi\int_1^b \frac{1}{x}\,dx.$$

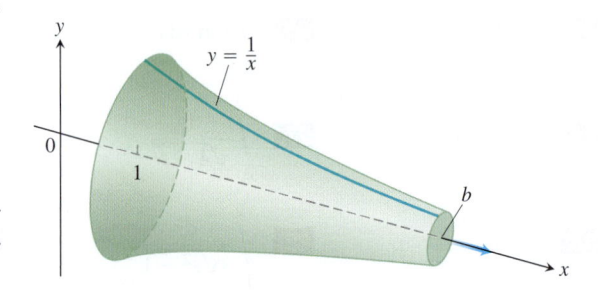

Dagegen konvergiert das Integral

$$\int_1^\infty \pi\left(\frac{1}{x}\right)^2 dx,$$

mit dem man das *Volumen* des Körpers berechnen kann.

a. Berechnen Sie dieses Integral.

b. Dieser Rotationskörper wird wegen seiner Form Gabriels Horn oder Torricellis Trompete genannt. Er wird manchmal als ein Behälter beschrieben, in den nicht genug Farbe passt, um damit sein Inneres zu streichen. Denken Sie einmal darüber nach. Der gesunde Menschenverstand sagt, dass eine endliche Menge an Farbe für eine unendliche Fläche nicht ausreichen kann. Doch wenn wir das Horn mit Farbe füllen (eine endliche Menge), dann *ist* die innere Oberfläche doch offenbar bedeckt. Erläutern Sie diesen scheinbaren Widerspruch.

75. **Der Integralsinus** Das Integral

$$\text{Si}(x) = \int_0^x \frac{\sin t}{t} dt$$

wird *Integralsinus* genannt und spielt eine wichtige Rolle in der Optik.

a. Zeichnen Sie den Graphen des Integranden $(\sin t)/t$ für $t > 0$. Wächst die Funktion des Integralsinus überall, oder fällt sie überall? Was meinen Sie, gilt $\text{Si}(x) = 0$ für $x > 0$? Überprüfen Sie Ihre Antwort, indem Sie die Funktion $\text{Si}(x)$ für $0 \leq x \leq 25$ grafisch darstellen.

b. Untersuchen Sie die Konvergenz von

$$\int_0^\infty \frac{\sin t}{t} dt.$$

Falls das Integral konvergiert, was ist dann sein Wert?

76. **Die Fehlerfunktion** Die Funktion

$$\text{erf}(x) = \int_0^x \frac{2e^{-t^2}}{\sqrt{\pi}} dt$$

nennt man *Fehlerfunktion*; sie hat wichtige Anwendungen in der Wahrscheinlichkeitsrechnung und Statistik.

a. Stellen Sie die Fehlerfunktion für $0 \leq x \leq 25$ grafisch dar.

b. Untersuchen Sie die Konvergenz von

$$\int_0^\infty \frac{2e^{-t^2}}{\sqrt{\pi}} dt.$$

Falls das Integral konvergiert, was ist anscheinend sein Wert? Wie Sie Ihre Schätzung überprüfen können, wird im zweiten Band behandelt, in Aufgabe 41 in Abschnitt 15.4.

77. **Normalverteilung** Die Funktion

$$f(x) = \frac{1}{\sigma\sqrt{2\pi}} e^{-\frac{1}{2}\left(\frac{x-\mu}{\sigma}\right)^2}$$

nennt man die *Dichtefunktion* (kurz: *Dichte*) der *Normalverteilung*. μ gibt dabei den „Mittelwert" (den Erwartungswert) und σ den „Streubereich" (die Standardabweichung) der Normalverteilung an.

Aus der Wahrscheinlichkeitstheorie wissen wir, dass gilt

$$\int_{-\infty}^\infty f(x) dx = 1.$$

Im Folgenden sei $\mu = 0$ und $\sigma = 1$.

a. Zeichnen Sie den Graphen von f. Bestimmen Sie die Bereiche, in denen f wächst, die Bereiche, in denen f fällt, sowie alle lokalen Extremwerte und wo sie auftreten.

b. Bestimmen Sie das Integral

$$\int_{-n}^n f(x) dx$$

für $n = 1, 2$ und 3.

c. Begründen Sie, warum

$$\int_{-\infty}^\infty f(x) dx = 1.$$

(*Hinweis:* Zeigen Sie, dass $0 < f(x) < e^{-x/2}$ für $x > 1$ gilt und für $b > 1$

$$\int_b^\infty e^{-x/2} dx \to 0$$

wenn $b \to \infty$.)

Computeralgebra Bestimmen Sie in den Aufgaben 78–81 mithilfe eines CAS die Integrale für verschiedene Werte von p. Berücksichtigen Sie dabei auch nichtganzzahlige Werte. Für welche Werte von p konvergiert das jeweilige Integral? Welchen Wert hat das Integral, wenn es konvergiert? Stellen Sie den Integranden für verschiedene Werte von p grafisch dar.

78. $\displaystyle\int_0^e x^p \ln x\, dx$

79. $\displaystyle\int_e^\infty x^p \ln x\, dx$

80. $\displaystyle\int_0^\infty x^p \ln x\, dx$

81. $\displaystyle\int_{-\infty}^\infty x^p \ln |x|\, dx$

Kapitel 8 – Wiederholungsfragen

1. Wie lautet die Formel für die partielle Integration? Wie leitet man sie her? Bei welchen Integralen kann sie angewendet werden?

2. Wenn Sie die Formel der partiellen Integration anwenden, wie wählen Sie dann u und dv? Wie kann man auch ein Integral der Form $\int f(x)dx$ partiell integrieren?

3. Wie kann man das Integral von Funktionen der Form $\sin^n x \cos^m x$ bestimmen, wobei n und m nichtnegative ganze Zahlen sind? Geben Sie für jeden Fall ein Beispiel an.

4. Mit welchen Substitutionen berechnet man Integrale der Form $\int \sin mx \sin nx$, $\int \sin mx \cos nx$ und $\int \cos mx \cos bx$? Geben Sie für jeden Fall ein Beispiel an.

5. Wenn in einem Integral die Ausdrücke $\sqrt{a^2 - x^2}$, $\sqrt{a^2 + x^2}$ und $\sqrt{x^2 - a^2}$ vorkommen, mit welchen Substitutionen kann man sie dann in Integrale umformen, die leichter zu berechnen sind? Geben Sie für jeden Fall ein Beispiel an.

6. Betrachten Sie die drei grundlegenden trigonometrischen Substitutionen. Welche Bedingungen müssen Sie an die Variablen stellen, damit die Substitutionen reversibel sind (also rückgängig gemacht werden können)?

7. Was ist das Ziel einer Partialbruchzerlegung?

8. Der Grad des Polynoms $f(x)$ sei geringer als der Grad des Polynoms $g(x)$. Wie schreiben Sie dann $f(x)/g(x)$ als Summe von Partialbrüchen, falls $g(x)$

a. ein Produkt aus verschiedenen Linearfaktoren ist?
b. einen Linearfaktor zweimal enthält?
c. einen irrreduziblen quadratischen Faktor enthält?

Was kann man machen, wenn der Grad von $f(x)$ nicht kleiner ist als der von $g(x)$?

9. Wie benutzt man normalerweise Integraltabellen? Was kann man machen, wenn das Integral, das man berechnen möchte, nicht genau so in einer Tabelle zu finden ist?

10. Was ist eine Reduktionsformel? Wir werden Reduktionsformeln angewendet? Geben Sie ein Beispiel an.

11. Sie sind beteiligt an der Erstellung eines Handbuchs zur numerischen Integration und schreiben das Kapitel zur Trapezregel. Das Handbuch soll einfache Anleitungen zur Anwendung der Verfahren geben.

a. Was würden Sie über die Regel selbst schreiben, was darüber, wie sie angewendet wird und wie man die Genauigkeit der Ergebnisse bestimmt?
b. Was würden Sie schreiben, wenn Sie stattdessen das Kapitel über die Simpson-Regel erarbeiten sollten?

12. Welche Vor- und Nachteile haben jeweils die Trapezregel und die Simpson-Regel?

13. Was ist ein uneigentliches Integral 1. Art? Was ein uneigentliches Integral 2. Art? Wie ist der Wert der verschiedenen uneigentlichen Integrale definiert? Geben Sie Beispiele an.

14. Wenn ein uneigentliches Integral nicht direkt berechnet werden kann, mit welchen Verfahren kann man dennoch untersuchen, ob es konvergent oder divergent ist? Geben Sie Beispiele für die Anwendung dieser Verfahren an.

Kapitel 8 – Praktische Aufgaben

Partielle Integration

Bestimmen Sie in den Aufgaben 1–8 das Integral mithilfe der partiellen Integration.

1. $\int \ln(x+1)\,dx$

2. $\int x^2 \ln x\,dx$

3. $\int \tan^{-1} 3x\,dx$

4. $\int \cos^{-1}\left(\frac{x}{2}\right) dx$

5. $\int (x+1)^2 e^x\,dx$

6. $\int x^2 \sin(1-x)\,dx$

7. $\int e^x \cos 2x\,dx$

8. $\int e^{-2x} \sin 3x\,dx$

Partialbruchzerlegung

Bestimmen Sie in den Aufgaben 9–27 das Integral. In einigen Fällen müssen Sie zunächst eine Substitution vornehmen.

9. $\int \frac{x\,dx}{x^2 - 3x + 2}$

10. $\int \frac{x\,dx}{x^2 + 4x + 3}$

11. $\int \frac{dx}{x(x+1)^2}$

12. $\int \frac{x+1}{x^2(x-1)}\,dx$

13. $\int \frac{\sin\theta\,d\theta}{\cos^2\theta + \cos\theta - 2}$

14. $\int \frac{\cos\theta\,d\theta}{\sin^2\theta + \sin\theta - 6}$

15. $\int \frac{3x^2 + 4x + 4}{x^3 + x}\,dx$

16. $\int \frac{4x\,dx}{x^3 + 4x}$

17. $\int \frac{v+3}{2v^3 - 8v}\,dv$

18. $\int \frac{(3v-7)\,dv}{(v-1)(v-2)(v-3)}$

19. $\int \frac{dt}{t^4 + 4t^2 + 3}$

20. $\int \frac{t\,dt}{t^4 - t^2 - 2}$

21. $\int \frac{x^3 + x^2}{x^2 + x - 2}\,dx$

22. $\int \frac{x^3 + 1}{x^3 - x}\,dx$

23. $\int \frac{x^3 + 4x^2}{x^2 + 4x + 3}\,dx$

24. $\int \frac{2x^3 + x^2 - 21x + 24}{x^2 + 2x - 8}\,dx$

25. $\int \frac{dx}{x\left(3\sqrt{x}+1\right)}$

26. $\int \frac{dx}{x(1 + \sqrt[3]{x})}$

27. $\int \frac{ds}{e^s - 1}$

28. $\int \frac{ds}{\sqrt{e^s + 1}}$

Trigonometrische Substitutionen

Bestimmen Sie in den Aufgaben 29–32 das Integral

a. ohne trigonometrische Substitution,

b. mit trigonometrischer Substitution.

29. $\int \frac{y\,dy}{\sqrt{16 - y^2}}$

30. $\int \frac{x\,dx}{\sqrt{4 + x^2}}$

31. $\int \frac{x\,dx}{4 - x^2}$

32. $\int \frac{t\,dt}{\sqrt{4t^2 - 1}}$

Bestimmen Sie in den Aufgaben 33–36 das Integral.

33. $\int \frac{x\,dx}{9 - x^2}$

34. $\int \frac{dx}{x(9 - x^2)}$

35. $\int \frac{dx}{9 - x^2}$

36. $\int \frac{dx}{\sqrt{9 - x^2}}$

Trigonometrische Integrale

Bestimmen Sie in den Aufgaben 37–44 das Integral.

37. $\int \sin^3 x \cos^4 x\,dx$

38. $\int \cos^5 x \sin^5 x\,dx$

39. $\int \tan^4 x \sec^2 x\,dx$

40. $\int \tan^3 x \sec^3 x\,dx$

41. $\int \sin 5\theta \cos 6\theta\,d\theta$

42. $\int \cos 3\theta \cos 3\theta\,d\theta$

43. $\int \sqrt{1 + \cos(t/2)}\,dt$

44. $\int e^t \sqrt{\tan^2 e^t + 1}\,dt$

Numerische Integration

45. Der Wert des Integrals

$$\ln 3 = \int_1^3 \frac{1}{x}\,dx$$

soll mithilfe der Simpson-Regel abgeschätzt werden, der absolute Fehler soll dabei nicht größer als 10^{-4} sein. In wie viele Teilintervalle muss das Integrationsintervall dafür eingeteilt werden? Beantworten Sie die Frage mithilfe der Ungleichung zur Fehlerabschätzung bei der Simpson-Regel und beachten Sie, dass bei Anwendung der Simpson-Regel die Anzahl der Teilintervalle gerade sein muss.

46. Mit einer direkten Integration erhält man

$$\int_0^\pi 2\sin^2 x\,dx = \pi.$$

Wie nah kommen Sie dem exakten Wert, wenn Sie dieses Integral mithilfe der Trapezregel mit $n = 6$ abschätzen? Wie groß ist der Fehler bei der Abschätzung mit der Simpson-Regel und $n = 6$? Berechnen Sie beide Näherungen.

47. Mittlere Temperatur Für den Temperaturverlauf in °C während eines Jahres von 365 Tagen in Fairbanks, Alaska, wurde die folgende Modellgleichung aufgestellt:

$$f(x) = \frac{185}{9} \sin\left(\frac{2\pi}{365}(x - 101)\right) - \frac{35}{9}.$$

Berechnen Sie mit dieser Gleichung die Jahresdurchschnittstemperatur, verwenden Sie die Abschätzung mithilfe der Simpson-Regel. Diese Rechnung ist eine Möglichkeit, um die Durchschnittstemperatur zu bestimmen. Die offiziellen Zahlen des Wetterdienstes geben eine Jahresdurchschnittstemperatur bekannt, die durch eine numerische Mittelung über die Durchschnittstemperaturen aller Tage ermittelt wurde. Sie beträgt $-3{,}5$ °C und ist damit etwas höher als der Mittelwert von $f(x)$.

48. Benzinverbrauch Der Bordcomputer eines Autos gibt den momentanen Benzinverbrauch in Liter pro Stunde an. Ein Autofahrer speichert während einer Fahrt eine Stunde lang alle fünf Minuten den momentanen Benzinverbrauch.

Zeit	L/h	Zeit	L/h
0	9,5	35	9,5
5	9,1	40	9,1
10	8,7	45	8,7
15	9,1	50	9,1
20	9,1	55	9,1
25	9,5	60	8,7
30	9,8		

a. Bestimmen Sie näherungsweise den gesamten Benzinverbrauch in dieser Stunde mithilfe der Trapezregel.

b. Das Auto hat in dieser Stunde 96 km zurückgelegt. Wie groß war dann die Effizienz des Benzinverbrauchs (in Kilometern pro Liter) für diesen Teil der Fahrt?

49. Ein neuer Parkplatz Das untenstehende Bild zeigt ein Grundstück, das eine Stadt als neuen Parkplatz ausgewiesen hat. Sie arbeiten als Ingenieur in der Bauverwaltung und sollen berechnen, ob man diesen Parkplatz mit einem Budget von 11 000 € anlegen kann. Die Kosten für die Vorbereitung des Geländes betragen 1,08 € pro Quadratmeter, für 21,53 € pro Quadratmeter kann man den Platz pflastern. Bestimmen Sie die Größe des Grundstücks näherungsweise mit der Simpson-Regel und berechnen Sie, ob das veranschlagte Budget ausreicht.

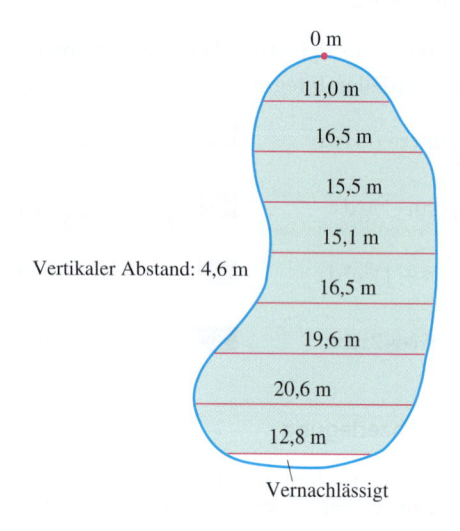

```
0 m
11,0 m
16,5 m
15,5 m
15,1 m
Vertikaler Abstand: 4,6 m
16,5 m
19,6 m
20,6 m
12,8 m
Vernachlässigt
```

Uneigentliche Integrale

Berechnen Sie in den Aufgaben 50–58 das uneigentliche Integral.

50. $\displaystyle\int_0^3 \frac{dx}{\sqrt{9 - x^2}}$

51. $\displaystyle\int_0^1 \ln x\, dx$

52. $\displaystyle\int_0^2 \frac{dy}{(y - 1)^{2/3}}$

53. $\displaystyle\int_{-2}^0 \frac{d\theta}{(\theta + 1)^{3/5}}$

54. $\displaystyle\int_3^\infty \frac{2\,du}{u^2 - 2u}$

55. $\displaystyle\int_1^\infty \frac{3v - 1}{4v^3 - v^2}\, dv$

56. $\displaystyle\int_0^\infty x^2 e^{-x}\, dx$

57. $\displaystyle\int_{-\infty}^0 xe^{3x}\, dx$

58. $\displaystyle\int_{-\infty}^\infty \frac{dx}{4x^2 + 9}$

59. $\displaystyle\int_{-\infty}^\infty \frac{4\,dx}{x^2 + 16}$

Welches der uneigentlichen Integrale in den Aufgaben 60–64 konvergiert und welches divergiert?

60. $\displaystyle\int_6^\infty \frac{d\theta}{\sqrt{\theta^2 + 1}}$

61. $\displaystyle\int_0^\infty e^{-u} \cos u\, du$

62. $\displaystyle\int_1^\infty \frac{\ln z}{z}\, dz$

63. $\displaystyle\int_1^\infty \frac{e^{-t}}{\tau^t}\, dt$

64. $\displaystyle\int_{-\infty}^\infty \frac{2\,dx}{e^x + e^{-x}}$

65. $\displaystyle\int_{-\infty}^\infty \frac{dx}{x^2(1 + e^x)}$

Verschiedene Integrale

Bestimmen Sie in den Aufgaben 66–112 das Integral. Sie müssen verschiedene Integrationstechniken anwenden, die Auflistung der Integrale ist zufällig.

66. $\int \dfrac{x\,dx}{1+\sqrt{x}}$

67. $\int \dfrac{x^3+2}{4-x^2}\,dx$

68. $\int \dfrac{dx}{x(x^2+1)^2}$

69. $\int \dfrac{dx}{\sqrt{-2x-x^2}}$

70. $\int \dfrac{2-\cos x + \sin x}{\sin^2 x}\,dx$

71. $\int \dfrac{\sin^2\theta}{\cos^2\theta}\,d\theta$

72. $\int \dfrac{9\,dv}{81-v^4}$

73. $\int_{2}^{\infty} \dfrac{dx}{(x-1)^2}$

74. $\int \theta \cos(2\theta+1)\,d\theta$

75. $\int \dfrac{x^3\,dx}{x^2-2x+1}$

76. $\int \dfrac{\sin 2\theta\,d\theta}{(1+\cos 2\theta)^2}$

77. $\int_{\pi/4}^{\pi/2} \sqrt{1+\cos 4x}\,dx$

78. $\int \dfrac{x\,dx}{\sqrt{2-x}}$

79. $\int \dfrac{\sqrt{1-v^2}}{v^2}\,dv$

80. $\int \dfrac{dy}{y^2-2y+2}$

81. $\int \dfrac{x\,dx}{\sqrt{8-2x^2-x^4}}$

82. $\int \dfrac{z+1}{z^2(z^2+4)}\,dz$

83. $\int x^3 e^{(x^2)}\,dx$

84. $\int \dfrac{t\,dt}{\sqrt{9-4t^2}}$

85. $\int \dfrac{\tan^{-1}x}{x^2}\,dx$

86. $\int \dfrac{e^t\,dt}{e^{2t}+3e^t+2}$

87. $\int \tan^3 t\,dt$

88. $\int_{1}^{\infty} \dfrac{\ln y}{y^3}\,dy$

89. $\int \dfrac{\cot v\,dv}{\ln \sin v}$

90. $\int e^{\ln \sqrt{x}}\,dx$

91. $\int e^{\theta}\sqrt{3+4e^\theta}\,d\theta$

92. $\int \dfrac{\sin 5t\,dt}{1+(\cos 5t)^2}$

93. $\int \dfrac{dv}{\sqrt{e^{2v}-1}}$

94. $\int \dfrac{dr}{1+\sqrt{r}}$

95. $\int \dfrac{4x^3-20x}{x^4-10x^2+9}\,dx$

96. $\int \dfrac{x^3}{1+x^2}\,dx$

97. $\int \dfrac{x^2}{1+x^3}\,dx$

98. $\int \dfrac{1+x^2}{1+x^3}\,dx$

99. $\int \dfrac{1+x^2}{(1+x)^3}\,dx$

100. $\int \sqrt{x}\cdot\sqrt{1+\sqrt{x}}\,dx$

101. $\int \sqrt{1+\sqrt{1+x}}\,dx$

102. $\int \dfrac{1}{\sqrt{x}\sqrt{1+x}}\,dx$

103. $\int_{0}^{1/2} \sqrt{1+\sqrt{1-x^2}}\,dx$

104. $\int \dfrac{\ln x}{x+x\ln x}\,dx$

105. $\int \dfrac{1}{x\cdot \ln x \cdot \ln(\ln x)}\,dx$

106. $\int \dfrac{x^{\ln x}\ln x}{x}\,dx$

107. $\int (\ln x)^{\ln x}\left[\dfrac{1}{x+\frac{\ln(\ln x)}{x}}\right]dx$

108. $\int \dfrac{1}{x\sqrt{1-x^4}}\,dx$

109. $\int \dfrac{\sqrt{1-x}}{x}\,dx$

110. a. Zeigen Sie, dass $\int_0^a f(x)\,dx = \int_0^a f(a-x)\,dx$.

b. Berechnen Sie mit dem Ergebnis aus Teil **a.**

$$\int_0^{\pi/2} \dfrac{\sin x}{\sin x + \cos x}\,dx$$

111. $\int \dfrac{\sin x}{\sin x + \cos x}\,dx$

112. $\int \dfrac{\sin^2 x}{1+\sin^2 x}\,dx$

113. $\int \dfrac{1-\cos x}{1+\cos x}\,dx$

Kapitel 8 – Zusätzliche Aufgaben und Aufgaben für Fortgeschrittene

Integralberechnungen

Bestimmen Sie in den Aufgaben 1–5 das Integral.

1. $\int (\sin^{-1} x)^2\,dx$

2. $\int \dfrac{dx}{x(x+1)(x+2)\cdots(x+m)}$

3. $\int x\sin^{-1}x\,dx$

4. $\int \sin^{-1}\sqrt{y}\,dy$

5. $\int \dfrac{dt}{t-\sqrt{1-t^2}}$

6. $\int \dfrac{dx}{x^4+4}$

Berechnen Sie in den Aufgaben 7 und 8 die Grenzwerte.

7. $\lim\limits_{x\to\infty} \int_{-x}^{x} \sin t\,dt$

8. $\lim\limits_{x\to 0^+} x\int_{x}^{1} \dfrac{\cos t}{t^2}\,dt$

Berechnen Sie in den Aufgaben 9 und 10 die Grenzwerte, indem Sie sie in bestimmte Integrale überführen und diese Integrale dann berechnen.

9. $\lim\limits_{n\to\infty} \sum\limits_{k=1}^{n} \ln \sqrt[n]{1+\dfrac{k}{n}}$ **10.** $\lim\limits_{n\to\infty} \sum\limits_{k=0}^{n-1} \dfrac{1}{\sqrt{n^2-k^2}}$

Anwendungen

11. **Berechnung der Bogenlänge** Berechnen Sie die Länge der Kurve

$$y = \int_0^x \sqrt{\cos 2t}\, dt, \quad 0 \leq x \leq \pi/4$$

12. **Volumenberechnung** Im ersten Quadranten wird eine Fläche von der Kurve $y = 3x\sqrt{1-x}$ und der x-Achse begrenzt. Diese Fläche wird um die y-Achse gedreht, dabei entsteht ein Rotationskörper. Berechnen Sie das Volumen dieses Körpers.

13. **Volumenberechnung** Im ersten Quadranten wird eine Fläche von der Kurve $y = e^x$, den Koordinatenachsen und der Geraden $y = 1$ begrenzt. Diese Fläche wird um die y-Achse gedreht, dabei entsteht ein Rotationskörper. Berechnen Sie das Volumen dieses Körpers.

14. **Volumenberechnung** R sei die dreiecksähnliche Fläche im ersten Quadranten, die oben von der Geraden $y = 1$, unten von der Kurve $y = \ln x$ und links von der Geraden $x = 1$ begrenzt wird. R wird nun

a. um die x-Achse und

b. um die Gerade $y = 1$

gedreht. Berechnen Sie das Volumen des jeweils entstehenden Rotationskörpers.

15. **Volumenberechnung** (Fortsetzung von Aufgabe 14) R wird

a. um die y-Achse und

b. um die Gerade $x = 1$

gedreht. Berechnen Sie das Volumen des jeweils entstehenden Rotationskörpers.

16. **Volumenberechnung** Wir betrachten die Fläche zwischen der x-Achse und der Kurve

$$y = f(x) = \begin{cases} 0, & x = 0 \\ x \ln x, & 0 < x \leq 2 \end{cases}.$$

Diese Fläche wird um die x-Achse gedreht, dabei entsteht der unten gezeigte Rotationskörper.

a. Zeigen Sie, dass f an der Stelle $x = 0$ stetig ist.

b. Berechnen Sie das Volumen des Körpers.

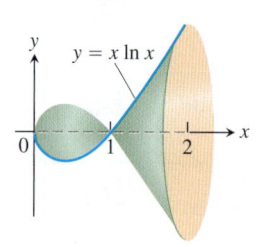

17. **Schwerpunkt einer Fläche** Eine Fläche im ersten Quadranten wird unten von der x-Achse, oben von der Kurve $y = \ln x$ und rechts von der Geraden $x = e$ begrenzt. Bestimmen Sie den Schwerpunkt dieser Fläche.

18. **Bogenlänge** Bestimmen Sie die Länge der Kurve $y = \ln x$ von $x = 1$ bis $x = e$.

19. **Die von einer Astroide erzeugte Fläche** Die Kurve mit der Gleichung $x^{2/3} + y^{2/3} = 1$ nennt man *Astroide* oder *Sternkurve* (▶die untenstehende Abbildung). Diese Kurve wird um die x-Achse gedreht. Bestimmen Sie die dabei entstehende Oberfläche.

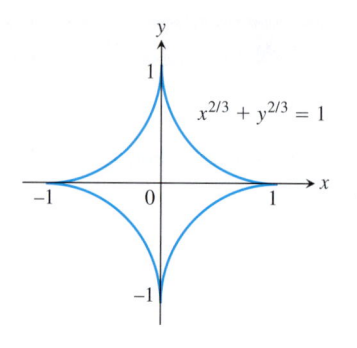

20. Für welchen Wert (oder welche Werte) von a ist

$$\int_1^\infty \left(\frac{ax}{x^2+1} - \frac{1}{2x}\right) dx$$

konvergent? Berechnen Sie dieses konvergente Integral (oder die konvergenten Integrale).

21. Unbeschränkte Oberfläche und endliches Volumen Für welche Werte von p gilt Folgendes: Die Fläche, die von der Kurve $y = x^{-p}$, $1 \leq x \leq \infty$ und der x-Achse begrenzt wird, ist unendlich; dreht man diese Fläche jedoch um die x-Achse, so erhält man einen Körper mit endlichem Volumen.

Die Gammafunktion und die Stirling-Formel

Die Fakultät $n!$ ist nur für nichtnegative ganze Zahlen definiert. Die Euler'sche Gammafunktion Γ erweitert die Fakultät nun auf andere reellen Zahlen. (Gesprochen wird sie „Gamma von x", Γ ist der griechische Großbuchstabe Gamma.) Die Gammafunktion ist als Integral definiert:

$$\Gamma(x) = \int_0^\infty t^{x-1} e^{-t} dt, \quad x > 0.$$

Für jedes positive x ist $\Gamma(x)$ das Integral über $t^{x-1}e^{-t}$ mit der Integrationsvariablen t von 0 bis ∞. Die untenstehende Abbildung zeigt den Graphen von Γ in der Nähe des Ursprungs. Die Berechnung von $\Gamma(x)$ wird im zweiten Band behandelt, in Aufgabe 23 der zusätzlichen Aufgaben von Kapitel 15.

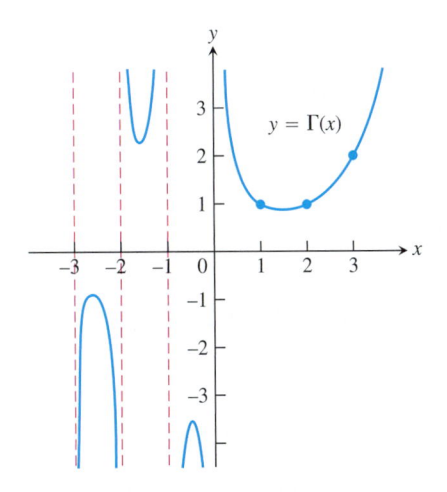

Die Euler'sche Gammafunktion $y = \Gamma(x)$ ist eine stetige Funktion, deren Wert bei jedem positiven ganzzahligen $n+1$ gleich der Fakultät $n!$ ist. Dies wird in Aufgabe 22 näher besprochen. Die Definition über das Integral gilt nur für $x > 0$, allerdings kann $\Gamma(x)$ auch auf negative nichtganze Zahlen erweitert werden, indem man die Gleichung $\Gamma(x) = (\Gamma(x+1))/x$ verwendet. (Für ganze negative Zahlen hat die Funktion Polstellen.)

22. Für nichtnegative ganzzahlige n gilt $\Gamma(n+1) = n!$

a. Zeigen Sie, dass gilt $\Gamma(1) = 1$.

b. Zeigen Sie dann, dass gilt $\Gamma(x+1) = x\Gamma(x)$. Wenden Sie dazu auf das Integral $\Gamma(x)$ die partielle Integration an. Mit diesem Ergebnis erhält man:

$$\Gamma(2) = 1\Gamma(1) = 1$$
$$\Gamma(3) = 2\Gamma(2) = 2$$
$$\Gamma(4) = 3\Gamma(3) = 6$$
$$\vdots$$
$$\Gamma(n+1) = n\Gamma(n) = n! \quad (8.18)$$

c. Verifizieren Sie dann mit vollständiger Induktion Gleichung (8.18) für alle nichtnegativen ganzen Zahlen n.

23. Die Stirling-Formel Der schottische Mathematiker James Stirling (1692–1770) zeigte, dass gilt

$$\lim_{x \to \infty} \left(\frac{e}{x}\right)^x \sqrt{\frac{x}{2\pi}} \Gamma(x) = 1.$$

Für große x erhält man damit

$$\Gamma(x) = \left(\frac{x}{e}\right)^x \sqrt{\frac{2\pi}{x}} (1 + \varepsilon(x)),$$
$$\varepsilon(x) \to 0 \text{ für } x \to \infty. \quad (8.19)$$

Ignoriert man $\varepsilon(x)$, so erhält man die Näherung

$$\Gamma(x) \approx \left(\frac{x}{e}\right)^x \sqrt{\frac{2\pi}{x}} \quad \textbf{Stirling-Formel}. \quad (8.20)$$

a. Die Stirling-Näherung für $n!$ Gehen Sie von Gleichung (8.20) und dem Zusammenhang $n! = n\Gamma(n)$ aus, und zeigen Sie damit

$$n! \approx \left(\frac{n}{e}\right)^n \sqrt{2n\pi} \quad \textbf{Stirling-Näherung}. \quad (8.21)$$

Gleichung (8.21) führt zu der Näherung

$$\sqrt[n]{n!} \approx \frac{n}{e}. \quad (8.22)$$

Dies wird in Aufgabe 104 in Kapitel 10.1 näher erläutert.

b. Vergleichen Sie für $n = 10, 20, 30, \ldots$ den Wert, den Ihr Taschenrechner für $n!$ ausgibt, mit dem Wert, den Sie mit der Stirling-Näherung erhalten. Vergrößern Sie n so lange, wie Ihr Taschenrechner $n!$ noch berechnen kann.

c. Der Grenzwert in Gleichung (8.19) kann noch etwas genauer bestimmt werden; man erhält dann

$$\Gamma(x) = \left(\frac{x}{e}\right)^x \sqrt{\frac{2\pi}{x}} e^{1/(12x)} (1 + \epsilon(x))$$

oder

$$\Gamma(x) \approx \left(\frac{x}{e}\right)^x \sqrt{\frac{2\pi}{x}} e^{1/(12x)}.$$

Damit ergibt sich für $n!$

$$n! \approx \left(\frac{n}{e}\right)^n \sqrt{2n\pi} e^{1/(12n)}. \quad (8.23)$$

Vergleichen Sie die Werte für $10!$, die Sie mit Ihrem Taschenrechner, der Stirling-Näherung und Gleichung (8.23) erhalten.

Tabellarische Integration

Hat man ein Integral der Form $\int f(x)g(x)dx$ und kann keine der Funktionen f und g durch mehrmalige Ableitung vereinfacht werden, so kann man manchmal dieses Integral mit der Methode der tabellarischen Integration bestimmen. Wir wollen z. B. das folgende Integral berechnen:

$$\int e^{2x} \cos x \, dx.$$

Wir stellen zuerst wieder eine Tabelle auf, in der die Ableitungen von e^{2x} und die Integrale von $\cos x$ aufgeführt sind:

e^{2x} und Ableitungen		$\cos x$ und Integrale
e^{2x}	(+)	$\cos x$
$2e^{2x}$	(−)	$\sin x$
$4e^{2x}$	(+)	$-\cos x$

Ende der Liste: Diese Zeile entspricht der ersten Zeile bis auf die Multiplikation mit Konstanten (4 auf der linken Seite, −1 auf der rechten.)

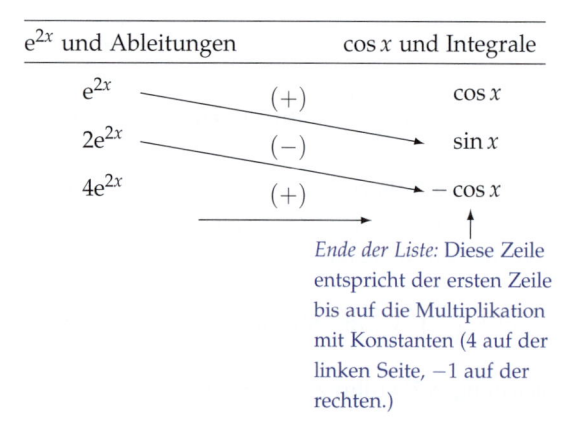

Wir beenden diese Liste aus Ableitungen und Stammfunktionen, sobald wir eine Zeile erhalten, die der ersten Zeile bis auf die Multiplikation mit Konstanten entspricht. Mithilfe der Tabelle stellen wir die folgende Gleichung auf:

$$\int e^{2x} \cos x \, dx = +\left(e^{2x} \sin x\right) - \left(2e^{2x}(-\cos x)\right) + \int \left(4e^{2x}\right)(-\cos x) dx.$$

Wir bilden die Produkte entlang der diagonalen Pfeile und versehen sie mit dem Vorzeichen über dem Pfeil, entlang dem horizontalen Pfeil bilden wir ein weiteres Integral (ebenfalls mit dem entsprechenden Vorzeichen versehen). Bringen wir das Integral von der rechten auf die linke Seite der Gleichung, so erhalten wir

$$5 \int e^{2x} \cos x \, dx = e^{2x} \sin x + 2e^{2x} \cos x$$

oder

$$\int e^{2x} \cos x \, dx = \frac{e^{2x} \sin x + 2e^{2x} \cos x}{5} + C,$$

nachdem wir durch 5 geteilt und die Integrationskonstante hinzugefügt haben.

Bestimmen Sie die Integrale in den Aufgaben 24–30 mithilfe der tabellarischen Integration.

24. $\int e^{2x} \cos 3x \, dx$

25. $\int e^{3x} \sin 4x \, dx$

26. $\int \sin 3x \sin x \, dx$

27. $\int \cos 5x \sin 4x \, dx$

28. $\int e^{ax} \sin bx \, dx$

29. $\int e^{ax} \cos bx \, dx$

30. $\int \ln(ax) dx$

31. $\int x^2 \ln(ax) dx$

Die Substitution $z = \tan(x/2)$

Mit der Substitution

$$z = \tan \frac{x}{2} \quad (8.24)$$

kann man die Integration eines rationalen Ausdrucks in $\sin x$ und $\cos x$ auf die leichtere Aufgabe zurückführen, eine rationale Funktion von z zu integrieren. Diese kann dann oft mithilfe einer Partialbruchzerlegung integriert werden.

Der folgenden Abbildung

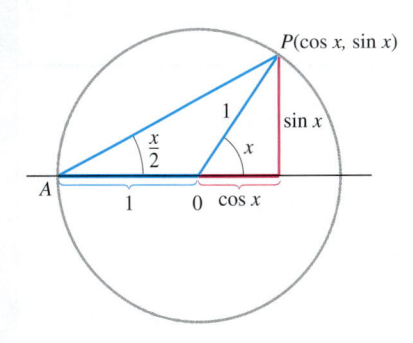

kann man den Zusammenhang entnehmen

$$\tan\frac{x}{2} = \frac{\sin x}{1+\cos x}.$$

Der Sinn der Substitution wird klar, wenn wir uns die folgenden Rechnungen ansehen:

$$\cos x = 2\cos^2\left(\frac{x}{2}\right) - 1 = \frac{2}{\sec^2(x/2)} - 1$$

$$= \frac{2}{1+\tan^2(x/2)} - 1 = \frac{2}{1+z^2} - 1$$

$$\cos x = \frac{1-z^2}{1+z^2} \tag{8.25}$$

und

$$\sin x = 2\sin\frac{x}{2}\cos\frac{x}{2} = 2\frac{\sin(x/2)}{\cos(x/2)}\cdot\cos^2\left(\frac{x}{2}\right)$$

$$= 2\tan\frac{x}{2}\cdot\frac{1}{\sec^2(x/2)} = \frac{2\tan(x/2)}{1+\tan^2(x/2)}$$

$$\sin x = \frac{2z}{1+z^2}. \tag{8.26}$$

Zuletzt setzen wir $x = 2\tan^{-1}z$ und erhalten so

$$dx = \frac{2dz}{1+z^2}. \tag{8.27}$$

Beispiele

a. $\displaystyle\int\frac{1}{1+\cos x}dx = \int\frac{1+z^2}{2}\frac{2dz}{1+z^2}$

$\displaystyle\qquad = \int dz = z + C$

$\displaystyle\qquad = \tan\left(\frac{x}{2}\right) + C$

b. $\displaystyle\int\frac{1}{2+\sin x}dx = \int\frac{1+z^2}{2+2z+2z^2}\frac{2dz}{1+z^2}$

$\displaystyle\qquad = \int\frac{dz}{z^2+z+1}$

$\displaystyle\qquad = \int\frac{dz}{(z+(1/2))^2+3/4}$

$\displaystyle\qquad = \int\frac{du}{u^2+a^2}$

$\displaystyle\qquad = \frac{1}{a}\tan^{-1}\left(\frac{u}{a}\right) + C$

$\displaystyle\qquad = \frac{2}{\sqrt{3}}\tan^{-1}\frac{2z+1}{\sqrt{3}} + C$

$\displaystyle\qquad = \frac{2}{\sqrt{3}}\tan^{-1}\frac{1+2\tan(x/2)}{\sqrt{3}} + C$

Bestimmen Sie die Integrale in den Aufgaben 32–38 mithilfe der Gleichungen (8.24)–(8.27). Solche Integrale treten auf, wenn man die durchschnittliche Winkelgeschwindigkeit der Arbeitswelle eines Kardangelenks berechnen will, und zwar dann, wenn Arbeits- und Antriebswelle nicht in einer Fluchtlinie liegen.

32. $\displaystyle\int\frac{dx}{1-\sin x}$

33. $\displaystyle\int\frac{dx}{1+\sin x+\cos x}$

34. $\displaystyle\int_0^{\pi/2}\frac{dx}{1+\sin x}$

35. $\displaystyle\int_{\pi/3}^{\pi/2}\frac{dx}{1-\cos x}$

36. $\displaystyle\int_0^{\pi/2}\frac{d\theta}{2+\cos\theta}$

37. $\displaystyle\int_{\pi/2}^{2\pi/3}\frac{\cos\theta\,d\theta}{\sin\theta\cos\theta+\sin\theta}$

38. $\displaystyle\int\frac{dt}{\sin t-\cos t}$

39. $\displaystyle\int\frac{\cos t\,dt}{1-\cos t}$

Bestimmen Sie in den Aufgaben 40 und 41 das Integral mit der Substitution $z = \tan(\theta/2)$.

40. $\displaystyle\int\sec\theta\,d\theta$

41. $\displaystyle\int\operatorname{cosec}\theta\,d\theta$

Lernziele

1 Lösungen, Richtungsfelder und das Euler'sche Polygonzugverfahren
- Der Begriff der Differentialgleichung
- Allgemeine und spezielle Lösungen von Differentialgleichungen
- Anfangswertprobleme
- Richtungsfelder zur Veranschaulichung der Lösungskurven
- Das Euler'sche Polygonzugverfahren
- Numerische Lösungen und Fehlerabschätzungen

2 Lineare Differentialgleichungen erster Ordnung
- Standardform linearer Differentialgleichungen
- Lösungsverfahren
- Der integrierende Faktor
- RL-Stromkreise und Zeitkonstanten
- Die Bernoulli'sche Differentialgleichung

3 Anwendungsbeispiele von Differentialgleichungen
- Bewegung gegen eine zur Geschwindigkeit proportionale Kraft
- Exponentielles Wachstum
- Orthogonale Trajektorien
- Mischungsprobleme

4 Grafische Lösung autonomer Differentialgleichungen
- Gleichgewichtspunkte und Phasenlinien
- Stabiles und labiles Gleichgewicht
- Das Newton'sche Abkühlungsgesetz (grafische Lösung)
- Freier Fall mit Luftwiderstand
- Logistisches Modell des Bevölkerungswachstums

5 Gleichungssysteme und Phasenebenen
- Differentialgleichungssysteme
- Phasenebenen
- Grafische Lösung von Gleichungssystemen mit der Phasenraumanalyse
- Wettbewerbsmodell
- Grenzen der Phasenraumanalyse

Differentialgleichungen erster Ordnung

9.1 Lösungen, Richtungsfelder und das Euler'sche Polygonzugverfahren 669

9.2 Lineare Differentialgleichungen erster Ordnung 680

9.3 Anwendungen 687

9.4 Grafische Lösung autonomer Differentialgleichungen 696

9.5 Gleichungssysteme und Phasenebenen 707

9 Differentialgleichungen erster Ordnung

Übersicht

In Abschnitt 4.7 haben wir uns erstmals mit Differentialgleichungen beschäftigt. Es ging dort um Gleichungen der Form $dy/dx = f(x)$, dabei war f gegeben und y eine unbekannte Funktion von x. Für Funktionen f, die auf einem gewissen Intervall stetig sind, haben wir die allgemeine Lösung $y(x)$ gefunden, indem wir integriert haben: $y = \int f(x)dx$. In Abschnitt 7.4 haben wir dann separierbare Differentialgleichungen gelöst. Solche Gleichung treten beispielsweise auf, wenn man exponentielle Wachstums- oder Zerfallsprozesse untersucht. In diesem Kapitel behandeln wir noch einige weitere Arten von *Differentialgleichungen erster Ordnung*. In solchen Differentialgleichungen kommen nur erste Ableitungen der gesuchten Funktion vor.

9.1 Lösungen, Richtungsfelder und das Euler'sche Polygonzugverfahren

Wir definieren in diesem Abschnitt als Erstes, was man unter einer allgemeinen Differentialgleichung 1. Ordnung (in expliziter Form) versteht. Die Lösungen solcher Differentialgleichungen kann man mit Richtungsfeldern veranschaulichen, die wir danach betrachten. Viele Differentialgleichungen können jedoch nicht explizit gelöst werden. Wir können dann aber mit numerischen Methoden oft Näherungslösungen bestimmen. Wir stellen hier ein wichtiges Verfahren vor, das auch Grundlage für viele andere numerische Verfahren ist, das **Euler'sche Polygonzugverfahren**; es wird auch *Euler-Verfahren* oder *Euler-Cauchy-Verfahren* genannt.

Allgemeine Differentialgleichungen erster Ordnung und ihre Lösungen

Eine **Differentialgleichung erster Ordnung** (in expliziter Form) ist eine Gleichung vom Typ

$$\frac{dy}{dx} = f(x, y) . \tag{9.1}$$

Dabei ist $f(x, y)$ eine Funktion von zwei Variablen, die in einem Bereich der xy-Ebene definiert ist. Diese Gleichung ist eine Gleichung *erster Ordnung*, da in ihr nur die erste Ableitung dy/dx, aber keine Ableitung höherer Ordnung vorkommt. Eine andere Schreibweise von Gleichung (9.1) ist

$$y' = f(x, y) \quad \text{bzw.} \quad \frac{d}{dx} y = f(x, y) ;$$

alle diese drei Formen werden im Folgenden nebeneinander verwendet. Eine **Lösung** der Gleichung (9.1) ist eine differenzierbare Funktion $y = y(x)$, die in einem (evtl. unbeschränkten) Interval I von x-Werten definiert ist und für die in diesem Intervall gilt

$$\frac{d}{dx} y(x) = f(x, y(x)) .$$

Wenn also $y(x)$ und die Ableitung $y'(x)$ in Gleichung (9.1) eingesetzt werden, ergibt sich für alle x im Intervall I eine wahre Gleichung. Die **allgemeine Lösung** einer Differentialgleichung erster Ordnung ist die Gesamtheit aller Lösungen. Die allgemeine Lösung enthält immer eine frei wählbare Konstante, allerdings ist nicht jede Lösung mit frei wählbarer Konstante notwendigerweise die allgemeine Lösung. Es ist nicht immer einfach zu sehen, ob eine gegebene Lösung wirklich die allgemeine Lösung ist. In vielen Fällen braucht man dazu Ergebnisse aus der Theorie der Differentialgleichungen, die in diesem Buch nicht behandelt werden.

Beispiel 9.1

Zeigen Sie, dass alle Funktionen der Form

$$y = \frac{C}{x} + 2$$

eine Lösung der Differentialgleichung erster Ordnung

$$\frac{dy}{dx} = \frac{1}{x}(2 - y)$$

im Intervall $(0, \infty)$ sind. C ist dabei eine beliebige Konstante.

Eine Familie von Funktionen ist Lösung einer Differentialgleichung

Lösung Wir leiten $y = C/x + 2$ ab und erhalten

$$\frac{dy}{dx} = C \frac{d}{dx}\left(\frac{1}{x}\right) + 0 = -\frac{C}{x^2}.$$

Wir müssen jetzt zeigen, dass die Differentialgleichung erfüllt ist, wenn wir in sie die Ausdrücke $(C/x) + 2$ für y und $-C/x^2$ für dy/dx einsetzen. Es muss dann also für alle $x \in (0, \infty)$ gelten:

$$-\frac{C}{x^2} = \frac{1}{x}\left[2 - \left(\frac{C}{x} + 2\right)\right].$$

Multipliziert man in dem Ausdruck auf der rechten Seite die Klammern aus, so erhält man

$$\frac{1}{x}\left[2 - \left(\frac{C}{x} + 2\right)\right] = \frac{1}{x}\left(-\frac{C}{x}\right) = -\frac{C}{x^2},$$

die Gleichung ist also wahr. Die Funktion $y = C/x + 2$ ist somit für alle Werte von C eine Lösung der Differentialgleichung. ∎

Wie schon bei der Bestimmung von Stammfunktionen suchen wir auch hier oft nicht die allgemeine, sondern eine *spezielle* Lösung einer Differentialgleichung erster Ordnung $y' = f(x, y)$. Diese **spezielle Lösung** soll die Anfangsbedingung $y(x_0) = y_0$ erfüllen, es handelt sich also um die Lösung $y = y(x)$, die bei $x = x_0$ den Wert y_0 annimmt. Der Graph dieser speziellen Lösung geht durch den Punkt (x_0, y_0) in der xy-Ebene. Ein **Anfangswertproblem erster Ordnung** ist gegeben durch eine Differentialgleichung $y' = f(x, y)$, deren Lösung die Anfangsbedingung $y(x_0) = y_0$ erfüllen muss.

Bestätigung der Lösung eines Anfangswertproblems erster Ordnung

Beispiel 9.2 Zeigen Sie, dass die Funktion

$$y = (x + 1) - \frac{1}{3}e^x$$

eine Lösung des Anfangswertproblems erster Ordnung

$$\frac{dy}{dx} = y - x, \quad y(0) = \frac{2}{3}$$

ist.

Lösung Die Gleichung

$$\frac{dy}{dx} = y - x$$

ist eine Differentialgleichung erster Ordnung mit $f(x, y) = y - x$.

Untersuchung der linken Seite der Gleichung:

$$\frac{dy}{dx} = \frac{d}{dx}\left(x + 1 - \frac{1}{3}e^x\right) = 1 - \frac{1}{3}e^x.$$

Untersuchung der rechten Seite der Gleichung:

$$y - x = (x + 1) - \frac{1}{3}e^x - x = 1 - \frac{1}{3}e^x.$$

Die Funktion erfüllt die Anfangsbedingungen, denn es gilt

$$y(0) = \left[(x + 1) - \frac{1}{3}e^x\right]_{x=0} = 1 - \frac{1}{3} = \frac{2}{3}.$$

Den Graphen dieser Funktion zeigt ▶Abbildung 9.1. ∎

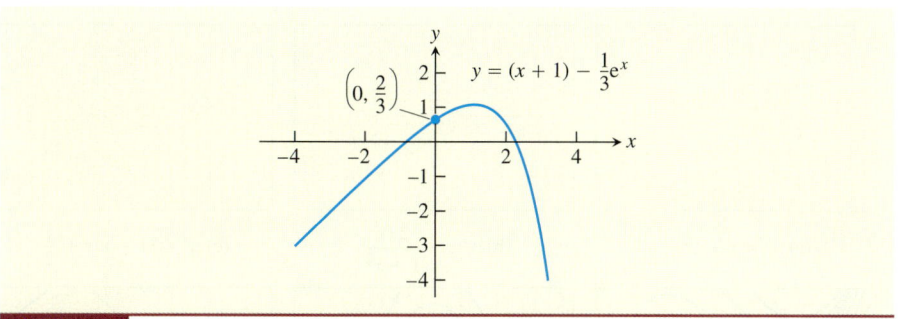

Abbildung 9.1 Graph der Lösung des Anfangswertproblems aus Beispiel 9.2.

Veranschaulichung der Lösungskurven durch Richtungsfelder

Wenn wir die Anfangsbedingung $y(x_0) = y_0$ für die Lösung einer Differentialgleichung $y' = f(x, y)$ aufstellen, so fordern wir damit, dass die **Lösungskurve**, der Graph der Lösung, durch den Punkt (x_0, y_0) geht und dort die Steigung $f(x_0, y_0)$ hat. Wir können diese Steigungen grafisch darstellen, indem wir ausgewählte Punkte in dem Bereich der xy-Ebene betrachten, der dem Definitionsbereich von f entspricht. Dort zeichnen wir die Steigung der Kurve $f(x, y)$ als kleine Geradensegmente ein. Jedes dieser Segmente hat die gleiche Steigung wie die Lösungskurve in dem Punkt (x, y), ist also eine Tangente an diese Kurve. Das Bild, das man mit diesen Geradensegmenten erhält, nennt man **Richtungsfeld**; es zeigt sehr gut die Steigungen der Lösungskurven. ▶Abbildung 9.2a zeigt ein solches Richtungfeld, in ▶Abbildung 9.2b ist eine spezielle Lösung eingezeichnet. Man erkennt in diesen Abbildungen die Richtung, die die Lösungskurve in jedem Punkt hat, durch den sie geht.

▶Abbildung 9.3 zeigt drei Richtungsfelder. Die kleinen Geradensegmente sind tangential zur Kurve, und wenn wir der Richtung dieser Segmente folgen, lässt sich der Verlauf der Kurve erkennen. Richtungsfelder geben einen guten Überblick über den grundsätzlichen Verlauf von Lösungskurven einer gegebenen Differentialgleichung. So läßt beispielsweise das Richtungsfeld von ▶Abbildung 9.3b erahnen, dass für alle Lösungen $y(x)$ der untersuchten Differentialgleichung $\lim_{x \to \pm \infty} y(x) = 0$ gilt. Systeme aus Alltag und Technik werden oft mit Modellen beschrieben, in denen an zentraler Stelle

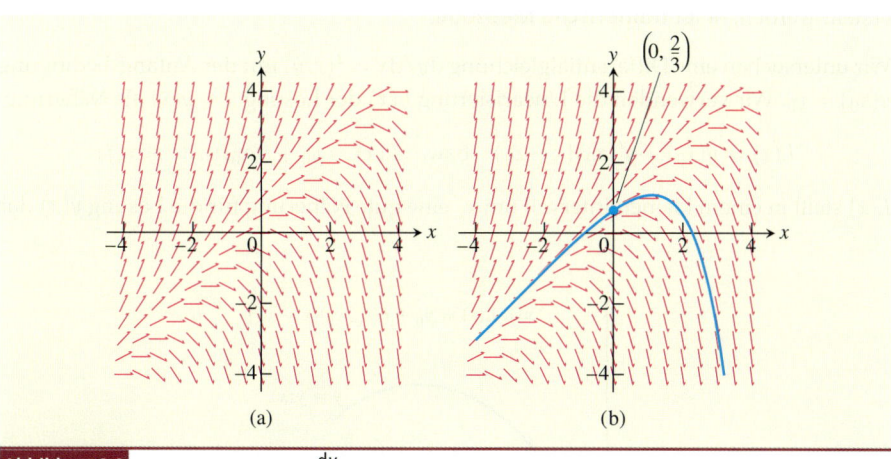

Abbildung 9.2 (a) Richtungsfeld für $\frac{dy}{dx} = y - x$.

(b) Die spezielle Lösungskurve durch den Punkt $\left(0, \frac{2}{3}\right)$ (Beispiel 9.2).

(a) $y' = y - x^2$ (b) $y' = -\dfrac{2xy}{1+x^2}$ (c) $y' = (1-x)y + \dfrac{x}{2}$

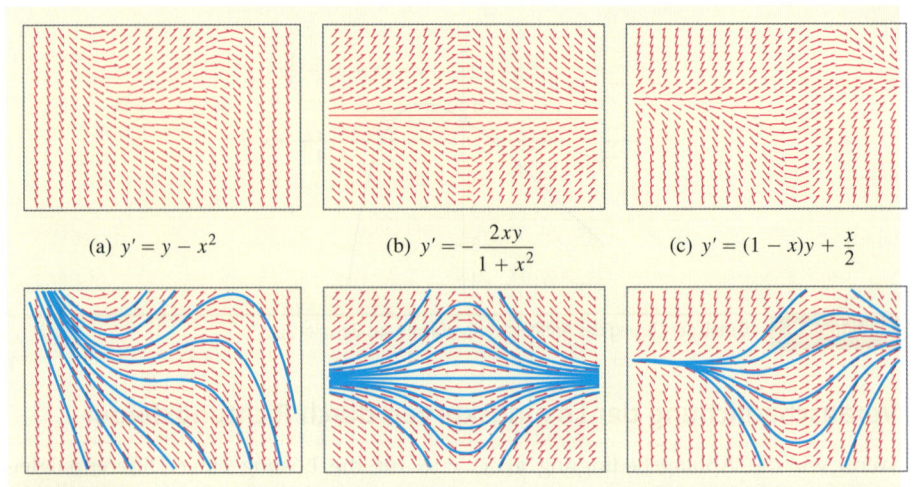

Abbildung 9.3 Die obere Reihe zeigt Richtungsfelder, in der unteren sind einige Lösungskurven eingezeichnet. Erstellt man Richtungsfelder mit einem Computer, werden die Geradensegmente oft als Pfeile dargestellt, das ist auch hier der Fall. Allerdings sind die Steigungen deswegen nicht gerichtet, selbst wenn diese Darstellung das nahelegt.

Differentialgleichungen vorkommen. Wenn wir solche Modelle untersuchen, ist der grundsätzliche Überblick über das Verhalten der Lösungen oft entscheidend, um das System zu verstehen und Voraussagen zu machen.

Ein Richtungsfeld mit Papier und Bleistift zu zeichnen, kann recht mühsam sein. Alle Beispiele in diesem Kapitel wurden mit Computern erstellt.

Das Euler'sche Polygonzugverfahren

Manchmal können wir für ein gegebenes Anfangswertproblem $y' = f(x, y)$, $y(x_0) = y_0$ eine exakte Lösung, also eine explizite Lösungsfunktion, nicht (sofort) angeben. In manchen Fällen wird eine solche exakte Lösung auch gar nicht benötigt. Oft können wir dann aber mithilfe eines Computers eine Liste von numerischen Näherungswerten von y für verschiedene x-Werte (in einem geeigneten Intervall) erstellen. Eine solche Liste nennt man **numerische Lösung** des Problems, das Rechenverfahren, mit dem sie erstellt werden, heißt **numerische Methode**.

Wir untersuchen eine Differentialgleichung $dy/dx = f(x, y)$ mit der Anfangsbedingung $y(x_0) = y_0$. Wir verwenden die Linearisierung $L(x)$ der Lösung $y = y(x)$ als Näherung:

$$L(x) = y(x_0) + y'(x_0)(x - x_0) \quad \text{bzw.} \quad L(x) = y_0 + f(x_0, y_0)(x - x_0).$$

$L(x)$ stellt in einem kleinen Intervall um x_0 eine gute Näherung für die Lösung $y(x)$ dar

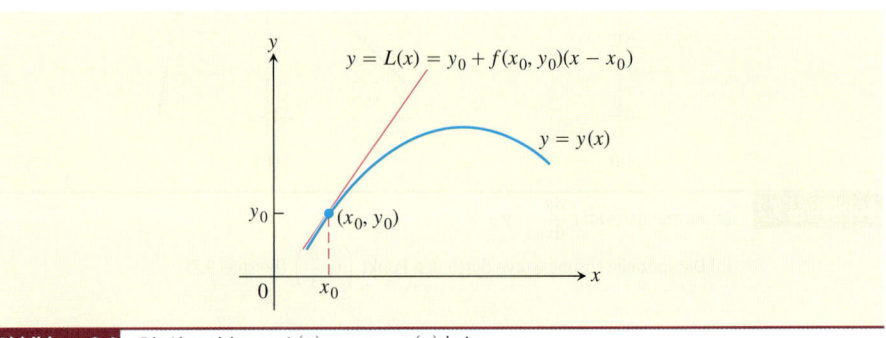

Abbildung 9.4 Die Linearisierung $L(x)$ von $y = y(x)$ bei $x = x_0$.

9.1 Lösungen, Richtungsfelder und das Euler'sche Polygonzugverfahren

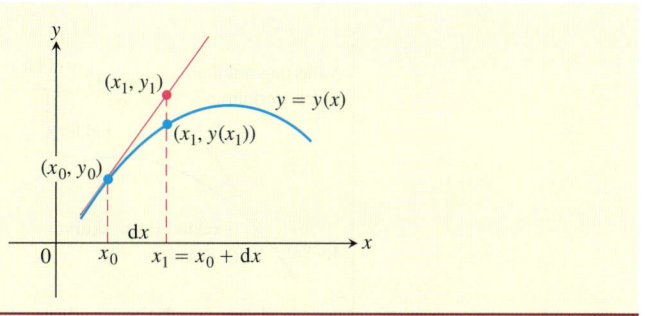

Abbildung 9.5 Der erste Schritt des Euler'schen Polygonzugverfahrens nähert $y(x_1)$ mit $y_1 = L(x_1)$.

(▶Abbildung 9.4). Grundlage des **Euler'schen Polygonzugverfahrens** (kurz Eulerverfahren) ist es, eine ganze Kette solcher Linearisierungen zusammenzufügen und damit die Kurve in einem Intervall anzunähern. Wir stellen diese Methode nun vor.

Wir wissen, dass der Punkt (x_0, y_0) auf der Lösungskurve liegt. Nun definieren wir eine neue Stelle x_1 durch $x_1 = x_0 + \Delta x$. Wenn Δx klein ist (wir verwenden dann die Differentialschreibweise dx), so ist

$$y_1 = L(x_1) = y_0 + f(x_0, y_0) dx$$

eine gute Näherung für den Wert $y = y(x_1)$ der exakten Lösung. Wir sind also von dem Punkt (x_0, y_0), der *exakt* auf der Lösungskurve liegt, ausgegangen und haben damit den Punkt (x_1, y_1) bestimmt, der sehr nah an dem Punkt $(x_1, y(x_1))$ auf der Lösungskurve liegt (▶Abbildung 9.5).

Als nächstes gehen wir nun von dem Punkt (x_1, y_1) und der Steigung $f(x_1, y_1)$ der Lösungskurve im Punkt (x_1, y_1) aus und errechnen damit einen zweiten Näherungswert. Wir setzen $x_2 = x_1 + dx$ und berechnen mithilfe der Linearisierung der Lösungskurve in (x_1, y_1)

$$y_2 = y_1 + f(x_1, y_1) dx.$$

Damit erhalten wir die Näherung für den nächsten Schritt entlang der Lösungskurve $y = y(x)$ (▶Abbildung 9.6). Wir fahren auf diese Weise fort, gehen von dem Punkt (x_2, y_2) mit der Steigung $f(x_2, y_2)$ aus und erhalten die dritte Näherung

$$y_3 = y_2 + f(x_2, y_2) dx$$

und so weiter. Wir erstellen so also eine Liste von Näherungswerten an den Stellen $x_1, x_2, x_3, \ldots$, bzw., wenn wir die entsprechenden Punkte $(x_1, y_1), (x_2, y_2), \ldots$ linear verbinden, eine Näherungskurve (Euler'scher Polygonzug) für die Lösung.

In Abbildung 9.6 sind die Abstände der Schritte sehr groß dargestellt, um die Methode gut sichtbar zu machen. Das Ergebnis sieht hier deshalb ziemlich grobschlächtig aus. In der tatsächlichen Anwendung wird dx natürlich so klein gewählt, dass die rote Kurve der blauen bedeutend näher kommt und so insgesamt eine gute Näherung darstellt.

Beispiel 9.3

Bestimmen Sie mit dem Euler'schen Polygonzugverfahren die ersten drei Näherungen y_1, y_2 und y_3 des Anfangswertproblems

$$y' = 1 + y, \quad y(0) = 1.$$

Beginnen Sie bei $x_0 = 0$, und setzen Sie $dx = 0{,}1$.

Näherung mit dem Euler'schen Polygonzugverfahren

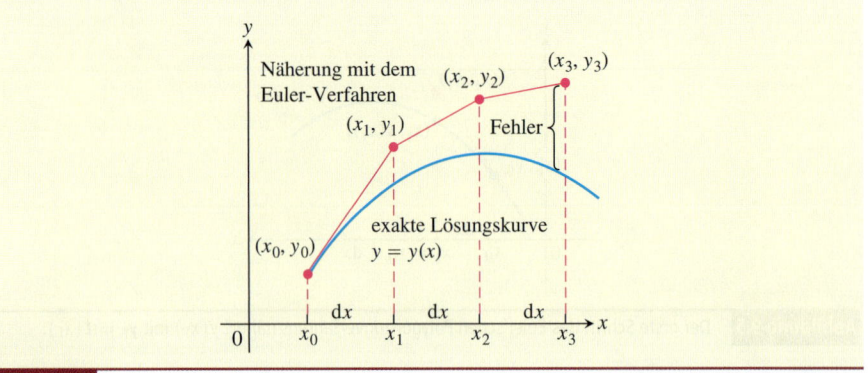

Abbildung 9.6 Die Lösung des Anfangswertproblems $y' = f(x, y)$, $y(x_0) = y_0$ wird mit dem Euler'schen Polygonzugverfahren angenähert; das Bild zeigt die ersten drei Schritte des Verfahrens. Die Fehler der einzelnen Schritte addieren sich üblicherweise, je mehr Schritte wir vornehmen, allerdings nicht so übertrieben stark wie hier gezeigt.

Lösung Wir starten mit $x_0 = 0$ und $y_0 = 1$. Dann bestimmen wir die Stellen, an denen die Euler'schen Näherungsschritte durchgeführt werden, mit der vorgegebenen Schrittweite: $x_1 = x_0 + dx = 0{,}1$, $x_2 = x_0 + 2dx = 0{,}2$ und $x_3 = x_0 + 3dx = 0{,}3$. Damit bekommen wir:

$$\text{Erster Schritt:} \quad y_1 = y_0 + f(x_0, y_0)dx$$
$$= y_0 + (1 + y_0)dx$$
$$= 1 + (1 + 1)(0{,}1) = 1{,}2$$

$$\text{Zweiter Schritt:} \quad y_2 = y_1 + f(x_1, y_1)dx$$
$$= y_1 + (1 + y_1)dx$$
$$= 1{,}2 + (1 + 1{,}2)(0{,}1) = 1{,}42$$

$$\text{Dritter Schritt:} \quad y_3 = y_2 + f(x_2, y_2)dx$$
$$= y_2 + (1 + y_2)dx$$
$$= 1{,}42 + (1 + 1{,}42)(0{,}1) = 1{,}662$$

Das schrittweise Verfahren aus Beispiel 9.3 lässt sich einfach auf eine größere Anzahl Schritte ausweiten. Soll die numerische Lösung mit n Werten der unabhängigen Variable erzeugt werden und soll der Abstand zwischen diesen Werten konstant sein, so setzt man

$$x_1 = x_0 + dx$$
$$x_2 = x_1 + dx$$
$$\vdots$$
$$x_n = x_{n-1} + dx\,.$$

9.1 Lösungen, Richtungsfelder und das Euler'sche Polygonzugverfahren

Für diese Werte rechnet man dann die Näherungswerte der Lösung aus:

$$y_1 = y_0 + f(x_0, y_0) \mathrm{d}x$$
$$y_2 = y_1 + f(x_1, y_1) \mathrm{d}x$$
$$\vdots$$
$$y_n = y_{n-1} + f(x_{n-1}, y_{n-1}) \mathrm{d}x.$$

Das Euler-Verfahren lässt sich einfach auf einem Computer oder Taschenrechner programmieren. Ein solches Programm erzeugt eine Tabelle mit numerischen Lösungswerten für ein Anfangswertproblem, so dass wir nur noch die Werte x_0 und y_0, die Anzahl n der Schritte und die Schrittweite $\mathrm{d}x$ eingeben müssen. Das Programm berechnet dann die Näherungswerte $y_1, y_2, \ldots, y_n$ mit dem beschriebenen iterativen Verfahren. Die Anzahl n der Schritte kann so groß sein wie gewünscht, allerdings können sich bei zu großem n die Fehler merklich addieren.

Die Differentialgleichung aus Beispiel 9.3 ist separierbar und kann auch exakt gelöst werden. Die Lösung lautet $y = 2e^x - 1$. Dieses Ergebnis verwenden wir in Beispiel 9.4

Beispiel 9.4

Fehler beim Euler'schen Polygonzugverfahren

Lösen Sie mithilfe des Euler'schen Polygonzugverfahren das Anfangswertproblem

$$y' = 1 + y, \quad y(0) = 1$$

im Intervall $0 \leq x \leq 1$. Beginnen Sie bei $x_0 = 0$ und rechnen Sie mit

a $\mathrm{d}x = 0{,}1$ und

b $\mathrm{d}x = 0{,}05$.

Vergleichen Sie Ihre Näherungen mit den Werten, die Sie mit der exakten Lösung $y = 2e^x - 1$ erhalten.

Lösung

a Die Näherungswerte in ▶Tabelle 9.1 wurden mit einem Computer errechnet. Die Spalte „Fehler" wurde bestimmt, indem die nicht gerundeten, mit dem Euler-Verfahren berechneten Werte von den (ebenfalls nicht gerundeten) Werten abgezogen wurden, die sich aus der exakten Lösung ergeben. Am Schluss wurden alle Tabelleneinträge auf vier Stellen hinter dem Komma gerundet.

Nach zehn Schritten, also bei $x = 1$, beträgt der Fehler etwa 5,6 % des exakten Werts. ▶Abbildung 9.7 zeigt den Graphen der exakten Lösung zusammen mit den Werten der Euler'schen Näherungslösung aus Tabelle 9.1.

b Der Fehler dieser Näherung kann verringert werden, indem man die Schrittweite verringert. In ▶Tabelle 9.2 sind die Ergebnisse des Euler-Verfahrens im Vergleich zur exakten Lösung für eine Schrittweite von 0,05 zusammengestellt. Die Anzahl der Berechnungspunkte wurde damit auf 20 verdoppelt. Wie in Tabelle 9.1 wurden alle Berechnung durchgeführt, bevor gerundet wurde. In dieser Rechnung beträgt der relative Fehler bei $x = 1$ nur etwa 2,9 %. ■

Es liegt nahe, die Genauigkeit des Ergebnisses von Beispiel 9.4 weiter zu erhöhen, indem man die Schrittweite weiter verringert. Damit benötigt man allerdings nicht

Tabelle 9.1: Das Euler-Verfahren für das Anfangswertproblem $y' = 1 + y$, $y(0) = 1$, mit Schrittweite $dx = 0{,}1$

x	y (Euler)	y (exakt)	Fehler	prozentualer Fehler
0	1	1	0	0
0,1	1,2	1,2103	0,0103	0,85 %
0,2	1,42	1,4428	0,0228	1,58 %
0,3	1,662	1,6997	0,0377	2,22 %
0,4	1,9282	1,9836	0,0554	2,79 %
0,5	2,2210	2,2974	0,0764	3,36 %
0,6	2,5431	2,6442	0,1011	3,82 %
0,7	2,8974	3,0275	0,1301	4,30 %
0,8	3,2872	3,4511	0,1639	4,74 %
0,9	3,7159	3,9192	0,2033	5,19 %
1,0	4,1875	4,4366	0,2491	5,61 %

Tabelle 9.2: Das Euler-Verfahren für das Anfangswertproblem $y' = 1 + y$, $y(0) = 1$, mit Schrittweite $dx = 0{,}05$

x	y (Euler)	y (exakt)	Fehler	prozentualer Fehler
0	1	1	0	0
0,05	1,1	1,1025	0,0025	0,23 %
0,10	1,205	1,2103	0,0053	0,44 %
0,15	1,3153	1,3237	0,0084	0,63 %
0,20	1,4310	1,4428	0,0118	0,82 %
0,25	1,5526	1,5681	0,0155	0,99 %
0,30	1,6802	1,6997	0,0195	1,15 %
0,35	1,8142	1,8381	0,0239	1,30 %
0,40	1,9549	1,9836	0,0287	1,45 %
0,45	2,1027	2,1366	0,0340	1,59 %
0,50	2,2578	2,2974	0,0397	1,73 %
0,55	2,4207	2,4665	0,0458	1,85 %
0,60	2,5917	2,6442	0.0525	1,99 %
0,65	2,7713	2,8311	0,0598	2,11 %
0,70	2,9599	3,0275	0,0676	2,23 %
0,75	3,1579	3,2340	0,0761	2,35 %
0,80	3,3657	3,4511	0,0853	2,47 %
0,85	3,5840	3,6793	0,0953	2,59 %
0,90	3,8132	3,9192	0,1060	2,70 %
0,95	4,0539	4,1714	0,1175	2,82 %
1,00	4,3066	4,4366	0,1300	2,93 %

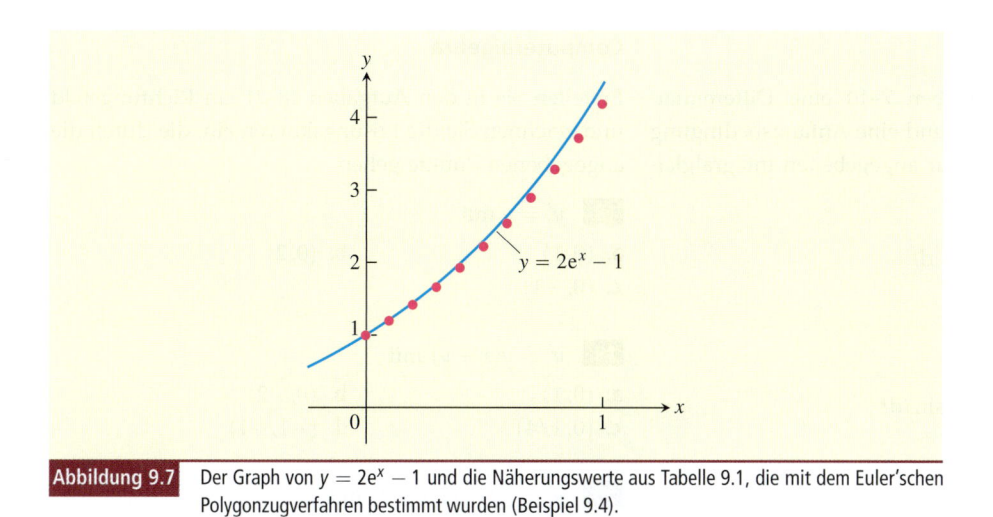

Abbildung 9.7 Der Graph von $y = 2e^x - 1$ und die Näherungswerte aus Tabelle 9.1, die mit dem Euler'schen Polygonzugverfahren bestimmt wurden (Beispiel 9.4).

nur weitere Rechenzeit, noch wichtiger ist, dass damit auch die Rundungsfehler des Rechners größer werden, da die Zahlen für die internen Berechnungen des Computers ebenfalls nur als Näherungen dargestellt werden.

Die Analyse von Fehlern und die Entwicklung von Methoden, mit denen die Fehler bei numerischen Berechnungen verringert werden können, sind wichtige Gegenstände der numerischen Mathematik, sie werden allerdings erst in weiterführenden Kursen behandelt. Dort werden auch numerische Lösungsverfahren für Differentialgleichungen vorgestellt, die genauer sind als das Euler'sche Polygonzugverfahren.

Aufgaben zum Abschnitt 9.1

Richtungsfelder

Ordnen Sie in den Aufgaben 1–4 die Differentialgleichungen den entsprechenden Richtungsfeldern zu.

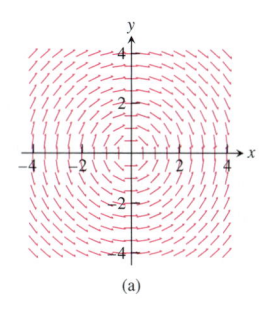

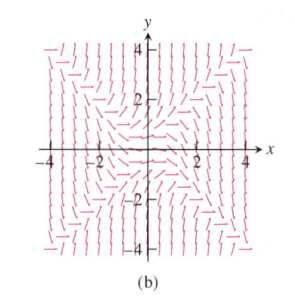

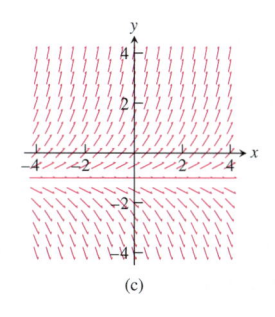

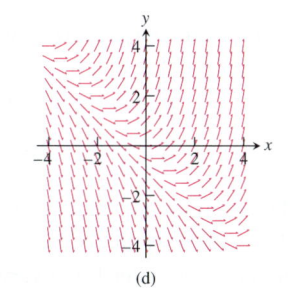

1. $y' = x + y$

2. $y' = y + 1$

3. $y' = -\dfrac{x}{y}$

4. $y' = y^2 - x^2$

Kopieren Sie in den Aufgaben 5 und 6 die Richtungsfelder und zeichnen Sie einige der dazugehörenden Lösungskurven ein.

5. $y' = (y+2)(y-2)$ **6.** $y' = y(y+1)(y-1)$

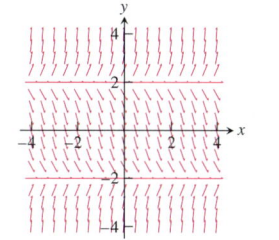

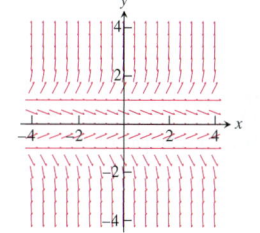

Integralgleichungen

Stellen Sie in den Aufgaben 7–10 eine Differentialgleichung erster Ordnung und eine Anfangsbedingung für y auf, die äquivalent zur angegebenen Integralgleichung sind.

7. $y = -1 + \int_1^x (t - y(t))\,dt$

8. $y = \int_1^x \frac{1}{t}\,dt$

9. $y = 2 - \int_0^x (1 + y(t))\sin t\,dt$

10. $y = 1 + \int_0^x y(t)\,dt$

Anwendungen des Euler'schen Polygonzugverfahrens

Berechnen Sie in den Aufgaben 11–13 die ersten drei Näherungsschritte für das Anfangswertproblem mit dem Euler'schen Polygonzugverfahren. Die Schrittweite ist jeweils angegeben. Berechnen Sie dann die exakte Lösung und untersuchen Sie damit die Genauigkeit der Näherungen. Runden Sie die Ergebnisse auf vier Dezimalstellen.

11. $y' = 1 - \frac{y}{x}$, $y(2) = -1$, $dx = 0{,}5$

12. $y' = 2xy + 2y$, $y(0) = 3$, $dx = 0{,}2$

13. $y' = 2xe^{x^2}$, $y(0) = 2$, $dx = 0{,}1$

14. Es sei $y' = y$ und $y(0) = 1$. Schätzen Sie mit dem Euler-Verfahren $y(1)$ ab (Schrittweite $dx = 0{,}2$). Was ist der exakte Wert von $y(1)$?

15. Es sei $y' = y^2/\sqrt{x}$ und $y(1) = -1$. Schätzen Sie mit dem Euler-Verfahren $y(5)$ ab (Schrittweite $dx = 0{,}5$). Was ist der exakte Wert von $y(5)$?

16. Zeigen Sie: Die Lösung des Anfangswertproblems

$$y' = x + y, \quad y(x_0) = y_0$$

ist

$$y = -1 - x + (1 + x_0 + y_0)e^{x-x_0}.$$

17. Welche Integralgleichung ist äquivalent zu dem Anfangswertproblem

$$y' = f(x), \quad y(x_0) = y_0 \,?$$

Computeralgebra

Erstellen Sie in den Aufgaben 18–21 ein Richtungsfeld und zeichnen Sie die Lösungskurven ein, die durch die angegebenen Punkte gehen.

18. $y' = y$ mit

a. $(0,1)$ b. $(0,2)$
c. $(0,-1)$

19. $y' = y(x + y)$ mit

a. $(0,1)$ b. $(0,-2)$
c. $(0,1/4)$ d. $(-1,-1)$

20. $y' = (y-1)(x+2)$ mit

a. $(0,-1)$ b. $(0,1)$
c. $(0,3)$ d. $(1,-1)$

21. $y' = \frac{xy}{x^2 + 4}$ mit

a. $(0,2)$ b. $(0,-6)$
c. $(-2\sqrt{3}, -4)$

Erstellen Sie in den Aufgaben 22 und 23 ein Richtungsfeld und zeichnen Sie in dem angegebenen Intervall die Lösungskurve ein, die der Anfangsbedingung genügt. Bestimmen Sie dann mit Ihrem CAS die allgemeine Lösung der Differentialgleichung.

22. Eine logistische Gleichung

$$y' = y(2 - y), \quad y(0) = \frac{1}{2};$$

$$0 \leq x \leq 4, \quad 0 \leq y \leq 3$$

23. $y' = (\sin x)(\sin y), \quad y(0) = 2;$

$$-6 \leq x \leq 6, \quad -6 \leq y \leq 6$$

Die Differentialgleichungen in den Aufgaben 24 und 25 haben keine explizite Lösung, die aus elementaren Funktionen besteht. Untersuchen Sie die Differentialgleichungen grafisch mithilfe eines CAS.

24. $y' = \cos(2x - y), \quad y(0) = 2;$

$$0 \leq x \leq 5, \, 0 \leq y \leq 5$$

25. Eine Gompertz-Gleichung

$$y' = y\left(\frac{1}{2} - \ln y\right), \quad y(0) = \frac{1}{3};$$

$$0 \leq x \leq 4, \quad 0 \leq y \leq 3$$

(Der englische Mathematiker Benjamin Gompertz (1779–1865) stellt 1825 ein Wachstumsmodell auf, in dem er diese Gleichung verwendete.)

Aufgaben zum Abschnitt 9.1

26. Bestimmen Sie mithilfe eines CAS die Lösungen einer Differentialgleichung der Form $y' + y = f(x)$ mit der Anfangsbedingung $y(0) = 0$, wenn $f(x) =$

a. $2x$,   **b.** $\sin 2x$,
c. $3e^{x/2}$,   **d.** $2e^{-x/2} \cos 2x$.

Zeichnen Sie alle vier Lösungen in dem Intervall $-2 \leq x \leq 6$ und vergleichen Sie die Ergebnisse.

27. a. Erstellen Sie mit einem CAS das Richtungsfeld der Differentialgleichung
$$y' = \frac{3x^2 + 4x + 2}{2(y-1)}$$
in den Intervallen $-3 \leq x \leq 3$ und $-3 \leq y \leq 3$.

b. Trennen Sie die Variablen und bestimmen Sie mithilfe des Integrationsprogramm des CAS die allgemeine Lösung in impliziter Form.

c. Zeichnen Sie einige der Lösungskurven mithilfe des Zeichenprogramms des CAS für implizite Funktionen. Setzen Sie dazu die Integrationskonstante $C = -6, -4, -2, 0, 2, 4, 6$.

d. Bestimmen und zeichnen Sie die Lösung, die die Anfangsbedingung $y(0) = -1$ erfüllt.

Bestimmen Sie in den Aufgaben 28–31 mit dem Euler'schen Polygonzugverfahren einen Näherungswert der Lösung bei x^*. Die Schrittweite ist jeweils angegeben. Berechnen Sie dann den Wert der exakten Lösung bei x^*.

28. $y' = 2xe^{x^2}$, $y(0) = 2$, $dx = 0{,}1$, $x^* = 1$

29. $y' = 2y^2(x-1)$, $y(2) = -\dfrac{1}{2}$, $dx = 0{,}1$, $x^* = 3$

30. $y' = \dfrac{\sqrt{x}}{y}$, $y > 0$, $y(0) = 1$, $dx = 0{,}1$, $x^* = 1$

31. $y' = 1 + y^2$, $y(0) = 0$, $dx = 0{,}1$, $x^* = 1$

Untersuchen Sie jede der Differentialgleichungen in den Aufgaben 32–35 grafisch mit einem CAS. Führen Sie im Einzelnen die folgenden Schritte aus:

a. Zeichnen Sie das Richtungsfeld für die Differentialgleichung in dem gegebenen xy-Bereich.

b. Bestimmen Sie mithilfe des entsprechenden Programms des CAS die allgemeine Lösung der Differentialgleichung.

c. Zeichnen Sie die Lösungskurven für die Werte $C = -2, -2, 0, 1, 2$ der frei wählbaren Konstante in das Richtungsfeld ein.

d. Bestimmen Sie die Lösung, die die angegebene Anfangswertbedingung erfüllt, und zeichnen Sie sie im Intervall $[0, b]$.

e. Teilen Sie das x-Intervall in 4 Teilintervalle ein und bestimmen Sie mit dieser Schrittweite eine numerische Näherung der Lösung mithilfe des Euler'schen Polygonzugverfahrens. Zeichnen Sie diese Näherungskurve in das Diagramm aus **d.** ein.

f. Wiederholen Sie die Berechnungen aus Teil **e.** für 8, 16 und 32 Teilintervalle. Zeichnen Sie diese drei Euler-Näherungen in das Diagramm aus Teil **e.** ein.

g. Bestimmen Sie für jede der vier Näherungskurven an der Stelle $x = b$ den Fehler $(y(\text{exakt}) - y(\text{Euler}))$. Wie verbessert sich der prozentuale Fehler?

32. $y' = x + y$, $y(0) = -7/10$; $-4 \leq x \leq 4$, $-4 \leq y \leq 4$; $b = 1$

33. $y' = -x/y$, $y(0) = 2$; $-3 \leq x \leq 3$, $-3 \leq y \leq 3$; $b = 2$.

34. $y' = y(2 - y)$, $y(0) = 1/2$; $0 \leq x \leq 4$, $0 \leq y \leq 3$; $b = 3$

35. $y' = (\sin x)(\sin y)$, $y(0) = 2$; $-6 \leq x \leq 6$, $-6 \leq y \leq 6$; $b = 3\pi/2$

9.2 Lineare Differentialgleichungen erster Ordnung

Eine **lineare** Differentialgleichung erster Ordnung ist eine Differentialgleichung, die in der Form

$$\frac{dy}{dx} + P(x)y = Q(x) \tag{9.2}$$

geschrieben werden kann, dabei sind P und Q stetige Funktionen von x. Gleichung (9.2) ist die **Standardform** der linearen Differentialgleichung erster Ordnung. Die Gleichung für das exponentielle Wachstum bzw. den exponentiellen Zerfall, $dy/dx = ky$ (vgl. Abschnitt 7.4), kann in der Standardform

$$\frac{dy}{dx} - ky = 0,$$

geschrieben werden; in dieser Form wird deutlich, dass es sich um eine lineare Differentialgleichung mit $P(x) = -k$ und $Q(x) = 0$ handelt. Gleichung (9.2) ist deshalb *linear* (in y), weil y und die Ableitung dy/dx beide nur in der ersten Potenz vorkommen, sie werden nicht miteinander multipliziert und tauchen auch nicht als Argument einer Funktion auf, wie das etwa in $\sin y$, e^y oder $\sqrt{dy/dx}$ der Fall wäre.

Standardform der linearen Differentialgleichung

Beispiel 9.5 Bringen Sie die folgende Gleichung in die Standardform

$$x\frac{dy}{dx} = x^2 + 3y, \quad x > 0.$$

Lösung

$$x\frac{dy}{dx} = x^2 + 3y \qquad \text{Durch } x \text{ dividieren}$$

$$\frac{dy}{dx} = x + \frac{3}{x}y$$

$$\frac{dy}{dx} - \frac{3}{x}y = x \qquad \text{Standardform mit } P(x) = -3/x \text{ und } Q(x) = x$$

$P(x)$ ist hier $-3/x$, nicht $3/x$. Da die Standardform $y' + P(x) = Q(x)$ lautet, ist das Minuszeichen Teil des Ausdrucks für $P(x)$.

Lösungsverfahren für lineare Differentialgleichungen

Die Gleichung

$$\frac{dy}{dx} + P(x)y = Q(x)$$

können wir lösen, indem wir beide Seiten mit einer *positiven* Funktion $v(x)$ multiplizieren, mit der die linke Seite der Gleichung in eine Ableitung des Produkts $v(x) \cdot y$ umgeformt wird. Wir werden weiter unten darauf eingehen, wie man $v(x)$ bestimmt, zuerst wollen wir aber zeigen, wie wir mit dieser Funktion $v(x)$ – wenn wir sie erst bestimmt haben – die gesuchte Lösung der Differentialgleichung erhalten.

Die Multiplikation mit $v(x)$ führt uns zur Lösung, denn es gilt:

$$\frac{dy}{dx} + P(x)y = Q(x) \qquad \text{Die Ausgangsgleichung liegt in der Standardform vor.}$$

$$v(x)\frac{dy}{dx} + P(x)v(x)y = v(x)Q(x) \qquad \text{Mit der positiven Funktion } v(x) \text{ multiplizieren}$$

$$\frac{d}{dx}(v(x) \cdot y) = v(x)Q(x) \qquad \text{$v(x)$ wird so gewählt, dass gilt}$$
$$v\frac{dy}{dx} + Pvy = \frac{d}{dx}(v \cdot y).$$

$$v(x) \cdot y = \int v(x)Q(x)dx \qquad \text{Beide Seiten integrieren}$$

$$y = \frac{1}{v(x)} \int v(x)Q(x)dx \qquad (9.3)$$

(9.3) ist eine Lösung von Gleichung (9.2), ausgedrückt als Funktion von $v(x)$ und $Q(x)$. $v(x)$ heißt *Euler'scher Multiplikator* oder **integrierender Faktor** für die Gleichung (9.2).

Warum tritt der Ausdruck $P(x)$ nicht in der Lösung auf? $P(x)$ ist indirekt sehr wohl Bestandteil von Gleichung (9.3): Er wird benötigt, um $v(x)$ aufzustellen. Es gilt

$$\frac{d}{dx}(vy) = v\frac{dy}{dx} + Pvy \qquad \text{Ausgangsbedingung für v}$$

$$v\frac{dy}{dx} + y\frac{dv}{dx} = v\frac{dy}{dx} + Pvy \qquad \text{Produktregel für Ableitungen}$$

$$y\frac{dv}{dx} = Pvy \qquad \text{Die Terme $v\frac{dy}{dx}$ heben sich auf beiden Seiten weg.}$$

Diese Gleichung ist dann wahr, wenn gilt

$$\frac{dv}{dx} = Pv$$

$$\frac{dv}{v} = Pdx \qquad \text{Trennung der Variablen, $v > 0$}$$

$$\int \frac{dv}{v} = \int Pdx \qquad \text{Integration beider Seiten}$$

$$\ln v = \int Pdx \qquad \text{Betragsstriche bei $\ln v$ sind nicht nötig, da gilt $v > 0$}$$

$$e^{\ln v} = e^{\int Pdx} \qquad \text{Um nach v aufzulösen, wird auf beide Seiten die Exponentialfunktion angewendet.}$$

$$v = e^{\int Pdx} \qquad (9.4)$$

(9.3) ist die allgemeine Lösung von Gleichung (9.2), der Ausdruck $v(x)$ ist dabei mit Gleichung (9.4) gegeben. Es ist allerdings nicht notwendig, Gleichung (9.3) auswendig zu lernen, man sollte sich lediglich merken, wie man $v(x)$ bestimmen kann. Dazu muss die Differentialgleichung in der Standardform vorliegen, damit $P(x)$ korrekt identifiziert werden kann. In Gleichung (9.4) kann jede Stammfunktion von $P(x)$ eingesetzt werden.

> **Merke**
>
> Um die lineare Differentialgleichung $y' + P(x)y = Q(x)$ zu lösen, werden beide Seiten mit dem integrierenden Faktor $v(x) = e^{\int P(x)dx}$ multipliziert und dann integriert.

Wenn man bei dieser Rechnung die linke Seite der Gleichung integriert, erhält man immer das Produkt $v(x)$ aus integrierendem Faktor und der Lösungsfunktion y. Dies folgt aus der Definition von v.

Beispiel 9.6 Lösen Sie die Differentialgleichung

$$x\frac{dy}{dx} = x^2 + 3y, \quad x > 0.$$

Lösen einer Differentialgleichung mit dem integrierenden Faktor

9 Differentialgleichungen erster Ordnung

Lösung Wir bringen die Gleichung zunächst in die Standardform

$$\frac{dy}{dx} - \frac{3}{x}y = x,$$

und bestimmen so $P(x) = -3/x$.

Damit berechnen wir den integrierenden Faktor:

$$v(x) = e^{\int P(x)dx} = e^{\int(-3/x)dx}$$
$$= e^{-3\ln|x|} \quad \text{Wir setzen die Integrationskonstante } C = 0,$$
$$\quad\quad\quad\quad\quad\quad \text{damit ist } v \text{ so einfach wie möglich.}$$
$$= e^{-3\ln x} \quad x > 0$$
$$= e^{\ln x^{-3}} = \frac{1}{x^3}.$$

Wir multiplizieren nun beide Seiten der Differentialgleichung in Standardform mit $v(x)$ und integrieren:

$$\frac{1}{x^3} \cdot \left(\frac{dy}{dx} - \frac{3}{x}y\right) = \frac{1}{x^3} \cdot x$$
$$\frac{1}{x^3}\frac{dy}{dx} - \frac{3}{x^4}y = \frac{1}{x^2}$$
$$\frac{d}{dx}\left(\frac{1}{x^3}y\right) = \frac{1}{x^2} \quad \text{Die linke Seite entspricht } \frac{d}{dx}(v \cdot y).$$
$$\frac{1}{x^3}y = \int \frac{1}{x^2}dx \quad \text{beide Seiten integrieren}$$
$$\frac{1}{x^3}y = -\frac{1}{x} + C.$$

Diese Gleichung lösen wir nach y auf und erhalten so die Lösung der Differentialgleichung:

$$y = x^3\left(-\frac{1}{x} + C\right) = -x^2 + Cx^3, \quad x > 0.$$

■

Lösen eines Anfangswertproblems mit dem integrierenden Faktor

Beispiel 9.7 Bestimmen Sie die spezielle Lösung der Differentialgleichung

$$3xy' - y = \ln x + 1, \quad x > 0,$$

die der Anfangsbedingung $y(1) = -2$ genügt.

Lösung Es gilt $x > 0$, daher ist die Standardform der Differentialgleichung

$$y' - \frac{1}{3x}y = \frac{\ln x + 1}{3x}.$$

Der integrierende Faktor ist dann gegeben durch

$$v = e^{\int -dx/3x} = e^{(-1/3)\ln x} = x^{-1/3}. \quad x > 0$$

Damit erhalten wir

$$x^{-1/3}y = \frac{1}{3}\int (\ln x + 1)x^{-4/3}dx. \quad \text{Die linke Seite ist } vy.$$

Wir integrieren die rechte Seite partiell und bekommen

$$x^{-1/3}y = -x^{-1/3}(\ln x + 1) + \int x^{-4/3}dx + C.$$

Wir berechnen das Integral

$$x^{-1/3}y = -x^{-1/3}(\ln x + 1) - 3x^{-1/3} + C$$

und lösen nach y auf

$$y = -(\ln x + 4) + Cx^{1/3}.$$

Wenn wir in die letzte Gleichung die Anfangsbedingung $x = 1$ und $y = -2$ einsetzen, erhalten wir

$$-2 = -(0 + 4) + C$$

und damit

$$C = 2.$$

Setzen wir diesen Wert für C in die Gleichung für y ein, so erhalten wir die gesuchte spezielle Lösung

$$y = 2x^{1/3} - \ln x - 4.$$

■

In Beispiel 9.6 haben wir zur Lösung der Differentialgleichung beide Seiten mit dem integrierenden Faktor multipliziert und dann integriert. Wir können aber – wie in Beispiel 9.7 – die Rechenarbeit etwas verringern, wenn wir berücksichtigen, dass die Integration der linken Seite *immer* auf das Produkt $v(x) \cdot y$ aus integrierendem Faktor und Lösungsfunktion führt. Aus Gleichung (9.3) erhalten wir

$$v(x)y = \int v(x)Q(x)\mathrm{d}x. \qquad (9.5)$$

Wir müssen also lediglich das Produkt aus integrierendem Faktor $v(x)$ und $Q(x)$ auf der rechten Seite von Gleichung (9.5) integrieren und das Ergebnis mit $v(x)y$ gleichsetzen, damit erhalten wir die allgemeine Lösung. Wir werden in den folgenden Beispielen dennoch manchmal die gesamte Rechnung wie in Beispiel 9.6 duchführen, auch um die Bedeutung von $v(x)$ deutlich zu machen.

Falls der Ausdruck $Q(x)$ in der Standardform einer Differentialgleichung (Gleichung (9.2)) identisch null ist, wird die Differentialgleichung separierbar und kann mit dem Verfahren gelöst werden, das in Abschnitt 7.4 vorgestellt wurde:

$$\frac{\mathrm{d}y}{\mathrm{d}x} + P(x)y = Q(x)$$

$$\frac{\mathrm{d}y}{\mathrm{d}x} + P(x)y = 0 \qquad \textcolor{blue}{Q(x) = 0}$$

$$\frac{\mathrm{d}y}{y} = -P(x)\mathrm{d}x \qquad \textcolor{blue}{\text{Trennung der Variablen}}$$

Elektrische RL-Schaltungen

▶Abbildung 9.8 zeigt einen elektrischen Stromkreis mit dem konstanten Ohm'schen Widerstand R und der Induktivität L, gemessen in Henry und ebenfalls konstant. Wenn die Kontakte a und b des Schalters geschlossen sind, liegt an dem Schaltkreis eine konstante Spannung U (gemessen in Volt) an.

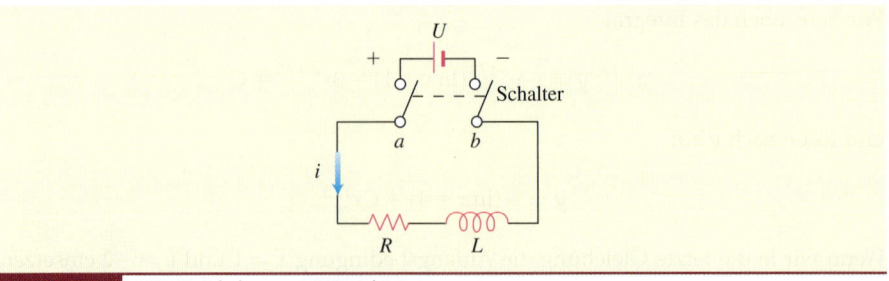

Abbildung 9.8 Die RL-Schaltung aus Beispiel 9.8.

Das Ohm'sche Gesetz $U = RI$ muss für einen solchen Schaltkreis erweitert werden. Die Gleichung, die sowohl den Ohm'schen Widerstand als auch die Induktivität beschreibt, lautet

$$L\frac{\mathrm{d}i}{\mathrm{d}t} + Ri = U, \tag{9.6}$$

dabei ist i der von der Zeit abhängige variable Strom in Ampere (im Unterschied zum konstanten Strom I) und t die Zeit in Sekunden. Wenn wir diese Gleichung lösen, können wir beschreiben, wie der Strom fließt, sobald der Schalter geschlossen wird.

Die Differentialgleichung einer RL-Schaltung

Beispiel 9.8 Der Schalter in dem Schaltkreis in ▶Abbildung 9.8 wird zur Zeit $t = 0$ geschlossen. Wie entwickelt sich der Strom als Funktion der Zeit?

Lösung Gleichung (9.6) ist eine lineare Differentialgleichung erster Ordnung für i als Funktion von t. In der Standardform lautet sie, falls $L > 0$,

$$\frac{\mathrm{d}i}{\mathrm{d}t} + \frac{R}{L}i = \frac{U}{L}, \tag{9.7}$$

und die Lösung für die Anfangsbedingung $i = 0$ bei $t = 0$ ist

$$i = \frac{U}{R} - \frac{U}{R}\mathrm{e}^{-(R/L)t}. \tag{9.8}$$

(Diese Lösung können Sie in Aufgabe 17 berechnen.) R und L sind positiv, damit ist $-(R/L)$ negativ, und es gilt $\mathrm{e}^{-(R/L)t} \to 0$ für $t \to \infty$. Wir erhalten

$$\lim_{t \to \infty} i(t) = \lim_{t \to \infty} \left(\frac{U}{R} - \frac{U}{R}\mathrm{e}^{-(R/L)t}\right) = \frac{U}{R} - \frac{U}{R} \cdot 0 = \frac{U}{R}.$$

Zu jeder Zeit $t < \infty$ ist der Strom damit theoretisch kleiner als U/R; er nähert sich aber für $t \to \infty$ dem Wert U/R sehr schnell an, so dass man in der Praxis aufgrund der endlichen Messgenauigkeit davon ausgehen kann, den Endwert U/R bereits in endlicher Zeit t erreicht zu haben. Gemäß der Gleichung

$$L\frac{\mathrm{d}i}{\mathrm{d}t} + Ri = U$$

ist $I = U/R$ der Strom, der durch den Schaltkreis dann fließt, wenn entweder $L = 0$ gilt (keine Induktivität) oder $\mathrm{d}i/\mathrm{d}t = 0$ ist, also i konstant ist.

Die Lösung (9.8) von Gleichung (9.7) besteht aus zwei Summanden: der stationären Lösung U/R und dem instationären Term $-(U/R)^{-(R/L)t}$, der für $t \to \infty$ gegen null geht (▶Abbildung 9.9).

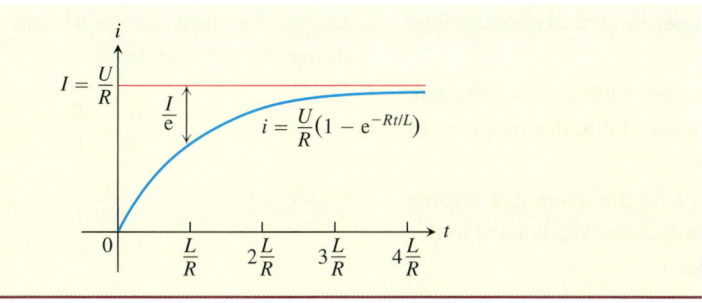

Abbildung 9.9 Das Anwachsen des Stroms in der *RL*-Schaltung aus Beispiel 9.8. *I* ist der Endwert des Stroms, die Zahl $t = L/R$ nennt man die Zeitkonstante des Stromkreises. Der Strom erreicht in 3 Zeitkonstaten einen Wert, der nur noch 5 % vom Endwert entfernt ist (Aufgabe 16).

Aufgaben zum Abschnitt 9.2

Lineare Differentialgleichungen erster Ordnung

Lösen Sie in den Aufgaben 1–7 die Differentialgleichungen.

1. $x\dfrac{dy}{dx} + y = e^x \quad x > 0$

2. $xy' + 3y = \dfrac{\sin x}{x^2}, \quad x > 0$

3. $x\dfrac{dy}{dx} + 2y = 1 - \dfrac{1}{x}, \quad x > 0$

4. $2y' = e^{x/2} + y$

5. $xy' - y = 2x \ln x$

6. $(t-1)^3 \dfrac{ds}{dt} + 4(t-1)^2 s = t + 1, \quad t > 1$

7. $\sin\theta \dfrac{dr}{d\theta} + (\cos\theta)r = \tan\theta, \quad 0 < \theta < \pi/2$

Anfangswertprobleme

Lösen Sie in den Aufgaben 8–10 das Anfangswertproblem.

8. $\dfrac{dy}{dt} + 2y = 3, \quad y(0) = 1$

9. $\theta \dfrac{dy}{d\theta} + y = \sin\theta, \quad \theta > 0, \quad y(\pi/2) = 1$

10. $(x+1)\dfrac{dy}{dx} - 2(x^2 + x)y = \dfrac{e^{x^2}}{x+1},$
$x > -1, \quad y(0) = 5$

11. Die folgende Gleichung beschreibt ein exponentielles Wachstum bzw. einen exponentiellen Zerfall. Lösen Sie das Anfangswertproblem für y als Funktion von x; behandeln Sie dabei die Differentialgleichung als lineare Gleichung erster Ordnung mit $P(x) = -k$ und $Q(x) = 0$:

$$\dfrac{dy}{dt} = ky \quad (k \text{ konstant}), \quad y(0) = y_0$$

12. Lösen Sie das folgende Anfangswertproblem für u als Funktion von t:

$$\dfrac{du}{dt} + \dfrac{k}{m} u = 0$$

(k und m sind positive Konstanten), $u(0) = u_0$

Behandeln Sie die Differentialgleichung

a. als lineare Differentialgleichung erster Ordnung,

b. als separierbare Differentialgleichung.

Theorie und Beispiele

13. Ist eine der beiden folgenden Gleichungen korrekt? Begründen Sie Ihre Antwort.

a. $x \displaystyle\int \dfrac{1}{x} dx = x \ln|x| + C$

b. $x \displaystyle\int \dfrac{1}{x} dx = x \ln|x| + Cx$

14. Strom in einem geschlossenen *RL*-Stromkreis Der Schalter in einem *RL*-Schaltkreis wird geschlossen. Wie viele Sekunden dauert es dann, bis der Strom i die Hälfte seinen stationären Werts erreicht hat? Diese Zeit hängt von R und L ab, aber nicht von der Höhe der angelegten Spannung.

15. Strom in einem offenen *RL*-Stromkreis Der Strom in einem *RL*-Stromkreis hat seinen Endwert $I = U/R$ erreicht. Wird der Schalter nun geöffnet, so gilt für den zurückgehenden Strom die Gleichung (vgl. das untenstehende Bild)

$$L \dfrac{di}{dt} + Ri = 0;$$

diese Gleichung entspricht Gleichung (9.6) mit $U = 0$.

a. Lösen Sie die Differentialgleichung und drücken Sie i als Funktion von t aus.

b. Wie lange wird es nach dem Öffnen des Schalters dauern, bis der Strom auf die Hälfte des ursprünglichen Werts abgefallen ist?

c. Zeigen Sie, dass bei $t = L/R$ der Wert des Stroms I/e beträgt. (Die Bedeutung dieses Werts wird in der nächsten Aufgabe deutlich.)

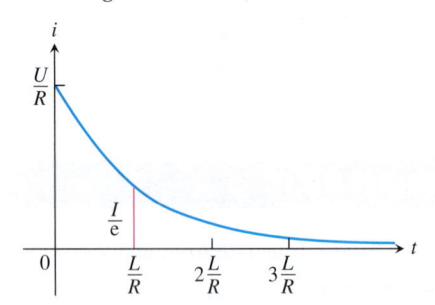

c. Zeigen Sie, dass $i = U/R$ eine Lösung von Gleichung (9.7) ist und dass $i = Ce^{-(R/L)t}$ die Gleichung

$$\frac{di}{dt} + \frac{R}{L}i = 0$$

erfüllt.

Eine **Bernoulli'sche Differentialgleichung** hat die Form

$$\frac{dy}{dx} + P(x)y = Q(x)y^n.$$

Für $n = 0$ und $n = 1$ ist die Bernoulli'sche Differentialgleichung linear. Bei anderen Werten von n kann man sie mit der Substitution $u = y^{1-n}$ in eine lineare Differentialgleichung überführen.

$$\frac{du}{dx} + (1-n)P(x)u = (1-n)Q(x).$$

So ist beispielsweise in der Gleichung

$$\frac{dy}{dx} - y = e^{-x}y^2$$

16. Zeitkonstanten Ingenieure nennen die Zahl L/R die *Zeitkonstante* des Stromkreises aus Abbildung 9.8. Der Name kommt daher, dass der Strom innerhalb von 3 Zeitkonstanten nach dem Einschalten 95% seines Endwerts erreicht hat (Abbildung 9.9). An der Zeitkonstanten kann man also erkennen, wie schnell ein bestimmter Stromkreis sein Gleichgewicht erreicht.

$n = 2$, und wir erhalten damit $u = y^{1-2} = y^{-1}$ und $du/dx = -y^{-2}dy/dx$. Daraus folgt $dy/dx = -y^2 du/dx = -u^{-2}du/dx$. Setzen wir dies in die ursprüngliche Gleichung ein, so bekommen wir

$$-u^{-2}\frac{du}{dx} - u^{-1} = e^{-x}u^{-2}$$

a. Bestimmen Sie in Gleichung (9.8) für $t = 3L/R$ den Wert von i und zeigen Sie, dass er etwa 95% des Endwerts $I = U/R$ beträgt.

b. Wie groß ist in etwa die Stromstärke 2 Zeitkonstanten, nachdem der Schalter geschlossen wurde, also bei $t = 2L/R$? Geben Sie das Ergebnis als Prozentsatz des Endwerts an.

oder, was äquivalent ist,

$$\frac{du}{dx} + u = -e^{-x}.$$

Die letzte Gleichung ist linear in der anhängigen (und noch unbekannten) Variablen u.

Lösen Sie in den Aufgaben 18–21 die Bernoulli'schen Differentialgleichungen.

17. Herleitung von Gleichung (9.8) aus Beispiel 9.8

a. Zeigen Sie, dass die Gleichung

$$\frac{di}{dt} + \frac{R}{L}i = \frac{U}{L}$$

die Lösung

$$i = \frac{U}{R} + Ce^{-(R/L)t}$$

hat.

b. Bestimmen Sie den Wert von C für die Anfangsbedingung $i(0) = 0$. Damit ist Gleichung (9.8) vollständig hergeleitet.

18. $y' - y = -y^2$

19. $y' - y = xy^2$

20. $xy' + y = y^{-2}$

21. $x^2y' + 2xy = y^3$

9.3 Anwendungen

Wir untersuchen im Folgenden vier Anwendungen von Differentialgleichungen erster Ordnung. Zuerst behandeln wir die Bewegung eines Objekts entlang einer Geraden unter dem Einfluss einer Kraft, die der Bewegung entgegengesetzt ist. Die zweite Anwendung ist ein Modell zur Populationsentwicklung. Als Drittes untersuchen wir eine Kurve (oder eine Kurvenschar), die jede Kurve einer zweiten Kurvenschar *orthogonal* (also rechtwinklig) schneidet. Die vierte Anwendung schließlich behandelt die Konzentration von chemischen Zusatzstoffen in Flüssigkeiten, die in ein Gefäß hinein oder daraus heraus fließen. In allen diesen Modellen kommen entweder separierbare Differentialgleichungen oder lineare Gleichungen erster Ordnung vor.

Bewegung bei einem Widerstand proportional zur Geschwindigkeit

Für viele bewegte Objekte – z. B. für ein ausrollendes Auto – ist es sinnvoll anzunehmen, dass der Widerstand, der sich der Bewegung entgegensetzt, proportional zu ihrer Geschwindigkeit ist. Je schneller sich das Objekt bewegt, desto stärker wird die Bewegung durch den Luftwiderstand gebremst. Wir betrachten das Objekt als eine Masse m, die sich entlang einer Koordinatenachse bewegt, ihre Position zur Zeit t wird durch die Funktion $s(t)$, ihre Geschwindigkeit durch $v(t)$ beschrieben. Gemäß dem zweiten Newton'schen Bewegungsgesetz ist die der Bewegung entgegenwirkende Kraft

$$\text{Kraft} = \text{Masse} \cdot \text{Beschleunigung} = m\frac{dv}{dt}\,.$$

Wenn die Widerstandskraft proportional zur Geschwindigkeit ist, erhalten wir damit

$$m\frac{dv}{dt} = -kv \quad \text{bzw.} \quad \frac{dv}{dt} = -\frac{k}{m}v \quad (k > 0)\,.$$

Dies ist eine separierbare Differentialgleichung, die eine exponentielle Änderung beschreibt. Mit den Anfangsbedingungen $v = v_0$ für $t = 0$ ist die Lösung (vgl. Abschnitt 7.4)

$$v = v_0 e^{-(k/m)t}\,. \tag{9.9}$$

Was können wir aus Gleichung (9.9) schließen? Die erste Schlussfolgerung betrifft sehr große Massen, z. B. ein 20 000 Tonnen schweres Schiff. Für ein solches Objekt dauert es sehr lange, bis die Geschwindigkeit gegen null geht, denn der Quotient k/m im Exponenten ist so klein, dass erst nach sehr langer Zeit t der Ausdruck kt/m so groß wird, dass die Geschwindigkeit stark zurückgeht. Wir können Gleichung (9.9) aber noch mehr Informationen entnehmen, wenn wir integrieren und so den Ort s als Funktion der Zeit t bestimmen.

Wir nehmen an, dass ein Körper ausrollt, bis er anhält. Die einzige Kraft, die dabei auf ihn wirkt, ist eine Widerstandskraft proportional zu seiner Geschwindigkeit. Wie weit kommt der Körper? Wir betrachten dazu Gleichung (9.9) und lösen das Anfangswertproblem

$$\frac{ds}{dt} = v_0 e^{-(k/m)t}, \quad s(0) = 0\,.$$

Wenn wir die Gleichung bezüglich t integrieren, erhalten wir

$$s = -\frac{v_0 m}{k} e^{-(k/m)t} + C\,.$$

Wir setzen die Anfangsbedingung $s = 0$ für $t = 0$ ein und bekommen

$$0 = -\frac{v_0 m}{k} + C, \quad \text{also} \quad C = \frac{v_0 m}{k}.$$

Der Ort s des Körpers zur Zeit t ist damit

$$s(t) = -\frac{v_0 m}{k} e^{-(k/m)t} + \frac{v_0 m}{k} = \frac{v_0 m}{k} \left(1 - e^{-(k/m)t}\right). \tag{9.10}$$

Um nun zu bestimmen, wie weit der Körper kommt, müssen wir den Grenzwert von $s(t)$ für $t \to \infty$ berechnen. Es gilt $-(k/m) < 0$, wir wissen also, dass $e^{-(k/m)t}$ für $t \to \infty$ gegen null geht. Damit bekommen wir

$$\lim_{t \to \infty} s(t) = \lim_{t \to \infty} \frac{v_0 m}{k} \left(1 - e^{-(k/m)t}\right)$$
$$= \frac{v_0 m}{k}(1 - 0) = \frac{v_0 m}{k}.$$

Es gilt also

$$\text{Strecke, die beim Ausrollen zurückgelegt wird} = \frac{v_0 m}{k}. \tag{9.11}$$

In der Praxis ist die Zahl $v_0 m/k$ lediglich eine obere Grenze für diese Strecke (allerdings eine sehr nützliche). Man kann ihr auf alle Fälle entnehmen: Für große Massen m wird die Strecke sehr lang.

Ein Schlittschuhläufer gleitet

Beispiel 9.9 Wir betrachten einen Schlittschuhläufer, dessen Gewichtskraft 833 N und dessen Masse damit $m = 833/9{,}8 = 85$ kg beträgt. (Messen wir die Gewichtskraft in Newton und die Masse in Kilogramm, so gilt die Gleichung Newton = Kilogramm · 9,8; dabei rechnen wir mit einer Gravitationskonstanten von $9{,}8\,\text{m}/\text{s}^2$.) Für einen solchen Schlittschuhläufer ist k etwa 4,832 kg/s. Wie lange dauert es, bis die Geschwindigkeit des Läufers von $3{,}35\,\text{m}/\text{s}$ ($12{,}1\,\text{km}/\text{h}$) auf $0{,}3048\,\text{m}/\text{s}$ zurückgegangen ist, wenn er ohne weiteren Antrieb gleitet? Wie weit wird dieser Läufer gleiten, bis er stehen bleibt?

Lösung Wir behandeln zunächst die erste Frage und lösen dafür Gleichung (9.9) nach t auf (wie üblich lassen wir die Einheiten bei der Rechnung weg):

$$3{,}35 e^{-0{,}0568 t} = 0{,}3048 \quad\quad \text{Gl. (9.9) mit } k = 4{,}832,\, m = 85,\, v_0 = 3{,}35 \text{ und } v = 0{,}3048$$

$$e^{-0{,}0568 t} = \frac{0{,}3048}{3{,}35}$$

$$-0{,}0568 t = \ln\left(\frac{0{,}3048}{3{,}35}\right)$$

$$t = \frac{-1}{0{,}0568} \ln\left(\frac{0{,}3048}{3{,}35}\right)$$

$$\approx 42{,}2\,\text{s}.$$

Um die zweite Frage zu beantworten, betrachten wir Gleichung (9.11):

$$\text{Zurückgelegte Strecke} = \frac{v_0 m}{k} = \frac{3{,}35 \cdot 85}{4{,}832}$$

$$\approx 58{,}9\,\text{m}.$$

Das Modell des exponentiellen Wachstums von Populationen und seine Ungenauigkeit

In Abschnitt 7.4 haben wir ein Modell vorgestellt, das das Wachstum von Populationen durch das folgende Anfangswertproblem beschreibt:

$$\frac{dP}{dt} = kP, \quad P(0) = P_0.$$

Dabei ist P die Population zur Zeit t, $k > 0$ eine konstante Wachstumsrate und P_0 die Größe der Population zur Zeit $t = 0$. In Abschnitt 7.4 haben wir auch die Lösung dieser Modellgleichung bestimmt, sie lautet $P = P_0 e^{kt}$.

Wir wollen nun beurteilen, wir gut dieses Modell reale Zustände beschreibt. Die Differentialgleichung des exponentiellen Wachstums (und Zerfalls) besagt, dass

$$\frac{dP/dt}{P} = k \qquad (9.12)$$

konstant ist. k wird **relative Wachstumsrate** genannt. Wir betrachten nun die Größe der Weltbevölkerung, die Zahlen sind für die Jahre 1980–1989 (jeweils zur Jahresmitte) in ▶Tabelle 9.3 zusammengestellt. Setzen wir $dt \approx 1$ und $dP \approx \Delta P$, so sehen wir, dass die relative Wachstumsrate aus Gleichung (9.12) ungefähr 0,017 und konstant ist. Gehen wir also von den Werten der Tabelle aus und setzen wir $t = 0$ für 1980, $t = 1$ für 1981 und so weiter, so können wir die Entwicklung der Weltbevölkerung mit dem folgenden Anfangswertproblem beschreiben:

$$\frac{dP}{dt} = 0{,}017P, \quad P(0) = 4454.$$

Die Lösung dieses Anfangswertproblems ist $P = 4454 e^{0{,}017t}$. Im Jahr 2008 (also bei $t = 28$) hätte die Weltbevölkerung zur Jahresmitte gemäß den Vorhersagen des Modells also 7169 Millionen (oder 7,2 Milliarden) betragen müssen (▶Abbildung 9.10). Dies ist deutlich mehr als der tatsächliche Wert, der vom amerikanischen U.S. Bureau of the Census mit 6707 Millionen angegeben wird. (Die 7-Milliarden-Grenze wurde nach Uno-Angaben Ende 2011 überschritten.) Ein etwas realistischeres Modell hätte auch Effekte berücksichtigt, die das Wachstum bremsen, z. B. Umweltprobleme. Die relative Wachstumsrate ist seit 1987 kontinuierlich auf etwa 0,012 gefallen. Wir untersuchen ein solches Modell in Abschnitt 9.4.

Tabelle 9.3: Die Weltbevölkerung jeweils zur Jahresmitte

Jahr	Bevölkerung (in Millionen)	$\Delta P / P$
1980	4454	$76/4454 \approx 0{,}0171$
1981	4530	$80/4530 \approx 0{,}0177$
1982	4610	$80/4610 \approx 0{,}0174$
1983	4690	$80/4690 \approx 0{,}0171$
1984	4770	$81/4770 \approx 0{,}0170$
1985	4851	$82/4851 \approx 0{,}0169$
1986	4933	$85/4933 \approx 0{,}0172$
1987	5018	$87/5018 \approx 0{,}0173$
1988	5105	$85/5105 \approx 0{,}0167$
1989	5190	

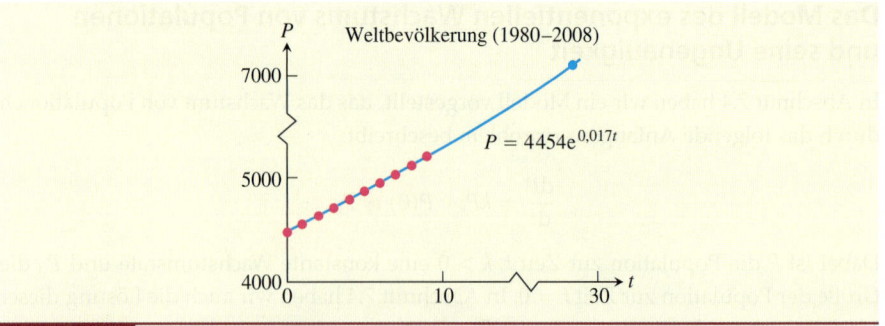

Abbildung 9.10 Der Wert der Lösung $P = 4454e^{0,017t}$ beträgt 7169 für $t = 28$ (gerechnet ab $t_0 = 1980$), das sind fast 7 % mehr als die tatsächliche Größe der Bevölkerung 2008.

Orthogonale Trajektorien

Eine **orthogonale Trajektorie** einer Kurvenschar ist eine Kurve, die jedes Mitglied der Schar im rechten Winkel (also *orthogonal*) schneidet (▶Abbildung 9.11). So ist etwa jede Gerade durch den Ursprung eine orthogonale Trajektorie der Kreise $x^2 + y^2 = a^2$, deren Mittelpunkt im Ursprung liegt (▶Abbildung 9.12). Solche Kurvenscharen, die senkrecht aufeinander stehen, spielen in der Physik eine große Rolle bei der Behandlung des elektrischen Potentials. Die eine Kurvenschar stellt dann die Stärke des elektrischen Feldes dar, die andere entspricht den Linien konstanten elektrischen Potentials. Ähnliche Kurvenscharen treten auch in der Hydrodynamik und bei Wärmeleitungsproblemen auf.

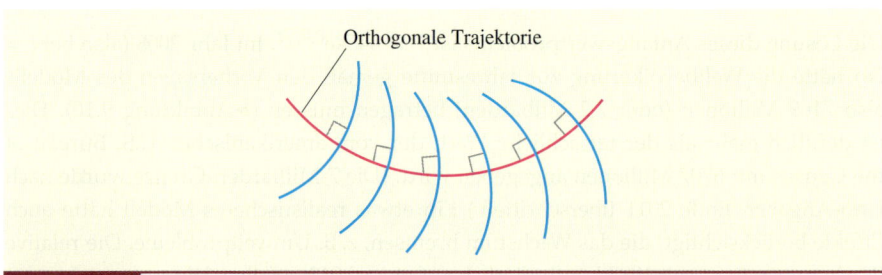

Abbildung 9.11 Eine orthogonale Trajektorie schneitet eine Kurvenschar rechtwinklig (oder orthogonal).

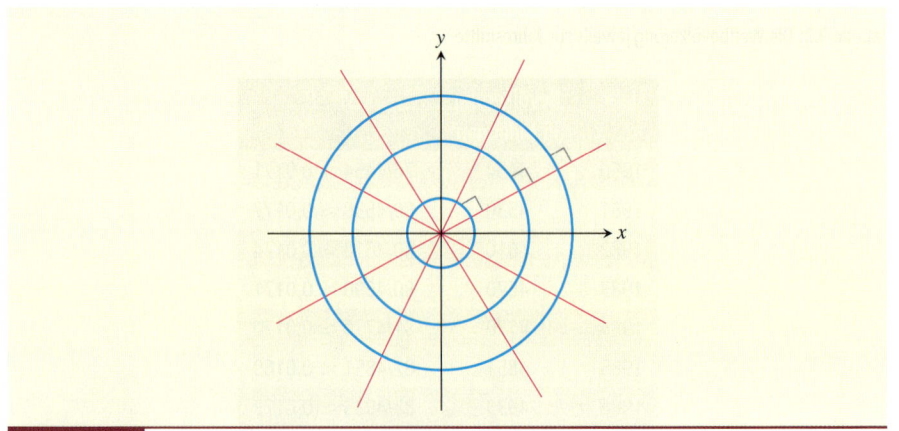

Abbildung 9.12 Jede Gerade durch den Ursprung ist orthogonal zu den Kreisen, deren Mittelpunkt der Ursprung ist.

9.3 Anwendungen

Beispiel 9.10 Bestimmen Sie die orthogonalen Trajektorien der Kurvenschar $xy = a$; dabei ist $a \neq 0$ eine beliebige Konstante.

Orthogonale Kurvenschar von Hyperbeln

Lösung Die Kurven $xy = a$ bilden eine Schar von Hyperbeln mit den Koordinatenachsen als Asymptoten. Wir bestimmen zunächst die Steigung dieser Kurven, also die Werte von dy/dx. Dazu leiten wir $xy = a$ implizit ab und erhalten

$$x\frac{dy}{dx} + y = 0 \quad \text{oder} \quad \frac{dy}{dx} = -\frac{y}{x}.$$

Die Steigung der Tangente an eine der Hyperbeln ist also in jedem Punkt (x,y) $y' = -y/x$. Die Steigung der Tangenten einer orthogonalen Trajektorie in diesem Punkt muss der negative Kehrwert davon sein, also x/y betragen. Die orthogonalen Trajektorien müssen damit die folgende Differentialgleichung erfüllen:

$$\frac{dy}{dx} = \frac{x}{y}.$$

Diese Differentialgleichung ist separierbar, und wir lösen sie mit den Verfahren aus Abschnitt 7.4.

$$y\,dy = x\,dx \quad \text{Trennung der Variablen}$$
$$\int y\,dy = \int x\,dx \quad \text{Beide Seiten integrieren}$$
$$\frac{1}{2}y^2 = \frac{1}{2}x^2 + C$$
$$y^2 - x^2 = b. \tag{9.13}$$

$b = 2C$ ist eine beliebige Konstante. Die orthogonalen Trajektorien sind ebenfalls eine Schar von Hyperbeln, die durch Gleichung (9.13) beschrieben werden und in ▶Abbildung 9.13 dargestellt sind. ∎

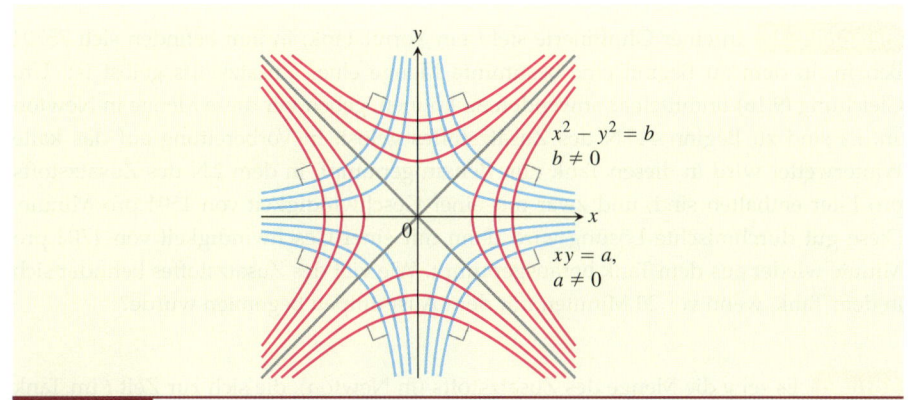

Abbildung 9.13 In diesen beiden Kurvenscharen schneidet jede Kurve der einen Schar jeder Kurve der zweiten Schar orthogonal (Beispiel 9.10).

Mischungsprobleme

Eine Chemikalie geht in einer Flüssigkeit in Lösung (oder in ein Gas als Dispersion). Die Lösung läuft in ein Gefäß, in dem sich das Lösungsmittel (oder das Gas) befindet, in dem möglicherweise bereits eine bestimmte Menge der betrachteten Chemikalie gelöst ist. In dem Gefäß wird ständig gerührt, die Konzentration der Chemikalie ist also überall (nahezu) gleich. Die Mischung fließt mit einer bekannten Abflussrate aus dem Gefäß. Bei solchen Mischungsprozessen möchte man oft die Konzentration der Chemikalie in dem Gefäß zu jedem Zeitpunkt kennen. Man kann den Vorgang mit einer Differentialgleichung beschreiben, die auf der folgenden Überlegung beruht.

$$\begin{pmatrix} \text{Änderungsrate} \\ \text{der Menge der Chemikalie} \\ \text{in dem Gefäß} \end{pmatrix} = \begin{pmatrix} \text{Zuflussrate} \\ \text{der Chemikalie} \\ \text{in das Gefäß} \end{pmatrix} - \begin{pmatrix} \text{Abflussrate} \\ \text{der Chemikalie} \\ \text{aus dem Gefäß} \end{pmatrix} \quad (9.14)$$

$y(t)$ sei die Menge der Chemikalie, die sich zur Zeit t in dem Gefäß befindet, und $V(t)$ sei das Volumen der gesamten Flüssigkeit im Gefäß zur Zeit t. Die Chemikalie ändert ihre Menge zur Zeit t dann gemäß der Gleichung

$$\text{Abflußrate der Chemikalie} = \frac{y(t)}{V(t)} \cdot (\text{Abflussrate der Mischung aus dem Gefäß})$$

$$= \begin{pmatrix} \text{Konzentration} \\ \text{der Chemikalie} \\ \text{zur Zeit } t \end{pmatrix} \cdot \text{Abflussrate der Mischung}. \quad (9.15)$$

Damit wird Gleichung (9.14) zu

$$\frac{dy}{dt} = \begin{pmatrix} \text{Zuflussrate} \\ \text{der Chemikalie} \\ \text{in das Gefäß} \end{pmatrix} - \frac{y(t)}{V(t)} \cdot \text{Abflussrate der Mischung}. \quad (9.16)$$

$y(t)$ werde in Newton gemessen, v in Litern und t in Minuten. Dann ergibt sich für die Einheiten von Gleichung (9.16)

$$\frac{\text{Newton}}{\text{Minute}} = \frac{\text{Newton}}{\text{Minute}} - \frac{\text{Newton}}{\text{Liter}} \cdot \frac{\text{Liter}}{\text{Minute}}.$$

Konzentration eines Zusatzstoffes in einem Benzintank

Beispiel 9.11 In einer Ölraffinerie steht ein Vorratstank; in ihm befinden sich 7570 l Benzin, in dem zu Beginn eine bestimmte Menge eines Zusatzstoffs gelöst ist. Um Gleichung (9.16) unmittelbar anwenden zu können, geben wir diese Menge in Newton an. Es sind zu Beginn 445 N des Zusatzstoffes gelöst. In Vorbereitung auf das kalte Winterwetter wird in diesen Tank nun Benzin gepumpt, in dem 2 N des Zusatzstoffs pro Liter enthalten sind, und zwar mit einer Geschwindigkeit von 150 l pro Minute. Diese gut durchmischte Lösung wird dann mit einer Geschwindigkeit von 170 l pro Minute wieder aus dem Tank herausgepumpt. Wie viel des Zusatzstoffes befindet sich in dem Tank, wenn vor 20 Minuten mit dem Auspumpen begonnen wurde?

Lösung Es sei y die Menge des Zusatzstoffs (in Newton), die sich zur Zeit t im Tank befindet. Wir wissen, dass $y = 445$ zur Zeit $t = 0$. Die gesamte Menge von Benzin und darin gelöstem Zusatzstoff zur Zeit t ist

$$V(t) = 7570\,\text{l} + \left(150\,\frac{\text{l}}{\text{min}} - 170\,\frac{\text{l}}{\text{min}}\right)(t\,\text{min})$$
$$= (7570 - 20t)\,\text{l}$$

9.3 Anwendungen

Abbildung 9.14 In dem Tank in Beispiel 9.11 wird die einfließende Flüssigkeit mit der gemischt, die sich in dem Tank befindet.

150 l pro Minute mit 2 N pro Liter gelöstem Zusatzstoff

170 l pro Minute mit $\frac{y}{V}$ N gelöstem Zusatzstoff

Damit gilt

$$\text{Abflussrate des Zusatzstoffs} = \frac{y(t)}{V(t)} \cdot \text{Abpumprate} \qquad \text{Gleichung 9.15}$$

$$= \left(\frac{y}{7570 - 20t}\right) 170 \qquad \text{Die Abpumprate ist 170 l/min, und es gilt } V(t) = 7570 - 20t$$

$$= \frac{170 y}{7570 - 20t} \frac{\text{N}}{\text{min}}.$$

Außerdem gilt

$$\text{Zuflussrate des Zusatzstoffs} = \left(2 \frac{\text{N}}{\text{l}}\right) \left(150 \frac{\text{l}}{\text{min}}\right)$$

$$= 300 \frac{\text{N}}{\text{min}}.$$

Dieser Mischungsprozess wird also durch die folgende Differentialgleichung beschrieben:

$$\frac{dy}{dt} = 300 - \frac{170 y}{7570 - 20t}, \qquad \text{Gleichung (9.16)}$$

$\frac{dy}{dt}$ wird in Newton pro Minute angegeben.

Wir bringen diese Differentialgleichung zunächst in die Standardform

$$\frac{dy}{dt} + \frac{170}{7570 - 20t} y = 300.$$

Es ist also $P(t) = 170/(7570 - 20t)$ und $Q(t) = 300$. Der integrierende Faktor beträgt

$$v(t) = e^{\int P dt} = e^{\int \frac{170}{7570 - 20t} dt}$$

$$= e^{\frac{-17}{2} \ln(7570 - 20t)} \qquad 7570 - 20t > 0$$

$$= (7570 - 20t)^{-17/2}.$$

Wir multiplizieren beide Seiten der Standardgleichung mit $v(t)$ und integrieren beide Seiten:

$$(7570 - 20t)^{-17/2} \cdot \left(\frac{dy}{dt} + \frac{170}{7570 - 20t} y\right) = 300(7570 - 20t)^{-17/2}$$

$$(7570 - 20t)^{-17/2} \frac{dy}{dt} + 170(7570 - 20t)^{-19/2} y = 300(7570 - 20t)^{-17/2}$$

$$\frac{d}{dt}\left[(7570-20t)^{-17/2}y\right] = 300(7570-20t)^{-17/2}$$

$$(7570-20t)^{-17/2}y = \int 300(7570-20t)^{-17/2}dt$$

$$(7570-20t)^{-17/2}y = 300\left(\frac{-2}{15}\right)\left(\frac{-1}{20}\right)(7570-20t)^{-15/2} + C.$$

Die allgemeine Lösung ist

$$y = 2(7570-20t) + C(7570-20t)^{17/2}.$$

Mit der Anfangsbedingung $y = 445$ für $t = 0$ können wir den Wert von C bestimmen:

$$445 = 2(7570-0) + C(7570-0)^{17/2}$$

$$C = -\frac{14\,695}{(7570)^{17/2}}.$$

Damit ist die spezielle Lösung des Anfangswertproblems

$$y = 2(7570-20t) - \frac{14\,695}{(7570)^{17/2}}(7570-20t)^{17/2}.$$

Die Menge des Zusatzstoffs nach 20 Minuten Pumpen kann jetzt bestimmt werden:

$$y = 2[7570-20(20)] - \frac{14\,695}{(7570)^{17/2}}[7570-20(20)]^{17/2} \approx 5077\,\text{N}.$$

Aufgaben zum Abschnitt 9.3

Bewegung entlang einer Geraden

1. Ausrollendes Fahrrad Ein 66 kg schwerer Radfahrer sitzt auf einem 7 kg schweren Fahrrad. Er rollt auf einem ebenen Untergrund aus, zu Beginn beträgt seine Geschwindigkeit 9 m/s. Das k in Gleichung (9.9) ist etwa 3,9 kg/s.

a. Wie weit rollt der Radfahrer in etwa, bis er zum Stehen kommt?

b. Wie lange dauert es, bis die Geschwindigkeit des Radfahrers auf 1 m/s gefallen ist?

2. Die Daten in der untenstehenden Tabelle geben den Ort eines Mädchens an, das auf Inline-Skatern ausrollt. Mit einem Bewegungsmesser wurde ihre Position zu verschiedenen Zeitpunkten festgehalten.

Skating-Daten eines Mädchens

t (s)	s (m)	t (s)	s (m)	t (s)	s (m)
0	0	2,24	3,05	4,48	4,77
0,16	0,31	2,40	3,22	4,64	4,82
0,32	0,57	2,56	3,38	4,80	4,84
0,48	0,80	2,72	3,52	4,96	4,86
0,64	1,05	2,88	3,67	5,12	4,88
0,80	1,28	3,04	3,82	5,28	4,89
0,96	1,50	3,20	3,96	5,44	4,90
1,12	1,72	3,36	4,08	5,60	4,90
1,28	1,93	3,52	4,18	5,76	4,91
1,44	2,09	3,68	4,31	5,92	4,90
1,60	2,30	3,84	4,41	6,08	4,91
1,76	2,53	4,00	4,52	6,24	4,90
1,92	2,73	4,16	4,63	6,40	4,91
2,08	2,89	4,32	4,69	6,56	4,91

Stellen Sie mit den Daten ein Modell in Form von Gleichung (9.10) auf, das den Ort des Mädchens als Funktion der Zeit beschreibt. Ihre Anfangsgeschwindigkeit betrug $v_0 = 2{,}75$ m/s, ihre Masse $m = 39{,}92$ kg (entspricht 391 N), und insgesamt hat sie beim Ausrollen 4,91 m zurückgelegt.

Orthogonale Trajektorien

Bestimmen Sie in den Aufgaben 3–5 die orthogonalen Trajektorien der Kurvenschar. Skizzieren Sie jeweils einige der Kurven.

3. $y = mx$

4. $kx^2 + y^2 = 1$

5. $y = ce^{-x}$

6. Zeigen Sie, dass die Kurven $2x^2 + 3y^2 = 5$ und $y^2 = x^3$ orthogonal zueinander sind.

7. Bestimmen Sie die Kurvenschar, die Lösung der folgenden Differentialgleichung ist, und die dazu orthogonale Kurvenschar. Skizzieren Sie jeweils einige der Kurven.

a. $x\,dx + y\,dy = 0$ **b.** $x\,dy - 2y\,dx = 0$

Mischungsprobleme

8. Mischung von Salzlösungen In einem Vorratstank befinden sich 380 l eines Frostschutzmittels, in dem 220 N Salz gelöst sind. In diesen Tank läuft nun mit einer Rate von 20 l/min eine Frostschutzmischung aus derselben Flüssigkeit, in der 2 N/l Salz gelöst sind. Die Flüssigkeit im Gefäß wird kontinuierlich gerührt, sodass die Mischung homogen ist. Sie läuft mit einer Rate von 15 l/min aus dem Tank.

a. Mit welcher Geschwindigkeit (in N pro Minute) kommt das Salz zur Zeit t in den Tank?

b. Wie groß ist das Volumen des Frostschutzmittels im Tank zur Zeit t?

c. Mit welcher Geschwindigkeit (in N pro Minute) verlässt das Salz zur Zeit t den Tank?

d. Wie lautet das Anfangswertproblem, das diesen Mischungsprozess beschreibt? Schreiben Sie es auf und lösen Sie es.

e. Bestimmen Sie die Salzkonzentration im Tank 25 Minuten nach Beginn des Mischungsprozesses.

9. Mischung von Düngemitteln In einem Tank befinden sich 380 l reines Wasser. In diesen Tank fließt nun mit einer Rate von 4 l/min Wasser, das 1 N/l löslichen Rasendünger enthält. Die Mischung wird mit einer Rate von 11 l/min aus dem Tank gepumpt. Bestimmen Sie die größte Menge an Düngemittel, die sich bei diesem Vorgang in dem Tank befindet, und den Zeitpunkt, zu dem dieses Maximum erreicht wird.

10. Kohlenmonoxidvergiftung Der Konferenzraum einer Firma enthält 130 m³ Luft, die zu Beginn frei von Kohlenmonoxid ist. Ab dem Zeitpunkt $t = 0$ wird nun Zigarettenrauch, der 4 % Kohlenmonoxid enthält, mit einer Rate von 0,008 m³/min in den Raum geblasen. An der Decke befindet sich ein Ventilator, sodass die Luft in dem Raum gut durchmischt ist. Luft verlässt den Raum ebenfalls mit 0,008 m³/min. Bestimmen Sie den Zeitpunkt, zu dem die Konzentration des Kohlenmonoxids in dem Raum 0,01 % erreicht.

9.4 Grafische Lösung autonomer Differentialgleichungen

In Kapitel 4 haben wir besprochen, dass man aus den Ableitungen einer Funktion auf Eigenschaften des Graphen schließen kann: Die erste Ableitung gibt an, wo der Graph ansteigt und wo er abfällt, die zweite Ableitung bestimmt, wo er konkav und wo er konvex ist. Mit diesem Wissen können wir einige Differentialgleichungen grafisch lösen. Mit der Möglichkeit, physikalisches Verhalten aus Graphen abzuleiten, lassen sich außerdem die realen Systeme besser verstehen, die mit Differentialgleichungen beschrieben werden. Die grafische Lösung einer Differentialgleichung beruht auf den Konzepten der *Phasenlinie* und der *Gleichgewichtspunkte*. Wir werden diese Konzepte entwickeln, indem wir das Verhalten einer differenzierbaren Funktion an den Stellen untersuchen, an denen ihre Ableitung null wird. Dabei unterscheidet sich unsere Herangehensweise von der, die wir in Kapitel 4 vorgestellt haben.

Gleichgewichtspunkte und Phasenlinien

Wenn wir die Gleichung

$$\frac{1}{5}\ln(5y-15) = x+1,$$

implizit differenzieren, dann erhalten wir

$$\frac{1}{5}\left(\frac{5}{5y-15}\right)\frac{dy}{dx} = 1.$$

Lösen wir diese Gleichung nach $y' = dy/dx$ auf, so bekommen wir $y' = 5y - 15 = 5(y-3)$. Die Ableitung y' ist hier also nur eine Funktion von y (der abhängigen Variable) und ist gleich null für $y = 3$.

Eine Differentialgleichung, in der dy/dx eine Funktion nur von y ist, nennt man eine **stationäre** oder **autonome Differentialgleichung**. Wir betrachten die Stellen, an denen die Ableitung in einer autonomen Differentialgleichung null wird. Dabei nehmen wir an, dass alle Ableitungen stetig sind.

> **Definition**
>
> Es sei $dy/dx = g(y)$ eine autonome Differentialgleichung. Die Werte von y, für die $dy/dx = 0$ ist, heißen dann **singuläre Punkte** oder **Gleichgewichtspunkte**.

Die Gleichgewichtspunkte sind die Punkte, an denen die abhängige Variable sich nicht ändert, an denen y also *im Gleichgewicht* ist. Wir betrachten hier den Wert von y, für den $dy/dx = 0$ gilt, nicht den entsprechenden Wert von x, den wir in Kapitel 4 untersucht haben. So sind z. B. die Gleichgewichtspunkte der autonomen Differentialgleichung

$$\frac{dy}{dx} = (y+1)(y-2)$$

$y = -1$ und $y = 2$.

Um nun eine grafische Lösung einer autonomen Differentialgleichung zu konstruieren, erstellen wir zunächst eine **Phasenlinie**. Dafür werden auf der y-Achse die Gleichgewichtspunkte der Gleichung eingezeichnet, außerdem die Intervalle, in denen dy/dx und d^2y/dx^2 positiv bzw. negativ sind. Wir wissen dann schon einmal, wo die Lösungen ansteigen und abfallen, wo sie konkav und wo sie konvex sind. Dies sind die grundsätzlichen Eigenschaften eines Graphen, die wir auch in Abschnitt 4.4 untersucht haben, und mit ihnen können wir den Verlauf der Lösungskurven skizzieren, ohne die Lösung explizit zu bestimmen.

Beispiel 9.12

Grafische Lösung einer Differentialgleichung

Zeichnen Sie die Phasenlinie der Gleichung

$$\frac{dy}{dx} = (y+1)(y-2),$$

und skizzieren Sie damit eine Lösung der Gleichung.

Lösung

1 *Zeichnen Sie einen Zahlenstrahl für y und markieren Sie die Gleichgewichtswerte $y = -1$ und $y = 2$, für die gilt $dy/dx = 0$.*

2 *Bestimmen Sie die Intervalle, in denen $y' > 0$ und $y' < 0$ gilt, und zeichnen Sie sie in die Skizze ein.* Dieser Schritt ähnelt dem Vorgehen in Abschnitt 4.3, wir markieren jetzt allerdings die Intervalle auf der y-Achse, nicht der x-Achse.

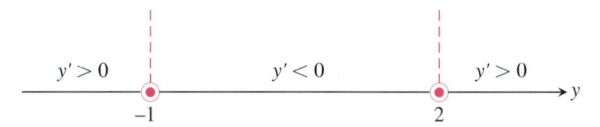

Wir können die Informationen über das Vorzeichen von y' auch auf der Phasenlinie selbst festhalten. Es ist $y' > 0$ in dem Intervall links von $y = -1$, eine Lösung der Differentialgleichung wird also für y-Werte kleiner als -1 von dort in Richtung -1 ansteigen. Wir stellen diese Information auf der Linie dar, indem wir in dem Intervall einen Pfeil einzeichnen, der auf -1 zeigt.

Genauso stellen wir fest, dass $y' < 0$ zwischen $y = -1$ und $y = 2$ ist, jede Lösung der Differentialgleichung wird in diesem Intervall also in Richtung -1 abfallen.

Für $y > 2$ gilt $y' > 0$, eine Lösung mit einem y-Wert größer als 2 wird also von dort weiter anwachsen.

Kurz zusammen gefasst gilt also, dass Lösungskurven unterhalb der Geraden $y = -1$ in der xy-Ebene in Richtung $y = -1$ ansteigen. Zwischen den Geraden $y = -1$ und $y = 2$ fallen die Lösungskurven von $y = 2$ in Richtung $y = -1$. Oberhalb von $y = 2$ schließlich steigen die Lösungskurven von $y = 2$ weiter an.

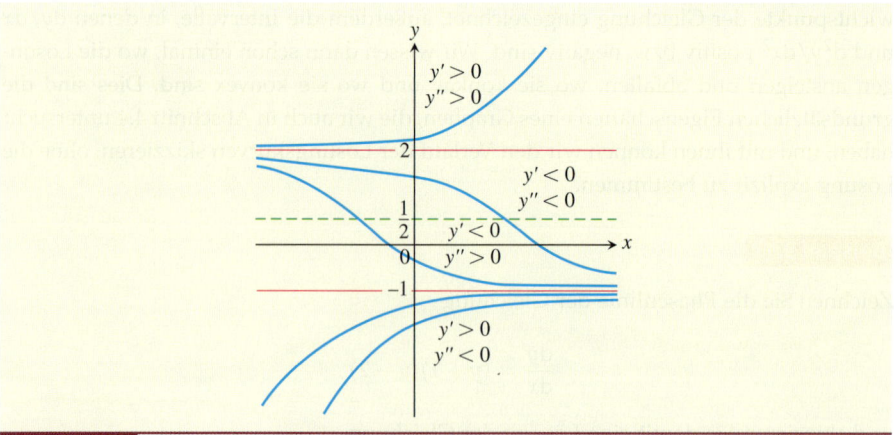

Abbildung 9.15 Einige der grafischen Lösungen aus Beispiel 9.12, darunter auch die horizontalen Geraden $y = -1$ und $y = 2$ durch die Gleichgewichtspunkte. Zwei Lösungskurven berühren oder schneiden sich nie.

3 *Berechnen Sie y'' und markieren Sie auf der Phasenlinie die Intervalle, in denen $y'' > 0$ und $y'' < 0$ ist.* Um y'' zu bestimmen, leiten wir y' implizit nach x ab:

$$y' = (y+1)(y-2) = y^2 - y - 2 \quad \text{Gleichung für } y'$$
$$y'' = \frac{\mathrm{d}}{\mathrm{d}x}(y') = \frac{\mathrm{d}}{\mathrm{d}x}\left(y^2 - y - 2\right)$$
$$= 2yy' - y' \quad \text{Implizit nach } x \text{ abgeleitet}$$
$$= (2y-1)y'$$
$$= (2y-1)(y+1)(y-2).$$

Dieser Gleichung können wir entnehmen, dass y'' sein Vorzeichen bei $y = -1$, $y = 1/2$ und $y = 2$ wechselt. Wir tragen diese Informationen auf der Phasenlinie ein.

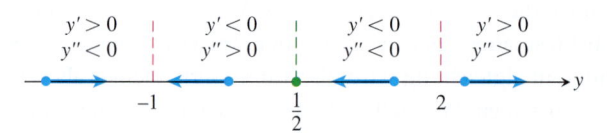

4 *Fügen Sie die Informationen über die Lösungskurven zusammen, und erstellen Sie eine Skizze der Kurven in der xy-Ebene.* Die horizontalen Geraden $y = -1$, $y = 1/2$ und $y = 2$ teilen die Ebene in drei Bereiche, in denen wir die Vorzeichen von y' und y'' kennen. Mit diesen Informationen wissen wir, ob die Kurven in jedem der Bereiche steigen oder fallen und wie die Krümmung mit steigendem x verläuft (▶Abbildung 9.15). Die „Gleichgewichtslinien" $y = -1$ und $y = 2$ sind ebenfalls Lösungskurven, da die konstanten Funktionen $y = -1$ und $y = 2$ die Differentialgleichung erfüllen. Die Lösungskurven, die die Gerade $y = 1/2$ schneiden, haben dort einen Wendepunkt. Die Krümmung ändert sich dort von konkav (oberhalb der Geraden) zu konvex (unterhalb der Geraden).

Wie wir in Schritt **2** bereits vermutet haben, nähern sich die Lösungskurven im mittleren und unteren Bereich mit steigendem x den Gleichgewichtswerten. Die Lösungskurven im oberen Bereich steigen dagegen kontinuierlich an und entfernen sich von Wert $y = 2$.

Stabiles und labiles Gleichgewicht

Wir betrachten noch einmal Abbildung 9.15 und untersuchen insbesondere das Verhalten der Lösungskurven in der Nähe der Gleichgewichtswerte. Sobald eine Lösungskurve einen Wert nahe $y = -1$ annimmt, läuft sie für wachsende x weiter auf diesen Wert zu: $y = -1$ ist ein **stabiles Gleichgewicht**. Dagegen verhalten sich die Lösungen in der Nähe von $y = 2$ genau umgekehrt: Alle Lösungskurven in der Umgebung bis auf die Gleichgewichtslösung $y = 2$ selbst bewegen sich mit wachsendem x von $y = 2$ weg. Wir nennen $y = 2$ daher ein **labiles Gleichgewicht**. Wenn eine Lösungskurve genau dem labilen Gleichgewichtswert entspricht, so bleibt sie konstant, sobald sie aber neben diesem Wert liegt – und sei es nur um eine sehr kleine Abweichung – ,bewegt sich die Lösungskurve von dem Gleichgewichtswert weg. (Man nennt ein Gleichgewicht auch dann labil, wenn die Lösungskurve sich nur bei einer Abweichungen in einer Richtung vom Gleichgewichtswert wegbewegt.)

Wir können dieses Verhalten auch schon an der ursprünglichen Phasenlinie erkennen (dem zweiten Diagramm zu Schritt 2 in Beispiel 9.12): Die Pfeile zeigen von $y = 2$ weg, unmittelbar links von $y = 2$ zeigt der Pfeil in Richtung $y = -1$.

Wir besprechen nun eine Reihe von Anwendungsbeispielen von autonomen Differentialgleichungen, für die wir mit dem Verfahren aus Beispiel 9.12 eine Familie von Lösungskurven skizzieren wollen.

Das Newton'sche Abkühlungsgesetz

In Abschnitt 7.4 haben wir die folgende Differentialgleichung analytisch gelöst:

$$\frac{dH}{dt} = -k(H - H_S), \quad k > 0;$$

mit dieser Gleichung wird das Newton'sche Abkühlungsgesetz beschrieben. H ist dabei die Temperatur eines Objekts zur Zeit t und H_S die konstante Temperatur des Umgebungsmediums.

Die Umgebung – z. B. ein Zimmer in einem Haus – habe eine konstante Temperatur von 15 °C. Die Temperaturdifferenz ist dann $H(t) - 15$. H sei eine differenzierbare Funktion der Zeit t. Gemäß dem Newton'schen Abkühlungsgesetz gibt es dann eine Proportionalitätskonstante $k > 0$, für die gilt

$$\frac{dH}{dt} = -k(H - 15). \tag{9.17}$$

(Die Gleichung wird mit *minus k* aufgestellt, damit sich für $H > 15$ eine negative Ableitung ergibt.)

Es gilt $dH/dt = 0$ bei $H = 15$, die Temperatur von 15 °C ist also ein Gleichgewichtswert. Für $H > 15$ können wir Gleichung (9.17) entnehmen, dass $(H - 15) > 0$, also $dH/dt < 0$ ist. Wenn das Objekt also heißer als die Umgebung ist, wird es abkühlen. Genauso gilt für $H < 15$, dass dann $(H - 15) < 0$, also $dH/dt > 0$ ist. Ein Objekt, das kälter als seine Umgebung ist, wird wärmer werden. Gleichung (9.17) beschreibt also das Verhalten der Temperatur so, wir wir es intuitiv erwarten. Diese Informationen werden in der ersten Phasenlinie in ▶Abbildung 9.16 dargestellt. Der Wert $H = 15$ ist ein stabiler Gleichgewichtswert.

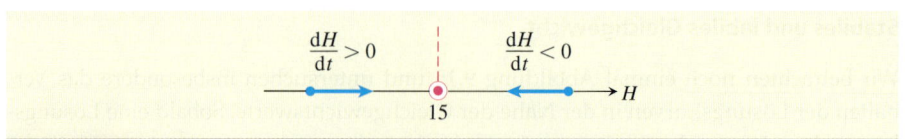

Abbildung 9.16 Der erste Schritt zur Konstruktion der Phasenlinie für das Newton'sche Abkühlungsgesetz. Die Temperatur strebt langfristig den Gleichgewichtswert an, der der Umgebungstemperatur entspricht.

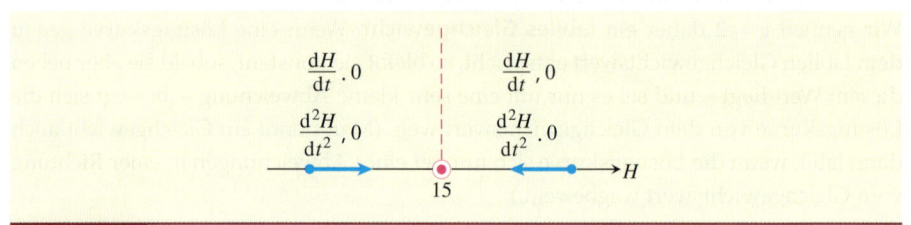

Abbildung 9.17 Die vollständige Phasenlinie für das Newton'sche Abkühlungsgesetz.

Wir untersuchen jetzt, wo die Kurve konkav und wo sie konvex verläuft. Dazu leiten wir beide Seiten der Gleichung (9.17) nach t ab:

$$\frac{d}{dt}\left(\frac{dH}{dt}\right) = \frac{d}{dt}(-k(H-15))$$

$$\frac{d^2H}{dt^2} = -k\frac{dH}{dt}.$$

Weil $-k$ negativ ist, muss d^2H/dt^2 für $dH/dt < 0$ positiv und für $dH/dt > 0$ negativ sein. Diese Informationen sind in die zweite Phasenlinie in ►Abbildung 9.17 eingetragen.

Der vollständigen Phasenlinie kann man nun den Verlauf des Graphen entnehmen. Wenn die Temperatur eines Objekts höher als die Gleichgewichtstemperatur von 15 °C ist, so fällt der Graph von $H(t)$ ab und ist konkav. Ist die Temperatur des Objekts kleiner als 15 °C (die Umgebungstemperatur), so steigt der Graph von $H(t)$ an und ist konvex. Mit diesen Informationen können wir in ►Abbildung 9.18 typische Lösungskurven skizzieren.

Wir betrachten die obere Kurve in Abbildung 9.18. Man kann sehen, dass die Abkühlung mit fallender Temperatur langsamer wird, da die Ableitung dH/dt gegen null geht. Diese Information ist Teil des Newton'schen Abkühlungsgesetzes und natürlich in der Differentialgleichung enthalten. In dem Diagramm der Temperatur über der Zeit wird dies allerdings unmittelbar durch das Abflachen der Graphen deutlich.

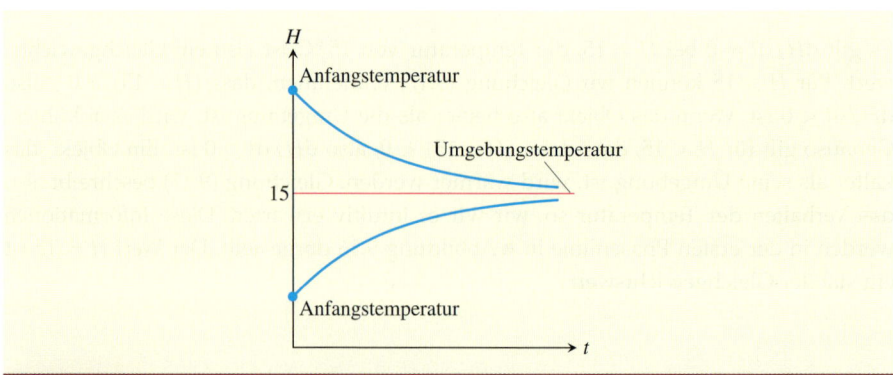

Abbildung 9.18 Temperatur des Objekts in Abhängigkeit von der Zeit. Unabhängig von der Anfangstemperatur strebt die Temperatur des Objekts gegen die Umgebungstemperatur von 15 °C.

Ein Körper fällt in einem Schwerefeld gegen einen Widerstand

Die Newton'schen Bewegungsgesetze besagen, dass die Impulsänderung eines bewegten Körpers der Nettosumme der Käfte entspricht, die auf ihn wirken. Mathematisch ausgedrückt:

$$F = \frac{d}{dt}(mv). \qquad (9.18)$$

Dabei ist F die Kraft auf den Körper, m seine Masse und v seine Geschwindigkeit. Wenn wir eine Rakete betrachten, die durch die Verbrennung von Treibstoff angetrieben wird, ändert sich ihre Masse mit der Zeit. Mithilfe der Produktregel für Ableitungen wird die rechte Seite von Gleichung (9.18) dann zu

$$m\frac{dv}{dt} + v\frac{dm}{dt}.$$

In vielen Fällen ist m aber konstant. Dann ist $dm/dt = 0$, und Gleichung (9.18) vereinfacht sich zu

$$F = m\frac{dv}{dt} \quad \text{oder} \quad F = ma. \qquad (9.19)$$

Diese Gleichung ist als das *zweite Newton'sche Bewegungsgesetz* bekannt (siehe auch Abschnitt 9.3).

Wir betrachten nun den freien Fall eines Körpers. Die Beschleunigung im Schwerefeld wird dann mit g bezeichnet, und die Kraft, die auf den fallenden Körper nach unten wirkt, ist

$$F_G = mg,$$

die Gravitationskraft. In realen Fällen – bei einer Münze, die aus großer Höhe oder bei einem Fallschrimspringer, der aus noch größerer Höhe fällt – wirkt auf den Körper immer auch der Luftwiderstand, der die Geschwindigkeit des Körpers erheblich beeinflussen kann. Will man also ein realistischeres Modell des freien Falls aufstellen, so muss man auch den Luftwiderstand berücksichtigen, wie er als Kraft F_L in dem Diagramm in ▶Abbildung 9.19 eingezeichnet ist. Beachten Sie, dass der Luftwiderstand der Schwerkraft entgegengesetzt ist.

Für Geschwindigkeiten, die deutlich unter der Schallgeschwindigkeit liegen, hat man experimentell festgestellt, dass der Luftwiderstand in etwa proportional zur Geschwindigkeit des Körpers ist. Die Summe der Kräfte auf einen fallenden Körper ist dann

$$F = F_G + F_L.$$

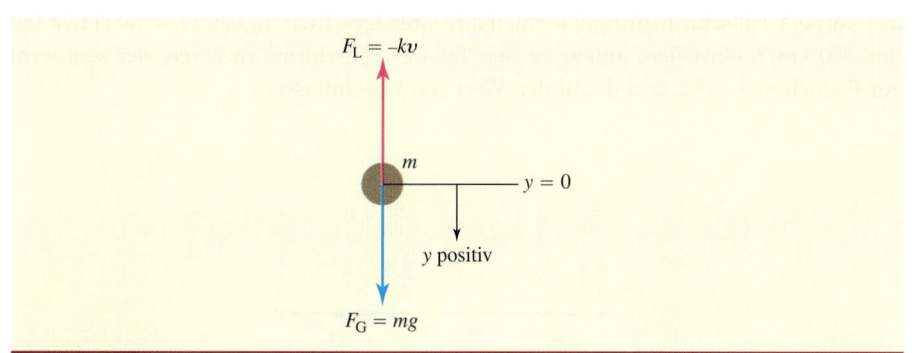

Abbildung 9.19 Ein Körper fällt unter dem Einfluss der Schwerkraft F_G und einer der Schwerkraft entgegengesetzten einer Widerstandskraft F_L, die als proportional zur Geschwindigkeit angenommen wird.

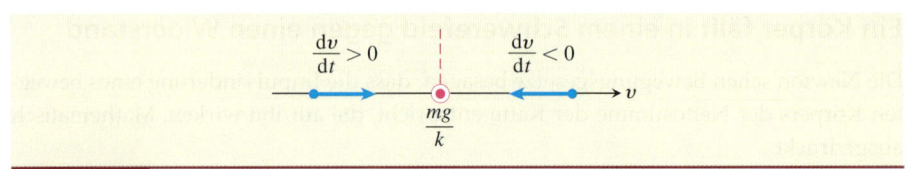

Abbildung 9.20 Erste Phasenlinie für einen Körper, der in einem Schwerefeld und gegen einen Widerstand fällt.

Damit erhalten wir mit einer Konstanten $k > 0$

$$m\frac{dv}{dt} = mg - kv$$
$$\frac{dv}{dt} = g - \frac{k}{m}v. \tag{9.20}$$

Wir analysieren die Geschwindigkeitsfunktionen, die diese Differentialgleichung lösen, mithilfe einer Phasenlinie.

Wir erhalten den Gleichgewichtspunkt, indem wir die rechte Seite von Gleichung (9.20) gleich null setzen:

$$v = \frac{mg}{k}.$$

Bewegt sich der Körper zunächst schneller als diese Geschwindigkeit, so ist v/dt kleiner als null, und er wird langsamer. Ist dagegen die Anfangsgeschwindigkeit kleiner als mg/k, dann ist $dv/dt > 0$, und der Körper beschleunigt. Diese Beobachtungen werden in die ersten Phasenlinie (▶Abbildung 9.20) eingetragen

Wir untersuchen nun, wo die Lösungskurven konkav und wo sie konvex sind; dazu leiten wir beide Seiten von Gleichung (9.20) nach t ab:

$$\frac{d^2v}{dt^2} = \frac{d}{dt}\left(g - \frac{k}{m}v\right) = -\frac{k}{m}\frac{dv}{dt}.$$

Es gilt also $d^2v/dt^2 < 0$, wenn $dv/dt > 0$, also für $v < mg/k$ und $d^2v/dt^2 > 0$, wenn $dv/dt < 0$, also für $v > mg/k$. In ▶Abbildung 9.21 wurden diese Infomationen in die Phasenlinie eingetragen. Beachten Sie die Ähnlichkeit zwischen dieser Phasenlinie und der des Newton'schen Abkühlungsgesetzes (Abbildung 9.17). Auch die Lösungskurven ähneln sich (▶Abbildung 9.22).

Abbildung 9.22 zeigt zwei typische Kurven für die Geschwindigkeit. Unabhängig vom Anfangswert geht die Geschwindigkeit immer gegen den Grenzwert $v = mg/k$. Dieser Wert ist ein stabiles Gleichgewicht, man nennt ihn auch die **Grenzgeschwindigkeit** des Körpers. Fallschirmspringer können ihre Grenzgeschwindigkeit zwischen etwa 150 und 300 km/h einstellen, indem sie den Teil des Fallschirms variieren, der senkrecht zur Fallrichtung steht, und damit den Wert von k beeinflussen.

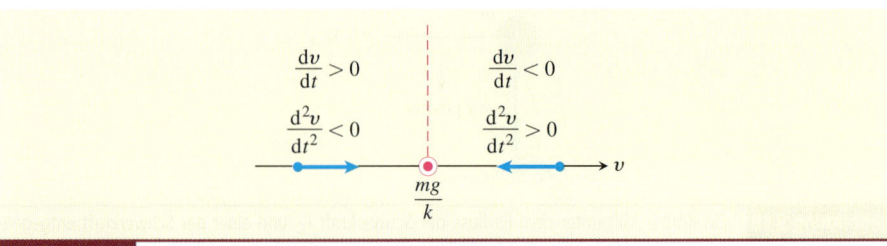

Abbildung 9.21 Die vollständige Phasenlinie eines fallenden Körpers.

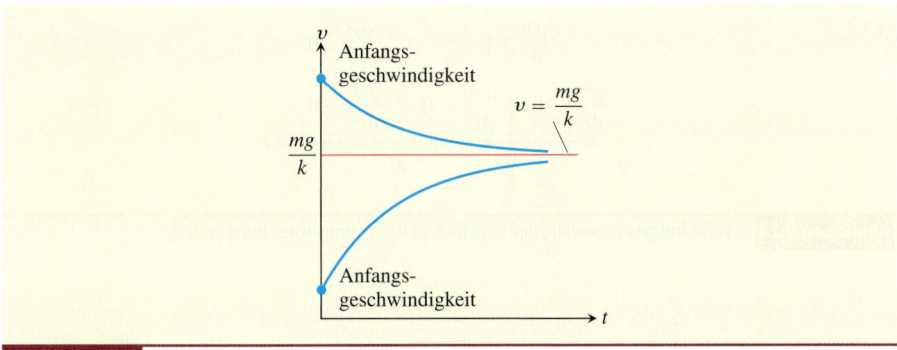

Abbildung 9.22 Typische Kurven für die Geschwindigkeit eines fallenden Körpers, auf den Luftwiderstand wirkt; der Wert $v = mg/k$ ist die Grenzgeschwindigkeit.

Logistisches Modell des Bevölkerungswachstums

In Abschnitt 9.3 haben wir Bevölkerungsentwicklungen mithilfe des Modells des exponentiellen Wachstums untersucht. In diesem Modell werden Bevölkerungsveränderungen durch Zu- und Wegzüge ignoriert, und für die Anzahl P der Individuen gilt die Gleichung

$$\frac{dP}{dt} = kP. \tag{9.21}$$

Dabei ist die Wachstumsrate $k > 0$ die Differenz aus Geburten- und Sterberate pro Zeiteinheit.

Die natürliche Umgebung einer Population hat aber nur begrenzte Ressourcen. Es ist also sinnvoll, von einer maximalen Bevölkerungszahl M auszugehen, die in dem Gebiet leben kann. Nähert sich eine Population dieser **Aufnahmefähigkeit**, so werden die Ressourcen knapper, und die Wachstumsrate k geht zurück. Dieser Vorgang kann in einer einfachen Gleichung dargestellt werden:

$$k = r(M - P).$$

Dabei ist $r > 0$ eine Konstante. k wird umso kleiner, je näher P dem Wert M kommt; wird P größer als M, so ist k negativ. Wir setzen $k = r(M - P)$ in Gleichung (9.21) ein und erhalten die Differentialgleichung

$$\frac{dP}{dt} = r(M - P)P = rMP - rP^2. \tag{9.22}$$

Gleichung (9.22) beschreibt ein **logistisches Wachstumsmodell**.

Wir analysieren jetzt die Phasenlinie von Gleichung (9.22) und machen damit Vorhersagen zur Populationsentwicklung. Die Gleichgewichtswerte sind $P = M$ und $P = 0$, und es gilt $dP/dt > 0$ für $0 < P < M$ und $dP/dt < 0$ für $P > M$. Diese Beobachtungen sind in die Phasenlinie in ▶Abbildung 9.23 eingetragen.

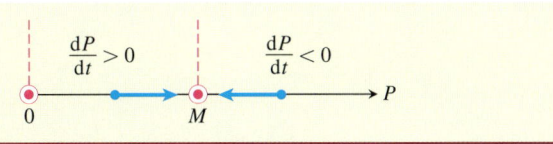

Abbildung 9.23 Die erste Phasenlinie für das logistische Wachstum.

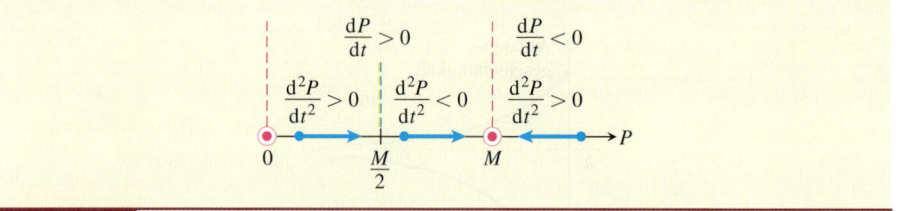

Abbildung 9.24 Vollständige Phasenlinie des logistischen Wachstums (Gleichung (9.22)).

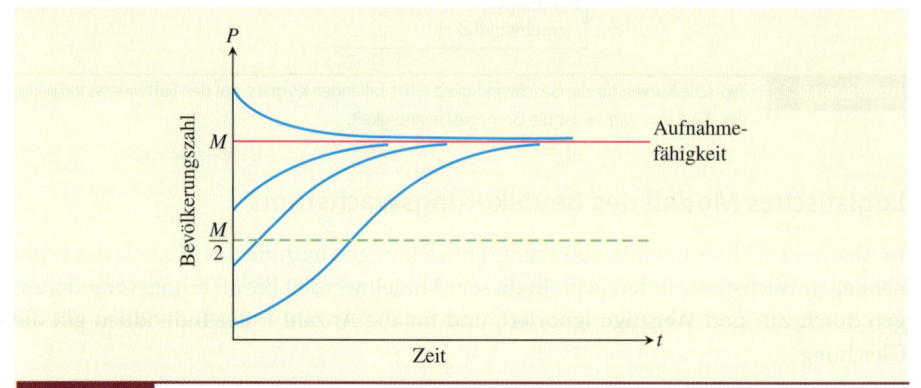

Abbildung 9.25 Kurven für die Bevölkerungsentwicklung im Modell des logistischen Wachstums.

Wir leiten dann beide Seiten der Gleichung (9.22) nach t ab und stellen so fest, wo die Kurven konkav und wo sie konvex sind.

$$\begin{aligned}\frac{d^2P}{dt^2} &= \frac{d}{dt}(rMP - rP^2) \\ &= rM\frac{dP}{dt} - 2rP\frac{dP}{dt} \\ &= r(M - 2P)\frac{dP}{dt}.\end{aligned} \qquad (9.23)$$

Für $P = M/2$ gilt $d^2P/dt^2 = 0$. Für $P < M/2$ sind $(M - 2P)$ und dP/dt positiv, und es gilt $d^2P/dt^2 > 0$. Für $M/2 < P < M$ gilt $(M - 2P) < 0$ und $dP/dt > 0$, damit ist $d^2P/dt^2 < 0$. Für $P > M$ sind schließlich $(M - 2P)$ und dP/dt beide negativ, also $d^2P/dt^2 > 0$. Wir ergänzen diese Informationen in der vollständigen Phasenlinie (▶Abbildung 9.24).

Die Geraden $P = M/2$ und $P = M$ teilen den ersten Quadranten der tP-Ebene in horizontale Bänder, in denen wir die Vorzeichen sowohl von dP/dt als auch von d^2P/dt^2 kennen. In jedem Band wissen wir also, wie die Kurven mit wachsendem t ansteigen und abfallen und wie ihre Krümmung ist. Die beiden Gleichgewichtslinien $P = 0$ und $P = M$ sind beide selbst Lösungskurven für die Bevölkerungszahl. Lösungskurven, die die Gerade $P = M/2$ schneiden, haben dort einen Wendepunkt und nehmen so einen S-förmigen Verlauf, in der Fachsprache bezeichnet man solche Kurven auch als **Sigmoid-Kurven**. ▶Abbildung 9.25 zeigt typische Kurven für den Bevölkerungsverlauf. Für $t \to \infty$ gehen alle Kurven gegen den Grenzwert M.

Aufgaben zum Abschnitt 9.4

Phasenlinien und Lösungskurven

Führen Sie in den Aufgaben 1–8 die folgenden Schritte aus:

a. Bestimmen Sie die Gleichgewichtspunkte. Welche sind stabil, welche labil?

b. Konstruieren Sie die Phasenlinie. Bestimmen Sie die Vorzeichen von y' und y''.

c. Skizzieren Sie einige Lösungskurven.

1. $\dfrac{dy}{dx} = (y+2)(y-3)$

2. $\dfrac{dy}{dx} = y^2 - 4$

3. $\dfrac{dy}{dx} = y^3 - y$

4. $\dfrac{dy}{dx} = y^2 - 2y$

5. $y' = \sqrt{y}, \quad y > 0$

6. $y' = y - \sqrt{y}, \quad y > 0$

7. $y' = (y-1)(y-2)(y-3)$

8. $y' = y^3 - y^2$

Modelle für die Bevölkerungsentwicklung

Die autonomen Differentialgleichungen in den Aufgaben 9–12 beschreiben jeweils ein Modell für die Bevölkerungsentwicklung. Analysieren Sie für jede Gleichung die Phasenlinie und skizzieren Sie damit einige Lösungskurven $P(t)$. Wählen Sie unterschiedliche Startwerte $P(0)$. Welche Gleichgewichtswerte sind stabil, welche labil?

9. $\dfrac{dP}{dt} = 1 - 2P$

10. $\dfrac{dP}{dt} = P(1 - 2P)$

11. $\dfrac{dP}{dt} = 2P(P - 3)$

12. $\dfrac{dP}{dt} = 3P(1-P)\left(P - \dfrac{1}{2}\right)$

13. Eine Katastrophe ändert das logistische Wachstum einer Population Eine gesunde Population einer Tierart lebt in einem begrenzten Lebensraum. Die aktuelle Population P_0 liegt nahe bei der Aufnahmefähigkeit M_0 des Lebensraums. Ein Beispiel für eine solche Population wären Fische in einem Süßwassersee in unberührtem Gebiet. Plötzlich geschieht nun eine Katastrophe, z. B. ein Vulkanausbruch. Dabei wird der See kontaminiert und ein beachtlicher Teil der Nahrung und des Sauerstoffs zerstört, die für das Überlegen der Fische nötig sind. In dieser neuen Umgebung können nun nur noch wenige Fische leben, die neue Aufnahmefähigkeit M_1 ist deutlich kleiner als M_0 und außerdem deutlich kleiner als die aktuelle Population P_0. Skizzieren Sie eine „Vorher-nachher"-Kurve, die einige Zeit vor der Katastrophe beginnt und zeigt, wie die Fischpopulation auf die Veränderungen der Umwelt reagiert.

14. Populationskontrolle Die Jagd- und Fischereibehörde eines Bundeslandes möchte Jagdgenehmigungen ausgeben, um die Population an Hirschen in einem Gebiet zu kontrollieren (pro Genehmigung darf ein Hirsch geschossen werden). Es ist bekannt, dass die Hirsche in dem Gebiet aussterben, wenn die Population unter eine bestimmte Zahl m fällt. Steigt die Zahl dagegen über die Aufnahmefähigkeit M, so wird die Population wegen Krankheiten und Unterernährung wieder auf M fallen.

a. Wie sinnvoll ist das folgende Modell zur Beschreibung des Wachstums der Hischpopulation als Funktion der Zeit:

$$\dfrac{dP}{dt} = rP(M - P)(P - m) \;?$$

Dabei ist P die Hischpopulation und r eine positive Proportionalitätskonstante. Analysieren Sie das Modell mithilfe einer Phasenlinie.

b. Erläutern Sie, wie sich dieses Modell von dem des logistischen Wachstums unterscheidet, das von der Gleichung $dP/dt = rP(M - P)$ beschrieben wird. Beschreibt es die Realität besser oder schlechter als das logistische Modell?

c. Es sei $P > M$ für alle t. Zeigen Sie, dass dann gilt $\lim\limits_{t \to \infty} P(t) = M$.

d. Was passiert, wenn $P < m$ für alle t?

e. Diskutieren Sie die Lösungen der Differentialgleichung. Was sind die Gleichgewichtspunkte bei diesem Modell? Erläutern Sie, wie der Grenzwert der Population P von ihrem Anfangswert abhängt. Wie viele Genehmigungen sollten ausgegeben werden?

9 Differentialgleichungen erster Ordnung

Anwendungen und Beispiele

15. Fallschirmspringen Ein Körper der Masse m fällt aus der Ruhe unter dem Einfluss der Schwerkraft und erfährt dabei einen Luftwiderstand proportional zum Quadrat der Geschwindigkeit. Die Geschwindigkeit der Körpers nach t Sekunden Fall wird dann von der folgenden Gleichung beschrieben:

$$m\frac{\mathrm{d}v}{\mathrm{d}t} = mg - kv^2, \quad k > 0;$$

dabei ist k eine Konstante, die von den aerodynamischen Eigenschaften des Körpers und der Dichte der Luft abhängt. (Wir gehen davon aus, dass der Fall zu kurz ist, um Unterschiede in der Luftdichte berücksichtigen zu müssen.)

a. Zeichnen Sie die Phasenlinie der Gleichung.

b. Skizzieren Sie eine typische Kurve der Geschwindigkeit über der Zeit.

c. Für einen Fallschirmspringer von 490 N ($mg = 490$) ist ein typischer Wert der Konstanten $k = 0{,}2397$; dabei wird die Zeit in Sekunden und die Strecke in Metern gemessen. Wie groß ist dann die Grenzgeschwindigkeit des Fallschrimspringers? Berechnen Sie danach auch die Grenzgeschwindigkeit für einen Springer vom 882 N.

16. Widerstand proportional zu $\sqrt{v}$ Ein Körper der Masse m wird vertikal mit der Anfangsgeschwindigkeit v_0 nach unten geworfen. Die Widerstandskraft sei proportional zur Quadratwurzel der Geschwindigkeit. Bestimmen Sie die Endgeschwindigkeit des Körpers mithilfe einer grafischen Analyse.

17. Segeln Ein Segelboot segelt geradeaus, die Windkraft beträgt konstant 220 N. Die einzige weitere Kraft, die auf das Boot wirkt, ist der Widerstand des Wassers. Diese Kraft entspricht der fünffachen Geschwindigkeit des Bootes, dessen Anfangsgeschwindigkeit ist 0,3 m/s. Wie groß ist die maximale Geschwindigkeit des Bootes in Metern pro Sekunde bei diesem Wind?

18. Strom in einem *RL*-Stromkreis Die untenstehende Abbildung zeigt einen Stromkreis, dessen gesamter Ohm'scher Widerstand R konstant ist und dessen Induktivität L (in Henry) als Spule dargestellt wird und ebenfalls konstant ist. Im Stromkreis befindet sich ein Schalter, dessen Kontakte a und b geschlossen werden können; dann liegt eine Spannung U (in Volt) an dem Stromkreis an. In Abschnitt 9.2 haben wir die Gleichung

$$L\frac{\mathrm{d}i}{\mathrm{d}t} + Ri = U$$

hergeleitet, darin ist i der Strom in Ampere und t die Zeit in Sekunden.

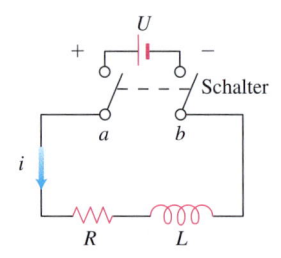

Der Schalter wird zur Zeit $t = 0$ geschlossen. Analysieren Sie die Phasenlinie und skizzieren Sie die Lösungskurve. Was gilt für $t \to \infty$? Dieser Wert wird auch *Endwert* genannt.

9.5 Gleichungssysteme und Phasenebenen

In einigen Anwendungen kann die Situation nicht mit nur einer Differentialgleichung erster Ordnung beschrieben werden, man muss hier mehrere solcher Gleichungen betrachten. Man spricht dann von einem **Differentialgleichungssystem**. In diesem Abschnitt betrachten wir ein grafisches Verfahren, um solche Systeme zu untersuchen, die sogenannte **Phasenraumanalyse**. Betrachtet man ein System aus zwei Differentialgleichungen, so vereinfacht sich der Phasenraum zur Phasenebene. Als Beispiel für die Anwendung dieses Verfahrens behandeln wir, wie sich die Population von Forellen und Barschen entwickelt, wenn sie im gleichen Teich leben.

Phasenebenen

Eine allgemeine Form eines Gleichungssystems aus zwei Differentialgleichungen kann die folgende Form haben:

$$\frac{dx}{dt} = F(x, y),$$
$$\frac{dy}{dt} = G(x, y).$$

Ein solches Gleichungssystem heißt **autonom**, denn sowohl dx/dt als auch dy/dt hängen nicht von der unabhängigen Variablen t ab, sondern lediglich von den abhängigen Variablen x und y. Eine **Lösung** eines solchen Gleichungssystems besteht aus zwei Funktionen $x(t)$ und $y(t)$, die für alle Werte von t in einem (beschränkten oder unbeschränkten) Intervall beide Differentialgleichungen erfüllen.

Wir können keine dieser beiden Differentialgleichungen isoliert betrachten und so eine Lösung $x(t)$ oder $y(t)$ bestimmen, da beide Ableitungen sowohl von x als auch von y abhängen. Um das System genauer zu untersuchen, zeichnen wir daher die Punkte $(x(t), y(t))$ in der xy-Ebene, beginnend bei einem beliebigen Punkt. Wir erhalten so mithilfe der Lösungsfunktionen eine Lösungskurve durch diesen Punkt, die man **Trajektorie** des Systems nennt. Die xy-Ebene, in der diese Trajektorie liegt, nennt man **Phasenebene**. Wir betrachten also beide Lösungen gemeinsam und untersuchen das Verhalten aller Lösungstrajektorien in der Phasenebene. Man kann beweisen, dass sich zwei Trajektorien niemals schneiden oder berühren. (Lösungstrajektorien sind Beispiele für *Kurven in Parameterdarstellung*, die wir ausführlich in Kapitel 11 im zweiten Band behandeln).

Ein Wettbewerbsmodell für zwei konkurrierende Populationen

Wir betrachten die folgende Situation: In einem Teich leben zwei Fischarten, z. B. Forellen und Barsche, die um die begrenzten Ressourcen (Sauerstoff und Nahrung) konkurrieren. Es sei $x(t)$ die Anzahl der Forellen und $y(t)$ die Anzahl der Barsche, die zur Zeit t in dem Teich leben. Natürlich können $x(t)$ und $y(t)$ in der Realität nur ganzzahlige Werte annehmen, wir nähern sie hier aber durch differenzierbare Funktionen mit reellen Werten an.

Die Änderungsraten dieser Populationen werden von vielen Faktoren bestimmt. Beispielsweise erzeugt jede Population Nachkommen, und wir nehmen an, dass sie proportional zu ihrer Größe wächst. Dies allein würde zu exponentiellem Wachstum jeder der beiden Populationen führen. Allerdings ergibt sich ein gegenläufiger Effekt daraus, dass die beiden Arten in Konkurrenz zueinander stehen. Eine große Anzahl von Barschen führt zu einem Rückgang der Forellenpopulation und umgekehrt. In diesem

Modell geht man davon aus, dass dieser Effekt proportional zu der Häufigkeit ist, mit der Vertreter der beiden Arten interagieren, und dies ist wiederum proportional zu xy, dem Produkt der beiden Populationen. Damit ergeben sich in diesem Modell die folgenden Gleichungen für die Entwicklung der Forellen- und Barschpopulation in dem Teich:

$$\frac{dx}{dt} = (a - by)x, \qquad (9.24a)$$

$$\frac{dy}{dt} = (m - nx)y \qquad (9.24b)$$

$x(t)$ steht für die Anzahl der Forellen und $y(t)$ für die Anzahl der Barsche zur Zeit t; a, b, m und n sind positive Konstanten. Eine Lösung dieses Systems besteht aus zwei Funktionen $x(t)$ und $y(t)$, die die Anzahl der Fische beider Arten zur Zeit t angeben. Jede der beiden Gleichungen in dem System (9.24) enthält beide unbekannten Funktionen x und y, wir können also beide Gleichungen nicht einzeln lösen. Wir werden stattdessen die Lösungstrajektorien dieses **Wettbewerbsmodells** grafisch untersuchen.

Zunächst überlegen wir, was die Phasenebene in diesem Modell für die Forellen- und Barschpopulation ist: Wir betrachten lediglich den ersten Quadranten der xy-Ebene, in dem $x \geq 0$ und $y \geq 0$ gilt, da Populationen nicht negativ werden können. Wir untersuchen jetzt zuerst, wo die Populationen beide konstant sind. Die Werte von $(x(t), y(t))$ ändern sich dann nicht, wenn gilt $dx/dt = 0$ und $dy/dt = 0$. Dann gilt für die Gleichungen (9.24a) und (9.24b)

$$(a - by)x = 0,$$
$$(m - nx)y = 0.$$

Dieses Paar autonomer Differentialgleichungen hat zwei Lösungen: $(x, y) = (0, 0)$ und $(x, y) = (m/n, a/b)$. An diesen Punkten (x, y), den **Gleichgewichtspunkten**, bleiben die Populationen über die Zeit konstant. Dabei beschreibt der Punkt $(0, 0)$ einen Teich, in dem sich keine Fische beider Arten befinden; der Punkt $(m/n, a/b)$ dagegen steht für einen Teich, in dem eine konstant bleibende Population jeder der beiden Fischarten lebt.

Aus Gleichung (9.24a) ergibt sich außerdem, dass $dx/dt = 0$ für $y = a/b$ gilt, dann ist die Anzahl der Forellen $x(t)$ also konstant. Genauso ist gemäß Gleichung (9.24b) $dy/dt = 0$ für $x = m/n$, dann ist die Anzahl der Barsche $y(t)$ konstant. Diese Aussagen sind in ▶Abbildung 9.26 dargestellt.

Stellt man ein solches Wettbewerbsmodell auf, so sind die genauen Werte der Konstanten a, b, m, n üblicherweise nicht bekannt. Trotzdem können wir das Gleichungssystem (9.24) untersuchen und den grundsätzlichen Verlauf der Lösungstrajektorien bestimmen. Wir überlegen zunächst, welche Vorzeichen dx/dt und dy/dt in den verschiedenen Bereichen der Phasenebene haben. $x(t)$ beschreibt die Population der Forellen und $y(t)$ die der Barsche zur Zeit t, das Wertepaar $(x(t), y(t))$ ist dann ein Punkt der Phasenebene und wir untersuchen den weiteren Verlauf der Trajektorie durch diesen Punkt. Ist dx/dt positiv, so steigt $x(t)$ an, und der Punkt bewegt sich in der Phasenebene nach rechts. Ist dx/dt negativ, so bewegt sich der Punkt nach links. Analog gilt für positive dy/dt, dass der Punkt sich nach oben bewegt, für negative dy/dt bewegt er sich nach unten.

Wir haben bereits festgestellt, dass $dy/dt = 0$ entlang der vertikalen Geraden $x = m/n$ gilt. Auf der linken Seite dieser Geraden ist dy/dt positiv, denn es gilt $dy/dt = (m - nx)y$ und $x < m/n$. Die Trajektorien verlaufen in diesem Bereich also nach oben. Auf

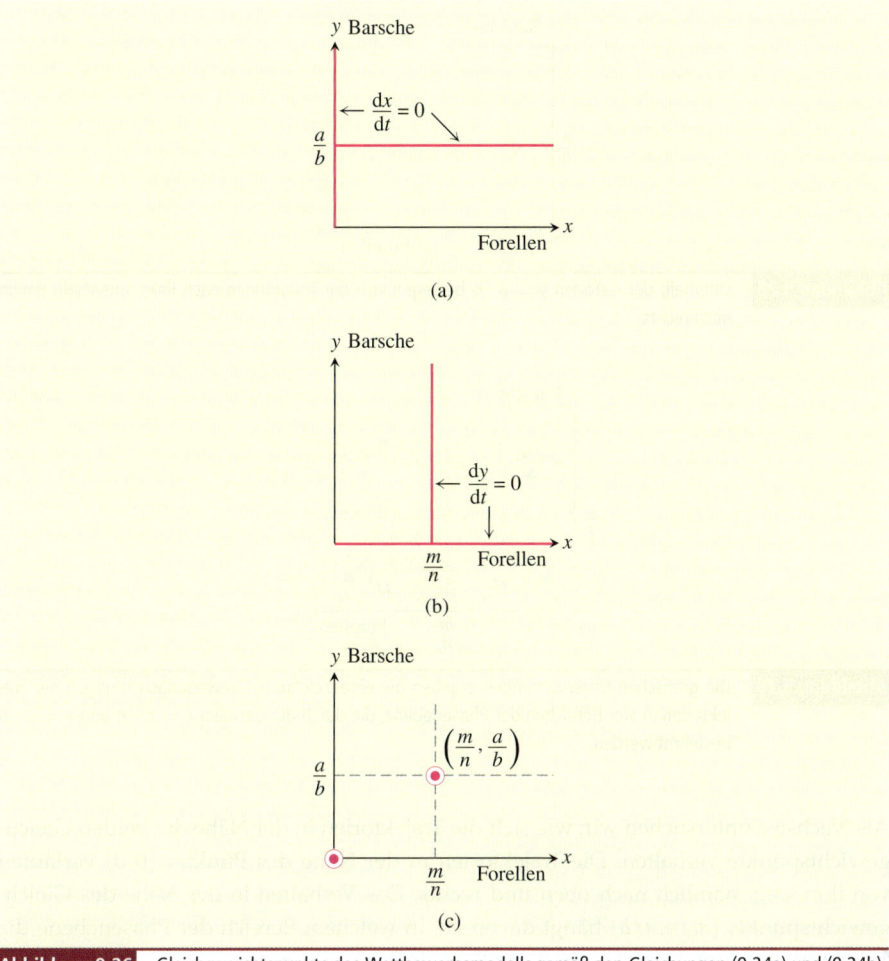

Abbildung 9.26 Gleichgewichtspunkte des Wettbewerbsmodells gemäß den Gleichungen (9.24a) und (9.24b).

der rechten Seite ist dy/dt negativ, und die Trajektorien zeigen abwärts. Der Verlauf der Trajektorien ist in ▶Abbildung 9.27 eingezeichnet.

Genauso gilt oberhalb der horizontalen Geraden $y = a/b$ für die Ableitung $dx/dt < 0$, und die Trajektorien bewegen sich nach links; unterhalb dieser Geraden verlaufen sie nach rechts, wie in ▶Abbildung 9.28 zu sehen. Fügt man diese Informationen zusammen, so erhält man vier Bereiche A, B, C, D der Phasenebene gemäß den unterschiedlichen Bewegungsrichtungen; dies ist in ▶Abbildung 9.29 eingetragen.

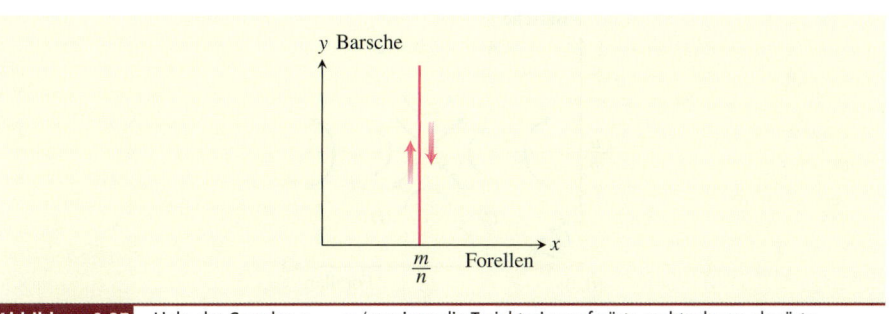

Abbildung 9.27 Links der Geraden $x = m/n$ zeigen die Trajektorien aufwärts, rechts davon abwärts.

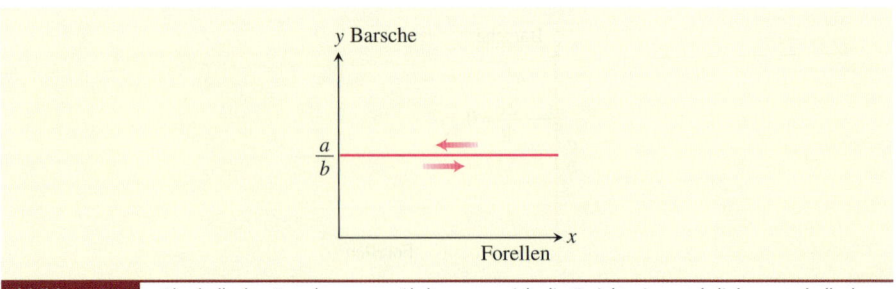

Abbildung 9.28 Oberhalb der Geraden $y = a/b$ bewegen sich die Trajektorien nach links, unterhalb davon nach rechts.

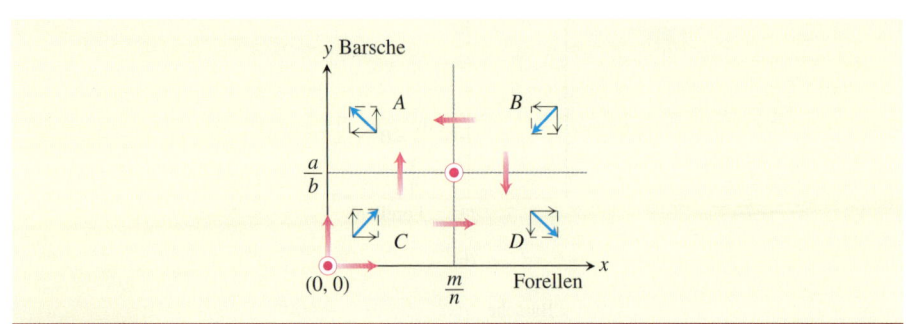

Abbildung 9.29 Die grafischen Untersuchungen ergeben die eingezeichneten Bewegungsrichtungen der Trajektorien in vier Bereichen der Phasenebene, die durch die Geraden $x = m/n$ und $y = a/b$ bestimmt werden.

Als Nächstes untersuchen wir, wie sich die Trajektorien in der Nähe der beiden Gleichgewichtspunkte verhalten. Die Trajektorien in der Nähe des Punktes $(0,0)$ verlaufen von ihm weg, nämlich nach oben und rechts. Das Verhalten in der Nähe des Gleichgewichtspunkts $(m/n, a/b)$ hängt davon ab, in welchem Bereich der Phasenebene die Trajektorie beginnt. Startet sie z. B. im Bereich B, so bewegt sie sich abwärts und nach links in Richtung Gleichgewichtspunkt. Je nach dem Startpunkt kann sie sich nach unten in den Bereich D bewegen, nach links in den Bereich A oder auch direkt in den Gleichgewichtspunkt. Tritt die Trajektorie in die Bereiche A oder D ein, so bewegt sie sich weiter vom Gleichgewichtspunkt weg. Beide Gleichgewichtspunkte sind also **labil**; hier bedeutet dies, dass es in der Nähe beider Punkte Trajektorien gibt, die sich von ihm wegbewegen. Dies ist in ▶Abbildung 9.30 angedeutet.

Man kann zeigen, dass es in jeder der beiden Hälften der Ebene oberhalb und unterhalb der Geraden $y = a/b$ genau eine Trajektorie gibt, die auf den Gleichgewichtspunkt

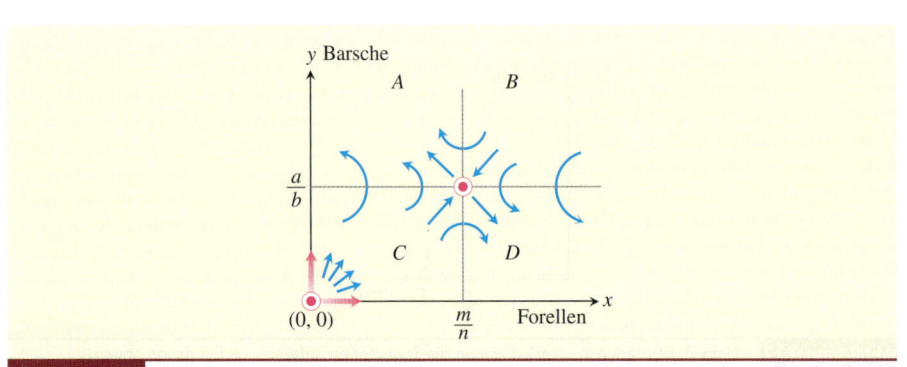

Abbildung 9.30 Bewegung entlang der Trajektorien in der Nähe der Gleichgewichtspunkte $(0,0)$ und $(m/n, a/b)$.

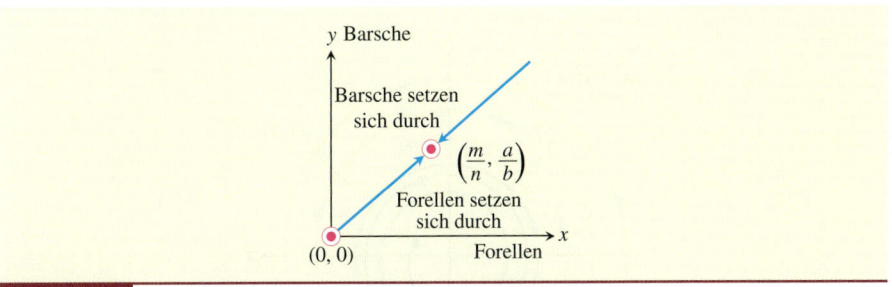

Abbildung 9.31 Ergebnisse der grafischen Analyse des Wettbewerbmodells. Es gibt genau zwei Trajektorien, die auf den Punkt $(m/n, a/b)$ zulaufen.

$(m/n, a/b)$ zuläuft (siehe auch Aufgabe 6 in diesem Kapitel). Oberhalb dieser beiden Trajektorien nimmt die Barschpopulation schließlich, d. h. sobald $x < m/n$, zu, unterhalb nimmt sie schließlich, d. h. sobald $x > m/n$, ab. Diese beiden Trajektorien, die auf den Gleichgewichtspunkt zulaufen, werden qualitativ in ▶Abbildung 9.31 dargestellt.

Mit diesen grafischen Analysen können wir feststellen, dass es im Wettbewerbsmodell unwahrscheinlich ist, dass beide Populationen einen Gleichgewichtspunkt erreichen. Für die beiden Fischpopulationen ist es nahezu unmöglich, sich genau entlang einer der beiden Trajektorien zu bewegen, die auf den Gleichgewichtspunkt zulaufen. Außerdem wird aus den Analysen klar, dass der Anfangspunkt (x_0, y_0) darüber entscheidet, welche der beiden Populationen wahrscheinlich langfristig überlebt; eine friedliche Koexistenz der beiden Populationen ist sehr unwahrscheinlich.

Grenzen der Phasenraumanalyse

Das Verhalten der Trajektorien in der Nähe der Gleichgewichtspunkte kann nicht immer mithilfe einer Phasenraumanalyse bestimmt werden, wie dies bei dem Wettbewerbsmodell möglich war. Wenn wir beispielsweise nur wissen, dass sich die Trajektorien in der Nähe eines Gleichgewichtspunkts (hier der Ursprung $(0,0)$) wie in ▶Abbildung 9.32 verhalten, dann können wir mit den Informationen aus Abbildung 9.32 nicht zwischen den drei Trajektorien unterscheiden, die in ▶Abbildung 9.33 zu sehen sind.

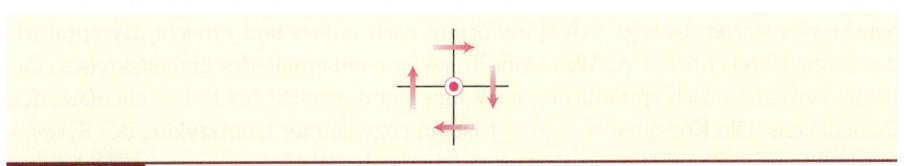

Abbildung 9.32 Richtung der Trajektorien in der Nähe des Gleichgewichtspunktes $(0,0)$.

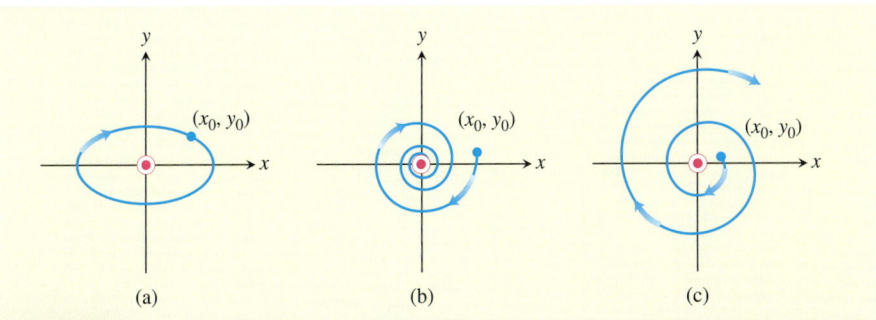

Abbildung 9.33 Die Bewegung dreier möglicher Trajektorien: (a) periodische Bewegung, (b) Bewegung zu einem asymptotisch stabilen Gleichgewichtspunkt, (c) Bewegung in der Nähe eines labilen Gleichgewichtspunkts.

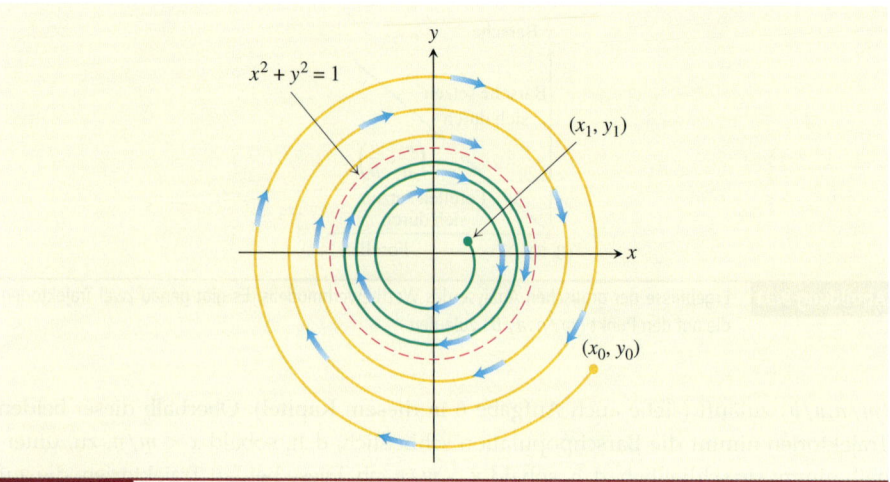

Abbildung 9.34 Die Lösung $x^2 + y^2 = 1$ ist ein Grenzzyklus des Systems.

Und selbst wenn wir wüssten, dass sich eine Trajektorie wie die in Abbildung 9.33c verhält, hätten wir immer noch keine Informationen über die anderen Trajektorien. Eine Trajektorie, die näher an dem Gleichgewichtspunkt liegt, könnte sich wie in den Abbildungen 9.33a und b verhalten. Die spiralförmige Trajektorie in Abbildung 9.33b läuft zwar auf den Gleichgewichtspunkt zu, erreicht ihn aber niemals in endlicher Zeit.

Andere Bewegungen

Man kann zeigen, dass das Gleichungssystem

$$\frac{dx}{dt} = y + x - x(x^2 + y^2), \tag{9.25a}$$

$$\frac{dy}{dt} = -x + y - y(x^2 + y^2) \tag{9.25b}$$

nur einen Gleichgewichtspunkt bei $(0,0)$ hat. Jede Trajektorie, die auf dem Einheitskreis startet, bewegt sich im Uhrzeigersinn entlang dieses Kreises, denn für $x^2 + y^2 = 1$ gilt $dy/dx = -x/y$ (siehe auch Aufgabe 2). Eine Trajektorie, die innerhalb des Einheitskreises startet, bewegt sich spiralförmig nach außen und erreicht asymptotisch den Einheitskreis für $t \to \infty$. Wenn eine Trajektorie außerhalb des Einheitskreises startet, so bewegt sie sich spiralförmig nach innen und erreicht für $t \to \infty$ ebenfalls den Einheitskreis. Die Kreislinie $x^2 + y^2 = 1$ ist ein sogenannter **Grenzzyklus** des Systems (▶Abbildung 9.34). In diesem System verlaufen die Werte von x und y nach einer gewissen Zeit annähernd periodisch.

Aufgaben zum Abschnitt 9.5

1. Betrachten Sie nochmals das Wettbewerbsmodell, das im Text vorgestellt wurde, und nennen Sie drei wichtige Überlegungen, die dabei nicht berücksichtigt werden.

2. Zeigen Sie für das Gleichungssystem (9.25), dass jede Trajektorie, die auf dem Einheitskreis $x^2 + y^2 = 1$ startet, sich als periodische Lösung auf dem Einheitskreis bewegt. Führen Sie dafür Polarkoordinaten ein und schreiben Sie damit das Gleichungssystem um zu $dr/dt = r(1 - r^2)$ und $-d\theta/dt = -1$.

3. Stellen Sie ein Modell für die Populationsentwicklung von Forellen und Barschen mit den folgenden Annahmen auf: Wenn die Forellen isoliert gehalten werden, so fällt ihre Anzahl exponentiell ab (es gilt also $a < 0$ in den Gleichungen (9.24a) und (9.24b)); die Barschpopulation wächst gemäß der logistischen Wachstumsgleichung mit dem Grenzwert der Population M. Analysieren Sie in Ihrem Modell grafisch die Bewegungen in der Nähe der Gleichgewichtspunkte. Kann es Koexistenz geben?

4. Wie könnte das Wettbewerbsmodell überprüft und bestätigt werden? Überlegen Sie dabei auch, wie die verschiedenen Konstanten a, b, m und n abgeschätzt werden können. Wie könnten Umweltschutzbehörden dieses Modell verwenden, um das Überleben beider Arten zu sichern?

5. Betrachten Sie ein anderes Wettbewerbsmodell, das von den Gleichungen

$$\frac{dx}{dt} = a\left(1 - \frac{x}{k_1}\right)x - bxy,$$

$$\frac{dy}{dt} = m\left(1 - \frac{y}{k_2}\right)y - nxy$$

beschrieben wird; dabei steht x für die Anzahl der Forellen und y für die der Barsche.

a. Welche Annahmen macht man in diesem Modell implizit zu dem Wachstum von Forellen- und Barschpopulation, wenn keine Konkurrenz vorliegt?

b. Interpretieren Sie die Konstanten a, b, m, n, k_1 und k_2 im Rahmen des Modells.

c. Analysieren Sie das Modell grafisch:

  i. Bestimmen Sie mögliche Gleichgewichtspunkte.

  ii. Ist Koexistenz möglich?

  iii. Untersuchen Sie einige typische Startpunkte und skizzieren Sie die Trajektorien in der Phasenebene.

  iv. Interpretieren Sie die Ergebnisse, die Ihre grafische Analyse vorhersagt. Wie hängen sie von den Konstanten a, b, m, n, k_1 und k_2 ab?

6. Zwei Trajektorien laufen auf den Gleichgewichtspunkt zu Zeigen Sie, dass die beiden Trajektorien in Abbildung 9.31 die einzigen sind, die den Gleichgewichtspunkt $(m/n, a/b)$ erreichen. Führen Sie dazu die folgenden Schritte aus:

a. Leiten Sie aus dem Gleichungssystem (9.24) mithilfe der Kettenregel die folgende Gleichung her:

$$\frac{dy}{dx} = \frac{(m - nx)y}{(a - by)x}.$$

b. Trennen Sie die Variablen, integrieren Sie und erheben Sie die Terme zur Potenz. Leiten Sie so die folgende Gleichung her:

$$y^a e^{-by} = K x^m e^{-nx},$$

dabei ist K eine Integrationskonstante.

c. Es sei $f(y) = y^a/e^{by}$ und $g(x) = x^m/e^{nx}$. Zeigen Sie, dass $f(y)$ ein absolutes Maximum $M_y = (a/eb)^a$ hat, wenn $y = a/b$ gilt (vgl. die obere der beiden ▶Abbildungen). Zeigen Sie auf die gleiche Weise, dass $g(x)$ das absolute Maximum $M_x = (m/en)^m$ bei $x = m/n$ hat (vgl. die untere der folgenden Abbildungen).

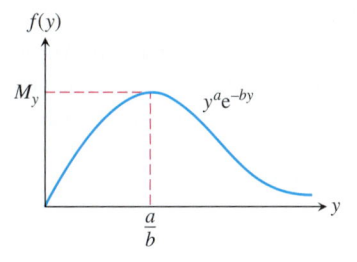

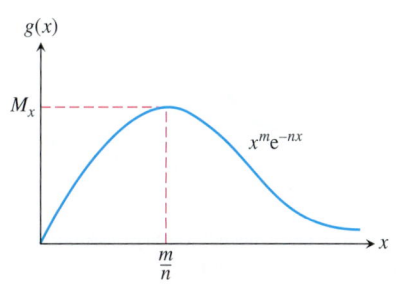

Die Graphen der Funktionen $f(y) = y^a/e^{by}$ und $g(x) = x^m/e^{nx}$.

d. Was passiert, wenn (x,y) sich dem Wert $(m/n, a/b)$ nähert? Betrachten Sie dazu den Grenzübergang der Gleichung aus Teil **b.** für $x \to m/n$ und $y \to a/b$, und zeigen Sie so, dass entweder

$$\lim_{\substack{x \to m/n \\ y \to a/b}} \left[\left(\frac{y^a}{e^{by}}\right) \left(\frac{e^{nx}}{x^m}\right) \right] = K$$

oder $M_y/M_x = K$ gilt. Jede Lösungstrajektorie, die sich dem Punkt $(m/n, a/b)$ nähert, muss also die Gleichung

$$\frac{y^a}{e^{by}} = \left(\frac{M_y}{M_x}\right) \left(\frac{x^m}{e^{nx}}\right).$$

erfüllen.

e. Zeigen Sie, dass nur eine Trajektorie, die unterhalb der Geraden $y = a/b$ startet, sich dem Punkt $(m/n, a/b)$ nähert. Dem oberen Teil von obiger Abbildung können Sie entnehmen, dass $f(y_0) < M_y$, daraus folgt

$$\frac{M_y}{M_x} \left(\frac{x^m}{e^{nx}}\right) = y_0^a / e^{by_0} < M_y.$$

Daraus wiederum folgt

$$\frac{x^m}{e^{nx}} < M_x.$$

Dem unteren Teil der obigen Abbildung kann man außerdem entnehmen, dass es für $g(x)$ einen einzigen Wert $x_0 < m/n$ gibt, der die letzte Ungleichung erfüllt. Für jedes y gibt es also einen einzigen Wert von x, der die Gleichung aus Teil **d.** erfüllt. Es kann nur eine einzige Lösungstrajektorie geben, die sich $(m/n, a/b)$ von unten nähert. Dies wird in folgender Abbildung gezeigt.

f. Zeigen Sie mit einem ähnlichen Argumentationsgang, dass es auch für $y_0 > a/b$ nur eine Lösungstrajektorie gibt, die sich $(m/n, a/b)$ nähert.

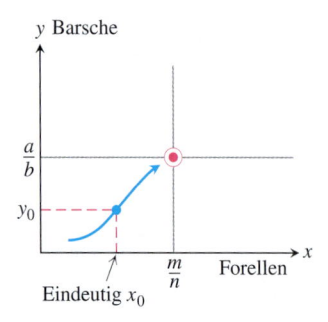

Für jedes $y < a/b$ gibt es nur eine Lösungstrajektorie, die zu dem Gleichgewichtspunkt $(m/n, a/b)$ führt.

7. Zeigen Sie, dass die Differentialgleichung zweiter Ordnung $y'' = F(x, y, y')$ auf ein System aus zwei Differentialgleichungen erster Ordnung zurückgeführt werden kann.

$$\frac{dy}{dx} = z,$$
$$\frac{dz}{dx} = F(x, y, z).$$

Gibt es eine ähnliche Möglichkeit, eine Differentialgleichung n-ter Ordnung $y^{(n)} = F(x, y, y', y'', \ldots, y^{(n-1)})$ auf ein Gleichungssystem niedrigerer Ordnung zurückzuführen?

Die Lotka-Volterra-Gleichungen für ein Räuber-Beute-Modell

Im Jahre 1925 stellten die beiden Mathematiker Alfred James Lotka und Vito Volterra unabhängig voneinander die **Räuber-Beute-Gleichungen** auf, ein Modell für die Populationsentwicklung von zwei Arten, bei denen die eine die Beute der anderen ist. Es sei etwa $x(t)$ die Anzahl der Hasen, die zur Zeit t in einem Gebiet leben, und $y(t)$ die Anzahl der Füchse in demselben Gebiet. Die Anzahl der Hasen nimmt über die Zeit mit einer Geschwindigkeit zu, die proportional zu ihrer aktuellen Anzahl ist, gleichzeitig nimmt sie ab mit einer Geschwindigkeit proportional zur Anzahl der Zusammentreffen von Hasen und Füchsen. Die Füchse, die untereinander in Konkurrenz um das Futter stehen, nehmen mit einer Geschwindigkeit zu, die proportional zur Anzahl ihrer Zusammentreffen mit Hasen ist. Gleichzeitig nimmt ihre Population ab mit einer Geschwindigkeit proportional zur Anzahl an Füchsen. Die Anzahl an Zusammentreffen ist wiederum proportional zum Produkt aus den jeweiligen Anzahlen. Diese Annahmen führen zu dem folgenden System aus autonomen Differentialgleichungen:

$$\frac{dx}{dt} = (a - by)x$$
$$\frac{dy}{dt} = (-c + dx)y.$$

Dabei sind a, b, c, d positive Konstanten. Die Werte dieser Konstanten sind unterschiedlich, je nachdem welche konkrete Situation modelliert werden soll. Wir können das grundsätzliche Verhalten der Populationen in diesem Modell aber untersuchen, ohne den Konstanten konkrete Werte zuzuweisen.

8. Wie entwickelt sich die Hasenpopulation, wenn es keine Füchse in dem Gebiet gibt?

9. Wie entwickelt sich die Fuchspopulation, wenn es keine Hasen in dem Gebiet gibt?

10. Zeigen Sie, dass $(0,0)$ und $(c/d, a/b)$ Gleichgewichtspunkte sind.

11. Zeigen Sie durch Ableiten, dass die Funktion

$$C(t) = a \ln y(t) - by(t) - dx(t) + c \ln x(t)$$

für positive $x(t)$ und $y(t)$ konstant ist und die Räuber-Beute-Gleichungen erfüllt.

$x(t)$ und $y(t)$ können sich also mit der Zeit verändern, $C(t)$ bleibt dagegen konstant. Damit ist C eine *Erhaltungsgröße* und begründet ein *Erhaltungsgesetz*. Beginnt eine Trajektorie zur Zeit $t = 0$ am Punkt (x, y), so ist damit ein Wert für C gegeben, der sich im Verlauf der Zeit nicht mehr ändert. Zu jedem Wert von C gehört eine Trajektorie des autonomen Systems; diese Trajektorien liegen eine in der anderen, sie laufen nicht spiralförmig nach innen oder außen. Die Populationen der Hasen und Füchse durchlaufen oszillierende Zyklen entlang einer festgelegten Trajektorie. Die folgende Abbildung zeigt einige Trajektorien für ein solches Räuber-Beute-System.

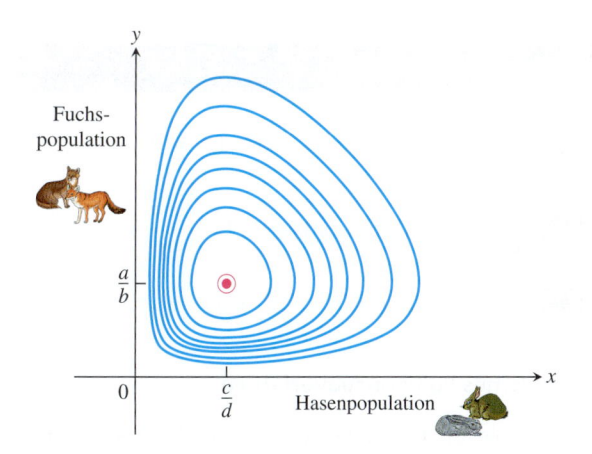

Einige Trajektorien, entlang derer C jeweils konstant ist.

12. Zeigen Sie, dass jede Trajektorie für wachsendes t gegen den Uhrzeigersinn durchlaufen wird. Gehen Sie dabei ähnlich vor wie bei der Behandlung des Wettbewerbmodells im Text.

Entlang jeder Trajektorie schwankt sowohl die Anzahl der Hasen als auch die der Füchse zwischen ihren Maximal- und Minimalwerten. Die Maxima und Minima der Hasenpopulation treten dann auf, wenn die Trajektorie die horizontale Gerade $y = a/b$ schneidet. Die Fuchspopulation erreicht diese Werte, wenn die Trajektorie die vertikale Gerade $x = c/d$ schneidet. Wenn die Hasenpopulation ihr Maximum erreicht, liegt die Fuchspopulation unter ihrem größten Wert. Wenn die Hasenpopulation dann abnimmt, bewegen wir uns gegen den Uhrzeigersinn entlang der Trajektorie, und die Fuchspopulation wächst an, bis sie ihr Maximum erreicht. An dieser Stelle ist die Anzahl der Hasen auf $x = c/d$ zurückgegangen und somit nicht mehr an ihrem größten Wert. Die Fuchspopulation erreicht ihren Maximalwert also immer später als die Hasenpopulation. Die Jägerpopulation läuft der Beutepopulation nach. Dieser *Nachlaufeffekt* wird in folgender Abbildung deutlich, die die beiden Graphen für $x(t)$ und $y(t)$ zeigt.

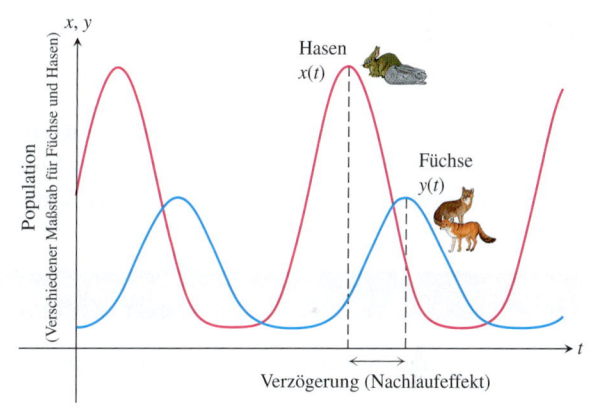

Die Hasen- und die Fuchspopulation oszillieren beide periodisch, die Maxima der Fuchspopulation laufen den Maxima der Hasenpopulation nach.

13. Zu einem bestimmten Zeitpunkt während eines Trajektoriendurchlaufs dringt ein Wolf in den Lebensraum der Hasen und Füchse ein, frisst einige Hasen und verlässt den Bereich wieder. Hat die Fuchspopulation deswegen ab diesem Zeitpunkt einen geringeren Maximalwert? Begründen Sie Ihre Antwort.

9 Differentialgleichungen erster Ordnung

Kapitel 9 – Wiederholungsfragen

1. Was ist eine Differentialgleichung erster Ordnung? Wann ist eine Funktion eine Lösung einer solchen Differentialgleichung?

2. Was ist eine allgemeine Lösung, was eine spezielle Lösung?

3. Was ist das Richtungsfeld einer Differentialgleichung $y' = f(x, y)$? Was kann man einem solchen Richtungsfeld entnehmen?

4. Beschreiben Sie das Euler'sche Polygonzugverfahren zur numerischen Lösung des Anfangswertproblems $y' = f(x, y)$, $y(x_0) = y_0$. Nennen Sie ein Beispiel und bewerten Sie die Genauigkeit des Verfahrens. Warum könnte man ein Anfangsproblem numerisch lösen wollen?

5. Wie löst man lineare Differentialgleichungen erster Ordnung?

6. Was ist eine orthogonale Trajektorie einer Kurvenschar? Beschreiben Sie, wie man für eine gegebene Kurvenschar eine orthogonale Trajektorie bestimmen kann.

7. Was ist eine autonome Differentialgleichung? Was versteht man unter ihren Gleichgewichtspunkten? Was ist der Unterschied zwischen diesen Gleichgewichtspunkten und den kritischen Punkten einer Funktion? Was versteht man unter einem stabilen, was unter einem labilen Gleichgewicht?

8. Wie konstruiert man eine Phasenlinie einer autonomen Differentialgleichung? Wie kann man mithilfe der Phasenlinie einen Graphen erstellen, der qualitativ eine Lösung der Differentialgleichung beschreibt?

9. Warum ist das Modell des exponentiellen Wachstums unrealistisch, wenn man die Populationsentwicklung langfristig vorhersagen möchte? Wie korrigiert das Modell des logistischen Wachstums diese Defizite des Exponentialmodells? Was ist eine logistische Differentialgleichung? Wie lautet sie? Welche Form hat ihre Lösung? Beschreiben Sie den Graphen einer logistischen Lösung.

10. Was ist ein autonomes System von Differentialgleichungen? Was versteht man unter einer Lösung eines solchen Systems? Was ist eine Trajektorie des Systems?

Kapitel 9 – Praktische Aufgaben

Lösen Sie in den Aufgaben 1–8 die Differentialgleichung.

1. $y' = x e^y \sqrt{x-2}$

2. $\sec x \, dy + x \cos^2 y \, dx = 0$

3. $y' = \dfrac{e^y}{xy}$

4. $x(x-1) dy - y \, dx = 0$

5. $2y' - y = x e^{x/2}$

6. $xy' + 2y = 1 - x^{-1}$

7. $(1 + e^x) dy + (y e^x + e^{-x}) dx = 0$

8. $(x + 3y^2) dy + y \, dx = 0$
(*Hinweis*: $d(xy) = y \, dx + x \, dy$)

Anfangswertprobleme

Lösen Sie in den Aufgaben 9–11 das Anfangswertproblem.

9. $(x+1) \dfrac{dy}{dx} + 2y = x$, $\quad x > -1$, $\quad y(0) = 1$

10. $\dfrac{dy}{dx} + 3x^2 y = x^2$, $\quad y(0) = -1$

11. $xy' + (x-2)y = 3x^3 e^{-x}$, $\quad y(1) = 0$

Euler'sches Polygonzugverfahren

Lösen Sie in den Aufgaben 12 und 13 das Anfangswertproblem im angegebenen Intervall mithilfe des Euler'schen Polygonzugverfahrens. Starten Sie bei x_0 und rechnen Sie mit $dx = 0{,}1$.

12. $y' = y + \cos x$, $\quad y(0) = 0$; $\quad 0 \leq x \leq 2$; $\quad x_0 = 0$

13. $y' = (2-y)(2x+3)$, $\quad y(-3) = 1$; $\quad -3 \leq x \leq -1$; $\quad x_0 = -3$

Schätzen Sie in den Aufgaben 14 und 15 mithilfe des Euler'schen Polygonzugverfahrens einen Wert für $y(c)$ ab, y sei die Lösung des gegebenen Anfangswertproblems. Rechnen Sie mit $dx = 0{,}05$.

14. $c = 3$; $\dfrac{dy}{dx} = \dfrac{x - 2y}{x + 1}$, $y(0) = 1$

15. $c = 4$; $\dfrac{dx}{dy} = \dfrac{x^2 - 2y + 1}{x}$, $y(1) = 1$

Lösen Sie in den Aufgaben 16 und 17 das Anfangswertproblem mithilfe des Euler'schen Polygonzugverfahrens grafisch. Beginnen Sie bei $x_0 = 0$ und rechnen Sie mit

a. $dx = 0{,}1$ b. $dx = -0{,}1$.

16. $\dfrac{dy}{dx} = \dfrac{1}{e^{x+y+2}}$, $y(0) = -2$

17. $\dfrac{dy}{dx} = -\dfrac{x^2 + y}{e^y + x}$, $y(0) = 0$

Richtungsfelder

Skizzieren Sie in den Aufgaben 18–21 Teile des Richtungsfelds der Gleichung. Fügen Sie dann Ihrer Skizze den Graphen der Lösungskurve hinzu, der durch den Punkt $P(1, -1)$ verläuft. Schätzen Sie mithilfe des Euler'schen Polygonzugverfahrens den Wert von $y(2)$ ab; rechnen Sie mit $x_0 = 1$ und $dx = 0{,}2$. Runden Sie Ihre Ergebnisse auf 4 Stellen hinter dem Komma. Berechnen Sie dann den exakten Wert von $y(2)$ und vergleichen Sie.

18. $y' = x$

19. $y' = 1/x$

20. $y' = xy$

21. $y' = 1/y$

Autonome Differentialgleichungen und Phasenlinien

Führen Sie in den Aufgaben 22 und 23 die folgenden Schritte aus:

a. Bestimmen Sie die Gleichgewichtspunkte. Welche sind stabil, welche labil?

b. Konstruieren Sie die Phasenlinie. Bestimmen Sie die Vorzeichen von y' und y''.

c. Skizzieren Sie einige typische Lösungskurven.

22. $\dfrac{dy}{dx} = y^2 - 1$

23. $\dfrac{dy}{dx} = y - y^2$

Anwendungen

24. Fluchtgeschwindigkeit Die Gravitationskraft des Mondes ist durch die Gleichung $F = -m g_M R^2 s^{-2}$ gegeben. Mit dieser Kraft zieht der Mond eine Masse m an, die sich in der Entfernung s vom Mittelpunkt des Mondes befindet. g_M ist die Gravitationsbeschleunigung auf der Oberfläche des Monds und R der Mondradius (vgl. auch die untenstehende Abbildung). Die Kraft F ist negativ, denn sie wirkt in die Richtung des abnehmenden Abstands s.

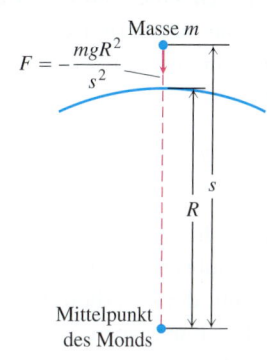

a. Ein Körper wird von der Mondoberfläche aus vertikal nach oben geworfen; er hat zur Zeit $t = 0$ die Anfangsgeschwindigkeit v_0. Zeigen Sie mithilfe des zweiten Newton'schen Bewegungsgesetzes ($F = ma$), dass die Geschwindigkeit des Körpers in der Höhe s durch folgende Gleichung gegeben ist:

$$v^2 = \dfrac{2gR^2}{s} + v_0^2 - 2gR.$$

Die Geschwindigkeit bleibt also positiv, solange $v_0 \geq \sqrt{2gR}$ ist. Die Geschwindigkeit $v_0 = \sqrt{2gR}$ ist die **Fluchtgeschwindigkeit** des Mondes. Verlässt ein Körper mit dieser oder einer größeren Geschwindigkeit die Mondoberfläche senkrecht nach oben, so wird er die Anziehungskraft überwinden und den Mond verlassen.

b. Zeigen Sie, dass bei $v_0 = \sqrt{2gR}$ gilt

$$s = R\left(1 + \dfrac{3v_0}{2R} t\right)^{2/3}.$$

25. Ausrollen bis zum Anhalten Die untenstehende Tabelle listet die Distanz s (in Metern) auf, die ein Junge in der Zeit t (in Sekunden) auf Inline-Skatern ausgerollt ist. Stellen Sie eine Modellgleichung auf, mit der man seine Position berechnen kann; orientieren Sie sich an Gleichung (9.10) in Abschnitt 9.3. Seine Anfangsgeschwindigkeit beträgt $v_0 = 0{,}86\,\mathrm{m/s}$, seine Masse $m = 30{,}84\,\mathrm{kg}$ (seine Gewichtskraft also 302 N), und insgesamt rollt er 0,97 m.

Die Skating-Daten des Jungen

t (s)	s (m)	t (s)	s (m)	t (s)	s (m)
0	0	0,93	0,61	1,86	0,93
0,13	0,08	1,06	0,68	2,00	0,94
0,27	0,19	1,20	0,74	2,13	0,95
0,40	0,28	1,33	0,79	2,26	0,96
0,53	0,36	1,46	0,83	2,39	0,96
0,67	0,45	1,60	0,87	2,53	0,97
0,80	0,53	1,73	0,90	2,66	0,97

Kapitel 9 – Zusätzliche Aufgaben und Aufgaben für Fortgeschrittene

Theorie und Anwendungen

1. Transport durch eine Zellmembran In Zellen bewegen sich gelöste Substanzen durch die Zellmembran. Diese Bewegungen können unter bestimmten Bedingungen mit der Gleichung

$$\frac{\mathrm{d}y}{\mathrm{d}t} = k\frac{A}{V}(c - y)$$

beschrieben werden. In dieser Gleichung steht y für die Konzentration der Substanz in der Zelle; $\mathrm{d}y/\mathrm{d}t$ ist die Geschwindigkeit, mit der sich diese Konzentration mit der Zeit ändert. Die Buchstaben k, A, V und c stehen für verschiedenen Konstanten, k ist der *Permeabilitätskoeffizient*, eine Eigenschaft der Membran, A die Oberfäche der Membran, V das Volumen der Zelle und c die Konzentration der Substanz außerhalb der Zelle. Gemäß dieser Gleichung ist die Änderungsgeschwindigkeit der Konzentration innerhalb der Zelle proportional zu der Differenz der Konzentrationen innerhalb und außerhalb der Zelle.

a. Lösen Sie die Gleichung nach $y(t)$ auf, bezeichnen Sie den Wert $y(0)$ mit y_0.

b. Bestimmen Sie den Endwert der Konzentration, $\lim_{t\to\infty} y(t)$.

2. Höhe einer Rakete Wenn eine äußere Kraft F auf ein System mit zeitlich veränderlicher Masse wirkt, nimmt das Newton'sche Bewegungsgesetz die Form

$$\frac{\mathrm{d}(mv)}{\mathrm{d}t} = F + (v + u)\frac{\mathrm{d}m}{\mathrm{d}t}$$

an. In dieser Gleichung ist m die Masse des Systems zu Zeit t, seine Geschwindigkeit ist v, und $v + u$ ist die Geschwindigkeit der Masse, die zu dem System hinzukommt (oder es verlässt). Die Rate für die Massenänderung ist $\mathrm{d}m/\mathrm{d}t$. Eine Rakete mit der Anfangsmasse m_0 startet aus dem Stillstand und wird durch den Ausstoß der eigenen Masse nach oben getrieben. Der Treibstoff wird mit einer Rate von $\mathrm{d}m/\mathrm{d}t = -b$ Einheiten pro Sekunden verbrannt und mit einer konstanten Geschwindigkeit von $u = -c$ relativ zur Rakete ausgestoßen. Die einzige auf die Rakete wirkende äußere Kraft ist die Schwerkraft $F = -mg$. Zeigen Sie, dass unter diesen Umständen die von der Rakete erreichte Höhe über dem Boden nach t Sekunden (t ist klein gegen m_0/b) gegeben ist durch

$$y = c\left[t + \frac{m_0 - bt}{b}\ln\frac{m_0 - bt}{m_0}\right] - \frac{1}{2}gt^2.$$

3. a. $P(x)$ und $Q(x)$ seien stetig im Intervall $[a, b]$. Zeigen Sie mithilfe des Fundamentalsatzes der Differential- und Integralrechnung, Teil 1 (Gleichung (5.4) in Abschnitt 5.4), dass jede Funktion, die mit $v(x) = e^{\int P(x)\mathrm{d}x}$ die Gleichung

$$v(x)y = \int v(x)Q(x)\mathrm{d}x + C$$

erfüllt, eine Lösung der folgenden linearen Differentialgleichung erster Ordnung ist:

$$\frac{\mathrm{d}y}{\mathrm{d}x} + P(x)y = Q(x).$$

b. Es sei $C = y_0 v(x_0) - \int_{x_0}^{x} v(t)Q(t)\mathrm{d}t$. Zeigen Sie, das dann jede Lösung y aus Teil **a.** die Anfangsbedingung $y(x_0) = y_0$ erfüllt.

4. *(Fortsetzung von Aufgabe 3)* Es gelten die Annahmen aus Aufgabe 3. $y_1(x)$ und $y_2(x)$ sind beide Lösungen der linearen Differentialgleichung erster Ordnung und erfüllen beide die Anfangsbedingung $y(x_0) = y_0$.

a. Bestätigen Sie, dass $y(x) = y_1(x) - y_2(x)$ das Anfangswertproblem
$$y' + P(x)y = 0, \quad y(x_0) = 0$$
erfüllt.

b. Zeigen Sie für den integrierenden Faktor $v(x) = e^{\int P(x)dx}$, dass gilt
$$\frac{d}{dx}(v(x)[y_1(x) - y_2(x)]) = 0.$$
Schießen Sie daraus, dass $v(x)[y_1(x) - y_2(x)]$ identisch konstant ist.

c. Aus Teil **a.** folgt $y_1(x_0) - y_2(x_0) = 0$. Außerdem gilt $v(x) > 0$ für $a < x < b$. Zeigen Sie damit und mit den Ergebnissen aus Teil **b.**, dass $y_1(x) - y_2(x) \equiv 0$ im Intervall (a,b). Daraus folgt $y_1(x) = y_2(x)$ für alle $a < x < b$.

Homogene Gleichungen

Eine Differentialgleichung erster Ordnung der Form
$$\frac{dy}{dx} = F\left(\frac{y}{x}\right)$$
nennt man *homogen*. Sie kann in eine Differentialgleichung ungeformt werden, deren Variablen separierbar sind. Dazu definiert man die neue Variable $v = y/x$, es wird $y = vx$, und man erhält
$$\frac{dy}{dx} = v + x\frac{dv}{dx}.$$
Wenn man diesen Ausdruck in die urspüngliche Differentialgleichung einsetzt und die Terme mit gleichen Variablen zusammenfasst, erhält man die separierbare Differentialgleichung
$$\frac{dx}{x} + \frac{dv}{v - F(v)} = 0.$$
Diese separierbare Gleichung wird gelöst und dann v durch y/x ersetzt, sodass man eine Lösung der ursprünglichen Gleichung bekommt.

Lösen Sie in den Aufgaben 5–10 die homogenen Differentialgleichungen. Bringen Sie die Gleichungen zuerst in die Form der homogenen Gleichung oben.

5. $(x^2 + y^2)dx + xy\,dy = 0$

6. $x^2 dy + (y^2 - xy)dx = 0$

7. $\left(xe^{y/x} + y\right)dx - x\,dy = 0$

8. $(x+y)dy + (x-y)dx = 0$

9. $y' = \dfrac{y}{x} + \cos\dfrac{y-x}{x}$

10. $\left(x\sin\dfrac{y}{x} - y\cos\dfrac{y}{x}\right)dx + x\cos\dfrac{y}{x}\,dy = 0$

Lernziele

1 Folgen
- Konvergenz und Divergenz von Folgen
- Grenzwerte gebräuchlicher Folgen
- Einschnürungssatz und Monotoniesatz
- Stetige Funktionen und Folgen

2 Reihen
- Reihe als Folge von Partialsummen
- Geometrische Reihen
- Konvergenz und Divergenz von Reihen
- Kriterium für Divergenz

3 Das Integralkriterium
- Die harmonische Reihe
- Das Integralkriterium und eine Fehlerabschätzung

4 Das Vergleichskriterium
- Das Majoranten- und Minorantenkriterium
- Das Vergleichskriterium für Grenzwerte

5 Das Quotienten- und das Wurzelkriterium

6 Alternierende Reihen, absolute und bedingte Konvergenz
- Das Leibniz-Kriterium und eine Fehlerabschätzung
- Umordnungssatz

7 Potenzreihen
- Konvergenzradius und Konvergenzintervall
- Gliedweise Ableitung und Integration von Potenzreihen

8 Taylor-Reihen
- Taylor-Polynome

9 Konvergenz von Taylor-Reihen
- Taylor-Formel und Abschätzung des Restglieds

10 Die binomische Reihe
- Berechnung nicht-elementarer Integrale

Folgen und Reihen

10.1 Folgen 723

10.2 Reihen 741

10.3 Das Integralkriterium 753

10.4 Vergleichskriterien 762

10.5 Das Quotientenkriterium und das
Wurzelkriterium 769

10.6 Alternierende Reihen, absolute und
bedingte Konvergenz 775

10.7 Potenzreihen 784

10.8 Taylor-Reihen und Maclaurin'sche Reihen 796

10.9 Konvergenz von Taylor-Reihen 803

10.10 Die binomische Reihe und Anwendungen
der Taylor-Reihen 812

10 Folgen und Reihen

Übersicht

Es ist allgemein bekannt, wie man zwei – oder mehrere – Zahlen addiert. Wie aber addiert man unendlich viele Zahlen? Diese Frage beantworten wir in diesem Kapitel und behandeln damit einen Teil der Theorie der Folgen und Reihen.

Eine wichtige Anwendung dieser Theorie ist ein Verfahren, mit dem man eine bekannte differenzierbare Funktion $f(x)$ als unendliche Summe verschiedener Potenzen von x ausdrücken kann. Die Funktion entspricht dann einem „Polynom mit unendlich vielen Gliedern". Wir gewinnen in diesem Kapitel tiefere Einsichten über solche Funktionen und wie man sie berechnet, differenziert und integriert. Damit können wir allgemeinere Funktionen untersuchen als bisher und Funktionen behandeln, die in den Natur- und Ingenieurswissenschaften einen wichtigen Platz einnehmen.

10.1 Folgen

Folgen sind die Grundlage für die Theorie der unendlichen Summen (Reihen) und haben viele Anwendungen in der Mathematik. Ein Beispiel für eine Folge haben wir bereits in Abschnitt 4.6 behandelt, als wir das Newton-Verfahren untersucht haben. Dabei haben wir eine Folge von Näherungen x_n aufgestellt, die der gesuchten Nullstelle einer differenzierbaren Funktion immer näher kamen. Wir werden jetzt allgemeine Folgen und die Bedingungen untersuchen, unter denen sie konvergieren.

Schreibweisen für Folgen

Eine Folge ist eine Liste von Zahlen

$$a_1, a_2, a_3, \ldots, a_n, \ldots$$

mit einer gegebenen Reihenfolge. Jede der Variablen a_1, a_2, a_3 u.s.w. steht für eine Zahl. Man nennt sie auch die **Glieder** einer Folge. So hat z.B. die Folge

$$2, 4, 6, 8, 10, 12, \ldots, 2n, \ldots$$

das erste Glied $a_1 = 2$, das zweite Glied $a_2 = 4$ und das n-te Glied $a_n = 2n$. Die ganze Zahl n nennt man den **Index** von a_n, sie gibt an, wo in der Liste a_n steht. Die Reihenfolge ist wichtig. Die Folge $2, 4, 6, 8, \ldots$ ist nicht die gleiche wie die Folge $4, 2, 6, 8, \ldots$.

Man kann sich die Folge

$$a_1, a_2, a_3, \ldots, a_n, \ldots$$

als Funktion vorstellen, die die Ordnungsnummer 1 dem Glied a_1 zuordnet, 2 dem Glied a_2, 3 dem Glied a_3, allgemein die positive ganze Zahl n dem Glied a_n. Genauer ist eine **Folge** eine Funktion, deren Definitionsbereich die positiven ganzen Zahlen sind.

Die Funktion zu der Folge

$$2, 4, 6, 8, 10, 12, \ldots, 2n, \ldots$$

ordnet 1 dem Glied $a_1 = 2$ zu, 2 dem Glied $a_2 = 4$ und so weiter. Diese Folge wird mit der Gleichung $a_n = 2n$ beschrieben.

Der Definitionsbereich einer solchen Funktion kann auch aus den ganzen Zahlen bestehen, die größer als eine gegebene Zahl n_0 sind, denn auch solche Folgen können definiert werden. So wird etwa die Folge

$$12, 14, 16, 18, 20, 22, \ldots$$

von der Gleichung $a_n = 10 + 2n$ beschrieben. Man kann sie aber ebenso gut mit der einfacheren Formel $b_n = 2n$ beschreiben, bei der der Index n bei 6 beginnt und dann ansteigt. Um mit solchen einfacheren Formeln rechnen zu können, legen wir fest, dass der Index einer Folge bei jeder ganzen Zahl beginnen kann. Bei der oben angegebenen Folge startet (a_n) bei a_1, (b_n) hingegen bei b_6. (Die Schreibweise (a_n) steht dabei für die gesamte Folge.)

10 Folgen und Reihen

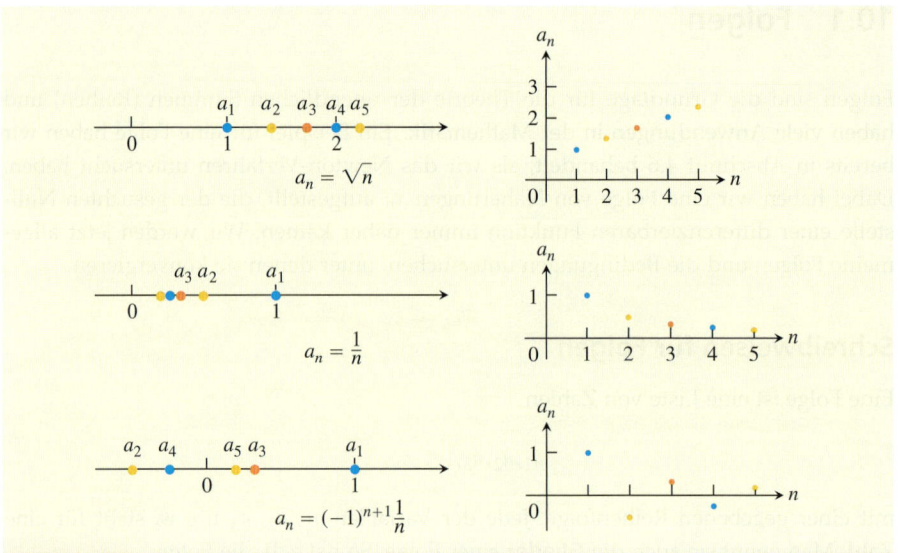

Abbildung 10.1 Folgen können als Punkte auf der reellen Achse dargestellt werden oder als Punkte der Ebene. Dabei wird auf der horizontalen Achse der Index n eines Gliedes dargestellt, auf der vertikalen Achse sein Wert a_n.

Folgen können beschrieben werden, indem man die Regeln angibt, nach denen die Glieder gebildet werden, beispielsweise

$$a_n = \sqrt{n}, \quad b_n = (-1)^{n+1}\frac{1}{n}, \quad c_n = \frac{n-1}{n}, \quad d_n = (-1)^{n+1}.$$

Ist der Indexbereich, wie in den obigen Beispielen, nicht vermerkt, so beginnt der Index stets bei der Zahl 1.

Wir können Folgen – wie bereits oben geschehen – auch in Klammerschreibweise mit runden Klammern notieren und innerhalb der Klammern die ersten Glieder auch auflisten, also beispielsweise:

$$(a_n) = \left(\sqrt{1}, \sqrt{2}, \sqrt{3}, \ldots, \sqrt{n}, \ldots\right)$$
$$(b_n) = \left(1, -\frac{1}{2}, \frac{1}{3}, -\frac{1}{4}, \ldots, (-1)^{n+1}\frac{1}{n}, \ldots\right)$$
$$(c_n) = \left(0, \frac{1}{2}, \frac{2}{3}, \frac{3}{4}, \frac{4}{5}, \ldots, \frac{n-1}{n}, \ldots\right)$$
$$(d_n) = \left(1, -1, 1, -1, 1, -1, \ldots, (-1)^{n+1}, \ldots\right).$$

Eine weitere Schreibweise, bei der auch der Indexbereich erwähnt wird, ist

$$(a_n) = (a_n)_{n=1}^{\infty} \quad \text{oder} \quad (a_n) = (a_n)_{n=1}^{\infty}.$$

▶Abbildung 10.1 zeigt zwei Möglichkeiten, Folgen grafisch darzustellen. Auf der linken Seite sind die ersten Punkte $a_1, a_2, a_3, \ldots, a_n, \ldots$ auf der reellen Achse eingezeichnet. Auf der rechten Seite sieht man die zweite Möglichkeit, hier ist der Graph der Funktion gezeichnet, die die Folge definiert. Da die Funktion nur für positive ganze Zahlen definiert ist, besteht der Graph aus Punkten in der xy-Ebene bei $(1, a_1)$, $(2, a_2)$, ..., (n, a_n), ...

Konvergenz und Divergenz

In manchen Folgen nähern sich die Glieder mit wachsendem Index n einem bestimmten Wert. Dies ist beispielsweise bei dieser Folge der Fall:

$$\left(1, \frac{1}{2}, \frac{1}{3}, \frac{1}{4}, \ldots, \frac{1}{n}, \ldots\right),$$

bei der die Glieder für große n gegen 0 gehen. Bei der Folge

$$\left(0, \frac{1}{2}, \frac{2}{3}, \frac{3}{4}, \frac{4}{5}, \ldots, 1 - \frac{1}{n}, \ldots\right),$$

gehen die Glieder gegen 1. Dagegen haben Folgen wie

$$\left(\sqrt{1}, \sqrt{2}, \sqrt{3}, \ldots, \sqrt{n}, \ldots\right)$$

Glieder, die für wachsende n größer als jede beliebige Zahl werden, und Folgen wie

$$\left(1, -1, 1, -1, 1, -1, \ldots, (-1)^{n+1}, \ldots\right)$$

springen zwischen zwei Werten (hier 1 und -1) hin und her und sind daher nicht konvergent. Die folgende Definition gibt an, was man unter der Konvergenz einer Folge gegen eine Zahl versteht; diese Zahl heißt dann *Grenzwert* der Folge. Bei einer konvergenten Folge (a_n) wird für ausreichend große Indizes n der Betrag der Differenz von a_n und dem Grenzwert der Folge kleiner als jedes beliebige vorgegebene $\epsilon > 0$.

> **Definition**
>
> Die Folge (a_n) **konvergiert** gegen die Zahl L, wenn es für jede positive Zahl ε eine ganze Zahl N gibt, sodass für alle n gilt:
>
> $$n > N \quad \Rightarrow \quad |a_n - L| < \varepsilon.$$
>
> Wenn keine Zahl L mit diesen Eigenschaften existiert, sagt man, dass (a_n) **divergiert**.
>
> Wenn (a_n) gegen L konvergiert, so schreiben wir $\lim_{n \to \infty} a_n = L$ oder einfach $a_n \to L$. L heißt der **Grenzwert** der Folge (▶Abbildung 10.2).

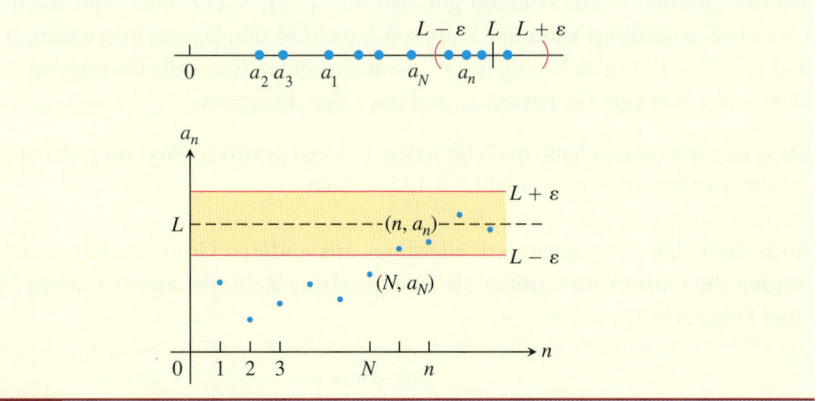

Abbildung 10.2 Stellt man die Folge (a_n) als Punkte der Ebene dar, so gilt $a_n \to L$ genau dann, wenn $y = L$ eine horizontale Asymptote der Punktfolge $((n, a_n))$ ist. Wie man in der Abbildung sieht, liegen alle Punkte (n, a_n) für $n > N$ in einem Streifen mit der Breite ε um L.

Diese Definition ähnelt sehr der Definition des Grenzwerts einer Funktion $f(x)$, wenn x gegen ∞ geht ($\lim\limits_{n\to\infty} f(x)$ im Abschnitt 2.6). Wir werden diese Ähnlichkeit ausnutzen, wenn wir die Grenzwerte von Folgen berechnen.

Grenzwerte von Folgen

Beispiel 10.1 Zeigen Sie, dass gilt:

a) $\lim\limits_{n\to\infty} \dfrac{1}{n} = 0$ b) $\lim\limits_{n\to\infty} k = k$ (für jede Konstante k)

Lösung

a) Es sei $\varepsilon > 0$ gegeben. Wir müssen jetzt zeigen, dass es eine ganze Zahl N gibt, sodass für alle n gilt:

$$n > N \quad \Rightarrow \quad \left|\dfrac{1}{n} - 0\right| < \varepsilon.$$

Dies ist wahr für $(1/n) < \varepsilon$ oder $n > 1/\varepsilon$. Ist N eine beliebige ganze Zahl größer als $1/\varepsilon$, so gilt dies für alle $n > N$. Damit ist bewiesen, dass $\lim\limits_{n\to\infty}(1/n) = 0$.

b) Es sei $\varepsilon > 0$ gegeben. Wir müssen jetzt zeigen, dass es eine ganze Zahl N gibt, sodass für alle n gilt:

$$n > N \quad \Rightarrow \quad |k - k| < \varepsilon.$$

Wegen $k - k = 0$ gilt dies für jede positive ganze Zahl N. Damit ist bewiesen, dass $\lim\limits_{n\to\infty} k = k$ für jede Konstante k gilt. ■

Divergente Folge

Beispiel 10.2 Zeigen Sie, dass die Folge $(1, -1, 1, -1, 1, -1, \ldots, (-1)^{n+1}, \ldots)$ divergiert.

Lösung Wir nehmen an, die Folge würde gegen einen Grenzwert L konvergieren. Setzen wir nun in der Definition des Grenzwerts $\varepsilon = 1/2$, so dürfen alle Glieder der Folge, deren Index n größer als ein bestimmtes N ist, höchstens den Abstand ε von L haben. Jedes zweite Glied der Folge ist die Zahl 1, also hat 1 höchstens den Abstand $\varepsilon = 1/2$ von L. Daraus folgt $|L - 1| < 1/2$, dies ist äquivalent zu $1/2 < L < 3/2$. Genauso ist aber auch die Zahl -1 ein Glied der Folge, das mit beliebig hohem Index vorkommt. Mit der gleichen Argumentation gilt also $|L - (-1)| < 1/2$, oder äquivalent $-3/2 < L < -1/2$. Allerdings kann der Wert von L nicht in den beiden Intervallen $(1/2, 3/2)$ und $(-3/2, -1/2)$ gleichzeitig liegen, denn die beiden Intervalle überlappen sich nicht. Es existiert also kein Grenzwert L, und die Folge divergiert.

Diese Argumentation kann auch für jeden anderen positiven Wert für ε kleiner 1 durchgeführt werden, man muss nicht $\varepsilon = 1/2$ wählen. ■

Auch die Folge $(\sqrt{n})$ divergiert, allerdings aus anderen Gründen. Für ansteigende n werden die Glieder hier größer als jede gegebene Zahl. Bei einem solchen Verhalten einer Folge schreiben wir

$$\lim_{n\to\infty} \sqrt{n} = \infty.$$

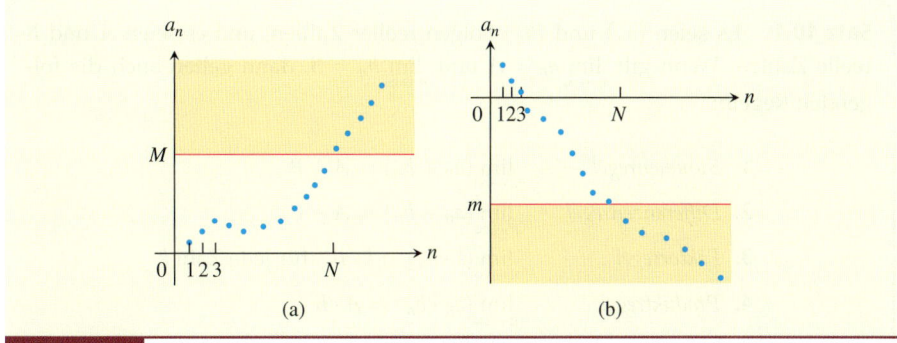

Abbildung 10.3 (a) Die Folge divergiert gegen ∞. Für jede Zahl M liegen die Glieder der Folge ab einem bestimmten Index N in dem gelben Band oberhalb von M. (b) Die Folge divergiert gegen −∞. Für jeden Wert m liegen alle Glieder ab einem bestimmten Index N unterhalb von m.

Wenn man den Grenzwert einer Folge „unendlich" nennt, so will man damit nicht sagen, dass die Differenz zwischen den Gliedern a_n und „unendlich" mit wachsendem n klein wird. Diese Schreibweise soll auch nicht andeuten, dass es irgendeine „unendliche Zahl" gäbe, zu der die Folge strebt. Mit dieser Schreibweise wird lediglich ausgedrückt, dass die Glieder a_n mit wachsendem n größer als jede beliebige feste Zahl werden (▶Abbildung 10.3.a). Die Glieder einer Folge können auch abfallen und gegen −∞ gehen. Dies wird in ▶Abbildung 10.3b demonstriert.

> **Definition**
>
> Die Folge (a_n) **divergiert gegen unendlich**, wenn für jede Zahl M eine ganze Zahl N existiert, sodass für alle n größer N gilt: $a_n > M$. In diesem Fall schreiben wir
>
> $$\lim_{n \to \infty} a_n = \infty \quad \text{oder} \quad a_n \to \infty.$$
>
> Ebenso gilt: Wenn für jede Zahl m eine ganze Zahl N existiert, sodass für alle $n > N$ folgt $a_n < m$, so sagen wir, die Folge (a_n) **divergiert gegen minus unendlich** und schreiben
>
> $$\lim_{n \to \infty} a_n = -\infty \quad \text{oder} \quad a_n \to -\infty.$$

Eine Folge kann divergieren, ohne gegen unendlich oder minus unendlich zu divergieren, wie wir in Beispiel 10.2 gesehen haben. Weitere Beispiele hierfür sind die Folgen $(1, -2, 3, -4, 5, -6, 7, -8, \ldots)$ und $(1, 0, 2, 0, 3, 0, \ldots)$.

Berechung der Grenzwerte von Folgen

Folgen sind Funktionen, deren Definitionsbereich auf die positiven ganzen Zahlen beschränkt ist. Es ist also nicht überraschend, dass die Sätze zu Grenzwerten von Funktionen aus Kapitel 2 ihre Entsprechungen für Folgen haben.

10 Folgen und Reihen

Satz 10.1 Es seien (a_n) und (b_n) Folgen reeller Zahlen, und es seien A und B reelle Zahlen. Wenn gilt $\lim_{n\to\infty} a_n = A$ und $\lim_{n\to\infty} b_n = B$, dann gelten auch die folgenden Regeln:

1. Summenregel $\quad \lim_{n\to\infty}(a_n + b_n) = A + B$
2. Differenzenregel $\quad \lim_{n\to\infty}(a_n - b_n) = A - B$
3. Faktorregel $\quad \lim_{n\to\infty}(k \cdot b_n) = k \cdot B \quad$ für jede Zahl k
4. Produktregel $\quad \lim_{n\to\infty}(a_n \cdot b_n) = A \cdot B$
5. Quotientenregel $\quad \lim_{n\to\infty} \dfrac{a_n}{b_n} = \dfrac{A}{B} \quad$ für $B \neq 0$ und $b_n \neq 0$

Der Beweis ähnelt dem von Satz 1 in Abschnitt 2.2 und wird hier nicht ausgeführt.

Anwendungen der Regeln für Grenzwerte

Beispiel 10.3 Wir kombinieren die Regeln aus Satz 10.1 mit den Grenzwerten, die wir in Beispiel 10.1 bestimmt haben. Damit erhalten wir:

a) $\lim_{n\to\infty}\left(-\dfrac{1}{n}\right) = -1 \cdot \lim_{n\to\infty} \dfrac{1}{n} = -1 \cdot 0 = 0 \qquad$ Faktorregel und Beispiel 10.1a

b) $\lim_{n\to\infty}\left(\dfrac{n-1}{n}\right) = \lim_{n\to\infty}\left(1 - \dfrac{1}{n}\right)$
$= \lim_{n\to\infty} 1 - \lim_{n\to\infty} \dfrac{1}{n} = 1 - 0 = 1 \qquad$ Differenzenregel und Beispiel 10.1a

b) $\lim_{n\to\infty} \dfrac{5}{n^2} = 5 \cdot \lim_{n\to\infty} \dfrac{1}{n} \cdot \lim_{n\to\infty} \dfrac{1}{n} = 5 \cdot 0 \cdot 0 = 0 \qquad$ Produktregel

a) $\lim_{n\to\infty} \dfrac{4 - 7n^6}{n^6 + 3} = \lim_{n\to\infty} \dfrac{(4/n^6) - 7}{1 + (3/n^6)} = \dfrac{0 - 7}{1 + 0} = -7. \qquad$ Summen- und Quotientenregel

Bei der Anwendung von Satz 10.1 muss man manchmal vorsichtig sein. Der Satz besagt z. B. nicht, dass die Folgen (a_n) und (b_n) einzeln einen Grenzwert haben, nur weil der Grenzwert der Summe $(a_n + b_n)$ existiert. So sind die Folgen $(a_n) = (1, 2, 3, \ldots)$ und $(b_n) = (-1, -2, -3, \ldots)$ beide divergent, ihre Summe $(a_n + b_n) = (0, 0, 0, \ldots)$ hat dagegen den Grenzwert 0.

Eine Folgerung aus Satz 10.1 ist, dass eine divergierende Folge auch dann noch divergiert, wenn sie mit einer Konstanten ungleich 0 multipliziert wird. Um dies zu zeigen, nehmen wir das Gegenteil an, nämlich dass (ca_n) für eine Zahl $c \neq 0$ konvergiert. Wir wenden nun die Faktorregel mit $k = 1/c$ an und sehen, dass auch die Folge

$$\left(\dfrac{1}{c} \cdot ca_n\right) = (a_n)$$

konvergiert. (ca_n) kann also nur konvergieren, wenn auch (a_n) konvergiert. Das bedeutet umgekehrt: Konvergiert (a_n) nicht, so konvergiert auch (ca_n) nicht.

Der nächste Satz ist die Entsprechung des Einschnürungssatzes aus Abschnitt 2.2 für Folgen. Der Beweis dieses Satzes ist Thema von Aufgabe 75 (vgl. auch ▶Abbildung 10.4).

10.1 Folgen

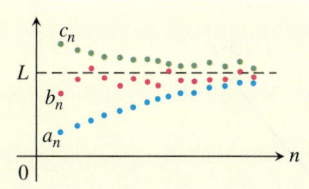

Abbildung 10.4 Die Glieder der Folge (b_n) liegen zwischen denen der Folgen (a_n) und (c_n). Damit konvergiert (b_n) zwangläufig gegen den gemeinsamen Grenzwert L.

> **Satz 10.2 Der Einschnürungssatz für Folgen** Es seien (a_n), (b_n) und (c_n) Folgen reeller Zahlen. Wenn für alle n größer als ein Index N $a_n \leq b_n \leq c_n$ gilt, und wenn $\lim_{n\to\infty} a_n = \lim_{n\to\infty} c_n = L$, dann gilt auch $\lim_{n\to\infty} b_n = L$.

Eine unmittelbare Folgerung aus Satz 10.2 verwenden wir im nächsten Beispiel: Wenn gilt $|b_n| \leq c_n$ und $c_n \to 0$, dann gilt auch $b_n \to 0$, denn es ist $-c_n \leq b_n \leq c_n$.

Beispiel 10.4 Es gilt bekanntermaßen $1/n \to 0$. Daraus können wir ableiten:

Anwendungen des Einschnürungssatzes

a) $\dfrac{\cos n}{n} \to 0$ denn $-\dfrac{1}{n} \leq \dfrac{\cos n}{n} \leq \dfrac{1}{n}$;

b) $\dfrac{1}{2^n} \to 0$ denn $0 \leq \dfrac{1}{2^n} \leq \dfrac{1}{n}$;

c) $(-1)^n \dfrac{1}{n} \to 0$ denn $-\dfrac{1}{n} \leq (-1)^n \dfrac{1}{n} \leq \dfrac{1}{n}$.

Die Anwendungsmöglichkeiten der Sätze 10.1 und 10.2 werden durch den nächsten Satz erweitert: Wendet man eine stetige Funktion auf eine konvergente Folge an, so erhält man wieder eine konvergente Folge. Wir formulieren hier nur den Satz, der Beweis soll in den Aufgaben geführt werden (Aufgabe 76).

> **Satz 10.3 Stetige Funktionen und Folgen** Es sei (a_n) eine Folge reeller Zahlen. Es gelte $a_n \to L$, und f sei eine Funktion, die an der Stelle L stetig und für alle a_n definiert ist. Dann gilt $f(a_n) \to f(L)$.

Beispiel 10.5 Zeigen Sie, dass gilt $\sqrt{(n+1)/n} \to 1$.

Stetige Funktion und Folge

Lösung Wir wissen, dass gilt $(n+1)/n \to 1$. Wir setzen in Satz 10.3 $f(x) = \sqrt{x}$ und $L = 1$ und erhalten damit $\sqrt{(n+1)/n} \to \sqrt{1} = 1$.

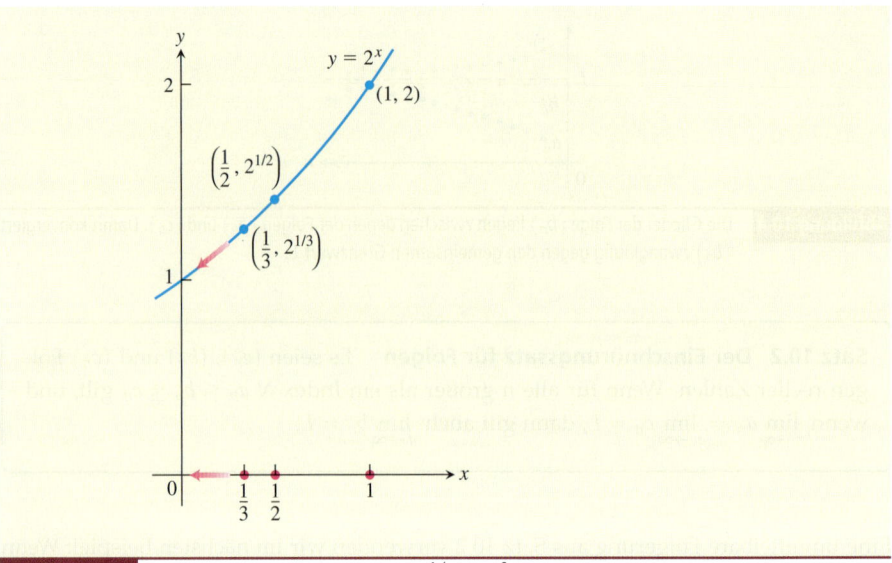

Abbildung 10.5 Für $n \to \infty$ geht $1/n \to 0$ und $2^{1/n} \to 2^0$ (Beispiel 10.6). Die Glieder von $(1/n)$ sind auf der x-Achse dargestellt; die Glieder von $(2^{1/n})$ werden dargestellt als y-Werte der Funktion $f(x) = 2^x$.

Grenzwertbestimmung mit Satz 10.3

Beispiel 10.6 Die Folge $(1/n)$ konvergiert gegen 0. Wir setzen in Satz 10.3 $a_n = 1/n$, $f(x) = 2^x$ und $L = 0$. Damit erhalten wir $2^{1/n} = f(1/n) \to f(L) = 2^0 = 1$. Die Folge $(2^{1/n})$ konvergiert also gegen 1 (▶Abbildung 10.5).

Anwendungen der Regel von l'Hospital

Der nächste Satz formalisiert den Zusammenhang zwischen $\lim_{n \to \infty} a_n$ und $\lim_{x \to \infty} f(x)$. Mit diesem Satz können wir auch die Regel von l'Hospital verwenden, um die Grenzwerte einiger Folgen zu bestimmen.

Satz 10.4 Es sei $f(x)$ eine für alle $x \geq n_0$ definierte Funktion, es sei (a_n) eine Folge reeller Zahlen, und es sei $a_n = f(n)$ für $n \geq n_0$. Dann gilt:

$$\lim_{x \to \infty} f(x) = L \quad \Rightarrow \quad \lim_{n \to \infty} a_n = L.$$

Beweis ◻ Wir nehmen an, dass gilt $\lim_{x \to \infty} f(x) = L$. Dann existiert für jede positive Zahl ε eine Zahl M, sodass für alle x gilt

$$x > M \quad \Rightarrow \quad |f(x) - L| < \varepsilon.$$

Es sei nun N eine ganze Zahl größer als M und größer oder gleich n_0. Dann gilt

$$n > N \quad \Rightarrow \quad a_n = f(n) \text{ und } |a_n - L| = |f(n) - L| < \varepsilon. \qquad \blacksquare$$

10.1 Folgen

Beispiel 10.7 Zeigen Sie, dass gilt

$$\lim_{n\to\infty} \frac{\ln n}{n} = 0.$$

Grenzwertbestimmung mit der Regel von l'Hospital

Lösung Die Funktion $(\ln x)/x$ ist für alle $x \geq 1$ definiert und stimmt an den positiven ganzen Zahlen mit der entsprechenden Folge überein. Gemäß Satz 10.4 entspricht $\lim_{n\to\infty}(\ln n)/n$ also $\lim_{x\to\infty}(\ln x)/x$, falls der letzte Grenzwert existiert. Wir wenden einmal die Regel von l'Hospital an und erhalten:

$$\lim_{x\to\infty} \frac{\ln x}{x} = \lim_{x\to\infty} \frac{1/x}{1} = \frac{0}{1} = 0.$$

Daraus können wir schließen, dass $\lim_{n\to\infty}(\ln n)/n = 0$. ∎

Wenn wir die Regel von l'Hospitel anwenden, um den Grenzwert einer Folge zu bestimmen, dann behandeln wir n oft wie eine stetige reelle Variable und leiten direkt nach n ab. Dank diesem Vorgehen müssen wir die Gleichung nicht mehr für a_n umschreiben, wie wir es in Beispiel 10.7 getan haben.

Beispiel 10.8 Eine Folge $(a_n)_{n=2}^{\infty}$ ist gegeben durch:

$$a_n = \left(\frac{n+1}{n-1}\right)^n.$$

Konvergenzuntersuchung mit der Regel von l'Hospital

Konvergiert diese Folge? Falls ja, berechnen Sie $\lim_{n\to\infty} a_n$.

Lösung Um die Regel von l'Hospital anwenden zu können, berechnen wir zuerst den natürlichen Logarithmus von a_n:

$$\ln a_n = \ln\left(\frac{n+1}{n-1}\right)^n$$
$$= n \ln\left(\frac{n+1}{n-1}\right).$$

und erhalten damit:

$$\lim_{n\to\infty} \ln a_n = \lim_{n\to\infty} n \ln\left(\frac{n+1}{n-1}\right) \qquad \text{unbestimmte Form } \infty \cdot 0$$

$$= \lim_{n\to\infty} \frac{\ln\left(\frac{n+1}{n-1}\right)}{1/n} \qquad \text{unbestimmte Form } \frac{0}{0}$$

$$= \lim_{n\to\infty} \frac{-2/(n^2-1)}{-1/n^2} \qquad \text{Anwendung der Regel von l'Hospital, Zähler und Nenner werden abgeleitet}$$

$$= \lim_{n\to\infty} \frac{2n^2}{n^2-1} = 2.$$

Es gilt also $\ln a_n \to 2$ und $f(x) = e^x$ ist stetig. Damit folgt aus Satz 10.4

$$a_n = e^{\ln a_n} \to e^2.$$

Die Folge (a_n) konvergiert gegen e^2. ∎

Gebräuchliche Grenzwerte

Die Fakultät
Die Schreibweise *n*!
(gesprochen „n Fakultät")
steht für das Produkt
$1 \cdot 2 \cdot 3 \cdots n$ der ganzen
Zahlen 1 bis *n*. Aus dieser
Definition folgt
$(n+1)! = (n+1)n!$. Es ist
also z. B.
$4! = 1 \cdot 2 \cdot 3 \cdot 4 = 24$ und
$5! = 1 \cdot 2 \cdot 3 \cdot 4 \cdot 5 = 5 \cdot 4! = 120$. Wir definieren $0! = 1$.
Die Fakultät wächst noch
schneller als die
Exponentialfunktion, wie in
der folgenden Tabelle
illustriert. Die Werte sind
teilweise gerundet.

n	e^n	n!
1	3	1
5	148	120
10	22 026	3 628 800
20	$4{,}9 \cdot 10^8$	$2{,}4 \cdot 10^{18}$

Der nächste Satz gibt einige Grenzwerte von Folgen an, die häufig gebraucht werden.

> **Satz 10.5**
>
> 1. $\lim\limits_{n \to \infty} \dfrac{\ln n}{n} = 0$
> 2. $\lim\limits_{n \to \infty} \sqrt[n]{n} = 1$
> 3. $\lim\limits_{n \to \infty} x^{1/n} = 1 \quad (x > 0)$
> 4. $\lim\limits_{n \to \infty} x^n = 0 \quad (|x| < 1)$
> 5. $\lim\limits_{n \to \infty} \left(1 + \dfrac{x}{n}\right)^n = e^x$ (für alle x)
> 6. $\lim\limits_{n \to \infty} \dfrac{x^n}{n!} = 0$ (für alle x)
>
> In den Gleichungen **3.** bis **6.** bleibt x fest, während $n \to \infty$.

Beweis Der erste Grenzwert wurde in Beispiel 10.7 berechnet. Die nächsten beiden kann man bestimmen, indem man von beiden Seiten des Logarithmus berechnet und Satz 10.4 anwendet (vgl. die Aufgaben 73 und 74). Die beiden anderen Grenzwerte werden in Anhang 5 hergeleitet. ■

Anwendungen von Satz 10.5

Beispiel 10.9 Die folgenden Grenzwerte werden mit den Aussagen aus Satz 10.5 berechnet.

a $\quad \dfrac{\ln(n^2)}{n} = \dfrac{2 \ln n}{n} \to 2 \cdot 0 = 0 \qquad$ Aussage 1

b $\quad \sqrt[n]{n^2} = n^{2/n} = (n^{1/n})^2 \to (1)^2 = 1 \qquad$ Aussage 2

c $\quad \sqrt[n]{3n} = 3^{1/n}(n^{1/n}) \to 1 \cdot 1 = 1 \qquad$ Aussage 3 mit $x = 3$ und Aussage 2

d $\quad \left(-\dfrac{1}{2}\right)^n \to 0 \qquad$ Aussage 4 mit $x = -\dfrac{1}{2}$

e $\quad \left(\dfrac{n-2}{2}\right)^2 = \left(1 + \dfrac{-2}{n}\right)^2 \to e^{-2} \qquad$ Aussage 5 mit $x = -2$

f $\quad \dfrac{100^n}{n!} \to 0 \qquad$ Aussage 6 mit $x = 100$

Rekursive Definitionen

Bisher haben wir jedes Folgenglied a_n direkt mit dem Wert von n berechnet. Oft werden Folgen aber **rekursiv** definiert. Dabei werden

1. der Wert (oder die Werte) eines Anfangsglieds (oder mehrerer Anfangsglieder) angegeben und
2. eine Vorschrift aufgestellt, nach der man jedes Glied aus dem (oder den) vorhergehenden berechnen kann. Diese Vorschrift nennt man **Rekursionsvorschrift** oder **Rekursionsformel**.

Beispiel 10.10 — Rekursiv definierte Folgen

a) Die Vorgaben $a_1 = 1$ und $a_n = a_{n-1} + 1$ für $n > 1$ definieren die Folge $(1, 2, 3, \ldots, n, \ldots)$ der positiven ganzen Zahlen. Ausgehend von $a_1 = 1$ erhalten wir $a_2 = a_1 + 1 = 2$, $a_3 = a_2 + 1 = 3$ und so weiter.

b) Die Vorgaben $a_1 = 1$ und $a_n = n \cdot a_{n-1}$ für $n > 1$ definieren die Folge $(1, 2, 6, 24, \ldots, n!, \ldots)$ der Fakultäten. Ausgehend von $a_1 = 1$ erhalten wir $a_2 = 2 \cdot a_1 = 2$, $a_3 = 3 \cdot a_2 = 6$, $a_4 = 4 \cdot a_3 = 24$ und so weiter.

c) Die Vorgaben $a_1 = 1$, $a_2 = 1$ und $a_{n+1} = a_n + a_{n-1}$ für $n > 2$ definieren die Folge $(1, 1, 2, 3, 5, \ldots)$, die sogenannten **Fibonacci-Zahlen**. Ausgehend von $a_1 = 1$ und $a_2 = 1$ erhalten wir $a_3 = 1 + 1 = 2$, $a_4 = 2 + 1 = 3$, $a_5 = 3 + 2 = 5$ und so weiter.

d) Die Vorgaben $x_0 = 1$ und $x_{n+1} = x_n - [(8 \sin x_n - x_n^2)/(\cos x_n - 2x_n)]$ für $n > 0$ definieren eine Folge, deren Grenzwert, falls er existiert, eine Lösung der Gleichung $\sin x - x^2 = 0$ ist. Dies kann man mit dem Newton-Verfahren zeigen (vgl. Aufgabe 99).

Beschränkte monotone Folgen

Wenn man die Konvergenz von Folgen untersucht, spielen zwei Begriffe eine wichtige Rolle, nämlich der einer *beschränkten* Folge und der einer *monotonen* Folge.

Definition

Eine Folge (a_n) heißt **nach oben beschränkt**, wenn es eine Zahl M gibt, sodass $a_n \leq M$ für alle n. Die Zahl M ist dann eine **obere Schranke** von (a_n). Wenn M eine obere Schranke von (a_n) ist und es keine Zahl kleiner als M gibt, die ebenfalls eine obere Schranke von (a_n) ist, dann ist M die **kleinste obere Schranke** oder das **Supremum** von (a_n).

Eine Folge (a_n) heißt **nach unten beschränkt**, wenn es eine Zahl m gibt, sodass $a_n \geq m$ für alle n. Die Zahl m ist dann eine **untere Schranke** von (a_n). Wenn m eine untere Schranke von (a_n) ist und es keine Zahl größer als m gibt, die ebenfalls eine untere Schranke von (a_n) ist, dann ist m die **größte untere Schranke** oder das **Infimum** von (a_n).

Eine nach oben und unten beschränkte Folge (a_n) nennt man auch **beschränkt**. Eine nicht beschränkte Folge (a_n) heißt **unbeschränkt**.

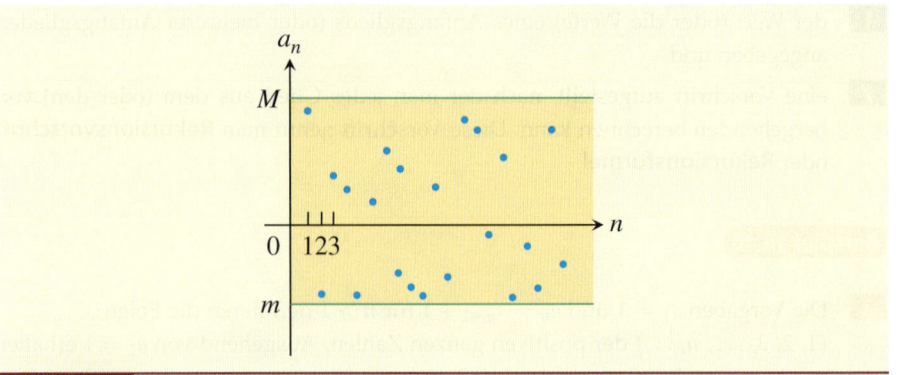

10 Folgen und Reihen

Abbildung 10.6 Einige beschränkte Folgen bewegen sich zwischen ihren Schranken hin und her und konvergieren nicht gegen einen Grenzwert.

Beschränkte Folgen

Beispiel 10.11

a Die Folge $(1, 2, 3, \ldots, n, \ldots)$ hat keine obere Schranke, da sie schließlich jede Zahl M überschreitet. Allerdings ist sie nach unten beschränkt, jede Zahl kleiner oder gleich 1 ist eine untere Schranke. Die Zahl $m = 1$ ist die größte untere Schranke (Infimum) der Folge.

b Die Folge $\left(\dfrac{1}{2}, \dfrac{2}{3}, \dfrac{3}{4}, \ldots, \dfrac{n}{n+1}, \ldots\right)$ ist nach oben durch jede reelle Zahl größer oder gleich 1 beschränkt. Die obere Schranke $M = 1$ ist das Supremum (Aufgabe 91). Die Folge ist auch nach unten beschränkt, jede Zahl kleiner oder gleich $\frac{1}{2}$ ist eine untere Schranke, $\frac{1}{2}$ das Infimum.

Konvergente Folgen sind beschränkt

Wenn eine Folge (a_n) gegen den Grenzwert L konvergiert, gibt es nach der Definition auch eine Zahl N, für die gilt: $|a_n - L| < 1$ für $n > N$. Daraus folgt

$$L - 1 < a_n < L + 1 \text{ für } n > N.$$

Es sei M eine Zahl größer als $L + 1$ und die endlich vielen Zahlen $a_1, a_2, \ldots, a_N$. Für jeden Index n gilt dann $a_n \leq M$, (a_n) ist also nach oben beschränkt. Genauso kann man für die untere Schranke argumentieren: Es sei m eine Zahl kleiner als $L - 1$ und kleiner als die endlich vielen Zahlen $a_1, a_2, \ldots, a_N$; dann ist m eine untere Schranke der Folge. Daraus folgt, dass alle konvergenten Folgen beschränkt sind.

Auch wenn alle konvergenten Folgen beschränkt sind, gibt es umgekehrt beschränkte Folgen, die nicht konvergieren. Dies gilt beispielsweise für die beschränkte Folge $((-1)^{n+1})$, die wir in Beispiel 10.2 behandelt haben. Solche Folgen bewegen sich innerhalb eines Bandes, das von einer unteren Schranke m und einer oberen Schranke M begrenzt wird (▶Abbildung 10.6), konvergieren aber nicht gegen einen Grenzwert. Dies gilt allerdings nicht für Folgen, bei denen jedes Glied mindestens so groß (oder mindestens so klein) ist wie das vorhergehende Glied.

10.1 Folgen

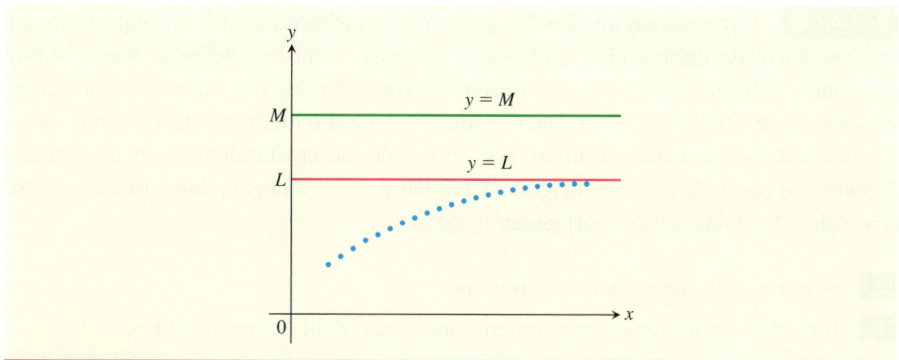

Abbildung 10.7 Haben die Glieder einer monoton wachsenden Folge eine obere Schranke M, so konvergiert die Folge gegen einen Grenzwert $L \leq M$.

> **Definition**
>
> Eine Folge (a_n) heißt **monoton wachsend**, wenn für alle n gilt: $a_n \leq a_{n+1}$. Es ist also $a_1 \leq a_2 \leq a_3 \leq \ldots$. Die Folge heißt **monoton fallend**, wenn für alle n gilt: $a_n \geq a_{n+1}$. Ist eine Folge monoton wachsend oder monoton fallend, heißt sie **monoton**.
>
> Gilt für eine monoton wachsende Folge $a_n < a_{n+1}$, so heißt sie **streng monoton wachsend**. Entsprechend bezeichnet man eine Folge, für die $a_n > a_{n+1}$ gilt, als **streng monoton fallend**.

Beispiel 10.12 *Monotone Folgen*

a. Die Folge $(1, 2, 3, \ldots, n \ldots)$ ist monoton wachsend.

b. Die Folge $(\frac{1}{2}, \frac{2}{3}, \frac{3}{4}, \ldots, \frac{n}{n+1}, \ldots)$ ist monoton wachsend.

c. Die Folge $(1, \frac{1}{2}, \frac{1}{4}, \frac{1}{8}, \ldots, \frac{1}{2^n}, \ldots)$ ist monoton fallend.

d. Die konstante Folge $(3, 3, 3, \ldots, 3, \ldots)$ ist sowohl monoton fallend als auch monoton wachsend.

e. Die Folge $(1, -1, 1, -1, 1, -1, \ldots)$ ist nicht monoton.

Ist eine monoton wachsende Folge nach oben beschränkt, so hat sie auch immer eine kleinste obere Schranke (Supremum). Ebenso hat eine monoton fallende Folge, die nach unten beschränkt ist, auch immer eine kleinste untere Schranke (Infimum). Beides kann man mit der *Eigenschaft der Vollständigkeit* der reellen Zahlen zeigen, die in Anhang 6 behandelt wird. Wenn L das Supremum einer monoton wachsenden Folge ist, dann konvergiert diese Folge gegen L. Ebenso gilt: Wenn L das Infimum einer monoton fallenden Folge ist, dann konvergiert diese Folge gegen L. Das werden wir jetzt beweisen.

> **Satz 10.6 Monotoniesatz für Folgen** Die Folge (a_n) sei sowohl beschränkt als auch monoton. Dann konvergiert diese Folge.

Beweis ◻ Wir nehmen an, dass (a_n) monoton wachsend und L ihr Supremum ist. Wir zeichnen die Punkte $(1, a_1), (2, a_2), \ldots, (n, a_n), \ldots$ in der xy-Ebene. Wenn M nun eine obere Schranke der Folge ist, liegen alle diese Punkte auf oder unter der Geraden $y = M$ (▶Abbildung 10.7). Die Gerade $y = L$ ist die niedrigste Gerade mit dieser Eigenschaft. Es liegen keine Punkte (n, a_n) oberhalb dieser Geraden; es gibt aber immer Punkte, die oberhalb jeder niedrigeren Geraden $y = L - \varepsilon$ liegen, dabei ist ε eine positive Zahl. Die Folge konvergiert gegen L, denn

a es gilt $a_n \leq L$ für *alle* Werte von n und

b für jedes $\varepsilon > 0$ existiert mindestens eine ganze Zahl N, für die gilt $a_N > L - \varepsilon$.

Aus der Tatsache, dass (a_n) monoton wachsend ist, folgt

$$a_n \geq a_N > L - \varepsilon \quad \text{für alle} \quad n \geq N.$$

Es liegen also *alle* Glieder a_n mit $n \geq N$ innerhalb des Intervalls $(L - \varepsilon, L + \varepsilon)$ um L. Dies entspricht genau der Definition des Grenzwerts, L ist also der Grenzwert der Folge (a_n).

Der Beweis für monoton fallende und beschränkte Folgen kann genauso geführt werden. ◾

Satz 10.6 besagt nicht, dass konvergente Folgen monoton sind. Die Folge $((-1)^{n+1}/n)$ beispielsweise konvergiert und ist beschränkt. Sie ist aber nicht monoton, da sie zwischen positiven und negativen Werten hin- und herspringt. Der Monotoniesatz besagt, dass eine monoton wachsende Folge konvergiert, wenn sie beschränkt ist; ist sie unbeschränkt, divergiert sie gegen unendlich.

Aufgaben zum Abschnitt 10.1

Glieder einer Folge

In jeder der Aufgaben 1–6 ist eine Gleichung für das n-te Glied einer Folge (a_n) gegeben. Berechnen Sie damit die Werte von a_1, a_2, a_3 und a_4.

1. $a_n = \dfrac{1-n}{n^2}$

2. $a_n = \dfrac{1}{n!}$

3. $a_n = \dfrac{(-1)^{n+1}}{2n-1}$

4. $a_n = 2 + (-1)^n$

5. $a_n = \dfrac{2^n}{2^{n+1}}$

6. $a_n = \dfrac{2^n - 1}{2^n}$

In jeder der Aufgabe 7 bis 12 sind das erste Glied oder die ersten beiden Glieder einer Folge angegeben, dazu eine Rekursionsformel für die weiteren Glieder. Bestimmen Sie für jede Folge die ersten 10 Glieder.

7. $a_1 = 1, a_{n+1} = a_n + (1/2^n)$

8. $a_1 = 1, a_{n+1} = a_n/(n+1)$

9. $a_1 = 2, a_{n+1} = (-1)^{n+1} a_n/2$

10. $a_1 = -2, a_{n+1} = n a_n/(n+1)$

11. $a_1 = a_2 = 1, a_{n+2} = a_{n+1} + a_n$

12. $a_1 = 2, a_2 = -1, a_{n+2} = a_{n+1}/a_n$

Formel für das *n*te Folgenglied

Bestimmen Sie in den Aufgaben 13 bis 26 eine Formel für das n-te Glied der Folge.

13. Die Folge $(1, -1, 1, -1, 1, \ldots)$

1 mit wechselndem Vorzeichen

14. Die Folge $(-1, 1, -1, 1, -1, \ldots)$

1 mit wechselndem Vorzeichen

15. Die Folge $(1, -4, 9, -16, 25, \ldots)$

> Quadrate der positiven ganzen Zahlen mit wechselndem Vorzeichen

16. Die Folge $\left(1, -\dfrac{1}{4}, \dfrac{1}{9}, -\dfrac{1}{16}, \dfrac{1}{25}, \ldots\right)$

> reziproke Quadrate der positiven ganzen Zahlen mit wechselndem Vorzeichen

17. $\left(\dfrac{1}{9}, \dfrac{2}{12}, \dfrac{2^2}{15}, \dfrac{2^3}{18}, \dfrac{2^4}{21}, \ldots\right)$

> Potenzen von 2, geteilt durch Vielfache von 3

18. $\left(-\dfrac{3}{2}, -\dfrac{1}{6}, \dfrac{1}{12}, \dfrac{3}{20}, \dfrac{5}{30}, \ldots\right)$

> Die Zähler erhöhen sich um 2, die Nenner sind Produkte aufeinanderfolgender ganzer Zahlen

19. Die Folge $(0, 3, 8, 15, 24, \ldots)$

> Quadrate der positiven ganzen Zahlen minus 1

20. Die Folge $(-3, -2, -1, 0, 1, \ldots)$

> ganze Zahlen, beginnend bei -3

21. Die Folge $(1, 5, 9, 13, 17, \ldots)$

> jede zweite ungerade ganze Zahl

22. Die Folge $(2, 6, 10, 14, 18, \ldots)$

> jede zweite gerade ganze Zahl

23. $\left(\dfrac{5}{1}, \dfrac{8}{2}, \dfrac{11}{6}, \dfrac{14}{24}, \dfrac{17}{120}, \ldots\right)$

> ganze Zahlen, die sich um 3 unterscheiden, geteilt durch Fakultäten

24. $\left(\dfrac{1}{25}, \dfrac{8}{125}, \dfrac{27}{625}, \dfrac{64}{3125}, \dfrac{125}{15\,625}, \ldots\right)$

> dritte Potenzen der positiven ganzen Zahlen, geteilt durch Potenzen von 5

25. Die Folge $(1, 0, 1, 0, 1, \ldots)$

> abwechselnd 1 und 0

26. Die Folge $(0, 1, 1, 2, 2, 3, 3, 4, \ldots)$

> jede positive ganze Zahl wiederholt

Konvergenz und Divergenz

Welche der Folgen (a_n) in den Aufgaben 27 bis 58 konvergieren, welche divergieren? Bestimmen Sie bei den konvergenten Folgen den Grenzwert.

27. $a_n = 2 + (0,1)^n$

28. $a_n = \dfrac{1 - 2n}{1 + 2n}$

29. $a_n = \dfrac{1 - 5n^4}{n^4 + 8n^3}$

30. $a_n = \dfrac{n^2 - 2n + 1}{n - 1}$

31. $a_n = 1 + (-1)^n$

32. $a_n = \left(\dfrac{n+1}{2n}\right)\left(1 - \dfrac{1}{n}\right)$

33. $a_n = \dfrac{(-1)^{n+1}}{2n - 1}$

34. $a_n = \sqrt{\dfrac{2n}{n+1}}$

35. $a_n = \sin\left(\dfrac{\pi}{2} + \dfrac{1}{n}\right)$

36. $a_n = \dfrac{\sin n}{n}$

37. $a_n = \dfrac{n}{2^n}$

38. $a_n = \dfrac{\ln(n+1)}{\sqrt{n}}$

39. $a_n = 8^{1/n}$

40. $a_n = \left(1 + \dfrac{7}{n}\right)^n$

41. $a_n = \sqrt[n]{10n}$

42. $a_n = \left(\dfrac{3}{n}\right)^{1/n}$

43. $a_n = \dfrac{\ln n}{n^{1/n}}$

44. $a_n = \sqrt[n]{4^n n}$

45. $a_n = \dfrac{n!}{n^n}$ (*Hinweis*: Vergleichen Sie die Folge mit der Folge $(1/n)$.)

46. $a_n = \dfrac{n!}{10^{6n}}$

47. $a_n = \left(\dfrac{1}{n}\right)^{1/(\ln n)}$

48. $a_n = \left(\dfrac{3n+1}{3n-1}\right)^n$

49. $a_n = \left(\dfrac{x^n}{2n+1}\right)^{1/n}$, $x > 0$

50. $a_n = \dfrac{3^n \cdot 6^n}{2^{-n} n!}$

51. $a_n = \tanh n$

52. $a_n = \dfrac{n^2}{2n-1} \sin \dfrac{1}{n}$

53. $a_n = \sqrt{n} \sin \dfrac{1}{\sqrt{n}}$

54. $a_n = \tan^{-1} n$

55. $a_n = \left(\dfrac{1}{3}\right)^n + \dfrac{1}{\sqrt{2^n}}$

56. $a_n = \dfrac{(\ln n)^{200}}{n}$

57. $a_n = n - \sqrt{n^2 - n}$

58. $a_n = \dfrac{1}{n}\displaystyle\int_1^n \dfrac{1}{x}\,dx$

Rekursiv definierte Folgen

Gehen Sie in den Aufgaben 59 bis 66 davon aus, dass die Folgen konvergieren und bestimmen Sie den Grenzwert.

59. $a_1 = 2$, $a_{n+1} = \dfrac{72}{1 + a_n}$

60. $a_1 = -1$, $a_{n+1} = \dfrac{a_n + 6}{a_n + 2}$

61. $a_1 = -4$, $a_{n+1} = \sqrt{8 + 2a_n}$

62. $a_1 = 0$, $a_{n+1} = \sqrt{8 + 2a_n}$

63. $a_1 = 5$, $a_{n+1} = \sqrt{5a_n}$

64. $a_1 = 3$, $a_{n+1} = 12 - \sqrt{a_n}$

65. $2,\ 2 + \dfrac{1}{2},\ 2 + \dfrac{1}{2 + \dfrac{1}{2}},\ 2 + \dfrac{1}{2 + \dfrac{1}{2 + \dfrac{1}{2}}},\ \ldots$

66. $\sqrt{1},\ \sqrt{1 + \sqrt{1}},\ \sqrt{1 + \sqrt{1 + \sqrt{1}}},$ $\sqrt{1 + \sqrt{1 + \sqrt{1 + \sqrt{1}}}},\ \ldots$

Theorie und Beispiele

67. Das erste Glied einer Folge ist $x_1 = 1$. Jedes weitere Glied ist die Summe der vorhergehenden:

$$x_{n+1} = x_1 + x_2 + \cdots + x_n.$$

Notieren Sie so viele Anfangsglieder der Folge, dass Sie einen allgemeinen Ausdruck für x_n aufstellen können, der für $n \geq 2$ gilt.

68. Das Newton-Verfahren Die Rekursionsformel des Newton-Verfahrens,

$$x_{n+1} = x_n - \dfrac{f(x_n)}{f'(x_n)}.$$

ist Grundlage für die Folgen in **a.** bis **c.** Konvergieren diese Folgen? Wenn ja, was ist der Grenzwert? Identifizieren Sie in jedem Fall zuerst die Funktion f, auf der die Folge beruht.

a. $x_0 = 1$, $x_{n+1} = x_n - \dfrac{x_n^2 - 2}{2x_n} = \dfrac{x_n}{2} + \dfrac{1}{x_n}$

b. $x_0 = 1$, $x_{n+1} = x_n - \dfrac{\tan x_n - 1}{\sec^2 x_n}$

c. $x_0 = 1$, $x_{n+1} = x_n - 1$

69. Pythagoreische Tripel Drei positive ganze Zahlen a, b und c heißen **pythagoreisches Tripel**, wenn sie die Gleichung $a^2 + b^2 = c^2$ erfüllen. Es sei nun a eine ungerade positive ganze Zahl, und es seien

$$b = \left\lfloor \dfrac{a^2}{2} \right\rfloor \quad \text{und} \quad c = \left\lceil \dfrac{a^2}{2} \right\rceil$$

die Abrundungsfunktion (Gauß-Klammer) und die Aufrundungsfunktion von $a^2/2$.

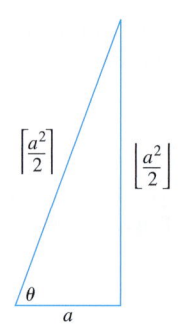

a. Zeigen Sie, dass gilt $a^2 + b^2 = c^2$. (*Hinweis:* Setzen Sie $a = 2n + 1$ und drücken Sie b und c als Funktion von n aus.)

b. Bestimmen Sie

$$\lim_{a \to \infty} \frac{\left\lfloor \frac{a^2}{2} \right\rfloor}{\left\lceil \frac{a^2}{2} \right\rceil}.$$

Sie können diesen Grenzwert entweder durch Rechnung bestimmen oder mithilfe des oberen Bildes.

70. **Die n-te Wurzel von $n!$**

a. Zeigen Sie $\lim_{n \to \infty} (2n\pi)^{1/(2n)} = 1$. Verwenden Sie dann die Stirling-Näherung (Kapitel 8, zusätzliche Aufgabe 20a), und zeigen Sie damit, dass gilt

$$\sqrt[n]{n!} \approx \frac{n}{e} \quad \text{für große Werte von } n.$$

b. Überprüfen Sie die Näherung aus Teil **a.** für $n = 40, 50, 60, \ldots$ Wählen Sie die Zahlen so groß, wie Sie das Ergebnis mit Ihrem Taschenrechner bestimmen können.

71. **a.** Es gilt $\lim_{n \to \infty} (1/n^c) = 0$ für jede positive Konstante c. Zeigen Sie damit

$$\lim_{n \to \infty} \frac{\ln n}{n^c} = 0$$

für jede positive Konstante c.

b. Beweisen Sie jetzt, dass gilt $\lim_{n \to \infty} (1/n^c) = 0$ für jede positive Konstante c. (*Hinweis:* Es sei $\varepsilon = 0{,}001$ und $c = 0{,}04$. Wie groß muss N dann sein, damit sicher gilt $|1/n^c - 0| < \varepsilon$ für $n > N$?)

72. **Der Reißverschluss-Satz** Beweisen Sie den „Reißverschluss-Satz" für Folgen: Wenn die Folgen (a_n) und (b_n) beide gegen L konvergieren, dann konvergiert auch

$$(a_1, b_1, a_2, b_2, \ldots, a_n, b_n, \ldots)$$

gegen L.

73. Beweisen Sie $\lim_{n \to \infty} \sqrt[n]{n} = 1$.

74. Beweisen Sie $\lim_{n \to \infty} x^{1/n} = 1$, $(x > 0)$.

75. Beweisen Sie Satz 10.2 aus diesem Kapitel.

76. Beweisen Sie Satz 10.3 aus diesem Kapitel.

Untersuchen Sie in den Aufgaben 77 bis 80, ob die Folge monoton und ob sie beschränkt ist.

77. $a_n = \dfrac{3n+1}{n+1}$

78. $a_n = \dfrac{(2n+3)!}{(n+1)!}$

79. $a_n = \dfrac{2^n 3^n}{n!}$

80. $a_n = 2 - \dfrac{2}{n} - \dfrac{1}{2^n}$

Welche der Folgen in den Aufgaben 81 bis 90 konvergiert, welche divergiert? Begründen Sie Ihre Antwort.

81. $a_n = 1 - \dfrac{1}{n}$

82. $a_n = n - \dfrac{1}{n}$

83. $a_n = \dfrac{2^n - 1}{2^n}$

84. $a_n = \dfrac{2^n - 1}{3^n}$

85. $a_n = ((-1)^n + 1)\left(\dfrac{n+1}{n}\right)$

86. Das erste Glied einer Folge ist $x_1 = \cos(1)$. Das nächste Glied ist der größere der Terme $x_2 = x_1$ oder $\cos(2)$; darauf folgt der größere (weiter rechts liegende) der Terme $x_3 = x_2$ oder $\cos(3)$. Allgemein gilt also

$$x_{n+1} = \max\{x_n, \cos(n+1)\}.$$

87. $a_n = \dfrac{1 + \sqrt{2n}}{\sqrt{n}}$

88. $a_n = \dfrac{n+1}{n}$

89. $a_n = \dfrac{4^{n+1} + 3^n}{4^n}$

90. $a_1 = 1$, $a_{n+1} = 2a_n - 3$

91. **Das Supremum der Folge $n/(n+1)$ ist 1**
Zeigen Sie: Wenn M eine Zahl kleiner 1 ist, dann werden die Glieder der Folge $(n/(n+1))$ schließlich größer als M. Für $M < 1$ gibt es also eine ganze Zahl N, sodass $n/(n+1) > M$, wenn $n > N$. Da für alle n gilt $n/(n+1) < 1$, ist damit bewiesen, dass M das Supremum von $(n/(n+1))$ ist.

92. Eindeutigkeit des Supremums Zeigen Sie: Wenn M_1 und M_2 beide ein Supremum der Folge (a_n) sind, dann gilt $M_1 = M_2$. Eine Folge kann also keine zwei verschiedenen oberen Grenzen haben.

93. Konvergiert eine Folge (a_n) aus positiven Zahlen, wenn sie nach oben beschränkt ist? Begründen Sie Ihre Antwort.

94. Es sei (a_n) eine konvergente Folge. Beweisen Sie, dass dann für jede positive Zahl ε eine ganze Zahl N existiert, sodass für alle m und n gilt

$$m > N \text{ und } n > N \Rightarrow |a_m - a_n| < \varepsilon.$$

95. Eindeutigkeit von Grenzwerten Beweisen Sie, dass Folgen eindeutige Grenzwerte haben. Wenn für die Zahlen L_1 und L_2 also gilt $a_n \to L_1$ und $a_n \to L_2$, dann folgt daraus $L_1 = L_2$.

96. Grenzwerte und Teilfolgen Wenn die Glieder einer Folge alle auch in einer weiteren Folge in der gegebenen Reihenfolge vorkommen, nennen wir die erste Folge eine **Teilfolge** der zweiten. Beweisen Sie: Wenn zwei Teilfolgen einer Folge (a_n) unterschiedliche Grenzwerte $L_1 \neq L_2$ haben, dann ist (a_n) divergent.

97. Wir bezeichnen in einer Folge (a_n) alle Glieder mit geradem Index mit a_{2k}, die mit ungeradem Index mit a_{2k+1}. Beweisen Sie dann: Wenn gilt $a_{2k} \to L$ und $a_{2k+1} \to L$, dann folgt daraus $a_n \to L$.

98. Beweisen Sie: Die Folge (a_n) konvergiert gegen 0 dann und nur dann, wenn auch die Folge der absoluten Glieder $(|a_n|)$ gegen 0 konvergiert.

99. Folgen, die auf dem Newton-Verfahren beruhen Wendet man das Newton-Verfahren auf eine differenzierbare Funktion $f(x)$ an, so erhält man einen Startwert x_0 und konstruiert davon ausgehend eine Zahlenfolge (x_n), die unter günstigen Umständen gegen f konvergiert. Die Rekursionsformel dieser Folgen ist

$$x_{n+1} = x_n - \frac{f(x_n)}{f'(x_n)}.$$

a. Zeigen Sie, dass $x_{n+1} = (x_n + a/x_n)/2$ eine Rekursionsformel für $f(x) = x^2 - a$, $a > 0$ ist.

b. Beginnen Sie bei $x_0 = 1$ und $a = 3$ und berechnen Sie aufeinanderfolgende Glieder der Folge, bis sich die Anzeige Ihres Taschenrechners nicht mehr ändert. Welche Zahl wird so angenähert? Erläutern Sie.

100. Eine rekursive Definition von $\pi/2$ Eine Folge hat den Startwert $x_1 = 1$, ihre Glieder werden durch die Gleichung $x_n = x_{n-1} + \cos x_{n-1}$ definiert. Diese Folge konvergiert schnell gegen $\pi/2$.

a. Probieren Sie das aus.

b. Erklären Sie mithilfe der untenstehenden Abbildung, warum die Folge so schnell konvergiert.

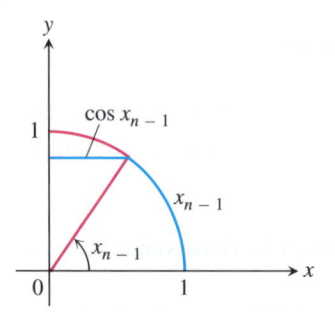

Computeralgebra Führen Sie in den Aufgaben 101–107 die folgenden Schritte mit einem CAS aus:

a. Berechnen Sie die ersten 25 Glieder der Folge und zeichnen Sie sie. Sieht es so aus, als wäre die Folge nach oben oder unten beschränkt? Scheint sie zu konvergieren oder ist sie divergent? Wenn die Folge konvergiert, gegen welchen Grenzwert L?

b. Bestimmen Sie für die konvergenten Folgen eine ganze Zahl N, sodass gilt $|a_n - L| \leq 0{,}01$ für $n \geq N$. Wie groß muss der Index der Folgenglieder werden, damit sie höchstens den Abstand $0{,}0001$ von L haben?

101. $a_n = \sqrt[n]{n}$

102. $a_1 = 1$, $a_{n+1} = a_n + \frac{1}{5^n}$

103. $a_n = \sin n$

104. $a_n = \frac{\sin n}{n}$

105. $a_n = (0{,}9999)^n$

106. $a_n = \frac{8^n}{n!}$

107. $a_n = \frac{n^{41}}{19^n}$

10.2 Reihen

Eine *Reihe* ist die unendliche Summe der Glieder einer Folge von Zahlen:

$$a_1 + a_2 + a_3 + \cdots + a_n + \cdots$$

In diesem Abschnitt werden wir die Bedeutung solcher unendlichen Summen untersuchen und Verfahren entwickeln, mit denen sie berechnet werden können. Da eine Reihe aus unendlich vielen Summanden besteht, können wir sie nicht einfach durch Aufsummieren berechnen – das Aufsummieren würde ja nicht enden. Wir betrachten daher die Summe der ersten n Glieder und hören dann zunächst auf. Die Summe der ersten n Glieder

$$s_n = a_1 + a_2 + a_3 + \cdots + a_n$$

ist eine endliche Summe. Man nennt sie die *n-te Partialsumme*. Wird n größer, so können sich die Partialsummen einem Grenzwert annähern; genauso wie die Glieder einer Folge sich einem Grenzwert nähern (Abschnitt 10.1).

Wir untersuchen zum Beispiel genauer den Ausdruck

$$1 + \frac{1}{2} + \frac{1}{4} + \frac{1}{8} + \frac{1}{16} + \cdots .$$

Wir addieren dazu ein Glied nach dem anderen und suchen nach einer Formel für die $n$te Partialsumme.

Partialsumme		Wert	Darstellung von s_n
Erste:	$s_1 = 1$	1	$2 - 1$
Zweite:	$s_2 = 1 + \frac{1}{2}$	$\frac{3}{2}$	$2 - \frac{1}{2}$
Dritte:	$s_3 = 1 + \frac{1}{2} + \frac{1}{4}$	$\frac{7}{4}$	$2 - \frac{1}{4}$
$\vdots$	$\vdots$	$\vdots$	$\vdots$
n-te:	$s_n = 1 + \frac{1}{2} + \frac{1}{4} + \cdots + \frac{1}{2^{n-1}}$	$\frac{2^n - 1}{2^{n-1}}$	$2 - \frac{1}{2^{n-1}}$

Die Partialsummen bilden eine Folge, deren n-tes Glied durch

$$s_n = 2 - \frac{1}{2^{n-1}}.$$

gegeben ist.

Diese Folge der Partialsummen konvergiert gegen 2, denn es gilt $\lim_{n \to \infty}(1/2^{n-1}) = 0$. Wir sagen dazu:

„Der Wert der Reihe $1 + \frac{1}{2} + \frac{1}{4} + \cdots + \frac{1}{2^{n-1}} + \cdots$ ist 2."

Natürlich ist die Summe einer endlichen Anzahl von Gliedern dieser Reihe nicht 2. Wir können auch keine unendliche Anzahl von Gliedern sukzessive addieren. Trotzdem können wir den Wert der Reihe als den Grenzwert der Folge ihrer Partialsummen für

$n \to \infty$ definieren. In diesem Fall ist er 2 (▶Abbildung 10.8). Mit unseren Kenntnissen über Folgen und ihre Grenzwerte können wir also die Probleme unendlicher Summen überwinden.

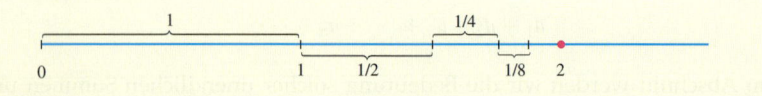

Abbildung 10.8 Die Längen 1, 1/2, 1/4, 1/8 ... werden nacheinander addiert, die Partialsummen nähern sich dem Grenzwert 2 an.

Definition

Gegeben sei eine Folge von Zahlen (a_n). Ein Ausdruck der Form

$$a_1 + a_2 + a_3 + \cdots + a_n + \cdots$$

nennt man eine **Reihe**. Die Zahl a_n ist das ***n*-te Glied** dieser Reihe. Die Folge (s_n) ist definiert durch

$$s_1 = a_1$$
$$s_2 = a_1 + a_2$$
$$\vdots$$
$$s_n = a_1 + a_2 + \cdots + a_n = \sum_{k=1}^{n} a_k$$
$$\vdots$$

und heißt die **Folge der Partialsummen** der Reihe; die Zahl s_n ist die ***n*-te Partialsumme**. Wenn die Folge der Partialsummen gegen einen Grenzwert L konvergiert, so sagen wir, dass die Reihe **konvergiert** und dass ihr **Wert** (Reihenwert) gleich L ist. Dies wird auch geschrieben als

$$a_1 + a_2 + \cdots + a_n + \cdots = \sum_{n=1}^{\infty} a_n = L.$$

Wenn die Folge der Partialsummen einer Reihe nicht konvergiert, so sagen wir, dass die Reihe **divergiert**.

Wenn wir eine gegebene Reihe $a_1 + a_2 + \cdots + a_n + \cdots$ untersuchen, wissen wir zunächst oft nicht, ob sie konvergiert oder divergiert. In beiden Fällen wird die Summennotation mit einem großen Σ als Summensymbol verwendet:

$$\sum_{n=1}^{\infty} a_n, \quad \sum_{k=1}^{\infty} a_k \quad \text{oder} \quad \sum a_n \qquad \text{Der letzte Ausdruck ist eine Kurzform für Summen von 1 bis } \infty.$$

Geometrische Reihen

Geometrische Reihen sind Reihen der Form

$$a + ar + ar^2 + \cdots + ar^{n-1} + \cdots = \sum_{n=1}^{\infty} ar^{n-1},$$

dabei sind a und r feste reelle Zahlen und $a \neq 0$. Diese Reihe kann auch als $\sum_{n=0}^{\infty} ar^n$ geschrieben werden. Die Zahl r kann sowohl positiv sein wie in der Reihe

$$1 + \frac{1}{2} + \frac{1}{4} + \cdots + \left(\frac{1}{2}\right)^{n-1} + \cdots, \qquad r = 1/2, a = 1$$

als auch negativ wie bei

$$1 - \frac{1}{3} + \frac{1}{9} - \cdots + \left(-\frac{1}{3}\right)^{n-1} + \cdots. \qquad r = -1/3, a = 1$$

Für $r = 1$ ist die n-te Partialsumme der geometrischen Reihe

$$s_n = a + a \cdot 1 + a \cdot 1^2 + \cdots + a \cdot 1^{n-1} = na.$$

Diese Reihe divergiert, denn es gilt $\lim_{n \to \infty} s_n = \pm\infty$; der Grenzwert hängt vom Vorzeichen von a ab. Für $r = -1$ divergiert die Reihe, denn die n-ten Partialsummen wechseln zwischen a und 0. Für $|r| \neq 1$ können wir die Konvergenz oder Divergenz der Reihe folgendermaßen bestimmen:

$$s_n = a + ar + ar^2 + \cdots + ar^{n-1}$$
$$rs_n = ar + ar^2 + \cdots + ar^{n-1} + ar^n \qquad s_n \text{ wird mit } r \text{ multipliziert.}$$
$$s_n - rs_n = a - ar^n \qquad rs_n \text{ wird von } s_n \text{ subtrahiert. Dabei fallen die meisten Terme auf der rechten Seite weg.}$$
$$s_n(1-r) = a(1-r^n) \qquad \text{Ein Faktor wird vor die Klammer gezogen.}$$
$$s_n = \frac{a(1-r^n)}{1-r}, \quad (r \neq 1). \qquad \text{Für } r \neq 1 \text{ können wir nach } s_n \text{ auflösen.}$$

Ist $|r| < 1$, so gilt $r^n \to 0$ für $n \to \infty$ (vgl. Abschnitt 10.1) und damit $s_n \to a/(1-r)$. Ist $|r| > 1$, dann gilt $|r^n| \to \infty$, und die Reihe divergiert.

> **Merke**
>
> Für $|r| < 1$ konvergiert die Reihe $a + ar + ar^2 + \cdots + ar^{n-1} + \cdots$ gegen $a/(1-r)$:
>
> $$\sum_{n=1}^{\infty} ar^{n-1} = \frac{a}{1-r}, \quad |r| < 1.$$
>
> Für $|r| \geq 1$ ist die Reihe divergent.

Wir haben jetzt festgestellt, wann eine geometrische Reihe konvergiert bzw. divergiert und was im Konvergenzfall der Reihenwert ist. Grundsätzlich können wir bei einer Reihe oft feststellen, dass sie konvergiert, ohne den Reihenwert zu kennen; das werden wir in den folgenden Abschnitten sehen. Der Ausdruck $a/(1-r)$ für den Wert einer geometrischen Reihe gilt *nur*, wenn der Summationsindex in der Reihe $\sum_{n=1}^{\infty} ar^{n-1}$ bei $n = 1$ beginnt. (Schreiben wir die Reihe in der Form $\sum_{n=0}^{\infty} ar^n$, so muss der Index bei $n = 0$ beginnen.)

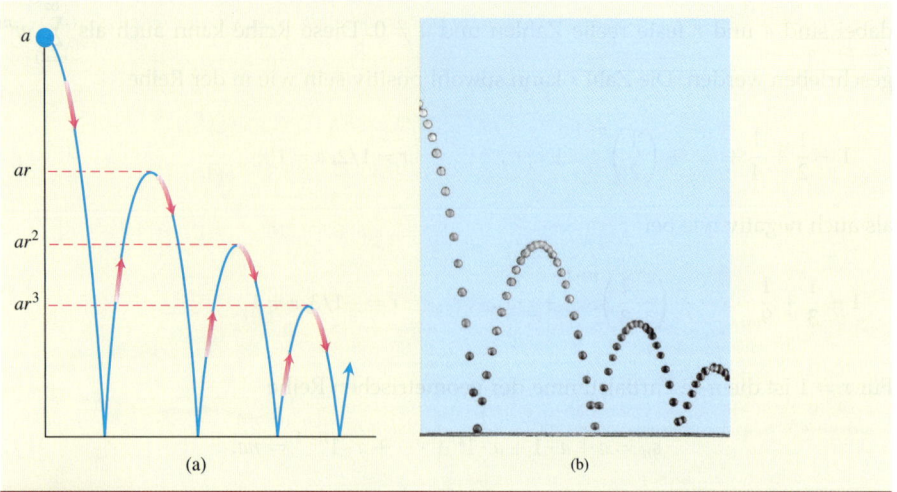

Abbildung 10.9 (a) Ein Ball hüpft auf und ab, die Sprunghöhe reduziert sich nach jedem Aufprallen um den Faktor r. Den gesamten Weg des Balls kann man – wie in Beispiel 10.15 gezeigt – mit einer geometrischen Reihe berechnen. (b) Eine stroboskopische Aufnahme des springenden Balls.

konvergente geometrische Reihe

Beispiel 10.13 Die geometrische Reihe mit $a = 1/9$ und $r = 1/3$ ist konvergent

$$\frac{1}{9} + \frac{1}{27} + \frac{1}{81} + \cdots = \sum_{n=1}^{\infty} \frac{1}{9}\left(\frac{1}{3}\right)^{n-1} = \frac{1/9}{1-(1/3)} = \frac{1}{6}.$$

Grenzwert einer geometrischen Reihe

Beispiel 10.14 Die Reihe

$$\sum_{n=0}^{\infty} \frac{(-1)^n 5}{4^n} = 5 - \frac{5}{4} + \frac{5}{16} - \frac{5}{64} + \cdots$$

ist eine geometrische Reihe mit $a = 5$ und $r = -1/4$. Sie konvergiert gegen

$$\frac{a}{1-r} = \frac{5}{1+(1/4)} = 4.$$

Anwendung einer geometrischen Reihe

Beispiel 10.15 Sie lassen einen Ball aus einer Höhe von a Metern auf eine ebene Fläche fallen. Immer wenn der Ball eine Strecke h gefallen ist und auf dem Boden aufkommt, springt er wieder hoch und steigt auf die Höhe rh. Dabei ist r positiv, aber kleiner als 1. Berechnen Sie die gesamte Strecke, die sich der Ball auf und ab bewegt (▶Abbildung 10.9).

Lösung Die gesamte Strecke beträgt

$$s = a + \underbrace{2ar + 2ar^2 + 2ar^3 + \cdots}_{\text{Dieser Wert beträgt } 2ar/(1-r)} = a + \frac{2ar}{1-r} = a\frac{1+r}{1-r}.$$

Beispielsweise für $a = 6$ m und $r = 2/3$ erhält man damit:

$$s = 6\frac{1+(2/3)}{1-(2/3)} \text{ m} = 6\left(\frac{5/3}{1/3}\right) \text{ m} = 30\,\text{m}.$$

10.2 Reihen

Beispiel 10.16 Drücken Sie die periodische Dezimalzahl 5,232323... als Quotient aus zwei ganzen Zahlen aus.

Umrechnung einer Dezimalzahl in einen Bruch

Lösung Aus der Definition von Dezimalzahlen erhalten wir eine geometrische Reihe:

$$5{,}232323\ldots = 5 + \frac{23}{100} + \frac{23}{(100)^2} + \frac{23}{(100)^3} + \cdots$$

$$= 5 + \frac{23}{100}\underbrace{\left(1 + \frac{1}{100} + \left(\frac{1}{100}\right)^2 + \cdots\right)}_{1/(1-0{,}01)} \qquad a=1,\, r=1/100$$

$$= 5 + \frac{23}{100}\left(\frac{1}{0{,}99}\right) = 5 + \frac{23}{99} = \frac{518}{99}.$$

∎

Leider gibt es nur für wenige Reihen eine Formel für den Reihenwert, die konvergenten geometrischen Reihen sind hier eher eine Ausnahme. Oft müssen wir uns damit zufriedengeben, den Wert einer konvergenten Reihe abzuschätzen (mehr dazu später). Im nächsten Beispiel stellen wir jedoch eine weitere konvergente Reihe vor, deren Wert wir exakt angeben können.

Beispiel 10.17 Bestimmen Sie den Wert der „Teleskopreihe" $\sum_{n=1}^{\infty}\frac{1}{n(n+1)}$.

Teleskopsummen

Lösung Wir betrachten die Folge (s_k) der Partialsummen und suchen nach einem einfachen Ausdruck für s_k. Dabei hilft uns die Partialbruchzerlegung der Summanden weiter:

$$\frac{1}{n(n+1)} = \frac{1}{n} - \frac{1}{n+1}.$$

Damit gilt

$$\sum_{n=1}^{k}\frac{1}{n(n+1)} = \sum_{n=1}^{k}\left(\frac{1}{n} - \frac{1}{n+1}\right)$$

und

$$s_k = \left(\frac{1}{1} - \frac{1}{2}\right) + \left(\frac{1}{2} - \frac{1}{3}\right) + \left(\frac{1}{3} - \frac{1}{4}\right) + \ldots + \left(\frac{1}{k} - \frac{1}{k+1}\right).$$

Wenn wir die Klammern weglassen und zusammenfassen, fallen jeweils die gleichen Brüche mit unterschiedlichem Vorzeichen weg, und die Summe wird zu

$$s_k = 1 - \frac{1}{k+1}.$$

Man kann eine lange Summe sozusagen „zusammenschieben" wie ein ausgezogenes Teleskop – genau daher kommt auch der Name „Teleskopsumme". Es gilt also $s_k \to 1$ für $k \to \infty$. Die Reihe konvergiert, und ihr Wert ist 1:

$$\sum_{n=1}^{\infty}\frac{1}{n(n+1)} = 1.$$

∎

Kriterium für die Divergenz einer Reihe

Wenn die Glieder einer Reihe für große n betragsmäßig nicht kleiner werden, divergiert die Reihe.

Eine divergente Reihe

Beispiel 10.18 Die Reihe

$$\sum_{n=1}^{\infty} \frac{n+1}{n} = \frac{2}{1} + \frac{3}{2} + \frac{4}{3} + \cdots + \frac{n+1}{n} + \cdots$$

divergiert, denn die Partialsummen werden für große n größer als jede beliebige Zahl. Jedes Glied ist größer als 1, die Summe von n Gliedern ist also größer als n.

Wenn die Reihe $\sum_{n=1}^{\infty} a_n$ konvergiert, muss immer $\lim_{n\to\infty} a_n = 0$ gelten. Dies kann man folgendermaßen begründen: Es sei S der Wert der Reihe und $s_n = a_1 + a_2 + \cdots + a_n$ die n-te Partialsumme. Für große n liegen nun s_n und s_{n-1} beide nahe an S, ihre Differenz a_n ist also fast null. Schreibt man dies etwas formaler, so gilt

$$a_n = s_n - s_{n-1} \quad \to \quad S - S = 0. \qquad \text{Differenzenregel für Folgen}$$

Achtung
Satz 10.7 besagt nicht, dass $\sum_{n=1}^{\infty} a_n$ immer konvergiert, wenn $a_n \to 0$ gilt. Auch wenn die Glieder gegen null gehen, kann eine Reihe dennoch divergieren.

Damit ergibt sich der folgende Satz.

> **Satz 10.7   Kriterium für Reihendivergenz**   Wenn $\sum_{n=1}^{\infty} a_n$ konvergiert, dann gilt $a_n \to 0$.

Satz 10.7 bietet eine Möglichkeit, in manchen Fällen, wie etwa in Beispiel 10.18, die Divergenz einer Reihe $\sum_{n=1}^{\infty} a_n$ anhand des Konvergenzverhaltens der Folge (a_n) festzustellen.

Merke

> **Test auf Divergenz einer Reihe** $\sum_{n=1}^{\infty} a_n$ divergiert, wenn der Grenzwert $\lim_{n\to\infty} a_n$ nicht existiert oder ungleich null ist.

Feststellung der Divergenz

Beispiel 10.19 Die folgenden vier Reihen sind alle divergent.

a) $\sum_{n=1}^{\infty} n^2$ divergiert, denn es gilt $n^2 \to \infty$.

b) $\sum_{n=1}^{\infty} \frac{n+1}{n}$ divergiert, denn es gilt $\frac{n+1}{n} \to 1$. $\qquad \lim_{n\to\infty} a_n \neq 0$

c) $\sum_{n=1}^{\infty} (-1)^{n+1}$ divergiert, denn der Grenzwert $\lim_{n\to\infty} (-1)^{n+1}$ existiert nicht.

d) $\sum_{n=1}^{\infty} \frac{-n}{2n+5}$ divergiert, denn es gilt $\lim_{n\to\infty} \frac{-n}{2n+5} = -\frac{1}{2} \neq 0$.

Beispiel 10.20 Die Reihe

$$1 + \underbrace{\frac{1}{2} + \frac{1}{2}}_{\text{2 Reihenglieder}} + \underbrace{\frac{1}{4} + \frac{1}{4} + \frac{1}{4} + \frac{1}{4}}_{\text{4 Reihenglieder}} + \cdots + \underbrace{\frac{1}{2^n} + \frac{1}{2^n} + \cdots + \frac{1}{2^n}}_{2^n \text{ Reihenglieder}} + \cdots$$

Reihenglieder gehen gegen null, die Reihe divergiert aber trotzdem.

divergiert, denn ihre Glieder können in unendlich viele Gruppen zusammengefasst werden, deren Summe jeweils 1 ergibt; die Folge der Partialsummen ist also unbeschränkt und damit nicht konvergent. Trotzdem bilden die Glieder der Reihe eine Folge, die gegen 0 konvergiert. Wie wir in Beispiel 10.23 im Abschnitt 10.3 sehen werden, entspricht dies dem Verhalten der harmonischen Reihe.

Kombinationen von Reihen

Aus zwei konvergenten Reihen können wir durch gliedweise Addition, gliedweise Subtraktion gliedweise Multiplikation mit einer Konstanten neue, ebenfalls konvergente Reihen bilden.

Satz 10.8 Es seien $\sum a_n = A$ und $\sum b_n = B$ konvergente Reihen. Dann gelten die folgenden Regeln:

1. *Summenregel:* $\sum (a_n + b_n) = \sum a_n + \sum b_n = A + B$
2. *Differenzenregel:* $\sum (a_n - b_n) = \sum a_n - \sum b_n = A - B$
3. *Faktorregel:* $\sum k a_n = k \sum a_n = kA$ (für jede Zahl k).

Beweis Die drei Regeln für Reihen folgen aus den entsprechenden Regeln für Folgen in Satz 10.1 in Abschnitt 10.1. Für den Beweis der Summenregel sei

$$A_n = a_1 + a_2 + \cdots + a_n, \quad B_n = b_1 + b_2 + \cdots + b_n.$$

Dann gilt für die Partialsummen von $\sum (a_n + b_n)$

$$\begin{aligned} s_n &= (a_1 + b_1) + (a_2 + b_2) + \cdots + (a_n + b_n) \\ &= (a_1 + \cdots + a_n) + (b_1 + \cdots + b_n) \\ &= A_n + B_n. \end{aligned}$$

Da gilt $A_n \to A$ und $B_n \to B$, folgt daraus mit der Summenregel für Folgen $s_n \to A + B$. Der Beweis der Diffrenzenregel verläuft entsprechend.

Um die Faktorregel zu beweisen, betrachten wir die Partialsummen von $\sum k a_n$, die die folgende Form haben:

$$s_n = k a_1 + k a_2 + \cdots + k a_n = k(a_1 + a_2 + \cdots + a_n) = kA_n.$$

Die Folge (s_n) konvergiert nach der Faktorregel für Folgen gegen kA. ∎

Aus Satz 10.8 kann man die folgenden Aussagen herleiten (die Beweise werden hier nicht gegeben).

Merke

1. Multipliziert man die Glieder einer divergenten Reihe mit einer Konstanten ungleich null, so divergiert auch diese Reihe.
2. $\sum a_n$ sei eine konvergente und $\sum b_n$ eine divergente Reihe. Dann divergieren sowohl $\sum (a_n + b_n)$ als auch $\sum (a_n - b_n)$.

Achtung Die Reihe $\sum (a_n + b_n)$ kann konvergieren, auch wenn wenn $\sum a_n$ und $\sum b_n$ beide divergieren. So divergieren z. B. sowohl $\sum a_n = 1 + 1 + 1 + \cdots$ als auch $\sum b_n = (-1) + (-1) + (-1) + \cdots$, dagegen konvergiert $\sum (a_n + b_n) = 0 + 0 + 0 + \cdots$ gegen 0.

Berechnung des Reihenwerts mit den Regeln aus Satz 10.8

Beispiel 10.21 Bestimmen Sie den Wert der folgenden Reihen.

a) $\sum_{n=1}^{\infty} \frac{3^{n-1} - 1}{6^{n-1}} = \sum_{n=1}^{\infty} \left(\frac{1}{2^{n-1}} - \frac{1}{6^{n-1}} \right)$

$= \sum_{n=1}^{\infty} \frac{1}{2^{n-1}} - \sum_{n=1}^{\infty} \frac{1}{6^{n-1}}$ Differenzenregel

$= \frac{1}{1 - (1/2)} - \frac{1}{1 - (1/6)}$ Geometrische Reihen mit $a = 1$ und $r = 1/2, 1/6$

$= 2 - \frac{6}{5} = \frac{4}{5}$

b) $\sum_{n=1}^{\infty} \frac{4}{n(n+1)} = 4 \sum_{n=1}^{\infty} \frac{1}{n(n+1)}$ Faktorregel

$= 4 \cdot 1$ Beispiel 10.17

$= 4$

Hinzufügen und Entfernen von Reihengliedern

Wenn wir eine endliche Anzahl von Gliedern zu einer Reihe hinzufügen oder eine endliche Anzahl von Gliedern entfernen, dann ändert dies nichts an der Konvergenz oder Divergenz der Reihe. Bei konvergenten Reihen ändert sich dadurch allerdings in der Regel der Reihenwert. Wenn $\sum_{n=1}^{\infty} a_n$ konvergiert, dann konvergiert auch $\sum_{n=k}^{\infty} a_n$ für jedes $k > 1$, und es gilt

$$\sum_{n=1}^{\infty} a_n = a_1 + a_2 + \cdots + a_{k-1} + \sum_{n=k}^{\infty} a_n.$$

Konvergiert umgekehrt $\sum_{n=k}^{\infty} a_n$ für ein $k > 1$, dann konvergiert auch $\sum_{n=1}^{\infty} a_n$. Es gilt also beispielsweise

$$\sum_{n=1}^{\infty} \frac{1}{5^n} = \frac{1}{5} + \frac{1}{25} + \frac{1}{125} + \sum_{n=4}^{\infty} \frac{1}{5^n}$$

und

$$\sum_{n=4}^{\infty} \frac{1}{5^n} = \left(\sum_{n=1}^{\infty} \frac{1}{5^n}\right) - \frac{1}{5} - \frac{1}{25} - \frac{1}{125}.$$

Umbenennen der Indizes

Wir können die Indizes jeder Reihe umbenennen, ohne dass sich die Konvergenz ändert; wir dürfen allerdings die Reihenfolge der Glieder nicht verändern. Soll der Startwert um h Einheiten vergrößert werden, ersetzen wir das n im Ausdruck für a_n durch $n - h$:

$$\sum_{n=1}^{\infty} a_n = \sum_{n=1+h}^{\infty} a_{n-h} = a_1 + a_2 + a_3 + \cdots.$$

Soll umgekehrt der Startwert des Index um h Einheiten verringert werden, ersetzen wir n im Ausdruck für a_n durch $n + h$:

$$\sum_{n=1}^{\infty} a_n = \sum_{n=1-h}^{\infty} a_{n+h} = a_1 + a_2 + a_3 + \cdots.$$

Diese Umbenennung des Index haben wir schon verwendet, als wir die geometrische Reihe bei $n = 0$ statt $n = 1$ begonnen haben. Wir können einer Reihe auch bei jedem anderen Startwert beginnen. Üblicherweise wird der Start so gewählt, dass sich für die Reihenglieder möglichst einfache Ausdrücke ergeben.

Beispiel 10.22 Die geometrische Reihe

$$\sum_{n=1}^{\infty} \frac{1}{2^{n-1}} = 1 + \frac{1}{2} + \frac{1}{4} + \cdots$$

Eine Reihe mit unterschiedlichem Startwert

kann mit verschiedenen Startindizes geschrieben werden:

$$\sum_{n=0}^{\infty} \frac{1}{2^n}, \quad \sum_{n=5}^{\infty} \frac{1}{2^{n-5}} \quad \text{oder auch} \quad \sum_{n=-4}^{\infty} \frac{1}{2^{n+4}}.$$

Die Partialsummen bleiben gleich, unabhängig davon, wie man indiziert hat.

Aufgaben zum Abschnitt 10.2

Bestimmen der *n*-ten Partialsumme

Geben Sie in den Aufgaben 1–6 einen Ausdruck für die *n*-te Partialsumme jeder Reihe an. Berechnen Sie den Reihenwert, falls die Reihe konvergiert.

1. $2 + \dfrac{2}{3} + \dfrac{2}{9} + \dfrac{2}{27} + \cdots + \dfrac{2}{3^{n-1}} + \cdots$

2. $\dfrac{9}{100} + \dfrac{9}{100^2} + \dfrac{9}{100^3} + \cdots + \dfrac{9}{100^n} + \cdots$

3. $1 - \dfrac{1}{2} + \dfrac{1}{4} - \dfrac{1}{8} + \cdots + (-1)^{n-1}\dfrac{1}{2^{n-1}} + \cdots$

4. $1 - 2 + 4 - 8 + \cdots + (-1)^{n-1} 2^{n-1} + \cdots$

5. $\dfrac{1}{2\cdot 3} + \dfrac{1}{3\cdot 4} + \dfrac{1}{4\cdot 5} + \cdots + \dfrac{1}{(n+1)(n+2)} + \cdots$

6. $\dfrac{5}{1\cdot 2} + \dfrac{5}{2\cdot 3} + \dfrac{5}{3\cdot 4} + \cdots + \dfrac{5}{n(n+1)} + \cdots$

Reihen mit geometrischen Gliedern

Schreiben Sie in den Aufgaben 7–11 jeweils die ersten Glieder der Reihe auf und machen Sie sich so das Aussehen der Reihe klar. Berechnen Sie dann den Reihenwert.

7. $\sum_{n=0}^{\infty} \dfrac{(-1)^n}{4^n}$

8. $\sum_{n=1}^{\infty} \dfrac{7}{4^n}$

9. $\sum_{n=0}^{\infty} \left(\dfrac{5}{2^n} + \dfrac{1}{3^n} \right)$

10. $\sum_{n=0}^{\infty} \left(\dfrac{1}{2^n} + \dfrac{(-1)^n}{5^n} \right)$

11. $\sum_{n=0}^{\infty} \left(\dfrac{2^{n+1}}{5^n} \right)$

Untersuchen Sie in den Aufgaben 12–15, ob die geometrische Reihe konvergiert oder divergiert. Berechnen Sie dann die Reihenwerte der konvergenten Reihen.

12. $1 + \left(\dfrac{2}{5}\right) + \left(\dfrac{2}{5}\right)^2 + \left(\dfrac{2}{5}\right)^3 + \left(\dfrac{2}{5}\right)^4 + \cdots$

13. $1 + (-3) + (-3)^2 + (-3)^3 + (-3)^4 + \cdots$

14. $\left(\dfrac{1}{8}\right) + \left(\dfrac{1}{8}\right)^2 + \left(\dfrac{1}{8}\right)^3 + \left(\dfrac{1}{8}\right)^4 + \left(\dfrac{1}{8}\right)^5 + \cdots$

15. $\left(\dfrac{-2}{3}\right)^2 + \left(\dfrac{-2}{3}\right)^3 + \left(\dfrac{-2}{3}\right)^4 + \left(\dfrac{-2}{3}\right)^5 + \left(\dfrac{-2}{3}\right)^6 + \cdots$

Periodische Dezimalzahlen

Drücken Sie in den Aufgaben 16–20 die Dezimalzahlen als Quotient zweier ganzer Zahlen aus.

16. $0,\overline{23} = 0,23\,23\,23\ldots$

17. $0,\overline{7} = 0,7777\ldots$

18. $0,0\overline{6} = 0,06666\ldots$

19. $1,24\overline{123} = 1,24\,123\,123\,123\ldots$

20. $3,\overline{142857} = 3,142857\,142857\ldots$

Test auf Divergenz

Betrachten Sie in den Aufgaben 21–26 das *n*-te Reihenglied. Zeigen Sie damit entweder, dass die Reihe divergent ist, oder dass mit diesem Test nicht entschieden werden kann, ob die Reihe divergiert.

21. $\sum_{n=1}^{\infty} \dfrac{n}{n+10}$

22. $\sum_{n=0}^{\infty} \dfrac{1}{n+4}$

23. $\sum_{n=1}^{\infty} \cos \dfrac{1}{n}$

24. $\sum_{n=0}^{\infty} \dfrac{e^n}{e^n + n}$

25. $\sum_{n=1}^{\infty} \ln \dfrac{1}{n}$

26. $\sum_{n=0}^{\infty} \cos n\pi$

Teleskopreihen

Bestimmen Sie in den Aufgaben 27–32 eine Formel für die *n*-te Partialsumme der Reihe, und untersuchen Sie damit, ob die Reihe konvergiert oder divergiert. Berechnen Sie die Reihenwerte der konvergenten Reihen.

27. $\sum_{n=1}^{\infty} \left(\dfrac{1}{n} - \dfrac{1}{n+1} \right)$

28. $\sum_{n=1}^{\infty}\left(\frac{3}{n^2}-\frac{3}{(n+1)^2}\right)$

29. $\sum_{n=1}^{\infty}\left(\ln\sqrt{n+1}-\ln\sqrt{n}\right)$

30. $\sum_{n=1}^{\infty}(\tan(n)-\tan(n-1))$

31. $\sum_{n=1}^{\infty}\left(\cos^{-1}\left(\frac{1}{n+1}\right)-\cos^{-1}\left(\frac{1}{n+2}\right)\right)$

32. $\sum_{n=1}^{\infty}\left(\sqrt{n+4}-\sqrt{n+3}\right)$

Berechnen Sie in den Aufgaben 33–37 jeweils die Reihenwerte.

33. $\sum_{n=1}^{\infty}\frac{4}{(4n-3)(4n+1)}$

34. $\sum_{n=1}^{\infty}\frac{40n}{(2n-1)^2(2n+1)^2}$

35. $\sum_{n=1}^{\infty}\left(\frac{1}{\sqrt{n}}-\frac{1}{\sqrt{n+1}}\right)$

36. $\sum_{n=1}^{\infty}\left(\frac{1}{\ln(n+2)}-\frac{1}{\ln(n+1)}\right)$

37. $\sum_{n=1}^{\infty}\left(\tan^{-1}(n)-\tan^{-1}(n+1)\right)$

Konvergenz und Divergenz

Welche der Reihen in den Aufgaben 38–48 konvergieren, welche divergieren? Begründen Sie Ihre Antwort, und berechnen Sie die Reihenwerte der konvergenten Reihen.

38. $\sum_{n=0}^{\infty}\left(\frac{1}{\sqrt{2}}\right)^n$

39. $\sum_{n=1}^{\infty}(-1)^{n+1}\frac{3}{2^n}$

40. $\sum_{n=0}^{\infty}\cos n\pi$

41. $\sum_{n=0}^{\infty}e^{-2n}$

42. $\sum_{n=1}^{\infty}\frac{2}{10^n}$

43. $\sum_{n=0}^{\infty}\frac{2^n-1}{3^n}$

44. $\sum_{n=0}^{\infty}\frac{n!}{1000^n}$

45. $\sum_{n=1}^{\infty}\frac{2^n+3^n}{4^n}$

46. $\sum_{n=1}^{\infty}\ln\left(\frac{n}{n+1}\right)$

47. $\sum_{n=0}^{\infty}\left(\frac{e}{\pi}\right)^n$

48. $\sum_{n=0}^{\infty}\frac{e^{n\pi}}{\pi^{ne}}$

Geometrische Reihen mit einer Variablen x

Betrachten Sie bei den Reihen in den Aufgaben 49–52 jeweils die ersten Reihenglieder und bestimmen Sie so a und r. Drücken Sie dann die Ungleichung $|r|<1$ in Abhängigkeit von x aus und bestimmen Sie so die Werte von x, bei denen diese Ungleichung gilt und die Reihe konvergiert.

49. $\sum_{n=0}^{\infty}(-1)^n x^n$

50. $\sum_{n=0}^{\infty}(-1)^n x^{2n}$

51. $\sum_{n=0}^{\infty}3\left(\frac{x-1}{2}\right)^n$

52. $\sum_{n=0}^{\infty}\frac{(-1)^n}{2}\left(\frac{1}{3+\sin x}\right)^n$

Bestimmen Sie in den Aufgaben 53–58 die Werte von x, für die die gegebenen geometrischen Reihen konvergieren. Berechnen Sie außerdem für diese x die Reihenwerte als Funktion von x.

53. $\sum_{n=0}^{\infty}2^n x^n$

54. $\sum_{n=0}^{\infty}(-1)^n x^{-2n}$

55. $\sum_{n=0}^{\infty}(-1)^n(x+1)^n$

56. $\sum_{n=0}^{\infty}\left(-\frac{1}{2}\right)^n(x-3)^n$

57. $\sum_{n=0}^{\infty}\sin^n x$

58. $\sum_{n=0}^{\infty}(\ln x)^n$

Theorie und Beispiele

59. Die Reihe aus Aufgabe 5 kann auch folgendermaßen geschrieben werden:

$$\sum_{n=1}^{\infty} \frac{1}{(n+1)(n+2)} \quad \text{und} \quad \sum_{n=-1}^{\infty} \frac{1}{(n+3)(n+4)}.$$

Schreiben Sie sie nun als Reihe, die mit den Indexwerten **a.** $n=-2$, **b.** $n=0$ und **c.** $n=5$ beginnt.

60. Stellen Sie eine Reihe auf, deren Glieder ungleich null sind und deren Reihenwert
a. 1   **b.** -3 **c.** 0
beträgt.

61. *Fortsetzung von Aufgabe 60* Kann man zu jeder gegebenen Zahl eine Reihe finden, deren Glieder nicht Null sind und deren Wert diese Zahl ist? Erläutern Sie Ihre Antwort.

62. Eine Reihe der Form $\sum(a_n/b_n)$ kann auch dann divergieren, wenn sowohl $\sum a_n$ als auch $\sum b_n$ konvergieren und keines der Glieder b_n gleich 0 ist. Zeigen Sie dies mit einem Beispiel.

63. Für zwei konvergente Reihen gelte $A = \sum a_n$ und $B = \sum b_n$. Dann kann die Reihe $\sum a_n b_n$ gegen einen anderen Wert als AB konvergieren. Zeigen Sie das mit einem Beispiel.

64. Es sei $A = \sum a_n$, $B = \sum b_n \neq 0$, und keines der Reihenglieder b_n sei gleich null. Dann kann eine Reihe der Form $\sum(a_n/b_n)$ trotzdem gegen einen anderen Wert als A/B konvergieren. Zeigen Sie dies mit einem Beispiel.

65. $\sum a_n$ konvergiere, und es sei $a_n > 0$ für alle n. Kann man dann eine Aussage zu $\sum(1/a_n)$ machen? Begründen Sie Ihre Antwort.

66. Was passiert, wenn man eine endliche Anzahl von Gliedern ungleich null zu einer divergenten Reihe hinzufügt? Was, wenn man eine endliche Anzahl von Gliedern ungleich null aus einer divergenten Reihe streicht? Begründen Sie Ihre Antwort.

67. Es sei $\sum a_n$ konvergent und $\sum b_n$ divergent. Kann man dann eine Aussage zu der Reihe $\sum(a_n + b_n)$ machen? Begründen Sie Ihre Antwort.

68. Stellen Sie eine geometrische Reihe $\sum ar^{n-1}$ auf, deren Wert 5 ist. Es sei
a. $a=2$ und **b.** $a=13/2$.

69. Bestimmen Sie den Wert von b, für den gilt

$$1 + e^b + e^{2b} + e^{3b} + \cdots = 9.$$

70. Für welche Werte von r konvergiert die Reihe

$$1 + 2r + r^2 + 2r^3 + r^4 + 2r^5 + r^6 + \cdots ?$$

Bestimmen Sie in diesen Fällen den Reihenwert.

71. Ersetzt man den Reihenwert L einer geometrischen Reihe durch eine ihrer Partialsummen s_n, so macht man den Fehler $(L - s_n)$. Zeigen Sie, dass dieser Fehler gleich $ar^n/(1-r)$ ist.

72. Die untenstehende Abbildung zeigt die ersten fünf einer Folge von Quadraten. Das äußere Quadrat hat einen Flächeninhalt von 4 m². Jedes weitere Quadrat entsteht, indem man die Seitenmittelpunkte des vorhergehenden Quadrats verbindet. Bestimmen Sie die unendliche Summe der Flächeninhalte aller dieser Quadrate.

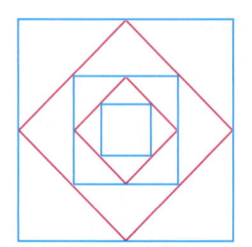

73. Die Koch'sche Schneeflocke Die Koch'sche Schneeflocke ist eine nach dem schwedischen Mathematiker Helge von Koch benannte Kurve unendlicher Länge, die eine endliche Fläche umschließt. Um dies nachvollziehen zu können, betrachten wir die Konstruktion, die von einem gleichseitigen Dreieck mit der Seitenlänge 1 ausgeht (vgl. die untenstehende Abbildung).

a. Bestimmen Sie die Länge L_n der n-ten Linie C_n und zeigen Sie, dass gilt $\lim_{n\to\infty} L_n = \infty$.

b. Bestimmen Sie den Flächeninhalt A_n, der von C_n umschlossen wird. Zeigen Sie, dass gilt $\lim_{n\to\infty} A_n = (8/5)A_1$.

Die Koch'schen Schneeflocke ist ein Beispiel für ein Fraktal.

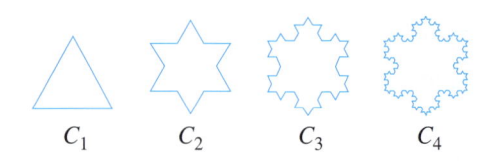

$C_1 \qquad C_2 \qquad C_3 \qquad C_4$

10.3 Das Integralkriterium

An einer Reihe interessiert uns zuerst, ob sie konvergiert oder nicht. In diesem und den nächsten beiden Abschnitten betrachten wir Reihen mit nichtnegativen Gliedern. Solche Reihen konvergieren, wenn die Folge ihrer Partialsummen beschränkt ist. Auch wenn wir wissen, dass eine Reihe konvergiert, kennen wir normalerweise deswegen aber noch nicht den Reihenwert. Wir untersuchen daher auch Verfahren, mit denen wir den Reihenwert abschätzen können.

Monoton wachsende Partialsummen

$\sum_{n=1}^{\infty} a_n$ sei eine Reihe mit $a_n \geq 0$ für alle n. Dann ist jede Partialsumme größer oder gleich der vorangehenden Partialsumme, denn es gilt $s_{n+1} = s_n + a_n$:

$$s_1 \leq s_2 \leq s_3 \leq \cdots \leq s_n \leq s_{n+1} \leq \cdots.$$

Die Partialsummen bilden also eine monoton wachsende Folge. Mit dem Monotoniesatz für Folgen (Satz 10.6 in Abschnitt 10.1) erhalten wir das folgende Korollar:

> **Korollar von Satz 10.6** Die Reihe $\sum_{n=1}^{\infty} a_n$ mit nichtnegativen Gliedern konvergiert dann und nur dann, wenn die Folge ihrer Partialsummen nach oben beschränkt ist.

Merke

Beispiel 10.23 Die Reihe

Die harmonische Reihe

$$\sum_{n=1}^{\infty} \frac{1}{n} = 1 + \frac{1}{2} + \frac{1}{3} + \cdots + \frac{1}{n} + \cdots$$

nennt man die **harmonische Reihe**. Die harmonische Reihe ist divergent, das kann man mithilfe des Tests auf Divergenz aus Abschnitt 10.2 allerdings nicht erkennen. Die Folge der Reihenglieder geht gegen null, die Reihe divergiert aber trotzdem. Der Grund hierfür ist, dass es für die Partialsummen keine obere Schranke gibt. Dies kann man sehen, wenn man die Glieder der Reihe folgendermaßen gruppiert:

$$1 + \frac{1}{2} + \underbrace{\left(\frac{1}{3} + \frac{1}{4}\right)}_{>\frac{2}{4}=\frac{1}{2}} + \underbrace{\left(\frac{1}{5} + \frac{1}{6} + \frac{1}{7} + \frac{1}{8}\right)}_{>\frac{4}{8}=\frac{1}{2}} + \underbrace{\left(\frac{1}{9} + \frac{1}{10} + \cdots + \frac{1}{16}\right)}_{>\frac{8}{16}=\frac{1}{2}} + \cdots.$$

Die Summe der ersten beiden Glieder ist 1,5. Die Summe der nächsten beiden Glieder ist $1/3 + 1/4$, das ist größer als $1/4 + 1/4 = 1/2$. Die Summer der nächsten vier Glieder ist dann $1/5 + 1/6 + 1/7 + 1/8$, dies wiederum ist größer als $1/8 + 1/8 + 1/8 + 1/8 = 1/2$. Die Summe der darauf folgenden acht Glieder ist $1/9 + 1/10 + 1/11 + 1/12 + 1/13 + 1/14 + 1/15 + 1/16$, das ist größer als $8/16 = 1/2$. Entsprechend ist die Summe der nächsten 16 Glieder größer als $16/32 = 1/2$, und so weiter. Allgemein gilt: Die Summe der 2^n Glieder, deren letztes Glied $1/2^{n+1}$ ist, ist größer als $2^n/2^{n+1} = 1/2$. Die Folge der Partialsummen ist also nicht nach oben beschränkt: Für $n = 2^k$ ist die Partialsumme s_n größer als $k/2$. Die harmonische Reihe ist divergent.

Das Integralkriterium

Wir stellen nun das Integralkriterium vor, mit dem man die Konvergenz von Reihen untersuchen kann. Dazu betrachten wir eine Reihe, die der harmonischen Reihe ähnelt, deren n-tes Glied aber $1/n^2$ ist, nicht $1/n$.

Konvergenzuntersuchung mit dem Integralkriterium

Beispiel 10.24 Konvergiert die folgende Reihe?

$$\sum_{n=1}^{\infty} \frac{1}{n^2} = 1 + \frac{1}{4} + \frac{1}{9} + \frac{1}{16} + \cdots + \frac{1}{n^2} + \cdots$$

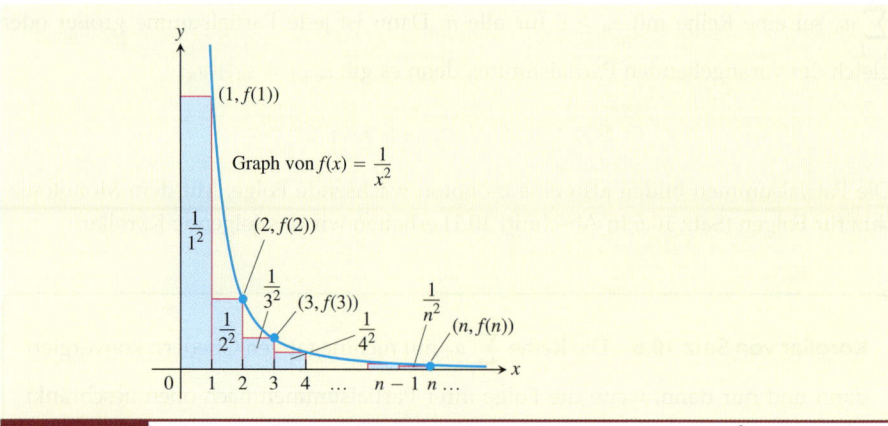

Abbildung 10.10 Die Summe der Rechteckflächen unter dem Graphen vom $f(x) = 1/x^2$ ist kleiner als die Fläche unter dem Graphen (Beispiel 10.24).

Lösung Wir zeigen die Konvergenz der Reihe $\sum_{n=1}^{\infty}(1/n^2)$, indem wir sie mit dem Integral $\int_1^{\infty}(1/x^2)dx$ vergleichen. Wir betrachten dazu die Glieder der Reihe als Funktionswerte der Funktion $f(x) = 1/x^2$ und interpretieren diese Werte als Flächeninhalte von Rechtecken unter der Kurve $y = 1/x^2$.

Wie man in ▶Abbildung 10.10 sieht, gilt dann:

$$s_n = \frac{1}{1^2} + \frac{1}{2^2} + \frac{1}{3^2} + \cdots + \frac{1}{n^2}$$
$$= f(1) + f(2) + f(3) + \cdots + f(n)$$
$$< f(1) + \int_1^n \frac{1}{x^2}dx \qquad \text{Die Flächensumme der Rechtecke ist kleiner als die Fläche unter dem Graphen.}$$
$$< 1 + \int_1^{\infty} \frac{1}{x^2}dx \qquad \int_1^n (1/x^2)dx < \int_1^{\infty}(1/x^2)dx$$
$$< 1 + 1 = 2 \qquad \text{Aus Abschnitt 8.7, Beispiel 8.42, wissen wir, dass gilt } \int_1^{\infty}(1/x^2)dx = 1.$$

Die Partialsummen von $\sum_{n=1}^{\infty}(1/n^2)$ sind also nach oben beschränkt (die Schranke ist 2), und die Reihe konvergiert. Man kennt auch den Reihenwert, er ist $\pi^2/6 \approx 1{,}64493$. ■

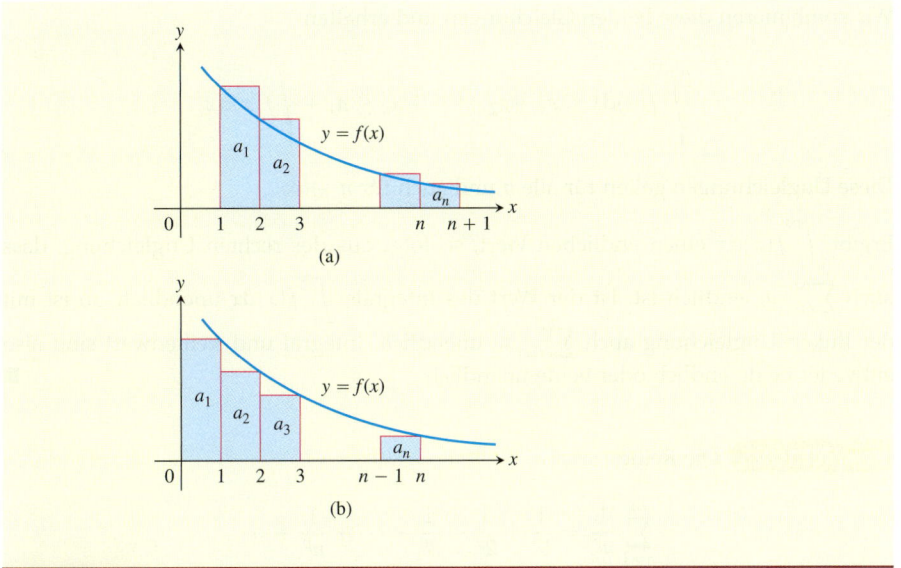

Abbildung 10.11 Die Reihe $\sum_{n=1}^{\infty}$ und das Integral $\int_1^{\infty} f(x)\,dx$ konvergieren beide oder divergieren beide, wenn die Voraussetzungen für das Integralkriterium gegeben sind.

> **Satz 10.9 Das Integralkriterium** Es sei (a_n) eine Folge positiver Zahlen. Es sei $a_n = f(n)$, dabei ist f eine stetige, positive und fallende Funktion von x für alle $x \geq N$ (N ist eine positive ganze Zahl). Dann gilt: Die Reihe $\sum_{n=N}^{\infty} a_n$ und das Integral $\int_N^{\infty} f(x)\,dx$ konvergieren beide oder divergieren beide.

Achtung
Wenn eine Reihe konvergiert, müssen Reihe und Integral nicht den gleichen Wert haben. So haben wir in Beispiel 10.24 vermerkt, dass gilt
$$\sum_{n=1}^{\infty}(1/n^2) = \pi^2/6,$$
dagegen gilt für das Integral
$$\int_1^{\infty}(1/x^2)\,dx = 1.$$

Beweis ∎ Wir zeigen das Kriterium für $N = 1$. Der allgemeine Beweis für beliebige N verläuft ähnlich.

Wir nehmen zunächst an, dass f eine fallende Funktion ist mit $f(n) = a_n$ für alle n. Wir wir in ▶Abbildung 10.11a sehen, haben die Rechtecke $a_1, a_2, \ldots, a_n$ zusammen einen größeren Flächeninhalt als die Fläche unter der Kurve $y = f(x)$ zwischen $x = 1$ bis $x = n + 1$. Es gilt also

$$\int_1^{n+1} f(x)\,dx \leq a_1 + a_2 + \cdots + a_n.$$

In ▶Abbildung 10.11b liegt nicht die rechte, sondern die linke Ecke der Rechtecke auf dem Graphen. Wenn wir zuerst das Rechteck mit dem Flächeninhalt a_1 ignorieren, erhalten wir

$$a_2 + a_3 + \cdots + a_n \leq \int_1^{n} f(x)\,dx.$$

Fügen wir a_1 hinzu, ergibt sich daraus

$$a_1 + a_2 + \cdots + a_n \leq a_1 + \int_1^{n} f(x)\,dx.$$

Wir kombinieren diese beiden Gleichungen und erhalten

$$\int_1^{n+1} f(x)\,\mathrm{d}x \leq a_1 + a_2 + \cdots + a_n \leq a_1 + \int_1^n f(x)\,\mathrm{d}x.$$

Diese Ungleichungen gelten für alle n und auch für $n \to \infty$.

Ergibt $\int_1^\infty f(x)\,\mathrm{d}x$ einen endlichen Wert, so folgt aus der rechten Ungleichung, dass auch $\sum_{n=1}^\infty a_n$ endlich ist. Ist der Wert des Integrals $\int_1^\infty f(x)\,\mathrm{d}x$ unendlich, so ist mit der linken Ungleichung auch $\sum_{n=1}^\infty a_n$ unendlich. Integral und Reihenwert sind also entweder beide endlich oder beide unendlich.

Die allgemeine harmonische Reihe

Beispiel 10.25 Die Reihe

$$\sum_{n=1}^\infty \frac{1}{n^p} = \frac{1}{1^p} + \frac{1}{2^p} + \frac{1}{3^p} + \cdots + \frac{1}{n^p} + \cdots$$

heißt die **allgemeine harmonische Reihe**, p ist eine reelle Konstante. Zeigen Sie, dass diese Reihe für $p > 1$ konvergiert und für $p \leq 1$ divergiert.

Lösung Für $p > 1$ ist $f(x) = 1/x^p$ eine positive, fallende Funktion von x. Es gilt

Die harmonische Reihe

Die allgemeine harmonische Reihe $\sum_{n=1}^\infty \frac{1}{n^p}$ konvergiert für $p > 1$ und divergiert für $p \leq 1$.

$$\int_1^\infty \frac{1}{x^p}\,\mathrm{d}x = \int_1^\infty x^{-p}\,\mathrm{d}x = \lim_{b \to \infty}\left[\frac{x^{-p+1}}{-p+1}\right]_1^b$$

$$= \frac{1}{1-p} \lim_{b \to \infty}\left(\frac{1}{b^{p-1}} - 1\right).$$

$$= \frac{1}{1-p}(0 - 1) = \frac{1}{p-1}, \qquad \text{Es gilt } b^{p-1} \to \infty \text{ für } b \to \infty \text{ wegen } p - 1 > 0.$$

Gemäß dem Integralkriterium konvergiert die Reihe also. Der Wert der allgemeinen harmonischen Reihe ist allerdings *nicht* $1/(p-1)$. Die Reihe konvergiert, wir wissen aber nicht, gegen welchen Wert sie konvergiert.

Für $p < 1$ ist $1 - p > 0$, und es gilt

$$\int_1^\infty \frac{1}{x^p}x = \frac{1}{1-p} \lim_{b \to \infty}\left(b^{1-p} - 1\right) = \infty.$$

Gemäß dem Integralkriterium divergiert die Reihe.

Für $p = 1$ erhalten wir die harmonische Reihe

$$1 + \frac{1}{2} + \frac{1}{3} + \cdots + \frac{1}{n} + \cdots,$$

von der wir wissen, dass sie divergent ist.

Wir erhalten also für $p > 1$ eine konvergente Reihe, für alle anderen Werte von p eine divergente Reihe.

Setzt man in der allgemeinen harmonischen Reihe also $p = 1$, so ergibt sich die harmonische Reihe. Betrachtet man die allgemeine harmonische Reihe, so sieht man, dass die harmonische Reihe nur „ganz knapp" divergiert. Setzt man beispielsweise $p = 1{,}000\,000\,001$ statt $p = 1$, erhält man bereits eine konvergente Reihe!

Es ist bemerkenswert, wie langsam die Partialsummen der harmonischen Reihe gegen unendlich gehen. Beispielsweise muss man 178 Millionen Glieder addieren, damit die Partialsumme größer als 20 wird (vgl. dazu auch Aufgabe 25b).

Beispiel 10.26 Die Reihe $\sum_{n=1}^{\infty} (1/(n^2 + 1))$ ist keine allgemeine harmonische Reihe, sie konvergiert aber gemäß dem Integralkriterium. Die Funktion $f(x) = 1/(x^2 + 1)$ ist positiv, stetig und fallend für $x \geq 1$. Es gilt

Konvergenzuntersuchung mit dem Integralkriterium

$$\int_1^{\infty} \frac{1}{x^2 + 1} dx = \lim_{b \to \infty} \left[\arctan x \right]_1^b$$
$$= \lim_{b \to \infty} \left[\arctan b - \arctan 1 \right]$$
$$= \frac{\pi}{2} - \frac{\pi}{4} = \frac{\pi}{4}.$$

Wieder ist Vorsicht geboten, denn $\pi/4$ ist *nicht* die Summe der Reihe. Die Reihe konvergiert, wir wissen aber nichts über ihren Reihenwert.

Fehlerabschätzung

Wenn wir mit dem Integralkriterium gezeigt haben, dass eine Reihe $\sum a_n$ konvergent ist, interessiert uns oft als Nächstes, wir groß das **Restglied** ist, also die Differenz zwischen dem Wert S der Reihe und ihrer n-ter Partialsumme s_n. Wir wollen also die Größe

$$R_n = S - s_n = a_{n+1} + a_{n+2} + a_{n+3} + \cdots$$

abschätzen. Wir bestimmen zunächst eine untere Schranke für das Restglied und vergleichen dazu die Summe der Rechteckflächen unter der Kurve mit der Fläche unter dem Graphen $y = f(x)$ für $x \geq n$ (vgl. Abbildung 10.11a). Damit erhalten wir

$$R_n = a_{n+1} + a_{n+2} + a_{n+3} + \cdots \geq \int_{n+1}^{\infty} f(x) dx.$$

Auf ähnliche Weise erhalten wir aus Abbildung 10.11b für eine obere Schranke

$$R_n = a_{n+1} + a_{n+2} + a_{n+3} + \cdots \leq \int_n^{\infty} f(x) dx.$$

Daraus ergibt sich die folgende Abschätzung für das Restglied:

10 Folgen und Reihen

Merke

Schranken für das Restglied mit dem Integralkriterium Es sei (a_n) eine Folge positiver Zahlen mit $a_k = f(k)$ und f eine stetige, positive und fallende Funktion von x für alle $x \geq n$. $\sum a_n$ konvergiere gegen S. Für das Restglied $R_n = S - s_n$ gelten dann die Ungleichungen

$$\int_{n+1}^{\infty} f(x)\,\mathrm{d}x \leq R_n \leq \int_n^{\infty} f(x)\,\mathrm{d}x. \tag{10.1}$$

Addieren wir die Partialsumme s_n auf beiden Seiten der Ungleichung (10.1), so erhalten wir

$$s_n + \int_{n+1}^{\infty} f(x)\,\mathrm{d}x \leq S \leq s_n + \int_n^{\infty} f(x)\,\mathrm{d}x, \tag{10.2}$$

denn es gilt $s_n + R_n = S$. Die Ungleichungen in (10.2) liefern eine Abschätzung für den (oft unbekannten) Reihenwert S. Gemäß (10.2) liegt dieser nämlich in einem Intervall der Länge $\int_n^{\infty} f(x)\,\mathrm{d}x - \int_{n+1}^{\infty} f(x)\,\mathrm{d}x = \int_n^{n+1} f(x)\,\mathrm{d}x$. Diese Länge wird umso kleiner, und die Abschätzung für S damit umso besser, je größer n ist.

Abschätzung eines Reihewerts

Beispiel 10.27 Schätzen Sie den Wert der Reihe $\sum (1/n^2)$ mithilfe der Ungleichungen (10.2) ab. Setzen Sie $n = 10$.

Lösung Es gilt

$$\int_n^{\infty} \frac{1}{x^2}\,\mathrm{d}x = \lim_{b \to \infty} \left[-\frac{1}{x}\right]_n^b = \lim_{b \to \infty} \left(-\frac{1}{b} + \frac{1}{n}\right) = \frac{1}{n}.$$

Damit und mit den Ungleichungen (10.2) erhalten wir

$$s_{10} + \frac{1}{11} \leq S \leq s_{10} + \frac{1}{10}.$$

Es gilt $s_{10} = 1 + (1/4) + (1/9) + (1/16) + \cdots + (1/100) \approx 1{,}54977$. Damit ergibt sich aus den letzten Ungleichungen

$$1{,}64068 \leq S \leq 1{,}64997.$$

Wir nehmen nun als Näherungswert für S den Mittelpunkt dieses Intervalls und erhalten so

$$\sum_{n=1}^{\infty} \frac{1}{n^2} \approx 1{,}6453.$$

Der Fehler in dieser Abschätzung ist kleiner als die Hälfte der Intervallbreite, der Fehler ist also kleiner als 0,005.

Aufgaben zum Abschnitt 10.3

Anwendung des Integralkriteriums

Untersuchen Sie in den Aufgaben 1–6 mithilfe des Integralkriteriums, ob die Reihen konvergieren. Beachten Sie, ob die Voraussetzungen für das Integralkriterium gegeben sind.

1. $\sum_{n=1}^{\infty} \dfrac{1}{n^2}$

2. $\sum_{n=1}^{\infty} \dfrac{1}{n^2+4}$

3. $\sum_{n=1}^{\infty} e^{-2n}$

4. $\sum_{n=1}^{\infty} \dfrac{n}{n^2+4}$

5. $\sum_{n=1}^{\infty} \dfrac{n^2}{e^{n/3}}$

6. $\sum_{n=2}^{\infty} \dfrac{n-4}{n^2-2n+1}$

Konvergenz und Divergenz von Reihen

Welche der Reihen in den Aufgaben 7–22 konvergieren, welche divergieren? Begründen Sie Ihre Antwort. (Die Konvergenz oder Divergenz kann oft mit verschiedenen Verfahren bestimmt werden.)

7. $\sum_{n=1}^{\infty} \dfrac{1}{10^n}$

8. $\sum_{n=1}^{\infty} \dfrac{n}{n+1}$

9. $\sum_{n=1}^{\infty} \dfrac{3}{\sqrt{n}}$

10. $\sum_{n=1}^{\infty} -\dfrac{1}{8^n}$

11. $\sum_{n=2}^{\infty} \dfrac{\ln n}{n}$

12. $\sum_{n=1}^{\infty} \dfrac{2^n}{3^n}$

13. $\sum_{n=0}^{\infty} \dfrac{-2}{n+1}$

14. $\sum_{n=1}^{\infty} \dfrac{2^n}{n+1}$

15. $\sum_{n=2}^{\infty} \dfrac{\sqrt{n}}{\ln n}$

16. $\sum_{n=1}^{\infty} \dfrac{1}{(\ln 2)^n}$

17. $\sum_{n=3}^{\infty} \dfrac{(1/n)}{(\ln n)\sqrt{\ln^2 n - 1}}$

18. $\sum_{n=1}^{\infty} n \sin \dfrac{1}{n}$

19. $\sum_{n=1}^{\infty} \dfrac{e^n}{1+e^{2n}}$

20. $\sum_{n=1}^{\infty} \dfrac{8 \tan^{-1} n}{1+n^2}$

21. $\sum_{n=1}^{\infty} \operatorname{sech} n$

22. $\sum_{n=1}^{\infty} \operatorname{sech}^2 n$

Theorie und Beispiele

Für welche Werte von a konvergieren die Reihen in den Aufgaben 23 und 24 (falls sie überhaupt konvergieren)?

23. $\sum_{n=1}^{\infty} \left(\dfrac{a}{n+2} - \dfrac{1}{n+4} \right)$

24. $\sum_{n=3}^{\infty} \left(\dfrac{1}{n-1} - \dfrac{2a}{n+1} \right)$

25. a. Für die Partialsummen der harmonischen Reihe gelten die Ungleichungen

$$\ln(n+1) = \int_1^{n+1} \dfrac{1}{x} dx \leq 1 + \dfrac{1}{2} + \cdots + \dfrac{1}{n}$$

$$\leq 1 + \int_1^n \dfrac{1}{x} dx = 1 + \ln n.$$

Zeigen Sie dies mithilfe von Grafiken ähnlich wie die Abbildungen 10.10 und 10.11.

b. Wir wissen zwar, dass die harmonische Reihe divergiert. Betrachtet man aber nur einige ihrer Glieder und Partialsummen, so könnte man leicht fälschlicherweise annehmen, dass sie konvergiert. Die Partialsummen wachsen einfach nur sehr langsam. Dies kann man mit einem Beispiel illustrieren: Angenommen wir hätten am Tag des Urknalls vor 13 Milliarden Jahren mit $s_1 = 1$

begonnen und jede Sekunde ein neues Reihenglied hinzugefügt. Wie groß wäre dann heute die Partialsumme s_n? Gehen Sie von einem Jahr mit 365 Tagen aus.

26. Gibt es Werte von x, für die $\sum_{n=1}^{\infty}(1/(nx))$ konvergiert? Begründen Sie Ihre Antwort.

27. Es sei $\sum_{n=1}^{\infty} a_n$ eine divergente Reihe positiver Zahlen. Gibt es dann auch eine Reihe $\sum_{n=1}^{\infty} b_n$ positiver Zahlen, die ebenfalls divergiert und für die gilt $b_n < a_n$ für alle n? Gibt es also eine „kleinste" divergente Reihe positiver Zahlen? Begründen Sie Ihre Antwort.

28. *Fortsetzung von Aufgabe 27* Gibt es eine „größte" konvergente Reihe positiver Zahlen? Erläutern Sie.

29. $\sum_{n=1}^{\infty}(1/(\sqrt{n+1}))$ **divergiert**

a. Die Partialsumme
$$s_{50} = \sum_{n=1}^{50}(1/(\sqrt{n+1}))$$
erfüllt die Ungleichung
$$\int_1^{51} \frac{1}{\sqrt{x+1}}\,dx < s_{50} < \int_0^{50} \frac{1}{\sqrt{x+1}}\,dx.$$
Zeigen Sie dies mithilfe der untenstehenden Abbildung.

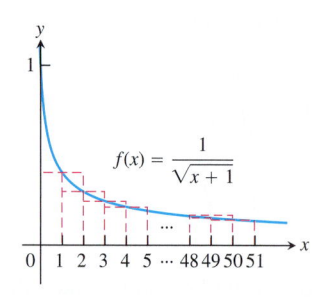

b. Ab welcher Größenordnung von n erfüllt die Partialsumme
$$s_n = \sum_{i=1}^{n}(1/(\sqrt{i+1}))$$
die Ungleichung $s_n > 1000$?

30. $\sum_{n=1}^{\infty}(1/n^4)$ **konvergiert**

a. Der Wert der Reihe $\sum_{n=1}^{\infty}(1/n^4)$ wird mit der Partialsumme $\sum_{n=1}^{30}(1/n^4)$ angenähert. Bestimmen Sie mithilfe der untenstehenden Abbildung den Fehler, den man dabei macht.

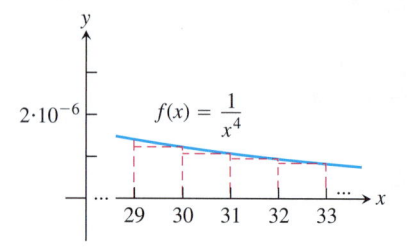

b. $\sum_{n=1}^{\infty}(1/n^4)$ soll durch die Partialsumme
$$s_{30} = \sum_{n=1}^{30}(1/n^4)$$
angenähert werden. Bestimmen Sie das n, für das der Fehler dabei höchstens 0,000 001 beträgt.

31. Schätzen Sie den Wert von $\sum_{n=1}^{\infty}(1/n^3)$ mit einem Fehler von maximal 0,01 des exakten Werts ab.

32. Schätzen Sie den Wert von $\sum_{n=2}^{\infty}(1/(n^2+4))$ mit einem Fehler von maximal 0,1 des exakten Werts ab.

33. Wie viele Glieder der konvergenten Reihe $\sum_{n=1}^{\infty}(1/n^{1,1})$ braucht man, um ihren Wert mit einem Fehler von maximal 0,00001 abzuschätzen?

34. Wie viele Glieder der konvergenten Reihe $\sum_{n=4}^{\infty}(1/n(\ln n)^3)$ braucht man, um ihren Wert mit einem Fehler von maximal 0,01 abzuschätzen?

35. Das Cauchy'sche Verdichtungskriterium Das Cauchy'sche Verdichtungskriterium besagt: Es sei (a_n) eine monoton fallende Folge ($a_n \geq a_{n+1}$ für alle n) mit positiven Gliedern, die gegen 0 konvergiert. Dabei konvergiert $\sum a_n$ dann und nur dann, wenn auch $\sum 2^n a_{2^n}$ konvergiert. So divergiert z. B. $\sum(1/n)$, denn $\sum 2^n \cdot (1/2^n) = \sum 1$ divergiert. Zeigen Sie, warum dieses Kriterium funktioniert.

36. Zeigen Sie mithilfe des Cauchy'sche Verdichtungskriteriums aus Aufgabe 35, dass

a. $\sum_{n=2}^{\infty} \frac{1}{n \ln n}$ divergiert;

b. $\sum_{n=1}^{\infty} \frac{1}{n^p}$ für $p > 1$ konvergiert und für $p \leq 1$ divergiert.

37. Logarithmische Reihen

a. Zeigen Sie, dass das uneigentliche Integral

$$\int_2^{\infty} \frac{dx}{x(\ln x)^p} \quad (p \text{ ist eine positive Konstante})$$

dann und nur dann konvergiert, wenn gilt $p > 1$.

b. Was können Sie aus dem Ergebnis von Teil **a.** für die Summe

$$\sum_{n=2}^{\infty} \frac{1}{n(\ln n)^p}$$

schließen? Begründen Sie Ihre Antwort.

38. *Fortsetzung von Aufgabe 37* Bestimmen Sie mithilfe der Ergebnisse von Aufgabe 37, welche der folgenden Reihen konvergieren und welche divergieren. Begründen Sie jeweils Ihre Antwort.

a. $\sum_{n=2}^{\infty} \frac{1}{n(\ln n)}$

b. $\sum_{n=2}^{\infty} \frac{1}{n(\ln n)^{1,01}}$

c. $\sum_{n=2}^{\infty} \frac{1}{n \ln(n^3)}$

d. $\sum_{n=2}^{\infty} \frac{1}{n(\ln n)^3}$

39. Euler-Konstante Abbildungen wie 10.11 legen nahe, dass für wachsende n der Unterschied zwischen der Summe

$$1 + \frac{1}{2} + \cdots + \frac{1}{n}$$

und dem Integral

$$\ln n = \int_1^n \frac{1}{x} dx.$$

sich kaum noch ändert. Wir wollen dies näher untersuchen. Führen Sie dazu die folgenden Schritte aus.

a. Setzen Sie in dem Beweis von Satz 10.9 $f(x) = 1/x$ und zeigen Sie so, dass gilt

$$\ln(n+1) \leq 1 + \frac{1}{2} + \cdots + \frac{1}{n} \leq 1 + \ln n$$

oder

$$0 < \ln(n+1) - \ln n \leq$$
$$1 + \frac{1}{2} + \cdots + \frac{1}{n} - \ln n \leq 1.$$

Die Folge

$$a_n = 1 + \frac{1}{2} + \cdots + \frac{1}{n} - \ln n$$

ist also nach oben und unten beschränkt.

b. Zeigen Sie, dass gilt

$$\frac{1}{n+1} < \int_n^{n+1} \frac{1}{x} dx = \ln(n+1) - \ln n,$$

und leiten Sie aus diesem Ergebnis her, dass die Folge (a_n) aus Teil **a.** monoton fallend ist. Eine monoton fallende Folge, die nach unten beschränkt ist, konvergiert. Damit konvergiert die Summe aus Teil **a.**:

$$1 + \frac{1}{2} + \cdots + \frac{1}{n} - \ln n \to \gamma.$$

Der Wert der Zahl γ ist $0{,}5772\ldots$, sie heißt *Euler'sche Konstante*, manchmal wird sie auch Euler-Mascheroni-Konstante genannt. (Verwechseln Sie sie nicht mit der Euler'schen Zahl $e = 2{,}7172\ldots$.)

40. Zeigen Sie mithilfe des Integralkriteriums, dass die Reihe

$$\sum_{n=0}^{\infty} e^{-n^2}$$

konvergiert.

41. a. Gegeben ist die Reihe $\sum_{n=1}^{\infty} (1/n^3)$. Bestimmen Sie mithilfe der Ungleichungen (10.2) und $n = 10$ ein Intervall, indem der Reihenwert S liegt.

b. Nähern Sie wie in Beispiel 10.27 den Reihenwert an, indem Sie den Mittelpunkt des Intervalls aus Teil **a.** betrachten. Wie groß ist der maximale Fehler, den Sie bei dieser Näherung machen?

42. Bearbeiten Sie Aufgabe 41 für die Reihe $\sum_{n=1}^{\infty} (1/n^4)$.

10.4 Vergleichskriterien

Wir haben bis jetzt untersucht, wann die geometrische Reihe, die allgemeinen harmonischen Reihen und einige andere Reihen konvergieren. Wenn wir wissen, dass eine bestimmte Reihe konvergiert, so können wir die Konvergenz oder Divergenz vieler weiterer Reihen bestimmen, indem wir ihre Glieder mit der bekannten Reihe vergleichen.

> **Satz 10.10 Das Vergleichskriterium (Majoranten- und Minorantenkriterium)**
> Es seien $\sum a_n$, $\sum c_n$ und $\sum d_n$ Reihen mit nichtnegativen Gliedern. Für eine ganze Zahl N gelte
>
> $$d_n \leq a_n \leq c_n \quad \text{für alle } n > N.$$
>
> **a.** Wenn $\sum c_n$ konvergiert, dann konvergiert auch $\sum a_n$ (Majorantenkriterium).
> **b.** Wenn $\sum d_n$ divergiert, dann divergiert auch $\sum a_n$ (Minorantenkriterium).

Beweis Im Teil **a.** des Satzes sind die Partialsummen von $\sum a_n$ nach oben beschränkt durch

$$M = a_1 + a_2 + \cdots + a_N + \sum_{n=N+1}^{\infty} c_n.$$

Sie bilden also eine monoton wachsende Folge mit dem Grenzwert $L \leq M$. Damit konvergiert $\sum a_n$. Dies wird in ▶Abbildung 10.12 illustriert, dabei wird jedes Glied der Reihe als Fläche eines der Rechtecke dargestellt (so wie wir dies auch beim Integralkriterium in Abbildung 10.11 getan haben).

Im Teil **b.** sind die Partialsummen von $\sum a_n$ nicht nach oben beschränkt. Wenn es eine solche Schranke gäbe, dann wären auch die Partialsummen von $\sum d_n$ nach oben beschränkt durch

$$M^* = d_1 + d_2 + \cdots d_N + \sum_{n=N+1}^{\infty} a_n,$$

und auch $\sum d_n$ wäre konvergent, nicht divergent. ■

Anwendung des Majoranten- und Minorantenkriteriums

Beispiel 10.28 Wir untersuchen einige Reihen mit dem Vergleichskriterium.

a Die Reihe

$$\sum_{n=1}^{\infty} \frac{5}{5n-1}$$

divergiert, denn das n-te Glied

$$\frac{5}{5n-1} = \frac{1}{n - \frac{1}{5}} > \frac{1}{n}$$

ist größer als das n-te Glied der divergenten harmonischen Reihe.

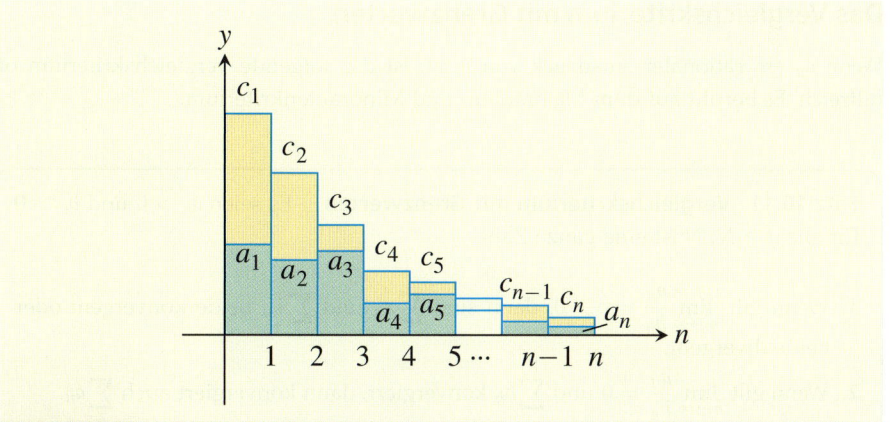

Abbildung 10.12 Wenn die gesamte Fläche $\sum c_n$ der größeren Rechtecke c_n endlich ist, dann gilt dies auch für die Fläche $\sum a_n$ der kleineren Rechtecke.

b Die Reihe

$$\sum_{n=0}^{\infty} \frac{1}{n!} = 1 + \frac{1}{1!} + \frac{1}{2!} + \frac{1}{3!} + \cdots$$

konvergiert, denn die Reihenglieder sind alle positiv und kleiner als oder gleich groß wie die entsprechenden Glieder der Reihe

$$1 + \sum_{n=0}^{\infty} \frac{1}{2^n} = 1 + 1 + \frac{1}{2} + \frac{1}{2^2} + \cdots.$$

Die geometrische Reihe konvergiert, und wir erhalten

$$1 + \sum_{n=0}^{\infty} \frac{1}{2^n} = 1 + \frac{1}{1 - (1/2)} = 3.$$

3 ist also ein obere Schranke für die Partialsummen von $\sum_{n=0}^{\infty} (1/n!)$. Dies bedeutet allerdings nicht, dass die Reihe auch gegen diesen Wert konvergiert. Wir werden in Abschnitt 10.9 berechnen, dass sie gegen e konvergiert.

c Die Reihe

$$5 + \frac{2}{3} + \frac{1}{7} + 1 + \frac{1}{2 + \sqrt{1}} + \frac{1}{4 + \sqrt{2}} + \frac{1}{8 + \sqrt{3}} + \cdots + \frac{1}{2^n + \sqrt{n}} + \cdots$$

konvergiert. Um dies zu zeigen, ignorieren wir zunächst die ersten drei Glieder und vergleichen die übrigen mit denen der konvergenten geometrischen Reihe $\sum_{n=0}^{\infty} (1/2^n)$. Das n-te Glied $1/(2^n + \sqrt{n})$ dieser verkürzten Reihe ist kleiner als das entsprechende Glied $1/2^n$ der geometrischen Reihe. Vergleichen wir jeweils zwei Glieder miteinander, erhalten wir

$$1 + \frac{1}{2 + \sqrt{1}} + \frac{1}{4 + \sqrt{2}} + \frac{1}{8 + \sqrt{3}} + \cdots \leq 1 + \frac{1}{2} + \frac{1}{4} + \frac{1}{8} + \cdots.$$

Mithilfe des Vergleichskriteriums kann man also feststellen, dass sowohl die verkürzte als auch die ursprüngliche Reihe konvergieren.

Das Vergleichskriterium mit Grenzwerten

Wenn a_n ein rationaler Ausdruck von n ist, ist das folgende Vergleichskriterium oft hilfreich. Es beruht auf dem Majoranten- und Minorantenkriterium.

> **Satz 10.11 Vergleichskriterium mit Grenzwerten** Es seien $a_n > 0$ und $b_n > 0$ für alle $n \geq N$, N ist eine ganze Zahl.
>
> 1. Wenn gilt $\lim\limits_{n\to\infty} \dfrac{a_n}{b_n} = c > 0$, dann sind $\sum a_n$ und $\sum b_n$ beide konvergent oder beide divergent.
> 2. Wenn gilt $\lim\limits_{n\to\infty} \dfrac{a_n}{b_n} = 0$ und $\sum b_n$ konvergiert, dann konvergiert auch $\sum a_n$.
> 3. Wenn gilt $\lim\limits_{n\to\infty} \dfrac{a_n}{b_n} = \infty$ und $\sum b_n$ divergiert, dann divergiert auch $\sum a_n$.

Beweis ◾ Wir beweisen hier Teil 1, der Beweis der beiden Teile 2 und 3 ist Thema der Aufgaben 32a und b.

Es gilt $c/2 > 0$. Daher existiert eine ganze Zahl N, sodass für alle n gilt

$$n > N \quad \Rightarrow \quad \left|\frac{a_n}{b_n} - c\right| < \frac{c}{2}. \qquad \text{Grenzwertdefinition mit } \varepsilon = c/2 \text{ und } L = c; a_n \text{ wird durch } a_n/b_n \text{ ersetzt.}$$

Daraus folgt für $n > N$:

$$-\frac{c}{2} < \frac{a_n}{b_n} - c < \frac{c}{2},$$
$$\frac{c}{2} < \frac{a_n}{b_n} < \frac{3c}{2},$$
$$\left(\frac{c}{2}\right) b_n < a_n < \left(\frac{3c}{2}\right) b_n.$$

Wenn $\sum b_n$ konvergiert, dann konvergiert auch $\sum (3c/2) b_n$ und damit mit dem Majorantenkriterium auch $\sum a_n$. Wenn $\sum b_n$ divergiert, divergiert auch $\sum (c/2) b_n$ und damit mit dem Minorantenkriterium auch $\sum a_n$. ∎

Anwendung des Vergleichskriteriums mit Grenzwerten

Beispiel 10.29 Welche der folgenden Reihen konvergieren, welche divergieren?

a) $\dfrac{3}{4} + \dfrac{5}{9} + \dfrac{7}{16} + \dfrac{9}{25} + \cdots = \sum\limits_{n=1}^{\infty} \dfrac{2n+1}{(n+1)^2} = \sum\limits_{n=1}^{\infty} \dfrac{2n+1}{n^2 + 2n + 1}$

b) $\dfrac{1}{1} + \dfrac{1}{3} + \dfrac{1}{7} + \dfrac{1}{15} + \cdots = \sum\limits_{n=1}^{\infty} \dfrac{1}{2^n - 1}$

c) $\dfrac{1 + 2\ln 2}{9} + \dfrac{1 + 3\ln 3}{14} + \dfrac{1 + 4\ln 4}{21} + \cdots = \sum\limits_{n=2}^{\infty} \dfrac{1 + n\ln n}{n^2 + 5}$

Lösung Wir untersuchen jede der Reihen mit dem Vergleichskriterium mit Grenzwerten.

a Es sei $a_n = (2n+1)/(n^2+2n+1)$. Für große n verhält sich a_n wie $2n/n^2 = 2/n$, da der jeweils führende Term in Zähler und Nenner, also $2n$ bzw. n^2, für große n die jeweils hinteren Terme, also 1 und $2n+1$, dominiert. Wir betrachten also $b_n = 1/n$. Da

$$\sum_{n=1}^{\infty} b_n = \sum_{n=1}^{\infty} \frac{1}{n}$$

divergiert und da gilt

$$\lim_{n\to\infty} \frac{a_n}{b_n} = \lim_{n\to\infty} \frac{2n^2+n}{n^2+2n+1} = 2,$$

divergiert $\sum a_n$ gemäß Teil 1 des Vergleichskriteriums mit Grenzwerten. Wir hätten diese Argumentation auch mit $b_n = 2/n$ durchführen können, mit $1/n$ sind die Rechnungen jedoch einfacher.

b Es sei $a_n = 1/(2^n-1)$. Für große n verhält sich a_n wie $1/2^n$, wir betrachten also $b_n = 1/2^n$. Da

$$\sum_{n=1}^{\infty} b_n = \sum_{n=1}^{\infty} \frac{1}{2^n}$$

konvergiert, und da gilt

$$\lim_{n\to\infty} \frac{a_n}{b_n} = \lim_{n\to\infty} \frac{2^n}{2^n-1}$$
$$= \lim_{n\to\infty} \frac{1}{1-(1/2^n)}$$
$$= 1,$$

konvergiert $\sum a_n$ gemäß Teil 1 des Vergleichskriteriums mit Grenzwerten.

c Es sei $a_n = (1+n\ln n)/(n^2+5)$. Für große n verhält sich a_n wie $(n \ln n)/n^2 = (\ln n)/n$, da dieser Term für $n \geq 3$ größer als $1/n$ ist. Wir betrachten also $b_n = 1/n$. Da

$$\sum_{n=2}^{\infty} b_n = \sum_{n=2}^{\infty} \frac{1}{n}$$

divergiert und da gilt

$$\lim_{n\to\infty} \frac{a_n}{b_n} = \lim_{n\to\infty} \frac{n+n^2\ln n}{n^2+5}$$
$$= \infty,$$

divergiert $\sum a_n$ gemäß Teil 3 des Vergleichskriteriums mit Grenzwerten.

Konvergenzuntersuchung **Beispiel 10.30** Konvergiert die Reihe $\sum_{n=1}^{\infty} \frac{\ln n}{n^{3/2}}$?

Lösung $\ln n$ wächst für jede positive Konstante c langsamer als n^c (Abschnitt 10.1, Aufgabe 71). Wir können die Reihe also mit einer konvergenten allgemeinen harmonischen Reihe vergleichen. Um diese Reihe zu bestimmen, beachten wir zunächst, dass für ausreichend große n gilt

$$\frac{\ln n}{n^{3/2}} < \frac{n^{1/4}}{n^{3/2}} = \frac{1}{n^{5/4}}.$$

Wir setzen dann $a_n = (\ln n)/n^{3/2}$ und $b_n = 1/n^{5/4}$ und erhalten

$$\lim_{n\to\infty} \frac{a_n}{b_n} = \lim_{n\to\infty} \frac{\ln n}{n^{1/4}}$$
$$= \lim_{n\to\infty} \frac{1/n}{(1/4)n^{-3/4}} \quad \text{Regel von l'Hospital}$$
$$= \lim_{n\to\infty} \frac{4}{n^{1/4}} = 0.$$

$\sum b_n = \sum (1/n^{5/4})$ ist eine allgemeine harmonische Reihe mit $p > 1$ und konvergiert daher. Gemäß Teil 2 des Vergleichskriteriums mit Grenzwerten konvergiert dann auch $\sum a_n$.

Aufgaben zum Abschnitt 10.4

Anwendung des Majoranten- und Minorantenkriteriums

Untersuchen Sie in den Aufgaben 1–5 mithilfe von Satz 10.10, ob die Reihen konvergieren.

1. $\sum_{n=1}^{\infty} \frac{1}{n^2 + 30}$

2. $\sum_{n=2}^{\infty} \frac{1}{\sqrt{n} - 1}$

3. $\sum_{n=1}^{\infty} \frac{\cos^2 n}{n^{3/2}}$

4. $\sum_{n=1}^{\infty} \sqrt{\frac{n+4}{n^4 + 4}}$

5. $\sum_{n=1}^{\infty} \frac{\sqrt{n} + 1}{\sqrt{n^2 + 3}}$

Das Vergleichskriterium mit Grenzwerten

Untersuchen Sie in den Aufgaben 6–11 mithilfe des Vergleichskriteriums mit Grenzwerten, ob die Reihen konvergieren.

6. $\sum_{n=1}^{\infty} \frac{n-2}{n^3 - n^2 + 3}$ (*Hinweis:* Wenden Sie das Vergleichskriterium mit Grenzwerten mit $\sum_{n=1}^{\infty} (1/n^2)$ an.)

7. $\sum_{n=1}^{\infty} \sqrt{\frac{n+1}{n^2 + 2}}$ *Hinweis:* Wenden Sie das Vergleichskriterium mit Grenzwerten mit $\sum_{n=1}^{\infty} (1/\sqrt{n})$ an.

8. $\sum_{n=2}^{\infty} \frac{n(n+1)}{(n^2+1)(n-1)}$

9. $\sum_{n=1}^{\infty} \frac{5^n}{\sqrt{n} 4^n}$

10. $\sum_{n=2}^{\infty} \frac{1}{\ln n}$ (*Hinweis:* Wenden Sie das Vergleichskriterium mit Grenzwerten mit $\sum_{n=2}^{\infty} (1/n)$ an.)

11. $\sum_{n=1}^{\infty} \ln(1 + \frac{1}{n^2})$ (*Hinweis:* Wenden Sie den Vergleichskriterium mit Grenzwerten mit $\sum_{n=1}^{\infty} (1/n^2)$ an.)

Konvergenz und Divergenz

Welche der Reihen in den Aufgaben 12–31 konvergieren, welche divergieren? Verwenden Sie ein Kriterium, das Ihnen sinnvoll erscheint und begründen Sie Ihre Antwort.

12. $\sum_{n=1}^{\infty} \dfrac{1}{2\sqrt{n} + \sqrt[3]{n}}$

13. $\sum_{n=1}^{\infty} \dfrac{\sin^2 n}{2^n}$

14. $\sum_{n=1}^{\infty} \dfrac{2n}{3n-1}$

15. $\sum_{n=1}^{\infty} \dfrac{10n+1}{n(n+1)(n+2)}$

16. $\sum_{n=1}^{\infty} \left(\dfrac{n}{3n+1}\right)^n$

17. $\sum_{n=3}^{\infty} \dfrac{1}{\ln(\ln n)}$

18. $\sum_{n=2}^{\infty} \dfrac{1}{\sqrt{n} \ln n}$

19. $\sum_{n=1}^{\infty} \dfrac{1}{1 + \ln n}$

20. $\sum_{n=2}^{\infty} \dfrac{1}{n\sqrt{n^2-1}}$

21. $\sum_{n=1}^{\infty} \dfrac{1-n}{n 2^n}$

22. $\sum_{n=1}^{\infty} \dfrac{1}{3^{n-1}+1}$

23. $\sum_{n=1}^{\infty} \dfrac{n+1}{n^2+3n} \cdot \dfrac{1}{5^n}$

24. $\sum_{n=1}^{\infty} \dfrac{2^n - n}{n 2^n}$

25. $\sum_{n=2}^{\infty} \dfrac{1}{n!}$

(*Hinweis*: Zeigen Sie zuerst, dass $(1/n!) \leq (1/n(n-1))$ für $n \geq 2$.)

26. $\sum_{n=1}^{\infty} \sin \dfrac{1}{n}$

27. $\sum_{n=1}^{\infty} \dfrac{\tan^{-1} n}{n^{1,1}}$

28. $\sum_{n=1}^{\infty} \dfrac{\coth n}{n^2}$

29. $\sum_{n=1}^{\infty} \dfrac{1}{n \sqrt[n]{n}}$

30. $\sum_{n=1}^{\infty} \dfrac{1}{1 + 2 + 3 + \cdots + n}$

31. $\sum_{n=1}^{\infty} \dfrac{1}{1 + 2^2 + 3^2 + \cdots + n^2}$

Theorie und Beispiele

32. Beweisen Sie

a. Teil 2 und

b. Teil 3 des Vergleichskriteriums mit Grenzwerten.

33. Es sei $a_n > 0$ und $b_n > 0$ für $n \geq N$, N ist eine ganze Zahl. Wenn $\lim_{n \to \infty} (a_n / b_n) = \infty$ und $\sum a_n$ konvergieren, kann man daraus dann irgendetwas über $\sum b_n$ folgern? Begründen Sie Ihre Antwort.

34. Es sei $\sum a_n$ eine konvergente Reihe mit nichtnegativen Gliedern. Beweisen Sie, dass dann $\sum a_n^2$ konvergiert.

35. Es sei $a_n > 0$ und $\lim_{n \to \infty} a_n = \infty$. Beweisen Sie, dass dann $\sum a_n$ divergiert.

36. Zeigen Sie, dass $\sum_{n=2}^{\infty} ((\ln n)^q / n^p)$ für $-\infty < q < \infty$ und $p > 1$ konvergiert. (*Hinweis*: Verwenden Sie das Vergleichskriterium mit Grenzwerten mit $\sum_{n=2}^{\infty} 1/n^r$ für $1 < r < p$.)

37. (*Fortsetzung von Aufgabe 36*) Zeigen Sie, dass $\sum_{n=2}^{\infty} ((\ln n)^q / n^p)$ für $-\infty < q < \infty$ und $0 < p \leq 1$ divergiert.
(*Hinweis*: Wenden Sie das Vergleichskriterium mit Grenzwerten an, und vergleichen Sie mit einer passenden allgemeinen harmonischen Reihe.)

Verwenden Sie in den Aufgaben 38–41 die Ergebnisse der Aufgaben 36 und 37 und bestimmen Sie damit, welche der folgenden Reihen konvergieren und welche divergieren.

38. $\sum_{n=2}^{\infty} \dfrac{(\ln n)^3}{n^4}$

39. $\sum_{n=2}^{\infty} \dfrac{(\ln n)^{1000}}{n^{1,001}}$

40. $\sum_{n=2}^{\infty} \dfrac{1}{n^{1,1} (\ln n)^3}$

41. $\sum_{n=2}^{\infty} \dfrac{1}{\sqrt{n \cdot \ln n}}$

Computeralgebra

42. Es ist noch nicht bekannt, ob die Reihe

$$\sum_{n=1}^{\infty} \frac{1}{n^3 \sin^2 n}$$

konvergiert oder divergiert. Untersuchen Sie mithilfe eines CAS das Verhalten dieser Reihe und führen Sie dazu die folgenden Schritte aus.

a. Definieren Sie die Folge der Partialsummen

$$s_k = \sum_{n=1}^{k} \frac{1}{n^3 \sin^2 n}.$$

Was passiert, wenn Sie versuchen, den Grenzwert von s_k für $k \to \infty$ zu bestimmen? Kann Ihr CAS darauf eine Antwort in geschlossener Form geben?

b. Zeichnen Sie die ersten 100 Punkte (k, s_k) der Partialsummenfolge. Scheinen Sie zu konvergieren? Versuchen Sie den Grenzwert abzuschätzen.

c. Zeichnen Sie dann die ersten 200 Punkte (k, s_k). Beschreiben Sie das Verhalten der Folge in Ihren eigenen Worten.

d. Zeichnen Sie nun die ersten 400 Punkte (k, s_k). Was passiert bei $k = 355$? Berechnen Sie die Zahl $355/113$, und erklären Sie mit dieser Rechnung, was bei $k = 355$ passiert ist. Bei welchen Werten für k erwarten Sie, dass dieses Verhalten wieder auftritt?

43. a. Zeigen Sie mithilfe von Satz 10.8, dass gilt

$$S = \sum_{n=1}^{\infty} \frac{1}{n(n+1)} + \sum_{n=1}^{\infty} \left(\frac{1}{n^2} - \frac{1}{n(n+1)} \right);$$

dabei ist $S = \sum_{n=1}^{\infty} (1/n^2)$ der Wert einer konvergenten allgemeinen harmonischen Reihe.

b. Zeigen Sie mithilfe von Beispiel 10.17 in Abschnitt 10.2, dass gilt

$$S = 1 + \sum_{n=1}^{\infty} \frac{1}{n^2(n+1)}.$$

c. Betrachtet man in Teil **b.** die ersten M Glieder der Reihe, so erhält man eine bessere Näherung für S, als wenn man die ersten M Glieder der ursprünglichen Reihe $\sum_{n=1}^{\infty} (1/n^2)$ nimmt. Erklären Sie, warum dies so ist.

d. Man kennt den exakten Wert von S, er ist $\pi^2/6$. Mit welcher der folgenden Summen

$$\sum_{n=1}^{1\,000\,000} \frac{1}{n^2} \quad \text{oder} \quad 1 + \sum_{n=1}^{1000} \frac{1}{n^2(n+1)}$$

erhält man eine bessere Näherung für S?

10.5 Das Quotientenkriterium und das Wurzelkriterium

Mit dem Quotientenkriterium kann man untersuchen, wie schnell eine Reihe ansteigt (oder abfällt), indem das Verhältnis a_{n+1}/a_n betrachtet wird. Für eine geometrische Reihe $\sum ar^n$ ist dieses Verhältnis konstant $((ar^{n+1})/(ar^n) = r)$, die Reihe konvergiert dann und nur dann, wenn der absolute Betrag des Verhältnisses kleiner als 1 ist. Das Quotientenkriterium erweitert dieses Ergebnis zu einer Regel, die in vielen Fällen hilfreich ist.

> **Satz 10.12 Das Quotientenkriterium**
>
> Es sei $\sum a_n$ eine Reihe mit positiven Gliedern, und es sei
>
> $$\lim_{n\to\infty} \frac{a_{n+1}}{a_n} = \rho.$$
>
> Dann gilt: **a.** Die Reihe *konvergiert* für $\rho < 1$, **b.** die Reihe *divergiert* für $\rho > 1$ oder $\rho = \infty$, und **c.** das Kriterium macht *keine Aussage* für $\rho = 1$.

Beweis

a $\rho < 1$ Es sei r eine Zahl zwischen ρ und 1. Dann ist die Zahl $\varepsilon = r - \rho$ positiv. Da gilt

$$\frac{a_{n+1}}{a_n} \to \rho,$$

muss a_{n+1}/a_n für große n in einem Bereich der Breite ε um ρ liegen; dies sei beispielsweise der Fall für $n \geq N$. Das bedeutet

$$\frac{a_{n+1}}{a_n} < \rho + \varepsilon = r \quad \text{für} \quad n \geq N.$$

Es gilt also

$$a_{N+1} < ra_N,$$
$$a_{N+2} < ra_{N+1} < r^2 a_N,$$
$$a_{N+3} < ra_{N+2} < r^3 a_N,$$
$$\vdots$$
$$a_{N+m} < ra_{N+m-1} < r^m a_N.$$

An diesen Ungleichungen kann man sehen, dass die Glieder der betrachteten Reihe schneller gegen null gehen als die Glieder einer geometrischen Reihe mit $r < 1$. Wir betrachten also die Reihe $\sum_{n=1}^{\infty} c_n$ mit $c_n = a_n$ für $1, 2, \ldots, N$ sowie $c_{N+1} = ra_N, c_{N+2} = r^2 a_N, \ldots, c_{N+m} = r^m a_N, \ldots$ Damit gilt $a_n \leq c_n$ für alle n, und es folgt

$$\sum_{n=1}^{\infty} c_n = a_1 + a_2 + \cdots + a_{N-1} + a_N + ra_N + r^2 a_N + \cdots$$
$$= a_1 + a_2 + \cdots + a_{N-1} + a_N(1 + r + r^2 + \cdots).$$

Die geometrische Reihe $1 + r + r^2 + \cdots$ konvergiert wegen $|r| < 1$, also konvergiert auch $\sum c_n$. Da gilt $a_n \leq c_n$, konvergiert auch $\sum a_n$ nach dem Majorantenkriterium.

b $1 < \rho \leq \infty$ Ab einem gewissen Index M gilt

$$\frac{a_{n+1}}{a_n} > 1 \quad \text{und} \quad a_M < a_{M+1} < a_{M+2} < \cdots.$$

Die Glieder der Reihe gehen für $n \to \infty$ nicht gegen null, die Reihe divergiert also, wie aus dem Kriterium 10.7 folgt.

c $\rho = 1$ Die beiden Reihen

$$\sum_{n=1}^{\infty} \frac{1}{n} \quad \text{und} \quad \sum_{n=1}^{\infty} \frac{1}{n^2}$$

machen deutlich, dass man bei $\rho = 1$ mit dem Quotientenkriterium nicht entscheiden kann, ob die Reihe konvergiert.

$$\text{Für } \sum_{n=1}^{\infty} \frac{1}{n} \text{ gilt}: \quad \frac{a_{n+1}}{a_n} = \frac{1/(n+1)}{1/n} = \frac{n}{n+1} \to 1;$$

$$\text{Für } \sum_{n=1}^{\infty} \frac{1}{n^2} \text{ gilt}: \quad \frac{a_{n+1}}{a_n} = \frac{1/(n+1)^2}{1/n^2} = \left(\frac{n}{n+1}\right)^2 \to 1^2 = 1.$$

In beiden Fällen ist $\rho = 1$, aber die erste Reihe divergiert, und die zweite konvergiert. ■

Das Quotientenkriterium kann vor allem dann angewendet werden, wenn in den Gliedern einer Reihe Fakultäten von n oder Potenzen mit n im Exponenten vorkommen.

Konvergenzuntersuchungen mit dem Quotientenkriterium

Beispiel 10.31 Konvergieren die folgenden Reihen?

a $\sum_{n=0}^{\infty} \frac{2^n + 5}{3^n}$ **b** $\sum_{n=1}^{\infty} \frac{(2n)!}{n!n!}$ **c** $\sum_{n=1}^{\infty} \frac{4^n n! n!}{(2n)!}$

Lösung Wir untersuchen jede Reihe mit dem Quotientenkriterium.

a Für die Reihe $\sum_{n=0}^{\infty} (2^n + 5)/3^n$ gilt

$$\frac{a_{n+1}}{a_n} = \frac{(2^{n+1} + 5)/3^{n+1}}{(2^n + 5)/3^n} = \frac{1}{3} \cdot \frac{2^{n+1} + 5}{2^n + 5} = \frac{1}{3} \cdot \left(\frac{2 + 5 \cdot 2^{-n}}{1 + 5 \cdot 2^{-n}}\right) \to \frac{1}{3} \cdot \frac{2}{1} = \frac{2}{3}.$$

Die Reihe konvergiert, denn mit $\rho = 2/3$ ist ρ kleiner als 1. Das bedeutet *nicht*, dass $2/3$ der Wert der Reihe ist. Tatsächlich ist

$$\sum_{n=0}^{\infty} \frac{2^n + 5}{3^n} = \sum_{n=0}^{\infty} \left(\frac{2}{3}\right)^n + \sum_{n=0}^{\infty} \frac{5}{3^n} = \frac{1}{1 - (2/3)} + \frac{5}{1 - (1/3)} = \frac{21}{2}.$$

b Mit $a_n = \frac{(2n)!}{n!n!}$ gilt $a_{n+1} = \frac{(2n+2)!}{(n+1)!(n+1)!}$ und damit

$$\frac{a_{n+1}}{a_n} = \frac{n!n!(2n+2)(2n+1)(2n)!}{(n+1)!(n+1)!(2n)!}$$

$$= \frac{(2n+2)(2n+1)}{(n+1)(n+1)} = \frac{4n+2}{n+1} \to 4.$$

Die Reihe divergiert, denn $\rho = 4$ ist größer als 1.

c. Mit $a_n = 4^n n! n!/(2n)!$ gilt

$$\frac{a_{n+1}}{a_n} = \frac{4^{n+1}(n+1)!(n+1)!}{(2n+2)(2n+1)(2n)!} \cdot \frac{(2n)!}{4^n n! n!}$$
$$= \frac{4(n+1)(n+1)}{(2n+2)(2n+1)} = \frac{2(n+1)}{2n+1} \to 1.$$

Der Grenzwert ist $\rho = 1$, wir können *mit dem Quotientenkriterium* also nicht entscheiden, ob die Reihe konvergiert. Allerdings folgt aus $a_{n+1}/a_n = (2n+2)/(2n+1)$, dass a_{n+1} immer größer als a_n ist, denn $(2n+2)/(2n+1)$ ist immer größer als 1. Alle Glieder sind damit größer als oder gleich $a_1 = 2$, das n-te Glied geht also für $n \to \infty$ nicht gegen null. Die Reihe divergiert. ∎

Das Wurzelkriterium

Die Kriterien, mit denen wir bisher das Konvergenzverhalten von $\sum a_n$ untersucht haben, lassen sich am besten anwenden, wenn die Ausdrücke für a_n relativ einfach sind. Schwieriger wird es, wenn wir Reihen betrachten, die durch kompliziertere Vorschriften gegeben sind, etwa:

$$a_n = \begin{cases} n/2^n, & n \text{ ungerade} \\ 1/2^n, & n \text{ gerade}. \end{cases}$$

Wir wollen die Konvergenz dieser Reihe untersuchen. Dazu schreiben wir zunächst die ersten Glieder dieser Reihe aus:

$$\sum_{n=1}^{\infty} a_n = \frac{1}{2^1} + \frac{1}{2^2} + \frac{3}{2^3} + \frac{1}{2^4} + \frac{5}{2^5} + \frac{1}{2^6} + \frac{7}{2^7} + \cdots$$
$$= \frac{1}{2} + \frac{1}{4} + \frac{3}{8} + \frac{1}{16} + \frac{5}{32} + \frac{1}{64} + \frac{7}{128} + \cdots.$$

Es handelt sich eindeutig nicht um eine geometrische Reihe. Für $n \to \infty$ geht das n-te Glied gegen null, der Test auf Divergenz einer Reihe sagt also nicht, dass die Reihe divergiert. Das Integralkriterium ist nicht anwendbar, da die Folge (a_n) nicht monoton fallend ist. Mit dem Quotientenkriterium erhalten wir

$$\frac{a_{n+1}}{a_n} = \begin{cases} \dfrac{1}{2n}, & n \text{ ungerade} \\ \dfrac{n+1}{2}, & n \text{ gerade}. \end{cases}$$

Für $n \to \infty$ ist dieses Verhältnis abwechselnd klein und groß und geht gegen keinen Grenzwert. Wir können die Reihe aber mit dem folgenden Kriterium untersuchen und werden dann feststellen, dass sie konvergiert.

Satz 10.13 Das Wurzelkriterium Es sei $\sum a_n$ eine Reihe mit $a_n \geq 0$ für $n \geq N$. Außerdem sei

$$\lim_{n \to \infty} \sqrt[n]{a_n} = \rho.$$

Dann gilt: **a.** Die Reihe *konvergiert* für $\rho < 1$; **b.** die Reihe *divergiert* für $\rho > 1$ oder $\rho = \infty$, und **c.** das Kriterium macht *keine Aussage* für $\rho = 1$.

Beweis

a $\rho < 1$ Wir wählen ε so klein, dass $\rho + \varepsilon < 1$. Wegen $\sqrt[n]{a_n} \to \rho$ haben die Reihenglieder $\sqrt[n]{a_n}$ irgendwann einen kleineren Abstand zu ρ als ε. Es existiert also ein Index $M \geq N$, sodass gilt

$$\sqrt[n]{a_n} < \rho + \varepsilon \quad \text{für} \quad n \geq M.$$

Dann gilt ebenso

$$a_n < (\rho + \varepsilon)^n \quad \text{für} \quad n \geq M.$$

$\sum_{n=M}^{\infty} (\rho + \varepsilon)^n$ ist eine geometrische Reihe mit $(\rho + \varepsilon) < 1$, also konvergent. Nach dem Majorantenkriterium konvergiert dann auch $\sum_{n=M}^{\infty} a_n$, und daraus folgt, dass

$$\sum_{n=1}^{\infty} a_n = a_1 + \cdots + a_{M-1} + \sum_{n=M}^{\infty} a_n$$

ebenfalls konvergiert.

b $1 < \rho \leq \infty$ Für alle Indizes größer als ein gewisses M gilt hier $\sqrt[n]{a_n} > 1$, es folgt also $a_n > 1$ für $n > M$. Die Glieder der Reihe gehen nicht gegen null, die Reihe divergiert.

c $\rho = 1$ Die Reihen $\sum_{n=1}^{\infty} (1/n)$ und $\sum_{n=1}^{\infty} (1/n^2)$ belegen, dass mit diesem Kriterium bei $\rho = 1$ nichts zur Konvergenz gesagt werden kann. Die erste der Reihen ist divergent, die zweite konvergent, in beiden Fällen gilt aber $\sqrt[n]{a_n} \to 1$. ∎

Konvergenz einer Reihe mit wechselnd definierten Reihengliedern

Beispiel 10.32 Betrachten Sie noch einmal die Reihe mit den Gliedern

$$a_n = \begin{cases} n/2^n, & n \text{ ungerade} \\ 1/2^n, & n \text{ gerade.} \end{cases}$$

Konvergiert die Reihe?

Lösung Wir untersuchen die Reihe mit dem Wurzelkriterium und erhalten

$$\sqrt[n]{a_n} = \begin{cases} \sqrt[n]{n}/2, & n \text{ gerade} \\ 1/2, & n \text{ ungerade.} \end{cases}$$

Daraus folgt

$$\frac{1}{2} \leq \sqrt[n]{a_n} \leq \frac{\sqrt[n]{n}}{2}.$$

Gemäß Satz 10.5 in Abschnitt 10.1 gilt $\sqrt[n]{n} \to 1$. Daraus folgt mit dem Einschnürungssatz $\lim_{n\to\infty} \sqrt[n]{a_n} = 1/2$. Dieser Grenzwert ist kleiner als 1, gemäß dem Wurzelkriterium konvergiert die Reihe also. ∎

Beispiel 10.33 Welche der folgenden Reihen konvergieren, welche divergieren?

a) $\sum_{n=1}^{\infty} \frac{n^2}{2^n}$ b) $\sum_{n=1}^{\infty} \frac{2^n}{n^3}$ c) $\sum_{n=1}^{\infty} \left(\frac{1}{1+n}\right)^n$

Konvergenzuntersuchungen mit dem Wurzelkriterium

Lösung Wir untersuchen jede der Reihen mit dem Wurzelkriterium.

a) $\sum_{n=1}^{\infty} \frac{n^2}{2^n}$ konvergiert, denn es gilt $\sqrt[n]{\frac{n^2}{2^n}} = \frac{\sqrt[n]{n^2}}{\sqrt[n]{2^n}} = \frac{(\sqrt[n]{n})^2}{2} \to \frac{1^2}{2} < 1$.

b) $\sum_{n=1}^{\infty} \frac{2^n}{n^3}$ divergiert, denn es gilt $\sqrt[n]{\frac{2^n}{n^3}} = \frac{2}{(\sqrt[n]{n})^3} \to \frac{2}{1^3} > 1$.

c) $\sum_{n=1}^{\infty} \left(\frac{1}{1+n}\right)^n$ konvergiert, denn es gilt $\sqrt[n]{\left(\frac{1}{1+n}\right)^n} = \frac{1}{1+n} \to 0 < 1$. ∎

Aufgaben zum Abschnitt 10.5

Anwendung des Quotientenkriteriums

Untersuchen Sie in den Aufgaben 1–5 mithilfe des Quotientenkriteriums, ob die Reihen konvergieren.

1. $\sum_{n=1}^{\infty} \frac{2^n}{n!}$

2. $\sum_{n=1}^{\infty} \frac{(n-1)!}{(n+1)^2}$

3. $\sum_{n=1}^{\infty} \frac{n^4}{4^n}$

4. $\sum_{n=1}^{\infty} \frac{n^2(n+2)!}{n!3^{2n}}$

5. $\sum_{n=1}^{\infty} \frac{n5^n}{(2n+3)\ln(n+1)}$

Anwendung des Wurzelkriteriums

Untersuchen Sie in den Aufgaben 6–10 mithilfe des Wurzelkriteriums, ob die Reihen konvergieren.

6. $\sum_{n=1}^{\infty} \frac{7}{(2n+5)^n}$

7. $\sum_{n=1}^{\infty} \left(\frac{4n+3}{3n-5}\right)^n$

8. $\sum_{n=1}^{\infty} \frac{8}{(3+(1/n))^{2n}}$

9. $\sum_{n=1}^{\infty} \left(1 - \frac{1}{n}\right)^{n^2}$ (Hinweis: $\lim_{n \to \infty}(1+x/n)^n = e^x$)

10. $\sum_{n=2}^{\infty} \frac{1}{n^{1+n}}$

Untersuchung von Konvergenz und Divergenz

Untersuchen Sie in den Aufgaben 11–25, ob die Reihen konvergieren oder divergieren. Verwenden Sie ein Verfahren, das Ihnen angebracht scheint. Begründen Sie Ihre Antwort.

11. $\sum_{n=1}^{\infty} \frac{n^{\sqrt{2}}}{2^n}$

12. $\sum_{n=1}^{\infty} n!e^{-n}$

13. $\sum_{n=1}^{\infty} \frac{n^{10}}{10^n}$

14. $\sum_{n=1}^{\infty} \frac{2+(-1)^n}{1{,}25^n}$

15. $\sum_{n=1}^{\infty} \left(1 - \frac{3}{n}\right)^n$

16. $\sum_{n=1}^{\infty} \frac{\ln n}{n^3}$

17. $\sum_{n=1}^{\infty} \left(\frac{1}{n} - \frac{1}{n^2}\right)$

18. $\sum_{n=1}^{\infty} \dfrac{\ln n}{n}$

19. $\sum_{n=1}^{\infty} \dfrac{(n+1)(n+2)}{n!}$

20. $\sum_{n=1}^{\infty} \dfrac{(n+3)!}{3!n!3^n}$

21. $\sum_{n=1}^{\infty} \dfrac{n!}{(2n+1)!}$

22. $\sum_{n=2}^{\infty} \dfrac{n}{(\ln n)^n}$

23. $\sum_{n=1}^{\infty} \dfrac{n!\ln n}{n(n+2)!}$

24. $\sum_{n=1}^{\infty} \dfrac{(n!)^2}{(2n)!}$

25. $\sum_{n=1}^{\infty} \dfrac{(2n+3)(2^n+3)}{3^n+2}$

Reihen mit rekursiv definierten Reihengliedern In den Aufgaben 26–31 werden Reihen durch das erste Glied und eine Rekursionsformel definiert. Welche dieser Reihen konvergieren, welche divergieren? Begründen Sie Ihre Antwort.

26. $a_1 = 2, \quad a_{n+1} = \dfrac{1+\sin n}{n}a_n$

27. $a_1 = \dfrac{1}{3}, \quad a_{n+1} = \dfrac{3n-1}{2n+5}a_n$

28. $a_1 = 2, \quad a_{n+1} = \dfrac{2}{n}a_n$

29. $a_1 = 1, \quad a_{n+1} = \dfrac{1+\ln n}{n}a_n$

30. $a_1 = \dfrac{1}{3}, \quad a_{n+1} = \sqrt[n]{a_n}$

31. $a_1 = \dfrac{1}{2}, \quad a_{n+1} = (a_n)^{n+1}$

Konvergenz und Divergenz

Welche der Reihen in den Aufgaben 32–36 konvergieren, welche divergieren? Begründen Sie Ihre Antwort.

32. $\sum_{n=1}^{\infty} \dfrac{2^n n!n!}{(2n)!}$

33. $\sum_{n=1}^{\infty} \dfrac{(n!)^n}{(n^n)^2}$

34. $\sum_{n=1}^{\infty} \dfrac{n^n}{2^{(n^2)}}$

35. $\sum_{n=1}^{\infty} \dfrac{1 \cdot 3 \cdot \ldots \cdot (2n-1)}{4^n 2^n n!}$

36. $\sum_{n=1}^{\infty} \dfrac{1 \cdot 3 \cdot \ldots \cdot (2n-1)}{[2 \cdot 4 \cdot \ldots \cdot (2n)](3^n+1)}$

Theorie und Beispiele

37. Bei der allgemeinen harmonischen Reihe kann man Konvergenz oder Divergenz weder mit dem Quotientenkriterium noch mit dem Wurzelkriterium bestimmen. Versuchen Sie, die beiden Kriterien auf

$$\sum_{n=1}^{\infty} \dfrac{1}{n^p}$$

anzuwenden, und zeigen Sie so, dass beide Kriterien keine Informationen zur Konvergenz der Reihe liefern.

38. Zeigen Sie, das man weder mit dem Quotientenkriterium noch dem Wurzelkriterium Informationen zur Konvergenz oder Divergenz der Reihe

$$\sum_{n=2}^{\infty} \dfrac{1}{(\ln n)^p} \quad p \text{ konstant}$$

erhalten kann.

39. Es sei

$$a_n = \begin{cases} n/2^n, & \text{wenn } n \text{ eine Primzahl ist} \\ 1/2^n, & \text{sonst} \end{cases}$$

Konvergiert $\sum a_n$? Begründen Sie Ihre Antwort.

40. Zeigen Sie, dass $\sum_{n=1}^{\infty} 2^{(n^2)}/n!$ divergiert. Verwenden Sie dazu, dass nach den Rechengesetzen für Potenzen gilt: $2^{(n^2)} = (2^n)^n$.

10.6 Alternierende Reihen, absolute und bedingte Konvergenz

Sind in einer Reihe die Glieder abwechselnd positiv und negativ, so nennt man sie eine **alternierende Reihe**. Drei Beispiele für alternierende Reihen sind

$$1 - \frac{1}{2} + \frac{1}{3} - \frac{1}{4} + \frac{1}{5} - \cdots + \frac{(-1)^{n+1}}{n} + \cdots \qquad (10.3)$$

$$-2 + 1 - \frac{1}{2} + \frac{1}{4} - \frac{1}{8} + \cdots + \frac{(-1)^n 4}{2^n} + \cdots \qquad (10.4)$$

$$1 - 2 + 3 - 4 + 5 - 6 + \cdots + (-1)^{n+1} n + \cdots \qquad (10.5)$$

Wie man an diesen Beispielen sieht, hat das n-te Glied einer alternierenden Reihe immer die Form

$$a_n = (-1)^{n+1} u_n \quad \text{oder} \quad a_n = (-1)^n u_n,$$

wobei $u_n = |a_n|$ eine positive Zahl ist.

Reihe (10.3) heißt die **alternierende harmonische Reihe**; wie wir gleich sehen werden, konvergiert sie. Reihe (10.4) ist eine geometrische Reihe mit $r = -1/2$, sie konvergiert gegen $-2/[1 + (1/2)] = -4/3$. Reihe (10.5) divergiert, da das n-te Glied nicht gegen null geht.

Wir zeigen die Konvergenz der alternierenden harmonischen Reihe mit dem Leibniz-Kriterium. Mit diesem Kriterium lässt sich die Konvergenz einer alternierenden Reihe zeigen; die Divergenz einer alternierenden Reihe kann mit diesem Kriterium nicht bewiesen werden.

> **Satz 10.14 Das Leibniz-Kriterium für alternierende Reihen** Die Reihe
>
> $$\sum_{n=1}^{\infty} (-1)^{n+1} u_n = u_1 - u_2 + u_3 - u_4 \cdots$$
>
> konvergiert, wenn alle drei der folgenden Voraussetzungen erfüllt sind:
>
> 1. Die Glieder u_n sind alle positiv.
> 2. Die u_n sind (ab einem bestimmten Index N) monoton fallend: $u_n \geq u_{n+1}$ für alle $n \geq N$.
> 3. $u_n \to 0$.

Beweis Es sei $N = 1$. Für eine gerade ganze Zahl n, z. B. $n = 2m$, ist die Summe der ersten n Glieder der Reihe

$$\begin{aligned} s_{2m} &= (u_1 - u_2) + (u_3 - u_4) + \cdots + (u_{2m-1} - u_{2m}) \\ &= u_1 - (u_2 - u_3) - (u_4 - u_5) - \cdots - (u_{2m-2} - u_{2m-1}) - u_{2m}. \end{aligned}$$

Die erste Gleichung zeigt, dass s_{2m} eine Summe mit m nichtnegativen Summanden ist, da jeder der Ausdrücke in Klammern entweder positiv oder null ist. Es gilt also

$s_{2m+2} \geq s_{2m}$, und die Folge (s_{2m}) ist monoton wachsend. Aus der zweiten Gleichung folgt $s_{2m} \leq u_1$. Da (s_{2m}) monoton wachsend und nach oben beschränkt ist, hat diese Folge einen Grenzwert:

$$\lim_{m \to \infty} s_{2m} = L. \tag{10.6}$$

Für eine ungerade ganze Zahl n, z. B. $n = 2m + 1$, ist die Summe der ersten n Glieder $s_{2m+1} = s_{2m} + u_{2m+1}$. Wegen $u_n \to 0$ folgt daraus

$$\lim_{m \to \infty} u_{2m+1} = 0$$

und mit $m \to \infty$

$$s_{2m+1} = s_{2m} + u_{2m+1} \to L + 0 = L. \tag{10.7}$$

Kombiniert man die Gleichungen (10.6) und (10.7), so erhält man $\lim_{n \to \infty} s_n = L$ (vgl. auch Abschnitt 10.1, Aufgabe 97). ■

Anwendung des Leibniz-Kriteriums

Beispiel 10.34 Die alternierende harmonische Reihe

$$\sum_{n=1}^{\infty} (-1)^{n+1} \frac{1}{n} = 1 - \frac{1}{2} + \frac{1}{3} - \frac{1}{4} + \cdots$$

erfüllt mit $N = 1$ offenbar alle drei Voraussetzungen von Satz 10.14, sie konvergiert also.

Um zu zeigen, dass eine Folge (u_n) monoton fallend ist, kann man direkt die entsprechende Definition $u_n \geq u_{n+1}$ untersuchen. Alternativ kann man dies aber auch zeigen, indem man eine differenzierbare Funktion f definiert, für die gilt $f(n) = u_n$. Die Werte der Funktion stimmen also bei allen positiven ganzen Zahlen mit den Werten der Reihe überein. Gilt nun $f'(x) < 0$ für alle x, die größer oder gleich einer bestimmten positiven ganzen Zahl n sind, dann ist f fallend für $x \geq N$. Daraus folgt $f(n) > f(n+1)$ oder $u_n > u_{n+1}$ für $n \geq N$.

Monotonieuntersuchung mit einer Funktion

Beispiel 10.35 Wir untersuchen die Folge mit $u_n = 10n/(n^2 + 16)$. Wir definieren $f(x) = 10x/(x^2 + 16)$. Mit der Quotientenregel für Ableitungen gilt dann

$$f'(x) = \frac{10(16 - x^2)}{(x^2 + 16)^2} < 0 \quad \text{für} \quad x > 4.$$

Daraus folgt $u_n \geq u_{n+1}$ für $n \geq 4$. Die Folge (u_n) ist also monoton fallend für $n \geq 4$.

▶Abbildung 10.13 stellt die Partialsummen einer alternierenden Reihe grafisch dar. Man sieht hier, wie die Reihe gegen einen Grenzwert L konvergiert, wenn die drei Voraussetzungen mit $N = 1$ erfüllt sind. Wir starten am Nullpunkt der x-Achse und tragen den Punkt $s_1 = u_1$ rechts von 0 ab. Um den Punkt auf der Achse zu finden, der $s_2 = u_1 - u_2$ entspricht, gehen wir eine Strecke zurück Richtung Nullpunkt, deren Länge gleich u_2 ist. Da gilt $u_2 \leq u_1$, kommen wir damit nicht über den Nullpunkt hinaus. Wir tragen dann die weiteren Punkte $s_3, s_4, \ldots$ auf diese Weise ab und gehen entweder in positive oder negative Richtung auf der x-Achse, je nach dem Vorzeichen des Reihenglieds. Für $n \geq N$ ist nun jeder dieser Schritte vor und zurück kleiner als der zuvor (oder höchstens gleich groß), dies folgt aus $u_{n+1} \leq u_n$. Da das n-te Glied mit wachsendem n gegen null geht, werden die Schritte entlang der x-Achse immer kleiner. Wir oszillieren also um den Grenzwert L, und die Amplitude dieser Oszillationen geht gegen null. Der Grenzwert L liegt jeweils zwischen den beiden aufeinanderfolgenden Summen s_n und s_{n+1}; der Abstand zwischen dem Grenzwert L und s_n ist also kleiner als u_{n+1}.

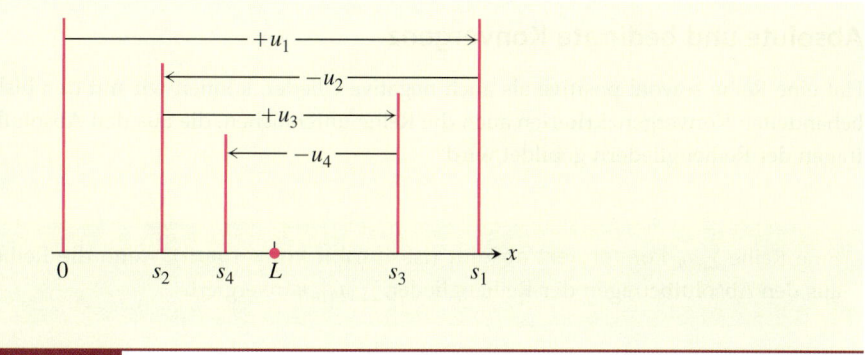

Abbildung 10.13 Die Partialsummen einer alternierenden Reihe, die die Voraussetzungen von Satz 10.14 mit $N = 1$ erfüllt, liegen beiderseits des Grenzwerts und kommen ihm immer näher.

Wegen

$$|L - s_n| < u_{n+1} \quad \text{für} \quad n \geq N$$

können wir so den Wert einer konvergenten alternierenden Reihe abschätzen.

Satz 10.15 Satz zur Abschätzung des Werts alternierender Reihen Die alternierende Reihe $\sum_{n=1}^{\infty}(-1)^{n+1}u_n$ erfülle die drei Voraussetzungen für das Leibniz-Kriterium (Satz 10.14). Dann ist

$$s_n = u_1 - u_2 + \cdots + (-1)^{n+1}u_n$$

für $n \geq N$ eine Näherung für den Reihenwert L mit einem Fehler, dessen absoluter Wert kleiner als u_{n+1} ist. Der Fehler ist also maximal so groß wie der Betrag des ersten Reihenglieds, das in der Näherung nicht berücksichtigt wird. Der Reihenwert L liegt zwischen zwei beliebigen aufeinanderfolgenden Partialsummen s_n und s_{n+1}, und das Restglied $L - s_n$ hat dasselbe Vorzeichen wie das erste nicht berücksichtigte Glied.

In Aufgabe 39 wird gezeigt, warum das Vorzeichen des Restglieds dieser Regel folgt.

Beispiel 10.36 Wir untersuchen mit Satz 10.15 eine Reihe, deren Wert wir schon kennen:

$$\sum_{n=0}^{\infty}(-1)^n \frac{1}{2^n} = 1 - \frac{1}{2} + \frac{1}{4} - \frac{1}{8} + \frac{1}{16} - \frac{1}{32} + \frac{1}{64} - \frac{1}{128} + \frac{1}{256} - \cdots .$$

Abschätzung des Werts einer alternierenden Reihe

Wenn wir nur die ersten 8 Glieder dieser Summe betrachten, vernachlässigen wir gemäß Satz 10.15 einen Rest, der positiv ist und kleiner als $1/256$. Die Summe der ersten 8 Glieder ist $s_8 = 0{,}6640625$, und die Summe der ersten 9 Glieder beträgt

$s_9 = 0{,}66796875$. Der Wert dieser geometrischen Reihe ist

$$\frac{1}{1-(-1/2)} = \frac{1}{3/2} = \frac{2}{3},$$

und es ist also $0{,}6640625 < 2/3 < 0{,}66796875$. Die Differenz $2/3 - 0{,}6640625 = 0{,}0026041666\ldots$ ist positiv und kleiner als $1/256 = 0{,}00390625$.

Absolute und bedingte Konvergenz

Hat eine Reihe sowohl positive als auch negative Glieder, können wir mit den bisher behandelten Konvergenzkriterien auch die Reihe untersuchen, die aus den Absolutbeträgen der Reihengliedern gebildet wird.

> **Definition** Eine Reihe $\sum a_n$ **konvergiert absolut** (ist **absolut konvergent**), wenn die Reihe aus den Absolutbeträgen der Reihenglieder, $\sum |a_n|$, konvergiert.

Die geometrische Reihe in Beispiel 10.36 konvergiert absolut, denn die entsprechende Reihe der absoluten Glieder

$$\sum_{n=0}^{\infty} \frac{1}{2^n} = 1 + \frac{1}{2} + \frac{1}{4} + \frac{1}{8} + \cdots$$

konvergiert. Die alternierende harmonische Reihe konvergiert nicht absolut, denn die entsprechende Reihe aus den absoluten Gliedern ist die (divergente) harmonische Reihe.

> **Definition** Konvergiert eine Reihe, ist sie aber nicht absolut konvergent, so sagt man, sie **konvergiert bedingt** (ist **bedingt konvergent**).

Die alternierende harmonische Reihe konvergiert also bedingt.

Die absolute Konvergenz ist aus zwei Gründen wichtig. Einmal gibt es viele Kriterien, mit denen wir die Konvergenz von Reihen mit positiven Gliedern untersuchen können. Außerdem können wir zeigen, dass eine absolut konvergente Reihe immer konvergiert.

> **Satz 10.16 Kriterium der absoluten Konvergenz** Konvergiert $\sum_{n=1}^{\infty} |a_n|$, dann konvergiert auch $\sum_{n=1}^{\infty} a_n$.

Beweis Für alle n gilt

$$-|a_n| \leq a_n \leq |a_n| \quad \text{und damit} \quad 0 \leq a_n + |a_n| \leq 2|a_n|.$$

Konvergiert $\sum_{n=1}^{\infty} |a_n|$, dann konvergiert auch $\sum_{n=1}^{\infty} 2|a_n|$. Mit dem Vergleichskriterium folgt daraus, dass auch die nichtnegative Reihe $\sum_{n=1}^{\infty} (a_n + |a_n|)$ konvergiert. Mit der

Gleichung $a_n = (a_n + |a_n|) - |a_n|$ können wir nun $\sum_{n=1}^{\infty} a_n$ als Differenz von zwei konvergenten Reihen ausdrücken:

$$\sum_{n=1}^{\infty} a_n = \sum_{n=1}^{\infty} (a_n + |a_n| - |a_n|) = \sum_{n=1}^{\infty} (a_n + |a_n|) - \sum_{n=1}^{\infty} |a_n|.$$

Damit konvergiert $\sum_{n=1}^{\infty} a_n$. ∎

Achtung

In Worten ausgedrückt besagt Satz 10.16, dass jede absolut konvergente Reihe konvergiert. Die Umkehrung ist dagegen falsch: Viele konvergente Reihen sind nicht absolut konvergent, so z. B. die alternierende harmonische Reihe aus Beispiel 10.34.

Beispiel 10.37 Die beiden folgenden Reihen konvergieren absolut.

Absolut konvergente Reihen

a Zu der Reihe $\sum_{n=1}^{\infty} (-1)^{n+1} \frac{1}{n^2} = 1 - \frac{1}{4} + \frac{1}{9} - \frac{1}{16} + \cdots$ gehört die folgende Reihe der Beträge:

$$\sum_{n=1}^{\infty} \frac{1}{n^2} = 1 + \frac{1}{4} + \frac{1}{9} + \frac{1}{16} + \cdots.$$

Von dieser Reihe wissen wir, dass sie konvergiert. Die ursprüngliche Reihe konvergiert also, weil sie absolut konvergiert.

b Die Reihe $\sum_{n=1}^{\infty} \frac{\sin n}{n^2} = \frac{\sin 1}{1} + \frac{\sin 2}{4} + \frac{\sin 3}{9} + \cdots$ umfasst sowohl positive als auch negative Glieder. Die entsprechende Reihe der Beträge ist

$$\sum_{n=1}^{\infty} \left|\frac{\sin n}{n^2}\right| = \frac{|\sin 1|}{1} + \frac{|\sin 2|}{4} + \cdots,$$

und diese Reihe konvergiert. Das sieht man, wenn man sie mit $\sum_{n=1}^{\infty} (1/n^2)$ vergleicht, denn es ist $|\sin n| \leq 1$ für alle n. Die ursprüngliche Reihe konvergiert also absolut und ist damit konvergent.

Beispiel 10.38 Die Folge $(1/n^p)$ ist für eine positive Konstante p eine monoton fallende Folge mit dem Grenzwert null. Daher konvergiert die alternierende Reihe

Alternierende allgemeine harmonische Reihe

$$\sum_{n=1}^{\infty} \frac{(-1)^{n-1}}{n^p} = 1 - \frac{1}{2^p} + \frac{1}{3^p} - \frac{1}{4^p} + \cdots, \quad p > 0.$$

Für $p > 1$ konvergiert die Reihe absolut; für $0 < p \leq 1$ konvergiert sie bedingt.

Bedingte Konvergenz: $1 - \frac{1}{\sqrt{2}} + \frac{1}{\sqrt{3}} - \frac{1}{\sqrt{4}} + \cdots$

Absolute Konvergenz: $1 - \frac{1}{2^{3/2}} + \frac{1}{3^{3/2}} - \frac{1}{4^{3/2}} + \cdots$

Umordnen einer Reihe

Die Glieder einer *endlichen* Summe kann man immer umordnen. Dies gilt auch für eine unendliche Summe, also eine Reihe, wenn sie absolut konvergent ist. Der Beweis wird in Aufgabe 44 skizziert.

10 Folgen und Reihen

> **Satz 10.17 Umordnung absolut konvergenter Reihen** Es sei $\sum_{n=1}^{\infty} a_n$ eine absolut konvergente Reihe und $b_1, b_2, \ldots, b_n, \ldots$ eine beliebige Anordnung der Folge (a_n). Dann konvergiert $\sum_{n=1}^{\infty} b_n$ absolut, und es gilt
>
> $$\sum_{n=1}^{\infty} b_n = \sum_{n=1}^{\infty} a_n$$

Ordnen wir hingegen die Glieder einer bedingt konvergenten Reihe um, so kann sich der Reihenwert ändern. Man kann sogar zeigen, dass man eine gegebene bedingt konvergente Reihe stets so umordnen kann, dass der Reihenwert gleich einer beliebigen reellen Zahl r ist. (Wir lassen den Beweis hier aus.) Im nächsten Beispiel summieren wir die Glieder einer bedingt konvergenten Reihe in anderer Reihenfolge und sehen, dass sich dann ein anderer Reihenwert ergibt.

Umordnen einer Reihe **Beispiel 10.39**

Die alternierende harmonische Reihe $\sum_{n=1}^{\infty} (-1)^{n+1}/n$ konvergiert mit dem Reihenwert L. Gemäß Satz 10.15 liegt dieser Reihenwert zwischen den beiden aufeinanderfolgenden Partialsummen $s_2 = 1/2$ und $s_3 = 5/6$, es gilt also $L \neq 0$. Wir multiplizieren die Reihe mit 2 und erhalten

$$2L = 2 \sum_{n=1}^{\infty} \frac{(-1)^{n+1}}{n} = 2 \left(1 - \frac{1}{2} + \frac{1}{3} - \frac{1}{4} + \frac{1}{5} - \frac{1}{6} + \frac{1}{7} - \frac{1}{8} + \frac{1}{9} - \frac{1}{10} + \frac{1}{11} - \cdots \right)$$

$$= 2 - 1 + \frac{2}{3} - \frac{1}{2} + \frac{2}{5} - \frac{1}{3} + \frac{2}{7} - \frac{1}{4} + \frac{2}{9} - \frac{1}{5} + \frac{2}{11} - \cdots .$$

Wir ändern nun die Reihenfolge dieser letzten Reihe, indem wir immer die beiden Glieder zusammenfassen, die denselben ungeraden Nenner haben. Die negativen Glieder mit geradem Nenner lassen wir stehen. (Die Nenner sind dann positive ganze Zahlen, die in ihrer natürlichen Reihenfolge stehen.) Damit erhalten wir

$$(2-1) - \frac{1}{2} + \left(\frac{2}{3} - \frac{1}{3}\right) - \frac{1}{4} + \left(\frac{2}{5} - \frac{1}{5}\right) - \frac{1}{6} + \left(\frac{2}{7} - \frac{1}{7}\right) - \frac{1}{8} + \cdots$$

$$= \left(1 - \frac{1}{2} + \frac{1}{3} - \frac{1}{4} + \frac{1}{5} - \frac{1}{6} + \frac{1}{7} - \frac{1}{8} + \frac{1}{9} - \frac{1}{10} + \frac{1}{11} - \cdots \right)$$

$$= \sum_{n=1}^{\infty} \frac{(-1)^{n+1}}{n} = L.$$

Ordnen wir also die Glieder der bedingt konvergenten Reihe $\sum_{n=1}^{\infty} 2(-1)^{n+1}/n$ um, erhalten wir die Reihe $\sum_{n=1}^{\infty} (-1)^{n+1}/n$ und das ist die alternierende harmonische Reihe selbst. Wenn die Werte der beiden Reihen gleich wären, so hätten wir $2L = L$, und wegen $L \neq 0$ ist dies eindeutig falsch.

Wenn wir also die Reihenfolge der Glieder einer bedingt konvergenten Reihe ändern, ist der neue Reihenwert u. U. nicht mehr identisch mit dem ursprünglichen, wie in Beispiel 10.39 deutlich wird. Wenn wir also den Wert einer bedingt konvergenten Reihe berechnen wollen, müssen die Glieder genau in der gegebenen Reihenfolge addiert werden, um den korrekten Reihenwert zu erhalten. Dagegen besagt Satz 10.17, dass die Glieder einer absolut konvergenten Reihe in jeder beliebigen Reihenfolge addiert werden können, ohne dass sich der Reihenwert ändert.

Zusammenfassung der Konvergenzkriterien

Wir haben eine ganze Reihe von Kriterien besprochen, mit denen man die Konvergenz oder Divergenz einer unendlichen Reihe untersuchen kann. Es gibt noch weitere Kriterien, die wir hier nicht behandelt haben, die aber manchmal Thema in fortgeschritteneren Kursen sind. Wir stellen die hier besprochenen Kriterien noch einmal zusammen.

> 1. **Kriterium für Divergenz:** Wenn nicht gilt $a_n \to 0$, divergiert die Reihe.
> 2. **Geometrische Reihen:** $\sum ar^n$ konvergiert für $|r| < 1$ und divergiert sonst.
> 3. **Allgemeine harmonische Reihen:** $\sum 1/n^p$ konvergiert für $p > 1$ und divergiert sonst.
> 4. **Reihen mit nichtnegativen Gliedern:** Möglich sind das Integralkriterium, das Quotientenkriterium oder das Wurzelkriterium. Die Reihe kann auch mit bekannten Reihen verglichen werden; dazu dienen das Vergleichskriterium und das Vergleichskriterium mit Grenzwerten.
> 5. **Reihen mit positiven und negativen Gliedern:** Konvergiert $\sum |a_n|$? Wenn das der Fall ist, dann konvergiert auch $\sum a_n$, denn aus absoluter Konvergenz folgt Konvergenz.
> 6. **Alternierende Reihen:** $\sum (-1)^{n+1} \cdot a_n$ konvergiert, wenn die Reihe die drei Voraussetzungen des Leibniz-Kriteriums erfüllt.

Merke

Aufgaben zum Abschnitt 10.6

Konvergenz und Divergenz

Untersuchen Sie in den Aufgaben 1–8, ob die alternierenden Reihen konvergieren oder divergieren. Nicht alle der Reihen erfüllen die Voraussetzungen des Leibniz-Kriteriums für alternierende Reihen.

1. $\sum_{n=1}^{\infty} (-1)^{n+1} \dfrac{1}{\sqrt{n}}$

2. $\sum_{n=1}^{\infty} (-1)^{n+1} \dfrac{1}{n3^n}$

3. $\sum_{n=1}^{\infty} (-1)^n \dfrac{n}{n^2+1}$

4. $\sum_{n=1}^{\infty} (-1)^{n+1} \dfrac{2^n}{n^2}$

5. $\sum_{n=1}^{\infty} (-1)^{n+1} \left(\dfrac{n}{10}\right)^n$

6. $\sum_{n=1}^{\infty} (-1)^{n+1} \dfrac{\ln n}{n}$

7. $\sum_{n=1}^{\infty} (-1)^{n+1} \dfrac{\sqrt{n}+1}{n+1}$

8. $\sum_{n=1}^{\infty} (-1)^{n+1} \dfrac{3\sqrt{n}+1}{\sqrt{n}+1}$

Absolute und bedingte Konvergenz

Welche der Reihen in den Aufgabe 9–26 konvergieren absolut, welche konvergieren und welche divergieren? Begründen Sie Ihre Antwort.

9. $\sum_{n=1}^{\infty} (-1)^{n+1} (0{,}1)^n$

10. $\sum_{n=1}^{\infty} (-1)^n \dfrac{1}{\sqrt{n}}$

11. $\sum_{n=1}^{\infty} (-1)^{n+1} \frac{n}{n^3+1}$

12. $\sum_{n=1}^{\infty} (-1)^n \frac{1}{n+3}$

13. $\sum_{n=1}^{\infty} (-1)^{n+1} \frac{3+n}{5+n}$

14. $\sum_{n=1}^{\infty} (-1)^{n+1} \frac{1+n}{n^2}$

15. $\sum_{n=1}^{\infty} (-1)^n n^2 (2/3)^n$

16. $\sum_{n=1}^{\infty} (-1)^n \frac{\tan^{-1} n}{n^2+1}$

17. $\sum_{n=1}^{\infty} (-1)^n \frac{n}{n+1}$

18. $\sum_{n=1}^{\infty} \frac{(-100)^n}{n!}$

19. $\sum_{n=1}^{\infty} \frac{\cos n\pi}{n\sqrt{n}}$

20. $\sum_{n=1}^{\infty} \frac{(-1)^n (n+1)^n}{(2n)^n}$

21. $\sum_{n=1}^{\infty} (-1)^n \frac{(2n)!}{2^n n! n}$

22. $\sum_{n=1}^{\infty} (-1)^n \left(\sqrt{n+1} - \sqrt{n} \right)$

23. $\sum_{n=1}^{\infty} (-1)^n \left(\sqrt{n+\sqrt{n}} - \sqrt{n} \right)$

24. $\sum_{n=1}^{\infty} (-1)^n \operatorname{sech} n$

25. $\frac{1}{4} - \frac{1}{6} + \frac{1}{8} - \frac{1}{10} + \frac{1}{12} - \frac{1}{14} + \cdots$

26. $1 + \frac{1}{4} - \frac{1}{9} - \frac{1}{16} + \frac{1}{25} + \frac{1}{36} - \frac{1}{49} - \frac{1}{64} + \cdots$

Fehlerabschätzung

In den Aufgaben 27–30 soll die gegebene Reihe durch die Summe der ersten vier Glieder angenähert werden. Schätzen Sie den Fehler, den man dabei macht.

27. $\sum_{n=1}^{\infty} (-1)^{n+1} \frac{1}{n}$

28. $\sum_{n=1}^{\infty} (-1)^{n+1} \frac{1}{10^n}$

29. $\sum_{n=1}^{\infty} (-1)^{n+1} \frac{(0{,}01)^n}{n}$ Wie wir in Abschnitt 10.7 berechnen werden, ist der Wert dieser Reihe $\ln(1{,}01)$.

30. $\frac{1}{1+t} = \sum_{n=0}^{\infty} (-1)^n t^n, \quad 0 < t < 1$

In den Aufgaben 31–34 soll der Wert der Reihe mit einem Fehler von maximal 0,001 angenähert werden. Berechnen Sie, wie viele Glieder man dazu berücksichtigen muss.

31. $\sum_{n=1}^{\infty} (-1)^n \frac{1}{n^2+3}$

32. $\sum_{n=1}^{\infty} (-1)^{n+1} \frac{n}{n^2+1}$

33. $\sum_{n=1}^{\infty} (-1)^{n+1} \frac{1}{(n+3\sqrt{n})^3}$

34. $\sum_{n=1}^{\infty} (-1)^n \frac{1}{\ln(\ln(n+2))}$

Ermitteln Sie für die Reihenwerte in den Aufgaben 35 und 36 eine Näherung, die einen Fehler von maximal $5 \cdot 10^{-6}$ hat.

35. $\sum_{n=0}^{\infty} (-1)^n \frac{1}{(2n)!}$ Der Wert dieser Reihe ist $\cos 1$, wie wir in Abschnitt 10.9 berechnen werden.

36. $\sum_{n=0}^{\infty} (-1)^n \frac{1}{n!}$ Der Wert dieser Reihe ist e^{-1}, wie wir in Abschnitt 10.7 berechnen werden.

Theorie und Beispiele

37. a. Die Reihe

$$\frac{1}{3} - \frac{1}{2} + \frac{1}{9} - \frac{1}{4} + \frac{1}{27} - \frac{1}{8} + \cdots + \frac{1}{3^n} - \frac{1}{2^n} + \cdots$$

erfüllt eine der Voraussetzungen des Satzes 10.14 nicht. Welche?

b. Berechnen Sie den Wert der Reihe aus Teil **a.** mithilfe von Satz 10.17.

38. Erfüllt eine Reihe die Voraussetzungen von Satz 10.14, so liegt ihr Grenzwert L zwischen den Werten von zwei beliebigen, aufeinanderfolgenden Partialsummen. Damit liegt es nahe, den Grenzwert durch den Mittelwert

$$\frac{s_n + s_{n+1}}{2} = s_n + \frac{1}{2}(-1)^{n+2} a_{n+1}$$

anzunähern. Berechnen Sie

$$s_{20} + \frac{1}{2} \cdot \frac{1}{21}$$

als Näherung für den Wert der alternierenden harmonischen Reihe. Der exakte Wert ist $\ln 2 = 0{,}693\,147\,18\ldots$.

39. Das Vorzeichen des Restglieds einer alternierenden Reihe, die die Bedingungen von Satz 10.14 erfüllt In Satz 10.15 wird die folgende Behauptung aufgestellt: Wenn eine alternierende Reihe, die die Voraussetzungen von Satz 10.14 erfüllt, durch eine ihrer Partialsummen angenähert wird, so hat das Restglied (die unendliche Summe aller nicht berücksichtigter Glieder) das gleiche Vorzeichen wie das erste nicht berücksichtigte Glied. Zeigen Sie dies. (*Hinweis:* Betrachten Sie bei den Gliedern des Rests immer die aufeinanderfolgenden Paare.)

40. Zeigen Sie: Wenn $\sum_{n=1}^{\infty} a_n$ divergiert, dann divergiert auch $\sum_{n=1}^{\infty} |a_n|$.

41. Zeigen Sie: Konvergiert $\sum_{n=1}^{\infty} a_n$ absolut, dann gilt

$$\left| \sum_{n=1}^{\infty} a_n \right| \leq \sum_{n=1}^{\infty} |a_n|.$$

42. Zeigen Sie: Wenn $\sum_{n=1}^{\infty} a_n$ und $\sum_{n=1}^{\infty} b_n$ beide absolut konvergieren, dann gilt das auch für die folgenden Reihen.

a. $\sum_{n=1}^{\infty}(a_n + b_n)$

b. $\sum_{n=1}^{\infty}(a_n - b_n)$

c. $\sum_{n=1}^{\infty} k a_n$, für jede beliebige Zahl k.

43. Zeigen Sie anhand eines Beispiels: $\sum_{n=1}^{\infty} a_n b_n$ kann auch dann divergieren, wenn $\sum_{n=1}^{\infty} a_n$ und $\sum_{n=1}^{\infty} b_n$ beide konvergieren.

44. Sie wollen die Glieder der alternierenden harmonischen Reihe $\sum_{n=1}^{\infty}(-1)^{n+1}/n$ so umordnen, dass die Reihe gegen $-1/2$ konvergiert. Beginnen Sie die neue Reihenfolge der Glieder mit dem ersten negativen Glied, also mit $-1/2$. Immer wenn Sie eine Summe erreichen, die kleiner als oder gleich $-1/2$ ist, addieren Sie positive Glieder in der ursprünglichen Reihenfolge, bis die Summe wieder einen Wert größer als $-1/2$ erreicht. Danach addieren Sie negative Glieder, bis die Summe wieder einen Wert kleiner $-1/2$ erreicht hat. Machen Sie so weiter, bis die Partialsummen mindestens dreimal oberhalb des Zielwerts von $-1/2$ gelegen haben, und beenden Sie Ihre Anordnung bei einem Wert von $-1/2$ oder kleiner. s_n ist die Summe der ersten n Glieder Ihrer neuen Reihe. Zeichnen Sie die Punkte (n, s_n) und zeigen Sie so, wie sich die Partialsummen verhalten.

45. Beweisskizze für Satz 10.17 zur Umordnung absolut konvergenter Reihen

a. Es sei ε eine positive reelle Zahl, $L = \sum_{n=1}^{\infty} a_n$ und $s_k = \sum_{n=1}^{k} a_n$. Zeigen Sie, dass für einen Index N_1 und einen Index $N_2 \geq N_1$ gilt

$$\sum_{n=N_1}^{\infty} |a_n| < \frac{\varepsilon}{2} \quad \text{und} \quad |s_{N_2} - L| < \frac{\varepsilon}{2}.$$

Alle Glieder $a_1, a_2, \ldots, a_{N_2}$ tauchen auch in der Folge (b_n) auf. Es gibt also einen Index $N_3 \geq N_2$, sodass für $n \geq N_3$ der Ausdruck $\left(\sum_{k=1}^{n} b_k \right) - s_{N_2}$ höchstens eine Summe der Glieder a_m mit $m \geq N_2 \geq N_1$ ist. Für $n \geq N_3$ gilt dann

$$\left| \sum_{k=1}^{n} b_k - L \right| \leq \left| \sum_{k=1}^{n} b_k - s_{N_2} \right| + |s_{N_2} - L|$$

$$\leq \sum_{k=N_1}^{\infty} |a_k| + |s_{N_2} - L| < \varepsilon.$$

b. Mit der Argumentation in Teil **a.** haben wir gezeigt: Wenn $\sum_{n=1}^{\infty} a_n$ absolut konvergiert, dann konvergiert auch $\sum_{n=1}^{\infty} b_n$ und es gilt $\sum_{n=1}^{\infty} b_n = \sum_{n=1}^{\infty} a_n$. Nun können Sie zeigen, dass wegen der Konvergenz von $\sum_{n=1}^{\infty} |a_n|$ auch $\sum_{n=1}^{\infty} |b_n|$ gegen $\sum_{n=1}^{\infty} |a_n|$ konvergiert.

10.7 Potenzreihen

Wir kennen nun eine ganze Reihe von Verfahren, mit denen wir die Konvergenz einer unendlichen Summe (also einer Reihe) untersuchen können. Nun wollen wir Reihen betrachten, die aussehen wie „unendliche Polynome". Diese Reihen heißen *Potenzreihen*, sie sind definiert als eine Reihe von positiven ganzzahligen Potenzen einer Variablen, meistens x. Wie Polynome kann man auch Potenzreihen addieren, subtrahieren, multiplizieren, differenzieren und integrieren und erhält damit neue Potenzreihen.

Potenzreihen und Konvergenz

Wir geben zunächst die formale Definition einer Potenzreihe und legen damit die Schreibweisen und Begriffe fest.

> **Definition**
>
> Eine **Potenzreihe mit dem Mittelpunkt $x = 0$** ist eine Reihe der Form
>
> $$\sum_{n=0}^{\infty} c_n x^n = c_0 + c_1 x + c_2 x^2 + \cdots + c_n x^n + \cdots. \tag{10.8}$$
>
> Eine **Potenzreihe mit dem Mittelpunkt $x = a$** ist eine Reihe der Form
>
> $$\sum_{n=0}^{\infty} c_n (x-a)^n = c_0 + c_1 (x-a) + c_2 (x-a)^2 + \cdots + c_n (x-a)^n + \cdots, \tag{10.9}$$
>
> der **Mittelpunkt oder Entwicklungspunkt** a und die **Koeffizienten** $c_0, c_1, c_2, \ldots, c_n, \ldots$ sind Konstanten.

Gleichung (10.8) ist der Spezialfall von Gleichung (10.9) für $a = 0$. Wir werden im Folgenden sehen, dass eine Potenzreihe für alle x in einem bestimmten Intervall konvergiert, dem sogenannten **Konvergenzintervall**, und auf diesem Intervall eine Funktion $f(x)$ definiert. Wir werden außerdem feststellen, dass diese Funktion auf diesem Intervall stetig und differenzierbar ist.

Geometrische Reihe als Potenzreihe

Beispiel 10.40 Setzen wir in Gleichung (10.8) alle Koeffizienten gleich 1, so erhalten wir die geometrische Reihe

$$\sum_{n=0}^{\infty} x^n = 1 + x + x^2 + \cdots + x^n + \cdots.$$

mit dem Startwert 1. Sie konvergiert für $|x| < 1$ gegen $1/(1-x)$. Diese Konvergenz kann man folgendermaßen ausdücken:

$$\frac{1}{1-x} = 1 + x + x^2 + \cdots + x^n + \cdots, \quad -1 < x < 1. \tag{10.10}$$

Bisher haben wir Gleichungen wie (10.10) aufgeschrieben, um den Wert der Reihe auf der rechten Seite anzugeben. Wir ändern nun die Sichtweise: Die Partialsummen auf der rechten Seite können als Polynome $P_n(x)$ aufgefasst werden, mit denen man die Funktion auf der linken Seite approximieren kann. Wenn x einen Wert nahe an null hat, so ergeben bereits wenige Glieder der Reihe eine gute Näherung. Wenn der Wert von x näher bei 1 oder -1 liegt, benötigen wir mehr Glieder. In ▶Abbildung 10.14 ist der Graph der Funktion $f(x) = 1/(1-x)$ zu sehen, dazu die Polynome

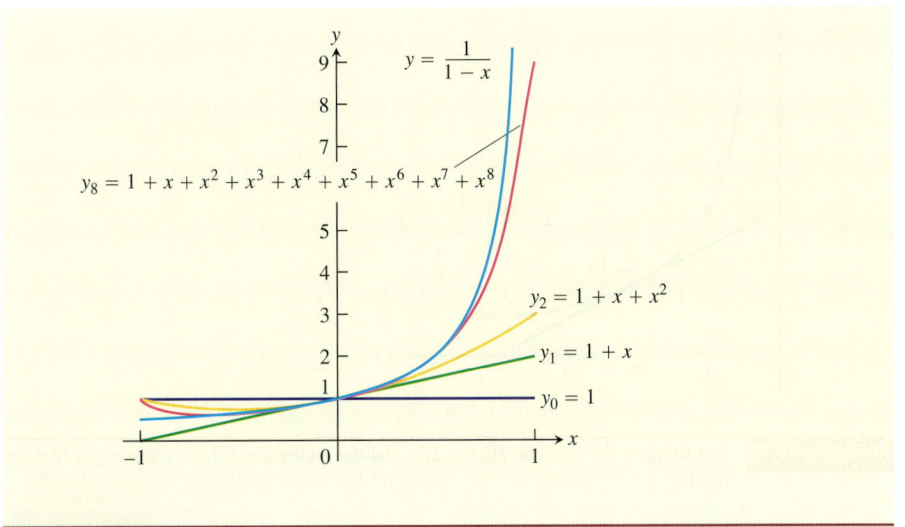

Abbildung 10.14 Die Graphen der Funktion $1/(1-x)$ aus Beispiel 10.40 und vier Polynomnäherungen

$y_n = P_n(x)$ für $n = 0, 1, 2$ und 8, die die Funktion im Bereich $-1 < x < 1$ annähern. Die Funktion $f(x) = 1/(1-x)$ ist in $x = 1$ nicht definiert, der Graph hat dort eine vertikale Asymptote. Für $x > 1$ und $x \leq 1$ ist $P_n(x)$ keine gute Näherung an $f(x)$ mehr.

Beispiel 10.41 Die Potenzreihe

Potenzreihe mit dem Mittelpunkt $x = 2$

$$\sum_{n=0}^{\infty} \left(-\frac{1}{2}\right)^n (x-2)^n = 1 - \frac{1}{2}(x-2) + \frac{1}{4}(x-2)^2 + \cdots + \left(-\frac{1}{2}\right)^n (x-2)^n + \cdots$$
(10.11)

entspricht der Reihe in (10.9) mit $a = 2$, $c_0 = 1$, $c_1 = -1/2$, $c_2 = 1/4, \ldots$, $c_n = (-1/2)^n$. Sie ist also eine geometrische Reihe mit dem Startwert 1 und $r = \dfrac{x-2}{2}$. Die Reihe konvergiert für $\left|\dfrac{x-2}{2}\right| < 1$, also $0 < x < 4$. Der Reihenwert ist

$$\frac{1}{1-r} = \frac{1}{1 + \dfrac{x-2}{2}} = \frac{2}{x},$$

und damit gilt

$$\frac{2}{x} = 1 - \frac{(x-2)}{2} + \frac{(x-2)^2}{4} - \cdots + \left(-\frac{1}{2}\right)^n (x-2)^n + \cdots, \quad 0 < x < 4.$$

Mit der Reihe (10.11) erhält man einige gute Polynomnäherungen der Funktion $f(x) = 2/x$ für Werte von x nahe 2:

$$P_0(x) = 1$$
$$P_1(x) = 1 - \frac{1}{2}(x-2) = 2 - \frac{x}{2}$$
$$P_2(x) = 1 - \frac{1}{2}(x-2) + \frac{1}{4}(x-2)^2 = 3 - \frac{3x}{2} + \frac{x^2}{4},$$

und so weiter (▶Abbildung 10.15).

Im folgenden Beispiel untersuchen wir die Konvergenz von Potenzreihen und verwenden dazu das Quotientenkriterium.

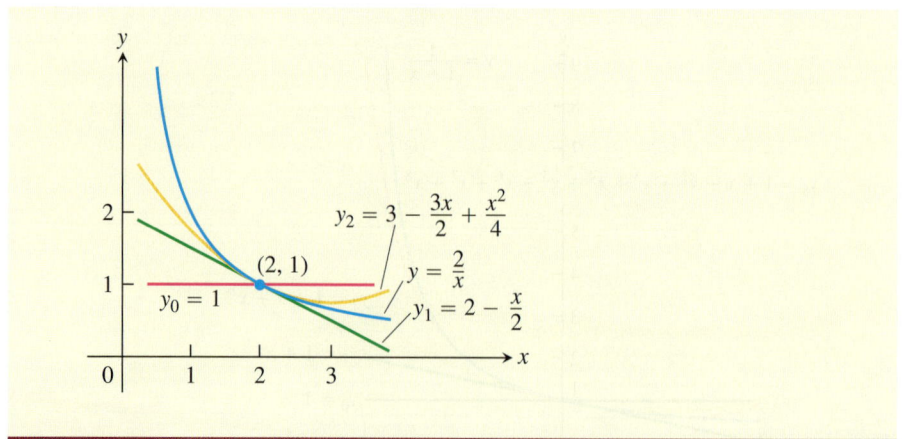

Abbildung 10.15 Die Graphen der Funktion $f(x) = 2/x$ und der ersten drei Polynomnäherungen (Beispiel 10.41)

Konvergenzuntersuchungen von Potenzreihen

Beispiel 10.42 Für welche Werte von x konvergieren die folgenden Potenzreihen?

a. $\sum_{n=1}^{\infty} (-1)^{n-1} \frac{x^n}{n} = x - \frac{x^2}{2} + \frac{x^3}{3} - \cdots$

b. $\sum_{n=1}^{\infty} (-1)^{n-1} \frac{x^{2n-1}}{2n-1} = x - \frac{x^3}{3} + \frac{x^5}{5} - \cdots$

c. $\sum_{n=0}^{\infty} \frac{x^n}{n!} = 1 + x + \frac{x^2}{2!} + \frac{x^3}{3!} + \cdots$

d. $\sum_{n=0}^{\infty} n! x^n = 1 + x + 2! x^2 + 3! x^3 + \cdots$

Lösung Wir wenden das Quotientenkriterium auf die Reihe $\sum |u_n|$ an, dabei ist u_n das n-te Glied der betrachteten Potenzreihe. (Das Quotientenkriterium haben wir nur für Reihen mit nichtnegativen Gliedern formuliert.) Bei jeder Lösung ist das Konvergenzintervall grafisch angegeben.

a. $\left| \frac{u_{n+1}}{u_n} \right| = \left| \frac{x^{n+1}}{n+1} \cdot \frac{n}{x} \right| = \frac{n}{n+1} |x| \to |x|$.

Diese Reihe konvergiert absolut für $|x| < 1$. Für $|x| > 1$ divergiert sie, denn das n-te Glied geht dann nicht gegen null. Bei $x = 1$ erhalten wir die alternierende harmonische Reihe $1 - 1/2 + 1/3 - 1/4 + \cdots$, diese Reihe konvergiert. Für $x = -1$ ergibt sich $-1 - 1/2 - 1/3 - 1/4 - \cdots$, die negative harmonische Reihe, die divergiert. Reihe **a.** ist also konvergent für $-1 < x \leq 1$ und divergent sonst.

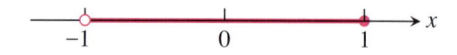

b. $\left|\dfrac{u_{n+1}}{u_n}\right| = \left|\dfrac{x^{2n+1}}{2n+1} \cdot \dfrac{2n-1}{x^{2n-1}}\right| = \dfrac{2n-1}{2n+1}x^2 \to x^2.$ $2(n+1) - 1 = 2n+1.$

Diese Reihe konvergiert absolut für $x^2 < 1$ und divergiert für $x^2 > 1$, denn das n-te Glied geht dann nicht gegen null. Für $x = 1$ erhalten wir die Reihe $1 - 1/3 + 1/5 - 1/7 + \cdots$; diese Reihe konvergiert gemäß dem Leibniz-Kriterium für alternierende Reihen (Satz 10.14). Das Gleiche gilt für $x = -1$; auch dann entsteht eine alternierende Reihe, die die Voraussetzungen des Leibniz-Kriteriums erfüllt. Der Wert für $x = -1$ entspricht dem Negativen des Werts für $x = 1$. Reihe **b.** ist also konvergent für $-1 \leq x \leq 1$ und divergent sonst.

c. $\left|\dfrac{u_{n+1}}{u_n}\right| = \left|\dfrac{x^{n+1}}{(n+1)!} \cdot \dfrac{n!}{x^n}\right| = \dfrac{|x|}{n+1} \to 0$ für alle x $\dfrac{n!}{(n+1)!} = \dfrac{1 \cdot 2 \cdot 3 \cdots n}{1 \cdot 2 \cdot 3 \cdots n \cdot (n+1)}.$

Diese Reihe konvergiert absolut für alle x.

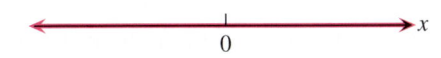

d. $\left|\dfrac{u_{n+1}}{u_n}\right| = \left|\dfrac{(n+1)!\,x^{n+1}}{n!\,x^n}\right| = (n+1)|x| \to \infty$ außer für $x = 0$.

Diese Reihe divergiert für alle Werte von x außer $x = 0$

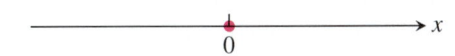

Dieses Beispiel zeigt, dass die Konvergenz einer Potenzreihe normalerweise von dem Wert von x abhängt. Als nächstes wollen wir zeigen, dass eine Potenzreihe, die für mindestens zwei Werte von x konvergiert, in einem ganzen Intervall von x-Werten konvergent ist. Dieses Konvergenzintervall kann beschränkt oder unbeschränkt sein; es kann einen, beide oder keinen der Intervallgrenzen enthalten. Wir werden feststellen, dass man an jedem der beiden Randpunkte eines endlichen Intervalls getrennt überprüfen muss, ob die Reihe konvergiert oder divergiert.

> **Satz 10.18 Das Konvergenzkriterium für Potenzreihen** Die Potenzreihe $\sum a_n x^n = a_0 + a_1 x + a_2 x^2 + \cdots$ sei für $x = c \neq 0$ konvergent. Dann konvergiert sie absolut für alle x mit $|x| < |c|$. Wenn die Reihe für $x = d$ divergiert, dann divergiert sie auch für alle x mit $|x| > |d|$.

Beweis Der Beweis wird mithilfe des Majorantenkriteriums geführt, die gegebene Potenzreihe wird dazu mit einer konvergenten geometrischen Reihe verglichen.

Die Reihe $\sum_{n=0}^{\infty} a_n c^n$ sei konvergent. Dann geht das n-te Glied gegen null, es gilt also $\lim_{n \to \infty} a_n c^n = 0$. Es existiert also eine ganze Zahl N, sodass $|a_n c^n| < 1$ für alle $n > N$. Daraus folgt

$$|a_n| \leq \frac{1}{|c|^n} \quad \text{für} \quad n > N. \tag{10.12}$$

Für alle x mit $|x| < |c|$ ist dann $|x|/|c| < 1$. Multiplizieren wir beide Seiten von Gleichung (10.12) mit $|x|^n$, so erhalten wir

$$|a_n||x|^n < \frac{|x|^n}{|c|^n} \quad \text{für} \quad n > N.$$

Es gilt $|x/c| < 1$, daraus folgt, dass die geometrische Reihe $\sum_{n=0}^{\infty} |x/c|^n$ konvergiert. Gemäß dem Majorantenkriterium (Satz 10.10) konvergiert also die Reihe $\sum_{n=0}^{\infty} |a_n||x^n|$, und damit konvergiert die ursprüngliche Potenzreihe absolut für $-|c| < x < |c|$, wie von dem Konvergenzkriterium behauptet (▶Abbildung 10.16).

Wir nehmen nun an, dass die Reihe $\sum_{n=0}^{\infty} a_n x^n$ bei $x = d$ divergiert. Es sei x eine Zahl mit $|x| > |d|$. Wenn die Reihe nun bei x konvergent wäre, dann würde sie nach dem ersten Teil des Konvergenzkriteriums auch bei d konvergieren, und das steht im Widerspruch zu unserer Annahme. Die Reihe divergiert also für alle x mit $|x| > |d|$. ∎

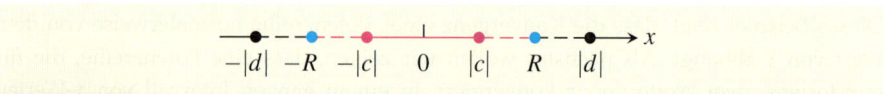

Abbildung 10.16 Konvergiert die Reihe $\sum a_n x^n$ bei $x = c$, so folgt daraus die absolute Konvergenz in dem Intervall $-|c| < x < |c|$; divergiert die Reihe bei $x = d$, so folgt daraus die Divergenz für $|x| > |d|$. Das Korollar zu Satz 10.18 sichert die Existenz eines Konvergenzradius $R \geq 0$.

Um die Gleichungen möglichst übersichtlich zu machen, wurde Satz 10.18 für eine Potenzreihe der Form $\sum a_n x^n$ notiert. Für Reihen der Form $\sum a_n (x-a)^n$ kann man die neue Variable x' mit $x' = x - a$ definieren. Das Kriterium gilt dann ebenso für die Reihe $\sum a_n (x')^n$.

Der Konvergenzradius einer Potenzreihe

Das Konvergenzkriterium, sein Beweis und die Beispiele, die wir bisher untersucht haben, legen nahe, dass die Potenzreihe $\sum c_n (x-a)^n$ sich auf drei mögliche Weisen verhalten kann: Sie kann an nur einer Stelle $x = a$ konvergent sein, überall konvergieren oder in einem Intervall mit Radius R konvergent sein, dessen Mittelpunkt bei $x = a$ liegt. Wir beweisen dies als Korollar zu Satz 10.18.

> **Korollar von Satz 10.18** Für die Konvergenz der Reihe $\sum c_n(x-a)^n$ gilt einer der drei folgenden Fälle:
>
> 1. Es existiert eine positive Zahl R, sodass die Reihe für alle x mit $|x-a| > R$ divergiert und für alle x mit $|x-a| < R$ absolut konvergiert. An den Intervallgrenzen, $x = a - R$ und $x = a + R$, kann die Reihe konvergieren oder divergieren.
> 2. Die Reihe konvergiert absolut für alle x ($R = \infty$).
> 3. Die Reihe konvergiert für $x = a$ und divergiert sonst ($R = 0$).

Beweis ◻ Wir betrachten zuerst den Fall $a = 0$, also die Potenzreihe $\sum_{n=0}^{\infty} c_n x^n$ mit dem Mittelpunkt 0. Wenn diese Reihe überall konvergiert, ist das ein Beispiel für den zweiten Fall, konvergiert sie nur bei $x = 0$, so gilt Fall 3. Ansonsten gibt es eine nichtnegative Zahl d, sodass $\sum_{n=0}^{\infty} c_n d^n$ divergiert. Es sei S die Menge an Werten von x, für die $\sum_{n=0}^{\infty} c_n x^n$ konvergiert. Jedes x mit $|x| > |d|$ ist nicht Element von S, da gemäß Satz 10.18 die Reihe bei allen Werten mit diesen Eigenschaften divergiert. Die Menge S ist also beschränkt. Wegen der Vollständigkeit der reellen Zahlen (Anhang 7) folgt dann, dass S eine kleinste obere Schranke R hat. (Dies ist die kleinste Zahl mit der Eigenschaft, dass alle Elemente von S kleiner oder gleich R sind.) Da wir schon ausgeschlossen hatten, dass hier Fall 3 gilt, konvergiert die Reihe für eine Zahl $b \neq 0$, und gemäß Satz 10.18 konvergiert sie auch in dem offenen Intervall $(-|b|, |b|)$. Es ist also $R > 0$.

Für $|x| < R$ existiert eine Zahl c in S mit $|x| < c < R$, denn sonst wäre R nicht die kleinste obere Schranke von S. Die Reihe konvergiert bei c, denn es ist $c \in S$, gemäß Satz 10.18 konvergiert die Reihe also absolut bei x.

Es sei nun $|x| > R$. Konvergiert die Reihe bei x, dann folgt aus Satz 10.18, dass sie in dem offenen Intervall $(-|x|, |x|)$ absolut konvergiert; S enthält also dieses Intervall. Da R eine obere Schranke von S ist, folgt daraus $|x| \leq R$, also ein Widerspruch zur Annahme. Für $|x| > R$ divergiert die Reihe also. Damit ist der Satz für Reihen mit dem Mittelpunkt $a = 0$ bewiesen.

Um ihn auch für Potenzreihen mit einem beliebigen Mittelpunkt a zu zeigen, setzen wir $x' = x - a$ und wiederholen die Argumentation mit x' anstelle von x. Es gilt $x' = 0$ für $x = a$, die Konvergenz von $\sum_{n=0}^{\infty} c_n (x')^n$ auf einem offenen Intervall mit dem Radius R und dem Mittelpunkt $x' = 0$ entspricht also der Konvergenz der Reihe $\sum_{n=0}^{\infty} c_n (x-a)^n$ auf einem offenen Intervall mit Radius R und Mittelpunkt $x = a$. ■

R nennt man den **Konvergenzradius** der Potenzreihe, und das Intervall mit dem Radius R und dem Mittelpunkt $x = a$, in dem die Potenzreihe konvergiert, heißt das **Konvergenzintervall** oder der **Konvergenzbereich**. Es kann offen, abgeschlossen oder halboffen sein, dies ist für jede Potenzreihe unterschiedlich. An den Stellen x, für die $|x-a| < R$ gilt, konvergiert die Reihe stets absolut. Eine Reihe, die für alle Werte von x konvergiert, hat den Konvergenzradius unendlich. Konvergiert sie nur für $x = a$, ist ihr Konvergenzradius null.

> **Merke**
>
> **Konvergenzuntersuchung für Potenzreihen**
>
> 1. Bestimmen Sie mithilfe des Quotientenkriteriums oder des Wurzelkriteriums das Intervall, in dem die Reihe absolut konvergiert. In der Regel ist dies ein offenes Intervall
>
> $$|x-a| < R \quad \text{bzw.} \quad a-R < x < a+R.$$
>
> 2. Wenn das Intervall, in dem die Reihe absolut konvergiert, beschränkt ist, untersuchen Sie die Potenzreihe an den Rändern auf Konvergenz oder Divergenz. Dies wird z. B. in den Beispielen 10.42a und b durchgeführt. Verwenden Sie dazu das Vergleichskriterium, das Integralkriterium oder das Leibniz-Kriterium für alternierende Reihen.
>
> 3. Wenn für das Intervall, in dem die Reihe absolut konvergiert, $a - R < x < a + R$ gilt, dann divergiert die Reihe für $|x - a| > R$, denn das n-te Glied geht für diese Werte von x nicht gegen null.

Operationen mit Potenzreihen

Zwei Potenzreihen können auf der Schnittmenge ihrer Konvergenzintervalle gliedweise addiert und subtrahiert werden, genauso wie Reihen reeller Zahlen (Satz 10.8). Sie können auch wie Polynome multipliziert werden, die entstehende Reihe ist wieder eine Potenzreihe, auch Cauchy-Produkt genannt. Wir geben im nächsten Satz eine Gleichung für die Koeffizienten dieses Produkts an, werden diesen Satz aber nicht beweisen.

> **Satz 10.19 Multiplikation von Potenzreihen** Es seien $A(x) = \sum\limits_{n=0}^{\infty} a_n x^n$ und $B(x) = \sum\limits_{n=0}^{\infty} b_n x^n$ absolut konvergent für $|x| < R$ und es sei
>
> $$c_n = a_0 b_n + a_1 b_{n-1} + a_n b_{n-2} + \cdots + a_{n-1} b_1 + a_n b_0 = \sum_{k=0}^{n} a_k b_{n-k}.$$
>
> Dann konvergiert $\sum\limits_{n=0}^{\infty} c_n x^n$ für $|x| < R$ absolut gegen $A(x)B(x)$:
>
> $$\left(\sum_{n=0}^{\infty} a_n x^n \right) \cdot \left(\sum_{n=0}^{\infty} b_n x^n \right) = \sum_{n=0}^{\infty} c_n x^n.$$

Es kann sehr mühsam sein, den allgemeinen Koeffizienten c_n für das Produkt zweier Potenzreihen zu bestimmen, und der Audruck kann sehr unhandlich werden. Dies kann man an der folgenden Beispielrechnung sehen. Wir multiplizieren zwei Potenzreihen und bestimmen die ersten Glieder der Ergebnisreihe. Dazu multiplizieren wir die Glieder der zweiten Reihe mit jedem Glied der ersten Reihe:

$$\left(\sum_{n=0}^{\infty} x^n\right) \cdot \left(\sum_{n=0}^{\infty} (-1)^n \frac{x^{n+1}}{n+1}\right)$$

$$= (1 + x + x^2 + \cdots)\left(x - \frac{x^2}{2} + \frac{x^3}{3} - \cdots\right) \qquad \text{Multiplizieren der zweiten Reihe} \cdots$$

$$= \underbrace{\left(x - \frac{x^2}{2} + \frac{x^3}{3} - \cdots\right)}_{\text{mit } 1} + \underbrace{\left(x^2 - \frac{x^3}{2} + \frac{x^4}{3} - \cdots\right)}_{\text{mit } x} + \underbrace{\left(x^3 - \frac{x^4}{2} + \frac{x^5}{3} - \cdots\right)}_{\text{mit } x^2} + \cdots$$

$$= x + \frac{x^2}{2} + \frac{5x^3}{6} - \frac{x^4}{6} \cdots . \qquad \cdots \text{und Zusammenfassen der ersten vier Potenzen}$$

Wir können in eine konvergente Potenzreihe für x auch eine Funktion $f(x)$ einsetzen.

Satz 10.20 Es sei $\sum_{n=0}^{\infty} a_n x^n$ absolut konvergent für $|x| < R$. Dann gilt: $\sum_{n=0}^{\infty} a_n (f(x))^n$ konvergiert absolut für jede (stetige) Funktion f über dem Bereich $|f(x)| < R$.

$1/(1-x) = \sum_{n=0}^{\infty} x^n$ konvergiert absolut für $|x| < 1$; damit folgt aus Satz 10.20, dass auch $1/(1-4x^2) = \sum_{n=0}^{\infty} (4x^2)^n$ für $|4x^2| < 1$ oder $|x| < 1/2$ absolut konvergiert.

Eine Potenzreihe kann an jeder Stelle in ihrem Konvergenzintervall gliedweise differenziert werden. Dies besagt ein Satz aus der fortgeschrittenen Anaysis, den wir hier angeben, aber nicht beweisen.

Satz 10.21 Gliedweise Ableitung von Potenzreihen Die Potenzreihe $\sum c_n(x-a)^n$ habe einen Konvergenzradius $R > 0$. Sie definiert damit die Funktion

$$f(x) = \sum_{n=0}^{\infty} c_n(x-a)^n \quad \text{auf dem Intervall} \quad a - R < x < a + R.$$

Diese Funktion f hat innerhalb des gegebenen Intervalls Ableitungen aller Ordnungen. Wir erhalten diese Ableitungen, indem wir die ursprüngliche Potenzreihe gliedweise differenzieren.

$$f'(x) = \sum_{n=1}^{\infty} n c_n (x-a)^{n-1},$$

$$f''(x) = \sum_{n=2}^{\infty} n(n-1) c_n (x-a)^{n-2},$$

und so weiter. Jede dieser abgeleiteten Reihen ist wieder eine Potenzreihe mit demselben Konvergenzradius R, konvergiert also absolut an jeder Stelle in dem Intervall $a - R < x < a + R$.

Ableitungen von Potenzreihen

Beispiel 10.43 Bestimmen Sie die Reihen $f'(x)$ und $f''(x)$ für die Funktion

$$f(x) = \frac{1}{1-x} = 1 + x + x^2 + x^3 + x^4 + \cdots + x^n + \cdots$$
$$= \sum_{n=0}^{\infty} x^n, \quad -1 < x < 1$$

Lösung Wir leiten die Potenzreihe auf der rechten Seite der Gleichung gliedweise ab:

$$f'(x) = \frac{1}{(1-x)^2} = 1 + 2x + 3x^2 + 4x^3 + \cdots + nx^{n-1} + \cdots$$
$$= \sum_{n=1}^{\infty} nx^{n-1}, \quad -1 < x < 1;$$
$$f''(x) = \frac{2}{(1-x)^3} = 2 + 6x + 12x^2 + \cdots + n(n-1)x^{n-2} + \cdots$$
$$= \sum_{n=2}^{\infty} n(n-1)x^{n-2}, \quad -1 < x < 1.$$

Achtung Die gliedweise Ableitung führt nicht bei allen Reihen zum richtigen Ergebnis, sicher ist dies nur bei Potenzreihen. So konvergiert beispielsweise die trigonometrische Reihe

$$\sum_{n=1}^{\infty} \frac{\sin(n!x)}{n^2}$$

für alle x. Wenn wir diese Reihe aber gliedweise ableiten, erhalten wir

$$\sum_{n=1}^{\infty} \frac{n! \cos(n!x)}{n^2},$$

und diese Reihe divergiert für alle x. Es handelt sich hierbei auch nicht um eine Potenzreihe, da die Glieder nicht von der Form $c_n \cdot (x-a)^n$ sind.

Eine Potenzreihe kann im Innern ihres Konvergenzintervalls auch gliedweise integriert werden. Auch für diesen Satz geben wir hier keinen Beweis an, da hierfür Methoden der fortgeschrittenen Analysis benötigt werden.

> **Satz 10.22 Gliedweise Integration von Potenzreihen** Es sei
>
> $$f(x) = \sum_{n=0}^{\infty} c_n (x-a)^n$$
>
> konvergent für $a - R < x < a + R$, dabei gelte $R > 0$. Dann konvergiert auch
>
> $$\sum_{n=0}^{\infty} c_n \frac{(x-a)^{n+1}}{n+1}$$
>
> für $a - R < x < a + R$ und
>
> $$\int f(x) \, dx = \sum_{n=0}^{\infty} c_n \frac{(x-a)^{n+1}}{n+1} + C$$
>
> für $a - R < x < a + R$.

Beispiel 10.44 Bestimmen Sie die Funktion

$$f(x) = \sum_{n=0}^{\infty} \frac{(-1)^n x^{2n+1}}{2n+1} = x - \frac{x^3}{3} + \frac{x^5}{5} - \cdots, \quad -1 \leq x \leq 1.$$

Bestimmung einer Potenzreihe durch Ableiten

Lösung Wir leiten die ursprüngliche Reihe gliedweise ab und erhalten

$$f'(x) = 1 - x^2 + x^4 - x^6 + \cdots, \quad -1 < x < 1. \quad \text{Satz 10.21}$$

Dies ist eine geometrische Reihe mit dem ersten Glied 1 und $r = -x^2$. Es gilt also

$$f'(x) = \frac{1}{1-(-x^2)} = \frac{1}{1+x^2}.$$

Wir integrieren jetzt $f'(x) = 1/(1+x^2)$ und erhalten

$$\int f'(x)\,\mathrm{d}x = \int \frac{\mathrm{d}x}{1+x^2} = \tan^{-1} x + C, \quad \text{also} \quad f(x) = \tan^{-1} x + C.$$

Die Reihe für $f(x)$ ist null bei $x = 0$, daraus folgt wegen $\tan^{-1}(0) = 0$, dass $C = 0$. Es gilt also

$$f(x) = x - \frac{x^3}{3} + \frac{x^5}{5} - \frac{x^7}{7} + \cdots = \tan^{-1} x, \quad -1 < x < 1 \quad (10.13)$$

$$\frac{\pi}{4} = \tan^{-1} 1 = \sum_{n=0}^{\infty} \frac{(-1)^n}{2n+1}$$

Man kann zeigen, dass diese Reihe auch an den Intervallgrenzen $x = \pm 1$ gegen $\tan^{-1} x$ konvergiert, diesen Beweis übergehen wir hier aber. ■

Auch wenn die ursprüngliche Reihe in Beispiel 10.44 an den beiden Endpunkten des Konvergenzintervalls konvergiert, können wir aus Satz 10.22 nur auf die Konvergenz in der abgeleiteten Reihe im Innern des Konvergenzintervalls schließen.

Beispiel 10.45 Die Reihe

$$\frac{1}{1+t} = 1 - t + t^2 - t^3 + \cdots$$

Reihenentwicklung von $\ln(1+x)$

konvergiert in dem offenen Intervall $-1 < t < 1$. Es gilt also

$$\ln(1+x) = \int_0^x \frac{1}{1+t}\,\mathrm{d}t = \left[t - \frac{t^2}{2} + \frac{t^3}{3} - \frac{t^4}{4} + \cdots \right]_0^x \quad \text{Satz 10.22}$$

$$= x - \frac{x^2}{2} + \frac{x^3}{3} - \frac{x^4}{4} + \cdots$$

bzw.

$$\ln(1+x) = \sum_{n=1}^{\infty} \frac{(-1)^{n-1} x^n}{n}, \quad -1 < x < 1.$$

Es lässt sich auch zeigen, dass die Reihe für $x = 1$ gegen $\ln 2$ konvergiert; dies kann man aber nicht aus Satz 10.22 schließen.

$$\ln 2 = \sum_{n=1}^{\infty} \frac{(-1)^{n-1}}{n}$$

Aufgaben zum Abschnitt 10.7

Konvergenzintervalle

a. Bestimmen Sie in den Aufgaben 1–18 den Konvergenzradius und das Konvergenzintervall der Reihen. Für welche Werte von x konvergiert die Reihe **b.** absolut und **c.** bedingt?

1. $\sum_{n=0}^{\infty} x^n$

2. $\sum_{n=0}^{\infty} (-1)^n (4x+1)^n$

3. $\sum_{n=0}^{\infty} \frac{(x-2)^n}{10^n}$

4. $\sum_{n=0}^{\infty} \frac{nx^n}{n+2}$

5. $\sum_{n=1}^{\infty} \frac{x^n}{n\sqrt{n}\,3^n}$

6. $\sum_{n=0}^{\infty} \frac{(-1)^n x^n}{n!}$

7. $\sum_{n=1}^{\infty} \frac{4^n x^{2n}}{n}$

8. $\sum_{n=0}^{\infty} \frac{x^n}{\sqrt{n^2+3}}$

9. $\sum_{n=0}^{\infty} \frac{n(x+3)^n}{5^n}$

10. $\sum_{n=0}^{\infty} \frac{\sqrt{n}\,x^n}{3^n}$

11. $\sum_{n=1}^{\infty} (2+(-1)^n) \cdot (x+1)^{n-1}$

12. $\sum_{n=1}^{\infty} \left(1+\frac{1}{n}\right)^n x^n$

13. $\sum_{n=1}^{\infty} n^n x^n$

14. $\sum_{n=1}^{\infty} \frac{(-1)^{n+1}(x+2)^n}{n 2^n}$

15. $\sum_{n=2}^{\infty} \frac{x^n}{n(\ln n)^2}$ *Informationen zum Verhalten von $\sum 1/(n(\ln n)^2)$ finden Sie in Aufgabe 37 in Abschnitt 10.3.*

16. $\sum_{n=1}^{\infty} \frac{(4x-5)^{2n+1}}{n^{3/2}}$

17. $\sum_{n=1}^{\infty} \frac{1}{2 \cdot 4 \cdot 8 \cdots (2n)} x^n$

18. $\sum_{n=1}^{\infty} \frac{1+2+3+\cdots+n}{1^2+2^2+3^2+\cdots+n^2} x^n$

Bestimmen Sie in den Aufgaben 19–21 den Konvergenzradius.

19. $\sum_{n=1}^{\infty} \frac{n!}{3 \cdot 6 \cdot 9 \cdots 3n} x^n$

20. $\sum_{n=1}^{\infty} \frac{(n!)^2}{2^n (2n)!} x^n$

21. $\sum_{n=1}^{\infty} \left(\frac{n}{n+1}\right)^{n^2} x^n$

(*Hinweis:* Verwenden Sie das Wurzelkriterium.)

Bestimmen Sie in den Aufgaben 22–26 das Konvergenzintervall mithilfe von Satz 10.20. Berechnen Sie dann die Reihenwerte als Funktion von x für x innerhalb des Konvergenzintervalls.

22. $\sum_{n=0}^{\infty} 3^n x^n$

23. $\sum_{n=0}^{\infty} \frac{(x-1)^{2n}}{4^n}$

24. $\sum_{n=0}^{\infty} \left(\frac{\sqrt{x}}{2}-1\right)^n$

25. $\sum_{n=0}^{\infty} \left(\frac{x^2+1}{3}\right)^n$

26. $\sum_{n=0}^{\infty} \left(\frac{x^2-1}{2}\right)^n$

Theorie und Beispiele

27. Für welche Werte von x konvergiert die Reihe

$$1 - \frac{1}{2}(x-3) + \frac{1}{4}(x-3)^2 + \cdots + \left(-\frac{1}{2}\right)^n (x-3)^n + \cdots?$$

Was ist der Reihenwert? Wenn Sie diese Reihe gliedweise differenzieren, welche Reihe erhalten Sie dann? Für welche Werte von x konvergiert diese neue Reihe? Und was ist ihr Wert?

28. Die Reihe
$$\sin x = x - \frac{x^3}{3!} + \frac{x^5}{5!} - \frac{x^7}{7!} + \frac{x^9}{9!} - \frac{x^{11}}{11!} + \cdots$$
konvergiert für alle x gegen $\sin x$.

a. Berechnen Sie die ersten sechs Glieder der Reihe für $\cos x$. Für welche Werte von x sollte diese Reihe konvergieren?

b. Ersetzen Sie x in der Reihe für $\sin x$ durch $2x$, und bestimmen Sie so eine Reihe, die für alle x gegen $\sin 2x$ konvergiert.

c. Berechnen Sie mithilfe des Ergebnisses von Teil **a.** und der Multiplikation von Reihen die ersten sechs Glieder einer Reihe für $2\sin x \cos x$. Vergleichen Sie Ihre Antwort mit dem Ergebnis aus Teil **b.**

29. Die Reihe
$$e^x = 1 + x + \frac{x^2}{2!} + \frac{x^3}{3!} + \frac{x^4}{4!} + \frac{x^5}{5!} + \cdots$$
konvergiert für alle x gegen e^x.

a. Stellen Sie eine Reihe für $(d/dx)e^x$ auf. Ergibt sich die gleiche Reihe wie für e^x? Erläutern Sie.

b. Stellen Sie eine Reihe für $\int e^x dx$ auf. Ergibt sich die gleiche Reihe wie für e^x? Erläutern Sie.

c. Ersetzen Sie in der Reihe für e^x x durch $-x$ und bestimmen Sie so eine Reihe, die für alle x gegen e^{-x} konvergiert. Multiplizieren Sie dann die beiden Reihen für e^x und e^{-x} miteinander und berechnen Sie die ersten sechs Glieder einer Reihe für $e^{-x} \cdot e^x$.

30. Die Reihe
$$\tan x = x + \frac{x^3}{3} + \frac{2x^5}{15} + \frac{17x^7}{315} + \frac{62x^9}{2835} + \cdots$$
konvergiert für $-\pi/2 < x < \pi/2$ gegen $\tan x$.

a. Berechnen Sie die ersten fünf Glieder einer Reihe für $\ln|\sec x|$. Für welche Werte von x sollte diese Reihe konvergieren?

b. Berechnen Sie die ersten fünf Glieder einer Reihe für $\sec^2 x$. Für welche Werte von x sollte diese Reihe konvergieren?

c. Überprüfen Sie Ihr Ergebnis aus Teil **b.**, indem Sie die Reihe für $\sec x$ quadrieren, die in Aufgabe 31 angegeben ist.

31. Die Reihe
$$\sec x = 1 + \frac{x^2}{2} + \frac{5}{24}x^4 + \frac{61}{720}x^6 + \frac{277}{8064}x^8 + \cdots$$
konvergiert für $-\pi/2 < x < \pi/2$ gegen $\sec x$.

a. Berechnen Sie die ersten fünf Glieder einer Potenzreihe für die Funktion $\ln|\sec x + \tan x|$. Für welche Werte von x sollte diese Reihe konvergieren?

b. Berechnen Sie die ersten vier Glieder einer Potenzreihe für die Funktion $\sec x \tan x$. Für welche Werte von x sollte diese Reihe konvergieren?

c. Überprüfen Sie Ihr Ergebnis aus Teil **b.**, indem Sie die Reihe für $\sec x$ mit der für $\tan x$ multiplizieren, die in Aufgabe 30 angegeben ist.

32. Eindeutigkeit von Potenzreihen

a. Zeigen Sie: Wenn zwei Potenzreihen $\sum_{n=0}^{\infty} a_n x^n$ und $\sum_{n=0}^{\infty} b_n x^n$ beide konvergent sind und für alle Werte von x in einem offenen Intervall $(-c, c)$ gleich sind, dann ist $a_n = b_n$ für alle n. (Hinweis: Es sei $f(x) = \sum_{n=0}^{\infty} a_n x^n = \sum_{n=0}^{\infty} b_n x^n$. Leiten Sie gliedweise ab und zeigen Sie so, dass a_n und b_n beide gleich $f^{(n)}(0)/n!$ sind.)

b. Zeigen Sie: Wenn $\sum_{n=0}^{\infty} a_n x^n = 0$ für alle x in einem offenen Intervall $(-c, c)$ ist, dann ist $a_n = 0$ für alle n.

33. Der Wert der Reihe $\sum_{n=0}^{\infty} (n^2/2^n)$ Berechnen Sie den Wert dieser Reihe, indem Sie zunächst $1/(1-x)$ als geometrische Reihe schreiben. Leiten Sie dann beide Seiten dieser Gleichung nach x ab, multiplizieren Sie beide Seiten mit x, leiten Sie erneut ab, multiplizieren Sie nochmals mit x und setzen Sie dann $x = 1/2$. Was erhalten Sie nach diesen Schritten?

10.8 Taylor-Reihen und Maclaurin'sche Reihen

Ist eine Funktion beliebig oft differenzierbar, so kann man dazu, bei gegebenem Entwicklungspunkt a, eine Potenzreihe aufstellen. Diese Reihe nennt man auch **Taylor-Reihen**, sie soll in diesem Abschnitt untersucht werden. Mit Taylor-Reihen erhält man in vielen Fällen eine gute Polynomnäherung für die Funktion. Sie werden schon fast routinemäßig von Mathematikern und Naturwissenschaftlern verwendet und sind deshalb eines der wichtigsten Themen in diesem Kapitel.

Reihendarstellungen

Auf dem Inneren ihres Konvergenzintervalls ist eine Potenzreihe eine stetige und beliebig oft differenzierbare Funktion, das wissen wir aus Satz 10.21. Aber gilt dies auch umgekehrt? Kann eine Funktion $f(x)$, die auf einem Intervall I beliebig oft differenzierbar ist, durch eine Potenzreihe auf I dargestellt werden? Und wenn das geht, welche Koeffizienten hat diese Reihe?

Wir beantworten zuerst die letzte Frage. Wir nehmen an, dass die Funktion $f(x)$ eine Potenzreihe mit positivem Konvergenzradius ist:

$$f(x) = \sum_{n=0}^{\infty} a_n(x-a)^n$$
$$= a_0 + a_1(x-a) + a_2(x-a)^2 + \cdots + a_n(x-a)^n + \cdots$$

Wir differenzieren nun gliedweise innerhalb des Konvergenzintervalls I und erhalten

$$f'(x) = a_1 + 2a_2(x-a) + 3a_3(x-a)^2 + \cdots + na_n(x-a)^{n-1} + \cdots,$$
$$f''(x) = 1 \cdot 2a_2 + 2 \cdot 3a_3(x-a) + 3 \cdot 4a_4(x-a)^2 + \cdots,$$
$$f'''(x) = 1 \cdot 2 \cdot 3a_3 + 2 \cdot 3 \cdot 4a_4(x-a) + 3 \cdot 4 \cdot 5a_5(x-a)^2 + \cdots;$$

für die n-te Ableitung gilt dann

$f^{(n)}(x) = n!a_n +$ eine unendliche Summe von Gliedern, die alle den Faktor $(x-a)$ enthalten.

Diese Gleichungen gelten alle insbesondere an der Stelle $x = a$, und wir bekommen

$$f'(a) = a_1, \quad f''(a) = 1 \cdot 2a_2, \quad f'''(a) = 1 \cdot 2 \cdot 3a_3,$$

oder allgemein

$$f^{(n)}(a) = n!a_n.$$

An diesen Gleichungen kann man ein Muster erkennen, das für die Koeffizienten aller Potenzreihen $\sum_{n=0}^{\infty} a_n(x-a)^n$ gilt, die auf einem Intervall I gegen die Werte der Funktion f konvergieren. (Man sagt auch „Die Reihe ist eine Taylor-Reihenentwicklung der Funktion"). Es ist noch nicht geklärt, ob und wann eine solche Reihe existiert. *Wenn* sie aber existiert, dann gibt es nur *eine* solche Reihe, und für den n-ten Koeffizient gilt

$$a_n = \frac{f^{(n)}(a)}{n!}.$$

Wenn es für f also eine Potenzreihendarstellung gibt, dann sieht diese so aus:

$$f(x) = f(a) + f'(a)(x-a) + \frac{f''(a)}{2!}(x-a)^2$$
$$+ \cdots + \frac{f^{(n)}(a)}{n!}(x-a)^n + \cdots. \qquad (10.14)$$

Wenn wir nun von einer beliebigen Funktion f ausgehen, die auf einem Intervall I mit dem Mittelpunkt $x = a$ beliebig oft differenzierbar ist, und mit dieser Funktion eine Potenzreihe gemäß der rechten Seite von Gleichung (10.14) erzeugen, konvergiert diese Reihe dann immer und für jedes x innerhalb von I gegen $f(x)$? Wir werden sehen, dass die Antwort auf diese Frage „manchmal" ist: Für manche Funktionen konvergiert die Reihe gegen die Funktion, für andere nicht.

Taylor- und Maclaurin'sche Reihen

Die Reihe auf der rechten Seite von (10.14) ist die wichtigste Reihe, die wir in diesem Kapitel untersuchen werden.

> **Definition**
>
> Es sei f eine Funktion, die auf einem Intervall beliebig oft differenzierbar ist. Der Punkt a liege im Inneren des Intervalls. Dann ist die **Taylor-Reihe** (Taylor-Reihenentwicklung) von f mit Entwicklungspunkt a (wir sagen auch: bei a) die Potenzreihe
>
> $$\sum_{k=0}^{\infty} \frac{f^{(k)}(a)}{k!}(x-a)^k = f(a) + f'(a)(x-a) + \frac{f'(a)}{2!}(x-a)^2$$
> $$+ \cdots + \frac{f^{(n)}(a)}{n!}(x-a)^n + \cdots.$$
>
> Ist $a = 0$, so heißt die Taylor-Reihe von f um 0,
>
> $$\sum_{k=0}^{\infty} \frac{f^{(k)}(0)}{k!}x^k = f(0) + f'(0)x + \frac{f'(0)}{2!}x^2 + \cdots + \frac{f^{(n)}(0)}{n!}x^n + \cdots,$$
>
> auch **Maclaurin'sche Reihe** von f.

Beispiel 10.46 Bestimmen Sie die Taylor-Reihe der Funktion $f(x) = 1/x$ bei $a = 2$. Konvergiert diese Reihe gegen $1/x$, und wenn ja, in welchem Intervall?

Taylor-Reihenentwicklung

Lösung Wir brauchen die Werte von $f(2), f'(2), f''(2), \cdots$. Wir leiten ab und erhalten

$$f(x) = x^{-1}, \quad f'(x) = -x^{-2}, \quad f''(x) = 2!x^{-3}, \quad \cdots, \quad f^{(n)}(x) = (-1)^n n! x^{-(n+1)},$$

und damit

$$f(2) = 2^{-1} = \frac{1}{2}, \quad f'(2) = -\frac{1}{2^2}, \quad \frac{f''(2)}{2!} = 2^{-3} = \frac{1}{2^3}, \quad \cdots, \quad \frac{f^{(n)}(2)}{n!} = \frac{(-1)^n}{2^{n+1}}.$$

Die gesuchte Taylor-Reihe ist also

$$f(2) + f'(2)(x-2) + \frac{f''(2)}{2!}(x-2)^2 + \cdots + \frac{f^{(n)}(2)}{n!}(x-2)^n + \cdots$$

$$= \frac{1}{2} - \frac{(x-2)}{2^2} + \frac{(x-2)^2}{2^3} - \cdots + (-1)^n \frac{(x-2)^n}{2^{n+1}} + \cdots.$$

Das ist eine geometrische Reihe mit dem Startwert $1/2$ und $r = -(x-2)/2$. Sie konvergiert absolut für $|x-2| < 2$ und ihr Reihenwert ist

$$\frac{1/2}{1+(x-2)/2} = \frac{1}{2+(x-2)} = \frac{1}{x}.$$

Die Taylor-Reihe von $f(x) = 1/x$ bei $a = 2$ konvergiert gegen $1/x$ für $|x-2| < 2$, also $0 < x < 4$.

Taylor-Polynome

Die Linearisierung einer differenzierbaren Funktion $f(x)$ bei a ist ein Polynom mit dem Grad 1, das gegeben ist durch

$$P_1(x) = f(a) + f'(a)(x-a).$$

In Abschnitt 3.9 haben wir mit dieser Linearisierung $f(x)$ für Werte von x in der Nähe von a angenähert. Wenn es für f höhere Ableitungen gibt, dann gibt es auch Näherungen mit Polynomen höherer Grade; für jede Ableitung, die wir berechnen können, können wir auch den Grad des Näherungspolynoms um eins erhöhen. Diese Polynome nennt man die Taylor-Polynome der Funktion f.

Definition

Es sei f eine Funktion mit Ableitungen k-ter Ordnung für $k = 1, 2, \ldots, N$ in einem Intervall, das den Punkt a im Inneren enthält. Für jede ganze Zahl n von 0 bis N ist dann das **Taylor-Polynom n-ter Ordnung von f** bei $x = a$ gegeben durch

$$P_n(x) = f(a) + f'(a)(x-a) + \frac{f'(a)}{2!}(x-a)^2 + \cdots$$
$$+ \frac{f^{(k)}(a)}{k!}(x-a)^k + \cdots + \frac{f^{(n)}(a)}{n!}(x-a)^n.$$

Wir sprechen von einem Taylor-Polynom n-ter Ordnung und nicht von einem Taylor-Polynom vom Grad n, denn $f^{(n)}(a)$ kann auch null sein. Die ersten beiden Taylorpolynome beispielsweise der Funktion $f(x) = \cos x$ sind $P_0(x) = 1$ und $P_1(x) = 1$. Das Taylor-Polynon erster Ordnung hat also den Grad null, nicht eins.

Die Linearisierung von f bei $x = a$ ist die beste lineare Näherung von f in der Nähe von a. Genauso sind die Taylor-Polynome jeweils die bestmögliche Polynom-Näherung von f der jeweiligen Ordnung (vgl. Aufgabe 26).

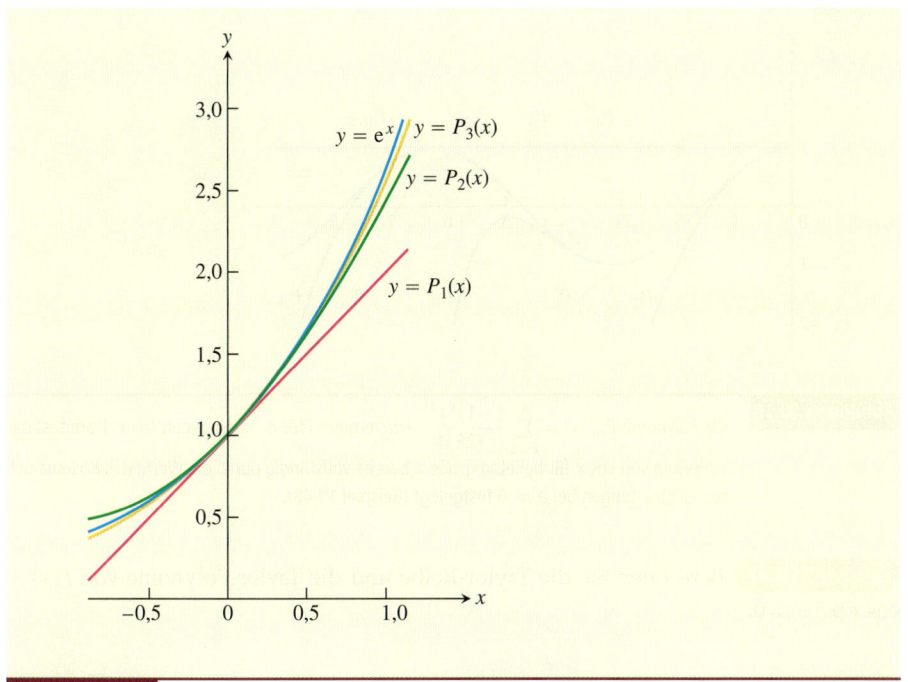

10.8 Taylor-Reihen und Maclaurin'sche Reihen

Abbildung 10.17 Der Graph von $f(x) = e^x$ und seine Taylor-Polynome $P_1(x) = 1 + x$, $P_2(x) = 1 + x + (x^2/2!)$, $P_3(x) = 1 + x + (x^2/2!) + (x^3/3!)$. In der Nähe von $x = 0$ sind die Näherungen sehr gut (Beispiel 10.47).

Beispiel 10.47 Berechnen Sie die Taylor-Reihe und die Taylor-Polynome von $f(x) = e^x$ bei $a = 0$.

Taylor-Reihe von e^x

Lösung Es ist $f^{(n)}(x) = e^x$ und $f^{(n)}(0) = 1$ für alle $n = 0, 1, 2, \ldots$. Die Taylor-Reihe von f bei $a = 0$ ist also (▶Abbildung 10.17)

$$f(0) + f'(0)x + \frac{f'(0)}{2!}x^2 + \cdots + \frac{f^{(n)}(0)}{n!}x^n + \cdots$$
$$= 1 + x + \frac{x^2}{2} + \cdots + \frac{x^n}{n!} + \cdots$$
$$= \sum_{k=0}^{\infty} \frac{x^k}{k!}.$$

Dies ist auch die Maclaurin'sche Reihe von e^x. Im nächsten Abschnitt werden wir zeigen, dass diese Reihe für alle x gegen e^x konvergiert.

Das Taylor-Polynom n-ter Ordnung bei $a = 0$ ist

$$P_n(x) = 1 + x + \frac{x^2}{2} + \cdots + \frac{x^n}{n!}.$$

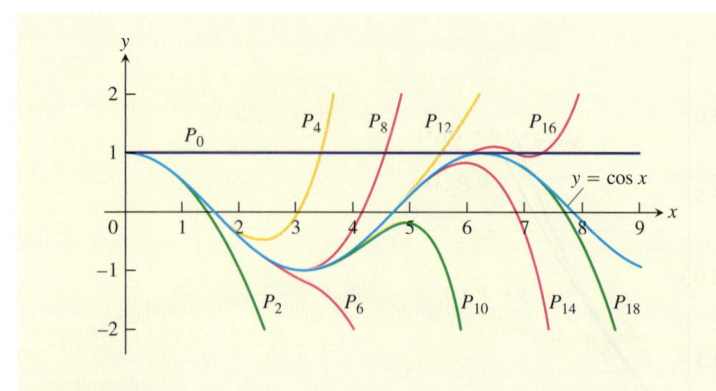

Abbildung 10.18 Die Polynome $P_{2n}(x) = \sum_{k=0}^{n} \frac{(-1)^k x^{2k}}{(2k)!}$ konvergieren für $n \to \infty$ gegen $\cos x$. Damit ist das Verhalten von $\cos x$ für beliebig große x bereits vollständig durch die Werte des Kosinus und seiner Ableitungen bei $a = 0$ festgelegt (Beispiel 10.48).

Taylor-Reihe von $\cos x$

Beispiel 10.48 Berechnen Sie die Taylor-Reihe und die Taylor-Polynome von $f(x) = \cos x$ bei $a = 0$.

Lösung Der Kosinus und seine Ableitungen sind

$$f(x) = \cos x, \qquad f'(x) = -\sin x,$$
$$f''(x) = -\cos x, \qquad f^{(3)}(x) = \sin x$$
$$\vdots \qquad\qquad \vdots$$
$$f^{(2n)}(x) = (-1)^n \cos x, \qquad f^{(2n+1)}(x) = (-1)^{n+1} \sin x.$$

Bei $x = 0$ sind die Kosinuswerte alle 1 und die Sinuswerte 0, es folgt also

$$f^{(2n)}(0) = (-1)^n, \quad f^{(2n+1)}(0) = 0.$$

Die Taylor-Reihe von f bei 0 ist damit

$$f(0) + f'(0)x + \frac{f''(0)}{2!}x^2 + \frac{f'''(0)}{3!}x^3 + \cdots + \frac{f^{(n)}(0)}{n!}x^n + \cdots$$
$$= 1 + 0 \cdot x - \frac{x^2}{2!} + 0 \cdot x^3 + \frac{x^4}{4!} + \cdots + (-1)^n \frac{x^{2n}}{(2n)!} + \cdots$$
$$= \sum_{k=0}^{\infty} \frac{(-1)^k x^{2k}}{(2k)!}.$$

Auch dies ist die Maclaurin'sche Reihe für $\cos x$. Die Taylor-Reihe von $\cos x$ besteht also nur aus geraden Potenzen von x, im Einklang damit, dass der Kosinus eine gerade Funktion ist. Im Abschnitt 10.9 werden wir zeigen, dass diese Reihe für alle x gegen $\cos x$ konvergiert.

Wegen $f^{(2n+1)}(0) = 0$ sind die Taylor-Polynome mit den Ordnungen $2n$ und $2n + 1$ identisch:

$$P_{2n}(x) = P_{2n+1}(x) = 1 - \frac{x^2}{2!} + \frac{x^4}{4!} - \cdots + (-1)^n \frac{x^{2n}}{(2n)!}.$$

In ▶Abbildung 10.18 kann man sehen, wie gut diese Polynome die Funktion $f(x) = \cos x$ in der Nähe von $x = 0$ annähern. Da die Graphen achsensymmetrisch zur y-Achse sind, genügt es, sie für $x \geq 0$ zu zeichnen.

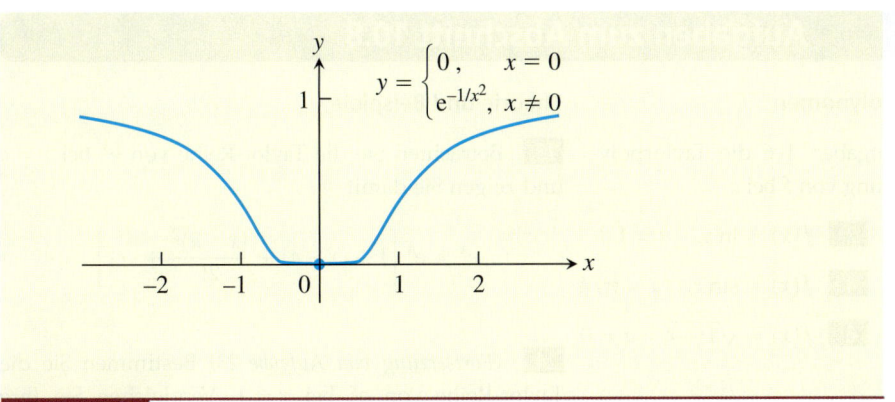

Abbildung 10.19 Der Graph der stetigen Fortsetzung von $y = e^{-1/x^2}$ ist am Ursprung so flach, dass alle Ableitungen dort null sind (Beispiel 10.49). Deshalb entspricht die Taylor-Reihe hier nicht der Funktion selbst.

Beispiel 10.49 Man kann zeigen (auch wenn das nicht einfach ist), dass die Funktion

$$f(x) = \begin{cases} 0, & x = 0 \\ e^{-1/x^2}, & x \neq 0 \end{cases}$$

Die Taylor-Reihe konvergiert nicht immer gegen die Funktion

(▶Abbildung 10.19) bei $x = 0$ beliebig oft abgeleitet werden kann und dass für alle n gilt $f^{(n)}(0) = 0$. Damit ist die Taylor-Reihe von f bei $a = 0$

$$f(0) + f'(0) + \frac{f''(0)}{2!}x^2 + \cdots + \frac{f^{(n)}(0)}{n!} + \cdots$$
$$= 0 + 0 \cdot x + 0 \cdot x^2 + \cdots + 0 \cdot x^n + \cdots$$
$$= 0 + 0 + \cdots + 0 + \cdots$$

Diese Reihe konvergiert zwar für alle x (da ihre Glieder alle null sind, ist die Taylor-Reihe also die Nullfunktion), sie konvergiert aber nur für $x = 0$ gegen $f(x)$. Die Taylor-Reihe in diesem Beispiel ist also *nicht* gleich der Funktion.

Es bleiben nun noch zwei Fragen

1. Für welche Werte von x können wir normalerweise erwarten, dass die Taylor-Reihe von f gegen $f(x)$ konvergiert?
2. Wir gut nähern die Taylor-Polynome eine Funktion in einem gegebenen Intervall an?

Wir werden diese beiden Fragen mit dem Satz von Taylor im nächsten Abschnitt beantworten.

Aufgaben zum Abschnitt 10.8

Bestimmung von Taylor-Polynomen

Bestimmen Sie in den Aufgaben 1–6 die Taylorpolynome 0., 1., 2. und 3. Ordnung von f bei a.

1. $f(x) = e^{2x}, \quad a = 0$ **2.** $f(x) = \ln x, \quad a = 1$

3. $f(x) = 1/x, \quad a = 2$ **4.** $f(x) = \sin x, \quad a = \pi/4$

5. $f(x) = \sqrt{x}, \quad a = 4$ **6.** $f(x) = \sqrt{1-x}, \quad a = 0$

Bestimmung einer Taylor-Reihe bei $a = 0$ (entspricht der Maclaurin'schen Reihe)

Bestimmen Sie für die Funktionen in den Aufgaben 7–13 die Maclaurin'sche Reihe.

7. e^{-x}

8. $\dfrac{1}{1+x}$

9. $\sin 3x$

10. $7\cos(-x)$

11. $\cosh x = \dfrac{e^x + e^{-x}}{2}$

12. $x^4 - 2x^3 - 5x + 4$

13. $\dfrac{x^2}{x+1}$

Bestimmung von Taylor- und Maclaurin'schen Reihen

Bestimmen Sie in den Aufgaben 14–19 die Taylor-Reihe von f bei $x = a$.

14. $f(x) = x^3 - 2x + 4, \quad a = 2$

15. $f(x) = x^4 + x^2 + 1, \quad a = -2$

16. $f(x) = 1/x^2, \quad a = 1$

17. $f(x) = e^x, \quad a = 2$

18. $f(x) = \cos(2x + (\pi/2)), \quad a = \pi/4$

19. $f(x) = \sqrt{x+1}, \quad a = 0$

Berechnen Sie in den Aufgabe 20–22 die ersten drei Glieder der Maclaurin'schen Reihe, die nicht gleich null sind. Bestimmen Sie außerdem für jede der Funktionen die Werte von x, für die die Reihen absolut konvergieren.

20. $f(x) = \cos x - (2/(1-x))$

21. $f(x) = (\sin x)\ln(1+x)$

22. $f(x) = x\sin^2 x$

Theorie und Beispiele

23. Betrachten Sie die Taylor-Reihe von e^x bei $x = a$ und zeigen Sie damit

$$e^x = e^a \left[1 + (x-a) + \frac{(x-a)^2}{2!} + \cdots \right].$$

24. (Fortsetzung von Aufgabe 23) Bestimmen Sie die Taylor-Reihe von e^x bei $x = 1$. Vergleichen Sie Ihre Lösung mit der Gleichung aus Aufgabe 23.

25. Es sei $f(x)$ eine Funktion, deren ersten n Ableitungen bei $x = a$ existieren. Zeigen Sie dann, dass das Taylorpolynom n-ter Ordnung und seine ersten n Ableitungen bei $x = a$ die gleichen Werte haben wie die Funktion f selbst und ihre ersten n Ableitungen an dieser Stelle.

26. Näherungseigenschaften der Taylor-Polynome
Es sei $f(x)$ differenzierbar in einem Intervall mit dem Mittelpunkt $x = a$, und es sei $g(x) = b_0 + b_1(x-a) + \cdots + b_n(x-a)^n$ ein Polynom vom Grad $\leq n$ mit den Koeffizienten $b_0, \ldots, b_n$. Es sei außerdem $E(x) = f(x) - g(x)$. Für g sollen die Bedingungen

i) $E(a) = 0$ — Der Näherungsfehler ist null bei $x = a$.

ii) $\lim\limits_{x \to a} \dfrac{E(x)}{(x-a)^n} = 0$ — Der Fehler ist im Vergleich zu $(x-a)^n$ vernachlässigbar.

gelten. Zeigen Sie, dass dann gilt

$$g(x) = f(a) + f'(a)(x-a) + \frac{f''(a)}{2!}(x-a)^2 + \cdots + \frac{f^{(n)}(a)}{n!}(x-a)^n.$$

Das Taylorpolynom $P_n(x)$ ist also das einzige Polynom mit einem Grad kleiner oder gleich n, dessen Fehler sowohl gleich null bei $x = a$ ist als auch vernachlässigbar im Vergleich zu $(x-a)^n$.

Quadratische Näherungen Das Taylorpolynom 2. Ordnung von einer zweimal differenzierbaren Funktion $f(x)$ bei $x = a$ nennt man auch die *quadratische Näherung* von f bei $x = a$. Bestimmen Sie in den Aufgaben 27–32 **a.** die Linearisierung (das Taylorpolynom 1. Ordnung) und **b.** die quadratische Näherung von f bei $x = 0$.

27. $f(x) = \ln(\cos x)$ **28.** $f(x) = e^{\sin x}$

29. $f(x) = 1/\sqrt{1-x^2}$ **30.** $f(x) = \cosh x$

31. $f(x) = \sin x$ **32.** $f(x) = \tan x$

10.9 Konvergenz von Taylor-Reihen

Im letzten Abschnitt blieb die Frage offen, wann eine Taylor-Reihe gegen die Funktion konvergiert, zu der sie erstellt wurde. Diese Frage beantworten wir in diesem Abschnitt mithilfe des folgenden Satzes.

> **Satz 10.23 Satz von Taylor** Es seien die Funktion f und ihre ersten n Ableitungen $f', f'', \ldots, f^{(n)}$ stetig auf dem abgeschlossenen Intervall $[a,b]$, und es sei $f^{(n)}$ differenzierbar auf dem offenen Intervall (a,b). Dann existiert eine Zahl c zwischen a und b, für die gilt
> $$f(b) = f(a) + f'(a)(b-a) + \frac{f''(a)}{2!}(b-a)^2 + \cdots$$
> $$+ \frac{f^{(n)}(a)}{n!}(b-a)^n + \frac{f^{(n+1)}(c)}{(n+1)!}(b-a)^{n+1}.$$

Der Satz von Taylor ist eine Verallgemeinerung des Mittelwertsatzes (vgl. Aufgabe 29). Wir beweisen ihn am Ende dieses Abschnitts.

Bei Anwendungen des Satzes von Taylor ist üblicherweise a fest und b die unabhängige Variable. Für solche Anwendungen gibt es eine einfacher zu verwendende Fassung des Satzes von Taylor, in der b durch x ersetzt wurde. Sie lautet:

> **Die Taylor-Formel** Die Funktion f habe Ableitungen beliebig hoher Ordnung auf einem offenen Intervall I, das a enthält. Dann gilt für jede positive ganze Zahl n und für jedes x in I
> $$f(x) = f(a) + f'(a)(x-a) + \frac{f''(a)}{2!}(x-a)^2 + \cdots$$
> $$+ \frac{f^{(n)}(a)}{n!}(x-a)^n + R_n(x), \qquad (10.15)$$
> dabei ist
> $$R_n(x) = \frac{f^{(n+1)}(c)}{(n+1)!}(x-a)^{n+1} \quad \text{für ein } c \text{ zwischen } a \text{ und } x \qquad (10.16)$$

Merke

In dieser Fassung besagt der Satz von Taylor, dass für jedes $x \in I$ gilt
$$f(x) = P_n(x) + R_n(x).$$

$R_n(x)$ hängt vom Wert der $(n+1)$-ten Ableitung $f^{(n+1)}$ bei c ab; dieser Punkt c hängt sowohl von n als auch von a und x ab und liegt irgendwo dazwischen. Die Taylor-Formel besteht für jeden beliebigen Wert von n aus einer Polynom-Näherung n-ter Ordnung für f und einem Ausdruck für den Fehler, den man macht, wenn man f auf dem Intervall I mit diesem Polynom annähert.

Die Gleichung (10.15) heißt **Taylor-Formel**. Die Funktion $R_n(x)$ ist das **Restglied**, das den Fehler für die Näherung von $f(x)$ durch $P_n(x)$ auf dem Intervall I angibt.

Merke Wenn mit $n \to \infty$ für alle $x \in I$ gilt $R_n(x) \to 0$, dann **konvergiert** die Taylor-Reihe von f bei a für alle $x \in I$ gegen $f(x)$, und wir haben also

$$f(x) = \sum_{k=0}^{\infty} \frac{f^{(k)}(a)}{k!}(x-a)^k.$$

Wir sagen dazu: f lässt sich auf I in eine Taylor-Reihe entwickeln.

Wir können $R_n(x)$ oft abschätzen, auch wenn wir den Wert von c nicht kennen. Das zeigen wir in dem nächsten Beispiel.

Restgliedabschätzung **Beispiel 10.50** Zeigen Sie, dass die Taylor-Reihe von $f(x) = e^x$ bei $a = 0$ für jeden reellen Wert von x gegen $f(x)$ konvergiert.

Lösung Die Funktion kann im Intervall $I = (-\infty, \infty)$ beliebig oft abgeleitet werden. Mit den Gleichungen (10.15) und (10.16) für $f(x) = e^x$ und $a = 0$ erhält man

$$e^x = 1 + x + \frac{x^2}{2!} + \cdots + \frac{x^n}{n!} + R_n(x) \qquad \text{Taylor-Polynom, vgl. Beispiel 10.47 in Abschnitt 10.8}$$

und

$$R_n(x) = \frac{e^c}{(n+1)!} x^{n+1} \quad \text{für ein } c \text{ zwischen } a \text{ und } x.$$

e^x ist eine wachsende Funktion von x, e^c liegt also zwischen $e^0 = 1$ und e^x. Ist x negativ, so gilt dies auch für c, und es folgt $e^c < 1$. Wenn x gleich null ist, so gilt $e^x = 1$ und $R_n(x) = 0$. Für positive x ist auch c positiv und $e^c < e^x$. Für das Restglied $R_n(x)$ gilt dann

$$|R_n(x)| \le \frac{|x|^{n+1}}{(n+1)!} \quad \text{für} \quad x \le 0, \qquad e^c \le 1$$

und

$$|R_n(x)| < e^x \frac{x^{n+1}}{(n+1)!} \quad \text{für} \quad x > 0. \qquad e^c < e^x$$

Außerdem gilt

$$\lim_{n \to \infty} \frac{x^{n+1}}{(n+1)!} = 0 \quad \text{für jedes } x, \qquad \text{Abschnitt 10.1, Satz 10.5}$$

und damit $\lim_{n \to \infty} R_n(x) = 0$. Die Reihe konvergiert damit gegen e^x für alle x, und es folgt

$$e^x = \sum_{k=0}^{\infty} \frac{x^k}{k!} = 1 + x + \frac{x^2}{2!} + \cdots + \frac{x^k}{k!} + \cdots. \qquad (10.17)$$

∎

Die Zahl e als Reihe

$e = \sum_{n=0}^{\infty} \frac{1}{n!}$

Wir können in dem Ergebnis von Beispiel 10.50 $x = 1$ setzen und erhalten

$$e = 1 + 1 + \frac{1}{2!} + \cdots + \frac{1}{n!} + R_n(1);$$

dabei ist für ein c zwischen 0 und 1

$$R_n(1) = e^c \frac{1}{(n+1)!} < \frac{3}{(n+1)!}. \qquad e^c < e^1 < 3$$

Abschätzung des Restglieds

In vielen Fällen kann man das Restglied abschätzen, so wie wir es in Beispiel 10.50 getan haben. Weil diese Methode so gebräuchlich ist, halten wir sie als Satz fest und können dann später darauf zurückgreifen.

> **Satz 10.24 Abschätzung des Restglieds** Wenn es eine positive Konstante M gibt, für die $\left|f^{(n+1)}(t)\right| \leq M$ für alle t zwischen x und a (inklusive x und a), dann gilt für das Restglied $R_n(x)$ aus dem Satz von Taylor die Ungleichung
>
> $$|R_n(x)| \leq M \frac{|x-a|^{n+1}}{(n+1)!}.$$
>
> Wenn diese Ungleichung für alle n (mit derselben Konstanten M) gilt und f die Voraussetzungen aus Satz 10.23 erfüllt, dann konvergiert die Taylor-Reihe gegen $f(x)$.

In den nächsten beiden Beispielen zeigen wir mithilfe von Satz 10.24, dass die Taylor-Reihen der Sinus- und der Kosinusfunktion tatsächlich gegen die Funktion selbst konvergieren.

Beispiel 10.51 Zeigen Sie, dass die Taylor-Reihe von $\sin x$ bei $a = 0$ für alle x konvergiert.

Konvergenz der Taylor-Reihe für $\sin x$

Lösung Die Funktion und ihre Ableitungen sind

$$f(x) = \sin x, \qquad f'(x) = \cos x,$$
$$f''(x) = -\sin x, \qquad f^{(3)}(x) = -\cos x$$
$$\vdots \qquad \qquad \vdots$$
$$f^{(2k)}(x) = (-1)^k \sin x, \qquad f^{(2k+1)}(x) = (-1)^k \cos x.$$

Daraus folgt

$$f^{(2k)}(0) = 0 \quad \text{und} \quad f^{(2k+1)}(0) = (-1)^k.$$

Die Reihe besteht nur aus den ungeraden Gliedern, und mit dem Satz von Taylor erhalten wir für $n = 2k+1$

$$\sin x = x - \frac{x^3}{3!} + \frac{x^5}{5!} - \cdots + \frac{(-1)^k x^{2k+1}}{(2k+1)!} + R_{2k+1}(x).$$

Die absoluten Werte aller Ableitungen von $\sin x$ sind kleiner oder gleich 1, wir können das Restglied also mithilfe von Satz 10.24 und $M = 1$ abschätzen und erhalten

$$|R_{2k+1}(x)| \leq 1 \cdot \frac{|x|^{2k+2}}{(2k+2)!}.$$

Aus Satz 10.5, Regel 6 folgt $\left(|x|^{2k+2}/(2k+2)!\right) \to 0$ für $k \to \infty$, unabhängig vom Wert von x. Es ist also $R_{2k+1}(x) \to 0$, und die Taylor-Reihe (Maclaurin'sche Reihe) von $\sin x$ konvergiert für alle x gegen $\sin x$. Daraus folgt

$$\sin x = \sum_{k=0}^{\infty} \frac{(-1)^k x^{2k+1}}{(2k+1)!} = x - \frac{x^3}{3!} + \frac{x^5}{5!} - \frac{x^7}{7!} + \cdots. \qquad (10.18)$$

Konvergenz der Taylor-Reihe für cos x

Beispiel 10.52 Zeigen Sie, dass die Taylorreie von $\cos x$ bei $a = 0$ für alle x konvergiert.

Lösung Wir haben die Taylor-Polynome von $\cos x$ bereits in Beispiel 10.48 in Abschnitt 10.8 bestimmt. Wir fügen nun das Restglied hinzu und erhalten so die Taylor-Formel für $\cos x$ mit $n = 2k$:

$$\cos x = 1 - \frac{x^2}{2!} + \frac{x^4}{4!} - \cdots + (-1)^k \frac{x^{2k}}{(2k)!} + R_{2k}(x).$$

Die absoluten Werte aller Ableitungen der Kosinusfunktion sind kleiner oder gleich 1. Wir können also das Restglied mithilfe von Satz 10.24 und $M = 1$ abschätzen und erhalten

$$|R_{2k}(x)| \leq 1 \cdot \frac{|x|^{2k+1}}{(2k+1)!}.$$

Es ist $R_{2k}(x) \to 0$ für $k \to \infty$, unabhängig vom Wert von x. Die Taylor-Reihe konvergiert also für alle x gegen $\cos x$, und es ist

$$\cos x = \sum_{k=0}^{\infty} \frac{(-1)^k x^{2k}}{(2k)!} = 1 - \frac{x^2}{2!} + \frac{x^4}{4!} - \frac{x^6}{6!} + \cdots. \tag{10.19}$$

Anwendung von Taylor-Reihen

Jede Taylor-Reihe ist eine Potenzreihe. Zwei Taylor-Reihen können also auf der Schnittmenge ihrer Konvergenzintervalle addiert, subtrahiert und multipliziert werden.

Beispiel 10.53 Bestimmen Sie die ersten Glieder der Taylor-Reihen der beiden gegebenen Funktionen. Verwenden Sie bekannte Taylor-Reihen und die Operationen, die man mit Potenzreihen durchführen kann.

a $\frac{1}{3}(2x + x \cos x)$ **b** $e^x \cos x$

Lösung

a $\frac{1}{3}(2x + x \cos x) = \frac{2}{3}x + \frac{1}{3}x \left(1 - \frac{x^2}{2!} + \frac{x^4}{4!} - \cdots + (-1)^k \frac{x^{2k}}{(2k)!} + \cdots\right)$

$$= \frac{2}{3}x + \frac{1}{3}x - \frac{x^3}{3!} + \frac{x^5}{3 \cdot 4!} - \cdots = x - \frac{x^3}{6} + \frac{x^5}{72} - \cdots$$

b $e^x \cos x = \left(1 + x + \frac{x^2}{2!} + \frac{x^3}{3!} + \frac{x^4}{4!} + \cdots\right) \cdot \left(1 - \frac{x^2}{2!} + \frac{x^4}{4!} - \cdots\right)$

Die erste Reihe wird mit jedem Glied der zweiten Reihe multipliziert.

$$= \left(1 + x + \frac{x^2}{2!} + \frac{x^3}{3!} + \frac{x^4}{4!} + \cdots\right) - \left(\frac{x^2}{2!} + \frac{x^3}{2!} + \frac{x^4}{2!2!} + \frac{x^5}{2!3!} + \cdots\right)$$
$$+ \left(\frac{x^4}{4!} + \frac{x^5}{4!} + \frac{x^6}{2!4!} + \cdots\right) + \cdots$$

$$= 1 + x - \frac{x^3}{3} - \frac{x^4}{6} + \cdots$$

Gemäß Satz 10.20 können wir mithilfe der Taylor-Reihe einer Funktion f auch die Taylor-Reihe von $f(u(x))$ bestimmen, dabei ist $u(x)$ eine beliebig oft differenzierbare Funktion. Diese Taylor-Reihe konvergiert für alle x, für die $u(x)$ innerhalb des Konvergenzintervalls von f liegt. Wir können so beispielsweise die Taylor-Reihe von $\cos 2x$ bestimmen. Dazu setzen wir in der Taylor-Reihe von $\cos x$ für x einfach $2x$ ein:

$$\cos 2x = \sum_{k=0}^{\infty} \frac{(-1)^k (2x)^{2k}}{(2k)!} = 1 - \frac{(2x)^2}{2!} + \frac{(2x)^4}{4!} - \frac{(2x)^6}{6!} + \cdots$$

Gleichung (10.19) mit $2x$ statt x

$$= 1 - \frac{2^2 x^2}{2!} + \frac{2^4 x^4}{4!} - \frac{2^6 x^6}{6!} + \cdots$$

$$= \sum_{k=0}^{\infty} (-1)^k \frac{2^{2k} x^{2k}}{(2k)!}.$$

Beispiel 10.54 Für welche Werte von x kann man $\sin x$ durch $x - (x^3/3!)$ annähern, wenn man einen Fehler von maximal $3 \cdot 10^{-4}$ toleriert? **Fehlerabschätzung**

Lösung Die Taylor-Reihe von $\sin x$ ist für jeden Wert von x ungleich null eine alternierende Reihe, das können wir hier ausnutzen. Mit dem Satz zur Abschätzung einer alternierenden Reihe (Satz 10.15, Abschnitt 10.6) kann man den Fehler berechnen, den man macht, wenn man die Reihe

$$\sin x = x - \frac{x^3}{3!} + \frac{x^5}{5!} - \cdots$$

nach $(x^3/3!)$ abbricht. Er ist nicht größer als

$$\left| \frac{x^5}{5!} \right| = \frac{|x|^5}{120}.$$

Der Fehler beträgt also maximal $10 \cdot 10^{-4}$, wenn die folgende Ungleichung erfüllt ist:

$$\frac{|x|^5}{120} < 3 \cdot 10^{-4} \quad \text{also} \quad |x| < \sqrt[5]{360 \cdot 10^{-4}} \approx 0{,}514. \quad \text{Zur Sicherheit abgerundet}$$

Mit dem Satz zur Abschätzung alternierender Reihen bekommen wir eine zusätzliche Information, die wir bei der bloßen Abschätzung des Restglieds nicht haben: Die Abschätzung $x - (x^2/3!)$ für $\sin x$ ist für positive x ein zu kleiner Wert, denn $x^5/129$ ist dann positiv.

▶Abbildung 10.20 zeigt den Graphen von $\sin x$ und die Graphen einiger Näherungen mit Taylor-Polynomen. Den Graphen von $P_3(x) = x - (x^3/3!)$ kann man für $0 \leq x \leq 1$ kaum von der Sinuskurve unterscheiden.

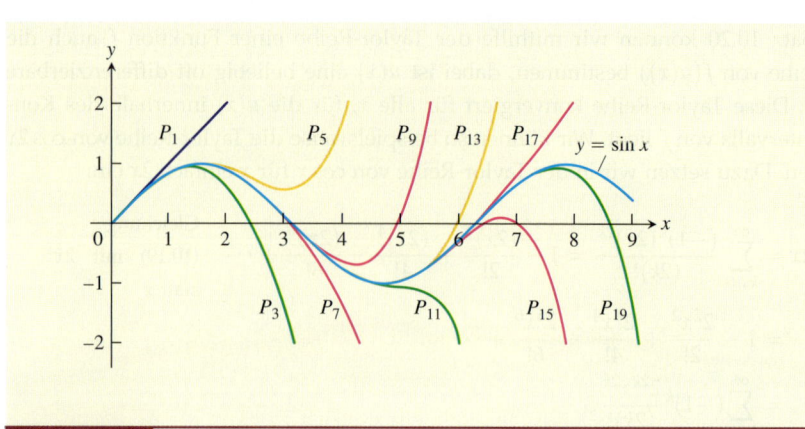

Abbildung 10.20 Die Polynome $P_{2n+1}(x) = \sum_{k=0}^{n} \left((-1)^k x^{2k+1}/(2k+1)! \right)$ konvergieren für $n \to \infty$ gegen $\sin x$. Der Graph von $P_3(x)$ nähert die Sinuskurve für $|x| \leq 1$ sehr gut an (Beispiel 10.54).

Ein Beweis des Satzes von Taylor

Wir beweisen den Satz von Taylor mit der Annahme $a < b$. Der Beweis für $a > b$ verläuft fast genauso.

Das Taylorpolynom

$$P_n(x) = f(a) + f'(a)(x-a) + \frac{f'(a)}{2!}(x-a)^2 + \cdots + \frac{f^{(n)}(a)}{n!}(x-a)^n$$

und seine ersten n Ableitungen entsprechen in $x = a$ der Funktion f und ihren ersten n Ableitungen. An dieser Übereinstimmung ändert sich nichts, wenn wir einen Term der Form $K(x-a)^{n+1}$ hinzufügen (K ist eine beliebige Konstante), denn dieser Term und seine ersten n Ableitungen sind an der Stelle $x = a$ gleich null. Die neue Funktion

$$\phi_n(x) = P_n(x) + K(x-a)^{n+1}$$

und ihre ersten n Ableitungen entsprechen bei $x = a$ immer noch f und ihren ersten n Ableitungen. Wir wählen K jetzt so, dass die Funktion $y = \phi_n(x)$ für $x = b$ mit $f(b)$ übereinstimmt. Es gilt also

$$f(b) = P_n(b) + K(b-a)^{n+1} \quad \text{bzw.} \quad K = \frac{f(b) - P_n(b)}{(b-a)^{n+1}}. \tag{10.20}$$

Wird K durch Gleichung (10.20) definiert, dann gibt die Funktion

$$F(x) = f(x) - \phi_n(x)$$

für jedes x in $[a,b]$ die Differenz an zwischen der ursprünglichen Funktion f und der Näherungsfunktion ϕ_n.

Wir verwenden im Folgenden den Satz von Rolle (Satz 4.3 im Abschnitt 4.2). Es gilt $F(a) = F(b) = 0$, F ist stetig auf $[a,b]$ und differenzierbar auf (a,b). Daraus folgt

$$F'(c_1) = 0 \quad \text{für ein } c_1 \text{ in } (a,b).$$

Außerdem ist $F'(a) = F'(c_1) = 0$, F' ist stetig auf $[a, c_1]$ und differenzierbar auf (a, c_1). Daraus folgt dann

$$F''(c_2) = 0 \quad \text{für ein } c_2 \text{ in } (a, c_1).$$

Wir können auf diese Weise den Satz von Rolle weiter nacheinander auf die Funkionen F'', F''', ..., $F^{(n-1)}$ anwenden und zeigen damit die Existenz von

$$\begin{aligned}
c_3 &\text{ in } (a, c_2) &\text{sodass gilt} &\quad F'''(c_3) = 0, \\
c_4 &\text{ in } (a, c_3) &\text{sodass gilt} &\quad F^{(4)}(c_4) = 0, \\
&\vdots \\
c_n &\text{ in } (a, c_{n-1}) &\text{sodass gilt} &\quad F^{(n)}(c_n) = 0.
\end{aligned}$$

Schließlich ist auch $F^{(n)}$ stetig auf $[a, c_n]$ und differenzierbar auf (a, c_n), und es gilt $F^{(n)}(a) = F^{(n)}(c_n) = 0$. Der Satz von Rolle besagt dann also, dass eine Zahl c_{n+1} in (a, c_n) existiert, sodass

$$F^{(n+1)}(c_{n+1}) = 0. \tag{10.21}$$

Wir leiten $F(x) = f(x) - P_n(x) - K(x-a)^{n+1}$ insgesamt $n+1$ Mal ab und erhalten

$$F^{(n+1)}(x) = f^{(n+1)}(x) - 0 - (n+1)!K. \tag{10.22}$$

Aus den Gleichungen (10.21) und (10.22) folgt

$$K = \frac{f^{(n+1)}(c)}{(n+1)!} \quad \text{für eine Zahl} \quad c = c_{n+1} \text{ in } (a, b). \tag{10.23}$$

Aus den Gleichungen (10.20) und (10.23) folgt nun

$$f(b) = P_n(b) + \frac{f^{(n+1)}(c)}{(n+1)!}(b-a)^{n+1}.$$

Damit ist der Satz bewiesen.

Aufgaben zum Abschnitt 10.9

Bestimmung von Taylor-Reihen

Bestimmen Sie in den Aufgaben 1–6 die Taylor-Reihen bei $a = 0$ der angegebenen Funktionen. Nehmen Sie dazu eine Substitution wie in Beispiel 10.53 vor.

1. e^{-5x}

2. $5\sin(-x)$

3. $\cos 5x^2$

4. $\ln(1+x^2)$

5. $\dfrac{1}{1 + \frac{3}{4}x^3}$

6. $\dfrac{1}{2-x}$

Bestimmen Sie in den Aufgaben 7–16 die Taylor-Reihen bei $a = 0$ für die angegebenen Funktionen. Verwenden Sie dazu die zulässigen Operationen mit Potenzreihen.

7. xe^x

8. $\dfrac{x^2}{2} - 1 + \cos x$

9. $x\cos \pi x$

10. $\cos^2 x$ (*Hinweis*: $\cos^2 x = (1 + \cos 2x)/2$.)

11. $\dfrac{x^2}{1-2x}$

12. $\dfrac{1}{(1-x)^2}$

13. $x \tan^{-1} x^2$

14. $e^x + \dfrac{1}{1+x}$

15. $\dfrac{x}{3} \ln(1+x^2)$

16. $\ln(1+x) - \ln(1-x)$

Berechnen sie für die Funktionen in den Aufgaben 17–20 die ersten vier von null verschiedenen Glieder der Maxlaurin'schen Reihe.

17. $e^x \sin x$

18. $(\tan^{-1} x)^2$

19. $e^{\sin x}$

20. $\sin(\tan^{-1} x)$

Fehlerabschätzungen

21. Schätzen Sie den Fehler ab, den man macht, wenn man den Wert von $\sin x$ bei $x = 0{,}1$ mit $P_3(x) = x - (x^3/6)$ annähert.

22. Die Funktion $\sin x$ soll durch $x - (x^3/6)$ angehähert werden, dabei soll der Fehler maximal $5 \cdot 10^{-4}$ betragen. Für welche Werte von x ist das möglich? Begründen Sie Ihre Antwort.

23. $\cos x$ wird für $|x| < 0{,}5$ durch $1 - (x^2/2)$ angenähert. Wie kann man dabei den Fehler abschätzen? Ist die Näherung $1 - (x^2/2)$ eher zu groß oder eher zu klein? Begründen Sie Ihre Antwort.

24. Wie gut ist die Näherung $\sin x = x$ für $|x| < 10^{-3}$? Für welche dieser Werte von x gilt $x < \sin x$?

25. Die Näherung $e^x = 1 + x + (x^2/2)$ wird für kleine x verwendet. Schätzen Sie mithilfe von Satz 10.24 den Fehler für $|x| < 0{,}1$ ab.

26. *Fortsetzung von Aufgabe 25* Für $x < 0$ ist die Reihenentwicklung von e^x eine alternierende Reihe. Wie groß ist der Fehler, den man macht, wenn man für $-0{,}1 < x < 0$ die Funktion e^x durch $1 + x + (x^2/2)$ ersetzt? Verwenden Sie den Satz zur Abschätzung von alternierenden Reihen. Vergleichen Sie Ihr Ergebnis mit dem Ergebnis von Aufgabe 25.

Theorie und Beispiele

27. Bestimmen Sie die Maclaurin'sche Reihe von $\sin^2 x$ mithilfe der Identität $\sin^2 x = (1 - \cos 2x)/2$. Leiten Sie diese Reihe dann ab und bestimmen Sie so die Maclaurin'sche Reihe von $2 \sin x \cos x$. Rechnen Sie nach, dass diese Reihe der von $\sin 2x$ entspricht.

28. *Fortsetzung von Aufgabe 27* Bestimmen Sie eine Potenzreihe von $\cos^2 x$ mithilfe der Identität $\cos^2 x = \cos 2x + \sin^2 x$.

29. **Satz von Taylor und Mittelwertsatz** Erläutern Sie, warum der Mittelwertsatz (Satz 4.2 im Abschnitt 4.2) ein Spezialfall des Satzes von Taylor ist.

30. **Minima und Maxima überprüfen mit der zweiten Ableitung** Zeigen Sie mithilfe der Gleichung

$$f(x) = f(a) + f'(a)(x-a) + \dfrac{f''(c_2)}{2}(x-a)^2,$$

dass man die Maxima und Minima einer Funktion folgendermaßen überprüfen kann:

Die erste und die zweite Ableitung der Funktion f seien stetig, und es sei $f'(a) = 0$. Dann gilt:

a. f hat bei a ein lokales Maximum, wenn $f'' \leq 0$ in einem Intervall ist, in dessen Inneren sich a befindet;

b. f hat bei a ein lokales Minimum, wenn $f'' \geq 0$ in einem Intervall ist, in dessen Inneren sich a befindet.

31. **a.** Bestimmen Sie die quadratische Nährung von $f(x) = (1+x)^k$ bei $x = 0$ (k ist eine Konstante) mithilfe der Taylor-Formel für $n = 2$.

b. Es sei $k = 3$. Für welche Werte von x in dem Intervall $[0, 1]$ wird der Fehler, den man mit der quadratischen Näherung macht, kleiner als $1/100$?

32. **Verbesserung der Näherungswerte von π**

a. Es sei P ein Näherungswert für π, der auf n Stellen genau ist. Zeigen Sie, dass $P + \sin P$ auf $3n$ Stellen genau ist. (*Hinweis*: Setzen Sie $P = \pi + x$.)

b. Probieren Sie es mit einem Taschenrechner aus.

33. Die **Taylor-Reihe** von $f(x) = \sum_{n=0}^{\infty} a_n x^n$ ist $\sum_{n=0}^{\infty} a_n x^n$. Ist eine Funktion durch eine Potenzreihe $\sum_{n=0}^{\infty} a_n x^n$ mit dem Konvergenzradius $R > 0$ gegeben, so konvergiert ihre Taylor-Reihe für jeden Punkt in $(-R, R)$ gegen die Funktion. Zeigen Sie dies, indem Sie nachweisen, dass die Taylor-Reihe der Funktion $f(x) = \sum_{n=0}^{\infty} a_n x^n$ wieder die Reihe $\sum_{n=0}^{\infty} a_n x^n$ ist.

Eine unmittelbare Folge dieses Ergebnisses betrifft Reihen wie

$$x \sin x = x^2 - \frac{x^4}{3!} + \frac{x^6}{5!} - \frac{x^8}{7!} + \cdots$$

und

$$x^2 e^x = x^2 + x^3 + \frac{x^4}{2!} + \frac{x^5}{3!} + \cdots,$$

die sich ergeben, wenn man Taylor-Reihen mit Potenzen von x multipliziert; außerdem Reihen, die durch Integration und Differentiation konvergenter Potenzreihen entstehen. Die Taylor-Reihen solcher Reihen entsprechen den Reihen selbst.

34. **Taylor-Reihen von geraden und ungeraden Funktionen** *Fortsetzung von Aufgabe 32 in Abschnitt 10.7* Es sei $f(x) = \sum_{n=0}^{\infty} a_n x^n$ konvergent für alle x in dem offenen Intervall $(-R, R)$. Zeigen Sie:

a. Für gerade Funktionen f gilt $a_1 = a_3 = a_5 = \cdots = 0$; die Taylor-Reihenentwicklung von f besteht also nur aus den geraden Potenzen von x.

b. Für ungerade Funktionen f gilt $a_0 = a_2 = a_4 = \cdots = 0$; die Taylor-Reihenentwicklung von f besteht also nur aus den ungeraden Potenzen von x.

Computeralgebra

Setzt man in der Taylor-Formel $n = 1$ und $a = 0$, so erhält man die Linearisierung einer Funktion bei $x = 0$. Setzt man $n = 2$ und $n = 3$, so ergeben sich die quadratische und die kubische Näherung. In den folgenden Aufgaben untersuchen wir den Fehler, den man mit diesen Näherungen macht. Wir wollen dazu zwei Fragen beantworten:

a. Für welche Werte von x ist der Fehler kleiner als 10^{-2}, wenn man die Funktion durch eine der Näherungen ersetzt?

b. Was ist der größte Fehler, mit dem zu rechnen ist, wenn man die Funktion in einem vorgegebenen Intervall durch eine der Näherungen ersetzt?

Beatworten Sie diese Fragen für die Funktionen und Intervalle, die in den Aufgaben 35–40 angegeben sind. Führen Sie dazu mit einem CAS die folgenden Schritte durch:

Schritt 1 Zeichnen Sie die Funktion in dem angegebenen Intervall.

Schritt 2 Berechnen Sie die Taylor-Polynome $P_1(x)$, $P_2(x)$ und $P_3(x)$ bei $a = 0$.

Schritt 3 Berechnen Sie die $(n+1)$-te Ableitung $f^{(n+1)}(c)$, die man für die Restgliedbestimmung bei jedem Taylor-Polynom braucht. Zeichnen Sie diese Ableitung als Funktion von c in dem angegebenen Intervall und schätzen Sie ihren maximalen Wert M.

Schritt 4 Berechnen Sie das Restglied $R_n(x)$ für jedes Polynom. Setzen Sie den in Schritt 3 abgeschätzen Wert für M ein und zeichnen Sie $R_n(x)$ in dem angegebenen Intervall. Schätzen Sie dann die Werte von x ab und beantworten Sie Frage **a**.

Schritt 5 Vergleichen Sie Ihren geschätzten Fehler mit dem exakten Fehler $E_n(x) = |f(x) - P_n(x)|$, indem Sie $E_n(x)$ im angegebenen Intervall zeichnen. Damit kommen Sie der Antwort von Frage **b**. näher.

Schritt 6 Zeichen Sie die Funktion und ihre drei Taylor-Näherungen in ein Bild. Was können Sie noch aus den zusätzlichen Informationen schließen, die Sie in den Schritten 4 und 5 gewonnen haben?

35. $f(x) = \dfrac{1}{\sqrt{1+x}}, \quad |x| \leq \dfrac{3}{4}$

36. $f(x) = (1+x)^{3/2}, \quad -\dfrac{1}{2} \leq x \leq 2$

37. $f(x) = \dfrac{x}{x^2+1}, \quad |x| \leq 2$

38. $f(x) = (\cos x)(\sin 2x), \quad |x| \leq 2$

39. $f(x) = e^x \cos 2x, \quad |x| \leq 1$

40. $f(x) = e^{x/3} \sin 2x, \quad |x| \leq 2$

10.10 Die binomische Reihe und Anwendungen der Taylor-Reihen

In diesem Abschnitt besprechen wir die binomische Reihe, mit der man die Potenzen und Wurzeln von binomischen Ausdrücken $(1+x)^m$ abschätzen kann. Wir zeigen außerdem, wie man mithilfe von Reihenentwicklungen nichtelementare Integrale abschätzen kann und wie sie bei der Berechnung von Grenzwerten helfen, die auf unbestimmte Formen führen. Wir stellen danach eine Herleitung der Taylor-Reihe von $\tan^{-1} x$ vor und schließen mit einer Tabelle der wichtigsten Reihenentwicklungen.

Die binomische Reihe für Potenzen und Wurzeln

Die Taylor-Reihe von $f(x) = (1+x)^m$ mit fester reeller Zahl m ist

$$1 + mx + \frac{m(m-1)}{2!}x^2 + \frac{m(m-1)(m-2)}{3!}x^3 + \cdots$$
$$+ \frac{m(m-1)(m-2)\cdots(m-k+1)}{k!}x^k + \cdots. \quad (10.24)$$

Diese sogenannte **binomische Reihe** wird auch als **Binominalreihe** bezeichnet, sie konvergiert absolut für $|x| < 1$. Um die Reihe herzuleiten, listen wir zunächst die Funktion und ihre Ableitungen auf:

$$f(x) = (1+x)^m$$
$$f'(x) = m(1+x)^{m-1}$$
$$f''(x) = m(m-1)(1+x)^{m-2}$$
$$f'''(x) = m(m-1)(m-2)(1+x)^{m-3}$$
$$\vdots$$
$$f^{(k)}(x) = m(m-1)(m-2)\cdots(m-k+1)(1+x)^{m-k}.$$

Wenn wir diese Ausdrücke für $x = 0$ berechnen und in die Taylor-Formel einsetzen, erhalten wir Gleichung (10.24).

Wenn m eine ganze Zahl größer oder gleich null ist, endet diese Reihe nach $(m+1)$ Gliedern, da die Koeffizienten ab $k = m+1$ gleich null sind.

Ist m keine positive ganze Zahl oder null, dann ist die Reihe unendlich und konvergiert für $|x| < 1$. Um dies zu zeigen, setzen wir u_k als das Glied, in dem die Potenz x^k vorkommt. Wir wenden dann das Quotientenkriterium für absolute Konvergenz an und erhalten

$$\left|\frac{u_{k+1}}{u_k}\right| = \left|\frac{m-k}{k+1}x\right| \to |x| \quad \text{für} \quad k \to \infty.$$

Unsere Herleitung der binomischen Reihe zeigt nur, dass sie die Taylor-Reihe von $(1+x)^m$ ist und für $|x| < 1$ konvergiert. Wir haben nicht gezeigt, dass die Reihe gegen $(1+x)^m$ konvergiert. Das ist der Fall, der Beweis wird hier aber nicht gegeben (siehe auch Aufgabe 44).

10.10 Die binomische Reihe und Anwendungen der Taylor-Reihen

> **Merke**
>
> **Die binomische Reihe** Für $-1 < x < 1$ ist
>
> $$(1+x)^m = 1 + \sum_{k=1}^{\infty} \binom{m}{k} x^k.$$
>
> Dabei sind die sogenannten **Binominalkoeffizienten**, wie sie auch aus der Wahrscheinlichkeitsrechnung bekannt sind, definiert als
>
> $$\binom{m}{1} = m, \quad \binom{m}{2} = \frac{m(m-1)}{2!},$$
>
> und
>
> $$\binom{m}{k} = \frac{m(m-1)(m-2)\cdots(m-k+1)}{k!} \quad \text{für} \quad k \geq 3.$$
>
> Man spricht $\binom{m}{k}$ als „m über k".

Beispiel 10.55 Für $m = -1$ ist

$$\binom{-1}{1} = -1, \quad \binom{-1}{2} = \frac{-1(-2)}{2!} = 1,$$

und

$$\binom{-1}{k} = \frac{-1(-2)(-3)\cdots(-1-k+1)}{k!} = (-1)^k \left(\frac{k!}{k!}\right) = (-1)^k.$$

Geometrische Reihe als Spezialfall der binomischen Reihe

Setzen wir diese Werte für die Koeffizienten ein und ersetzten wir x durch $-x$, dann wird aus der binomischen Reihe die bekannte geometrische Reihe

$$(1+x)^{-1} = 1 + \sum_{k=1}^{\infty} (-1)^k x^k = 1 - x + x^2 - x^3 + \cdots + (-1)^k x^k + \cdots$$

Beispiel 10.56 In Abschnitt 3.9, Beispiel 3.49, haben wir gezeigt, dass für kleine $|x|$ gilt: $\sqrt{1+x} \approx 1 + (x/2)$. Setzen wir $m = 1/2$, dann können wir mithilfe der binomischen Reihe auch die quadratische Näherung und Näherungen höherer Ordnung berechnen; außerdem erhalten wir mit dem Satz zur Abschätzung alternierender Reihen (Satz 10.15) eine Fehlerabschätzung:

Näherungen mithilfe der binomischen Reihe

$$(1+x)^{1/2} = 1 + \frac{x}{2} + \frac{\left(\frac{1}{2}\right)\left(-\frac{1}{2}\right)}{2!} x^2 + \frac{\left(\frac{1}{2}\right)\left(-\frac{1}{2}\right)\left(-\frac{3}{2}\right)}{3!} x^3$$

$$+ \frac{\left(\frac{1}{2}\right)\left(-\frac{1}{2}\right)\left(-\frac{3}{2}\right)\left(-\frac{5}{2}\right)}{4!} x^4 + \cdots$$

$$= 1 + \frac{x}{2} - \frac{x^2}{8} + \frac{x^3}{16} - \frac{5x^4}{128} + \cdots$$

Setzen wir für x andere Ausdrücke ein, erhalten wir weitere Näherungen. So gilt etwa

$$\sqrt{1-x^2} \approx 1 - \frac{x^2}{2} - \frac{x^4}{8} \quad \text{für kleine } |x^2|$$

$$\sqrt{1-\frac{1}{x}} \approx 1 - \frac{1}{2x} - \frac{1}{8x^2} \quad \text{für kleine } \left|\frac{1}{x}\right| \text{ also große } |x|.$$

Die binomische Reihe hilft manchmal auch, den Wert einer gegebenen Potenzreihe als Funktion eines bestimmten Ausdrucks von x zu bestimmen. So ist beispielsweise

$$x^2 - \frac{x^6}{3!} + \frac{x^{10}}{5!} - \frac{x^{14}}{7!} + \cdots = (x^2) - \frac{(x^2)^3}{3!} + \frac{(x^2)^5}{5!} - \frac{(x^2)^7}{7!} + \cdots = \sin x^2.$$

Weitere Beispiele hierfür finden sich in den Aufgaben 39–42.

Berechnung nichtelementarer Integrale

Mithilfe von Taylor-Reihen kann man nichtelementare Integrale als Reihen ausdrücken. Solche Integrale kommen in verschiedenen Anwendungen vor, so benötigt man das Integral $\int \sin x^2 \, dx$ beispielsweise, wenn man die Brechung von Licht untersucht.

Reihenentwicklung von $\int \sin x^2 \, dx$

Beispiel 10.57 Schreiben Sie $\int \sin x^2 \, dx$ als Potenzreihe.

Lösung Wir betrachten die Taylor-Reihe von $\sin x$ und ersetzen x durch x^2:

$$\sin x^2 = x^2 - \frac{x^6}{3!} + \frac{x^{10}}{5!} - \frac{x^{14}}{7!} + \frac{x^{18}}{9!} - \cdots .$$

Daraus folgt

$$\int \sin x^2 \, dx = C + \frac{x^3}{3} - \frac{x^7}{7 \cdot 3!} + \frac{x^{11}}{11 \cdot 5!} - \frac{x^{15}}{15 \cdot 7!} + \frac{x^{10}}{19 \cdot 9!} - \cdots .$$

Abschätzung von $\int_0^1 \sin x^2 \, dx$

Beispiel 10.58 Schätzen Sie das Integral $\int_0^1 \sin x^2 \, dx$ mit einem Fehler von maximal 0,001 ab.

Lösung Wir kennen aus Beispiel 10.57 die Reihenentwicklung

$$\int_0^1 \sin x^2 \, dx = \frac{1}{3} - \frac{1}{7 \cdot 3!} + \frac{1}{11 \cdot 5!} - \frac{1}{15 \cdot 7!} + \frac{1}{19 \cdot 9!} - \cdots .$$

Dies ist eine alternierende Reihe. Durch Ausprobieren wird klar, dass

$$\frac{1}{11 \cdot 5!} \approx 0{,}00076$$

das erste Glied der Reihe ist, dessen Betrag kleiner als 0,001 ist. Die Summe der beiden Glieder davor ist

$$\int_0^1 \sin x^2 \, dx \approx \frac{1}{3} - \frac{1}{42} \approx 0{,}310.$$

Nehmen wir noch zwei weitere Glieder hinzu, erhalten wir

$$\int_0^1 \sin x^2 \, dx \approx 0{,}310268,$$

der Fehler dieser Abschätzung ist kleiner als 10^{-6}. Und mit nur einem weiteren Glied gilt

$$\int_0^1 \sin x^2 \, dx \approx \frac{1}{3} - \frac{1}{42} + \frac{1}{1320} - \frac{1}{75600} + \frac{1}{6894720} \approx 0{,}310268303;$$

der Fehler ist nun etwa $1{,}8 \cdot 10^{-9}$. Wenn wir das Integral mit dieser Genauigkeit mithilfe der Trapezregel abschätzen wollten, bräuchten wir etwa 8000 Teilintervalle. ■

Der Arkustangens

Im Abschnitt 10.7 (Beispiel 10.44) haben wir eine Reihenentwicklung von $\tan^{-1} x$ bestimmt. Dazu haben wir zuerst differenziert

$$\frac{d}{dx} \tan^{-1} x = \frac{1}{1+x^2} = 1 - x^2 + x^4 - x^6 + \cdots$$

und dann wieder integriert. Das Ergebnis ist

$$\tan^{-1} x = x - \frac{x^3}{3} + \frac{x^5}{5} - \frac{x^7}{7} + \cdots.$$

Hierzu haben wir angenommen, dass man eine Potenzreihe gliedweise integrieren kann, dies aber nicht bewiesen. Wir leiten die Gleichung für den Arkustangens jetzt noch einmal her. Dazu integrieren wir beide Seiten der Gleichung

$$\frac{1}{1+t^2} = 1 - t^2 + t^4 - t^6 + \cdots + (-1)^n t^{2n} + \frac{(-1)^{n+1} t^{2n+2}}{1+t^2}. \tag{10.25}$$

Das letzte Glied dieser Summe ist der Reihenwert einer geometrischen Reihe mit dem Startwert $a = (-1)^{n+1} t^{2n+2}$ und $r = -t^2$. Integriert man die beiden Seiten von Gleichung (10.25) von $t = 0$ bis $t = x$, so erhält man

$$\tan^{-1} x = x - \frac{x^3}{3} + \frac{x^5}{5} - \frac{x^7}{7} + \cdots + (-1)^n \frac{x^{2n+1}}{2n+1} + R_n(x),$$

dabei ist

$$R_n(x) = \int_0^x \frac{(-1)^{n+1} t^{2n+2}}{1+t^2} \, dt.$$

Der Nenner des Integranden ist größer oder gleich 1, es gilt also

$$|R_n(x)| \leq \int_0^{|x|} t^{2n+2} \, dt = \frac{|x|^{2n+3}}{2n+3}.$$

Wenn $|x| \leq 1$ ist, dann geht die rechte Seite dieser Ungleichung für $n \to \infty$ gegen null. Damit ist dann $\lim_{n \to \infty} R_n(x) = 0$ für $|x| \leq 1$ und

$$\tan^{-1} x = \sum_{n=0}^{\infty} \frac{(-1)^n x^{2n+1}}{2n+1}, \quad |x| \leq 1$$

$$\tan^{-1} x = x - \frac{x^3}{3} + \frac{x^5}{5} - \frac{x^7}{7} + \cdots, \quad |x| \leq 1. \tag{10.26}$$

Wir leiten die Taylor-Reihe von $\tan^{-1} x$ auf diese Weise her und nicht direkt anhand der Definition der Taylor-Reihe, weil die höheren Ableitungen von $\tan^{-1} x$ so kompliziert sind, dass man mit ihnen fast nicht mehr umgehen kann. Wenn wir in Gleichung (10.26) $x = 1$ setzen, dann erhalten wir die **Leibniz-Reihe** für π:

$$\frac{\pi}{4} = 1 - \frac{1}{3} + \frac{1}{5} - \frac{1}{7} + \frac{1}{9} - \cdots + \frac{(-1)^n}{2n+1} + \cdots.$$

Diese Reihe konvergiert sehr langsam, sie wird deshalb in der Regel nicht benutzt, wenn man π auf viele Dezimalstellen genau bestimmen möchte. Die Reihe für $\tan^{-1} x$ konvergiert am schnellsten, wenn x nahe bei null liegt. Will man deshalb mit der Reihenentwicklung von $\tan^{-1} x$ den Wert von π bestimmen, rechnet man mit verschiedenen trigonometrischen Identitäten.

So setzt man beispielsweise

$$\alpha = \tan^{-1} \frac{1}{2} \quad \text{und} \quad \beta = \tan^{-1} \frac{1}{3}$$

und erhält damit

$$\tan(\alpha + \beta) = \frac{\tan\alpha + \tan\beta}{1 - \tan\alpha \tan\beta} = \frac{\frac{1}{2} + \frac{1}{3}}{1 - \frac{1}{6}} = 1 = \tan\frac{\pi}{4}$$

und

$$\frac{\pi}{4} = \alpha + \beta = \tan^{-1}\frac{1}{2} + \tan^{-1}\frac{1}{3}.$$

Jetzt kann man in Gleichung (10.26) $x = 1/2$ setzen und so $\tan^{-1}(1/2)$ berechnen; mit $x = 1/3$ berechnet man entsprechend $\tan^{-1}(1/3)$. Multipliziert man die Summe dieser Ergebnisse mit 4, so erhält man einen Wert für π.

Berechnung unbestimmter Formen

Manchmal kann man unbestimmte Formen, also beispielsweise Grenzwerte von Quotienten von Funktionen, berechnen, indem man die beteiligten Funktionen in eine Taylor-Reihe entwickelt.

Grenzwertberechnung durch Reihenentwicklung (1)

Beispiel 10.59 Berechnen Sie

$$\lim_{x \to 1} \frac{\ln x}{x - 1}.$$

Lösung Wir entwickeln $\ln x$ in eine Taylor-Reihe aus Potenzen von $x - 1$. Dazu kann man entweder die Taylor-Reihe von $\ln x$ bei $a = 1$ direkt berechnen oder in der Reihe von $\ln(1 + x)$ (Abschnitt 10.7, Beispiel 10.45) x durch $x - 1$ ersetzen. In beiden Fällen erhalten wir

$$\ln x = (x - 1) - \frac{1}{2}(x - 1)^2 + \cdots,$$

und daraus folgt

$$\lim_{x \to 1} \frac{\ln x}{x - 1} = \lim_{x \to 1} \left(1 - \frac{1}{2}(x - 1) + \cdots\right) = 1.$$

10.10 Die binomische Reihe und Anwendungen der Taylor-Reihen

Beispiel 10.60 Berechnen Sie

$$\lim_{x \to 0} \frac{\sin x - \tan x}{x^3}.$$

Grenzwertberechnung durch Reihenentwicklung (2)

Lösung Die Taylor-Reihen von $\sin x$ und $\tan x$ sind (aufgeschrieben jeweils bis zu dem Glied mit x^5):

$$\sin x = x - \frac{x^3}{3!} + \frac{x^5}{5!} - \cdots, \quad \tan x = x + \frac{x^3}{3} + \frac{2x^5}{15} + \cdots.$$

Damit ergibt sich

$$\sin x - \tan x = -\frac{x^3}{2} - \frac{x^5}{8} - \cdots = x^3 \left(-\frac{1}{2} - \frac{x^2}{8} - \cdots \right)$$

und

$$\lim_{x \to 0} \frac{\sin x - \tan x}{x^3} = \lim_{x \to 0} \left(-\frac{1}{2} - \frac{x^2}{8} - \cdots \right)$$
$$= -\frac{1}{2}.$$

∎

Im nächsten Beispiel berechnen wir den Grenzwert $\lim_{x \to 0}((1/\sin x) - (1/x))$ mithilfe von Reihenentwicklungen. Dabei erhalten wir nicht nur den gesuchten Grenzwert, sondern auch eine Näherungsformel für $\csc x$.

Beispiel 10.61 Berechnen Sie

$$\lim_{x \to 0} \left(\frac{1}{\sin x} - \frac{1}{x} \right).$$

Eine Näherung für $\csc x$

Lösung

$$\frac{1}{\sin x} - \frac{1}{x} = \frac{x - \sin x}{x \sin x} = \frac{x - \left(x - \frac{x^3}{3!} + \frac{x^5}{5!} - \cdots \right)}{x \cdot \left(x - \frac{x^3}{3!} + \frac{x^5}{5!} - \cdots \right)}$$

$$= \frac{x^3 \left(\frac{1}{3!} - \frac{x^2}{5!} + \cdots \right)}{x^2 \left(1 - \frac{x^2}{3!} + \cdots \right)} = x \frac{\frac{1}{3!} - \frac{x^2}{5!} + \cdots}{1 - \frac{x^2}{3!} + \cdots}$$

Daraus folgt

$$\lim_{x \to 0} \left(\frac{1}{\sin x} - \frac{1}{x} \right) = \lim_{x \to 0} \left(x \frac{\frac{1}{3!} - \frac{x^2}{5!} + \cdots}{1 - \frac{x^2}{3!} + \cdots} \right) = 0.$$

817

Wenn wir den Quotienten auf der rechten Seite betrachten, sehen wir, dass für kleine $|x|$ gilt

$$\frac{1}{\sin x} - \frac{1}{x} \approx x \cdot \frac{1}{3!} = \frac{x}{6} \quad \text{d.h.} \quad \operatorname{cosec} x \approx \frac{1}{x} + \frac{x}{6}.$$

Tabelle 10.1: Häufig verwendete Taylor-Reihen

$\dfrac{1}{1-x} = 1 + x + x^2 + \cdots + x^n + \cdots = \sum_{n=0}^{\infty} x^n,$	$\|x\| < 1$
$\dfrac{1}{1+x} = 1 - x + x^2 - \cdots + (-x)^n + \cdots = \sum_{n=0}^{\infty} (-1)^n x^n,$	$\|x\| < 1$
$e^x = 1 + x + \dfrac{x^2}{2!} + \cdots + \dfrac{x^n}{n!} + \cdots = \sum_{n=0}^{\infty} \dfrac{x^n}{n!},$	$-\infty < x < \infty$
$\sin x = x - \dfrac{x^3}{3!} + \dfrac{x^5}{5!} - \cdots + (-1)^n \dfrac{x^{2n+1}}{(2n+1)!} + \cdots = \sum_{n=0}^{\infty} \dfrac{(-1)^n x^{2n+1}}{(2n+1)!},$	$-\infty < x < \infty$
$\cos x = 1 - \dfrac{x^2}{2!} + \dfrac{x^4}{4!} - \cdots + (-1)^n \dfrac{x^{2n}}{(2n)!} + \cdots = \sum_{n=0}^{\infty} \dfrac{(-1)^n x^{2n}}{(2n)!},$	$-\infty < x < \infty$
$\ln(1+x) = x - \dfrac{x^2}{2} + \dfrac{x^3}{3} - \cdots + (-1)^{n-1} \dfrac{x^n}{n} + \cdots = \sum_{n=1}^{\infty} \dfrac{(-1)^{n-1} x^n}{n},$	$-1 < x \leq 1$
$\tan^{-1} x = x - \dfrac{x^3}{3} + \dfrac{x^5}{5} - \cdots + (-1)^n \dfrac{x^{2n+1}}{2n+1} + \cdots = \sum_{n=0}^{\infty} \dfrac{(-1)^n x^{2n+1}}{2n+1},$	$\|x\| \leq 1$

Die Euler-Formel

Wie wir wissen, ist eine komplexe Zahl eine Zahl der Form $a + bi$, dabei sind a und b reelle Zahlen und $i^2 = -1$. Wir setzen nun $x = i\theta$ (θ ist reell) in die Taylor-Reihe von e^x ein und vereinfachen die Reihe mit den Beziehungen

$$i^2 = -1, \quad i^3 = i^2 i = -i, \quad i^4 = i^2 i^2 = 1, \quad i^5 = i^4 i = i,$$

und so weiter. Dann erhalten wir

$$e^{i\theta} = 1 + \frac{i\theta}{1!} + \frac{i^2\theta^2}{2!} + \frac{i^3\theta^3}{3!} + \frac{i^4\theta^4}{4!} + \frac{i^5\theta^5}{5!} + \frac{i^6\theta^6}{6!} + \cdots$$
$$= \left(1 - \frac{\theta^2}{2!} + \frac{\theta^4}{4!} - \frac{\theta^6}{6!} + \cdots\right) + i\left(\theta - \frac{\theta^3}{3!} + \frac{\theta^5}{5!} - \cdots\right)$$
$$= \cos\theta + i\sin\theta.$$

Dies ist kein *Beweis* für $e^{i\theta} = \cos\theta + i\sin\theta$, weil wir noch nicht definiert haben, was genau der Ausdruck $e^{i\theta}$ bedeutet, außerdem haben wir eine Reihenumordnung vorgenommen. Wir haben damit aber gezeigt, wie man $e^{i\theta}$ sinnvoll und im Einklang mit bisherigen Ergebnissen definieren kann.

Definition

Für alle reellen Zahlen θ gilt

$$e^{i\theta} = \cos\theta + i\sin\theta. \tag{10.27}$$

Gleichung (10.27) heißt auch **Euler-Formel**, und wir können als Verallgemeinerung für eine beliebige komplexe Zahl $a + bi$ definieren:
$e^{a+bi} = e^a \cdot e^{bi} = e^a \cdot (\cos b + i \cdot \sin b) = e^a \cos b + i \cdot e^a \sin b.$
Aus der Euler-Formel folgt die **Euler'sche Identität**

$$e^{i\pi} = -1.$$

Schreibt man diese Gleichung in der Form $e^{i\pi} + 1 = 0$, so sind hier die fünf wichtigsten mathematischen Konstanten in einer einzigen Formel zusammengefasst.

Aufgaben zum Abschnitt 10.10

Binomische Reihen

Bestimmen Sie in den Aufgaben 1–6 die ersten vier Glieder der binomischen Reihe für die angegebenen Funktionen.

1. $(1+x)^{1/2}$

2. $(1-x)^{-1/2}$

3. $\left(1+\dfrac{x}{2}\right)^{-2}$

4. $(1+x^3)^{-1/2}$

5. $\left(1+\dfrac{1}{x}\right)^{1/2}$

6. $\dfrac{x}{\sqrt[3]{1+x}}$

Bestimmen Sie in den Aufgaben 7–9 die binomischen Reihen der angegebenen Funktionen.

7. $(1+x)^4$

8. $(1-2x)^3$

9. $\left(1-\dfrac{x}{2}\right)^4$

Näherungen und nichtelementare Integrale

Berechnen Sie in den Aufgaben 10–13 einen Näherungswert für die Integrale mithilfe einer Reihenentwicklung. Der Fehler soll maximal 10^{-3} betragen. (In den Lösungen werden die Integralwerte auf fünf Stellen nach dem Komma gerundet angegeben.)

10. $\displaystyle\int_0^{0{,}2} \sin x^2 \, dx$

11. $\displaystyle\int_0^{0{,}2} \dfrac{e^{-x}-1}{x} \, dx$

12. $\displaystyle\int_0^{0{,}1} \dfrac{1}{\sqrt{1+x^4}} \, dx$

13. $\displaystyle\int_0^{0{,}25} \sqrt[3]{1+x^2} \, dx$

Nähern Sie in den Aufgaben 14–17 den Wert der Integrale mithilfe einer Reihenentwicklung an. Der Fehler soll maximal 10^{-8} betragen.

14. $\displaystyle\int_0^{0{,}1} \dfrac{\sin x}{x} \, dx$

15. $\displaystyle\int_0^{0{,}1} e^{-x^2} \, dx$

16. $\displaystyle\int_0^{0{,}1} \sqrt{1+x^4} \, dx$

17. $\displaystyle\int_0^1 \dfrac{1-\cos x}{x^2} \, dx$

18. Die Funktion $\cos t^2$ in dem Integral $\displaystyle\int_0^1 \cos t^2 \, dt$ wird mit der Reihe $1 - \dfrac{t^4}{2} + \dfrac{t^8}{4!}$ angenähert. Wie groß ist der Fehler, den man dabei macht?

Bestimmen Sie in den Aufgaben 19–21 ein Polynom, das die Funktion $F(x)$ in dem angegebenen Intervall mit einem Fehler von maximal 10^{-3} annähert.

19. $F(x) = \displaystyle\int_0^x \sin t^2 \, dt, \quad [0,1]$

20. $F(x) = \displaystyle\int_0^x \tan^{-1} t \, dt, \quad$ **a.** $[0, 0{,}5] \quad$ **b.** $[0,1]$

21. $F(x) = \displaystyle\int_0^x \dfrac{\ln(1+t)}{t} \, dt, \quad$ **a.** $[0, 0{,}5] \quad$ **b.** $[0,1]$

Grenzwertberechnungen

Berechnen Sie in den Aufgaben 22–28 die Grenzwerte mithilfe einer Reihenentwicklung.

22. $\lim\limits_{x \to 0} \dfrac{e^x - (1+x)}{x^2}$

23. $\lim\limits_{t \to 0} \dfrac{1 - \cos t - (t^2/2)}{t^4}$

24. $\lim\limits_{y \to 0} \dfrac{y - \tan^{-1} y}{y^3}$

25. $\lim\limits_{x \to \infty} x^2 \left(e^{-1/x^2} - 1 \right)$

26. $\lim\limits_{x \to 0} \dfrac{\ln(1+x^2)}{1 - \cos x}$

27. $\lim\limits_{x \to 0} \dfrac{\sin 3x^2}{1 - \cos 2x}$

28. $\lim\limits_{x \to 0} \dfrac{\ln(1+x^3)}{x \cdot \sin x^2}$

Umgang mit Tabelle 10.1

Berechnen Sie in den Aufgaben 29–35 die Reihenwerte mithilfe von Tabelle 10.1.

29. $1 + 1 + \dfrac{1}{2!} + \dfrac{1}{3!} + \dfrac{1}{4!} + \cdots$

30. $1 - \dfrac{3^2}{4^2 \cdot 2!} + \dfrac{3^4}{4^4 \cdot 4!} - \dfrac{3^6}{4^6 \cdot 6!} + \cdots$

31. $\dfrac{\pi}{3} - \dfrac{\pi^3}{3^3 \cdot 3!} + \dfrac{\pi^5}{3^5 \cdot 5!} - \dfrac{\pi^7}{3^7 \cdot 7!} + \cdots$

32. $x^3 + x^4 + x^5 + x^6 + \cdots$

33. $x^3 - x^5 + x^7 - x^9 + x^{11} - \cdots$

34. $-1 + 2x - 3x^2 + 4x^3 - 5x^4 + \cdots$

35. $1 + \dfrac{x}{2} + \dfrac{x^2}{3} + \dfrac{x^3}{4} + \dfrac{x^4}{5} + \cdots$

Theorie und Beispiele

36. Betrachten Sie die Taylor-Reihe von $\ln(1+x)$ und ersetzen Sie x durch $-x$. Sie erhalten so eine Reihenentwicklung für $\ln(1-x)$. Subtrahieren Sie diese Reihe von der Taylor-Reihe für $\ln(1-x)$; zeigen Sie so, dass für $|x| < 1$ gilt

$$\ln \dfrac{1+x}{1-x} = 2 \left(x + \dfrac{x^3}{3} + \dfrac{x^5}{5} + \cdots \right).$$

37. Sie wollen $\pi/4$ mit einem Fehler von maximal 10^{-3} bestimmen. Wie viele Glieder der Taylor-Reihe von $\tan^{-1} 1$ müssen Sie dafür gemäß dem Satz zur Abschätzung alternierender Reihen berücksichtigen? Begründen Sie Ihre Antwort.

38. Abschätzen von π Jeder Term auf der rechten Seite der Gleichung

$$\pi = 48 \tan^{-1} \dfrac{1}{18} + 32 \tan^{-1} \dfrac{1}{57} - 20 \tan^{-1} \dfrac{1}{239}$$

soll mit einem Fehler von maximal 10^{-6} berechnet werden. Wie viele Glieder der Taylor-Reihe von $\tan^{-1} x$ müssen Sie dazu jeweils berücksichtigen? Im Gegensatz dazu konvergiert $\sum\limits_{n=1}^{\infty} (1/n^2)$ so langsam gegen $\pi^2/6$, dass man selbst mit 50 Gliedern noch keine Genauigkeit von zwei Stellen hinter dem Komma erreicht hat.

39. a. Es gilt

$$\dfrac{d}{dx} \sin^{-1} x = (1 - x^2)^{-1/2}.$$

Berechnen Sie damit und mithilfe der binomischen Reihe die ersten vier Glieder der Taylor-Reihe von $\sin^{-1} x$, die nicht gleich null sind. Was ist der Konvergenzradius?

b. Reihenentwicklung von $\cos^{-1} x$ Bestimmen Sie mithilfe des Ergebnisses von Teil **a.** die ersten fünf Glieder ungleich null der Taylor-Reihe von $\cos^{-1} x$.

40. a. Reihenentwicklung von $\sinh^{-1} x$ Bestimmen Sie die ersten vier Glieder ungleich null der Taylor-Reihe von

$$\sinh^{-1} x = \int_0^x \dfrac{dt}{\sqrt{1+t^2}}.$$

b. Schätzen Sie den Wert von $\sinh^{-1} 0{,}25$ mithilfe der ersten *drei* Glieder der Reihe aus Teil **a.** ab. Geben Sie eine obere Grenze für den Fehler an.

41. Bestimmen Sie die Taylor-Reihe von $1/(1+x)^2$ aus der Reihe von $-1/(1+x)$.

42. Berechnen Sie eine Reihenentwicklung von $2x/(1-x^2)$ mithilfe der Taylor-Reihe von $1/(1-x^2)$.

43. **Abschätzung von π** Der englische Mathematiker John Wallis (1616–1703) entdeckte die folgende Formel für π:
$$\frac{\pi}{4} = \frac{2\cdot 4\cdot 4\cdot 6\cdot 6\cdot 8\cdot\cdots}{3\cdot 3\cdot 5\cdot 5\cdot 7\cdot 7\cdot\cdots}.$$
Berechnen Sie damit π auf zwei Stellen hinter dem Komma genau.

44. Beweisen Sie mit den folgenden Schritten Gleichung (10.24).

a. Leiten Sie die Reihe
$$f(x) = 1 + \sum_{k=1}^{\infty} \binom{m}{k} x^k$$
ab und zeigen Sie damit
$$f'(x) = \frac{mf(x)}{1+x}, \quad -1 < x < 1.$$

b. Definieren Sie die Funktion $g(x) = (1+x)^{-m} f(x)$ und zeigen Sie, dass gilt $g'(x) = 0$.

c. Zeigen Sie mithilfe des Ergebnisses aus Teil **b.**, dass gilt
$$f(x) = (1+x)^m.$$

45. **Reihenentwicklung von $\sin^{-1} x$** Integrieren Sie die binomische Reihe von $(1-x^2)^{-1/2}$ und zeigen Sie so, dass für $|x| < 1$ gilt
$$\sin^{-1} x = x + \sum_{n=1}^{\infty} \frac{1\cdot 3\cdot 5\cdot\cdots\cdot(2n-1)}{2\cdot 4\cdot 6\cdot\cdots\cdot(2n)2n+1} \frac{x^{2n+1}}{2n+1}.$$

46. **Reihenentwicklung von $\tan^{-1}$ für $|x| > 1$** Leiten Sie die folgenden Reihen her:
$$\tan^{-1} x = \frac{\pi}{2} - \frac{1}{x} + \frac{1}{3x^2} - \frac{1}{5x^5} + \cdots, \quad x > 1$$
und
$$\tan^{-1} x = -\frac{\pi}{2} - \frac{1}{x} + \frac{1}{3x^3} - \frac{1}{5x^5} + \cdots, \quad x < -1.$$
Integrieren Sie dazu die Reihe
$$\frac{1}{1+t^2} = \frac{1}{t^2} \cdot \frac{1}{1+(1/t^2)} = \frac{1}{t^2} - \frac{1}{t^4} + \frac{1}{t^6} - \frac{1}{t^8} + \cdots$$
im ersten Fall von x bis ∞ und im zweiten Fall von $-\infty$ bis x.

Die Euler-Formel

47. Schreiben Sie mithilfe der Gleichung (10.27) die folgenden Potenzen von e in der Form $a + bi$.

a. $e^{-i\pi}$
b. $e^{i\pi/4}$
c. $e^{-i\pi/2}$

48. Zeigen Sie mithilfe von Gleichung (10.27)
$$\cos\theta = \frac{e^{i\theta} + e^{-i\theta}}{2} \quad \text{und} \quad \sin\theta = \frac{e^{i\theta} - e^{-i\theta}}{2i}.$$

49. Leiten Sie die Gleichungen aus Aufgabe 48 her, indem Sie die Taylor-Reihen von $e^{i\theta}$ und $e^{-i\theta}$ kombinieren.

50. Zeigen Sie, dass gilt

a. $\cosh i\theta = \cos\theta$,
b. $\sinh i\theta = i\sin\theta$.

51. Bestimmen Sie die Glieder der Taylor-Reihe von $e^x \sin x$ bis zur Potenz x^5. Multiplizieren Sie dazu die Taylor-Reihen von e^x und $\sin x$ miteinander. Diese Reihe entspricht dem Imaginärteil der Reihe von
$$e^x \cdot e^{ix} = e^{(1+i)x}.$$
Überprüfen Sie damit Ihr Ergebnis. Für welche Werte von x konvergiert die Reihe von $e^x \sin x$?

52. Für reelle a und b definieren wir $e^{(a+ib)x}$ mit der Gleichung
$$e^{(a+ib)x} = e^{ax} \cdot e^{ibx} = e^{ax}(\cos bx + i\sin bx).$$
Leiten Sie die rechte Seite dieser Gleichung ab und zeigen Sie so, dass gilt
$$\frac{d}{dx} e^{(a+ib)x} = (a+ib) e^{(a+ib)x}.$$
Die bekannte Regel $(d/dx)e^{kx} = ke^{kx}$ gilt also nicht nur für reelle, sondern auch für komplexe k.

53. Zeigen Sie mithilfe der Definition von $e^{i\theta}$, dass für beliebige reelle Zahlen θ, θ_1 und θ_2 gilt

a. $e^{i\theta_1} e^{i\theta_2} = e^{i(\theta_1+\theta_2)}$,   b. $e^{-i\theta} = 1/e^{i\theta}$.

54. Zwei komplexe Zahlen $a+ib$ und $c+id$ sind dann und nur dann gleich, wenn $a = c$ und $b = d$. Berechnen Sie damit
$$\int e^{ax} \cos bx\, dx \quad \text{und} \quad \int e^{ax} \sin bx\, dx.$$
Gehen Sie von
$$\int e^{(a+ib)x} dx = \frac{a-ib}{a^2+b^2} e^{(a+ib)x} + C$$
aus, dabei ist $C = C_1 + iC_2$ eine komplexe Integrationskonstante.

Kapitel 10 – Wiederholungsfragen

1. Was ist eine Folge? Was bedeutet es, wenn eine Folge konvergiert, was, wenn sie divergiert? Nennen Sie Beispiele.

2. Was versteht man unter einer monotonen Folge? Unter welchen Voraussetzungen hat eine solche Folge eine obere Schranke? Nennen Sie Beispiele.

3. Mit welchen Sätzen kann man versuchen, den Grenzwert einer zu Folge berechnen? Nennen Sie Beispiele.

4. Welcher Satz ist die Grundlage dafür, dass man manchmal den Grenzwert einer Folge mithilfe der Regel von l'Hospital berechnen kann? Nennen Sie ein Beispiel.

5. In Satz 10.5 werden sechs Grenzwerte aufgeführt, die in vielen Anwendungen vorkommen. Welche sind das?

6. Was ist eine Reihe? Was bedeutet es, wenn eine Reihe konvergiert, was, wenn sie divergiert? Nennen Sie Beispiele.

7. Was ist eine geometrische Reihe? Wann konvergiert eine solche Reihe? Wann divergiert sie? Wenn sie konvergiert, was ist dann ihr Reihenwert? Nennen Sie Beispiele.

8. Welche konvergenten und divergenten Reihen kennen Sie außer der geometrischen Reihe?

9. Wie kann man die Divergenz einer Reihe zeigen, indem man die Folge der Reihenglieder betrachtet? Auf welcher Idee beruht dieser Test?

10. Was wissen Sie über die gliedweise Addition und Subtraktion von konvergenten Reihen? Was über die Multiplikation von konvergenten und divergenten Reihen mit einer Konstanten?

11. Welche Folgen hat es, wenn man eine endliche Anzahl von Gliedern zu einer konvergenten Reihe hinzufügt? Was, wenn man sie zu einer divergenten Reihe hinzufügt? Welche Folgen hat es, wenn man eine endiche Anzahl von Gliedern einer konvergenten Reihe weglässt? Und was, wenn man sie von einer divergenten Reihe entfernt?

12. Wie benennt man die Indizes einer Reihe um? Warum könnte man das tun wollen?

13. Unter welchen Voraussetzungen konvergiert eine Reihe mit nichtnegativen Gliedern? Wann divergiert sie? Warum untersucht man Reihen mit nichtnegativen Gliedern?

14. Was ist das Integralkriterium? Auf welcher Argumentation beruht es? Nennen Sie ein Anwendungsbeispiel.

15. Wann konvergiert die allgemeine harmonische Reihe? Wann divergiert sie? Woran kann man das erkennen? Nennen Sie Beispiele für konvergente und divergente allgemeine harmonische Reihen.

16. Was sind das Vergleichskriterium und das Vergleichskriterium mit Grenzwerten? Auf welcher Argumentation beruhen sie? Nennen Sie Anwendungsbeispiele.

17. Was sind das Quotienten- und das Wurzelkriterium? Kann man mit ihnen immer entscheiden, ob eine Reihe konvergiert oder divergiert? Nennen Sie Beispiele?

18. Was sind alternierende Reihen? Mit welchem Satz kann man bestimmen, ob eine solche Reihe konvergent ist?

19. Wenn man den Wert einer alternierenden Reihe mit einer ihrer Partialsummen annähert, macht man einen Näherungsfehler. Wie kann man diesen Fehler berechnen? Auf welcher Argumentation beruht diese Fehlerabschätzung?

20. Was versteht man unter absoluter Konvergenz? Was unter bedingter Konvergenz? Wie hängen diese beiden Konzepte zusammen?

21. Was wissen Sie über das Umordnen einer absolut konvergenten Reihe? Was über das Umordnen einer bedingt konvergenten Reihe?

22. Was ist eine Potenzreihe? Wie kann man bestimmen, ob eine Potenzreihe konvergent ist? Welche Ergebnisse kann man bei dieser Überprüfung erhalten?

23. Was sollte man wissen über

a. Summen, Differenzen und Produkte von Potenzreihen?
b. Einsetzen einer Funktion von x für x in eine Potenzreihe?
c. gliedweise Ableitung einer Potenzreihe?
d. gliedweise Integration einer Potenzreihe?

Nennen Sie Beispiele

24. Was ist die Taylor-Reihenentwicklung einer Funktion $f(x)$ bei a? Welche Informationen muss man über f haben, um diese Reihe zu bestimmen? Nennen Sie Beispiele.

25. Was sind Maclaurin'sche Reihen?

26. Konvergiert eine Taylor-Reihe immer gegen die Funktion, mit der sie aufgestellt wurde? Nennen Sie Beispiele.

27. Was sind Taylor-Polynome? Wofür kann man sie verwenden?

28. Was ist die Taylor-Formel? Welche Aussagen macht sie zu dem Fehler, den man macht, wenn man Funktionen mit Taylor-Polynomen annähert? Welche Aussagen macht sie im Besonderen zu dem Fehler bei einer Linearisierung? Welche zu dem Fehler bei einer quadratischen Näherung?

29. Was ist eine binomische Reihe? In welchem Intervall konvergiert sie? Was sind ihre Anwendungen?

30. Wie kann man manchmal den Wert eines nichtelementaren bestimmten Integrals mithilfe von Potenzreihen näherungsweise bestimmen?

31. Was sind die Taylor-Reihen von $1/(1-x)$, $1/(1+x)$, e^x, $\sin x$, $\cos x$, $\ln(1+x)$ und $\tan^{-1} x$? Wie bestimmt man den Fehler, den man macht, wenn man diese Reihen durch ihre Partialsummen annähert?

Kapitel 10 – Praktische Aufgaben

Konvergenz von Folgen

In den Aufgaben 1–10 ist jeweils das n-te Glied einer Folge angegeben. Welche dieser Folgen konvergieren, welche divergieren? Bestimmen Sie den Grenzwert der konvergenten Folgen.

1. $a_n = 1 + \dfrac{(-1)^n}{n}$

2. $a_n = \dfrac{1 - 2^n}{2^n}$

3. $a_n = \sin \dfrac{n\pi}{2}$

4. $a_n = \dfrac{\ln(n^2)}{n}$

5. $a_n = \dfrac{n + \ln n}{n}$

6. $a_n = \left(\dfrac{n-5}{n}\right)^n$

7. $a_n = \sqrt[n]{\dfrac{3^n}{n}}$

8. $a_n = n\left(2^{1/n} - 1\right)$

9. $a_n = \dfrac{(n+1)!}{n!}$

10. $a_n = \dfrac{(-4)^n}{n!}$

Bestimmung von Reihenwerten

Berechnen Sie in den Aufgaben 11–14 den Wert der konvergenten Reihen.

11. $\displaystyle\sum_{n=3}^{\infty} \dfrac{1}{(2n-3)(2n-1)}$

12. $\displaystyle\sum_{n=1}^{\infty} \dfrac{9}{(3n-1)(3n+2)}$

13. $\displaystyle\sum_{n=0}^{\infty} e^{-n}$

14. $\displaystyle\sum_{n=1}^{\infty} (-1)^n \dfrac{3}{4^n}$

Bestimmung der Konvergenz von Reihen

Welche der Reihen in Aufgabe 15–23 konvergieren absolut, welche konvergieren bedingt und welche divergieren? Begründen Sie Ihre Antwort.

15. $\displaystyle\sum_{n=1}^{\infty} \dfrac{1}{\sqrt{n}}$

16. $\displaystyle\sum_{n=1}^{\infty} \dfrac{(-1)^n}{\sqrt{n}}$

17. $\displaystyle\sum_{n=1}^{\infty} \frac{(-1)^n}{\ln(n+1)}$

18. $\displaystyle\sum_{n=1}^{\infty} \frac{\ln n}{n^3}$

19. $\displaystyle\sum_{n=1}^{\infty} \frac{(-1)^n}{n\sqrt{n^2+1}}$

20. $\displaystyle\sum_{n=1}^{\infty} \frac{n+1}{n!}$

21. $\displaystyle\sum_{n=1}^{\infty} \frac{(-3)^n}{n!}$

22. $\displaystyle\sum_{n=1}^{\infty} \frac{1}{\sqrt{n(n+1)(n+2)}}$

23. $\displaystyle\sum_{n=2}^{\infty} \frac{1}{n\sqrt{n^2-1}}$

Potenzreihen

Bestimmen Sie in den Aufgaben 24–29 **a.** den Konvergenzradius und das Konvergenzintervall. Berechnen Sie dann die Werte von x, für die die Reihe **b.** absolut und **c.** bedingt konvergieren.

24. $\displaystyle\sum_{n=1}^{\infty} \frac{(x+4)^n}{n3^n}$

25. $\displaystyle\sum_{n=1}^{\infty} \frac{(-1)^{n-1}(3x-1)^n}{n^2}$

26. $\displaystyle\sum_{n=1}^{\infty} \frac{x^n}{n^n}$

27. $\displaystyle\sum_{n=0}^{\infty} \frac{(n+1)x^{2n-1}}{3^n}$

28. $\displaystyle\sum_{n=1}^{\infty} (\operatorname{cosech} n) x^n$

29. $\displaystyle\sum_{n=1}^{\infty} (\coth n) x^n$

Maclaurin'sche Reihen

Jede der Reihen in den Aufgaben 30–33 stellt die Taylor-Reihe einer Funktion $f(x)$ bei $a = 0$ an einer Stelle x dar. Geben Sie die Funktion f und die Stelle x an? Welchen Wert hat die Reihe?

30. $1 - \dfrac{1}{4} + \dfrac{1}{16} - \cdots + (-1)^n \dfrac{1}{4^n} + \cdots$

31. $\pi - \dfrac{\pi^3}{3!} + \dfrac{\pi^5}{5!} - \cdots + (-1)^n \dfrac{\pi^{2n+1}}{(2n+1)!} + \cdots$

32. $1 + \ln 2 + \dfrac{(\ln 2)^2}{2!} + \cdots + \dfrac{(\ln 2)^n}{n!} + \cdots$

33. $\dfrac{1}{\sqrt{3}} - \dfrac{1}{9\sqrt{3}} + \dfrac{1}{45\sqrt{3}} - \cdots$
    $+ (-1)^{n-1} \dfrac{1}{(2n-1)(\sqrt{3})^{2n-1}} + \cdots$

Bestimmen Sie in den Aufgaben 34–38 die Taylor-Reihen der Funktionen bei $a = 0$.

34. $\dfrac{1}{1-2x}$

35. $\sin \pi x$

36. $\cos\left(x^{5/3}\right)$

37. $e^{(\pi x/2)}$

38. e^{-x^2}

Taylor-Reihen

Berechnen Sie in den Aufgaben 39–42 die ersten vier Glieder ungleich null der Taylor-Reihe von f bei a.

39. $f(x) = \sqrt{3+x^2}$ bei $a = -1$

40. $f(x) = 1/(1-x)$ bei $a = 2$

41. $f(x) = 1/(x+1)$ bei $a = 3$

42. $f(x) = 1/x$ bei $a > 0$

Nichtelementare Integrale

Berechnen Sie in den Aufgaben 43–46 den Wert der Integrale mithilfe einer Reihenentwicklung. Der Fehler soll maximal 10^{-8} betragen. (In den Lösungen werden die Ergebnisse auf 10 Stellen nach dem Komma gerundet angegeben.)

43. $\displaystyle\int_0^{1/2} e^{-x^3} \, dx$

44. $\displaystyle\int_0^1 x \sin\left(x^3\right) dx$

45. $\displaystyle\int_0^{1/2} \frac{\tan^{-1} x}{x}\,dx$

46. $\displaystyle\int_0^{1/64} \frac{\tan^{-1} x}{\sqrt{x}}\,dx$

Grenzwertbestimmung mit Reihen

Führen Sie in den Aufgaben 47–52 die folgenden Schritte durch:

a. Berechnen Sie den Grenzwert mithilfe einer Potenzreihenentwicklung.

b. Bestätigen Sie den Grenzwert mithilfe eines Grafikprogramms.

47. $\displaystyle\lim_{x\to 0} \frac{7\sin x}{e^{2x} - 1}$

48. $\displaystyle\lim_{\theta\to 0} \frac{e^{\theta} - e^{-\theta} - 2\theta}{\theta - \sin\theta}$

49. $\displaystyle\lim_{t\to 0} \left(\frac{1}{2 - 2\cos t} - \frac{1}{t^2}\right)$

50. $\displaystyle\lim_{h\to 0} \frac{(\sin h)/h - \cos h}{h^2}$

51. $\displaystyle\lim_{z\to 0} \frac{1 - \cos^2 z}{\ln(1-z) + \sin z}$

52. $\displaystyle\lim_{y\to 0} \frac{y^2}{\cos y - \cosh y}$

Theorie und Beispiele

53. Bestimmen Sie mithilfe einer Reihenentwicklung von $\sin 3x$ die Werte von r und s, für die gilt

$$\lim_{x\to 0}\left(\frac{\sin 3x}{x^3} + \frac{r}{x^2} + s\right) = 0.$$

54. Vergleichen Sie die Genauigkeit der Näherungen $\sin x \approx x$ und $\sin x \approx 6x/(6 + x^2)$; vergleichen Sie dazu die Graphen der Funktionen $f(x) = \sin x - x$ und $g(x) = \sin x - (6x/(6 + x^2))$. Beschreiben Sie, was Sie sehen.

55. Bestimmen Sie den Konvergenzradius der Reihe

$$\sum_{n=1}^{\infty} \frac{2\cdot 5\cdot 8\cdots(3n-1)}{2\cdot 4\cdot 6\cdots(2n)}x^n.$$

56. Stellen Sie eine Gleichung für die n-te Partialsumme der Reihe $\displaystyle\sum_{n=2}^{\infty}\ln(1-(1/n^2))$ auf, und berechnen Sie damit, ob die Reihe konvergiert oder divergiert.

57. a. Bestimmen Sie das Konvergenzintervall der Potenzreihe

$$y = 1 + \frac{1}{6}x^3 + \frac{1}{180}x^6 + \cdots + \frac{1\cdot 4\cdot 7\cdots(3n-2)}{(3n)!}x^{3n} + \cdots.$$

b. Zeigen Sie, dass die Funktion, die durch diese Reihe definiert wird, eine Differentialgleichung der Form

$$\frac{d^2 y}{dx^2} = x^a y + b$$

erfüllt. Berechnen Sie die Werte der Konstanten a und b.

58. Es seien $\displaystyle\sum_{n=1}^{\infty} a_n$ und $\displaystyle\sum_{n=1}^{\infty} b_n$ konvergente Reihen mit nichtnegativen Gliedern. Kann dann irgendetwas zu $\displaystyle\sum_{n=1}^{\infty} a_n b_n$ gesagt werden? Begründen Sie Ihre Antwort.

59. Es seien $\displaystyle\sum_{n=1}^{\infty} a_n$ und $\displaystyle\sum_{n=1}^{\infty} b_n$ divergente Reihen mit nichtnegativen Gliedern. Kann dann irgendetwas zu $\displaystyle\sum_{n=1}^{\infty} a_n b_n$ gesagt werden? Begründen Sie Ihre Antwort.

60. Beweisen Sie, dass die Folge (x_n) und die Reihe $\displaystyle\sum_{k=1}^{\infty}(x_{k+1} - x_k)$ entweder beide konvergieren oder beide divergieren.

61. Es seien $a_1, a_2, a_3, \ldots, a_n$ positive Zahlen, die die folgenden Bedingungen erfüllen:

a. $a_1 \geq a_2 \geq a_3 \geq \cdots$;

b. die Reihe $a_2 + a_4 + a_8 + a_{16} + \cdots$ divergiert.

Zeigen Sie, dass dann die Reihe

$$\frac{a_1}{1} + \frac{a_2}{2} + \frac{a_3}{3} + \cdots$$

divergiert.

62. Zeigen Sie mithilfe des Ergebnisses von Aufgabe 61, dass

$$1 + \sum_{n=2}^{\infty} \frac{1}{n\ln n}$$

divergiert.

Kapitel 10 – Zusätzliche Aufgaben und Aufgaben für Fortgeschrittene

Konvergenz von Reihen

Welche der Reihen in den Aufgaben 1–4 konvergieren, welche divergieren? Begründen Sie Ihre Antwort.

1. $\sum_{n=1}^{\infty} \frac{1}{(3n-2)^{n+(1/2)}}$

2. $\sum_{n=1}^{\infty} \frac{(\tan^{-1} n)^2}{n^2+1}$

3. $\sum_{n=1}^{\infty} (-1)^n \tanh n$

4. $\sum_{n=2}^{\infty} \frac{\log_n(n!)}{n^3}$

Welche der Reihen $\sum_{n=1}^{\infty} a_n$, die in den Aufgaben 5–8 definiert werden, konvergieren, welche divergieren? Begründen Sie Ihre Antwort.

5. $a_1 = 1, \ a_{n+1} = \frac{n(n+1)}{(n+2)(n+3)} a_n$

(*Hinweis:* Berechnen Sie zuerst einige Glieder und finden Sie heraus, welche Faktoren sich kürzen lassen. Verallgemeinern Sie dann.)

6. $a_1 = a_2 = 7, \ a_{n+1} = \frac{n}{(n-1)(n+1)} a_n$ für $n \geq 2$

7. $a_1 = a_2 = 1, \ a_{n+1} = \frac{1}{1+a_n}$ für $n \geq 2$

8. $a_n = 1/3^n$ für ungerade n und $a_n = n/3^n$ für gerade n.

Entwicklungspunkte von Taylor-Reihen

Die Taylor-Formel

$$f(x) = f(a) + f'(a)(x-a) + \frac{f''(a)}{2!}(x-a)^2 + \cdots$$
$$+ \frac{f^{(n)}(a)}{n!}(x-a)^n + \frac{f^{(n+1)}(c)}{(n+1)!}(x-a)^{n+1}$$

drückt den Wert von f an der Stelle x aus mithilfe der Werte von f und ihrer Ableitungen an der Stelle a. Für numerische Berechnungen muss a eine Stelle sein, an der wir den Wert von f und ihren Ableitungen kennen. Außerdem sollte a nah an den Werten von f liegen, die wir bestimmen wollen, damit $(x-a)^{n+1}$ so klein wird, dass wir das Restglied vernachlässigen können. Mit welcher Taylor-Reihe kann man in den Aufgaben 9–14 die gegebene Funktion in der Nähe des gegebenen Wertes von x annähern? (Es kann durchaus mehr als eine gute Antwort geben.) Schreiben Sie von der Taylor-Reihe, für die Sie sich entscheiden, die ersten vier Glieder auf, die nicht gleich null sind.

9. $\cos x$ bei $x = 1$

10. $\sin x$ bei $x = 6{,}3$

11. e^x bei $x = 0{,}4$

12. $\ln x$ bei $x = 1{,}3$

13. $\cos x$ bei $x = 69$

14. $\tan^{-1} x$ bei $x = 2$

Theorie und Beispiele

15. Es seien a und b zwei Konstanten mit $0 < a < b$. Konvergiert dann die Folge $((a^n + b^n)^{1/n})$? Wenn ja, was ist ihr Grenzwert?

16. Bestimmen Sie den Wert der Reihe

$$1 + \frac{2}{10} + \frac{3}{10^2} + \frac{7}{10^3} + \frac{2}{10^4} + \frac{3}{10^5}$$
$$+ \frac{7}{10^6} + \frac{2}{10^7} + \frac{3}{10^8} + \frac{7}{10^9} + \cdots.$$

17. Berechnen Sie

$$\sum_{n=0}^{\infty} \int_{n}^{n+1} \frac{1}{1+x^2} dx.$$

18. Berechnen Sie alle Werte von x, für die

$$\sum_{n=1}^{\infty} \frac{nx^n}{(n+1)(2x+1)^n}$$

absolut konvergiert.

19. **a.** Hängt der Grenzwert von

$$\lim_{n\to\infty}\left(1-\frac{\cos(a/n)}{n}\right),\quad a \text{ konstant,}$$

von a ab? Wenn ja, wie ist die Abhängigkeit?

b. Hängt der Grenzwert von

$$\lim_{n\to\infty}\left(1-\frac{\cos(a/n)}{bn}\right),\quad a,b \text{ konstant, } b\neq 0,$$

von b ab? Wenn ja, wie ist die Abhängigkeit?

c. Berechnen Sie die Grenzwerte und überprüfen Sie so Ihre Antworten in den Aufgabenteilen **a.** und **b.**.

20. Zeigen Sie: Wenn $\sum_{n=1}^{\infty} a_n$ konvergiert, dann konvergiert auch

$$\sum_{n=1}^{\infty}\left(\frac{1+\sin(a_n)}{2}\right)^n$$

21. Bestimmen Sie einen Wert für die Konstante b, mit dem der Konvergenzradius der Potenzreihe

$$\sum_{n=2}^{\infty}\frac{b^n x^n}{\ln n}$$

gleich 5 wird.

22. Woher wissen Sie, dass die Funktionen $\sin x$, $\ln x$ und e^x keine Polynome sind? Begründen Sie Ihre Antwort.

23. Bestimmen Sie den Wert für a, bei dem der Grenzwert

$$\lim_{x\to 0}\frac{\sin(ax)-\sin x-x}{x^3}$$

endlich ist, und berechnen Sie den Grenzwert.

24. Bestimmen Sie Werte für a und b, für die gilt

$$\lim_{x\to 0}\frac{\cos(ax)-b}{2x^2}=-1.$$

25. **Kriterium von Raabe** Wir geben ein weiteres Kriterium zur Konvergenzuntersuchung von Reihen an, das eine Erweiterung des Quotientenkriteriums ist. Den Beweis geben wir hier nicht.

Kriterium von Raabe Es sei $\sum_{n=1}^{\infty} u_n$ eine Reihe aus positiven Konstanten, und es seien C, K und N Konstanten, für die gilt

$$\frac{u_n}{u_{n+1}}=1+\frac{C}{n}+\frac{f(n)}{n^2};$$

dabei ist $|f(n)|<K$ für $n\geq N$. Dann konvergiert $\sum_{n=1}^{\infty} u_n$ für $C>1$ und divergiert für $C\leq 1$.

Zeigen Sie, dass die Aussagen des Kriteriums von Raabe im Einklang stehen mit dem, was Sie über die Reihen $\sum_{n=1}^{\infty}(1/n^2)$ und $\sum_{n=1}^{\infty}(1/n)$ wissen.

26. *Forsetzung von Aufgabe 25* Die Glieder der Reihe $\sum_{n=1}^{\infty} u_n$ seien rekursiv durch die Gleichungen

$$u_1=1,\quad u_{n+1}=\frac{(2n-1)^2}{(2n)(2n+1)}u_n$$

definiert. Untersuchen Sie mithilfe des Kriteriums von Raabe, ob die Reihe konvergiert.

27. Es sei $\sum_{n=1}^{\infty} a_n$ konvergent, und es sei $a_n\neq 1$ sowie $a_n>0$ für alle n.

a. Zeigen Sie, dass dann $\sum_{n=1}^{\infty} a_n^2$ konvergiert.

b. Konvergiert $\sum_{n=1}^{\infty} a_n/(1-a_n)$? Erläutern Sie.

28. (*Fortsetzung von Aufgabe* 27) Es sei $\sum_{n=1}^{\infty} a_n$ konvergent, und es sei $1>a_n>0$ für alle n. Zeigen Sie, dass dann $\sum_{n=1}^{\infty}\ln(1-a_n)$ konvergiert. (*Hinweis:* Zeigen Sie zuerst, dass $|\ln(1-a_n)|\leq a_n/(1-a_n)$.)

29. **Satz des Nikolaus von Oresme** Auf den französischen Mathematiker Nikolaus von Oresme (ca. 1330–1382) geht der folgende Satz zurück:

$$1+\frac{1}{2}\cdot 2+\frac{1}{4}\cdot 3+\cdots+\frac{n}{2^{n-1}}+\cdots=4.$$

Beweisen Sie diesen Satz. (*Hinweis:* Leiten Sie beide Seiten der Gleichung $1/(1-x)=1+\sum_{n=1}^{\infty}x^n$ ab.)

30. a. Zeigen Sie, dass für $|x| > 1$ gilt

$$\sum_{n=1}^{\infty} \frac{n(n+1)}{x^n} = \frac{2x^2}{(x-1)^3}.$$

Differenzieren Sie dazu zweimal die Identität

$$\sum_{n=1}^{\infty} x^{n+1} = \frac{x^2}{1-x},$$

multiplizieren Sie das Ergebnis mit x und ersetzen Sie dann x durch $1/x$.

b. Bestimmen Sie mithilfe des Ergebnisses aus Teil **a.** eine reelle Lösung größer 1 der Gleichung

$$x = \sum_{n=1}^{\infty} \frac{n(n+1)}{x^n}.$$

31. Qualitätskontrolle

a. Differenzieren Sie die Reihe

$$\frac{1}{1-x} = 1 + x + x^2 + \cdots + x^n + \cdots$$

und bestimmen Sie so eine Reihenentwicklung für $1/(1-x)^2$.

b. Wirft man zwei Würfel, dann ist die Wahrscheinlichkeit für die Augensumme 7 gleich $p = 1/6$. Wirft man die beiden Würfel mehrmals hintereinander, so ist die Wahrscheinlichkeit dafür, dass im n-ten Wurf zum ersten Mal die Augensumme 7 erscheint, gleich $q^{n-1}p$; dabei ist $q = 1 - p = 5/6$. Die erwartete Anzahl an Würfen, die man braucht, bis zum erstenmal die Augensumme 7 erscheint, beträgt $\sum_{n=1}^{\infty} nq^{n-1}p$. Berechnen Sie den Wert dieser Reihe.

c. Sie arbeiten als Ingenieur in der Qualitätskontrolle einer Firma und untersuchen Produkte, die zufällig aus einer Produktionsstraße entnommen wurden. Jedes dieser Testprodukte ist entweder „gut" oder „schlecht". Die Wahrscheinlichkeit für ein gutes Produkt sei p, die für ein schlechtes also $q = 1 - p$. Dann ist die Wahrscheinlichkeit dafür, dass bei der n-ten Überprüfung das erste schlechte Produkt gefunden wird, gleich $p^{n-1}q$. Im Mittel werden bis zum Entdecken des ersten schlechten Produkts $\sum_{n=1}^{\infty} np^{n-1}q$ Produkte untersucht (das schlechte eingeschlossen). Berechnen Sie den Wert dieser Reihe unter der Annahme $0 < p < 1$.

32. Erwartungswert Es sei X eine Zufallsvariable, die die Werte 1, 2, 3... mit den Wahrscheinlichkeiten $p_1, p_2, p_3, \ldots$, annehmen kann; dabei ist p_k die Wahrscheinlichkeit dafür, dass X den Wert k annimmt ($k = 1, 2, 3, \ldots$). Es sei außerdem $p_k \geq 0$ und $\sum_{k=1}^{\infty} p_k = 1$. Der **Erwartungswert** von X, geschrieben als $E(X)$, ist die Zahl $\sum_{k=1}^{\infty} kp_k$, unter der Voraussetzung, dass die Reihe konvergiert. Zeigen Sie in den folgenden Fällen, dass $\sum_{k=1}^{\infty} p_k = 1$ ist, und bestimmen Sie $E(X)$, falls dieser Wert existiert. (*Hinweis*: Vgl. Aufgabe 31.)

a. $p_k = 2^{-k}$

b. $p_k = \dfrac{5^{k-1}}{6^k}$

c. $p_k = \dfrac{1}{k(k+1)} = \dfrac{1}{k} - \dfrac{1}{k+1}$

33. Sichere und wirksame Medikamentendosierung Nimmt man ein Medikament ein, so geht die Konzentration des Wirkstoffs im Blut normalerweise mit der Zeit zurück, da der Körper den Wirkstoff abbaut. Soll die Wirkstoffkonzentration nicht unter einen bestimmten Wert abfallen, so muss in der Regel das Medikament regelmäßig wieder eingenommen werden. In einem Modell für die Wirkung von regelmäßiger Medikamenteneinnahme wird die Restkonzentration des Wirkstoffs kurz vor der $(n+1)$-ten Einnahme durch die Funktion

$$R_n = C_0 e^{-kt_0} + C_0 e^{-2kt_0} + \cdots + C_0 e^{-nkt_0}$$

beschrieben; dabei ist C_0 der Anstieg der Wirkstoffkonzentration, der von einer Medikamenteneinnahme bewirkt wird (in mg/ml), k die *Eliminationskonstante* (in h^{-1}) und t_0 die Zeit zwischen zwei Medikamenteneinnahmen (in h). Die Kurve wird in der ▶untenstehenden Abbildung gezeigt.

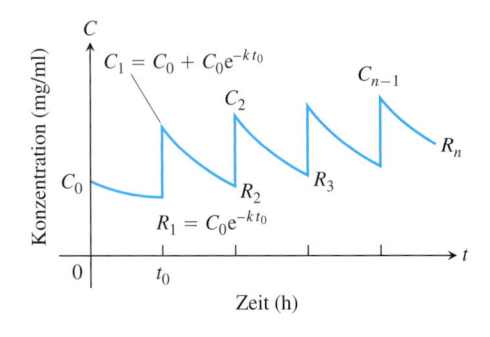

a. Schreiben Sie R_n als einen einzigen Bruch und bestimmen Sie den Grenzwert $R = \lim_{n \to \infty} R_n$.

b. Berechnen Sie R_1 und R_{10} für $C_0 = 1\,\text{mg/ml}$, $k = 0{,}1\,\text{h}^{-1}$ und $t_0 = 10\,\text{h}$. Wie gut wird R durch R_{10} angenähert?

c. Es sei $k = 0{,}01\,\text{h}^{-1}$ und $t_0 = 10\,\text{h}$. Bestimmen Sie das kleinste n; für das gilt $R_n > (1/2)R$.

(*Quelle: Prescribing Safe and Effective Dosage*, B. Horelick und S. Koont, COMAP, Inc., Lexington, MA.)

34. **Zeit zwischen der Medikamenteneinnahme** (*Fortsetzung von Aufgaben 33*) Angenommen, ein Medikament ist unterhalb einer Wirkstoffkonzentration C_L im Blut unwirksam und oberhalb einer Konzentration C_H schädlich. Wir müssen dann Werte für C_0 und t_0 bestimmen, die zu einer Konzentration führen, die sicher (nicht oberhalb von C_H) und wirksam (nicht unterhalb von C_L) ist (vgl. die untenstehende Abbildung). Für diese Werte C_0 und t_0 gilt

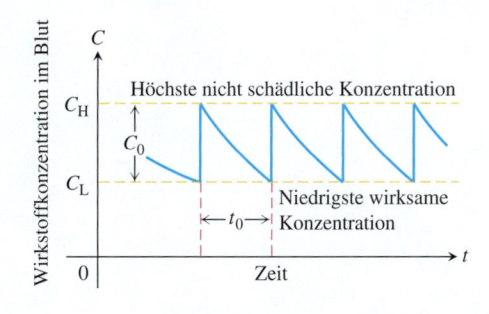

$$R = C_L \quad \text{und} \quad C_0 + r = C_H.$$

Es ist also $C_0 = C_H - C_L$. Wenn wir dies in die Gleichung für R aus Teil **a.** von Aufgabe 33 einsetzen, vereinfacht sich die Gleichung zu

$$t_0 = \frac{1}{k} \ln \frac{C_H}{C_L}.$$

Um schnell eine wirksame Konzentration zu erhalten, könnte man eine Maximaldosis vorschlagen, mit der die Konzentration C_H (in mg/ml) erreicht wird. Danach könnte alle t_0 Stunden eine Dosis folgen, die die Wirkstoffkonzentration wieder um $C_0 = C_H - C_L$ kg/ml anhebt.

a. Bestätigen Sie oben angegebene Gleichung für t_0.

b. Es sei $k = 0{,}05\,\text{h}^{-1}$ und die höchste unschädliche Konzentration sei e-mal so groß wie die kleinste wirksame Konzentration. Bei welcher Zeit zwischen zwei Medikamenteneinnahmen wird dann immer eine unschädliche und wirksame Konzentration des Wirkstoffs im Blut erreicht?

c. Es sei $C_H = 2\,\text{mg/ml}$, $C_L = 0{,}5\,\text{mg/ml}$ und $k = 0{,}02\,\text{h}^{-1}$. Stellen Sie dann einen Plan zur Medikamenteneinnahme auf.

d. Es sei nun $k = 0{,}2\,\text{h}^{-1}$, und die kleinste wirksame Konzentration sei $0{,}03\,\text{mg/ml}$. Das Medikament wird einmal eingenommen und damit eine Wirkstoffkonzentration von $0{,}1\,\text{mg/ml}$ erreicht. Wie lange wird das Medikament dann wirken?

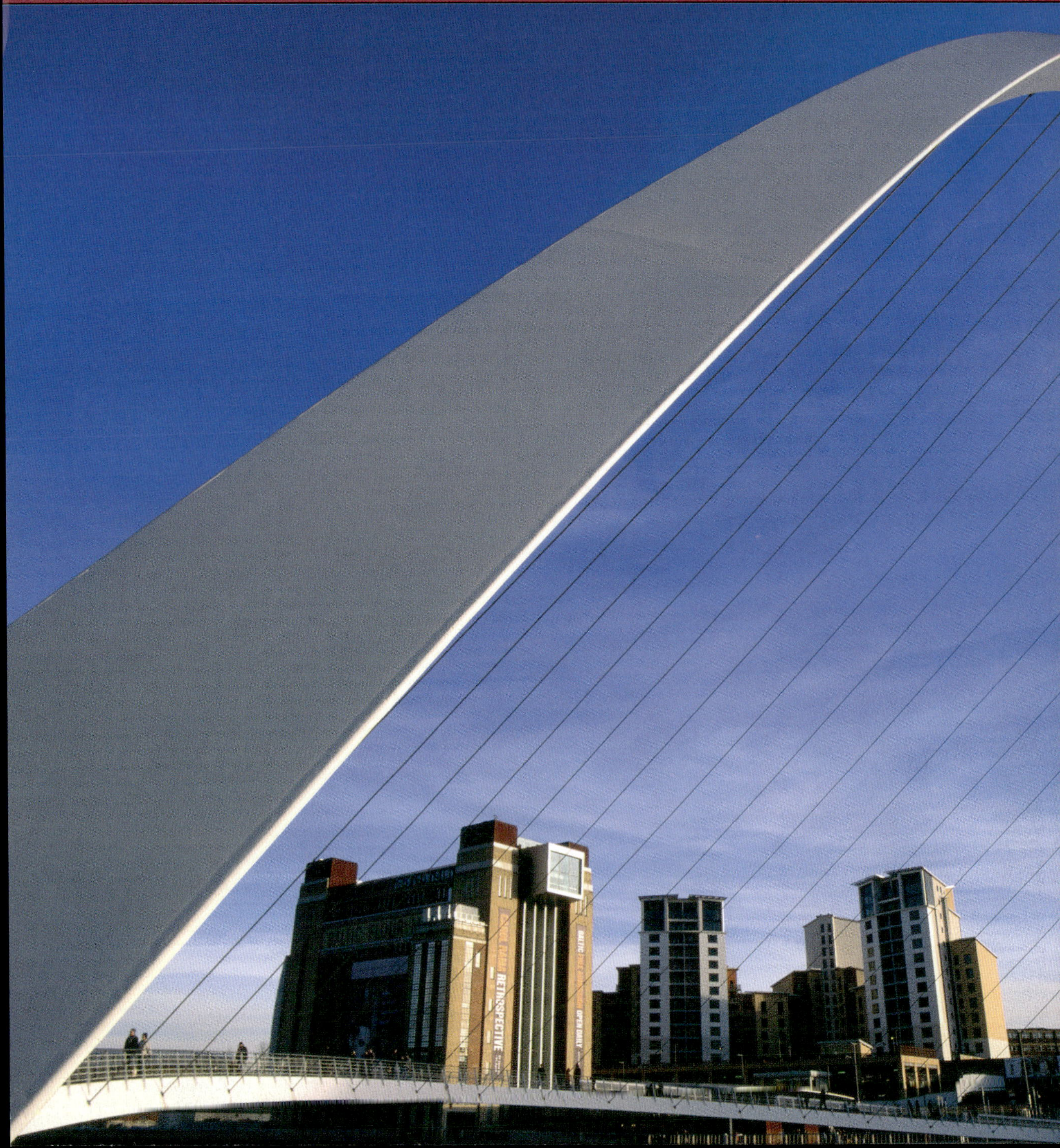
RETROSPECTIVE

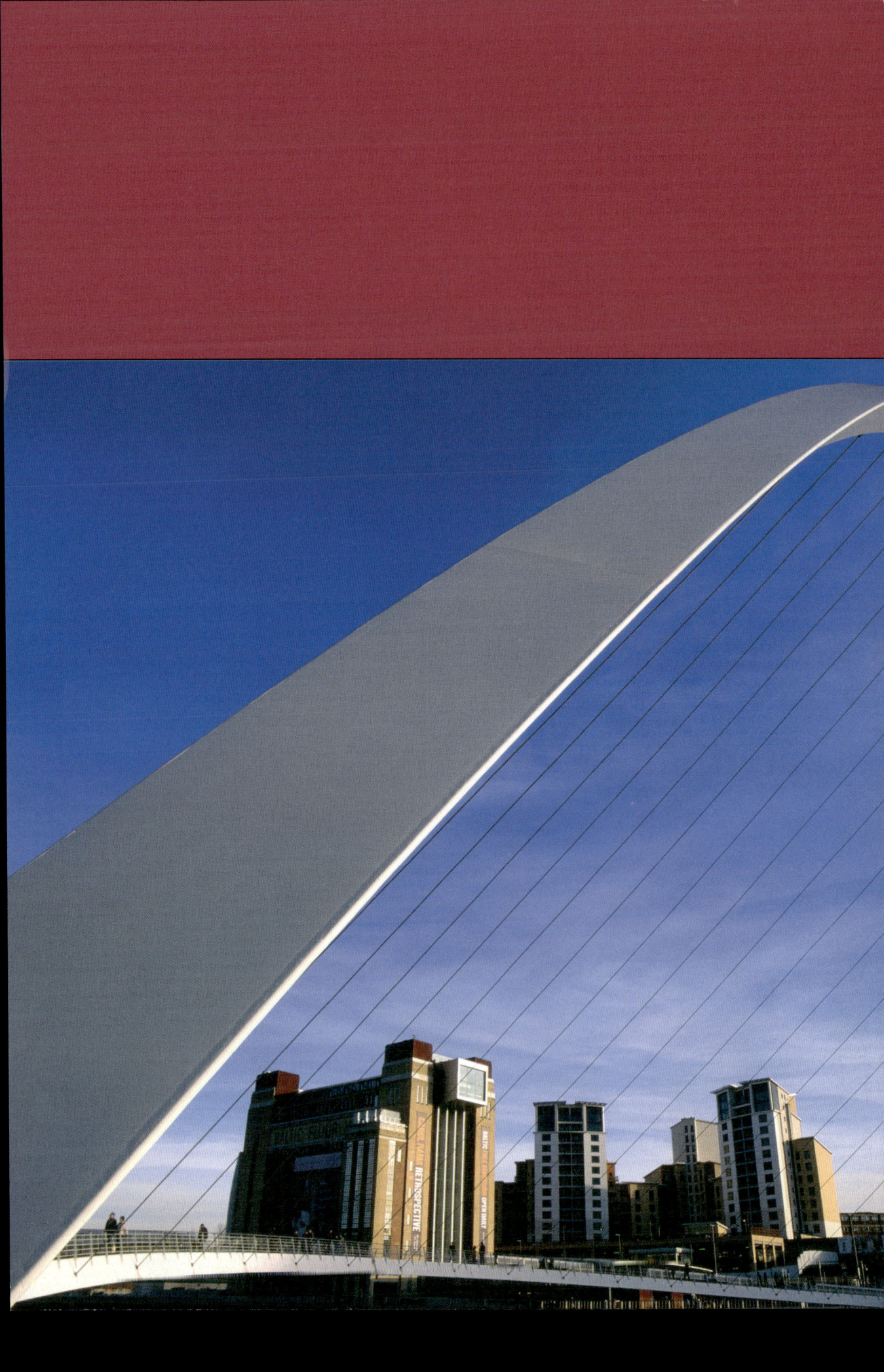

Anhang

A.1 Reelle Zahlen und die reelle Zahlengerade 832
A.2 Vollständige Induktion 840
A.3 Geraden, Kreise und Parabeln 844
A.4 Beweise der Grenzwertsätze 860
A.5 Häufig vorkommende Grenzwerte 864
A.6 Die Theorie der reellen Zahlen 866
A.7 Komplexe Zahlen 870

A.1 Reelle Zahlen und die reelle Zahlengerade

In diesem Abschnitt behandeln wir Zahlen, Ungleichungen, Intervalle und den Absolutbetrag.

Reelle Zahlen

Ein Großteil der Analysis beruht auf den Eigenschaften der reellen Zahlen. **Reelle Zahlen** sind die Zahlen, die als Dezimalzahlen geschrieben werden können, beispielsweise

$$-\frac{3}{4} = -0{,}75000\ldots$$
$$\frac{1}{3} = 0{,}33333\ldots$$
$$\sqrt{2} = 1{,}4142\ldots$$

Die Punkte ... bedeuten, dass in jedem dieser Fälle die Folge der Dezimalstellen unendlich fortgesetzt wird. Jede denkbare Folge von Dezimalstellen steht für eine reelle Zahl, andererseits können manche reelle Zahlen auch durch zwei verschiedene Dezimalfolgen ausgedrückt werden. So stehen beispielsweise die beiden Folgen von Dezimalstellen 0,999... und 1,000... beide für dieselbe reelle Zahl 1. Dies gilt genauso für jede andere Zahl mit einer Dezimalstellenfolge, die ab einer Stelle nur aus lauter Neunern besteht.

Rechenregeln für Ungleichungen
Für die reellen Zahlen a, b und c gilt:

1 $a < b \Rightarrow a + c < b + c$

2 $a < b \Rightarrow a - c < b - c$

3 $a < b$ und $c > 0 \Rightarrow ac < bc$

4 $a < b$ und $c < 0 \Rightarrow bc < ac$
Spezialfall:
$a < b \Rightarrow -b < -a$

5 $a > 0 \Rightarrow \frac{1}{a} > 0$

6 Sind a und b beide positiv oder beide negativ, so gilt
$a < b \Rightarrow \frac{1}{b} < \frac{1}{a}$

Die reellen Zahlen können geometrisch als Punkte auf der **reellen Zahlengeraden** dargestellt werden.

$$\begin{array}{c|c|c|c|c|c|c|c} \, & \, & \, & \, & \, & \, & \, & \, \\ -2 & -1\ -\frac{3}{4} & 0\ \frac{1}{3} & 1 & \sqrt{2} & 2 & 3\ \pi & 4 \end{array}$$

Das Symbol $\mathbb{R}$ steht für die Menge der reellen Zahlen oder (was äquivalent ist) für die reelle Zahlengerade.

Die Eigenschaften der reellen Zahlen lassen sich in drei Kategorien einteilen: algebraische Eigenschaften, Ordnungseigenschaften und die Vollständigkeit. Die **algebraischen Eigenschaften** sagen aus, dass reelle Zahlen nach den Regeln der Arithmetik addiert, subtrahiert, multipliziert und dividiert werden können (außer durch 0), sodass bei diesen Operationen das Ergebnis immer wieder eine reelle Zahl ist, und gewisse Rechenregeln erfüllt sind. Eine eine Division durch 0 ist dabei nicht definiert, *daher darf man durch 0 nicht dividieren.*

Die **Ordnungseigenschaften** der reellen Zahlen werden in Anhang A.6 besprochen. Mit ihnen können u. a. die nebenstehenden Regeln hergeleitet werden, die in vielen Rechnungen nützlich sind; ⇒ bedeutet dabei „daraus folgt".

Besonders beachten muss man die Regeln bei der Muliplikation einer Ungleichung mit einer Zahl: Multipliziert man mit einer positiven Zahl, so bleibt das Ungleichheitszeichen erhalten, multipliziert man mit einer negativen Zahl, dreht sich das Ungleichheitszeichen um. Das Ungleichheitszeichen dreht sich auch um, wenn man das Reziproke betrachtet und beide Zahlen dasselbe Vorzeichen haben. So gilt beispielsweise $2 < 5$, aber $-2 > -5$ und $1/2 > 1/5$.

Die **Vollständigkeit** der reellen Zahlen ist schwieriger genau zu definieren. Ganz grob gesprochen besagt diese Eigenschaft, dass es ausreichend viele reelle Zahlen gibt, um die Zahlengerade „komplett auszufüllen", sie hat keine „Lücken" oder „Löcher". Sehr viele Sätze der Analysis wären ohne die Vollständigkeit der reellen Zahlen nicht gültig.

A.1 Reelle Zahlen und die reelle Zahlengerade

Die genaue Behandlung der Vollständigkeit ist Thema in der fortgeschrittenen Analysis, in Anhang A.6 werden wir aber einige grundlegende Ideen besprechen und erklären, wie die Menge der reellen Zahlen konstruiert wird.

Wir unterscheiden drei wichtige Teilmengen der reellen Zahlen:

1 Die **natürlichen Zahlen** $1, 2, 3, 4 \ldots$

2 Die **ganzen Zahlen** $0, \pm 1, \pm 2, \pm 3, \ldots$

3 Die **rationalen Zahlen**; darunter versteht man die Zahlen, die sich als Bruch m/n mit den ganzen Zahlen m und n schreiben lassen. Beispiele sind

$$\frac{1}{3}, \quad -\frac{4}{9} = \frac{-4}{9} = \frac{4}{-9}, \quad \frac{200}{13} \quad \text{und} \quad 57 = \frac{57}{1}.$$

Die rationalen Zahlen entsprechen genau den reellen Zahlen, deren Dezimaldarstellung entweder

a abbricht, also in einer Folge von lauter Nullen endet wie beispielsweise

$$\frac{3}{4} = 0{,}75000\ldots = 0{,}75 \quad \text{oder}$$

b eine Periode aufweist, also mit einer Anzahl Ziffern endet, die sich unendlich oft wiederholen, wie

$$\frac{23}{11} = 2{,}090909\ldots = 2{,}\overline{09}$$

Der Strich über den Ziffern bedeutet, dass diese Ziffern sich unendlich oft wiederholen. Man spricht ihn „Periode 09".

Man kann eine Dezimaldarstellung mit einer endlichen Anzahl Stellen als Spezialfall einer periodischen Dezimaldarstellung interpretieren, indem man sie mit einer Folge, bestehend aus lauter Nullen, fortsetzt.

Die rationalen Zahlen weisen alle algebraischen und Ordnungseigenschaften der reellen Zahlen auf; für sie gilt allerdings nicht die Eigenschaft der Vollständigkeit. Es gibt beispielsweise keine rationale Zahl, deren Quadrat 2 ist; an dieser Stelle, an der sich $\sqrt{2}$ befinden sollte, ist also ein „Loch" in der Menge der rationalen Zahlen.

Die reellen Zahlen, die nicht rational sind, nennt man auch **irrationale Zahlen**. Sie erkennt man daran, dass ihre Dezimaldarstellung weder endet noch periodisch ist. Beispiele für irrationale Zahlen sind π, $\sqrt{2}$, $\sqrt[3]{5}$ und $\log_{10} 3$. Jeder Dezimalausdruck, der nicht periodisch ist, steht für eine irrationale Zahl, schon daraus wird klar, dass es unendlich viele irrationale Zahlen gibt. In einer beliebig kleinen Umgebung eines beliebigen Punktes auf der reellen Zahlengeraden findet man immer sowohl rationale als auch irrationale Zahlen.

Eine **Menge** ist eine Zusammenfassung von Objekten, die man dann die **Elemente** der Menge nennt. Für die Menge S bedeutet die Schreibweise $a \in S$, dass a ein Element von S ist, und $a \notin S$, dass a kein Element von S ist. Für die beiden Mengen S und T ist $S \cup T$ die **Vereinigungsmenge** von S und T; zu ihr gehören alle Objekte, die entweder Element von S oder von T oder von beiden sind. Die **Schnittmenge** $S \cap T$ dagegen enthält alle Objekte, die sowohl Element von S als auch von T sind. Die **leere Menge** $\emptyset$ ist eine Menge, die keine Elemente hat. So ist etwa die Schnittmenge der rationalen und der irrationalen Zahlen die leere Menge.

Manche Mengen kann man beschreiben, indem man alle ihre Elemente in geschweiften Klammern *aufzählt*. So kann man etwa die Menge A der natürlichen Zahlen kleiner als 6 folgendermaßen darstellen:

$$A = \{1, 2, 3, 4, 5\}.$$

Die Menge aller ganzen Zahlen kann so geschrieben werden:

$$\{0, \pm 1, \pm 2, \pm 3, \ldots\}.$$

Mengen können auch beschrieben werden, indem man eine Eigenschaft benennt, die die Elemente der Menge bestimmt. So ist die Menge

$$A = \{x | x \text{ ist eine ganze Zahl mit } 0 < x < 6\}$$

die Menge der natürlichen Zahlen kleiner als 6.

Intervalle

Eine Teilmenge der reellen Zahlengeraden enthalte mindestens zwei Zahlen und alle reellen Zahlen zwischen zwei beliebigen ihrer Elemente. Eine solche Teilmenge nennt man ein **Intervall**. So ist beispielsweise die Menge aller reellen Zahlen x mit $x > 6$ ein Intervall, ebenso die Menge aller x mit $-2 \leq x \leq 5$. Dagegen ist die Menge aller reellen Zahlen ungleich Null kein Intervall, da ohne die Null die Menge beispielsweise nicht alle Zahlen zwischen -1 und 1 enthält.

Tabelle A.1: Intervallarten

Schreibweise	Darstellung als Menge	Art	grafische Darstellung
(a, b)	$\{x | a < x < b\}$	offen	
$[a, b]$	$\{x | a \leq x \leq b\}$	abgeschlossen	
$[a, b)$	$\{x | a \leq x < b\}$	halboffen	
$(a, b]$	$\{x | a < x \leq b\}$	halboffen	
(a, ∞)	$\{x | x > a\}$	offen	
$[a, \infty)$	$\{x | x \geq a\}$	abgeschlossen	
$(-\infty, b)$	$\{x | x < b\}$	offen	
$(-\infty, b]$	$\{x | x \leq b\}$	abgeschlossen	
$(-\infty, \infty)$	$\mathbb{R}$ (Menge aller reellen Zahlen)	offen und abgeschlossen	

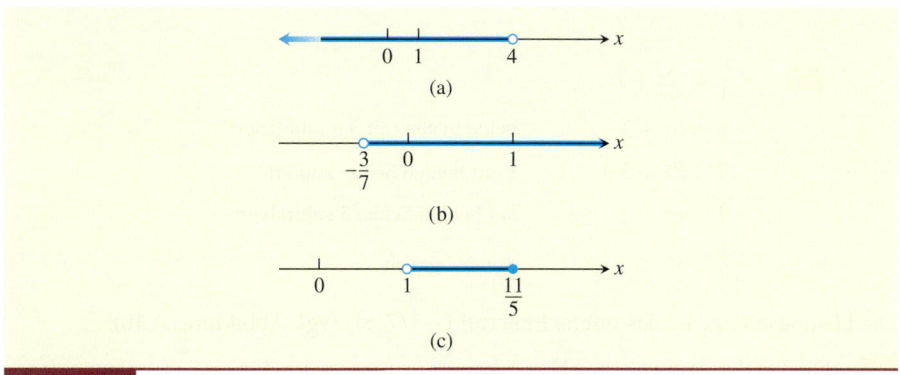

Abbildung A.1 Die Lösungsmengen der Ungleichungen aus Beispiel A.1.

Geometrisch betrachtet entsprechen die Intervalle Strahlen und Strecken auf der reellen Zahlengeraden, auch die Zahlengerade selbst ist ein Intervall. Zahlenintervalle, die Strecken entsprechen, sind **beschränkte Intervalle**, die Intervalle, die durch Strahlen oder die reelle Zahlengerade dargestellt werden, nennt man **unbeschränkte Intervalle**.

Ein beschränktes Intervall heißt **abgeschlossen**, wenn beide Endpunkte Elemente des Intervalls sind, **halboffen**, wenn nur ein Endpunkt zu dem Intervall gehört, und **offen**, wenn keiner der Endpunkte Teil des Intervalls ist. Die Endpunkte nennt man auch **Randpunkte** oder **Grenzen** des Intervalls, die übrigen Punkte **innere Punkte**. Unbeschränkte Intervalle haben höchstens einen Randpunkt; wenn sie diesen enthalten, nennt man sie abgeschlossen, sonst sonst heißen sie offen. Die gesamte reelle Zahlengerade $\mathbb{R}$ ist ein unbeschränktes Intervall, das sowohl offen als auch abgeschlossen ist. Tabelle A.1 gibt einen Überblick über die verschiedenen Intervallarten.

Man beachte, dass beispielsweise in der Schreibweise $[a, \infty)$ das Zeichen ∞ nur ein Symbol und keine reelle Zahl ist. Das unbeschränkte Intervall $[a, \infty)$ hat also nur einen Randpunkt (nämlich a), die Schreibweise $[a, \infty]$ hätte also keinen Sinn.

Lösen von Ungleichungen

Wenn man eine Ungleichung mit der Variable x **lösen** möchte, so bestimmt man die Menge aller Zahlen, meist ein Intervall oder eine Vereinigung von Intervallen, die die Ungleichung erfüllen.

Beispiel A.1 Lösen Sie die folgenden Ungleichungen und zeichnen Sie die Lösungsmengen auf der reellen Zahlengeraden ein.

Lineare Ungleichungen lösen

a $2x - 1 < x + 3$ b $-\dfrac{x}{3} < 2x + 1$ c $\dfrac{6}{x-1} \geq 5$

Lösung

a $2x - 1 < x + 3$
   $2x < x + 4$ auf beiden Seiten 1 adddiert
   $x < 4$ x auf beiden Seiten subtrahiert

Die Lösungsmenge ist das offene Intervall $(-\infty, 4)$ (vgl. Abbildung A.1a).

b $\quad -\dfrac{x}{3} < 2x + 1$

$\qquad -x < 6x + 3 \qquad$ beide Seiten mit 3 multipliziert

$\qquad 0 < 7x + 3 \qquad$ x auf beiden Seiten addiert

$\qquad -3 < 7x \qquad$ auf beiden Seiten 3 subtrahiert

$\qquad -\dfrac{3}{7} < x \qquad$ durch 7 geteilt

Die Lösungsmenge ist das offene Intervall $(-3/7, \infty)$ (vgl. Abbildung A.1b).

c Die Ungleichung $6/(x-1) \geq 5$ kann nur für $x > 1$ gelten, da ansonsten $6/(x-1)$ nicht definiert oder negativ ist. Dann ist $(x-1)$ positiv, und das $<$-Zeichen der Ungleichung bleibt erhalten, wenn wir mit beide Seiten mit $(x-1)$ multiplizieren. Wir erhalten

$\qquad \dfrac{6}{x-1} \geq 5$

$\qquad 6 \geq 5x - 5 \qquad$ beide Seiten mit $(x-1)$ multipliziert

$\qquad 11 \geq 5x \qquad$ auf beiden Seiten 5 addiert

$\qquad \dfrac{11}{5} \geq x. \qquad$ bzw. $x \leq \dfrac{11}{5}$

Die Lösungsmenge ist das halboffene Intervall $(1, 11/5]$ (vgl. Abbildung A.1c). ∎

Absolute Beträge

Der **Betrag** (auch *Absolutbetrag* oder *Absolutwert* genannt) einer Zahl x wird $|x|$ geschrieben und ist folgendermaßen definiert:

$$|x| = \begin{cases} x, & x \geq 0 \\ -x, & x < 0. \end{cases}$$

Beträge von Zahlen und Variablen

Beispiel A.2

$$|3| = 3, \quad |0| = 0, \quad |-5| = -(-5) = 5, \quad |-|a|| = |a|$$

Geometrisch betrachtet entspricht der Betrag von x dem Abstand zwischen x und 0 auf der reellen Zahlengeraden. Abstände sind immer positiv oder null, auch daraus ergibt sich $|x| \geq 0$ für jede reelle Zahl x; $|x| = 0$ gilt nur für $x = 0$. Ebenso gilt

$$|x - y| = \text{Abstand zwischen } x \text{ und } y$$

auf der reellen Zahlengeraden (vgl. Abbildung A.2).

Das Symbol $\sqrt{a}$ steht immer für die *nichtnegative* Quadratwurzel von a, man kann $|x|$ also alternativ auch folgendermaßen definieren:

$$|x| = \sqrt{x^2}.$$

Man sollte im Kopf behalten, dass gilt $\sqrt{a^2} = |a|$. $\sqrt{a^2} = a$ darf man also erst dann schreiben, wenn $a \geq 0$ gilt.

Für den Betrag gelten die folgenden Eigenschaften. (Die Beweise dieser Eigenschaften werden Sie in den Aufgaben führen.)

A.1 Reelle Zahlen und die reelle Zahlengerade

Abbildung A.2 Beträge entsprechen Abständen zwischen Punkten auf der reellen Zahlengeraden.

Eigenschaften des Betrags

Merke

1. $|-a| = |a|$ — Eine Zahl und ihr Negatives haben den gleichen Betrag.
2. $|ab| = |a||b|$ — Der Betrag eines Produkts ist gleich dem Produkt der Beträge.
3. $\left|\dfrac{a}{b}\right| = \dfrac{|a|}{|b|}$ — Der Betrag eines Quotienten ist gleich dem Quotienten der Beträge.
4. $|a+b| \leq |a| + |b|$ — Nach dieser **Dreiecksungleichung** ist der Betrag der Summe von zwei Zahlen kleiner oder gleich der Summe der beiden Beträge.

Wichtig ist $|-a| \neq -|a|$. So gilt beispielsweise $|-3| = 3$, dagegen ist $-|3| = -3$. Wenn a und b ein unterschiedliches Vorzeichen haben, dann ist $|a+b|$ kleiner als $|a|+|b|$; ansonsten ist $|a+b|$ gleich $|a|+|b|$. Die Betragsstriche in Ausdrücken wie $|-3+5|$ haben den gleichen Effekt wie Klammern: Wir führen zuerst die Berechnungen innerhalb der Betragsstriche aus, erst dann bestimmen wir den Betrag.

Beispiel A.3 *Rechnungen mit Beträgen*

$$|-3+5| = |2| = 2 < |-3|+|5| = 8$$
$$|3+5| = |8| = |3|+|5|$$
$$|-3-5| = |-8| = 8 = |-3|+|-5|$$

Die Ungleichung $|x| < a$ besagt, dass der Abstand zwischen x und 0 kleiner ist als die positive Zahl a. x muss also zwischen $-a$ und a liegen, wie in Abbildung A.3 zu sehen.

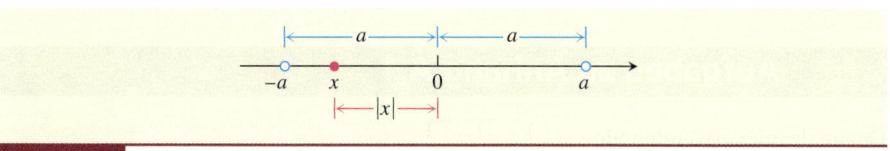

Abbildung A.3 $|x| < a$ bedeutet, dass x zwischen $-a$ und a liegt.

Die Aussagen in Tabelle A.2 folgen alle aus der Definition des Betrags und sind oft nützlich, wenn man Gleichungen oder Ungleichungen mit Beträgen lösen will.

Das Symbol $\Leftrightarrow$ wird in mathematischen Ausdrücken oft verwendet und steht für die logische Beziehung „dann und nur dann". Es bedeutet auch „jede Seite folgt aus der anderen".

Beispiel A.4 Lösen Sie die Gleichung $|2x-3| = 7$. *Gleichung mit Betrag*

Anhang

Tabelle A.2: Absolute Beträge und Intervalle

Für jede positive Zahl a gilt		
5.	$\|x\| = a$ $\Leftrightarrow$	$x = \pm a$
6.	$\|x\| < a$ $\Leftrightarrow$	$-a < x < a$
7.	$\|x\| > a$ $\Leftrightarrow$	$x > a$ oder $x < -a$
8.	$\|x\| \geq a$ $\Leftrightarrow$	$x \geq a$ oder $x \leq -a$

Lösung Gemäß Eigenschaft 5 gilt $2x - 3 = \pm 7$, es gibt also zwei Möglichkeiten:

$$2x - 3 = 7 \qquad 2x - 3 = -7 \qquad \text{äquivalente Gleichungen ohne die Betragsstriche}$$
$$2x = 10 \qquad 2x = -4 \qquad \text{wie üblich gelöst}$$
$$x = 5 \qquad x = -2$$

Die Lösungen von $|2x - 3| = 7$ sind $x = 5$ und $x = -2$.

Ungleichung mit Betrag **Beispiel A.5** Lösen Sie die Ungleichung $\left|5 - \dfrac{2}{x}\right| < 1$.

Lösung

$$\left|5 - \frac{2}{x}\right| < 1 \Leftrightarrow -1 < 5 - \frac{2}{x} < 1 \qquad \text{Eigenschaft 6}$$

$$\Leftrightarrow -6 < -\frac{2}{x} < -4 \qquad \text{5 subtrahiert}$$

$$\Leftrightarrow 3 > \frac{1}{x} > 2 \qquad \text{multipliziert mit } -\frac{1}{2}$$

$$\Leftrightarrow \frac{1}{3} < x < \frac{1}{2}. \qquad \text{Inverse gebildet}$$

In diesem Beispiel wurden verschiedene Regeln für Ungleichungen verwendet. So kehrt sich das <-Zeichen um, wenn mit einer negativen Zahl multipliziert wird. Das gleiche gilt, wenn von den beiden positiven Seiten einer Ungleichung Inverse gebildet werden. Die ursprüngliche Ungleichung ist dann und nur dann erfüllt, wenn gilt $(1/3) < x < (1/2)$. Die Lösungsmenge ist das offene Intervall $(1/3, 1/2)$.

Aufgaben zu Anhang A.1

1. Schreiben Sie 1/9 als Dezimalzahl; verwenden Sie einen Strich über den entsprechenden Ziffern, um die Periode darzustellen. Was ist die Dezimaldarstellung von 2/9? 3/9? 8/9? 9/9?

2. Es gilt $2 < x < 6$. Welche der folgenden Aussagen müssen dann wahr sein, welche können wahr sein?

a. $0 < x < 4$
b. $0 < x - 2 < 4$
c. $1 < \dfrac{x}{2} < 3$

d. $\dfrac{1}{6} < \dfrac{1}{x} < \dfrac{1}{2}$
e. $1 < \dfrac{6}{x} < 3$
f. $|x - 4| < 2$
g. $-6 < -x < 2$
h. $-6 < -x < -2$

Lösen Sie in den Aufgaben 3–6 die Ungleichung und stellen Sie die Lösungsmenge auf der reellen Zahlengeraden dar.

3. $-2x > 4$

4. $5x - 3 \leq 7 - 3x$

5. $2x - \dfrac{1}{2} \geq 7x + \dfrac{7}{6}$

6. $\dfrac{4}{5}(x-2) < \dfrac{1}{3}(x-6)$

Lösen Sie in den Aufgaben 7–9 die Gleichung.

7. $|y| = 3$

8. $|2t + 5| = 4$

9. $|8 - 3s| = \dfrac{9}{2}$

Lösen Sie in den Aufgaben 10–17 die Ungleichungen und geben Sie die Lösungsmenge als Intervall oder Vereinigung von Intervallen an. Stellen Sie außerdem jede Lösungsmenge auf der reellen Zahlengeraden dar.

10. $|x| < 2$

11. $|t - 1| \leq 3$

12. $|3y - 7| < 4$

13. $\left|\dfrac{z}{5} - 1\right| \leq 1$

14. $\left|3 - \dfrac{1}{x}\right| < \dfrac{1}{2}$

15. $|2s| \geq 4$

16. $|1 - x| > 1$

17. $\left|\dfrac{r+1}{2}\right| \geq 1$

Lösen Sie in den Aufgaben 18–21 die Ungleichungen. Geben Sie die Lösungsmenge als Intervall oder Vereinigung von Intervallen an und stellen Sie sie auf der reellen Zahlengeraden dar. Verwenden Sie – wo es angebracht ist – den Ausdruck $\sqrt{a^2} = |a|$.

18. $x^2 < 2$

19. $4 < x^2 < 9$

20. $(x - 1)^2 < 4$

21. $x^2 - x < 0$

22. Man könnte leicht denken, dass immer $|-a| = a$ gilt. Für welche reellen Zahlen a ist diese Aussage wahr, für welche falsch?

23. Lösen Sie die Gleichung $|x - 1| = 1 - x$.

24. Beweis der Dreiecksungleichung Begründen Sie in dem folgenden Beweis der Dreiecksungleichung jeden der nummerierten Schritte.

$$|a + b|^2 = (a + b)^2 \quad (1)$$
$$= a^2 + 2ab + b^2$$
$$\leq a^2 + 2|a||b| + b^2 \quad (2)$$
$$= |a|^2 + 2|a||b| + |b|^2 \quad (3)$$
$$= (|a| + |b|)^2$$
$$|a + b| \leq |a| + |b| \quad (4)$$

25. Beweisen Sie, dass für alle Zahlen a und b gilt: $|ab| = |a||b|$.

26. Es sei $|x| \leq 3$ und $x > -1/2$. Welche Aussagen können Sie dann zu x machen?

27. Stellen Sie die Ungleichung $|x| + |y| \leq 1$ grafisch dar.

28. Beweisen Sie, dass für alle Zahlen a gilt: $|-a| = |a|$.

29. Es sei a eine beliebige positive Zahl. Beweisen Sie, dass $|x| > a$ dann und nur dann gilt, wenn $x > a$ oder $x < -a$.

30. a. Es sei b eine beliebige reelle Zahl ungleich Null. Beweisen Sie, dass dann gilt $|1/b| = 1/|b|$.

b. Beweisen Sie, dass für alle Zahlen a und $b \neq 0$ gilt
$$\left|\dfrac{a}{b}\right| = \dfrac{|a|}{|b|}.$$

A.2 Vollständige Induktion

Bei vielen Formeln, wie beispielsweise bei

$$1 + 2 + \cdots + n = \frac{n(n+1)}{2},$$

kann man mit einer bestimmten mathematischen Beweismethode zeigen, dass sie für alle positiven ganzen Zahlen n gelten. Diese Methode ist die *vollständige Induktion*; Beweise, die mit dieser Methode geführt werden, nennt man *Induktionsbeweise*.

Wollen wir eine Aussage mithilfe der vollständigen Induktion beweisen, so führen wir die folgenden zwei Beweisschritte durch:

1 Wir überprüfen, dass die Aussage (z. B. eine Gleichung) für $n = 1$ gilt.

2 Wir zeigen: Wenn die Aussage für eine beliebige natürliche Zahl $n = k$ gilt, so gilt sie auch für die nächste natürliche Zahl $n = k + 1$.

Haben wir diese beiden Punkte gezeigt, so gilt die Aussage für *alle* positiven ganzen Zahlen n. Gemäß Schritt 1 gilt sie für $n = 1$. Gemäß Schritt 2 gilt sie dann auch für $n = 2$, ebenfalls gemäß Schritt 2 auch für $n = 3$, $n = 4$ und so weiter. Die Beweismethode ähnelt also ein wenig einer Dominokette: Wenn der erste Dominostein fällt und der $k$te Stein beim Fallen immer den $(k+1)$-ten Stein umstößt, dann werden alle Dominosteine umfallen.

Wir können uns die Methode auch auf eine andere Weise klar machen: Wir betrachten eine Reihe von Aussagen $S_1, S_2, \ldots, S_n, \ldots$; jede gilt für eine positive ganze Zahl. Wir nehmen nun an, dass wir das Folgende zeigen können: Ist eine der Aussagen wahr, so folgt daraus, dass auch die nächste Aussage in der Liste wahr ist. Wenn wir jetzt zeigen, dass S_1 wahr ist, so können wir daraus schließen, dass alle Aussagen von S_1 an wahr sind.

Beweis der Summenformel mit vollständiger Induktion

Beispiel A.6 Zeigen Sie mithilfe der vollständigen Induktion, dass für alle positiven ganzen Zahlen n gilt

$$1 + 2 + \cdots + n = \frac{n(n+1)}{2}.$$

Lösung Wir führen die beiden oben beschriebenen Beweisschritte durch.

1 Die Gleichung ist wahr für $n = 1$, denn es gilt

$$1 = \frac{1(1+1)}{2}.$$

2 Die Gleichung sei wahr für $n = k$. Ist sie dann auch für $n = k + 1$ wahr? Wir zeigen, dass dies der Fall ist. Wenn gilt

$$1 + 2 + \cdots + k = \frac{k(k+1)}{2},$$

dann gilt auch

$$1 + 2 + \cdots + k + (k+1) = \frac{k(k+1)}{2} + (k+1) = \frac{k^2 + k + 2k + 2}{2}$$
$$= \frac{(k+1)(k+2)}{2} = \frac{(k+1)((k+1)+1)}{2}.$$

Der letzte Ausdruck in dieser Rechnung entspricht dem Ausdruck $n(n+1)/2$ für $n = (k+1)$.

Gemäß dem Prinzip der vollständigen Induktion ist die Gleichung damit für alle positiven ganzen Zahlen n bewiesen. ∎

In Beispiel 5.8 in Abschnitt 5.2 haben wir die Formel für die Summe der ersten n ganzen Zahlen mit einem anderen Verfahren bewiesen. Der Induktionsbeweis ist aber allgemeiner; man kann dieses Verfahren auch verwenden, um die Summenformel für die zweite und dritte Potenz der ersten n ganzen Zahlen zu bestimmen. (Dies wird in den Aufgaben 9 und 10 behandelt.) Wir besprechen nun ein weiteres Beispiel für einen Induktionsbeweis.

Beispiel A.7 Zeigen Sie mit vollständiger Induktion, dass für alle positiven ganzen Zahlen n gilt

$$\frac{1}{2^1} + \frac{1}{2^2} + \cdots + \frac{1}{2^n} = 1 - \frac{1}{2^n}.$$

Beweis der Summenformel für reziproke Quadrate

Lösung Wir führen die beiden Beweisschritte des Induktionsbeweises aus.

1 Die Gleichung gilt für $n = 1$, denn es ist

$$\frac{1}{2^1} = 1 - \frac{1}{2^1}.$$

2 Wenn gilt

$$\frac{1}{2^1} + \frac{1}{2^2} + \cdots + \frac{1}{2^k} = 1 - \frac{1}{2^k},$$

dann gilt auch

$$\frac{1}{2^1} + \frac{1}{2^2} + \cdots + \frac{1}{2^k} + \frac{1}{2^{k+1}} = 1 - \frac{1}{2^k} + \frac{1}{2^{k+1}} = 1 - \frac{1 \cdot 2}{2^k \cdot 2} + \frac{1}{2^{k+1}}$$
$$= 1 - \frac{2}{2^{k+1}} + \frac{1}{2^{k+1}} = 1 - \frac{1}{2^{k+1}}.$$

Gilt die ursprüngliche Gleichung also für $n = k$, so gilt sie auch für $n = (k+1)$.

Es wurden also die beiden Schritte des Induktionsbeweises erfolgreich durchgeführt, die Formel gilt damit für alle positiven ganzen Zahlen n. ∎

Vollständige Induktion mit Startzahlen ungleich 1

Die Beweisführung mit vollständiger Induktion kann statt bei $n = 1$ auch bei anderen ganzen Zahlen beginnen. Dabei führen wir die folgenden Beweisschritte durch:

1 Wir überprüfen, dass die Aussage (z. B. Gleichung) für $n = n_1$ gilt (die kleinste ganze Zahl, die in Frage kommt).

2 Wir zeigen: Wenn die Aussage für eine beliebige ganze Zahl $n = k \geq n_1$ gilt, so gilt sie auch für die nächste ganze Zahl $n = k + 1$.

Beweis einer Größenabschätzung mit vollständiger Induktion

Wurden diese beiden Schritte erfolgreich durchgeführt, so ist beweisen, dass die Gleichung für alle $n \geq n_1$ gilt.

Beispiel A.8 Zeigen Sie, dass für ausreichend große n gilt: $n! > 3^n$.

Lösung Wann ist n ausreichend groß? Wir berechnen zunächst einige Beispielwerte.

n	1	2	3	4	5	6	7
$n!$	1	2	6	24	120	720	5040
3^n	3	9	27	81	243	729	2187

Offensichtlich ist $n! > 3^n$ für $n \geq 7$. Wir beweisen diese Vermutung mit vollständiger Induktion. Dazu setzen wir im ersten Schritt $n_1 = 7$ und führen dann Schritt 2 durch.

Es sei $k! > 3^k$ für ein $k \geq 7$. Dann gilt

$$(k+1)! = (k+1)(k!) > (k+1)3^k > 7 \cdot 3^k > 3^{k+1}.$$

Für $k \geq 7$ gilt also:

$$\text{Aus } k! > 3^k \text{ folgt } (k+1)! > 3^{k+1}.$$

Der Induktionsbeweis wurde damit erfolgreich durchgeführt, es gilt $n! \geq 3^n$ für alle $n \geq 7$.

Beweis der Summenregel für Ableitungen bei Summen aus endlich vielen Funktionen

Wir beweisen die Ausssage

$$\frac{d}{dx}(u_1 + u_2 + \cdots + u_n) = \frac{du_1}{dx} + \frac{du_2}{dx} + \cdots + \frac{du_n}{dx}$$

mit vollständiger Induktion. Die Aussage ist wahr für $n = 2$; dies wurde in Abschnitt 3.3 gezeigt. Damit haben wir den ersten Schritt des Induktionsbeweises bereits durchgeführt.

In Schritt 2 müssen wir zeigen: Ist die Aussage wahr für eine beliebige ganze Zahl $n = k$ mit $k \geq n_0 = 2$, dann ist sie auch wahr für $n = k+1$. Wir nehmen also an, dass gilt

$$\frac{d}{dx}(u_1 + u_2 + \cdots + u_k) = \frac{du_1}{dx} + \frac{du_2}{dx} + \cdots + \frac{du_k}{dx}. \tag{A.1}$$

Daraus folgt

$$\frac{d}{dx}(\underbrace{u_1 + u_2 + \cdots + u_k}_{\text{Diese Summe definiert eine Funktion, die } u \text{ genannt wird.}} + \underbrace{u_{k+1}}_{\text{Diese Funktion wird } v \text{ genannt.}})$$

$$= \frac{d}{dx}(u_1 + u_2 + \cdots + u_k) + \frac{du_{k+1}}{dx} \qquad \text{Summenregel für } \frac{d}{dx}(u+v)$$

$$= \frac{du_1}{dx} + \frac{du_2}{dx} + \cdots + \frac{du_k}{dx} + \frac{du_{k+1}}{dx}. \qquad \text{Gleichung (A.1)}$$

Es wurden also beide Schritte des Induktionsbeweises erfolgreich durchgeführt; die Summenregel ist damit für $n \geq 2$ bewiesen.

Aufgaben zu Anhang A.2

1. Gehen Sie davon aus, dass die Dreiecksungleichung $|a+b| \leq |a| + |b|$ für zwei beliebige Zahlen a und b gilt. Zeigen Sie damit, dass

$$|x_1 + x_2 + \cdots + x_n| \leq |x_1| + |x_2| + \cdots + |x_n|$$

für eine beliebige Anzahl n von Zahlen gilt.

2. Es sei $r \neq 1$. Zeigen Sie, dass dann

$$1 + r + r^2 + \cdots + r^n = \frac{1 - r^{n+1}}{1 - r}$$

für jede positive ganze Zahl n gilt.

3. Zeigen Sie, dass $\frac{d}{dx}(x^n) = nx^{n-1}$ für jede positive ganze Zahl n gilt. Verwenden Sie dazu die Produktregel $\frac{d}{dx}(uv) = u\frac{dv}{dx} + v\frac{du}{dx}$ und die Aussage $\frac{d}{dx}(x) = 1$.

4. Eine Funktion $f(x)$ habe die Eigenschaft $f(x_1 x_2) = f(x_1) + f(x_2)$ für zwei beliebige positive Zahlen x_1 und x_2. Zeigen Sie, dass dann

$$f(x_1 x_2 \cdots x_n) = f(x_1) + f(x_2) + \cdots + f(x_n)$$

für ein beliebiges Produkt $x_1, x_2, \ldots, x_n$ aus n positiven Zahlen gilt.

5. Zeigen Sie, dass für alle positiven ganzen Zahlen n gilt

$$\frac{2}{3^1} + \frac{2}{3^2} + \cdots + \frac{2}{3^n} = 1 - \frac{1}{3^n}.$$

6. Zeigen Sie, dass für ausreichend große n gilt: $n! > n^3$.

7. Zeigen Sie, dass für ausreichend große n gilt: $2^n > n^2$.

8. Zeigen Sie, dass für $n \geq -3$ gilt: $2^n \geq 1/8$.

9. Summe von Quadraten Zeigen Sie, dass die Summe der Quadrate der ersten n positiven ganzen Zahlen gleich

$$\frac{n\left(n + \frac{1}{2}\right)(n+1)}{3}$$

ist.

10. Summe der dritten Potenzen Zeigen Sie, dass die Summe der dritten Potenzen der ersten n positiven ganzen Zahlen gleich $(n(n+1)/2)^2$ ist.

11. Regeln für endliche Summen Zeigen Sie, dass die folgenden Summenregeln für jede positive ganze Zahl n gelten (vgl. auch Abschnitt 5.2).

a. $\sum_{k=1}^{n}(a_k + b_k) = \sum_{k=1}^{n} a_k + \sum_{k=1}^{n} b_k$

b. $\sum_{k=1}^{n}(a_k - b_k) = \sum_{k=1}^{n} a_k - \sum_{k=1}^{n} b_k$

c. $\sum_{k=1}^{n} ca_k = c \cdot \sum_{k=1}^{n} a_k$ (für beliebige c)

d. $\sum_{k=1}^{n} a_k = n \cdot c$
(wenn a_k den konstanten Wert c hat)

12. Zeigen Sie, dass für jede positive ganze Zahl n und jede reelle Zahl x gilt: $|x^n| = |x|^n$.

A.3 Geraden, Kreise und Parabeln

In diesem Abschnitt besprechen wir die Themen Koordinaten, Geraden, Abstände, Kreise und Parabeln in der Ebene. Außerdem behandeln wir die Notation des Differentials.

Kartesische Koordinaten in der Ebene

In Anhang A.1 haben wir die Punkte auf der Zahlengerade mit reellen Zahlen identifiziert, wir haben also den Punkten Koordinaten zugewiesen. Auf die gleiche Weise können Punkte in der Ebene mit einem geordneten Zahlenpaar beschrieben werden. Hierzu zeichnen wir zunächst zwei zueinander senkrechte Zahlengeraden, die sich in ihrem jeweiligen Nullpunkt schneiden. Diese Geraden nennt man die **Koordinatenachsen** in der Ebene. Auf der horizontalen Achse werden die Werte mit x bezeichnet, sie steigen nach rechts an. Die vertikale Achse heißt auch die y-Achse, auf ihr steigen die Zahlenwerte nach oben an (vgl. Abbildung A.4). Man sagt auch, dass „nach oben" und „nach rechts" die positiven Richtungen der Achsen sind, dagegen sind „nach unten" und „nach links" die negativen Richtungen. Der **Ursprung O** des Koordinatensystems (auch mit 0 bezeichnet) ist der Punkt in der Ebene, an dem x und y beide 0 sind.

Ein beliebiger Punkt P in der Ebene kann also mit einem geordeten Zahlenpaar eindeutig beschrieben werden. Dazu zeichnet man durch P zwei Geraden senkrecht zu den beiden Koordinatenachsen. Diese Geraden schneiden die Koordinatenachsen in den Punkten mit den Koordinaten a und b (Abbildung A.4). Das geordnete Zahlenpaar (a, b) wird dem Punkt P zugeordnet und heißt sein **Koordinatenpaar**. Die erste Zahl a ist die **x-Koordinate** (oder **Abzisse**) von P, die zweite Zahl b seine **y-Koordinate** oder **Ordinate**. Liegt ein Punkt auf der y-Achse, so ist seine x-Koordinate 0. Entsprechend ist die y-Koordinate von jedem Punkt auf der x-Achse 0. Der Ursprung ist der Punkt $(0, 0)$.

Ist ein geordentes Zahlenpaar (a, b) gegeben, so können wir den oben beschriebenen Prozess umkehren und daraus den entsprechenden Punkt P in der Ebene bestimmen.

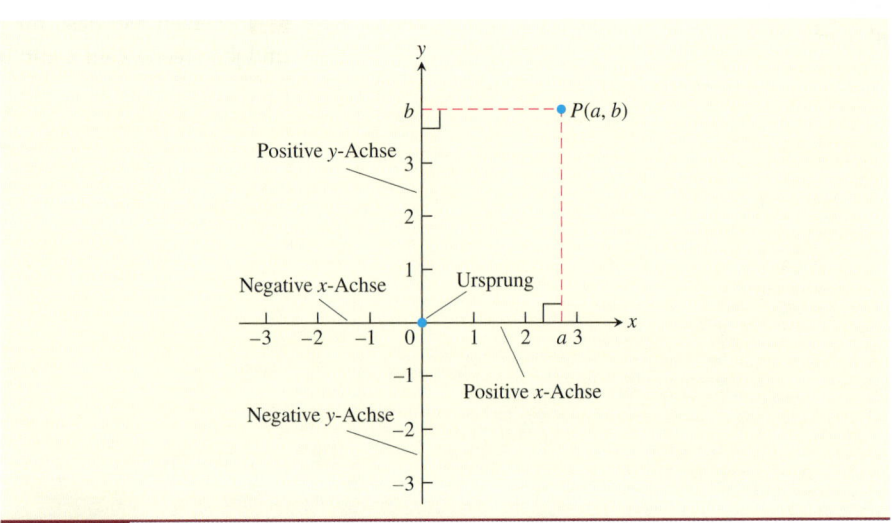

Abbildung A.4 Die kartesischen Koordinaten in der Ebene werden von zwei senkrechten Geraden definiert, die sich im Ursprung schneiden.

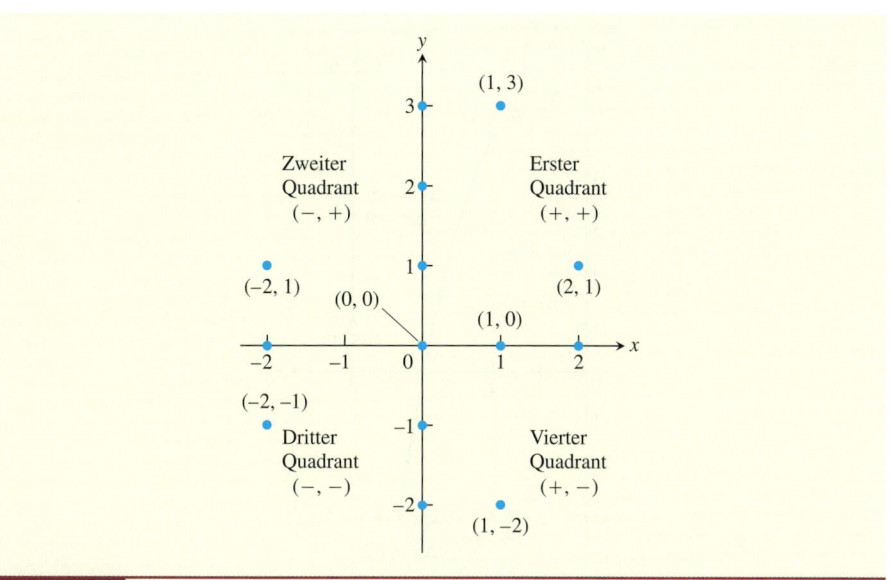

Abbildung A.5 Punkte mit ihren Koordinaten in der xy-Ebene (oder kartesischen Ebene). Auch die Punkte auf den Koordinatenachsen haben Koordinatenpaare, werden aber im Koordinatensystem in der Regel nur mit einer einzelnen Koordinate bezeichnet. (So schreibt man an den Punkt $(1, 0)$ auf der x-Achse nur eine 1.) Ebenfalls angegeben sind die Bezeichnungen der vier Quadranten und die Vorzeichen der Koordinaten der Punkte in diesen Quadranten.

Oft wird der Punkt direkt mit dem Zahlenpaar identifiziert, und man schreibt $P(a, b)$. Man spricht manchmal auch von dem „Punkt (a, b)". Aus dem Zusammenhang wird dann klar, ob sich (a, b) auf einen Punkt in der Ebene bezieht oder auf ein offenes Intervall auf der reellen Zahlengeraden. In Abbildung A.5 sind einige Punkte mit ihren Koordinaten aufgeführt.

Das bisher beschriebene Koordinatensystem wird als **rechtwinkliges Koordinatensystem** oder **kartesisches Koordinatensystem** bezeichnet; es ist benannt nach René Descartes, einem französischen Mathematiker des 17. Jahrhunderts. Die Koordinatenachsen teilen die xy- oder kartesische Ebene in vier Regionen ein, die man **Quadranten** nennt. Sie werden entgegen dem Uhrzeigersinn nummeriert, wie in Abbildung A.5 zu sehen.

Der **Graph** zu einer Gleichung oder Ungleichung mit den Variablen x und y ist die Menge aller Punkte $P(x, y)$ in der Ebene, die die Gleichung (oder Ungleichung) erfüllen. Wenn wir Daten in einem Koordinatensystem darstellen wollen oder den Graphen einer Funktion zeichnen, deren Variablen unterschiedliche Einheiten haben, dann müssen wir nicht auf beiden Achsen dieselbe Skala verwenden. Wenn wir beispielsweise die Schubkraft eines Raketenantriebs über der Zeit darstellen wollen, ist es natürlich nicht notwendig, den Punkt für „1 Sekunde" auf der Zeitachse im gleichen Abstand vom Ursprung zu zeichnen wie den Punkt für „1 Newton" auf der Schubachse.

Üblicherweise werden allerdings die gleichen Skalen auf beiden Achsen verwendet, wenn man Funktionen darstellt, deren Variablen nicht für physikalische Größen stehen, oder wenn man Figuren in Koordinatensysteme zeichnet, um ihre Geometrie zu untersuchen. Es erhöht die Übersicht, wenn die vertikale und die horizontale Längeneinheit gleich lang sind. Wie auf einer Landkarte oder einer Maßzeichnung kann man dann gleich lange Strecken sofort erkennen, und kongruenten Winkeln sieht man die Kongruenz sofort an.

Bei der Ausgabe von Grafiken auf Computern und Taschenrechnern werden dagegen

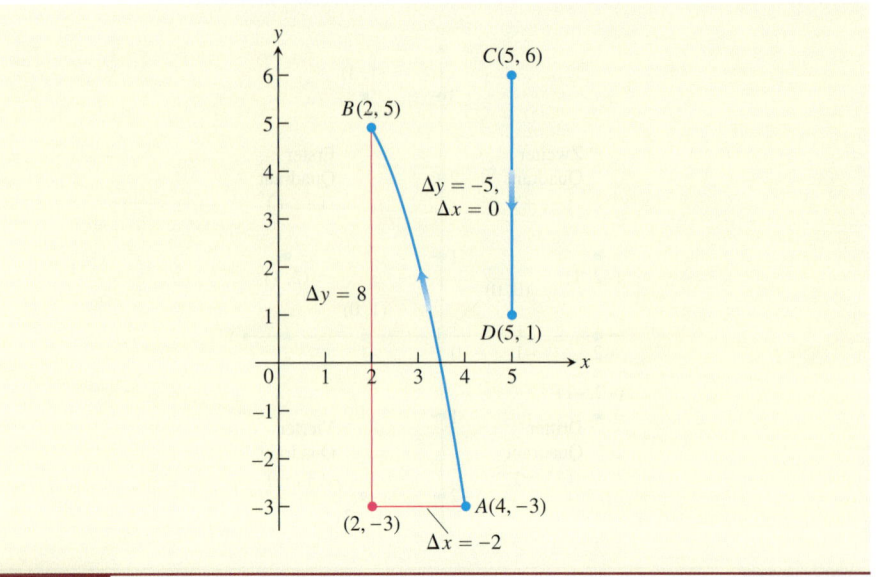

Abbildung A.6 Koordinatendifferenzen können positiv, negativ oder null sein (Beispiel A.9).

oft unterschiedliche Skalen verwendet. Die Skala der vertikalen und der horizontalen Achse unterscheidet sich bei maschinell erstellten Graphen in der Regel, sodass sich Verzerrungen bei Abständen, Steigungen und Winkeln ergeben. Kreise sehen dann aus wie Ellipsen, Rechtecke wie Quadrate, rechte Winkel wie spitze oder stumpfe und so weiter. Wir behandeln Bildschirmausgaben und ihre Verzerrungen genauer in Abschnitt 1.4.

Differenzen und Geraden

Wenn ein Teilchen sich von einem Punkt der Ebene zu einem anderen bewegt, so nennt man die Änderungen seiner Koordinaten *Differenzen*. Sie werden berechnet, indem man die Koordinaten des Startpunktes von denen des Endpunktes abzieht. Ändert sich x von x_1 zu x_2, so ist die **Differenz** von x

$$\Delta x = x_2 - x_1 \,.$$

Differenzen zwischen Punkten

Beispiel A.9 Für die Bewegung von dem Punkt $A(4, -3)$ zu dem Punkt $B(2, 5)$ sind die Differenzen der x- und y-Koordinaten

$$\Delta x = 2 - 4 = -2, \quad \Delta y = 5 - (-3) = 8 \,.$$

Für die Bewegung von $C(5, 6)$ nach $D(5, 1)$ sind die Koordinatendifferenzen

$$\Delta x = 5 - 5 = 0, \quad \Delta y = 1 - 6 = -5 \,.$$

Dies ist dargestellt in Abbildung A.6.

Zu den zwei Punkten $P_1(x_1, y_1)$ und $P_2(x_2, y_2)$ in der Ebene gehören die Differenzen $\Delta x = x_2 - x_1$ (manchmal explizit auch als Abszissendifferenz bezeichnet) und $\Delta y = y_2 - y_1$ (die Ordinatendifferenz). Zwei solche Punkte legen immer eindeutig eine Gerade fest, die durch beide Punkte geht. Wir nennen diese Gerade $P_1 P_2$.

Für jede nichtvertikale Gerade in der Ebene gilt, dass das Verhältnis

$$m = \frac{\text{Ordinatendifferenz}}{\text{Abszissendifferenz}} = \frac{\Delta y}{\Delta x} = \frac{y_2 - y_1}{x_2 - x_1}$$

für zwei beliebige Punkte $P_1(x_1, x_2)$ und $P_2(x_2, y_2)$ auf der Geraden immer den gleichen Wert hat (vgl. Abbildung A.7). Dies gilt, weil das Verhältnis einander entsprechender Seiten ähnlicher Dreiecke immer gleich ist.

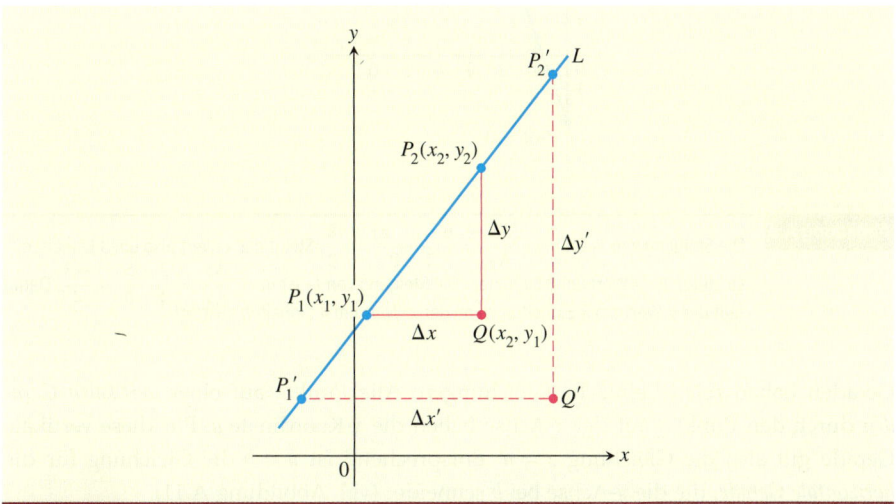

Abbildung A.7 Die Dreiecke P_1QP_2 und $P_1'Q'P_2'$ sind einander ähnlich, das Verhältnis ihrer Seiten ist also für jedes Punktepaar auf der Geraden gleich. Dieser gleichbleibende Wert ist die Steigung der Geraden.

> **Definition**
>
> Das konstante Verhältnis
>
> $$m = \frac{\Delta y}{\Delta y} = \frac{y_2 - y_1}{x_2 - x_1}$$
>
> ist die **Steigung** der nichtvertikalen Geraden P_1P_2.

Aus der Steigung lassen sich die Richtung (aufwärts, abwärts) und die Steilheit einer Geraden entnehmen. Eine Gerade mit positiver Steigung bewegt sich nach rechts oben, eine mit negativer Steigung nach rechts unten (Abbildung A.8). Je größer der absolute Wert der Steigung ist, desto schneller steigt oder fällt die Gerade. Die Steigung einer vertikalen Geraden ist *nicht definiert*. Da die Differenz der x-Werte Δx für eine vertikale Gerade null ist, lässt sich hier der Quotient m nicht berechnen.

Die Richtung und Steilheit einer Geraden kann auch mit einem Winkel gemessen werden. Der **Steigungswinkel** einer Geraden, die die x-Achse schneidet, ist der kleinste Winkel entgegen dem Uhrzeigersinn von der x-Achse zur Geraden (vgl. Abbildung A.9). Der Steigungswinkel einer horizontalen Geraden ist $0°$, der einer vertikalen Geraden $90°$. Bezeichnet man den Steigungswinkel mit φ (dem griechischen Buchstaben phi), dann gilt $0 \leq \varphi < 180°$.

Den Zusammenhang zwischen der Steigung m einer nichtvertikalen Geraden und dem Steigungswinkel φ kann man aus Abbildung A.10 herleiten:

$$m = \tan \varphi.$$

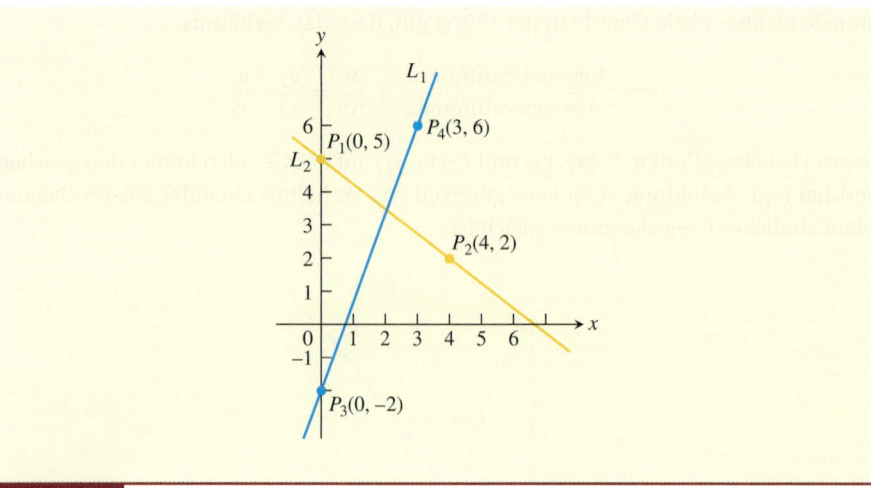

Abbildung A.8 Die Steigung von L_1 ist $m = \dfrac{\Delta y}{\Delta y} = \dfrac{6-(-2)}{3-0} = \dfrac{8}{3}$. Steigt der x-Wert also um 3 Einheiten, so steigt der y-Wert um 8 Einheiten. Die Steigung von L_2 ist $m = \dfrac{\Delta y}{\Delta x} = \dfrac{2-5}{4-0} = \dfrac{-3}{4}$. Damit fällt der y-Wert um 3 Einheiten wenn der x-Wert um 4 Einheiten ansteigt.

Geraden haben relativ einfache Gleichungen. Alle Punkte auf einer *vertikalen Geraden* durch den Punkt a auf der x-Achse haben die x-Koordinate a. Für diese vertikale Gerade gilt also die Gleichung $x = a$. Entsprechend ist $y = b$ die Gleichung für die *horizontale Gerade*, die die y-Achse bei b schneidet (vgl. Abbildung A.11).

Wir können die Gleichung für eine nichtvertikale Gerade L aufstellen, wenn wir ihre Steigung m und die Koordinaten eines Punktes $P_1(x_1, y_1)$ auf ihr kennen. Kennen wir neben P_1 einen beliebigen weiteren Punkt $P(x, y)$ auf L, so lässt sich die Steigung mit diesen beiden Punkten berechnen:

$$m = \frac{y - y_1}{x - x_1},$$

und wir erhalten

$$y - y_1 = m(x - x_1), \quad \text{oder} \quad y = y_1 + m(x - x_1).$$

Merke

Die Gleichung

$$y = y_1 + m(x - x_1)$$

ist die **Punkt-Richtungs-Gleichung** oder **Einpunktegleichung** der Geraden, die durch den Punkt (x_1, y_1) geht und die Steigung m hat.

Punkt-Richtungs-Gleichung einer Geraden

Beispiel A.10 Stellen Sie die Gleichung der Geraden auf, die durch den Punkt $(2, 3)$ geht und die Steigung $-3/2$ hat.

Lösung Wir setzen die Werte $x_1 = 2$, $y_1 = 3$ und $m = -3/2$ in die Punkt-Richtungs-Gleichung ein und erhalten

$$y = 3 - \frac{3}{2}(x - 2) \quad \text{oder} \quad y = -\frac{3}{2}x + 6.$$

Für $x = 0$ wird $y = 6$, die Gerade schneidet also die y-Achse bei $y = 6$.

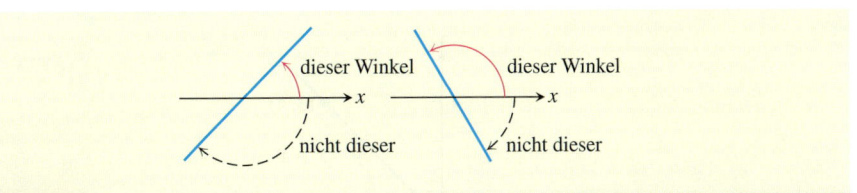

Abbildung A.9 Die Steigungswinkel werden gemäß unserer Festlegung entgegen dem Uhrzeigersinn von der positiven x-Achse aus gemessen.

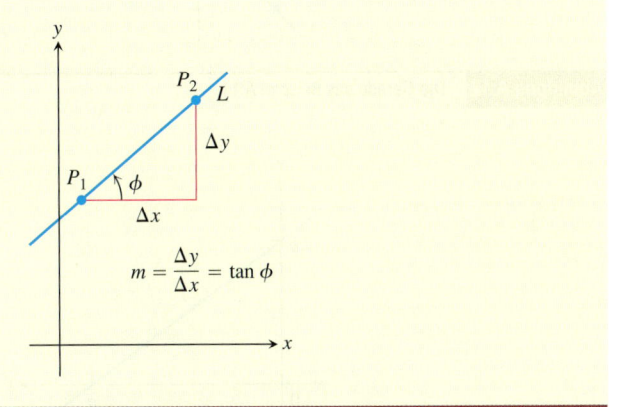

Abbildung A.10 Die Steigung einer nichtvertikalen Geraden entspricht dem Tangens ihres Steigungswinkels.

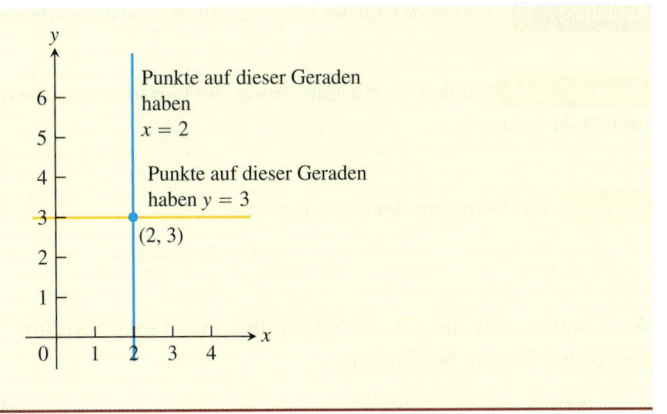

Abbildung A.11 Die Gleichungen der vertikalen und horizontalen Geraden durch $(2, 3)$ sind $x = 2$ und $y = 3$.

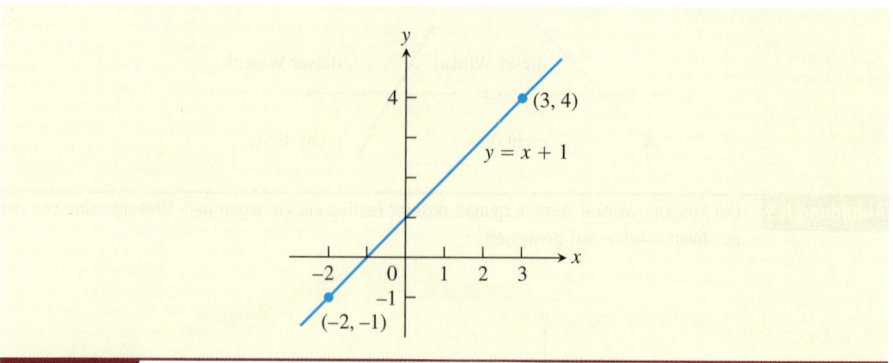

Abbildung A.12 Die Gerade aus Beispiel A.11.

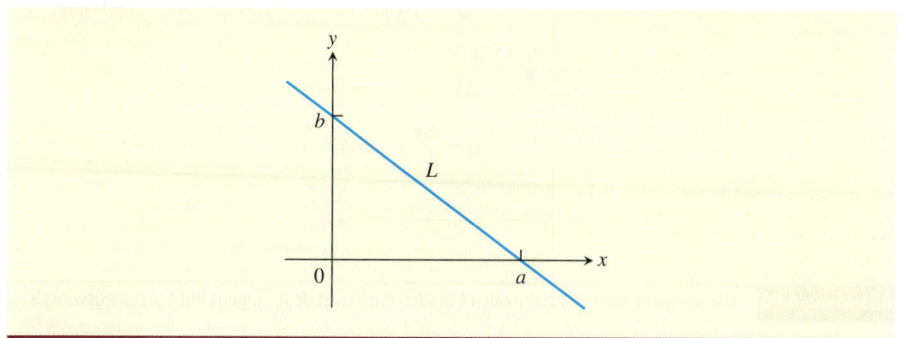

Abbildung A.13 Die Gerade L hat den x-Achsenabschnitt a und den y-Achsenabschnitt b.

Geradengleichung bei zwei gegebenen Punkten

Beispiel A.11 Stellen Sie die Gleichung der Geraden auf, die durch die Punkte $(-2,-1)$ und $(3,4)$ geht.

Lösung Die Steigung der Geraden ist

$$m = \frac{-1-4}{-2-3} = \frac{-5}{-5} = 1.$$

Wir können nun die Geradengleichung mit dieser Steigung und einem der beiden gegebenen Punkte bestimmen.

Mit $(x_1, y_1) = (-2, -1)$

$y = -1 + 1 \cdot (x - (-2))$

$y = -1 + x + 2$

$y = x + 1$

Mit $(x_1, y_1) = (3, 4)$

$y = 4 + 1 \cdot (x - 3)$

$y = 4 + x - 3$

$y = x + 1$

↖   ↗

identisches Ergebnis

In beiden Fällen erhält man $y = x + 1$ als Gleichung der Geraden (vgl. Abbildung A.12). ■

Die y-Koordinate des Punktes, an dem eine nichtvertikale Gerade die y-Koordinate schneidet, nennt man den **y-Achsenabschnitt** der Geraden. Entsprechend ist der **x-Achsenabschnitt** einer nichthorizontalen Geraden die x-Koordinate des Punktes, an dem sie die x-Achse schneidet (Abbildung A.13). Eine Gerade mit der Steigung m und dem y-Achsenabschnitt b geht durch den Punkt $(0, b)$, sie hat also die Gleichung

$$y = b + m(x - 0) \quad \text{oder einfacher} \quad y = mx + b.$$

> **Merke**
>
> Die Gleichung
> $$y = mx + b$$
> ist die **Normalform** der Geradengleichung für die Gerade mit der Steigung m und dem y-Achsenabschnitt b.

Geraden mit Gleichungen der Form $y = mx$ haben den y-Achenabschnitt 0, sie gehen also durch den Ursprung. Geradengleichungen nennt man auch **lineare Gleichungen**.

Die Gleichung

$$Ax + By = C \quad (A \text{ und } B \text{ sind beide nicht} 0)$$

ist die **allgemeine lineare Gleichung** für x und y. Der Graph zu dieser Gleichung ist immer eine Gerade, und die Gleichung jeder Geraden lässt sich in dieser Form schreiben (einschließlich der Geraden mit nicht definierter Steigung).

Parallele und senkrechte Geraden

Parallele Geraden haben denselben Steigungswinkel und damit auch dieselbe Steigung (falls sie nicht vertikal sind). Das gilt auch umgekehrt: Geraden mit gleicher Steigung haben denselben Steigungswinkel und sind parallel.

Wenn zwei nichtvertikale Geraden L_1 und L_2 aufeinander senkrecht stehen, so erfüllen ihre beiden Steigungen m_1 und m_2 die Gleichung $m_1 m_2 = -1$; eine Steigung ist also *negativ reziprok* zu der anderen:

$$m_1 = -\frac{1}{m_2}, \quad m_2 = -\frac{1}{m_1}.$$

Diesen Zusammenhang kann man sich anhand der ähnlichen Dreiecke in Abbildung A.14 klar machen: Es gilt $m_1 = a/h$ und $m_2 = -h/a$, daraus folgt $m_1 m_2 = (a/h)(-h/a) = -1$.

Abstände und Kreise in der Ebene

Der Abstand zwischen zwei Punkten in der Ebene lässt sich mit einer Formel berechnen, die auf dem Satz des Pythagoras beruht (vgl. Abbildung A.15).

> **Merke**
>
> **Abstandsgleichung für Punkte in der Ebene** Der Abstand zwischen den Punkten $P(x_1, x_2)$ und $Q(x_2, y_2)$ ist
> $$d = \sqrt{(\Delta x)^2 + (\Delta y)^2} = \sqrt{(x_2 - x_1)^2 + (y_2 - y_1)^2}.$$

Beispiel A.12   *Abstand zwischen Punkten in der Ebene*

a   Der Abstand zwischen $P(-1, 2)$ und $Q(3, 4)$ beträgt

$$\sqrt{(3-(-1))^2 + (4-2)^2} = \sqrt{(4)^2 + (2)^2} = \sqrt{20} = \sqrt{4 \cdot 5} = 2\sqrt{5}.$$

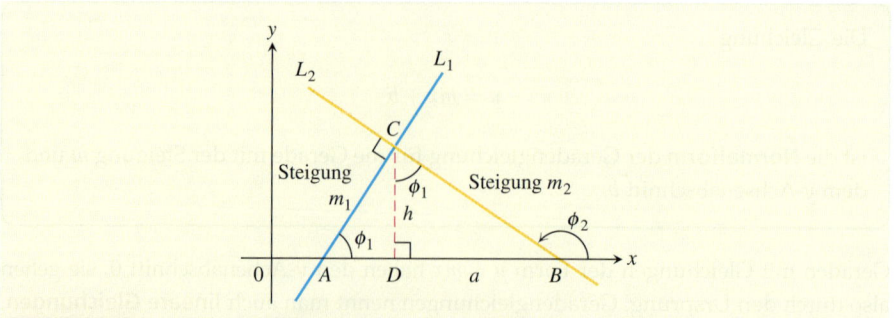

Abbildung A.14 △ADC und △CDB sind einander ähnlich. Der Winkel φ_1 ist also auch der obere Winkel des Dreiecks △CDB. Betrachten wir die Seitenverhältnisse in △CDB, so sehen wir $\tan \varphi_1 = a/h$.

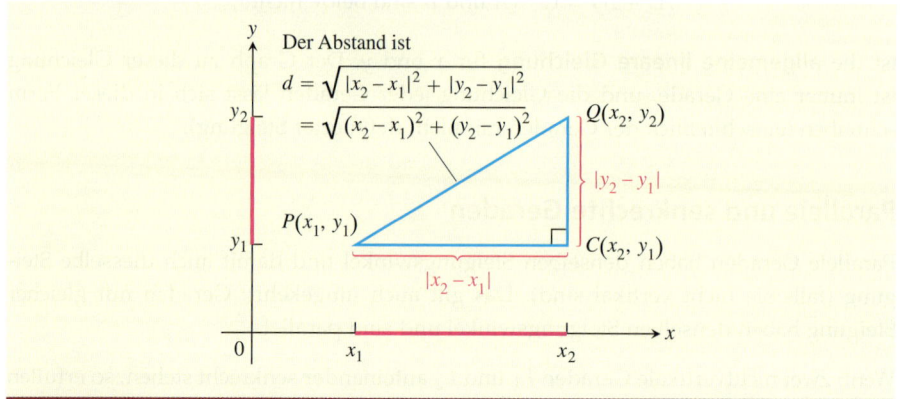

Abbildung A.15 Um den Abstand zwischen $P(x_1, y_1)$ und $Q(x_2, y_2)$ zu berechnen, wendet man den Satz des Pythagoras im Dreieck PCQ an.

b) Der Abstand zwischen dem Ursprung und dem Punkt $P(x, y)$ beträgt

$$\sqrt{(x-0)^2 + (y-0)^2} = \sqrt{x^2 + y^2}.$$

Ein **Kreis** mit dem Radius a ist definiert als die Menge aller Punkte $P(x, y)$, die den Abstand a von einem Mittelpunkt $C(h, k)$ haben (vgl. Abbildung A.16). Wir setzen diese Informationen in die Abstandsformel ein und sehen damit: P liegt genau dann auf dem Kreis, wenn gilt

$$\sqrt{(x-h)^2 + (y-k)^2} = a,$$

also auch

Merke

$$(x-h)^2 + (y-k)^2 = a^2. \qquad (A.2)$$

Gleichung (A.2) ist die **Kreisgleichung in Standardform** für einen Kreis mit dem Mittelpunkt (h, k) und dem Radius a. Den Kreis mit dem Radius 1 und dem Mittelpunkt im Ursprung nennt man den **Einheitskreis**. Für ihn gilt die Gleichung

$$x^2 + y^2 = 1.$$

A.3 Geraden, Kreise und Parabeln

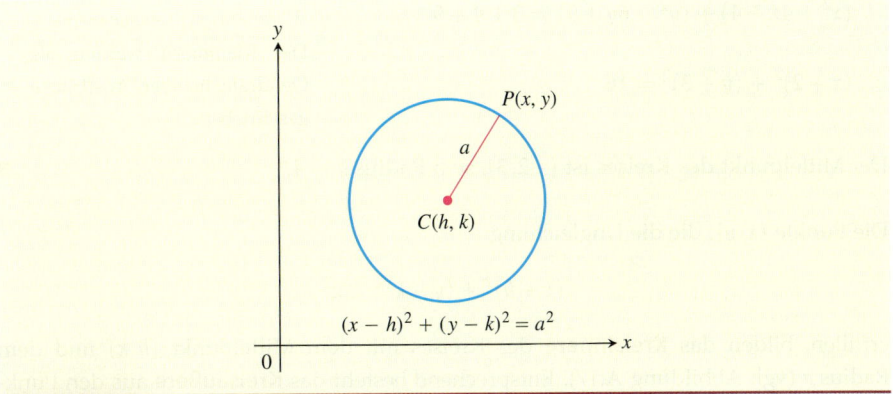

Abbildung A.16 Ein Kreis in der *xy*-Ebene, mit Radius *a* und Mittelpunkt (h, k).

Beispiel A.13 *Kreisgleichungen*

a Die Kreisgleichung für einen Kreis mit dem Radius 2 und dem Mittelpunkt $(3,4)$ ist

$$(x-3)^2 + (y-4)^2 = 2^2 = 4.$$

b Für den Kreis

$$(x-1)^2 + (y+5)^2 = 3$$

gilt $h = 1$, $k = -5$ und $a = \sqrt{3}$. Der Mittelpunkt ist der Punkt $(h, k) = (1, -5)$, der Radius beträgt $a = \sqrt{3}$.

Wenn eine Kreisgleichung nicht in der Standardform vorliegt, lassen sich der Mittelpunkt und der Radius des Kreises bestimmen, indem man die Gleichung zunächst in die Standardform bringt. Dazu gibt es ein Rechenverfahren, die sog. *quadratische Ergänzung*.

Beispiel A.14 Bestimmen Sie den Mittelpunkt und den Radius des Kreises *Quadratische Ergänzung*

$$x^2 + y^2 + 4x - 6y - 3 = 0.$$

Lösung Wir bringen die Kreisgleichung mithilfe der quadratischen Ergänzung für beide Variablen x und y in die Standardform.

$x^2 + y^2 + 4x - 6y - 3 = 0$	Gegebene Gleichung
$(x^2 + 4x) + (y^2 - 6y) = 3$	Terme zusammengefasst, konstanter Term auf der rechten Seite der Gleichung
$\left(x^2 + 4x + \left(\frac{4}{2}\right)^2\right) + \left(y^2 - 6y + \left(\frac{-6}{2}\right)^2\right) =$	Auf beiden Seiten wird das Quadrat des halben Koeffizienten von x und y addiert.
$\quad 3 + \left(\frac{4}{2}\right)^2 + \left(\frac{-6}{2}\right)^2$	Die Ausdrücke in den Klammern auf der linken Seiten lassen sich jetzt mit den binomischen Formeln umformen.

$$(x^2 + 4x + 4) + (y^2 - 6y + 9) = 3 + 4 + 9$$

$$(x + 2)^2 + (y - 3)^2 = 16$$

Die Klammern werden als Quadrate linearer Ausdrücke geschrieben.

Der Mittelpunkt des Kreises ist $(-2, 3)$, sein Radius $a = 4$.

Die Punkte (x, y), die die Ungleichung

$$(x - h)^2 + (y - k)^2 < a^2$$

erfüllen, bilden das **Kreisinnere** des Kreises mit dem Mittelpunkt (h, k) und dem Radius a (vgl. Abbildung A.17). Entsprechend besteht das **Kreisäußere** aus den Punkten (x, y), die der Ungleichung

$$(x - h)^2 + (y - k)^2 > a^2$$

genügen.

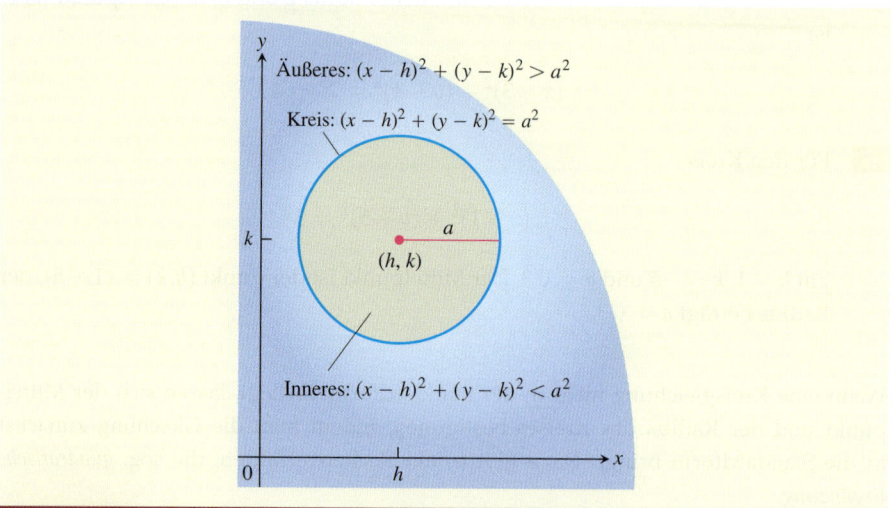

Abbildung A.17 Das Kreisinnere und Kreisäußere des Kreises $(x - h)^2 + (y - k)^2 = a^2$.

Parabeln

Die geometrische Definition und die Eigenschaften der allgemeinen Parabeln werden in Abschnitt 11.2 (in Band 2) behandelt. Hier betrachten wir Parabeln als die Graphen von Funktionen der Form $y = ax^2 + bx + c$.

Parabelgleichung

Beispiel A.15 Betrachten Sie die Gleichung $y = x^2$. Einige Punkte, deren Koordinaten diese Gleichung erfüllen, sind $(0, 0)$, $(1, 1)$, $\left(\frac{3}{2}, \frac{9}{4}\right)$, $(-1, 1)$, $(2, 4)$ und $(-2, 4)$. Diese Punkte bilden – zusammen mit allen anderen, die die Gleichung erfüllen – eine glatte Kurve, die man Parabel nennt (vgl. Abbildung A.18).

Der Graph einer Gleichung mit der Form

$$y = ax^2$$

ist eine **Parabel**, deren Symmetrieachse (kurz **Achse**) die y-Achse ist. Der **Scheitelpunkt** dieser Parabel liegt im Ursprung. (Am Scheitelpunkt schneidet die Parabel ihre

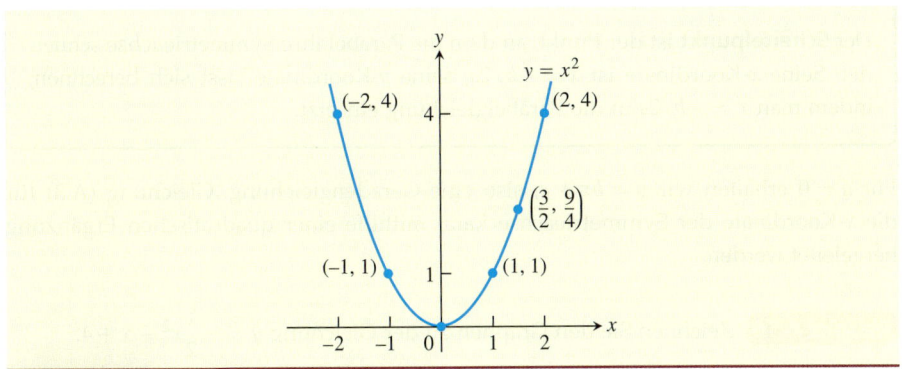

Abbildung A.18 Die Parabel $y = x^2$ (Beispiel A.15).

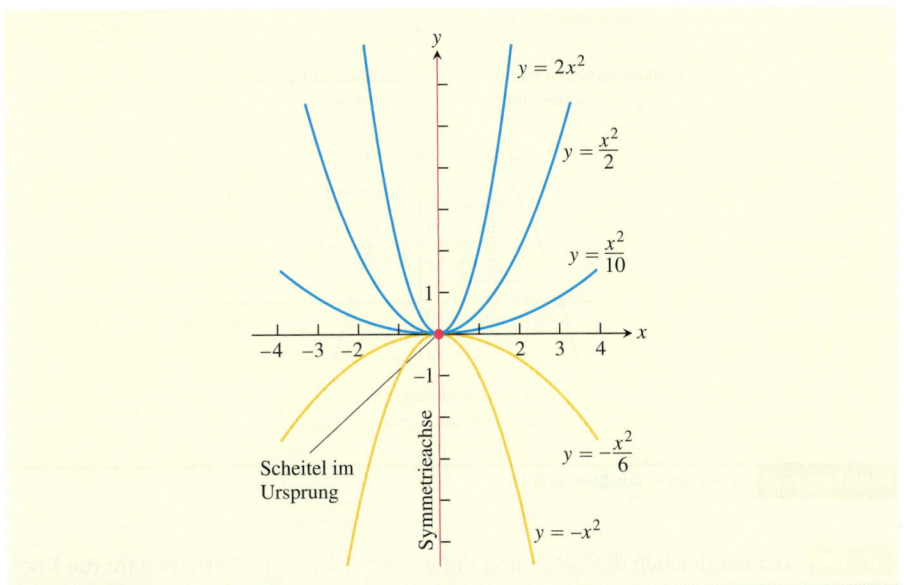

Abbildung A.19 Der Faktor a bestimmt, ob die Parabel $y = ax^2$ nach oben oder unten geöffnet ist, und er ist ein Skalierungsfaktor. Die Parabelöffnung wird weiter, wenn a gegen null geht, und enger, wenn $|a|$ groß wird.

Symmetrieachse; er ist der tiefste bzw. höchste Punkt der Parabel.) Für $a > 0$ ist die Parabel nach oben geöffnet, für $a < 0$ nach unten. Je größer der Wert von $|a|$, desto enger ist die Öffnung der Parabel (man spricht von einer „gestauchten" Parabel, das Gegenteil ist eine „gestreckte" Parabel, vgl. Abbildung A.19).

Der Graph der allgemeinen Parabelgleichung $y = ax^2 + bx + c$ ist gegenüber der Parabel $y = x^2$ verschoben, gestaucht oder gestreckt. Wie genau der Graph sich mit den Koeffizienten a, b und c verändert, wird in Abschnitt 1.2 im Detail behandelt.

> **Der Graph von $y = ax^2 + bx + c$ für $a \neq 0$** Der Graph zu der Gleichung $y = ax^2 + bx + c$ mit $a \neq 0$ ist eine Parabel. Die Parabel ist für $a > 0$ nach oben und für $a < 0$ nach unten geöffnet. Ihre **Symmetrieachse** ist die Gerade
>
> $$x = -\frac{b}{2a}.$$ (A.3)

Merke

> Der **Scheitelpunkt** ist der Punkt, an dem die Parabel ihre Symmetrieachse schneidet. Seine x-Koordinate ist $x = -b/2a$; seine y-Koordinate lässt sich berechnen, indem man $x = -b/2a$ in die Parabelgleichung einsetzt.

Für $a = 0$ erhalten wir $y = bx + c$, also eine Geradengleichung. Gleichung (A.3) für die x-Koordinate der Symmetrieachse kann mithilfe einer quadratischen Ergänzung hergeleitet werden.

Graph einer Parabel

Beispiel A.16 Zeichnen Sie den Graphen zu der Gleichung $y = -\frac{1}{2}x^2 - x + 4$.

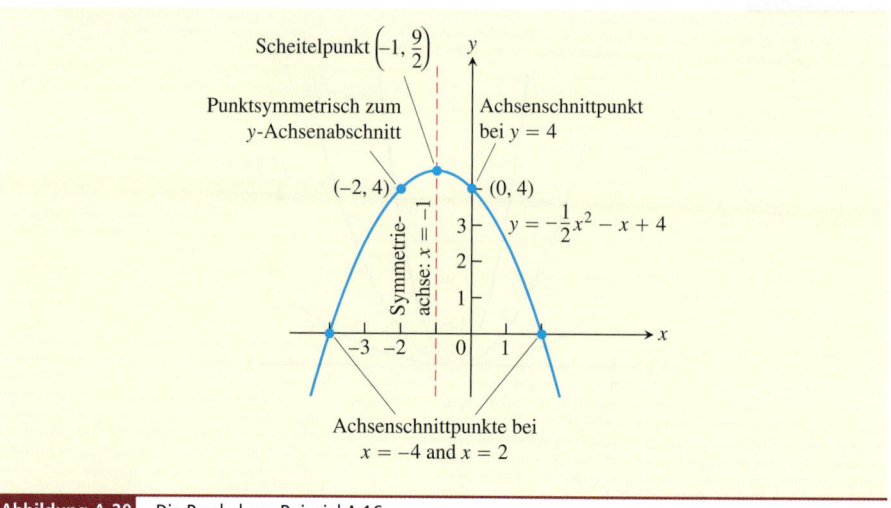

Abbildung A.20 Die Parabel aus Beispiel A.16.

Lösung Wir vergleichen die Gleichung mit $y = ax^2 + bx + c$ und erhalten für die Koeffizienten

$$a = -\frac{1}{2}, \quad b = -1, \quad c = 4.$$

Es gilt $a < 0$, die Parabel ist also nach unten geöffnet. Mit Gleichung A.3 berechnen wir die Symmetrieachse:

$$x = -\frac{b}{2a} = -\frac{(-1)}{2(-1/2)} = -1.$$

Setzen wir $x = -1$ in die Parabelgleichung ein, erhalten wir den y-Wert des Scheitelpunkts:

$$y = -\frac{1}{2}(-1)^2 - (-1) + 4 = \frac{9}{2}.$$

Der Scheitelpunkt ist $(-1, 9/2)$.

Die Schnittpunkte mit der x-Achse erhält man, indem man $y = 0$ setzt:

$$-\frac{1}{2}x^2 - x + 4 = 0$$
$$x^2 + 2x - 8 = 0$$
$$(x - 2)(x + 4) = 0$$
$$x = 2, \quad x = -4$$

Um den Graphen zu zeichnen, tragen wir einige Parabelpunkte in ein Koordinatensystem ein, skizzieren die Symmetrieachse und berücksichtigen, in welche Richtung die Parabel sich öffnet (vgl. Abbildung A.20).

Aufgaben zu Anhang A.3

Abstände, Steigungen und Geraden

In den Aufgaben 1 und 2 bewegt sich ein Teilchen in der Koordinatenebene von A nach B. Bestimmen Sie die Differenzen Δx und Δy der Koordinaten, und berechnen Sie den Abstand von A und B.

1. $A(-3,2)$, $B(-1,-2)$

2. $A(-3{,}2,-2)$, $B(-8{,}1,-2)$

Beschreiben Sie in den Aufgaben 3 und 4 die Graphen zu den Gleichungen.

3. $x^2 + y^2 = 1$

4. $x^2 + y^2 \leq 3$

Zeichnen Sie in den Aufgaben 5 und 6 die angegebenen Punkte und bestimmen Sie (wenn möglich) die Steigung der Geraden, die durch diese Punkte geht. Berechnen Sie dann (ebenfalls wenn möglich) die Steigung, die alle Geraden senkrecht zu AB haben.

5. $A(-1,2)$, $B(-2,-1)$

6. $A(2,3)$, $B(-1,3)$

Stellen Sie in den Aufgaben 7 und 8 die Gleichung für **a)** die vertikale und **b)** die horizontale Gerade durch den gegebenen Punkt auf.

7. $(-1, 4/3)$

8. $(0, -\sqrt{2})$

Stellen Sie in den Aufgaben 9–15 eine Gleichung für die beschriebene Gerade auf.

9. Die Gerade verläuft durch den Punkt $(-1,1)$ und hat die Steigung -1.

10. Die Gerade verläuft durch die Punkte $(3,4)$ und $(-2,5)$.

11. Die Gerade hat die Steigung $-5/4$ und den y-Achsenabschnitt 6.

12. Die Gerade geht durch den Punkt $(-12,-9)$ und hat die Steigung 0.

13. Die Gerade hat den y-Achsenabschnitt 4 und den x-Achsenabschnitt -1.

14. Die Gerade geht durch den Punkt $(5,-1)$ und ist parallel zu der Geraden $2x + 5y = 15$.

15. Die Gerade geht durch den Punkt $(4,10)$ und ist senkrecht zu der Geraden $6x - 3y = 5$.

Bestimmen Sie in den Aufgaben 16 und 17 die x- und y-Achsenabschnitte der Geraden und zeichnen Sie sie mit diesen Informationen.

16. $3x + 4y = 12$

17. $\sqrt{2}x - \sqrt{3}y = \sqrt{6}$

18. Was können Sie über den Zusammenhang zwischen den Geraden $Ax + By + C_1$ und $Bx - Ay = C_2$ mit $A \neq 0$, $B \neq 0$ sagen? Erläutern Sie Ihre Antwort.

19. Ein Teilchen bewegt sich vom Startpunkt $A(-2,3)$ aus. Seine Koordinatendifferenzen nach der Bewegung betragen $\Delta x = 5$ und $\Delta y = -6$. Bestimmen Sie die Endposition des Teilchens.

20. Die Koordinaten eines Teilchens ändern sich bei der Bewegung von $A(x,y)$ nach $B(3,-3)$ um $\Delta x = 5$ und $\Delta y = 6$. Berechnen Sie x und y.

Kreise

Stellen Sie in den Aufgaben 21–23 eine Gleichung für den Kreis mit dem angegebenen Mittelpunkt $C(h,k)$ und dem Radius a auf. Skizzieren Sie dann den Kreis in der xy-Ebene, zeichnen Sie auch den Mittelpunkt ein. Tragen Sie die Koordinaten der x- und y-Achsenabschnitte der Kreise ein, falls sie existieren.

21. $C(0,2)$, $a = 2$

22. $C(-1,5)$, $a = \sqrt{10}$

23. $C(-\sqrt{3},-2)$, $a = 2$

Zeichnen Sie die Kreise, deren Gleichungen in den Aufgaben 24–26 gegeben sind. Benennen Sie auch die Koordinaten von Mittelpunkt und Achsenabschnitten (wenn sie existieren) der Kreise.

24. $x^2 + y^2 + 4x - 4y + 4 = 0$

25. $x^2 + y^2 - 3y - 4 = 0$

26. $x^2 + y^2 - 4x + 4y = 0$

Parabeln

Skizzieren Sie in den Aufgaben 27–30 die Parabeln. Zeichnen Sie auch die Symmetrieachse jeder Parabel und benennen Sie die Koordinaten der Scheitelpunkte und der Achsenabschnitte.

27. $y = x^2 - 2x - 3$

28. $y = -x^2 + 4x$

29. $y = -x^2 - 6x - 5$

30. $y = \frac{1}{2}x^2 + x + 4$

Ungleichungen

Beschreiben Sie in den Aufgaben 31–34 die Zahlenbereiche, die durch die Ungleichungen (oder Paare von Ungleichungen) beschrieben werden.

31. $x^2 + y^2 > 7$

32. $(x-1)^2 + y^2 \leq 4$

33. $x^2 + y^2 > 1$, $x^2 + y^2 < 4$

34. $x^2 + y^2 + 6y < 0$, $y > -3$

35. Welche Ungleichung beschreibt die Punkte, die im Kreisinneren eines Kreises mit dem Mittelpunkt $(-2, 1)$ und dem Radius $\sqrt{6}$ liegen?

36. Eine Menge von Punkten liegt im Inneren oder auf der Kreislinie des Kreises mit dem Mittelpunkt $(0, 0)$ und dem Radius $\sqrt{2}$ sowie auf der vertikalen Geraden durch $(1, 0)$ oder rechts von ihr. Stellen Sie das Paar von Ungleichungen auf, das diese Menge beschreibt.

Theorie und Beispiele

Zeichnen Sie in den Aufgaben 37–40 die Graphen zu den beiden Gleichungen und bestimmen Sie die Schnittpunkte.

37. $y = 2x$, $x^2 + y^2 = 1$

38. $y - x = 1$, $y = x^2$

39. $y = -x^2$, $y = 2x^2 - 1$

40. $x^2 + y^2 = 1$, $(x-1)^2 + y^2 = 1$

41. **Isolation** Das untenstehende Bild zeigt den Temperaturverlauf entlang des Querschnitts einer Hauswand. Messen Sie die Steigungen der Temperaturkurve und schätzen Sie damit die Änderung der Temperatur in Grad pro Zentimeter ab, und zwar **a)** in der Trockenbauplatte aus Gips, **b)** in der Glasfaserisolierung und **c)** in der Holzverschalung.

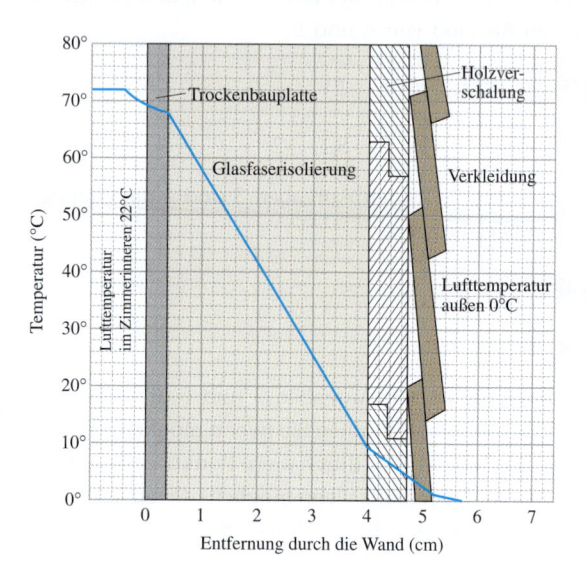

Die Temperaturänderungen entlang eines Wandquerschnitts, Aufgaben 41 und 42.

42. **Isolation** Betrachten Sie noch einmal das Bild aus Aufgabe 41: Welcher Isolator ist offensichtlich der beste? Welcher der schlechteste? Erläutern Sie Ihre Antwort.

43. **Druck unter Wasser** Der Druck p, der auf einen Taucher unter Wasser wirkt, hängt von der Tauchtiefe d gemäß der folgenden Gleichung ab: $p = kd + 1$ (k ist eine Konstante). An der Wasseroberfläche beträgt der Druck 1 Atmosphäre, in einer Tiefe von 100 m ist er etwa 10,94 Atmosphären. Berechnen Sie den Druck 50 m unter der Wasseroberfläche.

44. **Lichtreflexion** Ein Lichtstrahl fällt entlang der Geraden $x + y = 1$ aus dem 2. Quadranten auf die x-Achse, wo er reflektiert wird (vgl. die untenstehende Abbildung). Der Einfallswinkel ist gleich dem Ausfallswinkel. Stellen Sie eine Gleichung für den reflektierten Lichtstrahl auf.

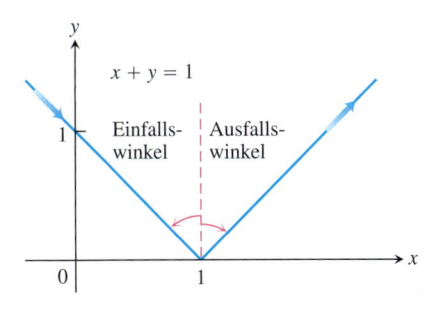

Der Weg des Lichtstrahls in Aufgabe 44. Der Einfalls- und der Ausfallswinkel werden gegen die Senkrechte gemessen.

45. **Temperaturmessung in Fahrenheit und Celsius**
Die Temperaturskalen nach Celsius und Fahrenheit kann man mit der folgenden Gleichung ineinander umrechnen:

$$C = \frac{5}{9}(F - 32) \, .$$

Zeichnen Sie den Graphen zu dieser Gleichung in der FC-Ebene. Zeichnen Sie in dasselbe Bild die Gerade $C = F$. Gibt es eine Temperatur, bei der ein Thermometer in Celsius den gleichen numerischen Wert angibt wie ein Thermometer in Fahrenheit? Wenn ja, bestimmen Sie diese Temperatur.

46. **Steigung einer Bahnstrecke** Die Steigung einer Bahntrasse (oder auch einer Straße) wird als Verhältnis von zwei Strecken angegeben: Der Höhenunterschied, den die Trasse überwindet, geteilt durch den Weg, den sie während des Anstiegs horizontal zurücklegt. Diese Steigung wird normalerweise in Prozent angegeben. Bahntrassen haben in der Regel eine Steigung von weniger als 2 %, in bergigen Regionen kann es Steigungen von bis zu 4 % geben. Die Steigung von Autobahnen liegt üblicherweise unter 5 %.

Deutlich größere Steigungen lassen sich mit Zahnradbahnen bewältigen. Die Trasse der ältesten Zahnradbahn der Welt, der Mt. Washington Cog Railway im amerikanischen Bundesstaat New Hampshire, weist an einer Stelle die rekordverdächtige Steigung von 37,1 % auf (übertroffen lediglich von einer Alpenbahn in der Schweiz). In diesem Teilstück befinden sich die vorderen Sitze eines Wagens 4,27 m oberhalb der hintersten Sitzreihe. Wie weit sind die erste und die letzte Sitzreihe in etwa voneinander entfernt?

47. Ein Dreieck habe die Ecken $A(1,2)$, $B(5,5)$ und $C(4,-2)$. Berechnen Sie die Längen seiner Seiten und zeigen Sie damit, dass es gleichschenklig, aber nicht gleichseitig ist.

yaufgabe Zeigen Sie, dass das Dreieck mit den Ecken $A(0,0)$, $B(1,\sqrt{3})$ und $C(2,0)$ gleichseitig ist.

48. Zeigen Sie, dass die Punkte $A(2,-1)$, $B(1,3)$ und $C(-3,2)$ Ecken eines Quadrats sind. Bestimmen Sie die vierte Ecke.

49. Die drei Punkte $(-1,1)$, $(2,0)$ und $(2,3)$ sind die Eckpunkte von drei verschiedenen Parallelogrammen. Zeichnen Sie sie und bestimmen Sie für jedes die vierte Ecke.

50. Für welchen Wert von k ist die Gerade $2x + ky = 3$ senkrecht zu der Geraden $4x + y = 1$? Für welchen Wert von k sind sie parallel?

51. **Mittelpunkt einer Strecke** Zeigen Sie, dass der Punkt mit den Koordinaten

$$\left(\frac{x_1 + x_2}{2}, \frac{y_1 + y_2}{2}\right)$$

der Mittelpunkte der Strecke zwischen $P(x_1, y_1)$ und $Q(x_2, y_2)$ ist.

A.4 Beweise der Grenzwertsätze

In diesem Anhang beweisen wir Satz 2.1, Teil 2–5 und Satz 2.4 aus Abschnitt 2.2.

Satz A.1 Grenzwertsätze

Sind L, M, c und k reelle Zahlen und ist

$$\lim_{x \to c} f(x) = L \quad \text{und} \quad \lim_{x \to c} g(x) = M, \text{ so gilt}$$

1. Summenregel: $\quad \lim_{x \to c}(f(x) + g(x)) = L + M$
2. Differenzenregel: $\quad \lim_{x \to c}(f(x) - g(x)) = L - M$
3. Faktorregel: $\quad \lim_{x \to c}(k \cdot f(x)) = k \cdot L$
4. Produktregel: $\quad \lim_{x \to c}(f(x) \cdot g(x)) = L \cdot M$
5. Quotientenregel: $\quad \lim_{x \to c} \dfrac{f(x)}{g(x)} = \dfrac{L}{M}, \ M \neq 0$
6. Potenzregel: $\quad \lim_{x \to c}[f(x)]^n = L^n$, n ist eine positive ganze Zahl
7. Wurzelregel: $\quad \lim_{x \to c} \sqrt[n]{f(x)} = \sqrt[n]{L} = L^{1/n}$, n ist eine positive ganze Zahl. (Für gerades n nehmen wir $\lim_{x \to c} f(x) = L \geq 0$ und $f(x) \geq 0$ an.)

Die Summenregel haben wir in Abschnitt 2.3 bewiesen. Die Potenzregel und die Wurzelregel werden in der weiterführenden Literatur bewiesen. Die Differenzenregel erhalten wir, indem wir in der Summenregel $g(x)$ durch $-g(x)$ und M durch $-M$ ersetzen. Die Faktorregel ist ein Spezialfall der Produktregel mit $g(x) = k$. Somit müssen wir nur die Produktregel und die Quotientenregel beweisen.

Beweis der Produktregel für Grenzwerte Wir zeigen, dass es zu jedem $\varepsilon > 0$ ein $\delta > 0$ gibt, sodass für alle x aus der Schnittmenge D der Definitionsbereiche von f und g gilt:

$$0 < |x - c| < \delta \Rightarrow |f(x)g(x) - LM| < \varepsilon.$$

Sei ε eine positive Zahl. Wir schreiben $f(x)$ und $g(x)$ als

$$f(x) = L + (f(x) - L), \quad g(x) = M + (g(x) - M).$$

Wir multiplizieren beide Ausdrücke miteinander und ziehen vom Ergebnis LM ab:

$$\begin{aligned}
f(x) \cdot g(x) - LM &= (L + (f(x) - L))(M + (g(x) - M)) - LM \\
&= LM + L(g(x) - M) + M(f(x) - L) \\
&\quad + (f(x) - L)(g(x) - M) - LM \\
&= L(g(x) - M) + M(f(x) - L) + (f(x) - L)(g(x) - M). \quad (A.4)
\end{aligned}$$

Die Funktionen f und g haben für $x \to c$ die Grenzwerte L und M. Daher gibt es positive Zahlen δ_1, δ_2, δ_3 und δ_4, sodass für alle x aus D gilt:

$$\begin{aligned}
0 < |x - c| < \delta_1 &\Rightarrow |f(x) - L| < \sqrt{\varepsilon/3} \\
0 < |x - c| < \delta_2 &\Rightarrow |g(x) - M| < \sqrt{\varepsilon/3} \\
0 < |x - c| < \delta_3 &\Rightarrow |f(x) - L| < \varepsilon/(3(1 + |M|)) \\
0 < |x - c| < \delta_4 &\Rightarrow |g(x) - M| < \varepsilon/(3(1 + |L|)).
\end{aligned} \quad (A.5)$$

Wählen wir für δ die kleinste der Zahlen δ_1 bis δ_4, so gelten die Ungleichungen auf der rechten Seite der Folgerungen (A.5) alle für $0 < |x - c| < \delta$. Für alle x aus D folgt daher aus $0 < |x - c| < \delta$

$|f(x) \cdot g(x) - LM|$ Dreiecksungleichung auf Gleichung (A.4) angewandt
$\leq |L||g(x) - M| + |M||f(x) - L| + |f(x) - L||g(x) - M|$
$\leq (1 + |L|)|g(x) - M| + (1 + |M|)|f(x) - L| + |f(x) - L||g(x) - M|$
$< \dfrac{\varepsilon}{3} + \dfrac{\varepsilon}{3} + \sqrt{\dfrac{\varepsilon}{3}}\sqrt{\dfrac{\varepsilon}{3}} = \varepsilon$.   Werte aus (A.5)

Damit ist der Beweis der Produktregel für Grenzwerte abgeschlossen. ∎

Beweis der Quotientenregel für Grenzwerte Wir zeigen $\lim_{x \to c}(1/g(x)) = 1/M$. Gemäß der Produktregel für Grenzwerte können wir dann schließen

$$\lim_{x \to c}\dfrac{f(x)}{g(x)} = \lim_{x \to c}(f(x) \cdot \dfrac{1}{g(x)}) = \lim_{x \to c}f(x) \cdot \lim_{x \to c}\dfrac{1}{g(x)} = L \cdot \dfrac{1}{M} = \dfrac{L}{M}.$$

Sei $\varepsilon > 0$ gegeben. Um $\lim_{x \to c}(1/g(x)) = 1/M$ zu beweisen, müssen wir zeigen, dass es ein $\delta > 0$ gibt, sodass für alle x gilt:

$$0 < |x - c| < \delta \Rightarrow \left|\dfrac{1}{g(x)} - \dfrac{1}{M}\right| < \varepsilon.$$

Wegen $|M| > 0$ existiert eine positive Zahl δ_1, sodass für alle x gilt:

$$0 < |x - c| < \delta_1 \Rightarrow |g(x) - M| < \dfrac{M}{2}. \tag{A.6}$$

Damit ist insbesondere $g(x) \neq 0$ für $0 < |x - c| < \delta_1$. Wir schätzen nun für diese x den Ausdruck $1/(|g(x)|)$ nach oben ab. Man kann zeigen, dass für zwei beliebige Zahlen A und B die Ungleichungen $|A| - |B| \leq |A - B|$ und $|B| - |A| \leq |A - B|$ gelten, woraus $||A| - |B|| \leq |A - B|$ folgt. Mit $A = g(x)$ und $B = M$ wird diese Ungleichung zu

$$||g(x)| - |M|| \leq |g(x) - M|.$$

Diese Ungleichung können wir mit der Ungleichung auf der rechten Seite der Folgerung (A.6) kombinieren. Damit gilt für alle $1 < |x - c| < \delta_1$ auch

$$||g(x)| - |M|| < \dfrac{|M|}{2}$$
$$-\dfrac{|M|}{2} < |g(x)| - |M| < \dfrac{|M|}{2}$$
$$\dfrac{|M|}{2} < |g(x)| < \dfrac{3|M|}{2}$$
$$|M| < 2|g(x)| < 3|M|$$
$$\dfrac{1}{|g(x)|} < \dfrac{2}{|M|} < \dfrac{3}{|g(x)|}. \tag{A.7}$$

Daher folgt aus $0 < |x - c| < \delta_1$

$$\left|\dfrac{1}{g(x)} - \dfrac{1}{M}\right| = \left|\dfrac{M - g(x)}{Mg(x)}\right| \leq \dfrac{1}{|M|} \cdot \dfrac{1}{|g(x)|} \cdot |M - g(x)|$$
$$< \dfrac{1}{|M|} \cdot \dfrac{2}{|M|} \cdot |M - g(x)|. \quad \text{Ungleichung (A.7)} \tag{A.8}$$

Wegen $(1/2)|M|^2\varepsilon > 0$ existiert eine Zahl $\delta_2 > 0$, sodass für alle x gilt:

$$0 < |x - c| < \delta_2 \Rightarrow |M - g(x)| < \frac{\varepsilon}{2}|M|^2. \tag{A.9}$$

Wählen wir δ kleiner als δ_1 und δ_2, so gelten die beiden Folgerungen (A.8) und (A.9) für alle x mit $0 < |x - c| < \delta$. Aus der Kombination dieser Folgerungen ergibt sich

$$0 < |x - c| < \delta \Rightarrow \left|\frac{1}{g(x)} - \frac{1}{M}\right| < \varepsilon.$$

Damit ist der Beweis der Quotientenregel für Grenzwerte abgeschlossen. ∎

> **Satz A.2 Einschnürungssatz** Es gelte $g(x) \leq f(x) \leq h(x)$ für alle x in einem offenen Intervall, das den Wert c enthält, ausgenommen möglicherweise an der Stelle $x = c$ selbst. Nehmen wir weiter an, dass
>
> $$\lim_{x \to c} g(x) = \lim_{x \to c} h(x) = L$$
>
> ist. Dann gilt $\lim_{x \to c} f(x) = L$.

Beweis ◻ **für rechtsseitige Grenzwerte** Es sei $\lim_{x \to c^+} g(x) = \lim_{x \to c^+} h(x) = L$. Dann existiert zu jedem $\varepsilon > 0$ ein $\delta > 0$, sodass für alle x das Intervall $c < x < c + \delta$ in I enthalten ist und aus der Ungleichung folgt:

$$L - \varepsilon < g(x) < L + \varepsilon \quad \text{und} \quad L - \varepsilon < h(x) < L + \varepsilon.$$

Kombinieren wir diese Ungleichungen mit der Ungleichung $g(x) \leq f(x) \leq h(x)$, so ergibt sich

$$L - \varepsilon < g(x) \leq f(x) \leq h(x) < L + \varepsilon, \quad L - \varepsilon < f(x) \quad < L + \varepsilon, \quad -\varepsilon < f(x) - L < \varepsilon.$$

Deshalb folgt aus der Ungleichung $c < x < c+\delta$ für alle x die Ungleichung $|f(x)-L| < \varepsilon$. ∎

Beweis ◻ **für linksseitige Grenzwerte** Es sei $\lim_{x \to c^-} g(x) = \lim_{x \to c^-} h(x) = L$. Dann existiert zu jedem $\varepsilon > 0$ ein $\delta > 0$, sodass für alle x das Intervall $c - \delta < x < c$ in I enthalten ist und aus der Ungleichung folgt:

$$L - \varepsilon < g(x) < L + \varepsilon \quad \text{und} \quad L - \varepsilon < h(x) < L + \varepsilon.$$

Wie eben schlussfolgern wir, dass aus der Ungleichung $c - \delta < x < c$ für alle x die Ungleichung $|f(x) - L| < \varepsilon$ folgt. ∎

Beweis ◻ **für beidseitige Grenzwerte** Ist $\lim_{x \to c} g(x) = \lim_{x \to c} h(x) = L$, so geht sowohl $g(x)$ als auch $h(x)$ für $x \to c^+$ und $x \to c^-$ gegen L; also gilt $\lim_{x \to c^+} f(x) = L$ und $\lim_{x \to c^-} f(x) = L$. Folglich existiert $\lim_{x \to c} f(x)$ und ist gleich L. ∎

Aufgaben zu Anhang A.4

1. Nehmen Sie an, dass die Funktionen $f_1(x), f_2(x)$ und $f_3(x)$ für $x \to c$ die Grenzwerte L_1, L_2 und L_3 haben. Zeigen Sie, dass der Grenzwert ihrer Summe $L_1 + L_2 + L_3$ ist. Verallgemeinern Sie dieses Ergebnis mithilfe vollständiger Induktion (Anhang A.2) auf die Summe einer beliebigen Anzahl von Funktionen.

2. Zeigen Sie mithilfe vollständiger Induktion und der Produktregel aus Satz 2.1: Haben die Funktionen $f_1(x), f_2(x), \ldots, f_n(x)$ für $x \to c$ die Grenzwerte $L_1, L_2, \ldots, L_n$, so gilt:

$$\lim_{x \to c} f_1(x) \cdot f_2(x) \cdot \ldots \cdot f_n(x) = L_1 \cdot L_2 \cdot \ldots \cdot L_n.$$

3. Zeigen Sie mithilfe der Aussage $\lim_{x \to c} x = c$ und dem Ergebnis aus Aufgabe 2, dass $\lim_{x \to c} x^n = c^n$ für jede natürliche Zahl $n > 1$ ist.

4. Grenzwerte von Polynomen Zeigen Sie mithilfe der Aussage $\lim_{x \to c}(k) = k$ für jedes k sowie den Ergebnissen aus den Aufgaben 1 und 3, dass für jedes Polynom

$$f(x) = a_n x^n + a_{n-1} x^{n-1} + \ldots + a_1 x + a_0$$

$\lim_{x \to c} f(x) = f(c)$ gilt.

5. Grenzwerte rationaler Funktionen Zeigen Sie mithilfe von Satz 2.1 und dem Ergebnis aus Aufgabe 4, dass für zwei Polynome $f(x)$ und $g(x)$ mit $g(c) \neq 0$ gilt:

$$\lim_{x \to c} \frac{f(x)}{g(x)} = \frac{f(c)}{g(c)}.$$

6. Verkettungen stetiger Funktionen Abbildung A.21 zeigt das Diagramm für einen Beweis, dass die Verkettung zweier stetiger Funktionen stetig ist. Führen Sie den Beweis anhand des Diagramms. Die zu beweisende Behauptung lautet: Ist f an der Stelle $x = c$ und g an der Stelle $f(c)$ stetig, so ist $g \circ f$ an der Stelle c stetig.

Nehmen Sie an, dass c eine innere Stelle des Definitionsbereichs von f und $f(c)$ eine innere Stelle des Definitionsbereichs von g ist. Das macht aus den beteiligten Grenzwerten zweiseitige Grenzwerte. (Die Argumente sind für den Fall einseitiger Grenzwerte analog.)

A.5 Häufig vorkommende Grenzwerte

In diesem Abschnitt beweisen wir die Grenzwerte (4)–(6) aus Satz 10.5 in Abschnitt 10.1.

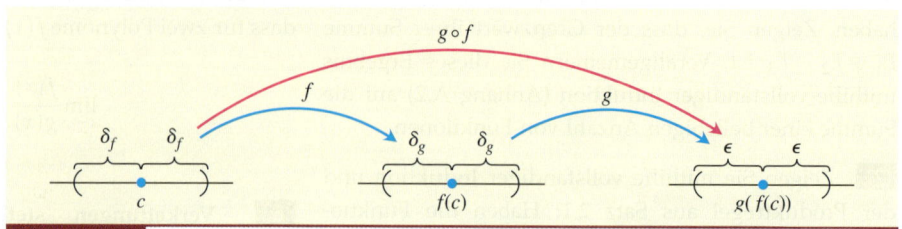

Abbildung A.21 Diagramm zum Beweis, dass die Verkettung zweier stetiger Funktionen stetig ist.

Beweis ☐ **Grenzwert 4: Für $|x| < 1$ gilt $\lim_{n\to\infty} x^n = 0$** Wir müssen zeigen, dass zu jedem $\varepsilon > 0$ eine natürliche Zahl N existiert, sodass für alle n größer als N die Ungleichung $|x^n| < \varepsilon$ gilt. Wegen $\varepsilon^{1/n} \to 1$ existiert für $|x| < 1$ eine ganze Zahl N, für die $\varepsilon^{1/N} > |x|$ ist. Mit anderen Worten:

$$|x^N| = |x|^N < \varepsilon. \tag{A.10}$$

Für $|x| < 1$ ist dies die von uns gesuchte ganze Zahl, denn es gilt:

$$|x^n| < |x^N| \quad \text{für alle} \quad n > N. \tag{A.11}$$

Aus der Kombination von (A.10) und (A.11) ergibt sich $|x^n| < \varepsilon$ für alle $n > N$. Damit ist der Beweis abgeschlossen. ■

Beweis ☐ **Grenzwert 5: Für jede Zahl x gilt $\lim_{n\to\infty}\left(1+\dfrac{x}{n}\right)^n = e^x$** Sei

$$a_n = \left(1 + \frac{x}{n}\right)^n.$$

Dann gilt

$$\ln a_n = \ln\left(1 + \frac{x}{n}\right)^n = n \ln\left(1 + \frac{x}{n}\right) \to x.$$

Davon können wir uns überzeugen, indem wir die Regel von l'Hôspital anwenden. Dabei leiten wir nach n ab:

$$\lim_{n\to\infty} n \ln\left(1+\frac{x}{n}\right) = \lim_{n\to\infty} \frac{\ln(1+x/n)}{1/n}$$

$$= \lim_{n\to\infty} \frac{\left(\dfrac{1}{1+x/n}\right)\cdot\left(-\dfrac{x}{n^2}\right)}{-1/n^2} = \lim_{n\to\infty} \frac{x}{1+x/n} = x.$$

Dann wenden wir Satz 10.3 aus Abschnitt 10.1 mit $f(x) = e^x$ an und erhalten

$$\left(1 + \frac{x}{n}\right)^n = a_n = e^{\ln a_n} \to e^x.$$

■

Beweis ◻ **Grenzwert 6: Für jede Zahl x gilt $\lim_{n\to\infty} \dfrac{x^n}{n!} = 0$** Wegen

$$-\frac{|x|^n}{n!} \leq \frac{x^n}{n!} \leq \frac{|x|^n}{n!}$$

müssen wir lediglich zeigen, dass $|x|^n/n! \to 0$ gilt. Dann folgt aus dem Einschnürungssatz (Abschnitt 10.1, Satz 2) $x^n/n! \to 0$.

Der erste Schritt des Beweises für $|x|^n/n! \to 0$ besteht darin, eine natürliche Zahl $M > |x|$ zu wählen, sodass dann also $(|x|/M) < 1$ ist. Nach dem eben bewiesenen *Grenzwert 4* gilt $(|x|/M)^n \to 0$. Dann betrachten wir ausschließlich Werte $n > M$. Für diese Werte von n können wir

$$\frac{|x|^n}{n!} = \frac{|x|^n}{1 \cdot 2 \cdot \ldots \cdot M \cdot \underbrace{(M+1) \cdot (M+2) \cdot \ldots \cdot n}_{(n-M)\ \text{Faktoren}}}$$

schreiben. Folglich gilt

$$0 \leq \frac{|x|^n}{n!} \leq \frac{M^M}{M!} \left(\frac{|x|}{M}\right)^n.$$

Nun ändert sich die Konstante $M^M/M!$ mit zunehmenden n nicht. Daher gilt wegen $(|x|/M)^n \to 0$ nach dem Einschnürungssatz $|x|^n/n! \to 0$. ■

A.6 Die Theorie der reellen Zahlen

Eine strenge Herleitung der Analysis stützt sich auf die Eigenschaften der reellen Zahlen. Viele Resultate über Funktionen, Ableitungen und Integrale wären falsch, wenn sie für Funktionen aufgestellt wären, die nur auf den rationalen Zahlen definiert sind. In diesem Anhang beschäftigen wir uns kurz mit einigen Grundkonzepten der Theorie der reellen Zahlen. Sie vermitteln einen Eindruck davon, was wir bei einer tiefgründigeren und theoretischeren Beschäftigung mit der Analysis lernen könnten.

Drei Arten von Eigenschaften machen die reellen Zahlen zu dem, was sie sind. Das sind die **algebraischen Eigenschaften**, die **Ordnungseigenschaften** sowie die **Vollständigkeit**. Unter die algebraischen Eigenschaften fallen Addition und Multiplikation sowie Subtraktion und Division. Sie gelten für rationale oder komplexe Zahlen genauso wie für reelle Zahlen.

Die Struktur der Zahlen wird aus einer Menge mit den Operationen Addition und Multiplikation aufgebaut. Für Addition und Multiplikation werden die folgenden Eigenschaften gebraucht.

A1	$a + (b + c) = (a + b) + c$ für alle a, b, c.
A2	$a + b = b + a$ für alle a, b.
A3	Es gibt eine mit „0" bezeichnete Zahl, sodass für alle a gilt: $a + 0 = a$.
A4	Zu jeder Zahl a gibt es eine Zahl b, sodass $a + b = 0$ ist.
M1	$a(bc) = (ab)c$ für alle a, b, c.
M2	$ab = ba$ für alle a, b
M3	Es gibt eine mit „1" bezeichnete von 0 verschiedene Zahl, sodass für alle a gilt $a \cdot 1 = a$.
M4	Für jede von null verschiedene Zahl a existiert eine Zahl b, sodass $ab = 1$ ist.
D	$a(b + c) = ab + ac$ für alle a, b, c.

A1 und M1 sind *Assoziativgesetze*, A2 und M2 sind *Kommutativgesetze*, A3 und M3 sind *Identitäten* und D ist das *Distributivgesetz*. Mengen mit diesen algebraischen Eigenschaften sind Beispiele für **Körper**. Mit ihnen beschäftigt sich u. a. ein Gebiet der theoretischen Mathematik, das man Algebra nennt.

Mithilfe der **Ordnungseigenschaften** können wir zwei beliebige Zahlen miteinander vergleichen. Die Ordnungseigenschaften sind:

O1	Für zwei beliebige Zahlen gilt entweder $a < b$ oder $a = b$ oder $b < a$.
O2	Ist $a < b$ und $b < c$, so gilt $a < c$.
O3	Ist $a < b$, so gilt $a + c < b + c$.
O4	Ist $a < b$ und $0 < c$, so gilt $a \cdot c < b \cdot c$.
OA	Für jede Zahl a gibt es eine Zahl $n = 1 + \cdots + 1$ mit $a < n$.

O2 ist das **Transitivitätsgesetz**. O3 und O4 verknüpfen die Ordnung mit der Addition und der Multiplikation. OA ist das sog. Archimedische Axiom und stellt die Beziehung zu den natürlichen Zahlen her.

Reelle, ganze und rationale Zahlen können wir ordnen, die komplexen Zahlen hingegen nicht. Man kann zeigen, dass für die Zahl $i = \sqrt{-1}$ sowohl die Festlegung $0 < i$ als auch $i < 0$ einen Widerspruch zu den Ordnungseigenschaften O1–O4 ergibt, was daran liegt, dass $i^2 = -1$. Ein Körper, in dem man zwei beliebige Elemente wie oben miteinander vergleichen kann, heißt (archimedisch) **angeordneter Körper**. Sowohl die rationalen als auch die reellen Zahlen sind (archimedisch) angeordnete Körper, und es gibt noch viele andere.

Wir können uns reelle Zahlen geometrisch vorstellen, indem wir sie auf einer Geraden anordnen. Nach der **Vollständigkeitseigenschaft** entsprechen die reellen Zahlen allen Stellen auf der Geraden ohne „Löcher" oder „Lücken". Dagegen lassen die rationalen Zahlen Stellen aus. Beispiele dafür sind $\sqrt{2}$ und π. Die ganzen Zahlen lassen Brüche aus, wie etwa $1/2$. Die reellen Zahlen, bei denen die Vollständigkeitseigenschaft vorliegt, lassen keine Stellen aus.

Was genau meinen wir mit dem vagen Begriff „Loch" oder „Lücke"? Um diese Frage zu beantworten, müssen wir die Vollständigkeit genauer definieren. Eine Zahl M ist eine **obere Schranke** einer Menge von Zahlen, wenn alle Zahlen aus der Menge kleiner oder gleich M sind. M ist die **kleinste obere Schranke**, wenn sie die kleinstmögliche obere Schranke ist. $M = 2$ ist beispielsweise eine obere Schranke der negativen Zahlen. Dasselbe gilt für $M = 1$. Damit ist $M = 2$ nicht die kleinste obere Schranke. Die kleinste obere Schranke der Menge der negativen Zahlen ist $M = 0$. Ein **vollständig** angeordneter Körper ist also ein Körper, in dem jede nichtleere, von oben beschränkte Menge eine kleinste obere Schranke hat.

Wenn wir nur die rationalen Zahlen betrachten, ist die Menge der Zahlen, die kleiner als $\sqrt{2}$ sind, beschränkt. Diese Menge hat jedoch keine rationale kleinste obere Schranke, weil man jede rationale obere Schranke M durch eine etwas kleinere rationale Zahl ersetzen kann, die weiterhin größer als $\sqrt{2}$ ist. Also sind die rationalen Zahlen nicht vollständig. Bei den reellen Zahlen hat hingegen jede von oben beschränkte Menge immer eine kleinste obere Schranke. Die reellen Zahlen sind also ein vollständiger archimedisch angeordneter Körper.

Die Vollständigkeit steckt im Kern vieler Sätze in der Analysis. Eine Beispiel dafür ist die Suche nach dem Maximalwert einer Funktion auf einem abgeschlossenen Intervall $[a, b]$ wie in Abschnitt 4.1. Die Funktion $y = x - x^3$ hat auf dem Intervall $[0, 1]$ einen Maximalwert an der Stelle x mit $x = \sqrt{1/3}$. Betrachten wir nur Funktionen, die auf rationalen Zahlen definiert sind, hätte die Funktion kein Maximum, weil $\sqrt{1/3}$ eine irrationale Zahl ist (vgl. Abbildung A.22). Der Extremwertsatz (vgl. Abschnitt 4.1), nach dem eine stetige Funktion auf einem abgeschlossenen Intervall $[a, b]$ ein Maximum hat, gilt nicht für Funktionen, die nur auf rationalen Zahlen definiert sind.

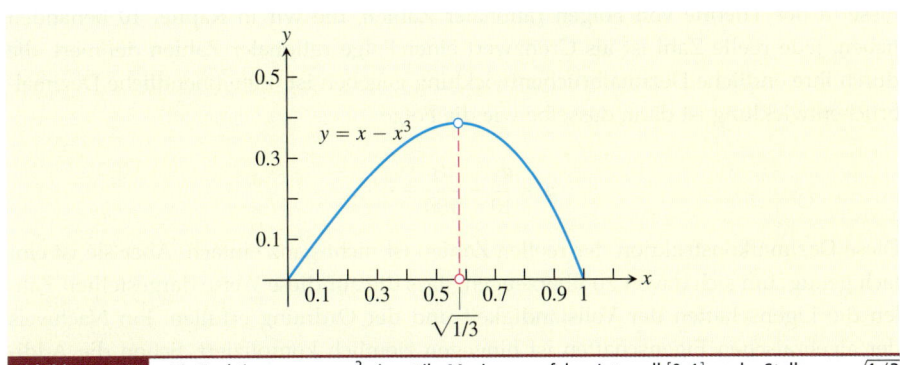

Abbildung A.22 Die Funktion $y = x - x^3$ nimmt ihr Maximum auf dem Intervall $[0, 1]$ an der Stelle $x = \sqrt{1/3}$ an. Das ist eine irrationale Zahl.

Nach dem Zwischenwertsatz muss eine stetige Funktion f auf einem Intervall $[a, b]$ mit $f(x) < 0$ und $f(b) > 0$ an einer Stelle aus $[a, b]$ null sein. Die Funktionswerte können nicht von negativen Werten auf positive Werte springen, ohne dass an einer Stelle x aus $[a, b]$ die Gleichung $f(x) = 0$ gilt. Auch der Zwischenwertsatz beruht auf der Vollständigkeit der reellen Zahlen. Er gilt nicht für Funktionen, die nur auf rationalen Zahlen definiert sind. Für die Funktion $f(x) = 3x^2 - 1$ gilt auf dem Intervall $[0,1]$, dass $f(0) = -1$ und $f(1) = 2$. Betrachten wir f aber nur auf den rationalen Zahlen, ist f nie null. Der einzige Wert x, für den $f(x) = 0$ ist, ist $x = \sqrt{1/3}$, und das ist eine irrationale Zahl.

Wir haben die gewünschten Eigenschaften der reellen Zahlen unter der Aussage zusammengefasst, dass die reellen Zahlen ein vollständig archimedisch angeordneter Körper sind. Wir sind aber noch nicht ganz fertig. Griechische Mathematiker der pythagoräischen Schule versuchten, den Zahlen auf der Zahlenachse eine weitere Eigenschaft aufzuerlegen, nämlich die Bedingung, dass alle Zahlen Brüche ganzer Zahlen sind. Dass ihre Bemühungen vergeblich waren, mussten sie erkennen, als sie die irrationalen Zahlen entdeckten. Ein prominenter Vertreter der irrationalen Zahlen ist die Zahl $\sqrt{2}$. Woher wissen wir, dass unsere Bemühungen, die reellen Zahlen zu charakterisieren, aus irgendeinem ungeahnten Grund nicht ebenso fehlerhaft sind? Der Grafiker Maurits C. Escher gestaltete optische Täuschungen von Wendeltreppen, die immer weiter nach oben führen, bis sie wieder in ihre unterste Stufe münden. Ein Ingenieur müsste bei dem Versuch, eine solche Treppe nachzubauen, feststellen, dass sich die vom Architekten gezeichneten Pläne in der Praxis nicht umsetzen lassen. Könnte es daher sein, dass auch unser Entwurf der reellen Zahlen einen raffinierten Widerspruch enthält, und dass wir ein solches Zahlensystem gar nicht konstruieren können?

Diesen Zweifel beseitigen wir, indem wir eine genaue Definition der reellen Zahlen angeben und prüfen, dass die algebraischen Eigenschaften, die Ordnungseigenschaften und die Vollständigkeit von diesem Modell erfüllt werden. Das nennt man eine **Konstruktion** der reellen Zahlen. Und wie Treppen aus Holz, Stein oder Stahl gebaut werden können, so gibt es mehrere Möglichkeiten für die Konstruktion der reellen Zahlen. Eine Konstruktion behandelt die reellen Zahlen als unendliche Dezimalzahlen

$$a,d_1 d_2 d_3 d_4 \ldots$$

In dieser Darstellung setzt sich eine reelle Zahl aus einer ganzen Zahl a und einer Folge von Dezimalziffern d_1, d_2, d_3, ... zusammen, die jeweils zwischen 0 und 9 liegen. Diese Folge kann stoppen, sich periodisch fortsetzen oder ohne Muster endlos weiterlaufen. Drei bekannte Zahlen sind in dieser Darstellung 2,00, 0,3333333... und 3,1415926535898.... Die tatsächliche Bedeutung der Punkte „...", erfordert Kenntnisse in der Theorie von Folgen rationaler Zahlen, die wir in Kapitel 10 behandelt haben. Jede reelle Zahl ist als Grenzwert einer Folge rationaler Zahlen definiert, die durch ihre endliche Dezimalbruchentwicklung gegeben ist. Eine unendliche Dezimalbruchentwicklung ist dann dasselbe wie die Folge

$$a + \frac{d_1}{10} + \frac{d_2}{100} + \cdots.$$

Diese Dezimalkonstruktion der reellen Zahlen ist nicht ganz einfach. Aber sie ist einfach genug, um sich davon zu überzeugen, dass die auf diese Weise dargestellten Zahlen die Eigenschaften der Vollständigkeit und der Ordnung erfüllen. Ein Nachweis der algebraischen Eigenschaften ist hingegen ziemlich kompliziert. Schon die Addition oder Multiplikation zweier Zahlen erfordert unendlich viele Operationen. Um die Division sinnvoll zu erklären, braucht man eine ziemlich gründliche Argumentation, in der Grenzwerte rationaler Näherung von unendlichen Dezimalzahlen vorkommen.

Eine andere Herangehensweise wurde von dem deutschen Mathematiker Richard Dedekind (1831–1916) verfolgt. Von ihm stammt die erste strenge Konstruktion der reellen Zahlen aus dem Jahr 1872. Zu jeder gegebenen reellen Zahl x können wir die rationalen

Zahlen in zwei Mengen unterteilen: die Menge der Zahlen, die kleiner oder gleich x sind, und die Menge der Zahlen, die größer als x sind. Dedekind kehrte diese Überlegung clever um und definierte eine reelle Zahl als die Zerlegung der rationalen Zahlen in zwei solcher Mengen. Auf den ersten Blick scheint diese Herangehensweise seltsam, aber solche indirekten Methoden, bei denen neue Strukturen aus alten konstruiert werden, sind in der Mathematik üblich.

Mithilfe dieser und anderer Herangehensweisen kann man ein Zahlensystem konstruieren, das die gewünschten algebraischen Eigenschaften sowie die Eigenschaften der Ordnung und der Vollständigkeit besitzt. Zuletzt stellt sich das Problem, ob alle diese Konstruktionen auf dasselbe Objekt führen. Kann es sein, dass verschiedene Konstruktionen zu verschiedenen Zahlensystemen führen, die alle gewünschten Eigenschaften erfüllen? Wenn ja, welches System ordnen wir dann den reellen Zahlen zu? Glücklicherweise lautet die Antwort auf die Frage: Nein. Die reellen Zahlen sind das einzige Zahlensystem, das die algebraischen Eigenschaften sowie die Eigenschaften der Ordnung und der Vollständigkeit erfüllt.

Die Unklarheit über die Natur der Zahlen und über Grenzwerte führte in den Anfängen der Analysis zu beachtlichen Diskussionen. Pioniere der Analysis wie Newton, Leibniz und ihre Nachfolger sprachen bei der Betrachtung des Differenzquotienten

$$\frac{\Delta y}{\Delta x} = \frac{f(x + \Delta x) - f(x)}{\Delta x}$$

für Δy und Δx davon, dass die sich ergebende Ableitung ein Quotient zweier unendlich kleiner Größen sei. Diese „infinitesimalen" Größen bezeichneten sie mit dx und dy. Sie wurden als eine neue Art von Zahl betrachtet, die kleiner als jede feste Zahl, aber von null verschieden ist. Analog dazu fassten sie ein bestimmtes Integral als die Summe einer unendlichen Anzahl infinitesimaler Größen

$$f(x) \cdot dx$$

auf, bei der x über ein abgeschlossenes Intervall läuft. Während sie unter den nähernden Differenzquotienten $\Delta y / \Delta x$ im Wesentlichen dasselbe verstanden wie wir heute, maßen sie die eigentliche Bedeutung der Ableitung nicht dem Grenzwert, sondern dem Quotienten infinitesimaler Größen bei. Diese Denkweise führte zu logischen Schwierigkeiten, weil die eingesetzten Definitionen und der Umgang mit infinitesimalen Größen in Widersprüchen und Inkonsistenzen mündeten. Die konkreteren und berechenbaren Differenzquotienten führten zwar nicht auf solche Schwierigkeiten, aber man betrachtete sie bloß als nützliche Rechenwerkzeuge. Mithilfe der Differenzquotienten bestimmte man den numerischen Wert der Ableitung und man konnte allgemeine Berechnungsformeln herleiten. Im Kern der Frage, was eine Ableitung tatsächlich ist, sah man den Quotienten jedoch nicht. Heute wissen wir, dass man die mit den infinitesimalen Größen verknüpften logischen Schwierigkeiten umgehen kann, indem man die Ableitung als den Grenzwert ihres nähernden Differenzquotienten *definiert*. Die Unklarheiten der alten Herangehensweise gibt es nicht mehr, und in der Standardanalysis werden infinitesimale Größen weder gebraucht noch sind sie vorhanden, denn das Archimedische Axiom OA schließt die Existenz solcher infinitesimalen Größen aus.

A.7 Komplexe Zahlen

Komplexe Zahlen werden in der Form $a + ib$ dargestellt. Dabei sind a und b reelle Zahlen, und i ist das Symbol für $\sqrt{-1}$. Leider haben die Wörter „reell" und „imaginär" Assoziationen, die $\sqrt{-1}$ in unserer Vorstellung in einem weniger günstigen Licht erscheinen lassen als $\sqrt{2}$. Um eine im Hinblick auf den *Erfindungsgeist* bessere Vorstellung zu erlangen, war tatsächlich die Konstruktion des *reellen* Zahlensystems notwendig, das heute die Grundlage der Analysis bildet (vgl. Anhang A.6). In diesem Abschnitt besprechen wir die verschiedenen Stadien dieser Entwicklung. Die weitere Erfindung eines komplexen Zahlensystems behandeln wir im Anschluss.

Die Entwicklung der reellen Zahlen

Am Anfang der Zahlenentwicklung steht die Entdeckung der **Zählzahlen** 1, 2, 3, ..., die wir heute **natürliche Zahlen** oder **positive ganze Zahlen** nennen. Mit diesen Zahlen können wir gewisse einfache arithmetische Operationen ausführen, ohne das Zahlensystem zu verlassen. Das System der positiven ganzen Zahlen ist also hinsichtlich der Operationen Addition und Multiplikation **abgeschlossen**. Damit meinen wir, dass für zwei beliebige positive ganze Zahlen m und n die Zahlen

$$m + n = p \quad \text{und} \quad mn = q \tag{A.12}$$

ebenfalls positive ganze Zahlen sind. Sind die beiden positiven ganzen Zahlen auf den linken Seiten der beiden Gleichungen aus (A.12) gegeben, so können wir die zugehörigen Zahlen auf den rechten Seiten bestimmen. Darüber hinaus können wir manchmal die positiven ganzen Zahlen m und p festlegen und eine positive ganze Zahl n bestimmen, sodass $m + n = p$ gilt. Beispielsweise können wir die Gleichung $3 + n = 7$ lösen, auch wenn uns nur die positiven ganzen Zahlen zur Verfügung stehen. Die Gleichung $7 + n = 3$ können wir hingegen nicht lösen, es sei denn, wir erweitern das Zahlensystem.

Die Zahl Null und die negativen ganzen Zahlen wurden erfunden, um Gleichungen wie $7 + n = 3$ zu lösen. In einer Kultur, in der alle **ganzen Zahlen**

$$\ldots, -3, -2, -1, 0, 1, 2, 3, \ldots \tag{A.13}$$

bekannt sind, können schlaue Leute zu zwei gegebenen ganzen Zahlen immer die fehlende ganze Zahl bestimmen, die die Gleichung $m + n = p$ erfüllt.

Nehmen wir an, dass unsere schlauen Leute auch wissen, wie man zwei beliebige ganze Zahlen aus der Liste (A.13) miteinander multipliziert. Sind in den Gleichungen (A.12) m und q gegeben, so können sie n manchmal bestimmen und manchmal können sie das nicht. Mithilfe Ihrer Fantasie könnten sie weitere Zahlen erfinden und Brüche einführen, die nichts als geordnete Paare m/n ganzer Zahlen m und n sind. Die speziellen Eigenschaften der Zahl Null könnten sie eine Weile beschäftigen. Schließlich würden sie aber feststellen, dass es klug ist, aus der Menge aller Brüche ganzer Zahlen m/n diejenigen auszunehmen, deren Nenner null ist. Dieses Zahlensystem, nämlich das der **rationalen Zahlen**, ist nun so mächtig, dass sie die **rationalen Operationen** der Arithmetik damit ausführen können:

1
    a. Addition
    b. Subtraktion

2 a. Multiplikation
   b. Division

Und zwar auf zwei beliebigen ganzen Zahlen aus dem System, *abgesehen von der Division durch null*, denn die ist unsinnig.

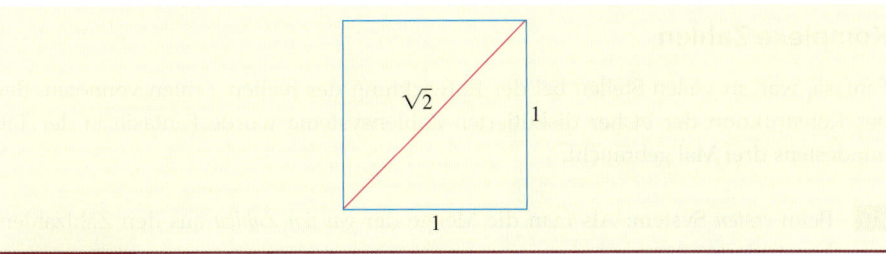

Abbildung A.23   Mit Lineal und Zirkel kann man eine Strecke mit irrationaler Länge konstruieren.

Am Einheitsquadrat könnten sie aufgrund des Satzes des Pythagoras (vgl. Abbildung A.23) aus einer Einheitslänge eine Strecke konstruieren, deren Länge $\sqrt{2}$ ist. Sie könnten also die Gleichung

$$x^2 = 2$$

durch eine geometrische Konstruktion lösen. Doch dann würden sie feststellen, dass die Strecke mit der Länge $\sqrt{2}$ eine sogenannte inkommensurable Größe ist, das heißt, $\sqrt{2}$ kann nicht als Verhältnis zweier *ganzer Zahlen* mal einer Längeneinheit dargestellt werden. Unsere schlauen Leute könnten also keine rationale Lösung der Gleichung $x^2 = 2$ bestimmen.

Es *gibt* keine rationale Zahl, deren Quadrat gleich 2 ist. Um uns davon zu überzeugen, nehmen wir stattdessen an, dass es eine solche rationale Zahl gibt. Dann könnten wir zwei ganze Zahlen p und q bestimmen, die nur den gemeinsamen Faktor 1 haben und die Gleichung

$$p^2 = 2q^2 \tag{A.14}$$

erfüllen. Weil p und q ganze Zahlen sind, muss die Zahl p gerade sein; sonst wäre ihr Produkt mit sich selbst ungerade. Symbolisch heißt das $p = 2p_1$ mit einer ganzen Zahl p_1. Das führt auf $2p_1^2 = q^2$, wonach q gerade sein muss, also $q = 2q_1$ mit einer ganzen Zahl q_1. Damit ist 2 sowohl ein Faktor von p als auch von q. Das widerspricht unserer Annahme, dass p und q ganze Zahlen mit dem einzigen gemeinsamen Faktor 1 sind. Folglich gibt es keine rationale Zahl, deren Quadrat gleich 2 ist.

Auch wenn unsere schlauen Leute nicht in der Lage waren, eine rationale Lösung der Gleichung $x^2 = 2$ zu bestimmen, so hätten sie doch eine Folge rationaler Zahlen

$$\frac{1}{1}, \frac{7}{5}, \frac{41}{29}, \frac{239}{169}, \ldots \tag{A.15}$$

bestimmen können, deren Quadrate eine Folge

$$\frac{1}{1}, \frac{49}{25}, \frac{1681}{841}, \frac{57\,121}{28\,561}, \ldots \tag{A.16}$$

bilden, die gegen 2 konvergiert. Diesmal würde ihnen ihre Fantasie sagen, dass sie das Konzept des Grenzwerts einer Zahlfolge rationaler Zahlen brauchen. Akzeptieren wir die Tatsache, dass eine von oben beschränkte, wachsende Folge gegen einen Grenzwert geht (Satz 6, Abschnitt 10), und stellen wir fest, dass die Folge aus (A.15) diese Eigenschaften hat, so sollte sie einen Grenzwert L haben. Mit (A.16) würde das außerdem bedeuten, dass $L^2 = 2$ ist, und folglich ist L *keine* unserer rationalen Zahlen. Nehmen wir dann die Grenzwerte aller beschränkten, wachsenden Folgen rationaler Zahlen zu unserem Zahlensystem hinzu, so erhalten wir das Zahlensystem der reellen Zahlen.

Komplexe Zahlen

Fantasie war an vielen Stellen bei der Entwicklung der reellen Zahlen vonnöten. Bei der Konstruktion der bisher diskutierten Zahlensysteme wurde Fantasie in der Tat mindestens drei Mal gebraucht:

1. Beim *ersten* System: Als man die Menge der *ganzen Zahlen* aus den Zählzahlen konstruierte.
2. Beim *zweiten* System: Als man die Menge der *rationalen Zahlen m/n* aus den ganzen Zahlen konstruierte.
3. Beim *dritten* System: Als man die Menge der *reellen Zahlen x* aus den rationalen Zahlen konstruierte.

Diese Zahlensysteme bilden eine Hierarchie, in der jedes System das jeweils vorhergehende enthält. Außerdem ist jedes System insofern reicher als sein Vorgänger, als dort zusätzliche Operationen erlaubt sind, die ausgeführt werden können, ohne das Zahlensystem zu verlassen:

1. Im System der ganzen Zahlen können wir alle Gleichungen der Form

$$x + a = 0 \tag{A.17}$$

   lösen. Dabei ist a eine beliebige Konstante.

2. Im System der rationalen Zahlen können wir alle Gleichungen der Form

$$ax + b = 0 \tag{A.18}$$

   lösen. Dabei setzen wir voraus, dass a und b rationale Zahlen sind und $a \neq 0$ ist.

3. Im System der reellen Zahlen können wir alle Gleichungen der Formen (A.17) und (A.18) lösen, zudem alle quadratischen Gleichungen

$$ax^2 + bx + c = 0 \tag{A.19}$$

mit $a \neq 0$ und $b^2 - 4ac \geq 0$.

Vermutlich ist Ihnen die Formel für die Lösungen von Gleichung (A.19)

$$x = \frac{-b \pm \sqrt{b^2 - 4ac}}{2a}, \tag{A.20}$$

geläufig, und Sie wissen darüber hinaus, dass die Lösungen aus (A.20) für eine negative Diskriminante $b^2 - 4ac$ *nicht* in einem der bisher diskutieren Zahlensysteme liegen. Die sehr einfache quadratische Gleichung

$$x^2 + 1 = 0$$

können wir nämlich nicht lösen, wenn uns nur die drei bisher entdeckten Zahlensysteme zur Verfügung stehen.

Folglich kommen wir zum *vierten* entdeckten System, das ist die Menge der *komplexen Zahlen* $a + ib$. Wir könnten ganz auf das Symbol i verzichten und zur Beschreibung das geordnete Paar (a, b) verwenden. Da die Zahlen a und b unter algebraischen Operationen verschieden behandelt werden, ist es wesentlich, diese *Reihenfolge* streng zu halten. Wir könnten deshalb sagen, dass das **System der komplexen Zahlen** aus der Menge aller geordneten Paare reeller Zahlen (a, b) besteht, zuzüglich der unten aufgeführten Regeln, nach denen sie zu vergleichen, zu addieren, zu multiplizieren usw. sind. In der folgenden Diskussion werden wir sowohl die Schreibweise (a, b) als auch die Schreibweise $a + ib$ verwenden. Wir nennen a den **Realteil** und b den **Imaginärteil** der komplexen Zahl (a, b).

Wir legen die folgenden Definitionen fest.

Gleichheit	$a + ib = c + id$ gilt genau dann, wenn $a = c$ und $b = d$ ist.	Zwei komplexe Zahlen (a, b) und (c, d) sind genau dann *gleich*, wenn $a = c$ und $b = d$ ist.
Addition	$(a + ib) + (c + id)$ $= (a + c) + i(b + d)$	Die *Summe* der beiden komplexen Zahlen (a, b) und (c, d) ist die komplexe Zahl $(a + c, b + d)$.
Multiplikation	$(a + ib)(c + id)$ $= (ac - bd) + i(ad + bc)$	Das *Produkt* der beiden komplexen Zahlen (a, b) und (c, d) ist die komplexe Zahl $(ac - bd, ad + bc)$.
	$c(a + ib) = ac + i(bc)$	Das Produkt einer reellen Zahl c und der komplexen Zahl (a, b) ist die komplexe Zahl (ac, bc).

Die Menge der komplexen Zahlen (a, b), deren zweite Zahl b gleich null ist, hat dieselben Eigenschaften wie die Menge der reellen Zahlen a. Das Ergebnis der Addition und der Multiplikation von $(a, 0)$ und $(c, 0)$ ist beispielsweise

$$(a, 0) + (c, 0) = (a + c, 0),$$
$$(a, 0) \cdot (c, 0) = (ac, 0).$$

Das sind Zahlen desselben Typs, deren Imaginärteil gleich null ist. Außerdem erhalten wir bei der Multiplikation einer „reellen Zahl" $(a, 0)$ und einer komplexen Zahl (c, d)

$$(a, 0) \cdot (c, d) = (ac, ad) = a(c, d).$$

Insbesondere spielt die komplexe Zahl $(0, 0)$ im System der komplexen Zahlen die Rolle der *Null*, und die komplexe Zahl $(1, 0)$ spielt die Rolle der *Eins*.

Das Zahlenpaar $(0, 1)$, dessen Realteil gleich null und dessen Imaginärteil gleich 1 ist, hat die Eigenschaft, dass ihr Quadrat

$$(0, 1)(0, 1) = (-1, 0)$$

den Realteil -1 und den Imaginärteil null hat. Daher gibt es im System der komplexen Zahlen (a, b) eine Zahl $x = (0, 1)$, deren Quadrat zur Eins $= (1, 0)$ addiert werden kann, sodass sich Null $= (0, 0)$ ergibt. Das heißt also

$$(0, 1)^2 + (1, 0) = (0, 0).$$

Die Gleichung

$$x^2 + 1 = 0$$

hat daher in diesem neuen Zahlensystem eine Lösung, nämlich $x = (0, 1)$.

Vermutlich ist Ihnen die Schreibweise $a + ib$ geläufiger als die Schreibweise (a, b). Und weil wir aufgrund der Gesetze der Algebra für die geordneten Paare

$$(a, b) = (a, 0) + (0, b) = a(1, 0) + b(0, 1)$$

schreiben können, wobei sich $(1, 0)$ wie die Eins und $(0, 1)$ wie die Quadratwurzel von -1 verhält, können wir bedenkenlos $a + ib$ anstelle von (a, b) schreiben. Das i bei der reellen Zahl b ist wie ein Indikatorelement, das auf den Imaginärteil von $a + ib$ hinweist. Wir können beliebig zwischen dem Reich der geordneten Paare (a, b) und dem Reich der Ausdrücke $a + ib$ wechseln. Aber es ist nichts weniger „real" an dem Symbol $(0, 1) = i$ als an dem Symbol $(1, 0) = 1$, wenn wir einmal die Regeln der Algebra im komplexen Zahlensystem der geordneten Paare (a, b) gelernt haben.

Um eine beliebige rationale Kombination komplexer Zahlen auf eine einzige komplexe Zahl zu reduzieren, wenden wir elementare Algebra an, wobei wir i^2 jedes Mal durch -1 ersetzen. Natürlich können wir durch die komplexe Zahl $(0, 0) = 0 + i0$ nicht dividieren. Im Fall $a + ib \neq 0$ können wir jedoch eine Division folgendermaßen ausführen:

$$\frac{c + id}{a + ib} = \frac{(c + id)(a - ib)}{(a + ib)(a - ib)} = \frac{(ac + bd) + i(ad - bc)}{a^2 + b^2}.$$

Das Ergebnis ist eine komplexe Zahl $x + iy$ mit

$$x = \frac{ac + bd}{a^2 + b^2}, \quad y = \frac{ad - bc}{a^2 + b^2}$$

und $a^2 + b^2 \neq 0$, weil $a + ib = (a, b) \neq (0, 0)$ ist.

Die Zahl $a - ib$, die wir als Faktor verwenden, um i aus dem Nenner zu eliminieren, heißt **konjugiert komplexe Zahl** zu $a + ib$. Es ist üblich, die konjugiert komplexe Zahl zu z mit $\bar{z}$ („z quer" gesprochen) zu bezeichnen; also gilt

$$z = a + ib, \quad \bar{z} = a - ib.$$

Indem wir Zähler und Nenner des Bruchs $(c + id)/(a + ib)$ mit der konjugiert komplexen Zahl des Nenners multiplizieren, können wir den Nenner immer reell machen.

Arithmetische Operationen mit komplexen Zahlen

Beispiel A.17 Die arithmetischen Operationen mit komplexen Zahlen illustrieren wir hier anhand einiger Beispiele.

1. $(2 + 3i) + (6 - 2i) = (2 + 6) + (3 - 2)i = 8 + i$
2. $(2 + 3i) - (6 - 2i) = (2 - 6) + (3 - (-2))i = -4 + 5i$
3. $(2 + 3i)(6 - 2i) = (2)(6) + (2)(-2i) + (3i)(6) + (3i)(-2i)$
   $= 12 - 4i + 18i - 6i^2 = 12 + 14i + 6 = 18 + 14i$
4. $\dfrac{2 + 3i}{6 - 2i} = \dfrac{2 + 3i}{6 - 2i} \dfrac{6 + 2i}{6 + 2i} = \dfrac{12 + 4i + 18i + 6i^2}{36 + 12i - 12i - 4i^2} = \dfrac{6 + 22i}{40} = \dfrac{3}{20} + \dfrac{11}{20}i$

Argand-Diagramme

Die komplexe Zahl $z = x + iy$ hat zwei geometrische Darstellungen in der sogenannten Gauß'schen Zahlenebene (der xy-Ebene):

1. Als Punkt $P(x, y)$ in der xy-Ebene.
2. Als Vektor $\overrightarrow{OP}$ vom Ursprung nach P.

In jeder Darstellung heißt die x-Achse **reelle Achse** und die y-Achse **imaginäre Achse**. Beide Darstellungen sind sogenannte **Argand-Diagramme** für $x + \mathrm{i}y$ (vgl. Abbildung A.24).

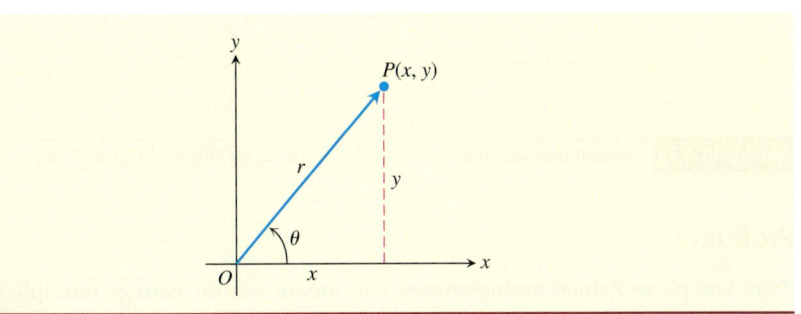

Abbildung A.24 Dieses Argand-Diagramm zeigt $z = x + \mathrm{i}y$ sowohl als Punkt $P(x, y)$ als auch als Vektor.

In Polarkoordinaten haben wir

$$x = r \cos \theta, \quad y = r \sin \theta$$

und

$$z = x + \mathrm{i}y = r(\cos \theta + \mathrm{i} \sin \theta). \tag{A.21}$$

Wir definieren den **Betrag** einer komplexen Zahl $x + \mathrm{i}y$ als Länge r des Vektors $\overrightarrow{OP}$ vom Ursprung zuq $P(x, y)$. Den Betrag kennzeichnen wir durch senkrechte Striche; folglich ist

$$|x + \mathrm{i}y| = \sqrt{x^2 + y^2}.$$

Wählen wir die Polarkoordinaten r und θ immer so, dass r nichtnegativ ist, so gilt

$$r = |x + \mathrm{i}y|.$$

Der Polarwinkel θ heißt **Argument** von z, und wir schreiben $\theta = \arg z$. Natürlich können wir jedes ganzzahlige Vielfache von 2π zu θ addieren, um einen entsprechenden Winkel zu erhalten.

Die folgenden Gleichung ist eine nützliche Formel, die eine Verbindung zwischen einer komplexen Zahl z, ihrer konjugiert komplexen Zahl $\bar{z}$ und ihrem Betrag $|z|$ herstellt:

$$z \cdot \bar{z} = |z|^2.$$

Euler-Formel

Mithilfe der Identität

$$\mathrm{e}^{\mathrm{i}\theta} = \cos \theta + \mathrm{i} \sin \theta,$$

der sogenannten **Euler-Formel**, können wir Gleichung (A.21) in

$$z = r\mathrm{e}^{\mathrm{i}\theta}$$

umschreiben. Diese Formel führt wiederum auf die folgenden Regeln zur Berechnung von Produkten, Quotienten, Potenzen und Wurzeln komplexer Zahlen. Sie führt auch auf Argand-Diagramm für $\mathrm{e}^{\mathrm{i}\theta}$. Setzen wir in Gleichung (A.21) $r = 1$, so erhalten wir $\cos \theta + \mathrm{i} \sin \theta$. Daher können wir sagen, dass $\mathrm{e}^{\mathrm{i}\theta}$ durch einen Einheitsvektor dargestellt wird, der mit der positiven x-Achse den Winkel θ einschließt (vgl. Abbildung A.25).

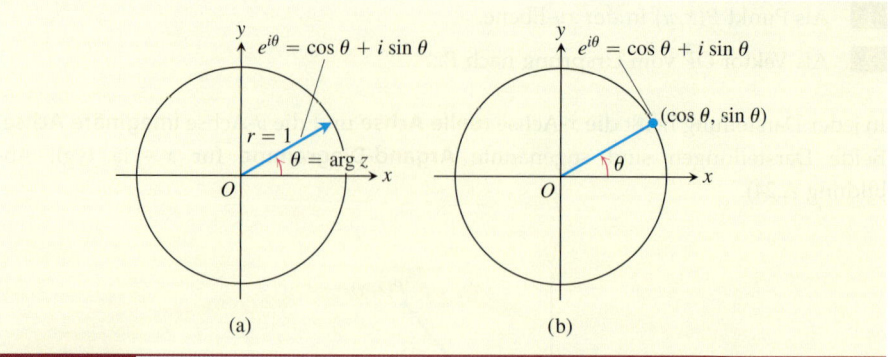

Abbildung A.25 Argand-Diagramme für $e^{i\theta} = \cos\theta + i\sin\theta$: (a) als Vektor und (b) als Punkt.

Produkte

Zwei komplexe Zahlen multiplizieren wir, indem wir ihr Beträge multiplizieren und ihre Winkel addieren. Sei

$$z_1 = r_1 e^{i\theta_1},\ z_2 = r_2 e^{i\theta_2}, \tag{A.22}$$

sodass gilt:

$$|z_1| = r_1,\ \arg z_1 = \theta_1;\ |z_2| = r_2,\quad \arg z_2 = \theta_2\ .$$

Dann ist

$$z_1 z_2 = r_1 e^{i\theta_1} \cdot r_2 e^{i\theta_2} = r_1 r_2 e^{i(\theta_1+\theta_2)}$$

und folglich

$$\begin{aligned}|z_1 z_2| &= r_1 r_2 = |z_1| \cdot |z_2| \\ \arg(z_1 z_2) &= \theta_1 + \theta_2 = \arg z_1 + \arg z_2\ .\end{aligned} \tag{A.23}$$

Daher wird das Produkt zweier komplexer Zahlen durch einen Vektor dargestellt, dessen Länge das Produkt der Längen der beiden Faktoren und dessen Argument die Summe ihrer Argumente ist (vgl. Abbildung A.26). Aus Gleichung (A.23) ergibt sich insbesondere, dass wir einen Vektor im Uhrzeigersinn um einen Winkel θ drehen können, indem wir ihn mit $e^{i\theta}$ multiplizieren. Die Multiplikation mit i dreht ihn um 90°, Multiplikation mit -1 dreht ihn um 180°, Multiplikation mit $-i$ dreht ihn um 270° usw.

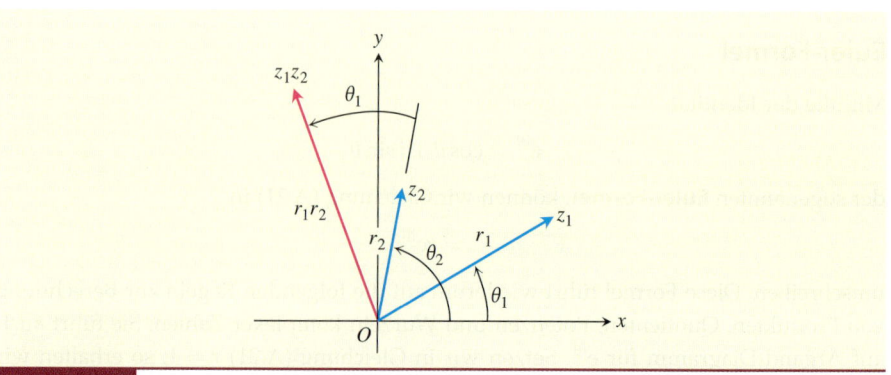

Abbildung A.26 Multiplizieren wir z_1 und z_2, so ergibt sich $|z_1 z_2| = r_1 \cdot r_2$ und $\arg(z_1 z_2) = \theta_1 + \theta_2$.

Beispiel A.18 Sei $z_1 = \sqrt{2}e^{i\pi/4}$, $z_2 = \sqrt{3} - i$. Wir stellen diese komplexen Zahlen in einem Argand-Diagramm dar (vgl. Abbildung A.27), aus dem wir die Polardarstellungen

Produkt zweier komplexer Zahlen im Argand-Diagramm

$$z_1 = \sqrt{2}e^{i\pi/4}, \quad z_2 = 2e^{-i\pi/6}$$

ablesen. Dann gilt

$$z_1 z_2 = 2\sqrt{2}\exp\left(\frac{i\pi}{4} - \frac{i\pi}{6}\right) = 2\sqrt{2}\exp\left(\frac{i\pi}{12}\right)$$

$$2\sqrt{2}\left(\cos\frac{\pi}{12} + i\sin\frac{\pi}{12}\right) \approx 2{,}73 + 0{,}73i.$$

Dabei steht $\exp(A)$ für e^A.

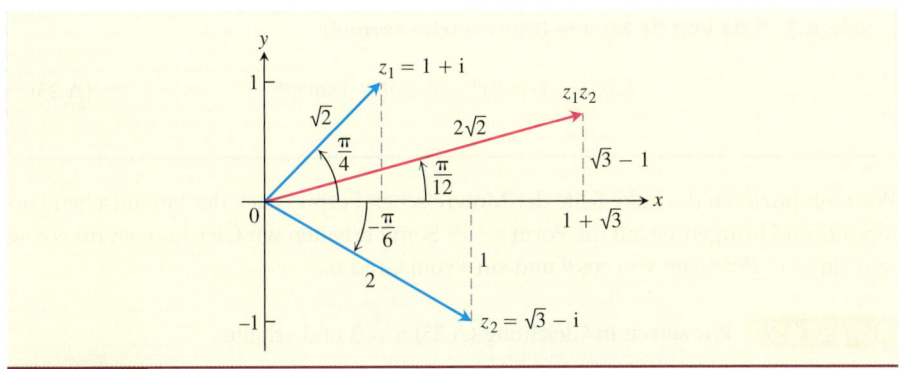

Abbildung A.27 Zur Multiplikation zweier komplexer Zahlen multiplizieren wir ihre Beträge und addieren ihre Argumente.

Quotienten

Nehmen wir an, dass in Gleichung (A.22) $r_2 \neq 0$ gilt. Dann ist

$$\frac{z_1}{z_2} = \frac{r_1 e^{i\theta_1}}{r_2 e^{i\theta_2}} = \frac{r_1}{r_2}e^{i(\theta_1 - \theta_2)}.$$

Daher ist

$$\left|\frac{z_1}{z_2}\right| = \frac{r_1}{r_2} = \frac{|z_1|}{|z_2|} \quad \text{und} \quad \arg\left(\frac{Z_1}{z_2}\right) = \theta_1 - \theta_2 = \arg z_1 - \arg z_2.$$

Wir dividieren also die Längen und subtrahieren die Winkel, um den Quotienten zweier komplexer Zahlen zu bilden.

Beispiel A.19 Wie in Beispiel A.18 sei $z_1 = 1 + i$ und $z_2 = \sqrt{3} - i$. Dann ist

Quotient zweier komplexer Zahlen

$$\frac{1+i}{\sqrt{3}-i} = \frac{\sqrt{2}e^{i\pi/4}}{2e^{-i\pi/6}} = \frac{\sqrt{2}}{2}e^{5\pi i/12} \approx 0{,}707\left(\cos\frac{5\pi}{12} + i\sin\frac{5\pi}{12}\right)$$

$$0{,}183 + 0{,}683i.$$

Potenzen

Ist n eine positive ganze Zahl, so können wir mithilfe der Produktformeln aus Gleichung (A.23)

$$z^n = z \cdot z \cdot \cdots \cdot z \quad n \text{ Faktoren}$$

bestimmen. Mit $z = re^{i\theta}$ erhalten wir

$$\begin{aligned}
z^n = (re^{i\theta})^n &= r^n e^{i(\theta+\theta+\cdots+\theta)} \quad n \text{ Summanden} \\
&= r^n e^{in\theta}.
\end{aligned} \quad (A.24)$$

Die Länge $r = |z|$ wird mit n potenziert, und der Winkel $\theta = \arg z$ wird mit n multipliziert.

Setzen wir in Gleichung (A.24) $r = 1$, so erhalten wir den Satz von de Moivre.

Satz A.3   Satz von de Moivre (Moivre'sche Formel)

$$(\cos\theta + i\sin\theta)^n = \cos n\theta + i\sin n\theta. \quad (A.25)$$

Wir multiplizieren die linke Seite der Moivre'schen Formel nach der binomischen Formel aus und bringen sie auf die Form $a + ib$. Somit erhalten wir Gleichungen für $\cos n\theta$ und $\sin n\theta$ in Potenzen von $\cos\theta$ und $\sin\theta$ vom Grad n.

Moivre'sche Formel für $n = 3$

Beispiel A.20 Wir setzen in Gleichung (A.25) $n = 3$ und erhalten

$$(\cos\theta + i\sin\theta)^3 = \cos 3\theta + i\sin 3\theta.$$

Ausmultiplizieren der linken Seite dieser Gleichung ergibt

$$\cos^3\theta + 3i\cos^2\theta\sin\theta - 3\cos\theta\sin^2\theta - i\sin^3\theta.$$

Der Realteil dieses Ausdrucks muss gleich $\cos 3\theta$ sein, und der Imaginärteil muss gleich $\sin 3\theta$ sein. Deshalb gilt

$$\cos 3\theta = \cos^3\theta - 3\cos\theta\sin^2\theta$$
$$\sin 3\theta = 3\cos^2\theta\sin\theta - \sin^3\theta$$

Wurzeln

Ist $z = re^{i\theta}$ eine von null verschiedene Zahl und n eine positive ganze Zahl, so gibt es genau n verschiedene komplexe Zahlen $w_0, w_1, \ldots, w_{n-1}$, die n-te Wurzeln von z sind. Um uns davon zu überzeugen, nehmen wir an, dass $w = \rho e^{i\alpha}$ eine n-te Wurzel von $z = re^{i\theta}$ ist, sodass gilt:

$$w^n = z$$

oder

$$\rho^n e^{in\alpha} = re^{i\theta}.$$

Dann ist

$$\rho = \sqrt[n]{r}$$

die reelle, positive n-te Wurzel von r. Auch wenn wir über das Argument nicht sagen können, dass $n\alpha$ gleich θ sein muss, so können wir doch sagen, dass sich die beiden Zahlen nur durch ein Vielfaches von 2π unterscheiden können. Also ist

$$n\alpha = \theta + 2k\pi, \quad k = 0, \quad \pm 1, \quad \pm 2, \quad \ldots.$$

Deshalb gilt

$$\alpha = \frac{\theta}{n} + k\frac{2\pi}{n}.$$

Folglich sind die n-ten Wurzeln von $z = re^{i\theta}$ gegeben durch

> **Satz A.4**
>
> $$\sqrt[n]{re^{i\theta}} = \sqrt[n]{r}\,\exp i\left(\frac{\theta}{n} + k\frac{2\pi}{n}\right), \quad k = 0, \pm 1, \pm 2, \ldots. \tag{A.26}$$

Es scheint unendlich viele verschiedene Lösungen zu geben, die zu den unendlich vielen möglichen Werten von k gehören. Aber $k = n + m$ liefert in Gleichung (A.26) dasselbe Ergebnis wie $k = m$. Daher brauchen wir nur n aufeinanderfolgende Werte von k zu nehmen, um alle verschiedenen n-ten Wurzeln von z zu erhalten. Der Einfachheit halber wählen wir

$$k = 0, 1, 2, \ldots, n - 1.$$

Alle diese n-ten Wurzeln liegen auf einem Kreis um den Ursprung, dessen Radius gleich der reellen positiven n-ten Wurzel von r ist. Eine davon hat das Argument $\alpha = \theta/n$. Die anderen liegen in gleichmäßigem Abstand von $2\pi/n$ um den Kreis. Abbildung A.28 illustriert die Lage der drei kubischen Wurzeln w_0, w_1, w_2 von $z = re^{i\theta}$.

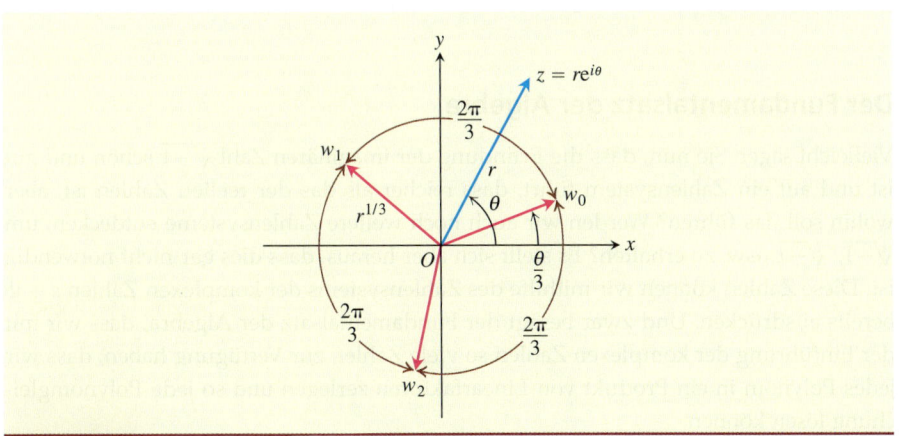

Abbildung A.28 Die drei kubischen Wurzeln von $z = re^{i\theta}$.

Beispiel A.21 Bestimmen Sie die vier vierten Wurzeln von -16.

Die vierten Wurzeln von -16

Lösung Als Erstes stellen wir die Zahl -16 in einem Argand-Diagramm grafisch dar (vgl. Abbildung A.29) und bestimmen ihre Darstellung $re^{i\theta}$ in Polarkoordinaten. Hier ist $z = -16$, $r = +16$ und $\theta = \pi$. Eine der vierten Wurzeln von $16e^{i\pi}$ ist $2e^{i\pi/4}$. Die

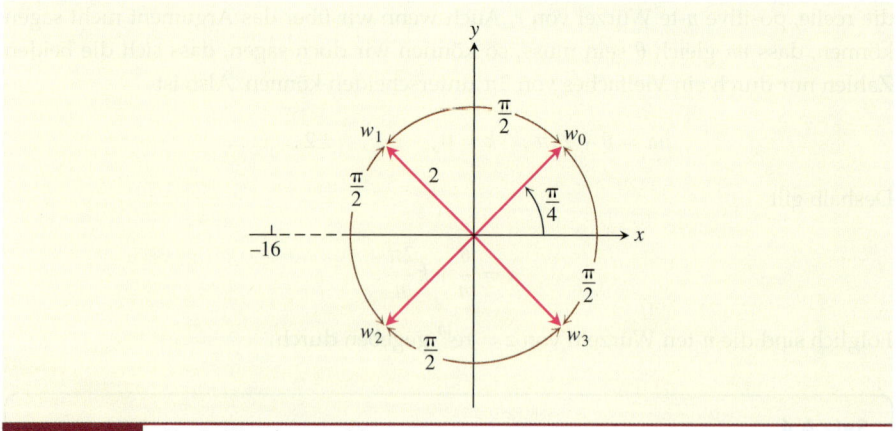

Abbildung A.29 Die vier Wurzeln von -16.

anderen erhalten wir, indem wir wiederholt $2\pi/4 = \pi/2$ zum Argument der ersten Wurzel addieren. Folglich sind

$$2e^{i\pi/4}, \quad 2e^{i3\pi/4}, \quad 2e^{i5\pi/4}, \quad 2e^{i7\pi/4},$$

die vier Wurzeln von -16, also

$$w_0 = 2\left[\cos\frac{\pi}{4} + i\sin\frac{\pi}{4}\right] = \sqrt{2}(1+i)$$

$$w_1 = 2\left[\cos\frac{3\pi}{4} + i\sin\frac{3\pi}{4}\right] = \sqrt{2}(-1+i)$$

$$w_2 = 2\left[\cos\frac{5\pi}{4} + i\sin\frac{5\pi}{4}\right] = \sqrt{2}(-1-i)$$

$$w_3 = 2\left[\cos\frac{7\pi}{4} + i\sin\frac{7\pi}{4}\right] = \sqrt{2}(1-i).$$

Der Fundamentalsatz der Algebra

Vielleicht sagen Sie nun, dass die Erfindung der imaginären Zahl $\sqrt{-1}$ schön und gut ist und auf ein Zahlensystem führt, dass reicher als das der reellen Zahlen ist; aber wohin soll das führen? Werden wir auch noch weitere Zahlensysteme entdecken, um $\sqrt[4]{-1}$, $\sqrt[6]{-1}$ usw. zu erhalten? Es stellt sich aber heraus, dass dies gar nicht notwendig ist. Diese Zahlen können wir mithilfe des Zahlensystems der komplexen Zahlen $a + ib$ bereits ausdrücken. Und zwar besagt der Fundamentalsatz der Algebra, dass wir mit der Einführung der komplexen Zahlen so viele Zahlen zur Verfügung haben, dass wir jedes Polynom in ein Produkt von Linearfaktoren zerlegen und so jede Polynomgleichung lösen können.

Satz A.5 Fundamentalsatz der Algebra Jede Polynomgleichung der Form

$$a_n z^n + a_{n-1} z^{n-1} + \cdots + a_1 z + a_0 = 0$$

mit den komplexen Koeffizienten $a_0, a_1, \ldots, a_n$, mit $n \geq 1$ und $a_n \neq 0$ hat im System der komplexen Zahlen genau n Nullstellen. Dabei wird jede mehrfache Nullstelle mit ihrer Vielfachheit m gezählt.

Einen Beweis dieses Satzes findet man in fast jedem Lehrbuch über Funktionentheorie.

Aufgaben zu Anhang A.7

Operationen mit komplexen Zahlen

1. **Wie Computer komplexe Zahlen miteinander multiplizieren.** Bestimmen Sie $(a, b) \cdot (c, d) = (ac - bd, ad + bc)$.

a. $(2, 3) \cdot (4, -2)$
b. $(2, -1) \cdot (-2, 3)$
c. $(-1, -2) \cdot (2, 1)$

(So multiplizieren Computer komplexe Zahlen.)

2. Lösen Sie die folgenden Gleichungen nach den reellen Zahlen x und y auf.

a. $(3 + 4i)^2 - 2(x - iy) = x + iy$
b. $\left(\dfrac{1+i}{1-i}\right)^2 + \dfrac{1}{x + iy} = 1 + i$
c. $(3 - 2i)(x + iy) = 2(x - 2iy) + 2i - 1$

Graphische Darstellung und Geometrie

3. Wie können Sie die folgenden komplexen Zahlen aus $z = x + iy$ geometrisch gewinnen? Skizzieren Sie.

a. $\bar{z}$
b. $\overline{(-z)}$
c. $-z$
d. $1/z$

4. Zeigen Sie, dass der Abstand zwischen zwei Punkten z_1 und z_2 in einem Argand-Diagramm $|z_1 - z_2|$ ist.

Skizzieren Sie in den Aufgaben 5–10 die Punkte $z = x + iy$, die die angegebenen Bedingungen erfüllen.

5. a. $|z| = 2$ b. $|z + 1| = 1$ c. $|z| > 2$

6. $|z - 1| = 2$

7. $|z + 1| = 1$

8. $|z + 1| = |z - 1|$

9. $|z + i| = |z - 1|$

10. $|z + 1| \geq |z|$

Drücken Sie in den Aufgaben 11–14 die komplexen Zahlen in der Form $re^{i\theta}$ aus mit $r \geq 0$ und $-\pi < \theta \leq \pi$. Zeichnen Sie zu jeder Berechnung ein Argand-Diagramm.

11. $(1 + \sqrt{-3})^2$

12. $\dfrac{1+i}{1-i}$

13. $\dfrac{1+i\sqrt{3}}{1-i\sqrt{3}}$

14. $(2 + 3i)(1 - 2i)$

Potenzen und Wurzeln
Drücken Sie mithilfe des Satzes von de Moivre die trigonometrischen Funktionen aus den Aufgaben 15 und 16 als Funktion von $\cos\theta$ und $\sin\theta$ aus.

15. $\cos 4\theta$

16. $\sin 4\theta$

17. Bestimmen Sie die drei kubischen Wurzeln von 1.

18. Bestimmen Sie die beiden Quadratwurzeln von i.

19. Bestimmen Sie die drei kubischen Wurzeln von $-8i$.

20. Bestimmen Sie die sechs sechsten Wurzeln von 64.

21. Bestimmen Sie die vier Lösungen der Gleichung $z^4 - 2z^2 + 4 = 0$.

22. Bestimmen Sie die sechs Lösungen der Gleichung $z^6 + 2z^3 + 2 = 0$.

23. Bestimmen Sie alle Lösungen der Gleichung $x^4 + 4x^2 + 16 = 0$.

24. Lösen Sie die Gleichung $x^4 + 1 = 0$.

Theorie und Beispiele

25. Komplexe Zahlen und Vektoren in der Ebene Zeigen Sie anhand eines Argand-Diagramms, dass die Regel zur Addition komplexer Zahlen z_1 und z_2 dieselbe ist wie die Parallelogrammaddition von Vektoren (Abschnitt 12.2 in Band 2).

26. Komplexe Arithmetik mit konjugiert komplexen Zahlen Zeigen Sie, dass die konjugiert komplexe Summe (das Produkt oder der Quotient) zweier komplexer Zahlen z_1 und z_2 dasselbe ist wie die Summe (das Produkt oder der Quotient) ihrer konjugiert komplexen Zahlen.

27. Komplexe Wurzeln von Polynomen mit reellen Koeffizienten treten in konjugiert komplexen Paaren auf

a. Übertragen Sie die Ergebnisse aus Aufgabe 26, um zu zeigen, dass für ein Polynom

$$f(z) = a_n z^n + a_{n-1} z^{n-1} + \cdots + a_1 z + a_0$$

mit reellen Koeffizienten $a_0, \ldots, a_n$ gilt: $f(\bar{z}) = \overline{f(z)}$.

b. Sei $f(z)$ ein Polynom mit reellen Koeffizienten aus Teil **a.**, und z sei eine Lösung der Gleichung $f(z) = 0$. Zeigen Sie, dass dann die konjugiert komplexe Zahl $\bar{z}$ auch eine Nullstelle der Gleichung ist. (*Hinweis*: Sei $f(z) = u + iv = 0$; dann ist sowohl u als auch v null. Verwenden Sie die Tatsache $f(\bar{z}) = \overline{f(z)} = u - iv$.)

28. Betrag der konjugiert komplexen Zahl Zeigen Sie, dass $|\bar{z}| = |z|$ gilt.

29. Wenn $\bar{z} = z$ ist Was können Sie über die Lage des Punktes z in der komplexen Ebene sagen, wenn z und $\bar{z}$ gleich sind?

30. Real- und Imaginärteile Sei Re(z) der Realteil der Zahl z und Im(z) ihr Imaginärteil. Zeigen Sie, dass für beliebige komplexe Zahlen z, z_1 und z_2 die folgenden Beziehungen gelten.

a. $z + \bar{z} = 2\,\text{Re}(z)$

b. $z - \bar{z} = 2i\,\text{Im}(z)$

c. $|\text{Re}(z)| \leq |z|$

d. $|z_1 + z_2|^2 = |z_1|^2 + |z_2|^2 + 2\,\text{Re}(z_1 \bar{z}_2)$

e. $|z_1 + z_2| \leq |z_1| + |z_2|$

Hilfreiche Rechenformeln und Regeln

Geometrische Formeln

A = Flächeninhalt, B = Flächeninhalt der Grundfläche, C = Umfang, S = Mantelfläche oder Oberfläche, V = Volumen

Dreieck

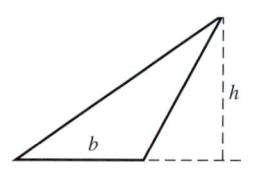

$$A = \frac{1}{2}bh$$

Ähnliche Dreiecke

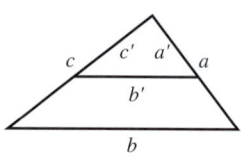

$$\frac{a'}{a} = \frac{b'}{b} = \frac{c'}{c}$$

Satz des Pythagoras

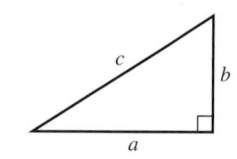

$$a^2 + b^2 = c^2$$

Parallelogramm

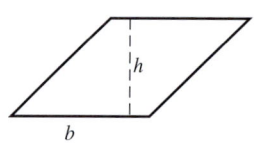

$$A = bh$$

Trapez

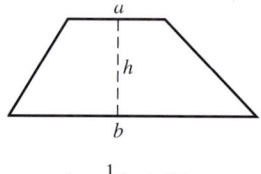

$$A = \frac{1}{2}(a + b)h$$

Kreis

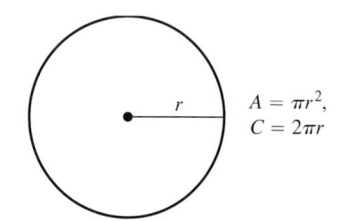

$$A = \pi r^2, \quad C = 2\pi r$$

Zylinder oder Prisma mit parallelen Deckflächen

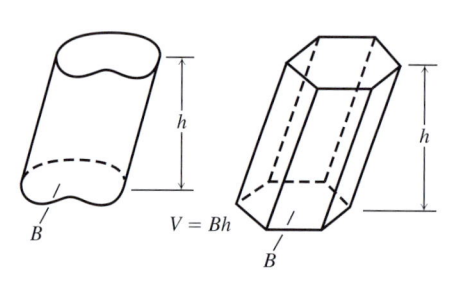

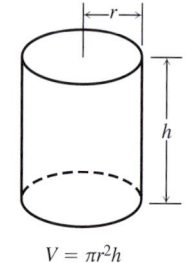

$$V = Bh$$

Gerader Kreiszylinder

$$V = \pi r^2 h$$
$$S = 2\pi r h = \text{Mantelfläche}$$

Kegel oder Pyramide

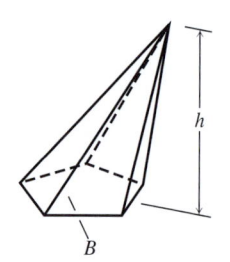

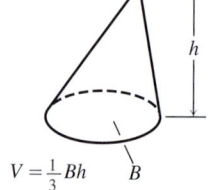

$$V = \frac{1}{3}Bh$$

Gerader Kreiskegel

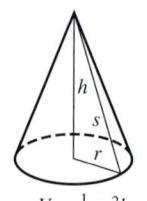

$$V = \frac{1}{3}\pi r^2 h$$
$$S = \pi r s = \text{Mantelfläche}$$

Kugel

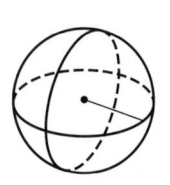

$$V = \frac{4}{3}\pi r^3, \quad S = 4\pi r^2$$

Grundrechenformeln

Arithmetische Operationen

$$a(b+c) = ab + ac, \quad \frac{a}{b} \cdot \frac{c}{d} = \frac{ac}{bd}$$

$$\frac{a}{b} + \frac{c}{d} = \frac{ad+bc}{bd}, \quad \frac{a/b}{c/d} = \frac{a}{b} \cdot \frac{d}{c}$$

Vorzeichenregeln

$$-(-a) = a, \quad \frac{-a}{b} = -\frac{a}{b} = \frac{a}{-b}$$

Null Die Division durch Null ist nicht definiert.

Für $a \neq 0$ gilt: $\quad \frac{0}{a} = 0, \quad a^0 = 1, \quad 0^a = 0$.

Für jede Zahl a gilt: $\quad a \cdot 0 = 0 \cdot a = 0$.

Rechenregeln für Potenzen

$$a^m a^n = a^{m+n} \quad (ab)^m = a^m b^m \quad (a^m)^n = a^{mn}, \quad a^{m/n} = \sqrt[n]{a^m} = \left(\sqrt[n]{a}\right)^m \quad (a \geq 0)$$

Für $a \neq 0$ gilt: $\quad \dfrac{a^m}{a^n} = a^{m-n} \quad a^0 = 1, \quad a^{-m} = \dfrac{1}{a^m}$.

Binomialsatz Für jede positive ganze Zahl n gilt:

$$(a+b)^n = a^n + na^{n-1}b + \frac{n(n-1)}{1 \cdot 2} a^{n-2}b^2 + \frac{n(n-1)(n-2)}{1 \cdot 2 \cdot 3} a^{n-3}b^3 + \cdots + nab^{n-1} + b^n.$$

Beispiele:

$$(a+b)^2 = a^2 + 2ab + b^2, \qquad (a-b)^2 = a^2 - 2ab + b^2$$
$$(a+b)^3 = a^3 + 3a^2 b + 3ab^2 + b^3, \qquad (a-b)^3 = a^3 - 3a^2 b + 3ab^2 - b^3.$$

Die Differenz von gleichen ganzzahligen Potenzen, $n > 1$, ausklammern

$$a^n - b^n = (a-b)(a^{n-1} + a^{n-2}b + a^{n-3}b^2 + \cdots + ab^{n-2} + b^{n-1})$$

Beispiele:

$$a^2 - b^2 = (a-b)(a+b),$$
$$a^3 - b^3 = (a-b)(a^2 + ab + b^2),$$
$$a^4 - b^4 = (a-b)(a^3 + a^2 b + ab^2 + b^3).$$

Quadratische Ergänzung Für $a \neq 0$ gilt:

$$ax^2 + bx + c = au^2 + C \qquad \left(u = x + (b/2a), \quad C = c - \frac{b^2}{4a} \right).$$

Lösung der quadratischen Gleichung Für $a \neq 0$ hat $ax^2 + bx + c = 0$ die Lösungen

$$x_{1/2} = \frac{-b \pm \sqrt{b^2 - 4ac}}{2a}.$$

Hilfreiche Rechenformeln und Regeln

Trigonometrische Funktionen

Bogenmaß

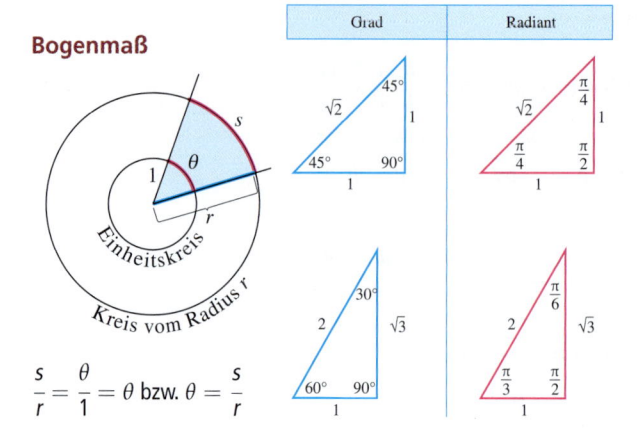

	Grad	Radiant

$$\frac{s}{r} = \frac{\theta}{1} = \theta \quad \text{bzw.} \quad \theta = \frac{s}{r}$$

$180° = \pi$ Radiant.

Die Winkel von zwei speziellen Dreiecken in Grad und Radiant. Ein Winkel in Radiant ist eine reelle Zahl.

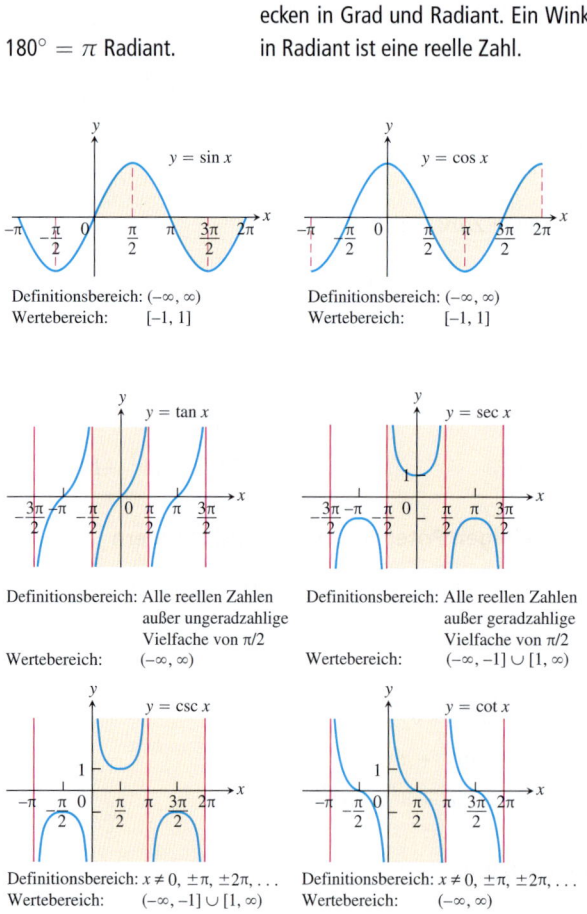

$y = \sin x$

Definitionsbereich: $(-\infty, \infty)$
Wertebereich: $[-1, 1]$

$y = \cos x$

Definitionsbereich: $(-\infty, \infty)$
Wertebereich: $[-1, 1]$

$y = \tan x$

Definitionsbereich: Alle reellen Zahlen außer ungeradzahlige Vielfache von $\pi/2$
Wertebereich: $(-\infty, \infty)$

$y = \sec x$

Definitionsbereich: Alle reellen Zahlen außer geradzahlige Vielfache von $\pi/2$
Wertebereich: $(-\infty, -1] \cup [1, \infty)$

$y = \csc x$

Definitionsbereich: $x \neq 0, \pm\pi, \pm 2\pi, \ldots$
Wertebereich: $(-\infty, -1] \cup [1, \infty)$

$y = \cot x$

Definitionsbereich: $x \neq 0, \pm\pi, \pm 2\pi, \ldots$
Wertebereich: $(-\infty, \infty)$

Funktionen und ihre Inversen

	Funktion	Inverse	Skizze
	$f(x) = x^2$	$f^{-1}(x) = \sqrt{x}$	
Definitionsbereich	$[0, \infty)$	$[0, \infty)$	
Wertebereich	$[0, \infty)$	$[0, \infty)$	
	$f(x) = \ln x$	$f^{-1}(x) = e^x$	
Definitionsbereich	$(0, \infty)$	$(-\infty, \infty)$	
Wertebereich	$(-\infty, \infty)$	$(0, \infty)$	
	$f(x) = \sin x$	$f^{-1}(x) = \sin^{-1}(x)$ $= \arcsin x$	
Definitionsbereich	$\left[-\frac{\pi}{2}, \frac{\pi}{2}\right]$	$[-1, 1]$	
Wertebereich	$[-1, 1]$	$\left[-\frac{\pi}{2}, \frac{\pi}{2}\right]$	
	$f(x) = \cos x$	$f^{-1}(x) = \cos^{-1}(x)$ $= \arccos x$	
Definitionsbereich	$[0, \pi]$	$[-1, 1]$	
Wertebereich	$[-1, 1]$	$[0, \pi]$	
	$f(x) = \tan x$	$f^{-1}(x) = \tan^{-1}(x)$ $= \arctan x$	
Definitionsbereich	$\left(-\frac{\pi}{2}, \frac{\pi}{2}\right)$	$(-\infty, \infty)$	
Wertebereich	$(-\infty, \infty)$	$\left(-\frac{\pi}{2}, \frac{\pi}{2}\right)$	

Reihen

Konvergenzkriterien für Reihen

1. **Divergenzkriterium:** Gilt nicht $a_n \to 0$, so divergiert die Reihe.
2. **Geometrische Reihen** ($a \neq 0$): $\sum ar^n$ konvergiert für $|r| < 1$; anderenfalls divergiert sie.
3. **Allgemeine harmonische Reihen** (*p*-**Reihen**): $\sum 1/n^p$ konvergiert für $p > 1$; anderenfalls divergiert die Reihe.
4. **Reihen mit nichtnegativen Gliedern:** Wenden Sie das Integralkriterium, das Quotientenkriterium oder das Wurzelkriterium an. Wenden Sie mit einer bekannten Reihe den Vergleichssatz (Majorantenkriterium, Minorantenkriterium) oder das Grenzwertkriterium an.
5. **Reihen mit negativen Gliedern:** Konvergiert $\sum |a_n|$? Wenn das der Fall ist, dann konvergiert auch $\sum a_n$, weil aus der absoluten Konvergenz die Konvergenz folgt.
6. **Alternierende Reihen:** $\sum (-1)^{n+1} \cdot a_n$ konvergiert, wenn die Reihe die drei Voraussetzungen des Kriteriums für alternierende Reihen erfüllt.

Taylor-Reihen

$$\frac{1}{1-x} = 1 + x + x^2 + \cdots + x^n + \cdots = \sum_{n=0}^{\infty} x^n, \quad |x| < 1$$

$$\frac{1}{1+x} = 1 - x + x^2 - \cdots + (-x)^n + \cdots = \sum_{n=0}^{\infty} (-1)^n x^n, \quad |x| < 1$$

$$e^x = 1 + x + \frac{x^2}{2!} + \cdots + \frac{x^n}{n!} + \cdots = \sum_{n=0}^{\infty} \frac{x^n}{n!}, \quad |x| < \infty$$

$$\sin x = x - \frac{x^3}{3!} + \frac{x^5}{5!} - \cdots + (-1)^n \frac{x^{2n+1}}{(2n+1)!} + \cdots = \sum_{n=0}^{\infty} \frac{(-1)^n x^{2n+1}}{(2n+1)!}, \quad |x| < \infty$$

$$\cos x = 1 - \frac{x^2}{2!} + \frac{x^4}{4!} - \cdots + (-1)^n \frac{x^{2n}}{(2n)!} + \cdots = \sum_{n=0}^{\infty} \frac{(-1)^n x^{2n}}{(2n)!}, \quad |x| < \infty$$

$$\ln(1+x) = x - \frac{x^2}{2} + \frac{x^3}{3} - \cdots + (-1)^{n-1} \frac{x^n}{n} + \cdots = \sum_{n=0}^{\infty} \frac{(-1)^{n-1} x^n}{n}, \quad -1 < x \leq 1$$

$$\ln \frac{1+x}{1-x} = 2 \tanh^{-1} x = 2 \left(x + \frac{x^3}{3} + \frac{x^5}{5} + \cdots + \frac{x^{2n+1}}{2n+1} + \cdots \right) = 2 \sum_{n=0}^{\infty} \frac{x^{2n+1}}{2n+1}, \quad |x| < 1$$

$$\tan^{-1} = x - \frac{x^3}{3} + \frac{x^5}{5} - \cdots + (-1)^n \frac{x^{2n+1}}{2n+1} + \cdots = \sum_{n=0}^{\infty} \frac{(-1)^n x^{2n+1}}{2n+1}, \quad |x| \leq 1$$

Binomische Reihen

$$(1+x)^m = 1 + mx + \frac{m(m-1)}{2!} x^2 + \frac{m(m-1)(m-2)}{3!} x^3 + \cdots + \frac{m(m-1)(m-2)\cdots(m-k+1)}{k!} x^k + \cdots$$

$$= 1 + \sum_{k=1}^{\infty} \binom{m}{k} x^k, \quad |x| < 1$$

$$\text{mit } \binom{m}{1} = m, \quad \binom{m}{2} = \frac{m(m-1)}{2!}, \quad \binom{m}{k} = \frac{m(m-1)\cdots(m-k+1)}{k!} \quad \text{für } k \geq 3$$

Grenzwerte

Allgemeine Grenzwertsätze

Sind L, M, c und k reelle Zahlen und ist

$$\lim_{x \to c} f(x) = L \quad \text{und} \quad \lim_{x \to c} g(x) = M, \text{ so gilt:}$$

Summenregel : $\quad \lim_{x \to c}(f(x) + g(x)) = L + M$

Differenzenregel : $\quad \lim_{x \to c}(f(x) - g(x)) = L - M$

Faktorregel : $\quad \lim_{x \to c}(k \cdot f(x)) = k \cdot L$

Produktregel : $\quad \lim_{x \to c}(f(x) \cdot g(x)) = L \cdot M$

Quotientenregel : $\quad \lim_{x \to c} \dfrac{f(x)}{g(x)} = \dfrac{L}{M}, M \neq 0$

Einschnürungssatz

Es gelte $g(x) \leq f(x) \leq h(x)$ für alle x in einem offenen Intervall, das den Wert c enthält, ausgenommen möglicherweise der Stelle $x = c$ selbst. Nehmen wir weiter an, dass

$$\lim_{x \to c} g(x) = \lim_{x \to c} h(x) = L$$

ist. Dann gilt $\lim_{x \to c} f(x) = L$.

Ungleichungen

Gilt $f(x) \leq g(x)$ für alle x in einem offenen Intervall, der c enthält, ausgenommen möglicherweise die Stelle $x = c$ selbst, und existieren die Grenzwerte von f und g für x gegen c, dann ist

$$\lim_{x \to c} f(x) \leq \lim_{x \to c} g(x).$$

Stetigkeit

Ist f an der Stelle $x = c$ stetig, so gilt

$$\lim_{x \to c} f(x) = f(c).$$

Ist g an der Stelle L stetig und ist $\lim_{x \to c} f(x) = L$, so gilt:

$$\lim_{x \to c} g(f(x)) = g(L).$$

Spezielle Gleichungen

Ist $P(x) = a_n x^n + a_{n-1} x^{n-1} + \cdots + a_0$, so gilt

$$\lim_{x \to c} P(x) = P(c) = a_n c^n + a_{n-1} c^{n-1} + \cdots + a_0.$$

Sind $P(x)$ und $Q(x)$ Polynome und ist $Q(c) \neq 0$, so gilt

$$\lim_{x \to c} \frac{P(x)}{Q(x)} = \frac{P(c)}{Q(c)}.$$

Wichtige Grenzwerte

$$\lim_{x \to 0} \frac{\sin x}{x} = 1 \quad \text{und} \quad \lim_{x \to 0} \frac{1 - \cos x}{x} = 0$$

Regel von l'Hôspital

Es sei $f(a) = g(a) = 0$, f und g seien differenzierbar in einem offenen Intervall I, das a enthält, und es sei $g'(x) \neq 0$ auf I für $x \neq a$. Dann gilt

$$\lim_{x \to a} \frac{f(x)}{g(x)} = \lim_{x \to a} \frac{f'(x)}{g'(x)},$$

sofern der Grenzwert auf der rechten Seite der Gleichung existiert.

Differentiationsregeln

Allgemeine Regeln

Konstante: $\quad \dfrac{d}{dx}(c) = 0$

Summe: $\quad \dfrac{d}{dx}(u+v) = \dfrac{du}{dx} + \dfrac{dv}{dx}$

Differenz: $\quad \dfrac{d}{dx}(u-v) = \dfrac{du}{dx} - \dfrac{dv}{dx}$

Konstante Vielfache: $\quad \dfrac{d}{dx}(cu) = c\dfrac{du}{dx}$

Produkt: $\quad \dfrac{d}{dx}(uv) = u\dfrac{dv}{dx} + v\dfrac{du}{dx}$

Quotient: $\quad \dfrac{d}{dx}\left(\dfrac{u}{v}\right) = \dfrac{v\dfrac{du}{dx} - u\dfrac{dv}{dx}}{v^2}$

Potenz: $\quad \dfrac{d}{dx}x^n = nx^{n-1}$

Kettenregel: $\quad \dfrac{d}{dx}(f(g(x))) = f'(g(x)) \cdot g'(x)$

Trigonometrische Funktionen

$\dfrac{d}{dx}(\sin x) = \cos x \qquad \dfrac{d}{dx}(\cos x) = -\sin x$

$\dfrac{d}{dx}(\tan x) = \dfrac{1}{\cos^2 x} \qquad \dfrac{d}{dx}(\sec x) = \sec x \tan x$

$\dfrac{d}{dx}(\cot x) = -\dfrac{1}{\sin^2 x} \qquad \dfrac{d}{dx}(\operatorname{cosec} x) = -\operatorname{cosec} c \cot x$

Exponential- und Logarithmusfunktionen

$\dfrac{d}{dx}e^x = e^x \qquad \dfrac{d}{dx}\ln x = \dfrac{1}{x}$

$\dfrac{d}{dx}a^x = a^x \ln a \qquad \dfrac{d}{dx}(\log_a x) = \dfrac{1}{x \ln a}$

Inverse trigonometrische Funktionen

$\dfrac{d}{dx}(\sin^{-1} x) = \dfrac{1}{\sqrt{1-x^2}} \qquad \dfrac{d}{dx}(\cos^{-1} x) = -\dfrac{1}{\sqrt{1-x^2}}$

$\dfrac{d}{dx}(\tan^{-1} x) = \dfrac{1}{1+x^2} \qquad \dfrac{d}{dx}(\sec^{-1} x) = \dfrac{1}{|x|\sqrt{x^2-1}}$

$\dfrac{d}{dx}(\cot^{-1} x) = -\dfrac{1}{1+x^2} \qquad \dfrac{d}{dx}(\operatorname{cosec}^{-1} x) = -\dfrac{1}{|x|\sqrt{x^2-1}}$

Hyperbolische Funktionen

$\dfrac{d}{dx}(\sinh x) = \cosh x \qquad \dfrac{d}{dx}(\cosh x) = \sinh x$

$\dfrac{d}{dx}(\tanh x) = \operatorname{sech}^2 x \qquad \dfrac{d}{dx}(\operatorname{sech} x) = -\operatorname{sech} x \tanh x$

$\dfrac{d}{dx}(\coth x) = -\operatorname{cosech}^2 x \qquad \dfrac{d}{dx}(\operatorname{cosech} x) = -\operatorname{cosech} \coth x$

Inverse hyperbolische Funktionen

$\dfrac{d}{dx}(\sinh^{-1} x) = \dfrac{1}{\sqrt{1+x^2}}$

$\dfrac{d}{dx}(\cosh^{-1} x) = \dfrac{1}{\sqrt{x^2-1}}$

$\dfrac{d}{dx}(\tanh^{-1} x) = \dfrac{1}{1-x^2}$

$\dfrac{d}{dx}(\operatorname{sech}^{-1} x) = -\dfrac{1}{x\sqrt{1-x^2}}$

$\dfrac{d}{dx}(\coth^{-1} x) = \dfrac{1}{1-x^2}$

$\dfrac{d}{dx}(\operatorname{cosech}^{-1}) = -\dfrac{1}{|x|\sqrt{1+x^2}}$

Integrationsregeln

Allgemeine Regeln

Null : $$\int_a^a f(x)\,\mathrm{d}x = 0$$

Vertauschen der Integrationsgrenzen : $$\int_b^a f(x)\,\mathrm{d}x = -\int_a^b f(x)\,\mathrm{d}x$$

Konstante Vielfache : $$\int_a^b kf(x)\,\mathrm{d}x = k\int_a^b f(x)\,\mathrm{d}x \quad \text{für jede Zahl } k$$

$$\int_a^b -f(x)\,\mathrm{d}x = -\int_a^b f(x)\,\mathrm{d}x$$

Summen und Differenzen : $$\int_a^b (f(x) \pm g(x))\,\mathrm{d}x = \int_a^b f(x)\,\mathrm{d}x \pm \int_a^b g(x)\,\mathrm{d}x$$

Additivität : $$\int_a^b f(x)\,\mathrm{d}x + \int_b^c f(x)\,\mathrm{d}x = \int_a^c f(x)\,\mathrm{d}x$$

Max-Min-Ungleichung: Hat f den Maximalwert $\max f$ und den Minimalwert $\min f$ auf $[a, b]$, so gilt

$$\min f \cdot (b-a) \leq \int_a^b f(x)\,\mathrm{d}x \leq \max f \cdot (b-a)$$

Dominierung : $$f(x) \geq g(x) \text{ auf } [a,b] \Rightarrow \int_a^b f(x)\,\mathrm{d}x \geq \int_a^b g(x)\,\mathrm{d}x$$

$$f(x) \geq 0 \text{ auf } [a,b] \Rightarrow \int_a^b f(x)\,\mathrm{d}x \geq 0$$

Hauptsatz der Differential- und Integralrechnung

Teil 1 Ist f auf $[a,b]$ stetig, so ist die Funktion $F(x) = \int_a^x f(t)\,\mathrm{d}t$ stetig auf $[a,b]$ und differenzierbar auf (a,b), und ihre Ableitung ist $f(x)$:

$$F'(x) = \frac{\mathrm{d}}{\mathrm{d}x}\int_a^x f(t)\,\mathrm{d}t = f(x).$$

Teil 2 Ist f an jeder Stelle in $[a,b]$ stetig und ist F eine Stammfunktion von f auf $[a,b]$, so gilt

$$\int_a^b f(x)\,\mathrm{d}x = F(b) - F(a).$$

Substitution in bestimmten Integralen

$$\int_a^b f(g(x)) \cdot g'(x)\,\mathrm{d}x = \int_{g(a)}^{g(b)} f(u)\,\mathrm{d}u.$$

Partielle Integration

$$\int_a^b f(x)g'(x)\,\mathrm{d}x = [f(x)g(x)]_a^b - \int_a^b f'(x)g(x)\,\mathrm{d}x$$

Index

A

Abdeck-Verfahren 615
Ableitung 148, 151
  als Funktion 154–164
  als Änderungsrate 176–188
  äußere 198
  Berechnung aus der Definition 155
  Differentiationsregeln 165–175
  einseitige 157
  grafische Darstellung 157
  höhere 172, 207
  in einem Punkt
  innere 198
  Schreibweisen 156
  Unstetigkeitsstellen 441
  zusammengesetze Funkion 196
Ableitung von inversen Funktionen 500
Ableitungen trigonometrischer Funktionen 189–196
Ableitungsfunktion 148
Abrundungsfunktion 19
Abschätzungen mithilfe von Differentialen 228
absolutes (globales) Maximum 247, 249
absolutes (globales) Minimum 247, 249
Addition
  von Funktionen 30, 31
algebraische Funktionen 24
Änderungsrate
  mittlere 65
  momentane 67, 176
  verknüpfte 212
Änderungssatz 371
Anfangswertproblem 609
Anfangswertprobleme 313

angewandte Optimierung
  Beispiele aus den Wirtschaftswissenschaften 295, 296
  Beispiele aus Mathematik und Physik 289–295
  Flächeninhalt eines Rechtecks 292, 293
  minimaler Materialaufwand 290–292
  Volumen eines Quaders 289
Arbeit 455
Asymptoten 25
  Bestimmung 282
  horizontale 125–127, 135
  schräge 128, 129
  vertikale 133–135
Aufrundungsfunktion 19
autonome Differentialgleichung 696
  Gleichgewichtspunkte 696
  labiles Gleichgewicht 699
  Phasenlinie 696
  stabiles Gleichgewicht 699

B

Berechnungssatz 369
Beschleunigung 179
Betragsfunktion 18
  als stückweise definierte Funktion 18
Bogenlänge 438–445
  Differential 442
Bogenmaß 41
break even point 296
Brechungsgesetz 295

C

Computeralgebrasystem, CAS 621

D

Definitionsbereich 13
  natürlicher 13
Differential 222
  Bogenlänge 442

Differentialgleichung 314
Differentialgleichung erster Ordnung 669
  allgemeine Lösung 669
  Anfangswertproblem erster Ordnung 670
  Lösung 669
  Lösungskurve 671
  numerische Methode 672
  Richtungsfeld 671
  spezielle Lösung 670
Differentialgleichungssystem 707
  autonomes 707
  Gleichgewichtspunkten 708
  Lösung 707
  Phasenebene 707
  Trajektorie 707
  Wettbewerbsmodells 708
Differentialnäherung 228
  Fehlerbetrachtung 228
Differentiation
  Zusammenhang mit Integration 373
Differentiationsregeln 165–175
  Kettenregel 196
  Potenzregel 166
  Produktregel 170
  Quotientenregel 171
  Summenregel 167
Differenzenquotient 151
Division
  von Funktionen 30, 31
dominante Terme 136
Drehmoment 468

E

e *siehe* Euler'sche Zahl
Einschnürungssatz 79
Ellipse 36
  Standardgleichung 37
elliptisches Integral 639
endliche Summe 341, 344
  Rechenregeln 342
ε 90

Epsilonumgebung 90
Euler'sche Zahl 509
  als Grenzwert 523
Euler'sches Polygonzugverfahren 673
Exponentialfunktion
  Ableitung 519
  allgemeine 521
  allgemeine, Ableitung 524
  Integral 519
  Inverses 517
  Potenzregel 521
  Rechenregeln 520
Exponentialfunktionen 25, 517–530
exponentielles Wachstum 689
  relative Wachstumsrate 689
Extremwertaufgaben
Extremwerte von Funktionen 247–257
  absolute 247
  erste Ableitung 269
  finden 250
  lokale 249
  zweite Ableitung 278
Extremwertsatz 249

F

Faktorregel 167
Federkonstante 455
Fehlerfunkion 639
Fermat'sches Prinzip 293
Fixpunktsatz 120
Flächeninhalt 329–332
  als bestimmtes Integral 329
  Mittelpunktsregel 331
  Optimierung von Rechtecken 292
  unter dem Graphen einer nichtnegativen Funktion 338
  unter einer Kurve, Definition 356
  von Gebieten zwischen Kurven 390–394
  zwischen Kurven und Substitution 387–389
freier Fall 63

Funktion 13
  algebraische 24
  allgemeine Exponentialfunktion 521
  beschränkte 145
  differenzierbare 154, 157
  Exponentialfunktion 25, 517
  fallende 20, 268, 506
  gerade 20
  glatte 438
  Hyperbelfunktion 565
  identische 22, 73
  implizit definierte 204
  innere Stelle 107
  integrierbare 352
  inverse 495
  konstante 73
  kubische 24
  lineare 22
  linkseindeutig (injektiv) 495
  logarithmische 25
  monotone 268
  nicht differenzierbare 160
  nicht elementar integrierbare 625
  nicht integrierbare 352
  Nullstelle 117
  numerische Darstellung 17
  Oszillationsstelle 110
  periodische 45
  Polstelle 110
  Polynom 23
  Potenzfunktion 22
  quadratische 24
  Randstelle 107
  rationale 24
  reellwertige 14
  Sprungstelle 110
  steigende 506
  stetige 107
  Streudiagramm 17
  stückweise stetige 404
  Stufenfunktion 74
  stückweise definierte 18
  transzendente 26, 493
  trigonometrische 24
  ungerade 20
  wachsende 20, 268
  Wertetabelle 17

Wurzelfunktion 23
  zusammenhängende 116
Funktionsgraph 12, 15
  konkav 274
  konvex 274
  Skalierung 34
  Skizzieren 274–289
  Spiegelung 34
  trigonometrische Funktionen 48
  Verschiebung 33

G

Gammafunktion 663
Gauß-Klammer 19
geometrisches Mittel 267
Gesamtflächeninhalt 373–376
Geschwindigkeit 177
Gewinnschwelle 296
glatte Kurve 438
globale Extrema
  Auffinden 252–254
Gradmaß 41
Graph 15
Grenzkosten 182, 295
Grenzwert 72
  einseitiger 97
  endlicher 121
  endlicher Summen 344
  exakte Definition 85
  linksseitiger 97
  rechtsseitiger 97
  stetiger Funktionen 113
  unendlicher 123, 129
Grenzwert einer Funktion 71–84
Grenzwertsätze 75, 860

H

harmonische Schwingung 191
Hauptsatz der Differential- und Integralrechnung 365–379
Heaviside-Funktion 74
Hooke'sches Gesetz 455
horizontale Asymptoten
  Definition 125
Hyperbelfunktionen 565
hyperbolische Funktionen 565–574

Index

I

implizit definierte Funktion 204
injektiv 495
Integral
  bestimmtes 340, 350–364
  bestimmtes, Definition 350
  bestimmtes, Eigenschaften 353
  bestimmtes, Rechenregeln 354
  einer Rate 371
  elliptisches 639
  trignometrische Funktion 598–604
  trigonometrische Funktionen 513
  unbestimmtes 316, 379–387
  uneigentliches 641–658
Integralsinus 639
Integrand 316
Integration 310
  mit einem CAS 623
  numerische 628–640
  numerische, Fehlerbetrachtung 633
  Partialbruchzerlegung 610–620
  partielle 589–597
  Simpson-Regel 630
  symbolische 625
  tabellarische 594, 664
  Trapezregel 629
  Zusammenhang mit Differentiation 373
Integrationstabellen 621
Integrationsvariable 316
Integrierbarkeit von Funktionen 352
inverse Funktionen 495–507
  Ableitung 505
  Bestimmung 497
  Integration 597
  Zeichnen 504
inverse trigonometrische Funktionen 548–560
Inverse von Geraden 506

K

Kabel
  hängendes 26
Katalysator 301
Katenoide 26, 574
Kettenkurve 26, 574
Kettenregel 196–203
  Anwendung zur Substitution 379
  Beweis 230
  mehrfache Anwendung 198
Konvergenzkriterien
  Majorantenkriterium 650
  Minorantenkriterium 650
  Vergleichskriterium 650
Kosinusfunktion 42
Kosinussatz 47, 48
kritische Stelle 252
Krümmung 274
Kurvendiskussion 281

L

Landau-Symbol 575
Leibniz-Regel 406
lineare Differentialgleichung erster Ordnung 680
  integrierender Faktor 681
  Lösungsverfahren für lineare Differentialgleichungen 680
lineare Funktionen 22
Linearisierung 222
Linkseindeutigkeit 495
logarithmische Differentiation 514
logarithmische Funktionen 25
Logarithmus
  beliebige Basis 525
  Eigenschaften 510
  natürlicher 508
Logarithmusfunktion 508
  Ableitung 526
  Graph 512
  Integral 526
  Inverses 517
Logistisches Modell des Bevölkerungswachstums 703
lokale 67

lokales Maximum 249
lokales Minimum 249

M

Massenmittelpunkt 469
Mittelpunktsregel 331
Mittelwert
  von stetigen Funktionen 359, 360
  von stetigen nichtnegativen Funktionen 337–339
Mittelwertsatz der Differentialrechnung 258–267
Mittelwertsatz der Integralrechnung 365
mittlere Geschwindigkeit 63–65
mittlere Änderungsrate 65
Moment 469
monotone Funktionen 268–273
Multiplikation
  von Funktionen 30, 31

N

Nachdifferenzieren 198
Newton'sches Abkühlungsgesetz 699
Newton-Verfahren 303–309
  Anwendung 305
  Konvergenz 307
Norm einer Zerlegung 347
Normale 208
Nullstelle 117, 266
  Newton-Verfahren 303
numerische Integration 628–640

O

Obersumme 330
orthogonale Trajektorie 690
Oszillationsstelle 110

P

Partialbruchzerlegung 610–620
  Abdeck-Verfahren 615
  Koeffizientenbestimmung durch Differentiation 617
  Verfahren 611

Index

partielle Integration 589–597
  bestimmte Integrale 593
  Reduktionsformel 593
Partition 345
Periode 45
Pfeildiagramm 14
Pfeildiagramm für eine Funktion 14
Polstelle 110
Polynom 23
  Grad 24
  Koeffizienten 24
Polynome 23
Potenzfunktion 22
Potenzfunktionen 22
Potenzregel 166, 521
Produktregel 170
  Integralform 589

Q

Querschnittsfläche 411
Quotientenregel 171

R

Radiant 41
rationale Funktionen 24
  Integration 610–620
Rechenregeln für bestimmte Integrale 354
Rechenregeln für endliche Summen 342
Reduktionsformel 593, 622
Reduktionsgleichung 596
Regel von l'Hospital 538
Riemann'sche Summen 345–349
  Grenzwert 347
Ringmethode 420
RL-Schaltungen 683
Rotationsflächen 446–454
Rotationskörper
  Ringmethode 420
  Scheibenmethode 415
  Volumen 426
Ruck 179
Räuber-Beute-Modell 714

S

Satz von Rolle 258
Satz von Weierstraß 249
Scatterplot 17

Schalenmethode 430
Scheibenmethode 415
Schleppkurve 609
Schranke 145
Schrittweite 628
Schwerpunkt 469
  geometrischer 478
Sekante 65
Senkrechtentest 18
serielle Suche 579
Simpson-Regel 630
  Fehlerabschätzung 633
Sinusfunktion 42
Skalierung 34
Spiegelung 34
Sprungstelle 110
Stammfunktionen 310–317
  Bewegung und 314–316
  Definition 310
  Rechenregeln 313
  und unbestimmte Integrale 316, 317
Steigung 149
Steigung einer Kurve 65
stetige Fortsetzung 114
Stetigkeit 106–120
  an einer Stelle 106
  einseitige 108
  über einem Intervall 110
Stetigkeitstest 109
Stirling-Formel 663
Streudiagramm 17
Stufenfunktion 74
Substitution
  trigonometrische 604
Substitutionsformel 387
Substitutionsmethode 379
Subtraktion
  von Funktionen 30, 31
Suchalgorithmen 578
Suche
  binäre 578
  serielle 578
Summationsindex 341
Summenregel 167
Summenschreibweise 341
Symmetrie 20

T

Tangensfunktion 42
Tangente 149

Taschenrechner
  Abschätzung von Grenzwerten 77–79
  grafische Darstellung mit 52, 56
Torus
  Volumen 426
Traktrix 609
transzendente Funktionen 26, 493
Trapezregel 629
  Fehlerabschätzung 633
trigonometrische Funktionen 24, 42, 47
  Ableitungen 189–196
  Additionstheoreme 46
  Integrale 384
  Inverse 548–560
trigonometrische Identitäten 45
trigonometrische Substitution 604–609

U

unbestimmte Ausdrücke 538–543
unbestimmte Potenzen 543–546
uneigentliche Integrale 641–658
uneigentliches Integral 2. Art 646
  Konvergenzkriterien 649–653
Unstetigkeit
  hebbare 109
Unstetigkeitsstelle 108
Untersumme 330

V

Variable
  abhängig 13
  unabhängig 13
verkettete Funktionen 31
Verkettung 112
Verschiebung 33
vertikale Asymptoten
  Bestimmungsgleichung 134
  Definition 133
Volumen
  als Integral 413

Volumenbestimmung
  Auswahl der Methode   436
  mit zylindrischen Schalen
    428–437
  mithilfe von Oberflächen
    411–428
  Ringmethode   420
  Schalenmethode   430
  Scheibenmethode   415
  Zerlegung mit parallelen
    Ebenen   412

W

Weder wachsend noch fallend   20
Wendepunkt   276
Wertebereich   13
Wilson'sche Losformel   301
Winkel   41, 42
Winkelkonvention   42
Winkelmaße   41
Wurzel einer Funktion   117
Wurzelfunktion   23

Z

Zerlegung eines Intervalls   345
  Norm   347
Zielbereich   13
Zwischenwertsatz   115